中华钢结构论坛精华集系列丛书（3）

钢结构连接与节点（上）

中华钢结构论坛 机械工业第四设计研究院 编著

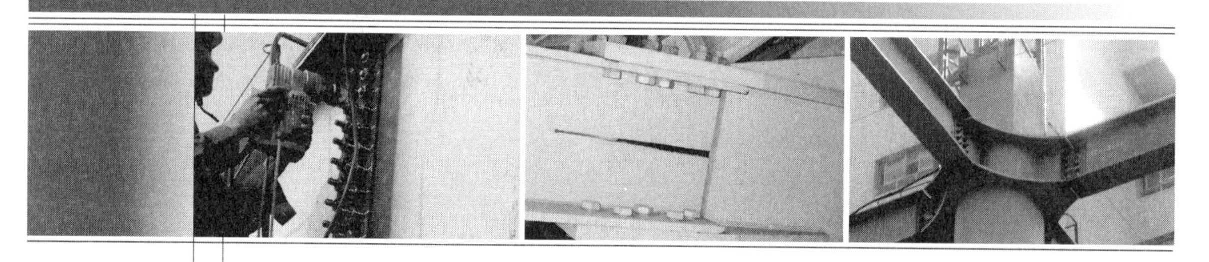

万叶青 袁 鑫 主 编

内 容 提 要

本书按照工程设计的习惯，依据《钢结构设计规范》(GB 50017—2003)和《门式刚架轻型房屋钢结构技术规程》(CECS 102：2002)，参考《钢结构连接节点设计手册》和《钢结构设计手册》等资料，将中华钢结构论坛(www.okok.org)上的相关内容精选归类，并深入整理提升后编写而成。汇聚了大量钢结构连接节点的实例及其设计中的常见问题，涉及基本概念、荷载条件、计算分析、连接节点、构造做法、设计图例等方面，涵盖了钢结构连接节点中绝大多数问题。书中内容注重理论与实践的结合，力求实用、系统与深入。

全书共分八个部分，四十八章，分成上、下两册。上册包括两个部分，十六章。

本书适于建筑结构设计、施工和工程管理人员参考使用，亦可供相关专业的教师和学生学习参考。

图书在版编目(CIP)数据

钢结构连接与节点. 上/中华钢结构论坛编著. —北京：人民交通出版社，2012.1

(中华钢结构论坛精华集系列丛书；3)

ISBN 978-7-114-09541-2

Ⅰ. ①钢… Ⅱ. ①中… Ⅲ. ①钢结构—连接技术②钢结构—结点(结构) Ⅳ. ①TU391

中国版本图书馆 CIP 数据核字(2011)第 255369 号

书　　名： 钢结构连接与节点(上)
著 作 者： 中华钢结构论坛·机械工业第四设计研究院
责任编辑： 杜　琛
出版发行： 人民交通出版社
地　　址： (100011)北京市朝阳区安定门外外馆斜街 3 号
网　　址： http://www.ccpress.com.cn
销售电话： (010)59757969、59757973
总 经 销： 人民交通出版社发行部
经　　销： 各地新华书店
印　　刷： 北京市密东印刷有限公司
开　　本： 787×1092　1/16
印　　张： 33.25
字　　数： 783 千
版　　次： 2012 年 1 月　第 1 版
印　　次： 2014 年 7 月　第 2 次印刷
书　　号： ISBN 978-7-114-09541-2
印　　数： 3001～5000 册
定　　价： 78 元

重印说明 Chongyinshuoming

2012年1月,中华钢结构论坛精华集《钢结构连接与节点》(上册)出版发行,受到广大读者的欢迎。在近两年时间里,该书首印3000册售罄。为了满足读者需求,出版社同编者商议对该书进行修改重印。

依读者的反馈意见,为更为严谨、准确表达话题观点,编者对重印本做了如下修订:

1.删除了重复和多余的话题。对原书中话题进行梳理,将重复讨论的话题进行了删减。

2.梳理并调整了话题中的重点帖子。依据目前惯用的设计施工做法,对原书中用★号标记的重点帖子进行了梳理,对部分重点帖子标记进行了调整。

3.对话题中提及的规范版本号进行标注。话题讨论中提及的规范有新版和旧版之别,此次对其中模糊之处分别给予标注。

4.修改和完善了部分插图。

5.修改和完善了部分语句。对表述不够完整清晰的语句进行了调整。

6.修改了其他错误。对错别字等问题进行了修正。

在精华集《钢结构连接与节点》(上册)出版期间,许多读者提出了不少宝贵意见。我们在修订中考虑大家提出的意见,也在不断改进和完善我们的论坛出版工作。

在此,我们向长期关心和支持中华钢结构论坛的会员和读者表示衷心的感谢!

中华钢结构论坛

2014.7

前言 Qianyan

中华钢结构论坛(www.okok.org)自创立之日起，一直坚持从事公益、追求专业、服务会员的宗旨，受到了结构领域各方人士的广泛关注，已经发展成为我国乃至全球颇具影响的结构专业论坛之一。迄今为止，论坛的注册会员数超过25万，现存帖子数超过80万。

学分先后，术有专攻。论坛会员来源广泛，话题涉及方方面面，但大都是从各自不同的角度提出的具体问题。既有入门的知识，也多见有难度和深度的话题，常产生激烈的讨论并形成大量理论与实践紧密结合的案例。对各层次工程技术人员都具有可阅读性和参考性。

为了充分挖掘此宝贵资源，更好地服务于社会，推动结构专业领域的技术发展，2004年论坛组织编写了第一本精华集《结构理论与工程实践》，然而由于篇幅有限，许多重要内容未能收录，使得读者感到意犹未尽。出于存广求专的目的，我们针对具体栏目，根据不同的结构类型和技术门类，编辑整理成更加细化了的精华集系列丛书。2007年基于论坛的"普钢厂房结构"专栏，整理编写了系列丛书的第一本《普钢厂房结构设计》。2008年，又基于"轻钢厂房结构"专栏，整理出版了论坛精华集系列丛书的第二本《轻钢结构设计》。精华集的出版受到广大专业读者的欢迎和喜爱。

为了便于读者在中华钢结构论坛上查找相应的话题，我们在话题内容的整理过程中保留了每个话题的id号和首帖发布日期。

"连接与节点"专栏共有2千多个话题，超过1万个帖子，是钢结构设计话题讨论最多的专栏之一。应广大会员与专业读者的需要，围绕该专栏的话题，我们编辑整理了《钢结构节点设计》精华集。本书侧重于钢结构连接节点设计中的实际工程问题和处理方法。全书分上、下两册，包括八个部分，共有四十八章。上册包括两个部分，十六章。

本精华集尽量在每个话题后增加了导读性质的编者点评，并将各话题下的重点帖子用★号标记，以示推荐。

《中国图书商报》对中华钢结构论坛的会员有过这样的评论："他们是聚集在中华钢结构论坛上的'草根'高手"。可能有些人不同意这样的提法，因为论坛中不乏大师、教授等真正的专家。不管怎样，这也许能反映出大家对他们的一种敬仰之情。

我们在此感谢所有积极参与专业讨论的会员。

本书由上海市徐汇区钢结构学会组织编写。我们努力确保内容的专业性和准确性，但限于水平必定存在不足之处，欢迎读者指正。

中华钢结构论坛

2010.10

Mulu

第1部分　基 本 知 识

第2部分　普钢厂房结构

开　篇

钢结构设计中的第一个步骤，是要考虑一个合理的整体结构方案，按照一定受力体系进行结构分析，然后开展结构设计。钢结构体系中，所有结构杆件都是通过节点来连接，并以此来确保内力的传递，所以钢结构连接节点的设计是非常重要的环节。

钢结构连接节点的基本要求是：

(1)连接节点应能够保证内力传递的简捷明确，安全可靠；

(2)连接节点应具备足够的强度和刚度；

(3)节点的设置和设计应便于加工制作、构件运输、施工安装；

(4)当有抗震设防要求时，节点设计需要满足相关规定；

(5)连接节点的设计应经济合理。

由于钢结构节点的重要性，有时要求连接节点的承载力大于或者等于其所连接构件的承载力。

常见的钢结构连接节点有刚接节点和铰接节点。刚接节点能够同时承受并传递弯矩、剪力和轴力，如钢框架结构中的一些梁柱连接、构件中的拼接节点等。而钢结构中的铰接节点，理论上认为只能承受并传递轴力和剪力，不能承受或传递弯矩，如一些梁柱铰接节点、桁架和网架的连接节点等。实际上，多数铰接节点并不是完全不能承受或传递弯矩，只是节点的抗弯刚度相对较小，弯矩作用不会对结构强度、稳定和刚度产生太多的不利影响，分析时，按照铰接处理可以简化计算。铰接假设是工程实际的一种常用手段，这也是结构设计人员必须掌握的一种方法。

在钢结构连接节点中，还有半刚性连接节点。这些节点传力关系稍微复杂，弯矩和节点转角变形之间不呈线性关系，节点的抗弯刚度要小于刚性节点。所以，我们在做钢结构设计时，需要注意半刚性连接节点的刚度对结构挠度和变形的不利影响。

按照连接方式来分类，在钢结构连接节点中有螺栓连接、焊接连接和铆钉连接等。其中铆钉连接虽然韧性和塑性较好，但施工复杂，最近使用得非常少了，已经逐步为焊接和高强螺栓连接所代替。根据实际工程的需要，还有一种混合连接的方式，也就是栓焊连接节点。此外，由于连接材料的不同，还有铰接连接和锚固连接等节点。

为了便于大家对钢结构连接节点的学习和讨论，中华钢结构论坛专门开设了“B1.连接与节点”专栏。下面整理了论坛上的一些话题，从中可以大致了解论坛中帖子的内容。

第1部分 基本知识

• 整理 万叶青
• 审核 袁 鑫

第一章　概 念 问 题

一　入门知识

1　结构节点设计如何入门?（tid＝199035　2008-9-20）

【qiujiyuhe】:我很想学钢结构节点设计,请教如何入门。

【ycwang】:钢结构节点设计主要包括计算和构造,可以参考《钢结构连接节点设计手册》等参考书学习。如果有大学本科基础知识的话,学起来就不难了。

【shimaopo】:到了钢结构公司就会发现,做节点设计,工程经验非常重要。

★**【CuteSer】**:先买《钢结构》、《钢结构连接节点设计手册》等书籍,把螺栓连接、焊接连接之类的概念搞清楚。然后下载钢结构设计工具箱类软件,一般里面计算书很详细的,可以帮助初学者快速入门。

如果要做美国的节点设计,可以参照美国的规范以及 RAM CONNECTION 这个软件。

【e 路龙井茶】:对一个初学者来说,可能觉得节点设计内容不多,其实节点设计是有难度的。许多节点没有具体的理论方法和规范条文的规定,需要自己去好好推敲。当然中国的许多钢结构节点设计做的可能粗糙一些。有些节点是设计得偏于安全,是用经验去估计。有些国外的设计公司对这一块都做得比较细,他们对这个方面认识可能比较深入。

【yu_hongjun】:节点设计要先从力学开始,主要是结构力学、材料力学和理论力学。知道受力才好根据构造要求进行节点设计,设计出来的节点要保证符合计算模型,否则应修改模型的节点连接类型。

【xue12342008】:首先要了解钢结构的组成部分,再了解各个组成部分在整个结构中起到的作用,然后根据房屋的具体要求,对不同节点分别进行设计。

2　节点设计问题（tid＝205210　2008-12-25）

【chennan1029】:我正在做型钢梁和型钢柱的结构设计。连接部位的翼缘,我采用对接焊缝,腹板采用高强螺栓连接。现在的问题是:节点弯矩和剪力太大,焊缝难以满足要求,请教怎么处理?

★**【柯安】**:这种问题我处理过,如果弯矩太大,计算就通不过。因为翼缘对接处焊缝不够,翼缘的宽度或者厚度不够,您可以验算一下这根梁的抗弯,有可能也是通不过的。建议加大钢梁的截面面积,如增加翼缘宽度或者增加翼缘厚度等。受剪验算通不过,说明腹板高度不够,可以贴腹板，然后焊牢。

★【pingp2000】：如果钢梁的截面足够，而且钢梁的上、下翼缘与柱是对接焊缝，这个节点是可以“很简单的”做出来的。

梁柱连接，梁翼缘采用对接焊缝，可视为等强。如果是抗震地区，就得满足抗震规范[即GB 50011—2001(2008版)]中的8.2.8-1条。要是不满足，则采用多、高层钢结构节点图籍[如01(04)SG519]中的加强梁端的做法（上、下翼缘加盖板或者在翼缘两侧加板）。而腹板不管采用焊缝还是高强螺栓连接，都很容易满足受力要求（但在某些情况，腹板与柱的连接不仅仅承担剪力，还承受部分弯矩）。

【e路龙井茶】：如果是等强设计，应该是能算下来的；否则就是钢梁自身的承载力不够，或者您的计算有点问题。说实在的，节点计算其实很难的，尤其是一些比较特殊的节点。

【bill-shu】：结构设计本身要包括构件设计和连接设计。软件在整体计算的时候一般只对构件进行验算，除非您进行节点设计的后处理（需要有此功能的软件），才可以进行节点设计。不进行节点设计而选择的截面不见得就是可行的截面，所以构件满足要求，节点设计连接不一定满足要求。节点连接一般都是要削弱截面的，除非您用不削弱截面的全焊接等强设计（某些连接方式很难做到）。同时，有抗震要求的结构往往需要对节点进行必要的加强。

所以不管选用节点的直接设计法、等强设计法还是精确设计法等，都应该复核受力和规范的要求，设计选用的截面同时也要满足节点强度和构造的要求。

3 连接与节点的区别（tid=98792　2005-6-10）

【k-jay】：连接与节点二者是如何定义的？请问它们有什么区别？

【jfwdalls】：连接是节点的组成部分，英文称连接为connection，节点为joint（or connection）。

国外规范这么认为：节点=连接+节点域。希望大家共同讨论。

【wanyeqing2003】：连接表示的是构件之间的关系，而节点是具体的形式。可以说，构件是通过节点连接在一起的。

【jfwdalls】：**wanyeqing 2003**的回复说得比较形象，对于框架结构，构件是指结构构件的梁和柱，节点就分为梁柱连接节点和梁梁连接节点，那么连接的形式和种类就更多啦。

★【scxiucai】：连接指的是各构件之间的结合（联系）方法和方式，如焊接（构件之间以熔焊的方法形成的一种固定结合）、普通螺栓连接（构件上钻孔，插入螺栓并拧紧形成的一种可拆卸的固定连接）、插销连接（构件上钻孔，插入销轴形成的一种可动连接）等。

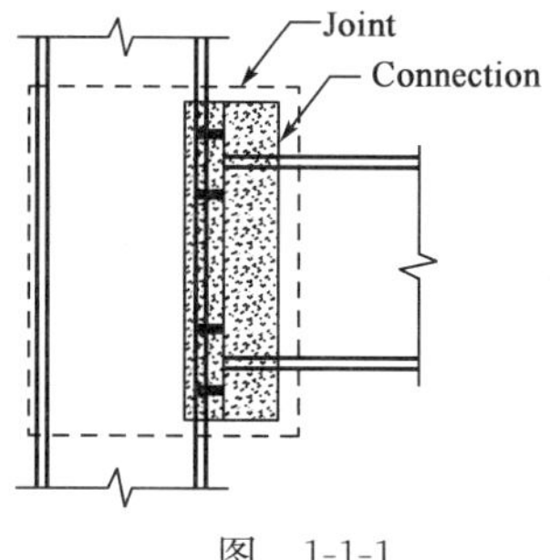

图　1-1-1

节点指的是结构的某一或某些部分，这些部分的构造需要特别说明和表达，为此而画出的详图称作“节点详图”。节点详图表达和说明的内容可能是构件的连接，也可能是其他内容，比如屋面檐口等。

★【chf111】：Connection is one part of joint，as indicated in fig. 1-1-1（见图1-1-1）。

4 请教一种节点形式(tid=190474 2008-5-14)

【jcfme】:具体情况是这样的,钢梁的平面和标高已定,需要用一根方钢管调整钢梁高度,在方钢管上再布置荷载。原来上、下翼缘是一样宽,为了布置方钢管,需要加大上翼缘的宽度。节点形式如图1-1-2所示。不知道这样的做法是否合理。请问还有没有更好的节点形式?

我这个节点的目的就是用H型钢支撑方钢管,二者的位置关系是这样的,不可改变。

【lsk1000】:感觉不太合理,这种节点形式会使H型钢受扭,应尽量避免这种做法。如果避免不了,那一定要在钢梁两端上、下翼缘设置隅撑,或设置刚接次梁,尽可能抵消它的不利影响。

★**【20070327】**:同意楼上的观点!如果上部的钢管以两个次梁间距为跨度,能够单独承受上部荷载,就应该不改变钢管下部钢梁截面,以钢管作梁来计算。如果方钢管不能够单独承受上部荷载,则应根据工程的实际情况,在钢梁左面增加一道钢梁,同时降低钢管的计算跨度。

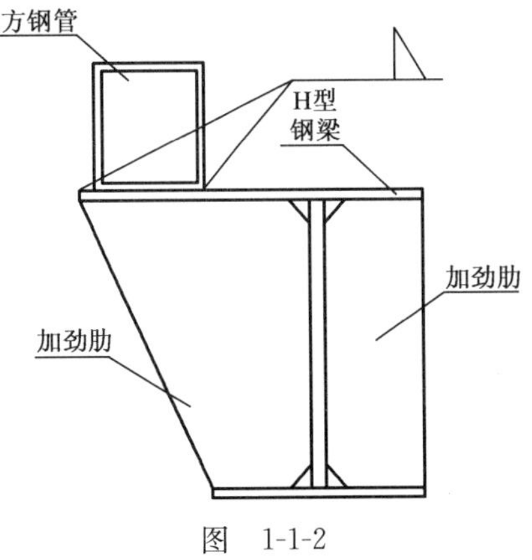

图 1-1-2

因为不知道您的实际情况,提供的建议不一定是最合理的。值得注意的是,要尽量避免钢梁受扭,H型钢梁的抗扭能力较弱。

5 梁柱刚接计算时腹板是否需要计入弯矩?(tid=44251 2003-12-3)

【qhsun】:《建筑抗震设计规范》(以下简称抗规)8.2.8条,第1款有:

“梁与柱连接弹性设计时,梁上下翼缘的端截面应满足连接的弹性设计要求,梁腹板应计入剪力和弯矩”。而本条的条文说明又有:“连接计算时,弯矩由翼缘承受和剪力由腹板承受的近似方法计算”。

以前本人节点计算时均按近似计算方法,但看了8.2.8第1款以后就按照精确计算方法,发现精确计算用的螺栓要比近似计算多一倍还多,真是不可思议!但是条文和条文说明是不是相互矛盾,应该按照哪种方式计算?请各位节点设计大师赐教!

【North Steel】:《建筑抗震设计规范》中提及的“梁腹板应计入剪力和弯矩”。这个弯矩是什么弯矩?是平面外弯矩,还是梁剪力的偏心作用?腹板连接是不需要考虑节点外弯矩的。

【qhsun】:我上面说的是梁柱刚接的情况,当然是外弯矩,难道刚接的节点也需考虑剪力偏心弯矩?我看了很多国内软件出的计算书均未考虑外弯矩分配给腹板的弯矩,而《钢结构连接节点设计手册》也是采用简化方法(不考虑腹板分配弯矩,是按照老规范编制,老规范也无此方面的规定),而两种计算方法差异如此之大也让人无所适从!

楼上的兄弟不知道有没有对比过两种方法的结果,不过规范的这一条和条文说明如何理解,请再赐教了!

★**【North Steel】**:可能是我没有讲清,具体解释如下:

(1)节点在弯矩M、剪力V作用下,弯矩由翼缘连接承担,不传给腹板连接。

(2)剪力由腹板连接(梁腹板、连接板、螺栓)承担,用剪力验算梁腹板、连接板的有关强度指标,用剪力和它的偏心矩作用验算螺栓。

(3)这是公认的模型(或是称简化模型),与其他模型的对比我在工程上没有做过。

如 **qhsun** 所述“难道刚接的节点也需考虑剪力偏心弯矩”,我认为是的,只要您承认有那个剪力和剪力的偏心矩存在,就应该认同有偏心引起的附加弯矩存在,那就应该考虑它的作用。

以上是我的理解,手边没有国内的参考书,也是不方便,不好为您对比。

《建筑抗震设计规范》(2008 版)8.2.8 条,第 1 款有:“梁与柱连接弹性设计时,梁上下翼缘的端截面应满足连接的弹性设计要求,梁腹板应计入剪力和弯矩。”

规范的这一条,要看腹板应计入的是哪种弯矩,单从这句话看不出弯矩给了谁。

【verishi】:近似计算法中,腹板不考虑承受弯矩,精确计算法中,根据翼缘和腹板的刚度比计算腹板所受的弯矩。采取哪种计算方法,应根据实际工程(节点形式和荷载等)而定。

【qhsun】:谢谢 **North Steel** 和 **verishi**。可是我还有一点不怎么明白,我认为梁腹板不应该考虑剪力偏心弯矩,可以认为这部分弯矩也由翼缘承担吗?因为国内一些参考书也是这样计算的。至于 **verishi** 所说的“应根据实际工程而定”,似乎没有说明白,到底什么情况要考虑,什么情况可以不考虑,可以再说明白点吗?

现在的规范条文,不知是我们的理解力不够还是其他原因,总是让人误解,比如《高层民用建筑钢结构技术规程》(JGJ 99—98)8.1.1 条就有“节点连接的承载力应高于构件截面的承载力”(抗震设防时),那主次梁铰接的时候是否也要遵循呢?

★【North Steel】:我认为梁腹板不应该考虑剪力偏心弯矩,可以认为这部分弯矩也由翼缘承担。

这个剪力偏心弯矩其实不是作用在节点上的弯矩,只是由于螺栓的偏心布置,会降低螺栓群抗力对节点的贡献,人为的作为一个等效内弯矩存在。这个内部作用不应该和节点外弯矩叠加由翼缘承担。

点评:对于 H 型钢框架梁柱的刚接节点来说,节点需要同时传递弯矩和剪力。理论上,剪力主要由腹板承受,而弯矩则需要翼缘和腹板共同承受。虽然翼缘承担了弯矩的大部分,但是腹板承受的弯矩有时也是不容忽略的。特别是对于抗震分析,节点受力较为复杂,由此节点处也需要加强。根据“强节点,弱杆件”的概念,考虑节点区腹板连接的加强也是合理的。

端板连接设计速查表如附件 1-1-1 所示。

附件 1-1-1:端板连接设计速查表

关于螺栓连接,设计手册及有关规范中采用的是一些简化方法。端板连接有以下几种形式:

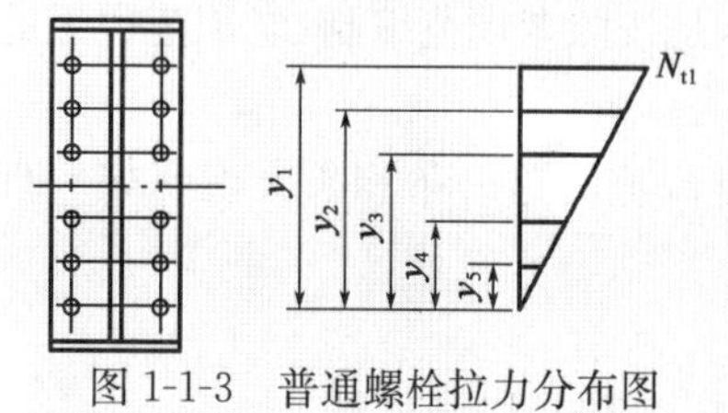

图 1-1-3　普通螺栓拉力分布图

(1)普通螺栓

可假定螺栓群的中性轴在最下面一行螺栓的轴线上。受力如图1-1-3所示呈线性变化,最大螺栓拉力产生在顶部螺栓处。在弯矩 M 作用下螺栓最大拉力为

$$N_{t1}=\frac{My_1}{m\sum y_i^2} \tag{1-1-1}$$

式中：M——端板处弯矩设计值；

m——螺栓列数；

y_i——各螺栓至中性轴的距离。

在剪力 V 作用下，单个螺栓所受的剪力为

$$N_v = \frac{V}{n} \tag{1-1-2}$$

同时承受剪力和轴向拉力的普通螺栓应满足下列公式的要求，即

$$\sqrt{\left(\frac{N_v}{N_{vb}}\right)^2 + \left(\frac{N_t}{N_{tb}}\right)^2} \leqslant 1 \tag{1-1-3}$$

为了保证挤压承载力的要求，尚需满足

$$N_v \leqslant N_{cb} \tag{1-1-4}$$

式中：N_v、N_t——单个螺栓的剪力和拉力（取受拉力最大螺栓计算时为 N_{t1}）；

N_{vb}、N_{tb}——单个螺栓受剪和受拉的承载力设计值；

N_{cb}——单个螺栓受挤压的承载力设计值。

(2)高强螺栓

因有预拉力的作用，被连接构件保持紧密结合，可假定螺栓群中性轴在形心线上，受力如图 1-1-4 所示。

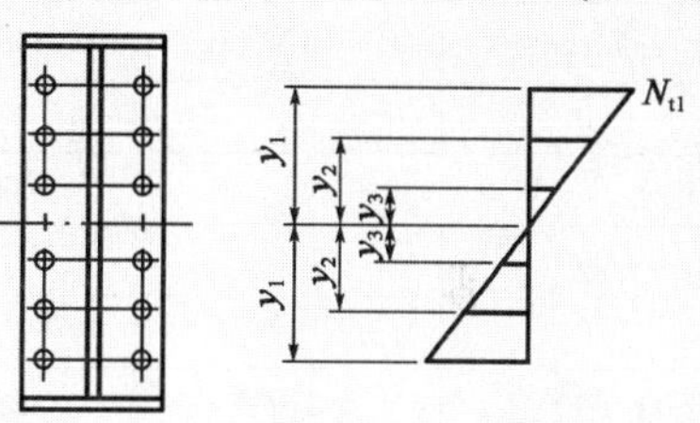

图 1-1-4 高强螺栓拉力分布图

最上部的螺栓受力最大，其设计条件为

$$N_{t1} = \frac{My_1}{m\sum y_i^2} \leqslant 0.8P \tag{1-1-5}$$

考虑到剪力的作用，对于摩擦型高强螺栓，在受拉区，螺栓预应力引起挤压力降低，于是螺栓剪切承载力设计值减小，端板间的抗滑移系数也降低。单个螺栓的剪切承载力设计值为

$$N_{vib} = 0.9n_f\mu(P - 1.25N_{ti}) \tag{1-1-6}$$

式中：N_{ti}——第 i 排单个螺栓承受的拉力，$N_{ti} \leqslant 0.8P$。

在受压区，螺栓预应力不变。单个螺栓的剪切承载力设计值为

$$N_{vib} = 0.9n_f\mu P \tag{1-1-7}$$

为了保证端板处不发生滑移，端板处剪力 V 应满足

$$V \leqslant \sum N_{vib} \tag{1-1-8}$$

对于承压型高强螺栓，除满足公式(1-1-5)外，尚应满足

剪力设计值

$$N_v \leqslant N_{bv} = n_v \frac{\pi d^2}{4} f_{bv} \tag{1-1-9}$$

承压力设计值

$$N_c \leqslant N_{bc} = d\sum t f_{bc} \tag{1-1-10}$$

式中：n_v——受剪面数；

d——螺栓公称直径；在式(1-1-9)中，当剪切面在螺纹处时，应用螺纹有效直径 d_e 代替 d，但应尽量避免螺纹深入到剪切面；

$\sum t$——在同一受力方向的承压构件的较小总厚度；

f_{bv}、f_{bc}——分别为螺栓的抗剪和母材承压设计值。

《门式刚架轻型钢结构技术规程》(CECS 102：2002)(以下简称轻钢规程)规定：主刚架构件的连接应采用高强螺栓。《钢结构设计规范》(GB 50017—2003)(以下简称钢结构规范)中规定：大跨度钢梁和直接承受动荷载的钢梁宜采用摩擦型高强螺栓。

轻钢门式刚架结构屋面荷载轻、钢梁跨度较大，而钢梁的截面高度可以做的比较小，一般可取钢梁跨度的1/20～1/50。分析表明：钢梁截面高度主要由弯矩和挠度控制。而端板连接部位的承载力相对于H型钢梁截面要薄弱许多。轻钢规程中把端板分为外伸式和平齐式两种，并优先推荐采用外伸式端板连接节点。外伸式端板承载能力是平齐式端板的1.2～2.0倍。但在实际结构中，有些部位不能采用外伸式端板，如内天沟下部等位置。

表1-1-1、表1-1-2，图1-1-5、图1-1-6均给出了端板处梁高与弯矩的关系，设计人员可以根据表和图，按照弯矩粗略地估算端板处钢梁的截面高度和螺栓大小。

梁截面高度与弯矩的关系(端板平齐) 表1-1-1

梁高 h(mm)	M16(kN·m)	M20(kN·m)	M22(kN·m)	M24(kN·m)	M27(kN·m)	M30(kN·m)
400	53	82	101	119	154	188
500	81	126	154	182	235	288
600	119	184	226	268	345	422
700	162	251	308	365	470	575
800	212	329	403	477	615	753
900	270	419	513	608	783	959
1000	332	515	631	747	963	1179
1100	402	623	764	905	1166	1427
1200	477	739	906	1073	1383	1693
1300	562	871	1068	1265	1630	1995
1400	653	1012	1241	1469	1894	2318
1500	748	1159	1421	1683	2169	2655
1600	853	1322	1621	1919	2474	3028

梁截面高度与弯矩的关系(端板外伸) 表1-1-2

梁高 h(mm)	M16(kN·m)	M20(kN·m)	M22(kN·m)	M24(kN·m)	M27(kN·m)	M30(kN·m)
400	112	174	213	252	325	398
500	149	231	283	335	432	529
600	195	302	371	439	566	692
700	246	381	467	554	713	873
800	304	471	578	684	882	1079
900	369	572	701	830	1070	1310
1000	440	682	836	990	1276	1562
1100	519	804	986	1168	1505	1842
1200	602	933	1144	1355	1746	2137
1300	694	1076	1319	1562	2013	2464
1400	793	1229	1507	1784	2300	2815
1500	897	1390	1704	2018	2601	3184
1600	1009	1564	1917	2270	2926	3582

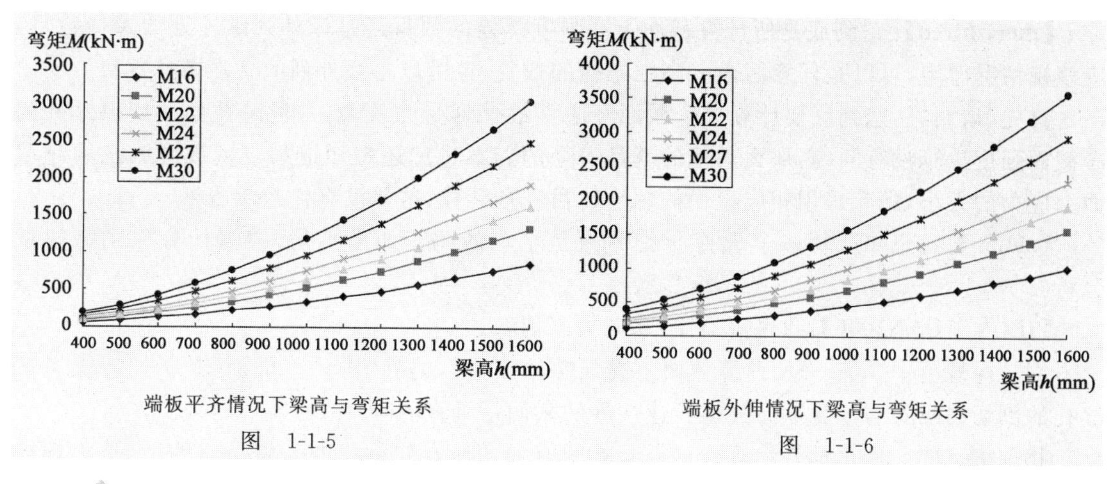

图 1-1-5　　　　图 1-1-6

二 规范理解

1 钢结构规范5.1.1理解(tid=162771　2007-4-14)

【zidian】:如钢结构规范5.1.1-2、5.1.1-3式所示,n_1应该是所计算截面上高强度螺栓的数目,还是最外列螺栓处的螺栓数目?

钢结构规范相应规定如下:

高强度螺栓摩擦型连接处的强度应按下列公式计算

$$\sigma = \left(1 - 0.5\frac{n_1}{n}\right)\frac{N}{A_n} \leqslant f \tag{1-1-11}$$

$$\sigma = \frac{N}{A} \leqslant f \tag{1-1-12}$$

式中:n——在节点或拼接处,构件一端连接的高强度螺栓数目;

n_1——所计算截面(最外列螺栓处)上高强度螺栓数目;

A——构件的毛截面面积。

【20070327】:按照与受力方向垂直的最外侧螺栓孔前传走一半的力来理解。

【zcm-c.w.】:验算时应取最危险截面。最外列螺栓处截面应为最危险截面。应该没矛盾。

【zidian】:既然如此,下面的帖子该如何理解?

http://okok.org/forum/viewthread.php?tid=159421。

【zhenzhenjiajia】:我理解应为所计算受力方向上最外列螺栓数。

【心逸无涛】:一般情况每个螺栓受力不等,最外一排最大,向内逐渐减小。但当最外排达到受力极限状态时,其受力不再增大,发生应力重分布,导致内排的螺栓受力增大。整个连接达到极限状态时,每个螺栓受力相等,都达到极限状态。所以设计时可以按每个螺栓受力相等计算。

【Q420D】:**心逸无涛**所述情况是按承压型连接考虑的吧。摩擦型连接出现这种情况时应变比较大,就不满足假设条件了。所以,每个螺栓都达到极限状态只能是理想状态。

【morizhiren】：n_1 到底是所计算截面上高强度螺栓的数目还是最外列螺栓处的螺栓数目，应该视情况而定，可以是任意截面上高强螺栓的数目，也可以是最外列的高强螺栓数目。

首先，请回答：您到底要计算哪个截面？通常最外列受力最大，是危险截面。如果最外列净截面强度计算没有问题，那么其他的就是安全的。不过您还想知道第二列或者第三列净截面上应力的大小，您就采用相应截面的螺栓数目进行计算，这并没有什么矛盾。

【zidian】：我想知道每一个螺栓所受的力是平均的吗？如果不是，根据什么原则来定量分析？

【ILOVEJUAN2006】：我也搞不懂，来向大家请教。

钢结构规范中"n_1——所计算截面上高强螺栓数目"，此处"所计算截面"是指连接板有螺栓孔的剖切面吗？与计算除高强螺栓连接处的截面是垂直的吗？

我理解是的。反正都是计算连接板某处的应力。还有如果我的理解是对的话，那么螺栓都是几行几列的，那么每个截面上的螺栓数目不就是一样吗？那么应力大小也就一样了，就不存在最外列不利的情况了，有问题吗？

【zidian】：如 **morizhiren** 所述："如果最外列净截面强度计算没有问题，那么其他的就是安全的"。

从钢规中公式 5.1.1-2 来看，一点也看不出最外列螺栓连接处是最不利的。

【morizhiren】：从公式来看，还是可以判别出最外列螺栓连接处受力最不利。

最外列连接处净截面受力

$$\sigma_1 = \left(1 - \frac{n_1}{n}\right)\frac{N_1}{A_{n1}}$$

第二列连接处净截面受力

$$\sigma_2 = \left(1 - \frac{n_2}{n}\right)\frac{N_2}{A_{n2}}$$

第三列连接处净截面受力

$$\sigma_3 = \left(1 - \frac{n_3}{n}\right)\frac{N_3}{A_{n3}}$$

依次类推，力在传递过程中因摩擦型高强螺栓的摩擦作用不断被削弱，可以判定 $N = N_1 \geqslant N_2 \geqslant N_3$，那么在相应截面处净截面受力 $\sigma_1 \geqslant \sigma_2 \geqslant \sigma_3$（假定 $n_1 = n_2 = n_3$），即最外列连接处净截面受力最大。打个比方，若外敌入侵，边境相对与内地而言要危险一些。

【lake】：摩擦型高强螺栓传力所依靠的是摩擦力，一般可认为均匀地分布于螺栓孔四周，故孔前接触面已传递了一半力。注意到这点，上述公式就不难理解。

【myorinkan】：看了上面的讨论，觉得没有分析到问题的本质。谈谈我的想法：

记得我曾经在哪个论坛发帖子，谈了我对《钢结构设计规范》5.1.1 的公式(5.1.1-2)的理解，如下：

公式(5.1.1-2)用于计算螺栓孔削弱的截面的强度。该截面称为计算截面。

螺栓群分成并列布置和错列布置：

(1)对于并列的螺栓群，计算截面取最外列的螺栓处，假想破断线为一直线。

(2)对于错列布置的螺栓群。要分别计算以下两种情况下的 σ：

①上述(1)的假想破断线为一直线的情况。

②计算截面取最外列螺栓与相邻列螺栓共同构成的假想危险截面,假想破断线为折线。

n_1 可理解为假想破断线上的螺栓数,A_n 为假想破断线上的净截面积。式中的0.5是考虑一部分内力已由摩擦力在孔前传走的系数。

【YAJP】:这个问题有点意思。为了提高节点连接的效率,最外列螺栓数量可以少于内列螺栓数量,这样内列螺栓处净截面面积较小,控制截面可能不在最外列,这种情况下公式5.1.1-2就不适用。规范的写法我理解为计算截面在最外螺栓处的计算公式,别处的没提到。

【ycwang】:轴心受力构件的计算公式,在“摩擦型高强度螺栓连接处,是从连接的传力特点建立的。规范中的公式(5.1.1-2)为计算由螺栓孔削弱的截面(最外列螺栓处),在该截面上考虑了内力的一部分已经由摩擦力在孔前传走。公式中的系数0.5即孔前传力系数。根据试验,孔前传力系数大多数可取为0.6,少数情况为0.5。为了安全可靠,本规范取0.5”。这个问题,规范5.1.1的条文说明写的清清楚楚。

2 钢结构规范3.4.2条第3款的理解(tid=166298 2007-5-30)

【yechhao】:规范上讲:“施工条件较差的高空安装焊缝和铆钉连接乘以系数0.9。”请问:施工条件较差的高空安装焊缝是专指安装焊缝吗,结构焊缝怎么处理?

★【ycwang】:(1)楼主提到两个概念,安装焊缝和结构焊缝,安装焊缝也是受力必不可少的焊缝,应该包括在结构焊缝里面。

(2)一般焊缝可以在工厂焊,不得已才在工地焊,是因为工地的焊缝质量不容易保证。工厂焊缝和工地焊缝都是结构焊缝。

(3)规范3.4.2条是在特殊情况对3.4.1条规定强度的折减,是不能保证计算假设情况下的折减。

(4)条件较差的工地高空施工焊缝在设计时应该考虑3.4.1规定强度折减后进行验算。

3 钢结构规范7.6.2条中的疑问(tid=150367 2006-11-2)

【lhb. hepsdi】:本条式 $R\leqslant 40ndlf^2/E$ 中,f 表示圆柱形辊轴的抗压强度还是顶板及底板的抗压强度?规范中好像没有明确规定。

【呆呆虫】:个人理解应为顶板强度。

【lhb. hepsdi】:有没有根据呢?我认为如果是顶板的强度,那自然也是底板的强度呀,通常情况,顶板和底板应该采用同一强度的钢材吧。

【qylyhn】:应是辊轴的抗压强度。

【lhb. hepsdi】:我个人也认为是辊轴的抗压强度,可是顶板和底板的抗压承载力该怎么计算呢?

★【V6】:看看规范的条文说明,说得还是很清楚的。f 为钢材的抗压强度设计值,是指支座钢材的抗压强度设计值。就是说辊轴和顶底板的强度设计值都包括在内。计算哪个构件就取用哪个构件的抗压强度设计值。当支座由不同强度钢材组成,则选用低强度钢材进行验算,高强度钢材的构件无需计算。

【lhb. hepsdi】：我认为您的解释不合理，首先规范（包括条文说明）中并没有明确指出支座由哪些构件组成，我认为应该仅指弧形构件和圆柱体构件，顶板和底板均同其他构件焊接在一起，规范中可能没有把它们算在支座之内；其次，根据公式，$R \leqslant 40ndlf^2/E$，可以看出，在 n、d、l 三项一定的情况下，承载力只取决于 f，如果顶板、底板与辊轴的强度 f 不同时，在临界条件下，必定是一个刚好满足，而另外一个承载力却很富余，对设计来说，这是不太合理的。另外，我认为计算顶板和底板的抗压承载力应该同它们的厚度有关系。

如果我的理解有不妥之处，请指正。

点评：(1)钢结构规范 7.6.2 是验算承压，仅与接触面积相关，故无需引入顶、底板尺寸即可验算。

(2)f 应为辊轴、顶底板钢材设计抗压强度中较小值。

4 钢结构规范中螺栓连接问题（tid＝83870　2005-1-26）

【wxm】：钢结构规范第 82 页表 8.3.4 中“当顺内力方向时螺栓中心至构件边缘距离的最小容许值为 $2d_0$”，现在设计中这一条件不能完全满足，也就是说比规定值还小一点，现在想验算一下到底够不够，不知道怎么去验算？

【crazyphp】：满足 $2d_0$ 无非就是不让端板在螺栓破坏前承压破坏。根据板承压的公式，我们这里只有加大承力截面。所以可以在构件边缘螺栓处焊一块相当于垫板的板（板厚可根据实际计算采用），此板一定要跟端板焊死，满足二级焊缝以上要求。个人认为这个方法是万不得已才用的方法，所以在能满足构造要求的前提下，还是应满足构造不小于 $2d_0$（图 1-1-7）。

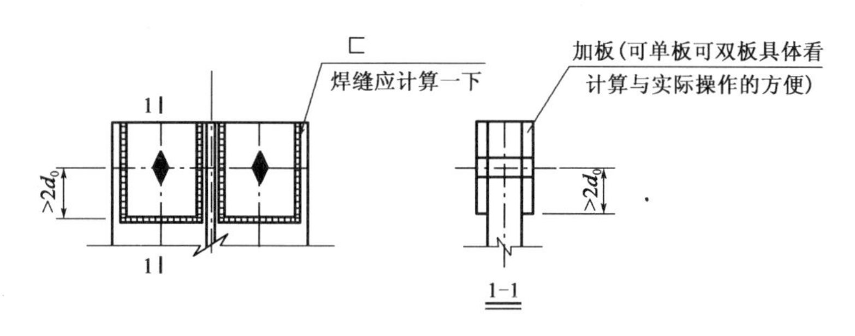

图 1-1-7

【YAJP】：钢结构规范中对顺内力方向螺栓中心至构件边缘距离的要求，是要保证构件边缘不发生剪切破坏，最多是发生承压破坏。若满足这个要求，螺栓连接只需进行螺栓抗剪和构件承压验算，不必进行构件边缘抗剪验算；如果不满足这个要求，按理须进行构件边缘抗剪验算．剪切面为[2×（螺栓中心至构件边缘距离－螺孔半径）×板厚]。适当增加板厚应该是可以满足要求的。

5 钢结构规范 7.2.4 理解问题（tid＝116602　2005-11-24）

【13983977058lhx】：钢结构规范 7.2.4 中连接长度为 l_1，请问 l_1 是怎么计算的，是不是两端螺栓中心之间的距离。

【PJB】:(1)不是两端螺栓中心之间的距离,而是在杆件一端,靠近节点板边缘的螺栓孔和远离节点板螺栓孔的距离(l_1 类似于图 1-1-8 的 l)。

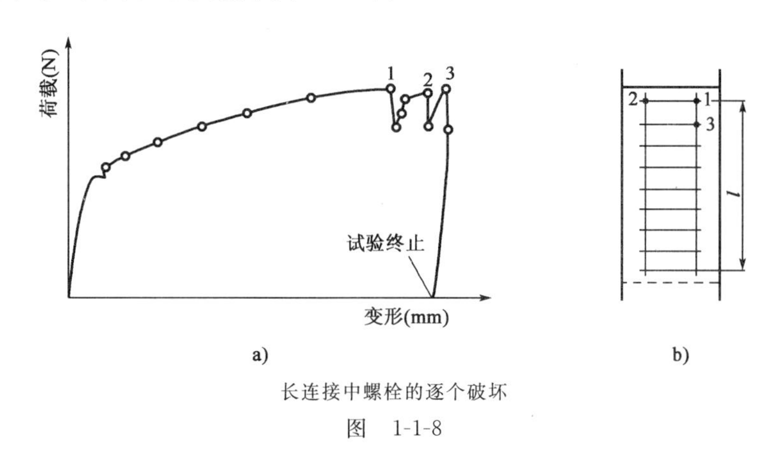

长连接中螺栓的逐个破坏

图 1-1-8

(2)原因是螺栓在节点板上的长连接类似于长侧焊缝,存在螺栓受力不均的问题。我国规范所采用的公式与欧洲相似,只是将螺栓直径变为孔径。

(3)**13983977058lhx** 兄可能指的是规范的前言中表明了 l_1 代表杆件两端的螺栓中心,而这里又有 l_1,但意义不同,因此规范在此处有前后表述不一之嫌。

三 连接螺栓

1 高强度螺栓的适用情况(tid＝208650　2009-2-26)

【shimaopo】:对钢结构建筑来说,高强度螺栓除了用在主结构(梁、柱、支撑)连接以外,是否还运用在楼层铺板的次梁上,或者屋面檩条上?

再问一个问题:什么地方可以使用螺栓连接?

【weiwei791010】:好像还没有见过楼面铺板的次梁用高强螺栓连接的,这样是否有些浪费了?

【shimaopo】:根据我们这里的厂房建设中高强螺栓的使用情况来看,除了檩条、围梁、栏杆、楼梯外,其余地方都用高强螺栓。真是觉得好浪费。从强度来说,构件早破坏了,可是螺栓还远远不会破坏,让人感到有些不解。

点评:一般而言,高强螺栓多用于受力相对比较大的主体构件的连接上,需要经过计算来决定螺栓的大小和数量。对于受力比较小的次要连接,可以用普通螺栓连接。

2 请教有关普通螺栓和高强螺栓的问题(tid＝169990　2007-7-17)

【chxldz】:现在看到的多数钢结构连接节点都是采用高强螺栓抗剪,只有在安装固定时才使用普通螺栓,不知普通螺栓是不是也用于各种受力连接中?

【zcm-c. w.】:普通螺栓宜用于杆轴方向受拉的连接,《钢结构设计规范》第 8.3.5 条和

8.3.6条有明确的规定。在一些连接中，可设支托承受剪力，(弯矩)拉力则由普通螺栓承受。

【半支烟】：普通螺栓和高强螺栓的受力机理不同，对其应用限制没有特殊要求。就像我们出行，骑自行车和坐出租车一样，达到目的地是我们的最终要求。

点评：普通螺栓和高强螺栓的连接节点，在构造做法和受力分析上是不同的，具体要求可参见《钢结构设计规范》(GB 50017—2003)第7.2条和第8.3条的规定。无论是高强螺栓还是普通螺栓，设计时，单个螺栓只考虑螺栓本身承受拉力和剪力，而一个螺栓群可以承受弯矩。

高强螺栓最常见的是用于门式刚架结构的端板连接节点，钢结构框架结构中的梁柱连接节点和梁梁连接节点等；普通螺栓多用于桁架或支撑结构的连接节点，安装节点等。

3 怎样理解承压型、摩擦型高强螺栓？（tid＝110791　2005-10-2）

【jianfeng】：我手上资料很少，对高强螺栓抗拉、抗剪还能理解，对承压型、摩擦型高强螺栓作用不太理解。请大家帮我解释一下。

【wanyeqing2003】：摩擦型高强螺栓和承压型高强螺栓在计算方法上有区别。摩擦型是按预拉力的大小来设计，而承压型高强螺栓需要考虑螺栓的受剪和受拉承载力的验算。

关于两种螺栓的计算方法在《钢结构设计规范》(GB 50017—2003)第7.2.2条和第7.2.3条中有规定。

【aufwieder】：螺栓本身都是一样。

【星星汗】：那么，什么情况下适合用承压型高强螺栓，什么情况下适合用摩擦型高强螺栓呢？

只要不承受直接动力和反向内力，是不是用哪种螺栓都可以？

【captain_sjz】：承压型、摩擦型指的是连接形式，二者的极限状态不同。

举个例子，这就相当于举重，同一个人(螺栓)，可以抓举(承压型连接)，也可以挺举(摩擦型连接)。

《钢结构设计规范》(GB 50017—2003)规定，高强度螺栓承压型连接不应用于直接承受动力荷载的结构。

4 安装螺栓和受力螺栓怎样区别？（tid＝58112　2004-5-15）

【棉花糖】：在PKPM中的节点图里面，一般的梁柱连接是柱上焊一块节点板，然后与工字钢的腹板用两个螺栓连接，腹板与节点板用角焊缝围焊，此时的螺栓是安装螺栓。如果不用焊缝，螺栓直接受力可以吗？如果不行，为什么？

是不是要在节点板和腹板外再加两块板，再用螺栓将它们连接，而不能把节点板和腹板直接用螺栓连接？

【he1204】：您说的应该是一个铰接节点，可以不需要焊缝，但螺栓规格、节点板尺寸等要通过计算来确定。

点评：顾名思义，安装螺栓主要便于施工过程中结构构件的定位和安装，安装螺栓本身并不需要考虑承担结构使用过程中的荷载和内力。对于节点板焊接连接的部位，节点承载力主要依靠焊缝来保证。

如果是焊接连接的节点、腹板和节点板处的螺栓，主要是构件安装用的，实际承载不能靠安装螺栓承受。如果考虑螺栓承载，必须经过受力分析方可使用。

这种节点方式成本高且不甚可靠，已不多见，目前 PKPM 以这种形式为主，也是软件发展中的问题。

5 请教高强螺栓公称直径(tid=204431 2008-12-13)

【kiss 久久】:我想请问一下什么是高强螺栓公称直径，和直径有什么区别？比如：M24 中的 24 是指什么，是公称直径吗？可以图解说明吗？还有请教一下，你们一般怎么计算螺栓长度的？

【shimaopo】:高强度螺栓公称直径和普通螺栓一样理解：

(1)大径：与外螺纹牙顶或内螺纹牙底相重合的假想圆柱面的直径。

公称直径：代表螺纹尺寸的直径，指螺纹大径的基本尺寸。

(2)高强度螺栓一般选择拧紧以后露出三个丝扣即可，而普通螺栓则为 1～2 个。

点评：关于螺栓规格和公称直径的含义，可以查阅《六角头螺栓》(GB/T 5782—2000)。图 1-1-9 是一个螺栓的图例，通常螺栓的表示方法是 $Md\times l$。

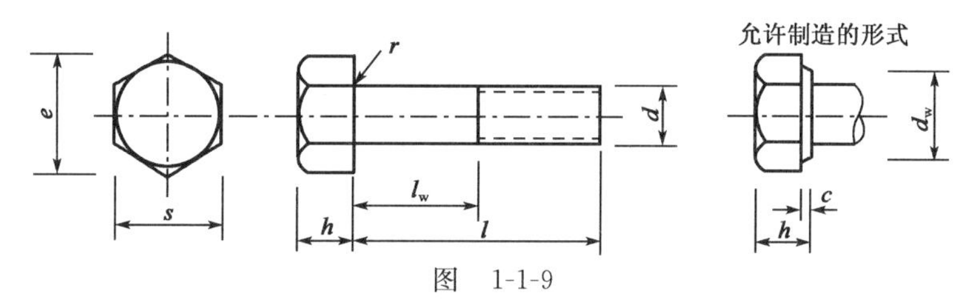

图 1-1-9

例如，螺杆表示：M20×150，含义是公称直径为 d=20mm 的螺栓，螺杆长度 l=150mm。

6 关于热镀锌钢结构摩擦面的问题(tid=204431 tid=154351)

【shenjq】:现在有的设计院说钢结构热镀锌时需要考虑摩擦面问题，有的设计院说不用考虑摩擦面。不知道有没有相关规定？

【金领布波】:根据摩擦面高强螺栓连接的类型考虑。如果是承压型连接，不用考虑；如果是摩擦型连接，则有必要考虑另外一种防腐措施，因为热镀锌表面的摩擦系数不稳定，离散性较大，设计没有准确的依据。

【大仓】:镀锌后的摩擦系数很低。我在《钢结构高强度螺栓连接的设计、施工及验收规程》JGJ 82—91 上看 3 号钢的摩擦系数取 0.17。

★**【myorinkan】**:《钢结构设计规范》(GB 50017—2003)中的表 7.2.2-1 摩擦面的抗滑移系数 μ 没有涉及热镀锌表面。

高强度螺栓摩擦型连接，应该考虑热镀锌影响，但处理后热镀锌表面的抗滑移系数并不是很低，美国 AISC 取 μ=0.35，日本钢结构学会取 μ=0.4。

介绍一下美国和日本的规定。

美国AISC2005将抗滑移系数按表面处理方法分成两类(以前分三类,现改为两类):

(1)μ=0.35,适用于清洁轧制表面,或喷丸后涂A级涂料的表面,或热浸镀锌后打磨处理的表面。

(2)μ=0.50,适用于喷丸处理的表面,或喷丸后涂B级涂料的表面。

日本也分两种:

(1)μ=0.45,适用于自然生赤锈表面,或喷丸处理表面。

(2)μ=0.40,适用于热浸镀锌后喷丸处理表面。

注:喷砂处理现在已很少用了。美国规定见附件1-1-2,1-1-3。

附件1-1-2:美国AISC钢结构规范2005关于摩擦面抗滑移系数μ的取值

μ= mean slip coefficient for Class A or B surfaces, as applicable, or as established by tests

=0.35 for Class A surfaces (unpainted clean mill scale steel surfaces or surfaces with Class A coatings on blast-cleaned steel and hot-dipped galvanized and roughened surfaces)

=0.50 for Class B surfaces (unpainted blast-cleaned steel surfaces or surfaces with Class B coatings on blast-cleaned steel)

附件1-1-3:美国AISC钢结构规范2005的条文说明关于摩擦面抗滑移系数μ的取值

Slip Coefficient of the Faying Surface. This Specification has combined the previous Class A and Class C surfaces into a single Class A surface category that includes unpainted clean mill scale surfaces or surfaces with Class A coatings on a blasted-cleaned surface, and hot-dip galvanized and roughened surfaces with a coefficient of friction μ=0.35. This is a slight increase in value from the previous Class A coefficient. Class B surfaces, unpainted blast-cleaned surfaces, or surfaces with Class B coatings on blast-cleaned steel remain the same at μ=0.50.

7 镀锌后的高强螺栓(tid=110138　2005-9-25)

【register003】:高强螺栓镀锌后造成扭矩系数的离散性大,使用中该怎么来控制预拉力?是不是只能当普通螺栓使用?

【jackqingdao】:普通的电镀确实无法控制扭矩系数,如果您的设计中需要防腐,可考虑表面烘覆锌铬酸盐,我在几个化工项目中使用过,效果不错。

8 高强度螺栓可以用弹簧垫圈吗?(tid=111285　2005-10-8)

【zanzijas】:摩擦型高强度螺栓有一定的连接副,一个连接副包括一个螺栓、一个螺母和两个垫圈。但在实际中我经常看见电动单梁起重机的主梁与端梁连接的高强度螺栓采用的并不是平垫,而是采用了弹簧垫圈,请问这样可以吗?有的则采用两个螺母来防松,这样合理吗?

【泽碧】:可以。我之前的一个设计中高强度螺栓就用了弹簧垫圈。

【doubt】:实际上摩擦型高强螺栓因为已有预拉力,不需要额外措施防松动,但因为在动载环境中会产生松弛,因而需要增加弹簧垫圈。

【hai】:规范只要求对于承受动荷载的普通螺栓有防松要求,对高强螺栓则没有要求。见《钢结构设计规范》(GB 50017—2003)强制性条文第8.3.6条。

【zhuminzhang】:高强螺栓不同于普通的安装螺栓,已经有预拉力了。我怀疑在这么大的预拉力下,弹簧垫圈会不会被压碎,一旦弹簧垫圈碎了,相比于普通安装螺栓来说,后果会更严重的。退一步说,就算是普通的安装螺栓,使用弹簧垫圈也不是很好的防松方法,还是怕弹簧垫圈碎了,不如使用双螺母。

★【tom_zqy】:对于摩擦型连接的高强度螺栓,我想是绝对不能采用弹簧垫圈的。一般高强度螺栓都叫高强度螺栓连接副,顾名思义,所有的高强度螺栓都是成套的。对于高强度螺栓来讲,施加预拉力是其重要的环节,因此如果采用扭矩扳手的话,施加扭矩的大小决定预拉力的大小,而两者之间的关系参数"扭矩系数"是通过在工厂对一套连接副进行测试得来的,因此不能够随意增加附件。

【sdwusim】:请问用两个螺母可以吗?

【crazysuper】:不太理想,因为防松动螺栓是不同于高强螺栓的,防松动螺栓中弹簧垫圈的作用就是在动力荷载作用下不会松动。再一个要考虑吊车长期在吊车梁上作用,用防松动螺栓有一个缓冲作用,抗疲劳效果好。

9　高强螺栓需要配两平一弹,共三个垫片吗?(tid＝161194　2007-3-29)

【慧智】:高强螺栓需要配两平一弹,共三个垫片吗? 可以不要弹片吗?

【firep】:钢结构连接的高强度螺栓不要配弹垫的,除非您用高强度螺栓锁接振动强烈的设备。

10　请教扭剪型和六角螺帽型高强螺栓有什么区别?(tid＝153685　2006-12-11)

【lcz】:请问这两种螺栓各有哪些特点?

★【voky】:扭剪型高强螺栓和大六角型高强螺栓的区别:

(1)扭剪型高强螺栓的头部有一梅花头,而大六角的没有。

(2)扭剪型高强螺栓的尾部是圆的,而大六角的是六角形的。

(3)在施工方法上所使用的工具不同:扭剪型高强螺栓使用电动工具,而大六角使用的扭矩扳手。

(4)确认螺栓是否已达到预紧力的方法不同:在施工中,对于扭剪型高强螺栓,只要梅花头掉落,即可认为合格,而大六角则需要调节扭矩扳手的扭矩来确认。

其实,在外观上大六角和普通螺栓是一样的,这种螺栓现在一般很少用,因为施工起来很不方便,而且容易发生漏拧的情况,难以确认螺栓是否已经达到设计要求的预紧力!

扭剪型高强螺栓的施工如图1-1-10所示。

大六角高强螺栓的施工如图1-1-11所示。

图　1-1-10

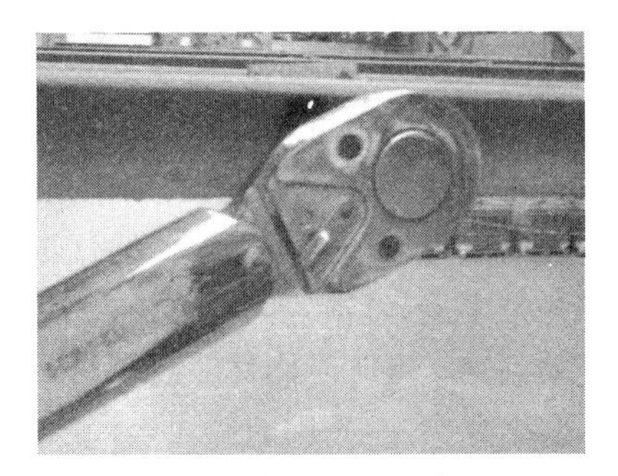

图　1-1-11

11 H. T. B 是什么意思？（tid＝106077　2005-8-17）

【黑胡子海盗王】：请问：H. T. B 是什么意思？

【arkon】：高强螺栓。

【黑胡子海盗王】：为什么不是 H. S. B 呢？知道是高强螺栓，但不知道还有什么其他含义？

【JP. G】：为扭剪型高强螺栓。

【zeemen】：H. T. B 印象中是 hight torgue bolt！？H. S. B 好像也有人用过 high stress bolt！

附带补充说明，口语上大家习惯将 H. T. B 说成 high tension bolt。一般而言 H. S. B 指的是大六角高强度螺栓，而 T. C. B 和 H. T. B 指的是 F10T、S10T 之类的扭剪型高强度螺栓，但是基本上设计者并不会刻意去区分，所以设计总说明上，总会补述等强之类字眼。一般情况下，不会只单单指定一种，通常要求节点考虑达到抗剪（或抗拉）要求就可以。

不晓得有没有说错，敬请指教。

【broadway】：我在北美做钢结构，口语上大家习惯将 H. T. B 说成 high tension bolt，即 A325，施工图上也写 HTB，未见写 H. S. B，结构图上常写全为 high strength bolt。

【夏日冰红茶】：H. T. B，在下接触到的香港工程均有这种表示，在建模钢模板中应用较多，其理解为高拉力螺栓，牙距较大，一般均为 M16 以上，英文名同楼上叫法；至于 H. S. B，则同楼上兄弟看法完全一致。

★**【myorinkan】**：上面有人说“北美……施工图上……未见写 HSB”的。似乎不妥。请看：

美国 AISC 的《Detailing For Steel Construction》图册中，图中用 HSB 表示高强度螺栓，如：10HSB 7/8×2-1/2，意思是 10 个 high strength bolts，直径 7/8 英寸，长 2-1/2 英寸。AISC 规程的文字表述中是用 A325 high-strength carbon steel bolts，或 A490 high-strength alloy steel bolts，而没找到 HTB 字样。

日本的习惯是，图纸和计算书中用 HTB 表示高强螺栓，读作 high tension bolt 的英语发音。

四 节点形式

1 节点的分类（tid＝33733　2003-7-26）

【baby-ren】：本人是结构新手，对于钢结构中的节点构造感觉模糊。请教如何区分刚接，铰接和半刚性连接？对钢结构建筑来说，高强度螺栓除了用在主结构（梁柱、支撑）连接以外，是否还运用在其他地方？

【llmhjz】：我觉得是无论铰接、刚接或是半刚性连接都应该是由设计出的节点决定的。铰接和刚接的区别在于是否考虑传递弯矩。如果您做的节点能满足设计要求的弯矩承载力要求就可以说是刚接，否则就应该按铰接来考虑计算简图。至于具体的形式就会有不同的，没有办法笼统的判定。至于半刚性节点就是能承受一定的弯矩，但承受不了设计节点为刚接所要求的弯矩。据我所知，我国的普通设计人员通常是不考虑半刚性节点，而把它当铰接来算。

【baby-ren】：如果有如下节点：槽钢梁和工字钢梁连接，焊一块钢板于槽钢内，再把钢板和工字钢梁腹板用螺栓连接，算什么样的节点？

【llmhjz】：听您的说法像是铰接节点。要是能传上节点图就比较明白了。

【chenren88888】：关于节点的刚度，ESA-Prima Win（比利时 SCIA 公司开发的一个钢结构 CAE 软件）能够校核是铰接还是刚接，可惜仅仅适合 H 型钢。

【baby-ren】：我觉得这种情况是把弯矩转化为螺栓所承受的剪力和扭矩，因此我认为它能够承受弯矩，因而它是刚接，对否？

【比木鱼】：理论上铰接是不承受弯矩的，但在实际工程中，任何节点都要承受一定的弯矩，至于您说的这种节点，我觉得节点的形式和螺栓的连接方式是有很大的关系，能否把详图上传一份？

【qczn20】：在论坛里多次看到半刚接这种节点连接方式，这里想请教半刚性连接节点的构造做法是什么样的，如何计算？

点评：半刚性连接节点主要是指节点的刚度要比刚性节点小，节点弯矩与其转角变形呈非线性关系，这与设计计算的基本假定有密切关系。半刚性连接节点的种类比较多，较为典型的半刚性节点如门式刚架中的端板连接节点。

2 焊接和螺栓连接的区别（tid＝58974　2004-5-21）

【renzhaojun】：请教：焊接和螺栓连接的优缺点及区别，例如受力、安装、施工、经济等方面。

【cloris79】：个人认为受力方面只要满足要求就可以，无论焊接还是螺栓连接都可以。

安装上当然是螺栓连接方便了，在施工时避免了现场焊接，因为现场焊接质量不是很能保证，到现场看过施工的人都知道焊接的质量情况，而且一般也不检测，焊缝质量自然就达不到设计要求了。不过我不是说所有的施工队都不能满足设计要求，只是说现场焊接质量不容易保证。

有些构件是镀锌的，如果采用现场焊接的话会破坏锌层，这样还要把破坏的地方补上，就不是很经济了。一般情况大家都喜欢采用螺栓连接，到现场只要安装上去就可以了。

【bljzp】：焊接连接节点的受力：比较直接，容易满足等强连接，易产生脆性破坏，有残余应力，不利于结构局部稳定。

施工安装：厚板要预热，焊缝要剖口，焊缝要探伤检测，施工速度慢，焊工素质要求高，质量相对较难控制，工厂制作精度要求相对较低，对材料可焊性要求较高。

经济性：材料比较节省，在劳动力便宜时成本较低。

螺栓连接节点的受力：通过连接板传递，承载力有限，较难做到等强连接，连接以传递剪力为主。

施工安装：施工速度快，施工质量容易保证，对工厂制作精度有较高要求，工地调整余地较小。

经济性：需要连接板等更多材料，在劳动力昂贵时成本较低。

点评：综合加工、安装、经济、适用、可靠等方面因素来看，在可能的情况下，宜尽量选用螺栓连接。

★3 焊接与螺栓连接(tid＝53693 2004-4-6)

【LQJ2002】:本人涉足钢结构不久,想请教一个问题:目前日本绝大部分钢结构都是螺栓连接,而国内大部分都是焊接,请问这种差别是应该从经济角度考虑,还是从技术角度考虑,产生这种差别的原因何在,请指教。

★**【高原】**:从结构角度讲,两种构造都能够传递力,只是构造的差别:

(1)构造不同,传力方法不同,计算方法不同。

(2)安装方式有很大的差别,螺栓连接快。

(3)现场焊接受制约因素很多,质量不稳定。

(4)螺栓连接便于大批量工厂化生产,质量稳定。

(5)大批量使用螺栓连接是从国外开始的,但近十年来,国内已经大批量使用螺栓连接,特别在重钢结构中,几乎全部是螺栓连接。

【LQJ2002】:谢谢,看来我对国内的钢结构认识还很肤浅。

【w_shiqi】:除高原所说的外,日本钢结构都是螺栓连接也是由于日本的地震比较多,并且由于地震中大部分焊缝被撕裂,焊缝的抗震性能相对较差,所以焊缝使用得也相对较少。现在国内使用螺栓连接也逐渐在增加。

【wangxiantie】:焊接连接的刚度较大,但其延性相对较差,抗震性能也不如高强螺栓好。螺栓连接快捷方便,且易拆卸,在施工现场很容易实施,但焊接工艺相对较复杂,且焊接质量受很多因素影响,焊接质量不易控制。

【pp241314】:焊接与螺栓连接是否对结构有影响,它们的计算方法有没有什么不同?

★**【音乐发烧油】**:本人在施工中在可以使用螺栓连接的地方尽量要求使用螺栓连接,从它的延性等方面而言,螺栓连接的确优于焊接连接,但是有的部位螺栓连接不适用,这种情况下,有可能采用焊接连接。

【YAJP】:顶楼说的“日本绝大部分钢结构都是螺栓连接”,我表示怀疑。虽然没去过日本,但从日本的资料以及日本在中国建造的结构(包括工业厂房和高层建筑)来看,大部分连接是焊接,螺栓连接是小部分。但日本型钢用的比我们多,相对来说焊接比我们用的少。

【LQJ2002】:我是听我们公司的日本职员所说,可能比较笼统,有待查证。

4 焊接是刚接还是铰接(tid＝34836 2003-8-10)

【xu_zhaoyang】:一钢梁两端与主梁焊接连接,此钢梁弯矩是按两端固接计算还是按铰接计算?

【steeliness】:焊接是刚接。

【jiangshenhoo】:刚接,绝对是刚接。

【chenren88888】:不一定是刚接,要看主次梁的大小关系及节点形式。我觉得若仅是焊接而没加强板顶多算半刚接。

【w_shiqi】:焊接一般做成刚接,但是也要注意周围加强板的布置,若加强板布置不满足刚接要求,不得按刚接考虑。

【chenren88888】:仅供参考:我以前做过德国公司几个高 50～60m 的钢结构,一般无加强板的焊接梁均按铰接考虑。

★**【gouyong】**:若翼板也与主梁焊接,理应按刚接计算,因为此时次梁与主梁之间不会发生相对角位移,次梁的弯矩会造成主梁的扭矩,所以不能忽略。按刚接计算若节点连接计算通不过,还需利用加劲板加强。如果按铰接计算,前提是:翼板焊缝开裂,应力重分配,这是我们不希望看到的。如果按半刚接计连接算,理论上成立,但作为简单计算来讲,有那个必要吗?敬请指导。

【YAJP】:工字形截面的主梁按铰支座考虑,相邻次梁是否连续则要看翼缘是否连接上了。

【fmma】:是刚接。当采用刚性连接时,支座压力仍传给主梁,支座的弯矩则在两相邻跨的次梁之间传递,次梁上翼缘应用拼接板跨过主梁相互连接,或者次梁上翼缘与主梁上翼缘垂直相交焊接,但是在焊接时主梁翼缘存在双向应力状态,且易使主梁受扭,故较少采用。

【sunbow】:不一定是刚接。刘锡良教授发明的焊接球网架,钢管与焊接球之间所有的连接都是焊接,计算时都是按铰接计算。

【baby-ren】:这是由网架的结构形式决定的,而与其连接的形式没有关系。

★**【pillow】**:次梁和主梁的连接一般设计成铰接,即主梁只承受次梁的反力而不承受端弯矩。

通常是将主梁两侧的次梁(或仅一侧有次梁)分别简支于主梁,构造简单。有些情况则把两侧次梁互相联系成为连续梁,但主梁仍只承受其反力而不承受其弯矩。

次梁和主梁的简支连接或次梁为连续梁的连接都可做成叠接或侧面连接。至于焊接为刚接或铰接,我认为应视具体连接方式而定。

图 1-1-12 为用连接盖板和承托顶板的主次梁焊接刚接做法之一。次梁的支座反力传给焊接于主梁侧面的承托;次梁的支座负弯矩则可分解为上翼缘拉力和下缘压力的力偶,因而在次梁上翼缘之上设置连接盖板传递拉力,在次梁下翼缘之下由承托的水平顶板传递压力。为了避免仰焊,连接盖板在焊接处的宽度应比次梁上翼缘稍窄,承托顶板的宽度则应比次梁下翼缘稍宽。当次梁端弯矩较大时,可将左右承托顶板穿过主梁腹板的预切槽口做成直通合一,这时承托顶板与主梁腹板的连接焊缝按构造设置。

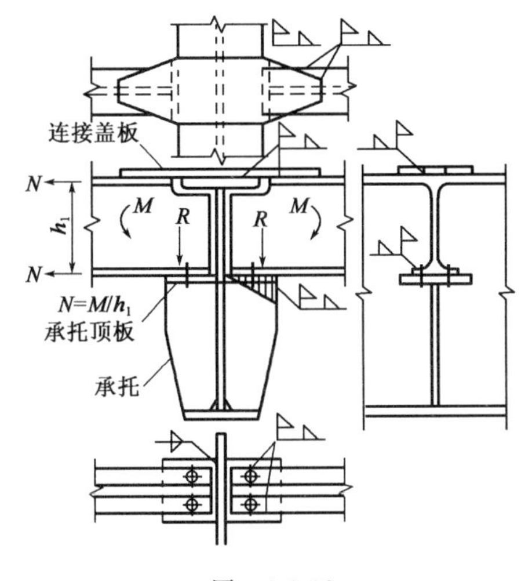

图 1-1-12

【bxz】:单跨次梁为铰接。连续梁,中间支座可做成刚接,也可做成铰接,视连接情况而定,端支座为铰接,中间支座有时做成半刚接(但本人没做过)。

【Q420D】:我所在的公司做了很多屋架,主要是角钢和钢管直接焊接而成(不用节点板),在用 3D3S 计算时,按空间钢架模型进行计算的(整体建模),都看成刚接节点,合理吗?

【YAJP】:对于一般的屋架、网架,可以按刚接计算,杆件轴力计算结果与按铰接计算没有太大的差别。没有节间荷载时,杆端次应力并不大,并且两端弯矩符号不同,按压弯构件计算时,弯矩折减很多,弯矩一项对计算应力贡献很小。过去用手算,按铰接考虑才方便。现在用计算机，按刚接计算可能更合理。

【Q420D】：可是，我在一次用3D3S计算2×21m双连跨的用角钢（业主要求的）焊接格构式排架时，采用框架模型与采用桁架模型，其计算结果相差很大。

请问：这是不是因为桁架是把节点默认为铰接而框架默认为刚接（我都没改变连接方式）的结果？

【wrhchina】：我也一直思考**Q420D**提出的问题，也问过别人。我也想不通：焊接节点其实应是刚接的（当然节点的焊接计算是通过的），但确定了如桁架模型就被认为是铰接（混凝土结构也是这样），我想是不是因为如假定成铰接是为了计算方便，且偏于安全或误差不大的缘故？

在钢结构上，杆件截面较小细长，是不是用刚接计算后，杆端弯矩可以忽略不计是假定为铰接的缘故？

希望有人告诉我最初桁架模型的假定的前提条件（或基于其他的什么理论）。

【baby-ren】：我想对于网架这种体系，理论模型要求所有的杆轴线相交于一点，而荷载都作用于节点上，不可能会产生弯矩，其计算用铰接是有很强理论依据的，但是由于制造安装的原因往往会有弯矩，所以网架设计的时候杆件应有很大的富余比较好。

对其他体系，焊接肯定是刚接的，但是若没有弯矩则看作是刚接还是铰接没有影响。要是考虑了误差，应该用刚接。

【法师】：**baby-ren**提到的“我想对于网架这种体系，理论模型要求所有的杆轴线相交于一点，而荷载都作用于节点上，不可能会产生弯矩……”

如果假定节点是刚接的，即便所有荷载都作用在节点上，杆件内部还是会产生弯矩的。

wrhchina提到的“我想是不是因为如假定成铰接是为了计算方便、且偏于安全或误差不大的缘故……”

桁架中的焊接节点通常被当作铰接节点，通常就是**wrhchina**说的原因。桁架中的杆件通常都比较细长，其单个杆件的抗弯刚度比起它的轴向刚度要小很多。也就是说，即便把桁架中的节点考虑为刚接，其杆件的抗弯刚度的贡献也会很小，对构件的内力影响也很小。一般都会在5%以内。当然，对于一些杆件尺寸特别大的桁架来说，比如杆件的长度与其截面尺寸的比值在5～10或更小时，把节点考虑成刚接和铰接时误差会比较大。

【baby-ren】：对于网架我还是认为如果力作用于节点，怎么会产生弯矩呢？还望**法师**指点迷津。

【法师】：我们一般假定网架为空间桁架的计算模型，即认为节点都是铰接的。实际上，螺栓球的节点构造也与铰接的假定较符合。对于焊接球节点，我认为理论上是刚接的，但根据我前面说的，构件一般较细长，简化成刚接误差并不会很大。

对于**baby-ren**的问题，通过下面的简单例子可以看出：

当荷载作用在节点上的时候，对于图1-1-13a）的链杆，很明显，二杆中只有轴力，无弯矩。对于图1-1-13b）的链杆，如果把中间的节点改为刚接的，此时结构是超静定的，其构件内部的轴力和弯矩值与构件的轴向刚度及抗弯刚度有关。但我们可以定性地把它等同于图1-1-13c）中的简支梁，很明显，构件内必有弯矩，而且，根据杆件的角度不同，图1-1-13b）中的弯矩的正负也会起变化。

总评：（1）主次梁连接，若次梁的翼缘及腹板均与主梁焊接，则为刚接。若仅腹板相连，则为铰接。

（2）屋架中的焊接连接通常按铰接计算是历史问题，以前结构靠人工计算，大型桁架（屋架）不作此种简化，几乎无法计算。

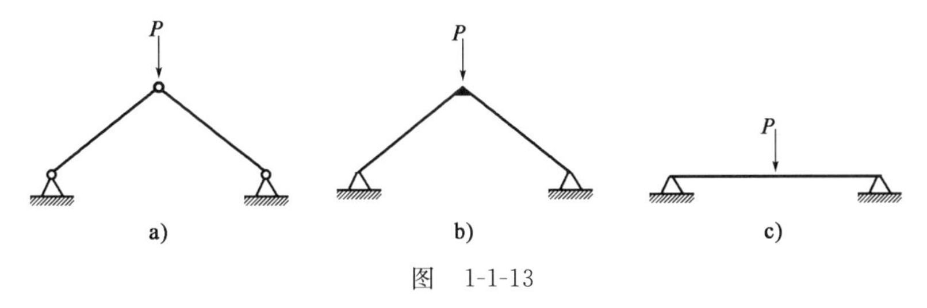

图　1-1-13

（3）判断刚接铰接不应引入两者的刚度比。

【YAJP】：网架按刚接考虑且荷载仅作用于节点时，按结构力学的方法、位移法计算，不考虑轴向变形的情况下，是算不出弯矩的。

【hefenghappy】：我觉得这种节点是属于刚接，但是在进行计算时应该参考钢筋混凝土中整体楼盖的计算方法处理，应该考虑主梁在侧向弯矩作用下的扭转效用对次梁内力的影响。比如，在钢筋混凝土中就是在荷载或内力中采用荷载折减或进行弯矩调幅，尤其是多跨的情况（个人观点）。

【tany】：请教各位，一平面桁架，上下弦用H型钢，斜腹杆用方钢管，竖腹杆用H型钢，均为焊接连接，这种情况连接建模时用刚接还是铰接呢？

【baby-ren】：我觉得此种情况用刚接的模型去计算。因为构件本身的刚度不小，不同于那些细长的杆件。

【stevens】：不同意**YAJP**的说法，网架（壳）结构按照刚接考虑应该是有弯矩的。但由于网架结构一般空间跨度较大（相对杆件长度），各杆件的两端节点可以比较自由地发生相对位移（转角），因而可以将焊接球网架当成铰接处理（事实上，我认为按照刚接计算更接近实际）。

如果支座处也用焊接球，则支座处不能当成铰接。因为支座杆件将承受相当大的弯矩。

【renzhaojun】：我觉得判断焊接是刚接还是铰接，应根据次梁截面相对于主梁的大小决定，截面大或比较开展，惯性矩大，则抵抗弯矩的能力就强，可以传递弯矩就可视为刚接；相反的，次梁与主梁相比截面很小则应视为铰接。

【vagabonddm】：焊接是刚接还是铰接，最重要的是看节点处两构件抗弯刚度的比值大小，不能单就连接形式来论！

【Bighand00】：同意楼上的说法，主梁和次梁的抗弯刚度比值能定量地反映这个连接的类型。如果主梁的抗弯刚度（有时可能是抗扭刚度）很大，次梁的作用几乎不能使主梁转动，即弯矩不能传递，那么可认为是铰接的；如果主梁的抗弯刚度很小的话，可认为是刚接的。

【船家】：按刚度比值定较客观一点，说铰接或刚接都不太妥，否则还有什么半刚性节点的说法。实事求是！

【iceshake】："铰接计算，刚接设计"是一种常用的偏保守的局部设计方式。

【wanfang】：刚接还是铰接不在于是否焊接，主要看以下两点：

（1）主梁与次梁的刚度（主梁为抗扭，次梁为线刚度）的比值是否足够大。

(2)楼板对主梁侧向变形的约束能力，连接可靠则可认为是刚接。

【orange502】:具体问题具体分析，可以参考欧洲或者美国的规范，通过 $M\text{-}\varphi$ 曲线确定。根据陈惠发教授的研究，刚接与铰接的区别只是对结构的位移产生影响，对结构的极限承载力影响不大。

【tom_zqy】:判断是否是刚接：一个是从计算上能否承受弯矩，另一个就是从构造上能否合理地传递内力。

【loiterer】:我个人认为：按铰接计算不一定偏安全。

【英雄之无敌】:同意 **wanfang** 的说法，焊接是刚接还是铰接，重要的是看节点处两构件抗弯刚度的比值大小，不能单就连接形式来论。

【cnjgjg】:不知混凝土柱和钢梁的节点如何设计方为刚接或为铰接。

【framer】:对于混凝土柱与钢梁的连接很难做到刚接，我也做过从混凝土柱上悬挑钢梁的节点，在柱内设预埋板，再将钢梁焊在预埋板上，应满足锚栓在柱内的锚固长度，如没有空间，则应在柱内设端板将锚栓拉住，但实际上还是达不到刚接要求的，只能算半刚接。这还有待于讨论。

【amami】:**Q420D** 提到："可是，我在一次用 3D3S 计算 2×21m 双连跨的用角钢(业主要求的)焊接格构式排架时，采用框架模型与采用桁架模型，其计算结果相差很大……"

当网架、桁架的杆件夹角在一定范围内，当网架、桁架均为节点承受荷载时，由杆端弯矩造成的应力和由轴力而产生的相比只有十分之一左右，所以在电算不是很普及的时候，很多人都选择了可方便计算的铰接模型。其实桁架受力时并不止要考虑它的 EI 和 EA，往往还有 SHEAR(网架则要好很多，BTW：ANSYS 的 pipe16 单元就较好)。

【friday】:刚接和铰接假定不见得哪个偏安全。在某些情况下，由于变形的影响，刚接和铰接计算对杆件影响很大，这种情况是不是应该做专门处理?

还有就是规范里对节点的验算是基于轴心受力(铰接)假定的，那么按刚接假定该如何验算?

【hgr0335】:判断是铰接还是刚接，应该以连接构造节点的相对刚度看：如果刚度相当，当然是刚接；若刚度相差悬殊，显然是铰接。

【tumuren】:同意楼上的说法，主梁和次梁的抗弯刚度比值能定量地反映这个连接的类型。如果主梁的抗弯刚度(有时可能是抗扭刚度)很大，次梁的作用几乎不能使主梁转动，即弯矩不能传递，那么可认为是铰接的；如果很小的话，可认为是刚接的。

我觉得这句话有问题，即"如果梁的抗弯刚度(有时可能是抗扭刚度)很大，次梁的作用几乎不能使主梁转动，即弯矩不能传递，那么可认为是铰接的；如果很小的话，可认为是刚接的。"

这句话是不是说反了？是不是应该这样说：主梁的抗弯刚度非常大，次梁的作用几乎不能使主梁转动。那么主梁就应该能够提供给次梁强有力的约束，次梁可看成固定端。如果次梁与主梁的连接很弱，不能使主梁转动，即弯矩不能传递，可以把次梁看成铰接。

【alafair】:这样的焊接 100%是刚接。最多在某些情况下，按刚接考虑和按铰接考虑结果接近，这种情况下可以按铰接考虑，实际上还是刚接。

还有关于主次梁的时候，无论刚度大小，肯定是刚接。前提是次梁翼缘与主梁翼缘有可靠焊接。如果只是次梁翼缘焊在主梁腹板(无加劲板)上导致主梁腹板局部屈服的特殊情况则不予考虑。

【zxinqi】:事实上,任何的节点都不存在绝对的刚接或铰接,那只是计算的假设而已,但往往半刚接的节点按铰接来考虑,工程上是偏安全的。首先表现在杆件的计算长度上,杆件的计算长度与其两端的约束有直接的关系,按铰接计算的杆件计算长度要大于实际计算长度;但从另一方面来说,节点的刚接效应能带来杆件的初始弯矩,致使杆件处于复杂受力状态。

【蓝鸟】:一般认为翼缘与柱连接,腹板焊接的话算刚接;翼缘不焊接,腹板用端板与柱连接可算半刚接;腹板与柱直接焊接,计算模型中可考虑为铰接,但在计算焊缝时应考虑弯矩。

★**【李晓德】**:法师提到:"桁架中的杆件通常都比较细长,其单个杆件的抗弯刚度比起它的轴向刚度要小很多。也就是说,即便把桁架中的节点考虑为刚接,其杆件的抗弯刚度的贡献也会很小,对构件的内力影响也很小。一般都会在5%以内。"

我认为,桁架节点并非理想的铰接,由于桁架及弦杆在节点的连续性,桁架节点在其平面内有较大的嵌固作用,由于荷载作用引起的桁架杆件的变形除有轴向变形外,还有弯曲变形。对应于这种弯曲变形的弯矩称为次弯矩,弯曲应力称为次应力。影响次应力的因素主要是杆件的线刚度 I/L。通常以杆件的高跨比表示。在《钢结构设计规范》(GB 50017—2003)中已明确表示:主管 L/h 大于10,支管 L/H 大于15时,可将节点视为铰接。

【doublesam】: w_shiqi 提到:"焊接一般做成刚接,但是也要注意周围加强板的布置,若加强板布置不满足刚接要求,不得按刚接考虑。"

该评论比较中肯,设计者应该结合工程实际情况确定。做铰接处理,有安全富余量;若按刚接,需要注意满足一些规范要求,并结合自身的设计经验做适当处理。

【qxh】:没有绝对的刚接或铰接,只是近似于。要看更接近于哪种情况。

★**【justidea】**:(1)如果是计算次梁的弯矩,很明显要看次梁端部的约束情况。如果次梁抗弯刚度与主梁抗扭刚度相比小得多,那么端部约束很强,自然应该按刚接计算;如果次梁抗弯刚度与主梁抗扭刚度相比在同一个数量级,那么主梁对次梁的约束作用比较小,端部转角较大,计算次梁的弯矩时,比较好的做法是按偏安全的铰接计算。

(2)但是对于计算主梁,如果次梁抗弯刚度与主梁抗扭刚度相比小得多,次梁端部弯矩不会对主梁产生较大的影响,可以忽略次梁的作用,也就是可以看成次梁铰接于主梁;如果次梁抗弯刚度与主梁抗扭刚度相比在同一个数量级,那么次梁端部的弯矩会传递到主梁,则应该考虑成刚接并计入次梁的影响。

按刚接还是铰接处理要看分析的对象,结果正好相反。

当然,如果是电算进行整体分析,则判断的依据又不一样了。楼主提出的问题只要是翼缘和腹板都进行了可靠的焊接连接,则可以传递弯矩,应该按刚接模型进行整体计算!

【索钢人】:对于楼主的问题本人认为应视主梁的旋转刚度及次梁是否连续而定。

主梁的旋转刚度较小且跨度较大时,虽然连接是全部焊接的,但计算次梁时以铰接处理较为稳妥。如果力学基础好些,不妨计算出主梁的旋转约束刚度,再按具有弹性约束的简支梁设计计算。

对于连续次梁布置,可按刚接处理。

【zhlinlong】:(1)焊接还是刚接,视其嵌固程度而定。

(2)按铰接计算偏于安全。

(3)次梁的刚度与主梁的抗扭刚度相差悬殊,可看成刚接,反之则为铰接或者半刚接。

【半支烟】:xu_zhaoyang 提到:“一钢梁两端焊接于主梁,此钢梁弯矩是按两端固接计算还是按铰接计算。”

是刚接还是铰接,关键是看节点是否允许有转动位移(当然是微小的),不在于焊接还是栓接。对于微小的转动位移要看位移与节点尺寸的比值。例如,在桁架结构中,我们就把所有的节点看成是铰接;在螺栓群的连接中,我们一般视为刚接。

【zsq-w】:我认为仅知道其两端是焊接还不够,还要看它的上下缘是不是有加强板连在主梁上。如果没有的话,理论上是半刚接,计算时按铰接计算。

【心渐凉】:xu_zhaoyang 提到:“一钢梁两端焊接于主梁,此钢梁弯矩是按两端固接计算还是按铰接计算。”

如果与主梁相连的翼缘和腹板都是用焊接,应该是刚接,但如果按照完全的固接计算,对次梁来说不够安全,因为主梁不可能起到完全固接的作用。

如果我来做,就按铰接设计次梁,按固接设计节点,或者就是做铰接次梁了。

【scxiucai】:这个问题提得很好,这是画结构计算简图时需要明确的基本概念问题。根据结构形式的不同、节点构造方式的不同以及计算精度要求的不同,焊接节点可以是铰接,也可以是刚接,前面各位举了许多实例来说明这个问题,不再重复。最典型的例子莫过于桁架和网架了,同样是焊接节点,当可以忽略次应力影响时可以作为铰接节点对待,否则,就作为刚接计算。要想提高结构设计的水平,首先要有明确的结构概念,注意在这些细节上动脑筋,对此大有帮助。

【一线天】:单纯从焊接来说,不能确定是刚接还是铰接,要看连接传递弯矩的能力和相对于和它相连的构件的刚度。如果连接刚度能够保证传递弯矩的能力为理想刚接的 80%以上,可按刚接考虑;要是转动能力为理想铰接的 80%以上可认为是铰接,介于两者之间的是半刚性。从形式上判断,翼缘连接的刚度较大,只连接腹板的刚度较小,因为惯性矩主要由翼缘提供,腹板提供则较少,而惯性矩是衡量刚度大小的主要指标之一,前者多按刚接处理,后者多按铰接处理。

【duxingke】:主次钢梁的刚接和铰接不是以焊接或螺栓连接来区分的,铰接或刚接只是我们的一种计算假定,不论采用何种形式的连接,梁端弯矩总是存在(次应力),这是我们计算和实际的差别,在设计实践中,一般只要是翼缘未连接均可认为是铰接。我认为是这样的。

【feicaihj】:施工方法应该为计算模型服务。刚接和铰接的区别在于是否能传递弯矩,挠度大小的控制。当跨度和载荷比较小的时候,两者的差别并不大。但是其他情况,重要的在于节点的设计,如是否有足够的支撑或者变形空间。

【pp241314】:我们可以用一个最简单的办法来判断刚接与铰接。H 型钢的腹板起抗剪作用,而翼缘起抗弯作用。只要翼缘焊接就是刚接,否则就是铰接。当然柱子与底板的连接是靠螺栓来判定刚接和铰接的。

【山里人】:在判断刚接与铰接问题时,应判断两根梁的线刚度之比,如两根梁的线刚之比较大,两梁的连接为铰接;当梁的线刚之比较小而且连接板较厚则为刚接。

【xshh108】:(1)判断是否刚接应主要从两方面考虑:

①承载力方面,几乎能传递所有弯矩时可以看作刚接,传递弯矩小于 20%应作为铰接。

②变形方面,如几乎无相对变形时可以作为刚接。

(2)影响连接性能的因素:

①具体的构造 如翼缘上有无焊接钢板等。

②连接形式,焊接、铆接、栓接等。

③不同连接部件间的相对刚度,如主梁抗扭刚度相对次梁抗弯刚度较大,即使能传递全部的弯矩,但过大的次梁端变形也不能看作刚接,反之亦然。

所以说,是否刚接应根据具体的情况而定,不能说焊接一定是刚接或者铰接。

★【fjmlixiaolong】:楼上说得对,《钢结构设计规范》(GB 50017—2003)第8.4.5条规定:用节点板连接的桁架,当杆件刚度较大而高长比大于1/10(对弦杆)或者1/15(对腹板)时,需要考虑次弯矩。具体分析见《钢结构》杂志2005年第4期由陈绍蕃写的论文《钢桁架的次应力和极限状态》。

【dry_boy】:对于结构的计算是刚接和铰接其实与结构的本身没什么关系,主要是节点处的处理,是否加板、翼缘处的连接强弱等,看是否能起到传递弯矩的作用。而节点的计算处理有时对计算分析是不起主导作用的,比如桁架结构,结构整体截面的弯矩和扭矩是由杆件协同作用来抵抗的,剪力是由抗侧力构件(腹杆)来提供,而不是像梁柱结构,剪力和弯矩都是由构件(柱)自己承担。桁架结构即使节点做得再强,也不会产生较大的弯矩,但是对杆件的稳定分析是起作用的,而梁柱结构就会有显著的影响。

点评:关于焊接连接节点属于刚接还是铰接的判断,要看具体节点形式和分析假定而定,不能一概而论。在这个话题讨论中,大家从各自不同的角度对问题作了比较深入的讨论。许多观点都很有参考价值。通常需要根据具体情况来决定,大家可以针对工程实际再作思考。

(1)主次梁连接中,若两侧次梁之翼缘及腹板均与主次梁焊接,则视为刚接;若仅腹板相连接,则可认为是铰接。

(2)屋架中的焊接连接,通常按铰接计算是历史问题。以前结构分析靠人工计算,大型桁架(屋架)不做此种简化几乎无法分析。

(3)判断刚接和铰接,不必引入两者的刚度比。

5 螺栓连接与焊接能否同时并用?(tid=121617 2006-1-10)

【jianfeng】:螺栓连接与焊接能否同时并用?比如:

(1)两轴心受拉钢板搭接,已用螺栓连好,经验算螺栓抗剪强度不够,能否在搭接处增加角焊缝来补足抗拉承载力?

(2)摩擦型高强螺栓连接面擦力不够,能否采用两端板焊接来阻止端板发生相对滑移?

★【V6】:可以同时并用,但是要清楚它们协同工作的机理。

两种连接手段在同一剪切面上能够协同工作到什么程度,要从他们的荷载—变形关系来考察。从已经完成的试验的结果来看,焊接的变形能力不如螺栓连接,焊接的极限变形大约相当于有预拉力的高强度螺栓连接滑动结束时的变形。因此,当焊接和高强度螺栓一起用时,高强螺栓连接所能承受的极限荷载大约相当于焊接的极限荷载加上螺栓连接的抗滑荷载,试验曲线已经证明这一点。如果要使螺栓起更大的作用,则需要采用紧密配合的螺栓,把滑动量减小到可以忽略的程度。这时连接的承载力有很大提高，但紧密配合的螺栓施工比较困难。从已知的试验结果可以看到，如果把普通螺栓和焊接用在同一剪面上，由于螺栓滑动很早，不能起到多少作用。因此，把普通螺栓和焊缝用在同一个剪面上是不适宜的。

焊缝和高强度螺栓在承受静力荷载时能够很好地协同工作，但在承受产生疲劳作用的重复性荷载时却并不理想。混合连接的疲劳寿命和仅有焊缝的连接差不多。如您所提的两种连接方式，侧焊缝端部剪力的应力比较集中，在这种情况下，焊缝端部会先出现疲劳裂纹并继续扩展，和仅有焊缝连接一样。因此在承受疲劳作用的构件中，企图用焊缝来加强已有的高强度螺栓连接，将事与愿违。抗疲劳寿命不但不能提高，而且还会降低。

以上是关于楼主提的混合连接问题的几点说明，要了解更详细的有关这方面的知识，您可以看看《钢结构设计原理》(陈绍蕃著)。是一本好书，有很详细的这方面的知识。

点评：设计中不宜使用混合连接方式，施工后发现单纯螺栓连接不满足时，可改为焊接连接，此时螺栓作为安装螺栓来考虑。

6 节点连接时高强螺栓连接与焊接可否混用？(tid=104224　2005-7-29)

【lx-mlm】：前段时间做了一套石化装置，为多层钢框架结构。梁柱、梁梁、柱间支撑等连接均采用了高强螺栓连接。但现在施工单位反映其施工水平无法实现我设计时规定的接触面摩擦系数的要求(我规定摩擦系数要达到0.45，采用了摩擦型高强螺栓，接触面喷砂处理)，他们想螺栓照做，然后再做焊接连接以弥补其摩擦面处理的不足。于是就出现了问题，因为以下几方面原因：

(1)甲方已招标并采购完高强螺栓。

(2)现在工程正紧张施工而由于本工程规模较大，完全要将高强螺栓连接改为焊接需重新核算、出图的节点很多，工作量太大。而且由于时间紧张，现在需要马上做出决定。

(3)施工单位的构件表面处理水平确实不够，这也是现实。

(4)从原则上说，连接节点的同一部位不应同时采用这两种连接形式。

这让我很难解决此问题。不知遇到类似问题的同行是如何解决的。

【YAJP】：高强度螺栓摩擦型连接可以和焊接混用，理论和试验都没问题，实际工程中一般没必要，但您这种情况应该可以用。

应用这种混合连接时，焊缝承载力不宜与螺栓承载力相差太多，施工时先初拧，再焊接，最后终拧。

有个什么冶金行业标准有这方面的规定。

★**【bill-shu】**：我们一般说的节点连接可以栓焊混合连接，指的是传递弯矩和剪力可以一个栓一个焊。即栓又焊来传递弯矩或者剪力很少这样设计，因为焊和栓传力有个同步的问题，各分配多少难以说得清楚，传递力并不是二者简单的叠加，要考虑协同工作的折减。

【lx-mlm】：常规的道理大家都很清楚(我说的原因的第4条)，正常设计时肯定是不会同一个传力点混用的。需看清的是现在遇到了新问题(具体什么问题请看清楚后再讨论)，要采取我说的前提下、没办法时的紧急处理措施。所以讨论问题应基于这一基本前提。希望能给我些建设性的建议，帮我解决眼前的难题。

【bill-shu】:您用高强度螺栓连接,一定有单面或者双面连接板了,连接板的强度一定没问题。我建议将连接板和梁柱的翼缘和腹板全贴角满焊,不需要出图,您计算一下给出焊缝高度就可以了,应该焊接的强度更高,就是施工费点时间。混用更麻烦,不好说清楚螺栓和焊接各能承担多少力。

【lx-mlm】:想请教熟悉钢结构加工、安装的同行们:高强螺栓连接时哪种摩擦面处理方法比较常用,处理起来比较简单?喷砂处理是否粉尘污染较大(施工单位和我说的,我也不知道,这是否是借口?),除锈处理是否相对简单,可是相对摩擦系数要小。

【baihaim】:我觉得如果用高强螺栓最好不要既栓又焊,因为无论是先终拧后焊接还是先焊接后终拧,只要焊接就会有变形,变形会使摩擦面无法贴紧,影响高强螺栓的作用。如果原设计是单面连接板的话,我认为您改为双面连接板的方法比较好一点。施工时,要先初拧,再焊后贴的连接板,最后终拧。但喷砂处理时粉尘污染较大,喷砂处理本身就是除锈处理的一种方法。

如果实在不行的话,就将连接板在厂里抛丸好了,如果抛丸时能整丸、半丸及残丸级配使用的话,效果会更好,也一定能达到您的要求!

★**【jianfeng】**:(1)高强螺栓连接与焊接两者的传力方式虽不同,但变形特征相似,可能将两者混合使用在同一连接中。高强螺栓和侧面角焊缝混合连接能否共同工作,承载力能否叠加,这两个问题是混合连接能否应用的关键。

(2)混合连接能否共同工作,主要取决于两者的强度搭配(焊缝按破断力、高强螺栓强度按抗滑移承载力)。

若两者强度相差很大,则受力特性呈现为强度大者的特征。若焊缝强时,焊缝破断的瞬间螺栓亦同时剪断,但破坏荷载仅为焊缝的破断力。反之,若螺栓强时,螺栓滑移的瞬间焊缝亦同时破断,其破坏的荷载仅为螺栓的抗滑移承载力。

但是,当两者强度相当时,它们各自在弹性阶段的刚度,即荷载—变形(N-Δ)曲线可基本一致,这是两者共同工作的基础。

(3)侧面角焊缝和高强螺栓混合连接,要求两者强度相当,两者刚度相差不大。这种情况下,混合连接不像纯栓或纯焊那样会产生突然滑移或快速破断等现象。当混合连接件在端部出现裂缝后(此时的变形值与纯焊出现裂缝时相当),若荷载继续加大,裂缝则缓慢向后延伸,此时高强螺栓亦逐步进入工作状态,给连接提供充足的强度储备。在混合连接中,高强螺栓和焊缝已成为协调的联合体,不但早期的弹性性能好,而且后期的塑性性能也高。

7　关于钢结构连接节点焊接与栓接的比较(tid=141236　2006-7-25)

【liguanghui】:钢结构的连接节点如果是铰接的话,可以采用栓接,但对于刚接节点是采用全焊节点,还是采用栓焊混合连接的节点好呢,望各位指点一二,主要包括设计、施工、造价方面的比较。

【地基基础】:栓焊连接在抗震地区为了保证弹性阶段强节点弱杆件,势必造成截面的利用率不高,不推荐使用。

设计按等强连接分别验算两个阶段的承载力,保证强节点施工工厂焊接,质量保证。所以对于设计和施工,造价来说全焊都有优势。

★【心逸无涛】:对楼上朋友的意见不敢苟同。

其实钢结构中是尽量避免现场焊接的,因为焊接既不方便又不能保证质量。

用得最多的应该是构件和节点板焊接,然后用螺栓连接各构件。

除非实在不好连接的或是需要大刚度的地方才使用现场焊接。

【pingp2000】:全焊接的刚接节点比栓焊连接和栓接的塑性变形能力强,可以给结构提供足够的延性,更能吸收地震能量。

我认为如果是合格的焊工,焊接质量还是可以保证的,也有定位用的安装螺栓,只不过全焊接焊接量大,工期会长些,而且焊接部位常有残余应力存在,对钢构件制作的精度要求也较高。

如果是全栓接的话,施工比较方便,但是接头尺寸会较大,钢板用量多,费用较高,并且节点不一定能保证刚性(因为连接钢板的刚度不是很大,提高连接钢板的钢号也不一定能保证),地震下可能出现滑移。

栓焊混接操作比较方便,塑性变形能力介于全焊接与全栓接之间,是现在常用的方法。

当然,对不同位置的节点,也应该采用不同的连接方法。比如对于柱子的拼接,多采用全焊连接;梁的工地接头与支撑接头,多采用栓接;梁柱连接多采用栓焊混合连接,这些都是为了考虑施工方便,并且在结构安全角度方面也是允许的。

8 如何判断这个节点类型?(tid=51958　2004-3-17)

【frankzch】:我是新手,今天验算一个 30m 高的钢柱时遇到了困难。这个结构带柱间支撑,4m 高的十字剪刀撑。老工程师告诉我柱子的计算长度取 4m,还有柱两端的节点是铰接节点,为什么会是铰接呢?我认为是刚接,因为假如柱子有弯矩是可以传递过来的。

【STEELE】:平面外的计算长度是 4m,两端铰接。平面内则不然。

【陌上尘 64】:因为端弯矩很小,如果手算,按铰接精度就够了。

如果用电算,按实际考虑。

工程设计或多或少要做一些简化,把实际结构简化成合理的模型是结构师的重要功课。

★【懒虫】:考虑杆件的计算长度时,不要简单地看连接形式。

当柱中只有水平约束时,上、下两段柱可能产生方向相反的两个半波的变形。这样,上、下柱起不到互相约束节点转角的作用。这时,考虑计算长度时,这个点就应该按铰接考虑。

在平面外,如果没有作用在柱中的较大的水平荷载,则柱和支撑形成的体系有和桁架类似的受力特点,可以忽略节点的连续性。如果有作用在柱间的水平力,把柱端按铰接考虑有点保守。

【qczn20】:我认为这柱子平面外计算长度是可以取 4m 的,但节点应按刚接计算。我们公司一般考虑柱子高度在 15m 以上都是按刚接计算的。

9 同一部位既用高强度螺栓又加焊接合适吗?(tid=161539　2007-3-31)

【快乐就好】:我院某工程,梁柱连接时,梁的腹板与柱连接既采用高强螺栓又加贴角焊缝。也就是说:柱上先焊一块连接板,这块板与梁的腹板既用高强螺栓又用贴角焊。我的观点是这种连接是错误的。

【金领布波】:既然用了高强螺栓,就没有必要再角焊了。若以焊缝来设计,以高强螺栓作为安全储备,未免过于浪费。

【pingp2000】:一般情况下只有单种连接方式,即只有焊缝或者只有高强螺栓。

但是在某些情况下,比如说楼面加了荷载,结构已经施工完毕,这时候经过验算,原有的螺栓已经不足以承受新加的荷载,这时候会用焊缝进行补强,考虑混合连接的时候对高强螺栓的抗剪能力要进行折减(乘0.9的折减系数)。

而且就算是一开始就用这样的混合连接方式来设计也不能说是错误的,只能说是不合理。钢结构的教科书也会有这样的混合连接的介绍。

★**【cexp】**:这种做法不能说是错误。但规范中明确不可以用两种一起计算。《钢结构加固技术规范》(CECS77:98)中明确说只可以按一种连接的强度来计算,比如之前是高强螺栓连接,后焊接加固,则只能按焊接强度来计算。

但有人做过研究,指出高强螺栓和焊接时可以同时受力,协调工作的,也就是高强螺栓连接接触面的滑移和焊缝的应变差别不大,可以同时工作。

同时混合连接的强度和施工工艺有关,先焊接然后高强螺栓连接,高强螺栓先安装然后焊接,对强度的影响是不同的。

【tiantbird】:同意楼上的说法。若已经安装了高强螺栓,再进行焊接,那焊接时产生的高温等因素便会影响到高强螺栓的承载力,通常认为螺栓已经退出工作,所以在加焊缝时必须按焊缝承载来计算。

【ycwang】:以前遇到过构件已经加工好,还没有安装,因为其他原因结构设计增大了荷载,只有用贴角焊补强。

计算时一般不考虑高强螺栓的作用,按焊缝受力计算。

施工时采用先初拧高强螺栓,再焊接连接板与腹板,等焊缝变冷后,再终拧高强螺栓。

【sh_lin30】:焊缝受力如何计算?

【ycwang】:比如连接板三面围焊补强时,验算角焊缝在剪力、轴力和偏心弯矩作用下的强度,按手册公式验算即可。

【stillxt(虎刺)】:通常使用比较多的梁柱连接刚接节点都用到了栓焊刚接,就是螺栓与焊缝同时受力的,但与楼主所说有些出入。

通常栓焊刚接节点是腹板用高强螺栓与柱上连接板连接,翼缘板再施垫板单坡口全熔透焊,很少见焊接腹板的情况。

首先,焊接立缝施工难度较高,焊缝质量不容易保证;

其次,焊缝与螺栓受力重复,强度瓶颈会转移至腹板上;

最后,一般H型钢腹板厚度薄于翼缘板,而且施焊部位离高强螺栓太近,高强螺栓温度过高会影响螺栓受力。

补充,普通螺栓与焊缝同时连接的节点,强度计算只能考虑焊缝。

【山西洪洞人】:有一点是很明确的,对高强螺栓区域(或者叫摩擦面区域)进行热处理(焊接),高强螺栓的预拉力肯定是要损失的,到底损失多少,程序不是很容易量化,所以还是建议尽量不要做成这样的连接。建议而已。

【xianshu-j】:AISC规范明确规定,同时使用高强螺栓和焊缝连接时,不能考虑两者共同作用,必须按焊缝或者高强螺栓单独承担荷载。

【yuanewnfeng】:我认为是可以的,不过高强螺栓同焊接共同存在时施工太麻烦了。

10 为什么梁柱节点都用栓焊连接?(tid=206441 2009-1-14)

【wintergo2009】:问题一:为什么大部分梁柱节点都用栓焊连接,为什么不全部用焊缝连接?

问题二:在不削弱构件的情况下,如何做到强节点弱构件?

【summity】:现场用高强螺栓安装定位简单准确。

翼缘焊接节省螺栓和钢材用量,符合简单经济可靠的原则。

【steelengineer】:现场焊接质量很难保证,所以多用螺栓连接。

强节点通常是在接头贴板加劲。

【binman】:问题一,梁柱用栓焊连接主要是现场焊接时比较难操作,特别是高空焊和仰焊,质量无法保证。

问题二,强节点的方法比较多,标准图集里有,目前我遇到的用加腋的比较多。

11 钢结构节点的做法:焊接方便还是螺栓连接方便(tid=59985 2004-5-31)

【framer】:最近刚做了一个工程,我原以为钢结构节点应多采用螺栓连接,这样施工速度快,后来施工单位却要求改为焊接连接,一则在国内用螺栓连接,加工精度要求高,每个板都要精确定位,反而愿意现场焊接;二则高强螺栓也贵,问是否能改为焊接形式?我不知现在工程大多都用什么连接形式,是工字钢钢翼缘用盖板加焊板+腹板加盖板加螺栓,还是翼缘用对焊+腹板加盖板加螺栓,是翼缘、腹板都用盖板+螺栓,还是翼缘、腹板都可用焊接?

请大家多多讨论。谢谢!

【clsneu】:我是做施工的,刚做了一个系统工程,总的建筑安装工作量是3.6亿。整个工程的钢结构高强螺栓与焊接均采用了。行车梁全是高强螺栓,这个是没得说的,其他的结构部件均是翼缘板对焊+腹板盖板带焊接。从整个工程来看应该说还是比较合理,既便于安装对加工也没有过高的要求。不过,现在钢结构的加工水平比以前提高了不少,我们这个项目的几个结构厂,对这块控制的还可以。当然,不是说焊接就对钻孔精度没有要求,因为即使是焊接连接,也得钻安装孔。

【yongerxu】:我也做过几个钢结构的工程,正如您所提到的,施工单位大部分愿意焊接,对于螺栓连接的连接板及螺栓孔有些施工单位确实达不到足够的精度,我个人意见是能焊接的尽量焊接。

节点详图见图1-1-14。

【framer】:因为该工程工期较紧,而且施工单位的技术员说他们在别的工程都是采用焊接,板上钻洞可以在工厂加工,但是H型钢只能在现场钻洞,因此经常会出现拼接误差,到时只能强行拼上,还不如直接用焊接,还有就是该工程是属于建筑装饰用屋盖,而且还是倾斜的,都是高空作业,因此要求用焊接。

【jackson】:以我们国内施工队的施工水平和管理水平,采用高强螺栓连接要想把施工质

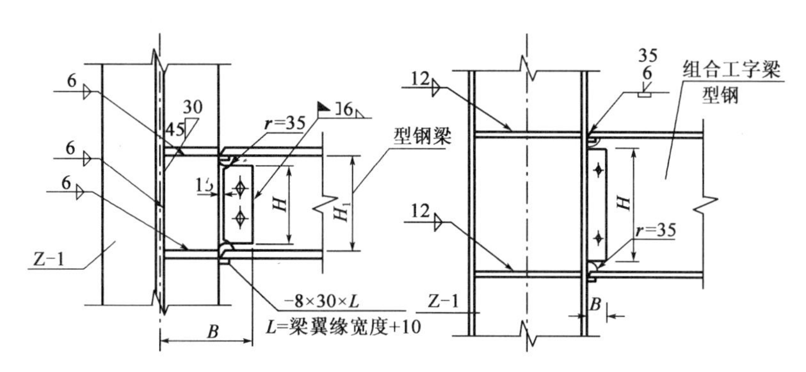

a)工形柱弱轴与型钢梁连接板大样　　b)工形柱强轴与型钢梁连接板大样

图 1-1-14

量做好，难！高强螺栓施工有严格的要求，我最近的一个工地那些施工的工人几乎把每一个规范禁止的做法都做了。建议还是焊接吧。

【英雄之无敌】:用焊接还是高强螺栓连接没有定式，总的来说对于正规的加工厂加工精度高，整型好，成品基本上符合《钢结构工程施工质量验收规范》(GB 50205—2001)的要求，现场施工还是比较想用螺栓连接的(省略了现场测量放样加工过程)，反之还是尽可能采用焊接。

【捷影】:个人认为节点在国内还是采用焊接做法。一方面国内构件加工厂的水平高低不齐，另一方面工人的安装水平也差异较大，可能有些安装公司的工人技术素质不是太高。

【凌云剑】:我感觉用高强螺栓更好点吧，施工速度要比焊接快，而且也能较好地控制施工质量，我曾带过一个工程，那个是先用螺栓连接，然后又焊接补强的。

【huangqiye13】:我做过一年多的详图设计，其中两个比较大的高层建筑都是翼缘打坡口对焊，可加盖板，腹板用高强螺栓连接，现在的加工厂完全可以控制孔距。

点评：通常情况下，现场安装能用螺栓连接，就不采用焊接连接。

五 等强连接

1 等强连接的含义及计算(tid＝110017　2005-9-24)

【暴风】:钢结构中经常见到等强连接的做法，请问等强连接的具体含义及计算、构造做法，有对于等强连接的准确定义吗？

【lexinyu】:完全焊透的对接焊接和T形连接焊缝，当采用引弧板等焊接且焊缝质量等级达到一级、二级标准时，可视为与母材等强的焊接连接，等强连接不必再进行连接强度的计算。

【fjmlixiaolong】:一般做法是有三种：

(1)焊接连接。采用完全焊透的坡口对接焊缝连接，并采用引弧板施焊。焊缝不用进行强度计算。

(2)梁柱翼缘采用焊缝连接，腹板采用高强摩擦螺栓连接。翼缘同样完全焊透。焊缝不用计算强度，螺栓个数根据腹板厚度来定。

(3)全部采用摩擦型高强螺栓。螺栓个数根据翼缘和腹板厚度来定。

具体计算及说明可见《钢结构连接节点计算手册》(李和华，中国建筑工业出版社)P251～P353。

2 何为等强连接？(tid＝43629　2003-11-27)

【山崽】：我想知道何为等强连接？

如果翼缘焊接，腹板用高强螺栓连接，是按照螺栓计算，还是按照腹板计算？

【yhqzqddsh】：我认为可以按照腹板承受全部剪力，弯矩由翼缘和腹板来承担，弯矩在翼缘和腹板之间按照刚度分配。

【bluefoky】：等强连接即连接采用的材料需要满足同等强度的，比如：某些焊接不能采用低型号的焊条等。

【英雄之无敌】：等强应为失效概率相等，表达形式应为相应的设计强度等式，例如，Q235 钢板与 Q345 钢板等强连接表达为：$215\times A_1=320\times A_2$（$A_1$、$A_2$ 为连接截面面积），同理对于焊接也适用相应的设计强度等式。

【he1204】：楼上指的是等强度代换吧？

等强连接应该指节点计算中的节点的设计承载力大于或等于构件的承载力。

点评：连接节点有等强设计和实际受力设计两种常用的方法，钢结构等强设计的概念可以理解为：在结构设计中，考虑构件和节点的设计强度、刚度和稳定性等方面的指标保持在同一水平上，整个承重体系中各个结构构件和连接节点承载能力和使用寿命也是一致的。因此，等强连接在结构设计上应该是一种较为安全合理的做法。不同的连接节点，在计算分析上也会有所不同，具体内容可以参阅相关的设计规范和手册。

3 关于等强度连接的问题(tid＝117850　2005-12-5)

【步行者】：关于什么是等强度连接，我一直比较模糊，譬如对全熔透焊的构件连接，可认为是等强连接，就是说连接处的强度和构件其他地方具有相同的强度吗？那关于梁柱、梁梁或支撑与梁柱的连接进行等强度设计的话，该如何设计，具体从哪些方面来考虑？请教各位高手！

【suzhanli】：等强度连接严格来说不光是节点与杆件强度相同，而且还得变形连续，不能有突变，但是实际上这两点很难做到，工程上只能做些简化。

【steelstrdu】：等强度连接对于焊接连接来说，应该是能保证连接有足够的强度和刚度，使构件和被连接构件协同工作，而且连接不能先于构件破坏。充分发挥被连接构件的性能。

【jianfeng】：钢结构中等强的概念一般指以下两个方面：

(1)材料性能与母材相同。

包括抗拉压、抗剪、抗弯强度设计值与母材相同，如一、二级对接焊缝各种强度可视与母材等强，三级焊缝抗拉、抗弯强度则低于母材。

(2)截面与截面的承载力等强。

同种强度等级不同截面承载力相同，主要由腹板、翼板截面积、截面惯性矩决定，包括截面抗拉压、抗剪抗弯承载都相同。

【tfsjwzg】:焊缝的等强连接指的就是节点处强度、塑性、韧性可以保证不低于母材的一种连接。

【bzc121】:等强连接理论是概念。等强理论不单纯指导连接,对所有设计思路都有指导意义。等强理论符合价值工程理念,策划整理一个整体时任何局部、线、点都不能有剩余功能,任何剩余功能都是浪费。比如一个钢结构建筑设计,H形构件变截面目的就是保证翼缘板单位面积抗拉、压强度基本一样,如果不一样,单位面积承受拉、压力小的位置钢板就有剩余功能。

其实好多规范制定的公式已经体现了等强连接理念。CECS 102:2002规范中7.2.9条四个公式求端板厚度时与高强度螺栓是等强度的。因为规范永远滞后于实践,有些规范个别点制订思路是补强理念。有些设计细节可以用等强理论向规范挑战。

在具体设计容易产生剩余功能(非等强连接)部位:高强螺栓设置数量多或级别高;垂直支撑连接板过大或太小;有好多梁腹板与翼缘板可以单面焊接。

4 关于支撑的等强度连接问题(tid=117880　2005-12-6)

【步行者】:请教各位支撑与梁柱的等强度连接如何计算。

【wanyeqing2003】:支撑的等强连接,主要是考虑焊缝和节点板的连接强度。

支撑的节点一般假设为铰接,连接的强度可以按轴力来考虑。

具体的计算方法在钢结构的教科书里都有介绍。

5 节点用等强度连接太浪费(tid=7596　2002-4-10)

【V8JEEP】:我帮助别人做了一个设计,因仅知道梁柱截面,没有内力,所以全部用等强度连接。等强度连接我只在梁梁拼接时见过,不知用于节点是否合适?本人觉得这种做法过于浪费,并且不见得对结构抗震有利。

望各位指点一下,在没有内力的情况下如何做节点设计?

【North Steel】:在美国是按UDL设计,在国内没有办法。

【V8JEEP】:能否说得清楚一点,我对美国的标准不太熟悉。谢谢

【城市陌生人】:应该按等强连接,如果节点都破坏了,要杆件何用?

【3d】:请问:**North Steel**:UDL=the uniform design load,能详细介绍一下吗?

个人认为抗震设计时还是强连接弱截面好。像美国的狗骨工法(梁端弱化)和日本的侧板工法(强化节点)都基本上是强化梁端连接,可以参考论坛上相关的帖子:

http://okok.org/forum/viewthread.php? tid=834

【峒峒】:新规范使以前常用一些抗震的做法更加规范化,这在已出版的抗震规范中也有介绍!如在梁端增设抗震消能构件等措施,可以减轻强震下柱的破坏。我个人认为:节点的连接还应该是加强,抗震通过消能构件的塑性变形来实现。

所以,就顶楼所说"等强连接"我认为是不够的,节点连接应适当加强!这在新老规范中均不会改变的。

【hhh】:无论对混凝土还是钢结构,强柱弱梁,强剪弱弯,强节点,强锚固都是不变的,所谓强与弱是相对的概念,像"狗骨工法"就是这个思路。

【V8JEEP】:强节点这是不容置疑的,所谓节点我认为是梁柱交接的区域,也就是节点域。在这个区域加强可以避免结构在地震时因为节点过早破坏而造成不必要的破坏。

但是梁柱的等强度连接是在柱的翼缘及腹板上,虽然是计算上的等强度连接,但是本人认为在结构破坏时,首先发生破坏的就是连接的地方,如焊缝、螺栓,在连接的地方破坏的时候,必然要导致与它相连的柱的翼缘或腹板或多或少破坏,我认为这就是对节点域的破坏。强柱弱梁,强节点,难道一定要强连接,如果这样那样要内力有何用?用内力算出来的连接如果需要用单剪两个高强螺栓那么用等强度算出的可能就是单剪四个螺栓,到底哪一个的强度低,国家编规范的老工程师们不会不明白,可是为什么还是要用内力计算,肯定是为了在保证梁的承载能力的同时,又让连接节点在适当的时候破坏,以实现在梁破坏的时候不对节点域造成破坏。

国外的做法也是让梁的塑性铰出现在离节点域稍远的地方,不使节点域过早的破坏,确实是防震的好办法。

【3d】:回 **V8JEEP**:

(1)抗震规范(GB 50011—2001)表5.4.2规定承载力抗震调整系数对于构件和连接取不同的"承载力抗震调整系数":

材　　料	结 构 构 件	γ_{RE}
钢	柱、梁	0.75
	节点板件、连接螺栓	0.80
	连接焊缝	0.90

可见强节点、强连接的重要性。

(2)GB 50011—2001第8.2.8条

$$M_u = 1.2M_p \tag{1-1-13}$$

就是依据强连接弱构件的原则。

(3)节点域抗震验算见抗规8.2.5条。

【hhh】:回 **V8JEEP**:

您所说"又让连接节点在适当的时候破坏",我以为任何时候连接节点都不能破坏。

【North Steel】:UDL=Uniform Distribution Load。

【wxg】:我认为还是等强连接比较好一些。

对于民用项目或许有一些浪费的可能,但就工业项目的更新改造来讲却是一种必要的,等强连接是一种节约,相对来讲成本增加较少。

【zhensen】:关于梁柱节点,重要的不是在地震中会不会坏,而是以什么样的形式破坏。

一般来说对于抗弯钢框架,我们希望它在断裂之前能够在梁截面形成塑性铰,从而有效地耗散地震能量,也就是所谓的延性破坏。而在洛杉矶地震中,有相当多的抗弯钢框架梁柱节点在梁翼缘与柱的对接焊缝处发生了脆性破坏,由此看来,仅用等强的方法来设计节点还是不够的,应采取措施使梁翼缘产生塑性铰。这可以采用骨式连接或者加腋的方法。

另外,节点域指的应该是梁柱相交处的柱腹板,也有一定的耗能作用,不宜太强或太弱,这点可以参照相关规程。

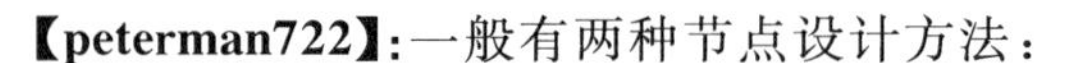

【peterman722】:一般有两种节点设计方法:

(1)设计受力设计方法。通过结构计算我们可以得到节点所承受的设计内力,按这个结果设计节点。

(2)等强连接方法。节点是连接构件的,比如梁、柱,将节点设计成与它相连的构件截面强度一样,就是所谓等强设计方法。

【zld】:如都用等强,那内力计算岂不只是选杆件用,怎么谈得上精心设计?

我们是否应该对整体结构的受力充分分析,分析哪些节点应加强,哪些没必要。

这样就从整体上达到优化,节省钢材。破坏也应是有先后顺序的。

【fortran95】:回 **3d**:

您在2002-04-15 09:16中的回帖中,有如下的观点:

"回 **V8JEEP**:

(1)抗震规范(GB 50011—2001)表5.4.2规定承载力抗震调整系数对于构件和连接取不同的"承载力抗震调整系数":

材　　料	结构构件	γ_{RE}
钢	柱、梁	0.75
	节点板件、连接螺栓	0.80
	连接焊缝	0.90

可见强节点、强连接的重要性。……"

这是如何的因果关系?能否仔细讲讲?

【3d】:见:

$$S \leqslant R/\gamma_{RE} \tag{1-1-14}$$

S——结构构件内力组合的设计值;

R——结构构件承载力设计值。

及参考此条的条文说明。

【lul】:本人在实际工作中倾向于等强连接,理由如下:

(1)若一大型钢结构工程,其梁柱节点数以百计、千计、乃至万计,如节点均要采用内力法计算及出图,作为一工程师不知要花多少时间才能完成,且节点详图的数量肯定惊人,设计进度无法保证。而等强连接就可节省许多工作。

(2)等强连接符合抗震中"强节点"的要求。

【wxw1998】:节点的设计目前国内还比较简单,但日本和美国区别很大。节点的设计,一方面要保证连接强度,另一方面要保证有一定的耗能能力,同时还要满足"强节点弱构件"的要求(这一点可能有异议,我曾经在一篇文献中看到钢结构不一定要保证这一点)。因此等强连接是一种不太完善的设计原则。

【丁典】:我是"强节点,弱构件"设计思路的坚定拥护者。首先,强不是指单纯的强度,而是指性能的优越性,我们可以用 M-θ 曲线来说明,强度高延性好的连接形式也是有的。其次,以这种思路设计可以根据构件来选连接,能省很多事,而且不会在自己不小心的时候犯一些使连接过弱的错误。合理的结构形式才是非常重要的。凭以上两点足以让我们将"强节点弱构件"的设计思路坚持到底。

【rejoice】:节点等强连接是很必要的,但是就算节点等强连接,抗震性能也不见得好。根据西安建筑科技大学所做的试验,等强全焊连接和栓焊连接在地震破坏时都没有很好的抗震性能,往往发生焊缝突然脆断。本人认为美国的狗骨头梁是一个很好的方案,将塑性铰往外移。

【htb】:节点并不强求等强连接,首先应满足内力一承载力要求。其次是抗震验算,规范有相应规定,且连接的抗震调整系数与母材不同。这主要是基于如下考虑:验算时,母材弯矩是 M_p,即塑性抵抗弯矩,而非内力,以屈服强度计算;连接焊缝以极限强度计算 M,调整系数 1.2 倍的比例关系是考虑母材强化因素。抗震要求是延性破坏而非脆性破坏,因此母材出现塑性铰时,连接焊缝不会达到极限强度,也不会破坏。至于母材是否进一步强化,而超过焊缝极限强度,这就是结构水平位移要控制的一个原因了。

【chenming】:我再补充几点:

(1)我认为内力计算中的外力是以概率为基准,取的荷载并不是建筑物使用期间承受的最大荷载,在无法预测的强震来临时建筑物所承受的外力已经超过了它的设计标准,结构各处内力已经远远超过了设计时的内力。对于梁等构件来说破坏时是以达到钢材的极限强度断裂为标准(此时不是以屈服强度或使用功能为标准),也就是说梁的破坏是塑性的,而节点的破坏是脆性。节点处设计承载力虽然比构件的设计承载力强,但并不代表节点的极限承载力比构件的极限承载力强。

(2)脆性破坏是突然的,时间是短暂的。也就是说破坏来临时是无预见性的。而延性破坏耗时长有可能在一段地震结束时还没完成(强地震一般是短暂的),这样建筑物就不会完全破坏,也就能达到抗震要求的大震不倒。

【贡献】:设计与制图不可以脱节,关键在于制图者有没有理解设计者意图。

【htz】:节点要强,连接也要强,临近连接处的梁截面适当减弱较为合理,如"狗骨头型"、"加腋"型等。

【梁填恬】:从受力上看,力由梁传递至柱,节点其实就是梁与柱之间的纽带,节点设计就是保证力的传递。节点是否用等强度连接,应与内力(M,V)相关,如为铰接,节点仅满足剪力传递即可,则不需节点用等强度连接。

【htz】:梁柱连接节点的设计,更大程度的是"结构概念设计"。为了保证结构尤其是抗震结构的安全,"强节点、弱构件"的设计理念一直是结构设计所遵循的基本原则。根据本话题及大家的讨论,宜从以下几个方面来理解:

(1)具体问题具体分析:我们设计一个节点总是有其具体工程背景的,要针对所设计的实际工程情况具体问题具体分析。例如:所设计的节点是铰接还是刚接的、是抗震还是非抗震的、抗震时是否为主要抗侧力体系的结构等,脱离设计对象的具体情况和前提去讨论和解决问题是不科学的。

(2)铰接:对于梁柱铰接连接,一般为梁端腹板与柱子用螺栓连接,因连接处梁翼缘不传递弯矩,受力机理相对简单得多;若为普通螺栓连接,则不考虑腹板连接传递弯矩,仅承受剪力;若为高强螺栓的摩擦型连接,则应考虑腹板连接同时承受剪力和弯矩,按《高钢规》(JGJ 99—98)第 8.3.11 条进行设计即可。

(3)刚性连接:对于梁柱刚性连接,目前连接的主要形式为(《抗震规范》GB 50011 和《高钢规》JGJ 99—98 推荐的)梁柱栓焊连接和全焊接连接,这两种传统连接方式在抗震结构中存在一定问题，这在美国北岭地震和日本阪神地震后已经引起了人们的高度注意，文献[1]中也作了详细论述，但这些问题均是针对强震情况下的。从框架内力分布来看，无论是竖向力还是水平力作用下，节点连接处梁端的弯矩总是最不利的，所以加强这一最不利截面从概念上是正确的，根据具体情况：

①对于非抗震框架结构的刚性节点，或框架不作为主要抗侧力结构的体系（如"框架—筒体结构"、"框架—剪力墙结构"、"框架—支撑结构"等）时，保证在大震时整体结构中主要由核心筒、剪力墙以及支撑体系等承担水平荷载的，可选用规范推荐的两种传统连接形式设计。

②对于抗震框架结构、且框架为主要抗侧力体系的刚性节点，这种情况等强连接显然已经不能满足要求，宜采用"考虑塑性铰外移"的梁柱连接形式[1,2]，即削弱梁端(RBS)的"狗骨头型连接"，或加强梁端的加腋形式和加盖板形式的连接。这两类连接的实质是相对加强了梁柱连接处的梁端截面，保证在地震作用下梁端首先是要能顺利形成塑性铰，其次是塑性铰的位置要相对梁柱连接处外移一定的距离，以对节点起到保护作用，这一作用已被国内外近年来大量试验和研究所证实。其设计方法可参考文献[1,2]。

[1] 刘其详. 多高层房屋钢结构梁柱刚性节点的设计建议[J]. 建筑结构，2003(9).

[2] 蔡益燕. 考虑塑性铰外移的钢框架梁柱连接设计[J]. 建筑结构，2004(2).

【陌上尘64】：在不知道按什么模型计算的时候，就按等强连接来做节点，我认为是非常不妥的。如果梁是按铰接设计的，您改成刚接，柱是否安全都有问题，还谈什么经济不经济。

概念设计很重要，同样重要的是您的设计计算和设计假设要一致。

【TANGF】：前面各位对于连接与节点的讨论，个人认为忽略了很重要的一点，即人为的因素。在我们设计的时候，比较多的考虑强度、内力、抗震等诸多因素，但实际上在施工中人为的因素有它的特殊性，比如说：梁柱的人为因素较节点的要小的多。焊缝、螺栓在施工连接安装中主要是以人为主，有一点点的差错，就会导致连接的强度减弱。因此，强节点、弱构件，连接节点附近梁的截面适当减弱的思路应该是结构设计所遵循的最重要的原则之一。

点评：该话题对连接节点等强连接讨论的比较深入，这些帖子都是2004年以前发表的，有些设计概念和规范版本可能有些过时，不过这些讨论仍有助于我们对等强连接概念的理解，许多观点还是可以参考。其中，**htz**发帖的回复内容比较全面。

六 节点计算

1 请教一些基本的节点计算方法(tid=142189 2006-8-3)

【cp4770】：我是钢结构新手，想了解构件上的连接节点，请各位能简单介绍一些最基本的节点设计手法和一些简单构件的计算方法。

【zc1985】：一般节点设计的设计步骤：

(1)确定节点的传力方式，是传递弯矩还是剪力或者扭矩，说得通俗一点就是节点是刚接还是铰接。

(2)确定节点设计原则，是等强设计还是按内力设计。

(3)确定节点的连接方式,是螺栓连接还是焊接。

(4)根据上述已知条件,按照规范相应的计算公式,求出节点所需要的螺栓或焊缝。

(5)检查节点是否满足规范的构造要求和施工方便的可能性。

【cp4770】:谢谢,虽然没完全搞懂,似乎有点概念了。

【e 路龙井茶】:可以买一本《钢结构连接节点设计手册》看看,做节点设计,一定要搞清楚思路。

【yuan80858】:再推荐一本书,夏志斌老师的《钢结构例题与习题》,里面对钢结构中常见的连接方式都有算例,是非常好的学习教材,网上可以买得到的。

ZC1985 提出的是节点设计的基本原则,任何节点设计几乎都是按这个方法来做。等您先熟悉了例题后,遇到非典型的节点设计,肯定就要按这个原则来自己决定算法了。

2 请问一个剪力公式(tid＝63563　2004-7-3)

【lcz_luck】:今天在设计钢结构节点时遇到一些问题,如下:

STS 技术手册上写道:如果采用常用设计法,即考虑梁端弯矩由梁翼缘承担,剪力由腹板承担。梁翼缘与柱相连,采用完全焊透的坡口对接焊,等强焊接。梁腹板与柱相连的双面角焊缝的焊脚尺寸 h_f 的计算有三个公式,取它们的最大值。公式详见《钢结构连接节点设计手册》171 页(附件 1-1-4),和技术手册上写的是一致的!我看明白了第一个公式,可是第二、第三个公式怎么也没看明白。请高手指点一下。另外我查了一下新的普钢规范好像没有要求用三个公式计算,不知是怎么回事!我刚进设计院工作,师父让我结合电算用手算校核,可我算出的结果和程序算的不一样,不知该怎么办!PKPM 的结果和手算的结果相比哪个更大呢?

附件 1-1-4

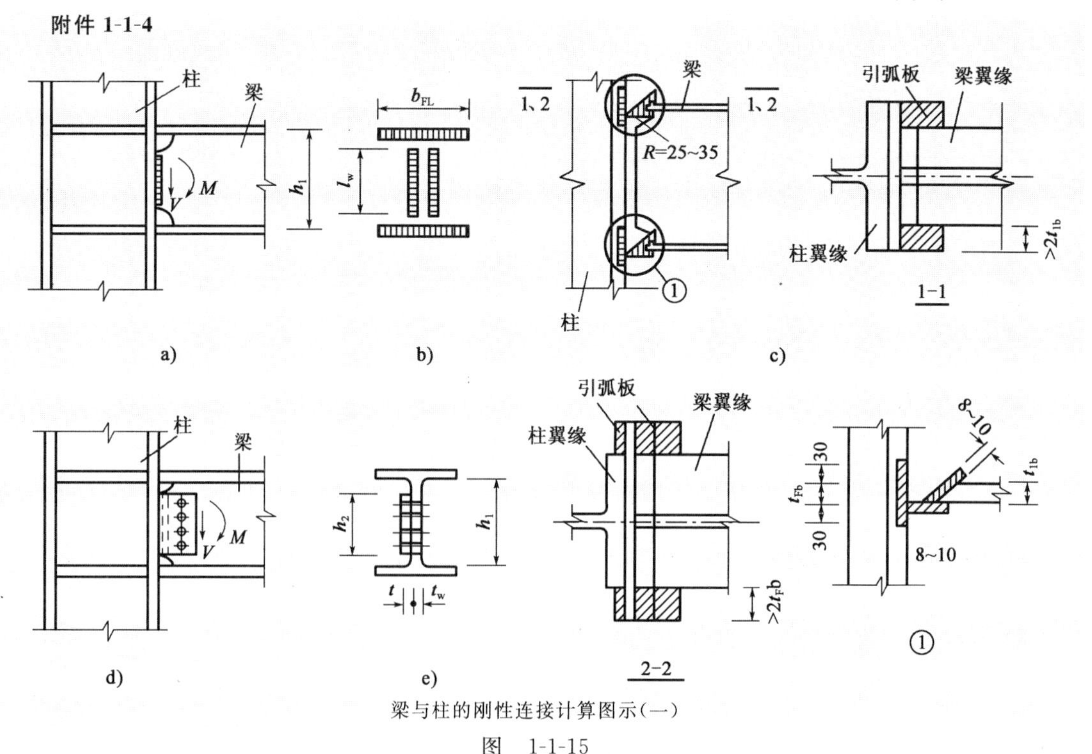

梁与柱的刚性连接计算图示(一)

图　1-1-15

(1)梁翼缘与柱相连的完全焊接的坡口对接焊缝的强度，当采用引弧板施焊时

$$\sigma = \frac{M}{h_{0b} b_{Fb} t_{Fb}} \leqslant f_t^w \text{ 或 } f_c^w \quad (1\text{-}1\text{-}15)$$

式中：M——梁端的弯矩；

f_t^w、f_c^w——对接焊缝的抗拉或抗压强度设计值。

(2)梁腹板或连接板与柱相连的双面角焊缝的焊脚尺寸 h_f 为

$$h_f = \frac{V}{2 \times 0.7 l_w f_t^w} \quad (1\text{-}1\text{-}16a)$$

或

$$h_f = \frac{A_{nw} f_v}{4 \times 0.7 l_w f_t^w} \quad (1\text{-}1\text{-}16b)$$

或

$$h_f = \frac{(M_L^b + M_R^b)}{2 \times 0.7 l_w f_t^w l_0} \quad (1\text{-}1\text{-}16c)$$

取三者中的较大者

式中：V——梁端的剪力；

A_{nw}——梁腹板在连接处的净截面面积；

M_L^b、M_R^b——梁左右两端的弯矩；

l_0——梁的净跨长度；

l_w——角焊缝的计算长度。

【ccjp】:《钢结构连接节点设计手册》170 页 6-51：梁柱刚性连接的常用设计方法中，考虑梁端内力向柱传递时，原则上梁端弯矩全部由翼缘承担，梁端剪力全部由梁腹板承担，同时梁腹板与柱的连接，除对梁端剪力进行计算[这是公式(6-68a)]，尚应以腹板净截面面积抗剪承载力的 1/2[公式(6-68b)是为保证角焊缝抗剪承载力不低于腹板抗剪承载力，从而达到强节点]或梁的左右两端弯矩的和除以梁净跨长度所得到的剪力[公式(6-68c)，$V_b=(M_L-M_R)/L$，V_b 是由梁两端弯矩计算出的梁端剪力，从而保证 V_b 大于 V 时的节点安全性]。

STS 节点设计已经考虑了以上 3 个公式，详见《STS 技术条件》63 页(2004.3 版)。

您的计算结果和 STS 不一样，估计是因为所选取的内力和弯矩不一样。还要注意，要选设计值进行计算。

3　如何计算偏心受力的形心？(tid=40963　2003-10-31)

【choe】:请教图 1-1-16A 点受 $2P$ 力，一钢梁焊接在一钢柱上。求形心？

【CuteSer】:是如图 1-1-17 所示的情况吗？

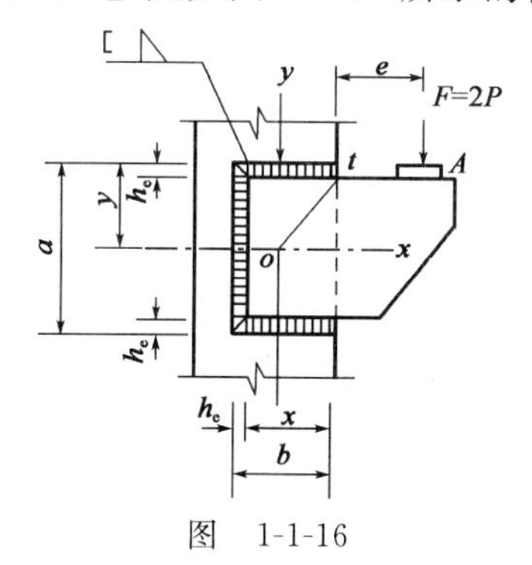

图　1-1-16

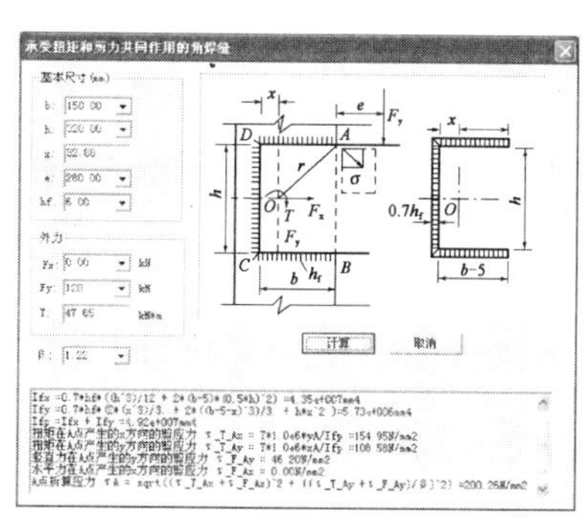

图　1-1-17

【choe】:是的。就是这个。不过 x 怎么来的,有计算公式吗?

【南华人】:很简单的,按焊缝有效高度和计算长度可以组成三条矩形,求这些矩形面积的形心即可。

点评:在《钢结构连接节点设计手册》上有类似的例题,可以参阅手册上的例题3-4。

4 如何知道节点连接设计是否满足要求?(tid=97407 2005-6-1)

【yunnanmuyu】:节点设计不用做计算吗?

通常见到设计人员做节点设计的时候参考其他工程的节点。

可是节点连接设计在规范中是有明确的计算公式的,我没看到谁做过节点计算。不同的工程结构形式受荷大小都不同,难道可以采用同样的节点吗?

在连接节点设计时应该怎么做?

【rong】:告诉您:(1)如果构件进行过计算,并且计算后构件承载力满足要求,那么节点采用等强连接,就可以不用计算(“等强”,这个意思您可以自己再去理解)。

(2)软件(STS之类的)是都可以计算节点的,如果您说不计算,我就不理解您的意思了。

【yunnanmuyu】:是啊,我才做钢结构不久。

我比较关心您所提的等强连接怎么来的?您怎么知道是等强呢?

按我的理解等强是否就是说,构件破坏的同时连接破坏,只要构件没有破坏节点连接就不会失效。

至于用软件计算是可以计算部分节点。可是我们做的施工图中并不是每个节点都可以用STS之类的软件计算出来。另外我觉得太依赖软件也不完全是个办法。知其然和所以然才能灵活作图。

举例来说,支撑与框架的连接节点、夹层楼面纵向梁和刚架的连接节点、抗风柱和刚架的连接、门式支撑中的节点等如何确定呢?

【wanyeqing2003】:对于连接节点设计的初学者应当注意的问题:

(1)学会必要的手算对结构师来讲是很重要的,对结构的一些概念会更清楚一些。

(2)关于支撑,梁柱的连接节点设计一般的手册上都有介绍。

(3)有条件的话,可以找些图纸看看您就会更加清楚了。

推荐两本书给您:《钢结构设计手册》和《钢结构连接节点设计手册》。

【yunnanmuyu】:多谢楼上的指点。

做结构设计才刚刚开始。钢结构我目前只做过一个,可是真的要手算一个节点连接却又不知道如何下手。参考其他工程的节点设计,总有些心里不踏实。

【wanyeqing2003】:节点计算很重要,如果忽略了就容易出事故,应该重视。

对于钢结构来说,节点一般分为焊接和螺栓连接两种。

通过整体计算可以得到节点处的内力(指弯矩、剪力和轴力),再根据节点类型和截面形式计算出节点的正应力,剪应力或摩擦力等,参照规范进行验算。具体方法一般的教科书、设计手册和规范中都有介绍。

【蓝波6】:对于钢结构来说,节点设计是很重要的。节点区要算的东西也比较多,如果处理不恰当,很有可能出问题的。对于一个钢结构工程师来说,必须懂得节点的传力以及可能的破坏模式,会手算节点。

至于 **yunnanmuyu** 所说的"按我的理解等强是否就是说,构件破坏的同时连接破坏,只要构件没有破坏节点连接就不会失效"。我觉得等强原则是指:被连接构件所能承受的最大力能够通过节点连接传递,而并不是指构件破坏时连接也破坏了,可能构件承载力不够而节点并不破坏。

【yunnanmuyu】:首先多谢楼上两位的回复!

wanyeqing2003 编辑,理论上,节点的设计是可以通过我们常用的计算方法来复核的,前提是节点所承受的荷载情况已为我们所知的。我的疑惑是,在我做结构设计时,并不是每个结构的受力情况都做了分析(不知道这样做是不是不负责的一种表现),不是每个节点的受荷情况都计算得清清楚楚,或者说准确的分析出某个节点的最不利受荷情况不是一件容易的事。这种情况下,目前我的解决方法是参考其他类似工程的节点设计,只是我不知道被我参考的工程的节点是如何得来的。我想在构件确定的情况下,等强设计节点也许是一件不错的事情,尽管我现在还不知道 **rong** 所指的"等强"的真正含义。但是我想,也许是另外一种角度来考虑节点所能承受的最大荷载。

蓝波6 所述:"必须懂得节点的传力以及可能的破坏模式,会手算节点"。这就是目前我所欠缺的,不知道您有什么好的建议来帮助我来解决这个问题呢?

【number2】:节点设计除了可以利用 PKPM 中的 STS 进行计算之外,还可以用 ANSYS 建立三维实体模型,模拟实际节点进行承载力试验分析,以确定是否达到承载力要求,这对常见的钢框架结构节点形式非常适用,且精确度较高;不过若节点形式复杂,节点构件材料种类较多,则节点建模就比较复杂,用 ANSYS 分析就比较繁琐,需要花大量的时间。另外,同意楼上兄弟的意见,设计软件再多,再熟练,也一定要学会手算,否则根本无法理解其中的原理,也就是"知其然而不知其所以然"。

点评:结构设计常用方法可以是计算设计,直接套用,还有类比法等。在设计条件相同,或者非常接近的情况下可以套用以往的设计图。如果结构类型比较相似,可以采用类比法。一般情况下,需要设计人员通过计算分析来设计,相关公式见规范及《钢结构连接节点设计手册》。

对工程中的一些设计假定、计算方法以及构造作法,都需要在实际设计中不断学习积累才能理解深刻。

5 ASD 中杠杆力的计算(tid=103133 2005-7-20)

【george】:清华大学出版社《国外大学优秀教材——土木工程系列(影印版)钢结构(第4版)》中,依据 ASDM《钢结构手册(第9版)》对 T 形连接计算时考虑了螺栓的杠杆力(撬拔力)。其过程如附件 1-1-5。1.0 时如此,但问题是 1.0 时的情况肯定存在,那时该如何计算?请读过《钢结构手册(第9版)》的朋友指点。

附件 1-1-5

Example 7-11

Design a connection of the type shown in Figure 7-26(图 1-1-18) to resist a moment of 50 ft-kips and a shear (reaction) of 35 kips. Use $\frac{3}{4}$-in. -diameter A325N high-strength bolts in standard holes. All structural steel is A36 (F_u=58 ksi).

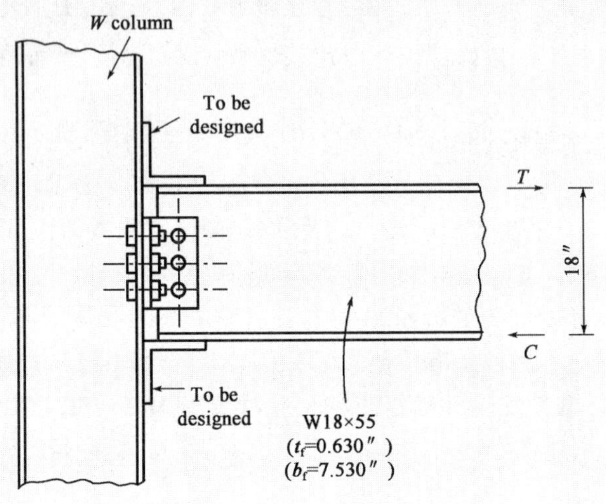

Figure 7-26 Semirigid connection

图 1-1-18

(*Note*:The steps of the ASDM solution procedures, Method 1(Design), are renowed.)Given from Example 7-11:

B=allowable tension per bolt=19. 4 kips

F_y=36 ksi

T=applied tension (total)=26. 1 kips

p=length of angle tributary to each bolt

$$p=\frac{8}{2}=4 \text{ in.}$$

(1)The number of bolts required is

$$n=\frac{26.1}{19.4}=1.35 \quad \text{(use 2 bolts)}$$

Therefore,

$$T=\frac{26.1}{2}=13.1 \text{ kips/bolt} < 19.4 \text{ kips/bolt}$$

(2)From the preliminary selection table for hanger type connections in the ASDM, Part4, based on a load per inch of

$$\frac{26.1}{8}=3.26 \text{ kips/inch}$$

and an estimated required b of $1\frac{3}{4}$ in. (see ASDM, Part 4, Assembling Clearances for Threaded Fasteners), try a preliminary angle thickness of $\frac{9}{16}$ in. , tentatively select an L8×4×$\frac{9}{16}$, use a $2\frac{1}{2}$-in. gage on the vertical leg. With reference to Figure 7-29(图 1-1-19)and the expressions in the ASDM procedure, the following constants are applicable:

$t=0.563$ in.

$b=2.5-0.563=1.937$ in.

$a=4.0-2.5=1.5$ in.

$$b'==b-\frac{d}{2}=1.937-0.375=1.562 \text{ in.}$$

$$a'=a+\frac{d}{2}=1.5+0.375=1.875 \text{ in.}$$

$$d'=\frac{13}{16}=0.813 \text{ in.}$$

$$\rho=\frac{b'}{a'}=\frac{1.562}{1.875}=0.833$$

$$\delta=1-\frac{d'}{p}=1-\frac{0.813}{4}=0.797$$

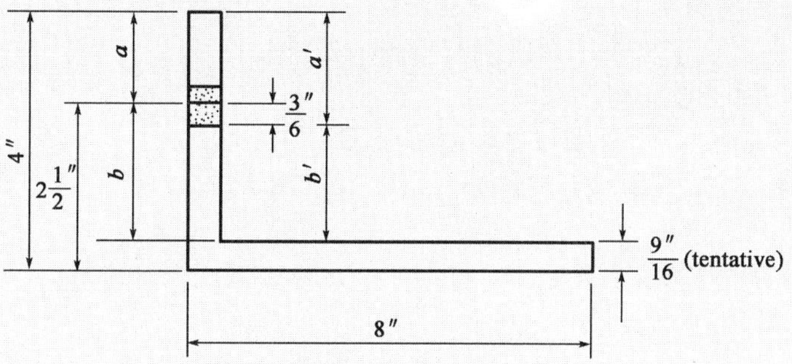

Figure 7-29 Clip angle design

图 1-1-19

(3)

$$\beta=\frac{1}{\rho}\left(\frac{B}{T}-1\right)=\frac{1}{0.833}\left(\frac{19.4}{13.1}-1\right)=0.577<1.0$$

Therefore, α' is taken as the lesser of

$$\frac{1}{\delta}\left(\frac{\beta}{1-\beta}\right)=\frac{1}{0.797}\left(\frac{0.577}{1-0.577}\right)=1.712$$

or 1.0.

Therefore, $\alpha'=1.0$.

(4) The required thickness is then calculated from

$$\text{required } t=\sqrt{\frac{8Tb'}{pF_y(1+\delta\alpha')}}$$

$$=\sqrt{\frac{8(13.1)(1.562)}{4(36)[1+0.797(1.0)]}}=0.795 \text{ in.}$$

Since 0.795in. $>\frac{9}{16}$in., a thicker angle must be chosen and steps 2, 3, and 4 repeated. This iterative process will show that an angle thickness of $\frac{3}{4}$in. will be satisfactory.

【wanyeqing2003】:1.0 的情况是有存在的。我认为是因为螺栓选大了,安全储备的太多了,不够合理。个人意见,仅供参考。

【george】:在《钢结构手册(第8版)》中译本中,对于上述情况是这样计算的,也是国内文献引用最多的方法。这其中的 Q 就是杠杆力。

在第 9 版中，所需翼缘厚度的公式改变了，杠杆力的公式有无改变？（见附件 1-1-6）。

附件 1-1-6

最终设计法

符号说明

T＝每个螺栓的外施拉力（不包括预紧力），kips[1]；

Q＝在设计荷载下，每个螺栓的杠杆力＝B_c-T，kips；

B＝螺栓容许荷载，kips；

B_c＝包括杠杆作用力在内的每个螺栓的荷载，kips；

M＝一个螺栓所产生的、由 T 型钢翼缘或角钢肢分担的容许弯矩，kip-in.[2]；

M_p＝塑性矩，kip-in.；

F_y＝翼缘材料的屈服强度，ksi；

P＝沿 T 型钢或角钢的长度方向，螺栓分担的翼缘长度，in.；

t_f＝T 型钢翼缘或角钢肢所需厚度，in.；

b＝螺栓中心线（规线）至 T 型钢翼缘或角钢肢根部截面的距离，in.；

a＝螺栓中心线至 T 型钢翼缘或角钢肢边缘的距离，但不得大于 $1.25b$，in.；

d＝螺栓直径，in.；

d'＝沿 T 型钢或角钢长度方向翼缘上螺栓孔的尺寸，in.；

$b'=b-d/2$，in.；

$a'=a+d/2$，in.；

$\alpha=M_2/(\delta M_1)$，$(0<\alpha<1.0)$；

δ＝（螺栓排列线处）翼缘净截面面积与（T 型钢翼缘或角钢肢根部处）毛截面面积之比。

公式

$$\delta = 1 - d'/p \tag{1-1-17}$$

$$M = M_p/2 = pt^2 F_y/8 \tag{1-1-18}$$

$$a = (Tb'/M - 1)/\delta \tag{1-1-19}$$

$$B_c = T\left[1 + \frac{\delta\alpha}{(1+\delta\alpha)}(b'/a')\right] \tag{1-1-20}$$

所需的

$$t_f = \left[\frac{8B_c a' b'}{pF_y[a' + \delta\alpha(a' + b')]}\right]^{\frac{1}{2}} \tag{1-1-21}$$

$$Q = B_c - T \tag{1-1-22}$$

当 $\alpha>1.0$ 时，采用 $\alpha=1.0$

一个算例

已知：

试采用 A36 级钢和¾″325 紧固件，选择一个 T 型截面的吊架，以支承吊挂在 W36×160 的下翼缘上的 44 kips 的荷载。梁上紧固件行距为 4″，配合长度为 9″（图 1-1-20）。

解：

(1)B＝19.4 kips（从表 I-A 中查得）

---

[1] 1 kips（千磅力）＝4.448kN

[2] 1 in＝0.0254m

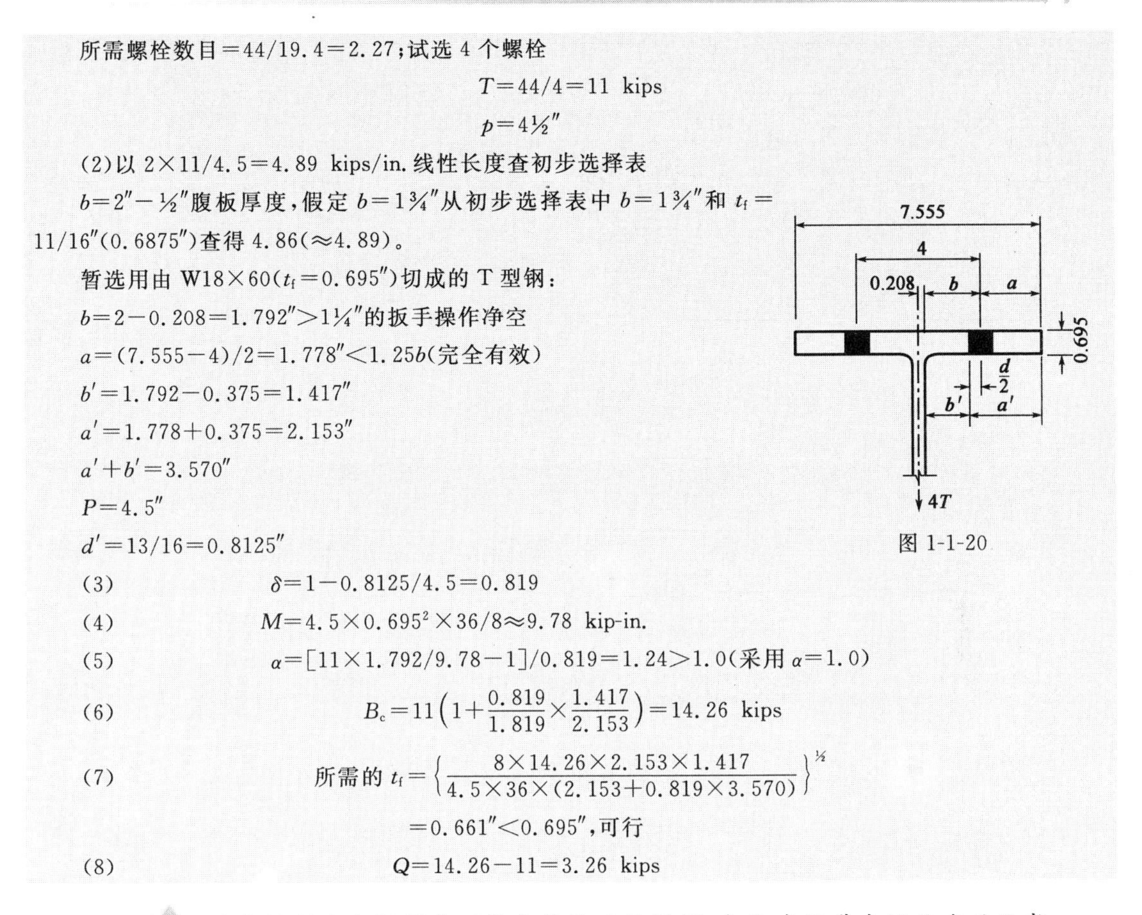

所需螺栓数目＝44/19.4＝2.27；试选 4 个螺栓

$$T=44/4=11\ \text{kips}$$

$$p=4\frac{1}{2}''$$

(2)以 2×11/4.5＝4.89 kips/in. 线性长度查初步选择表

$b=2''-\frac{1}{2}''$腹板厚度，假定 $b=1\frac{3}{4}''$ 从初步选择表中 $b=1\frac{3}{4}''$ 和 $t_f=11/16''(0.6875'')$ 查得 4.86(≈4.89)。

暂选用由 W18×60($t_f=0.695''$)切成的 T 型钢：

$b=2-0.208=1.792''>1\frac{1}{4}''$ 的扳手操作净空

$a=(7.555-4)/2=1.778''<1.25b$(完全有效)

$b'=1.792-0.375=1.417''$

$a'=1.778+0.375=2.153''$

$a'+b'=3.570''$

$P=4.5''$

$d'=13/16=0.8125''$

图 1-1-20

(3) $\delta=1-0.8125/4.5=0.819$

(4) $M=4.5\times0.695^2\times36/8\approx9.78\ \text{kip-in.}$

(5) $\alpha=[11\times1.792/9.78-1]/0.819=1.24>1.0$(采用 $\alpha=1.0$)

(6) $B_c=11\left(1+\frac{0.819}{1.819}\times\frac{1.417}{2.153}\right)=14.26\ \text{kips}$

(7) 所需的 $t_f=\left\{\frac{8\times14.26\times2.153\times1.417}{4.5\times36\times(2.153+0.819\times3.570)}\right\}^{\frac{1}{2}}$

$=0.661''<0.695''$，可行

(8) $Q=14.26-11=3.26\ \text{kips}$

点评：这个问题在本话题中可能未作最后的解答，却给我们带来了更多的思考。希望对此感兴趣的朋友可以思考一下，有了新的想法可以在论坛上发帖讨论。

七 综合讨论

1 关于连接构造的几个问题(tid＝76170　2004-11-14)

【DYGANGJIEGOU】：(1)补充了单面焊的规定，列入附录。根据同济大学所做的试验，参考上海市《轻型钢结构制作安装验收规程》(DG/T J08-010-2001 J10125-2002)，列入了 T 形连接单面焊的技术要求。单面焊仅可用于承受静荷载和间接动荷载、非露天和无强腐蚀性介质的结构构件。柱与底板的连接、柱与牛腿的连接、梁与端板的连接、吊车梁及支承局部悬挂荷载的吊架等不得采用单面焊。单面焊适用于腹板厚度不大于 8mm 的板件，经工艺评定合格后方可采用。根据我国当前的现实情况，强调了在设备和其他技术条件具备时才能采用单面焊。

(2)明确了钢构件与腹板的连接中，翼缘与端板的连接仍应采用全熔透对接焊缝，腹板与端板的连接应采用对接焊缝或与腹板等强的角焊缝。

(3)明确规定圆钢支撑和锚栓的承载力计算，应采用螺纹处的有效截面面积。这是为了制止在实际工程中出现的按毛面积计算承载力的不安全做法。对圆钢支撑，还强调宜采用花篮

螺栓张紧。目前广泛采用的在圆钢支撑端部用螺母张紧的做法，在使用过程中普遍出现松弛现象，在大风和吊车行走时出现摇晃，表明不是好办法。采用花篮螺栓会增加少量费用，但能有效地消除支撑松弛引起的负面影响。

(4)近年来，门式刚架轻钢房屋出现了多起大风将锚栓拔起从而造成工程事故的情况，带来不应有的损失。有的工程设计，锚栓只起定位作用，根本不做抗拔计算，并交由土建施工队随意施工。锚栓直径小，长度也短，有的构造极不合理，成为轻钢房屋工程中的薄弱环节。为此，新规程将锚栓抗拔设计和施工列为强制性条文，希望杜绝类似情况的发生。规程还明确规定，锚栓不能参加抗剪，水平反力应由底板与混凝土基础间的摩擦力承受，超过时应设置抗剪键。过去曾有过锚栓在特定条件下可参加抗剪的建议。本规程遵照《钢结构设计规范》(GB 50017—2003)的规定，不考虑锚栓参加抗剪，有关说明可参见《钢结构设计规范》。

【ary】：请问 ：与地脚螺栓连接的底部钢板厚度是怎么确定的啊？

【臭手】：回楼上：

原则上说，其计算模型为一四边简支板，中心受锚栓拉力作用。

如果柱底板仅开一不大的圆孔，螺母的压力通过垫板扩散到底板时已经越过圆孔的范围，应该不需要太厚的垫板。

如果锚栓直径较大，为安装方便，通常柱脚底板或锚栓托座顶板开一较大的豁口，此时必须计算。

我做的一个项目：M76 锚栓，豁口开了 110，顶板按支撑于锚栓托座加劲肋的简支梁计算，厚度 60。

【arkon】：如果锚栓不能抗剪的话，中国的轻钢厂房会倒掉百分之八十；

(1)以前的标准图无抗剪键；

(2)设计单位含本人也不设抗剪键；

(3)施工单位更不愿用抗剪键，太不方便。

建议规范就锚栓提出一定的依据，并从构造上完善，考虑其具备一定的抗剪承载力。

【fwl666】：应该说不用抗剪键一个原因是柱脚剪力比较小，另一个原因是剪力小于 0.4 倍的轴向压力。我上次听蔡益燕老师(《门式刚架轻型房屋钢结构技术规程》的编委)谈到这个问题的时候也说。实际工程中锚栓也是抗剪的！

点评：关于钢结构柱脚设抗剪键的问题，在一般设计假定中，不考虑锚栓的抗剪作用，规范规定：柱脚水平剪力由柱脚底板与混凝土基础之间的摩擦力，或者设柱脚抗剪键来承受。这种假设仅仅是一种工程上的简化，在实际应用中也是比较安全合理的。

实际上，锚栓是能够承受一些剪力的，由于设计中没有考虑锚栓承受剪力因素，加上规范规程中有相应的规定和要求，设计人员应该尽可能遵守这些条文规定。

国外规范允许锚栓抗剪，但有严格的构造要求。

2 关于加劲肋的几点思考(tid=109011　2005-9-14)

【谨慎】：刚入行不久，对加劲肋有几点看法，不知对否，请指正：

(1)非传力加劲肋,如梁上为满足腹板的局部稳定性而设置。其截面及和梁的连接焊缝不需验算,只需满足构造要求。

(2)传力加劲肋,如梁柱节点处设置的与梁翼缘平齐的加劲肋。其截面及与构件的连接焊缝均需经受力计算确定。

(3)加劲肋可与梁柱翼缘齐平,边部带坡度的型钢除外。

【pingp2000】:对于您的第一、第二点的理解是对的。第三点,我认为最好将加劲肋内收10～15mm,以避免应力集中。

【谨慎】:谢谢编辑给予指正!

我想请教:焊接梁的加劲肋宜按加劲肋的宽度切角,为什么型钢梁不如此呢?是否只要保证加劲肋和型钢梁的内弧不相交就可以?

【暴风】:对于二楼观点:

"第三点,我认为最好将加劲肋内收10～15mm,以避免应力集中。"

我觉得不必如此麻烦。加劲肋一般将两端磨平与梁柱翼缘顶紧即可,与翼缘不必焊接,也可以用角焊缝焊接。计算时一般不考虑两端角焊缝的作用。

焊接梁由于腹板与翼缘已经有纵向焊缝,为避免焊缝交叉,加劲肋需切角。对于型钢梁,由于其腹板与翼缘连接处有圆角,所以需要切角。它们切角的原因不同。

【pingp2000】:"我觉得不必如此麻烦。加劲肋一般将两端磨平与梁柱翼缘顶紧即可,与翼缘不必焊接,也可以用角焊缝焊接。计算时一般不考虑两端角焊缝的作用。"

此话不太正确,试问框架中柱对应梁翼缘设置的加劲肋仅仅是刨平顶紧就够了吗?就我知道的需要刨平顶紧的加劲肋就只有梁端的支承加劲肋。刨平顶紧就要把钢板上刨床刨平,费事。

3 横向加劲板如何设置?(tid=109006　2005-9-14)

【snow66】:现在做一个楼梯平台,三层,柱子打算采用2个槽钢组成的箱形截面,梁用工字钢,有一问题不明,特向大家请教:

在梁柱节点处,一般情况下柱在梁翼缘对应位置都需要设置横向加劲板。

(1)我用的是2个槽钢组合的柱子,感觉这个横向加劲板无法施工,请问,什么样的焊接方法可以在这种柱子里面焊上这块板?

(2)如果不能焊接,那柱子在梁翼缘处是否不安全,在不设置横向加劲板的情况下,如何计算柱子的节点是安全的?

【bzc121】:如果柱与梁上下翼缘节点必须加肋板,可选用以下几种方法之一:

(1)槽钢未组焊时先在一侧将肋板焊好,梁组焊后再从另一侧钻孔与肋板塞焊。如塞焊不能满足也可以将塞焊侧肋板焊一丁字板以增大塞焊截面。

(2)槽钢一侧先焊肋板,肋板应大于两槽钢宽度,另一侧槽钢切割槽孔,肋板穿过槽孔焊后打磨平。

(3)做外置肋板,如果柱有空间建议采用此法。做方板框,套在柱上,板框两侧截面等于或大于梁翼缘截面(材质相同),板框与梁翼板焊接。

4 关于节点详图设计(tid=165686　2007-5-22)

【mrabiao】:请问大家,如果框架节点详图交由厂家设计,需要提供内力给厂家吗,如果不提供内力,怎么提要求详图设计单位能接受?

★**【ycwang】**:(1)国外有专门的详图师,负责节点详图设计,而且有详尽的手册可查。

国内钢结构刚起步,有些结构设计师出图比较详尽,给出了连接节点的形式,比如焊缝或者螺栓的规格数量等;有些结构设计师只给出结构布置以及内力,节点的形式和计算由深化方负责,最后还要结构师签字确认。

(2)连接节点的设计在钢结构中占有相当重要的地位,一般结构工程师应该很注重节点是否符合结构设计意图。节点的计算原则是满足结构计算原则,无论是受力上还是构造上。

(3)如果节点由厂家设计,一定要提供内力和详尽的要求。

(4)深化节点设计必须忠于结构设计,不是提什么样的要求厂家可以接受,而是结构工程师接受不接受厂家的节点方案。

★**【bzc121】**:提出这样的问题本意应理解为不是技术范畴,是业务问题。如果您是设计单位,应约定设计深度。如果您是建筑施工单位,叫钢结构加工单位去制作,也是应约定提交图纸深度。如只绘制钢结构框架图,不提供节点图,那就不叫一套图纸,也不能称为设计,只算提供条件,如约定了只提供条件绘出框架图供参考也可以,但要提供完整的建筑图。

从技术角度说,目前国内的钢结构建筑图纸(正规设计单位)应包括:①建筑图。如建筑、结构人员分设,建筑图独立成册。(很多建筑施工、制作单位从来就不做建筑图)。②结构图。通常包括基础、混凝土结构和钢结构。③给排水、暖、电、消防图。(这些图多为独立成册)。④设计计算书(审图必备)。在钢结构(结构图部分)设计中图纸必须有详细的节点图或节点引用标识。

以上所表述的应是建筑施工图,其深度完全可以满足施工要求,但不能满足加工制作需求,因此钢结构加工厂需要制作图。业内将制作图叫加工图、拆图、详图等。制作图是在结构图基础上的二次设计。它是以一个构件为绘图标的,如梁、柱、檩条、锚栓、支撑等。

作制作图是二次设计,没有完整的结构图是不能准确表达设计意图的。

【msf】:钢结构与其他结构不同,有明确的钢结构设计深度规定:分为钢结构施工图设计和施工详图设计,施工图由设计院出,施工详图由加工制作单位出,重要的节点要有设计单位确认。

5 构件和杆件有何区别?(tid=91003　2005-4-12)

【wanghaiwei】:在节点和连接的有关概念中,经常会提及这两个概念,二者有何区别?

【zhlinlong】:(1)构件是结构物的一个组成部分。可能是一块板,也可能是一根杆,也可以是一榀桁架,一根吊车梁等。

(2)杆件就只能是起承担拉力或压力的构件了。

(3)杆件的范围要窄得多。

没有查书,只是经常遇到这样的词汇,不一定准确。

【lingkong_007】:两者是不同的概念,顾名思义,构件是一个结构一个整体比如常说到的受弯构件受压构件等，杆件是一根杆状的东西，杆件只能是构件的组成部分。

【jbr1314】：顾名思义，构件之所以称其为构件是因为它是结构这个整体的一部分。而杆件只是一个独立的物件，只有当它用来作为结构这个整体来使用的时候(抗拉或抗压)才称其为构件！

★**【wanyeqing2003】**：前面几位已经给出了较全面的解释。

我这里补充一下个人的理解。

(1)构件多指实际结构中，组成建筑物的单元，如梁、板、柱、墙、杆等。

(2)杆件常指在结构分析时，作为模型简化的单元。这些单元可以承受轴力、弯矩、剪力以及扭矩等内力。

其实并没有严格的定义，不同的场合会出现不同的说法。

【lyptec】：wanyeqing2003 讲得清楚明了，含义准确。

6 关于结构胶的疑问(tid＝113418 2005-10-26)

【施工员】：我想用结构胶把C型钢(厚度＝2mm)和一块厚钢板连接起来，目前查到的结构胶抗拉强度最大的为33MPa，抗剪18MPa。弹性模量36000MPa(钢一般为200000MPa)。请问哪位有用过结构胶进行钢—钢之间连接的，是否有强度更大，弹性模量更大的结构胶，请告知品牌。国外用的是一种叫Sikadur 31 Hi-Mod Gel的环氧材料。应该是两种材料的混合物，不知有人用过没有，性能如何?

【zcm-c. w.】：结构胶是专用于隐框玻璃幕墙中的一种胶，只能用于玻璃、铝合金型材、不锈钢材料这三种材料之间的两两粘接或相互粘接，而且还要做相容性试验！其他材料是不能粘接的！

点评：在一般承重结构中，胶粘节点遇到的相对较少，所以这方面的构造做法和计算方法比较少。而用胶粘贴的技术在结构加固设计中用得比较多，还有建筑维护和门窗安装上用得比较多。

7 钢结构工程现状令人担忧(tid＝122648 2006-6-28)

【sumingzhou】：最近在做钢结构不同刚接连接形式的试验，但试验结果不尽如人意，结合所碰到的一些工程情况，对中国钢结构工程的质量问题实为担心，倘若地震来临，估计倒塌的除了土坯房，砖混，下一个就是钢结构了，可能“抗震性能”比钢筋混凝土要差远了。绝非危言耸听，下面是一些实际情况：

(1)箱形柱内隔板三面焊，节点区柱子翼缘腹板采用部分熔透焊。这是一些小加工厂的“常规做法”，承载力不足，变性能力极差，几乎不能耗能。

(2)对接焊缝端部不加引弧板，端部缺陷大且难以焊透，承载力倒是没有多大问题，但变形稍大，焊缝端部及开裂，裂缝很快扩展而发生脆性断裂。

(3)节点域加劲肋与梁翼缘错开很多，应力集中严重，影响变形能力，日本建议加劲肋厚度比梁翼缘厚一个级别(2～4mm)，但实际工程中仍不能保证传力直接。

以上情况是在图纸有明确要求，但是专门为加工试验试件时仍然无视要求出现的，还有更令人担心的情况。

(4)设计问题非常突出，有很多设计人员（包括一些国内很有名气的设计院的）半路出家，缺乏钢结构的基本概念，主要依赖设计软件的缺省参数，对计算结果不加判断，或判断不出问题，设计本身问题较大，如平面外计算长度错误（有相当多的例子），门式刚架梁柱不考虑腹板局部屈曲后的有效截面（程序只在计算文件中提供，图形应力比显示按全截面），拱式结构不考虑轴力（按梁单元计算，有一个"九运会"工程还未完工就因计算模型错误而加固，结果还获得了原建设部的优质工程奖）。

(5)施工安装问题突出，高强螺栓不拧紧，甚至交工后用手都可以拧动，扭剪型螺栓打掉螺栓尾部，悬臂梁段与梁翼缘的对接焊仅点焊或不焊透，不加衬板或随意设衬板（见有工程衬板转 90°放置）等。

(6)焊缝通过孔尺寸偏差大，且表面极为粗糙，狗骨式切削后不处理（清华有试验就是在狗骨处撕裂而发生脆性破坏）。

凡此种种，不胜枚举，吾辈应从何处努力，以正钢结构工程名声？

【金领布波】：我是做工业钢结构设计的，上次去现场看到的情况也让我感到心忧。

因为工业构筑物的荷载一般较大，所以我们在设计时采用的柱间支撑比较大，有的甚至用到了 H350×350 焊接型钢，可一看其和柱子的连接节点，吓人，节点板相对很薄，若遇到较大的轴力，支撑还没坏，可能节点已经先失效了，根本达不到设计的初衷。

因为这个项目节点是钢结构公司来做设计，设计院和钢结构公司没有充分的沟通，所以出现这样的局面。

这是以后应该充分注意的问题。

【jianfeng】：请 sumingzhou 编辑解释一下第 4 项里的一句话："门式刚架梁柱不考虑腹板局部屈曲后的有效截面（程序只在计算文件中提供，图形应力比显示按全截面）"，这句话什么意思？

【sumingzhou】：有些程序在计算文件中给出了按全截面计算结果和按有效截面计算结果，对于腹板高厚比较大的截面，可能不是全截面有效，按全截面计算满足，按有效截面计算可能不满足，但应力比图形显示是按全截面，是满足的。如果不清楚有效截面的概念，可能就不去判断了。

【jianfeng】：sumingzhou 编辑，您上面回复的问题听起来很严重。能具体说一下哪些软件有此现象？PKPM-STS 做门式刚架，其应力图是考虑有效截面还是全截面呢？

【xiyu_zhao】：钢结构工程在中国还是比较新兴的一种结构形式，其设计与施工的水平还没有像混凝土结构那样成熟。

很多做钢结构设计的结构工程师对钢结构的了解也是仅限于理论上的，没有实际操作过（这一点在很多小一点的设计院内很普遍，包括混凝土结构也存在这种情况），设计出来的图纸在实施中有很多问题。

结构工程师过多的放权给了深化设计单位（一般国内深化设计都是由制作单位来完成的），深化设计时考虑的多是经济问题（这与国内招投标存在的弊端有直接关系），而更少的考虑了本应该给予最多关注的技术可行性问题。

施工过程中，也是由于招投标时恶性竞争造成的，施工单位多是以劣代优，这就造成了施工质量不容乐观的局面。

要彻底解决这方面的问题就要从根源做起，对开发商的开发资质以及能力（主要是资金保障）进行彻底的清查，不合格者绝对不能进行立项，这样也可以解决民工工资的问题。开发商资金存储达不到项目总投资的70%以上时，开发过程中多要求承建商垫资。

由于目前招投标管理工作缺少必要的监督机制，招投标过程中多是暗箱操作，存在恶性压价的现象。

再者，一般承建商与开发商都有一定的关系，这在政府工程中最为常见，监理比较难管理，或者干脆，承建商把监理通过一些不正当的方式摆平，就可以为所欲为了。

所以，工程质量的根本问题在于机制，而不在于某个工程的参与单位。

【cuixiao】：**sumingzhou** 编辑：在您的话题中提到，“狗骨式切削后不处理（清华有试验就是在狗骨处撕裂而发生脆性破坏）”，那么针对狗骨式节点，我想再请教您一下，狗骨式节点作为钢框架的梁一柱刚性节点的改进形式，国内外学者也提出了各种不同的改进方案，也都给出了自己的设计参数，但都很不统一。

我想问一下：

(1)针对狗骨式削弱部位的削弱形式，还需不需要新的改进？

(2)再对削弱参数进行研究还有必要吗？

(3)半刚性节点和狗骨式节点之间有没有可以衔接的地方？

【sumingzhou】：一点儿个人意见。

狗骨式节点概念清楚，传力明确，性能优良，美国FEMA350把它作为SMF框架连接的推荐形式之一，但其加工要求较高，日本因其加工困难而不采用。我国虽在重要工程中采用了这种形式，但如果仅用火焰切割，而不做进一步处理，此处往往变成薄弱环节，在发展塑性形成塑性铰之前发生脆性断裂，导致更快、更严重的破坏。目前切削形式和尺寸研究似乎意义不是很大，防止脆性断裂可能更重要。

至于半刚性连接，由于连接本身只承受部分弯矩，梁柱连接部位的梁可能不会产生足够的塑性变形，也不会要求构件的截面有足够的塑性转动能力，因此，可能不需要进行狗骨式处理。

【接点连接】：本人是做施工的，对编辑的问题我有更深刻的感知，构件在制作、安装过程中节点都没有得到足够的重视，这跟工人的素质有很大的关系。整个市场都是这样的，我的建议是加强管理。

【zyx02412】：“现在的一些设计单位对钢结构只是一知半解，似懂非懂，东借西抄，把问题全留给制造和施工单位，而制造和施工单位为节约成本，对质量就不太重视了”。

对于这句话，我真是有深刻的体会！现在有的设计院对于钢结构的设计相当不成熟，有的甚至把连接接点的所有任务都交给加工、制作单位！

【wang_yingcong】：我原来是施工的，所在单位也是一级企业，但是施工质量不容乐观，现在刚开始做钢结构设计，想问设计时是不是要考虑施工质量的问题，提高一些安全系数？

【e路龙井茶】：其实目前的不良情况是很多的。包括许多设计者都是在抄来抄去的做设计。最近我做了一个德国设计的电厂锅炉框架，4个最主要的大BOX柱截面为B1500×1500×55，这样的柱子，焊缝却比较小，节点域也没有焊透，焊缝高度只有18mm，其余部分焊缝高度只有

10mm。如果我们国内的设计，肯定焊缝要大的多，节点域也会焊透，所以我们对设计也应多改善。当然，我们国内的加工状况比较差一些，这也可能是我们的设计在许多地方比较保守的原因。

【flywalker】：(1)对于苏老师提出的问题在现实中的确不少，既然是存在，也有它存在的一些客观因素，这几年，钢结构市场蓬勃发展，工程是遍地开花，可是工程造价却是压了又压，甲方总是以最低的资金达到最大的效益，经常可以听到甲方说：我 1 块钱能办成的事为什么要花 2 块钱去办？

(2)钢结构门槛(特别是轻钢，多层结构)比较低，使得一部分人冲着想捞一把的观念恶意竞争，以低价抢工程，而低价的背后往往是以低质来实现的。

(3)在钢结构加工、施工过程中，目前很多监理人员由于对钢结构方面知识的缺乏使得过分的相信施工安装单位，监理机制的不到位又滋生了劣质工程的市场。

(4)规范、水平高的加工单位不是没有，只是加工成本高，承包商(往往是低价中标者)也不可能实现低价中标高成本去运作。

(5)再回过头来说钢结构设计，本人感觉这几年的设计不管从水平上还是规范化上明显好于以前了，以前的设计基本是钢结构公司的天下，现在也慢慢走入各个正规设计院里，不管从哪方面来讲，不得不说，大设计院出来的图纸还是比较正规。我总觉得，设计施工一条龙的服务从体制上来也不是什么好事情，在这种体制下，施工还能不能体现设计目标？于是要问，设计在施工的屋檐下还能呆多久？

罗里罗唆的说了这些，只是本人对目前市场的一点感受和一些担忧。市场不正规，最终损失的是甲方，倒霉的是我们这些工程人员。

【jekin】：个人认为 PKPM 中 STS 的门式刚架计算，是采用了全截面计算法，对于腹板的局部稳定问题，软件默认的是满足稳定进行计算的。在实际施工图纸绘制中，应对腹板进行加强，即加肋板，距离应该满足规范的构造要求。

【dongjia】："狗骨式节点概念清楚，传力明确，性能优良，美国 FEMA350 把它作为 SMF 框架连接的推荐形式之一，但其加工要求较高，日本因其加工困难而不采用。我国虽在重要工程中采用了这种形式，但如果仅用火焰切割，而不做进一步处理，此处往往变成薄弱环节，在发展塑性形成塑性铰之前发生脆性断裂，导致更快、更严重的破坏。目前切削形式和尺寸研究似乎意义不是很大，防止脆性断裂可能更重要。"

需要请教苏老师的是，您这段话有具体的文献支持吗？我查阅到狗骨式在美国很受重视，但没有查阅到在日本也有相关的研究。

由于数控技术的发展，我觉得狗骨式的加工不应该有障碍，而日本的加工技术精湛也是世界公认的，这个理由似乎站不住脚。

您所指的进一步处理，又是指的什么呢？因我最近申请到一项目，欲将狗骨式应用在钢管混凝土加强环节点上，以期改善节点的应力集中。因此希望得到您的赐教！

【LXL423】：钢结构连接节点施工质量差，除了各位大侠所讲之外，我觉得还有重要的原因：

(1)现在的钢构公司一般都是重厂内制造轻现场安装。厂内制造要求很严，制作精度也很高，到了现场安装时往往承包给私人安装老板。而这些私人承包者往往自己不太懂结构力学，不知道节点的重要性，因此对节点做法不是很重视，无知者无畏就是这个道理。其个人经济实力也不强，为了节省安装成本，甚至一些必要的安装设备或工具都不舍得买。所谓欲善其事必先利其器，没有必要的设备是很难施工到位的。

(2)现在的监理工程师大多数对土建结构较熟，对专业性较强的钢结构工程往往一知半解，一听说是焊缝就要求您探伤，也不管您是二级对接焊缝还是三级角焊缝。因为不太懂，加上安装单位的人请他吃吃喝喝，也就睁只眼闭只眼，也就没有进行必要的监督和控制了。没人监督，施工人员的施工态度就自然好不到哪里去了，施工质量当然就难令人放心了。

总之我觉得其连接节点或其他方面的工程质量问题不仅仅是个技术问题，更是个工程管理问题。既要设计合理，施工单位要进行必要的技术交底，选用合适的施工班组，监督单位进行必要的监督检查控制，这样工程质量就不会令人担忧了。

【xianjiandarenyi】:我以前在一个钢结构公司做过半年的钢结构设计，我们设计人员的都是刚入门的，最长的也才钢结构设计一年多，很多时候的节点图都是从其他图纸上复制过来，根本没有计算，甚至有些结构都没有进行计算，从同类工程中直接 COPY ，他们施工队的质量也不是很放心。老板所要求的就是用钢量越少越好，我做的都得都提心吊胆的，要是地震来了，估计好多节点都会出问题的。这个问题是要引起大家注意！

【pangdehu】:我以前是做钢结构施工的，现在做钢结构的监理，针对我遇到的情况谈几点个人的看法：

(1)比较大的项目都经过招标和投标来选择施工单位，这样的单位一般都比较有实力，尤其是工厂的加工能力都比较强，有比较健全的质量保证体系，工厂加工部分质量还是有保障的，可是到现场安装，往往是分包，在强调进度的严峻形势下，遍地开花，分包素质不一，造成质量参差不齐。

(2)现场安装的管理情况让人担忧，单位为了节省安装费用，往往只是派几个人来管理，其余的安装工作全部有分包来完成，不用说管理经验怎么样，有的对钢结构也不怎么懂，所以指挥起来带有官僚的作风，甚至对监理提出的要求置之不理。

(3)比较小的项目质量情况是最让人担忧的，这样的项目往往由于竞价太低，大型企业由于利润太低不去竞争，这样的项目都让一些没有资质和挂靠的小企业加工，他们根本谈不上质量管理，更不用说保证质量了，甚至连原材料都存在问题。

【jianfeng】:植筋也有好多让人担忧的地方：

(1)混凝土打孔，操作人员如果没有责任心，有可能把混凝土结构受力钢筋打断，造成原结构承受荷载的能力大幅度降低。

(2)植筋胶是不是可靠，一般小工程很少有人做试验。

(3)打孔后尘屑吹不干净，或者根本不清刷。

(4)少用结构胶，安装时间过长。

(5)植入的钢筋锚固长度不够，不除锈等。

以上情况都对结构留有隐患，如果连接构件为悬挑结构则更让人后怕。

【yhb19820913】:钢结构施工差，这个问题绝对严重，我是一个设计院的，现在在现场服务，他们施工的钢结构质量差的让我担心将来一定得塌了，最简单的对接焊缝留 2～3mm 的缝隙，他们竟然缝隙有的大到 2cm，然后就在里面加钢筋棍，试想而知，这种质量能过关吗，将来要运转起来肯定得塌了。

【rhyao】:我是做设计的，就刚结束的一个工程，我是深刻的体会到施工方和承建方是一家的说法了。在施工现场，施工方根本就不按规范施工，监理的话施工方根本不听。那野蛮施工的场面真是吓人。

我想是时候该曝光一下这些野蛮施工的单位了。

【climaxwf】:本人也刚做了一个32m跨度的钢结构，交图后施工单位总是吵着这个螺栓不好买，那个焊接缝要求太严格。对于此类情况我真是无语。辛苦的考虑优化，节省资金的前提下，施工的质量确保证不了。我真是为我的结构担忧。我以为钢结构整个行业都存在这个严重的问题。

【tiantbird】:和以上各位不同，我是做深化的，但我在的公司确是一家专门的深化公司，在节点计算方面有很规范的一套做法。正如上面有位老兄说的，近些年钢结构在设计和施工上都有很大的进步了。我们公司的老总也发现了目前钢结构设计、深化、加工的模式有很大的弊端，因此也在努力向国际接轨，就是从工程安全、业主利益出发。在加工招投标前将深化图纸完成，这样就不会再存在部分工厂为自身利益而对原结构进行危险的“优化”。目前已经成功了两个项目，但愿这个操作过程能够改变现在我国钢结构在深化过程中所存在的问题。

另外，我也发现国外的钢结构节点设计理念与我国的理念存在着较大的差别，所以老外做的一些节点会让我们很不好理解。

【speedguoguo】:许多质量问题的确是由许多方面因素共同作用下的产物，我是做施工的，首先现在钢构制作都是包给钢构厂做，现在市场激烈竞争及利润空间降低，许多厂商在材料上做文章，构件厚度不足比比皆是;施工单位技术工人水平参差不齐，许多节点连接处与设计要求相去甚远;还有现在的监理大多对混凝土结构比较熟悉，对钢结构都模棱两可的，不知所以然，也在很大程度上降低了监督作用。

【xiaotiantian】:(1)焊接H型钢翼缘板或者腹板，特别是翼缘板现在基本上用带钢代替，在工厂拼接时，好多钢构制造厂从来不加引弧板，致使实用宽度减少2倍板厚，构件承载力严重降低。

(2)高强螺栓安装时，一些安装队从来不用力矩扳手，也不分初拧和终拧。

高强螺栓连接板接触面根本达不到70%，有的还有好大间隙。

(3)框架主梁上下翼缘板与柱根本不焊接(一般设计上是对接焊缝)，主梁与柱设计为刚接，实际施工时却变成了铰接。

【wangshuai_79】:看了各位的发言感觉受益挺多的，说一些自己的想法。

(1)单纯从技术角度讲，我个人认为钢结构设计主要有两大块极其关键的地方，一是结构的力学概念(强烈建议大家多看几遍《结构概念和体系》，是由林同炎、斯多台斯伯利合著，市面上有中文版本的第二版出售。高校里应该有英文版本的第一版，我只有第一版，不知道现在有没有新版本出来)。我个人理解所谓力学概念具体来说主要对应设计领域里的结构形式选择以及概念性计算(手算)，另外，弄清结构的传力路径也很重要，理解各种常规结构形式的配套构造措施和做法也同等重要。我把这些叫做“大设计”。二是节点的细部设计(我无比认同有位仁兄说的目前钢结构节点设计没有好的参考书可学习的状况)。节点设计是把各单个构件连接以组成整体受力的枢纽，设计到连接计算、加工安装、焊接、试验等诸多分支学科。我把这些叫做“小设计”。我个人认为一个优秀的设计人员绝对应该“大小通吃”。“一栋高层就是一根悬臂梁、一个H形断面就是三块钢板组成的结构”，能够融会贯通的境界应该是任何一个结构设计人员永恒的追求。

(2)“没有规矩、不成方圆”，在哪里做设计也得遵循国家的法律法规。问题就出来了，目前的行业状态是钢结构设计往往不是由设计单位设计好图纸交给甲方，施工方拿了图纸加工然后施工安装的，中间有一个钢结构加工厂(这也是钢结构固有的特点，好多搞机械的慢慢的也玩钢结构)，所以就有了两个层次的图纸：一个叫设计图，一个叫详图(深化设计图纸、二次设计图纸、钢结构加工图纸)。法律法规有个规定叫做钢结构施工图设计应该达到的深度，但个人感觉是这个东西弹性比较大。个人认为钢结构本身的固有特点也是出现问题的一个因素。毕竟是两个队伍打一个敌人(设计图和详图加起来才能盖好房子啊)。

(3)目前的钢结构建设项目运作有漏洞(尤其对小规模的项目)。大家都知道好多小项目甲方是直接把项目的设计施工给了一家单位(越来越多的是个人)，他有可能自己设计盖自己的资质章，也有可能花点银子找个人设计盖章，更有邪乎的随便画几张白图就开干。我就不信甲方不知道，但是目前存在太多这样的操作了。这时候，技术显得那么苍白无力，金钱(价格)却能决定很多。

综上，我个人觉得不是哪一个环节就导致了目前的状况，而是几个方面加在一起更容易出现不好的局面(环节越多，可靠性越低)。整个行业状况得靠各方面共同努力才能改善。

有意思的是这个状况像个逻辑悖论：实际上谁都不愿意出事，偏偏在这个前提下它就能出事！令人深思。

【fengmiao24】：我是刚走上工作岗位的毕业生，现在在一家钢结构设计公司做设计。刚从学校出来很多东西还不是很懂，缺少实践的经验。看了大家的观点和实践心得我很是担忧，担忧过后又是压力。我们公司用的是3D3S软件。在门式刚架设计部分这个软件是考虑了有效截面的，这个不用担心。

【zlsl2113】：请问一下，钢结构深化公司提供的连接节点计算书主要有哪些部分组成？

【yxh-1967】：连接节点的设计、厂内制作、现场施工，这三个连续的工作中，其实最难控制的是现场施工。钢结构安装绝大多数都是在高空，施工单位和建设单位、监理单位的管理人员很少真正能到现场去进行质量控制，而操作人员又绝大多数是没有经过专业培训的民工，施工质量可想而知。不是没有规范，而是怎样去执行和落实，不要等房子塌了才重视起来。

【jupiter5225】：“现在的一些设计单位对钢结构只是一知半解，似懂非懂，东借西抄，把问题全留给制造和施工单位，而制造和施工单位为节约成本，对质量就不太重视了”。

对于这句话，我真是有深刻的体会！现在的设计院对于钢结构的设计相当不成熟，有的甚至把连接节点的所有任务都交给加工、制作单位！钢结构是个新兴产业，很多地方不规范，技术跟不上市场，要改变现在的状况还要在机制上做改善，做好节点设计。

【haowensam】：我设计了几个多层钢结构，施工单位偷工减料也就算了，他们的无知让我冷汗直冒，刚接节点翼缘全熔透焊竟然一个都不焊，全部受力模式完全改变，问他们怎么没看图施工，他们说以前他们也这么做的，没问题。对一个施工已经完成的工程来说，要再进行熔透焊几乎是不可能的，奉劝所有搞设计的兄弟，不要对施工单位太过信任，大部分工程都是包了几包的，到后来做的人都是瞎做一通。

【chnxgd】:钢结构节点千变万化,都是为了解决传力的合理、可靠,我觉得钢结构的节点部位可以在钢厂里定制完成,施工现场均用栓接。

【tongxingz】:钢结构设计、施工中确实存在楼主说的那些问题,我觉得这与设计和施工人员经历的教训少也有关,我认识的很多长期从事钢结构工程的人就常说:我一直这样做,从没出过问题,反而成了他们以后做工程的经验了!

【xuaiyan】:我曾到一个高耸钢管混凝土一钢梁结构的施工现场呆过,现场主要的问题集中在以下几点:

(1)最主要的问题是钢管柱的对接焊缝处,间隙大小不等,小的几乎没有间隙,大的有10mm以上,更为严重的是一个对接焊缝的一部分间隙很小,另一部分很大,而焊接又是在吊装就位以后进行,从而导致焊缝厚度不等,势必造成焊缝的不均匀收缩,联想到钢柱的长度,可以想见结果就是钢管柱的垂直度大打折扣。问题的根本在于钢管柱的管口不平整。

(2)H型钢梁的加劲肋尺寸过小,不能与H型钢梁的翼缘焊接在一起,对H型钢梁的抗扭能力贡献令人担忧。

(3)质量控制环节的松懈,开始甲方很认真细致的从各个工序控制质量,但是后期随着甲方原定竣工日期的临近,甲方的注意力就更多的集中在了进度上,别说质量了,就连天天喊着的"安全第一"他们都抛之脑后。而施工方在一阵强比一阵的进度之风吹过之后,不约而同的转移了"注意力"……就这样,甲乙双方高度统一了思想,又一个天生残疾的"建筑婴儿"诞生了。

【rybin0691】:这种问题的出现不是一个方面的,也不是一方努力就能改变的,我2001年入行的时候讨论最多的是门式刚架的柱子节点是铰接还是固接,现在差不多还是,说明我们的教育跟不上发展。现在市面上的钢结构的书都很浅,有的只是介绍概念问题,有的只是单纯的讲一些单根梁、柱的计算截面形式和单个节点设计和形式,系统地介绍整个结构的优化、塑性设计、稳定设计、节点加强或削弱梁、抗震设计、弯矩调幅,二阶弹性分析等的书很少。现在工厂里的工人技工出身的不多,我们前几年注重的是精英教育,是不是应该把技工学校提高到与大学教育同等的高度?

再一个就是我们的设计规范是不是偏于保守,就像**e路龙井茶**所说的焊缝,国外的钢结构厂房5t吊车柱子都做成铰接的,我们这样做的话柱顶位移是通不过的,前几年济南做的一个高层,上半部分用的钢结构,下半部分用的混凝土,验收的时候就没人敢签字。

作为一个设计者,谁都想做得更优秀一些,让甲方更满意些,但真正懂的人不多,想学都没地方学,看来**sumingzhou**先生是一个行家,能不能在论坛上开展一些讲座什么的,有什么好的书也给推荐一下!

任何一个事故的产生都有10个以上的预兆,每个预兆又都有上百个苗头,如果我们现在不加以制止和改进的话,苗头会越来越多,最终会发生重大事故。

【燃烧的血】:施工质量确实有待改进。但中国设计人员的问题也不少,很多节点设计出来工人无法施工。另外设计图纸偏于保守,用钢量都偏大,技术要求也是能要求多高就多高。我做过几个国外的项目,H型钢梁就要求单面焊,而且还是间断焊。为什么日本造一座桥要比中国省几千吨钢就在这,我们中国的设计就是死守规范。

【LSJ-0928】:其实现在的电厂施工的要求都特别的严格,我们做完了4个电厂的工程了。

现场节点97%为栓接,穿孔率必须100%。要求工厂预拼装。

其次就是高层钢结构了,对于焊缝的要求都很严。

现在最不放心的就是轻钢厂房和钢厂的建筑了,那些施工队伍不知道是几次分包了,现场的要求也松,很多时候都是稀里糊涂就交工了。

【jupiter5225】:我做监理的,在检查施工过程中对连接节点的质量也是很担心,一直都疑惑钢结构其他部位的焊缝质量都有严格的要求,可为什么连接节点的焊缝却要求较低,这个部位可是受力的基点啊,倘若受到扭力,可能先破坏的就是这个部位,望以后这个部位的质量能得到加强。

【blue11111111】:我是在一个施工单位做设计的,以前为了中标,很多工程设计的安全系数都很低,尽管反复要求但在加工时用的板材还是会比理论要薄,加上加工和施工水平高低不齐,一个工程的质量就很难保证。现在设计时就会考虑加工及施工中可能出现的问题,提高设计的安全系数。

【zhengjian】:对于国内的情况我不太了解。因为我们是一家合资企业。

我们目前主要做的是日本,欧洲,俄罗斯等的业务。我们的任务是出钢结构的详图。从我们拿到的资料来看,都比较详细,大到整体架构,小到节点、焊缝,都十分详尽。很少有出现上面大家所提到的问题。

就图纸而言,要求十分严格,甚至到了苛刻的程度。图纸中差几毫米都不可以。看似完好的图纸,到施工完成,不知要反复修正多少次。

8 构件端部铣平问题(tid=92092 2005-4-20)

【stones】:为什么钢结构有一些构件端部需要进行铣平,我只了解这是为了力的传递。不知道还有没有更多更具体的解释。

【13983977058lhx】:铣平后的局部受压承载力设计值要大一些。

【pingp2000】:我也只知道是为了更好的传递力。铣平后,能保证接触面的平整度,使接触面紧密连接,这时的端面承压设计值比较大。在框架的柱拼接节点设计中,柱端面铣平后,可以考虑端面承受一定的力(我记得是20%的轴力),节点设计时可只考虑承受80%的轴力。

【jbr1314】:(1)构件端部铣平后可以平稳的传力,为端面板的焊接提供好的工作界面。

(2)避免构件受力集中,利于强度的发挥。

所以,在工程上,经常对柱脚采用靴梁的设计方法。

9 关于构件的规线距(tid=116259 2005-11-23)

【虚心的碌碌】:请教有钢结构设计和制造经验的老师傅,谈一下构件的规线距,国家规定的规线距根据是什么?

★**【wanyeqing2003】**:在钢结构设计手册上可以查到,请参考下面的帖子:

(1)关于型钢上开孔的规线距离的问题,请大家讨论!

http://okok.org/forum/viewthread.php? tid=34973

(2)型钢的规线距离和连接尺寸

http://okok.org/forum/viewthread.php? tid=56445

【xibao】:看了上面编辑给的链接,还是不明白规线距的含义和制订的依据,请知道的朋友解释解释,本人刚毕业,教材里也没提到这个,还请多帮助。

【wanyeqing2003】:规线具体定义是不是应该在金属加工方面的手册中查找。我的印象中是作为加工安装时的基准线。

在《建筑结构构造资料集》下册中,78 页有几种型钢的孔距规线的数据。

【虚心的碌碌】:对,我想要弄明白的是,规范制定规线距的依据,而布置具体的数值是多少,数值在《钢结构设计手册》很容易就查到了。

就像楼上所说,规线距是不是和冶金行业或金属加工行业的规定有关,不同国家规定的规线距可能有不完全一致的地方。高强螺栓连接的构件加工时,可能一般均是在构件加工工厂用机器冲孔而成的,所以规线距是不是一个符合加工要求的国家统一制定的标准?

这样的理解对吗?

★**【nix】**:google 搜索了一下,没找到有用的东西。

规线最初的确定可能考虑了:①中和轴;②重心线;③拧螺栓的空间;④栓孔到截面边缘的最小距离;⑤最小孔距等方面的因素。

最终走进手册,应该是经验的结果。相信这些数据是可能随工程实践继续改进的。

第二章　连 接 材 料

一 节点板

1 Q235 与 Q345 连接，节点板材料的选用（tid＝112886　2005-10-22）

【holytoy】：Q235 与 Q345 连接，节点板用哪种材质呢？

【yhqzqddsh】：我认为节点板应该与钢材强度等级较高的一致。用 Q345 钢板。

【flywalker】：楼主没有具体说明节点应用的部位，不好绝对的下结论。但我觉得应该可以用 Q235 钢，因为 Q235 与 Q345 连接，说明节点处的作用力 Q235 钢就能满足，所以节点板满足 Q235 钢就可以满足受力的要求，这跟 Q235 钢与 Q345 钢焊接连接时可以选择与 Q235 钢匹配的焊条的道理一样，但是这不是一个绝对的问题，因为连接板应该由计算决定。

点评：两者均可，不同强度可能需要不同的尺寸（长度或厚度不同）。但需要注意，同一项目中不推荐同时采用不同材料的连接板。

2 Q235 与 Q345 钢如何焊接？（tid＝166413　2007-5-31）

【kknd84255757】：Q235 与 Q345 钢焊接应该用 E43 型焊条还是 E50 型焊条，有什么要求？在专家审图的时候提出了这个问题，我不知道该怎么回答。

【pingp2000】：自然是 E43 系列的焊条，请您自行查看相关钢结构规范和书籍。

对于一些简单的问题，请您下次注意搜索，这是论坛的规定：

以下是一个您可以参考的帖子：

http://okok.org/forum/viewthread.php?tid=106816

【20070327】：用 E43 焊条，塑性好，价格便宜。用 E50 焊条也是可以的，没有 E43 好而已。

凡事都有例外，有些情况还是要用 E50 焊条的。在 T 形连接中，腹板为 10mm 用 Q235，翼缘为 8mm 用 Q345，但只允许单面焊接。根据钢规第 8.2.7-2 条的规定，角焊缝最大焊到 9.6mm，取 $h_f=9$mm，则腹板抗剪 $125\times10=1250$N/mm^2。E43 焊缝抗剪 $9\times0.7\times160=1008$N/mm^2，E50 焊缝抗剪 $9\times0.7\times200=1260$N/mm^2，用 E50 可以达到等强，E43 不行！

【vilive】：当然是用 E43 系列的焊条，钢规明文规定高强度钢材与低强度钢材相连接时，采用与低强度钢材相适应的焊接材料。对直接承受动力荷载或振动荷载且需要验算疲劳的结构，宜采用低氢型焊条。

【肖峰】：因为这种焊接属于低强度和高强度焊接情况，故应采用 Q235 的焊接方式，用 E43。

【20070327】：如果是二氧化碳气体保护焊，大家可以看一下 JGJ81-2002 表 6.1.3-2 焊接

Q235C 用 ER50-6，焊接 Q345B 用 ER50-3，都是 ER50 的焊丝！实际情况呢，ER50-3 买不到，无论 Q235B 还是 Q345B 焊接以及它们之间焊接全部使用 ER50-6。按照 ER50-6 做了焊接工艺评定也是没问题的。

3 同样的连接形式，采用不同的材料节点刚度不同（tid＝90548　2005-4-8）

【轻钢结构】：如图 1-2-1，如果采用 T 形热轧钢连接属于半刚性，而日本也有同样的做法，不过那里用铸铁作为 T 形件，设计中按刚接计算。不知其中的道理，大家讨论一下。考虑铸铁是脆性材料，它没有明显的屈服台阶，强度高。除此之外，我想不出它们的区别，可这些因素如何影响节点的刚性呢？

图　1-2-1

【zxinqi】：根据梁柱连接的 M-θ 曲线，上图采用 T 型钢连接应该属于刚性连接，而且是最典型的刚性连接，楼上是不是将概念搞混了。它与材料没关系吧？

【kangnuan】：图 1-2-1 中的连接方式是典型的刚性连接，对于力学计算模型来说就是刚接节点，它是相对铰接节点而言的，刚节点承受弯矩、轴力、剪力，而铰接节点只承受轴力和剪力，半刚性的概念是应用中的状态，刚度的概念是指材料抵抗变形的能力，刚度越大，抵抗变形的能力越强！

【liguohua2】：T 形连接是刚性连接，与材料没有关系。判断刚性连接与半刚性连接要考察节点受力及变形两个方面。

【邓箫骧】：连接肯定与材料有关系啊！按照极限状态思考，假如连接处的 T 形构件采用橡胶，那么会是什么样子的呢？应该是铰接吧！图 1-2-1 连接做法在弹性状态下应该都算作刚接；而在地震作用时热轧钢容易进入塑性，刚度降低，而铸铁不容易进入塑性，所以铸铁连接按刚性考虑，而热轧钢按半刚性连接考虑，即考虑了节点刚度的降低。

【allan】：楼主的意思没有错，图 1-2-1 中左边用 T 形连接件的节点，注意，梁只在上下翼缘与柱有连接，而腹板没有，这应该属于半刚性连接，李和华老师的《钢结构连接节点设计手册》上有这样的半刚接节点形式。试想通常用的翼缘对接焊接，腹板高强螺栓连接节点可以看作是刚接节点，如果去掉腹板的高强螺栓连接，还能看作是刚接节点吗？

日本采用 T 形连接件的做法主要是避免现场焊接，T 形连接件一般用铸钢。采用这样的节点由于在柱上开孔，对柱翼缘有一定的削弱。我们国家也曾有过对这样节点形式的试验研究，研究结果表明，在加载过程中，接近极限荷载的时候，柱翼缘由于削弱。变形很大，所以建议对节点处柱翼缘进行加强，也就是在柱翼缘内侧节点处加盖板，局部加厚节点处柱翼缘。

★**【myorinkan】**：这是传递弯矩的连接节点，其弯矩传递能力 M_n 一般小于梁的抗弯能力 M_p。属于 PR(partially restrained)型，即半刚性连接节点。

连接的薄弱部分是 T 形连接件的翼缘，其次是高强度螺栓和柱翼缘的开孔部。与传统的热轧 CT 型钢相比，采用高强度钢，铸钢，模锻钢来做 T 形连接件，可以提高整个连接的刚性

(弯矩传递能力)。由热轧CT型钢切割的T形连接件,其应力方向与金属纤维方向垂直。而模锻出的T形连接件可以克服这一缺点。与T形连接件相比,铸钢和模锻钢的外露式柱脚底板在日本用的比较多(分H形和箱形钢柱用两大类)。

为防止柱翼缘开孔部的局部面外破坏,在钢柱的开孔附近需设水平加劲板,板厚不小于梁翼缘厚。

这里给大家介绍一下日本京都大学研究生院井上一朗教授著《建筑钢结构的理论及设计》(京都大学学术出版社2003年8月日文初版)里关于T形连接件各部件的承载能力的计算结果。见图1-2-2~图1-2-4。

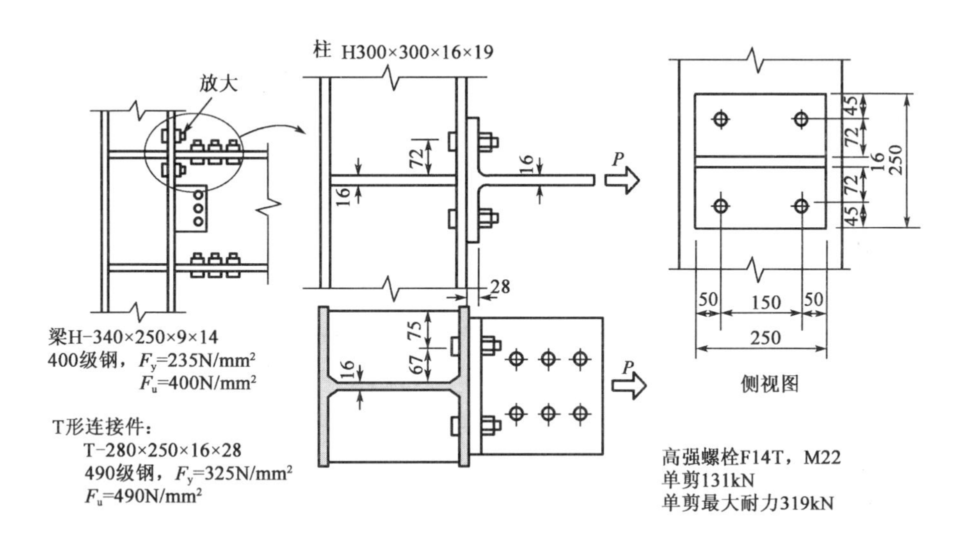

图1-2-2 T形连接计算

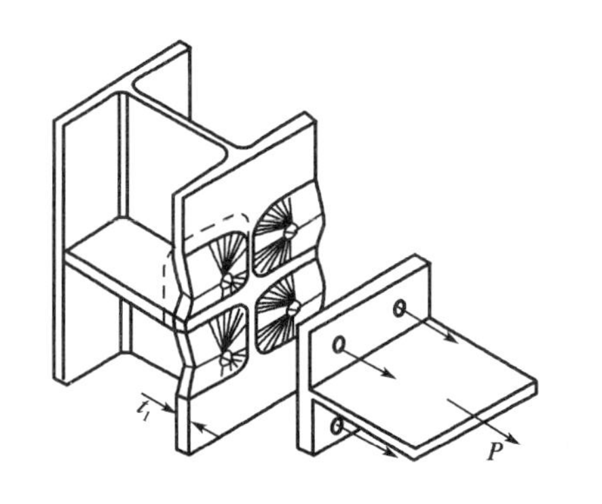

图1-2-3 柱翼缘的局部面外破坏

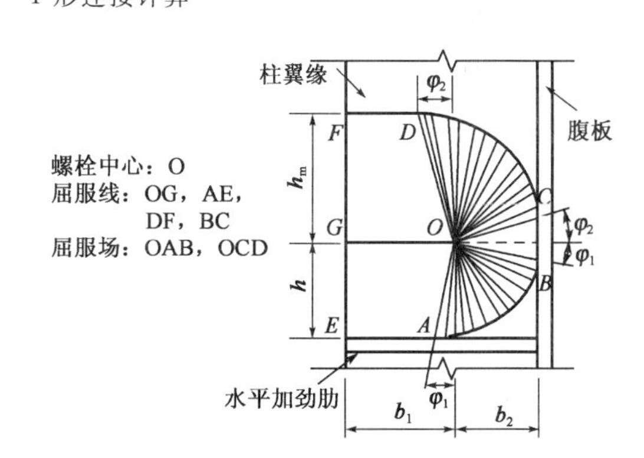

图1-2-4 柱翼缘面外破坏机理

计算条件:

钢梁 H-340×250×9×14, F_y=235N/mm², F_u=400N/mm², Z_{px}=1410cm³

钢柱 H-300×300×16×19, F_y=235N/mm², F_u=400N/mm²

T形连接件 CT-280×250×16×28, F_y=325N/mm², F_u=490N/mm²

高强度螺栓 F14T,M22,单面受剪承载力131kN,极限受剪承载力319kN

柱翼缘水平加劲板厚16mm

计算结果：

(1)T 形连接件腹板的高强螺栓　使用极限状态 $P_{s1}=786$kN(115%)，承载能力 $P_{u1}=1914$kN(176%)。

(2)T 形连接件腹板净截面　$P_{s2}=1050$kN(153%)，$P_{u2}=1583$kN(145%)。

(3)T 形连接件翼缘　$P_{s3}=686$kN(100%)，$P_{u3}=1090$kN(100%)。

(4)H 型钢柱翼缘面外弯曲　$P_{s4}=867$kN(126%)，$P_{u4}=1476$kN(135%)。

可见 T 形连接的使用极限状态和承载能力由 T 形件翼缘强度决定。

上下 T 形连接可能传递的弯矩 $M_n=686\times(34-1.4)=22364$kN·cm。

梁的抗弯能力 $M_p=(F_y/\gamma_r)(Z_{px})=(235/1.087)\times(1410/10)=30482$kN·cm。

$M_n=73.3\%M_p$，故为半刚性连接。

4 为什么说钢构件材料的强度与其质量等级无关？(tid=65437　2004-7-23)

【bblu】：为什么说钢构件材料的强度与其质量等级无关？我对此不太理解。

【kitty_jm】：钢材的质量等级主要是为了保证的材料性能。

点评：材料的质量等级和它的强度指标是不同的两个概念，材料的质量等级是指材料的化学物理性质，这些性质会影响结构的耐久性和构件的加工制作；而材料的强度指标则反映材料力学特性，主要体现在材料的承载能力上。材料的质量等级对其强度可能会有一些影响，不过这样的影响比较小，多数情况是可以忽略的。因此，我们可以认为“强度与其质量等级无关”。

5 柱脚底板问题及吊车梁材料(tid=177080　2007-11-10)

【012701109】：请问：

(1)双 24m 连跨的边柱，带吊车 10t，柱距 6m，柱脚底板，材料为 Q345B，能否拼接？

把规格—740×540×25 拼接成—940×540×25 在一边直接拼 200 长，钢柱截面 H600×350×8×12。

(2)吊车梁材料用带钢可靠吗？

【lukx】：(1)采用等强坡口对接焊可以保证其强度，应该是可行的。不过要注意拼接焊好后再冲螺栓孔。

(2)带钢也可以，不过要找到适合的板厚才行。一般很少利用带钢，截面的宽度太小！如果采用焊缝拼接而成，质量很难保证。抗疲劳等都不如卷钢，千万不要因为便宜而去选用。应根据工程需要适当选用。

二 高强螺栓

1 关于螺栓的种类(tid=110879　2005-10-4)

【小马的拳头】：(1)在钢结构中的螺栓到底有多少种，怎么分类，都有哪些标准？

(2)承压型螺栓的实际应用是不是很少，这种螺栓采用什么标准，和普通螺栓在实际应用中有什么区别？

(3) 什么叫扭剪型螺栓，和普通螺栓、高强螺栓有什么区别？

★**【wanyeqing2003】**：(1)建筑结构用螺栓一般分为普通螺栓和高强螺栓两种。

(2)普通螺栓分A级、B级和C级三种，在工程上常用的为C级，粗制螺栓，主要承受轴向拉力，用于不直接承受动力荷载和临时固定构件的安装连接。

(3)高强螺栓的连接分为摩擦型连接、承压型连接和受拉型连接。连接方式的不同其计算方法和安装要求是不一样的，具体规定可以查阅钢规7.2条。

(4) 扭剪型螺栓属于高强螺栓。

相关内容可以参阅相关帖子：

(1)扭剪型高强螺栓是否属于摩擦型高强螺栓？

http://okok.org/forum/viewthread.php? tid=106798

(2)承压型高强螺栓

http://okok.org/forum/viewthread.php? tid=40841

(3)高强大六角头螺栓和钢结构扭剪型高强螺栓有啥区别？[精华]

http://okok.org/forum/viewthread.php? tid=33297

(4)螺栓类型

http://okok.org/forum/viewthread.php? tid=103208

(5)高强度螺栓摩擦型和承压型连接的区别

http://okok.org/forum/viewthread.php? tid=71298

(6)高强螺栓与普通螺栓

http://okok.org/forum/viewthread.php? tid=61381

2 关于高强度螺栓的等级(tid=129576　2006-4-4)

【断了翅膀】：我手头规范不全，只知道高强度螺栓的等级是根据其材料的抗拉强度和屈强比确定的，但是一种等级有很多种材质，比如10.9级高强螺栓就含Q345,Q390等材质，想请教一下各位专家，是否在高强螺栓的等级和其材质的抗拉强度、屈强比之间有个公式或者对照表？

【whb8004】：高强度螺栓有8.8级和10.9级，第一位数字表示螺栓材料的抗拉强度，第二位数字表示其屈强比，8.8级高强螺栓常用材料是35号钢、45号钢、40B,10.9级高强螺栓常用材料是20MnTiB、40B、35VB等，这些材料属于优质碳素结构钢(GB/T 699—1999)和合金结构钢(GB/T 3077—1999)，并不是Q345、Q390等材质。

8.8S抗拉强度830～1030MPa，屈服强度660MPa，伸长率(%)：12，收缩率(%)：45，冲击韧性：78J/cm^2。

10.9S抗拉强度1040～1240MPa，屈服强度940MPa，伸长率(%)：10，收缩率(%)：42，冲击韧性：59J/cm^2。

(摘自GB/T 1228～1231—1991)

【断了翅膀】：楼上这位兄台说的极是，我看错了，Q345、Q390是所连接的构件材质，不是螺栓材质，不过您还是没有回答我的问题，比如说10.9级这种国标上没有的等级，该如何确定其材质?

【wjg020】:10.9级高强螺栓常用材料是20MnTiB、40B、35VB,为什么承压型高强螺栓承压承载力设计值与构件材质(如Q235,Q345)有关?

【berychro】:承压型螺栓与被连接材料的局部承压能力有关。

【pijiong】:回答 **wjg020**:

您首先应该理解高强螺栓承压型和摩擦型的区别:摩擦型主要在预压力的作用下使连接面压紧,利用接触面的摩擦力从而达到抗剪的目的,而承压型高强螺栓的抗剪主要是依靠孔壁与栓杆的接触,此时破坏形式主要有两种,当栓杆直径较小,板件厚度较大时,栓杆可能先被剪断,而当螺栓直径较大而板件较薄时,板件可能先被挤坏。所以要考虑构件材质,计算方法跟普通螺栓相同。

3 关于8.8级普通螺栓和高强度螺栓的区别(tid=191156 2008-5-22)

【sunnylight】:钢规中表3.4.1-4中关于8.8级螺栓有两种规格,分别为8.8级普通螺栓和8.8级高强度螺栓,这两者都是8.8级的,有什么区别呢,到底是两种不同的螺栓还是一样的螺栓作不同目的用呢?

【闻道】:两者的主要区别是:

(1)普通8.8级螺栓不施加预拉力,高强8.8级螺栓应施加预拉力。

(2)设计强度不一样,规格不一样。

(3)加工精度要求不同。

(4)用途不同,建筑钢结构很少用普通8.8级螺栓。

4 Q345钢材能制作8.8级螺栓吗?(tid=205767 2009-1-4)

【kylinbridge】:有个检测机构提供了由Q345材质的钢材制作成8.8级螺栓的报告,这可能么?

Q345的屈服强度为345MPa,而8.8级螺栓的抗拉强度标准值为800MPa、屈服强度标准值为640MPa;教材也仅提到45号钢制作成8.8级螺栓。

【shimaopo】:应该有后续处理吧,Q235加工出来的螺栓等级都可以达到4.6。

5 钢结构高强螺栓问题(tid=191115 2008-5-22)

【mulichun】:我做的一个工程,买了某品牌的10.9级高强螺栓副,在现场拼接梁时,将高强螺栓拉断,是不是材质的原因?

质检站检查认为检查合格后方可使用。

【pingp2000】:原因我也不清楚,但是因为大六角和扭剪型螺栓的施工方式有区别,所以我想您最好说明是哪种高强螺栓。

【mulichun】:该螺栓为大六角头螺栓。

【gaoxing3424】:高强度螺栓需要复验扭矩系数,并据此确定施工扭矩,需要确定是否超拧了。

6 高强螺栓有没有保质期？(tid＝162675 2007-4-13)

【crossrainbow】:请教一个问题:高强螺栓有没有保质期？如果有,是多长,有没有相关标准？

【余金辉】:应与建筑物的使用年限有关系,通常为50年!

【luo425】:从出厂之日算起为6个月,再次使用不超过2次。有国家标准《钢结构用扭剪型高强螺栓连接副》(GB/T 3632—2008)。

【fei5478】:就其质保期来说没有强制要求,只在规范注解中提到,高强螺栓进场6个月后,如其保存良好,抽样试验合格后,还能继续使用。

【骨架装配式板房】:只要保存完好,没有锈蚀,应该没有问题。大家都知道,只要生锈,它会产生物理和化学反应的。

★**【dulianjie】**:如果是GB 1228～GB 1231系列的高强螺栓,因为要保证安装时螺栓副的扭矩系数及其标准偏差。规范规定存放期不能超过半年。这是因为螺栓副的扭矩系数和标准偏差是制作时由表面处理工艺达到的。当存放时间过长时,这些参数就会因时效而变化。

如果没有表面损坏,过期的螺栓副可以回制作工厂重新处理,达到使用标准。

但是,如果使用DIN6914～DIN6916,或者ASTM A325 A490高强螺栓,就没有这方面的要求。

以上供参考。

7 请问螺栓规格中常用的M指什么？(tid＝110829 2005-10-2)

【zcm1999】:请问螺栓规格中常用的M指什么？如M8.8是螺栓的外径,还是中径,还是配套螺母牙底直径,还是别的？

【hai】:M8中的8是螺栓的螺杆直径8mm。

【dongyinghailong】:M8中的M是指螺栓的意思,8是指螺栓的直径是8mm。

【wjyqqqqq】:8指螺栓的公称直径。

【guanxin】:M指的是普通螺纹,即牙型角为60°的普通螺纹。8指的是螺栓的公称直径,内外螺纹的大径。

【bzc121】:螺栓相关标准规定M表示公制螺纹,数字表示螺栓公称直径,如M24表示公制普通螺栓公称直径24mm,查表得知纹距3mm。

【东方钢构】:螺纹有多种代号,M代表普通螺纹即我们常说的粗牙和细牙螺纹,另外不同代号有不同螺纹形式。如自攻螺钉用螺纹、管螺纹、矩形螺纹、梯形螺纹、圆弧螺纹、锯齿螺纹。不同螺纹其代号是不一样的,就像上面说的M代表普通螺纹,Tr代表梯形螺纹。其他螺纹代号可查阅相应规范或机械手册。

8 关于镀锌螺栓(tid＝47527 2004-1-12)

【fmma】:有谁知道螺栓镀锌的情况,请指教。

【towerdesign】:输电线路铁塔所使用的螺栓都要求镀锌。无论是6.8还是8.8。

镀锌主要是为了防止锈蚀的产生。目前国内外都是这样做的,电力铁塔好像还没有发现有使用其他防锈蚀措施的。偶尔有在镀锌后再刷漆的，那是针对铁塔角钢的，不是对螺栓。

其他行业螺栓是否镀锌，不太清楚。估计不太要求，原因可能是施工时用其他方法更容易，更经济，使用过程中也便于维护，检查。

现在各地都有铁塔厂家，向他们咨询能得到进一步的资料。

【jrzhuang】：螺栓镀锌锌就本人看来是一个挺麻烦的事情。普通螺栓镀锌我没见用过，高强螺栓镀锌也不能用热镀锌，不然的话会使螺杆直径变大，改变扭矩系数，甚至无法穿入螺孔，但是可以镀达克罗，也一样可以达到热浸锌的效果，只是色泽灰暗些。台湾春雨(CY)公司就有现成的镀达克罗的高强螺栓。

【doubt】：我们公司做的钢结构工程，所有普通螺栓都是镀锌的，非常有必要啊，因为安装后再对普通螺栓补漆挺麻烦的，镀锌螺栓比普通螺栓也贵不了多少。

【金领布波】：我正在现场做一个石化项目，高强螺栓采用的方法是热浸镀锌防腐，这应该是国外工程公司常用的方法之一。但对扭矩系数的影响是其不利的一个方面，镀锌螺栓扭矩系数离散性较大。

【贫农】：在南京三桥钢塔架设过程中我们曾用过镀锌螺栓，目的是为了防止生锈而破坏涂装面，减少了高空补涂工作量，效果非常好。

9 关于螺栓与螺母(tid=164262　2007-5-5)

【积累】：某工程，预埋带内螺纹的套管(可以认为是螺母)，由于套管与定位钢板是焊接连接，故套管材料没有采用高强钢材，选用的是Q235B。

现拟采用高强螺栓配套管，可否认为套管内丝扣长度与高强螺栓配套螺母丝扣长度之比等于高强螺母抗拉强度与Q235抗拉强度之比?

请大家指教。

【ycwang】：您帖子中说的高强螺栓指的是摩擦型或者承压型高强螺栓吗，还是指材料强度高于Q235的材料做的螺栓?

如果是前者，高强螺栓一般是成套定制的，请问您预埋的套管与后来的高强螺栓能连接上吗? 即使能连接上，也不宜按照高强螺栓计算。

10 请问有没有防海水腐蚀的螺栓?(tid=110020　2005-9-24)

【sztjql】：要设计一个跨海大桥的防船撞的浮式防撞套箱，为了防止套箱漏水后沉下，需将套箱锚固在承台上，请问采用什么螺栓比较合适，关键是要能防海水的腐蚀。

【hai】：有不锈钢螺栓，应该可以防海水腐蚀。

【broadway】：用钢板焊一盒式罩，镀锌，密封罩上螺栓群，密封法可以是盒式罩带裙边，裙边再用小镀锌螺栓压上。

【正经鱼】：有专用海水防腐涂料。如果此设备很重要，可以采用阴极补偿法，您可以查一下相关资料。

11 同一个节点的高强螺栓可以不同批次吗?(tid=131025　2006-4-17)

【风中弄影】：在工程检测中，发现一个梁柱刚接节点的高强螺栓，共12个。其中在两侧用了4个M24的,其余的均为M20。在钢结构施工验收规范中,不是要求同一个节点高强螺栓要用同一批次吗,可不可以认为以上工程中的节点连接是不符合要求的?

【0575123】:(1)"两侧用了4个M24的,其余的均为M20"。至少我认为是设计者考虑过细,或许是为了省材料。可这给制作和安装带来麻烦。

(2)在钢结构施工验收规范中,要求同一个节点高强螺栓要用同一批次。这是为了确保高强螺栓质量的稳定性。同一个节点中用两种高强螺栓,而这两种高强螺栓经过验收是合格的,且分别都是同一批次,个人认为是符合要求的。

12 柱脚螺栓可否用螺纹钢制作?(tid=29971 2003-6-6)

【steely】:没有任何问题。注意截面计算有效面积为螺纹刻痕处。

【nui_zwt】:我认为不可以!用车床车成,如何可保证车成后的螺纹与螺纹钢螺纹不相冲突!车成后螺纹很难成为一个完整的螺纹!会存在很多缺口!

【steely】:回 **nui_zwt**:在套扣时,钢筋上的纹路是车去不用的。也就是说,母材直径选的大些。

建议老兄抽时间到加工车间看看。

【阿芒】:难道就不考虑一下螺纹钢的机械性能,螺纹钢的抗拉强度当然没问题,可韧性如何?还是看看规范和手册吧。

【steely】:回阿芒:螺纹钢筋是Q345材质,Q345钢材做地脚螺栓有什么问题吗?

【阿芒】:回 **steely** 兄:

螺纹钢筋是Q345材质,Q345钢材做地脚螺栓有什么问题吗?

吓了我一跳,赶紧查资料确认。

可螺纹钢怎么是Q345呢?Q345即16Mn,是低合金高强度钢,螺纹钢分二级和三级,材质通常为20MnSi,两种材料的化学成分和机械性能完全不一样,而且螺纹钢筋在轧制时对钢材的加工硬化很厉害,材料性能也是各向异性,用来做螺栓应该是不行的。

换句话说:Q235F也是Q235,可就不能做焊接结构,相似的东西还是不能随意的吧,还是要看看规范怎么说,毕竟我们都是从那里找饭吃的,结构安全事大,不能马虎的。

【wsywdy】:不太合适。虽然螺纹钢强度比Q235钢强度大,但塑性差,受力破坏无征兆,加工也不太方便。

【闽都笑笑生】:规范或设计手册很明确:锚栓可采用Q235或Q345,所以一级钢(圆钢)或二级钢(螺纹钢)均可用,这是毫无疑问的。

【dainiao】:即使是用Q235,加工后的地脚螺栓也会没有屈服。这是加工工艺决定的。所以要求的韧性指标只保证加工的成功,对结构没影响。再说从结构上说地脚螺栓作为节点一旦破坏就是脆性的,设计上仅需考虑抗拉强度并留够安全系数即可。

实践中常常可以看到设计工程师仅仅指出地脚螺栓的材质是Q235,而不说明加工出的螺栓等级是什么(一般4.6级即可)。现场不懂的监理拿了地脚螺栓到试验室一拉没屈服,就以为原材料有问题,吓得把埋好的螺栓拔出来的也有。假如规矩的设计工程师指明4.6级等的话,可能会减少这种滑稽剧的。

【闽都笑笑生】:只要是Q235,当然是4.6级,即抗拉强度400MPa,屈服强度0.6×400=

240MPa，屈强比 0.6。对钢筋只要没有进行冷加工，这种性质不会改变，不必特意提 4.6 级。

【bill-shu】：问一个问题：如果螺纹钢不能用，那好多地方用它作抗拉钢筋如何解释？严格讲螺纹钢应该更好，只不过计算时候螺栓有效截面取对就行了。因为要先车掉肋，然后车出螺纹。

【hn301】：回楼上的老大，我前天看过该话题后从工地拿了一根 $\phi18$ 的螺纹钢回厂车了一下，车工老师傅很惊讶。车过之后一看，丝纹豁豁牙牙，都是裂纹，这样的地脚螺栓谁敢用。我们安装时经常丝杆不够长，双螺帽变成了单螺帽加焊接。螺纹钢可不能随便焊的啊。

【wswy】：地脚螺栓不过是受拉罢了，说什么材质不行了，不能焊了，不能车丝了，我觉得都是不存在的问题。通常说螺纹钢不就是原来的Ⅱ，Ⅲ级钢筋，现在叫 HRB335、HRB400 之类，如果它都不行，那我们的钢筋混凝土用什么号？

车丝是很简单的，只不过车出来丝口要小一点罢了。

【lnaslsw】：发表一些个人观点：

(1)我们计算地脚螺栓时用的是屈服强度而不是抗拉强度。

(2)螺纹钢和 Q345 不是一回事，HRB335 的屈服强度比 Q345 的屈服强度略小一些，但伸长率大不一样。

(3)结构设计讲究延性，其中一个目的是破坏前要有先兆，HRB335 从屈服到破坏的塑性变形阶段要比 Q345 小得多。

(4)在钢筋混凝土结构中，破坏特征是在受拉区钢筋屈服之前，受压区混凝土压溃，也是有先兆的。

【yes】：各位可能很少和材料打交道，钢材的切削加工性能不是看屈服强度，而是看含碳量，一般的中、低碳钢的切削加工性能比较好，比如 45 号钢、35 号钢，至于螺纹钢的牌号我记不清楚了，反正应该是不能进行切削加工的，也就是不能车丝。既然没有可行性，那么大家也就没必要把精力放在屈服强度上再争论了。

【lyy】：螺纹钢有一种连接方式叫镦粗直螺纹连接，抗震性能据说比焊接还好，延性应该没问题，况且预埋件的锚筋也可用 HRB335，作地脚螺栓不镦粗就这么车会降低了有效面积。

【lnaslsw】：lyy 提到："螺纹钢有一种连接方式叫镦粗直螺纹连接，抗震性能据说比焊接还好，延性应该没问题，况且预埋件的锚筋也可用 HRB335，作地脚螺栓不镦粗就这么车降低了有效面积。"

钢筋混凝土构件的延性是钢筋和混凝土的综合性能，而不是单考虑钢筋的延性。

地脚螺栓是钢结构的一个组成部分，结构用钢的伸长率要求在 20%以上，而 HRB335 的伸长率我记得是 16%。

【峒峒】：同意阿芒和 lnaslsw 的观点！

我再补充一点：Q345 是 16Mn 钢，平均含碳为 0.16%，HRB335 螺纹钢(20MnSi)的含碳量应该在 0.2%，因此两种材质的钢材的可焊性、塑性、冲击韧性都有差别。因此严格来说螺纹钢是不可以用来做地脚螺栓的，比较有经验的施工单位都是采用圆钢来套丝做螺栓的，如果要求是 16Mn 就直接去采购了，很少想自己加工了。

【matthew】：肯定可以，只要丝扣尺寸满足设计要求。车丝不是问题，钢筋混凝土结构里的钢筋连接都可以用锥螺纹连接呢！

【Black Toby】：用螺纹钢制作柱脚螺栓乃奇思妙想，本人在工地混了近十年，在设计院待了七八年，从没见过，简直匪夷所思。现将我的经验披露如下：36m 门式刚架采用 4M32，Q235 材质；18m 采用 4M20；底板下根据水平剪力适当加抗剪键(2 个角钢)。

【wswy】：你们一般植筋时用什么？

我们一般都是用螺纹钢，受力上没人提出什么问题啊。

如不能加工螺纹，那钢筋混凝土中主筋用直螺纹连接怎么说？

【matthew】：完全同意楼上的说法，有关螺纹钢不能做地脚螺栓的说法我倒是闻所未闻，莫名其妙！

【wallman】：楼上兄弟说的抗拉强度概念有问题，您所说的 140 和 180 都是规范中规定的设计强度，它不是钢材本身的屈服强度，也不是抗拉强度，是两码事。

规范中确定设计强度时考虑了材料的分项系数和使用时的概率可靠度，所以通常比材料的屈服强度低。

而屈服强度概念很简单，我不必多说。至于抗拉强度通常是指材料的极限强度。

至于螺纹钢做锚栓，我认为没有任何不妥之处，螺纹钢 HRB335 的延性和冲击韧性虽然与 Q235、Q345 都有所不同，但它们均在冷加工和焊接允许的范围之内，只要螺纹加工质量没有问题，是完全可以作为锚栓使用的(只是要使用有效净面积)。在钢筋混凝土结构中经常遇到需要对螺纹钢进行冷加工或焊接的情况。

没有听说过，并不代表不能使用，好好看看材料手册或教科书吧，不要抱着规范把它当成圣经，规范给出的只是一般情况，往往对具体细节问题规定的并不详细。不然还要设计师干什么，难道就是照搬规范的工具吗？

【hhh】：《混凝土结构设计规范》第 10.9.3：受力预埋件的锚筋应采用 HPB235、HRB335。

我们所讨论的二级螺纹钢即属于 HRB335，在用于预埋件锚筋时，可以抗剪和抗拉；因此用于钢结构中的锚栓，从受力上不会有问题，此时仅用来抗拉。

《门式刚架轻型房屋钢结构技术规程》之所以规定锚栓应采用 Q235 和 Q345 制作。我想是因为钢筋的概念是用于混凝土结构，它的研制和开发本身就是为了混凝土结构服务的；就其本身来说，已经是一种可应用的成品；而规范中所说的 Q235 和 Q345 是钢结构中常用的材料，因此规范实在没有理由特别说明螺纹钢也可用来制作锚栓；但工程中没有必要用螺纹钢来加工锚栓，费时且加工精度难保证。

【Q420D】：峒峒说是 16Mn 的要买，那它是如何生产出来的？

【xsq1】：我没有见过柱脚螺栓用螺纹钢的。

您是设计的话没有必要注明柱脚螺栓用螺纹钢。

您是施工的话根据设计要求做。

螺纹钢加工质量不好保证，加工成本高。

以上仅为本人个人观点。

【wygcs】：说个很简单的道理啊，一个从力学性能(包括强度，化学含量)螺纹钢跟圆钢(Q235)显然是两种性能的材料。此外，从加工方面来说，不太方便，费时和人工！就做工程而言，一是材料能符合设计要求，二是便于加工降低成本和工期。干嘛有了光明大道不走而要去走山路十八弯呢！

【bigdragon】：用螺纹钢，理论上应该是可以的，实际上不太容易操作，可靠度不高，为何不规避风险呢？

【huangjunhai】：有此必要吗？M24 的锚栓要用多粗的螺纹钢车？这样做的目的是啥？

先不讲材料韧性、延展性、安全性，光制作工艺上就说不过，您想柱脚螺栓用螺纹钢车，无非想省柱脚螺栓，省根螺纹钢，用锚栓代替不一样吗？

【huangjunhai】：再罗嗦一句：学建筑的也要学学机械制造，熟知构件制作的难易，这样设计出的东西更有价值。

【法师】：huangjunhai 兄，Q235 的圆钢好买，但如果设计者设计成 Q345 的地脚螺栓，就会苦了采购的。Q345 的圆钢在市场上很难买到，逼不得已，才会想到用Ⅱ级螺纹钢来代替 Q345 的地脚螺栓。虽然加工难，总比买不到强。

【STEELPOLE】：理论上是可行的，但在加工及地脚螺栓定位时都会很麻烦，无法保证其精度。

设计时如选 Q235 钢因其设计抗拉强度偏小不合适，可选用抗拉强度更大的 35 号优质碳素钢或 45 号钢。

【myjping】：如果用 Q345 钢，毫无疑问是可行的，比如 4.6 级别的。

【ILOVEJUAN2006】：用螺纹钢来代替，我刚刚遇到一个这样的问题。我找了好多资料都没有规定不准采用螺纹钢来制作地脚锚栓的。但我个人认为不宜采用，毕竟它含碳量高，韧性差。对于受反复动荷载的构件，由于容易疲劳破坏所以最好采用韧性好点的材料。

【jyjamor】：我想问题的提出可能还在于采用 HRB335 时，它的锚栓拉力设计值取多少？比如混凝土加固改造，采用螺纹钢时，锚入段可以避免车丝，但强度值还是依 Q345 的取值？另外，如楼上各位所述，出于安全度的考虑，混凝土结构中钢筋强度的取值和钢结构地脚螺栓的取值还是不同的，地脚螺栓考虑施工折弯、荷载冲击、腐蚀、不易更换、延性等情况，强度的确定都比混凝土结构中钢筋强度的利用有更多的安全富裕。所以即使可以用 HRB335 来车丝当 Q345 螺栓用，强度依然按 180 来取，至于材质方面，C 级螺栓的各项延性指标和 HRB335 比起来不知谁更好一些。

但新版的混凝土结构加固设计规范中，第 13.2.3 条提出，对于 6.8 级碳钢锚栓，抗拉的设计强度取值可达到 370MPa，这个是不是只要不处于柱脚等关键部位，锚栓的强度利用可以提高到较高值，但依大家所说，6.8 级相当于 Q345？而 HRB335 的强度设计值仅为 300，反而不如 Q345 了。

【jyjamor】：经查《低合金高强度结构钢》（GB/T 1591—94）Q345 钢在厚度或直径大于 16 是屈服强度取 325；再查《紧固件机械性能螺栓、螺钉和螺柱》（GB 3098.1—2000）中，4.8 级螺栓的屈服强度为 320，所以 Q345 与 4.8 级螺栓在强度上相当，则根据混凝土加固设计规范，强度设计值可取 250，仍比地脚锚栓所取的设计值大。HRB335 屈服值为 335，则作为非地脚锚栓时，设计取值可借鉴以上 4.8 级螺栓。

【myorinkan】：我也来凑个热闹。贴一张日本锚栓厂家的标准图（见图 1-2-5），用钢筋（螺纹钢）车成的锚栓。

图中的柱脚专用件，由底板加一段短柱组成。短柱与钢柱对焊。

有两种规格：

（1）H 型钢柱用。

（2）方钢管柱和圆钢管柱用。

收集到两种规格的资料,可惜只有日文版。

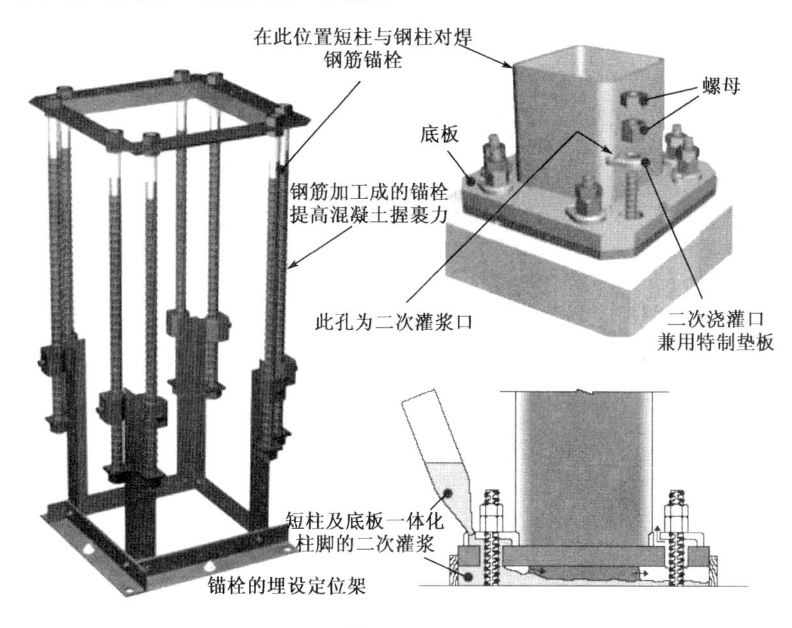

图　1-2-5

13　3M20 10.9H.S.B 高强摩擦型螺栓是什么意思?(tid=63486　2004-7-2)

【snowstorm】:请教一个钢结构问题:

3M20,10.9H.S.B,高强摩擦型螺栓是什么意思?

表示什么型号,H 表示什么,S 表示什么,B 表示什么?

【SHAO-NIMO】:3 个 M20,10.9 级的高强螺栓。

H.S.B 是英文 high strength bolt 的缩写。

【zhouzhou】:就是 3 个 M20 10.9 级的高强度螺栓,也有 8.8 级的,后面的英文是高强度螺栓的第一个缩写。

14　M60,Q345 的锚栓市场上很难买吗?(tid=176257　2007-10-29)

【mma4】:M60,Q345 的锚栓市场上很难买吗?

【钢之家族】:您可以去其他网站看看,有很多出售钢材的地址,也许就有您要的 M60,Q345。

【GamIng】:可用 45 号钢替代 Q345。

【lczhou】:45 号钢(中碳钢)的延性比较差,不建议替代。

三　锚栓

专题分析:关于锚栓锚固长度问题的探讨。

在工业和民用建筑中,地脚锚栓的应用非常广泛。而锚栓的锚固长度是经常困扰结构设计人员的一个问题。对此,我们收集了一些资料,将相关的技术数据汇总在一起,做一些分析比较，并结合工程应用提出较为合理的做法，供工程设计人员借鉴和参考。

几个较为典型的设计资料为：

[1] 04SG518-3 门式刚架轻型房屋钢结构(有吊车)

[2] 06SG529-1 单层房屋钢结构节点构造详图(工字形截面钢柱柱脚)

[3] 钢结构连接节点设计手册. 北京：中国建筑工业出版社，1992 年 11 月

[4] 建筑结构构造资料集(下). 北京：中国建筑工业出版社，1990 年 12 月

[5] 包头钢铁院和钢结构协会编著. 钢结构设计与计算. 北京：机械工业出版社，2004 年6 月

这些资料对于锚固长度的要求列于表 1-2-1 中。

锚固长度对照 表 1-2-1

资料代号	Ⅰ型		Ⅱ型		Ⅲ型	
	C15	C20	C15	C20	C15	C20
1	25/30	20/25	25/30	20/25	15/18	12/15
2		(20/25)		(20/25)		(12/15)
3	36/45	26/35	35/41	30/40	35/41	30/40(25/35)
4	25	25	25	25	15	15
5	25/30	20/25	25/30	20/25	15/18	12/15

注：括号中数字表示≥C25。

根据《混凝土结构设计规范》(GB 50010—2002)对锚固长度的要求，对锚栓核算，结果如表 1-2-2 所示。计算结果可以看出：资料[3]《钢结构连接节点设计手册》中，对锚栓的锚固长度要求比较大，是依据材料强度来设计的。而其他几份资料的要求较为接近，是按照锚栓强度设计。只是在这些资料中均未考虑抗震要求。

锚栓锚固长度核算 表 1-2-2

序号	混凝土强度等级	混凝土抗拉强度 f_t	锚固长度系数 L_a/d（相当于Ⅰ、Ⅱ）				锚固长度系数 $0.7L_a/d$（相当于Ⅲ）			
			$f_y=140$	$f_y=180$	$f_y=205$	$f_y=295$	$f_y=140$	$f_y=180$	$f_y=205$	$f_y=295$
1	C15	0.91	25	32	36	52	17	22	25	36
2	C20	1.1	20	26	30	43	14	18	21	30
3	C25	1.27	18	23	26	37	12	16	18	26
4	C30	1.43	16	20	23	33	11	14	16	23
分类			按锚栓强度		按钢材		按锚栓强度		按钢材	

锚栓锚固计算：

采用公式：GB 50010—2002 9.3.1-1

$$L_a=\alpha f_y d/f_t$$

即：

$$L_a/d=\alpha f_y/f_t$$

其中，$\alpha=0.16$，即光圆钢筋(圆钢)

结论:验证表1-2-1,资料代号1、2、5等锚固长度都比较小,应该是按锚栓强度核算的结果,而资料代号3上的锚固长度与钢材强度设计值相近,说明按资料代号1、2、5的锚栓锚固是与螺栓的螺纹部分等强的,而资料代号3的锚栓锚固偏接近于锚栓光杆部分的强度。

根据研究分析和以往的工程经验以及资料对比,可以认为《钢结构连接节点设计手册》的要求偏于保守,实际工程中可以参考资料[2]的规定来设计,必要时可以适当放大一些。建议:对于大吨位吊车厂房和有抗震要求的地方,锚栓的锚固长度可以适当加大一些,锚固长度可以乘以1.05(三级抗震)或1.15(一、二级抗震)的系数。C30混凝土,Ⅲ型锚栓,锚固长度可以为(15/20)d。

下面给出了有关锚栓锚固长度的设计手册和标准图集的具体内容。

1. 04SG518-3门式刚架轻型房屋钢结构(有吊车)(见图1-2-6)

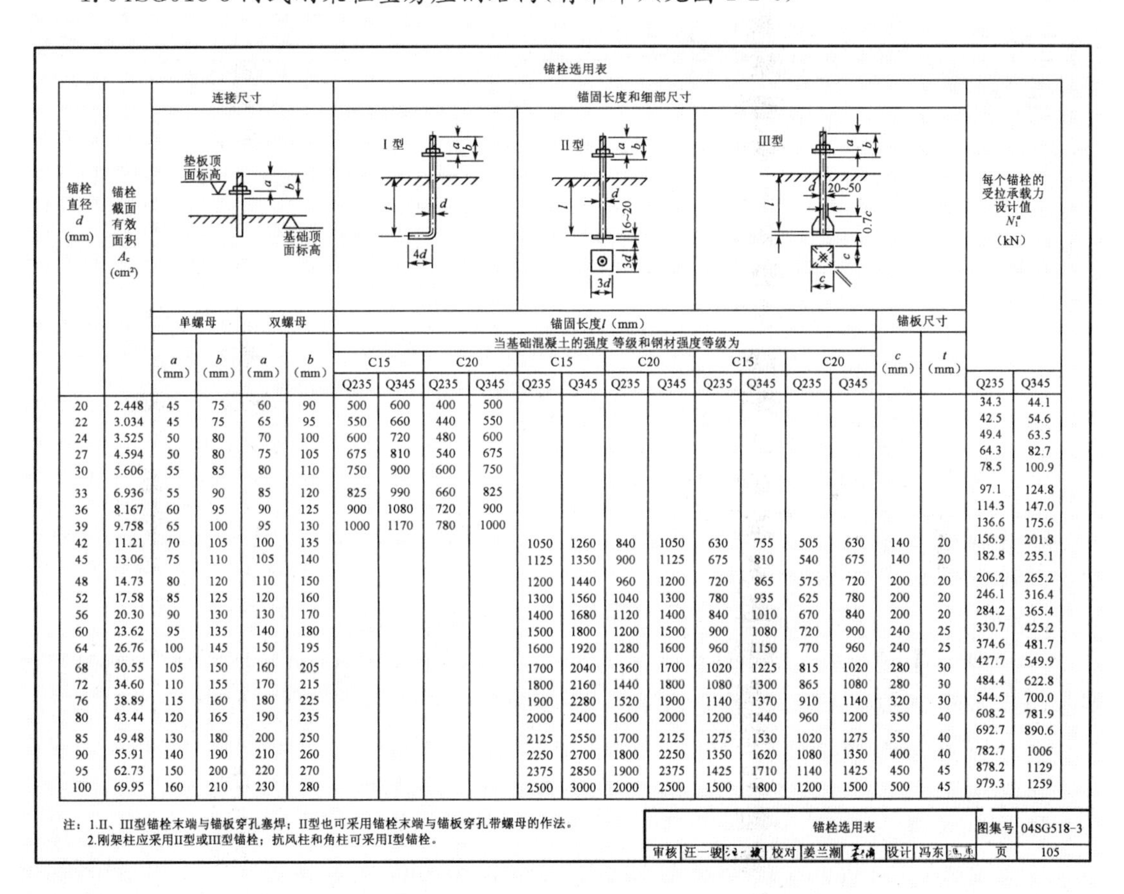

锚栓选用表

锚栓直径 d (mm)	锚栓截面有效面积 A_e (cm²)	连接尺寸				锚固长度和细部尺寸														每个锚栓的受拉承载力设计值 N_t^a (kN)	
		单螺母		双螺母		Ⅰ型 锚固长度 l (mm)				Ⅱ型				Ⅲ型				锚板尺寸			
						当基础混凝土的强度等级和钢材强度等级为															
		a (mm)	b (mm)	a (mm)	b (mm)	C15		C20		C15		C20		C15		C20		c (mm)	t (mm)		
						Q235	Q345	Q235	Q345	Q235	Q345	Q235	Q345	Q235	Q345	Q235	Q345			Q235	Q345
20	2.448	45	75	60	90	500	600	400	500											34.3	44.1
22	3.034	45	75	65	95	550	660	440	550											42.5	54.6
24	3.525	50	80	70	100	600	720	480	600											49.4	63.5
27	4.594	50	80	75	105	675	810	540	675											64.3	82.7
30	5.606	55	85	80	110	750	900	600	750											78.5	100.9
33	6.936	55	90	85	120	825	990	660	825											97.1	124.8
36	8.167	60	95	90	125	900	1080	720	900											114.3	147.0
39	9.758	65	100	95	130	1000	1170	780	1000											136.6	175.6
42	11.21	70	105	100	135					1050	1260	840	1050	630	755	505	630	140	20	156.9	201.8
45	13.06	75	110	105	140					1125	1350	900	1125	675	810	540	675	140	20	182.8	235.1
48	14.73	80	120	110	150					1200	1440	960	1200	720	865	575	720	200	20	206.2	265.2
52	17.58	85	125	120	160					1300	1560	1040	1300	780	935	625	780	200	20	246.1	316.4
56	20.30	90	130	130	170					1400	1680	1120	1400	840	1010	670	840	200	20	284.2	365.4
60	23.62	95	135	140	180					1500	1800	1200	1500	900	1080	720	900	240	25	330.7	425.2
64	26.76	100	145	150	195					1600	1920	1280	1600	960	1150	770	960	240	25	374.6	481.7
68	30.55	105	150	160	205					1700	2040	1360	1700	1020	1225	815	1020	280	30	427.7	549.9
72	34.60	110	155	170	215					1800	2160	1440	1800	1080	1300	865	1080	280	30	484.4	622.8
76	38.89	115	160	180	225					1900	2280	1520	1900	1140	1370	910	1140	320	30	544.5	700.0
80	43.44	120	165	190	235					2000	2400	1600	2000	1200	1440	960	1200	350	40	608.2	781.9
85	49.48	130	180	200	250					2125	2550	1700	2125	1275	1530	1020	1275	350	40	692.7	890.6
90	55.91	140	190	210	260					2250	2700	1800	2250	1350	1620	1080	1350	400	40	782.7	1006
95	62.73	150	200	220	270					2375	2850	1900	2375	1425	1710	1140	1425	450	45	878.2	1129
100	69.95	160	210	230	280					2500	3000	2000	2500	1500	1800	1200	1500	500	45	979.3	1259

注:1.Ⅱ、Ⅲ型锚栓末端与锚板穿孔塞焊;Ⅱ型也可采用锚栓末端与锚板穿孔带螺母的作法。
2.刚架柱应采用Ⅱ型或Ⅲ型锚栓;抗风柱和角柱可采用Ⅰ型锚栓。

锚栓选用表							图集号	04SG518-3
审核	汪一骏	校对	姜兰潮	设计	冯东		页	105

图　1-2-6

2. 06SG529-1单层房屋钢结构节点构造详图(工字形截面钢柱柱脚)(见图1-2-7)

3. 钢结构连接节点设计手册. 北京:中国建筑工业出版社,1992年11月(见图1-2-8)

4. 建筑结构构造资料集(下). 北京:中国建筑工业出版社,1990年12月(见图1-2-9)

5. 包头钢铁院和钢结构协会编著. 钢结构设计与计算. 北京:机械工业出版社,2004年6月(见图1-2-10、图1-2-11)

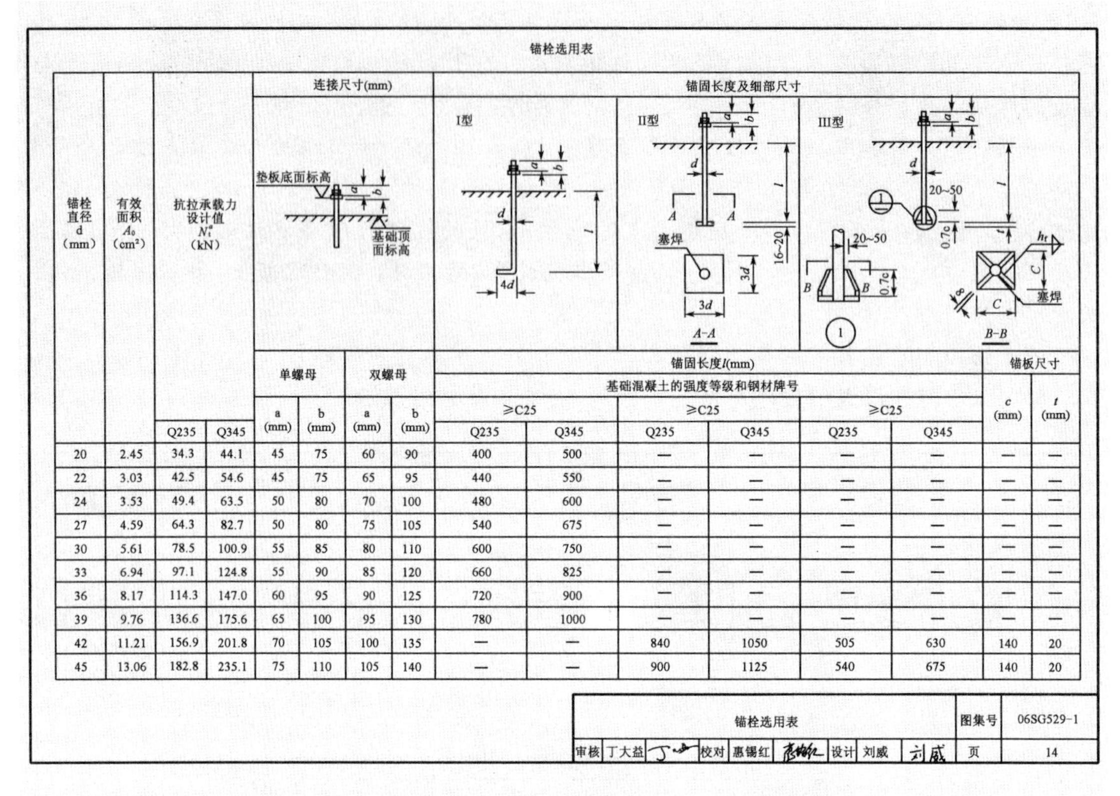

锚栓选用表

锚栓直径 d (mm)	有效面积 A_0 (cm²)	抗拉承载力设计值 N_t^a (kN)		连接尺寸(mm)				锚固长度及细部尺寸							
				单螺母		双螺母		锚固长度 l (mm) 基础混凝土的强度等级和钢材牌号						锚板尺寸	
								I型 ≥C25		II型 ≥C25		III型 ≥C25			
		Q235	Q345	a (mm)	b (mm)	a (mm)	b (mm)	Q235	Q345	Q235	Q345	Q235	Q345	c (mm)	t (mm)
20	2.45	34.3	44.1	45	75	60	90	400	500	—	—	—	—	—	—
22	3.03	42.5	54.6	45	75	65	95	440	550	—	—	—	—	—	—
24	3.53	49.4	63.5	50	80	70	100	480	600	—	—	—	—	—	—
27	4.59	64.3	82.7	50	80	75	105	540	675	—	—	—	—	—	—
30	5.61	78.5	100.9	55	85	80	110	600	750	—	—	—	—	—	—
33	6.94	97.1	124.8	55	90	85	120	660	825	—	—	—	—	—	—
36	8.17	114.3	147.0	60	95	90	125	720	900	—	—	—	—	—	—
39	9.76	136.6	175.6	65	100	95	130	780	1000	—	—	—	—	—	—
42	11.21	156.9	201.8	70	105	100	135	—	—	840	1050	505	630	140	20
45	13.06	182.8	235.1	75	110	105	140	—	—	900	1125	540	675	140	20

锚栓选用表							图集号	06SG529-1
审核	丁大益	校对	惠锡红	设计	刘威		页	14

图 1-2-7

1 锚栓材质的选择（tid＝125170　2006-2-27）

【muzh2000】:在规范中锚栓材质只给出如 Q235、Q345，但如何具体用 A、B、C、D 却没给出。请教各位该如何选取？

【kkgg】:锚栓的要求都比较低，所以一般使用的 A、B 的比较多。

【xiyu_zhao】:这要根据使用环境来确定，一般选用 Q235B 或 Q345B 就可以了，如果东北要选用 Q235C 或 Q345C，最好不要用 Q235A、Q345A。

【muzh2000】:谢谢两位，再问一句：在《节点连接设计手册》中 16Mn 钢应当指的是 Q345 吧。

【crazysuper】:(1)在国内设计的锚栓都不参与抗剪(采用抗剪键来抗剪)，国外如日本设计时就将锚栓设计参与抗剪，因为这样施工起来方便，不需要进行二次浇灌。所以我们选择锚栓材质主要是依据设计环境来定。

(2)您所说的 16Mn 钢就是现在所指的 Q345 钢，16Mn 钢在不同生产厂家的一种说法，现在规范均以屈服强度级别来表示其牌号。

2 关于锚栓问题(tid＝112　2001-8-15)

【okok】:关于锚栓问题整理如表 1-2-3 所示。

Q235钢
10. 锚栓选用表
16Mn钢

1	2	3	4				5		6		7			8			
锚栓直径 d (mm)	有效面积 A_0 (cm²)	抗拉承载力设计值 N_t^b (kN)	连接尺寸(mm)				锚固长度及细部尺寸										
			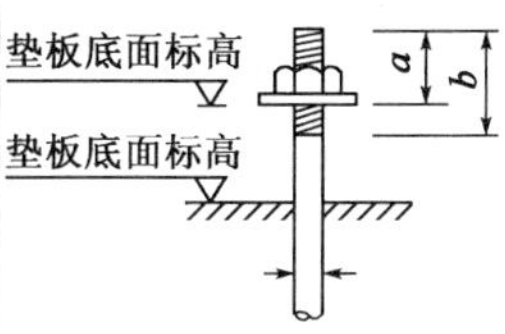 垫板底面标高				I型 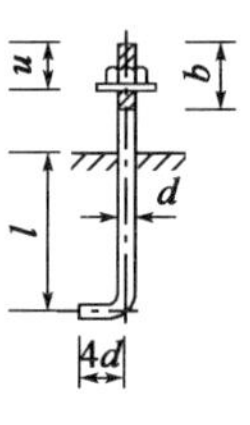		II型 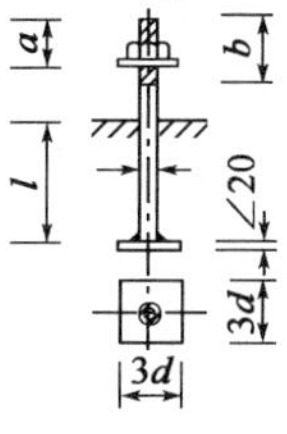		III型 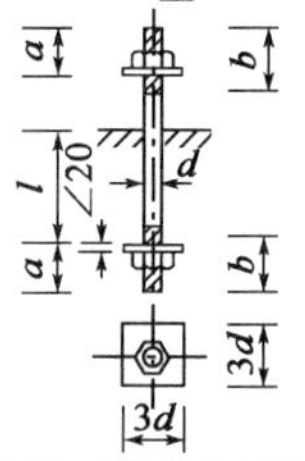			IV型 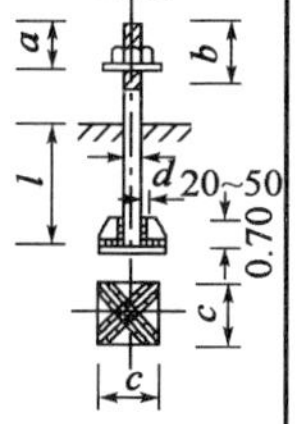			
			单螺母		双螺母		锚固长度 l(mm)									锚板尺寸	
							当基础混凝土的强度等级为									c	t
			a	b	a	b	C15	C20	C15	C20	C20	C25	≥C30	C15	C20	(mm)	(mm)
16	1.57	22.0/28.3	40	70	55	85	580/740	420/560									
18	1.92	26.9/34.6	45	75	60	90	650/830	470/630									
20	2.45	34.3/44.1	45	75	60	90	720/920	520/700									
22	3.03	42.4/54.5	45	75	65	95	790/1010	570/770									
24	3.53	49.4/63.5	50	80	70	100	860/1100	620/840	840/990	720/960	840/990	720/960	600/840				
27	4.59	64.3/82.6	50	80	75	105			950/1220	810/1080	950/1220	810/1080	680/950				
30	5.61	78.5/101.0	55	85	80	110			1050/1350	900/1200	1050/1350	900/1200	750/1050				
33	6.94	97.2/125.0	55	60	85	120			1160/1490	990/1320	1100/1490	990/1320	830/1160				
36	8.17	114.4/147.1	60	95	90	125			1260/1620	1080/1440	1260/1620	1080/1440	900/1260				
39	9.76	136.6/175.7	65	100	95	130			1370/1760	1170/1560	1370/1760	1170/1560	980/1370				
42	11.21	156.9/201.8	70	105	100	135			1470/1890	1260/1680	1470/1890	1260/1680	1050/1470	1260/1680	1050/1470	140	20
45	13.06	182.8/235.1	75	110	105	140			1580/2030	1350/1800	1580/2030	1350/1800	1130/1580	1350/1800	1130/1580	140	20
48	14.73	206.2/265.1	80	120	110	150			1680/2160	1440/1920	1680/2160	1440/1920	1200/1680	1440/1920	1200/1680	200	20
52	17.58	246.1/316.4	85	125	120	160			1820/2340	1560/2080	1820/2340	1560/2080	1300/1820	1560/2080	1300/1820	200	20
56	20.30	284.2/365.4	90	130	130	170			1960/2520	1680/2240	1960/2520	1680/2240	1400/1960	1680/2240	1400/1960	200	20
60	23.62	330.4/425.2	95	135	140	180			2100/2700	1800/2400	2100/2700	1800/2400	1500/2100	1800/2400	1500/2100	240	25
64	26.76	374.6/481.7	100	145	150	195			2240/2880	1920/2560	2240/2880	1920/2560	1600/2240	1920/2560	1600/2240	240	25
68	30.55	427.7/549.9	105	150	160	205			2380/3060	2040/2720	2380/3060	2040/2720	1700/2380	2040/2720	1700/2380	280	30
72	34.60	484.4/622.8	110	155	170	215			2520/3240	2160/2880	2520/3240	2160/3880	1800/2520	2160/2880	1800/2520	280	30
76	38.89	544.5/700.0	115	160	180	225			2660/3420	2280/3040	2660/3420	2280/3040	1900/2660	2280/3010	1900/2660	320	30
80	43.44	608.2/785.5	120	165	190	235								2400/3200	2000/2800	350	40
85	49.48	692.7/890.6	130	180	200	250								2550/3400	2130/2980	350	40
90	55.91	782.7/1006.4	140	190	210	260								2700/3600	2250/3150	400	40
95	62.73	878.2/1129.1	150	200	220	270								2850/3800	2380/3330	450	45
100	69.95	979.3/1259.1	160	210	230	280								3000/4000	2500/3500	500	45

注：1.锚栓抗拉承载力设计值按下式算得：$N_t^a = A_n f_t^a$;
2.连接尺寸中的“a”仅包括垫圈、螺母厚度及顶留偏差尺寸，“b”为锚栓螺纹部分的长度;
3.表中的抗拉承载力设计值和锚固长度，分子数为Q235钢，分母数为16Mn钢。

图 1-2-8

柱基与墙基钢柱基础

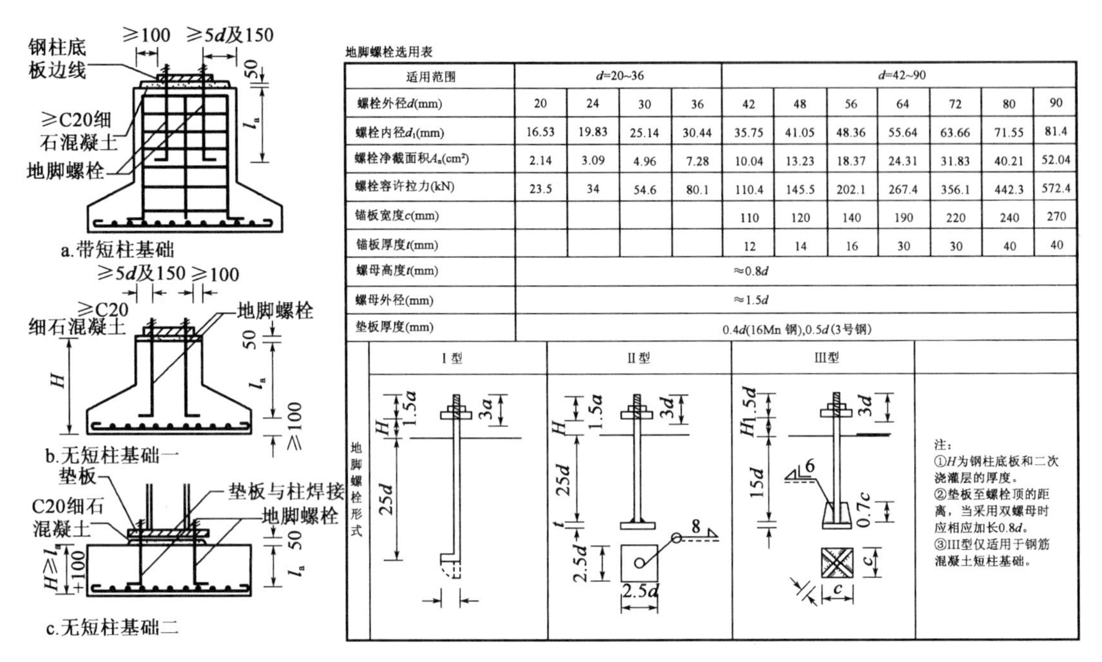

地脚螺栓选用表

适用范围	d=20~36				d=42~90						
螺栓外径d(mm)	20	24	30	36	42	48	56	64	72	80	90
螺栓内径d_1(mm)	16.53	19.83	25.14	30.44	35.75	41.05	48.36	55.64	63.66	71.55	81.4
螺栓净截面积A_n(cm²)	2.14	3.09	4.96	7.28	10.04	13.23	18.37	24.31	31.83	40.21	52.04
螺栓容许拉力(kN)	23.5	34	54.6	80.1	110.4	145.5	202.1	267.4	356.1	442.3	572.4
锚板宽度c(mm)					110	120	140	190	220	240	270
锚板厚度t(mm)					12	14	16	30	30	40	40
螺母高度t(mm)	≈0.8d										
螺母外径(mm)	≈1.5d										
垫板厚度(mm)	0.4d(16Mn 钢),0.5d(3号钢)										
地脚螺栓形式	Ⅰ型			Ⅱ型			Ⅲ型				

注：
①H为钢柱底板和二次浇灌层的厚度。
②垫板至螺栓顶的距离，当采用双螺母时应相应加长0.8d。
③Ⅲ型仅适用于钢筋混凝土短柱基础。

图 1-2-9

Q345钢锚栓选择用表

锚栓直径 d (mm)	锚栓截面有效面积 A_e (cm²)	连接尺寸 单螺母 a (mm)	单螺母 b (mm)	双螺母 a (mm)	双螺母 b (mm)	锚固长度l(m) Ⅰ型 C15	Ⅰ型 C20	Ⅱ型 C15	Ⅱ型 C20	Ⅲ型 C15	Ⅲ型 C20	锚板尺寸 C (mm)	锚板尺寸 t (mm)	每个锚栓的受拉承载力设计值 N_t^a (kN)
20	2.448	45	75	60	90	500	400							34.3
22	3.034	45	75	65	95	550	440							42.5
24	3.525	50	80	70	100	600	480							49.4
27	4.594	50	80	75	105	675	540							64.3
30	5.606	55	85	80	110	750	600							78.5
33	6.936	55	90	85	120	825	660							97.1
36	8.167	60	95	90	125	900	720							114.3
39	9.758	65	100	95	130	1000	780							136.6
42	11.21	70	105	100	135			1050	840	630	505	140	20	156.9
45	13.06	75	110	105	140			1125	900	675	540	140	20	182.8
48	14.73	80	120	110	150			1200	960	720	575	200	20	206.2
52	17.58	85	125	120	160			1300	1040	780	625	200	20	246.1
56	20.30	90	130	130	170			1400	1120	840	670	200	20	284.2
60	23.62	95	135	140	180			1500	1200	900	720	240	25	330.7
64	26.67	100	145	150	195			1600	1280	960	770	240	25	374.6
68	30.55	105	150	160	205			1700	1360	1020	815	280	30	427.7
72	34.60	110	155	170	215			1800	1440	1080	865	280	30	484.4
76	38.89	115	160	180	225			1900	1520	1140	910	320	30	544.5
80	43.44	120	165	190	235			2000	1600	1200	960	350	40	608.2
85	49.48	130	180	200	250			2125	1700	1275	1020	350	40	692.7
90	55.91	140	190	210	260			2250	1800	1350	1080	400	40	782.7
95	62.73	150	200	220	270			2375	1900	1425	1140	450	45	878.2
100	69.95	160	210	230	280			2500	2000	1500	1200	500	45	979.3

注：表头“锚固长度及细部尺寸”按基础混凝土的强度等级分列；表头示意图标注：垫板顶面高程、基础顶面高程、a、b、d、l、4d、16~20、3d、20~50、0.7c、c、t。

图 1-2-10

Q345钢锚栓选用表

锚栓直径	锚栓截面有效面积	连接尺寸				锚固长度及细部尺寸								每个锚栓的受拉承载力设计值
d	A_e	垫板顶面高程；基础顶面高程				I型		II型		III型				N_t
		单螺母		双螺母		锚固长度l(m)						锚板尺寸		
						基础混凝土的强度等级								
(mm)	(cm²)	a (mm)	b (mm)	a (mm)	b (mm)	C15	C20	C15	C20	C15	C20	C (mm)	t (mm)	(kN)
20	2.448	45	75	60	90	600	500							44.1
22	3.034	45	75	65	95	660	550							54.6
24	3.525	50	80	70	100	720	600							63.5
27	4.594	50	80	75	105	810	675							82.7
30	5.606	55	85	80	110	900	750							100.9
33	6.936	55	90	85	120	990	625							124.8
36	8.167	60	95	90	125	1080	900							147.0
39	9.758	65	100	95	130	1170	1000							175.6
42	11.21	70	105	100	135			1260	1050	755	630	140	20	201.8
45	13.06	75	110	105	140			1350	1125	810	675	140	20	235.1
48	14.73	80	120	110	150			1440	1200	865	720	200	20	265.1
52	17.58	85	125	120	160			1560	1300	935	780	200	20	316.4
56	20.30	90	130	130	170			1680	1400	1010	840	200	20	365.4
60	23.62	95	135	140	180			1800	1500	1080	900	240	25	425.2
64	26.67	100	145	150	195			1920	1600	1150	960	240	25	481.7
68	30.55	105	150	160	205			2040	1700	1225	1020	280	30	549.9
72	34.60	110	155	170	215			2160	1800	1300	1080	280	30	622.8
76	38.89	115	160	180	225			2280	1900	1370	1140	320	30	700.0
80	43.44	120	165	190	235			2400	2000	1440	1200	350	40	781.9
85	49.48	130	180	200	250			2550	2125	1530	1275	350	40	890.6
90	55.91	140	190	210	260			2700	2250	1620	1350	400	40	1006
95	62.73	150	200	220	270			2850	2375	1710	1425	450	45	1129
100	69.95	160	210	230	280			3000	2500	1800	1500	500	45	1259

图　1-2-11

表 1-2-3

序号	内　　容	作　　者	时间(年-月-日)
1	规范上只能查到 Q235 和 Q345 钢材可作锚栓，请问如果用 45 号钢作锚栓(锚板不焊接)，材料抗拉设计值和锚固长度怎样取，欢迎赐教。	wfcwb	2001-06-25 12:22:15
2	45 号钢经过热处理，延性不好。不宜用于锚栓用途。不妥之处请指正。	okokorg	2001-06-25 18:12:19
3	45 号钢的抗拉强度设计值为 365N/mm²。 锚固长度:单位长度提供的锚固力和锚栓钢号关系不大，故可参考 Q235 或 Q345 进行计算。 计算出的锚固长度太大，不方便施工，可考虑用锚板(不焊)。我不赞成使用 45 号钢作锚栓。	okokorg	2001-06-26 11:03:40
4	请问:45 号钢抗拉强度设计值为 365N/mm² 是否为 45 号钢作为锚栓时的取值? 很早前我在一本书上看到一种换算办法:好像是材料抗拉强度的 0.38 倍。当时没在意，现在又找不到，我也不敢确定，因此，特请教。 不是我特意要用 45 号钢作锚栓，有时 Q345 强度达不到或排列空间不允许该怎么办? 能否帮我找到合理的解决办法? 多谢。	wfcwb	2001-06-26 12:56:16

续上表

序号	内　　容	作　　者	时间(年-月-日)
5	抗拉强度设计值的来历： 抗拉强度×屈强比＝屈服强度， 屈服强度/材料分项系数＝强度设计值。 365N/mm^2 已经是设计值。 45 号钢可能是 8.8 级的高强螺栓，材料强度离散性大，加工工艺复杂。一般不会出现强度不足或排列空间不够这种情况。我认为是您的断面选择有问题。	Steelboy	2001-06-26 13:37:52

【cdkhp】：是抗剪不够，还是抗拉不够？

我觉得更重要的是锚固长度和连接板的局部强度。

锚栓的承载力在《钢结构设计手册》上有现成的表可查，也可以借鉴预埋件锚固筋承载力的计算方法。

个人一点想法，欢迎指正、交流。

【罗罗】：(1)高强螺栓可以做成永久螺栓的形式吗？

(2)焊缝高度 h_f 若取很大(如计算结果的两倍)，有何影响？

【okok】：To 罗罗：

除了安装螺栓(一般是普通螺栓)外，都是永久螺栓。高强螺栓当然(可以)是永久螺栓。

不要随意加大焊缝。焊接过程终归影响主材的性能。较大的焊接残余变形会减小构件的刚度。

焊脚尺寸如您加大到 2 倍是不正常的，但若未超过规范之最大焊脚尺寸限值，则不一定会受到指责。

【wfcwb】：我说的强度不够，是指抗拉强度不够！

【okok】：怎么会不够？增加直径或数量，布置不下可以适当加大柱脚底板。

【ypbest】：我也遇到相同问题，45 号钢作为锚栓时的抗拉强度设计值该取多少？如果按有的人所讲按 16Mn 取，我觉得是不正确的，如果是这样我就采用 16Mn 啦，还用 45 号钢做什么？

【cogitation】：我的实际经验，M30 的地脚螺栓，施工方错误的使用了 45 号钢，工人在焊接时在螺栓上打火，结果在调柱底标高时将螺栓拉崩 2 根，建议还是不要用的好。

【ypbest】：对于 45 号钢作为锚栓时的抗拉强度设计值到底应该取多少，看来还没有一个统一的意见。

【zerol88】：虽然 45 号钢材的抗拉强度比较大，但是只能考虑抗拉强度不小于 300N/mm^2。

【leebb】：45 号钢可以用作锚栓，其强度可以按 350N/mm^2 计算，因 45 号钢含碳量较高，其焊接性能较差，建议在顶端与基础底板铆固即可。其锚固长度跟本身强度关系不大，主要是考虑其与混凝土的握裹强度。建议仍然按照 25～30d 选取。

【wallman】：看一张高强度钢材的锚栓破坏形式如图 1-2-12 所示。

这是一组试件中的一个，其所受拉力远远未达到锚栓的抗拉强度，就发生了脆性破坏。图 1-2-12 中可以看出断口平齐，没有任何颈缩现象，呈现明显的脆性破坏特征。

因此建议在实际结构中尽量避免使用没有屈服点的钢材，锚栓应该具有一定的塑性变形能力，优先使用 Q235、Q345，钢材标号再高的锚栓应谨慎使用。

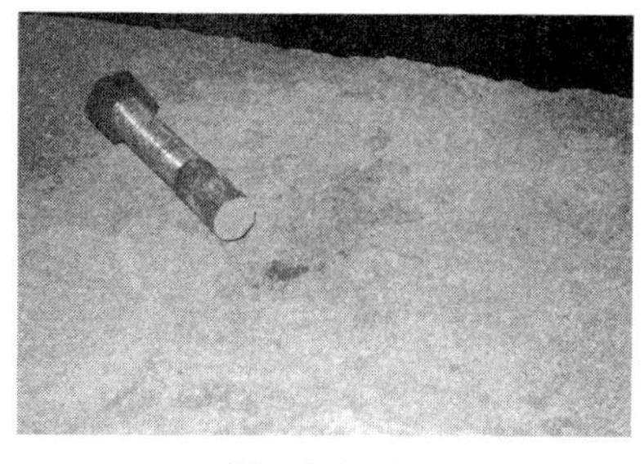

图 1-2-12

【diamorphine】：请教 okok：

我见过一份图纸，在钢梁与牛腿顶面埋件连接的锚栓上注写：预埋 10.9 级 M20 高强螺栓。不知道是什么意思？

点评：标注错误，或者不是指锚栓。

【lanf】：锚栓计算时可以按混凝土规范中的钢筋锚固长度计算方法计算，但其中的锚栓的 f_y 应该取为钢筋的抗拉强度 $f_y=140\text{N/mm}^2$，而不是 $f_y=210\text{N/mm}^2$(采用 Q235 时)。

此点依据可以查建设部标准定额司编的《工程建设标准强制性条文(房屋建筑部分)辅导教材》第 203 页：为避免锚栓的弹性伸长过大而影响柱脚的刚接性能，钢规规定的锚栓抗拉强度设计值仅相当于一般受拉杆件的 0.7 倍。

不知道此理解是否正确，请指教，谢谢。

【doubt】：请教 okok 兄：在《钢结构设计手册》中可查的锚栓仅限于基础混凝土预埋，若是在柱子里，混凝土强度等级一般在 C30～C40，再用长度上就有点浪费甚至与梁底筋相碰，而且，柱脚处梁柱钢筋密布，锚栓直径也不能太大，应该如何设计呢？(点评：加锚板)

【yyc5795y】：(1)《钢结构设计规范》规定锚栓一般不用于抗剪，不知出于何种考虑或是否对节点有何特殊要求？安全的角度还是其他？

(2)当上部结构与预埋板焊接，且预埋板与锚栓 Q345 采用塞焊(并加设螺帽)时，且要求塞焊缝强度不低于一级钢筋的极限抗拉强度，是否可以认为锚栓可以抗剪，并套用《混凝土规范》预埋件钢筋公式，只不过 $F_y=180\text{N/mm}^2$(Q345 抗拉强度)。

(3)理由是：

①此时螺母只不过是一种附加安全措施，塞焊已经满足强度要求。锚栓受力状态、构造与锚筋(一、二级钢筋)类似，不可能产生滑移(锚栓与孔)。

②从材质上说：既然 Q235，Q345 的角钢、工字钢可以用于抗剪，为何 Q345 的锚栓不能用于抗剪，只不过是形状(锚栓为圆形)及叫法(角钢、锚栓)不同。难道是采用 Q345 的锚栓与采用 Q345 的角钢、工字钢的材料性质有何不同？或加工时，材料性质发生了变化？

③当采用 Q235 的角钢计算预埋件时，f_y 可以取 215N/mm^2。

那么当采用 Q345 的锚栓套用预埋件公式，f_y 只取 180N/mm^2，还可以不安全吗？

(4)请大家讨论。

【yyc5795y】：(1)今天与一大学钢结构专家(教授)请教了一下锚栓问题，该专家认为：

①当上部结构与预埋板焊接，且预埋板与锚栓 Q345 采用塞焊(并加设螺帽)时，可以套用混凝土规范预埋件钢筋公式。

②混凝土规中预埋件钢筋公式规定剪力板不宜超过总剪力 V 的 1/3，其他由锚筋抵抗；而钢规规定总剪力 V 全部由剪力板抵抗。两者间相互有点冲突，是规范考虑出发点不同。只要符合任一种规范即可。

(2)钢规规定总剪力 V 全部由剪力板抵抗，请问何处有明确计算方法。

(3)另给号外，某一体育场遇风，罩顶掀去许多，部分锚栓剪断，结论：天灾！

【myorinkan】：建议不要用45号钢作锚栓。45号钢属中碳钢，强度虽然高，但是强屈比和伸长率性能很差。

《高层民用建筑钢结构技术规程》规定强屈比不应小于1.2，对于抗震的高层建筑，钢材伸长率应大于20%。

《钢结构设计规范》规定，锚栓可采用Q235或Q345。同时在3.3.3节中，强调：承重结构采用的钢材应具有抗拉强度、伸长率、屈服强度的合格保证。

日本规定的锚栓钢材的屈强比不大于0.8(折算为强屈比，为1/0.8=1.25)。

目的是，锚栓断裂前有足够的塑性变形能力，来吸收地震能量。日本的抗震设计，对于承受弯矩的外露式柱脚，特别要求锚栓的伸长性能。

3 关于预埋螺栓问题（tid=132741　2006-5-2）

【老顽童】：我遇到一个工程预埋螺栓为Q345圆钢，可是市场上面Q345的圆钢实在是难找，有谁知道是否可以用45号圆钢代替。

【milan】：应该没有什么问题，但代换前应将代换原因与现场监理及设计人员说明，请设计确定后再实施，确保程序符合要求。

【zhanghuixs】：用45号钢代替Q345钢时可以的，虽然它们的化学成分不太一样，但是其强度基本上时相同的。我记得45号钢的强度好像是360N/mm^2(不知道是不是准确)。在进行地脚螺栓设计的时候主要考虑其抗拉拔的作用，是不承担水平剪力的(水平剪力由抗剪键来承担)，所以只要其抗拉强度满足，其余因素不需要考虑。当然在施工中进行代换的时候，应该和甲方及监理沟通，出具现场签证，把上述情况说明，同时把45号钢及Q345钢的力学性能描述清楚并说明代换的原理。

【zhaohui_wen】：45号钢比Q345材料强度高，但是其在弯勾时不要冷弯，另外45材料一般是调质使用。

重要的一点是，45号钢不能焊接，千万注意。

【接点连接】：个人意见，建议不要代换。

【我是一只小小鸟】：个人认为，可以把锚栓直径加大，但材质代替，是为不妥。

【wfcwb】：不建议用45号钢，要是Q345采购不到的话可以用35号钢。

做锚栓时Q345抗拉设计值是180，35号钢抗拉设计值是190N/mm^2，材料性能差不多。

【benbenboy2002】：可以用Q235的材料代替，让设计院出变更啊，增加圆钢的直径，只要满足使用要求就可以了啊。

【large_bird】：(1)建议采用Q235钢材代换，因为规范中没有明确允许在结构中使用45号钢。

(2)地锚螺栓是结构的重要构件，应综合考虑材料的抗拉强度、伸长率、屈服点、和硫、磷等化学成分等多种因素。

(3)抗拉强度只是保证承载能力极限状态的安全，还应考虑正常使用极限状态。45号钢中碳含量高，但塑性和韧性随之降低，即屈服强度和抗拉强度的距离减小，直接后果就是降低了结构的安全储备。

(4)规范中没有明确给出的材料缺乏理论和实践依据，建议在以后的设计施工中不要出规范。

4 请教一个关于柱脚锚栓的问题(tid＝174853　2007-10-9)

【宋玉生】图纸中设计柱脚锚栓是Q235B，由于我公司采购人员的疏忽，错进成45号钢，基础已做好，在回填时铲车误将柱脚锚栓铲断，才发现此问题，请教各位45号钢是否可以满足使用。

【黑胡子海盗王】：地脚螺栓主要是抗拉的，您对比一下它们的抗拉强度就明白了。

【kickbirds1980】：同意楼上的说法，对比一下它们的抗拉强度。

【1030czg】：45号钢的抗拉强度肯定要高于Q235B，可以满足使用。

【wxh5330】：一般柱脚锚栓的材质选用Q235。Q345和45号钢的材质虽然强度高，但韧性稍差些。

四 焊接及其他

1 两种不同牌号钢材采用手工焊接时，焊条如何选取？(tid＝106816　2005-8-24)

【czg】：两种不同牌号钢材采用手工焊接时，焊条如何选取？有的书中说焊条宜选用与低牌号钢材相匹配的焊条，为什么？

★**【pingp2000】**：不是"有的书"，是"所有的书都这样说"，至少我没见过不是这样说的。呵呵。

焊条的选择：Q235的用E43系列的焊条，Q345的用E50系列焊条，不锈钢的有其相应的焊条，两种不同牌号钢材焊接时，宜选用与低牌号钢材相匹配的焊条。在设计说明里并不需要很清楚的说明是哪种型号，只需要说明采用哪种系列焊条就行了。

选用的理由：(1)焊条要与主体金属的强度、化学成分相适应，即焊缝与主体金属等强(低合金钢的焊条强度会略高与主体金属)，所以，当不同牌号的钢材焊接(比如说Q345与Q235)时，如果采用E50系列焊条，焊缝的强度是跟Q345钢材的强度是一样的，可是，这样做没有意义，因为连接的另一边是强度低的Q235钢。

(2)从焊接的操作和焊缝的质量来说，E43系列焊条的质量比E50系列的焊接质量更好保证，外观更好(当然焊接质量跟焊工的水平有很大的关系)，这是化学成分的原因，所以说，当Q345与Q235焊接时，"宜"采用E43系列焊条。

【arkon】：记得我们在香港焊接钢结构构件时，不管43A还是50C人家都要求我们用大西洋507、506焊条。

【zljzlj】：甭管香港怎么做，我们的规范规定正如**pingp2000**所言，两种不同牌号钢材焊接时，宜选用与低牌号钢材相匹配的焊条。

【bill-shu】：您选用和强度高的钢材匹配的焊条也可以，不过，从道理上讲没什么必要。

【装饰田野】：宜选用与强度低的材料相配的焊条，从道理上说，用高强度的焊条只能增加焊缝强度，却不能增加低强度的材料的强度，只是浪费。

【钢柱子】：借楼主话题，问一下不锈钢与Q235钢材焊接采用什么焊条？

★**【铁树开花】**：前段时间我正遇到这个问题：

不锈钢和Q235B连接，我们是采用的不锈钢焊条。

因为用E43系列的根本就无法连接，也试过，焊后很脆，强度很低。

2 不锈钢连接问题（tid=184611　2008-3-2）

【钢鸟巢】：现有一工程有Q235钢与不锈钢的焊接一事，请问有相关的规范对二者焊接的说明和要求吗，实际施工中要注意哪些问题？我有过一些这样的工程实例，几年了也没事，但在理论上不太明白，请哪位同仁指明一二。

【phonixs】：一般来说可以，但是强度降低，含碳量各不相同，冷热脆性各不相同。

最好是请人验过或者用螺栓连接。最好还要垫PVC片。

3 钢销（tid=185427　2008-3-13）

【goy】：我在做一个试验，需要圆钢销（不知道术语是什么，就是不带丝的螺栓），请问钢销的材料特性和直径规格？我在规范里只能找到螺栓。我不是做钢结构的，对此一窍不通。还请各位帮忙。

【CGGCENGINEER】：机械设计手册上有，也可以参考机械零件设计方法自己计算，主要是抗剪计算和局部接触应力计算。

【vilive】：名称叫销栓，用圆钢或钢棒精加工而成（即车床），直径规格按设计需要而加工，直径从36～120mm都可加工，材料为Q235的（我以前做过的工程）。

4 关于垫圈100HV的意义（tid=44120　2003-12-2）

【zhangyaozhou】：各位：在高强度螺栓连接副中，垫圈后面的标注常常有“100HV”或“200HV”。请教各位，这个到底是什么意思，是热处理达到的强度呢，还是其他一些意义，那么这个数值对连接有什么影响吗？

【chongchong】：此代表垫圈的硬度（维氏）。

【chongchong】：应该是一定强度等级的螺栓，螺母配一定硬度的垫圈。使其在同一条件范围下破坏，有效利用材质。

【zhangyaozhou】：那是否8.8级的螺栓就跟100HV的垫圈配？10.9级的螺栓跟200HV的垫圈配？是否标这种（100 HV、200HV等）的垫圈就是跟高强度螺栓配的？

【cxlcxl】：主要考虑高强度螺栓的匹配性。因为国标对高强度螺栓副有一个统一的技术标准。不能只考虑垫圈，垫圈是制造厂冲孔加工出来的。

【wkr1213】：引于机械手册：

垫圈分很多种：平垫圈、大垫圈、小垫圈等。

每种垫圈又分A、C级。C级用于中等装配系列，A级用于精装配系列。

表1-2-4中不同的国标号代表不同的垫圈。

垫 圈 分 类　　　　表 1-2-4

技术特性		材　料	钢	奥氏体不锈钢	表面处理	钢	奥氏体不锈钢
	性能等级	GB 95—85	100HV			不经处理	—
		GB 287—85					
		GB 96—85	A级:140HV C级:100HV	A140		不经处理 镀锌钝化	不经处理
		GB 848—85	140HV	A140			
		GB 97.1—85	200HV	A200			
		GB 97.2—85	300HV	A350			

5 关于铸钢的问题(tid=100016　2005-6-21)

【tany】:看过一结构说明"钢结构构件采用 Q345B,铸钢采用相当于 Q345B 的材料",想请教各位,相当于 Q345B 的铸钢材料具体有哪些?

【whb8004】:国标是:一般工程用铸造碳钢件(GB/T 11352—1989)和焊接结构用碳素钢铸件 GB 7659—87,但是对于焊接结构目前常用德国标准 DIN17182,钢号 GS-20MN5V。国内厂家的厂(企)标也是参考德国标准制订的。

【dingzhaolong】:近年来铸钢节点运用越来越多,但对铸钢节点的计算还无规范可依,国内一些学者对铸钢节点进行了一些研究,我所收集到的资料如下:

铸钢节点文献(1)

444819-.part1.rar(800K)

铸钢节点文献(2)

444821-.part2.rar(117.65K)

下载地址:http://okok.org/forum/viewthread.php? tid=100016

第三章　设 计 指 标

一　高强螺栓

1　请教关于螺栓、锚栓强度设计值的问题(tid=107518　2005-8-31)

【总糊涂】:为什么螺栓、锚栓的抗拉强度设计值要低于相同强度钢构件的抗拉强度设计值,例如Q235的锚栓抗拉强度设计值只有140N/mm^2,而不是215N/mm^2,为什么呢,难道是锚栓、螺栓的可靠度要求高一些?而且,钢材是按照屈服强度计算强度设计值,而螺栓、锚栓都是按照极限强度计算强度设计值,为什么呢?

【ruralboy】:俺也纳闷,是不是因为要保证锚栓不松动,或者是因为螺帽先于锚杆破坏?

【总糊涂】:还有个问题,锚栓验算只有抗拉验算,没有抗剪验算,规范中也没有锚栓的抗剪强度,是因为抗剪不是控制工况还是锚栓不能抗剪呢?关于锚栓抗剪的问题,在钢规的条文说明里找到了解释,水平力由底板与混凝土基础间的摩擦力承受,而不考虑锚栓的抗剪能力。

【暴风】:柱脚底板虽然一般较厚,但其平面外刚度毕竟有限,在锚栓的拉力作用下会发生翘曲变形,同时锚栓受拉变形,减弱了锚栓的锚固作用。为了考虑这种情况而又不致使底板过厚,钢规里把锚栓的抗拉承载力降低了,通过减小锚栓变形的方法来保证底板不至于发生过大的翘曲。

【总糊涂】:谢谢楼上的答复,请问哪里有关于这些内容的讲解,有哪些书籍介绍这方面的内容?我想买来学习一下。

【silversea】:关于锚栓抗剪的问题,在钢结构设计规范的条文说明里找到了解释,水平力由底板与混凝土基础间的摩擦力承受,而不考虑锚栓的抗剪能力。其实也不是所有的锚栓都不抗剪的,当水平力较大时可以考虑,这时的锚栓就大了,节点也要做一定的处理。

【jmchen】:暴风兄说的有道理,我国在此方面没有做过系统的研究。规范均是借鉴原苏联的规范。

一般钢柱脚用到锚栓时,均假设为刚接(*点评:无此假设*)。锚栓应力较大时,变形必大,如此实际受力情况必与设计模型相差甚远!故采取限制锚栓之应力来达到限制锚栓之变形,保证节点的实际受力情况与计算模型相符。另外,也不排除适当提高锚栓的安全度这一因素。

【bzc121】:我的理解是这样。不一定正确,见谅。

不管柱脚是哪种连接方法,都要传递剪力,钢规规定,剪力由柱底板与基础平面摩擦力承担,摩擦力不足时加抗剪键。摩擦力=N个锚栓预拉力×0.4(摩擦系数)。锚栓在产生预拉力时,承担了锚栓部分轴向拉力,这样锚栓的实际抗拉强度设计值已经小于205N/mm^{2}或

215N/mm² 了。

锚栓抗拉强度取 140N/mm² 是考虑预拉力因素了。

【**jianfeng**】:(1)抗拉螺栓连接必须通过 T 形连接件(或由双角钢组成的 T 形连接件)传力,如图 1-3-1a)所示。由于连接件的相对柔性,受力后连接件的翼缘板将发生弯曲变形,如图 1-3-1b)所示,使螺杆承受轴心拉力 N,同时连接件翼缘板趾部与横梁下翼缘间产生压力 Q。由杠杆作用产生的此压力 Q 称为撬力。由图 1-3-1b)可见螺栓所受的拉力不是 $N=F$ 而是 $N=F+Q$,即螺栓拉力大于所受荷载值。

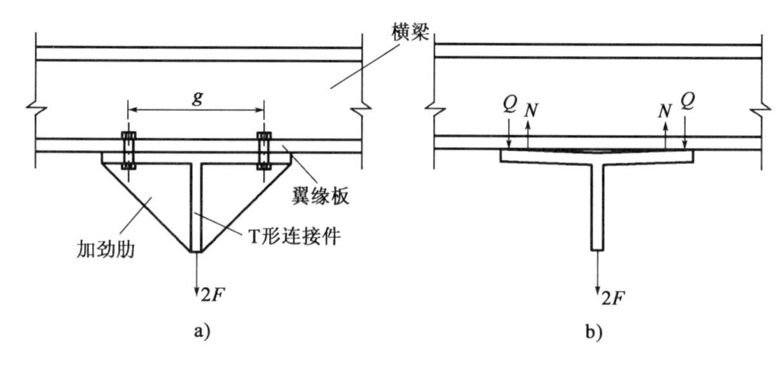

图　1-3-1

(2)影响撬力大小的因素很多,如连接翼缘的刚性和螺栓的规线距离 g 的大小等,要准确计算撬力的大小极为复杂。我国设计规范为简化,有意降低了普通螺栓轴心受拉时的设计值,即取同样牌号钢材轴心受拉强度设计值的 0.8 倍。

(3)为了减小撬力的影响,也可在构造上采取措施以增加连接件的抗弯刚度,例如采用较厚连接件翼缘板或在同一纵行的两个螺栓间设置连接件的横向加劲肋等。

533577-.dwg (40.02 K)下载地址:http://okok.org/forum/viewthread.php? tid=107518

点评:关于锚栓强度设计值方面的问题,在本章第 2 节中有详细的讨论。

2　请教有关螺栓强度设计值的确定(tid=140137　2006-7-13)

【**lyp_welkin**】:本人对比了一下国内与国外规范中的螺栓强度设计值后发现:

ISO　8.8 级抗拉 560MPa,抗剪 375MPa;

GB 50017　8.8 级抗拉 400MPa,抗剪 250MPa;

ISO　10.9 级抗拉 700MPa,抗剪 400MPa;

GB 50017　10.9 级抗拉 500MPa,抗剪 310MPa。

请问一下国内螺栓强度设计值是如何而来的?为什么相差那么远?

【**large_bird**】:请确认 ISO 中是否为抗拉强度设计值。

以 8.8 级为例,最小抗拉强度为 830MPa,屈强比为 0.8,因此屈服强度为 664MPa。

最后设计值取值要考虑可靠度指标(即 β)计算出设计强度,而且各个国家之间 β 的取值方案也是不同的。β 的取值方法非常复杂,影响因素非常多,需要大量的统计数据和科学的分析方法,具体方案只有编规范的人知道。

不过规范条文说明 3.4 中已经给出了各种材料的强度换算关系,只要按规范做即可。

3 一个高强度螺栓的预拉力 *P* 值，GB 50017 与 JGJ 82—91 不一致(tid=131862 2006-4-23)

【星星汗】：在《钢结构设计规范》(GB 50017)的表 7.2.2-2 中，8.8 级 M20 的高强度螺栓预拉力 P=125KN；在《钢结构高强度螺栓连接的设计、施工及验收规程》(JGJ 82—91)的表 2.2.1-2 中，8.8 级 M20 的高强度螺栓预拉力 *P*=110kN，轻钢规程也是取同样的值。

以上两个规范中的高强螺栓预拉力值，8.8 级的高强度螺栓从 M20 到 M30 均不一致。有谁知道这是为什么，计算中应以哪个为准？

★**【flywalker】**：造成这一原因是由于钢结构规范修订后，《钢结构高强度螺栓连接的设计、施工及验收规程》(JGJ 82—91)还是旧规范，没有修订。设计中应以新规范为准。包括钢结构的施工验收规范对于 8.8 级的高强螺栓与钢结构规范也是不符的，这就需要设计人员在采用 8.8 级高强螺栓的时候注意了，在设计图中一定要注明高强螺栓的预拉力值，不然施工时候将会采用钢结构施工规范上的预拉力值而无法达到新的钢结构规范中的要求，比设计值要小，影响结构安全。

4 螺栓的极限强度与撬力的作用(tid=96706 2005-5-26)

【freebirdy】：8.8 级螺栓有一个保证强度为 830N/mm^2，那么有谁知道其真实的极限强度该是多少呢，螺栓在极限强度下，其撬力该如何考虑呢，如果按照欧洲规范 3 的等效 T 形连接件计算则其计算值一般偏小，端板连接时是如何计算撬力影响呢？

【飘雨】：高强度的螺栓的表示方法，比如 8.8 级的高强度螺栓，前面的 8 表示该螺栓的屈服强度是 800N/mm^2，后面的.8 表示屈服强度与抗拉强度(极限强度)的比为 0.8，因此它的极限强度也就是 1000N/mm^2。

★**【freebirdy】**：呵呵，好像您说错了，8.8 是指其极限抗拉强度不低于 800 N/mm^2，屈服与极限的比值为 0.8，也就是 640N/mm^2。看相关的试验资料，则螺栓的抗拉强度 8.8 一般在 930～1050N/mm^2 之间，所以我想知道国内的试验资料是多少呢？

【飘雨】：《钢结构》课本上明确是这样写着的，难道课本都有错？

【bill-shu】：freebirdy 说的对。

二 其他指标

1 Q235 钢取值问题(tid=188837 2008-4-21)

【gjgncu】：在钢结构设计规范第 19 页中 Q235 钢抗拉强度取值为 210N/mm^2，但锚栓中取值为 140N/mm^2，为什么？请多指教！

【pingp2000】：还要考虑锚栓与混凝土的共同作用。

【lizh】：谈点个人观点：

最终这样定应该是锚栓多种计算方法不同且差异很大，最终打折再打折的结果。

(1)规范规定锚栓不得用于抗剪，其实剪力必然存在，故需要折减。

(2)柱底板孔一般大于锚栓直径 5mm 甚至 8～9mm，造成侧移时锚栓群无法同时达到设计强度产生钮扣效应，故需要打折(当然施工有人垫板焊牢了)。

(3)同(2),受拉破坏方向未必一定沿对称轴(结合紧密性不如螺栓特别是高强螺栓),螺栓群产生不同步当有螺栓达到设计值。

为何是140N/mm² 就像为何是150N/mm² 一样,仅仅是个数据而已。至于楼主说取210N/mm² 不知道从何而来?是215N/mm² 或者170N/mm² 倒是可以讨论。

才疏学浅,抛砖引玉而已。

点评:(1)对于Q235材料,加工成锚栓,其抗拉强度设计值 $f_t^a = 140\text{N/mm}^2$。

强度设计值的取法为:$f_t^a = 0.38 f_u^b = 0.38 \times 370 = 140\text{N/mm}^2$。

式中的抗拉强度 $f_u^b = 370\text{N/mm}^2$,0.38为换算系数。

(2)加工成钢材(型钢等),抗拉强度设计值 $f = 205\text{N/mm}^2$(厚度或直径>16~40mm)。

强度设计值的取法为:$f = f_y/\gamma_R = 235/1.087 = 216 \rightarrow 215\text{N/mm}^2$。

式中的屈服强度 $f_y = 235\text{N/mm}^2$,1.087为抗力分项系数。

上述计算公式和系数的来源,可参见《钢结构设计规范》第3章的条文说明。

二者的着眼点不同,也就是说标准体系不同,所以才会出现较大的差距。制定规范时可能考虑到国内锚栓加工工艺的现状,质量缺欠,螺纹部的残余应力等,设定了较大的安全系数。

再看C级螺栓的抗拉强度设计值计算公式与锚栓相同,只是换算系数=0.42(不是0.38)

$$0.42 \times 400 = 168 \rightarrow 170\text{N/mm}^2$$

锚栓的抗拉强度设计值过低,造成使用较粗的锚栓,不利于锚栓塑性伸长来吸收地震能量。

相信随着锚栓的规格不断强化(材料,加工工艺,质量管理等),钢规会不断修订,更加完善。

2 焊缝有屈服点吗?(tid=89932 2005-4-4)

【轻钢结构】:手工焊接中焊条型号E43中43表示熔敷金属抗拉强度的最小值,单位为千克力每平方米,请问它有屈服强度吗?如果有,屈服强度是多少?

【lhwen9488】:首先纠正一下应该是"43kg · N/mm²",我个人认为焊缝的破坏为脆性破坏,您可查一下大学钢结构教材可以看到"变形与应力"图形,就知道了。

【mountainxu】:焊缝,例如对侧面角焊缝承受剪力进行分析时,在弹性阶段,应力沿焊缝长度方向分布不均匀,两端大而中间小。焊缝越长剪应力分布就越不均匀,焊缝的两端会出现塑性变形,产生应力重分布。从这当中可以看出,焊缝也是有屈服点的。以上认识有误请指出。

【myorinkan】:以上说到焊缝的屈服点,我想补充熔敷金属的屈服点问题。

熔敷金属当然有屈服点。E43系列熔敷金属屈服点($\sigma_{0.2}$)≥330MPa。

例如用于较重要低碳钢结构的焊条,牌号:J424(GB E4320,相当于AWS E6020)。

J424的抗拉强度 σ_b(MPa):≥420,屈服点 $\sigma_{0.2}$(MPa):≥330。

AWS E6020 抗拉强度 σ_b(psi)：≥62000，屈服点 $\sigma_{0.2}$(psi)：≥50000。

单位换算，1psi(lbf/in^2)＝0.006895MPa。

【轻钢结构】：楼上朋友所说的是焊缝的条件屈服点吧，一般对于无明显屈服点的钢材，可取相当于残余应变为0.2%时的应力为假想屈服点（条件屈服点）来进行强度计算。我问问题的初衷是想知道焊缝有没有明显的屈服台阶，请各位帮忙解答。

【myorinkan】：首先让我们一起来搞清楚屈服点 σ_s 和屈服强度 $\sigma_{0.2}$。

低碳钢和中碳钢在常温(20℃)时的应力—应变图上有明显的屈服台阶，通常叫作屈服点，此时的残余应变为0.2%。

而铸铁、合金钢、铜之类的有色金属则没有明显的屈服台阶。人们为了方便起见，把常温试验下残余应变0.2%时所对应的名义应力称为屈服强度 $\sigma_{0.2}$，或条件屈服点。

钢规第2.1条术语中把"钢材屈服点(屈服强度)"定义为"强度标准值"。我认为对于低碳钢如Q235(包括低碳钢焊条焊丝，E43xx等)，应该有屈服点，而且其屈服点 σ_s 和屈服强度 $\sigma_{0.2}$ 是一回事。另外，查阅到一本旧标准《水管锅炉受压元件强度计算》(JB 2194—77)，在符号说明里称：σ_s＝材料在20℃的屈服限或条件屈服限(残余变形为0.2%)。该规程的使用材料均为低碳钢和低碳低合金钢。

其次关于焊缝有无屈服点的问题。我认为，一条焊缝如果从设计、材料、焊接工艺、操作者技术到施焊时的气候及环境条件等均合理合格，符合规范规程要求的话，那么它应该是合格的。其焊缝的强度设计值应满足钢规表3.4.1-3的规定，对于Q235钢，板厚≤16mm的1级和2级对接焊缝的强度设计值为215N/mm^2，而215＝235/γ_R(抗力分项系数)＝235/1.087，所以焊缝的屈服点可以认为是235N/mm^2。

但是，许多检验合格的焊缝，在地震时出现脆性断裂，比如日本的阪神大地震。这是由于日本的设计和施工规范有缺陷，说明人们对焊接技术的认识不足，并不能以此认为低碳钢焊缝没有屈服点。据日本有关资料，主要原因有扇形切角工艺孔部位的设计问题，厚钢板对接时焊层温度过高(350℃)，又没有合适的焊后热处理等。关于这方面的详细情况，打算在焊接栏里讨论。

【yzhg2002】：焊缝金属与焊条材料有关，应该有屈服台阶的。

3 请教地脚螺栓的强度(tid＝115700　2005-11-15)

【jyaki】：请问地脚螺栓的抗拉设计强度是多少？

【whb8004】：Q235钢 f＝140N/mm^2，Q345钢 f＝180N/mm^2，见钢规P19表3.4.1-4。

【jyaki】：楼上指的是地脚螺栓的强度就是锚栓的强度，是吧？

那不知道锚栓和普通螺栓有什么区别？

我在验算一个交通标志的立柱，柱脚就是用地脚螺栓连的，看到那么多人都说地脚螺栓不能抗剪，那么柱子和基础之间的剪力由谁承担呢？

【waterdrop】：由柱底和基础的摩擦力和抗剪键承担。

【jyaki】：我觉得那是工民建规范对房子的立柱的要求是不考虑锚栓抗剪的吧？像交通标志的立柱应该可以放宽要求的，而且在一篇论文里也看到国外的一些地方也是考虑锚栓抗剪的！

【ccjp】：锚栓能不能抗剪，和您的节点做法有很大关系，很多人的柱脚板留孔比锚栓大5～

8mm,这样肯定不能抗剪。

【maozhiyong2005】:柱脚板留孔比锚栓大5～8mm,跟抗不抗剪没关系,只是为了安装方便。

【weifang7】:哎,您的交通标志是一个独立的话嘛,他的剪力来源于哪里,风载嘛,那风载跟哪些有关系嘛,对于交通标志来说,无非就是受风载面积嘛,您那个要是一个大面积的您觉得用螺栓抗剪合适嘛?

我个人觉得,它的根部弯矩很大,应该是控制您地脚螺栓的数量和尺寸的,可能剪力就不那么明显了,可真不放心,加一个剪力键就是了。

【crazysuper】:(1)楼上的提的问题,仅是一个交通标志,就不用抗剪键来抗剪。因为一根立杆就没有风荷载。

(2)就锚栓在国内是不参与抗剪,这样就要设置抗剪键来抵抗柱脚的剪力以及风荷载产生的剪力。而国外如日本在设计之时就考虑到锚栓抗剪,这样就不存在二次浇灌,施工方便简单。

4 关于地脚螺栓的抗拉强度问题(tid=88659 2005-3-25)

【钢柱子】:普通螺栓抗拉强度我们知道是同等钢材强度的0.8倍,大约170kN/m^2。

地脚螺栓抗拉强度规范规定为140kN/m^2,不知道是怎么规定的。

【pingp2000】:(1)对Q235的地脚螺栓取140kN/m^2,对Q345的取180kN/m^2。

(2)这个指标不仅是考虑了地脚螺栓本身的抗拉强度,还要考虑地脚螺栓与混凝土共同工作的问题,所以将它降低。但您要我说出道理,我也说不清。

【myorinkan】:钢柱子提到:

"地脚螺栓抗拉强度规范规定为140kN/m^2,不知道是怎么规定的"。

锚栓采用Q235钢,抗拉设计强度值 $f_t^a=0.38f_u^b=0.38\times370=140N/mm^2$。

C级普通螺栓采用4.6或4.8级钢,抗拉设计强度值 $f_t^b=0.42f_u^b=0.42\times400=170N/mm^2$。

C级普通螺栓已不再采用3号钢($f_u=370N/mm^2$),其抗拉强度设计值是参照前苏联1981年规范确定的。

可参考《钢结构设计规范》(GB 50017—2003)中的条文说明。

第四章　螺栓连接

一 相关概念

1 关于大六角高强螺栓的几点问题(tid＝40368　2003-10-24)

【qiuzhi】:本人正在做一个国外钢结构项目,已接近尾声,现正在编写安装说明书。此工程钢结构采用美制标准 ASTMA325 承压型高强螺栓副连接,螺栓表明处理为热镀锌。

因目前国内钢结构很少使用承压型大六角高强螺栓,仅做过几年钢结构设计工作的我还未曾接触过,故我在此次设计中,关于高强螺栓碰到不少大大小小的问题,只有通过翻阅大量资料才能将问题逐一解决,但仍有一些问题至今还处于模糊状态,请各位高手不吝赐教。

(1)国标中对承压型高强螺栓的计算及摩擦面的要求基本上同摩擦型高强螺栓,可以说仅比摩擦型多了一个螺栓抗剪强度的计算。我想知道美标对承压型高强螺栓的节点计算是否考虑了摩擦系数。

(2)关于大六角高强螺栓的安装紧固方法,起初我准备采用扭矩法,但后来通过高强螺栓厂的反馈才知道螺栓镀锌后,其扭矩系数离散性很大,无法保证扭矩系数,因此只有采用转角法。请问关于转角法其初拧扭矩值如何确定,太大使高强螺栓偏于危险,太小其专用工具(电动扳手)又难以采购。

(3)转角法终拧结束后,对螺栓终拧的检验方法,有资料上介绍:先划线,再将螺母完全松卸,然后将其同施工顺序一样重新终拧,最后同划的线进行比较,误差在10%以内为合格。我个人觉得这种方法不太好,有可能会损坏螺栓。不知还有没有其他资料或依据谈到关于转角法施工的检验方法。

【lxjccy】:Hi, I try to answer your question:

(1)In north America, there is no difference between two kinds of high strength bolts, this is different from the chinese codes.

(2)Twist method is reliable according to my experience, because the angle method is difficult to control especially in China. You should know the reason.

(3)Electronic wrenchs can be bought in China, the price depends on where it come from.

For your example, I think you must adopt electronic wrench.

【qiuzhi】:多谢 lxjccy 的回答。

(1)既然美标两种高强螺栓无区别,那为什么有摩擦型和承压型之分呢?我仍不明白。

(2)从原理上来看,只要扭矩系数的平均值及偏差能控制在标准范围内,再配上定扭电动扳手,扭矩法是没有问题的,但若扭矩系数超出标准范围,用扭矩法应该是行不通的。而转角法,关键是初拧扭矩的控制,扭矩不能太大,以板缝紧贴为准,而终拧螺母转动角度是通过工地现场试验得到的,应该不难控制。我不太清楚 **lxjccy** 所指的转角法难以控制是指什么,抱歉。

(3)关于电动扳手,是我最头疼的。此工程中用到 M22 和 M16 两种规格的螺栓,施工预拉力分别是 150kN 和 75kN,而市面上能提供的电动扳手最小扭矩是 200N · m,若按扭矩系数 0.13 算,用此扳手初拧螺栓能使 M22 达到 40%以上施工预拉力,太大;更头疼的是它能使 M16 螺栓直接破坏,唯一解决的办法是用定扭手动扳手,但这对工地安装来说又是一个大问题。

点评:对于摩擦型高强螺栓和承压型高强螺栓,就螺栓本身而言,是一样的东西;它们的差别在于连接形式,构造做法,以及分析计算上的不同。

如果我们将这些词在说法上规范一下,就容易理解了。严格来说,应该来看,它是两种连接形式:"摩擦型连接"和"承压型连接",在这两种连接节点中使用的都是同一种高强螺栓。

在构造方面,承压型连接注重螺栓与螺栓孔的配合,螺栓孔的加工精度要高一些,需要考虑螺栓承压作用;而摩擦型连接则对端板摩擦面要求高一些,需要具备一定的摩擦承载能力。

在承载方面,承压型连接要求高强螺栓要同时承受剪力和轴向拉力;而在摩擦型连接节点中,高强螺栓仅承受轴向拉力,节点的剪力则是由端板的摩擦面承受。

关于两种高强螺栓连接形式的概念和要求,在本章后面的话题中还有更深入介绍和讨论。

2 螺栓螺纹处有效直径(tid=61413　2004-6-11)

【mrlwlin】:螺栓螺纹处有效直径如何计算,螺纹和螺母的连接能保证螺栓的抗拉承载力吗,其承载力如何计算?

【doubt】:有效直径有公式可以计算啊,我记着节点手册上就有这个公式的,不过加工的时候,因为是车丝而不是滚丝(限于小直径)的缘故,通常是相同直径光圆钢筋,圆度又不够,其内外径都会比设计值偏小(要是按标准螺纹,相应市场上标准螺帽根本拧不动),提醒各位最好降低一个级别验算一下。

【hgr0335】:螺栓的连接不用单独计算,螺栓的承载力可以查阅有关的设计手册,例如机械设计手册、钢结构设计手册等。螺栓与螺母的承载是匹配的,不必担心,只要符合国标即可。

3 请问高强度螺栓概念问题(tid=169072　2007-7-4)

【kandyforever】:请问高强度螺栓只有抗剪作用吗,能不能说高强度螺栓抗拉呢?

【cexp】:高强螺栓就是靠拉力也提供剪力的。

如果需要。当然可以这么用。

【poullam】:高强螺栓抗拉在钢结构安装的过程中就体现出来了。例如:

(1)在钢构厂房的安装过程中,吊装刚架时,由几根钢梁螺栓连接成的刚架由于吊装取点的位置不同,实际中就出现两端钢梁是悬空操作,这样螺栓连接面的上排螺栓必定承受拉力。

(2)由于很多施工工艺的不严谨,现场存在边柱处先吊装小段钢梁的情况,这样钢柱与梁的顶紧面上排螺栓必定承受拉力,并且边柱的地脚螺栓中的外侧螺栓也必定承受抗拔拉力。

【wate1222】:高强度螺栓需要施以较大预紧力,多用于桥梁、钢轨、高压及超高压设备的连接,这种螺栓的断裂多为脆性断裂。

我们在钢结构设计中常用的扭剪型高强度螺栓就是通过其抗剪来承受传递来的剪力,但是在钢结构的安装过程中,由于结构施工过程中吊装等因素,在一些情况下螺栓会受拉力,其本身的钢材特性是可以承受的。

【V6】:**kandyforever** 提及:

“请问高强度螺栓只有抗剪作用吗,能不能说高强度螺栓抗拉呢?”。

高强度螺栓当然可以抗拉,最简单的例子就是门式刚架的端板式刚接节点。在节点的受拉区域高强度螺栓承受拉力和剪力,通过拉力来保证节点弯矩的有效传递。

4 用一个螺栓的铰接节点(tid=140568　2006-7-17)

【e路龙井茶】:大家在进行铰接计算的时候,考虑到梁很小的时候,用单剪板作铰接节点,见图1-4-1用一个螺栓是否可行,因为次梁很小,如果增加一列的话,计算附加弯矩又不满足,只有一个的话,不能承受弯矩,就不能进行附加弯矩计算,大家遇到这种情况是怎么处理的?

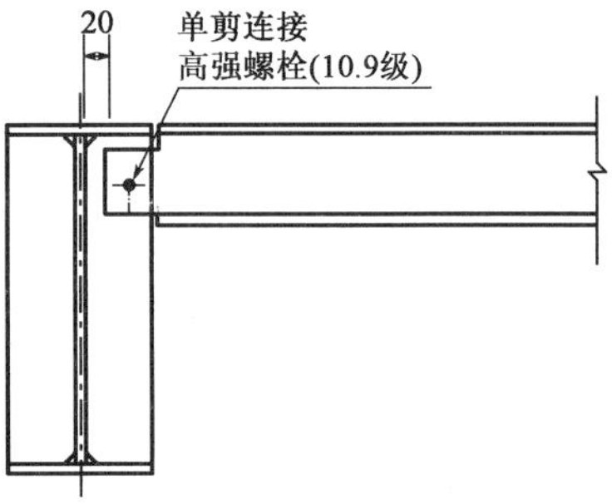

★**【duxingke】**:规范规定的除非是安装螺栓可以用一个螺栓,其他受力螺栓不应少于两个。

如果由于连接方法产生附加弯矩,只能螺栓自己克服。

开始时我也这么想,哪怕用粗点的螺栓,也省却次弯矩计算,可不行。

【e路龙井茶】:多谢指点,不知是否能告知在哪本规范上的什么地方有具体的说明?

【pingp2000】:请看《钢结构设计规范》第8.3.1条。

20
单剪连接
高强螺栓(10.9级)

次梁与主梁或次梁与次梁铰接连接

图　1-4-1

5 请问如果将高强螺栓当普通螺栓用,需要预加力吗?(tid=210025　2009-3-16)

【共同度过】:因为计算是按普通螺栓计算的,结果误买了高强螺栓,那么我将高强螺栓当普通螺栓用,那还需要预加力吗?

【longge0301】:从受力角度来讲,普通螺栓只考虑受拉、受剪两种基本的状态;而高强螺栓的预拉力,是为了增大摩擦力。

从施工操作的角度来讲,高强螺栓不易拧紧(当它拧紧的时候,离终拧状态已经不远)。

所以我觉得只要把它拧紧,把连接件贴紧,就不用预拉力。

不过,高强螺栓老贵了,这事是“吃力不讨好”。

6 高强度螺栓(tid=96827　2005-5-27)

【飘雨】:我在设计蓝图上看到节点的大样图有高强度螺栓的标号,标注线上方标有6—M16,标注线下方标有H. S. B。请问各位高手,这个H. S. B表示的是什么意思啊?

【eddiechen】:H. S. B就是高强度螺栓的意思。

【飘雨】:是高强度螺栓的表示方法,可是H是表示什么呢,S呢,B又表示什么呢?以前我看到过有H. T. B的高强度螺栓,这又是表示什么意思呢?主要的就是它每个符号所表示的意思。

【YAJP】:您那一套图里面应该有一张图,专门解释各种符号的意义,日本的图就是这样,切不可望文生义。

【飘雨】:这是我们国内设计院出的蓝图,我们把所有的蓝图也都仔细的看过了一遍,都没有什么说明的,我们把设计总说明也都看过了也没有啊,望各位高手指点!

【YAJP】:您可要求设计院出一个说明,指明是哪种类型的螺栓,哪一级的,应满足那个标准,摩擦面怎么处理。除了设计院,别人谁说都不管用。要是惹不起设计院的话,您自己定用什么螺栓,但要请设计院认可。

【whb8004】:H. S. B应该是high strength bolt的缩写。

【wallman】:高强度螺栓的英文可以翻译为:

high strength bolt (H. S. B)或者是high tensile bolt (H. T. B)。

两者都有使用,但应该注意不同国家规范关于高强度螺栓的材质、加工工序、强度等具体要求,不能乱用。

比如我国高强度螺栓就有承压型和摩擦型之分,根据强度有分别分为8.8级和10.9级。它们的强度和设计方法是不同的。

所以具体应该使用什么规格的高强螺栓一定要得到设计部门的认可,这也是设计部门的职责。

【飘雨】:楼上的朋友我想问您几个问题:

(1)是不是说"high strength bolt"和"high tensile bolt"都是高强度螺栓的意思?它们只是不同的两种翻译而已呢?

(2)高强度螺栓就有承压型和摩擦型之分,应该还有扭剪型吧(我在蓝图上看到过)。那上面的两种翻译又表示什么样的类型呢?蓝图上没有说明,这可不可以理解为设计院的疏忽呢?那是由我们(搞详图设计)选螺栓类型请设计院认可呢?还是请设计院出通知用那种类型的螺栓?

★【wallman】:飘雨提及:

"(1)是不是说"high strength bolt"和"high tensile bolt"都是高强度螺栓的意思?它们只是不同的两种翻译而已呢?"

据我的理解这里的两种说法应该是高强螺栓的两种不同翻译。

但在设计中只说是采用高强螺栓是不行的,必须给出详细的规格和型号,至少在我们国家是这样的。

飘雨提及:

“(2)高强度螺栓就有承压型和摩擦型之分，应该还有扭剪型吧(我在蓝图上看到过)。那上面的两种翻译又表示什么样的类型呢？蓝图上没有说明，这可不可以理解为设计院的疏忽呢？那是由我们(搞详图设计)选螺栓类型请设计院认可呢？还是请设计院出通知用那种类型的螺栓?”

应该说按连接方式分类，可以分为高强螺栓的承压型连接和摩擦型连接两种，它们受力时的极限状态不同，构造要求也有所不同。摩擦型连接的剪切变形小，弹性性能好，特别适用于承受动力荷载的结构；而承压型连接的承载能力较高，连接紧凑，但剪切变形较大，不得用于承受动力荷载的结构中。

而按照拧紧方式又可以把高强螺栓分为大六角头型和扭剪型两种，前者靠扭矩扳手拧紧，来施加预紧力，而后者自身端头拧断的状态则代表已经达到了要求的预紧力。这两种类型的高强螺栓都可以做成摩擦型连接和承压型连接。

蓝图上没有说明，是设计院的责任，它们应该给出高强螺栓的连接类型(摩擦型还是承压型)。

【hushixing】：H. S. B 是高强螺栓的英文简称，至于是大六角或者是扭剪型高强螺栓，需要在钢结构设计说明中注明。

7 “螺纹连接副弱”中副弱是指什么？(tid＝21593　2003-1-20)

【大头盛】：“螺纹连接副弱”中，副弱是指什么?

【李国建】：您的理解错误。

应为：螺纹连接副一弱。螺纹连接副意思是包括螺栓、螺母、垫圈的总和。也可以称螺纹连接总成。

这里说的意思是整体弱。螺纹连接的性能差。

8 孔壁承压破坏是怎么定义的？(tid＝109937　2005-9-23)

【dongxieyang】：孔壁承压破坏的极限状态分为：①承载能力极限状态；②正常使用极限状态。

请问：正常使用极限状态是不是指孔变形过大，变形过大的标准是什么，是以孔变形的百分之几作为极限状态的界定?

【Maker. xu】：孔壁承压破坏不是以孔壁的几何变形恒定的，而是通过计算孔壁承压承载设计值是否超出构件的孔壁承压承载强度值。具体计算采用《钢结构设计规范》(GB50017-2003)7.2.1 条。

【dongxieyang】：我知道是规范里是这么规定的。我想知道的是规范里取这个孔壁承压强度值的依据是孔变形达到多少的时候取定的。谢谢。

【pxsj】：这个问题在《钢结构设计规范》里讲的很清楚呀。

9 连接螺栓用作受力螺栓有没有问题？(tid＝153090　2006-12-3)

【siriuswings】：连接螺栓与受力螺栓有什么区别?

【总糊涂】：螺栓都是用来连接的吧？钢结构常用的连接不就是螺栓连接和焊接连接两种

吗(锚钉现在不常用了)?

您说的是安装螺栓吗?安装螺栓只是起临时固定作用,焊接完成后就拆掉了。

【方与圆】:螺栓都是用来连接的,但螺栓并不都可以用来受力。如规定锚栓和螺栓不能用来抗剪。

【morizhiren】:应该说在设计时,锚栓不考虑承受剪力,其他螺栓可以承受剪力。

【siriuswings】:一般安装螺栓不考虑受力问题。

【stayinpast】:安装螺栓一般只是为了使构件定位,以方便施焊,重要部位在一般情况下不应用它来承受剪力,虽然它也有承受剪力的能力。在受静力荷载结构的次要连接,可拆卸结构,临时固定构件时可受剪。

10 承压型高强螺栓连接是否需做抗滑移试验?(tid=141656 2006-7-28)

【xj 谢】:门式刚架梁的拼接节点,设计采用承压型高强螺栓,要求端板表面的处理清除油污和浮锈即可,这种情况是否需做抗滑移试验?我认为承压型高强螺栓的计算与抗滑移系数无关,那还做什么试验,试验结果又有什么用呢?请各位指教。

★【e 路龙井茶】:这当然不需要做抗滑移试验了,如果谁要求您们做抗滑移试验,那就是他概念不清晰了。在钢结构设计规范的上个版本中,也就是88版中,对承压型高强度螺栓的连接计算,要求做摩擦面处理,并且把出现滑移状态作为正常使用状态的承载力计算。滑移后承压破坏作为极限承载力计算。目前的《钢结构设计规范》(50017—2003)已经修改了这一点,对承压型高强度螺栓不再要求做摩擦面处理了,也不需要做抗滑移试验。

【山西洪洞人】:承压型高强螺栓连接没有摩擦面,不知道您的"抗滑移试验"做哪儿的抗滑移呀?承压型高强螺栓连接不需要做抗滑移试验了。

11 高强螺栓能否重复使用?(tid=75484 2004-11-8)

【天柱山人】:我们总工说高强螺栓不能重复使用,不知道哪里有相关依据?

【hanjiwei78】:不能重复使用。因为高墙螺栓是受剪力或扭矩力的,如果重复使用,它的摩擦力会减小。

【emptybottle】:新的高层规范说明中明确,高强度螺栓可以作为临时连接螺栓使用,这表示只要高强度螺栓不是作为永久螺栓设置在结构上的,就可以重复使用。但是此处必须明确多次使用的高强度螺栓只是作为临时的连接螺栓使用的。

因此,如果高强度螺栓是作为临时的,并且短时间被替代的,那就可以重复使用,但是如果是作为永久构件的部件,则不能重复使用。

【handsomedj】:我有个问题:如果是临时使用,那么,多长的时间才叫临时使用呢?有一个明确的时间说明吗?

【凌云剑】:我想应当可以用作安装螺栓。

【梯子平台】:我认为高强螺栓不能重复使用是因为高强螺栓在安装时需要机械施加预应力,取下来以后这种预应力还是存在的。实际施工时是有个初拧和终拧过程的。

如果重复使用的话,就不可能再次实施以上步骤了。

当然,作为安装螺栓是不存在以上问题的。

所谓的安装螺栓是指其仅在安装时起作用，安装好后构件是要焊接的，设计在计算受力时仅考虑焊缝的作用，所以不存在时间问题。

【weng2001】：不行！

而且拧上去后，万一错了要改，只能报废！

【hmimys】：高强螺栓不能重复使用的。因为高强螺栓在安装时需要施加预应力，当取下来再次使用的时候，前次施加的预应力还是存在的！

【bill-shu】：一般不重复使用，如果检测合格，当然可以重复使用。

预拉力当螺栓取下来后，一般是不再存在了。因为工作在弹性阶段，取下后自动恢复到初始状态，理论上残余变形为0。

【hyungyong】：就是检测合格，我认为仍然不能重复使用。但我认为只要不是作为永久螺栓设置在结构上，可以作为临时连接螺栓使用。

【sdq】：好像在某处见到8.8级螺栓经磷化处理后可以重复使用。

【flying1983】：我觉得高强螺栓不应该重复使用。楼上说作安装螺栓的可以，那通常我们做轻钢结构的铰接柱脚，在设置抗剪键的情况下，一般都作为安装螺栓使用，如果安装好了，再焊接柱底板，再取下螺栓，我认为是费力而不讨好的工作。高强螺栓里面，如果是扭剪型，已被扭断，不可能重复用。大六角和承压都或多或少有变形和集中应力，若重复使用会对安全构成威胁。

【a5181818】：准确的说高强螺栓是不能重复使用的，如做临时使用应采用普通螺栓。高强螺栓受力只要超过24小时，它的力学性能就改变了。

★**【闯龙】**：我认为高强螺栓不能重复使用，即使是临时连接，我认为也不能拿下重复使用，高强螺栓是有时效的，也就是在规定的时间内必须作为高强螺栓用途安装到结构上去，另外梅花头高强螺栓一经使用后梅花头将被扭掉，也无法使用。

还有一点是一个工程项目所使用的高强螺栓动不动就万套以上，如果有些现场管理不够正规，很容易造成混乱，不管是设计人员还是工程管理人员都不应该允许高强螺栓重复使用的情况出现，否则后果将是不堪设想的。定位螺栓就用普通螺栓，规规矩矩，才是正理。

★**【myorinkan】**：天柱山人提及：

“我们总工说高强螺栓不能重复使用，不知道哪里有相关依据？”。

国外关于高强度螺栓不能重复使用的规范条文，如下：

(1)日本《建筑施工标准规范及条文解说》(Japanese Architectural Standard Specification, JASS 6 Steel Work)1991：

第6.5节d.“一度使用过的高强度螺栓，不得再次使用。”

(2)美国《Manual of Steel Construction》1980，Part 5，Specification for Structural Joints Using ASTM A325 or A490 Bolts，5. Installation (f) Reuse：

A490 bolts and galvanized A325 bolts shall not be reused. Other A325 bolts may be reused if approved by the engineer responsible.

不知有无修改，请核对上述规范的最新版本。

【飘雨】：高强度螺栓肯定是不能够重复使用的，高强度螺栓它有一个预加的应力，您使用了再拆下来，这个预加的应力就消失了，没有了预加的应力也就称不上是高强度的螺栓了（高强度螺栓和普通螺栓最根本的区别就是有没有预加应力）。

高强度的螺栓是用专用的机具拧紧的，但不是一次就把它拧紧到它规定的强度。

高强度螺栓的拧紧分两次进行：第一次初拧达到 80％的强度，第二次为终拧，把螺栓拧紧到规定的强度。

再补充一点，这种专用的机具叫做扭矩扳手。

【SKYCITY】：找到了。见图 1-4-2～图 1-4-4。

A325及A490高强度螺栓间距建议（使用冲击扳手）

F	间距							
	高强度螺栓直径(mm)							
	16	19	22	25	29	32	35	38
25.4	41.3							
28.6	38.1							
31.8	38.1	49.2						
34.9	36.5	47.6	55.6					
38.1	31.8	46.0	54.0	58.7				
41.3	31.8	44.5	52.4	58.7	65.1			
44.5	30.2	42.9	50.8	57.2	65.1	71.4	76.2	
47.6	28.6	39.7	49.2	55.6	63.5	69.9	76.2	82.6
50.8	25.4	38.1	46.0	54.0	61.9	69.9	74.6	82.6
54.0	20.6	34.9	42.9	50.8	60.3	68.3	74.6	81.0
57.2		31.8	39.7	73.0	57.2	66.7	73.0	81.0
60.3		28.6	38.1	44.5	54.0	63.5	71.4	79.4
63.5		22.2	34.9	41.3	50.8	61.9	69.9	77.8
66.7			30.2	38.1	49.2	58.7	66.7	76.2
69.9			23.8	34.9	47.6	54.0	63.5	73.0
73.0				30.2	44.5	52.4	60.3	71.4
76.2				22.2	41.3	50.8	57.2	68.3
79.4					38.1	47.6	54.0	63.5
82.6					31.8	44.5	50.8	60.3
85.7					23.8	41.3	49.2	57.2
88.9						34.9	44.5	54.0
92.1						27.0	39.7	50.8
95.3							33.3	47.6
98.4								42.9
101.6								34.9

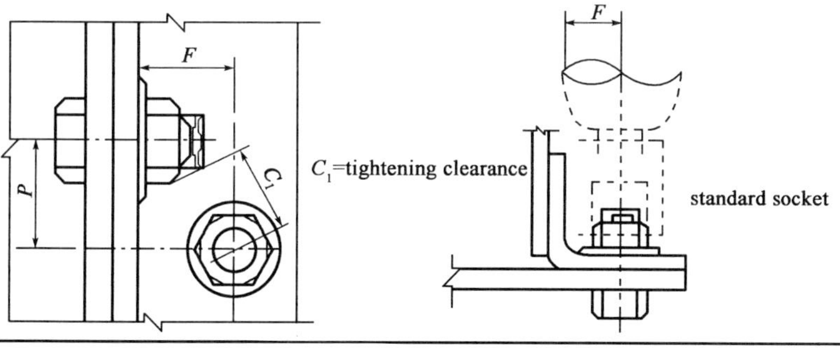

图　1-4-2

M-16，20，22用

螺栓尺寸	M16		M20		M22	
	A(mm)	*B*(mm)	*A*(mm)	*B*(mm)	*A*(mm)	*B*(mm)
长形套管	38	150	48	100	54	100
			48	200	54	200
			48	300	54	300

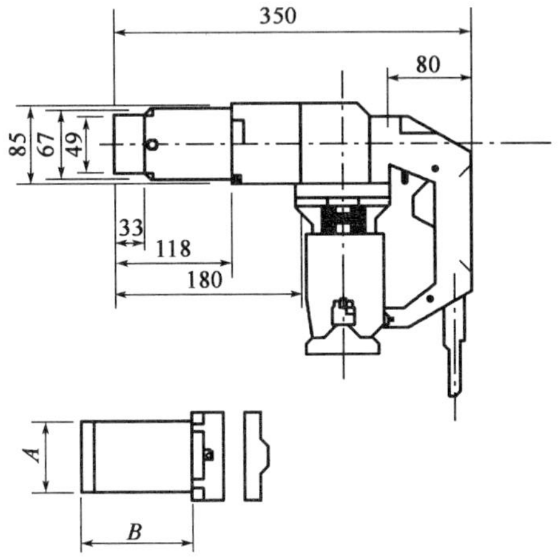

图 1-4-3

M-22，24用

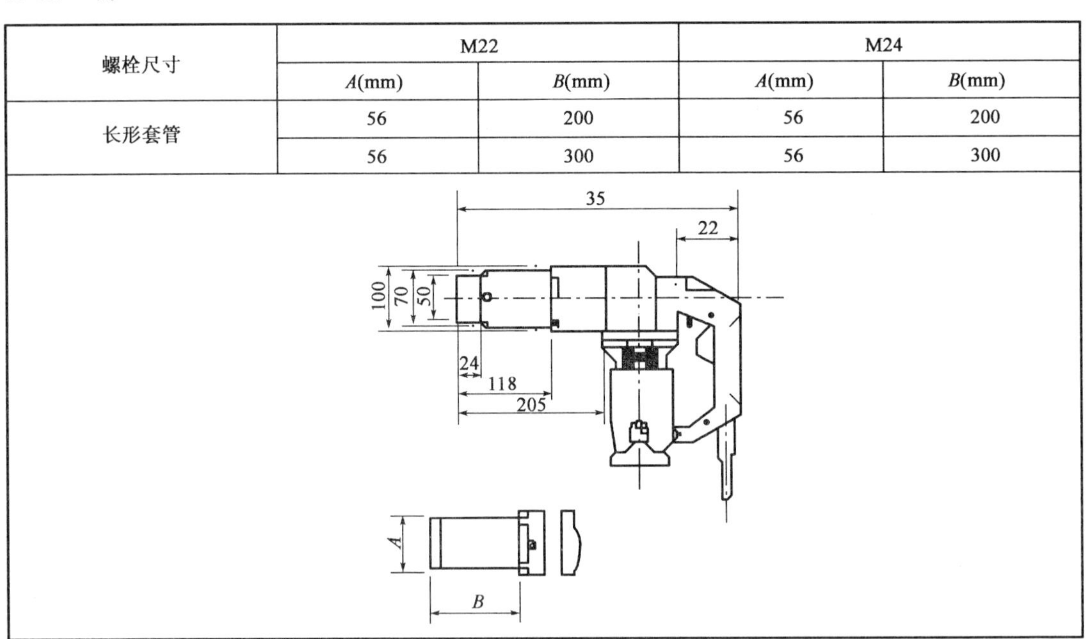

螺栓尺寸	M22		M24	
	A(mm)	*B*(mm)	*A*(mm)	*B*(mm)
长形套管	56	200	56	200
	56	300	56	300

图 1-4-4

是用冲击扳手，不是扭力扳手。

【ccxx】：高强螺栓坚决不可以重复使用的！无论是临时性还是永久性的部位，施拧过程中如果应力超过容许也要报废，不能重新再用！

【东来东往】：我认为不能重复使用，施加预应力会残留在螺栓中，下一次再施加预应力时可能就会超过其屈服点。

【聿山】：问一个问题，高强螺栓在使用之后拆下为什么还存在预应力？拆下之后螺栓应该不再受力才对，怎么还会有预拉力？不知道大家指的是不是在拆下之后，螺栓杆内还存在残余变形。

【bill-shu】：因为强度高，韧性差，高强度螺栓不宜重复使用，尤其10.9S，只能使用一次。《钢结构》杂志2003-2期上有专门说明。

【yuan80858】：我觉得高强度螺栓在施加预应力拧紧后，螺栓中的应力已经接近材料的屈服极限，故不能再重复使用。

【322124】：高强螺栓是不能重复使用的，使用后扭矩系数改变了，而施工扭矩是通过扭矩系数计算的，这个在《钢结构工程施工质量验收规范》(GB 50205—2001)里是有明确要求的，而且高强螺栓在使用之前必须保持出厂时的状态。

★**【wangew】**：高强螺栓是不能重复使用的，一经施加预紧力，达到一定的扭矩后再回收使用，其摩擦面很难保证达到较高的摩擦系数的，而且，其螺纹也是会受到相当大的影响，当然，如果仅仅回收作为定位或安装螺栓来用，则是完全可以的。

【jianfeng】：重复使用高强螺栓容易产生疲劳破坏，如果想用，一定要事先检测如果合格方可以用，高强螺栓用于结构重要连接处，不得马虎。

【mp】：高强螺栓不能重复使用。因为使用过后的高强螺栓定有一定的残余应力，这使之后的使用中会达不到应有的要求，如果仅当普通螺栓使用那就另当别论了，那不是浪费吗？

【凌云剑】：我想应当考虑高强螺栓受的什么力，是拉力还是剪力，我想如果是承受剪力，这个问题也许能说得过去。

【求胜】：在紧固件连接工程检验项目中，规定：每套连接副只应做一次试验，不得重复使用。

【pxsj】：我觉得也不应该重复使用，因为高强螺栓往往是一次性使用的。对于临时结构也要慎重使用。要根据使用年限区别对待。

【cg1995】：高强螺栓绝对不能重复使用，就连保管都有一定的规定，螺杆和螺母都要分开放。

【Greatminds】：高强度螺栓不能重复使用！

高强螺栓使用后，螺栓中的应力就已经接近螺栓材料的屈服极限，不再满足作为高强度螺栓的要求！

★**【broadway】**：高强螺栓能重复使用，我在国内是学金属的，干钢铁十多年。

高强螺栓使用后，螺栓中的应力可能接近螺栓材料的屈服极限，仍属弹性范围，去力即复初，另外超过材料的屈服极限则螺栓加工硬化，强度更高，高强螺栓与普通螺栓不同，强度高主要就是多了加工硬化这道工序。

我在北美干钢结构5年，全是A325高强螺栓，现场全是手提式电动振动枪紧螺栓，紧固后螺帽下钢材均有压痕，吊装中，常反转电动振动枪松螺栓，以便吊装另外件。

全吊装完后，常反转电动振动枪松螺栓，以便调正整体结构。

验收时，政府监察员常用力矩扳手试斜撑处节点螺栓(摩擦连接)，又要求再紧，也就是说，螺栓紧了再松再紧，和紧了再更紧全是意味着高强螺栓可以重复使用。

【broadway】:cg1995:“高强螺栓绝对不能重复使用，就连保管都有一定的规定，螺杆和螺母都要分开放”。

我觉得国内对钢结构太神秘化了。

现场安装时常失手掉地，地上人再扔上去，未接到则再扔，其间少不了几经磕碰，螺纹受损，又常有孔不对正，便强行锤进，甚至火焰扩孔，再强行锤进。

北美上百年钢结构现场安装历史如此，

再告大家一旧闻，北美钢结构厂全是手动加工，手动放样，孔用手电钻，梁柱和板用火焰切定尺等，多数是一个厂三五个工人。

【xiyu _ zhao】:高强螺栓是可以重复使用于临时结构的，使用高强螺栓替代普通螺栓作为安装螺栓，与普通安装螺栓相比较有很多好处，比如钢结构在安装完成后的刚度较好，与混凝土结构之间的施工差距可以达到9层(普通情况下一般不超过5层)，对施工进度安排是极好的帮助。这一点在《多高层民用建筑钢结构技术规程》的参编人员王康强的论文里边就有，是其专利之一。其使用可以追溯到1995年大连远洋大厦，在那里第一次使用，同样专利还有无缆风绳校正。我现在经常使用。

【broadway】:我在北美见的高强螺栓如前述重复松紧式的重复使用，绝不是用于临时结构的，而是政府机关、学校、医院、商场、写字楼。我只是未参加上百层楼的安装，可能上百层楼时监察员不许吧。

【水中月】:针对此问题大家争得挺激烈的，我也认为不能重复使用，可是高强螺栓终拧检查国内基本上都是用回扣法，那么这算不算重复使用啊，而且10%呢，不少啊。

【lxjccy】:不能重复使用的原因是螺栓终拧后，发生了不可恢复的变形(高强螺栓应力应变没有直线段)，这样再次使用时，需要超拧才可能达到所标定的预拉力，结果是螺栓可能已经报废了。

作为普通螺栓使用应该是可以的，没有预拉的要求。

【jqh8006251】:扭剪型高强度螺栓根本无法重复使用，而大六角头高强度螺栓作为临时螺栓，使用后满足大六角头高强度螺栓连接副技术要求的话仍可使用。

【steel8348】:对主结构不能重复使用，如梁柱、梁梁连接处。但可用于次结构的定位及安装用。并可适当作降级处理，以作他用!

【simon05】:高强螺栓我认为不能重复使用，由于高强螺栓使用要经过初拧与终拧，给它预拉力的，等您拿下以后，再给它力紧固肯定不行的。作安装螺栓还可以，临时用用，最后这个节点会焊接的。

【风回路转】:高强螺栓是否可以重新使用，主要看螺栓的实际使用情况，比如高强螺栓抗疲劳性很差，在重复受力20次左右，强度会降低很多，如果再按标准螺栓受力来使用肯定不行，重复使用要有一个合理性问题，根据实际情况的重要性考虑，合理利用完全可能。

【bridge71】:几年前，我看过一篇论文关于高强螺栓重复使用试验的，结果是性能有所降低。

【olivexhlei】:作为安装螺栓，高强螺栓应该能重复使用，我知道的一个实际工程就是这么用的。现场的工程师解释说用普通螺栓用1.2次就不能用了，而高强螺栓可以多次使用，这样要经济的多，而且监理也是允许的。

【82547094】:使用过的高强螺栓,如果使用,要看用在哪儿,如果用在钢构件节点处使其产生摩擦力的话,我认为不应再去使用。如果使用在次结构中,我认为可以使用。

【qimen】:我觉得不能用。首先用电动扳手初拧,其预拉力是影响连接性能的重要的技术性能。使螺栓发生变形。其次终拧至梅花头被拧掉。其过程有一定的伸缩率。再次使用可能产生疲劳断裂。

12 高强度承压型螺栓可重复使用?(tid=132081 2006-4-25)

【aidhero】:高强度承压型螺栓没有摩擦面及扭矩系数要求,安装时只需拧紧,故可重复使用;而摩擦型因有摩擦面及扭矩系数要求,故不能重复使用? 是这样的吗?

【金领布波】:承压型连接摩擦面清除油污及浮锈即可,因为《钢结构设计规范》(2003版)对承压型连接也有预拉力的要求,所以扭矩系数还是有要求的。具体参见钢结构设计规范7.2.3条。

高强螺栓本身并无承压和摩擦之分,我认为对于两种连接类型均不可重复使用。

【aidhero】:问题来了,我认为高强度承压型螺栓抗剪、抗拉承载力均与预拉力 P 无关,那规范为何要求其要与高强度摩擦型螺栓要有相同的预拉力?

【金领布波】:对于高强螺栓承压型连接,施加预拉力有以下两点考虑:

(1)使连接板之间的滑移延迟出现。

(2)在受拉连接中,可以防止板与板之间拉开,减少锈蚀危险。

承压型连接有时将板间层出现滑移作为正常使用极限状态,故在《钢结构设计规范》(88版)中对螺栓的受剪承载力设计值要求不得大于按摩擦型连接计算的1.3倍,在这种情况下,对摩擦面的抗滑移系数和预拉力的要求都是合情合理的。而在《钢结构设计规范》(2003版)中已经不再要求摩擦面的抗滑移系数,也不再有上面的计算规定,此时仍然严格要求预拉力,我自己也觉得有些难以自圆其说,只能认为这是规范对设计的一个保守规定。

点评:摩擦型或承压型高强螺栓是否可以重复使用,讨论中对立双方均有详细阐述。点评者个人认为可能需要区分是在一个项目中的重复使用,还是拆除旧建筑物后的利用。后者应严格避免。

二 螺栓分类

1 高强度螺栓摩擦型和承压型连接的区别(tid=71298 2004-9-27)

【cxsteel】:高强度螺栓摩擦型和承压型连接的区别:

高强螺栓连接是通过螺栓杆内很大的拧紧预拉力把连接板的板件夹紧,足以产生很大的摩擦力,从而提高连接的整体性和刚度,当受剪力时,按照设计和受力要求的不同,可分为高强螺栓摩擦型连接和高强螺栓承压型连接两种,两者的本质区别是极限状态不同,虽然是同一种螺栓,但是在计算方法、要求、适用范围等方面都有很大的不同。

在抗剪设计时,高强螺栓摩擦型连接是以外剪力达到板件接触面间由螺栓拧紧力所提供的可能最大摩擦力作为极限状态,也即是保证连接在整个使用期间内外剪力不超过最大摩擦力。板件不会发生相对滑移变形(螺杆和孔壁之间始终保持原有的空隙量),被连接板件按弹性整体受力。

在抗剪设计时,高强螺栓承压型连接中允许外剪力超过最大摩擦力,这时被连接板件之间发生相对滑移变形,直到螺栓杆与孔壁接触,此后连接就靠螺栓杆身剪切和孔壁承压以及板件接触面间的摩擦力共同传力,最后以杆身剪切或孔壁承压破坏作为连接受剪的极限状态。

总之,摩擦型高强螺栓和承压型高强螺栓实际上是同一种螺栓,只不过是设计是否允许滑移。摩擦型高强螺栓绝对不能滑动,螺栓不承受剪力,一旦滑移,设计就认为达到破坏状态,在技术上比较成熟;承压型高强螺栓可以滑动,螺栓也承受剪力,最终破坏相当于普通螺栓破坏(螺栓剪坏或钢板压坏)。

几点补充意见:

(1)高强度螺栓摩擦型连接和高强度螺栓承压型连接不是两个连接接头形式,而是同一个连接的两个不同阶段。对同一个高强度螺栓连接,承压型连接的计算承载力应该高于摩擦型连接的计算承载力,但在设计时,需要考虑连接板厚度与螺栓直径要匹配。

(2)摩擦型连接和承压型连接在施工方面所使用的高强度螺栓连接副是相同的,而且高强度螺栓连接副紧固的方法和预拉力值的要求也相同。也就是说,设计时只确定高强度螺栓连接副的性能等级,如8.8级、10.9级等,施工单位应根据工程(特别是节点构造)情况,施工经验以及市场价格等因素,自行采购何种类型的高强度螺栓连接副。目前国内市场有两种类型可选择,即扭剪型高强度螺栓连接副和高强度大六角头螺栓连接副。(*点评:螺栓的类型选定应在设计时指定。*)

(3)高强度螺栓承压型连接其连接钢板的孔径要比摩擦型更小些,主要是考虑控制承压型连接在接头滑移后的变形,而摩擦型连接不存在接头滑移问题,孔径可以稍大一些,有利于安装方便。

(4)由于允许接头滑移,承压型连接一般应用于承受静力荷载和间接承受力荷载的结构中,特别是允许变形的结构构件;重要的结构或承受动力荷载的结构应采用摩擦型连接,但用来耗能的连接接头可采用承压型连接。

(5)新的《钢结构设计规范》(GB 50017—2003)实施以后,承压型连接不再需要摩擦面抗滑移系数值来进行连接设计,因此从施工角度上,承压型连接可以不对摩擦面处理有特殊要求(与表面除锈同处理即可),不再进行摩擦面抗滑移系数试验,从施工质量验收角度上,承压型连接只比摩擦型连接减少了摩擦面抗滑移系数检验一项内容,其余验收项目完全一致。

【野马难驯】:我觉得承压型就是普通螺栓的受力模式。

2 高强度螺栓摩擦型连接和高强度螺栓承压型连接的区别

(tid=124218　2006-2-18)

【liuzhanke】:请问各位高手:高强度螺栓连接摩擦型和承压型的使用条件是什么?我们在设计一个高强度螺栓连接时,是按照工况选择连接类型呢还是其他原则?

【cexp】:摩擦型:在荷载设计值下,连接件之间产生相对滑移,作为承载力极限。

承压型:在荷载设计值下,螺栓或则杆间达到最大承载力,作为承载能力极限状态;在荷载标准值下，连接件间产生相对滑移，作为其正常使用极限状态。

具体情况具体对待，但是承压型不得用作以下情况：

(1)直接承受动荷载的构件连接。

(2)承受反复作用的构件连接。

(3)冷弯薄壁型钢构件连接。

3 高强螺栓 10.9S、8.8S 两种螺栓后面的字母 S 有何含义？

(tid=105384 2005-8-10)

【中国铁人】：高强螺栓 10.9S、8.8S 两种螺栓后面的字母 S 有何含义？

【qq19】：10.9 是高强螺栓，8.8 是普通螺栓。

【zxinqi】：我觉得 S 的意思是等级的意思，也就是英文单词 Scale(等级)开头字母的意思。8.8 级螺栓是高强度螺栓，材质为 45 号钢或是 5 号钢。

★**【wzq0349】**：《钢结构高强度螺栓连接的设计、施工及验收规程》(JGJ 82—91)显示 S 是性能等级。

点评：《钢结构高强度螺栓连接的设计、施工及验收规程》JGJ 82—91 中是用 S 作为等级的代号，在新的规范，如《钢结构设计规范》GB 50017—2003 中就直接用汉字注释，例如 8.8 级、10.9 级等。

4 高强螺栓承压型和摩擦—承压型的区别？(tid=131024 2006-4-17)

【风中弄影】：如果摩擦力不足，不就转化为承压型了吗？或者说摩擦力一直存在，那么还有单纯的高强承压型螺栓吗？

【jbr1314】：目前制造厂生产的高强度螺栓无用于摩擦型连接和承压型连接之分。当摩擦面处理方法相同且用于使螺栓受剪的连接时，从单个螺栓受剪的工作曲线可以看出：仅靠摩擦阻力传递剪力的摩擦型连接实际上还有较大的承载潜力。承压型高强螺栓是以曲线的最高点作为连接承载极限，因此充分利用了螺栓的承载能力。

因高强度螺栓承压型连接的剪切变形比摩擦型大，所以只适用于承载静力荷载或间接承受动力荷载的结构中。

【keysonlievs】：我想问的是：当双拼时，一个摩擦型连接的高强螺栓的抗剪承载力有可能比承压型高强螺栓的抗剪承载力要大，又怎么能说承压型高强螺栓是以单个螺栓受剪的工作曲线的最高点作为连接承载极限的呢？比如：厚度为 8mm 的两块板用 10.9 级 M20 高强螺栓及厚度为 6mm 的两块拼接板双拼，摩擦系数为 $\mu=0.5$，则摩擦型连接的抗剪承载力为

$$N_v^b = 0.9n_f\mu P = 0.9 \times 2 \times 0.5 \times 155 = 139.5\text{kN}$$

但是承压型连接的抗剪承载力为螺栓抗剪与板件承压的较小值

$$N_v^b = n_v A f_v^b = 2 \times 3.14 \times 20 \times 20 \times 310/4 = 194.68\text{kN}$$

(当剪切面在螺纹处时为 151.8kN)；

$$N_c^b = dtf_c^b = 20 \times 8 \times 590 = 94.4\text{kN}$$

由此来看显然摩擦型连接的抗剪承载力是大于承压型连接的抗剪承载力的。

本人的观点是：具体看您是怎么设计的，要么是摩擦型连接，要么是承压型连接，当为后者时需要进行正常使用阶段的滑移验算。是摩擦型连接的抗剪承载力大还是承压型连接的抗剪承载力大要看具体情况。

★**【george】**：关于高强度螺栓摩擦型连接，我国规范一直以摩擦阻力被克服作为承载能力极限状态。其对与错不好置评，让我们来看一看美国 2005 钢结构规范中的规定：

摩擦型连接用于一旦发生滑移就会对正常使用造成损害的情况，例如承受疲劳破坏的连接、反复作用力的连接、连接中使用了扩大孔或槽孔且荷载沿槽孔方向。摩擦型连接的螺栓必须按照规范要求施加预拉力。大多数使用了标准孔的连接可以设计为承压型连接而不必考虑正常使用下会不会发生滑移，这是因为：对于使用了标准孔或荷载垂直与槽的槽孔的连接，当螺栓个数大于等于 3 时，自由的滑移通常并不存在——因为一个或更多的孔在施加荷载之前就已经承压了。

高强螺栓摩擦型连接允许设计成正常使用极限状态（serviceability limit state）不发生滑移，或者需求强度极限状态（require strength limit state）不发生滑移。无论采用何者进行设计，都与孔的类型以及孔与力的相对位置有关。摩擦型连接除非注册工程师另有同意，应该设计成如下类型：

（1）具有标准孔或槽孔垂直于受力方向的连接，应把滑移作为正常使用极限状态设计，使连接在采用荷载的标准值（nominal loads）情况下，小于滑移抗力。

（2）具有扩大孔或槽孔平行于受力方向的连接，应该把滑移作为需求强度极限状态设计，使连接在采用荷载的设计值（系数荷载，factored loads）情况下，小于滑移抗力。这是因为，这种连接下，由于连接滑移引起的变形可能导致结构的失效，为此，提供的抗力系数能使荷载达到了设计值也不发生滑移。

从理论上讲，高强螺栓摩擦型连接不会发生剪切破坏或承压破坏，但由于超载，有发生这两种破坏的可能，因此，LRFD 规定，摩擦型连接必须验算剪切强度和承压强度。

回应 **Keysonlievs**，事实上，只要仔细琢磨，我们不难发现，之所以按照承压型计算得到的抗剪承载力偏低，并不是 N_v^b 低，而是 N_c^b 低，而 N_c^b 是由构件（或者说连接板）决定的。您所举的例子，说明了这样一个问题，就是：连接板的螺栓孔承压承载力与 10.9 级高强螺栓“不匹配”，差别太大，最终螺栓孔被压坏，而螺栓安然无恙。

我国的抗剪连接计算喜欢用“取 N_v^b 和 N_c^b 的较小者”作为一个螺栓的抗剪承载力，这也只是为了一种计算上的方便而已，其取值并不只是和螺栓抗剪有关，还和孔壁承压有关。这一点，是我们必须考虑到的。

大家一直这样做，从概念上讲，是容易引起混乱的，但，这种“惯性”恐怕不是您和我能够左右的。

【lessoryjoan】：钢规条文说明中指出，承压型高强螺栓是以曲线（单个螺栓受剪时的工作曲线）最高点作为连接承载极限，而摩擦型高强螺栓仅仅靠摩擦阻力传递剪力，此时的承载极限大约只有最高点的 1/2，所以承压型高强螺栓的本意是充分发挥螺栓的承载能力，节约螺栓。

从另外一个方面说明摩擦型高强螺栓的安全度要高于承压型的高强螺栓，导致现在摩擦型高强螺栓的利用更广。

另外，我不同意楼上说的摩擦型高强螺栓还需要验算螺杆抗剪和承压。如果说，螺杆受到了剪力或者局部压力，那么您就要考虑您的设计是否有问题了，因为摩擦型高强螺栓是不允许

"滑移"的(这样,连接板可以做得薄一些,因为不受局部承压的限制)。

此外,GB J17—88 第7.2.3规定的承压型高强螺栓的预拉力 P 和连接处构件接触面的处理方法与摩擦型高强螺栓相同,从承压型高强螺栓的设计初衷来说有点过于严格了,因为承压型高强螺栓连接承载极限并不是以是否"滑移"为标志,严格处理接触面有点画蛇添足了。这一点在GB 50017—2003第7.2.3条有所体现,改为"连接处构件接触面应清除油污及浮锈"。

以上是本人的一点体会,望指正。

【zhaohui _ wen】:摩擦型:依靠被连接构件间的摩擦传递外力。

承压型:其传力特点是外力超过连接构件间的摩擦时靠接触面来传递外力。

由以上可知,以上两种的设计准则是不一样的:

摩擦型:设计准则是外力不超过摩擦力。

承压型:其准则是外力小于承压面或剪切面受力。承压型不能用于直接承受动力载荷的结构。

【navyzhou】:现在有好多设计手册里提供的承压型高强螺栓的抗压承载力用了螺栓杆的抗压强度设计值,并且有单个承压型高强螺栓承压的承载力设计值制成表格可查,同时又提供了承压钢板的材质,在这种情况下,不考虑钢板的局部破坏而给出的单个高强螺栓的承压的承载力设计值,设计人员应当注意。

【DYGANGJIEGOU】:根据《钢结构设计规范》(GB 50017—2003)第7.2.3条规定,高强度螺栓承压型连接不应用于直接承受动力荷载的结构。由于高强度螺栓承压型连接是以承载力极限值作为设计准则,即栓杆被剪断或连接板被挤压破坏,由于剪切变形比摩擦型的大,且在荷载设计值作用下将产生滑移,故不应用于直接承受动力荷载的结构连接。

【e路龙井茶】:承压型只适用与承载静力荷载或间接承受动力荷载的结构中,不应用于直接承受动力荷载的结构。想和大家讨论一下,这个动力荷载指的范围是什么,也包括地震荷载吗?我感觉这个动力荷载指的是设备等产生的反复的动力荷载,而不应该指地震这样的瞬间动载。如果包括地震荷载,那承压型螺栓只有很少的应用范围了。

但是从规范上来看又不明确。

【金领布波】:规范所指的动力荷载应该是长期荷载,例如吊车梁的受荷状况。

地震荷载属于偶然荷载的范畴,不应限制承压型连接的应用范围。

【winwinokok】:摩擦型高强螺栓接触面发生相对位移后也不能说就是摩擦力没了,我觉得,这个阶段是摩擦力和螺栓受剪一起承受,设计的时候只计算摩擦力是偏于安全的方法。

5 关于普通螺栓的用途(tid=164962 2007-5-14)

【xieli8288】:请问各位高手A、B级的普通螺栓你们都用到过什么地方?

【azh0402】:只要设计出来符合规范要求,又有较好的经济效益用就可以了。关键看设计者是怎么设计和用户有什么要求。

【xieli8288】:有人把A级螺栓用在吊车梁间连接处,但在那个地方我用的都是防松动螺栓,不解,所以才问A级螺栓都可以用在什么地方。

6 结构总说明中如何描述高强螺栓?(tid=39133 2003-10-10)

【lx-mlm】:在结构设计总说明中,除了说明所采用的高强螺栓性能等级、规格外,是否需要说明其为摩擦型还是承压型，大六角头还是扭剪型？

【法师】：理论上是不用说明是摩擦型还是承压型，这与采购无关，只是计算时有关。但要说明是扭剪型还是大六角头，这与采购有关。需注意的是好像国内扭剪型的只有 10.9 级，且直径不大于 24 的种类。

但据说新的钢结构规范里有承压型高强螺栓不需考虑摩擦面的要求的说法，如果是这样，我认为不妨在结构总说明里还是加上采用的螺栓是承压型还是摩擦型。这样做，虽然可能会把不大懂钢结构的采购员弄糊涂（常有人说我问了，买不到承压型的高强螺栓啊），需要解释一番。但是钢结构制作厂可以知道哪些有高强螺栓的连接节点处要做摩擦面处理，哪些不要。

【lx-mlm】：法师提及：

“但据说新的钢结构规范里有承压型高强螺栓不需考虑摩擦面的要求的说法，如果是这样，我认为不妨在结构总说明里还是加上采用的螺栓是承压型还是摩擦型。”

实际上现在就存在不依赖于端板接触面间的摩擦力的高强螺栓连接方式，如上海某公司。我见过其有关结构拼接说明，该说明规定其极限承载力不依赖于端板接触面间的摩擦力，因此还要求在接触面上涂装底漆（与 JG J82—91 的规定不同）。

看来，有不需考虑摩擦面的要求的做法。

【lx-mlm】：某公司结构拼接说明：该钢结构有限公司端板拼接节点，是考虑了端板弯剪破坏；螺栓拉剪破坏和构件端板焊缝剪切破坏等失效模式进行设计的。其极限承载力不依赖于端板接触面间的摩擦力。为保证板件不发生锈蚀，在接触面上要求涂装底漆。为保证连接可靠，在安装时螺栓连接副应加配硬化垫圈两个，并采用拧转螺母法施工。具体操作是将螺栓连接副拧紧到端板上，表面完全贴合后（施工不应片面追求端板表面完全贴合，而应以一个安装工人以 30～50cm 的短扳手将螺母拧紧为标准，以免造成超拧），采用套筒扳手加拧 1/3 圈。使在连接副中产生所需的夹紧力。

7 螺栓的有效直径哪里查？（tid＝52225　2004-3-19）

【雨】：螺栓或锚栓的有效直径哪里查到？

【陌上尘 64】：规范后有常用螺栓的有效直径，更详细的查《机械设计手册》。

【GTS26】：很多软件里有这个功能，见图 1-4-5。

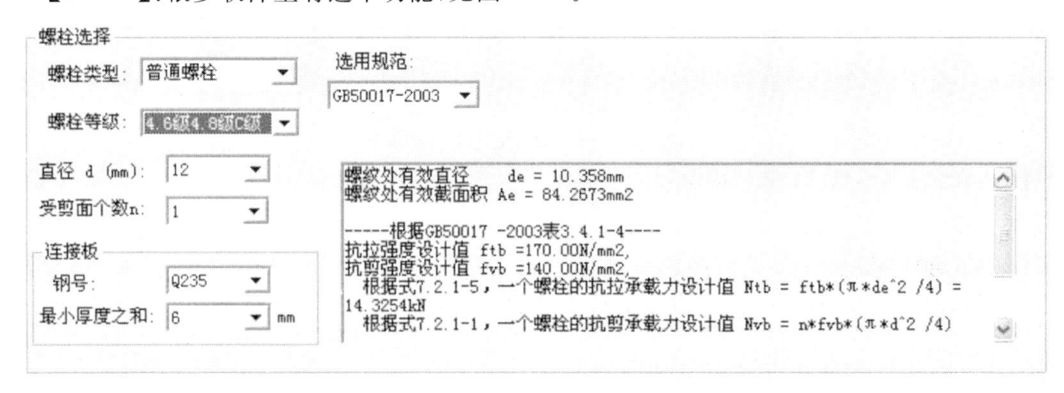

图　1-4-5

【leebb】:同济大学出版的《高耸结构设计》中可以查找,而且还有计算公式,实际上跟螺栓的螺距有关。其中有很多数据,比如:有效直径、面积、承载力等。

【Rische】:查《钢结构设计规范》(GB J17—88)第113页。

【着急】:陈绍蕃主编《钢结构》(第2版)附录里有。

【podream】:很多的钢结构的构造手册都有这个数据的。

★**【lfg123】**:《钢结构连接节点设计手册》、《机械设计手册》第2卷、《实用五金手册》。

8　螺栓孔等级划分原则(tid=124136　2006-2-17)

【ljyulong】:本人在学习中看到规范GB 50205—2001所述有关螺栓孔的等级划分为A、B、C三个等级,想请问各位螺栓孔的等级划分原则是什么?

【hai】:螺栓孔的等级划分原则主要是孔径偏差和孔壁表面粗糙度,详细了解看《钢结构工程施工质量验收规范》(GB 50205—2001)的7.6节——制孔。

【bzc121】:在钢结构设计过程中,孔级别选择主要与螺栓抗剪有关系。有些钢结构设计手册将孔分为两类,孔分类由钻孔工艺来决定。Ⅰ类孔,a.统一用钻模钻孔;b.配套钻小孔,再扩大孔;c.配套两板合并钻孔。Ⅱ类孔没有钻孔加工具体要求。

GB 50205标准制定时考虑与GB/T 3103.1规定同步将孔分为A、B、C三个等级,A、B级相当于Ⅰ类钻孔。

钢结构连接孔确定等级主要考虑螺栓(铆钉)受力类型和连接方式。如果螺栓(铆钉)抗剪,必须是Ⅰ类孔,孔之间中心距也应符合GB 50205规范7.6.2要求。主次梁连接采用铰接,腹板、连接耳板孔也应该是Ⅰ类。

控制孔中心距、孔径、孔壁粗糙度可以基本保证螺栓(铆钉)群抗剪的同步性。试验表明当螺栓群抗剪时,先产生屈曲变形的是最先接触螺栓(高强度螺栓HRc硬度大于连接板)的孔壁,当孔壁产生屈曲后强度螺栓产生抗剪N量增加,变形终止。如果螺栓孔及孔距达不到Ⅰ类孔要求,螺栓群抗剪时,最先产生屈曲变形孔壁抵抗矩加大,此时不能有足够量螺栓同步抗剪,最先抗剪螺栓断裂,其余螺栓由于抗剪不同步产生断排效应。

摩擦型高强度设计计算只考虑螺栓预拉力(P值)与摩擦系数乘积,螺栓并不抗剪,孔没有必要Ⅰ类。

【crazysuper】:(1)一般A级螺栓用于$d \leqslant 24$mm和$l \leqslant 10d$或$l \leqslant 150$mm(按较小值)的螺栓;B级螺栓用于$d \leqslant 24$mm和$l \leqslant 10$d或l≤150mm(按较小值)的螺栓。d为公称直径,l为螺杆公称长度。

(2)A、B级螺栓孔的精度和孔壁表面粗糙度,C级螺栓孔的允许偏差和孔壁表面粗糙度,均应符合现行国家标准《钢结构工程施工质量验收规范》GB 50205的要求。

9　摩擦型高强螺栓的疑惑(tid=76760　2004-11-20)

【西湖农民】:规范中高强螺栓的预拉力P为螺栓的抗拉强度乘以有效面积并考虑折减系数后得到的。因此,是否可以认为该预拉力就是高强螺栓的最大设计抗拉力?如果是,那对于梁梁端板连接处的螺栓在安装时就已经达到了其设计拉力,然后在工作状态(弯矩作用)下,最外侧螺栓按规范还可以承受$0.8P$的拉力。那这时最外侧螺栓的拉力不就$=0.8P+1P=$

1.8P吗?难道不会破坏吗?

【phoenix007】:您想想螺栓受力怎么能是1.8P?栓杆的受力是节点板的反向力。

【西湖农民】:我还是没想通。我觉得应该是1.8P啊。

安装时,1P的拉力+0.8P(弯矩产生的拉力)=1.8P。

【john_winjin】:老兄最好先了解一下摩擦型螺栓的传力特点。

【wyclph】:预拉力施加后,当有外荷载作用时,接触面间压力减小,螺栓应力增大,但增幅很小,因其主要是释放了板间压力,但板的面积比螺栓大得多。直到板间应力全部释放后,螺栓应力才与外在平衡,即外荷载为0.8P。

【西湖农民】:楼上的朋友,外荷载作用时接触面间压力为什么一定会减小呢?还有为什么要板间应力全部释放后,螺栓应力才与外在平衡呢?那板间应力没释放又靠什么平衡呢?还有板间应力是什么啊?

小弟我初涉钢结构,问的问题比较菜,见谅啊!

我说的是图1-4-6这种情况。

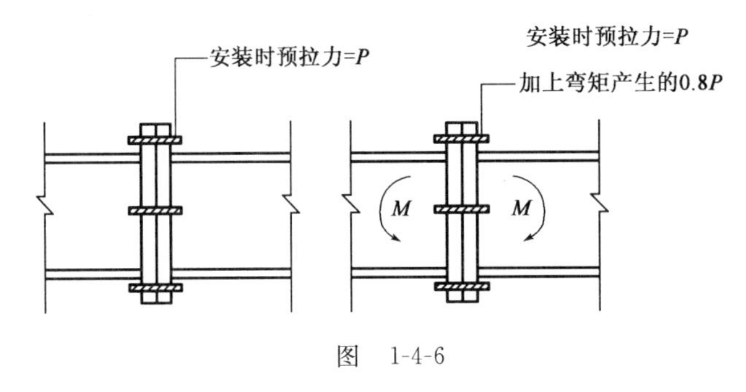

图 1-4-6

【changyanbin163】:回楼主:

可以借鉴一下预应力的概念来理顺一下。不知道您是怎么理解的预应力的混凝土。

【西湖农民】:楼上朋友的意思是不是说在弯矩作用下,受压边螺栓的预拉力会减小,从而和受拉边螺栓的拉力形成弯矩?

但我觉得由于两块端板已经很紧了,在弯矩作用下,受压边螺栓的预拉力不会减小,然而受拉边螺栓却会拉得更紧,其拉力会在预拉力P的基础上增加,从而破坏。

而预应力混凝土是利用钢筋的预拉力,使受拉混凝土区形成预压力,以改善混凝土抗拉强度低的问题。而高强螺栓不会在受拉区钢材内形成预压力,高强螺栓的预拉力的作用就是加大正压力,提高摩擦力以抵抗剪力。我认为两者是不同的啊。

其实换一个角度想,我图上的情况和刚接柱脚的锚栓是一样的,无非多了个预拉力而已。

【西湖农民】:我有点想通了。应该是端板间的压力减小而不是螺栓拉力增大,对吗?

【Struc_Lee】:为加深理解,再补充说明一下:螺栓预拉后两板面均匀承压,此时弯矩为零;当有外弯矩施加后,板面仍然可能全截面承压,但分布不均匀,从而能抵抗外弯矩,直至接触面开始脱离。另外,为何螺栓的应力增加不显著,是因为钢板的刚度大大地大于螺栓的刚度。

【zxinqi】:摩擦型高强度螺栓的受力机理应和预应力混凝土中预应力筋相同的,施工时的预拉力仅属于节点截面内的内力,预拉力施加后,螺杆的拉力N_p由节点板的变形来平衡,即

N_p＝钢板弹性模量×(钢板的应变－钢板的初始应变)×变形有效面积。

当外力施加后,外力靠钢板的回弹变形来平衡,这时螺杆的拉力 N_p 不变;

当外力达到螺杆的拉力 N_p 时,钢板的变形恢复到初始应变状态;

当外力继续加大,则螺杆 N_p 随之加大,直至螺杆拉断。

如同混凝土梁中预应力钢绞线,在外部载荷未达到其等效载荷之前,钢绞线的拉力不变化一样。

不知我这样解释是否合理。

【西湖农民】:谢谢大家的解答,我完全想通了。

10 扭剪型高强螺栓是否属于摩擦型高强螺栓?(tid＝106798　2005-8-24)

【zhangliangwen】:请问扭剪型高强螺栓是否属于摩擦型高强螺栓?

【pingp2000】:扭剪型高强螺栓可以用于摩擦型连接,也可以用于承压型连接。就高强螺栓的外表形式来看,有大六角高强螺栓和带梅花头的扭剪型高强螺栓,它们都可以用于摩擦型连接和承压型连接。无论是摩擦型连接还是承压型连接,它们都只是一种连接方式,计算方式不同,摩擦面处理方式不同,跟采用那种外形的高强螺栓没有关系。

11 普通螺栓连接副中平垫、弹垫的作用(tid＝68338　2004-8-26)

【百变金刚】:在普通螺栓连接中,一般都要带一个弹簧垫圈和一个平垫圈,弹簧垫圈和平垫圈各起什么作用?是否可不要平垫圈?弹垫置于螺母与平垫圈之间,这种安装顺序对不对?

【hai】:我认为:平垫用于压力扩散,弹垫的作用是给螺母压力,防止螺母松动(由于是普通螺栓,无很大的预拉力)。

【abcdeefgh22】:个人觉得平垫圈是不是还有增大摩擦力的效果。

【jyj001】:我认为平垫是为了防止弹垫将母材刮伤的!有平垫不一定有弹簧垫,但有弹簧垫必有平垫。

【qs1311】:我认为2楼说得很对。

用与不用与螺栓是预紧力及预紧方式也有很大的关系。平垫的作用:一可以防止刮伤母材,二可以扩大受力面。

国外在很多高强且采用液压螺母预紧的螺栓中,什么垫片都没有,在一方面也可以说明问题。

【古井不波】:垫圈起缓冲作用,弹垫更明显。垫圈安装在标准的螺母下,不需要额外的支撑。

12 请教承压型螺栓与摩擦型螺栓的适用条件是什么?(tid＝47275　2004-1-8)

【redtan】:各位大哥帮忙解答一下呀。小弟给大家先说声谢谢了。

【forth】:承压螺栓:当摩擦被克服后由螺杆直接承载,以栓孔壁被栓杆挤坏为极限状态,此时类似于普通螺栓,不能用于直接承受动荷载。

【newyiyin】:摩擦型螺栓和承压型螺栓都是用同一种高强度材料制成,都要对螺栓施加预紧力,预紧力使摩擦面产生摩擦力,当构件所受剪力小于该摩擦力时,当作摩擦型高强螺栓使用；当构件所受剪力克服该摩擦力则摩擦型高强度螺栓失效，此后也不宜作为承压型高强度螺栓使用，因为螺杆变形较大会使螺杆承载力大大下降。承压型高强螺栓则是一开始就利用螺杆承压。

【三探】：在我平时的设计中，都用摩擦型高强螺栓，这种螺栓的应用在规范上没有什么限制，而承压型螺栓规范规定：仅适用与承受静力荷载和间接荷载结构中的连接。

我也一直有个疑问：既然有了摩擦型高强螺栓，为什么还要有什么承压型的？而规范又规定：承压型高强度螺栓的预拉力和连接处构件接触面的处理方法与摩擦型高强度螺栓相同。这样承压型高强度螺栓还有什么存在的必要呢？

【denney】：个人感觉以下承压型螺栓比摩擦螺栓优越的地方。

(1)腹板栓接的剪力结合(更符合计算模型)。

(2)对外观比要求比较高的结构(可以涂漆)。

(3)单个承载力高。

(4)施工较容易。

预拉力的作用仅用于让构件的接触面贴紧，而摩擦型螺栓的预拉力的大小直接影响承载力。

总之承压型螺栓比摩擦螺栓经济。国外的轻钢结构大部分都用承压型螺栓。

【arkon】：从论坛中受益匪浅。

本人也认为在主次梁铰接时该用承压型螺栓。为什么国内资料上均采用摩擦型高强螺栓呢？

【zhangswan】：关于摩擦型螺栓和承压型螺栓的问题在2003年第二期的《钢结构》杂志中的“钢结构设计中若干问题的辨证”一文中有论述：承压型和摩擦型，是应该属于连接形式的范畴。承压型连接和摩擦型连接只是抗剪连接的两种形式。摩擦型螺栓和承压型螺栓均可以用与承压型连接，也可用作摩擦型连接。目前高强度螺栓的连接多用摩擦型连接，因为这种连接结构的刚度较大。

【陌上尘64】：承压型螺栓连接并不限制连接面之间的相对滑动，不能用于动载作用的连接。国内用的不同是因为承压型螺栓连接对加工精度要求高，如果不用数控基本没戏。

【stevens】：摩擦型不用验算节点板的抗剪强度和挤压强度。

【flyingfort】：两种螺栓没有任何区别的，只是看您强度利用到什么程度，要注意，承压型螺栓孔的孔径比摩擦型的小0.5mm，且承压型连接的整体性、刚度均较摩擦型的差，变形较大。承压型的强度储备相对较低，在重要结构中不宜采用。承受动荷载的结构也不许采用承压型螺栓。

【Everson】：**zhangswan** 提及：

“关于摩擦型螺栓和承压型螺栓的问题在2003年第二期的《钢结构》杂志中的‘钢结构设计中若干问题的辨证’一文中有论述：承压型和摩擦型，是应该属于连接形式的范畴。承压型连接和摩擦型连接只是抗剪连接的两种形式。摩擦型螺栓和承压型螺栓均可以用与承压型连接，也可用作摩擦型连接。目前高强度螺栓的连接多用摩擦型连接，因为这种连接结构的刚度较大。”

同意！大家应注意规范表达方法：没有摩擦型螺栓或承压型螺栓这种说法，应该都称为高强度螺栓，只是分为摩擦型连接和承压型连接两种连接形式。

两者区别请参见《钢结构设计规范》(GB 50017—2003)第7.2.2～7.2.3条的条文解释。

目前国内采用摩擦型连接比较普遍。需要注意的是，摩擦型连接请采用10.9级(市场上基本无8.8级)。

【denney】：原则上同意楼上的说法。但摩擦型连接对预拉力有严格的要求。用旋转螺帽法施工，精度差强人意。用扭力扳手又太费时。对于摩擦型连接国外一般都用尾部扭断的扭剪型高强度螺栓，需要专门的工具来施工。还是有点差别的。

【zhumeiz2000】：我们国内对(摩擦型或承压型)高强螺栓的预紧力主要用什么方法施工？预紧力的大小有具体的设计数据吗？

【wrhchina】：请问，对于设计来说，关于承压型螺栓与摩擦型螺栓，怎样注明材料要求和施工要求，才能反映设计意图？

【Everson】：可参见图纸交流中的钢结构说明范例。

【podream】：我觉得摩擦形高强螺栓和承压型高强螺栓本质是一样的，区别在于人们对他们的使用定位不同，而造成了计算的承载力不同，其实，我们只不过用了他们的两个阶段。

摩擦型过渡到承压型，其间的变形会比较大，梁端会产生比较大的转角，这一点是大家不愿用承压型的主要原因吧。

【DYGANGJIEGOU】：摩擦型高强度螺栓连接的板件间无滑移，靠板件接触面间的摩擦力来传递剪力，而承压型高强螺栓容许被连接板件间产生滑移，其抗剪连接通过螺栓杆抗剪和孔壁承压来传递剪力，所以承压型高强度螺栓比摩擦型高强度螺栓抗剪承载力大，但变形也大。

【xjtu】：其实高强螺栓的产品类型中只有大六角和扭剪型之分，无承压型和摩擦型之分。承压型和摩擦型只是高强螺栓连接的两种计算形式，连接构造上几乎是一样的。本人认为两种形式的主要区别是：

(1)单个螺栓的受剪极限承载力。摩擦型是以材料弹性阶段的承载力作为设计值，而承压型是材料极限承载力作为设计值。

(2)受力状态。摩擦型以被连接板间的摩阻力传力，因此对于摩擦面的处理即抗滑移系数大小是摩擦型连接的关键。承压型是依靠栓杆和连接板承压面共同传力，因而其破坏形式与普通螺栓相同。

(3)应用范围。从上面两方面可看出摩擦型是不允许滑移的，而承压型允许滑移，其剪切变形比摩擦型大。所以承压型的应用范围较前者小，不能用于直接承受动力荷载的结构中。

而对于工程验收方面，规范也没有分出摩擦型和承压型的不同方法。据我所知，承压型的栓孔开孔误差允许值比摩擦型小。

【蓬勃钢结构】：说得很对，其实就是一种螺栓两种计算形式，承压型是摩擦型的一种延续。

【ksgao】：DYGANGJIEGOU说得很对，但在具体设计中一般计算还是以摩擦型用的多，应用范围也更广。设计人员还是以安全第一为主。

【scxiucai】：Everson说得很对，首先要概念明确，正确的说法应该是“高强度螺栓摩擦型连接”或“高强度螺栓承压型连接”，规范上是很明确的。关于两种连接形式的特点和适用范围，规范7.2.2和7.2.3条的编制说明已有详细而且明白的说明，可以仔细阅读领会，就不会有什么问题了。

【蓝鸟】:施工中关键在于是否与孔壁接触,以国内的加工水平,不管是哪一种,螺栓都与孔壁接触,不用扩孔就好了,用摩擦型计算,受力是承压型,考虑施工误差,计算结果基本与实际相同。不用太花时间去弄清两者的概念。

【zhantsi】:高强度螺栓有两种连接类型:一个以剪力不超过接触面摩擦力作为设计准则为摩擦型连接;一个以连接达到破坏的极限承载力作为设计准则,称为承压型连接。摩擦型连接的剪切变形小,弹性性能好,施工较简单,可拆卸,耐疲劳,特别适用承受动力荷载的结构。承压型连接的承载力高于摩擦型,连接紧凑,但剪切变形大,不得用于承受动力荷载的结构中。

【bill-shu】:从材质上外表来说,两种高强度螺栓是完全一致的。不同的是设计施工要求,计算模型不同,承载力也不同。承压型的计算就是普通螺栓的计算方法,只不过强度高而已,同时规范又规定了一些其他要求。

【congc】:钢结构设计规范解释条文中说得很清楚,高强螺栓产品本身并不区别承压型和摩擦型之分,而是我们设计人员根据设计理念人为区分的。一般而言对于同一个高强螺栓,摩擦型连接的承载力低于承压型连接,摩擦型连接完全靠摩阻力传递剪力,而承压型螺栓在剪力大于摩阻力后产生滑移靠螺栓对孔壁的压力传力。螺栓承压型设计一般不用于承受动力荷载的结构,而采用摩擦型连接。另外由于摩擦型不产生滑移而承压型有滑移,承压型连接孔壁比摩擦型连接孔壁要求严格。

【英雄之无敌】:高强螺栓连接是通过螺栓杆内很大的拧紧预拉力把连接板的板件夹紧,足以产生很大的摩擦力,从而提高连接的整体性和刚度,当受剪力时,按照设计和受力要求的不同,可分为高强螺栓摩擦型连接和高强螺栓承压型连接两种,两者的本质区别是极限状态不同,虽然是同一种螺栓,但是在计算方法、要求、适用范围等方面都有很大的不同。

摩擦型高强螺栓和承压型高强螺栓,不过是设计是否考虑滑移。摩擦型高强螺栓绝对不能滑动,螺栓不承受剪力,一旦滑移,设计就认为达到破坏状态;承压型高强螺栓可以滑动,螺栓也承受剪力,最终破坏相当于普通螺栓破坏(螺栓剪坏或钢板压坏)。

高强度螺栓承压型连接其连接钢板的孔径要求比摩擦型要求更高,主要是考虑控制承压型连接在接头滑移后的变形,而摩擦型连接不存在接头滑移问题,孔径可以稍大一些,有利于安装方便。允许接头滑移,承压型连接一般应用于承受静力荷载和间接承受力荷载的结构中,特别是允许变形的结构构件;重要的结构或承受动力荷载的结构应采用摩擦型连接。

《钢结构设计规范》(GB 50017—2003)规定,承压型连接不再需要摩擦面抗滑移系数值来进行连接设计,从施工角度来说,承压型连接可以不对摩擦面处理有特殊要求(与表面除锈同处理即可),不再进行摩擦面抗滑移系数试验,从施工质量验收角度来说,承压型连接只比摩擦型连接减少了摩擦面抗滑移系数检验一项内容,其余验收项目完全一致。

【星星汗】:(1)摩擦型连接设计的承载力低于承压型连接。

(2)摩擦型连接的适用范围大于承压型连接。

(3)摩擦型连接比承压型连接安装方便。

所以我认为干脆都用摩擦型连接来设计。

而且,钢构加工都要进行摩擦面处理来满足抗滑移系数,就算写明了用承压型螺栓连接,到现场也要作抗滑移系数试验,否则甲方监理也要找您麻烦。(点评:GB 50017—2003 已不作此要求。)

【whb8004】:高强度螺栓承压型连接特点:

(1)承载力及强度级别高,为8.8及10.9级,要求高强度材料,并需热处理加工,价格较高。

(2)连接紧密,组装时需施加预拉力并用特殊施拧工具,但接触面要求干净无浮锈或干净的轧制表面。

(3)达到最大承载力时,连接可能产生微量滑移。

(4)抗剪计算需考虑母材削弱。

高强度螺栓承压型连接适用范围:

(1)要求承载力很高,并受静载的现场连接。

(2)对变形控制不严格的大型拆装结构的连接。

(3)实际建筑工程中很少应用。

高强度螺栓摩擦型连接特点:

(1)承载力及强度级别高,为8.8及10.9级,要求高强度材料,并需热处理加工,价格较高。

(2)连接紧密,组装时需施加预拉力并用特殊施拧工具,但接触面要求干净无浮锈或干净的轧制表面。(点评:表面处理用何做法,应以设计为准。)

(3)同样强度级别条件下,承载力较承压型连接低,但抗疲劳性能良好。

(4)抗剪计算需考虑母材削弱。

(5)轴心受力时因有孔前传力作用,母材削弱影响较小。

高强度螺栓摩擦型连接适用范围:

(1)承受直接动荷载或需作疲劳验算的结构连接。

(2)高层、大跨或高烈度地震区等重要结构的连接或大型拼接。

【卫道士】:三探提及:

“而规范又规定:承压型高强度螺栓的预拉力和连接处构件接触面的处理方法与摩擦型高强度螺栓相同”。

哪本规范这么写了?

在《钢结构设计规范》里:

摩擦型有四种摩擦面处理方法;

承压型:预拉力 P 应与摩擦型连接高强度螺栓相同。连接处构件接触面应清除油污及浮锈。

承压型受剪按 d_e 计算,普通螺栓受剪按 d 计算、受拉按 d_e 计算。(点评:是老规范GBJ 17—88的要求。)

【broadway】:我在北美,做了几年连接设计和现场施工,几乎所有连接全是A325高强度螺栓,直径全是19.05mm,抗剪切力为螺纹在工作剪切面用66.1kN每个螺栓,螺纹不在工作剪切面用94.6kN每个螺栓,抗拉用118kN每个螺栓。几乎所有连接全是承压型,无论梁与柱还是梁与梁,除非是力矩连接的情况才用摩擦型连接,且结构设计图需要指明,否则连接设计人全设计成承压型,所有现场螺栓全是用电动或气动冲击或叫震动扳手紧固,大概半分钟一个。

不知国内要求为何太高。

【olivexhlei】：那大六角和扭剪型高强螺栓是根据什么区分的？在工程应用上有什么差别？

【qimen】：首先明确：螺栓只有高强度螺栓。

其次：高强度螺栓的连接形式按其不同的极限状态划分为承压型螺栓连接与摩擦型螺连接。

其中摩擦型螺连接是以连接件之间产生相对滑移为其承载能力极限。摩擦型螺栓连接与普通螺栓连接一样可分为受剪螺栓连接、受拉螺栓连接以及同时受拉剪的螺栓连接。应用在连接件没有相对滑移的连接中。

承压型螺栓连接是以螺栓或者连接件的最大承载能力为其承载能力极限，构件之间产生相对滑移是它的正常使用极限状态。它不能用于直接承受动力荷载的连接、受反复荷载的连接、冷弯薄壁型钢连接。

【one1af】：高强螺栓承压型连接是以承载力极限值作为设计准则，其最后破坏形式与普通螺栓相同，即栓杆被剪断或连接板被挤压破坏，因此其计算方法也与普通螺栓相同。但要注意：当剪切面在螺纹处时，其受剪承载力设计值应按螺栓螺纹处的有效面积计算，普通螺栓没有这个要求。

【半支烟】：螺栓都是一样的，只是对螺栓群受力和变形的要求不同，而采用不同的计算模型。注意，所谓高强度螺栓指的是螺栓，而高强度螺栓连接的中心词是连接，不是螺栓。连接分为摩擦型和承压型。

【阿建】：看了以上帖子，深感受益！其实我还不明白大六角头螺栓、扭剪型螺栓之间有怎样的区别，怎样合理使用？以及大六角头螺栓、扭剪型螺栓、摩擦型连接和承压型连接四者是怎么样的关系？请高手解释一下！

【sbyyidt】：我觉得，如果从全局出发的话，应尽可能用承压型连接，因为如果用摩擦型的，那施工方还要去做摩擦力承载试验，那个很是麻烦，我一般尽可能做承压型的。

【IAMFUZIYU】：摩擦型高强螺栓以板层间出现滑动作为承载能力极限状态。

承压型高强螺栓以板层间出现滑动作为正常使用极限状态，而以连接破坏作为承载能力极限状态。

【morizhiren】：高强螺栓设计可以分为抗剪设计和抗拉设计，就抗剪设计而言，又可分为摩擦型高强螺栓设计和承压型高强螺栓设计。

摩擦型高强螺栓设计依靠被连接构件间的摩擦阻力传递剪力，以剪力大于构件间的摩擦力作为宣告破坏的标志，以剪力等于构件间的摩擦力作为承载能力的极限状态。

承压型高强螺栓设计是在剪力大于摩擦力之后，构件之间发生相对滑动，直到螺栓和孔壁接触压实，开始受剪和孔壁承压，这种设计方法以螺栓或者钢板破坏作为承载力的极限状态，以不出现滑移作为正常使用极限状态。由于承压型设计允许滑动并产生较大位移，只能用于不直接承受动力荷载并且无反向内力的连接。

高强螺栓抗拉设计，在摩擦型设计方法和承压型设计方法中没有区别。

高强螺栓就是高强螺栓，为什么我们非要叫摩擦型高强螺栓或者承压型高强螺栓？如果必须叫，那能不能改成高强螺栓的摩擦型设计和高强螺栓的承压型设计？

【keysonlievs】：补充两点：

(1)对疲劳要求较高的构件连接可采用摩擦型连接,因为该连接方式刚度较大,抗疲劳性能好。

(2)在高烈度震区可采用摩擦型连接,罕遇地震作用下,内力较大,摩擦型连接将产生滑移,可耗能,有利于抗震。

【skyandmy2000】:我的理解,无论是大六角还是扭剪型都可以用于摩擦型或承压型连接,是这样吧?

【guanlongjiang】:回 xjtu,我觉得这位仁兄说的很对,目前钢结构上主要是选用摩擦型大六角头的螺栓,施工简便,连接板的加工也很容易。特别是轻钢结构厂房,摩擦系数都小于0.3,而且一般设计明确指出可不做抗滑移系数试验。对我们施工单位来说很好。

【503】:大六角和扭剪型高强螺栓,前者是用扭矩扳手加预拉应力,后者用专门工具。

【xjhuo】:螺栓只有普通螺栓和高强螺栓两种类型,而高强螺栓在出厂的时候不区分是摩擦型还是承压型。大家不要误认为有些高强螺栓是用来作摩擦型的,而另外一些是用来作承压型的。其实高强螺栓既可以作摩擦型,也可以作承压型。

两种类型,是依据设计方法的不同来区分的,按摩擦型设计,那就是以接触面产生滑移为承载力极限状态,按承压型设计,是以螺杆或者钢板破坏为承载力极限状态。所以摩擦型并不能充分发挥螺栓的性能,在十分重要的结构中需承受动力荷载的结构应该才用摩擦型设计。

这样来看采用摩擦型比采用承压型具有较大的安全储备。

所以大六角头螺栓既可以用于摩擦型也可以用于承压型,还可以用于受拉型,同样剪扭型高强螺栓也如此。

【wangshuai _ 79】:“摩擦型高强螺栓”以及“承压型高强螺栓”这种称呼是错误的,实际上是对高强螺栓两种计算理论的混淆。根据不同的前期计算假定(对应不同的假设条件,就像材料力学里的平截面假定一样,如果有人提出另一种不同的假定,那就是另外一套理论了,当然不见得正确,事实上试验结果与平截面假定吻合得很好,所以才会成为经典)有两种连接计算理论:

(1)高强螺栓摩擦型连接:该理论认为板件接触面发生相对滑移(也就是互相发生错动)为受力的极限状态。

(2)高强螺栓承压型连接:该理论认为板件接触面发生相对滑移后,仍未达到受力极限状态,荷载可以继续增加;直到螺栓的螺杆与螺栓孔壁发成局部挤压,以螺杆发生剪切破坏以及孔壁发生局部挤压破坏作为受力极限状态。

【做人要厚道】:扭剪型与大六角型区别之一:扭剪型仅有 10.9 级级别,且最大直径为 24mm。

设计高强螺栓的连接时,一般宜选用摩擦型连接,承压型连接强度虽高,但不适用于承受动荷载及对变形要求严格的构件。

【LUJIAQING】:高强螺栓连接是通过螺栓杆内很大的拧紧预拉力把连接板的板件夹紧,足以产生很大的摩擦力,从而提高连接的整体性和刚度,当受剪力时,按照设计和受力要求的不同,可分为高强螺栓摩擦型连接和高强螺栓承压型连接两种,两者的本质区别是极限状态不同,虽然是同一种螺栓,但是在计算方法、要求、适用范围等方面都有很大的不同。

在抗剪设计时，高强螺栓摩擦型连接是以外剪力达到板件接触面间由螺栓拧紧力所提供的可能最大摩擦力作为极限状态，也必须保证连接在整个使用期间内外剪力不超过最大摩擦力。板件不会发生相对滑移变形(螺杆和孔壁之间始终保持原有的空隙量)，被连接板件按弹性整体受力。在抗剪设计时，高强螺栓承压型连接中允许外剪力超过最大摩擦力，这时被连接板件之间发生相对滑移变形，直到螺栓杆与孔壁接触，此后连接就靠螺栓杆身剪切和孔壁承压以及板件接触面间的摩擦力共同传力，最后以杆身剪切或孔壁承压破坏作为连接受剪的极限状态。

总之，摩擦型高强螺栓和承压型高强螺栓实际上是同一种螺栓，只不过是设计是否考虑滑移。摩擦型高强螺栓绝对不能滑动，螺栓不承受剪力，一旦滑移，设计就认为达到破坏状态，在技术上比较成熟；承压型高强螺栓可以滑动，螺栓也承受剪力，最终破坏相当于普通螺栓破坏(螺栓剪坏或钢板压坏)。

【zhaozhiyun】：高强螺栓连接是通过螺栓杆内很大的拧紧预拉力把连接板的板件夹紧，足以产生很大的摩擦力，从而提高连接的整体性和刚度，当受剪力时，按照设计和受力要求的不同，可分为高强螺栓摩擦型连接和高强螺栓承压型连接两种，两者的本质区别是极限状态不同，在计算方法、要求、适用范围等方面都有很大的不同。《钢结构高强度螺栓连接的设计、施工及验收规程》(JGJ 82—91)中规定高强度螺栓承压型连接不得用于下列各种构件连接中：

(1)直接承受动力荷载的构件连接。

(2)承受反复荷载作用的构件连接。

(3)冷弯薄壁型钢构件连接。

在抗剪设计时，高强螺栓摩擦型连接是以外剪力达到板件接触面间由螺栓拧紧力所提供的可能最大摩擦力作为极限状态，也即是保证连接在整个使用期间内外剪力不超过最大摩擦力。板件不会发生相对滑移变形(螺杆和孔壁之间始终保持原有的空隙量)，被连接板件按弹性整体受力。

在抗剪设计时，高强螺栓承压型连接中允许外剪力超过最大摩擦力，这时被连接板件之间发生相对滑移变形，直到螺栓杆与孔壁接触，此后连接就靠螺栓杆身剪切和孔壁承压以及板件接触面间的摩擦力共同传力，最后以杆身剪切或孔壁承压破坏作为连接受剪的极限状态。

目前制造厂生产供应的高强度螺栓没有摩擦型和承压型之分，实际上是同一种螺栓，只不过是设计是否考虑滑移。摩擦型高强螺栓绝对不能滑动，螺栓不承受剪力，一旦滑移，设计就认为达到破坏状态，在技术上比较成熟；承压型高强螺栓可以滑动，螺栓也承受剪力，最终破坏相当于普通螺栓破坏(螺栓剪坏或钢板压坏)。

另外高强度螺栓不可以重复使用。

【zhaozhiyun】：补充说明：

(1)高强度螺栓摩擦型连接和高强度螺栓承压型连接不是两个连接接头形式，而是同一个连接的两个不同阶段。对同一个高强度螺栓连接，承压型连接的承载力应该高于摩擦型连接的承载力，但在设计时，需要考虑连接板厚度与螺栓直径的匹配。

(2)摩擦型连接和承压型连接在施工方面所使用的高强度螺栓连接副是相同的，而且高强度螺栓连接副紧固的方法和预拉力值的要求也相同。也就是说，设计时只确定高强度螺栓连接副的性能等级，如8.8级、10.9级等，施工单位应根据工程(特别是节点构造)情况，施工经验以及市场价格等因素去选择。目前国内市场有两种类型可选择，即扭剪型高强度螺栓连接副和高强度大六角头螺栓连接副。

(3)高强度螺栓承压型连接其连接钢板的孔径要比摩擦型更小些，主要是考虑控制承压型连接在接头滑移后的变形，而摩擦型连接不存在接头滑移问题，孔径可以稍大一些，有利于安装方便。

(4)由于允许接头滑移，承压型连接一般应用于承受静力荷载和间接承受力荷载的结构中，特别是允许变形的结构构件；重要的结构或承受动力荷载的结构应采用摩擦型连接，但用来耗能的连接接头可采用承压型连接。

(5)《钢结构设计规范》(GB 50017—2003)实施以后，承压型连接不再需要摩擦面抗滑移系数值来进行连接设计，因此从施工角度上，承压型连接可以不对摩擦面处理有特殊要求(与表面除锈同处理即可)，不再进行摩擦面抗滑移系数试验，从施工质量验收角度上，承压型连接只比摩擦型连接减少了摩擦面抗滑移系数检验一项内容，其余验收项目完全一致。

2003版钢结构设计规范对承压型连接的规定有了一定的放松，这主要是基于目前大量的钢结构项目是由国外设计的，特别是轻钢结构中，美国的巴特勒和ABC公司占了很大比重，而他们设计的轻钢结构连接处都采用承压型连接，不考虑摩擦面的抗滑移系数，而且往往涂上油漆。他们对摩擦面允许有较大的位移，破坏一般是由于螺栓受剪过大引起的。这样，可大大提高螺栓的承载力，从而达到减少螺栓数量的目的，也便于连接面螺栓的布置。

【sjfei21】：楼上的大哥说的很有道理。我在设计中也是广泛应用摩擦型高强螺栓。

【zhoushua1a1】：摩擦型高强螺栓连接单纯依靠被连接构件间的摩擦阻力来传递剪力，以剪力等于摩擦力为承载能力的极限状态；承压型高强螺栓连接，当剪力超过摩擦力时构件间发生相对滑移，螺栓杆身与孔壁挤压，以螺栓或钢板破坏作为承载能力的极限状态，承压型高强度螺栓可用于承受静载或间接承受动载的连接，摩擦型可用于直接承受动载的连接。

13　请问M42高强螺栓的参数？(tid=108798　2005-9-12)

【萨哈】：小弟现遇一工程的高强螺栓为M42的，不知其级别及施工中的扭矩为多少？

【蓝鸟】：国内标准没有M42的高强螺栓，在有些工程中普通螺栓与高强螺栓混合使用的工程，比如说吊车梁底，此处M42的螺栓就是普通螺栓。一定要仔细核对。

【萨哈】：谢谢！我对于该规格的高强螺栓只在生产厂家的资料中见过，但在各种参考书中没有此规格，最大的是M30。

14　请问摩擦型高强螺栓摩擦力被克服之后是不是就是承压型啊？(tid=205793　2009-1-4)

【chxldz】：如题，关于高强螺栓有些疑惑，不知道是不是这样受力啊？

【zdx65】：理论上认为，摩擦力被克服后为破坏。

★**【zcm-c. w.】**：摩擦型高强螺栓摩擦力被克服之后可认为就是承压型，适用于不承受动力荷载等情况。

【liuwenyuan-js】:按照抗剪试验来说，承压型和摩擦型的区别就是板件间的摩擦力是否被克服。但是对于承压型其孔洞比摩擦型的要小，是不是出于对变形的限制而作的规定。如果是这样的话那么摩擦型当板件间的摩擦力被克服也不能当作承压型用。我们还可以与普通精制螺栓进行比较就可以知道，同样等级的螺栓抗剪设计值为 320N/mm^2，而承压为 250N/mm^2，是不是就是因为间隙影响了抗剪，如果是的话，那么由摩擦型变成承压型是不是抗剪承载力设计值也会降低。

★**【tumu8420】**:在设计中认为当摩擦型螺栓发生了滑移的时候认为螺纹被破坏了，而承压型的破坏原则是抗剪破坏。摩擦型螺栓的孔径要比承压型的大，如果由摩擦型转化为承压型的话会不安全。

★**【flywalker】**:这个取决于设计者以什么作为破坏的依据来定，也就是设计意图。使用摩擦型螺栓的目的就是要利用摩擦力来抵抗外力，连接的构件之间不会发生位移，否则就认为是破坏，用于比较重要的构件间连接。而承压型高强螺栓虽然其前期的受力特性与摩擦型高强螺栓一样，但是如果其连接的构件之间有位移也并不认为失效，而是以螺栓剪断或孔壁承压破坏为判断依据。

所以如果回答楼主的问题“摩擦型高强螺栓摩擦力被克服之后是不是就是承压型”，答案是“是”。

【gentlecheng】:可以这样讲，用摩擦型螺栓对节点要求相对较高，节点要非常紧密。承压的多用在受动荷载的构件上，节点允许有松动，但很多钢构是不允许有松动的吧。

单纯受力来说，承压型只要节点板足够强的话，承压型螺栓抗剪性较强，也就是如果摩擦型螺栓出现位移，就成了承压型螺栓，节点不破坏却导致变形松动等适用性问题。

个人观点。

【jedisee】:在设计中认为当摩擦型螺栓发生了滑移的时候认为螺栓被破坏了，而承压型的破坏原则是抗剪破坏。摩擦型螺栓的孔径要比承压型的大，如果由摩擦型转化为承压型的话会不安全。

15 请问是不是 10.9 级的高强螺栓没有弹簧垫圈啊？（tid＝203420　2008-11-27）

【chxldz】:今天施工单位说 10.9 级的高强螺栓没有弹簧垫圈，8.8 级的有，是不是这样？

【e 路龙井茶】:应该是吧，10.9 级是高强度螺栓。8.8 级的属于普通的高强度螺栓。

【埃非尔】:10.9 级与 8.8 级高强螺栓连接时都应该配垫圈，是平垫圈，不是弹簧垫圈。大六角型高强栓配两个垫，扭剪型配一个。

【shimaopo】:采用的都是螺栓预应力，弹簧垫片帮不上忙。

【tianlong6670】:为什么扭剪型只有一个垫，垫为什么要放在螺栓头上？

【hwljq】:回答五楼的问题：扭剪型螺栓的螺栓头就能起到垫片的作用，找个螺栓一看就明白了。

【bzc121】:10.9 级高强度螺栓安装时垫片（与螺栓同等强度钢制平垫，需要热处理的）是放在螺母这一侧，因为螺栓已经有与六角帽连体的垫片。这样设计这是因为：终拧时才会将梅花头拧断，梅花头之所以拧断，是因为扭断部位抗扭强度小于螺栓连体垫片处摩擦力，如果连体垫片处为非连体结构而另加一个垫片，终拧时螺栓头的一侧垫片就会有两个摩擦面，这样就会使梅花头拧断时螺栓产生的预拉力不准确。加垫位置如果放置错误，也会产生两个两个摩擦面。10.9级高强度螺栓与8.8级相对预拉力值要大(M20为155kN也有的规定为160kN，8.8级为125kN也有规定为130kN)，加装弹簧垫圈施拧到155kN时弹簧垫多已经损坏。即使施拧到130kN，弹簧垫片也会有损坏。即使弹簧垫片不损坏，因为加工精度和弹簧垫片硬度差异，会使弹力产生差异，弹力差异无法保证梅花头扭断时高强度螺栓预拉力的一致性。因此，10.9级螺栓不能使用弹簧垫。

16 承压型高强螺栓(tid=187462　2008-4-6)

【闻道】：关于承压型高强螺栓的计算有些不明白，特向大家请教。

(1)承压型高强螺栓的预拉力应与摩擦型高强螺栓相同，这是为什么？

(2)承压型高强螺栓的抗拉设计强度与抗剪设计强度是怎么得到的(个人认为规范中给出的强度设计值太保守了)？

(3)欧洲规范3中承压型螺栓(A类)与正常使用极限状态下抗滑移型螺栓(B类)在拉剪联合作用下的计算公式有何异同？计算公式见表1-4-1。

一个高强度螺栓承压型连接的承载力设计值计算公式　　表1-4-1

<table>
<tr><th>项次</th><th colspan="2">受力情况</th><th colspan="2">计算公式</th><th>符号说明</th></tr>
<tr><td rowspan="2">1</td><td rowspan="2">受剪连接</td><td>抗剪</td><td>$N_v^b=n_v\frac{\pi d_e^2}{4}f_v^b$</td><td rowspan="2">取两者中较小者</td><td rowspan="4">n_v——受剪面数目；
N_v、N_t——所计算的高强度螺栓所受的剪力和拉力；
N_v^b、N_c^b、N_t^b——一个高强度螺栓的受剪、承压和受拉承载力设计值。</td></tr>
<tr><td>抗压</td><td>$N_c^b=d\sum tf_c^b$</td></tr>
<tr><td>2</td><td colspan="2">螺栓杆轴方向受拉的连接</td><td colspan="2">$N_v^b=0.8P$</td></tr>
<tr><td>3</td><td colspan="2">同时承受剪力和螺栓杆轴方向的拉力的连接</td><td colspan="2">$\sqrt{\left(\frac{N_v}{N_v^b}\right)^2+\left(\frac{N_t}{N_t^b}\right)^2}\leqslant 1$
$N_v\leqslant N_c^b/1.2$</td></tr>
</table>

【yzxing0314】：按钢结构连接的受力特征划分，高强度螺栓连接有三种：高强度螺栓摩擦型连接、高强度螺栓承压型连接和高强度螺栓受拉型连接。高强度螺栓摩擦型连接仅由被连接构件间摩擦力传递剪力；高强度螺栓承压型连接是当所受剪力超过摩擦力后，剪力转由螺栓杆承担，其破坏形态与普通螺栓相似；高强度螺栓受拉型连接与普通螺栓受拉连接相似，但由于存在被连接件间的预挤压力(螺栓杆预拉力)，连接受力时变形较小。

预紧力相同，可能是由于对于高强度螺栓承压型连接当所受剪力超过摩擦力后，剪力转由螺栓杆承担；当剪力小的时候，作用机理同高强度螺栓摩擦型连接。

高强螺栓的预紧力与螺杆截面的净截面面积等因素有关。

$0.8P$是由于被螺栓压紧的板件与螺栓存在一个变形协调，所以，连接承受拉力后，在板件刚刚被拉开的时刻，螺栓的实际受力约为$1.1P$。为避免螺栓松弛，应保留一定余量，故采取不超过$0.8P$。

请参考《钢结构》2008年第2期《承压型连接高强度螺栓承受弯矩作用时的计算探讨》，文中提出$0.8P$与$A\times f$之间的矛盾，并提出解决办法。

【george】：在EC3中，对于抗剪，分为A、B、C三类；抗拉则是分为D、E两类：D类为未施加预拉力的，E类为施加了预拉力的。

受剪时A类是不需要施加预拉力的，受拉时属于D类；受剪时B类，则受拉时属于E类。

于是，A类受拉、剪时，应按照EC3中的表3.4验算；B类受拉、剪时，应按照EC3的公式3.8a计算。

如下面英文原文的介绍，

Combined shear and tension	$\frac{F_{v,Ed}}{F_{v,Rd}}+\frac{F_{t,Ed}}{1.4F_{t,Rd}}\leqslant 1.0$

3.9.2 Combined tension and shear

(1) If a slip-resistant connection is subjected to an applied tensile force, $F_{t,Ed}$ or $F_{t,Ed,ser}$, in addition to the shear force, $F_{v,Ed}$ or $F_{v,Ed,ser}$, tending to produce slip, the design slip resistance per bolt should be taken as follows:

for a category B connection: $F_{s,Rd,ser}=\frac{k_s n\mu(F_{p,C}-0.8F_{t,Ed,ser})}{\gamma_{M3,ser}}$

另外，2楼所说的文章我已经上传，在下面的地址：

http://okok.org/forum/viewthread.php? tid=157819

17 承压型螺栓与摩擦型螺栓有何区别？（tid=13062　2002-8-20）

【wtb1978】：承压型螺栓与摩擦型螺栓有何区别，望各位同仁指点，本人认为只是计算方法的差别，不知对否。构造上，如孔径等有无区别。

【lzh1008】：注意它们之间的受力特征的不同：

摩擦型：靠连接板叠间的摩擦阻力传递剪力，以摩擦阻力刚刚被克服作为连接承载力的极限状态。

承压型：当剪力大于摩擦阻力后，以栓杆被剪断或者连接板被挤坏作为承载力极限状态的，承载力极限值要大于摩擦型的H.S.B。

至于孔，只要是H.S.B的话，螺栓孔径比螺栓杆直径大1.5～2.0mm。

【flywalker[假]】：虽然规范上要求承压型高强螺栓的摩擦面处理与摩擦型高强螺栓同，但是实际设计及施工中对承压型高强螺栓的摩擦面处理要求不是很高。不知妥否？

【wtb1978】：谢谢楼上兄，那螺栓本身构造及材料是无区别的。

★**【flywalker[假]】**：厂家出的高强螺栓都是一个模样，并没有承压与摩擦之分。

【wtb1978】：那如何掌握在设计中该用哪个，构造相同，材料相同，两种算法，而结果不同！

【司帝尔】：在钢结构中相对重要之处用高强摩擦型螺栓，如所有的高层钢结构中主要构件的连接螺栓，刚架厂房中梁的端板或连接板所用螺栓。设计师根据重要性可自行确定。

【John】：楼上的兄台太对了，厂房中吊车梁的地方一般就用的是摩擦型的。摩擦型的要比承压型强度等级要高，但是现在好像都是用10.9级的高强度螺栓，不管什么承压、摩擦的。

【wtb1978】：楼上的兄弟，没说承压型螺栓与摩擦型螺栓材料与构造一样么怎么强度不同；只是算法不同，一是考虑螺栓本身抗剪一是不考虑。我是问其构造上的区别。

【jap】：我想是采购方便吧。听工厂制作的人说8.8级的螺栓很少做的，都是10.9代替的。反正两者的价格差不了多少，这样为什么不用高强螺栓呢？

【wtb1978】：有时用10.9级螺栓不比8.8级的好，相反还有负作用，如节点用8.8级螺栓计算其端板为20mm，而相同节点用相同直径的10.9级螺栓就要用22mm的端板，如此时用10.9级代替，端板就薄了，因此，不一定螺栓等级越高越好，就像混凝土配筋一样，超筋和少筋都不行。

【jap】：我想您的观点有错。计算的话，您用8.8级的，算出来的是20mm端板；用10.9级的，算出来的是22mm端板。我想您是用10.9级螺栓的参数来计算的。那当然的，螺栓强度高了，板自然要厚一点。您不要用10.9级的螺栓算，用8.8级的，算出端板厚之后。您就用10.9级的来替换8.8级就行了。钢筋混凝土怎么可以和钢结构比。

【wuyvbiao】：承压型螺栓仅用于承受静力荷载和间接承受动力荷载，其余同摩擦型。

【3d3s】：看您是如何假定连接的工作状态了，就像**lzh1008**所说的那样。

最近看了建筑结构上有一篇文章提到：摩擦型螺栓抗震时应该注意用承压型验算，且不应小于摩擦型，这样地震时不会因为连接滑动就马上破坏。

【费费】：摩擦型高强螺栓与承压型高强螺栓实际上是计算方法上有区别：

(1)摩擦型高强螺栓以板层间出现滑动作为承载能力极限状态。

(2)承压型高强螺栓以板层间出现滑动作为正常使用极限状态，而以连接破坏作为承载能力极限状态。

根据上述原则分别有不同的计算方法。摩擦型高强螺栓并不能充分发挥螺栓的潜能。在实际应用中，对十分重要的结构或承受动力荷载的结构，尤其是荷载引起反向应力时，应该用摩擦型高强螺栓，此时可把未发挥的螺栓潜能作为安全储备。除此以外的地方应采用承压型高强螺栓连接以降低造价。

另外，工厂出厂的高强螺栓并不分承压型还是摩擦型。

【wtb1978】：非常同意**费**兄的观点，但不同意**jap**兄的观点，您的做法是非常错误的，即计算与实际不符，也正是我所说的用10.9级代替8.8级螺栓产生的后果：端板薄了。您可以查下计算手册，端板厚度与N_t有关。即一个高强螺栓的拉力设计值，当螺栓等级改变端板厚度必须变。

真不知为什么打的分还这么高。

【大法师】：**wtb1978**提及：

"您可以查下计算手册，端板厚度与N_t有关。即一个高强螺栓的拉力设计值，当螺栓等级改变端板厚度必须变。"

计算手册里一般都按等强计算节点，即算端板厚度时，无论螺栓内力多大，都采用螺栓的设计承载力来计算，在有些时候保险系数是太大的。当然，对工程师来说，计算方便了。如果只是出于产品采购的原因用10.9级代替8.8级，则没有必要还用10.9级N_t来计算端板厚度，毕竟根据计算螺栓的内力是不会超过8.8级的N_t的。

【bigdragon】：计算手册一般是懒人用的东西，一定要先搞清假设条件。

两种螺栓的计算方法不同只是表象，根本原因是破坏机理不同，差别大着呢。

【英雄之无敌】：高强螺栓按传力机理分摩擦型高强螺栓和承压型高强螺栓。这两种螺栓构造、安装基本相同。高强度螺栓安装时将螺帽拧紧，使螺杆产生预拉力而压紧构件接触面，靠接触面的摩擦来阻止连接板相互滑移，以达到传递外力的目的。但是摩擦型高强螺栓靠摩擦力传递荷载，所以螺杆与螺孔之差可达1.5～2.0mm。承压型高强螺栓传力特性是保证在正常使用情况下，剪力不超过摩擦力，与摩擦型高强螺栓相同。当荷载再增大时，连接板间将发生相对滑移，连接依靠螺杆抗剪和孔壁承压来传力，与普通螺栓相同，所以螺杆与螺孔之差略小些，为 1.0～1.5mm。

摩擦型高强螺栓的连接较承压型高强螺栓的变形小、承载力低、耐疲劳、抗动力荷载性能好。而承压型高强螺栓连接承载力高，但抗剪变形大，所以一般仅用于承受静力荷载和间接承受动力荷载结构中的连接。

承压型高强螺栓的接触面如果产生间隙，能否加设垫板来调整？能否按照 GB 50205—2001 中规定“顶紧接触面接触面积大于 75％，用 0.3mm 塞尺检查，塞入面积小于 25％即可”的标准来检验？

在抗剪设计时，高强螺栓承压型连接中允许外剪力超过最大摩擦力，这时被连接板件之间发生相对滑移变形，直到螺栓杆与孔壁接触，此后连接就靠螺栓杆身剪切和孔壁承压以及板件接触面间的摩擦力共同传力，最后以杆身剪切或孔壁承压破坏作为连接受剪的极限状态。承压型高强螺栓可以滑动，螺栓也承受剪力，最终破坏相当于普通螺栓破坏（螺栓剪坏或钢板压坏）。高强度螺栓承压型连接其连接钢板的孔径要比摩擦型更小些，主要是考虑控制承压型连接在接头滑移后的变形。承压型连接一般应用于承受静力荷载和间接承受力荷载的结构中，特别是允许变形的结构构件；重要的结构或承受动力荷载的结构应采用摩擦型连接，但用来耗能的连接接头可采用承压型连接。

《钢结构设计规范》（GB 50017—2003）规定，承压型连接不再需要摩擦面抗滑移系数值来进行连接设计，因此从施工角度上，承压型连接可以不对摩擦面处理有特殊要求（与表面除锈同处理即可），不再进行摩擦面抗滑移系数试验，从施工质量验收角度上，承压型连接只比摩擦型连接减少了摩擦面抗滑移系数检验一项内容，其余验收项目完全一致。

三 连接计算

1 螺栓群形心的计算方法（tid＝124434　2006-2-21）

【xiaotiantian】：在计算螺栓扭矩或弯矩作用下的受力时要用到螺栓群形心，请问螺栓群形心如何得到？特别是单轴对称螺栓群的形心。

【kkgg】：螺栓双轴对称布置时，两轴的交点即为形心。

至于单轴的，不知道有没有这样布置的，但是形心怎么确定还不知道。

请高手明示！

【hai】：各螺栓相同时，$y_0=(n_1y_1+n_2y_2+n_3y_3+\cdots\cdots)/n$，$n_i$ 为螺栓数，y_i 为螺栓的坐标，有不同直径螺栓时，n_i 前再乘以该螺栓面积，n 改为螺栓总面积。

【xiaotiantian】：“n_i 为螺栓数”不理解什么意思，能否绘图说明？

【hai】：推荐您看一下美国钢结构学会编的《钢结构细部设计》水利电力部郑州机械设计研究院翻译的，第五章附录，非对称的紧固件和焊缝组的重心。如果您没有该书，建议您看一下施岚青一注结构专业考试用书的底框部分，倾覆力矩对柱的轴力的计算方法，两种计算方法基本相同，您可以得到启发。正好手边有相机，把《钢结构细部设计》该部分传上来（见附件 1-4-1）。

附件 1-4-1

【例】 确定图 1-4-7 中紧固件群的重心位置。

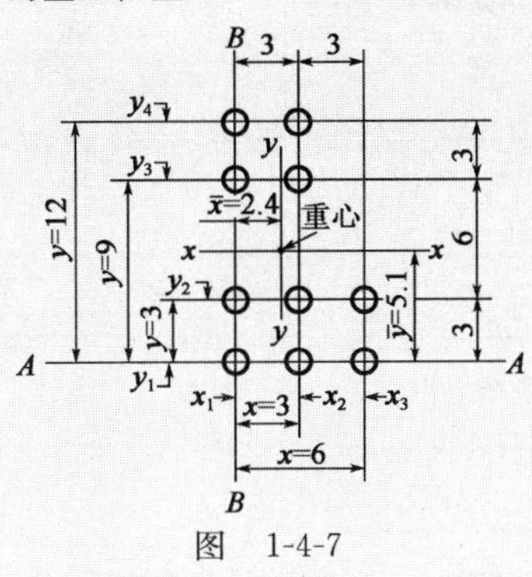

图　1-4-7

解　为了求 x-x 轴的位置，对基准线 A-A 取力矩

排	点的数量 N	距　离　y	N_x
y_1	3	0	0
y_2	3	3	9
y_3	2	9	18
y_4	2	12	24
	$\sum N=10$		$\sum N_y=51$
$\bar{y}=\frac{\sum N_y}{\sum N}=\frac{51}{10}=5.1$ 英寸❶			

为了求得 y-y 轴的位置，对基准线 B-B 取力矩

排	点的数量 N	距　离　x	N_x
x_1	4	0	0
x_2	4	3	12
x_3	2	6	12
	$\sum N=10$		$\sum N_x=24$
$\bar{x}=\frac{\sum N_x}{\sum N}=\frac{24}{10}=2.4$ 英寸			

【例】 确定图 1-4-8 中紧固件群的重心位置。

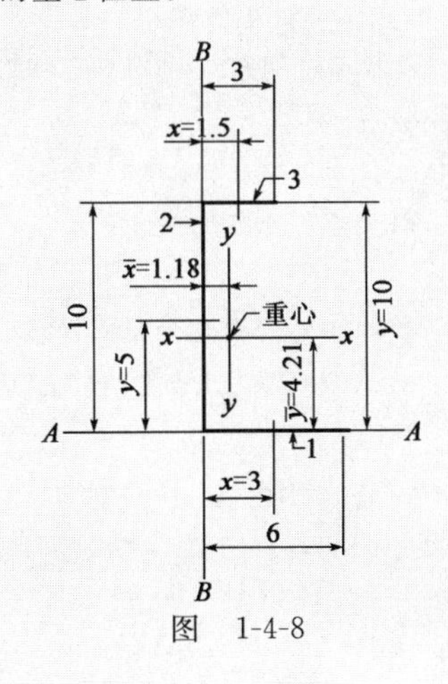

图　1-4-8

❶　1 英寸＝2.54 厘米

解　为求得 x-x 轴的位置，对基准线 A-A 取力矩

线	长 度 L	距 离 y	L_y
1	6	0	0
2	10	5	50
3	3	10	30
	$\sum L=19$		$\sum L_y=80$
$y=\frac{\sum L_y}{\sum L}=\frac{80}{19}=4.21$ 英寸			

为了求得 y-y 轴的位置，对 B-B 基准线取力矩

线	长 度 L	距 离 x	L_x
1	6	3	18
2	10	0	0
3	3	1.5	4.5
	$\sum L=19$		$\sum L_x=22.5$
$\bar{x}=\frac{\sum L_x}{\sum L}=\frac{22.5}{19}=1.18$ 英寸			

紧固件群的惯性矩和截面抵抗矩

在一个紧固件群中，由于偏心荷载产生的力矩所引起的应力，用下列公式计算

$$f_m = \frac{Mc}{I}$$

式中：f_m——受力最大的紧固件上的荷载；

M——偏心荷载所产生的力矩；

c——重心至受力最大的紧固件的距离；

I——点的惯性矩，假定紧固件的力作用于这些点处（英寸^2）。

不考虑的紧固件面积

用点表示的一个紧固件群的惯性矩 I 与用面积表示的惯性矩 I 相同（见第四章附录），不同之处在于将点看作无限小的单位面积。因此，在点的重心处的 I 值是无意义的。

在图 1-4-9 中，B 点对 x_0 轴和 y_0 轴的惯性矩 $I_0=0$。但是，对于其他任何轴，通用公式，即 $I=I_0+Ad^2$ 是适用的。由于 $I=0$，A 面积为单位面积，点的惯性矩的通用公式为 $I=d^2$。

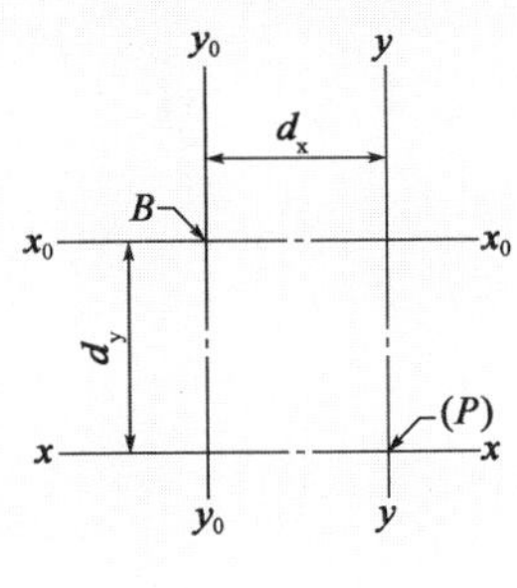

图　1-4-9

B 点对 x 轴和 y 轴的惯性矩为

$$I_x = (d_y)^2$$

$$I_y = (d_x)^2$$

对交点(P)的极惯性矩为

$$I_P = I_x + I_y = (d_y)^2 + (d_x)^2$$

当紧固件群由几个紧固件组成，则要求它的 I_x 和 I_y 为

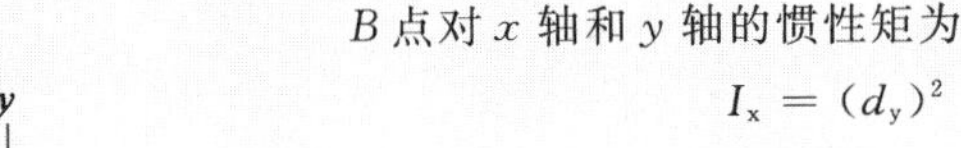

$$I_x = (d_{y1})^2 + (d_{y2})^2 + (d_{y3})^2 \cdots\cdots$$

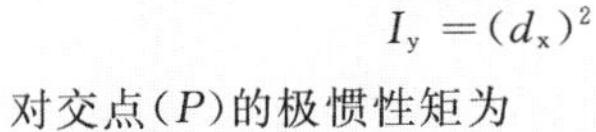

$$I_y = (d_{x1})^2 + (d_{x2})^2 + (d_{x3})^2 \cdots\cdots$$

此处 d_{y1}、d_{y2}、d_{y3}……和 d_{x1}、d_{x2}、d_{x3}……分别为各个紧固件到 x 轴和 y 轴的垂直距离。也可以写成总和式

$$I_x = \sum (d_y)^2$$

$$I_y = \sum (d_x)^3$$

【例】　计算图 1-4-7 所示紧固件群的 I_x、I_y 和 I_p

解　注意，确定一个非对称紧固件群重心位置的$\overline{x}$和$\overline{y}$，必须在求I之前求出。由于紧固件群是按竖排和横排布置的，所以具有相同d_x或d_y距离的紧固件可以组合在一起（见图1-4-10）。

$$\sum(d_y)^2=\begin{cases}3\times(d_{y1})^3=3\times(5.1)^2=78.03\\3\times(d_{y2})^3=3\times(2.1)^2=13.23\\2\times(d_{y3})^3=2\times(3.9)^2=30.42\\2\times(d_{y4})^3=2\times(6.9)^2=95.22\end{cases}$$

$$I_x=216.90(\text{英寸}^2)$$

$$\sum(d_x)^2=\begin{cases}4\times(d_{x1})^2=4\times(2.4)^2=23.04\\4\times(d_{x2})^3=4\times(0.6)^2=1.44\\2\times(d_{x3})^3=2\times(3.6)^2=25.92\end{cases}$$

$$I_x=50.40(\text{英寸}^2)$$

$$I_P=I_x+I_y=267.30(\text{英寸}^2)$$

将公式$f_m=Mc/I$改写成$f_m=M/(I/c)$，将截面抵抗矩$S=I/c$代入分母，则$f_m=M/S$，截面抵抗矩的计算方法：惯性矩I除以从重心至承受最大力的紧固件的距离c。用于计算S值的I值和距离c取决于紧固件群如何承受产生力矩的力。

如果假定紧固件受载，因而在紧固件群平面产生力矩，采用I_p求S，对于表达式I_p/c中的c（即S的值）可能是最远距离的c_A和c_B均要考虑。

在1-4-11图中，假定$P_1l_1=P_2l_2$以及f_1为抵抗竖向剪力的每个坚固件的力。在坚固件A处$S=I_p/c_{A9}$考虑到顺时针方向的力矩P_1l_1，则$f_{m1}=P_1l_1/S$。对于f_1，给出合力f_{R1}；同样，逆时针方向力矩P_2l_2产生f_{m2}和合力f_{R2}。再者，由于$f_{m1}=f_{m2}$，f_1是两个平行四边形的公共边，仅仅由于力矩方向相反，所以$f_{R1}<f_{R2}$。

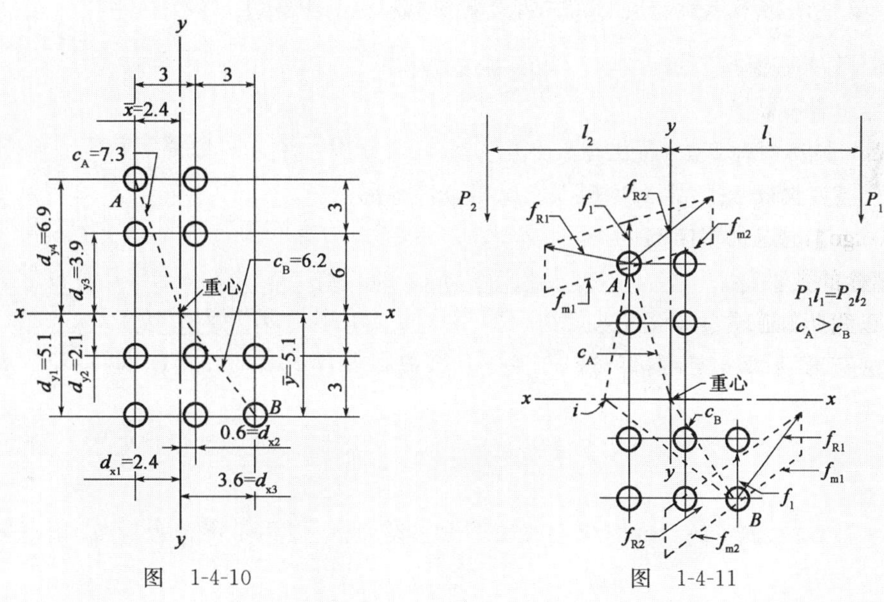

图　1-4-10　　　　　　　　　　图　1-4-11

c_B距离处的紧固件B，除它的位置决定$f_{R1}>f_{R2}$之外，所受到的影响是一样的。虽然$c_B<c_A$，而且B处的力矩$f_{m1}(=f_{m2})$只是紧固件A处的6.2/7.3，但在图5A-5中表示得很明显，B处的f_{R1}大于A处的f_{R1}。

一根在B点垂直于Bi的线给出f_{R1}的方向；f_{R1}值可通过作力平行四边形来求得。

因此，对于这种用向量表示承载的特殊紧固件群，顺时针方向力矩使紧固件B受力最大，逆时针方向力矩使紧固件A受力最大。

实际上，通常力矩在一个方向时，只要求出一个紧固件力的平行四边形，再采用前述方法确定哪几个紧固件受力最大。

假定图 1-4-11 中 $P_1 l_1$ 作用于紧固件群，并且紧固件 A 处 f_{R1} 的值和方向为已知，要求作垂直于 f_{R1} 的线 Ai。且从 i 点至 B 点作一线。由于 $Bi>Ai$，B 处的合力 f_{R1} 则大于 A 处的 f_{R1}。一根在 B 点垂直于 Bi 的线给出 f_{R1} 的方向；f_{R1} 值可通过作力平行四边形来求得。

对于特殊情况，譬如较深大梁拼接处的紧固件群，只需计算惯性矩 I_x。如果 I_y 值不显著，可不计算。在这种情况下，c 是垂直于 x 轴，从紧固件群的重心至最外边一排紧固件的距离。

应考虑的紧固件面积

如果力矩臂垂直于紧固件的平面，而且力会使紧固件绕两者中任何一个坐标轴旋转，I 可变为 I_x 或 I_y，取 c 为自 x 轴（或 y 轴）至最外边一个紧固件或最外边一排紧固件的垂直距离。在这样的情况下，紧固件承受轴向荷载和剪切荷载，并应符合 AISC 规范 1.6.3 条的规定。由于 1.6.3 条中的交接公式是以应力为依据的，故应计算紧固件的面积，且 I_x 或 I_y 的值必须用面积的惯性矩表示，而不用点的惯性矩表示。

为此，采用通用公式 $I=I_0+A_b d^2$。虽然 I_0 是一个有限值，但很小可以忽略不计。这个等式则变成 $I=A_b d^2$。对于单个紧固件，

$$I_x = A_b(d_y)^2 \text{ 或 } I_y = A_b(d_x)^2$$

这里 A_b 为紧固件面积（英寸^2）。对于紧固件群

$$I_x=A_b\sum(d_y)^2 \text{ 或 } I_y=A_b\sum(d_x)^2$$

从上式可以看出，将当作点看待的 I_x 或 I_y 转换为用面积表示的紧固件 I_x 或 I_y 的计算，可通过$\sum(d_y)^2$ 或$\sum(d_x)^2$ 乘以 A_b 计算十分快捷。

2 梁柱刚接节点计算时，螺栓承受的荷载（tid=193971　2008-7-2）

【jfssally】：梁柱刚接节点计算时，翼缘焊接，腹板用高强螺栓，高强螺栓考虑分担弯矩吗。这样算的话。螺栓很多。

【newer00】：有两种算法，简化算法不用考虑螺栓分担弯矩。一般算法按惯性矩将弯矩分配从翼缘承担和腹板承担，腹板承担部分就由螺栓承担。

【dydesign】：也遇到相同的问题，比如梁柱刚接节点，如果按常用设计法，腹板仅承担剪力，那么螺栓的数量会少一些。一旦考虑腹板弯矩，可能会造成螺栓以及梁柱节点处拼板焊缝变大。所以我所知道的很多设计人员在计算节点的时候都是按照仅考虑剪力。可是在《建筑抗震设计规范》第 8.2.8 条，钢结构构件连接应按地震组合内力进行弹性设计，并应进行极限承载力验算：

梁与柱连接弹性设计时，梁上下翼缘的端截面应满足连接的弹性设计要求，梁腹板应计入剪力和弯矩。

规范上是“应”，现行的这种简化方法如果用在设计上，岂不是不符合规范（用在简单的校核上无可厚非）？

点评：严格来说，钢结构梁柱连接按照弹性设计时，腹板应计入弯矩。这是《建筑抗震计规范》第 8.2.8 条的规定。不过在相应条文说明中，还有这样的说明：“连接计算时，弯矩由翼缘承受和剪力由腹板承受的近似方法计算。”并给出了相应计算公式。

关于这方面的深入讨论，在论坛中有非常多，本书也收集了许多相关的内容，感兴趣的朋友可以在书中的其他章节中找到这些内容。

3 连接的计算(tid=2180　2001-11-13)

【zxm】：本人正在重温钢结构课程，看的是同济大学编的一本钢结构教科书。有一道连接题，感到很迷惑，恳请各位高手赐教。见图1-4-12。条件如下：

钢板 Q235B，厚 10mm，$f=215\text{N/mm}^2$。A 级螺栓 M20，$f_t^b=350\text{N/mm}^2$，$f_c^b=400\text{N/mm}^2$，$N=250\text{kN}$。求 F 的最大值。

我的问题在于，难以判断 N 和 F 之间是否有相互影响。我认为 N 和 F 之间是相互独立的，可以不管 N，按螺栓强度和构件强度求 F_{max}。不知对否？

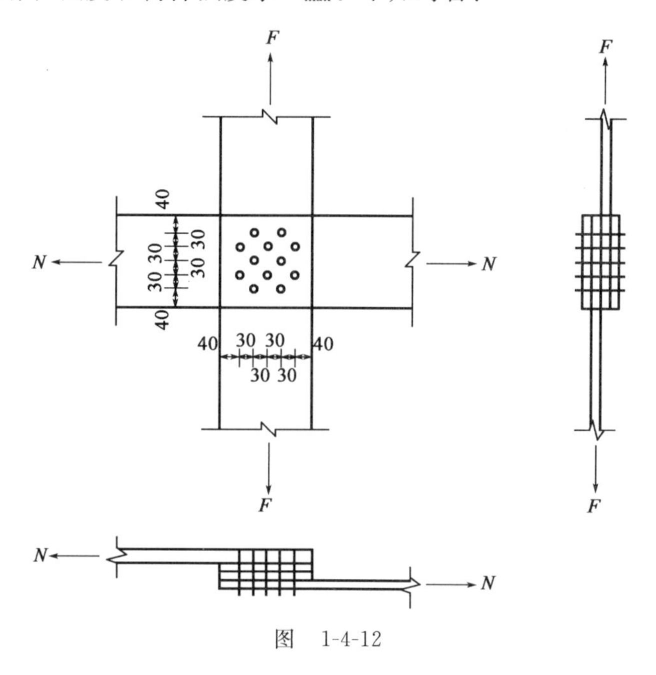

图　1-4-12

【pplbb】：建议把此题作为2002年考试注册考题。

我的做法：求 F 和 N 对螺栓产生的剪力的合力，然后与 F 和 N 对螺栓产生的拉力的合力一起代入钢规公式第7.2.1条第三款。

这题太麻烦，但不难，您慢慢算吧。

【zycad】：应注意板承压破坏。A级螺栓强度太大。

【zxm】：我认为，不应将 F 和 N 合到一起计算，因为 F 和 N 形成的剪切破坏面和挤压破坏面不在同一位置(高度)，相互之间没有影响，不应叠加。N 的存在并不影响 F 的大小。道理和剪切面为多个时一样。我的计算结果是：该连接强度由钢板净截面强度控制，$F_{max}=316.48\text{kN}$。

毕业于同济大学的网友，能否告诉我标准答案是多少？

【懒虫】：N 之间的连接只影响中间两块板间的螺栓剪力。

F 同时影响每块板间的连接。

所以中间两块板的连接同时受两个方向荷载的影响，为最不利点。

核算螺栓的抗剪和局部承压时，合力不超过螺栓的承载力即可。

简单分析的方法：

只考虑控制截面，把此截面两面的看成整体，问题就很简单了。

【zxm】：非常感谢各位网友的指导。

最近有点走火入魔，把钢结构神秘化了，忘掉了基本的力学分析。看了楼上网友的分析，恍然大悟。

【懒虫】：非常抱歉，前面答复有考虑不周之处！

对螺栓的局部承压不能用上面的方法考虑，因为，压力在两块板间不是均匀分布。

考虑局部承压时，只看一块板与螺栓的关系即可。

点评：偏心矩的大小和节点细部尺寸关系较大，比如是狭长的布置还是宽扁的布置等，用 1.3 的系数来简化，应有意识的减小偏心矩。

4 钢梁铰接时算高强螺栓时是否要算偏心弯矩？（tid＝92960　2005-4-26）

【star2lpc】：在 STS 技术条件第 53 页连接设计中说，在计算连接螺栓或焊缝时，除了考虑作用在次梁端部的剪力外，还应考虑由于偏心所产生附加弯矩的影响，并有例题和公式，但在 STS 工具箱中进行钢框架节点设计时，计算结果并没有考虑偏心弯矩的影响，我手算了一下按照技术条件里的公式，加上偏心弯矩很难算的够，请教一下高手应该怎么复合高强螺栓？是否需要考虑偏心弯矩，STS 为什么会自相矛盾？

【pingp2000】：首先，我们要明确如下问题：

(1)的确是要算偏心弯矩。

(2)STS 的技术条件书上的确是讲了，算螺栓的时候要计算偏心弯矩的影响，而且列出了计算公式，这些计算公式我认为都是对的。

(3)我也手算过，跟软件比较，的确是相差较大。有时候手算的结果跟软件相比的要小，有时候则相反。鉴于软件不可避免会出现一些缺陷，我们有时候不要过于相信软件，只希望 PKPM 能越做越好。在这个情况下，我认为还是手工复核的好。

在手算的时候我认为需要注意的是，V/n 中的这个 n 是指连接一侧的螺栓数目，$\sum y_i^2$ 也只是算连接一侧的螺栓。这是力的传递的反映。

【star2lpc】：但是这样算的话，螺栓不太能算够，偏心弯矩引起的力很大，看了一位大侠的帖子，说不考虑偏心弯矩，剪力乘以 1.3，我看了 STS 生成的计算书，它也是这么算的。

5 高强度螺栓单剪和双剪的区别？（tid＝129286　2006-4-2）

【brucezhang】：请问高强度螺栓单连接板连接和双连接板连接的区别都有哪些？

【lfengman】：单剪只有一侧拼接板提供摩擦力。

双剪两侧拼接板均提供摩擦力。

双剪的抗剪承载力是单剪抗剪承载力的 2 倍。

另需验算拼接板的承载力，倍数需计算确定。

【Mr. Panther】:钢结构教材上都有说明,另外要区分是承压型还是摩擦型高强螺栓。

【bridge71】:对摩擦面问题建议查看一下夏志斌的《钢结构——原理与设计》,里面说的比较全面,另外在建筑结构上曾有一篇论文说过,即剪切面数要和受力状况联系起来。

6　高强螺栓受拉承受弯矩计算(tid=129244　2006-4-1)

【yangfeiyang】:高强螺栓受弯计算是否考虑是大偏心或小偏心,如何计算?

【fq520025】:要考虑的,在钢结构教材里有介绍。

【qimen】:受拉摩擦型高强螺栓连接受偏心作用,只要螺栓最大拉力不超过 $0.8P$,连接接触面保证结合紧密。不论偏心大小,按普通螺栓小偏心计算。

【george】:事实上,螺栓连接受弯是否分为大、小偏心的关键,是看受力最小的螺栓经计算后是否受压。从道理上讲,螺栓是不受压的,受压只能使板件被压紧。

所以,若按照小偏心计算时出现计算所得的螺栓受力为负值,即说明小偏心的假设不合理,然后按大偏心计算。

高强度螺栓连接时,由于施加了较大的预拉力,所以按小偏心计算一般不会出现负值。这一点,在《钢结构设计规范》(88 版)时比较明确。

在钢规 2003 版中,由于对承压型连接的高强螺栓的规定较以前有所改变,所以成为大家疑惑之处。但是,由于规范 7.2.3 条明确指出"承压型连接的高强螺栓的预拉力 P 与摩擦型连接的高强螺栓相同",所以,此时对承压型连接的计算,仍是和原来一样,不必区分大小偏心,只按小偏心计算。

7　受轴力的梁连接(tid=63081　2004-6-29)

【西湖农民】:请问受轴力的梁连接时,只用螺栓连接腹板可以吗?

【verishi】:原则上是可以的,因为没有弯矩,故只需将腹板螺栓连接即可,但螺栓最好设成两列,以抵抗可能出现的小弯矩;

但当轴力较大时,梁会出现轴弯现象,应该将翼缘焊接连接。

总之,是要看节点处有无弯矩或弯矩是否很大来判定翼缘连接与否。

【ccjp】:假如是只受轴力的杆件,又何必采用强轴弱轴相差很大的工字截面。

楼上的说法不敢苟同,轴力大小如何界定?有的时候,轴压力越小才越容易出现翼缘受拉情况,不连接翼缘是不对的。在受拉的时候更不用说了。

总之,有轴力的工字形截面,要控制强度、稳定和长细比。

至于节点吗,翼缘还是要连的,不想用焊缝的话,梁的拼接节点就采用端板加高强螺栓吧。

点评:是否连翼缘,可由计算确定。

8　弯拉作用下如何确定螺栓群中和轴位置?(tid=198190　2008-9-6)

【cmqcjnwc】:《钢结构节点计算手册》和一般的设计手册均把最下排螺栓中心线或者是与法兰连接的结构体下边缘作为中和轴,不知道是如何推导确定的?希望高手能予以解答。

补充说明一下:楼上的讨论问题仅对普通螺栓连接而言。

【blessing】:个人觉得应该是:

螺栓不受压,弯矩压应力通过端板来承受。

【李慧】:按弹性设计法,在弯矩作用下,离中和轴越远的螺栓所受的拉力越大,而压力则由部分受压的端板承受。张耀春主编的《钢结构设计原理》上有说明。

【jjdl】:普通螺栓群弯矩受拉:我们认为中和轴在弯矩指向一侧的最外排螺栓中心线。

普通螺栓群偏心受拉:又分为小偏心受拉(不出现受压区,以螺栓群形心为中和轴计算)和大偏心受拉(出现受压区,中和轴同弯矩受拉的取法)。

详见《钢结构》(武汉工业大学出版社)P56～P57。

9 一个螺栓群受弯的问题(tid＝15333 2002-9-30)

【chehb】:在清华大学出版社王国周,瞿履谦编著的《钢结构——原理与设计》中,提到当螺栓群承受负弯矩时,中和轴有可能位于最下排螺栓的下面。而规范说可偏于安全的取中和轴位于最下排螺栓的形心位置处。我有点不明白,这样做反而将受拉最大的最上排螺栓至中和轴的距离缩短了,计算出来的应力必然偏小,这到底是偏于安全还是偏于不安全?

【cuckoo】:应该是偏于安全。王国周的那本书请继续往下看计算螺栓拉力的表达式,您只注意到中和轴上移后 y 减小了,可是分母 $\sum y^2$ 的减小的更大,所以最后计算出螺栓的拉力要比不移轴时更大。

【chehb】:多谢了。没错,我看到后面的时候就发现了。

10 受拉螺栓在偏心拉力作用下其偏心距如何确定?(tid＝24064 2003-3-19)

【nui _ zwt】:受拉螺栓在偏心拉力作用下,如何判定为大小偏心,出于主观判断还是理论论据?

【悠然南山】:受拉螺栓群在偏心拉力作用下,可简化为承受弯矩和拉力共同作用的连接,不必判定是否大小偏心。偏心距为螺栓群力矩中心到拉力作用线的距离。

【nui _ zwt】:谢悠然南山!

但我在武汉工业大学主编的《钢结构》中看到,当为大偏心时,其偏心距为拉力作用线到最下排螺栓的距离,请问如何理解?

【flywalker】:高强螺栓群受拉力作用时,应该计算受拉力最大的螺栓的强度,受力中心取在螺栓群的中心,因为高强螺栓有预拉力。如果是普通螺栓群,则取在最下排的螺栓。

【钢飞想】:其实螺栓所受大小偏心就已在弯矩值中反映出来,而不必特意去求解具体的偏心大小。然后就按拉弯计算最不利螺栓就可以了。

【sdwpj】:flywalker 朋友的理解很有道理。

《钢结构设计手册》(第 2 版)71 页上,表 1.4-7 的 4 项规定的很明确。

高强螺栓计算用式 1.4-53,式中,y_1 表示验算螺栓到螺栓群形心的距离。

普通螺栓计算用式 1.4-54,式中,y'_1 表示验算螺栓到最外排受压螺栓的距离。

11 关于抗剪螺栓的承压计算(tid＝72422 2004-10-11)

【xiaodengz】:求助:

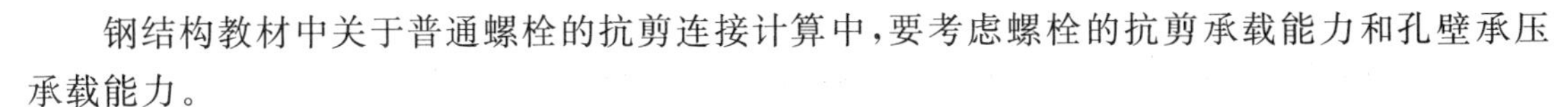

钢结构教材中关于普通螺栓的抗剪连接计算中，要考虑螺栓的抗剪承载能力和孔壁承压承载能力。

请问计算式中为什么用螺栓承压强度设计值计算，而不是被连接构件的强度设计值。

318923-.doc(46K)

文件下载地址：http://okok.org/forum/viewthread.php? tid=72422

文件内容：钢结构教材中关于普通螺栓的抗剪连接计算中，要考虑螺栓的抗剪承载能力和孔壁承压承载能力。书中对孔壁承压承载能力的计算是：

单个抗剪螺栓的承压承载力设计值为

$$N_c^b = d\sum t \cdot f_c^b$$

式中：$\sum t$——在同一受力方向的承压构件的较小总厚度；

f_c^b——螺栓承压强度设计值。

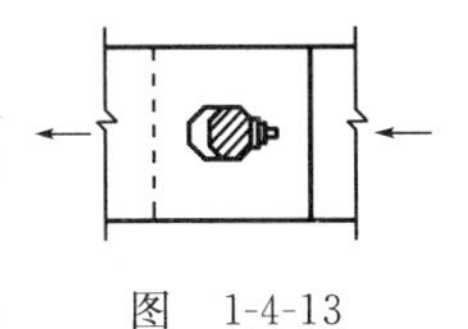

图　1-4-13

当栓杆直径较大，板件较薄时，板件可能先被挤坏，所以孔壁承压的破坏形式是被连接的板件被压坏，如图1-4-13所示。

请问计算式中为什么用螺栓承压强度设计值（f_c^b）计算，而不是被连接构件的强度设计值。

【wchq007】：公式中的 f_c^b 指的就是被连接构件的强度设计值。查钢规表3.4.1-4。

【xylcj】：这个问题经常迷惑初学者，我是看到螺栓与不同材质的构件连接有不同的承压强度，才知道这一列指的不是螺栓的承压强度的。可是我有时想，会不会出现螺栓承压强度不够而导致螺栓压坏的情况呢？另外，这个承压强度为什么会大于钢材的抗压强度呢？

点评：此处系指连接板的强度，而不是指螺栓的。

12　高强度螺栓用作吊点结构连接时受弯如何考虑？（tid=135673　2006-5-30）

【awenn】：四点吊，钢丝绳必然有一个水平分力，对螺栓产生弯矩，这个弯矩在原设计中没有加以考虑？不知为何！

点评：对于高强螺栓连接的节点，螺栓具有预拉力的。在预拉力的作用下，法兰盘接触面之间具有摩擦力，可以抵御水平分力。这个问题，设计中是可以考虑到的。同时，设计中需验算该拉力、剪力，并在设计中严格避免栓杆受弯。

关于高强螺栓连接的问题在论坛上讨论得非常多，可以查阅论坛上的相关话题。

13　请教关于荷载分配的问题（tid=135220　2006-5-25）

【ljno2】：梁柱连接采用高强螺栓和焊接，那么怎么进行荷载分配呢？

【ruohe0219】：简化的情况下用翼缘的连接来抵抗弯矩，而腹板的连接用来承载剪力。

【ljno2】：这个我知道，有没有什么比较精确的计算方法？

【torpedo】：可以按照等强来算这样比较简单，如果您已经知道梁柱弯矩、剪力的话，可以根据受力来计算，这样算得更加精确点。

14 请教高强螺栓承压型与摩擦型连接拉弯计算时是否不同？（tid＝203116　2008-11-23）

【wujunli9】：如题，各位帮忙解答一下。谢谢。

【wujunli9】：按规范对两种连接方式的构造规定，本人感觉计算抗剪承载力时两者由于选择的极限状态不同，承载力计算有区别。但在拉弯计算时两者没有任何区别：由于都施加了预拉力，使连接板紧密接触，计算时都应该以螺栓群的形心轴计算最外排螺栓的拉力，而不是以最下排螺栓为转动轴计算。不知道各位专家有什么意见。

【yu _ hongjun】：拉弯承载力计算没区别，但一般有弯矩时可能有剪力存在，最终计算还是按拉弯剪计算，这样摩擦型和承压型就有区别了。

除非您的螺栓受力没有受剪力，这时两者受力一样。

还有就是普通螺栓大偏心计算时一般螺栓受力取最下一排。

15 高强螺栓是否承受梁腹板的弯矩？（tid＝110680　2005-9-30）

【7410】：请教各位高手，我做了一个框架，如果让螺栓承受弯矩，则螺栓需要很多，如果不承受腹板弯矩则不需要太多螺栓，两者差得挺大，请教高手，螺栓究竟承受腹板弯矩还是按不承受计算！

【dezhoupaji】：一般说来，弯矩都是由翼缘来承受的，腹板只承受剪力，对您说的情况有些不解，能详细些吗？

【7410】：我是说如果让螺栓承受腹板弯矩和剪力则算出的螺栓比较多，大体需要 30 个 M30 的，显然不合理，如果让他不承受弯矩配出的节点大体需要 10 个 M24 的，我感觉两个方式的节点选择差的很多，心理老是疑惑。我做的是夹层框架，究竟是按什么方式去配置节点，请楼主多多指教！

【hai】：如果是抗震结构，螺栓是承受腹板弯矩的，详细请看 01 版抗震规范的 P89。

【doubt】：两种计算方法不同，确实差挺多，但两种理论都有其适用的条件，很多计算软件只是选其一是不合适的，也有很多设计者根本不去在意，有时候为了安全一味加大截面，节点往往忽略，对于在学校中就学的“强节点弱构件”忘得一干二净。目前两种理论“常用和精确计算法”可参照《钢结构连接节点设计手册》，根据工程的具体情况由设计者自行选择。

16 摩擦型高强度螺栓群的抗剪强度的验算（tid＝73588　2004-10-22）

【xiaodengz】：求助：哪位大侠能帮助解决吗？

摩擦型高强度螺栓群连接在拉力、弯矩和剪力的联合作用下的抗剪强度的验算。

323645-. doc(31. 5K)

下载地址：http://okok. org/forum/viewthread. php? tid＝73588

【doubt】：可以参考钢结构课本、节点手册、钢结构设计手册。

弯矩和拉力不产生剪力 N_v^b。

【maomaofish】：摩擦型高强螺栓在拉力作用下要考虑预拉力的减少引起摩擦系数的降低，对单个螺栓，受剪承载力可以这样计算

$$N_v = 0.9 n_f \mu (P - N_t)$$

式中：N_t——螺栓所受拉力。

对螺栓群可以这样验算

$$N_v = 0.9 n_f \mu (nP - \sum N_{ti})$$

式中：n——螺栓群中螺栓的个数：

N_{ti}——单个螺栓的拉力(包括拉力 N 和弯矩 M 产生的拉力)。

17 螺栓受拉，是螺杆应力控制还是螺母、螺丝剪力控制？(tid＝111284 2005-10-8)

【快乐的傻子】：现在手上有一个高强螺栓承受拉力作用(力的方向与螺杆的方向一致)，需要验算螺杆的连接强度。

如果是螺杆应力控制的话，那就比较好解决，直接用公式计算就可以了；如果是由螺母与螺丝之间的剪力控制，那该怎么计算啊？规范上好像也没有相关的说明，是不是这方面一般就不控制啊？

此外，如果不是高强螺栓的话，就一个普通的钢筋，只是在端部车成螺纹，然后加上螺母承受拉力作用，那在验算方面还有什么不同吗？

★【蓝鸟】：一般高强螺栓承受轴心拉力是以抵抗预应力 P 来计算的，而不是计算螺杆或螺纹的强度。规范上是有说明的。

★【bill-shu】：高强度螺栓当普通螺栓承受拉力是没有问题的，即不施加预拉力。螺栓和螺母是配套的，螺栓受拉的强度取决于两方面，一是有效横截面面积(螺纹处最小)，二是螺纹强度，按国标制作出来的螺纹及配套螺母强度是大于最小横截面处的，简单地说，就是杆先断，而不会连接螺纹破坏，高强度螺栓的设计拉力等于设计强度×螺杆有效横截面面积，参数可以查机械性能表。钢结构规范中规定的高强度螺栓预拉力一般是小于实际的设计受拉承载力的，规范规定的高强度螺栓的设计受拉承载力为 $0.8P$ 是考虑到复合受力的情况，单纯受拉按规范取值当然是安全的，取上面的 F 也没问题。

还有螺栓的承载力数值手册上都有说明，您没必要自己验算，直接查表即可。

四 设计强度

1 高强螺栓(tid＝124186 2006-2-18)

【xiaoyuer313】：请教：高强螺栓在低温(－10℃～－20℃)下施工是否有注意事项。

【cexp】：没有。《钢结构高强度螺栓连接设计、施工及验收规程》(JGJ 82—91)中没有提到温度多低的情况。不过对于温度过高有要求：摩擦型大于150℃，承载力降低10%。

【tfsjwzg】：对于摩擦型高强螺栓，试验证明，低温对其抗剪承载力无明显影响，当温度 t＝100～150℃时，螺栓的预拉力将产生温度损失，故需将它的抗剪承载力设计值降低10%；当 t＞150℃时，应采取隔热措施，以使连接温度在150℃或者100℃以下！这些在《钢结构》课本上就有明确的文字，建议多看看课本和规范。

【xiaoyuer313】：对呀。JGJ 82—91是对高温情况150℃有说明。我也查到了，现在考虑的是低温对抗滑移系数的影响。我好像发帖时没说明白。

2 高强螺栓和普通螺栓的抗剪强度(tid=121652　2006-1-11)

【chhxia】:M24 的高强螺栓,作为 A 级普通螺栓计算抗剪承载力,发现普通螺栓比高强螺栓抗剪强度高,这怎么理解?

【jianfeng】:(1)C 级普通螺栓(4.6 级、4.8 级)其抗剪强度 $f_v=140\text{N/mm}^2$,A、B 级普通螺栓(5.6 级、8.8 级)其抗剪强度分别为 $f_v=190\text{N/mm}^2$、$f_v=320\text{N/mm}^2$。

承压型高强螺栓(8.8 级)抗剪强度 $f_v=250\text{N/mm}^2$;10.9 级承压型高强螺栓抗剪强度 $f_v=310\text{N/mm}^2$。

A、B 级螺栓为普通螺栓中的高强螺栓。

(2)摩擦型高强螺栓抗剪原理:依靠拧紧螺帽使螺杆中产生较高的预拉力,从而使连接处的板叠间产生较高的预压力,而后依靠板件间的摩擦力传递荷载。被连接板叠间摩擦阻力被克服,即将产生相对滑移作为连接承载力的极限状态。

普通螺栓抗剪是以连接滑移后螺杆被剪断作为连接承载力的极限状态。

若高强螺栓预拉力不够或连接面摩擦系数太小,都会影响摩擦力的大小,因此高强螺栓比普通螺栓的抗剪承载力低完全有可能。

3 请教高强螺栓预拉力的问题?(tid=64333　2004-7-12)

【晓剑】:高强螺栓在设计中根据预拉力计算摩擦力,请问各位大侠,高强螺栓施工时怎样实现特定的预拉力?

我听说有一种特制扳手,专门拧紧高强螺栓。扳手上能够显示预拉力吗?还是显示扭矩?扭矩与预拉力有关系吗?

【flyingpig】:楼主以前做工程不用扭矩扳手吗?

根据《钢结构高强度螺栓连接的设计、施工及验收工程》(JGJ 82—91)(呵呵,我的这个规范是旧版本了,将出 2011 版,但公式是一样的。)P22 第 3.4.10 条规定,大六角头高强度螺栓的施工扭矩可由下式计算确定:

$$T_c = kP_cd$$

式中:k——高强度螺栓连接副的扭矩系数平均值(通过做试验确定);

P_c——高强度螺栓施工预拉力(kN),可查表取得;

d——高强螺栓的螺杆直径(mm)。

在扭矩扳手的手柄处有一个可以调节的显示器,施工时,将其数值调到根据公式算得的扭矩数值处,然后用其对高强螺栓进行紧固,直到听到两声"啪"即可,此时就已经对高强螺栓施加了预拉力了。

不过高强螺栓分初拧、终拧的,初拧一般为终拧的 50%。大型节点还有复拧。楼主可查阅相关规范进行操作,在《钢结构工程施工质量验收规范》(GB 50205—2001)中有详细说明。

扭矩扳手由于为了达到它的巨大的扭矩值,通常其杆非常长,不太方便施工,而且扭矩扳手使用前必须进行校正,不然会差很多。小弟见过的大多数工程(指跨度比较小一些的),工人在安装时并不采用扭矩扳手,特别是高空作业时,他们就是用普通扳手,然后整个人站到扳手上加力，呵呵。重要工程，小弟觉得一定要按规范操作要求来做。

【YAJP】:以上是针对大六角头高强度螺栓，要是扭剪型的就简单了，用专用电动扳手，把梅花头拧掉，就自然达到预拉力了，当然施工时也要按 JGJ 82—91 规程执行。

4 螺栓强度(tid=213160 2009-4-24)

【fczyg】:我有个简单的问题，8.8 级螺栓的抗拉强度为 800MPa，而普通钢材屈服强度为 235MPa、345MPa、400MPa。

(1)为什么同样是钢材，螺栓能强那么多?

(2)Q235 钢的极限强度是多少?

(3)这样看来钢材强度的变化范围是很大的。

【jolly _ zym】:(1)高强螺栓用钢，并非结构用钢，而是高强合金钢，而且经过了热处理。

(2)Q235 的抗拉强度从 375～460MPa，具体和钢材厚度或直径有关。

(3)钢材的强度主要和化学成分及加工过程等因素有关。

5 高强螺栓的疑惑(tid=205398 2008-12-28)

【liuwenyuan-js】:《钢结构设计规范》(GB 50017—2003)对于高强螺栓的预拉力确定中有一个 0.9 是说是抗力分项系数，而《钢结构规范(03 版)》中规定，对于连接其抗力分项系数肯定不是 1.111，因为 1.111 是对于

$$f = f_y/1.111 = 0.9f_y$$

而高强螺栓连接是采用的是 f_u 所以本人认为这个 0.9 有争议?《钢结构设计规范》(89 版)中高强螺栓连接是采用的 f_y/γ_R 作设计值的。我疑惑这 0.9 是沿用的《钢结构设计规范》(89 版)的内容。

【liuwenyuan-js】:怎么没有人回答，其实在这部分我还有好些疑惑，为什么普通螺栓 8.8 级的抗剪强度设计值为 320N/mm^2，而同样等级的承压型螺栓的设计值却为 250N/mm^2? 总之本人对《钢钢结构设计规范》(2003 版)中螺栓这部分有很多地方吃不透，有疑惑。渴望和大家交流提高。

【fyp1997】:第一个问题:请楼主把问题说清楚，您要讨论的是抗剪连接每个高强螺栓承载力设计值计算中的系数 0.9，还是求一个高强螺栓预拉力 P 时的系数 0.9?

第二个问题:螺栓的抗剪强度设计值与其性能等级没有关系，也就是说性能等级同为 8.8 级的普通螺栓和承压型高强螺栓其抗剪强度设计值不是一定会相等的。经过大量试验证明，螺栓的抗剪强度大致相当于螺栓材料拉伸强度的 62%左右，也就是说螺栓的抗剪强度设计值取决于材料的抗拉强度。由于普通螺栓和高强螺栓其所用材料不同，材料的抗拉强度不同，因而其抗剪强度也就不同。

五 连接板

1 关于高强螺栓摩擦面的问题(tid=88378 2005-3-23)

【pioneer646】:请教:高强螺栓连接板摩擦面的喷砂处理，是否可以只处理与梁腹板接触

的一面？反面，即与螺母接触的一面是否可以不喷砂？

【zxinqi】：应该处理，摩擦型高强度螺栓连接采用大六角头及双垫圈的目的主要是增大大六角头与钢板之间的摩擦力。如仅处理钢板之间的摩擦面能解决的话，那承压型高强螺栓连接采用圆头螺杆、单面垫圈在达到预拉力的前提条件下，岂不是照样起到摩擦型连接的作用吗？

实际的原理是钢腹板在相对滑动时，一块钢板同时受到两侧的摩阻力，一侧为与钢板的接触的摩阻力，另一侧为垫圈的摩阻力，两侧的摩阻力均与欲滑动方向相反。

【pingp2000】：我个人认为 **zxinqi** 有些观点是错误的。我觉得还是仅仅是在钢板之间需要进行摩擦面处理。理由有三：

(1)大家都知道摩擦型高强度螺栓和承压型高强度螺栓的区别，我想提醒大家的是摩擦型高强度螺栓是需要进行摩擦面处理的(也就是喷砂处理等)，但是承压型高强螺栓是不需要的。所以，**zxinqi**“承压型高强螺栓连接采用圆头螺杆、单面垫圈在达到预拉力的前提条件下，岂不是照样起到摩擦型连接的作用吗?”这一句话很有问题。没有进行摩擦面处理，就算有预拉力，也达不到摩擦型连接的效果。

(2)根据别人去工地现场所见，厂房梁与梁连接的端板只有与另一端板连接一面才进行摩擦面处理。我没去过工地，所以我再问了些人(曾经在工地做过)，他说工厂一般把钢板的两面都进行摩擦面处理(喷砂是将钢梁通过一个喷砂机器来进行的)。他的说法和 **zxinqi** 编辑一致。再根据力学方面判断，我认为“仅仅是在钢板之间需要进行摩擦面处理”也是可行的。我画了个图，见图 1-4-14。

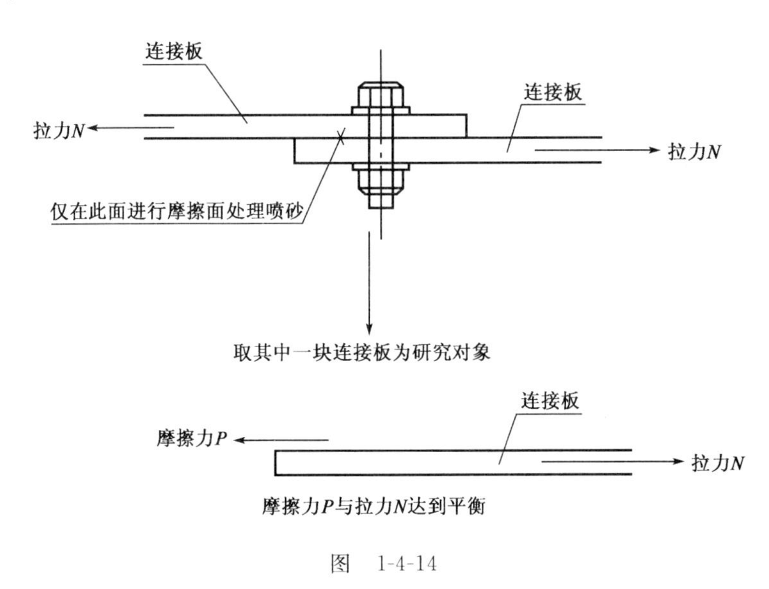

图 1-4-14

(3)根据有关单剪的传力摩擦面个数区别来判断。单剪，传力的摩擦面只有一个，当“仅在钢板之间进行摩擦面处理”，它也满足“只需要一个摩擦面的要求”。如果钢板两面都进行处理的话，我认为螺母或垫圈与钢板的接触面不大，摩擦力比较小。

结论：在钢板间进行摩擦面处理即可。也可以在两面都进行摩擦面处理。

如有不对的地方,请大家指正。谢谢。

【a5181818】:赞同楼上的说法。

举个简单例子:钢梁与钢梁的摩擦面连接处一面是处理的摩擦面,一面抛丸后就上红丹漆防锈了。

【pioneer646】:谢谢楼上两位的指教,我们现场用的是扭剪型高强螺栓,摩擦面板多是两面喷砂处理,只有一次是单面喷砂。可能是因为喷砂时没有第二次翻身喷。

我个人偏向认为,背面喷砂处理是主要为了涂装附着,因为连接板不单独进行构件的表面的抛丸除锈处理,所以在进行两面喷砂。没有到工厂实地看过,我猜想机械喷砂与抛丸,除了颗粒不同,应该是使用同一种机械,只是在摩擦面处理时再适当加长时间,不知道实际情况是不是这样?

【pingp2000】:喷砂与抛丸,除了颗粒不同,应该是使用同一种机械,只是在摩擦面处理时再适当加长时间。

(1)喷砂与抛丸用的不是同一个机器,是两种机器。

(2)在有摩擦面那一处,时间或强度会加长(大)。

【zxinqi】:感谢 **pingp2000** 及时指出我对高强螺栓受力机理的错误理解。

钢板之间的传力确实是靠钢板间的摩阻力来传递的,高强螺栓的摩擦型连接中高强螺栓仅承受拉力,如果垫圈存在摩擦力的话对于高强螺栓来说内力是不平衡的,也就是说多出一个垫圈的摩擦力乘以两垫圈之间的距离的力矩来。

高强度螺栓有两种,一种是大六角头型,另一种是扭剪型。其连接也分两种,即摩擦型和承压型。书上是这样介绍的"为增大高强螺栓与钢板间的摩擦接触面,高强螺栓往往采用大六角头形式"。让我误解为垫圈传递摩阻力,同时也误认为扭剪型高强度螺栓不能用于摩擦型连接,多年来还一直告诉别人摩擦型连接只能采用大六角头螺栓,惭愧啊!

高强螺栓之所以采用大六角头是否可以这样理解:增大螺帽与钢板间的摩擦力以平衡施拧过程中的扭矩,不然若过于光滑的话拧螺母时螺杆也跟着转了;再一个就是增大钢板的承压面,避免螺栓处钢板的压应力过大而降低钢板间的摩擦系数。而扭剪型高强螺栓之所以采用圆头螺母是因为在施拧过程中螺杆的梅花头始终是固定的,扭矩的平衡是靠固定的梅花头来实现的,当扭矩达到一定的值时梅花头剪断。

至于螺母处在安装前涂防锈漆我认为不妥,因为软材料在压力作用下长时间会蠕变而导致螺栓预应力损失。

喷砂是用 10mm 喷嘴通过气压罐将石英砂喷射至钢材表面,靠石英砂的冲击力将钢材表面的浮锈去除,多用于现场处理,污染大且石英砂不能回收重复利用。也可以采用钢丸,设备便宜。

抛丸是采用通过式抛丸清理机将钢丸冲击钢材表面以达到除锈效果,多用于工厂内处理,效果比喷砂好,设备较贵。

【pioneer646】:多谢各位朋友的指教,获益匪浅。对这个问题不知道有没有规范或者条文上的规定。

2 钢板与钢板间的摩擦系数取值为多少？（tid＝92206　2005-4-20）

【xinyanxixi】:如题。

【liukaicai】:《钢结构设计规范》中规定钢板与钢板间采用高强螺栓连接。

(1)如摩擦接触表面采用钢丝刷清除浮锈或未经处理的干净轧制表面，当材质为Q235钢时取μ＝0.3。

(2)当材质为Q345钢时取μ＝0.35。如摩擦接触表面采用喷砂后生赤锈，材质为Q235钢时取μ＝0.45，当材质为Q345钢时取μ＝0.55。

在理论上喷砂生赤锈后能达到0.45或0.55，但实际操作过程中很难达到0.45或0.55，所以在工程设计中虽然端板采用喷砂，但在计算时摩擦系数最好还是采用0.3或0.35。

【jbr1314】:(1)喷砂(连接处构件接触面的处理方法)，Q235＝0.45；Q345＝0.55；Q390＝0.55。

(2)喷砂后涂无机富锌漆，Q235＝0.35；Q345＝0.40；Q390＝0.40。

(3)喷砂后生赤锈，Q235＝0.45；Q345＝0.55；Q390＝0.55。

(4)钢丝刷清除浮锈或未经处理的干净轧制表面，Q235＝0.30；Q345＝0.35；Q390＝0.35。

一般的钢结构教材都有，建议多抓抓基本知识。

【YAJP】:严格说来，高强螺栓连接，不是摩擦系数，是抗滑移系数，钢材光滑面之间的摩擦系数一般取0.2。

【xinyanxixi】:没有高强螺栓，只是钢板与钢板间顶紧，单纯的一种接触，请问摩擦系数取多少？

【xiaocad】:参考材料力学钢的摩擦系数。

【英雄之无敌】:高强螺栓连接要求的是抗滑移系数，现在不提摩擦系数了，GB 50017—2003的P69页表7.2.2-1规定得很详细。

3 高强度螺栓摩擦型连接处的强度问题（tid＝161991　2007-4-5）

【crazysuper】:《钢结构设计规范》P36轴心受力构件的计算，5.1.1中高强度螺栓摩擦型连接处的强度计算公式

$$\sigma = \left(1-0.5\frac{n_1}{n}\right)\frac{N}{A_n} \leqslant f$$

(1)该计算公式中f是指高强螺栓的抗拉强度(规范中仅有承压型连接高强度螺栓的抗拉强度)还是高强螺栓的预拉力？

(2)公式中n是在节点或拼接处，构件一端连接的高强度螺栓数目，请问构件一端连接数目是指连接节点中一块合缝板的总数量吗？A_n是指一块合缝板扣除孔洞的净截面面积吗？n_1是所计算截面(最外列螺栓处)上高强度螺栓数目，请问最外列螺栓处的高螺栓数目是指哪一部分数量？

★**【金领布波】**:(1)此处的f并不是指螺栓的强度，而是构件或连接板材的屈服强度。此公式是计算构件的，不是计算螺栓的。

(2)见表1-4-2。

用普通螺栓和高强度螺栓连接的构件净截面承载力计算公式　　表1-4-2

项次	受力情况	简图	计算公式	符号说明
1	普通螺栓或承压型、受拉型高强度螺栓连接的轴心受拉构件	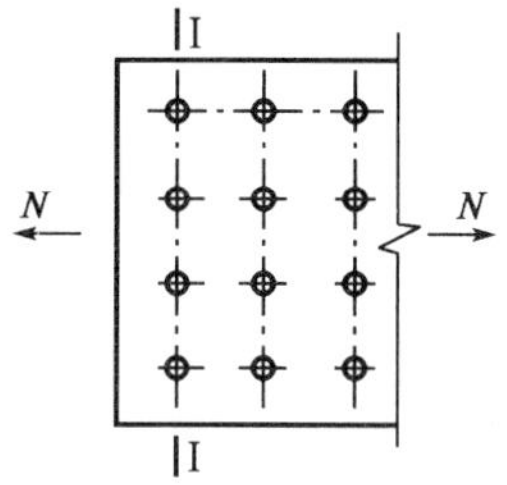	(1)上图截面I-I处 $\sigma=\frac{N}{A_n}\leqslant f$ $A_n=A-n_1d_0t$ (2)下图截面Ⅰ-Ⅰ或Ⅱ-Ⅱ处 $\sigma=\frac{N}{A_n}\leqslant f$ $A_{n1}=A-n_1d_0t$ $A_{n2}=[2b_1+(n_2-1)\sqrt{a^2+b^2}-n_2d_0]t$	A——构件毛截面面积 A_n——构件净截面面积 d_0——螺栓孔直径 n_1——第一列螺栓数目 t——钢板厚度 b_1、b——螺栓在垂直外力方向的边距或中距 a——错列螺栓顺外列方向的中距 n_2——齿形截面Ⅱ-Ⅱ中的螺栓数目 n_s——所计算截面最外列螺栓处高强度螺栓数目 n——在节点或拼接处构件一侧连接高强度螺栓数目
2	摩擦型高强度螺栓连接的轴心受拉构件	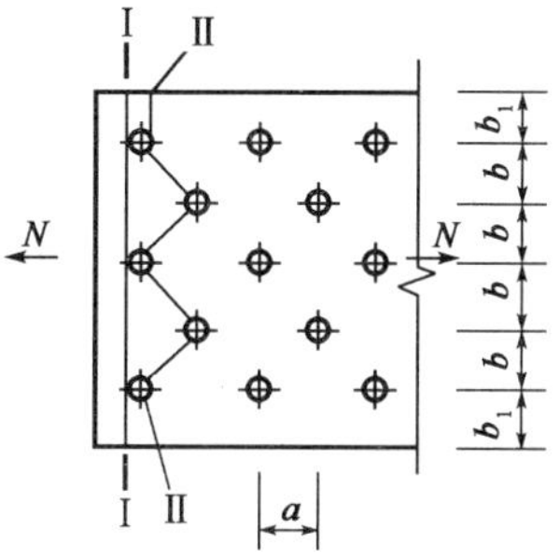	$\sigma=\frac{N}{A}\leqslant f$ $\sigma=\left(1-0.5\frac{n_s}{n}\right)\frac{N}{A_n}$	

★**【morizhiren】**:(1)该公式是用来验算构件净截面强度的,进一步讲,是计算构件的,即在高强螺栓摩擦力作用影响下的构件,而不是计算高强螺栓本身,所以公式中的f代表构件钢材强度设计值。

(2)公式中的n应该就连接形式的不同而加以区分,按照您所指的连接方式,n应该取该连接处所有高强螺栓的一半(在对称布置情况下)。

(3)A_n是被连接构件扣除高强螺栓孔洞的净截面面积,至于n_1,就是最危险截面上高强螺栓的数量,判断出危险截面位置就能得到。

【crazysuper】:梁与柱连接的合缝板受轴向力,(合缝板的厚度方向)那高强螺栓所处的不利位置是在合缝板的上端和下端,那计算数量时是按上端还是按下端还是上端与下端螺栓之和?再一个,合缝板受轴力作用,其板的厚度有影响吗?

4　关于用普通螺栓连接的连接板涂油漆问题(tid=125892　2006-3-4)

【crazysuper】:我这里有一个工程,是夹层主梁与次梁连接处采用普通螺栓连接,请问主梁上连接次梁的连接板以及次梁端头是否要涂油漆?该工程在设计总说明中仅规定凡高强螺栓连接范围内,不允许涂刷油漆。

【腾龙】:可以涂油漆,对于钢结构连接节点中,采用高强螺栓的连接面采用喷丸处理,形成摩擦面,喷漆后影响摩擦面的抗滑移系数,对于普通螺栓的连接面不存在摩擦面,可以喷漆。

【crazysuper】:我也查了好多有关螺栓连接处的做法及其处理,但就是找不到对该条的说明。请问对普通螺栓连接处连接板不涂油漆有否该条说明？我想有一个依据，到时候要是有问题的话，我可以有一个凭证。

【V6】：规范中明确规定了高强度螺栓摩擦型连接时连接部位不允许刷油漆，而普通螺栓连接处无此规定。二楼的兄弟已经说得很清楚了。

搞清楚螺栓的工作机理，问题也就迎刃而解了。

5 承压型高强度螺栓的接触面问题(tid＝83558 2005-1-22)

【allanzoe】：承压型高强螺栓的接触面如果产生间隙，能否加设垫板来调整？能否按照 GB 50205—2001 中规定“顶紧接触面接触面积大于 75％，用 0.3mm 塞尺检查，塞入面积小于 25％即可”的标准来检验？请专家指教。

【DYGANGJIEGOU】：(1)在抗剪设计时，高强螺栓承压型连接中允许外剪力超过最大摩擦力，这时被连接板件之间发生相对滑移变形，直到螺栓杆与孔壁接触，此后连接就靠螺栓杆身剪切和孔壁承压以及板件接触面间的摩擦力共同传力，最后以杆身剪切或孔壁承压破坏作为连接受剪的极限状态。承压型高强螺栓可以滑动，螺栓也承受剪力，最终破坏相当于普通螺栓破坏(螺栓剪坏或钢板压坏)。高强度螺栓承压型连接其连接钢板的孔径要比摩擦型更小些，主要是考虑控制承压型连接在接头滑移后的变形。承压型连接一般应用于承受静力荷载和间接承受力荷载的结构中，特别是允许变形的结构构件；重要的结构或承受动力荷载的结构应采用摩擦型连接，但用来耗能的连接接头可采用承压型连接。

(2)新的《钢结构设计规范》(GB 50017—2003)实施以后，承压型连接不再需要摩擦面抗滑移系数值来进行连接设计，因此从施工角度上，承压型连接可以不对摩擦面处理有特殊要求(与表面除锈同处理即可)，不再进行摩擦面抗滑移系数试验。从施工质量验收角度上，承压型连接只比摩擦型连接减少了摩擦面抗滑移系数检验一项内容，其余验收项目完全一致。

6 摩擦面的处理方法(tid＝43792 2003-11-28)

【qiuzhi】：高强螺栓摩擦面的处理方法有四种，有一种为“喷丸后涂无机富锌漆”，但规范中关于无机富锌漆应涂几道，漆膜厚度为多少均无说明。有哪位知道请不吝赐教！

【lings191516】：只听说过摩擦面要保证摩擦系数，没听说过在那儿还涂无机富锌漆，原谅在下孤陋寡闻。我们常做的是抛丸或喷砂后用胶带包好然后喷漆，运到工地上安装时再撕开胶带，这样保证摩擦面不生锈也不粘油污，胶带又便宜，反正连接面合在一起看不见的。还有表面处理好后让生赤锈的，但观感不好接受。估计无机富锌也是类似赤锈的作用，但它贵(25元/kg)(无机富锌是好漆)，还不如自然生锈呢。老兄如果一定要用，做个连接面抗滑移试验即知。

【qiuzhi】：的确，通常摩擦面的处理为喷丸或喷丸后生赤锈(因其能保证 0.45 的摩擦系数)，几乎没有使用喷丸后涂无机富锌漆的(仅能保证 0.35 的摩擦系数)。这次凑巧业主要求采用喷丸后涂无机富锌漆的处理方法，才注意到规范中无任何具体说明。

【木瓜】：我在昆山看的是抛丸处理，自然生赤锈。

【wxy _ dltop】：好像无机富锌漆主要用于临时保护构件，船用比较多，没听说过可用做摩擦面处理。

【zdaliang】:喷砂之后涂无机富锌漆是为了防止钢结构表面经处理后在螺栓连接以前生锈(此处非生赤锈),才涂漆保护的,但是处理之后接触面的摩擦系数会降低,Q345钢由0.50降为0.40。以目前一般的施工水平,可能只能保证0.35左右,即使喷砂不涂漆,可能也就0.45左右。

如果仅是设计要求采用此方法,建议改为喷砂处理,涂漆之后的摩擦系数难以保证,仅在构件处理后为避免严重生锈起保护作用。

高强度螺栓连接需要的是摩擦系数值的保证,至于处理方法,可以灵活的。

【冷孤丁】:摩擦面关键是保证摩擦系数,实际中喷砂效果比抛丸效果好得多,在喷漆前用胶带保护,表面有浮锈规范上允许的!

【cxlcxl】:铁道部山海关桥梁厂用东北生产的一种油漆代替了摩擦面的处理,系数可达到出厂要求0.55,可以去问问。

【goabor】:规范和相关资料都要求摩擦系数Q345钢不低于0.55,为什么很多制造厂家老是说做不到呢?是真的做不到,还是其他什么原因?规范是根据什么定的标准啊?

【cxlcxl】:不是做不到,而是市场价格低。一般要求表面要热喷涂。

0.55主要考虑构件安装前一段时间,摩擦面在大气中的氧化。要降低表面摩擦系数,因设计使用的是0.45。

【epoxy】:无机富锌漆是目前唯一满足摩擦面系数的涂料的产品,但要符合有关规定,并不是只要这个产品就一定可以用,比如ASTM A490 class B滑移系数,BC 4604摩擦系数。

【dulianjie】:记得老铁路钢桥制造规范有涂无机Ⅱ型富锌漆的规定,摩擦系数取0.42。后来被喷铝代替了。

【jrzhuang】:摩擦型高强螺栓的摩擦面处理是一个很麻烦的事情,尤其是在构件要求镀锌的情况下就更不好处理了。前些时候我见过一个项目上,设计时为摩擦型高强螺栓,但是由于镀锌后表面摩擦系数不到0.45(只有0.15),所以设计人员索性改名为承压型高强螺栓,我个人觉得有点荒唐,不知哪位大侠有处理过这样的问题,肯请赐教。

★**【jianfeng】**:首先,高强螺栓摩擦型连接在连接处构件接触面的处理方法有:

(1)喷砂(丸)。工厂连接,立即组装。它能保持抗滑移系数,如Q235钢$\mu=0.45$,Q345、Q390、Q420钢$\mu=0.50$。

(2)喷砂(丸)后涂无级富锌漆。如Q235钢$\mu=0.35$,Q345、Q390、Q420钢$\mu=0.40$。

(3)喷砂(丸)后生赤锈。如Q235钢$\mu=0.45$,Q345、Q390、Q420钢$\mu=0.50$。

(4)钢丝刷清除浮锈或未经处理的干净轧制表面。如Q235钢$\mu=0.30$,Q345、Q390钢$\mu=0.35$,Q420钢$\mu=0.40$。

(5)砂轮打磨。它适用于施工受条件限制时的安装现场对局部摩擦面的处理,其抗滑移系数一般很高,能满足要求,但需根据试验确定。砂轮打磨的范围不应小于螺栓孔径的4倍,且打磨方向应于构件受力方向垂直。

(6)酸洗。酸洗处理摩擦面以往曾广泛使用,但考虑酸洗在建筑结构上很难做到,即使小型构件能用酸洗,往往残存的酸液还会继续腐蚀摩擦面,产生一定的不利影响,因此现在基本上取消了这一种处理方法。

(7)喷砂(丸)后喷铝。μ不低于0.45。

总结:综上所述,几种摩擦面的处理方法,一般应以喷砂(丸)后生赤锈为最佳处理方法,它不仅μ值高，且经济。对重要结构，可考虑喷砂（丸）后喷铝。

其次，承压型连接其接触面处理方法，只需清除油污和浮锈，不必做进一步处理。

7 有关高强螺栓及摩擦面的问题（tid=140431　2006-7-16）

【独孤求学】：(1)规范规定：高强螺栓摩擦面要求有75%以上面积贴牢，最大间隙不能大于0.8mm。

但是由于制作时摩擦面板与梁焊接变形不能达到上述要求，请问怎么矫正或者怎样预防？

(2)工程中有两栋厂房，基本都为7000m²，高强螺栓基本为同一型号。请问现场高强螺栓扭矩检查是检验一次还是两次？如果发现同一类型的高强螺栓的螺杆长度有约一个丝扣的差距，请问该产品合格吗？

(3)规范规定高强摩擦面严禁涂油漆，但是发现系杆的摩擦面却全部涂了油漆，这是个大问题还是小问题？还是没问题？

【iamliuhuabiao】：我来回答最后一个问题，如果计算时摩擦面采用的涂无机富锌漆，很显然问题不是很大，抗滑移系数也就是降低为原来的1/2，或者更少。如果是采用喷砂那就不到原来的1/3啦。所以很明显的是有问题，而且很大。

【zqh】：(1)其实高强螺栓摩擦面贴合并不一定要满足75%才能达到要求，但应在3倍栓径范围内紧密贴合，至于您怎么样对付监理那是另外的事了。

(2)按批次。

(3)如是摩擦型高强螺栓，则摩擦面严禁油漆。

【谨慎】：第三个问题：我觉得问题不是很严重。刚性系杆的作用是来传递水平力至设置稳定的体系中，有小小的位移应该没有问题(对于对位移有严格要求的结构，也不是靠系杆的作用)，可以按承压型螺栓验算一下起承载能力。

8 摩擦面抗滑移系数有哪些规定（tid=56596　2004-4-29）

【yumin20】：我有几个问题想请教各位高手：

(1)规范中是否有要求钢结构主构件一定要采用机械除锈，并达到一定的等级？

(2)是否有规范要求摩擦面的抗滑移系数必须大于某一个值？

(3)在设计说明中构件采用喷抛丸除锈，可否在抗滑移项仅写0.35。(因《钢结构设计规范》中说构件喷抛丸除锈时，抗滑移系数取0.5)。

【tom _ zqy】：(1)有；(2)有；(3)不行。

【ljqwww】：应该是(1)。

★**【bill-shu】**：您要求的抗滑移系数可以低于表面处理方式能达到的要求，但摩擦力计算按您要求的计算就可以了。抗滑移系数要求太高，给施工带来不便，但要求太低，会增加螺栓数量。合理选择就可以了。

9 摩擦型高强螺栓的摩擦面指的是哪里？（tid=195288　2008-7-24）

【Sibol】：摩擦型高强螺栓的摩擦面指的是螺栓孔附近还是整个节点板？也就是说加工的时候是要整个节点板处理，还是只要将螺栓孔附近处理就可以？如果是螺栓孔附近，那需要多大面积？

【newer00】：摩擦面指的是整个节点板，通过螺栓的预压力使节点板与构件之间产生摩擦力抵抗端部剪力。

【shimaopo】：对于高强度螺栓连接，有效抗滑面积为 3 倍螺栓直径，因使用表面处理方法不同而处理的表面也不一样，如砂轮打磨，只需处理 4 倍螺栓直径面积内就可以。

★**【wzb98303】**：请看一下王国周的《钢结构设计原理》中关于高强螺栓的计算，摩擦面积约 10～20 倍螺栓面积，也就相当于是 3～5 倍螺栓直径。但摩擦面处理时还是要整个端板都处理的（一般都需要喷砂处理），加工时要先处理端板，再与构件焊接。特殊情况需要手工打磨（纵横纹处理）处理，则在螺栓孔附近处理就可以了。

10　喷锌表面是否会影响高强螺栓的连接强度？（tid＝14877　2002-9-22）

【libin9】：摩擦系数应取多少？或者说能够达到多少，有没有这方面的试验资料？谢谢。

【etang】：建议除去镀锌层，因为规范没有对此做出相应的说明，从感觉上说认为又不妥，所以出此下策。

【峒峒】：应该通过试验确定！其他类型也是以试验为准（不超过理论值）。

11　节点方面的难题（tid＝116864　2005-11-27）

【dqsyy】：高强度螺栓节点，我们喷砂做得很好，可用户都涂了油漆，还不清除，这样对结构肯定不好，可我不知影响有多大，高手不吝指教，谢谢（见图 1-4-15）。

图　1-4-15

【bmwchina2003】：我觉得：

（1）如果此处高强螺栓为扭剪型的，应该问题不大。（点评："剪扭型"应为"承压型连接"。）

（2）但如果是摩擦型的，必须先除油漆再安装。

【yishui _ 528】：刷了油漆，肯定会降低摩擦面的摩擦系数。要是说有多大的影响，可以让制作厂制作一块涂刷过油漆的试样做一次抗滑移系数复验。

【hjswupu】：既然是高强度螺栓节点没有别的办法，只有将油漆清除！（不论承压型的还是摩擦型的）。有一种除漆膏，涂上一定时间（照说明书）一擦就掉。

【dqsyy】:工程是国外的工程,为了赶工期,他们没有清理,等我去了,也就安装完了,他们好像对节点的重要性漠不关心。

【allan】:看图应该是构件拼接节点,螺栓群以抗剪为主,应该问题不大。另外,还看是不是直接承受动力荷载的节点,如果不是,可以按照承压型连接验算一次,如没有问题那也就没有问题了。一般按承压型计算的抗剪承载力比摩擦型要高一点。

如果是直接承受动荷载或者规范上不宜用承压型连接的节点,而且监理要求的话,那真的是需要做试验来确定在这样情况下的端面摩擦系数,然后再用这个系数按照摩擦型连接来重新验算节点。

【e 路龙井茶】:大概会降低 0.05～0.1 个摩擦系数。

【dqsyy】:谢谢各位指点,因为高强度螺栓节点板产生滑移,节点设计就算失败,我们的设计是锅炉的钢架,我想把所有的节点在节点板周围螺栓拧紧后再焊接,不知道是否可行。

【nut】:最保险还是除掉油漆,用除漆膏。

【yetumir】:不除掉油漆也可以的,因为它不是摩擦接点。

【创艺】:不会影响,但还是把油漆除去安全点。

【suzhanli】:除不除油漆主要是摩擦系数不同,不去油漆,理论上讲会出安全问题。如果不出问题,那是设计的强度储备及规范的安全系数在起作用。

【e 路龙井茶】:在处理工程事故中可以拧紧螺栓后周围焊接,主要是“先栓后焊”,然后按具体情况把螺栓的承载力降低后和焊缝共同受力。这个在《建筑钢结构设计手册》的上册里有所陈述。

【xiyu _ zhao】:可以用人工打磨的办法进行现场处理,如果是普通油漆可以适当加温,但温度不能过高。如果不除油漆,可能摩擦系数达不到要求。人工除锈完成后,可以适当让构件生一点锈,也有助于提高摩擦系数。

12 高强度螺栓连接面热浸锌处理后抗滑移系数问题(tid=100615　2005-6-27)

【英雄之无敌】:最近接了一个工程,德国设计,要求所有构件热浸锌处理,包括高强度螺栓连接面,原设计没有提供抗滑移系数,但要求做抗滑移试验。(图纸答疑设计方也未提供)抗滑移系数如何确定？请教各位有类似经历的高手！

【darlylee】:抗滑移系数就按 0.35。

【gaojun2009】:我估计 0.35 都没有,0.15 差不多。

【x111222】:应该是 0.35。我公司做过这样的工程,也测试过,能够满足 0.35。

【rrry830220353】:你们是按什么方法测试的啊？我们一般都会降低这个系数的。

【英雄之无敌】:请教 **x111222**:确定 0.35 的根据是什么？不能说是满足规范最低要求就行吧？

13 高强螺栓摩擦面喷砂后生赤锈问题(tid=119261　2005-12-19)

【jianfeng】:高强螺栓摩擦面喷砂(抛丸)后生赤锈能增加接触面摩擦系数,对生赤锈要不要采取专门的工艺,自然状态下生的锈合格吗？什么是赤锈？和浮锈有什么区别？

【yetumir】:我也正想知道呢。请各位大哥指点一下好吗？谢谢了。

【山西洪洞人】:经过喷砂以后,摩擦面生出的是赤锈。没有经过任何处理,自然生出来的那叫浮锈。个人看法。

【qingjun20001】:就是喷砂之后,应该在施工验收规范要求的时间内安装,这期间会产生轻度锈蚀。

【wlw8108】:抛丸除锈和喷砂除锈怎么区别。

【dingrenzhen】:抛丸除锈是指在工厂大型设备上加工的,喷砂除锈是指用小型的手提设备在工厂加工,也可以在施工现场加工。高强螺栓摩擦面喷砂后生赤锈的问题是指抛丸或喷砂后,去掉钢材表面氧化层,材料表面形成密集麻窝,以后受空气、雨水的侵蚀生成的锈蚀就叫赤锈。关于这个话题就引出了一个大家所关注话题,高强螺栓摩擦面是否一定要设计成大于0.3摩擦系数,H型钢和合缝板的连接是否一定要设计成熔透焊缝?设计小于0.3摩擦系数,就可以不做摩擦系数试验,但即使在摩擦面上做了涂料,实际测试的摩擦系数仍然大于0.4,H型钢和合缝板的连接不做熔透焊缝,做成角焊缝,实际测试的结果也不比做熔透焊缝差,并且能减少合缝板焊接后的变形,使合缝板的贴紧面更加吻合,同时又可以免做探伤。做摩擦系数试验,合缝板与合缝板的间隙照样有,只要有间隙空气就要进去,合缝板里面在腐烂,我们应该怎么办?

★**【jianfeng】**:上海宝山钢铁总厂第一期工程引进的日本设计,规定连接的摩擦面经喷砂(丸)处理后允许生锈,即在去掉防锈膜的情况下可暴露在空气中一段时间(10～20d),让其产生一种轻微的赤红色锈迹。

《钢结构设计规范》采用了这种处理方法,其抗滑移系数为:Q235钢 $\mu=0.45$,Q345、Q390、Q420钢 $\mu=0.50$。

在实际工程应用时,应严格掌握生锈的程度,并应在安装前清除浮锈。

六 构造要求

1 高强螺栓连接的关键问题(tid=75204　2004-11-5)

【kzj999】:高强螺栓连接孔不做成可调节长孔,若有误差不就安装不上了吗?

【dzwxw1011】:高强螺栓连接孔的直径比高强螺栓的直径要大2mm,已经考虑了,安装误差。而且高强螺栓连接孔应采用钻成孔。

【west333】:我在10月份就遇到主梁的高强螺栓孔错位的问题,我们在现场是用吸力钻铣孔的,如果偏差小可以用锉刀扩孔(但是必须保证现场安装构件平整度)。

【DYGANGJIEGOU】:螺栓安装必须小心确保扭紧至要求预拉力,否则在使用荷载中会出现滑移现象及变成普通螺栓连接。但螺栓连接孔做成条孔我认为是可以的,前提必须是螺栓拧紧,只不过对连接板的厚度与螺栓的直径要求严格罢了,国外有这样的规定:

连接设计所使用的分项安全系数如下:

力传递方向与长圆孔纵轴垂直,标准孔隙之圆孔:

其承载能力极限状态之抗滑承载力=1.25;正常使用极限状态之抗滑承载力=1.10。

力传递方向与长圆孔纵轴平行,加大孔或长圆孔:

其承载能力极限状态之抗滑承载力=1.40。

可以看出,条孔的承载能力极限状态之抗滑承载力安全系数要求大一些。

2 节点的螺栓数(tid＝72702　2004-10-14)

【lcg】:图 1-4-16 中梁按受力需要 6M20 螺栓，但是右边外侧螺栓距节点板边缘 177mm，而按 $2d$＝45 就够了。问：是否有必要将 6M20 换成 12M12？

320014-. rar(118. 98K)

下载地址：http://okok. org/forum/viewthread. php? tid＝72702

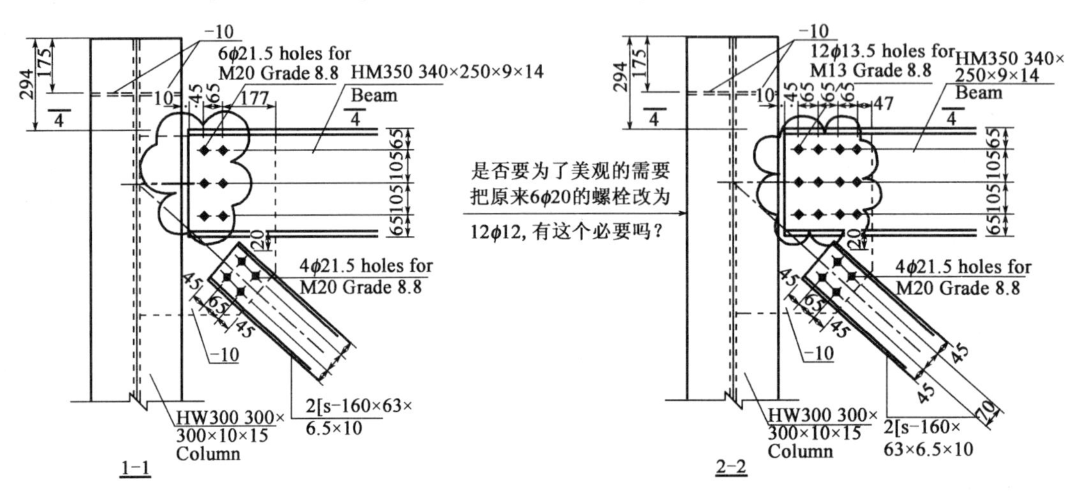

图　1-4-16

【hgr0335】:看了下附图，177mm 是受到节点下面构造限制才这样处理的，既然设计是 6 根 M20 螺栓，说明受力已经足够了，没有必要增加，$2d$ 只是要求的最小值。

3 螺栓与螺栓孔的疑问(tid＝183583　2008-2-14)

【my605】:用软件算了一个节点，算出的结果如图 1-4-17 所示，M24 的螺栓，怎么结果中孔径 d＝31mm 呢？怎么确定出来的呀，荷载不是很大，算出的柱脚垫板需 36mm，根据大家的经验这合适吗？

【xjlzs】:柱脚底板的锚栓孔应比锚栓大 5mm 左右，这样有利于安装，锚栓垫板比锚栓大 2mm 左右，关于垫板厚度为 36mm，您可能在程序节点设计的时候，设置了厚度，检查节点设计可以调整其厚度，荷载不是很大的话应该可以减少。

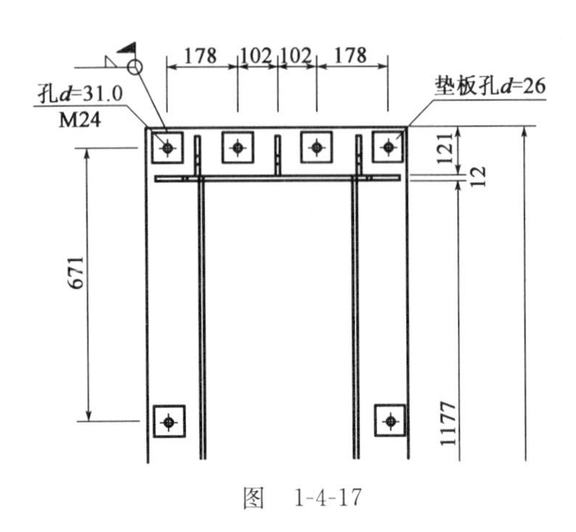

图　1-4-17

★**【lee. jengru】**:(1)一般 Anchor bolt (diameter＝D)

$D<25$mm，hole＝$D+5$mm

$D\geqslant 25$mm，hole＝$D+8$mm

(2)转角处的 Stiffener plate 是不是偏掉了啊？间距最好为 5mm 的倍数。

转到设计图要小心使用！

【Zamil】:该柱脚底板中间的那两个螺栓应该可以去掉,不能说它不管用,但是毕竟作用太小了!

【含羞草】:没看见那个规范,但一般底板孔要比螺栓直径大9mm,垫板大2mm,这样便于安装。

4 请教一个螺栓排列问题(tid=144945 2006-9-1)

【qingling】:钢梁与混凝土结构铰接节点中,节点板与钢梁单排螺栓连接,是否属于《钢结构设计规范》8.3.4条注2所说的情况,即螺栓间距应按中间排的数值采用?

【qhsun】:楼上是说用安装螺栓固定在现场焊接的节点吗?曾经也为这个节点螺栓排列伤过脑筋,但后来想如果放很多安装螺栓的话,一个对主梁削弱较多,另外也没必要。这个螺栓主要是吊装定位用,而螺栓限制边距一个是考虑密封的原因,可是这个问题很好解决,您可以要求加工的时候在螺栓群范围内也做油漆。现在在做的国内很著名的一个工程中就经常遇到这个问题,也是这样解决的,特别是中距基本就没考虑规范的限制。

5 螺栓横放的节点有什么问题(tid=148930 2006-10-19)

【小龙ZWQ】:螺栓横放的行吗(见图1-4-18)?

【wallman】:梁端剪力传递路径不好。

会造成抗剪板(或角钢)在剪力作用下产生较大弯矩,这给抗剪板及其焊缝的设计带来困难。

一般螺栓都是竖直排列的。很少见到上面这种。

就上面抗剪板的尺寸来看,完全可以竖直排列呀。

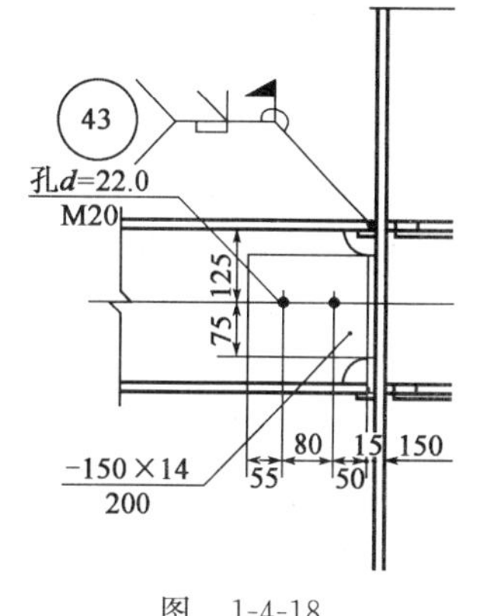

图 1-4-18

【allan】:是PKPM-STS出的节点,梁截面太小,虽然剪力不大,但是为了满足构造,最少需要两颗螺栓。

(1)从节点图上的连接板尺寸来看,已经排不下竖放两颗螺栓,节点板高度为75×2=150,而两颗M20螺栓竖向排列的最小尺寸应该为$44(2d_0)+66(3d_0)+44(2d_0)=154$,大于150了,所以PKPM采用了横放两列。

(2)这样的节点构造不好的地方如**wallman**兄所说,不过从该连接板的厚度以及梁端剪力的对比来看,PKPM应该考虑了这样构造的次弯矩。

【wallman】:使用M20的螺栓和直径22mm的孔,正如**allan**所说,竖向一列是排不下两个螺栓,差了4mm。

不过可以提高一下螺栓孔的加工精度,使用直径21mm的孔,就足以放下两个螺栓了($2d_0+3d_0+2d_0=147$)。

【V6】:对于这个问题我的想法是可以按照21.5mm的孔径把螺栓竖向排列,这样计算下来的总的耳板高度为7×21.5=150.5mm,差了0.5mm。

规范的规定也不一定要卡的那么死,对于端距$2d_0$的规定可以结合梁端部的剪力和螺栓的传力机理来执行。

端距$2d_0$的规定对于普通螺栓的抗剪连接,是根据连接端部钢板不被剪脱,端部钢板不要因端距过小，钢材的抗剪强度小于承压强度确定的。高强度螺栓承压型连接考虑到工程中应用时其承压比$\frac{f_{cb}}{f_u}$可能超过1，端距应适当增加到$2.5d_0 \sim 3d_0$。

如果本连接为高强度螺栓摩擦型连接则完全可以按照竖向来连接，因为传力机理是靠摩擦面不是靠螺栓的抗剪及耳板的承压和抗剪。

我觉得摩擦型连接竖向两颗排列没问题。

6 螺栓连接利用长圆孔释放约束（tid＝44899　2003-12-10）

【whitebai】：(1)是否可以用高强螺栓。

(2)长圆孔大小应当是由位移决定的吧。

【杨晓晓】：可以用高强螺栓的，边框架的抗风柱一般这样做？

【Black Toby】：可以用于高强螺栓，但应该将承载能力折减，且用硬质垫圈并注意孔的适用范围和方向，但高强螺栓达不到释放约束的作用。

【水根】：(1)在拉力、剪力允许的情况下，尽量使用机制螺栓。因高强螺栓有较大的预拉力，滑动效果不会太好。

(2)如使用高强螺栓，应保证为承压型连接。诸如“连接板范围内不得刷油漆”、“抗滑移系数”之类要求就不要再提了。

(3)长圆孔大小应按计算位移确定，某些情况下(如连接两栋建筑的滑动支座)亦可按构造(如抗震缝、伸缩缝等)确定。

【sanrenyoushi】：(1)可用高强螺栓，但不应用摩擦型。

(2)位移需计算确定。

7 螺栓最大孔距的疑问（tid＝166681　2007-6-3）

【Q420D】：钢规GB 50017—2003，表8.3.4螺栓最大、最小容许距离后的“注：2.钢板边缘与刚性构件(如角钢、槽钢等)相连的螺栓或铆钉的最大间距可按中间排的数值采用。”

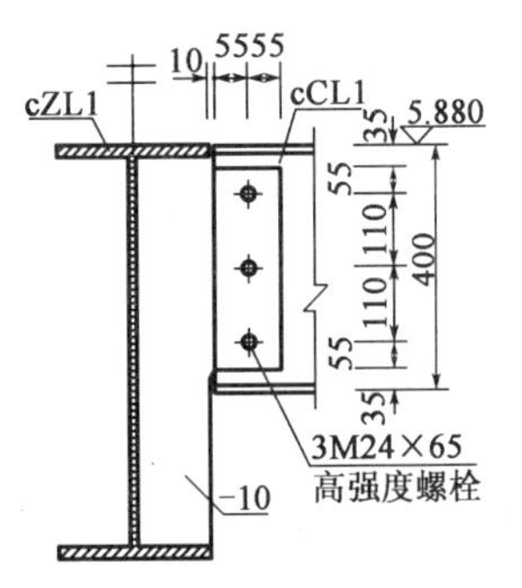

图　1-4-19

对这个注，我不明白它的具体含义？钢板是否是连接板，其边缘又具体指哪些部位？刚性构件，具体到图1-4-19这个连接，是指哪个构件呢？

希望各位大侠能指点指点。谢谢！

像图示的这个连接，cCL1：HN400×200×8×13型钢，螺栓最大孔距若按钢规规定取$8d_0=208$mm和$12t=12\times8=96$mm的较小者，应该不能超过96mm，可实际工程设计中取了110mm。

若按表8.3.4的注2，按中间排取最大可达$24t=192$mm。

施工图审查时并没有提出异议，请各位网友给讨论一下。

【Q420D】：难道大家都没有遇到这个小问题？或者说，这根本不是问题？

比较高大的檩条的连接，孔距也会出现不满足要求的情况。檩条一般每端只开两个孔，而螺栓用M12×30的普通螺栓，孔为$d13.5\times22$长圆孔。若檩条为C250×70×20×2.5，其最大孔距按$8t=20$mm，最小孔距$3d=13.5\times3=40.5$mm，两者根本就不成立。若按注2放宽到

$24t=60$mm，这个问题解决了，那么边距呢，最大为 $4d_0=44$mm 和 $8t=20$mm 的较小者，就是20mm了，$20\times2+60=100$mm，也就是说，只有 C100×50×20×2.5 的檩条才刚好满足 2M12×30（孔 d13.5mm）的要求。

实际工程中，超过100mm、高2.5mm厚的檩条相当普通，几乎没人在乎规范中有关孔距的限制。这样合理吗？若不合理，也安全可靠，规范为什么不改改呢？

【肖本】：楼上的兄弟：

（1）您是不是对于它表中的理解有些问题，最重要的应该知道什么是顺力的方向，什么是垂直于力的方向。

（2）对于檩条的，应该去查查冷弯薄壁型钢钢结构技术规范。

（3）对于备注中的刚性构件理解，我也不是很明白，如果有哪位仁兄知道，请指点。

★**【YAJP】**：规范规定外排螺栓最大间距，主要是考虑间距过大导致板和板之间不能贴紧，容易造成内部锈蚀。如果是刚性构件的话，加大间距也能保证刚性构件与板贴紧。从图上看，没有刚性构件，应该算是不满足规范要求。

这个问题经常被人忽略，原因是就算不满足规范要求，一时半会也显现不出来。

【20070327】：确如 **YAJP** 所言。螺栓间距过大导致板和板之间不能贴紧，容易造成内部锈蚀。如果采用喷砂（丸）后涂无机富锌漆，则问题不大。檩条和檩托是涂好漆的，也不存在锈蚀问题。

螺栓最小距离是按照铆钉的操作空间确定的。这点比美国规范严（最小间距大）。

这样的连接通常不满足受力要求，慎用！

如果不是没法安装，一定不用这样的节点。上季度我验算了一个在施工程的此种节点连接，剪力作用在主梁中心，考虑上偏心距的影响，超过了螺栓的抗剪承载力！结果是现场补焊了角焊缝。

【dazhi】：我认为我们国家的规范抄错了国外的规范，规定了 $8d_0$ 和 $12t$ 的较小值，而国外规范是 $8d_0$ 与 $12t$ 的较小值。请问，我理解这里应该是小于二者的较大值就可以，也就是说，只要满足其一就可以了。如果是满足 $8d_0$ 和 $12t$ 的较小值。那 $8d_0$ 与 $12t$ 的较小值又该如何理解。所以，我认为楼主的图是正确的。

8　高强螺栓到构件边缘间距（tid＝173631　2007-9-16）

【onlyhome】：钢梁1（H300×150×6.5×9）与钢梁2（H250×125×6×9）螺栓连接，见图1-4-20。有个问题是，螺栓中心至加劲板边缘间距为35mm，能满足要求吗？

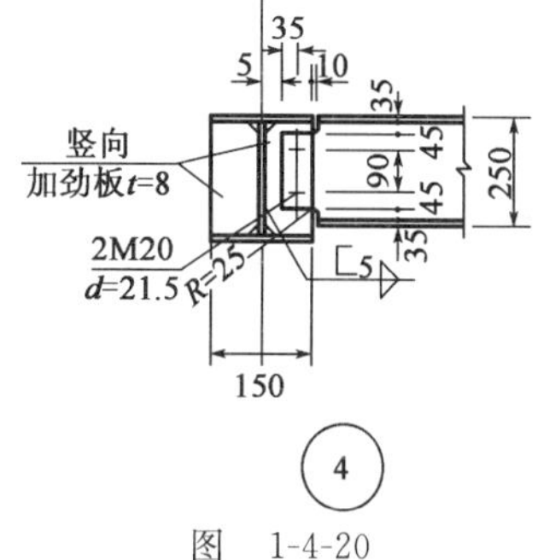

图　1-4-20

【谨慎】：请参考：

http://okok.org/forum/viewthread.php? tid＝108644

【lemonlee】：按 GB 50017—2003 中 8.3.4 的要求，对于高强螺栓自动气割边，垂直内力方向 $1.5d_0$ 即可

$$1.5\times21.5=32.25\text{mm}$$

因此，个人认为您这个构造能满足要求。

【**onlyhome**】:谢谢各位答复。按照最小容许间距(垂直内力方向)是 1.5d_0,这样是满足。

多、高层民用建筑钢结构节点构造详图是建议 45,我看很多节点高强螺栓到边缘的是 45~55,所以有这样疑问。

【**wate1222**】:钢结构的节点构造中,对于翼缘较窄的情况,会采用加劲肋外伸出翼缘来满足螺栓孔边距的构造要求,加劲肋下端通过一个合适的坡度过渡到下翼缘边缘。

9 关于高强螺栓的疑问(tid=96864 2005-5-27)

【**jingyi**】:规范规定,高强螺栓终拧后要有 2~3 扣外露。

本人新接手一工程,高强螺栓为 M20×70,连接板厚 20mm,试验后测定预拉力为 156kN,摩擦系数为 0.14,所以我将终拧数值定为 430N·m。可是用力矩扳手拧紧后,螺栓的丝扣大概有一半都不到 2 扣。请问这样做合理吗?

【**hushixing**】:钢结构设计规范中有此规定,您可以去找一下,我手上没带规范,但我知道 M20 螺栓应给板厚加 39.5mm,您的问题是(20+20)mm 板厚,应是 M20×80 螺栓。

【**闯龙**】:高强螺栓长度由压合长度加某一固定长度构成,如 M22 高强螺栓是压合长度加上 35mm(一螺母和一垫片)。通常压合长度是根据实际长度按舍 2 进 3 的算法圆整到 0 和 5 结尾。如压合实际长度为 32mm,则按 30mm 考虑,30+35=65mm 应为实际螺栓所需要长度,如压合实际长度为 33mm,则按 35mm 考虑,35+35=70mm 应为实际螺栓所需要长度。

【**黑胡子海盗王**】:刚才给您计算了一下是 75mm 才可以,这个值是个不多不少最经济的值,也不会出现任何问题,所以您的 70mm 肯定不够,我看有个朋友给的是 80mm,这就多余了 5mm,今天没时间了,明天给您简单可行的方法以及计算依据。

【**gkfine2826**】:若为大六角头高强度螺栓,长度=40+35=75mm。

若为扭剪型高强度螺栓,长度=40+30=70mm。

按这个标准安装能达到规范的要求,除非您结构安装误差太大硬靠螺栓拉紧。

【**long. yan**】:高强螺栓连接长度可参见:《钢结构高强度螺栓连接的设计、施工及验收规程》(GJ 82—91)。

【**黑胡子海盗王**】:您可以仔细查看钢结构手册,自己是可以看明白的,一般我们用的螺栓是直径为 16/20/24/27/30 五种,它们可以在拼接板的基础上分别加上 30/35/40/45/50。

比方您的拼接板是 20mm,那么就是两块板厚+35mm,也就是 20+20+35=75mm。所以您选择 M20×75 的高强螺栓就可以了。要是您的板厚是 18mm 的也取 20mm 来计算,都在经济的范围内。

10 高强度螺栓连接问题疑问(tid=136244 2006-6-4)

【**brucezhang**】:(1)对于腹板高强度螺栓连接,翼缘坡口焊接的连接到底是按照铰接算呢,还是刚接呢?

(2)有没有人见过腹板采用高强度螺栓连接之后还要焊接的?我觉得这种做法简直是没有力学概念。大家说呢?

(3)对于箱形构件的安装,还要采用安装螺栓,翼缘开口,拧紧螺栓后再焊接,不知道是不是根么没有必要? 反正我认为是多此一举。

(4)对于高强度螺栓单剪连接,腹板的切割尺寸规范是怎么规定的。

【潘光宗】:现在CCTV主楼核心筒内的梁大部分就是腹板高强度螺栓连接,翼缘坡口焊接.这种形式的连接是刚接。

【jim5585】:腹板用高强螺栓连接后翼缘再焊接的结构我就见过,我们这里是按照固接处理的。

箱形梁方面我这里也有一个例子:是一个500×200×16的箱形梁,采用焊接,施工中没有设置安装螺栓。就是采用定位焊接来临时固定的,施工中注意到焊接的变形,一般有设置几道伸缩缝。

【e路龙井茶】:(1)这肯定是刚接在高钢规和抗震规范都有明确指明。

(2)当然可以,但是有一定的限制,这只能说您认识不够。这在建筑钢结构焊接技术规程中第八章和《钢结构高强度螺栓连接的设计、施工及验收规程》(JGJ 82—91)上都有明确规定。

(3)看情况,不同的设计者,不同的思路。

(4)不太明白您说的意思。

11 高强螺栓连接孔径的问题(tid=172383　2007-8-23)

【高山流水38】:尊敬的各位同仁:

本人在做的一个工程中,框架主梁和钢柱为高强螺栓夹板栓焊连接(夹板不焊主梁翼板焊),现施工单位提出为了方便安装,要将钢柱上连接板和框架主梁腹板上孔径均在原有孔径基础上加大2mm,夹板孔径不变。本人也没找到相关规范,不知是否可行? 还请各位同仁指点一二!

【xutao】:两侧夹板双面摩擦,可以将中间梁腹板的孔开大一些,对于连接来说没有什么影响的。

【jimesch】:不行,高强度螺栓孔径有严格规定。

中国:最大允许比螺纹公称直径大2mm;

欧洲:1.5mm;

具体原因暂时还不清楚,可能与螺栓的支承条件有关,可能会对螺栓的预紧产生不良影响,这是我的看法。

【ifsky】:摩擦型螺栓孔径比栓杆公称直径大1.5~2.0mm,普通以及承压型螺栓则大1.0~1.5mm。

【flywalker】:这个问题比较有意思,规范对于螺栓孔径的要求是比较严格的,见规范8.3.2条。粗看一下,感觉夹板连接时依靠摩擦来传力,而一旦发生滑动就告破坏,似乎与孔径没有什么关系。其实这中间应该考虑一个关键的问题是,通过摩擦传力的时候力的分布是不一样的,孔边的受到的最大,抵抗滑移的能力最强,越远贡献越小。

所以人为加大孔径是会削减高强螺栓的承载力的,也是不允许的,施工单位的要求只是考虑施工的可操作性,完全没有依据,应给予拒绝。

【刘立志】:本人认为不行,规范对高强螺栓孔有严格的要求,即使螺栓孔钻偏或钻大,必须先采用同类型焊条进行焊接后再进行钻孔,并且扩孔也有严格的要求。

【zhoushua1a1】:一般来说,承压型高强螺栓主要以螺栓杆身承担全部剪力,以螺栓或钢板破坏作为承载能力的极限状态,承压型孔径比摩擦型孔径小,具体规定如下:摩擦型高强螺栓的孔径比螺栓直径大1.5~2.0mm,承压型高强螺栓的孔径比螺栓直径大1.0~1.5mm。

【砼】:JGJ 82—91中第2.5.2条规定高强螺栓的孔径应按表2.5.2规定采用,请注意,这里是"应",所以应该严格按照规定采用。另当现场不得不进行扩孔的时候需要按照有关规定进行,论坛里有相应帖可以参考。

【天水】:我也是搞施工的,钢梁的腹板与钢柱的翼板端面用夹板和高强螺栓连接承担构件的剪力,因钢梁的上下翼板无法触到钢柱的端面上就无法施焊,无论是加大夹板和钢梁腹板的横向开孔,其性质是一样,且不说高强螺栓预拉力是摩擦型还是承压受拉型的,还有抗滑移,就两侧钢柱的轴线同时向内缩进。如果是靠到钢柱端面的话,我的感觉是一端缩进大于2mm,腹板与柱的端面对接时约有10mm缝隙,在实际操作中不可能很精确,除非制作时给以预留(如是高层的话)整体主结构都要变动,轴线和地角螺栓是否也要改动,那次结构怎样处理。

【心逸无涛】:应该是不能改。

如果是摩擦型螺栓,是通过夹板和腹板之间的摩擦力传力,摩擦力的大小和它们的接触面积有关,孔径改大后,传力面积变小,而且正如六楼 **flywalker** 兄所说,摩擦力应该是越靠近螺栓越大。这样一来,扩孔后摩擦力的损失应该不小。

如果是承压型高强螺栓,那就更不能了。除非能够保证扩孔时孔的偏差方向一致,不然螺栓群抗剪时只能各自为战,先是和板接触了的螺栓起作用,这部分螺栓屈服有大位移后其他螺栓才能陆续起作用。这应该就是为什么承压型螺栓孔的精度要求更高的原因吧。

12 钢结构连接中的问题(tid=185968　2008-3-19)

【缘分】:在钢结构连接时哪些需要双螺母的呢?请各位大侠帮助下。

【xiao00hua】:一般来说,柱脚连接需要双螺母,其余没有特殊要求可以不用双螺母。

【韭菜】:就地脚螺栓需要!其他位置要么是安装螺栓要么是高强螺栓。

★**【lee.jengru】**:一般下列设计需使用双螺母:

(1)Tower(铁塔)。

(2)Vertical drum(立柱)。

(3)Compressor(压缩机)。

(4)Reciprocating pump(循环泵)。

(5)受反复张力。

而且,若使用两个六角螺母的型式也不一样,如图1-4-21所示。

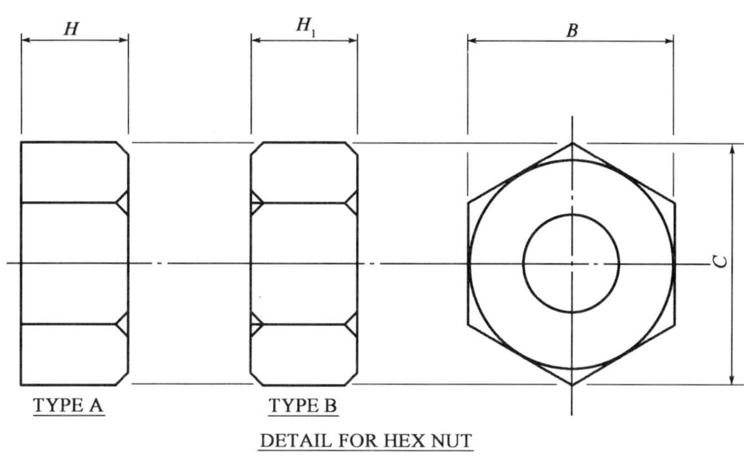

图　1-4-21

13 请教一个螺栓排列问题(tid＝144945　2006-9-1)

【qingling】:钢梁与混凝土结构铰接节点中,节点板与钢梁单排螺栓连接,是否属于《钢结构设计规范》8.3.4条注2所说的情况,即螺栓间距应按中间排的数值采用?

【qhsun】:楼上是说用安装螺栓固定在现场焊接的节点吗?我曾经也为这个节点螺栓排列伤过脑筋,但后来想,如果放很多安装螺栓,一个对主梁削弱较多,另外也没必要。主要的考虑是这个螺栓起吊装定位用,而螺栓限制边距一个是考虑密封的原因,可是这个问题很好解决,您可以要求加工的时候在螺栓群范围内也做油漆。现在在做的国内很著名的一个工程中就经常遇到这个问题,也是这样解决的,特别是中距基本就没考虑规范的限制。

14 高强螺栓垫圈问题(tid＝11937　2002-7-25)

【hepdi】:按有关技术要求,大六角头高强螺栓需垫两个垫圈(前后各一),先螺母处未垫且已终拧,可否?

【李国建】:答:不可以!大六角头高强螺栓需垫两个垫圈是因为:此工况是通过摩擦力来传递荷载的。这两个垫圈不是普通的垫圈。一般是经过热处理的30号优质碳素钢制成的。必须上下垫,才能很好地通过摩擦力来传递载荷!

请立即改正错误!

【tzpllf】:有这么恐怖吗?我想小跨度就算了吧!以后改正就是的了!

像我们公司的节点处理,在摩擦面处都有不同程度的喷漆!部门老大都没有说不行。我这个当兵的倒很急。又不能发表意见。不过装上去后也没有见过倒的工程。我想这是迟早的事!但愿意不要发生!

【horselwl】:《钢结构工程施工质量验收规范》(GB 50205—2001)中并没有相关的条文规定?请问您说的技术文件是哪个?是《钢结构高强螺栓连接的设计、施工及验收规程》(JGJ 82—91)吗?

如果规范中没有规定,只要满足摩擦面系数试验和终拧扭矩检查等主控项目不就可以了吗?只要保证最终结果,不管您施工是什么过程,最近新修订的质量验收规范不都是这样吗?

【xjl2001532】:高强螺栓的垫圈一般是经过处理的45号或35号优质碳素钢制成的,强度比较高,垫圈的作用是防止螺母或螺栓转动划伤被连接的母材,母材的强度一般比高强螺栓低,扭剪型高强螺栓紧固时只有螺母转动,所以只需一个垫圈,而大六角高强螺栓紧固时螺母和螺栓都转动,所以需两个垫圈。

15 100mm宽翼缘布两列M20的高强螺栓(tid=50302 2004-2-25)

【mjyzj】:100mm宽翼缘布两列M20的高强螺栓,两螺栓间距45mm,两边各留27.5mm,可否?

(1)进行块状撕裂验算满足;

(2)对螺栓的承载力折减,保守点取0.5;

以上两条件满足,这样布置有何问题?

另问:规范上1.5d_0主要考虑因素是什么?请大家指教!

【North Steel】:这样您的edge distance只有(100—45)/2=27.5mm,

不足1.25英寸(32mm),不可以。

大概是1.25英寸,您可查ASD。

【lings191516】:mjyzj 提及:

"100mm宽翼缘布两列M20的高强螺栓,两螺栓间距45mm,两边各留27.5mm,可否?"

100—45=55mm,

55—螺栓直径20=35mm,

35/2=17.5mm,每边只有这么一点宽了,我们按规范习惯留25mm宽。

【YAJP】:规范上1.5d_0主要考虑因素是螺栓孔承压承载能力和毛截面屈服承载能力均小于净截面拉断承载能力。边距太小,很不合理,但只要保证上面三项承载能力和螺栓本身的承载能力满足要求(净截面拉断承载能力应采用较高安全系数),也应该是可以的。但对于这种100mm宽M20螺栓的情况,一定要两排的话,还是错开布置为好。

【mjyzj】:楼上的各位大侠,十分感谢热情解答!

刚才查了查浙大夏志斌老师编的《钢结构》,其中P142讲到:"由于摩擦型高强螺栓连接是依靠摩擦面上的摩擦力传递荷载的,摩擦力分布在每个螺栓中心附近的有效摩擦面上,根据试验,有效摩擦面的直径为3D以上",由此,我猜螺栓孔中心到板件边缘距离不小于1.5D是不是为了保证其全部有效摩擦面考虑的,如果如此,我在计算高强螺栓的抗剪能力时,保守点儿,只考虑一半的摩擦面有效(即认为靠近边缘的另一半径为1.5D的半圆摩擦面失效)。不知这样是否讲的通,请指教!

另外,由于螺栓是在工字钢的翼缘上,净截面和毛截面的强度也应该不成问题。

可能发生的破坏形式为"块状撕剪破坏"(P153),若验算满足,不知这种螺栓布置是否可行?

点评:满足构造和承载力要求就不会出现破坏现象,对于工程问题与学术问题需要区别对待。mjyzj的问题,在这里没有得到一个最终答案,欢迎有兴趣的朋友参与论坛上讨论,给出合适的解答。

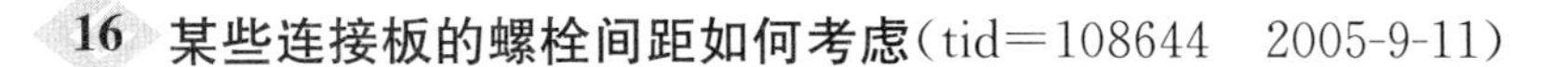

16 某些连接板的螺栓间距如何考虑(tid=108644　2005-9-11)

【谨慎】:连接板一般都和构件的腹板同高,但有时需要的螺栓数量很少,这就要在连接板的下部切掉一块,交点处用平滑的圆弧连接,切掉部分是如何考虑?切掉后连接板下边距螺栓中心的距离是否也有一定要求?连接圆弧一般做成多大?

【allan】:(1)螺栓连接节点到构件边缘或者螺栓之间的距离,统统按照《钢结构设计规范》(GB 50017—2003)82页表8.3.4的规定来确定。

(2)当螺栓数量较少的时候,也说明该连接剪力不大,圆弧过渡主要是避免应力集中;如果要采用平滑的圆弧过渡,圆弧半径大于10mm就可以,加工的时候一般是切斜角后用砂轮打磨一下。

【暴风】:当次梁需要考虑作为主梁的侧向支撑点时,应考虑螺栓孔尽量靠近上下翼缘。

【谨慎】:谢谢各位!

我想问一下图1-4-22中所示虚线与螺栓的间距有要求吗?

还有,螺栓在节点板上排列时不时还有最大间距要求吗?我想问一下在图中螺栓距梁腹板的距离有没有要求?

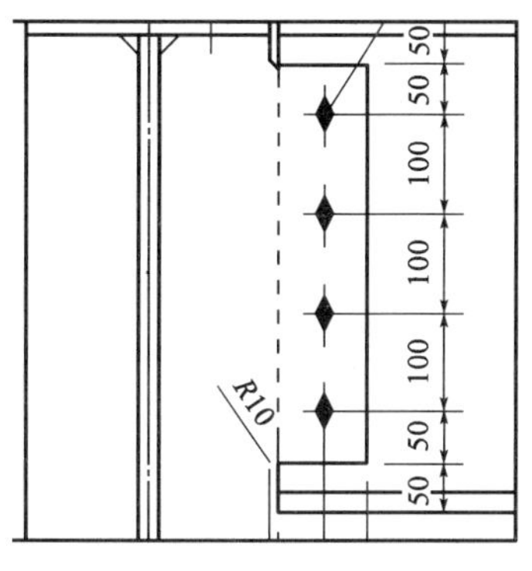

图 1-4-22

【allan】:(1)主次梁连接中,当不考虑连接的偏心弯矩时,高强螺栓沿次梁轴线方向是不受力的,根据《钢结构设计规范》82页表8.3.4的规定,也就是垂直内力方向,高强螺栓到图中虚线位置(此梁腹板边缘)的最小距离为1.5倍孔径。

(2)当考虑连接的偏心弯矩时,高强螺栓沿次梁轴线方向是受力的,根据《钢结构设计规范》82页表8.3.4的规定,也就是顺内力方向,高强螺栓到图中虚线位置(此梁腹板边缘)的最小距离为2倍孔径。

(3)实际上主次梁连接中都存在偏心弯矩,所以,建议按照2倍螺栓孔径考虑。

(4)螺栓的最大间距在《钢结构设计规范》82页表8.3.4中也有明确规定。

【谨慎】:我还想问一下关于螺栓排列的问题:在上图中,螺栓据主梁腹板的间距有没有要求?因为螺栓也是连接在连接板上的啊。

还有连接板尺寸的确定是根据计算吗?它受剪还受弯,和梁一样验算吗?

向各位朋友、老师请教:

在上图中,连接板的下部切掉部分越大越能节约材料,可是随着切割边离螺栓的距离加大,连接板上的弯矩会加大,是否这种验算是切掉部分的决定因素?

【North Steel】:(1)主次梁连接中,当不考虑连接的偏心弯矩时,高强螺栓沿次梁轴线方向是不受力的,根据《钢结构设计规范》82页表8.3.4的规定,也就是垂直内力方向,高强螺栓到上图虚线位置(此梁腹板边缘)的最小距离为1.5倍孔径。

(2)当考虑连接的偏心弯矩时,高强螺栓沿次梁轴线方向是受力的,根据《钢结构设计规范》82页表8.3.4的规定,也就是顺内力方向,高强螺栓到上图虚线位置(此梁腹板边缘)的最小距离为2倍孔径。

(3)实际上主次梁连接中都存在偏心弯矩，所以，建议按照2倍螺栓孔径考虑。

(4)螺栓的最大间距在《钢结构设计规范》82页表8.3.4中也有明确规定。

提醒一下，以上这些都是构造要求，一定是应该满足的，但是所有这些还要有计算要求，在某些情况下是计算要求在起控制。各位不可以忽视。

【broadway】：我在北美做钢结构。

孔到虚线均为32mm或38mm，用公制则可35mm或40mm。

孔到孔均为76mm或65mm，用公制则可80mm或65mm，最少55mm以便冲击扳手套筒外圆不被相邻螺栓影响。

所有螺栓均为19.05mm直径。

17 确定锚栓螺纹长度时应考虑多少调节量？(tid＝130879　2006-4-15)

【0575123】：从事钢结构图纸细化时间长了，经常发现结构设计图上出现锚栓螺纹长度＜(螺母＋垫板＋柱底板)的厚度之和的情况，显然必须修改锚栓螺纹长度。

个人认为：锚栓螺纹长度＝(螺母＋垫板＋柱底板)＋10mm＋调节量。然而应考虑多少调节量呢？

另外，结构设计图上还会出现灌浆层厚度＜螺母＋垫板的厚度之和(柱底板以下部分)的情况，设计人员也太不负责了！没办法，只能再加大灌浆层厚度，这时，是不是也要增加锚栓总长以保证锚固长度呢？

【0575123】：怎么就没人说得出锚栓到底应考虑多少调节量？这可是最基本的问题啊？

【黑胡子海盗王】：钢结构设计手册等书上不是都有么？还有要是留的太长了也不好看，关键是土建施工的时候要认真的埋，要是土建不认真谁也做不到放之四海而皆准的。

【zqh】：个人认为：锚栓螺纹长度＝螺母(3颗，上2下1)＋垫板＋柱底板＋压板＋上端余量(3～5扣)＋调节量。调节量要视施工单位水平而定，一般为30～50mm。设计图一般会交待，否则由详图工程师确定。

【0575123】：还是**zqh**说得有道理！钢结构设计手册上是有，但没有考虑调节量，而实际上工地上预埋时不可能埋得那么准，所以调节量是一定要有的。

18 高强螺栓摩擦型连接孔可以做成可调节的长孔吗？(tid＝75078　2004-11-4)

【kzj999】：次梁与主梁连接的高强螺栓孔可以做成可调节的长孔吗？谢谢！

【doubt】：不合适吧，螺栓是依靠摩擦面抗剪的，就算摩擦力足够，但施工时扭矩能否达到还未知，而楼板对梁的变形是很敏感的，梁有移动，混凝土楼板就会产生裂缝。

【bqmen】：高强螺栓孔的孔径小于M16螺栓的孔径只能大于1.5mm，大于M16的螺栓只能大于2mm。我认为不能做成可调节的长孔。

【kzj999】：谢谢两位高手，那主梁有误差次梁不就安装不上了吗？

【doubt】：钢结构本身就是从设计制作安装均要求比较精细的建筑产品。若有误差，可选择扩孔，安装螺栓后在连接端部用角焊缝焊死。

【徒弟】：一般不能，但是有时为了方便安装，部分孔变长孔，安装后，再焊接就可以了。

【bqmen】：在安装高强螺栓时，当不能自由穿入时，该孔应用铰刀进行修整，修整后孔的最大直径应小于1.2倍的螺栓直径，严禁气割扩孔。

【doubt】：楼上说的我曾经和施工队交流过，他们说铰刀扩孔不可思议，一个节点动不动就十几个螺栓，而且都是厚板，一有误差就是成批的，这种加工不现实。

【china0527】：不行。高强度螺栓孔应采用钻成孔，对于摩擦型高强度螺栓因其受力时不产生滑移，故其孔径比螺栓公称直径可稍大，一般采用1.5mm(M16)或2.0mm(≥20)；对于承压型高强度螺栓则应比上列数值分别减小0.5mm，一般采用1.0mm(M16)或1.5mm(≥20)。采用高强度螺栓连接的钢结构产品本身对加工精度要求较高，若有少量的栓孔存在误差，可考虑在现场采用绞刀扩孔；若有很多的栓孔存在误差，那就得重新加工了。

【emptybottle】：首先一点是可以做。因为高强度螺栓(摩擦)本身的受力过程是摩擦面提供的，并没有与孔壁发生关系。试想要是不允许做大，那么允许扩孔是什么道理呀，扩孔之后实际的孔直径也不是不能满足设计规范的要求了吗(这点是各位研究的关键)？所以采用长孔后，只要螺栓的轴力达到设计要求，摩擦面试验结果也满足要求，就可以采用该形式。而且该形式的最大优点是：方便了现场的安装，并除去了现场扩孔给摩擦面带来的破坏。

【floatflying】：与受力的垂直方向可以做。

【DYGANGJIEGOU】：关于高强螺栓，下面一段资料可能对大家有所帮助：

我国钢结构设计规范规定，摩擦型高强螺栓要求测定扭矩系数、摩擦系数以控制预拉应力。孔径要求比螺栓直径大2mm。承压型高强螺栓除保留上述要求外，还要求孔径比螺栓直径不得大于0.5～1.0mm，减少孔径，可以在非动力荷载下允许螺栓有极小滑动，并在摩擦与顶紧共同作用下使承压型高强螺栓承载力比摩擦型的提高30%，但国内实际工程从未用过承压型高强螺栓。日本也取消了承压型高强螺栓。德国虽用承压型高强螺栓，但制定了专门验收标准，以免出现质量问题。

门式刚架规程参考了美国经验，采用了承压型高强螺栓或摩擦型高强螺栓。但美国门式刚架所谓的承压型高强螺栓内涵与我国不同。美国要求孔径比螺栓直径不大于1.5mm，不要求试验扭矩系数及摩擦系数，只要求螺栓用人工拧紧，然后再转1/4圈即可，目前不少美国公司在我国也是如此做法。这说明可能美国习惯于不用扭矩系数，因为扭矩系数与预拉力也只是间接关系，并不一定可靠；更主要的可能还是对门式刚架的高强螺栓要求并不需太高，与大跨重型钢结构及桥梁的高强螺栓应有所区别。因为门式刚架毕竟是轻钢结构，跨度小，受力小，尤其门式刚架是受弯构件，高强螺栓不是靠摩擦传递很大的拉压力。螺栓主要是受拉并承受一些剪力，在拼接处一般剪力很小，仅在支承处剪力稍大。斜支座本身可承受很大的剪力，直支座一般上面还有盖板或在下面加托板承受剪力，即使没有这些辅助件，剪力也都比较富裕，对门式刚架高强螺栓显然不需要像现在这样与大跨度钢结构要求一样。

【tonybb】：对于这个问题，我知道有种情况可以做成长孔(连接板，不是梁)，就是如果主梁，次梁上面如果是铺屋面板时就应该是可以的。我现在做澳门射击场时就是这种情况。在跨度比较大时，在设置伸缩缝位置那里。

【yutou1978】：大家知道孔距的最小距离是三倍孔径，这是根据高强螺栓摩擦受力的状况而确定的，如果孔距小于此数值，要使螺栓的受力状况发生改变的。按摩擦型设计，抗剪受拉共同工作。如果产生了滑移，螺栓受剪。此时不是摩擦面工作。

由此可知，孔可以是长圆的，但要使有效距离大于$3d$。

【臭手】:沿次梁长度方向的长圆孔是可行的,见陈绍蕃《钢结构设计原理》。

【WHWJR007】:本人认为摩擦力的大小与预拉力有关,如果孔径太大的话,则预拉力损失太大,达不到设计值要求,估应严格控制孔径大小。

【alafair】:可以做长圆孔,但要另外贴一块等厚的板在另一侧,并钻等大的圆孔。按美国规范,回转 1/4 圈即可。

【arkon】:于工地,我见 Buttler 设计的次梁端头是长圆孔。

【fwl666】:不能,这样高强螺栓就不符合规范要求了!并且高强螺栓是靠摩擦力来紧固的,那么也就没有做成椭圆孔!

【小山羊】:高强螺栓孔径的严格要求的确会对钢结构的安装造成一定的困难,特别是平台和多高层结构,这是事实,大家都得承认,但我们可以采取适当的措施进行避免,我认为主要措施有:

(1)对预埋件进行准确的定位,包括安装时、混凝土浇注前后。

(2)吊装前一定要弹钢柱的定位墨线,也就是把钢柱柱脚的中心线弹出来,墨线一定要用经纬仪来定位,量尺寸的拉尺也要用质量好的。

(3)吊装钢柱时一定要对准墨线,如果预埋件的位置有偏差,可以采用柱底板扩孔的办法,但扩孔后要进行处理。

(4)吊装主次梁之前要对钢柱进行校直。

【greyer】:可以。

摩擦型高强螺栓连接单纯依靠被连接件的摩擦阻力传递剪力,以剪力等于摩擦力为承载能力极限状态。

在传力摩擦面数目相等的情况下,摩擦力的大小取决于摩擦系数和压力即螺栓的预拉力。

而摩擦系数仅与构件的钢号和表面处理方法相关,所以长圆孔并不影响摩擦型高强螺栓的承载力,但是必须保证构件净截面强度。

【jwk2001love】:严格来说是不可以有长孔的。规范中对高强螺栓要求很严格,螺栓露出长度也有严格要求。为了安装可以用铰刀扩孔,再点焊。

【蓝鸟】:规范要求,高强螺栓孔的孔径小于 16 螺栓的孔径只能大于 1.5mm,大于 16 的螺栓只能大于 2mm。我认为不能做成可调节的长孔。

《高强螺栓连接设计施工规程》中关于高强螺栓孔的孔径 M12、M16 为+1.5mm,M20、M22、M24 为+2mm,M27、M30 为+3mm。

高强螺栓摩擦型连接时,一般只考虑摩擦面受力,孔径稍微扩大点,个人认为只要摩擦面大小满足要求,是问题不大的;但高强螺栓承压型连接时,考虑螺杆与孔壁传力,将孔扩大就显得不合适了。

【greyer】:《门式刚架轻型房屋钢结构技术规程》第 4.3.1 条:吊车梁与柱的连接处宜采用长圆孔(此处条文主要是考虑温度影响)。

由于直接承受动力荷载,该处应采用高强螺栓摩擦型连接。由此可见,规范并不限制高强螺栓摩擦型连接采用长圆孔。在某些节点处,考虑温度影响或制作钻孔及安装误差,个人认为可以采用长圆孔。

【yinzhanzhong】:我认为不行,如果孔洞过大,当发生变形后导致螺栓杆的轴向变形过大,这样会使得螺栓杆中的拉力增加，容易发生脆性破坏，另一方面，我国规范对螺栓孔的要求明确规定，孔径与杆径相差为 1～1.5mm。

【kuaile】：建议做成安装螺栓加焊接，我们的很多工程都是这样做的，如果确实要用高强螺栓的话，只要在详图及加工阶段把好关也是能够满足要求的，不用太担心安装不上。

【SKYCITY】：我见过的有。

有用长条孔，但是要牺牲 10%左右的强度(仅凭记忆，回头查一下)。

是在铰接接的情况下，而且长条孔的方向也不是主要受力方向。

【ice heart】：我个人认为是不可以的，因为摩擦型高强螺栓靠的就是螺母与钢板之间的摩擦力来工作的，如果设计成长圆孔，摩擦面明显减小，这将导致其承载力根本达不到设计值。其次将摩擦型高强螺栓设计为可移动形式也不合适，因为，在螺栓反复往返的摩擦运动中(主要是温度作用下)，螺栓肯定会松动，这显然也是不允许的。

19　关于螺栓孔到板边的距离(tid＝110878　2005-10-4)

【小马的拳头】：国内钢结构规范规定顺内力方向，孔中心至板边的距离不小于两倍孔径。但是在施工中注意到很多国外的产品，设计只符合 1.5 倍孔径的要求。

在这方面国内外是有区别吗?

【steelengineer】：规定只是一种近似，应该是按等强设计确定孔边距的。

20　请教一个型钢规距的问题(tid＝126284　2006-3-8)

【qpj】：我对型钢规距的概念比较模糊，请内行指教一下。

《钢结构设计手册》(上册)在螺栓的排列和构造要求中提到型钢规距，和螺栓的端距线距构造要求放在一个大条目里，并在书最后有附表。比如 L90×6，查得其规线距离是 50mm，其最大螺栓孔径为 23.5mm，不清楚这两个数字是根据什么得来的? 多谢告知。

【ljbwhu】：按照钢规范 8.3.4 端距和螺栓间距的要求来的。以 75mm 的等边角钢为例，顺力方向端距不超过 $2d_0$，非顺力方向不超过 $1.2d_0$。

所以螺栓最大只能用到 M22 的，不然满足不了非顺力方向的端距要求。

一边为 45mm，一边为 30mm，能满足规范要求。一般离肢背要大一点，是为了方便安装。

【qpj】：多谢楼上兄弟，还是有疑问：

75mm 的角钢手册上要求是规距 45mm，最大孔径限制是 21.5mm，也就是 M20 的螺栓。与理论计算不一致($2.4d_0＝75$mm 得，$d_0＝31.5$mm)

但 90mm 的角钢手册最大孔径限制为 23.5mm，但按照钢结构规范边距 $1.2d_0$ 的要求计算$2.4d_0＝90$mm 得 $d_0＝37.5$mm，有一定出入啊! 应该还有别的要求吧。

【hai】：您在计算规距时没有考虑到角钢厚度和角钢在边沿和角部的圆弧，如果考虑到以上因素，就会发现手册上是正确的。

21　规线与孔距(tid＝171370　2007-8-6)

【jean000301】：我想询问：角钢开孔一定要沿着角钢孔距规线吗? 对于一般钢结构的建筑，如果不沿着规线开孔会影响受力吗?

【redking100】:规线处只是开孔的最有利位置吧,不一定非得在那里开!

【dazhi】:翻了角钢孔距规线表,发现总是距离肢背远一些,这样将导致在轴力作用下的角钢附加弯矩增大,受力反而不利。一直没想明白制定这个表的本意!从受力角度讲,螺栓规线距离形心越近才越好。从螺栓安装角度讲,有些情况安装在近肢背位置并不影响螺栓。

【张笑笑】:我也遇到楼上的困惑,按角钢孔距规线表,角钢在轴向力作用下,与排列的螺栓是有一个偏心的。

但很多书上没考虑过这个附加弯矩在计算中,还是按螺栓受轴向力设计的。是一个近似吗?

★**【心逸无涛】**:(1)角钢开孔位置最好按着规线表的要求,因为这个表是考虑了施工和受力两个方面的要求定的。就是说您不按这个规定来,往肢背靠就可能拧不紧,往肢尖靠就可能不满足开孔的边距要求。

(2)其实这个规定并没有故意的离肢背远一点,举个例,肢宽为 40mm 的角钢规定孔心离肢背距离为 25mm,这个 25mm 减去肢背厚度 5mm 和角部的半径为 5mm 的倒角区的话,只剩下 15mm,这个距离和孔心离肢尖的距离 15mm 是一样的。

(3)角钢的螺栓连接是单面连接的时候才会有楼上提到的附加弯矩,这个弯矩规范是考虑了的,钢结构规范规定单面角钢连接其强度设计值乘 0.85 系数,就是考虑这个弯矩。

第五章 焊 接 连 接

一 概念问题

1 钢结构规范7.1.2条的疑问(tid=190004　2008-5-7)

【chxldz】:请问在《钢结构设计规范》(GB 50017—2003)中7.1.2-2中:“在同时受有较大正应力和剪应力处(例如梁腹板横向对接焊缝的端部),”不太明白指的是什么位置,多谢各位指教。

【kaikai2005】:其实就是指梁翼缘与腹板相交的地方同时承受较大正应力和剪应力,所以应该按照折算应力进行计算。

2 关于《钢结构设计规范》第7.1.5条的问题(tid=148972　2006-10-19)

【bluemaple】:规范规定当熔合线焊缝截面边长等于或接近于最短距离 s 时,抗剪强度乘以0.9的折减系数。

看了条文说明以后,我对这个熔合线焊缝截面边长指的是哪个距离不是很清楚,请了解的同行不吝赐教。

【zcm-c. w.】:熔合线(熔化焊)定义:焊接接头横截面上,宏观腐蚀所显示的焊缝轮廓线。因此熔合线焊缝截面边长指的焊缝轮廓线长度,类似角焊缝焊脚尺寸 h_f 值。

【hanmingde】:对不起,zcm-c. w. 兄,您能用图表示一下吗?

【zcm-c. w.】:熔合线焊缝截面边长:图1-5-1所示灰线处。

显然:图1-5-1b)、e)与 s 相等、c)与 s 接近;而a)、d)均大于 s。

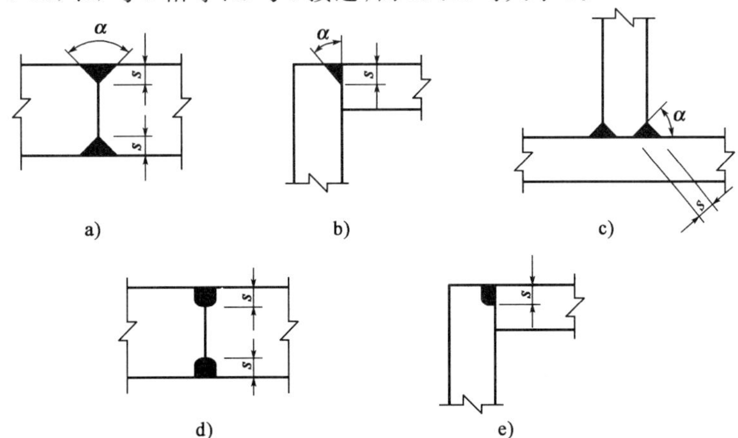

部分焊透的对接焊缝和其与角焊缝的组合焊缝截面
图 1-5-1

【rumbler】:谢谢这位老兄指点，这样一来我觉得《钢结构设计规范》第 7.1.5 条应该把“熔合线”删掉，直接规定“当焊缝截面边长等于或接近于最短距离 s 时，抗剪强度乘以 0.9 的折减系数”。这样还好理解些，不知这么说是否有道理。

3 《钢结构设计原理》P265 关于角焊缝有效长度（tid＝69666　2004-9-10）

【sdwpj】:《钢结构设计原理》(第 2 版)P265 中，角焊缝有效长度是根据角焊缝的变形能力来确定的，书中说 A 与 A' 之间的相对位移为$(l_w/2)\times(f_y/E)$，为何啊？见附件 1-5-1。

附件 1-5-1

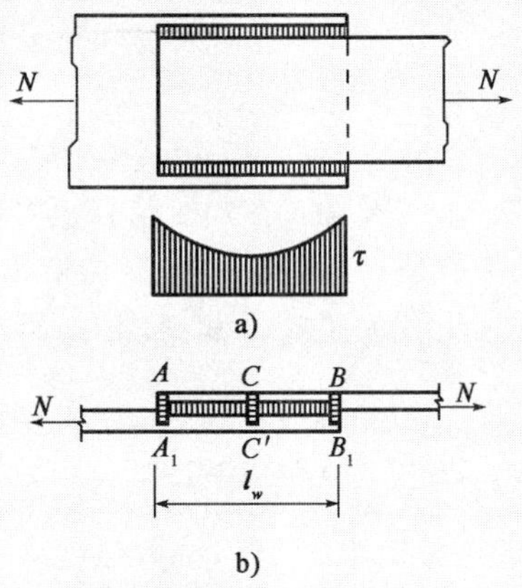

侧焊缝长度的上限应该从它的变形能力来确定。在图 1-5-2b)中，上、下两板在端截面 A 和 B_1 处应力为零，在截面 B 和 A_1 处为满应力，设达到 f_y，因此 AB 之间和 A_1B_1 之间钢板需要伸长

$$\frac{l_w}{2}\times\frac{f_y}{E}$$

它也就是 A 点和 A_1 点之间以及 B 点和 B_1 点之间的相对位移，标志着角焊缝的变形。上一节的试验资料给出侧焊缝在荷载达到最大值时变形为 1.4mm。这是一组试验的结果。一般情况下，侧焊缝的变形能力可以认为不少于 1mm。使焊缝端点处板的相对位移等于 1mm，可得长度

$$l_w=\frac{2E}{f_y}\times 1\text{mm}$$

代入 Q235 钢 $f_y=235\text{N/mm}^2$ 及 $E=205000\text{N/mm}^2$，得

$$l_w=1745\text{mm}$$

侧焊缝的应力分布和变形分析

图　1-5-2

【sdwpj】:如果 AB 或 A_1B_1 之间的伸长为$(l_w/2)\times(f_y/E)$，那 A 与 A_1 或 B 与 B_1 之间的相对变形应为$(l_w/4)\times(f_y/E)$啊，因为 C 与 C'的相对位移应为零。

【edit】:C 与 C'的相对位移为不为零与您的观察参考点的位置的选取有关。

如果假设 A_1 点为固定点，则 C 与 C'的相对位移为不为零。

应该直接考虑图 a)的应力分布下发生了多大的伸长(变形)。

【wixiwang】:现在这类问题还只是局限于弹性方面的计算，应力重分布只是在理论上的，实际计算还不成熟。

本问题中:A 点到 B 点应力从 0 到 f_y 线性变化，这样一来，相对变形如上式所示。

4 焊缝连接的等强度设计如何考虑？（tid＝71696　2004-10-2）

【michael _ liu】:焊缝连接的等强度设计如何考虑，是不是考虑焊缝和连接板同时破坏，在那些参考书上有详细的介绍？

【蓝鸟】:我个人在设计的时候都是钢板和焊缝分开考虑的，各自的强度分开计算是因为焊缝的受力有时候挺复杂的，同时受弯剪扭都有可能，并且有时也可简化，与钢板受力不一样计算。

【三清山】:等强设计是一个原则，即焊缝承载能力大于等于板材的承载能力，换句话说，不应为连接而削弱板材性能。简单的判断，对接焊缝可以看作等强连接，角焊缝则需要计算，计算方法可参见钢结构设计规范。

【michael _ liu】:这个概念在新的《钢结构设计规范》里面有没有提及?有的话,请问在那个条文里面?

【三清山】:以上等强原则仅一己之见,参见钢结构设计指标,我们可以见到对接焊缝的强度与钢材的强度是一致的,如果不计焊缝质量影响的话,强度是一致的,而角焊缝的指标要小得多,要有足够的焊缝才能满足抗弯、抗剪、抗拉等的计算。等强设计太过浪费,没有特殊要求的情况下,我觉得按强度设计也可以。

5　节点的焊接连接(tid=201539　2008-10-30)

★**【hobo05】**:本人在做钢结构的项目时,由于用的都是SAP2000,所以对于节点的设计颇伤脑筋,要是每个节点都手核一遍,工作量太大,感觉也没必要。因此,本人对节点的Q235钢,三级角焊缝连接强度做了一些思考,不知道对不对,和大家探讨。

(1)对于抗剪,钢材的抗剪强度125N/mm^2,角焊缝的强度160N/mm^2,考虑角焊缝的焊脚尺寸要求,取焊脚等于连接板的厚度,那么,如果单面角焊缝,则焊缝的有效强度为160×0.7=112N/mm^2,相对于钢材强度112/125=0.896,角焊缝先破坏;如果是双面角焊缝连接,则焊缝的有效强度112×2=224N/mm^2,远大于钢材的强度,节点不会破坏。

(2)对于受拉受压,钢材的强度取210N/mm^2,焊缝仍然是160N/mm^2,焊脚尺寸仍然等于板厚,那么,双面角焊缝连接的时候,连接的强度即为160×0.7×2=224N/mm^2,是大于钢材的抗拉强度的,连接不会发生破坏。

(3)以上的讨论都是基于角焊缝的长度是等于板件的宽度的,且不考虑起落弧对焊缝长度的影响。

那么,是否可以认为:在节点连接中,只要保证了角焊缝的长度等于板件的宽度,采用双面角焊缝连接,焊脚尺寸取为连接板件的厚度,就不会发生连接破坏?

【钢的意志】:焊缝质量为三级未必,只要受力焊缝一般在二级以上的才可以。

【zph741】:(1)强度是根据材料性质决定的,不是乘除法的问题。当焊缝增加,其受力面积增加,承载能力也增加。

(2)指出一个概念性问题,0.7指的是焊高的0.7倍,也是与强度无关的。

(3)焊接的时候理论上等强就可以了,但焊接过厚还会造成破坏母材的情况。

(4)考虑焊接变形的问题,比如8mm连接板,两面焊接,变形甚至扭曲都会出现。

6　全焊接梁柱刚性连接(tid=137228　2006-6-13)

【wwtpeople】:全焊接梁柱刚性连接时腹板的切口是否影响连接承载力,从而使得连接承载力总是低于杆件承载力?这样是否不符合抗震设计中强节点弱杆件的要求呢?或许是小弟对"强节点弱杆件"内涵还不是很清楚。多谢指正!

【V6】:计算梁腹板与柱的抗剪连接时需要考虑梁腹板上下凹口的影响,焊缝的计算长度取腹板高度减去上下凹口长度,再减去2倍焊脚高度。考虑此焊缝的实际长度后再按照《建筑抗震设计规范》中8.2.8-2式验算。式中的V_u为腹板连接角焊缝的极限受剪承载力,条文说明中有计算公式,注意公式中的f_u为母材的抗拉强度最小值。您可以找个例题来算一下,如果梁截面选择比较合理的话,一般情况下《建筑抗震设计规范》中8.2.8-2式是可以满足的。

7 这样的焊接H型钢行吗?(tid=120828　2006-1-3)

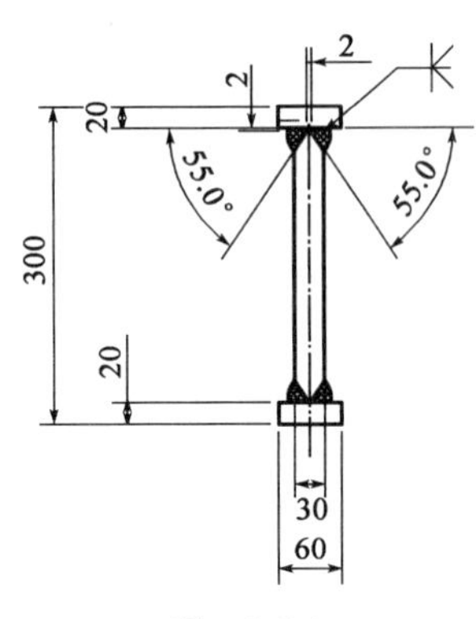

图　1-5-3

【ljjkj】:由于工艺上的要求,主钢梁须做成此种焊接H型钢(见图1-5-3),但设计院通不过,认为此种截面不符合钢规,侧向稳定性差,实际我经过计算,加大板厚满足受力要求,大家认为此种焊接H型钢行吗?

【xiyu _ zhao】:这种截面形式不是很合理,翼缘板与腹板厚度差异较大,不如做成加劲肋,应该比这种截面形式合理一些,不过焊接量要大一些,但稳定性会好一些。

【flywalker】:单从截面形式来说是很不合理的,既不经济受力也不好,作为主梁不是很合适,除非荷载很小。实际梁的受力有偏心,翼缘太窄,受扭性能很差,腹板有可能先局部屈服后破坏。

【yyl _ 606】:浪费钢材,您肯定没有算过用钢量。

我说的浪费有两个意思:

一是用钢量太大,估计您采用传统的H型梁,用钢量可以减少一半。

二是梁截面上的受力和钢材截面不合理,现在的对称截面,有很大部分钢材没有利用上,作为H梁,主要的受力部分是上下翼缘板,而不是腹板。

您这种截面还有一个致命的弱点,就是侧向的稳定性,您说您验算过受力没问题,估计您也只是验算了截面内的受力,也就是说仅满足强度要求,而实际上,作为梁构件来说,先表现的是整体受力,如果整体稳定性不足(尤其是侧向稳定性),那您截面做的再强也没有用,而长条的板结构是很容易侧向失稳的,所以说您的这种方法不明智。钢结构的强度和稳定性完全是两回事,并且有时候稳定性比强度更重要。

【孤叶知秋】:如果是工艺上的要求,能否考虑做成箱形截面梁?这样就能解决稳定性和用钢量的问题。

【混合结构】:您做的这个截面,短一点用还行,如果用的长度长,就算侧向能满足要求,我估计也难满足整体稳定性的要求,而且您这个梁还是主梁,更是不能马虎。

【tfsjwzg】:我觉得楼主这样的截面没什么问题,首先规范上还没有明确规定焊接H型钢的翼缘宽度,侧向稳定与梁高度和截面积关系较大,只要达到要求就可以了,而且楼主也已经计算过了,所以我觉得可以采用这种截面!虽然我们没有用过,但是如果也有工艺要求的话,我想是可以考虑的吧?

当然这只是我自己的认识,还得等各老师前辈的指点认证才行。

【骨架装配式板房】:这样做侧向弯曲是不行的,我同意yyl _ 606的看法。梁侧向受力是靠翼板。

【qs1311】:从尺寸上讲,更像一个焊接H型钢了。楼主把腹板用那么厚,没有太大的必要,我觉得如果受尺寸限制的话,不妨加厚翼板,减薄腹板,再加加强肋以满足侧向稳定性。

【45m跨钢屋架】:有必要把截面做成这样吗?一看还以为就是一块钢板呢,这样不但用

钢量大的离谱，而且很不合理，完全可以采取一些构造措施满足，要不就直接做成箱形梁，既可以满足稳定性，也可以节省用钢量，我想截面要求也应该可以满足了。

点评：此类型截面通常整体稳定性难以满足，经济性差，应避免采用。

8 电阻点焊用在哪些地方？（tid＝79804 2004-12-17）

【晓剑】：请问各位，电阻点焊主要用在什么地方，用在平台钢板和平台梁的焊接可以吗，这种焊接方法简便还是普通焊接简便？

【kkgg】：主要用在较薄构件间的焊接，一般在1mm以下的。可以用在平台钢板和平台梁的焊接，但是不好施工，不知道您的平台板有多厚，若是1mm以上，沿周边焊接就可以。

【晓剑】：谢谢！一般情况下，钢平台板的厚度为4～6mm。

【谨慎】：点焊是不是不用计算其强度啊？一般的间距如何确定？

最近做工程的时候，遇到很多这种点焊的情况，真不知点焊有什么要求，心里没有一点把握！

【hai】：电阻点焊要计算强度，它与熔化直径，钢板厚度，钢材强度有关。

【yetumir】：楼上的大哥。那具体的数据是多少呢？能说明一下好吗？

【hai】：您可以看一下于炜文编的《冷成型钢结构设计》一书中，第8章连接里面有该焊接公式，这本书很值得一买，强烈推荐。

【qingjun20001】：电焊都是不重要的部位，或者是强度很富裕的部位，楼层的花纹钢板通常是用间断焊与钢梁连接的，而不是点焊，如果安放或者吊一些小的东西，比如灯、风扇。

【谨慎】：请问焊点的直径是怎么确定的？是电焊设备决定的吗？还是人为要求的？

点评：查阅了一些资料，没有找到关于点焊直径的数据。点焊的常用参数为焊接电流，焊接压力和焊接时间等。焊点的形式与点焊设备与焊接工艺有关。具体内容可以参考焊接方面的书籍。

9 两个槽钢的焊接（tid＝138396 2006-6-25）

【keysonlievs】：我想将两根槽钢肢尖对焊组成一个箱形的截面来做一个构筑物的柱子，因为不值得买方钢管了。请问它们之间的焊缝应该怎么表示？

【kitty _ bin】：关注这个问题，在做室内夹层的时候常用这种截面做主要承重结构的。

同时请问：两槽钢对接时，我常给出的拼接方式是通长焊接。但是有经验的工程师认为应该上下扣板，板和槽钢通长焊。这样焊缝质量比较容易满足。那么对于这样的连接板有什么要求呢？这样加板对接的形式，是否槽钢本身就不用对接焊了呢？槽钢本身对拼如果不用焊，两支中间的缝留多少？

【PG77】：一种为格构式柱（缀条和缀板），间隙可根据计算加大一般50mm以上；另一种为组合柱，口对口内加衬板（圆钢也行），对接通焊。

【山西洪洞人】：楼上一语道破。

两根槽钢对焊，其实就是一个小的格构柱，可以用钢板拼焊。

也就是说可以按格构柱的相应要求来做。受益匪浅。

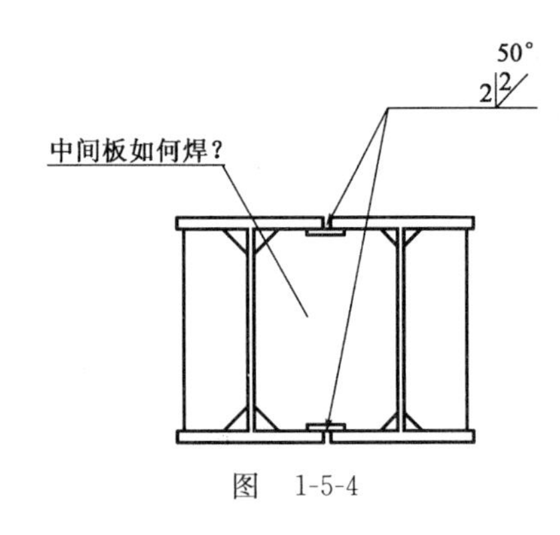

图 1-5-4

【ButlerBldg】:听说过美国堪萨斯城1981年发生的导致100多人死亡的结构事故吗？就是钢结构加工厂用对焊的槽钢代替方钢管造成的。

【山西洪洞人】:有一个新问题我觉得可以在这里讨论。

两个H型钢对拼，如附图1-5-4。

我想问的是，四面封闭的那块隔板（或者叫加劲肋）不用电渣焊能不能组立上去？

因为我见过这种截面，却不知是怎么处理的？

【freebirdy】:间断对接焊接就可以了，间距不大于$40t$。

点评：应为$40i$。

10 坡口处理(tid=85969　2005-3-2)

【sdjnsyl1204】:我想请教下，在管桁架结构中，腹杆与弦杆处开不开坡口有何区别？不开坡口当作角焊缝处理行吗？

【allan】:开不开坡口应根据腹杆受力及腹杆的壁厚确定；

(1)构造上，腹杆壁厚小于6mm时可不开坡口；采用角焊缝时，角焊缝尺寸不宜大于腹杆壁厚的2倍。

(2)计算上，应首先采用沿全周连续施焊并平滑过渡的角焊缝，当角焊缝强度不能满足受力要求时，才采用开坡口的对接焊缝。

(3)根据《钢结构设计规范》98页所说，也可以采用部分对接焊缝部分角焊缝的形式，但是这样的方法并不妥当，由于坡口角度和焊根间隙的变化，对接焊缝的焊根无法清渣及补焊，计算上有一定的误差及难度。

11 钢筋与板开孔塞焊技术要求(tid=200988　2008-10-22)

【yijianxiaotian】:小弟公司近日遇一工程，在原混凝土基础上做一钢结构工程，设计院出一埋件图中，见图1-5-5，要求埋件的钢筋与钢板开孔焊接，按详图孔坡口按45°，按此计算的话，焊缝可能会太大了吧，钢筋是$\phi25$，钢板为20mm，这样孔坡口后外径达65mm了，设计院说他们是查到这个角度要45°，但我查了相关书籍也没的找到关于此种类型的坡口，包括：《建筑钢结构焊接技术规程》Technical specification for welding of steel, structure of building　JGJ 81—2002也没有关于钢筋插入钢板的焊接坡口尺寸，请问哪位能告诉小弟相关图集或书籍，或者相关经验。先谢谢了。

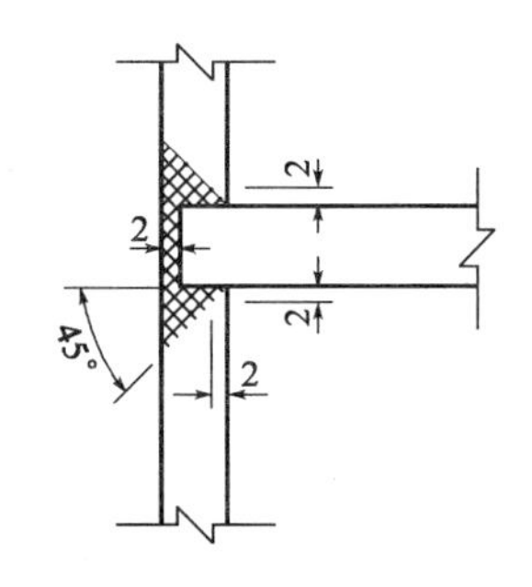

穿孔塞焊做法

图 1-5-5

【sxpsxp】:这是一种坡口熔透塞焊等强连接的做法，有理论依据。具体有没有规范依据就不知道了，这种埋件做法可相当于预埋螺栓。经常用到。

【V6】:具体见《混凝土结构设计规范》(GB 50010—2002) 10.9.5条：……当锚筋直径大于20mm时，宜采用穿孔塞焊。这个是预埋件的构造要求，一般的混凝土构造手册上也都有规定，上面的图是没问题的。

【lb945227】：小弟也碰到类似的问题，是50mm厚的钢板，ϕ28的螺纹钢，按照这个大样的话要把孔一端的孔扩大到直径130mm左右，明显是不合理的。个人认为，只要是等强连接就行了，而且塞焊焊缝的受剪强度大于等于螺纹钢的受剪强度即可。

【fallkid】：《建筑钢结构焊接规程》JGJ 81—91：

4.7.2　平焊时，应先沿接头根部四周环绕施焊，焊至孔洞中心，使接头根部及底部先熔敷一层；然后将电弧引向四周，重复上述过程分层熔敷焊满全孔，达到规定厚度。熔敷金属表面的熔渣应在结束焊接前保持熔液状态。

4.7.3　立焊时，先在接头根部引弧，从孔的下侧向上焊，使内板表面熔化，然后焊向孔边，在孔顶处停焊，清除熔渣。在孔的相对一侧重复此过程，清除熔渣后，以相同方法堆焊其他各层，焊满全孔，达到规定厚度为止。

仰焊时，焊接方法与平焊时工艺相同，但在每道堆焊后，熔渣应冷却并彻底清除。

而且应该根据板厚的不同来确定板的开孔深度。一般小于16mm。开全深度。大于16mm的不小于板厚的一半且不小于16mm。

12　焊接工字钢采用 CO_2 气体保护焊焊丝选用及疑问(tid=62513　2004-6-22)

【fachmann】：请教各位大哥，有一个工程，在大连，为4跨18m的厂房，采用结构为混凝土柱，焊接工字钢梁加彩钢板屋面，主梁采用Q345A，焊条采用E50XX系列，但甲方为了省钱，焊接工字钢梁想采用现场自己焊接，想采用 CO_2 气体保护焊的方式，要小弟确定焊丝材料，小弟在《全国民用建筑工程设计技术措施》中P285找到Q345A的 CO_2 气体保护焊焊丝可采用ER49-1。但小弟有几个疑问，想请问各位大哥：

(1)小弟这个工程采用此焊丝是否可以满足焊接材料性能与母材相匹配的要求，是否有更好的选择，如ER50-3。

(2)这种重要的构件(钢屋盖主梁)是否可采用 CO_2 气体保护焊的焊接方式？质量可否保证？

(3)这种重要的构件(钢屋盖主梁)是否可采用现场自己焊接，如何检验施工质量？毕竟是大跨度的焊接工字钢。

【cuiyu95023】：CO_2 的焊接工艺现在已经是比较成熟了。

质量应该没有问题，关键是焊工的手艺如何，还有现场的风不能太大，CO_2 的纯度应得到保证。

【fachmann】：多谢这位老大的回复。小弟就是担心工人手艺不行，不知道现场焊的检验要求是不是比工厂焊接更大？况且这么大跨度梁的焊接的焊缝有没有特别要求？另外请教使用ER49-1是否可行？焊丝？感觉好细啊。

【江华】：不知所说“焊接工字钢”是指H型钢材料在现场制作还是用钢板在现场制作，若是前者一点问题都没有。

【xudong9902】：这个问题最关键的就是工人要认真负责，其实在车间也有用 CO_2 焊接钢梁的(我们车间用的是自动埋弧焊)。现场焊接也要找个符合焊接温度湿度的场地，在无风的情况下现场焊接质量和车间不会有大的差距的。所以管理人员一定要切实负责把好质量关。

【hgr0335】:不知您所讲的现场焊接是工字梁之间的对接还是将盖腹板在现场焊接成工字钢。

如是前者,则要求是全熔透对接焊,因材质为Q345A,可以采用ER50-6实心焊丝,最好是单面焊双面成型,反面用陶质衬垫,焊后按照GB 11345做超声波检验。

如是后者,比较理想的焊接方式用埋弧自动焊,焊接质量相对稳定,而且熔深较好;或者采用二氧化碳自动焊接(用焊接小车),如果不是轨道梁,工字梁大多数是双面贴角焊缝,可以满足设计要求。

自动焊的优势就是可以排除员工的人为因素,质量好控制,但要求焊工必须是有相应资格的登记证书。

无论什么焊接方式,焊接质量都是首要的。

【fachmann】:几天前施工队打电话来说ER49-1的焊丝是用于一般结构,不知这种钢梁是否属于这种情况。Q345A是否可以采用这种焊丝?

回答上面大哥的问题,施工队的意思是在现场把钢板焊接成工字钢。但现在还未让我出修改通知单,是否应该看到他们的焊工资格证书后才能出修改通知单?

【tangsen】:(1)焊接Q345材质的低合金钢,都要求您采用E50XX系列焊条,为什么还要用低强度焊条呢?所以建议您最好不要采用ER49-1,我公司通常采用ER50-6来焊接Q345或Q235材质的构件(焊丝价格几乎一样),ER50-2也可,但市场上不容易买到。焊接性同母材完全匹配,您可大胆使用。

(2)可以采用CO_2气保焊,这工艺已经很成熟,三峡工程在开工前专家们就此工艺做过专门的评估,结果大量在工程中使用,所以您不必担心有什么问题。只是使用过程对环境的影响比较敏感,如风速,焊件的间隙,相对湿度等。

(3)只要您注意有关事项遵守有关规定,完全可以在现场做。焊接质量同手工焊基本差不多。注意现场焊容易产生气孔、焊接后翼板变形如何矫正等问题您都要考虑进去,现场的作业环境毕竟不同于工厂。

13 钢构件组立时,焊点间的距离应大体是多少?(tid=172459 2007-8-24)

【finefine】:看图1-5-6,两焊点间的距离应该在400～500mm。

请问,组立时,两焊点间的距离应大体是多少?

【stillxt】:图中的焊点间距应该在200mm左右吧!从焊点看不像是组立机组立的,组立机组立的型钢焊脚尺寸很小,且有一定长度。

组立机一般点焊间距也就是这个距离,如型钢规格较大,焊接电流可适当调大,间距要适当大一些。焊点的强度能保证进入埋弧焊前腹板和翼缘板间不发生变形就可以了,手工组立的最好用CO_2气体保护焊,免得清渣不彻底而影响埋弧焊质量。

【mahongjie】:150mm左右。

【石子】:在受压构件中为$15t$,在受拉构件中为$30t$。(t为较薄构件的厚度)

图　1-5-6

【hgr0335】:点焊实际是组装过程中用来使构件能够定位而使用的焊缝,其间距取决于半成品构件的质量,例如直线度和平面度的大小。

常规来说,点焊应该是双面交替进行的,单侧的间距一般在 500～1000mm 之间,但如果半成品的质量很差,直线度和平面度差的很多,点焊的间距就需要适当的减小,如果直线度和平面度很好,这个间距还可以加大。

间距的原则就是确保构件组装后能够处在正确的位置,转运过程中点焊提供的强度不至于引起开裂,焊接过程中因焊接受热变形构件仍能够停留在准确的位置。

提醒一下,从图片上来看,点焊缝的长度有些过短,而且咬边(或者脚咬肉)很严重,如果下面的焊接不是埋弧自动焊的话就很危险了,这些缺陷的存在会影响焊缝的内在质量,对结构安全造成很大的影响。但国内规范对点焊缝的长度没有明确规定,建议参照 BS 或者其他的国外规范,点焊缝的长度不易小于 50mm,焊脚的尺寸不能够超过最终焊缝尺寸的 1/2。

以上浅谈供参考。

【江湖漂】:一般 20mm 应该差不多了吧。个人意见。

二 基本类型

1　如何理解对接焊缝与角焊缝强度差别问题?(tid＝127404　2006-3-17)

【hai】:刚刚看了一下对接焊缝和角焊缝的强度,发现它们的抗剪强度不同(见《钢结构设计规范》P18),我认为它们的强度应该是一样的,规范却差别较大,为什么呢?

【crazysuper】:对接焊缝和角焊缝仅是焊接一种形式,强度要求:角焊缝抗拉、抗压强度要达到一个值,而对接焊缝抗拉、抗压强度达到一个值;并非都是焊接其焊接的强度设计值均一致。

【sillybabyxe】:我的理解是对于两种焊接方式它们母材金属的强度可以是一样的，但是对于两种不同的焊接工艺来说它们的技术不同可能存在不同程度的强度折减，强度设计值也会不同。

2 焊缝设计和焊缝等级讨论(tid=155594　2007-1-5)

【honge1998】:最近我们接到北京一个高层项目（写字楼或酒店），该项目柱子为圆管柱。结构节点如下：

按标准要求，牛腿翼板与柱身连接焊缝为坡口熔透焊缝，牛腿腹板与柱身连接焊缝为角焊缝（我个人也认为此焊缝为受剪焊缝，角焊缝即可满足要求）。

然而负责本项目设计的设计院，将牛腿翼板与柱身连接焊缝设计为坡口熔透焊缝，牛腿腹板与柱身连接焊缝也为坡口熔透焊缝。

设计单位说是经过严格计算的。

请大家讨论一下，设计院这样设计是否合理?

【voky】:有两点疑问：

(1)楼主所说的标准是什么标准?

(2)腹板为受剪焊缝那弯矩呢，翼板能全部承担吗?

个人认为设计院的说法比较负责任，而且从施工的角度来说，开个双面坡口，多用点焊条有什么关系呢？在同等的施工条件下能做到更好，又何必省那点事！就算设计院不要求，负责施工的时候也应该开坡口！

点评：**honge1998**：“按标准要求，牛腿翼板与柱身连接焊缝为坡口熔透焊缝，牛腿腹板与柱身连接焊缝为角焊缝”的说法是不准确的。

从设计角度来看，焊接连接只要能够满足承载力要求就可以，一般情况不限制焊接方式。不过有些规范和资料上的要求和做法可以供参考。例如：

(1)《钢结构设计规范》8.2.5条规定：“在直接承受动力荷载的结构中，垂直于受力方向的焊接不宜采用部分焊透的对接焊缝”。对于承受动力荷载作用条件，规范对角焊缝是有一些限制条件的。

(2)《钢结构连接节点设计手册》(第2版)牛腿与钢柱连接，上下翼缘采用坡口焊。

(3)《钢结构设计手册》(上册)(第3版)牛腿与钢柱连接，翼缘和腹板均采用角焊缝。

(4)夏志斌等编写的《钢结构设计方法与例题》一书中的例题是上下翼缘采用坡口焊，腹板采用角焊缝。

严格来说，钢结构制作应该按照施工图要求实施。

3 如何处理焊接H型钢翼缘板需现场切割?(tid=170898　2007-7-30)

【玉米糊糊】:用什么设备呢，还是火焰切割也可以，如何处理最好？如何处理最普遍?

【千里图破壁】:由于现场条件有限，一般都采用火焰切割，首先根据实际尺寸先在构件上划好线，其次选用有操作证而且水平较好的工人进行操作，最后切割完后进行打磨。顺便问一下，你们是什么原因造成现场切割啊，注意有监理或甲方的话，一定的先报他们批准您的整改方案啊。

【玉米糊糊】：我们是海外项目，也不打算报咨询公司和业主。由于我们结构比较特殊，每一层都需要在模型里才能计算出梁的长度，所以在多次修正以后，第一批已经加工运到现场，只能现场稍微修改一下。

分包操作相当不规范，我们天天和防贼一样，火焰切割其实没有问题，也就是修理一下，但是我还是想确认一下，毕竟经验很少，希望能尽可能的做好。多谢您！

【contac】：两种方法：

(1)冷加工(只开坡口)。

使用进口小型手推式钢板坡口机，可满足最大15mm×15mm坡口需要，角度15°～45°可调，速度约700mm/mm，坡口质量与机加工质量完全一致。

(2)热加工(坡口，直线，曲线，圆弧加工都可以)。

不要使用手割锯！

选用进口万能切割机(又叫“万用手割锯”)，带自动行走和自动点火功能，可对型钢任意位置进行精密切割作业，切割质量与数控切割机基本一致。

4 坡口对焊缝质量的影响(tid=80160　2004-12-20)

【hannian168】：两块钢板对接采用单面坡，如果坡口不是用坡口机开的而是用气枪割出来的，没有经过处理，坡口很粗糙。这样对直接焊接出来的焊缝质量有什么影响？

【kkgg】：割完后应用角磨机磨一下，然后再进行焊接。若不打磨将会影响焊缝质量及强度。达不到设计强度。

【feicaihj】：坡口宽度不均匀会导致焊缝的宽度不均匀，自然残余应力的差别就会加大，不利于结构受力。还是要加工一下。

【中国铁人】：因为对钢板进行对接，开坡口需要一定的角度，保证受力的焊接高度。

【cmping】：根据我的经验，坡口这样处理而不打磨，焊好后很难达到二级焊缝要求(除非这个焊工有极高的技术水平)，如果做一下UV探伤的话，会发现有比较严重的气孔和夹渣。更不要谈如楼上所说的残余应力的问题。

5 焊接怎样可以满足？(tid=62103　2004-6-18)

【rcy】：为什么新的STS程序，在多高层钢结构设计计算时，$M_u \geq 1.2M_p$ 要求很难满足。而在《全国民用建筑工程设计技术措施结构》中20.7.4条“在柱贯通性连接中，当梁用全熔透焊缝与柱连接并采用引弧板时，$M_u \geq 1.2M_p$ 将自行满足”。

M_u——连接的极限抗拉强度最小值计算的连接最大受弯承载力；

M_p——梁构件(柱贯通时)的全塑性受弯承载力。

这样处理连接处，在梁上下翼缘增加盖板。这样行吗！请大家指点，如果不行，怎样处理？

【verishi】：“在柱贯通性连接中，当梁用全熔透焊缝与柱连接并采用引弧板时，$M_u \geq 1.2M_p$ 将自行满足”。是指这样焊接已满足等强条件，不需要再计算该公式。

但焊接方式不满足上述条件时，需要验算该公式，此时若不满足，可以加盖板以提高节点的强度，狗骨式节点是削弱梁截面使破坏不发生在节点处而人为转移的做法。

6 自己用板焊接300mm以上的H型钢该注意点什么？（tid＝110614　2005-9-29）

【通过佛珠看人】：如题。

【jianfeng】：您问得太笼统：

（1）如果您用钢板下料，注意下料时两边同时受热，不致板条变形过大。

（2）手工焊容易使H型钢变形，最好使用自动埋弧焊，注意焊缝先后顺序，最好采用对角焊。

【Maker. xu】：应注意焊接收缩，在高度和长度方向均要留焊接收缩余量。

【abcdeefgh22】：您不会自己有3块钢板焊接把，先不要说其他的质量，恐怕出来了也成了“麻花”了，还是我没有理解您的意思，我原来做的设计只是用到型钢作为主材的时候才用到手工焊接短板，即便这样长度大了，也会出现比较严重的变形，长度不要超过800mm，不然就要采取些措施呢。

三 连接计算

1 角焊缝计算的疑问（tid＝55421　2004-4-19）

【sumingzhou】：如附件1-5-2，教材都这样写。只是对角焊缝设计强度的理解有疑问，既然是剪切强度，对E43焊条，规范规定设计值为160N/mm²，而Q235钢材的抗剪强度设计值才125N/mm²。换句话说，160XSQRT(3)的值为277N/mm²，仅仅是因为E43强度比Q235高吗？有哪里给出这些值的出处？

对其他钢材和相应的焊条，也有类似的问题。

附件1-5-2

在外力作用下，直角角焊缝有效截面上产生三个方向的应力，即$\sigma_{\perp}$、$\tau_{\perp}$、$\tau_{/\!/}$。三个方向应力与焊缝强度间的关系，根据试验研究，可用下式表示

$$\sqrt{\sigma_{\perp}^2+3(\tau_{\perp}^2+\tau_{/\!/}^2)}\leqslant\sqrt{3}f_f^w$$

式中：$\sigma_{\perp}$——垂直于角焊缝有效截面上的正应力；

$\tau_{\perp}$——有效截面上垂直于焊缝长度方向的剪应力；

$\tau_{/\!/}$——有效截面上平行于焊缝长度方向的剪应力；

f_f^w——角焊缝的强度设计值。把它看为剪切强度，因而乘以$\sqrt{3}$。

★**【hhh】**：这是由试验得到的相关公式，形式上与母材折算应力的计算公式取一致，并非截面上真正的剪应力。最初的相关是焊喉的破坏拉应力，然后通过系数换算成与母材的设计强度相关。

当母材屈服点≤240N/mm²时，转换系数为0.7。这些在陈绍蕃先生的《钢结构设计原理》上有介绍。

按照这个思路，假设母材抗拉设计强度200N/mm²，则(200/160)/0.7=1.786，而SQRT(3)=1.732，是很接近的。因此SQRT(3)只是偏安全取的换算系数。

2 圆钢管焊缝计算(tid=115699 2005-11-15)

【baobao _ jd】:求助：两圆钢管对焊，钢管外用8块矩形曲钢板焊于其上(围焊)。受力状态：轴心受拉，垂直钢管轴线面剪力，弯矩。请各位高手指点：内力如何分配?

【小马的拳头】:我做过的一个临时工程，ϕ325×12钢管，$f_y=345\text{N/mm}^2$，钢管接长采用加垫板的一级焊缝横截面对接焊，构件受压，轴力1100kN，接缝位置没有作要求。

我觉得没有必要再加曲钢板，采用等强焊缝连接，对受力分析要方便很多。

【baobao _ jd】:谢谢楼上的，这也是个临时工程，别人设计好的，我只是做焊缝计算。而且这个钢管由于受周期动力荷载作用，恐怕疲劳要求不能达到吧?

请问您那个临时工程不用做焊缝受力计算?

【小马的拳头】:"谢谢楼上的，这也是个临时工程，别人设计好的，我只是做焊缝计算。而且这个钢管由于受周期动力荷载作用，恐怕疲劳要求不能达到吧?

请问您那个临时工程不用做焊缝受力计算?"

就等强对接的焊缝，没有进行计算，因为是等强的。至于疲劳验算，则因为还远远达不到重复荷载5万次的要求，所以也没有验算疲劳。毕竟是临时工程。

3 翼缘板与腹板的连接焊缝(tid=114034 2005-11-1)

【sixi _ xiao】:各位前辈，请问一下：

焊接H型钢柱翼缘板和腹板连接角焊缝如何计算?

格构式柱分肢的翼缘板与腹板连接角焊缝又如何计算?

【小马的拳头】:个人认为应该同受弯构件一样。

【xiufeng25】:在节点设计手册中节点设计中有，此种计算，刚接包含2种，根据您所说的应该是刚性节点，用腹板焊接比较好些。

【zff1234】:认同楼上两位的意见!

按受弯构件计算是偏保守的方法，也可直接参考节点设计手册的做法。

点评：翼缘与腹板相连的组立焊缝受力较小，通常满足构造要求即可。

4 请教这种情况如何验算焊缝强度?(tid=169530 2007-7-10)

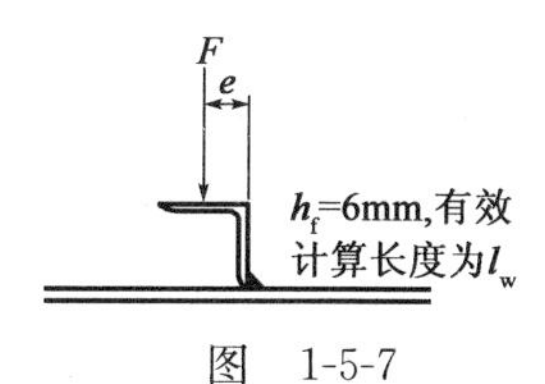

图 1-5-7

【zhtaomo】:如图1-5-7，还有焊接的安全系数应该取多少?

【lfengman】:我认为应该做抗弯计算，这样的结构不应该做重要的承力结构，所以我认为没必要计算安全系数。

$$\sigma=\frac{M}{W}=\frac{Fe}{l_w(0.7h_f)^2/6}$$

5 请教两圆钢之间焊缝有效高度计算公式(tid=96356　2005-5-24)

【dome】:请教两圆钢之间焊缝有效高度 $h_e=0.1(d_1+2d_2)$ 在何种规范上,谢谢!

公式应为 $h_e=0.1(d_1+2d_2)-a$,陈绍蕃编《钢结构》上册中。

【zsq-w】:这里的 a 表示什么?

【dome】:a 表示两圆钢公切线到焊缝表面的距离。

6 梁翼缘对接焊缝的强度不满足要求该如何处理?(tid=98468　2005-6-8)

【无言】:梁翼缘对接焊缝的强度不满足要求该如何处理?请赐教!

【allan】:如果对接焊缝等级为二级熔透以上,那么可以认为和钢材等强,如果这样不能满足,那说明该梁的翼缘截面不足。

如果是节点连接处的话,可以局部加厚翼缘或者加宽翼缘,也可以改变梁的翼缘截面。

点评:可于翼缘内外侧贴焊钢板补强。

四 构造做法

1 翼缘与腹板焊缝连接(tid=46042　2003-12-23)

【晓剑】:在门式刚架设计中,如果梁柱采用组合 H 形截面,请问各位高手:翼缘与腹板采用什么形式焊缝连接?焊缝等级是几级?谢谢!

【YAJP】:应该是角焊缝,三级吧。

【bljzp】:如果腹板厚度较厚(≥16mm),腹板与翼缘的焊缝可以采用部分熔透焊,如果腹板厚度较小(≤16mm),腹板与翼缘的焊缝可以采用角焊缝。此焊缝受力不大,焊缝高度较小,国外也有采用单边焊的。焊缝等级应该为三级就够了。

2 请教引弧板、垫板问题(tid=112669　2005-10-20)

【谨慎】:引弧板、垫板在何种情况下必须设置?其尺寸厚度如何考虑?

在梁柱焊缝连接加垫板时,梁要开“老鼠”洞,不知开洞尺寸如何考虑?谢谢!

【allan】:(1)引弧板在板件按等强全熔透焊对接的时候需要,一般长度为 40～60mm,且和对接的板件厚度有关,至少不小于板件厚度的 2 倍,同时其厚度与对接板件厚度一致。引弧板预先焊接在对接板件翼缘的两边,预先开好坡口,坡口尺寸与对接板件的坡口尺寸一样。其主要作用是在焊接的时候把起落弧留在引弧板上,避免对接板件边缘的焊接缺陷,保证对接板件整个宽度范围内的焊缝都达到等强。焊接完后,把引弧板切除并把对接板件边缘打磨平。

(2)垫板用于现场板件等强全熔透焊对接,框架梁柱刚接节点常用到,一般预先焊在板件的下面,作用如同引弧板,需要注意的是,很多单位的垫板的长度与梁翼缘等宽,这样会导致梁翼缘边缘的焊缝由于起落弧的原因有缺陷，达不到等强，所以垫板长度应该比梁翼缘要宽，焊接完后有条件者可把长出部分切除并磨平，如果不影响其他安装和使用，也可以让长出部分留着。

(3)特别是下翼缘的现场对接，由于腹板的隔断，虽然开有洞，但该焊缝往往不能一次施工，这导致焊缝存在缺陷，在大震下，该焊缝往往是先破坏的地方，所以有些单位会在该处垫板的背面补焊垫板与柱翼缘的焊缝，不过这是仰焊，现场施工有一定难度，这样的节点连接形式应该改进了。

(4)梁腹板开的“老鼠”洞可参考国标图集《多高层民用建筑钢结构节点构造详图》上的示例。

【zhoumi3000】：在焊缝的起灭弧处，常会出现弧坑等缺陷，这些缺陷对承载力影响极大，故焊接时一般应设置引弧板，焊后将它割除。对受静力荷载的结构设置引弧板有困难时，允许不设置引弧板，此时，可令焊缝计算长度等于实际长度减 $2t$(此处 t 为较薄焊件厚度)。

3 焊接节点(tid＝58674　2004-5-19)

【鱼鹰 5000】：钢结构焊接图例供参考(图 1-5-8)：

260134-hjtl1. rar(69. 06 K)

下载地址：http://okok. org/forum/viewthread. php? tid＝58674

钢结构另一节点

260136-hjtl2. DWG(95. 08K)

下载地址：http://okok. org/forum/viewthread. php? tid＝58674

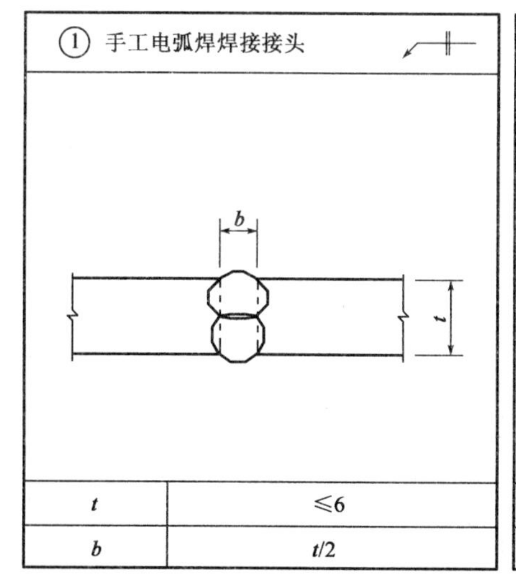

t	≤6
b	t/2

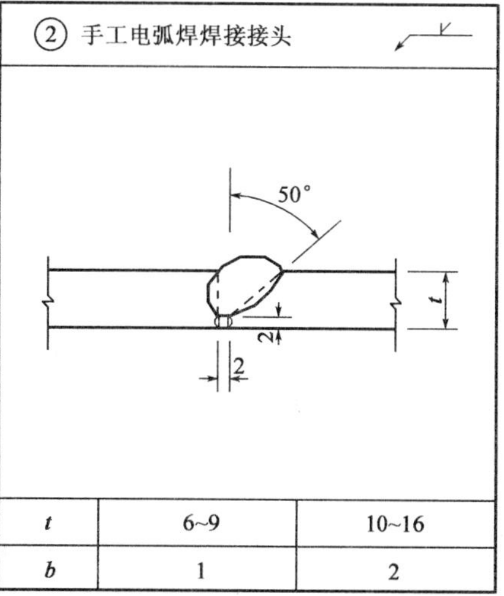

t	6~9	10~16
b	1	2

图 1-5-8

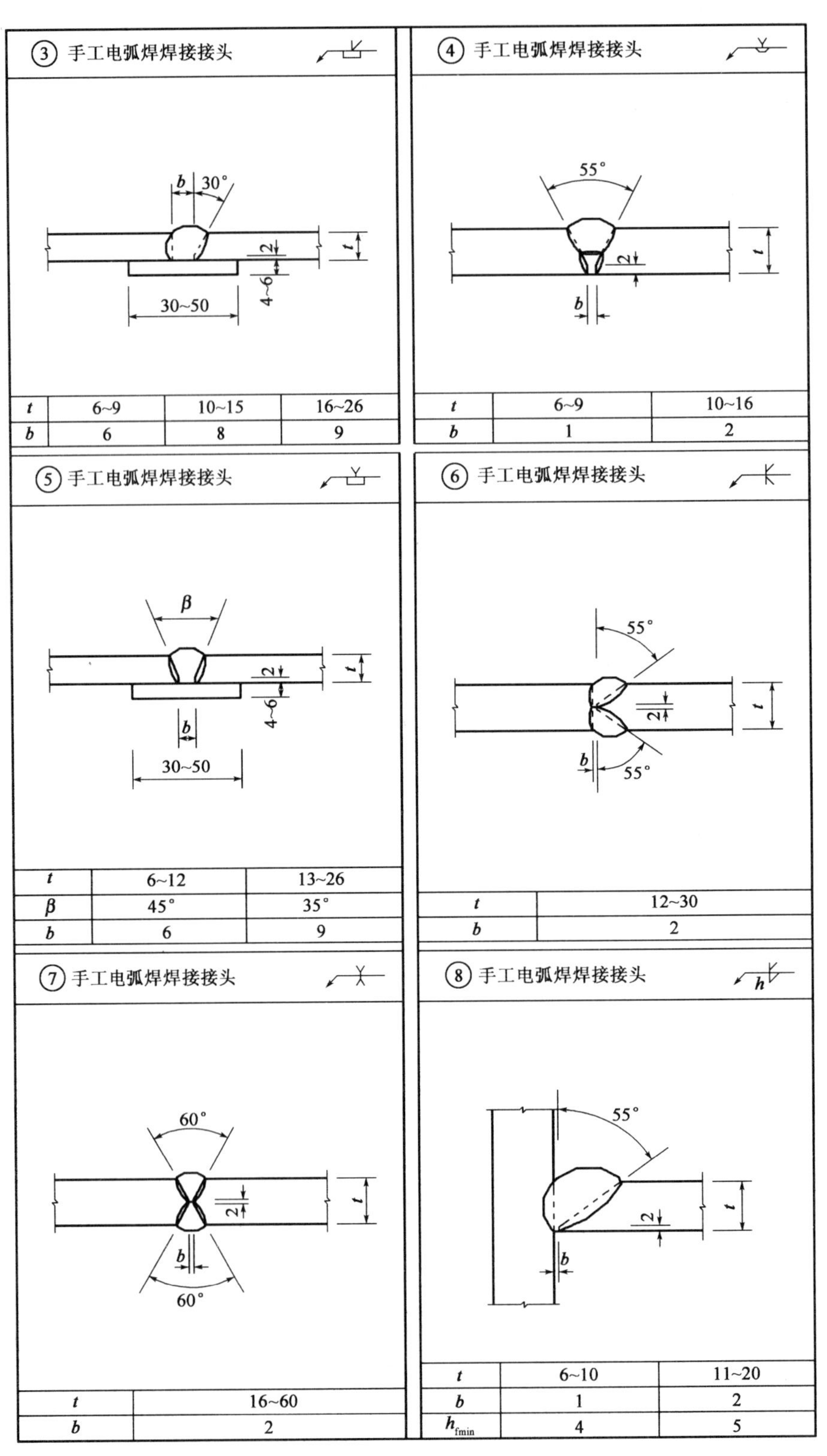

③ 手工电弧焊焊接接头

t	6~9	10~15	16~26
b	6	8	9

④ 手工电弧焊焊接接头

t	6~9	10~16
b	1	2

⑤ 手工电弧焊焊接接头

t	6~12	13~26
β	45°	35°
b	6	9

⑥ 手工电弧焊焊接接头

t	12~30
b	2

⑦ 手工电弧焊焊接接头

t	16~60
b	2

⑧ 手工电弧焊焊接接头

t	6~10	11~20
b	1	2
h_{fmin}	4	5

图 1-5-8

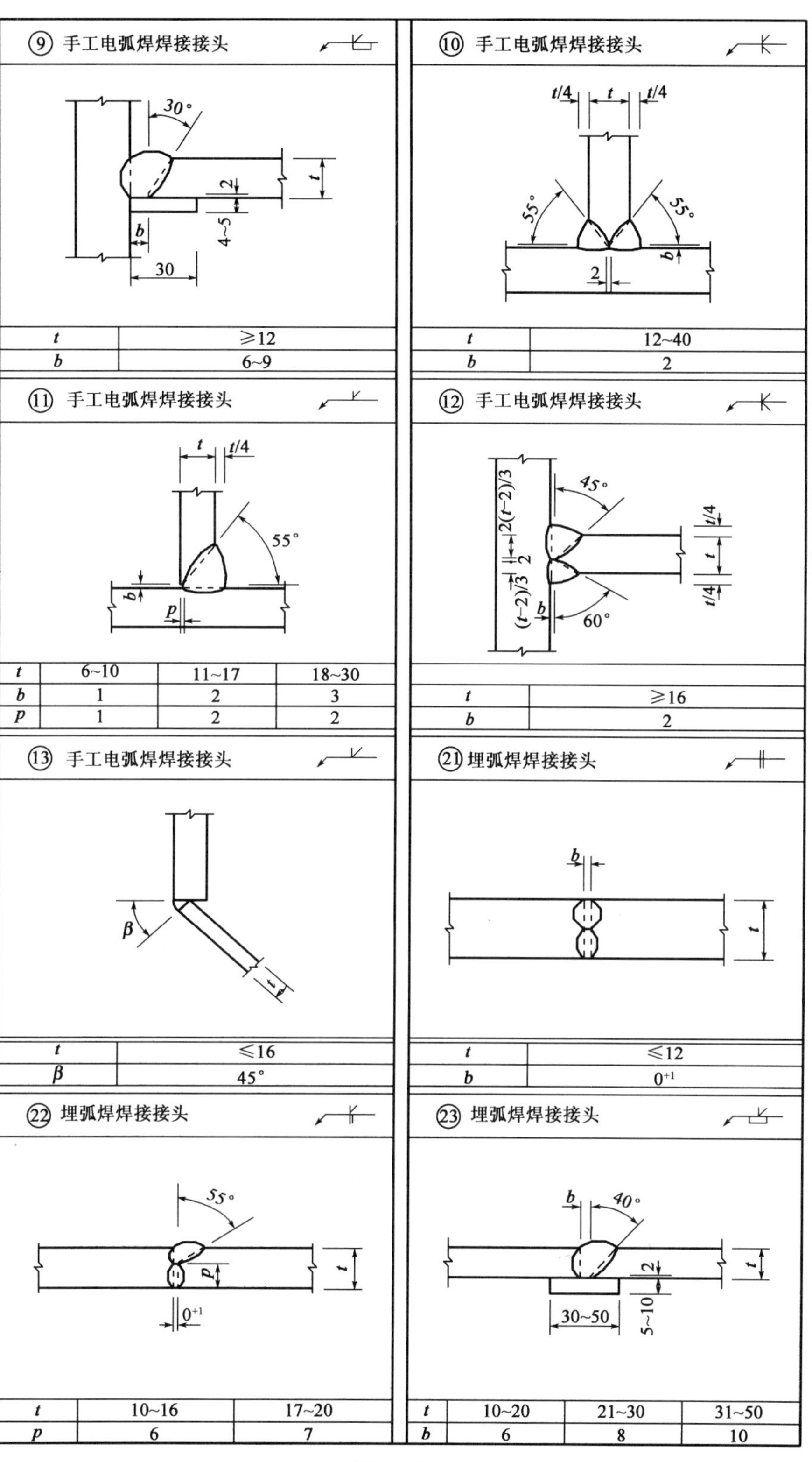

⑨ 手工电弧焊焊接接头

t	≥12
b	6~9

⑩ 手工电弧焊焊接接头

t	12~40
b	2

⑪ 手工电弧焊焊接接头

t	6~10	11~17	18~30
b	1	2	3
p	1	2	2

⑫ 手工电弧焊焊接接头

t	≥16
b	2

⑬ 手工电弧焊焊接接头

t	≤16
β	45°

㉑ 埋弧焊焊接接头

t	≤12
b	0^{+1}

㉒ 埋弧焊焊接接头

t	10~16	17~20
p	6	7

㉓ 埋弧焊焊接接头

t	10~20	21~30	31~50
b	6	8	10

图　1-5-8

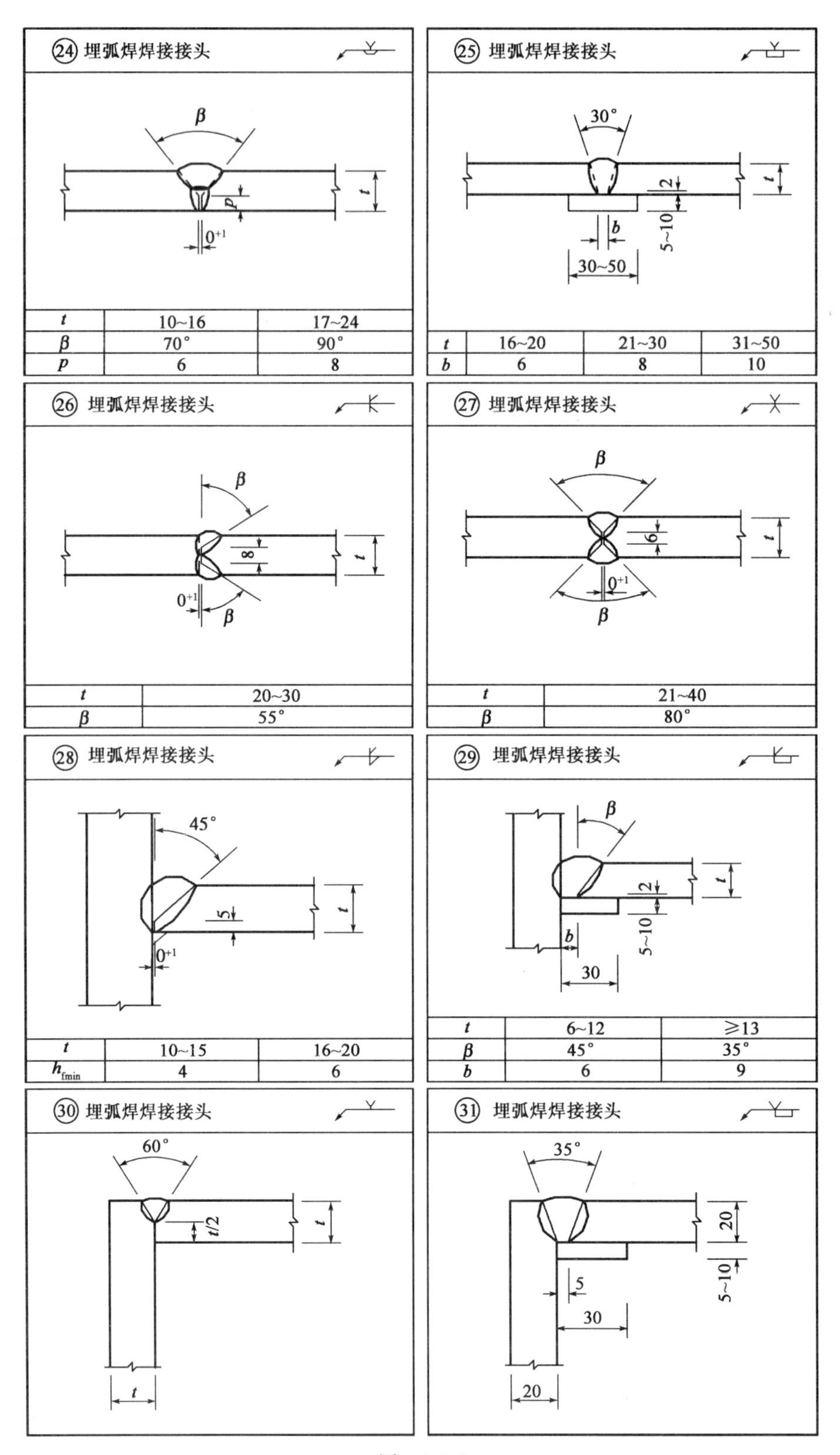

㉔ 埋弧焊焊接接头
β
p
t
0+1
t | 10~16 | 17~24
β | 70° | 90°
p | 6 | 8
㉕ 埋弧焊焊接接头
30°
2
t
b
5~10
30~50
t | 16~20 | 21~30 | 31~50
b | 6 | 8 | 10
㉖ 埋弧焊焊接接头
β
8
t
0+1
β
t | 20~30
β | 55°
㉗ 埋弧焊焊接接头
β
6
t
0+1
β
t | 21~40
β | 80°
㉘ 埋弧焊焊接接头
45°
5
t
0+1
t | 10~15 | 16~20
hfmin | 4 | 6
㉙ 埋弧焊焊接接头
β
2
t
5~10
b
30
t | 6~12 | ≥13
β | 45° | 35°
b | 6 | 9
㉚ 埋弧焊焊接接头
60°
t/2
t
t
㉛ 埋弧焊焊接接头
35°
20
5~10
5
30
20

图　1-5-8

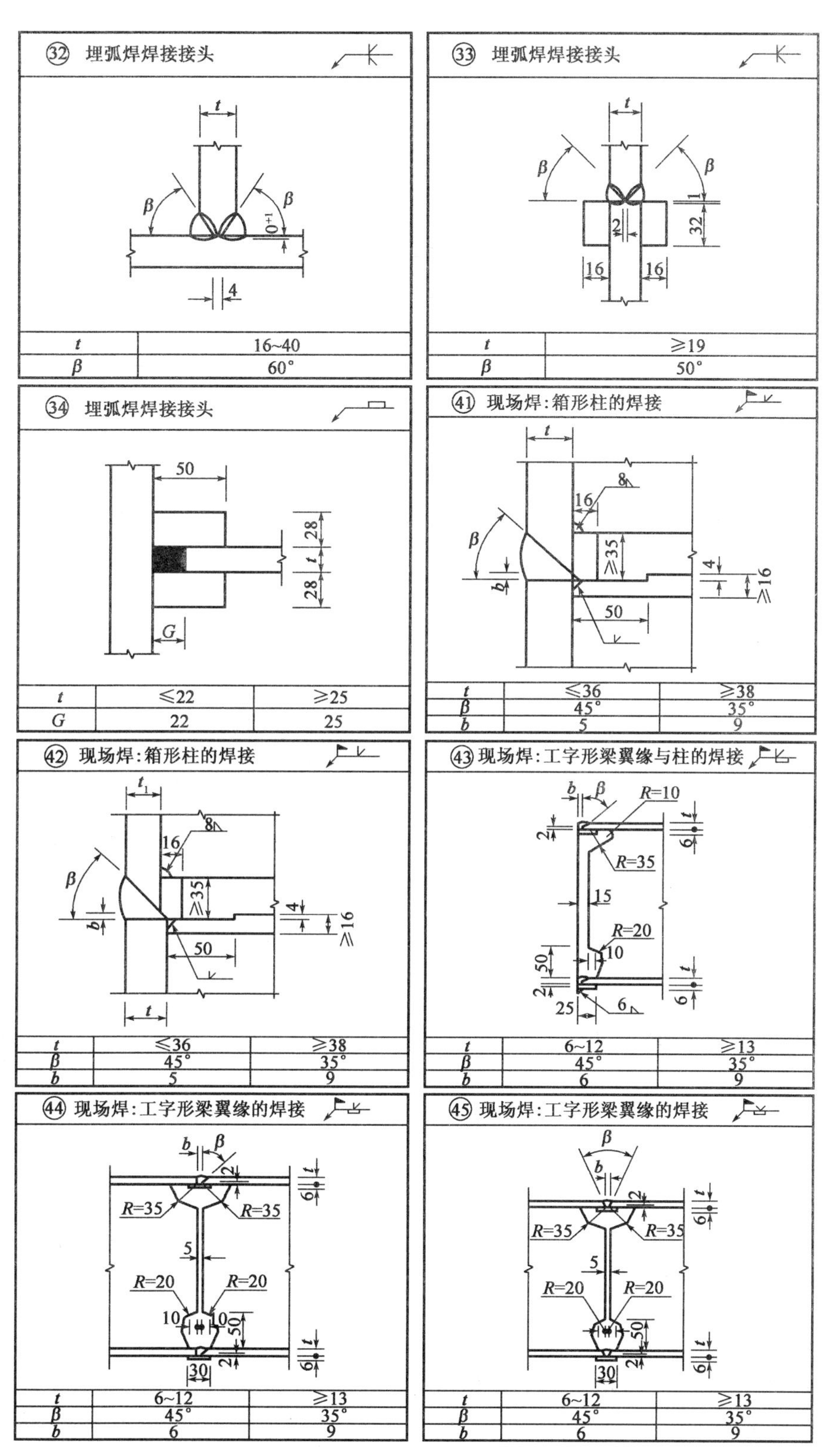
㉜ 埋弧焊焊接接头
t
β
β
0+1
4
t 16~40
β 60°
㉝ 埋弧焊焊接接头
t
β
β
1
2
32
16
16
t ≥19
β 50°
㉞ 埋弧焊焊接接头
50
28
t
28
G
t ≤22 ≥25
G 22 25
㊶ 现场焊:箱形柱的焊接
t
8
16
β
≥35
4
≥16
b
50
t ≤36 ≥38
β 45° 35°
b 5 9
㊷ 现场焊:箱形柱的焊接
t1
8
16
β
≥35
4
≥16
b
50
t
t ≤36 ≥38
β 45° 35°
b 5 9
㊸ 现场焊:工字形梁翼缘与柱的焊接
b
β
R=10
2
t
6
R=35
15
R=20
10
50
2
25
6
t ≥6~12 ≥13
β 45° 35°
b 6 9
㊹ 现场焊:工字形梁翼缘的焊接
b
β
2
t
6
R=35
R=35
5
R=20
R=20
10
10
50
2
30
t 6~12 ≥13
β 45° 35°
b 6 9
㊺ 现场焊:工字形梁翼缘的焊接
β
b
2
t
6
R=35
R=35
5
R=20
R=20
50
2
30
t 6~12 ≥13
β 45° 35°
b 6 9

图 1-5-8

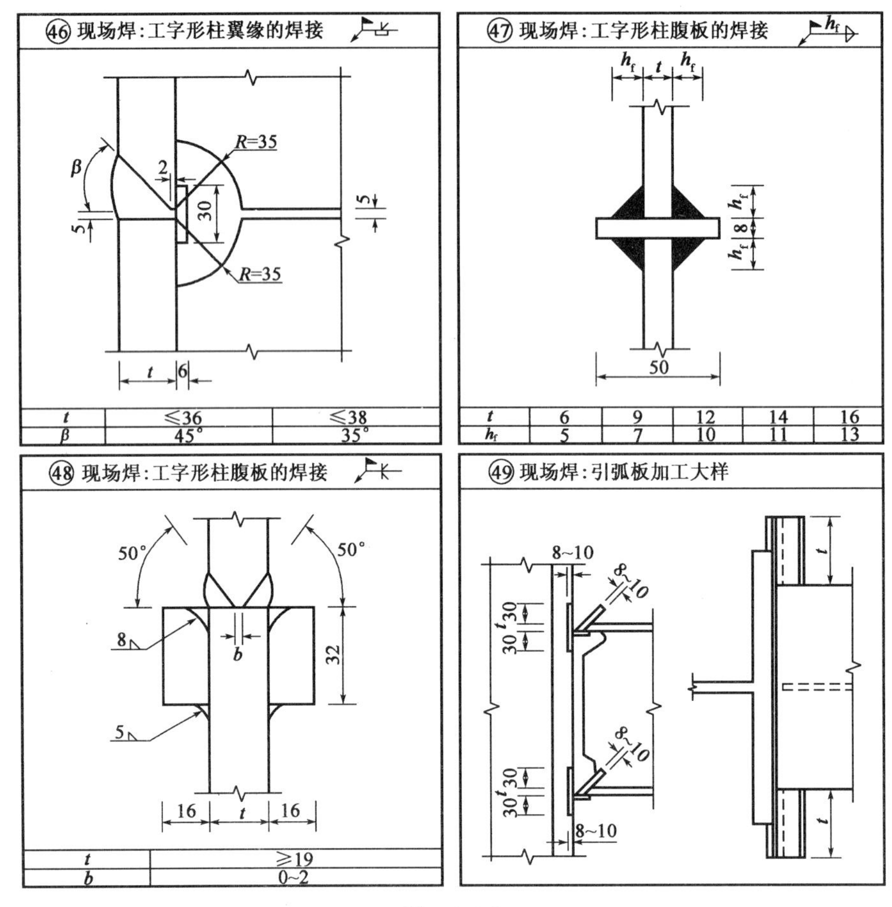

图 1-5-8

4 如何理解端板与柱、梁的腹板与翼缘？（tid＝175900　2007-10-24）

【fantawind】:设计图纸说明:端板与柱、梁的腹板与翼缘的焊接采用全坡口熔透焊，焊缝质量为二级。请问，如何理解端板与柱、梁的腹板与翼缘？到底指的是哪个位置？谢谢。

【pijiong】:工字钢上下两块横板叫翼缘，中间那个竖的叫腹板，您这种焊缝叫 T 形对接与角接组合焊缝，把腹板的端头切成坡口，并焊透。T 形对接与角接组合焊缝常用于重级制作组合截面，对于直接承受动荷载的结构，宜采用焊透的 T 形对接与角接组合焊缝。

板端与柱的连接一般应该是把板端切成坡口，与柱的翼缘采用 T 形对接与角接组合焊缝。

5 角焊缝焊脚尺寸的疑问（tid＝124760　2006-2-23）

【谨慎】:角焊缝的焊角计算公式:介于 1.5 倍较厚板件的二次方根与 1.2 倍较薄板件厚度之间。钢结构焊接规程中又有一些角接时，常用的坡口形式。单从坡口形式上来说，焊脚尺寸是指的哪段的高度？是坡口的深度吗？

现假设有一 6mm 厚板件和一 12mm 厚板件用角焊缝连接，从构造上讲 6mm 的焊脚尺寸是满足构造要求的，但是《钢结构焊接规程》中，板厚 $t \leqslant 6$mm 的都开了坡口，底部若有 2mm 的钝边高度，其坡口深度仅为 4mm 高，这又怎么讲？还有一些斜角焊缝？

【yinzhanzhong】：上面对角焊缝的概念理解稍有偏差，焊缝连接型式有：平接，搭接，顶接，角接。开坡口的叫做对接焊缝，主要用于平接，其截面形式有 I、V、U、K、X、J 形等。通过构件形成的角来施焊这叫角焊缝，有侧焊缝和端焊缝之分，还有其他分法。

【谨慎】：经过几天的考虑有以下认识：

(1)角焊缝一般是不开坡口的(我觉得上面是我前几天理解的错误)，规程上规定是较薄板件的厚度大于 25mm 时才开坡口，它是一种不熔透的焊接形式。

(2)熔透焊接。接头形式有对接、角接、T 形、U 形、J 形等形式，一般大于 6mm 是要开坡口的。其上所说的角接的接头形式并不是用角焊缝来处理，而是熔透焊接的一种形式，也可以说是角接接头处的对接焊缝。

请指正。

【crazysuper】：有斜角缝做法，不过这样做不是特殊工程是不会采用，这样就不会费时间、可以节省材料，采用其他的焊接操作方便，且容易满足设计和构造上要求。上海技术规范对大于等于 12mm 的钢板需要采用坡口形式，而 8～10mm 以下小于 8mm 板采用角焊缝就可以满足设计要求。其焊缝高度也是 1.5 倍较厚板件的二次方根与 1.2 倍较薄板件厚度之间。

【谨慎】：对上帖有以下疑问：

(1)规定大于等于 12mm 的板开坡口。我觉得开不开坡口不能和 12mm 这个定数直接相连。开坡口无非就是为了易于焊接和保证焊接后的计算高度，若是 12mm 的板在焊接处根部留点间隙焊缝高度就能满足要求，何用开坡口？这只是个经验的总结。说明用 12mm 的板的地方不开坡口一般不能满足要求，开坡口板厚分界无定数。

(2)8mm 以下不开坡口。焊接有熔透不熔透之分，当然熔透的时候有的薄板不必开坡(我看焊接规程上是 6mm)，但也不能用角焊缝啊，因为角焊缝的检验仅是外观，它有裂隙的根源，在动荷载作用时就不是承载力的单个问题，请问这个时候角焊缝可以吗？

【crazysuper】：楼上说的有道理，但对开坡口也只是对焊接要求而定，若焊接要求全熔透，那也只能采用开坡口，我遇到过设计院出来的图纸，就连 8mm 厚的板，也采用 K 形坡口(H 型钢翼板与腹板对接处)，不过该 H 型钢是夹层柱。在直接承受动力荷载处是不采用角焊缝的，一般来说均应采用熔透焊，要是采用角焊缝的话，该角焊缝的表面应作成直线形或凹形，焊角尺寸的比例：对正面角焊缝宜为：1∶1.5(长边顺内力方向)；对侧面角焊缝可为 1∶1。这样才能保证在承载力作用的焊缝是否满足要求。您还可以参照一下《钢结构连接节点设计手册》，中国建筑工业出版社出版，里面对焊接连接形式、焊接连接的构造要求等均有介绍。

6 内力沿侧面角焊缝全长分布该如何理解？(tid＝140633 2006-7-18)

【曹安】：本人一直对《钢结构设计规范》(GB 50017—2003)上的 8.2.7 第 5 条中的“侧面角焊缝的计算长度不宜大于 $60h_f$，当大于上述数值时，其超过部分在计算中不予考虑。若内力沿侧面角焊缝全长分布时，其计算长度不受此限”中的“内力沿侧面角焊缝全长分布”该如何理解呢？

例题中只给出了焊接工字梁的翼缘和腹板的连接焊缝，由于有纵向的剪力作用，所以可不受此限，那么，对于露出式刚接柱脚其加劲肋和柱子的焊缝长度如果超出 $60h_f$，其超出部分算有效吗？（点评：无效。）

另外，当梁采用突缘支座时，其支承加劲肋与腹板采用角焊缝连接时，其内力沿角焊缝全长分布吗？（点评：否。）

归根结底就是内力沿全长分布该如何理解，可否这样理解：对柱脚，因为有轴力全长分布，所以计算长度可不受 $60h_f$ 的限制，对突缘支座，有竖向剪力全长分布，其计算长度也可不受 $60h_f$ 的限制。

不知理解对否，请各位赐教。

看到钢结构教材上有这么一句话。“柱与靴梁间的角焊缝也可按受力 N 计算。注意每条焊缝的计算长度不应大于 $60h_f$”。

这与我上面的帖子中分析轴力沿全长分布有矛盾，请各位大侠释疑解惑。

7 什么是现场连接板？（tid＝116531　2005-11-23）

【xxs0905】：我刚接触钢结构，我有个问题不懂，比如我们公司说在做构件清单时，要对一些是现场连接板的构件做好标记，可是我不知道什么样的才算是现场连接板，请教各位，什么样的叫现场连接板，是不是需要焊接，或者螺栓连接的叫做现场连接板？

【qingjun20001】：不知道你们做什么样的工程，基本上如果是钢结构框架，我认为只有坡口焊接的垫板是现场连接板，另外还有楼梯，栏杆相关的。最好问问公司内部如何定义。

【jimmy75】：连接板是指用于两个钢构件的连接的钢板，通常是螺栓连接，出厂时一般也是固定于某一构件。在我公司，现场连接板指的是出厂时不固定在构件上，而需要到现场实施固定，多用于新增结构与原有结构的连接处。

不知道我的解释是否与楼主单位的意义是否相同，仅供参考。

【xxs0905】：谢谢楼上的朋友，受益匪浅。

【YAJP】：看过去的钢结构图，有一些零件（主要是连接板）没有包括在构件图内，而是表示在布置图或连接详图上，有焊接的，也有螺栓连接的，在做构件清单时，这些零件当然不能忘了，否则装配不上，也少算了材料。其实，螺栓也是要单算的，构件图材料表上没有包括。

【shaodj】：我同意 **jimmy75** 的说法，连接板也叫现场拼装工艺板，主要用于在吊装时构件的定位及临时加固，待正式焊接完成后需要拆除。

【cg1995】：我认为一些在现场用到的板，比如说有些吊车梁为的板或有些系杆连接板也是现场拼梁时装上的，等等此类板。

【xxs0905】：那耳板应该也应该是属于现场板吧。

【yetumir】：我是这样认为的，就带到现场拼装的连接板，一块连接板只能对应两个构件。所以要做标记。

点评：即使未与任何构件焊接在一起，在施工详图中，连接板也必须表达进某一个具体构件，而不可仅游离在布置图或节点图中。

8 请教花纹钢板(平台铺设时)焊接的长度(tid=187555 2008-4-7)

【xy_110】:请教各位高手关于花纹钢板(平台铺设时)焊接的长度如何计算,是否有这方面的规范?

【V6】:一般平台铺板与钢梁和加劲肋的连接焊缝采用间断焊。当铺板计入梁或加劲肋的计算截面时,间断焊缝的净距$\leqslant 15t$;其他情况的净距$\leqslant 30t$(t为较薄焊件厚度),焊缝长度一般可按构造取。

第六章　拼 接 节 点

一 设计原则

1 请问对 GB 50205—2001 中的 8.2.1 条的理解的问题
(tid＝150470　2006-11-3)

【waxyhello】:翼缘拼接长度可以是翼缘宽度,即使开斜口焊的话,也是取 45°左右。为什么说是不应小于 2 倍板宽,如何理解拼接长度的概念:

(1)翼缘拼接长度不应小于 2 倍板宽是什么意思?

(2)腹板拼接宽度又是指什么?

【总糊涂】:这个拼接我想应该是采用拼接钢板的拼接,相应的拼接长度应该是拼接板的长度。

【东南网架】:在 H 型钢加工制作过程中,为了充分利用已有尺寸的板材或长度、宽度不够等原因,有的时候,腹板要加宽,翼缘板要接长。

比如说,现要制作 H500×200×12×20 长 10m 钢梁一根,现有板材长度为 9.5m,则翼缘板接长长度为 500mm≥200mm×2,即满足该规范要求。

【yuanda2】:在条文说明中已经说得很清楚。

翼缘只允许长度拼接,翼缘拼接长度就是纵向的,与翼缘宽度没有关系。

腹板长度和宽度均允许拼接,所以有如上规定。

2 应该怎样理解等强连接、等强代换?(tid＝51288　2004-3-5)

【Heidi2004】:请问在进行节点设计时,应该怎样理解等强连接和等强代换?

【ruralboy】:比如说拉杆的等强连接,若是焊接,焊缝的强度设计值要与拉杆的 fA 的值相等;若螺栓连接,螺栓个数按拉杆毛截面的强度确定。当然了截面削弱要在一定范围之内,可以参照陈绍蕃的《钢结构设计原理》一书中"拉杆的连接"。

【he1204】:等强连接,是否只是相对起控制作用的内力而言?譬如对拉杆来说就是轴力。

(1)如果一个杆件不明确其起控制作用的内力时,如何作等强连接?

(2)如果构件的截面尺寸是为了满足构件变形的要求,又如何作等强连接设计?

谢谢!

【陌上尘 64】:结构设计中,所谓"等强"通常要求同时满足强度和刚度要求,即考虑 EI、Wf_y、Af_y。

点评：等强连接和等强代换是不同的概念，最主要的差别是这两个概念用于不同的材料。

(1)等强连接一般用于钢结构构件拼接。等强设计为构件的设计原则，构件局部失稳设计原则有3种：直接设计——应力≤屈曲应力；等强设计——屈曲应力≥屈服应力；等稳设计——屈曲应力≥整稳应力。

(2)等强代换多指钢筋混凝土结构中，钢筋面积的代换。钢筋等强度代换原则是：原钢筋面积×原钢筋强度值/(代换钢筋面积×代换钢筋的强度值)。

3 等强拼接(tid=135340　2006-5-26)

【zcgy】：H型钢梁用高强螺栓等强拼接怎样计算，比如H200×200×8×12的H型钢梁拼接翼缘和腹板各用多少10.9S的M20高强螺栓，哪位朋友有这方面的资料？谢谢。

【captain _ sjz】：陈绍蕃原来依据88规范编写的《钢结构》教材上有这样的例题。

对于连接翼缘的螺栓，可以将承受的弯矩化为等效力矩，这样，按螺栓受剪计算即可。

连接腹板的螺栓承受的荷载有：

(1)按照惯性矩分配来的弯矩。

(2)全部剪力计算。

当然，等强连接时，这些弯矩和剪力取为梁本身可以承受的值就可以了。

【黑胡子海盗王】：有些专门介绍型钢的书上有，都是做好的表格查就可以，有螺栓的数量长度拼接板的大小等。另外一些讲节点计算的书上也有。

4 两种刚性连接的优缺点都有哪些？(tid=133830　2006-5-13)

【lessoryjoan】：(1)栓焊组合：

即翼缘采用剖口对接焊；腹板采用高强螺栓连接。

(2)对接焊：

即先用连接螺栓将构件位置固定然后对翼缘、腹板均采用剖口对接焊。

两种节点表达方法见图1-6-1。

583379-.dwg(43.49K)

下载地址：http://okok.org/forum/viewthread.php? tid=133830

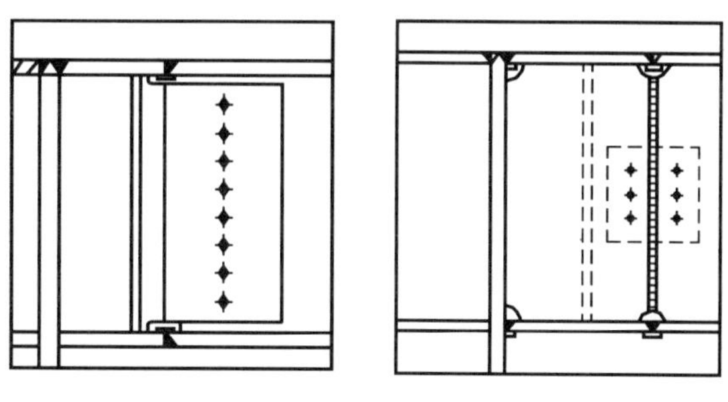

图　1-6-1

【zqh】：本人以为两种做法从结构上并无优劣之分。主要考虑焊接比高强螺栓来的更经济，但高强螺栓施工方便可靠，于是有了栓焊连接(避免了立焊，是现在普遍使用的连接方式)。

另有全螺栓连接(即翼缘也用高强螺栓连接,但刚性不如前两种,应用不多),端板连接(多用于门式刚架)。

【lessoryjoan】:再补充一个问题,以上的两种连接方式哪种的安全度更高一些呢,因为对钢结构施工现场不太了解,所以希望能够得到一个合理的解答。

【zqh】:如果您的焊工技术足够好,您可选择全焊连接,否则就用栓焊连接。只要施工质量合格,两种方式都可靠。

5 2L180×110×12 的角钢拼接有什么规定?(tid=189708　2008-5-3)

【我是小强】:最近接触了一些辅架梁,采用角钢搭接的,因为长度较长,因此必须角钢搭接,请问:角钢搭接有什么规定?

【chengliangjung】:钢结构规范上有具体规定。

【yongyin】:既然是双角钢,只需将接头错开,并采用坡口全熔透焊接就行,也可以在接头中间加缀板补强。

点评:角钢拼接的做法在《钢结构设计手册》(第 3 版)(上册)4.4“拼接连接”中有介绍。

6 角钢接长,帮焊长度的确定(tid=149760　2006-10-27)

【donggua】:角钢接长,用角钢帮焊,这个帮焊的长度怎么计算?

是否根据焊缝确定,让焊缝和角钢等强?

根据每角钢的面积×强度算出来每个角钢承受的力,根据角焊缝强度算出来长度为 350mm。

这样子的话,是不是从连接处端点每边帮焊 350mm,还是每边帮焊 175mm?

请高手指教。

【独行】:每边 175mm 就可以。但我想还要看受力状态,比如角钢本身受拉力,焊缝受剪力,则结果会不一样。

【qtftju】:应该是每侧 175mm,因为帮焊是上下两条焊缝,这么一来就相当于 350mm 的焊缝强度。

点评:应该根据节点的特性来决定是否等强连接。关于等强连接的计算可以参考《钢结构设计手册》。

二 拼接计算

1 钢结构节点的等强度计算原则(tid=192938　2008-6-16)

【dlsg319】:请问:如何理解节点的等强度连接计算原理。

【SWL】:《钢结构设计规范》P20,3.4.2 中要乘以折减系数;

《建筑抗震设计规范》P38,表 5.4.2 节点板件、连接螺栓、连接焊缝考虑 γ_{RE};别的就不清楚了。

但是很多主次梁连接节点形式,次梁要开扇形切角或者切掉翼缘和部分腹板,这时候说要用等强连接，感觉很怪！

点评：等强设计为构件的设计原则，构件局部失稳设计原则有3种：直接设计——应力≤屈曲应力；等强设计——屈曲应力≥屈服应力；等稳设计——屈曲应力≥整稳应力，应根据不同设计要求定。

关于焊接H型钢制作，由于是角焊缝要实现等强连接是不可能的。只有对接焊缝焊接接头才有“等强”之说。H型钢角焊缝只是连接焊缝。在动载及交变载荷下才要求焊透目的是：如果在动载及交变载荷下易产生裂纹，不焊透就是裂纹源，在动载及交变载荷下很容易产生裂纹，所以要求焊透。并不是“等强”之说。另外为了保证焊接质量，应该开坡口。

2 柱与柱、梁与梁全高强螺栓等强拼接的疑惑（tid＝122123　2006-1-15）

【jianfeng】：个人认为：

（1）既然是等强连接，拼接处所能承担的弯矩、轴力、剪力都要与原截面（未开孔处）等强，两段腹板翼板采用全熔透对接焊接可以实现等强。

（2）采用高强螺栓连接，腹板、翼板需要开螺栓孔，肯定削弱截面，螺栓孔的存在，必然降低原截面的承载能力，拼接节点就无法实现与原截面（未开孔处）等强。这样螺栓连接就无法实现等强连接。

以上观点请指正。

【allan】：我认为：

（1）楼上朋友第一个观点是对的。

（2）第二个观点，其实用螺栓拼接也能达到“等强”的，这个“等强”也许不是与原截面的“等强”了，规范和参考书上说等强，有点牵强的味道。按照高强螺栓连接抗剪计算的公式，怎么算都是净截面最弱，也就比原截面弱了。

【jianfeng】：（1）全高强螺栓等强连接设计法，即拼接连接所能承担的弯矩和剪力与构件截面等强，考虑腹板承担弯矩。

抵抗弯矩：$M_n=W_n f$，剪力 $V=A_n f$。其中 W_n 为原截面扣除高强螺栓孔后的净截面抵抗矩，A_n 为原截面腹板扣除高强螺栓孔后的净截面面积。

从两个公式可以看出等强连接只是要求和截面等强，而不是和原截面等强，连接强度要比原截面（毛截面）低。

（2）如附图1-6-2所示1-1截面（最边缘孔中心截面），若不考虑孔前传力，1-1截面强度肯定要比原截面（毛截面）低，若要1-1截面与原截面（毛截面）实现等强，必须考虑孔前传力，传力大小要等于1-1截面因螺栓孔而减少的抵抗力。根据螺栓孔截面积确定孔前传力大小，进而确定1-1截面上高强螺栓。

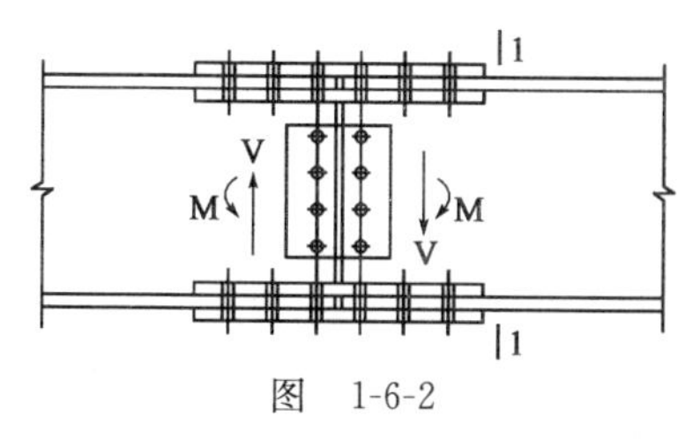

图　1-6-2

这与第一项螺栓计算方法不相符。

（3）螺栓拼接附加的连接板（盖板），无法对原截面因螺栓孔削弱截面进行补强。

(4)柱与柱、梁与梁全高强螺栓拼接，其强度要按拼接处净截面计算，原截面承载力必须折减，一般说的净截面与毛截面的比为0.85。

以上仅为个人理解，请指正！

【45m跨钢屋架】:(1)等强连接不是绝对的，是设计层面谈的。

(2)钢梁翼缘开剖口，全熔透焊，这样的连接已经不是等强了，应该说比以前还强。

(3)螺栓连接对截面肯定是有削弱的，如果是在整体计算中取出的截面设计弯矩等参数，再来符合节点设计，可在原有设计参数的有效截面系数中调整比例系数，这样对于原设计就已经考虑了截面削弱，符合的等强节点只要不超过此比例，节点设计即为安全可靠。

个人见解！

3 高强螺栓和角焊缝联合使用的节点承载力计算(tid＝114958　2005-11-9)

【虚心的碌碌】:如题。节点见图1-6-3。

摩擦型高强螺栓和角焊缝联合使用的节点连接如图，节点只承受沿梁轴线向轴力，请问这个节点承载力的计算方法？是高强螺栓和焊缝各自承载力之和吗？这样的规定要找什么规范查阅，我回想了一下中国的规范，好像没有关于这方面的描述，请问国外规范是怎么考虑这些问题的？

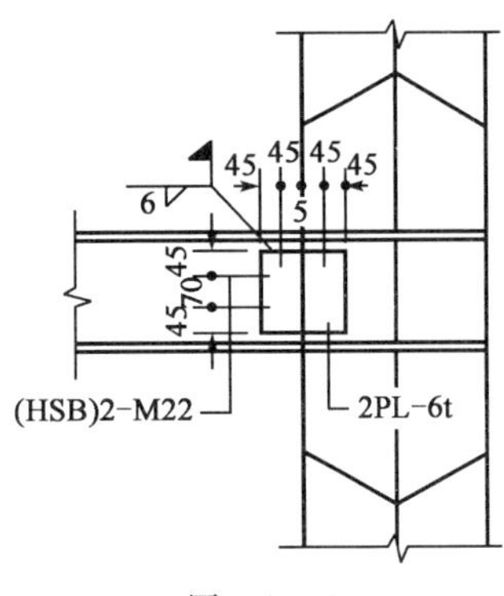

图　1-6-3

【hai】:您可以看一下《钢结构加固技术规范》(CECS 77:96)，中国工程建设标准化协会编制，里面讲到了混合连接的承载力的计算方法。

【e路龙井茶】:应该是各算各的，焊缝和高强度螺栓之间的应变根本不能同步。

【jianfeng】:混合连接的承载力及注意事项：

(1)混合连接只宜用于承受静力荷载或间接承受动力荷载的连接。对直接承受动力荷载的连接，试验证明混合连接的疲劳强度取决于焊缝，故仍按纯焊计算，其意义不大。

(2)混合连接的承载力设计值可将纯栓和纯焊各自的承载力设计值叠加。

(3)混合连接中螺栓和焊缝的数量应搭配适当，即两者的强度不能相差过大。一般应使焊缝的破断力略大于高强螺栓的抗滑移承载力，两者比例宜取(1～1.5):1。

(4)混合连接的施工顺序以先栓(或先用普通螺栓临时固定)后焊较好，这样可保持摩擦面的紧密。若先焊后栓，则应采取防止焊件变形，摩擦面产生缝隙的措施。混合连接对已有焊接的加固应慎重对待，若被连接板叠较严密，刚度(或厚度)又较小，可考虑采用，并宜尽量选用较大直径螺栓和较小间距排列，必要时可将螺栓承载力设计值降低。若板叠缝隙过大，板又较厚，则不宜采用。

(5)混合连接若采用先栓后焊，应考虑焊接对高强螺栓预拉力的影响。试验证明，焊接时螺栓温度虽有一定升高，但持续时间比较短，故对预拉力影响不大。然而，在焊缝冷却时，假使构件收缩量较大，从而使连接的滑移量较大，则预拉力将有较大程度的下降，靠近焊缝处可达10%以上。因此，施工时应根据情况在焊接后对高强螺栓加以补拧。

★**【孤叶知秋】**jianfeng提及:“(2)混合连接的承载力设计值可将纯栓和纯焊各自的承载

力设计值叠加。”提出几点不同的看法。

(1)栓—焊混合连接是指摩擦型连接高强度螺栓与侧面角焊缝或对接焊缝的混合连接。

(2)正面角焊缝的刚度较大，与高强度螺栓联合工作不够协调，不宜采用。如在加固工程中不得不采用时，则按照焊缝承受全部内力计算。

(3)摩擦型连接高强度螺栓与侧面角焊缝混合连接的承载力近似等于焊缝承载力与螺栓抗滑移阻力之和，为可靠高强度螺栓与侧面角焊缝的混合连接，其承载力可以取：

①焊缝承载力设计值加摩擦型连接高强度螺栓承载力设计值之和的 90%；

②焊缝承载力设计值加 62%摩擦型连接高强度螺栓承载力设计值。

4 请教复合连接怎么计算内力？(tid=92015　2005-4-19)

【changchong】：工字型钢采用如下连接：

翼缘采用焊接，腹板采用螺栓连接，它们各自的内力怎么确定呢？

【pingp2000】：您这个问题说简单也简单，说不简单也不简单。因为我都不太明白您想要问的内容，是梁与柱计算的内容，还是梁梁拼接，还是柱拼接？太广泛了。

大概是这样的：

(1)用软件或手算计算出节点设计所需要的内力(弯矩、轴力、剪力)。

(2)按上述内力对节点进行设计。目前节点设计方法有好几种。重要的有“常用设计法”和“精确设计法”。区别在于：前者考虑剪力由腹板承受，弯矩由翼缘承受；后者考虑剪力由腹板承受，弯矩由翼缘与腹板共同承受。弯矩由翼缘与腹板的惯性矩比值分配。

(3)按抗震规范的要求，对需要计算抗震的节点进行抗震设计，详细需要计算的内容见抗规 P88 页。此时的计算内力与前面所说的内力不同。其中，$M_u = A_f \times (H - t_f) \times f_u$，$M_p = [A_f \times (H - t_f) + t_w (h_w)^2/4] f_y$，各符号代表意义请查规范或书籍。

5 H 型钢工厂拼接计算(tid=75093　2004-11-4)

【水流云在】：贴 H 型钢工厂拼接计算的小程序见附件 1-6-1，望指教！

330084-H. xls(17.5K)

下载地址：http://okok. org/forum/viewthread. php? tid=75093

附件 1-6-1

H 型钢工厂拼接计算			
高度(mm)	宽度(mm)	腹板厚度(mm)	翼板厚度(mm)
900	300	16	28
f=	215		
f_v=	125		
焊脚尺寸 h_f=	8	mm	
焊缝高度 h=	500	mm	
焊缝长度 l=	100	mm	
I_x=	399632.5845	cm^4	
W_x=	8880.724101	cm^3	
A_w=	303.04	cm^2	
i_x=	36.3145333	cm	
I_y=	12628.80853	cm^4	
W_y=	841.9205689	cm^3	

续上表

H型钢工厂拼接计算			
高度(mm)	宽度(mm)	腹板厚度(mm)	翼板厚度(mm)
900	300	16	28
i_y=	6.4555197	cm	
单重=	237.8864	kg/m	
腹板面积 A_w=	13504	mm^2	
腹板惯性距 I_{wx}=	80161.54453	cm^4	
腹板承受弯距 M_{wx}=	222.670957	kN·m	
腹板承受剪力 V=	1688	kN	
焊缝惯性距 I_{wx}=	12069.45152	cm^4	
焊缝抗弯模量 W_{wx}=	482.7780608	cm^3	
τ_M=	11.53071023	kN/cm^2	
τ_v=	8.928571429	kN/cm^2	
δ_{fs}=	14.58343808	$<17.5kN/cm^2$	ok

点评：这是中华钢结构论坛上，会员**水流云在**上传的用Excel编制的小程序，使用比较方便，感兴趣的朋友可以在论坛上下载。

三 构件拼接

1 柱子拼接节点处理的问题(tid=96820 05-5-27)

【hxg916】：各位同仁，本人在工作中遇到这样一个问题，想向大家请教一下，我们正在加工的构件中，柱子是十字形柱，长25.6m，现在要分成两节制作，现在不知道断开节点怎么处理，柱子规格见图1-6-4。

★**【飘雨】**：其实断开的节点的处理很简单的，直接从中截断，在断开处的上下柱子的翼缘焊接耳板，耳板上开孔，安装时用连接板把两根柱子连接起来。下面的图1-6-5是我们最近做的工程，十字柱节点的处理。

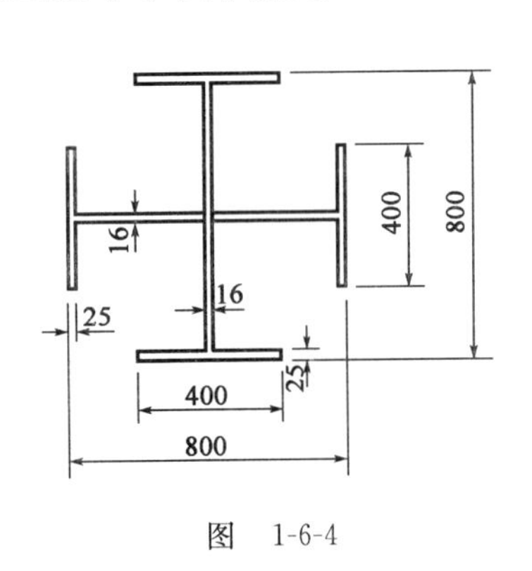

图 1-6-4

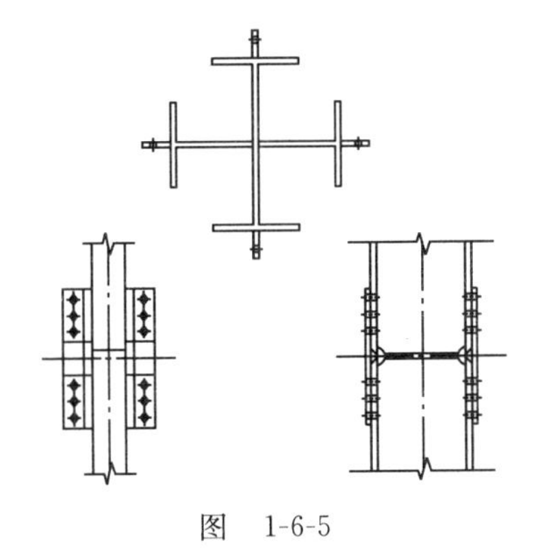

图 1-6-5

2 变截面梁的连接方法(tid=103953 2005-7-27)

【suoyaner】：请问，变截面H型钢作梁时怎么连接？是用连接板还是用焊接？

【flyingpig】：这得根据加工制作、造价、运输等各方面因素来综合考虑。

如果变截面的构件长度比较长，一般采用端板连接。这样方便制作、运输，料耗少。

如果构件长度比较短，一般直接把腹板作成一个异形的，整体的。这样可以省端板，省高强螺栓。

3 请看连接板的重要性(tid=37260 2003-9-12)

【North Steel】:请看连接板的重要性。如图1-6-6所示。

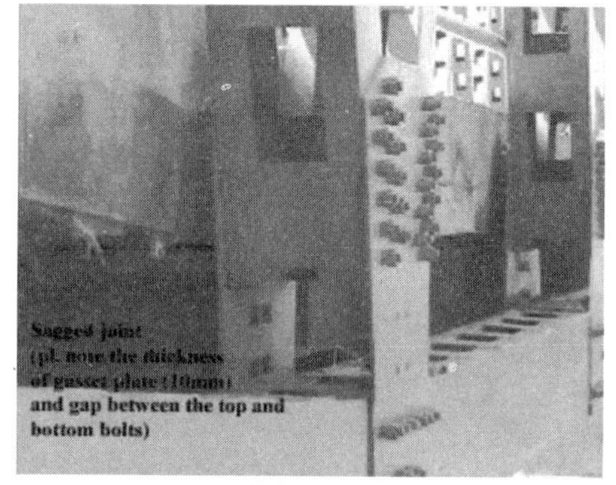

a)上部端节点

b)端节点屈曲

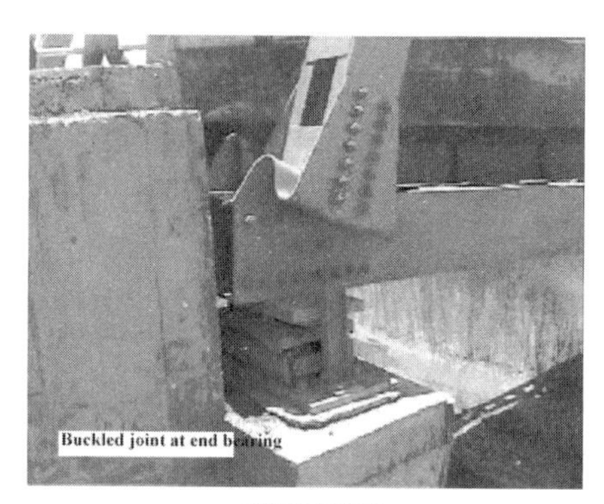

c)端节点弯曲

d)下挠节点(双侧)屈曲端节点

e)下挠节点(双侧)屈曲端节点(双侧)

图 1-6-6

【alanshen】:从图1-6-6a)看该处连接板承压,这是用在什么地方的结构,连接板上竟然不设加劲板的?

点评:这是节点板屈曲破坏的典型案例,供大家参考。

4 梁柱或梁梁拼接节点的加劲肋是否可以去掉?(tid=4680 2002-1-14)

【phoenix】:早期设计梁柱拼接板时我们选用的拼接板厚度为16mm(国外的一些公司最小规定为12mm)后来由于焊接变形的原因,统一调整为20mm厚。观察过几个巴特勒的工程,拼接处很少设置加劲肋,而连接板选用普遍偏薄。如果加劲肋设置少或不设,焊接变形问题就可以减少,板就可以选用薄一点的,由于板自身不平的现象在施工中就不会作为一个问题出现。同时现在加劲肋的焊接方式,能否像理论计算一样起到作用,也是个值得怀疑的问题。

【computer】:规范规定也只要不小于12mm,没有说一定得做到20mm。

STS计算出来的节点板,也有12mm厚的,加劲肋的设置只与节点域抗剪强度有关呀!

【jasonchang】:钢构厂里最少用16mm,防焊接变形;设计院最少用12mm(可以节省材料)。

5 H型钢梁拼接段可否大于两道?(tid=66352 2004-8-3)

【xujie0410】:H型钢梁是否允许有两处拼接(腹板、翼缘按规范规定拼接)?

【a _ guo】:只要能实现等强连接应该没什么问题!只是有时候加工可能有困难!

【wanyeqing2003】:对于较长的钢梁,应该允许有两个拼接点。连接位置最好根据弯矩包络图,设在弯矩较小的地方拼接。

【dxy】:看甲方有没有意见。

【wosiwawa】:我觉得可以的,但是拼接位置应设计在弯矩最小的位置,并且翼缘的焊接位置与腹板的焊接位置要错开。

【上海周铭】:我认为只要不违反《钢结构工程施工质量验收规范》(GB 50205—2001),第8.2.1条的规定就可以。我是这样做的。

【linxi3568】:一般一个两端固结的梁,应该有两个$M=0$的点,是不是不应大于两道?

【xjtu】:一般的型材长度就是12m左右,对于24m跨度的构件当然不会在跨中拼接,这时候就出现了您说的两道拼接位置。

6 请教热轧H型钢连接方法(tid=106677 2005-8-23)

【benbenboy2002】:热轧H型钢加工,我们采用了直接接头,没有加衬板,现在监理和甲方提出来不能满足使用要求,但查规范和钢结构施工验收手册,上面也没有明确具体怎么连接。现在请教各位大侠,柱和柱之间、梁和梁之间的钢结在规范和施工手册上以及大家实际施工中的具体做法。谢谢。

【wbth】:不满足使用要求,强度可能不够;既然监理和甲方提出来了,是不是工作没做好。

【czg】:热轧H型钢拼接有两种做法:

(1)采用工厂拼接焊缝即您所采用的,但翼缘之间焊缝与腹板之间焊缝应错开,间距≥200mm。

(2)可采用工字钢标准拼接节点即通过拼接板连接,做法在钢结构施工手册上有。

【bzc121】:热轧 H 型钢应遵循如下规则:

(1)两翼缘板接点应错开 200mm。

(2)焊接焊缝应不低于二级,腹板与翼板连接处应切割一半圆,满足翼板与腹板连接处熔透焊接。

(3)焊接点应避开剪力、弯矩最大处。

因错开 200mm 翼板不便于切割,通常做法是将 H 型钢接点处做成 45°斜接。

【黑胡子海盗王】:我刚做了这样一个,正好很全面的,有这样两个节点,一个是 H 型钢的等强拼接,用的是螺栓,H300×305×15×15 用 M22 的扭剪高强螺栓,都是双剪板,翼缘一端单面是 8 个,腹板单面 6 个共 8×4+6×2=44 个,焊接拼接用斜截面拼接,200mm 的错开距离。

【蓝鸟】:这个问题我给您推荐一本图集 01SG519,这是一本构造图集,应该可以作为依据。上面有 H 型钢的接料做法。

【muyibin】:直接接头是可以。《建筑钢结构工程设计构造要点与技术规范实用手册》上有此做法,只要受力明确,不存在削弱的截面及应力集中的地方就可以。

7 请教关于槽钢拼接的问题(tid=196925 2008-8-18)

【奔跑的鱼】:在制作中将槽钢([8)的长度做短了,接近 300mm。由于构件本身长度很大。如果重新下料会造成很大的浪费。

我想在原有槽钢上再拼接一段槽钢,但不知道槽钢的拼接要满足什么条件?请告知,不胜感激!

【勃隆】:等强拼接,翼缘与腹板分开焊接。

【fym2765】:腹板割 45°斜坡口,焊缝全熔透。最好拼接长度大于 600mm。

【7392525】:谢谢,最终采用了斜切 45°,全熔透对接焊。不过有关型钢的最小允许拼接长度还是没有找到依据。遗憾!

【钢结构 1】:可参考 JB/T 1620—93 制造技术条件,一般的梁或柱,最小拼接长度为 500mm。

对于拼接一般有两种方式:

(1)加强板与剖口焊的形式。

(2)无加强板的全熔透焊对接焊(需作超声波检查,焊缝质量达到二级以上)。

四 拼接加工

1 钢梁制作拼接的探讨(tid=147452 2006-9-30)

【voky】:我负责的一个钢结构下包单位,进场的钢梁把我给气晕了!针对这种低级而严重的错误,我给了他们单位如下的指示:

(1)焊接 H 型钢梁腹板和翼板拼接缝错误,焊缝位置在同一个截面;为避免焊接缺陷的集中,请将腹板和翼板拼接缝的焊缝位置错开 200mm 以上!

(2)焊接 H 型钢梁腹板开口错误,严重违反规范和设计要求!这样的制作将导致应力集中,并减小有效截面面积,同时焊接处腹板不能参与承受钢梁的弯曲应力,使构件形成不利截面！

关于焊接 H 型钢梁的制作，规范要求拼接缝的焊缝位置应该错开 200mm 以上，但规范只说是“应该”，并没有强制要求，实际施工中怎么把握，欢迎大家来探讨一下。构件见图 1-6-7、图 1-6-8。

小弟对该公司的指示是否有理，欢迎各位不吝赐教！

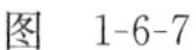
图 1-6-7

图 1-6-8

【bzc121】:这种构件焊接应该说是懂技术的人有目的所为。如果判定其不符合规范是可以的。这样焊接的优点是省料，保证翼板焊接达到二级以上等级焊缝。

判定其是否合格、可用，应根据《钢结构工程施工质量验收规范》(GB 50205—2001)第3.0.7条(详见此条款条文解释)去分析、处理。可以由设计人员重新计算判定是否合格。

翼板受拉面应该没有问题，受压面(焊接点)如果在弯矩最大处虽然理论上可行而实际是不满足的。腹板焊接点如果在剪力最大处其抗剪力是不会满足的。北京首都机场主建筑钢梁腹板割孔可理解为腹板剪力作用的，焊接点腹板可以理解为桁架梁杆件。

【voky】:谢谢楼上兄台的指点，但是我不明白的是：如果是为了保证翼板的焊接质量的话，为什么不在 H 型钢组对以前把翼板焊接好？

该单位后来给我的解释是说为了焊接翼板时反面清根，但反面清根的做法只有用在现场连接，而且只能用在柱与柱的连接节点上。大家在图上看到的只是一部分，还有一些是正好在钢梁的跨中位置这么做，实在让人没法理解！

【voky】:**bzc121** 提及：

“焊接点腹板可以理解为桁架梁杆件”。

我认为如果拼接焊缝位置错开 200mm 以上的，并且开口靠腹板中的话，理解为桁架梁杆件是可以接受的，但所有问题都集中在了一个截面，应该是不可以的！

★【shpl】:(1)焊缝在一个截面上是否绝对不允许？我有点疑问。

我们来设想一下：如果用钢管来做立柱或横梁，它的焊缝只能是在一个截面上，您能说不行吗？我很久没干这种纯粹的钢结构了，规范也不大熟悉，我不知道规范是怎么规定的，或者规范的规定是否一定合理。当然施工要遵守相应规范，这是起码的准则。我不反对您对于这种违反规范的行为提出批评。我想说的只是，理论上这种节点应该能够允许。

(2)这种节点在我们现在干的船体结构上很常见：焊缝在同一截面，腹板上开过焊孔来保

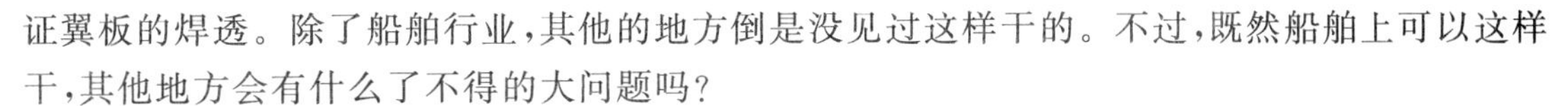

证翼板的焊透。除了船舶行业，其他的地方倒是没见过这样干的。不过，既然船舶上可以这样干，其他地方会有什么了不得的大问题吗？

【voky】：回楼上兄台：

(1)我想您首先必须得把立柱和梁的概念区分清楚，立柱和横梁的构件在制作和安装上都是严格不同的！我发的这张图片如果是用在立柱上，并且是现场焊接节点的话，这么做就是非常正确的，但用在梁上就大错特错了。

(2)关于焊缝在同一个截面的问题也一样，对立柱肯定是正确的，但对于梁，那就完全不是这么回事了，毕竟柱和梁在结构上是完全不同的概念！我负责的这个单位就是拿了个排架钢柱的焊接规范来蒙我，结果我狠狠地罚了他们几千块的款；一个有资质的钢结构公司，实在不应该犯这样的错误！

(3)关于钢梁的拼接缝，规范要求是"应该"错开200mm，在实际工作中，对于焊接H型梁，我们是要求必须要这么做的！对于热轧型钢，一般也就是开成斜口处理，总不至于为了错开200mm而割了翼板再焊接，那样只能是增加更多的缺陷！

(4)关于船舶行业开口来焊接的问题；我想您所说的应该是现场焊接，并且不是主要承受弯矩的构件！开槽口的目的是为了焊接时反面清根，那是由于节点现场焊接，不得已而为之的办法！

(5)建筑钢结构跟机械本来就有很强的相似性，但毕竟不是一回事；因此，船舶上可以干的，建筑上未必就可以干！

干咱们这行的，不应该存在任何侥幸心理！

【bzc121】：有几点要说明的，供参考。

(1)全面理解相关规范。钢结构设计目前常用规范有两个，一是《钢结构设计规范》，二是《门式刚架轻型房屋钢结构技术规程》。华东好多工程设计用上海规范。《钢结构工程施工质量验收规范》。设计规范与验收规范是有联系又有区别的，在制定验收规范时重点考虑的是该规范的独立性。因为制定验收规范执笔多为企业技术人员，所以该规范操作性很强，施工企业立场、观点有体现(个人观点，不希望争论)。钢结构验收应以GB 50205—2001为准。

(2)对待技术(包括质量问题)问题角度。我们是做技术工作的，不能用行政观点(包括甲乙方立场)去处理技术问题。技术观点是站在客观立场，以保护人类共同利益为基点去处理问题。出现质量问题不能简单地说合格与否。负责的方式，这批构件按《钢结构工程施工质量验收规范》第3.0.7条是否能用，如果不能用，用什么方法修复。不要单纯认为是加工单位的事。应注意工艺评定有关要求。

(3)关于焊接工艺。这批构件焊接肯定未做工艺评定。我怀疑埋弧焊接与二次拼接不是同一单位。为保证翼板对接焊缝二级以上，超声波探伤通过，才用这种工艺方法。很明显埋弧焊接是随意长度。一般埋弧焊翼板是先不焊接，组立机组装一拼，埋弧焊接后再碳吹刨后焊接，先进行翼缘板焊接无法保证焊接变形产生的弯曲。

【voky】：**bzc121**兄说得很有道理，这批构件在制作上已经无法通过GB 50205—2001。因为本身在结构设计时考虑的是一整条完整的钢梁。现在这么一制作，我认为已经不能当成截面来处理，而应该当成节点来重新计算，这个时候是需要用到GB 50017—2003，才能判断是否能用！

但是这样做加工单位根本不可能愿意，而我们作为甲方，在工期进度的压力下，公司领导也是拿出所谓的“大事化小，小事化了”的态度，也不可能把已经安装的构件拆下来！没有办法的办法，权宜之计我也只能按节点处理，采取补强措施。在上翼板和腹板上采取高强螺栓连接！这样的方案是否可行，还望各位指点一二。

★**【myorinkan】**:**bzc121** 兄说得对：“这种构件焊接应该说是懂技术的人有目的所为。如果判定其不符合规范是可以的。”

但是我认为这种做法完全符合美国 AISC1994 的钢梁拼接标准图(附件 1-6-2)。

附件 1-6-2

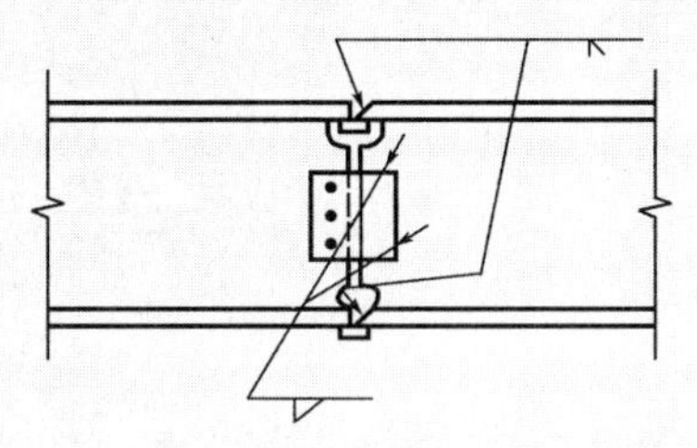

Fig. 10-22. Directly welded flange moment splice

图 1-6-9

The groove (butt) welded splice preparation shown in Figure 10-22(图 1-6-9) may be used for either shop or field welding. Alternatively, for shop welding where the beam may be turned over, the joint preparation of the bottom flange could be inverted.

In splices subjected to dynamic or fatigue loading, the backing bar should be removed and the weld should be ground flush when it is normal to the applied stress (AISC, 1977). The access holes should be free of notches and should provide a smooth transition at the juncture of the web and flange.

一般来说，轧制 H 型钢长度都能满足设计要求，不需要工厂对接焊接。而现场钢梁拼接倒比较常见，但翼缘和腹板都采用焊接的很少吧。

请教楼主，您说的规范要求拼接缝的焊缝位置应该错开 200mm 以上，是根据规范的哪一条规定？工艺上如何处理？

【qxwt】:这样的焊接是可以的，我认为。标准图上就有很多这样的做法。看那个图片上的钢梁截面不是很大啊，应该没有什么问题。只要焊缝质量好，这样的对接坡口是可以的，是等强的。

【voky】:“是根据规范的哪一条规定？工艺上如何处理？”

规范依据是 GB 50205—2001 的 8.2.1 条，**myorinkan** 兄应该看一下中国的规范！

您发的图纸跟这个问题不是一回事！而且您把现场焊接的符号给删除了吧？您那个是节点的连接形式，而不是制作的问题！现在我对于这批钢梁，正是按您的这种方法处理的——当成节点处理，而不是一整条梁！

【voky】:回 **myorinkan**:

规范是死的，但问题是灵活的，就算我们姑且不讨论规范怎么要求；看看下面的图 1-6-10，如果您认为截面 A 和截面 B 还能完全等效的话，那我想可能地球人都应该没话可说，但如果您认为它们受力上已经是两个不一样的截面了的话，那这样的制作就完全违背了设计的初衷！

本来结构上当一根梁来计算的，这样一制作就成为了两根！

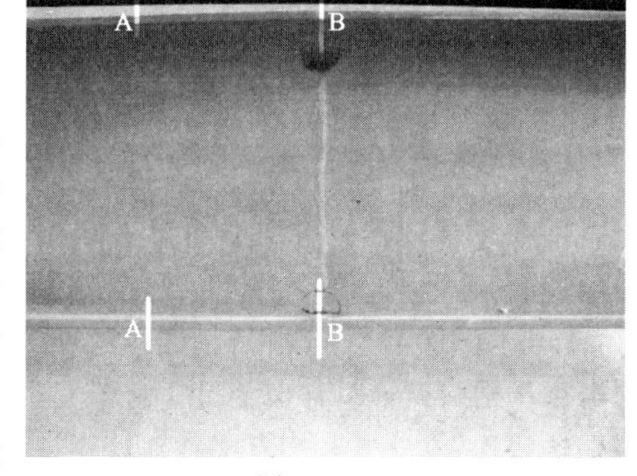

图 1-6-10

补充一点:GB 50205—2001 第 8.2.1 条只适用于焊接 H 型钢,该条款说得很清楚,对于热轧 H 型钢,当然没有必要再错开 200mm 以上,无端的增加焊缝。

回 **qxwt**:我想您说的应该是节点标准图吧?但是请注意这个不是节点!

【zhaolw】:我也是搞质量的,我认为拼接 H 型钢这样的拼接方法是错误的,很明显违反了 GB 50205—2001 的 8.2.1 之规定。要是我负责这个项目的话一定会要求制作厂返工处理。

【jk191】:平时设计都是采用轧制 H 型钢,《钢结构工程施工质量验收规范》没有看过,但是楼主所说的问题应该值得注意。节点和制作毕竟不是一回事。对于节点就算是等强等连接,其梁的强度也是有所削弱的(因为梁的截面肯定要有所削弱)。

楼主还提出:"权宜之计我也只能按节点处理,采取补强措施,在上翼板和腹板上采取高强螺栓连接!这样的方案是否可行?"

其实就于梁的拼接连接来说,如果在工厂拼接,像图上所示节点应该能够满足等强连接的(焊缝为完全焊透对接焊,二级以上质量)。所以本人认为如果满足要求可不用采取补强措施了。

相反如果焊缝不满足那要采取高强螺栓连接,好像也要将构件拆下进行螺栓孔的加工,不然在高处很难保证精度。

以上是本人对梁拼接连接的一点见解,有不对地方请大家指教。可参考《钢结构连接节点设计手册》。

【三峡人】:我有一工地,钢梁在现场短了,后加了一节。采用图 1-6-11"Z"形焊缝,可否?请指点(跨 42m,有脊柱,6:8的板,屋盖)。

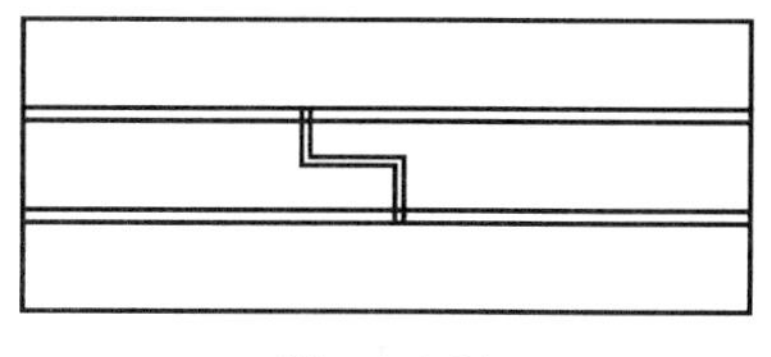

图　1-6-11

【voky】:三峡人提及:

"我有一工地,钢梁在现场短了,后加了一节。采用图 1-6-11"Z"形焊缝,可否?请指点。(跨 42m,有脊柱,6:8 的板,屋盖)"。

按图 1-6-12 的形式拼接才好,没必要再在横向上切割钢板,增加不必要的缺陷;但是请注意:拼接的这段钢梁要大于 600mm!

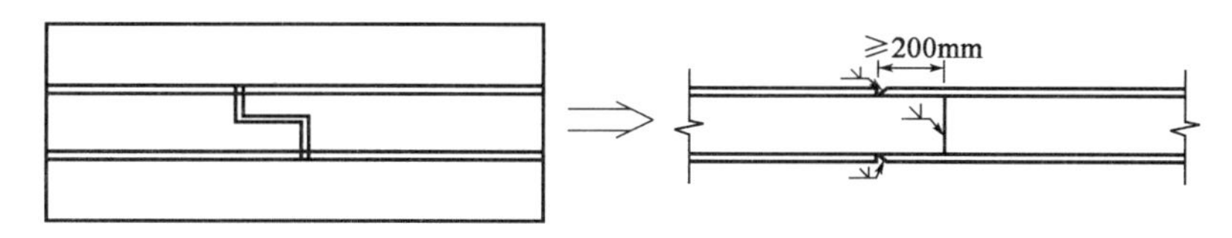

图　1-6-12

【agan】:Z 形拼接缝在承受动载荷的时候采用。

【胖涛子】:我认为是严重错误的,不用去查规范就知道,必须回加工厂,返工。质量第一,没什么好商量的。

【lake666】:(1)该拼接违反质量验收规范要求。

(2)焊缝设在跨中一定是违反设计图纸要求的,加工制作是执行设计意图的保证,设计有一些基本规则,如跨中受力最大处不设焊缝,梁底钢筋在跨中不能断等,一般设计图纸或标准图中均有要求。

如果维持现状，或采取处理方案后，按 GB 50205—2001 3.0.7 设计单位核算认为能够满足结构安全和使用功能，则可以验收。

【zidian】:(1)楼主所传图片中焊接处上下各一个孔，不知何用(吊装)？但这样是否显著削弱了截面抗剪能力？

(2)在图木刚架中的长钢梁比如说 15m，设计方有必要人为的特意去设置拼接节点吗？如没必要，施工单位自己去设置，应该如何设置？请讨论。

【dolphinziwei】:李国强的《多高层建筑钢结构设计》中 245 页。关于梁的拼接，有这种连接方法。

【LUJIAQING】:返工。

(1)腹板加螺栓。

(2)翼缘加衬条并焊接。

(3)符合以上两点，使其成为刚性连接。

【bcxf669】:请教一下，如果是钢柱，这种拼接可以吗？另外，如果是带牛腿的钢柱(型钢)，如果需要拼接，根据这种钢柱的受力特点，是不是可以把接缝设在下柱中间呢？

【stillxt(虎刺)】:讨论的很热烈呀！我认为首先要看图纸的要求对接焊缝的质量等级，再按 GB 50205—2001 之要求做探伤，如果没有腹板上的两个洞、焊接时加引弧板的话，完全可以达到等强度连接，但也不能将焊缝置于跨中或弯矩较大的区域。

梁对接时腹板倒圆角的情况适用于现场垫板焊接，便于垫板从孔中穿过，腹板用高强螺栓加夹板连接，一般不焊接，图示的连接方式开洞简直就是画蛇添足，弄巧成拙。

对于 H 型钢对接焊缝不能处于同一截面的规定 12、13、14 楼的回答是正确的，而 10、11 楼的解答显然是没有完全理解楼主所说的情况。

而热轧 H 型钢的对接形式有 3 种形式，对于截面较小的 H 型钢，接头位置弯矩不是很大，可用直坡口或单坡口分别将翼缘板和腹板对接焊接即可，如构件直接受拉、弯矩较大或荷载为集中荷载，也可采用 Z 形焊缝或切斜口焊接，这种连接比较浪费材料。也可以直接对接在腹板可翼缘板上加补强板的办法，将连接位置补强，达到设计的要求。

【xiwangz】:01SG519，P26 页上说明很清楚，焊接的应错开 200mm，热轧的没有必要了。

【受伤】:安全第一。

(1)钢柱也不能这样对接。

(2)型钢也不能这样对接。

【zdx65】:(1)焊缝达到一级即为等强连接。

(2)翼缘板面积、强度没问题。

(3)腹板面积削弱。

(4)一般情况下，与柱或梁的接头会更弱，如开螺栓孔。

结论:(1)焊缝达到质量要求时，此构件做梁用满足要求。

(2)正常焊接 H 型钢不应该如此接长，应该先接长翼缘板和腹板，错开焊缝后焊成 H 型钢。

(3)钢柱绝对不得这样连接，因为截面减少了。

(4)楼主似乎是苛刻、强硬的甲方，我个人不屑与其共事。

【yongyin】:施工既要考虑国家规范,也可以结合设计院针对该工程所给出的设计说明,我经手的一个电厂工程,就允许这样做。

【xfjiang】:按理说这么小截面的梁,跨度不大,钢板长度足够了,不需要拼接的。不过已经是既成事实了,运回工厂返工改善不了质量,还不如请设计单位复核、认可。如果焊缝二级以上,应该可以认为等强连接,把他当节点看吧,没办法了。以后的构件要求他按照规范做即可。

另外,腹板的焊缝看起来不够饱满,还有工厂应该有监理驻场,可以及时发现问题。

【20070327】:看了大家讨论的这么热烈,心情无比沉重!

先回答楼主的问题:

(1)焊接 H 型钢梁腹板和翼板拼接缝错误,焊缝位置在同一个截面;为避免焊接缺陷的集中,请将腹板和翼板拼接缝的焊缝位置错开 200mm 以上!

回答:请看 GB50205 第 8.2.1 条文说明“翼缘板和腹板接缝应错开 200mm 以上,以避免焊缝交叉和焊缝缺陷的集中”。现在的钢梁已经在腹板端部开了扇形切口,焊缝没有交叉!

(2)焊接 H 型钢梁腹板开口错误,严重违反规范和设计要求! 这样的制作将导致应力集中;并减小有效截面面积,同时焊接处腹板不能参与承受钢梁的弯曲应力,使构件形成不利截面!

回答:请看图集 04SG519 第 26 页节点 4,翼缘焊缝可以选择 22(55 页),是不是和工程的做法是一样的? 关于截面削弱的问题,同样可以参考图集 04SG519 第 21 页节点 4~6,在钢梁弯矩最大的位置,是不是腹板削弱了。关于应力集中的问题,错开 200mm 同样存在。

可以这么说,工程如果是多高层民用建筑,楼主对该公司的指示是不合理的。

【20070327】:还有一些观点本人不同意,欢迎讨论。

(1)腹板焊接点如果在剪力最大处其抗剪力是不会满足的。

我的观点:钢梁一般由弯矩决定截面,抗剪能力通常富余,在什么位置开这样小的扇形切口,验算腹板抗剪通常都是没有问题的。

(2)但反面清根的做法只有用在现场连接,而且只能用在柱与柱的连接节点上。

我的观点:反面清根大量应用于工厂,现场通常采用加垫板的熔透焊接,因为加垫板的焊接方法是不好的方法,在现场常常不具备清根条件,只有加垫板焊接。要知道加垫板焊接时,焊接间隙要留到 6~9mm,焊缝收缩时产生很大的内应力。在焊接垫板和翼缘接触面位置也容易形成焊缝断裂的发源地,现在有一种观点将焊接垫板伸出端与翼缘在仰焊位置焊接起来或加陶瓷垫板。

(3)在上翼板和腹板上采取高强螺栓连接!

我的观点:这样计算当然没有问题,可是会增加造价,而且上翼缘出现了螺栓,如果铺钢承板打栓钉,很难施工。

(4)我认为是严重错误的,不用去查规范就知道,必须回加工厂,返工,没什么好商量的,质量第一。

我的观点:返工是不得已才采用的办法,焊缝这样的东西越返工越差,越反复受热组织性能越差。返工可使构件看起来合乎规范要求,但其中增加了多少内应力难以知道,安全性提高了还是降低了不得而知,现行规范的规定不要求做产品试板,实际工程的焊缝机械性能不得而知,返修后更是难以预料。如果返工一定要制定详细的返修方案,以免越修越差。

(5)翼缘加衬条并焊接。

我的观点:翼缘加衬条不如不加的好,理由同前。

【lonba02】:我只能说,如果我们这样做可以通过,我要笑死了。强度我不是很清楚,但焊缝和鼠洞实在太难看了,可见制作的马虎程度。

【gjg _ detail】:谈谈个人观点:

看了以上朋友们的讨论很有意思,有的说可以有的说不可以。到底是可以还是不可以。我认为是不可以的。首先就严重的不符合规范,再有设计要求和工艺上也说不过去呀,但是据我所知浙江精工钢结构公司已经有这种对接方式的资质。但是对于其他的工厂我不敢说可以。

如果监理通不过,那只能改,但改不一定非要反回工厂,这样子劳民伤财。如果说切开重做更不现实,要是我改我就把腹板上一面加上一块补强板。

【voky】:好久没上 okok 了,自己的帖子竟然到 39 楼了!

这里的确是一个讨论问题的好地方!

感动……

【剑客幽兰】:我看了大家的讨论,感觉有些意见说得很有道理。

对于这个问题我也想说两句,因为我发现我要说的这个大家还都没有提到过:

(1)GB 50205—2001 中 8.2.1 确实对焊接 H 型钢的翼缘板和腹板拼接焊缝间距做了规定,不得小于 200mm,以及后面对拼接长度的要求。以往的项目也是按这条规定去检验加工的钢梁是否合格。但是一般的实际钢梁拼接都是和楼主发的那个图片一样。

(2)现在我们的项目也碰到了这个问题,设计方是香港的一家顾问公司。在涉及到钢梁分段时我们想按楼主发的图片的那样的方法拼接,对此设计坚决反对。再就是对于 GB 50205 中的规定香港顾问公司也是持怀疑态度。

(3)我们的最终处理方法是:按照《建筑钢结构焊接技术规程》(JGJ 81—2002)中 4.6.2 中第 3 条规定做的,不过这条规定是对于现场安装焊接节点的规定。“在焊接 H 形、T 形或箱形钢梁的安装拼接采用全焊透连接时,宜采用翼缘……H 形及 T 形截面组焊型钢错开距离宜不小于 200mm。翼缘板与腹板之间的纵向连接焊缝的距离不应小于 300mm……”中的规定。规程 60 页有具体的配图的。

最终香港顾问公司同意了我们的做法。以供大家参考。

【00153227】:楼主对该公司的指示是不合理的!楼上扯淡的比较多!建议楼主多看看书,构件不是比漂亮,别太主观!

【tfsjwzg】:基本上赞同 **20070327** 兄讲的。

【jiaruiqi02】:01SG519 P26 页的第四种拼接不就是这种吗?

【wintergo2009】:焊缝在同一截面,没有任何问题。

我们总工一直这样做的。

【qiaowww】:我支持楼主,一个有资质的钢结构公司不应该干出这活来。请看这张钢梁加工图 1-6-13,很明显是错缝处理。

【qiaowww】:而且上图中也没有出现焊孔。可以肯定的是,楼主的那个下包钢结构公司制作加工能力跟不上潮流,他那个很可能是人工电弧焊的,为了熔透焊不得已割了焊孔。现在工厂普及自动埋弧焊了,再者技术员水平跟不上,没有错开焊缝。

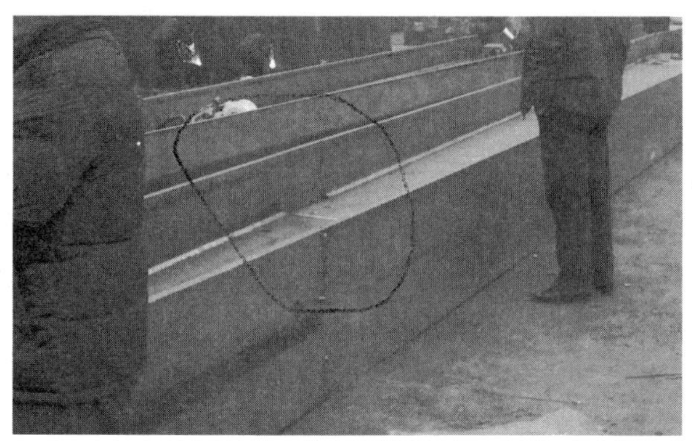

图 1-6-13

【夏郎多吉】:腹板开孔是为了避免焊缝的立体相交,如果是热轧 H 钢的话这样的接法是可以采用的,但是对接焊缝要求二级熔透焊。

【OWNER】:这样焊接在工厂完全可以,具体参见高层钢结构图集。

【patricker】:(1)焊接形式并没问题(当然焊工较差)。

(2)要验算截面强度。

(3)要检验焊缝强度。

点评:如果我们把该连接区域当作一个等强刚接节点来设计,在保证全熔透焊(实现等强)的情况下,图中做法并无不妥。还可以参考牛腿根部的全熔透焊连接。涉及规范规定,值得继续讨论。

2 钢梁与钢梁现场对接(tid=115307 2005-11-12)

【生命的亮点】:最近做了一个圆弧两根钢梁,是一个学校大门口的装饰件,由于钢梁较长,考虑到运输,故要分段制作,所以对接口节点我是做成这样的,见图 1-6-14,我不知道这样是否可行,各位高手请帮小弟分析一下:

503325-.dwg(209.12K)

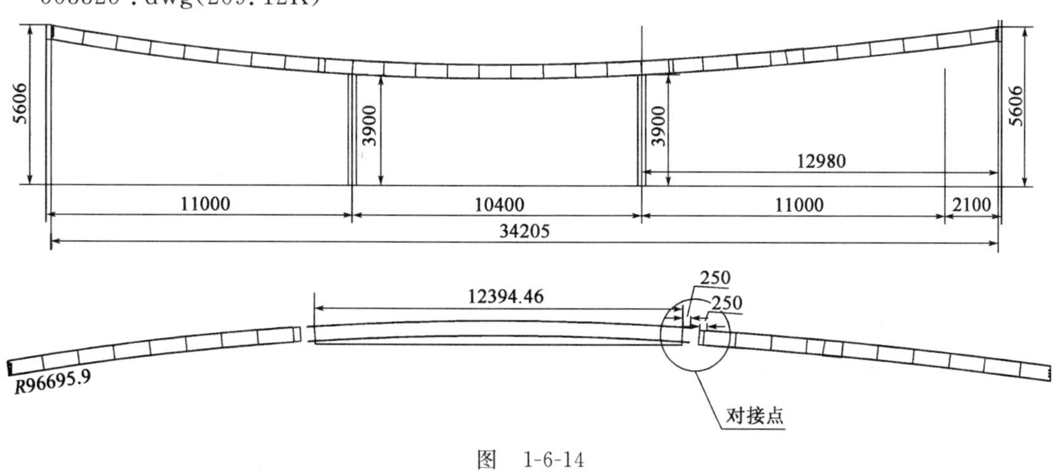

图 1-6-14

【jirrier】:个人认为您的节点是符合规范的,翼腹板错开距离不小于 200mm,当然也许有人问两翼板没错开(我在工程中经常遇到甲方或监理拿着规范问我这个问题),规范上只是说翼腹板错开,没说两翼板错开,当然我觉得是不是采用翼腹板错开距离≥200mm 的“Z”形节点更合理一点。

3 拼接的 H 型钢杆构件最短允许接多长?（tid＝87554　2005-3-16）

【proch】:H 型钢杆构件,不够长,允许拼接加长,但拼接来的这一段允许最短不得小于多长呢?采用焊接拼接十分必须加连接加强板?敬请各位专家指点!

【arkon】:应该是 200mm。

【子叶】:我认为从受力的角度分析,拼接加长点最好设在梁跨的 1/3 处,对接焊缝的距离至少错开 200mm 以上。

【vilive】:H 型钢拼接,可用衬套焊于腹板上,且长度不小于 200mm,施工简单且受压较好。

【allen315】:H 型钢拼接焊缝至少要错开 200mm,建议设计图纸的时候,在弯矩最小的地方进行拼接。

【wanyeqing2003】:**proch** 提及:

“H 型钢杆构件,不够长,允许拼接加长,但拼接来的这一段允许最短不得小于多长呢?采用焊接拼接十分必须加连接加强板?敬请各位专家指点!”

(1)H 型钢的拼接长度,一方面要根据加工需要确定,更重要的是要根据构件受力的位置确定。一般布置在弯矩最小的位置或是反弯点。

(2)拼接时可以加拼接板也可以不加,采用对接焊缝。但是要注意焊缝要错开位置,应满足规范的要求。

类似的话题还有:

H 型钢梁拼接段可否大于两道?(急)

http://okok.org/forum/viewthread.php? tid＝66352

请教钢梁拼接的抗震设计

http://okok.org/forum/viewthread.php? tid＝30577

【xiaomai9】:楼上的几位好像答非所问。

根据 API RP 2A(美国石油学会关于海洋平台的推荐做法)的规定:梁的拼缝距离要大于等于 1m 或者 2 倍梁高(取小值)。

可能对您有参考价值。

4 成品 H 型钢的对接需注意些什么呢?（tid＝84270　2005-1-30）

【我是一只小小鸟】:成品 H 型钢的对接需注意些什么呢?

【large _ bird】:这要分是焊接还是螺栓连接。

(1)螺栓连接,计算时要考虑由上下两翼缘抵抗弯矩,腹板连接螺栓抵抗剪力,轴力由所有螺栓抵抗,最后还要验算削弱后的型钢截面。

(2)焊接,不需要太多计算,只是施工时对对接焊缝的质量要求等级最低为二级,施工时会

有不少麻烦。

(3)连接有刚接和铰接两种,具体参照计算书。连接方案详见钢节点设计手册。

【z0808】:如果是用作梁并焊接的话,还要求上下翼缘板焊缝错开。

【pingp2000】:**z0808** 提及:

"如果是用作梁并焊接的话,还要求上下翼缘板焊缝错开"。

成品的 H 型钢(我理解为轧制的),焊接的话,有两种情况:

(1)上下翼缘板焊缝不需要错开(承受静荷载)。

(2)上下翼缘板焊缝错开至少 200mm(承受动荷载)。

焊接的 H 型钢,焊接的话,上下翼缘板焊缝错开至少 200mm(不分荷载情况)。

【a5181818】:同意楼上的说法。但 RH 型钢(热轧型钢)错开对接焊接质量不好保证,如承受较大荷载建议采用整支的型材。

5 现场焊接 H 型钢对接缝的最佳位置(tid=195496　2008-7-27)

【zhenjiangsijian】:请问现场焊接 H 型钢对接缝留在钢梁的最佳位置是什么地方,最不宜留的位置又是什么地方呢?另外,规范上只说翼缘板和腹板要错开 200 以上,但是没有对翼缘板的焊缝特别说明,请问上下翼缘板也要错缝吗?错开多少呢?

【四月的风】:现场焊接 H 型钢对接缝留在钢梁全长的 1/3 左右为佳。

如果是两端刚接的钢梁,由于梁两端的弯矩和跨中弯矩往往反号,翼缘焊缝宜留在全长的 1/3 左右,腹板焊缝尽量在 1/3 位置往跨中方向留;如果是两端简支钢梁,翼缘焊缝尽量留在跨中 1/3 以外,腹板焊缝尽量在 1/3 位置往两端方向留。关于腹板的焊缝计算可以看 GB 50017 的公式 4.1.4-1,正应力比翼缘小一些,剪力的作用往往不大,还有 1.1 或 1.2 的提高系数,通常腹板的焊缝容易满足。

上下翼缘板的焊缝可以不错开,但条件允许时错开为宜。

【zhenjiangsijian】:谢谢了,您说了焊缝的最佳位置,但是焊缝留置位置规范上好像也没有什么强制要求,那是不是,只要焊缝强度达到,留在任何位置都无关紧要呢?还有,我现在遇到个问题,腹板和翼缘板错开位置没有 200mm,该怎么办呢?

【header】:焊缝强度达到,只是理论化的想法,焊缝区域由于焊接属于铸造过程等种种原因,受力状态和材料性质比较复杂,很难达到类似热轧钢板般的性质。焊缝金属通常比母材高很多,如果在满足焊接规范情况下,强度没有问题,但韧性、可靠性很难保证,躲开受力复杂和受力较大的地方施焊是保证结构可靠性的构造性要求。所以将焊缝留在任何位置都无关紧要是不正确的。

另外如果没有错开 200mm 不知道是加工排料排不开呢,还是已经这样了,如果属于前者,坚决要求其满足错开 200mm 要求;如果是后者,没办法,和监理商量下吧,看看增加补强板补救监理能否同意。

【zhenjiangsijian】:我倒不是担心监理方,我只是个人觉得这样是不是非常危险,会影响到结构安全。

【@82902800】:不知您的构件是型钢还是焊接型钢,如是前者,根据老外的钢结构规范,没什么问题,老外是通常的做法是上下翼缘在同一处焊接的。如是后者,主要看您在什么位置拼接,如在弯矩比较小处,个人感觉也没什么大问题。交叉焊缝主要是为了避免集中应力而造成对杆件的强度降低。

【liwan _ 1】:焊缝能留在跨中 1/3 处吗? 按施工经验好像不妥!

【royalshark】:liwan_1 提及:

“焊缝能留在跨中 1/3 处吗? 按施工经验好像不妥”!

焊缝是不能留在跨中 1/3 处的,柱子的要求稍差,梁和吊车梁要求应该严一些。

个人认为可参考 03SG520-1,第 5 页,第 5.1 条。

【四月的风】:03SG520-1 第 5 页 5.1 条“吊车梁上、下翼缘板在跨中 1/3 跨长范围内,应尽量避免拼接”的规定把上下翼缘等同起来,个人觉得很是不妥。

(1)此规定没有区分行车的起重量,不管重级还是中级、轻级,规定都相同。

(2)下翼缘应力大的多,而且是拉力,尚可。上翼缘在小车制动时有弯矩,此弯矩远小于竖向弯矩,在这样的情况下也如此要求,很怪异。

6 困惑已久的拼接问题(tid=179050 2007-12-5)

【jeamyjin2678】:钢结构工程中不可避免地有超长构件,故都通常采用拼接,常用的拼接有栓接和焊接。

关于焊接(翼缘和腹板都采用熔透焊等强连接)按《钢结构施工验收规范》8.2.1 要求拼接焊缝需错开,如图 1-6-15 连接 1。

疑惑:(1)《钢结构施工验收规范》8.2.1 是否只是针对焊接 H 型钢,轧制型钢是否也需按此要求?

(2)参考《钢结构连接节点设计手册》P37 如图 1-6-19 连接 2,并未按《钢结构施工验收规范》8.2.1 要求错开焊缝?

(3)两种连接形式是否都可行,有没有什么具体的条件要求?

(曾问过老者讲工厂连接轧制 H 型钢可以采用《钢结构连接节点设计手册》P37 有如图 1-6-15连接 2 焊接不错开的形式,但如果是现场焊接的话则不可以。)

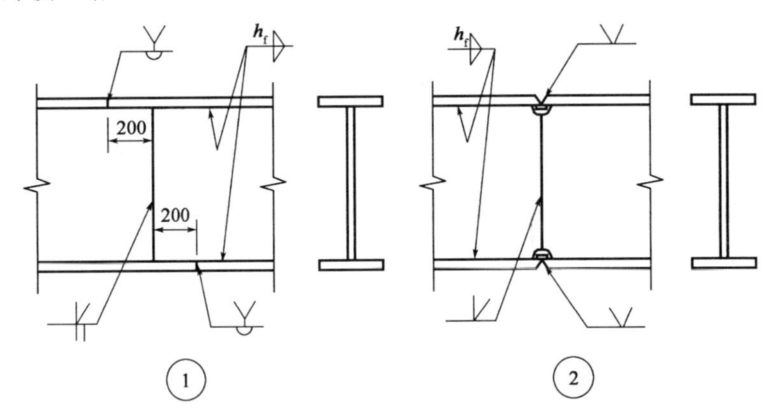

图 1-6-15

【suewa】:轧制型钢错开拼接似乎不现实,钢结构设计手册上讲了一些,上图的第二种形式是其中之一,但是《钢结构设计手册》上似乎又用了栓焊连接,但是都没讲要错开!

【jeamyjin2678】:加工厂通常都是采用连接,材料损耗少。

那这样不是不符规范要求了,到底两种连接形式有没有什么具体的使用范围?

【wzb98303】:对于焊接 H 型钢按照规范为节点一拼接,热轧 H 型钢在工厂可不错开,也可成 45°角进行拼接,对于承受动力荷载时要“Z”形拼接,具体可参见多高层节点详图 01SG519 第 26 页。

【jeamyjin2678】:一般拼接我也是选用楼上兄弟所说图集。

焊接 H 型钢按照规范为节点拼接?错开的目的是什么?是考虑焊缝残余应力的影响吗?为什么热轧 H 型钢在工厂可不错开?

第七章　刚接与铰接

一 基本概念

1 何谓“刚接”、“铰接”？（tid＝32142　2003-7-3）

【qwert】：我在多本钢结构书看到“刚接”、“铰接”的词，而书中并没有“刚接”、“铰接”的明确定义。请指教！

【jzsg】：刚接通常指连接螺栓较多、直径大；铰接通常指螺栓4颗，直径较小。

【sych7411】：所谓刚接，即节点处传递弯矩，也即能传递转角，铰接的话，是不能产生转角变形的。

【qwert】：刚接、铰接以螺栓直径来分的标准是什么？

【dyfinsz】：不能这么简单划分。要验算螺栓或焊缝是否能传递弯矩，如果能，则是刚接。如果只能传递剪力，则是铰接。如果都不能，则结构破坏！

【zhengdeaini】：“刚接”和“铰接”是结构计算中为了简化而采用的连接方式，实际应该为弹性连接。设计中它们与计算时所用的假设还有关系，比如H型钢相接时我们认为翼缘只能传递弯矩，但实际它也能传递一定的剪力。钢结构中，我认为只要连接方式能有效地传递弯矩和剪力就应该是刚接，如果只能有效的传递剪力，就应该为铰接，不知是否正确。

【seudxz】：钢板面积厚度之比也是一个方面。

【heartwood】：我在一本书上看到梁柱间铰接一般为焊接或者普通螺栓，高强螺栓可传递弯矩一般为刚接，不知对否？

【china-2000】：所谓的刚接指翼板与腹板都有连接以达到抵抗弯矩和剪力的接头，铰接指腹板只采用螺栓连接以达到抵抗剪力的接头。

【heartwood】：翼板是采用焊接，感谢china2000兄的指教。

【dyh】：刚接：除承受正应力外，还承受弯矩。

铰接：只承受正应力。

【tjgxz】：刚接是指支座对构件的约束，构件不能使支座发生位移，不会使支座发生扭转。

铰接是指支座对构件的约束，构件能使支座发生某方向位移，会使支座发生扭转。

实际工程中，主要是指两者的刚度差别大小，如果连接节点刚度远大小构件刚度，则构件为铰接，当两者刚度相差不大时，则可视为刚接。

【baby-ren】：依靠翼缘传递弯矩，腹板传递剪力来判断刚接、铰接的客观根据是什么？难道是因为对于梁来说翼缘对抵抗弯矩起主要作用，腹板对抵抗剪力起主要作用来确定的？

【小翁头】:不能绝对的划分啊!

在设计中我们一般是以理想状态来做的。

实际工程中,受力是比较复杂的,很多情况是既承受弯矩,又承受剪力。

承受弯矩和剪力多为刚接,承受弯矩和剪力比较少的为铰接。

【okokclm】:简单点说:

刚接就是可以节点处传递弯矩 M,也即能传递转角,铰接的话,是不能产生转角变形的,也不能处传递弯矩 M! 不过这只是教材书上的理论的说法!

而实际上在项目中很难真正做到如上所述的刚接、铰接! 只能称为其为弹性节点! 实际中的也可以传递弯矩 M,只不过其量直是很小的一部分罢了!

实际上在项目中,为了实现铰接,常把螺栓孔做成长条孔让它自由移动!

【htz】:刚接、铰接多是概念上区分,对连接最早进行按刚度分类的是美国 AISC1978 年规范,它根据梁端的 M-θ,将连接分为三类,即:刚性连接、半刚性连接、铰支连接三种。1986 年美国 AISC/LRFD 规范又将其分为两类:全约束(FR)和部分约束(PR)。欧洲规范 EC3 根据连接与梁的塑性弯矩和塑性转角 M_p 和 θ_p 的相对关系和钢框架中是否设置支撑把节点分为刚性节点、半刚性节点和柔性节点,如图 1-7-1,它又根据连接与梁的相对强度将连接分为全强度、部分强度和名义上的铰接。有文献分析了 EC3 分类方法的缺点,指出其按刚度和强度两个尺度分别划分容易引起混淆,并提出一种同时考虑使用极限状态和承载能力极限状态新的划分方法,将连接分为完全连接、铰接连接、半铰接连接和非结构性连接四种。Hasan 和 Chen,W. F 等也对 EC3 的分类方法做出了修改,指出 EC3 采用直线段的方法不符合弯矩一转角之间的非线性关系,提出采用非线性曲线的弯矩与转角关系来划分不带支撑框架的梁柱节点的新方法,见图 1-7-2。

156198-01. doc(92K)下载地址:http://okok. org/forum/viewthread. php? tid=32142

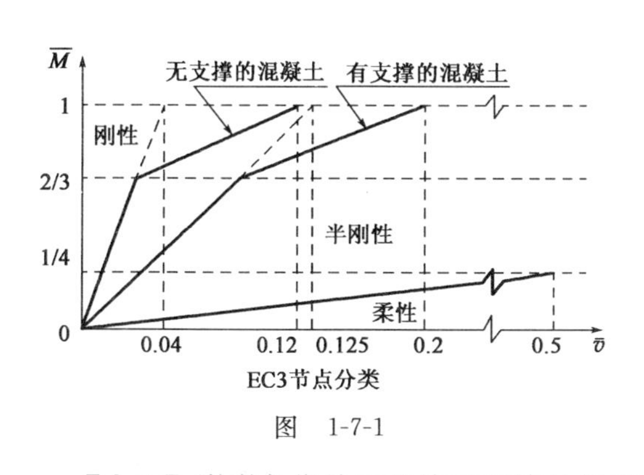

图 1-7-1

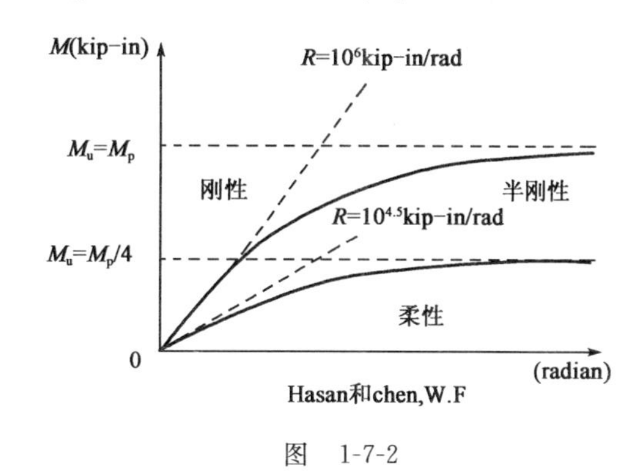

图 1-7-2

【小石】:谢谢各位关于铰接和刚接的解释!

给我们这些新手有了很大的启示和帮助!

【hefenghappy】:同意楼上的观点! 刚接、铰接只是一个相对的概念,是人们根据 M-θ 曲线来认为划分的,在美国和欧洲就分的比较明确。其目的是为了在进行结构计算中,能比较准确的计算结构内力,而又与其实际受力接近的假设。其实很多节点应该属于半刚性连接。

【baby-ren】:为什么要去区分的那么清楚? 您如果想它传递弯矩,就把节点做成能够承受弯矩不好吗？具体的把各种的连接方式单纯的划分为刚接、铰接是为什么呢？更何况又不存在纯粹的刚接、铰接。我认为之所以有刚铰之分只是为了方便建立模型而已，而在设计和施工当中没有必要太过拘泥。只要概念清晰就行了。

【huangjunhai】：概念也不必太清晰了。设计时各节点的受力方向大小明确，据此决定如何消化和限制，这些实际问题解决了，那些概念上名词上的东西即使不明白，我们也能搞好设计。

【freebirdy】：欧洲规范 3 和 Bjorhovde 等利用无量纲化的 M-θ 曲线给出了刚性连接，半刚性连接，铰接的划分方法。

注意到划分方法中弹性模量的不连续性，有些学者也提出了一些改进的方法。

一般我们认为：在承载力的极限状态下：腹板单面角钢连接、腹板双面角钢连接、顶板连接为铰接；上下翼缘角钢连接、平齐端板连接、顶板连接可以考虑为半刚性连接。外伸端板连接勉强可归为刚性连接！

【weinoo】：刚接可以传替弯矩和内力、剪力。而铰接是活动的，只能传递内力和剪力。

★**【sumingzhou】**：关于半刚性连接的研究已经很多，但仍缺乏足够的认识，目前仍是研究的一个热点问题，EC3 和 AISC 规范就有较大的差异，我国规范中尚无计算方法。目前计算时多是要么刚接，要么铰接。从变形来说，刚接的相对转角为零，铰接则不传递弯矩，自由转动。对于计算结果，有时可稍加调整。比如对于框架柱脚，若为平板式铰接柱脚，查计算长度系数时 $K2$ 可取 0.1(代替 0)，刚接柱脚可取 10(代替无穷大)。

【jfwdalls】：常用的设计方法假定为完全刚接和理想铰接，但实际上处于两者之间，为半刚性，现在正流行研究它。

【YAJP】：早在 20 世纪五六十年代国外就有了半刚性节点的研究，有一个目的是为了优化节省材料，像框架梁，两端完全固定时，端弯矩比跨中弯矩高出一倍，如采用半刚性并且做的好的话可以使端弯矩与跨中弯矩相同从而达到优化节省材料的目的，但也遭到一些人(估计是做实际工程的人)的强烈反对，理由是不好确定设计参数、当不等跨考虑不同荷载组合时简直没法算，而刚接设计虽然不是理想刚接，但实际情况是较高的端弯矩减低一点较低的跨中弯矩提高一点，实际效果并不差，半刚性设计弄不好会导致强度不够。现在采用计算机，也许能弄好点？

【yuanda2】：最近，我老板申请到一个国家基金项目，是对钢管混凝土柱节点进行研究的，我们关注了半刚性的问题，在钢结构、组合结构、混凝土结构均存在此问题。

下面是我们的一些认识。

当前，在框架设计时，一般仅是对组成框架的各杆件(梁、柱)进行杆件设计，对于节点则分为铰接节点和刚接节点两种形式，前者假定节点不能传递弯矩，但能自由转动；后者假定当框架受载变形后，两相邻杆件间的夹角保持不变。这导致结构计算模型与结构实际状态有很大的差异。如何使结构计算模型忠实反映结构实际的受力状态，是我们进行结构分析的目标。

随着工程应用和认识的不断深入，我们发现，钢梁、钢筋混凝土梁与钢管混凝土柱相连的组合结构节点性能问题的简化假设(即仅将节点简化为铰接节点和刚接节点两种形式)，不能真实反映实际结构的受力性能，已制约和影响了钢管混凝土柱结构的正确使用。事实上，正如试验观察所证实，现在实践中使用的钢梁—钢管混凝土柱连接和钢筋混凝土梁—钢管混凝土柱连接的刚度，均处于铰接和刚接的极端情况之间。部分约束连接(亦可称为半刚性连接)对结构效应的影响，不仅是改变梁与柱之间的弯矩分布，而且还会增加框架的侧移，从而增加框架分析中的 $P\text{-}\Delta$ 效应。

在国外，对组合或混合结构半刚性节点的研究也正蓬勃发展，并已在一些规范中有所反映，例如 Eurocode4：Design of composite steel and concrete structures 等。从事研究的人员有 stephen P. Schreider (美国 Illinois University at Urban-Champaign)，Ahmed Elremaily (美国 Nebraska-Lincoln 大学)，Robert Y. Xiao(英国 Wales Swansea 大学)等。他们的主要工作在研究新的节点形式和致力于把半刚性节点的研究成果纳入设计标准的体系。

由于框架受荷时的特性很大程度上受节点变形的控制，节点的刚性不仅影响到框架中梁和柱的特性，对框架的总体强度及稳定性也有极大的影响。因此，获得完整、准确的节点性能信息，对于正确进行框架分析，保证结构体系的安全可靠具有重要的意义，也是对钢管混凝土体系及其发展应用进行全面系统优化所必须解决的一个关键问题。

【蓝鸟】：刚接、铰接确实只是在研究和设计时的一种传力状态，在大部分工程中很少也很难做到。一般认为刚接节点处有弯矩产生，铰接节点则不产生弯矩。一般全截面与主梁或柱连接认为是刚接，此时全截面都存在弯矩。类似于铰链的连接认为是理想的铰接，但对于绝大部分工程来说是办不到的，把仅腹板连接的节点认为是铰接，但实际上也要承担一部分弯矩。

【yemuping】：刚接和铰接关键是看这个节点能承受什么样的力，以及能承受什么样的变形。不能以是否用高强螺栓连接来区分，也不能以用高强螺栓的直径大小来区分。

★【米米】：我认为其本质区别是能不能传递弯矩。

【李木子】：刚接指节点既能传递力，也能传递弯矩，铰接指节点只能传递力。

【baby-ren】：有人认为：刚接能够传递弯矩和转角，弯矩的传递可以计算得出，如何确定转角是否传递的呢？

【ZJZ】：刚接：仅用在梁柱。

铰接仅用在剪力筒(或叫剪力束结构)。

【lqd99】：“刚接”和“铰接”是结构计算中简化计算的理想连接方式，实际上没有绝对的“刚接”和“铰接”。

按刚接考虑时，内力能传递弯矩、轴向拉(压)力及剪力，也传递相应的变形，分别为拉、压应变及剪应变，从计算理论上说如是理想的“刚接”则接点两侧的内力和变形应该是完全一致(或符号相反，这与力、变形的符号定义有关)的。

按铰接考虑时，内力只传递弯矩以外的轴向拉(压)力及剪力，当然梁的轴力传递到柱上可能变为剪力(梁柱垂直时)或分解为轴力与剪力，对于变形则是传递平移(水平和竖向变形的叠加)变形，不传递转角。

设计时应根据计算的受力模型去决定采用“刚接”还是“铰接”，根据不同的受力模型确定节点的做法。

【wsywdy】：比较同意楼上的看法，区分刚接、铰接只是为了简化计算，实际上没有绝对的铰接和刚接。

关于刚接：

作为构件的刚性节点，从保持构件原有的力学特性来说，在连接节点出应保证其原来的完全连续性。像这样的节点将和构件的其他部分一样承受弯矩、剪力和轴心力的作用。如果采用连接节点所能承受的弯矩和相对应的曲率关系来近似的表示刚性连接节点的特性，则如图1-7-3中的OAB所示。从图中可以看出，能确保构件连续性的刚性连接节点，它具有与构件相同的M-θ关系。

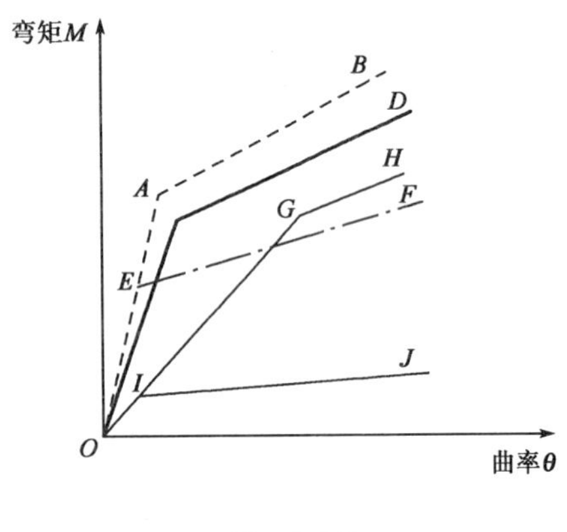

图 1-7-3

在构件的拼接连接节点中，根据拼接连接节点所处的位置，有时在拼接连接节点处不能传递被连接构件的全强度（各种承载力）也可以的。这种节点只根据作用于拼接连接节点处的内力来设计。因此，这种拼接连接节点不能保证构件的连续性，因而就不能作为完全的刚性连接点。但是，在这种情况下，根据所选择的连接板的刚度不同，可以使拼接连接节点的弹性刚度等于或大于构件的弹性刚度，而只是承载力比构件的连续部分低，但仍在连接节点承载力的范围内。对于这样的节点，亦可视为刚性连接节点。这样的连接节点的特性，如图1-7-3中OEF所示。

关于半刚性节点：

对于某些连接节点，即使能保证其承载力等于或大于构件的承载力，但由于所采用的连接方法和细部构造设计的关系，致使连接节点的弹性刚度比构件的弹性刚度显著的低，这样的节点称为半刚性节点图中OGH表示的特性。

半刚性节点，作为设计的要求一般是不采用的。不过，像这样的节点，假如在设计中已考虑其刚度的降低，就不是什么特殊问题。但如果不注意，仍错误的按刚性节点特性进行设计，结果会导致结构产生过大的挠度和变形等。

关于铰接：

顾名思义，理论上来说是完全不能承受弯矩的连接节点，因而一般不能用于构件的拼接连接；铰接节点通常只用于构件的端部的连接，比如柱脚和梁的端部连接。但是在实际工程中，作为铰接节点，其特性并非完全铰接，如图1-7-3所示为OIJ。它对弯矩并不是完全不能承受，只是抗弯刚度远低于构件的抗弯刚度，因而在实际工程中把他视做铰接来处理，这是简便可行的。

因此在设计时，应根据连接节点的位置及其所要求的强度和刚度来合理的确定：

(1)连接节点的形式。

(2)连接节点的连接方法。

(3)连接节点的细部构造及其基本计算式。

以上是我的一点心得。

201910-Drawing.dwg(25.66K)下载地址：http://okok.org/forum/viewthread.php?tid=32142

【denhere】：我认为我们计算之所以假设H型钢只有腹板承受剪力，翼缘承受弯矩跟腹板和翼缘的相对刚度有关，因为翼缘和腹板的变形是协调的，所以当梁发生剪切变形时，腹板所分担的剪力要远远大于翼缘，同样当发生弯曲变形时，翼缘所承担的弯矩远远大于腹板。

【^_^剑客】：理论各位都说得很充分啦，就是实际工程中的连接方式，跟理论有个兑现率，

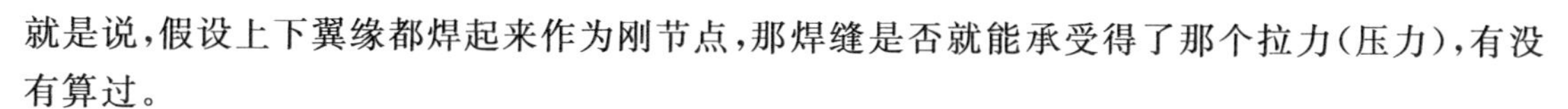

就是说，假设上下翼缘都焊起来作为刚节点，那焊缝是否就能承受得了那个拉力（压力），有没有算过。

【huangjunhai】：我认为从限制自由度来区别更直观些：全限制——刚接，某一方向不限制——铰接。

★**【tangsen】**：铰接：被连接的杆件在连接处不能相对移动但可相对转动，即可传力但不能传力矩。

刚接：被连接的杆件在连接处即不能相对移动也不能相对转动，即可传力也可传力矩。

铰接节点不传力矩只是一种理想情况，实际很难办到。本人以为在钢结构连接节点当中，如果上下翼缘不受约束，只是腹板连接，算铰接，如果上下翼缘受约束（无论是焊接或高强螺栓连接）算是刚接。

【towerdesign】：我的看法：

同一个节点构造，如果连接的构件发生变化，原来作为刚接假设合适，可能变化后就要作为铰接处理，一句话尽量使您的假设和实际受力状态接近。

以螺栓数量及其他东西来区分，都是有条件的。

举个极端的例子，如果一个很长的构件，一个节点在上海，一个在北京，两端用很多螺栓连接，甚至是焊接，这个时候假定为铰接，计算杆是可行的。如果是比较短的构件，构件还没有节点长，那样假定恐怕就有问题了。

看问题要全面才是！

【denhere】：我认为 **towerdesign** 兄说的不太对，刚接和铰接是对节点而言的，不是对整个结构而言的，就拿您举的那个例子来说吧，一个节点在北京，一个节点在上海，如果第三个节点就在上海的话，那计算杆件（北京—上海）的时候当然可以把上海的这个节点算铰接了，因为杆件（北京—上海）的线刚度非常小，即使节点为刚接，那它所分担的杆端弯矩也非常小，可以忽略。但如果假设另一个节点在广州甚至在月球呢？恐怕就不能把这个刚性节点算铰接了吧。

所以在您举的这个例子里，把节点看成刚结和铰接没多大区别，但实际工程中这种节点可不是很多。我还是比较赞成按刚度来划分节点的做法。

【towerdesign】：**denhere** 兄讲的很好，可就是不太明白。也许我的意思没有表达清楚。我要说的是：

（1）节点区分刚接、铰接是为了进行所连接的构件的计算。

（2）同样一个节点在不同的结构中可以作为不同的节点处理。

（3）节点的假定如果使得您的计算满足工程需要就可以了。这就是说和实际受力状态接近。也就是说，您的假定在试验后能够很好的吻合。

我所经历的工程都是输电线路铁塔，可能面太窄。确实如同我说，甚至一个节点对于它所连接的构件可以作为不同的方式处理，对于这个构件要作为刚接，另外一个构件可能就是铰接。

【钢架鹿】：刚接：除承载正应力外，还承受弯矩。有吊车的厂房柱脚，边梁柱连接。

铰接：只承载正应力，没吊车厂房，摇摆柱，抗风柱与梁连接。

【CCTVSB1】：所谓刚接是指结构变形后接头还能保持连接角度不变，有效传递弯矩。

铰接是结构构件连接能有一定的转动空间，主要是用来传递剪力的。

【arkon】：要以辩证的方法看待节点连接没有绝对的铰接，屈服是产生铰接的前提。

轻钢中柱脚采用四个螺栓是因在弯矩作用下屈服才视为铰接；

梁柱铰接是因为连接钢梁腹板的螺栓孔被拉成长圆孔，设计这类节点时要使螺栓的抗剪力大于腹板的承压力，国外的设计手册讲得具体。

上述仅为两个例，设计师在设计时要灵活运用“屈服”二字，不要害怕“屈服”，认为一“屈服”楼就倒了。

【Black Toby】：绝对的刚接铰接并不存在，这只是为简化建模分析的一种近似，近似的原则是偏于安全和不影响计算精度，在假定的基础上用结构构造的细节来完善逼近。

在定量分析时最好的例子为钢规的柱计算长度附录 D 注 3：柱与基础刚接时，取 $K_2=10$（并不取无穷大），铰接取 $K_2=0.1$（平板支座，并不取 0）。至于梁柱的节点何种情况为刚接半刚接或柔性连接（近乎铰接），陈绍蕃的《钢结构设计原理》图 6.28 分析得很清楚，与节点的转动刚度大有关系。采用软件分析时对照建模分析即可。在门式刚架分析时，半刚接尚有相关论文的算例可供参考，将您的假定和结论控制在安全可靠的范围就可以了。

【cxlcxl】：我赞成节点是否传递弯矩作为两概念的划分标准。

【心如桑叶】：初次接触钢结构，钢接、铰接的划分一直不明白，这次多谢各位大虾的讨论，希望以后论坛里多一些这样深刻的讨论。

【xylcj】：是呀！PKPM 的模型中，6 个螺栓就是“刚接柱脚”，4 个就成了“铰接柱脚”，实在让人难以信服，难道增加两个螺栓，柱脚传递的弯矩就从 0 变成几十、上百 kN·m 吗？

★【法师】：PKPM 中并非如此啊。主要还是要看锚栓间的力臂的大小。PKPM 中铰接柱脚时 4 个锚栓是放在翼缘里的，刚接时 6 个锚栓是放在外面的。其实铰接时也可用 6 个，刚接时也可用 4 个。

【qiuyacheng】：我认为刚接是指不仅能够传递轴力、剪力，而且能够传递弯矩；而铰接则是不能够传递弯矩的。

【wanghaiwei】：刚接和铰接主要是从刚度方面来将的，刚接指的是能保证梁与柱之间的夹角不变，铰接相反。半刚性节点介于二者之间。

【陌上尘 64】：“刚接、铰接”主要是从连接刚度来区分的。理想的刚接不难做到，但理想的铰接几乎不可能。当连接刚度远小于构件刚度时，我们就把结构作为铰接处理，但连接计算却不能不考虑弯矩。

【gy113】：刚接与铰接的区别：

(1)设计概念上的区别：该节点做成刚接还是铰接，哪一个更对结构有利。

(2)传力的区别：楼上说了不少。

(3)构造上的区别：多看手册和图集。

(4)事实上没有绝对的刚和铰。

【tzx2008】：我个人认为能传递弯矩又能传递剪力的为刚接，只能传递剪力而不能传递弯矩的为铰接！

【happyfish】：(1)先看结构形式及杆件属性（柱、梁、还是支撑）。

(2)再看连接杆件的线刚度比。

(3)最后看节点构造。

【jnbenzhu】:连接上不仅有刚接、铰接,还有半刚接,主要根据节点传递弯矩能达到什么效果定的,如果该节点能传递90%或95%以上的弯矩,应该可以认为就是刚接,因为不可能百分百的。相反节点也不可能做的一点弯矩传不了,对于传递的弯矩基本上可以忽略的节点,比如只传了10%,甚至3%,不管加了多螺栓,采取了什么构造措施,应该都是铰接,对于半刚接应该就是介于中间的。

至于做出的节点到底能传百分多少,只能通过实验对不同构造形式的节点进行试验来确定,什么构造形式的节点按照正常构造形式设计施工,可以定位为某种节点。而我们就可以直接参考使用。

【wangyi-111】:"我现有一例,梁柱间采用喇叭接头,四个或六个高强螺栓连接,请问是钢接还是铰接。"

梁柱刚接还是铰接,不是看螺栓类型、螺栓数量,而是要看您这个连接是否能传递弯矩。在这还要说明一点,工字钢翼缘主要承担的是弯矩,而腹板承担的是剪力,所以梁柱是否刚接要看翼缘与柱是否有可靠的连接。

2　刚接与铰接的问题(tid=208509　2009-2-25)

【guotian】:在工程中常常会遇到设计说明上的刚接和铰接的混淆,以前一直以为凡是焊接的都是刚接,凡是螺栓连接的都是铰接,但是有时候会遇到在详图节点上的焊接也表示是铰接。其实这个问题是否可以联想到力学上的受力杆件,例如一个铰支座当受到一个力或几个力的情况下杆件会发生不同方向的改变,我们认为这就是铰接。当杆件固定在大地上也可以说在混凝土里形成一个集中力和一个力偶,我们就可以认为它是刚接?还有一种情况就是超静定,在节点中常有焊接后在加上螺栓连接,这又是怎么分析?

【宁波钢结构】:我是这么理解的,拿工字钢来做比较。工字钢和柱连接是采用单面连接板高强螺栓连接,此为铰接,柱和梁之间采用与梁同等大小的牛腿,双面夹板用高强螺栓连接的,此为刚接。至于焊接,不管是刚接还是铰接的都需要焊接的(指的是连接板或牛腿与柱之间的焊接)。

★**【金领布波】**:关于刚接铰接的区分坛子里已经有很多讨论了。

我认为最简单明确的定义:刚接为可传递弯矩的构造,铰接为不可传递弯矩的构造。

因为节点连接的形式多样,不可简单以焊接或螺栓连接来界定刚铰接,具体形式具体分析。

【城市艺术】:如果雨篷梁之间的横梁钢管直接焊接在两雨篷梁之间,那样的做法是刚接还是铰接?按理论计算次梁和主梁的连接为铰接,可是很多实际中的做法喜欢把次梁直接焊接在主梁上,是否为刚接。如果是刚接,那这样的计算应该不要释放次梁两端。如果按铰接计算,按刚接施工,是否会对结构有影响。钢管梁铰接与刚接应力比或许一样,可是刚接的平面内长细比往往不够。

3　柱脚"刚接"、"铰接"的判定(tid=50684　2004-2-28)

【dahan】:刚做的加建结构,钢架柱按铰接计算,因为原结构的加固和柱角植筋是另外一家单位做的，他们认为柱角做法为刚接，我也没办法说服他们；柱角大样见图 1-7-4，请高手帮我判定一下。

227001-zhujiao.dwg（194.09K）下载地址：http://okok.org/forum/viewthread.php? tid=50684

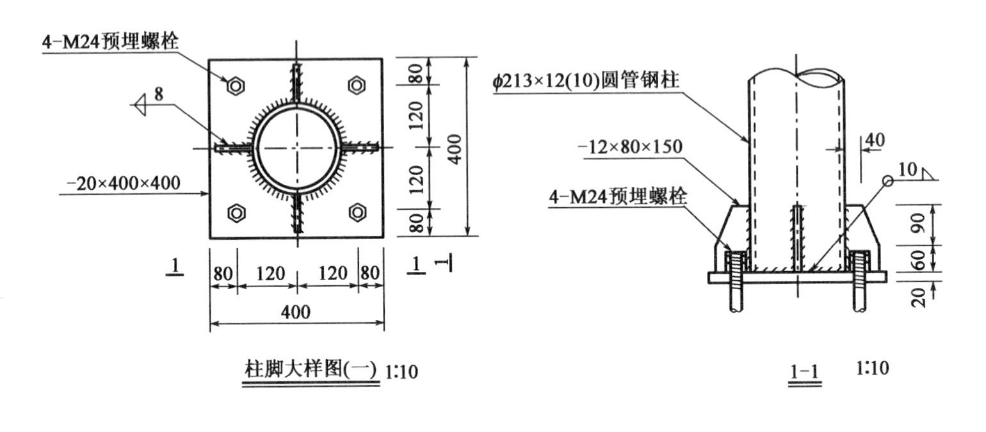

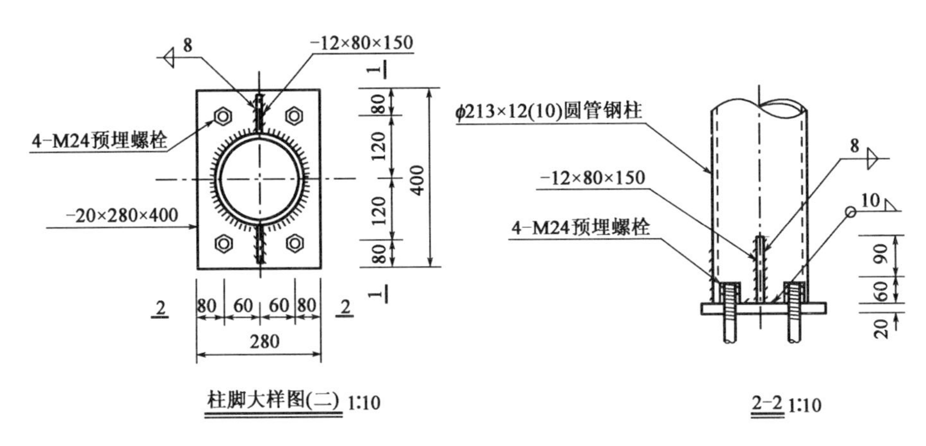

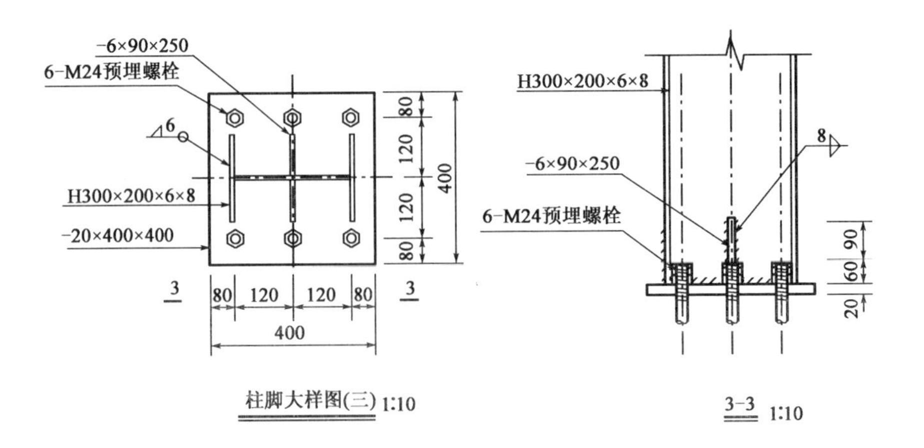

图 1-7-4

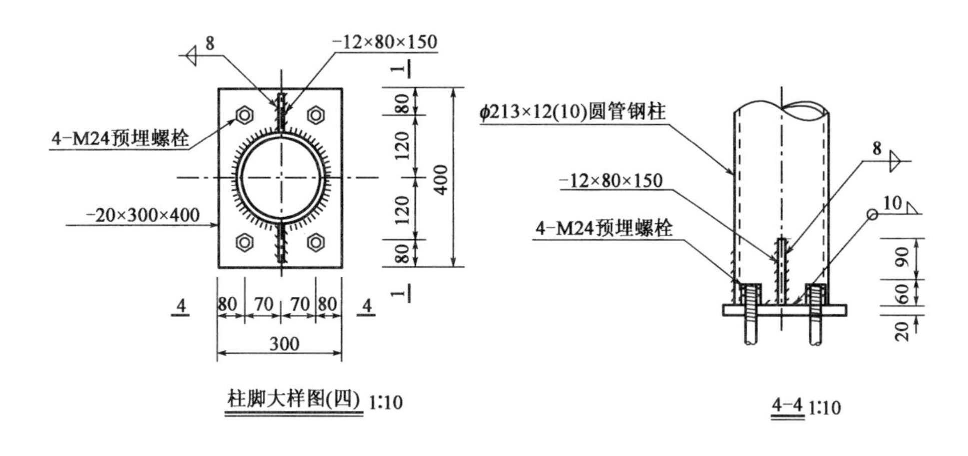

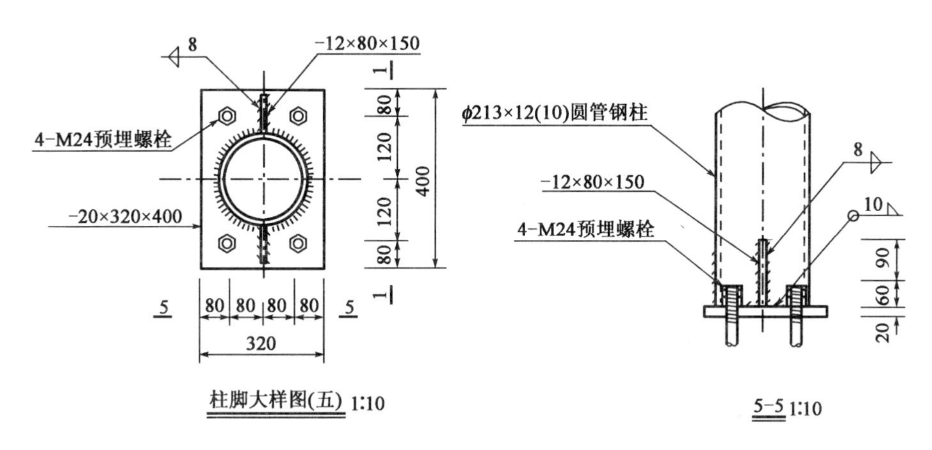

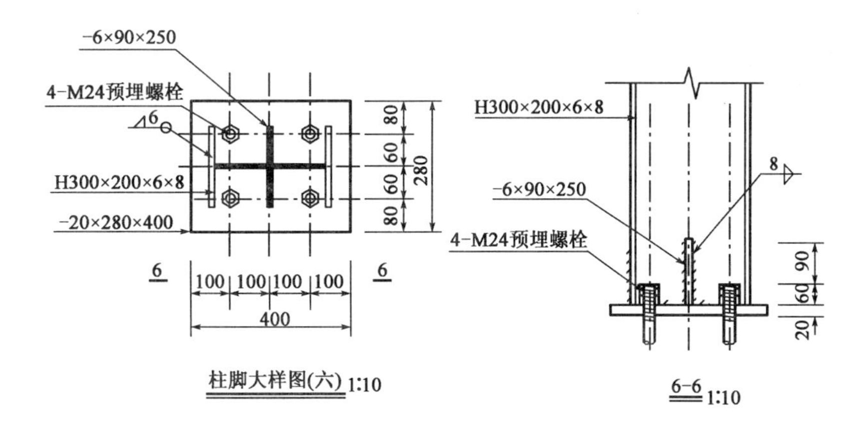

图 1-7-4

【sunsany】:大样六是铰接,其余的应该是刚接。

【North Steel】:判定的原则和量化的标准是什么?

【lx-mlm】:凭感觉,柱脚大样 2～5 应该只能算作单向刚接。

【dzwxw1011】:CECS 102:2002 中 7.2.17 条有以上铰接和刚接的柱脚图示。

4 铰接和刚接分别在在何种情况下用？（tid＝170298　2007-7-21）

【feng_ye0】：一直不清楚到底在什么情况下用铰接？什么情况下用刚接？

举个例子说，砖墙墙面，混凝土柱，屋架是钢结构的。此时混凝土柱和钢屋架怎么连接？

【poullam】：做个通俗解释——宜铰接。

因为混凝土柱在砖墙里的形式说明柱子的计算长度不能忽略，混凝土柱的整体刚度显的有限。如果刚接，加上墙体和整体变形甚至局部活荷载的效应，柱的稳定性就受到极大挑战。其实应用中铰接和刚接没有显著的宏观区别，不能孤立应用。

★**【yijianxiaotian】**：**feng_ye0** 提及：

"一直不清楚到底在什么情况下用铰接？什么情况下用刚接？

举个例子说，砖墙墙面，混凝土柱，屋架是钢结构的。此时混凝土柱和钢屋架怎么连接？"

事实因情况而定，没有固定的形式，同时也因设计人员的思考方式而不同，有人喜欢刚接，有人喜欢铰接。

对于您说的情况，一般情况下都用铰接，因为这样受力明显，节点简单明朗，对于混凝土柱来说只是受一轴心力。若是采用刚接的话，节点情况较复杂，柱受力情况也较复杂！

【feng_ye0】：在使用是铰接还是刚接的时候，是根据什么选出来的呢？

那位好心人能举个例子来说明一下，是根据什么条件确定节点形式。比如在有吊车厂房中，柱脚要用刚接；在没有吊车的情况下，可以用铰接等，比较直观的判断方法有么？

【whn619】：柱和主梁用刚接，次梁和主梁用铰接。

★**【V6】**：其实您这个问题的范围有点大，更多的好像是涉及的概念和体系的问题。刚接和铰接在什么情况下设置没有定数，关键是看您想建立怎样的结构体系。

比如您上面提到的轻钢门式刚架单层厂房，一般情况下用铰接，当有吊车的时候为了满足结构的刚度要求，一般采用刚接柱脚。

有抗震要求的多高层框架及框撑结构一般用刚接柱脚。

框架结构梁柱连接采用刚接，单跨次梁与主梁连接一般用铰接，连续次梁与主梁采用刚接等。

还有很多例子，比如桁架杆件之间连接一般采用铰接，桁架与柱顶连接可以刚接也可以铰接。

需要注意的是您的计算假定要和实际的节点构造统一起来。

5 铰接还是刚接？（tid＝157667　2007-1-29）

【ihonglin】：屋面梁与钢柱连接形式为：翼缘与柱焊接，腹板与柱高强螺栓连接。请问这种形式为刚接还是铰接。如是刚接，高强螺栓还起什么作用？

【zcm-c. w.】：这种连接为栓焊混合连接：属刚接。

翼缘与柱焊接——抗弯。

腹板与柱高强螺栓连接——抗剪。

【dianel】：这种情况在钢框架中使用较多，尤其是 H 型钢梁柱的连接和钢管柱与 H 型钢梁的连接，属刚性节点。

【lihonglin】：刚接的话，高强螺栓还因摩擦力而起作用吗？

【dianel】：这个二楼的说的其实比较明白了，梁的腹板和节点连接板之间主要是传递剪力，所以螺栓主要是抗剪力控制。当然，摩擦力也有贡献，但不大。

【jianfeng】：(1)楼主提供的梁柱连接方式是典型的刚接节点，梁翼缘板主要传递弯矩，腹板承担全部剪力。

(2)梁柱刚性连接，其设计方法有：

①常用设计法。

②精确计算法。

③常用设计法：梁端弯矩全部由梁翼缘板承担，梁端剪力全部由梁腹板承担。

④精确计算法：梁端弯矩是以梁翼缘和腹板各自的截面惯性矩比例来分担，梁端剪力全部由梁腹板承担。

(3)摩擦型高强螺栓主要是传递剪力的作用，梁端腹板剪力通过摩擦力传递给连接板，而不是由高强螺栓截面本身抗剪。

6 请教刚接与铰接的区别？(tid＝90314　2005-4-7)

【zhang101129ping】：我想问一下什么叫刚接，什么叫铰接，它们的区别是什么？

★**【mountainxu】**：刚接是两杆相互间没有相对转动，节点能承受弯矩；铰接是允许两杆间出现相对转对，且节点不能承受弯矩。

【zhang101129ping】：我不是科班出身，有没有通俗一点的说法。

【hrbeu】：可以参见下面的帖子：

http://okok.org/forum/viewthread.php? tid＝7926&h＝1#219993

http://okok.org/forum/viewthread.php? tid＝32142&h＝1#214006

http://okok.org/forum/viewthread.php? tid＝33733&h＝1#154271

http://okok.org/forum/viewthread.php? tid＝2615&h＝1#170052

【永无止境】：据我理解，一般刚接就是翼缘和腹板都连接，这样能传递弯矩和剪力；铰接只是腹板连接而翼缘不连接，这样只传递剪力。

【lhm19810111】：刚接一般有八个地脚螺栓，有四个螺栓在翼缘外侧。铰接一般有两个或四个螺栓，螺栓均在翼缘内。

刚接节点柱脚有弯矩，铰接没有弯矩。

【平柱】：浅见之谈：

刚接就是六个约束方向全部约束掉。铰接就是允许一个强轴方向的转动。

【lingkong_007】：铰接通过螺栓连接即可，不传递弯矩，此处弯矩为零；刚接由于要把两个构件连成一个整体，故需对其进行焊接，能传递弯矩及其他力。

【jbr1314】：刚接与铰接的问题一般在梁—柱节点的连接和柱脚的处理上用的较多。

(1)梁—柱节点：

刚性连接必须能够传递弯矩。这不仅指翼缘、腹板上的内力能够通过连接(焊缝或螺栓)得以传递，而且不同的构件的板件要有可靠的传力机制。

(2)柱脚：

刚接连接与混凝土基础的连接方式有埋入式、外包式和外露式三种。主要使其能够顺利传递弯矩。尤其是外露式需在两翼缘外侧设置抗拉的锚栓以传递弯矩。铰接柱脚的锚栓设置在靠柱子截面弯曲轴的近旁。

【精典王】:jbr1314 说的很好，我再补充一点：

刚接不一定硬是焊接，梁柱的连接或梁梁连接，用高强螺栓连接也可以可靠地传递弯矩，就是刚接，当然高强螺栓的数目一定要满足要求。

柱脚的连接，理论上说是刚接能承担弯矩，而铰接不能承担弯矩，但实际和理论是有很大区别的。工程上不可能那个连接不能承受一点弯矩。所以就从构造上来区别刚接和铰接，柱脚一般是四个以上的锚栓连接，且柱脚板和柱腹板翼缘都和加勒板连接。来保证弯矩的可靠传递！

【iffnotdt1】:您的头盖骨之间就是刚接，您的膝盖就像一个铰接。

7 高强螺栓连接就一定是刚接？（tid＝5626　2002-2-21）

【lizhouxian】:我刚设计了一栋厂房，是在6m混凝土柱上加1.5m高的H型钢矮柱，设计时考虑钢矮柱与混凝土柱用预埋螺栓铰接，钢矮柱与屋面钢梁铰接(我用了4颗10.9S的M24高强螺栓)，但设计院通不过，说我用高强螺栓应该是刚接，不算铰接。我不懂，请教各位大虾，是否用高强螺栓就一定是刚接，要是我把高强螺栓改为普通螺栓是否就是铰接。

【大法师】:高强螺栓连接不一定是刚接，具体要看您用的是怎样的连接方式。

如果您用的是梁柱端板连接方式，且螺栓在梁的翼缘范围内，我想可认为是铰接。要对付设计院，只能拿出教条来说服他们。您可在钢结构工程师的“红宝书”——李和华的《钢结构连接节点设计手册》中162页的最右下角的铰接节点图中找到这个类似的节点，拿这个去抡他们。

【hhh】:门规7.2.4也允许螺栓放在翼缘以里呢？

连接板无论是斜放，竖放，高强或普通螺栓我看都不是理想的铰接。力臂大时，更接近刚接吧。

【lazj1】:钢柱与混凝土柱为铰接，钢柱与钢梁也为铰接，那整个结构岂不是几何可变？

【大法师】:说的没错。节点本就没有理想的铰接，刚接，只能看更接近那种假设了。力臂大时是更接近刚接，故为了更接近铰接，可把4个螺栓更接近中性轴布置。

【3d】:上面大家主要谈了铰接和固接重在连接方式不同上，我再补充一下：

(1)普通螺栓和高强螺栓在不同连接类型中的适用条件不同。普通螺栓在其杆轴方向受拉性能好，但在垂直其杆轴方向的受剪性能较差，而高强螺栓适用于拉、剪及拉剪连接。

(2)**lizhouxian** 兄不知您的结构形式如何，跨度多大？剪力多大？从您所配的螺栓来看不小，对于重要连接还是用高强螺栓连接可靠，不过满足铰接抗剪即可。至于铰接做法可参考相关书籍，正如**大法师**和 **hhh** 兄所说，此外即使换成普通螺栓，也要经过计算，不是简单由高强到普通直接代换。

【lizhouxian】:结构为一弧形钢梁(由两段不同半径的弧组成)跨度26m，焊接H型钢，用PKPM软件计算4颗10.9S的M24可通过。

【lilibob】:我想谈一下自己的看法，您的这个结构钢柱与混凝土的连接设计成刚接不是不可以，关键是螺栓能否锚固得很牢固，依我看做成铰接节点处理起来会更容易一些。要做成铰接节点，布置螺栓应尽量靠近钢柱的中性轴，并计算出螺栓的拉力，估算一下它的锚固强度是否满足要求，不要把螺栓拉坏了。

【stevens】：我和 **lazj1** 有同样的理解：钢柱与混凝土柱为铰接，钢柱与钢梁也为铰接，那整个结构岂不是几何可变？

在一般的门式刚架里面，柱子与基础铰接，斜梁和柱子设计成刚接，才能保证体系的刚度。

【North Steel】：If you do so, you must change your structural system into column-joint system, which is used popular than frame system in north America.

I think you are right for structural idea.

【stevens】：What is column-joint system? would you please tell us more details about it? And what are the differences between column-joint system and frame system, specifically, in the currently discussed case?

【3d】：Mr. **stevens** and **North Steel**：

I think you are right for structural idea。

lizhouxian 兄不知您是否注意(亦或您没讲清楚)？圆弧梁应该于钢柱固接，不知给您审图的设计院如何看？我想要是可变体系 STS 是不会计算的，也许您的实际绘图已与计算模型不一致了？借用懒虫兄一句话“想清楚比算精确更重要”再补充一句：体系先于节点设计。

【stevens】：**lizhouxian** 兄，

In your case, it will be a tough job to get your short column connected rigidly with the concrete columns, and that will necessitate rigid joints between steel beams and short steel columns, which bring necessary rigidness for the whole system.

【hefenghappy】：对于这种节点，我想谈下我的看法。

对于高强螺栓连接的梁柱节点，一般包括两种：平齐式和外伸式。一般平齐式的端板连接均作为半刚性连接节点处理(当然还要看梁翼缘处的螺栓布置处理)，而外伸式的节点，一般可以看成刚接，但并不绝对，其刚度的影响因素很多，这方面的文献很多！一般如果用普通螺栓代替高强螺栓的话，节点的刚度肯定降低较大，主要是普通螺栓在拉力作用下的变形能力较强，会影响节点的刚度。

【闽都笑笑生】：为何不把钢梁直接搁置在混凝土柱上，钢梁可与混凝土柱铰接，不要画蛇添足加钢矮柱。这位兄台说设计院不行，好像自己也不太通啊。搞钢构的人因为学了一点三脚猫的本事，对设计院的人都有些不服，这不好，应该互相学习对方的长处，说实话，搞钢构易，搞结构难。我经常对钢构厂出来画钢构图的人说，您不是钢结构不行，而是结构不行(他们一遇复杂一点的体系，要么胡做，要么不知从何下手)。

【huangjunhai】：不一定。

只要能满足各项的受力要求，刚接、铰接何必计较那样清楚。

【yemuping】：高强螺栓连接不一定就是刚接，要看着节点能承受什么样力，能承受什么样的变形来决定的！刚接节点能承受弯矩和塑性铰变形，铰接就不行。

【good_luck211】：我想从另外一个角度来谈谈这个问题：

(1)我认为一般情况下只有施加了必要的预拉力的高强螺栓连接才可能是刚接的，估计提问那个仁兄在设计中用高强螺栓连接时并没打主意给高强螺栓施加足够的预拉力，而只是觉得高强螺栓的设计强度高而已，因为您说可以改为普通螺栓。

(2)螺栓球节点网架中的高强螺栓就是属于没有施加预拉力的高强螺栓，其受力特点完全与普通螺栓一样，只不过设计强度和极限强度比普通螺栓高罢了。

(3)按规定施加了预拉力和没施加预拉力的高强螺栓在拉应力作用下，受力特性有本质区别(反映在荷载—位移曲线上)。例如我们常说高强螺栓连接的疲劳性能比较好，指的就是施加了预拉力的高强螺栓，实际上没有施加预拉力的螺栓球节点网架高强螺栓的疲劳性能是比较差的，有试验表明不如延性较好的普通螺栓的。

(4)一个连接是刚接还是铰接，还与其所承担的荷载形式有关系，例如很多承担轴力的、钢柱脚采用标准图中铰接构造的轴压柱，其真实稳定承载力与柱脚固接的就没多大差别。

【RobinXu】:lizhouxian 提及：

“结构为一弧形钢梁(由两段不同半径的弧组成)跨度 26m，焊接 H 型钢，用 PKPM 软件计算 4 颗 10.9S 的 M24 可通过”。

小弟有一点不明白：26m 弧形钢梁为何使用焊接 H 型钢?

第一：弧形梁在恒、活载等竖向荷载作用下必然形成扭矩，而 H 型钢截面及节点都不利于抗扭，建议使用方钢管。

第二：一般弧形梁会暴露在室外，H 型钢则容易产生积水，方钢管会更好。

【lings191516】:体系优先于节点是一点不错，结构概念一定要清晰。看来**闽都笑笑生**是个高手，而建筑有时构造要求，需要短钢柱加在混凝土柱上，这不是结构设计人员能改的；但在下认为还是混凝土柱顶铰、钢柱与梁侧接做刚接，至于 26m 弧形梁做 BH 正常，平面外用好屋面支撑就稳定了；我们施工过一个 5.4m 混凝土柱上加 7.8mB H×400×200×5.5×8 柱 20m 跨弧形钢梁 BH350×200×5.5×8，梁、柱腹板加劲，屋面做穿透式 830 型彩钢板打弯成弧形 3 块搭接，很稳的了，就是板钉质量不高，几个月后有的被剪断了。

【bill-shu】:本就没有理想的铰接和刚接，二者的区别与什么螺栓和焊接没必然联系。关键看连接的截面、连接的部位及连接的强度。概念要清楚。看看结构力学书和规范就知道了。

【arkon】:要想其成为铰接，就要使它有产生位移的可能，如螺栓屈服或连接板屈服，但高强螺栓易脆断，让高强螺栓屈服是不妥的。

【wangxiantie】:判断一种连接方式是刚接还是铰接，不能简单的看其是否用高强螺栓连接。要判断一种连接是刚接还是铰接，从根本上说，要看其是否能有效的传递弯矩和剪力，若只能传递剪力而不能传递弯矩，则其为铰接连接，若既能有效的传递弯矩又能很好的传递剪力，则可认为是刚接连接。

【orange502】:不知 **lizhouxian** 兄在 STS 建模时是否也都是采用铰接节点，如果这样 STS 是作为可变体系不予计算的。实际上大多数节点都是半刚性的，前面所说的四高强螺栓节点顶多算半刚性节点。

【tom_zqy】:什么是高强度螺栓，顾名思义，高强度的螺栓。我国把螺栓等级超过 8.8 级以上的统称为高强度螺栓，其材质经过热处理，强度较高。我们国家对于高强度螺栓，按照性能等级可分为 8.8、10.9、12.9 级。从外形上可分为大六角和扭剪型两种。前者目前使用的只有

8.8级和10.9级两种，而后者只有10.9级。

如果按照受力状态可分为摩擦型和承压型两种，但也有张拉型。仅从名字上，我们就能理解这些的受力机理。对于建筑钢结构中常用的是摩擦型。其破坏行为是两个接触面发生了滑动。很明显这与节点是否刚接无本质上的联系。因此用高强度螺栓并不一定就是刚接。但是刚性连接的节点使用高强度螺栓更合理，从破坏行为来讲，更能合理的准确的保证对扭转的限制，抵抗弯矩。

【tom_zqy】：对于悬挂吊车轨道梁与钢梁连接部位的螺栓采用张拉型螺栓，按照《钢结构设计规范》第7.2.3条，是不宜在直接承受动力荷载的部位采用的。这是一。并且无论承压也好还是摩擦也好，都要施加预拉力的，对于高强度螺栓的详细内容建议您仔细看看相关规范规程，并且在《钢结构设计原理》上也有很详细的内容。

【msf】：无论承压也好还是摩擦也好，都要施加预拉力的，对于高强度螺栓的详细内容建议您仔细看看相关规范规程，并且在《钢结构设计原理》上也介绍了很详细的内容。

上边您还说有张拉型，怎么又都要加预拉力了呢？

8.8级，在门规里，被列为普通螺栓，我用来承受拉力，也要施加预拉力吗？

"仔细看看相关规范规程"请明示为何本规范。

【tom_zqy】：楼上：

首先需要清楚张拉型的概念，张拉型连接即当外力与高强度螺栓轴向一致的时，如法兰连接等类型，特点是作用的外力与和紧固螺栓时在连接件间的压力平衡，在外力的作用下，螺栓的轴力变化很小。仍能使连接件间保证有较大的夹紧力。诚然没有预拉力，谈何紧固。另外根据《钢结构设计规范》第7.2.3条包括承压型高强度螺栓都要施加相同摩擦型的预拉力。

对于《门式刚架轻型房屋钢结构技术规程》里提到的8.8级普通螺栓，请注意是A、B等级的，另外好像这也是新增加的，我所说的高强度螺栓的概念是从《建筑钢结构施工手册》里来的，我想这个概念并不是很重要的一件事。

另外即使是普通螺栓同样需要预紧的，只是检测方法不一样。

《钢结构设计规范》、《钢结构工程施工质量验收规范》、《钢结构高强度螺栓连接的设计、施工及验收规程》(JGJ 82—91)等，还有《建筑钢结构施工手册》(中国钢结构协会编写)很多书。

陈绍蕃老师的《钢结构设计原理》上也对高强度螺栓的受力机理，有很详尽的说明，还有清华大学出版的《钢结构设计原理》也有很基本的讲解，很多。

【msf】：谢谢楼上。

那么，8.8级的螺栓能不能用来连接悬挂的轨道呢，要不要施加预拉力呢？像普通4.6级的安装方式一样紧固，行不行。

【tom_zqy】：可以用，但是我的建议采用摩擦型连接，因为普通螺栓的连接或者是承压型连接不适合在承受动力荷载的部位采用。普通的螺栓的紧固检查是以锤击不松动为基准，但在重复的动力荷载的情况下是不可靠的。这也是《钢结构设计规范》要求直接承受动力荷载的部位不宜采用承压型连接的原因。如果螺栓发生松动，在吊车的水平力作用下势必影响吊车的安全使用。

以上是我的一点建议，仅供参考。

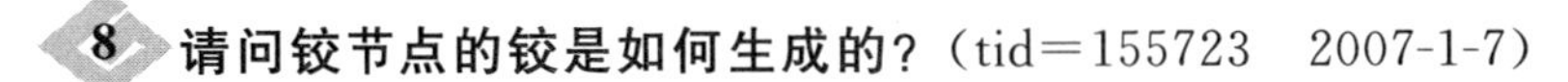

8 请问铰节点的铰是如何生成的？（tid＝155723　2007-1-7）

【gaozr】：何谓“铰接、刚接”一文中提到，“能传递弯矩”的就是刚性节点。

“高强螺栓连接就一定是刚接？”

http://okok.org/forum/viewthread.php? tid＝5626

一文中提到是否看刚接铰接，要看 M-θ 曲线，这也是很多教科书上的说法，比如，

钢结构连接节点设计手册（http://okok.org/forum/viewthread.php? tid＝80145）

本人的问题是，如果有铰接，铰是如何产生的，形成机理是怎么样的？

这个问题也源于一个实际工程，如图 1-7-5 所示。

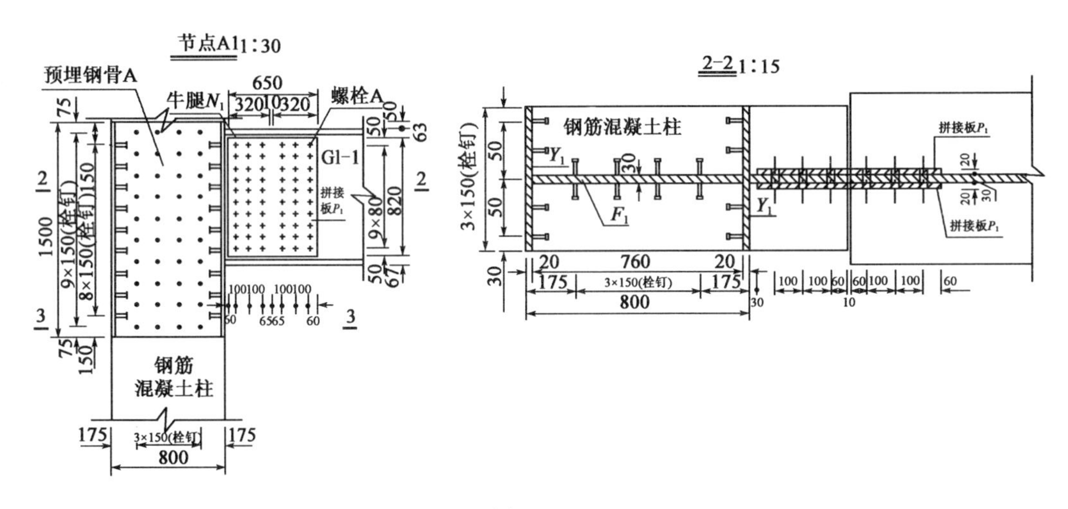

图　1-7-5

工字钢梁与柱上的工字钢牛腿相连，腹板用摩擦型螺栓连接，翼缘不连螺栓为 GB/T 1228—91 M24×110-10.9S，共 30×2 个拼接板为两侧两块，厚度 20mm，高度 820mm 单螺栓承载力为 162kN。

假定 30 个螺栓抗弯中心在 30 个螺栓的几何中心（一般都那么假设）。

当 30 个螺栓中最外侧达到单螺栓承载力时，为螺栓群的极限承载力，则极限弯矩为 773kN·m。

当 30 个螺栓全部塑性时，30 个螺栓的螺栓群极限弯矩为 1075kN·m。

但拼接板在全截面塑性时，极限弯矩为 1983kN·m。

从上面的结果看，只连腹板的工字钢铰节点发生转动时，是螺栓发生相对移动；而非连接板全截面屈服形成塑性铰。

但从《钢结构设计规范》和教科书上看，摩擦型螺栓上不能发生相对移动，一旦出现移动现象，即认为是破坏的。

上述看法是否矛盾。请教各位同仁。

【lllppp33】：其实所谓的铰接节点是指不传递弯矩，但您提出的高强螺栓是刚节点不完全正确，现在研究的热点是半刚性节点，没有所谓的纯刚性的节点，如果有，那是在荷载很小的时候，但这不会符合设计的要求。因为有半刚性节点所以才提出了 M-θ 曲线，同时建议您看看

欧盟(德国)的钢结构规范,还有英国的规范及美国的规范,对节点的解释很清楚,澳大利亚是第一个使用半刚性节点规范的国家,可以好好地看看。

9 如何判断钢结构构件连接是铰接还是刚接?(tid=53741 2004-4-6)

【**ericssdi**】:焊接或螺栓连接和连接方式有关吗?

【**lesin**】:一般来说,从受力角度考虑,受有弯矩的是刚接,不受弯矩的是铰接。同时还应该考虑具体的构造,具体分析,我是这么想的,请多指教。

【**风筝403**】:传统钢结构的分析和设计通常都假定梁柱的连接或为完全刚性(相邻杆件间的斜率完全连续)或为理想铰接(不传递弯矩,只传递轴力和剪力)。事实上框架连接既非完全刚性也非理想铰接,而是可以传递剪力和部分弯矩的半刚性连接。抗力系数设计规范(LRFD,1986)在其条文中明确把连接分为两类:全约束型(刚性连接)和部分约束型(半刚性连接及简支连接)。部分约束型连接对结构效应的影响不仅是改变梁柱之间弯矩分布,还会增加框架的侧移,从而增加框架分析中的 $P\text{-}\Delta$ 效应。

【**taotj**】:主要看节点是否有足够的刚度传递弯矩。

10 这样的节点算刚接吗?(tid=64226 2004-7-10)

【**jackson**】:有两根 H400×400 的钢梁对接,要求节点为刚接,实际设计的形式为图 1-7-6 的形式,请问这样的形式算刚接吗?是否需在节点域设加劲板,如图 1-7-7。为什么?

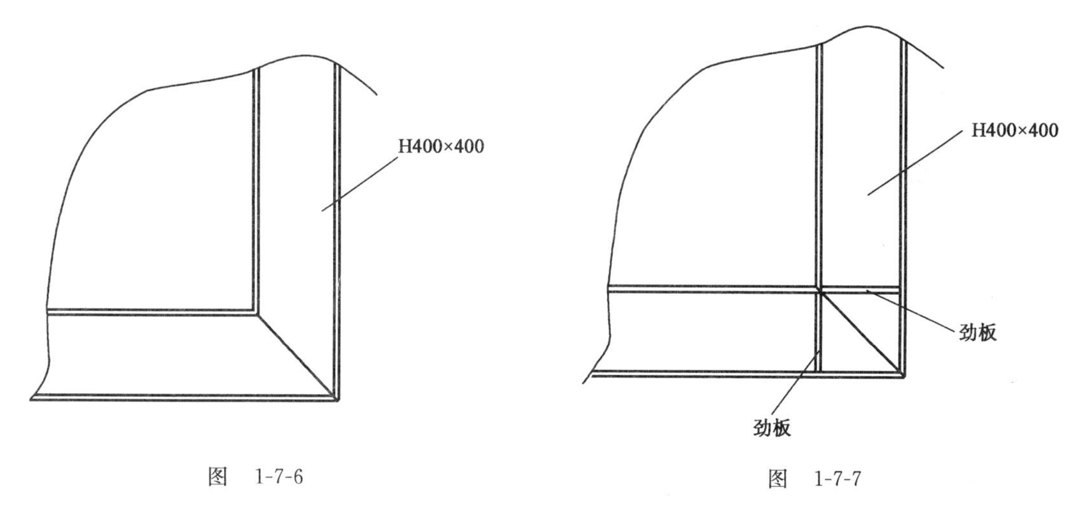

图 1-7-6　　　　图 1-7-7

【**flyingpig**】:个人觉得只要焊缝质量满足,图 1-7-6 就算刚接。在做楼梯的时候常需将梯梁的槽钢与平台梁的槽钢如图 1-7-6 那样焊接,都认为是刚接。

【**jackson**】:但梁柱节点常用的确是图 1-7-7 节点,为什么?

【**flyingpig**】:我想如图 1-7-7 那样做是为了传递弯矩。

将端弯矩近似为一个力偶,分别通过上下翼缘传递,为了防止翼缘屈曲,所以要加加劲肋。

点评:图 1-7-6 仅用于受力较小的情况,图 1-7-7 中的加劲板,主要作用是防止腹板的屈曲。

11 节点设计时，何时用铰接，何时用钢接？（tid＝68639　2004-8-30）

【leilie】：刚接传递弯矩，而铰接不传递弯矩，那什么时候该传递弯矩，什么时候不需要传递弯矩呢？

【dxy】：个人觉得刚接节点传递弯矩要做得复杂一点，而铰接节点要做得简单一点。

从受力来说了，刚接节点肯定要好一点。但从施工制作来看铰接节点要简便一点。所以一般受力不大的工程一般尽量做铰接节点。

【abcdeefgh22】：我倒是不这么认为，两种连接的方式更多的事要看您的计算模型，另外就是还要看连接形式能不能很好的实现。

【DYGANGJIEGOU】：您可以查看以下帖子，总结一下，结合规范，您会学到很多！我开始进入论坛就是从搜索开始的！一些前辈的帖子我还做了笔记！

http://okok.org/forum/viewthread.php? tid＝50520

（刚接与铰接的疑惑）

http://okok.org/forum/viewthread.php? tid＝34836

（焊接是刚接还是铰接）

http://okok.org/forum/viewthread.php? tid＝19788

（请教节点刚接与铰接的问题）

http://okok.org/forum/viewthread.php? tid＝18379

（刚接与铰接）

http://okok.org/forum/viewthread.php? tid＝36335

（梁柱节点问题）

etang 说的好：

定铰接或刚接不是看用在什么位置，因为绝大多数位置都可以做成铰接或刚接，关键在于看您自己构想的结构体系要求这个节点做成铰接或刚接。说到底结构体系的采用就是为了满足结构不可变及变形限制的要求。

12 刚接和铰接怎样区分？（tid＝8373　2002-4-28）

【朱朱】：我是一个刚刚介入钢结构行业半年的“菜鸟”，请问各位大侠，刚接与铰接的区别是什么？具体的做法有哪些？

【3d】：利用论坛的“搜索”工具，可以找到相关话题，例如：

http://okok.org/forum/viewthread.php? tid＝7926

【Nicky】：个人认为，其实刚接和铰接就像普钢和轻钢一样，并无明显的界限，只是梁柱节点的节点刚性如何，传递弯矩的能力如何，人为的把他们分为刚性、半刚性、铰接。

【jfwdalls】：我认为这要根据受力特点区分。

【朱朱】：我也觉得仅仅在计算时，人为的根据情况把它定义成刚接或铰接。

★**【peterman722】**：朱朱：

“我也觉得仅仅在计算时人为的根据情况把它定义成刚接或铰接”。

您这么说，在一定意义上也对。结构设计一个关键的问题是：您的计算模型和实际结构要符合。如果您在结构分析中将某节点处理成刚接，举个例子，单层网壳的节点，计算通过了，实际施工，就必须把这些节点做成刚接。像您所说，节点刚接铰接只在结构计算是有意义，施工不注意，达不到刚接的要求，网壳极容易倒塌！

也就是说，您将节点设计成刚接或者铰接，很多情况下您可以选择（当然在很多情况受结构体系和施工工法等限制而没有选择余地，比如上述的单层网壳就必须刚接），然后在施工中要实现您的设计。

二 构造做法

1 铰接连接的做法（tid＝124341　2006-2-20）

【lison】：如果我采用腹板双夹板通过角焊缝围焊连接算不算是铰接，有没理论依据？是否可行？

因为建设方不让采用螺栓。

【kkgg】：我觉得这样做不算是铰接，因为双板间角焊缝间有一定距离，可以传递力矩。

最好采用单板与腹板连接。

★**【benhong】**：单板连接与双板连接的效果应该是一样的。只将梁的腹板连接应该属于铰接的范畴。但是这种连接方式总归不是很可靠。建议在节点处做牛腿，把梁直接放在牛腿上，下翼缘用角焊缝固定在牛腿顶板上。

其实铰接的做法最好是螺栓连接的。

点评：在设计假定中，一般认为腹板相连的节点为铰接节点，而腹板与翼缘都相连的节点为刚接节点。这样的假定只是为了在确保安全的前提下，简化分析过程。设计假设并不是非常理想，可能与结构实际受力状态会有一些不同。初学者应该在工程实践中，不断积累经验，加深对节点做法概念的理解。

2 求教铰接、刚接如何做？（tid＝15171　2002-9-27）

【lyb9】：本人做一门式刚架厂房，H型钢柱和基础连接不知如何做？希望得到高人指点。

比如，铰接如何做，刚接如何做？

【peterman722】：一般在门式刚架中采用露出型铰接柱脚，H型钢柱底面焊底板，厚度20mm以上，底板与混凝土底座用锚栓固定，锚栓安排靠近钢柱截面中线。可参考一般钢结构书籍。

【wzq0349】：在H型钢底截面焊接一个钢板，大小一般比柱底截面大30mm，如截面轮廓是300×200，就可以用一个330×230的矩形钢板作底板，厚度与楼上仁兄的看法相同。然后与基础上预埋的锚栓连接。我们这里一般还要在锚栓和底板连接的地方再加一块与底板一样的钢板，但这块钢板是与锚栓一起做在基础上的。这样更稳定。

刚接的锚栓一般要多，而且加劲肋的设置的也多些。

【tiuc】：我个人认为，刚接和铰接是相对于基础所受的弯矩而言的。

如果布置的锚栓所产生的抵抗矩可以满足所受的弯矩，那么就可以称之为刚接，如果很小，不能满足的话，那就是铰接了。

【27182818284】:铰接柱脚不需要承担弯矩，构造简单，一般是在柱底板中部设 4 个锚栓。

刚接柱脚要承担弯矩，构造复杂，一般有以下 4 种做法：

(1)做柱靴。

(2)加大底板，在柱外做加劲肋，在柱外加锚栓，这个做法比加柱靴简单，但没有柱靴效果好。

(3)采用厚地板，在柱外加锚栓，这是老外喜欢用的办法。

(4)采用埋入式柱脚或包住柱脚，也就是用钢筋混凝土保证柱脚的刚度。

【tiuc】:图纸交流区大概有刚接和铰接的柱脚图吧。

【yangbadiao_1999】:上面"**27182818284**"提出："铰接柱脚不需要承担弯矩，构造简单，一般是在柱地板中部设 4 个锚栓"。

我想知道其中 4 个锚栓这个数量是怎么决定的。对于柱尺寸很大时也用 4 个吗？是否螺栓直径大于 24 即可？

★**【yu_hongjun】**:最简单通俗的一句话就是：

铰接是主要受力锚栓布置在截面以内，即承受主要弯矩的截面以内；

刚接是主要受力锚栓布置在截面以外，同时设置一些加劲肋板。

点评：螺栓数量和大小应该由计算决定。**yu_hongjun** 给出了刚接与铰接柱脚的一个简单经验判断方法，可供大家参考。

3 钢梁上做刚性柱脚节点如何设计？（tid＝105732　2005-8-14）

【jenny-jc】:钢梁上做刚性柱脚节点如何设计？请给指点。

【LYB】:钢梁与柱之间的刚性连接是很容易实现的，但这种刚性连接不能称作刚性柱脚，因为刚性柱脚理论上没有水平位移、竖向位移及转角，刚梁为受弯构件，梁中通常水平位移、竖向位移及转角都存在，显然刚性柱脚很难实现。

建议此构造尽量不用，除非钢梁刚度很大而柱脚反力都很小的情况下结合计算采用。

4 铰接节点能否焊接？（tid＝189594　2008-4-30）

【lenovo7】:一个工程中的夹层，一边混凝土柱上预埋与钢梁连接节点，设计为铰接，但只用了 4 个 M22 螺栓。另一边为劲性柱牛腿和钢梁铰接，做了 16 个 M22 用于连接。施工的时候，我第一次做这样的工程，由于经验不足，让工人将与混凝土柱连接节点 4 颗螺栓连接后，并将钢梁上下翼缘与预埋钢板都焊起来了。总包方项目工程师却非要说铰接就是铰接，不能去焊接，还让将焊缝割开。我很郁闷，难道铰接节点就不能焊吗？

请高手指点！

★**【hanmingde】**:理想的铰接节点是只传递剪力，不传递弯矩的。

如果腹板采用螺栓连接，而上下翼缘采用焊接，这就成刚接节点了，上下翼缘可以用来抵抗弯矩，这和您的计算模型就不相符合了。

点评：(1)施工需依照设计并与计算模型一致。

(2)M22 螺栓不常用，宜采用 M20 或 M24。

5 铰接节点问题(tid=153602 2006-12-9)

【xiaotiantian】:(1)梁两端铰接(可动铰),水平推力能够释放,这种节点才叫简支梁吗?

(2)梁两端铰接(固定铰),水平力不能释放,这种梁还能不能称为简支梁?

(3)一般混凝土柱、钢屋架结构,柱顶采用2个或4个锚栓形成节点铰,这种节点铰是按固定铰考虑还是按可动铰考虑?两种假设对混凝土柱的要求不一样。

(4)对于三角形屋架或梯形屋架,是否考虑屋架对混凝土柱或圈梁的推力?

【总糊涂】:我的理解:

(1)梁是受弯构件,承受垂直荷载,没有水平轴力。

(2)只有拱结构才会产生水平推力。

(3)但是梁是可以传递水平力的,比如一般厂房结构的屋架或屋面梁都是假定为长度方向刚性杆验算的。

(4)如果要实现可动铰,那么就要设滑动支座。

【jianfeng】:请教:

(1)钢管柱,弧形桁架梁,梁柱铰接。请问弧形桁架是应当称为拱还是称为曲梁?

(2)坡度为0的门式刚架梁,在垂直荷载作用下为何对柱有水平推力?

(3)三角形或者梯形桁架能否按梁和拱分类,应当归属哪一类?

(4)混凝土柱铰接H型钢屋架(有坡度)应当叫作梁吧,在垂直荷载作用下有无对柱的轴力?

(5)对于楼主提出的4个问题,请哪位朋友能否明确回答一下是或不是!

【总糊涂】:(1)弧形桁架梁或者梯形屋架梁或者三角形屋架梁都是和柱铰接的,在垂直荷载下产生的水平力由下弦杆承担,这和实腹梁的受力有点相似,上弦受压,下弦受拉,实腹梁是上翼缘受压,下翼缘受拉。

(2)坡度为0的刚架梁,在垂直荷载下会产生水平推力,是因为刚架梁和刚架柱是刚接的关系。

(3)屋架我觉得受力刚接,近于梁。

(4)H型钢梁存在坡度,在垂直荷载下会产生对柱子的推力。

(5)我上个帖子说的不严密,有很多漏洞,多谢楼上指出。

【xiaotiantian】:个人认为:

(1)只有梁至少一端为可动铰,才能称为简支梁。

(2)两端为固定铰,为超静定结构,不能称为简支梁。

(3)做混凝土铰接H型钢屋架,如果屋架能够释放水平力,就可按为简支梁考虑;如果支座不能释放水平力,就要按混凝土柱的弹性刚度整体考虑。

(4)对于三角形屋架或梯形屋架,支座对混凝土柱或圈梁没有推力。

(5)对于一般弧形桁架这种结构,见过好多这样的结构,在两支座处(桁架两端下弦),设张紧的圆钢来承担桁架的水平力。我认为弧形桁架应当有水平推力。具体力的大小根据支座节点平衡计算。

【brilliantshine】:回复一楼:

简支梁：一端是固定铰支座而另一端是可动铰支座的结构才是简支梁。如果两端都是可动铰支座，则是一个机构而不是结构，因为它不能承担轴向荷载。如果两端都是固定铰支座，则又变成了一个一次超静定结构，而不再是静定结构（简支梁是静定结构）。

6 节点连接(tid＝24547　2003-3-26)

【dwchu】：钢结构梁柱连接除了全焊、栓焊、T形连接、端板连接外，有无其他简便的连接方式？

★**【bljzp】**：梁柱连接要分刚接还是铰接。如果是刚接，除了上述几种连接方式外，似乎没有更简便的连接方式。如果是铰接，只要梁的腹板与柱连接就行，满足梁端抗剪要求。目前刚接连接，还要考虑抗震节点加强，如狗骨节点或加锲形板，连接还要麻烦。

★**【着急】**：可以参考《钢结构连接节点设计手册》。

【welite】：同意楼上的意见，《钢结构连接节点设计手册》中讲的特详细！

【chf111】：我最近正在作一个关于节点连接的论文，查了很多资料，也对比了不少连接方式的优缺点。个人认为，树状柱（带短焊接悬臂梁段的柱）的连接性能和施工质量都很好，只是要在设计时合理选取拼接点的位置。各种规范考虑带悬臂梁段柱运输时的限制，只是给出悬臂梁段的最大长度限值，却没有给出其设计首选的最佳长度。理论上讲拼接点应靠近反弯点为最佳。

这种连接形式也可以看成是半刚性连接，施工质量易于控制，拼接节点耗能能力强，是一种值得推广的连接方式。

【着急】：我在收集有关半刚性连接的资料，刚刚开始，知之甚少，望各位前辈指点。

【chf111】：我不是前辈，不过希望也可以给您一些帮助。如果是半刚节点的计算方法问题，您可以去维普查，我查了好多，关键词输“钢结构”＋，“刚接”或“半刚接”就可以了。

给您留个附件，看看是不是这方面的东东，若是其他，再告知。

130391-.vip(63.16K)

附件2

130393-.vip(101.12K)

下载地址：http://okok.org/forum/viewthread.php? tid＝24547

【wanghaiwei】：个人认为，半刚接的研究现在很多，将来会有很大的发展。

【shigang51】：多层钢框架的梁柱连接节点采用刚性连接其受力性能好，但构造复杂，施工难度大；采用铰接节点时构造简单，但刚度和耗能性能差，对结构抗震不利；而采用半刚性连接则兼有刚接和铰接的长处。

半刚性连接承载性能好，构造简单，施工速度快，质量比较容易得到保证，在欧美已经得到广泛应用，例如，在欧洲，常采用螺栓端板连接；在美国，常采用角钢连接。在我国，规范中尚未有半刚性连接的设计方法，但在工程中已有应用，主要是螺栓端板连接。

现在，国外规范已有根据钢结构连接的转动刚度进行分类的标准，并且已有半刚性连接的设计方法；《钢结构设计规范》(GB 50017—2003)提出：梁与柱的半刚性连接只具有有限的转动刚度，在承受弯矩的同时会产生相应的转角，在内力分析时，必须预先确定连接的弯矩—转角特性曲线，以便考虑连接变形的影响。但是，新规范并没有给出半刚性连接的具体设计方法。

7 梁和柱的节点设计(tid＝40051 2003-10-21)

【dyh】:各位:

不知梁和柱采用承压型高强度螺栓连接时,如何进行节点计算?

我在钢结构连接节点设计手册上没有看到相关设计,而且在该手册上梁和柱的节点计算分为完全铰接、完全刚接两种。由于该节点处承受剪力、正应力(轴心压力)和弯矩,因此必须为刚接接头,此时如何进行计算?

【allan2614544】:注意高强螺栓类型及其应用情况:

摩擦型高强螺栓是以被连接板叠间的摩擦阻力刚被克服作为连接承载力的极限状态;承压型高强螺栓是以连接滑移后,螺栓杆被剪断或螺栓孔壁被挤压坏作为连接承载力的极限状态。

应用上:摩擦型高强螺栓不松动,耐疲劳,以用于直接承受动荷载的结构为主;承压型高强螺栓宜用于承受静荷载或间接承受动荷载的结构,以发挥其高承载力的特点。

楼上大哥,梁柱连接节点按梁对柱的约束刚度可分三种情况:

(1)铰接连接,连接只传递梁端的剪力,不传递梁端弯矩(或者很少量的弯矩)。

(2)半刚性连接,除传递梁端剪力外,还能传递一定数量的梁端弯矩(25%左右)。

(3)刚性连接,传递梁端剪力及两端弯矩,能保持被连接构件的连续性。

在计算时,通常采用假定梁与柱的连接节点为完全刚接及完全铰接来进行。

梁柱铰接通常用于次要的连接上,重要部位的连接应该采用刚性连接。

8 柱的铰接和刚接(tid＝9207 2002-5-19)

【s3189399】:从李和华主编的《钢结构连接节点设计手册》中有柱的铰接和刚接的好多例子。

小弟看了后的理解是:

柱底板有2孔或不大于4孔的是铰接。

而柱底板有超过4孔的就是刚接。

不知道对否?

只是小弟不明白,为什么4孔的不能承受弯矩?

★**【ruanpeng】**:好像不怎么正确,应该这样理解:在翼板内侧的可以看作铰接,其余的就是刚接了,不过这应该都是近似的看法。

【maoshanhao】:按结构内力分析,大体可分为铰接和刚接。但在实际工程应用中介于两者之间的半刚性固定柱脚是很常见的,实际上并不是理想的铰和完全的刚接。

区分铰接还是刚接主要在它的实质,铰接不传递弯矩,而刚接传递弯矩。

2个地脚螺栓的是铰接,4个螺栓的不一定是了。

【心渐凉】:4个螺栓也可以做刚接,螺栓数目应该根据柱脚弯矩确定。

2个螺栓(平面内)应该也可以做刚接吧? 一个受拉,另一个方向受压,不过好像没见过。

【3d3s】:箱形柱脚的计算模型是铰接,在设计中采用了12个地锚栓,并没考虑弯矩,这样的柱脚真的不受弯吗?

【飘蓬】:其实都已经说了只是假定的情况,如果超过了 4 孔,它们的抗弯能力是可以算得出来的。一边伸长,一边压缩,再除以它们的间距,等于转角。只要很简单的估算啊!

【峒峒】:按抗震设计的刚性柱脚,柱的下部在强震时为塑性区段,在形成塑性铰之前不允许柱脚屈服,柱脚的最大抗弯承载力应按 1.2 倍的柱的全塑性弯矩来设计。因此,柱脚是否刚接不能简单的以螺栓数量来判断。

外包式、埋入式比较容易判断;外露式柱脚的刚接、铰接较难判断,需根据实际情况确定。我设计过一工业厂房,柱脚弯矩较大,最后我采用了高锚栓柱脚。

【xubo789】:我个人对刚接、铰接的理解是:您设计的是铰接就是铰接,设计的是刚接就是刚接(只要它能承受相应的内力),增加几个锚栓只是保证您的设计传力的方法。

如果建模时考虑为刚接,不管您用何种措施,只要能满足柱脚的内力要求就行。

其实想说的是刚接铰接是概念的问题,内力的分配由最初的建模决定,我们后期的设计只是为保证我们建模时假设条件的尽可能满足。

9 刚接柱脚和铰接的区别是什么?(tid＝205415　2008-12-28)

【NOTFOUND】:看了几张图纸。

不知道刚接柱脚和铰接柱脚是如何区分的?

在图纸上感觉就是刚接柱脚的螺栓和加劲肋多了一些而已。

到底在设计中如何区分?

【@82902800】:铰接和刚接。前者主要承受轴心压力,后者主要用于承受压力和弯矩。

前者柱通过焊缝将压力传给底板,底板将此压力扩散至混凝土基础。

后者:

(1)轴力 N 由柱脚底板传至基础;

(2)柱脚弯矩 M 由钢柱翼缘与混凝土基础的承压力传递给基础;

(3)剪力 V 由钢柱翼缘与混凝土基础的承压力传递给基础。

【NOTFOUND】:谢谢。请问,从构造上如何区分?

我看很多铰接柱脚照样有焊缝有螺栓。

【@82902800】:根据个人的经验当锚栓布置在柱翼缘内侧为铰接,锚栓布置在柱翼缘外侧为刚接(类似于梁柱端板的螺栓的布置)。当柱轴力较大时,需要在底板上采取加劲措施,以防在基础反力作用下底板抗弯刚度不够。

底板的布置铰接底板距离基础边缘不小于 50mm,刚接底板距离基础边缘不小于 100mm。

【NOTFOUND】:非常感谢!

我想再问一下,设计中什么时候选用埋入式柱脚?什么时候用非埋入式柱脚?两者的优势缺点在哪里?

★**【jiang yu】**:一般情况下的铰接柱脚和刚接柱脚只是我们设计时,人为简化的计算模式。通常都是按照**@82902800** 说的锚栓与翼缘相对关系来确定铰接和刚接形式。但是即使锚栓布置在翼缘内侧的柱脚也可以抵抗一部分弯矩。锚栓布置在翼缘外侧的柱脚也很难达到柱子本身的刚度。在我们做柱脚设计时,一般情况下,实际做的柱脚和锚栓会比计算值取得保守得多。

至于刚接柱脚外露和埋入式的区别，就是埋入式柱脚本身可以更好的实现柱子本身的刚度，至于优缺点，非埋入式柱脚从加工到施工过程都会比埋入式柱脚简便，还有埋入式柱脚对基础（或者对被连接主体）的尺寸和构造要求会更复杂。

一般情况下可以根据工程的重要性和柱脚受力情况确定选择哪种柱脚形式，比如，多层框架结构的柱脚受力较大，或者高层外挑尺寸较大露台（只是举例），一般就会选择埋入式形式，如果是单层厂房做刚性柱脚且受力不是很大的情况下，一般可以选择外露式柱脚即可。

【tfsjwzg】：铰接柱脚，平面内弯矩为0，所以一般只设置2个锚栓，只有1排，在2个翼缘内部。

刚接柱脚，需要锚栓承受弯矩，所以锚栓位置在翼缘外，至少要有2排，产生抵抗矩。

10 不连腹板算铰接还是刚接？（tid＝3448　2001-12-16）

【header】：请教各位大虾，这种连接是什么意思？不连腹板算铰接还是刚接（见图1-7-8）？

【pplbb】：限制转动，不限制水平和垂直运动，是铰接的一种。

【header】：您的意思是说这根梁上没有荷载，它的作用只是起到平衡对面那根梁的弯矩？

或者是说这根梁上剪力可以忽略不计？

如果是前者那是否经济？如果是用空间框架计算的结果那建模的时候要事先考虑到这种构造，请问是凭经验还是根据初算的结果调整？

图1-7-8

★**【okok】**：受力应该不是梁的行为了。应该按柱或拉杆对待。其上应无荷载。

分析时，可通过解除端部剪力等方式建模。

端部6个自由度的不同组合，会得到各种复杂的端部形式，铰接和刚接只是两种极端情况，图片中的节点似不能简单的归为铰接或刚接。

【North Steel】：各位高手别猜了，铁定了是个错误的连接。从节点看有以下几点违背了常规做法。

（1）翼缘打孔是通常不采用的，尤其是在重钢中。

（2）接入柱腹板的梁，其连接板与柱腹板用工地焊（如果没看错）不是正常采用的方式。

（3）梁腹连接板4个螺栓，也采用双排布置，更无道理。

综上几点，才有此结论。贴图的是位有心人。

【okok】：和 **North Steel** 兄观点不同。

（1）翼缘打孔是通常不采用的，尤其是在重钢中。经常采用，甚至高层。

（2）连接板和柱腹板不可能是工地焊。猜测您可能受腐蚀的锈斑误导了。

（3）梁截面较小，放不下抗震要求的至少3个螺栓，只能放到2排。

【若愚】：该连接更接近于刚接，类似T型钢的刚接做法。

弯矩和剪力均由连接螺栓传递。

这种连接一般用于剪力较小的情况。

请指教。

【3d】：基本同意若愚兄观点。

在连接设计中腹板连接主要用于抗剪，估计此构件剪力较小，不过也有腹板与柱翼缘用角焊缝现场连(不常用)。

【steelMen】：**North Steel** 说的完全正确，无论是构造还是力学模型这个节点都不成立，首先一点翼缘不该承受剪力，如果这根梁没有剪力哪里来的弯矩，照我说来，这根梁除了使自己立在那儿，别无他用。使用 T 形连接件的梁柱连接，必须有腹板连接板。

【Donkey】：(1)有螺栓连接腹板的梁：此螺栓是不太正确，可仅作安装用，连接板与梁腹板加焊缝；即使高强螺栓加焊，在国外重钢中采用也很多，而国人对安全性特别是抗震普遍认识不足，在节点上斤斤计较，往往得不偿失。

(2)无腹板连接之梁：这是杆，不是梁，只承受的是拉压力，不能承担横向力(或者力很小可不记，即使这样也要局部验算支座强度)，或者采取其他措施。本人也有这种作品，但支座经过了特殊设计处理。

望各位大侠指点！

【yjj1225】：此节点是北京某住宅工程的实际节点，该工程据说是建设部的试点工程。

个人认为这种节点是可以传递一定的弯矩和剪力。

如能做些试验研究就更好了。

【tzpllf】：我认为只有傻瓜才样做：

(1)受力不明确！

(2)浪费材料！

【钢铁】：这照片是我拍的，该梁仅承担隔户墙的自重。推荐以下设计简介：必须看一下，收获意想不到！

http://www.h200-700.com/lwj.htm

【SEPCI】：翼缘相连是刚接的最主要特征，因此该节点是刚性节点。

【okok】：该节点不能抗剪，构件上有隔户墙自重，应做腹板抗剪连接。

【North Steel】：谁知道哪家设计的?

塞博斯是那的?

全世界独一无二的节点。

【peterman722】：该节点不能抗剪！可以抗弯，但抗弯的前提是节点不能因为受剪破坏而失效。

不能抗剪是没有错的。但如果梁下另有抗剪力的构件，比如支撑什么的，此节点也许还有成立的理由。

【wxg】：好像 X-steel 中有此类连接方式。

【懒虫】：看具体条件。

严格来说，除了销子连接等个别情况外，一般都不是理想的铰接。

例如只连接腹板，当弯矩小时完全是可以传递弯矩的(除非只用一根螺栓连接)，只是其抗弯承载力一般很低。

以上节点如果剪力很大时，不是理想的节点，如果较小的剪力是可以传递的。

传递轴力和水平剪力应该没有问题。

如果梁两端都不传递某方向的水平力，例如都不传递垂直剪力，结构体系不成立，杆位移无限大。

【lch】：前些天在一本书中看到了对这个节点的介绍和计算方法，具体哪本书一下子想不起来了，好像是日本的做法，介于半刚性和刚性之间，翼缘可承担一些剪力，在剪力较小时可看作刚性连接。

【peterman722】：lch 兄说的有道理，图中连接梁与柱的构件类似角钢，据《钢结构设计原理》（陈绍蕃著），此种属于半刚性连接，可以用在层数不超过 10～15 的多层框架中。

但是我认为该种连接抗剪能力值得研究。

【xu314】：这是四不像，会在节点处引起应力集中。很快会在地震中破坏。

【chenhongwen】：难道两个横放的 T 形牛腿能抵抗梁传来的剪力和弯矩？

【taozi9301】：在设计中通常的假定是翼缘承担弯矩，腹板承担剪力。如图 1-7-8 所示的节点的确不一般。

【yxcm_sh】：这种连接方式属于半刚性连接，上下角钢既可以承受部分弯矩，同时又可以承受剪力（在下认为"下角钢"可以与"牛腿"简单的相比较）。

【lflgz】：我认为该节点设计欠妥，为什么不采用。

【周永江】：节点处引起应力集中！

【hhh】：猜测一下设计者的思路。

梁作用：

（1）将竖向荷载传给柱。

（2）减小柱的计算长度。

竖向荷载很小，极容易满足。

采用常规刚接做法，节点复杂，制作安装不简明。

采用常规铰接做法，即仅用连接板与梁腹板连，对柱的支撑作用不好。

因此采用照片中做法，节点刚度较差，可有一定程度转动，在铰接刚接之间，但更接近刚接。梁上下翼缘位置有柱水平加劲肋相对应，支撑效果好。

【jumpman324】：此连接为铰接节点，下部角钢受剪力，上部连接是为了梁稳定。见陈富生《高层钢结构设计》一书。

【wulijun】：我在《高层钢结构建筑设计资料集》（机械工业出版社）中看到了许多关于此类节点的叙述.现简单介绍如下。

（1）是刚性连接。

（2）它的计算采用了第三强度理论，T 形连接件可以同时承受拉力和剪力（且不低）。

（3）采用此种连接方式运输，安装都非常方便。

我们传统的观点是同一连接件（焊缝、螺栓）不能承受两种不同性质的力，所以影响了大家的判断。

【zhensen】：因为两个翼缘已经与柱连接，应该视为刚性节点。

翼缘也可以承受一定的剪力，但据 WF. Chen 的试验，该节点的延性有限，故不应该作为主要受力构件。

【zhang_j_m】:WuLijun 的观点是正确的,做几点补充:

(1)在国外这种节点很常见。

(2)严格来说,这种节点属于半刚性范畴。

(3)连接螺栓同时承受弯矩和剪力,通常在是剪力不大的情况下。

(4)还有一种做法是梁腹板与柱翼缘还同时用角钢连接,此时刚度很大,接近刚性。

(5)节点可称为短T形钢连接。

【nix】:该节点照片图 1-7-9 为塞博斯公司在北京国防大学对面建的两幢六层钢结构住宅。

图片来自 http://www.h200-700.com/hangye/gjq.htm

【nix】:从图 1-7-10 可以看出该梁不但受剪力,而且剪力不会小。

实际工程做法和北京塞博思金属结构工程公司蔡玉春在 SBS-PSC 钢框架——核心筒住宅建筑体系技术导则中提供的节点做法并不一致。而后者做法中,翼缘连接用T型钢有加劲板以传递剪力。

图 1-7-9

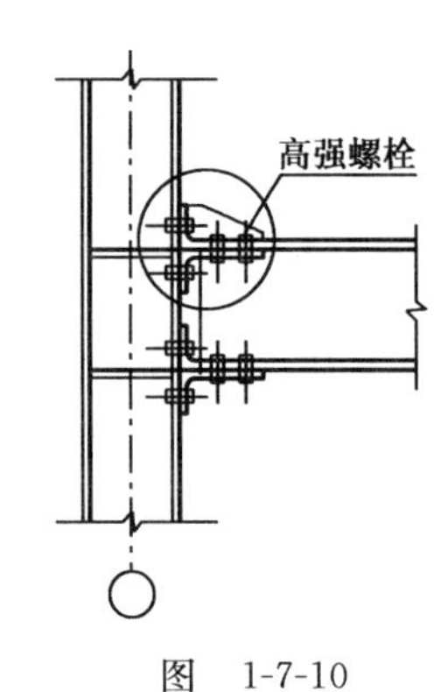

图 1-7-10

【nix】:参考 AISC 推荐的抗弯连接做法,H型钢与柱连接使用T型钢时,均有抗剪保证措施。见图 1-7-11。

上海植物园的做法也是腹板不相连。但因不受剪力,倒可以接受。

http://okok.org/forum/viewthread.php? tid=35333

【wind_force】:“WuLijun 的观点是正确的,做几点补充:

(1)在国外这种节点很常见。

(2)严格来说,这种节点属于半刚性范畴。

(3)连接螺栓同时承受弯矩和剪力,通常在是剪力不大的情况下。

(4)还有一种做法是梁腹板与柱翼缘还同时用角钢连接,此时刚度很大,接近刚性。

(5)节点可称为短T形钢连接。”

我个人认为这是完全错误的连接方式,众所周知,两块T形钢在平面外刚度很弱,不能有效传递剪力,我无法看出竖向剪力是如何传递的,我想如果加肋则完全不一样了。

【GLW11】:是很好的刚接节点:省工、省料。

传递剪力,弯矩均没有问题,可以看成是柱脚铰接的门式刚架,柱脚为T形钢的腹板与翼缘交点。柱高很小,侧移很小,所以节点刚度也可以。

SUGGESTED DETAILS
Beam framing
MOMENT CONNECTIONS

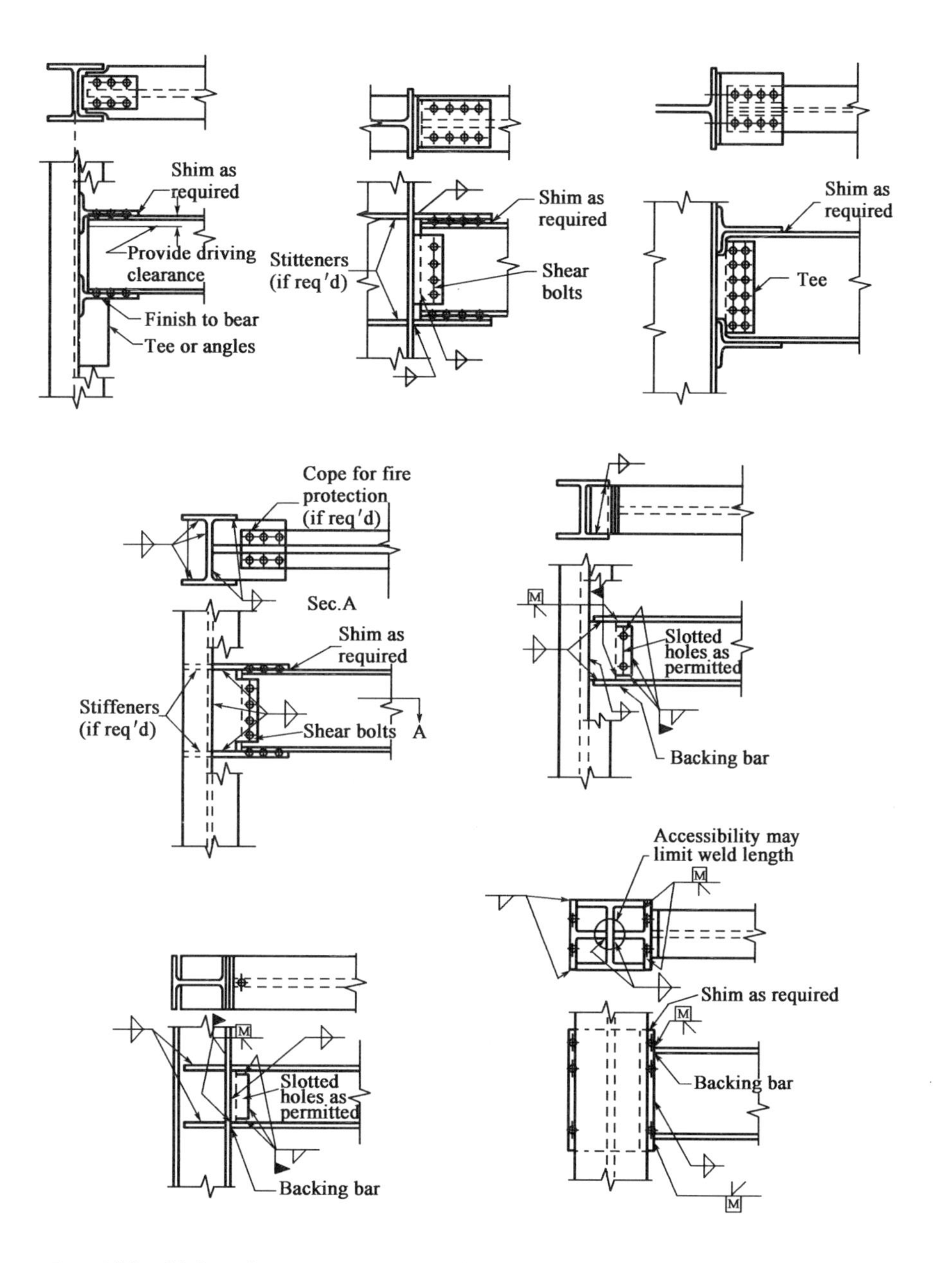

For additional information on moment connections of beams to column webs,refer to AISC,Engineering for Steel Constrution.

AMERICAN INSTITUTE OF STEEL CONSTRUCTION

图 1-7-11

【**superbug**】:这是一种“半刚性”连接,在“半刚性连接”中刚度算比较大的一种,以前在日本很常见,用的是成品的T型连接件,但是这种连接件钢材耗用量比较大,现在已经很少见了。

【**hefenghappy**】:根据美国的一些资料知,该节点的刚度比较大,属于半刚性连接,但是半刚性连接中刚度最大的节点之一,其转角比较小。我最近准备做一个这种节点的性能试验,相信能比较清楚地了解其各方面的性能。恳请大侠介绍一些与此节点有关工程的情况。如果大家对试验有什么好的建议的话,欢迎大家来函指导和交流,不胜感谢!

【**yutou1978**】:这应属于半刚性连接。

(1)翼板上打孔属于正常的现象。按等强度设计即可。

(2)翼板抗弯,腹板抗剪是通常的看法。实际上受力时不是绝对的。

(3)如果采用的是高强螺栓,8个螺栓按照螺栓群抗剪,可以承受一定的剪力。

11 钢框架梁柱连接哪种连接方法用得最多?(tid=116355　2005-11-22)

【**lylyh**】:请问大家目前都用什么连接方法?我是想问一下:是平端板、外伸端板、混和节点还是焊接节点。

【**liuxn0821**】:我个人认为应该是端板用高强螺栓连接!焊接一般少用。起码这样的焊接焊缝质量等级要高,而且施工也不是很方便。

【**suzhanli**】:在轻钢厂房里,端板连接多一些。

【**wanyeqing2003**】:这个问题涉及面有点广。

如果是门式刚架梁柱连接常见的是端板连接,其中包括端板平齐和端板外伸两种。就端板的放置类型又分为:端板平放、竖放和斜放几种。

而对于一般钢结构的框架梁柱连接,一般不大采用端板连接的形式,有焊接,也有栓接。

【**lylyh**】:wanyeqing2003兄:

谢谢您的回复。您对门式刚架梁柱连接介绍很详细。

能否再详细谈一下:“而对于一般钢结构的框架梁柱连接,一般不大采用端板连接的形式,有焊接,也有栓接。”其中的铰接?

【**wanyeqing2003**】:关于铰接的概念问题,请参考下面的帖子:

(1)请形象解释刚接铰接。

http://okok.org/forum/viewthread.php?tid=104964&h=1#462178

(2)关于刚接、铰接。

http://okok.org/forum/viewthread.php?tid=99791&h=1#436247

如果还有其他问题可以进一步讨论。

三 工程实例

1 刚接、铰接在实际工程设计中如何实现?(tid=148189　2006-10-12)

【**whlgsxk**】:我刚参加设计,关于一些节点,虽然书本理论上定义了所谓的刚接、铰接,但是没有提到实际中怎样的节点才能按照刚接计算。不清楚到底什么样的可以按照铰接计算。请问:刚接、铰接在实际工程设计中如何实现?请推荐几本介绍刚接和铰接具体做法的书籍。

【金领布波】:钢结构的连接从计算讲应该有三种形式:刚接、铰接、半刚接。可以通过焊接、螺栓连接、栓焊混合连接达到。节点构造是否合适并满足计算假定,对于设计来说是很重要的。常用连接形式可参考李和华编著《钢结构连接节点设计手册》,也可在本论坛搜索一下,相关的帖子很多。

【山西洪洞人】:可参考下面的帖子:

http://okok.org/forum/viewthread.php?tid=147291

http://okok.org/forum/viewthread.php?tid=146850

http://okok.org/forum/viewthread.php?tid=5626

【pyramus929】:钢梁与混凝土柱之间的连接,要想实现铰接,原则上应该和钢与钢连接一样吧?

【金领布波】:钢梁和混凝土柱之间的铰接,说得再明白点,就是钢梁和预埋件之间的铰接连接,将预埋件看作钢梁的腹板,原则上应该和钢梁之间的连接一样。

2 弱轴方向为什么要做成铰接?(tid=43426 2003-11-25)

【wang_ke】:很多文章介绍H型钢梁和柱子连接做法的时候,这样介绍:在强轴方向梁柱节点应为刚接,柱子弱轴和梁连接宜为铰接。我不太明白,为什么柱子弱轴和梁连接宜为铰接?做成铰接不但整体性不好,而且柱子的弱轴计算长度会增大很多,对于整体稳定不利,梁的受力成为简支,受力不均匀。虽然不让柱子弱轴承受梁弯矩,但是节点的做法又往往使柱子受弯。

★**【dapengd】**:钢结构框架中,柱子弱轴方向一般做成铰接,一是因为弱轴方向承担弯矩能力差,做成刚接后,柱子压弯强度和稳定性较难保证;二是柱子弱轴方向一般是设了柱间支撑的,以桁架形式抵抗水平力和整体抗水平方向弯矩,结构概念比较合理。但弱轴方向节点铰接不是绝对的,主框架一般还是刚接的。次梁做成简支问题不大,因为一般次梁都是钢筋与混凝土组合计算,而主梁一般不考虑与混凝土板组合效应,但柱子弱轴方向的主梁跨度都是比较小的。

★**【mayue0405】**:还有施工的问题:柱弱轴方向与梁刚接的连接非常麻烦,节点很难做。是否在柱弱轴方向只要加支撑由支撑承受这个方向的水平力就可以呢?

【towerdesign】:可能是便于分析计算的原因。如果做成刚接,恐怕很难分析清楚构件的受力变化。如果您的设计便于自己分析计算,又经济,为什么要另外给自己找麻烦呢?

【chaff】:轴方向做成刚接还是铰接应具体情况具体分析,通常情况下做成铰接受力明确(支撑承受水平力)、施工简单,因此较常采用;但在一些特殊情况下,比如结构的质心和刚心偏离较大,第一振型接近扭转振型时,如果设置成铰接会使第一振型变为扭转振型,对结构不利,此时应将弱轴方向做成刚接。

3 为什么做成铰接?(tid=61681 2004-6-14)

【钢子】:我们工程上的一根24m跨的大型钢梁,两端做成了铰接。截面取的是H1500×(400/700)×20×(20/34)。上层楼板配筋比下层大。我不明白钢梁为什么要做成铰接,做成刚接是不是截面可以大大减小?毕竟刚接的固端弯矩是$ql^2/12$,而铰接的跨中弯矩是$ql^2/8$。是不是上层楼板配筋应该比下层小。请各位指教!

★**【hefenghappy】**:其实很多时候将连接做成刚接还是铰接要根据实际情况来定。铰接固然使梁截面加大，但是它对柱子受力很有好处！例如：当两混凝土柱间设大跨钢梁时，最好用铰接，因为刚接连接很难办到(用植筋或埋件连接)。再者，刚接设置使柱子剪力大增，柱子截面增大更多。

★**【YAJP】**：从梁截面[H1500×(400/700)×20×(20/34)]来看，上翼缘小，下翼缘大，设计上应该是考虑了钢梁与混凝土楼板的组合作用。两端铰接时，跨中弯矩大，可充分利用钢材受拉、混凝土受压的特点。两端刚接时，最大弯矩虽然小一些，但却在梁端，为负弯矩，混凝土受拉而钢材主要受压，构造上不合理是显而易见的。

4 这样连接可以认为是刚性连接吗？(tid=154797　2006-12-25)

【chxldz】：一根钢梁，只有一端与钢梁焊接，采用对接焊缝，这样连接可以吗？

【tonysun】：可以，但您说的太不详细，不知道您的构件用在哪里，是否计算过。看上去您说的好像是悬臂结构。

【chxldz】：谢谢楼上的回复，我是用在钢楼梯上，我另发了一个帖，请教关于该钢楼梯有什么好的设计方案，楼梯踏步高150。

★**【stayinpast】**：一根钢梁，只有一端与钢梁焊接，采用对接焊缝，这样是可以保证刚性连接的，但是要防止钢梁受扭，最好是在主梁两侧都设梁，主次梁上翼缘用对接焊缝拉通。

【kitty_bin】：最好还是要经过计算！悬挑结构由于梁过长或者荷载过大容易导致变形，按楼主说法，应该是梯板悬挑吧！常见的做法是在梯板中部再加一道托架梁，保证结构的强度、刚度和稳定性。

【myorinkan】：**stayinpast** 说得很精彩。我也碰到类似的问题：在两端简支的 H 型钢主梁上焊一根长 1.2m 的悬臂梁，一块 8m×1.2m 的通行平台(带槽钢框)一端压在从柱子挑出的牛腿上，另一端压在此悬臂梁上。主梁焊有悬臂梁的另一侧，有两根次梁与它连接，可惜两根次梁与悬臂梁分别错开 1m，不能对齐。施工完了，当人走过平台时，平台明显下沉，使人感到有些害怕。今后碰到类似问题，想计算一下主梁的扭转角，需要考虑多个支点，不知如何算？采用箱形梁做主梁也是一个办法，箱形梁的抗扭刚度比 H 型钢梁要大得多，可以减少主梁的扭转和平台下沉。

【blueboy0522】：刚性连接的节点在钢结构设计中应认真对待，特别是悬臂构件。采用对接焊是可以达到刚接的，但是得采用全熔透坡口焊，且还应根据结构重要性做焊缝质量检查。所以应做全面的说明，且施工图中应将节点大样表示清楚。

5 圆柱和 H 型钢梁的刚性连接和铰接(tid=146095　2006-9-14)

【yuan80858】：在我的工作中经常会遇到两种连接形式：一种是通过加强环板连接，看了论坛中的许多帖子，结合我自己的理解，这样的连接方式可以认为是刚性连接(见图 1-7-12 中 Joint1)。

另外一种是不通过任何加强，仅将圆柱的顶端与 H 型钢梁的下翼缘焊接(见图 1-7-12 中 Joint2)。我个人认为，在这样连接中，梁中的弯矩很难有效地传递到柱，所以柱顶宜设定为铰接。不知我的理解是否正确，请大家指教。(下载地址：http://okok.org/forum/viewthread.php? tid=146095)

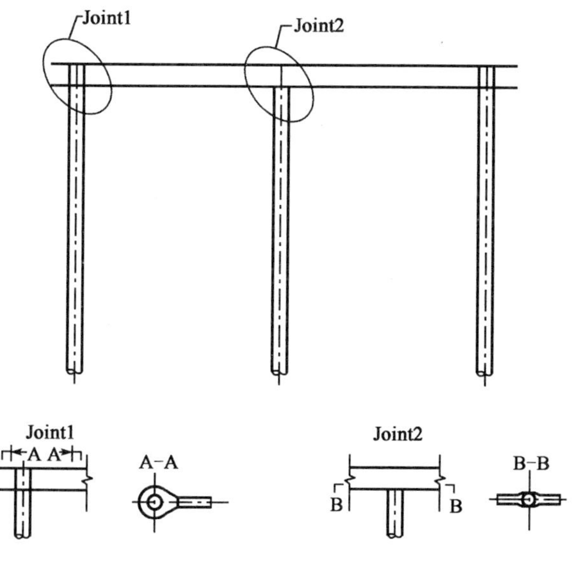

图　1-7-12

【**chenxxx105**】:我最近做了一个 H 型钢梁和圆钢管柱的刚接节点(见图 1-7-13),H 型梁自己拼接,不知道对不对。审图的说梁柱刚接处要加加劲肋,我不知道在哪里加。有人说是在接头处加,与翼缘平行,一边和圆钢管柱焊接,一边和梁腹板焊接。可是我觉得这么做是加强梁的腹板,如果梁的腹板局部稳定够了还需要吗?梁柱刚接节点,我看到很多都是在柱子上加加劲肋,我的这个节点需要吗?需要的话就要在圆钢管柱里面焊两块圆板,与上下翼缘平行,那可行吗?好像没有这么做的吧。

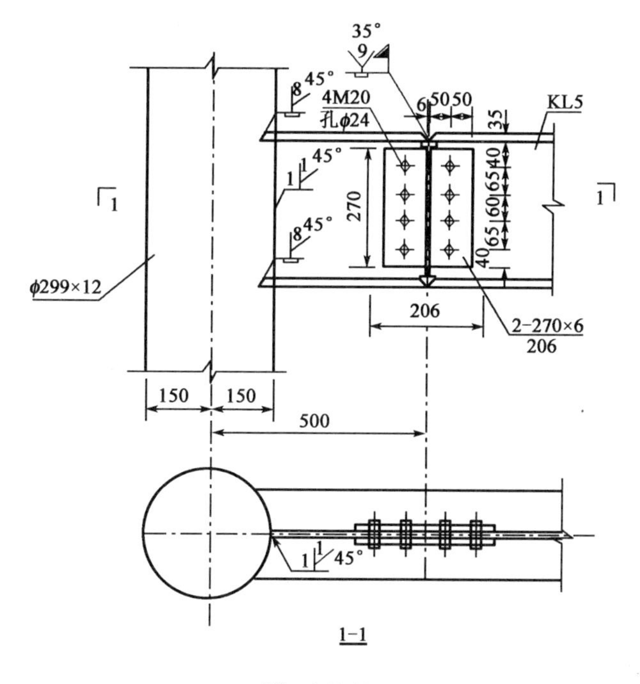

图　1-7-13

柱子的荷载小，3.3m×7.5m 的一个走廊，四角布四根圆柱，楼板为 120 厚的混凝土楼板，圆柱规格为 299×12。

【fjmlixiaolong】：圆柱与 H 型钢梁刚接是要做环形加劲肋的，可参考图 1-7-14 做法。

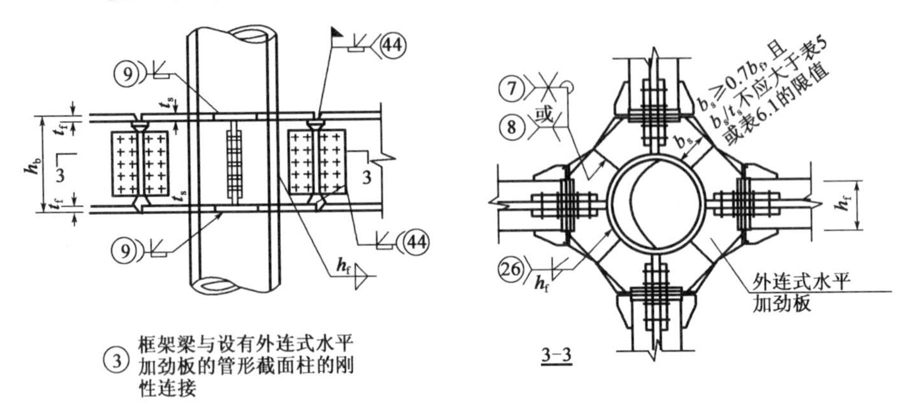

图 1-7-14

注：表 5、表 6.1 见 01SG519 表 5、表 6.1

【kitty_bin】：**chenxxx105** 所述情况需要加劲板！可以选择在柱内加加劲板，就像楼主说的那样，但是施工比较麻烦，特别是圆钢管，需要在柱壁开槽焊接，然后再把槽口堵上，必须工厂焊。相对方便的是柱外加劲板，跟楼上给出图类似，加环板在柱外加强。这两种方式都很常用。

【whb8004】：《多、高层民用建筑钢结构节点构造详图》01SG519 节点（见图 1-7-15）。

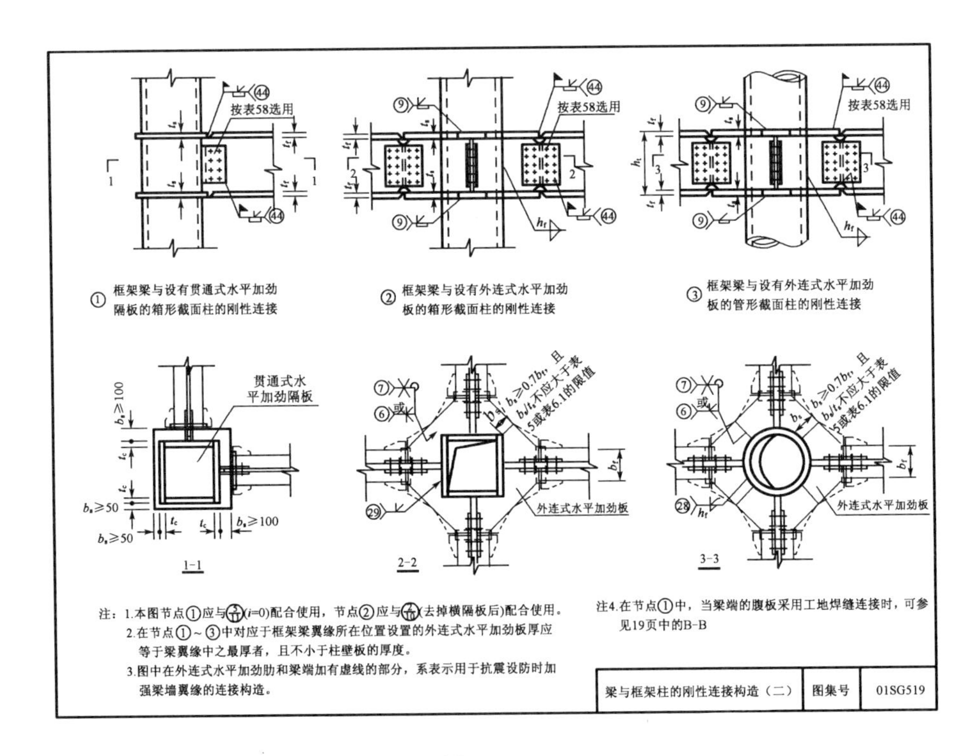

图 1-7-15

【山西洪洞人】:答案是“需要加劲板”。如果是抗震设防地区,那就必须有。如果没有那两块加劲板,翼缘处的局部压应力是很难验算过去的,我这么认为。在抗震设防区,这样的节点是绝对不能通过的。要是我是审图的,那就不能过。一种做法就是根据图集上的外加强环做法,又费工又费料。还有一种做法就是柱断开,在梁翼缘相应位置加设加劲肋的。这种连接方式,好像在抗震设防区没有太多人敢用,我认为在非震区或荷载很小的地方可以使用(见图 1-7-16)。

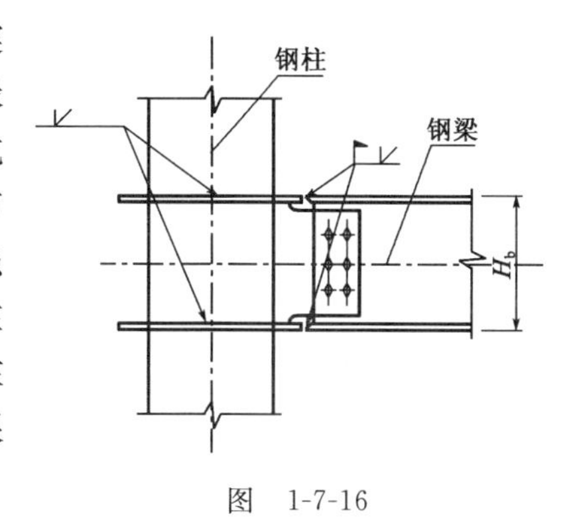

图 1-7-16

6 20m 高的塔式立体停车库,刚接还是铰接?(tid=50193 2004-2-24)

【node】:20m 高的塔式立体停车库结构计算时候,这些节点到底采用刚接还是铰接(见图 1-7-17)?

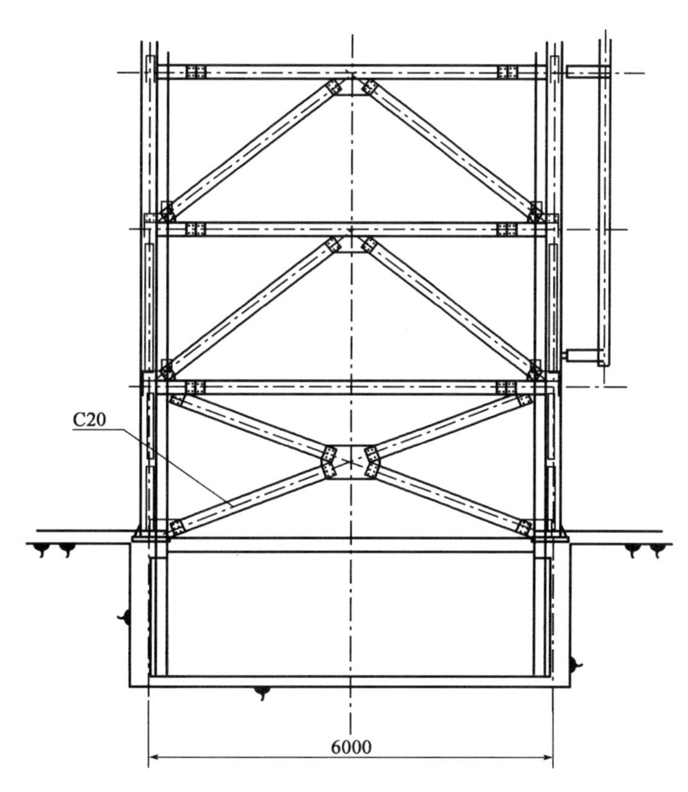

图 1-7-17

【North Steel】:您已经铰接了。

【node】:North Steel 老师,节点板很厚啊,其刚度与其连接结构刚度相比相差不大啊。

【towerdesign】:节点按照铰接考虑,杆件设计按照节点连接情形在确定受压承载力时通过调整长细比适当给以折减。

【node】:多谢两位老师,尚有疑问,见图 1-7-18。

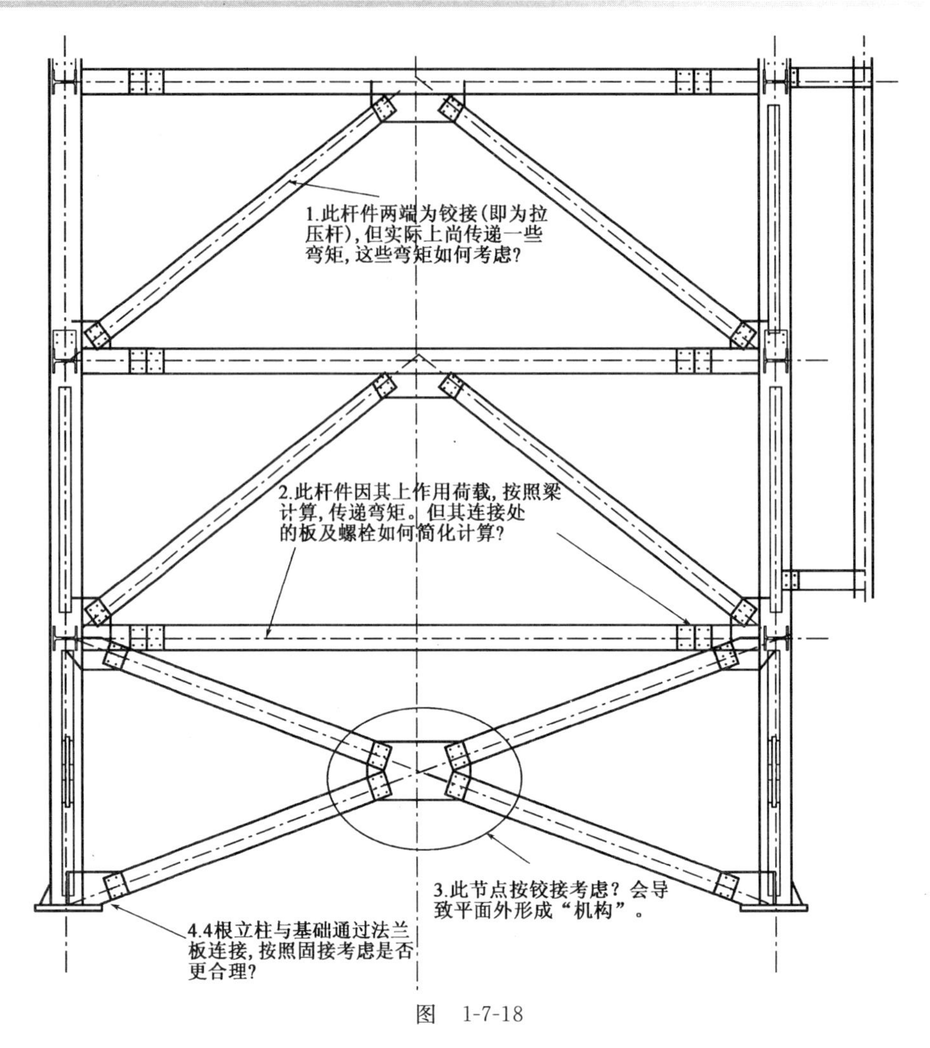

图 1-7-18

【towerdesign】:在电力铁塔中，工程实践上是按照铰接考虑，即使按照刚接，所计算出的弯矩也不用于杆件的设计，美国的ASCE-10允许这样的做法。估计是有很多的研究和试验以及工程经验作基础。注意节点形式有螺栓的也有完全焊接的。

我推测，在杆件计算过程中不考虑弯矩，是由于弯矩比较小，况且已经通过长细比予以折减。对于节点设计而言，弯矩的影响就更小了。当然在实际的设计中要尽量减小偏心。节点板设计时按照传递过来的轴向拉压力计算，简单一点，板等于或者大于所连接的杆件壁厚，螺栓按照剪切计算，同时计算节点板的挤压以及考虑螺栓边距。至于下面的交叉材，通常的做法是各自贯通，当然也有由于限制，中间断开的。无论哪种情形，都要验算平面外失稳。中间的水平材，您是不是说有荷载作用在上面？电力铁塔也有，就是检修的工人及器具，但是这时候没有其他工况组合，只是单独进行杆件的抗弯能力验算。柱脚通常按照刚接考虑，也就是说一个电力塔只有4个节点是这样的。您的这个结构下面宽6m、高20m和电力铁塔很相似。电力塔大多数是角钢塔，您的这个结构可能是其他型钢。如果构件长细比非常小，或者构件截面尺寸和长度的尺寸比例和一般钢结构相比差异很大，恐怕按照梁进行设计也是有道理的。

我上面的说法供您参考，不一定正确。

【node】:受益匪浅！汽车的重力载荷主要传递到中间的水平材上面。那么这个中间的水平材两端(与立柱连接处)考虑为铰接还是固接？本结构计算考虑风载荷影响(沿海地区风压较大),地震载荷影响。下面的交叉材,中间断开用节点板连接(这个设计参考了韩国的同类产品设计方法),验算平面外失稳如何进行？其约束形式手册中似乎未列出。多谢解答！

【North Steel】:那么这个中间的水平材的两端(与立柱连接处)考虑为铰接还是固接？应该是铰接。验算平面外失稳如何进行？其约束形式手册中似乎未列出。按拉杆设计,没有平面外失稳问题。

【towerdesign】:您说的中间水平材,按照铰接将轴向力计算出后,按照压杆选择截面。在杆件上有重力荷载时候,如果吃不准,两端按照两种情况分别计算一下杆件的抗弯能力,节点的设计也是一样进行,如果差别不大,没有必要分那样清楚,我们只是做工程设计,又不是搞理论研究。或者极端一点,杆件中间受弯校核按照简支梁计算,两端截面受弯校核按照固接的假设计算,没有以往的工程参考,这样考虑未尝不可。平面外稳定和平面内稳定,区别就是计算长度不同和回转半径不同。

构件的布置,依据我的经验,力的传递途径越简单越好,强迫它和计算模型一致。尽量偏向于静定结构。国际招标的铁塔设计完毕后都要求真型铁塔极限荷载试验。大量的经验表明:复杂的超静定结构,由于加工、安装、构造设置等原因,使得内力的分布和实际差异在局部很大,吃亏不少。再经典的计算,荷载加上去后,也可能轰隆一声铁塔倒下了。电力铁塔很少进行地震荷载的计算。

您这个结构,是不是有必要进行变形的计算,一定的刚度我想还是必要的,不要汽车上去后结构摇摇晃晃的。您图示中的结构,构件长度看样子在2～3m,能不能考虑增设一些支撑材来降低主要受力构件的长细比。我觉得,一个设计最重要的还是荷载,其次是结构布置,再之是内力分析,最后是构件的设计和构造设计。荷载如果有重大失误,后面的工作就是零了。而刚入行的工程师往往最看重的是内力分析,拉来一个程序,先算个天昏地暗。这也难怪,学校学的主要还是力学多。

我对您车库设计完全没有经验,只是根据我所从事的工作积累的知识给出建议,希望您慎重采纳。最好向有经验的同行请教。

【node】:多谢两位老师的解答！"构件的布置,依据我的经验,力的传递途径越简单越好,强迫它和计算模型一致。尽量偏向于静定结构。国际招标的铁塔设计完毕后都要求真型铁塔极限荷载试验。大量的经验表明复杂的超静定结构,由于加工,安装,构造设置等原因,使得内力的分布和实际差异在局部很大,吃亏不少。多么经典的计算,荷载加上去后,轰隆一声铁塔倒下了"。精辟啊！

【hehongshengabc】:可以参考下面的帖子:

(1)谈谈机械式立体停车设备[精华]http://okok.org/forum/viewthread.php? tid=83863。

(2)机械停车库项目合作 http://okok.org/forum/viewthread.php? tid=74786。

7 刚接还是铰接?(tid=172448 2007-8-24)

【finefine】:最近见到图1-7-19钢柱构件,当它与梁连接时,此节点形式属于铰接吗？另外,此端板是与柱顶板齐的，端板25mm厚，顶板18mm厚，此处要做成坡口形式吗？应怎样做？

图 1-7-19

【xutao】：我觉得角焊缝就可以了，与梁连接从这个端板来看应该是铰接了，只传递剪力，不传递弯矩。

【sheva1314】：坡口是要留的，不过一般设计院不会设计的这么详细，毕竟相差不多。

【V6】：此节点严格意义上来讲是半刚性节点。在《门式刚架轻型房屋钢结构技术规程》CECS102：2002上这个节点是按照刚接来设计的，属于端板平齐的形式。柱顶加劲肋与端板连接焊缝属于重要焊缝，应与端板采用坡口熔透焊。

★【钢结构1】：单从柱上的连接板无法判断梁是固接还是铰接，一般来说螺栓在梁高范围内，按铰接考虑，螺栓超出梁高，按固接考虑。当然，有时采用焊、栓组合结构，即：腹板用螺栓，上下翼缘焊接的固接连接方式。加肋板采用角焊缝就可以了，没必要熔透焊。

【tutu_nini】：严格意义上应该是半刚接。但是作为齐平式端板连接，都是作为铰接节点来处理的。另外您加厚地方的焊接很好，会有很大的应力集中。

【xrha22】：很简单就是铰接，在梁腹板内受力。

8 这种节点算铰接吗？（tid＝142895　2006-8-10）

【zhaby3】：两端连在梁上的H型钢梁，腹板用焊接的方法连在两端梁上，这种节点算铰接吗？

★【e路龙井茶】：说清楚啊，如果翼缘不焊接，那就是铰接了。

【lchong】：焊接就意味着腹板无法转动，能成为铰接吗？如果力学模型不对，分析可靠吗？

【lgf2002】：可能腹板抗剪能力强，而抗弯能力很弱，如此近似作为铰接。

【zhuzhehao011】：控制梁端角位移的，关键看梁翼缘的连接。

【ycwang】：(1)节点分为铰接、刚接和半刚接。铰接可以自由转动，刚接没有转角位移，半刚接介于两者之间。

(2)绝对的铰接和刚接是少见的，几乎所有的连接节点都介于铰接和刚接之间。也就是铰接和刚接是相对的，半刚接是绝对的。

(3)在梁的连接中，一般认为连接腹板和翼缘为刚接；只连接腹板为铰接。有关半刚接的讨论请参见 http://okok.org/forum/viewthread.php?tid＝53835。

【lake】：只焊腹板在处理过程中一般就是简化为铰接。因为在小变形下，腹板对梁端转动的约束与翼缘对两端的约束相比可以忽略不计。

【yijianxiaotian】:梁与梁连接有没有连接板(安装螺栓),连接板与梁腹板焊接是不是三面焊接,一般情况下只焊接腹板端与板连接处(竖直方向),因为角焊缝一般为抗剪切力,倘若焊接过多(三面连续焊)则容易形成梁腹板与翼板外的局部弯矩增大。

【jasontech】:lchong 所述:如果不焊翼缘就应该算铰接。腹板是传递剪力的,翼缘是传递弯矩的。所以不焊翼缘就可算作铰接。

9 大家帮我看看这个大钢梁的连接是铰接还是刚接?(tid=146850 2006-9-23)

【congcong96】:各位大师,有一个问题请教一下。有一根大钢梁 1000mm×490mm×50mm×50mm,连接的时候在翼缘处用钢板+螺栓群连接,设计院认为这是铰接,但我认为翼缘传递了弯矩应该是刚接才对,大家怎么看呢?可能由于温度及本身受力的影响产生较大的轴力 4400kN。这么大的钢梁不知道可否用长孔连接来消除温度的影响,另外这样做会不会有什么问题?

【wangxh】:看您的意思,应该是主梁本身的拼接吧。在《钢结构连接节点设计手册》中这样说到:在 H 形(或 I 字形)截面梁的拼接连接节点中,当为刚性连接时,通常采用的连接形式有如下 3 种:

(1)翼缘和腹板均采用高强度螺栓摩擦型连接。

(2)翼缘采用完全焊透的坡口对接焊缝连接,腹板采用高强度螺栓摩擦型连接。

(3)翼缘和腹板均采用完全焊透的坡口对接焊缝连接。由此看来,这根大钢梁的连接应该属于刚接。

我觉得用长孔不太好,虽然允许移动而降低了温度应力,但是由于紧密性不好,从而会影响传力的性能。

10 哪位老兄有半刚性连接在实际工程中的照片?(tid=64590 2004-7-14)

【jfwdalls】:哪位老兄有半刚性连接在实际工程中的照片?希望大家踊跃贴图。

可以是角钢连接或端板连接。

【flyingpig】:楼主可以去这儿看看,我也是刚刚找到的(见图 1-7-20)。是个台湾的网站,而且半刚性节点在 AISC 的细部设计中也有。http://www.cyut.edu.tw/~swu/new_page_2-15.htm。AISC 的细部设计在论坛上有,楼主可以搜一下。

【jfwdalls】:flyingpig 老兄,谢谢您的帮助,我本人研究半刚性连接的,国内虽有一些硕士、博士写了这方面的论文,但是感觉与实际设计还有一定差距;我国没有这方面的规范指导,实际工程应用更少,门式刚架也是以外伸端板为主。请问您也研究它?

图 1-7-20

【flyingpig】:楼主,不好意思,小弟刚刚踏入这一行,对半刚接甚至都没有概念。曾在论坛上看过一个工程,有图片,其中部分连接就采用的我贴的那张图中的连接方式,但大家好像认为那个是个错误。刚才想找张贴上,可忽然间找不到了,等再找

图 1-7-21

到时再贴吧。其实，楼主可以搜一下的，论坛上针对半刚接的问题也讨论过不少的，如下帖：http://okok.org/forum/viewthread.php? tid = 19160。而且，您可以 pm 给 **North Steel** 前辈，他好像是在加拿大做钢结构，可能对半刚接见得、知道得多一些，理解得也更深一些。

【flyingpig】：不知图 1-7-21 的节点是不是半刚性连接，其腹板没有连接，呵呵，还望楼主指点一二。相关内容见下帖：http://okok.org/forum/viewthread.php? tid=28694。

【jfwdalls】：本文是做半刚性连接和组合结构研究。老兄贴的两张图从半刚性连接的常见形式来判断，都是半刚性连接，第一个是顶底角钢带双腹板角钢的节点，此节点较柔；第二个是 T 形连接的节点，此节点较刚。由于目前国内没有半刚性连接的规范，所以一般设计偏于保守，偏刚性。像门式刚架采用外伸端板，板厚 20mm 以上，或采用 T 形连接较多。随着试验和理论研究的不断开展，相信未来对半刚性连接有具体的设计方法，将会有不同的节点形式出现。

四、综合问题

★1 刚接柱脚承受双向弯矩及轴力的计算（tid=23340　2003-3-5）

【CuteSer】：刚接柱脚承受单向弯矩及轴力的计算比较简单，钢结构的教材上都有，但是对于承受双向弯矩及轴力的计算，没看到哪本书上讲。简化一下这个问题的条件，现在假定这两个方向的弯矩是正交的（互相垂直），使用简单的叠加？那么轴力怎么分配给这两次计算呢？按什么规则分配轴力，然后跟两个方向的弯矩分别组合，简单的对半劈？感觉还是应该仔细推导一下，大家见过研究这个小问题的文献之类的吗？

【li_qing13】：回 **cuteser** 兄，我是这么理解：在计算柱脚时，x、y 轴的力（M、N、Q）互不相干，是独立的，而且轴力都是用总的 N，而不是按什么规则分配。需要提示的是计算出来的地脚锚栓两个方向也是独立的，四角的锚栓在设计时严禁重复利用。这一点尽管与主题无关，还是提示一下为好！

【南华人】：其实这个问题很简单，一般有两种方法处理：

（1）采用相关公式法，此法比较保守，但简单实用：

$$(N/n)^2 + (M_x \times m_{xi}/\sum x_i \times x_i)^2 + (M_y \times m_{yi}/\sum y_i \times y_i)^2 \leqslant [N]^2$$

（2）将 M_x、M_y 合成为 M，问题转化为斜平面内的柱脚计算问题，只是比单向计算稍复杂，原理一样。

【wolf_sy】：没那么复杂，轴力平均分配，弯矩除以力臂转化为螺栓轴力直接叠加。

【CuteSer】：我查了一下清华大学、同济大学等主编的《钢结构》教材，上面讲述了铰接柱脚的计算、框架柱脚承受单向弯矩及轴力的计算。《Ducticle design of steel structure》提及的概念性的东西和试验结果比较多，对柱脚，没有阐述实用的计算方法。《Handbook of structural steel connection design and details》只给出了(AISC LRFD) manual of steel construction (1994)中的轴心受压铰接柱脚的设计,真是过分。《Simplified design of steel structures》也是只给出了轴心受压铰接柱脚的设计,是够 Simplified 的。名副其实。我寄希望于那本厚厚的《Structural steel designer's handbook》(Roger L. Brockenbrough, Frederick S. Merritt 著),倒是有承受单向弯矩及轴力的柱脚的计算,推导过程与清华的教材相似,不过,对于 pressure under part of base plate 的情况,在建立平衡方程时,不考虑锚栓中的拉力产生的力矩。

li_qing13 的发言我没看懂,恕我驽钝,能否给个例子或参考书?**南华人**的方法(1)中的公式我更是看不懂,公式怎么推导的?看起来好复杂。倒是比较同意**南华人**同志的方法 2,这也是说来简单,分析起来蛮复杂的一个小问题。假定底板是矩形,那么,一旦有一部分底板不承受压力(被掀了起来),那剩下的部分有可能是三角形,有可能是梯形,还有可能是五边形;而应力分布呢,假定柱脚底板比较大,那么,应力是沿着分界线的垂线方向呈线性分布的,压力面的形心呢,得分三角形压力面、梯形压力面、五边形压力面来分析,好像不是很简单的。

wolf_sy 说得太简单,底板应力怎么求啊?

这么一个常见的小问题,引出大家这么多方法计算,好像意见很不一致啊,不知道传说中的几个结构软件怎么计算的?能否给介绍一下?抱歉,我手头的都是国外的软件。

【CuteSer】:今天又找到一本书《Structural steelwork analysis and design》S. S. RAY, BE (Cal), CEng, FICE, MBGS Blackwell Science(http://www. blackwell-science. com)1998 年的书,当我翻到第 446 页时,看到底板上有梯形的(trapezoidal)区域,眼睛豁然一亮,这一定就是人民的大救星了,果然,下面的标题是:Biaxial bending of column: pressure distribution under the base plate。我于是找出一大张白纸,准备凭着我高中出色的解析几何的底子演练一下这个推导,想必,这是一个有一定难度的小难题,老外既然都放到教材里了,我肯定也不能让他小觑了俺,我得在看到他们的解答之前自己推导。可是,当我看到柱脚立面图时,不禁充满了诧异,原来他们假定受压区的压应力是等值的,都假定为 $0.4f_{cu}$,这这这,too simple, naive 了吧?这么简化?有试验依据吗?我原来以为怎么也得沿着垂直于分界线线性分布吧?这数学真的不行啊!后面的推导很容易了,力平衡,力矩平衡。列几个方程解出来就成了。

如果大家还发现了什么书上有什么其他计算方法(主要是假定不同),一定要告诉我啊,cuteser@sina. com,我目前就按照这种洋人的简化方法计算,并尽快集成到俺的软件里。其实,我觉得最好还是做点试验,不过,看起来,这么小的一个题目,做硕士论文都嫌简单。

★2 这种节点是刚接还是半刚接,如何计算?(tid=88759 2005-3-26)

【jackson】:如图 1-7-22 节点是刚接还是铰接,如何计算?

补充说明一下:国内、外梁柱节点方式存在许多差异,从我接触的国外一些工程(大部分是工业钢结构)看,梁柱节点常用端板连接式,如图 1-7-22 所示。这种连接方式是刚接还是半刚接,如何进行螺栓及端板的计算。国内常用的是柱上伸短梁,然后梁与短梁与连接板加高强螺栓刚接,只有门式刚架用到端板连接式。对短梁式连接,短梁与柱的垂直度难以保证,孔位难以保证,运输很不方便。缺点多多。我对端板式的连接很感兴趣,但缺少相关计算规范,各位同仁能不能指点一、二。

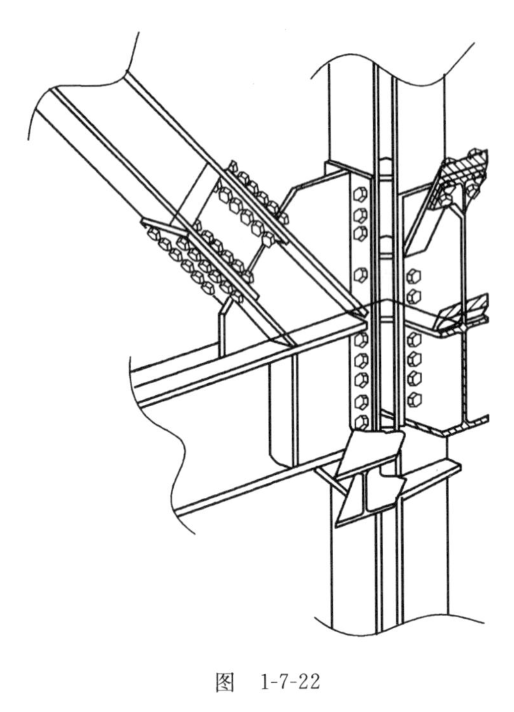

图 1-7-22

【myorinkan】:我认为是半刚接。因为它除能传递梁端剪力外,还能传递一定数量的梁端弯矩,但是与梁端截面所能承担的弯矩相比,要小得多。螺栓及端板的计算请参看附属 PDF 文件。本计算参考了《LRFD steel design》1994 年英文版。计算中将楼主的附图中的支撑去掉,简化为梁与柱的端板连接来考虑。这种连接的优点,除楼主所述外,它与其他连接相比,用螺栓数少,施工快,梁长度不足可采用垫片调整。下载地址:http://okok.org/forum/viewthread.php? tid=88759。

【jackson】:谢谢楼上兄弟的计算书,但看完后感觉存在一个问题,即在计算上翼缘抗拉螺栓规格时仅考虑了弯矩产生的拉力,而没有考虑连接板的撬力,连接板对螺栓产生的撬力在板厚较小时还是蛮大的,这一点在陈绍蕃先生《钢结构原理》中有论述。在我发出图中的节点需承受 M、N、V,且螺栓数量也多,受力复杂,书中该类节点只有承受 M 时的计算,谁能再深入一步,提供端板式节点更详细的算法,不胜感激。

【myorinkan】:认真思考了楼主的质疑,回答如下。共同探讨。梁和柱的 Moment connection 中,有两种很相似。即采用普通 T 形连接件的高强度螺栓连接(Split-tee connection)和端板式连接(End-plate connection)。两者计算方法的主要不同点在于:翼缘板和端板上的弯矩计算不同。T 形连接件连接的翼缘板厚计算要考虑撬力(如《钢结构连接节点设计手册》第 1 版 181 页所述),而端板连接的端板厚计算和螺栓计算均不考虑撬力。端板连接的弯矩计算不考虑撬力,是以有限元统计分析及试验验证为依据。详细内容可查阅:《A fresh look at bolted end-plate behavior and design》Engineering Journal, AISC, Vol. 15, No. 2(1978), 39-49,作者 Krishnamurthy, N.

美国 AISC 标准《Manual of steel construction》1980 年英文版,Part 4 Connections 中详细介绍了这两种连接形式和计算方法。

(1)Hanger type connection, Fasteners loaded in tension(T 形连接件连接);

(2)Moment connection, End plate(端板式连接)。

1994 年版的《Manual of steel construction》在 Part 5 Connection 中的计算方法与 1980 年版基本相同。上次的计算书,只考虑了 M 和 V,如果有 N 的话,可取受拉翼缘承受的拉力为:$F_f=M/(d-t_f)+0.5N$,N 为拉力时取正值,反之取负值。端板式连接在日本高层建筑中很少采用,介绍其计算方法的书,现在还没看到。

【蓝鸟】:在国内一般认为是半刚接,但在受力不大时按刚接计算,螺栓群中和轴上部螺栓受拉,下部受压。

【jackson】:"myorinkan"兄:您提到的那些资料我手头没有,但有一点,即在 M、N(拉力)作用下,(端板连接式)梁的上翼缘对端板作用力为拉力,上翼缘与端板上半部分的连接即类似于

T 形连接，在上翼缘拉力作用下，上翼缘上下侧端板会类似于 T 形连接件对螺栓产生撬力（在端板板厚较小时）。另外，您的那些资料能否传上来，一起做些研究，谢谢！

【yzhg2002】：是刚接还是半刚接与端板的厚度、高度、螺栓的直径即与连接的实际刚度有关，重要的高层建筑须做节点试验确定。

【myorinkan】：**jackson** 兄：回帖晚了些，抱歉。关于端板式连接不考虑撬力的资料，在本论坛找到 1994 年美国 AISC 规程《Manual of steel construction LRFD Vol 1&2 2nd edition 1994》，很不错，比我手中的版本新。可从“E2. 规范、图集、常用数据”（如果没记错的话）下载。全部共 1993 页。有关部分 Part 10 fully restrained (FR) moment connections, extended end-plate connections，页码：P10～21、P30～35（计 15 页）其中，除规程，公式及数据表外，还附有计算实例。下面是其中的一页附件 1-7-1。

附件 1-7-1 Manual of Steel Construction LRFD Vol 1& 2 2nd Edition 1994

Part 10 Fully Restrained (FR) Moment Connections, Extended End-Plate Connection P10-24

Four-Bolt Unstiffened Extended End-Plate Design

The following design procedure is based on Krishnamurthy(1978), Hendrick and Murray(1984), and Cutis and Murray(1989). In Krishnamurthy's design procedure, prying action forces are considered to be negligible and the tensile flange force is distributed equally among the four tension bolts. Possible local yielding of the tension flange and tensile area of the web is neglected.

The required end-plate thickness is determined using the tee-stub analogy. as illustrated in Figure 1-7-23 (图 1-7-23) with the effective critical moment in the end plate given by

$$M_{eu}=\frac{\alpha_m P_{uf} p_e}{4}$$

where

P_{uf} = factored beam flange force, kips

$\alpha_m = C_a C_b (A_f/A_w)^{1/3} (p_e/d_b)^{1/4}$

C_a = constant from Table 10-1

$C_b = (b_f/b_p)^{1/2}$

b_f = beam flange width. in.

b_p = effective end-plate width, in. , not to exceed b_f+1 in.

A_f = area of beam tension flange. in^2.

A_w = area of beam web, clear of flanges. in^2.

p_e = effective pitch in.

$= p_f-(d_b-4)-w_t$

p_f = distance from centerline of bolt to nearer surface of the tension flange, in. Generally, $d_b+1/2$-in. is enough to provide entering and tightening clearance; two inches is a common standard.

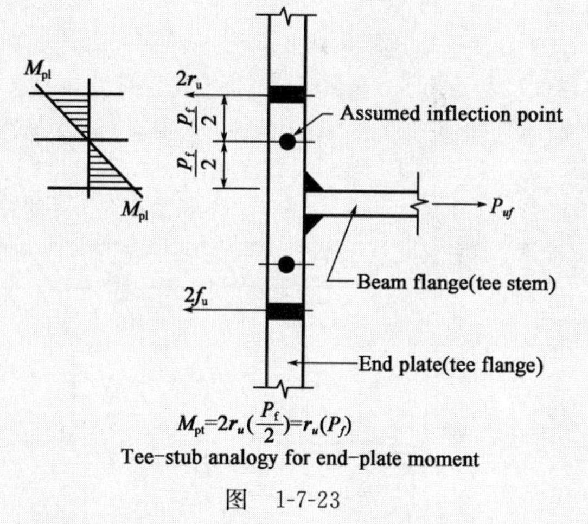

Tee-stub analogy for end-plate moment

图 1-7-23

w_t = fillet weld throat size or size of reinforcement for groove weld. in.

d_b = nominal bolt diameter. in.

Values of C_a are tabulated for various combinations of beam and end-plate material grades and ASTM A325 or A490 bolts in Table 10-1. Values of A_f/A_w for the W-shapes listed 【jackson】:我已经下载了美国钢结构学会规范 AISC-LRFD99，但只有 290 页，且找不到“Part 10 fully restrained (FR) moment connections，Extended end-plate connections，页码：P10～21、P10～35(计 15 页)”部分，只有“J connections，joints，and fasteners”P49～62，仅对焊接和栓接作了基本的论述，无对 End-plate 的论述。另外，论坛上还有“美国 97UBC V1. 3(三卷)[精华]”，不知道这又是什么东东，您说的不知是否在这里。但我的积分不够，无法下载该文件。苦恼!

【myorinkan】:jackson 兄:看到楼上的帖子和您的留言。关于我上次帖子推荐的 1994 年美国 AISC 规程《Manual of steel construction LRFD Vol 1& 2 2nd Edition 1994》的下载地址，仔细搜索了整个论坛。在中华钢结构论坛，E3. 图书、论文交流，第 2 页里找到了。该帖的标题是《[精华]好书推荐：LOAD &RESISTANCE FACTOR DESIGN　1 2 3 》，发帖人：**libin9**(在此向 **libin9** 兄致谢)。从 1/31 到 31/31，共 31 个 RAR 压缩文件。我上次说的下载地址不对，使您白费了时间，不好意思。下面的 JPG 文件是下载地址的首帖。说明：解压后生成的文件名：Manual of Steel Construction，2nd Edition (AISC，1990). pdf。我根据 PDF 文件首页，将 PDF 文件名改为：《Manual of Steel Construction LRFD Vol 1&2 2nd Edition 1994》。

【jackson】:got it，非常感谢！仔细阅读后再谈谈我的想法。我把陈绍蕃先生《钢结构原理》中关于端板式连接的计算扫描了下来，大家可以将它与 **myorinkan** 兄发的《Manual of steel consturction》中 End plate connection 的计算对比，见附件 1-7-2。

下载地址：http://okok.org/forum/viewthread.php? tid=88759

附件 1-7-2　螺栓和板同时计算的方法

影响撬力 Q[9.9,9.12]的因素很多，很难算得准确，目前已经提出的计算公式不少，都比较复杂，且算得的数值有时差距很大[9.9,9.12]。同时，这些公式都是从 T 形构件连于一个刚性体的计算模型出发的，和实际结构中的连接还有差别，因此需要进一步研究，目前在设计中大多采用一些实用的简单计算方法。欧钢协的《建议》[9.14]给出了一种同时计算螺栓和板的实用方法。此法满足平衡条件、螺栓极限承载条件和板出现塑性铰条件，但不考虑变形协调条件。英国的桥梁规范 BS5400[9.15]也采用了此法。

图 1-7-24 的梁用端板及螺栓和柱相连，假设只承受弯矩 M。M 化为一对力偶 $N=M/h_1$，其拉力由 A，B 两行共 4 个螺栓承受，这两行螺栓就和 T 形构件的连接螺栓相似。因此可以简化为 T 形连接件的情况加以计算。这种简化偏于安全。螺栓直径和板的厚度应满足下列条件：螺栓强度条件

$$P = T + Q \leqslant A_c \cdot f_t^b \tag{1-7-1}$$

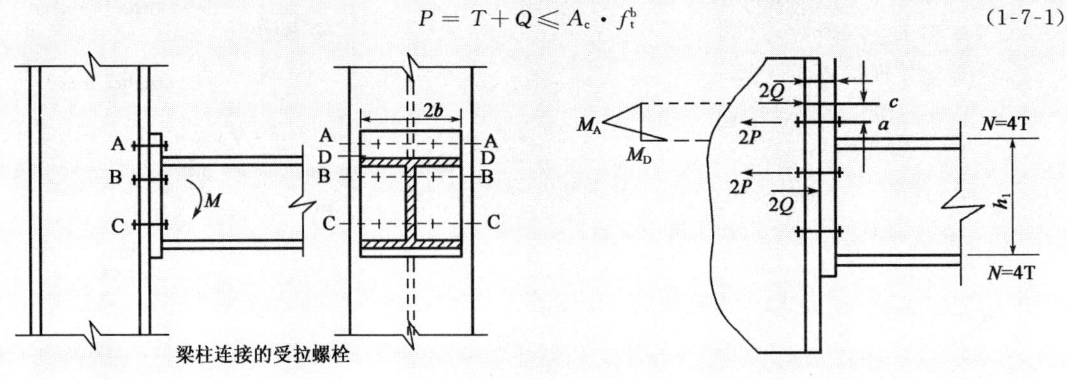

图　1-7-24

板强度条件

AA 截面

$$M_A = Q_c \leqslant \frac{(b-d)t_p^2}{4} \cdot f \tag{1-7-2}$$

DD 截面

$$M_D = T_a - Q_c \leqslant \frac{bt_p^2}{4} f \tag{1-7-3}$$

式中：f_t^b、f——螺栓抗拉设计强度和板受弯设计强度；

d——螺栓孔直径。

计算时可取一任意 Q 值(参考文献[9.15]规定不小于 $0.1T$)，先由式(1-7-1)计算需要的螺栓直径，然后排列好螺栓，再由另外两式计算 t_p，取较大值。下面给出一个算例如图 1-7-24 所示：已知 $N=4T=360$kN，端板宽度 $2b=200$mm，需要确定螺栓直径及板厚，螺栓 8.8 级，钢板 Q235。螺栓抗拉设计强度取为 $f_t^b=356$N/mm^2，设 $Q=0.2T=18$kN，要求螺栓有效截面积

$$A_e = \frac{90+18}{0.356} = 303\text{mm}^2$$

取直径为 22mm，有效截面积为 303mm^2。

取 $a=50$mm，$c=45$mm，钢板抗拉设计强度按第二组取 $f=200$N/mm^2，则由

$$M_A = 18 \times 45 = \frac{(100-24)t_p^2}{4} \times 0.20$$

得

$$t_p = 14.6\text{mm}$$

又由

$$M_D = 90 \times 50 - 18 \times 45 = \frac{100 \times t_p^2}{4} \times 0.20$$

得

$$t_p = 27.2\text{mm}$$

板厚取 28mm 或 30mm。这一计算结果在计入一定撬力后板厚还大于螺栓直径。虽未考虑变形协调，安全应无问题。况且在这一连接中腹板有阻止端板变形的作用，螺栓处于更有利的地位。

关于梁下翼缘的压力 N，通过端板和柱翼缘接触面传递，通常都可以满足。

从以上算例看，AA 截面不起控制作用。因此，可以只取式(1-7-1)和式(1-7-3)两式，并从中消去 Q 来进行计算。对此两式都取等号，亦即使螺栓抗拉和端板 DD 截面抗弯同时达到极限状态，则消去 Q 后可得

$$T = \frac{M_{pf} + CN_t^b}{a+c} \tag{1-7-4}$$

式中

$$N_t^b = A_e f_t^b \quad M_{pf} = \frac{bt_p^2}{4} f$$

总承载力为

$$N = 4T$$

利用式(1-7-4)可以在已知翼缘板厚度度时计算需要的螺栓直径，也可以在给定螺栓直径时计算需要的板厚。两种情况都无需去计算 Q 力。上例若螺栓取 M22 而板厚取 27mm，则有

$$M_{pf} = \frac{100 \times 27^2}{4} \times 0.2 = 3645\text{kN} \cdot \text{mm}$$

$$N_t^b = 303 \times 0.356 = 10.7.9\text{kN}$$

$$N = \frac{4(3645 + 45 \times 107.9)}{50+45} = 358\text{kN} \approx 360\text{kN(满足要求)}$$

若板厚取 30mm，则

$$M_{pf}=\frac{100\times30^2}{4}\times0.2=4500\text{kN}\cdot\text{mm}$$

并由

$$\frac{360}{4}=\frac{4500+45N_c^b}{50+45}$$

可得

$$N_t^b=90\text{kN}$$

需螺栓有效面积

$$\frac{90}{0.356}=253\text{mm}^2$$

仍然需要用 M22 螺栓。

当螺栓直径较大而端板转薄时，则有可能在螺栓拉断之前 AA 和 DD 两截面都出现塑性铰。对式(1-7-2)和(1-7-3)取等号并消去 Q，可得下式：

$$T=\frac{M_{pf}+M_{pfn}}{a}\tag{1-7-5}$$

式中 M_{pfn} 为板净截面塑性弯矩。

上例板厚 27mm 时 $M_{pf}=3645$kN

$$M_{pfn}=\frac{100-23.5}{100}M_{pf}=0.765M_{pf}$$

$$T=\frac{1.765\times3645}{50}=128.7\text{kN}>90\text{kN}$$

在实际设计中总承载力应按式(1-7-4)和(1-7-5)算得的较小 T 值确定，同时 T 值应不超过螺栓抗拉承载力的设计值。

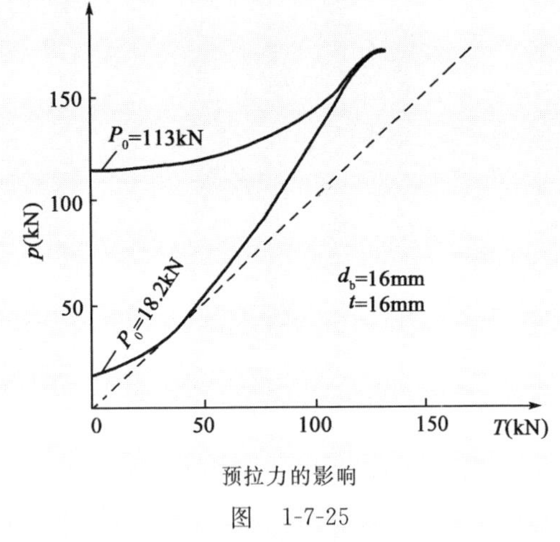

预拉力的影响

图 1-7-25

撬力 Q 对螺栓的影响可以通过试验结果来了解。在这一具体连接中，Q 大约在 T 达到 $0.5P_0$ 时开始出现，起初增加缓慢，以后逐渐加快，到临近破坏时因螺栓开始屈服，又有所下降。由于 Q 力的存在，外力 T 的极限值由 T_u 下降到 T'_u。螺栓初始预拉力 P_0 的大小对极限荷载时的撬开作用没有什么影响。图 1-7-25 给出了直径 35mm 的螺栓在不同预拉力作用下拉力的变化情况，螺栓的破坏荷载并未因预拉力不同而有所区别。

撬力的不利影响在设计抗拉的螺栓连接时应该考虑。对于普通螺栓，我们过去采用的办法是降低抗拉螺栓的容许应力。对 3 号钢制成的普通螺栓，抗拉容许应力取为 3 号钢构件的 0.8 倍，也就是说考虑了相当于 $0.25T$ 的撬力。改用极限状态设计法时进行了换算。对于承压型高强螺栓，如果撬力的影响通过降低设计强度来考虑，仍然可以和普通螺栓一样不具体计算撬力。GBJ 17—88 规范规定，受拉的高强度螺栓，不论是摩擦型还是承压型，其承载力设计值均取为 $0.8P_0$，原因是试验表明外加拉力过大时螺栓将发生松弛现象。显然，松弛和试验中产生的撬力有关。国外的一些设计指南和规范如参考文献[9.9]以及美国 AISC 规范和欧洲规范试行本，都要求计算撬力 Q，并把它和外力 T 相加，作为螺栓的设计拉力，这样更有把握保证安全。如果不具体计算撬力，则应注意连接的板不要做得单薄。按照前式，γ(或 γ')达到 2.85 以上即可不考虑撬力。下面试按此式做些分析。

上文曾经论及，我国规定的预拉应力和螺栓屈服强度之间的关系为

$$\sigma_0 = \frac{0.9 \times 0.9}{1.2} f_{yb} = 0.675 f_{yb}$$

因此

$$\gamma' = \frac{0.7}{0.675}\gamma = 1.04\gamma$$

如果取 $b=4d_b$，$a=2d_b$，并设钢构件材料为16Mn钢，则对10.9级螺栓，$\gamma'=2.85$ 时由 $\gamma'=1.04\times\frac{2t^2}{d_b^2}\cdot\frac{345}{900}=2.85$，得

$$t = 1.89d_b$$

对8.8级螺栓，设构件钢材为Q235钢，由 $\gamma'=1.04\cdot\frac{2t^2}{d_b^2}\cdot\frac{235}{640}=2.85$，可得 $t_1=1.93d_b$。

两种情况都要求板厚约为螺栓直径的2倍。如果 a 值增大，则 γ 和 γ' 减小，t 还要相应增大。从前图看 $t/d_b=0.86$ 的连接，Q 力还相当可观，图1-7-25中 $t=d$，撬力出现稍迟，发展也比较缓和，但螺栓破坏荷载还是有所降低。

Kennedy等人在参考文献[9.13]中给出螺栓完全不产生撬力时所需板厚的计算公式，当T形构件腹板和翼缘板材料相同时，翼板厚度应不小于

$$t_1 = \sqrt{2.11at_w}$$

若取 $a=2.0d_b$，$t_w=d_b$，则得

$$t_1 = 2.05d_b$$

他们还给出螺栓有撬力而翼板只在腹板边缘处出现塑性铰时板的最小厚度计算公式。忽略公式中螺栓弯曲的影响，并设 $a=2d_b$，$t_w=d_b$，$b=4d_b$，螺栓为10.9级，钢材为16Mn，则得

$$t_{11} = 1.4d_b$$

综合以上资料来看，板的厚度一般宜比螺栓直径略大。如果要求撬力可以忽略，则板的厚度应不小于 $2d_b$。但是把 $Q=0$ 作为设计准则，未必是最佳的设计方案。GBJ 17-88规范规定螺栓外拉力不应大于 $0.8P_0$，为撬力留了一点余地。

当T形构件翼缘宽度较大而设置四行螺栓时[图1-7-26]，由于翼缘的柔性，靠近腹板的两行螺栓比边缘的两行螺栓受力大得多。边缘螺栓在中间螺栓破坏时还不能充分发挥作用，所以设计时不能认为全部有效。为了改变这种局面，使外侧螺栓也充分发挥作用，必须用很厚的翼缘板或如图1-7-26b)所示加设加劲肋。

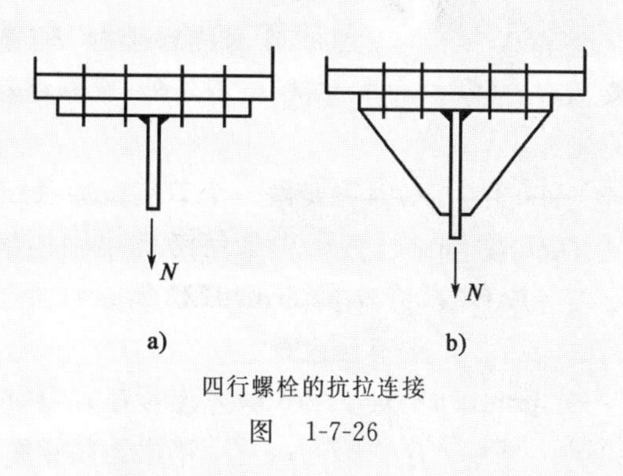

四行螺栓的抗拉连接

图　1-7-26

3 混凝土与钢结构连接考虑温度应力时的铰接节点处理(tid=73648　2004-10-22)

【八路】：混凝土多塔结构之间钢结构连廊与主体间考虑温度应力，连接节点铰接如何处理？欢迎高手讨论！

【chenge17】：混凝土多塔结构之间的钢连廊除考虑温度应力之外，更重要的要考虑塔楼的风振和地震对连廊的作用，高层结构中后者的作用比前者对连廊的影响要大得多。

【八路】:就问题本身有何想法?

【joyce_zhong_liu】:我觉得应该和网架一样,一端设为铰接节点,另一端设滑动橡胶支座节点,大家看如何?现在手上的项目也有这种情况。

4 节点可能为机构是什么意思?(tid=190726　2008-5-17)

【快车】:在节点设计中遇到:节点可能为机构问题,请教节点机构是什么意思?

【一条龙】:节点可能成为机构是说,在该结构中如果该节点发生破坏,也就是发生屈曲,丧失承载力,比如产生滑移,而导致结构成为一个可变体系,即为机构。比如单根梁两根柱的单跨框架,如果其中一根柱产生破坏,整个结构就丧失了承载力。1999 年 9 月 21 日,台湾发生的地震中,台中客运站因为采用了双柱单跨框架,由于一侧柱破坏而导致全楼倒塌。

5 如何区分节点为刚性、半刚性、柔性?(tid=7926　2002-4-18)

【fsr】:钢结构的梁柱节点如何确定是刚性、半刚性、柔性?按照其连接方式?刚度比?有确切的衡量参数吗?

【peterman722】:如果要判断一个性质未知的节点形式,最可靠的方法就是做试验,得到 M(弯矩)-θ(转角)关系,找出节点的转动刚度,根据节点使用具体场合需要,进行判断。完全刚性和完全柔性的节点都不存在。欧洲规范 EU3 对此有规定(见"门式刚架端板螺栓连接的强度和刚度"《钢结构》2000 年第 1 期),对无支撑框架,给出了刚性与半刚性连接的分界线。对于工程中的应用较多的节点形式,可以进行大致判断,比如梁柱连接中,一般认为是刚性连接的有:栓焊、全焊和上下翼缘 T 形短钢连接;柔性连接有:梁腹板与柱用角钢或端板连接;半刚性连接有:螺栓端板连接,上下翼缘角钢连接。

除了节点形式,连接的刚性与节点的构造有密切关系。拿在门式刚架中常用的螺栓端板连接来说,螺栓端板连接作为刚性连接,但连接的刚性和螺栓级别(8.8 或 10.9 级)、螺栓个数、螺栓预紧力大小、端板是否外伸、端板厚度、柱上有无加劲肋等因素有关。设计时最好加以关注。

【fsr】:谢谢,因为要做一个节点试验,但看过的资料上未明确给出。

【shli】:在结构分析中如何考虑半刚性连接?STAADCHINA 软件中有个弯矩释放选项使用释放系数,请教 peterman722 及众位大哥,对于封头板侧接柱翼缘连接的这种连接,释放系数采用多大比较合适呢?

【amin138】:对于 shli 所述连接形式,释放系数的大小应该和连接的各细部尺寸大小有关,和螺栓的力臂有关。也就是应该由连接刚度大小来确定。

【freebirdy】:目前国外较流行的分类方法有 4 种。都是根据节点的弯矩—转角曲线将节点分类,但还有许多不完善的地方,比如按照分类不能保证一个节点完全处于分类所示的区域。

【North Steel】:刚性、半刚性、柔性的分类是基于刚度—变形的概念,在工程中是一个比较笼统的概念,难于得到定量的结论。在工程应用中没有人采用这种概念,还是采用力的传递和平衡的概念选择节点。

6 球形铰支座的承压应力怎么计算？(tid＝69311 2004-9-6)

【yvette】：请教各位：球铰支承点的局部承压应力(contact pressure)怎么验算？注意是万向球铰，不是圆柱形辊轴。《钢结构设计规范》(GB 50017—2003)第76页式7.6.3好像只适合圆柱形的辊轴。德国有专门计算球铰支座接触点压应力的公式，比如对Q345钢，当按公式计算出来的接触点应力小于1000MPa时，认为安全。而通常Q345钢的设计强度仅为300MPa左右。

【jeffery】：请问yvette兄是不是SBP的？我们刚合作了一个工程，合作很愉快。支座处弹性计算下来总有集中应力很大进入塑性区，这个不可避免，但我认为只要塑性区没有大方面的发展应该没有问题。

【yvette】：那阁下又是哪位？不知做的是哪个项目？我是新手上路，实际工作中总是遇到这样那样的问题，还请以后多多指教。谢谢！正是考虑该塑性区不会大面积发展，所以才用Herz理论大幅度增加接触点的局部承压应力，不知国内有没有相关的理论和计算方法？

7 3种铰接节点有何区别？(tid＝137548 2006-6-16)

【jianfeng】：混凝土柱与钢梁一般采用梁柱铰接，铰接布置可以有3种形式：(1)柱顶铰接；(2)梁端铰接；(3)节点铰接。请问这3种布置方式有何区别，分别何时采用？

【liying_2005】：要根据具体情况而定，如梁端与柱端连接采用节点铰，梁端与柱连接采用梁铰接，柱端与梁连接采用柱铰接。

【sector】：这应该没有大的区别，只是不同的工程有不同的做法。但是如能够让我选择，我首先会考虑采用柱顶铰接，其次是节点铰接，最后才是梁端铰接。

【xuqi2003810618】：针对这种问题，我想每个软件所考虑的都不一样，一般情况下，设置为梁端一端铰接，一端滑动，这样可以释放水平推力。如果梁端两边铰接的话，水平推力是比较大的，对混凝土柱的影响也比较大。可能的情况下，混凝土柱计算的时候是以排架结构体系计算的。混凝土柱＋钢梁的结构体系不属于排架体系又类似于排架体系结构。常用的做法是：一端铰接＋一端滚动；总之一个原则，想办法释放水平推力。如果二连跨或三连跨，同样也应考虑这种情况。以上只代表个人看法。

【msf】：3种铰接是不一样的，受力方式不一样。各有各的位置，不是任意选的。见图1-7-27。

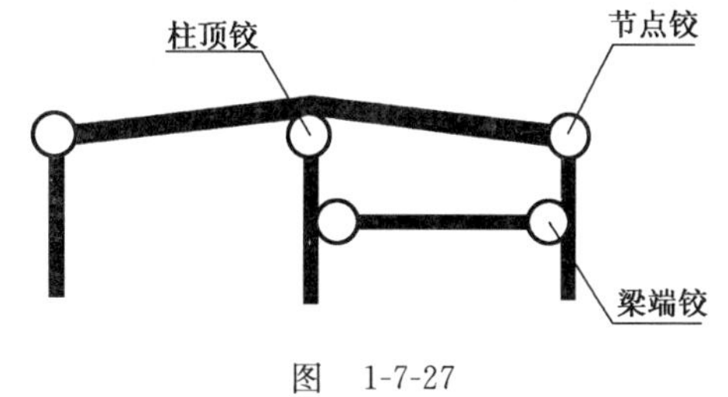

图 1-7-27

8 有人在研究钢梁与混凝土墙的连接吗？(tid＝36758 2003-9-5)

【podream】：想探讨一些问题。

【bljzp】：钢梁与混凝土墙的连接主要用于钢—混凝土组合结构中。连接主要有铰接及刚接两种，高层钢结构规范及构造图集中一般都有详图。铰接的做法，国外普遍用预埋件焊接栓钉，国内规范认为不可靠，需预埋钢柱或采用穿墙预埋件，见《高层建筑混凝土结构技术规程》(JGJ 3—2002)P117。刚接则普遍采用预埋钢柱。我认为国外铰接做法可以接受，受力明确，构造简单，施工方便，大家认为呢？

【podream】:如果是刚接的话，则需要传递较大的弯矩，而墙的出平面的刚度比较差，所以能传递的弯矩是有限的。另外，大弯矩下，栓钉的破坏可能是混凝土的破坏起控制作用，那样是脆性的。也应该避免。个人觉的应该计算清楚，到底梁端弯矩是多大，能承受的弯矩是多大，而后作出是铰接与刚接的判断。不能笼统地说谁好谁坏。不知大家有没有考虑嵌固弯矩的影响，高强螺栓连接会引起附加弯矩。在一些规程里可以看到它的计算方法，不知大家的意见呢？

9 能否将拱形梁的铰接支座改为刚性连接，有何区别？（tid＝116669　2005-11-25）

【shaodj】:施工中遇到一个拱形工字钢梁，两端为铰接，连接到埋件上。请问能否将铰接改成刚性连接，如直接将工字钢焊到埋件上？两者有何区别？

【cg1995】:作为施工不能没经过设计的同意就改，而且铰接改为刚接对结构的受力影响更大，还是不要改的好。

【kkgg】:设计为铰接连接时，埋件只承受水平力和竖向力作用，此时埋件的只按受剪、受拉或受压计算；而改为刚接时埋件应按受剪、受弯、受拉或受压共同作用。若您私自改动的话，可能导致埋件受力不够，给整个结构带来危险，所以施工时不能只顾方便而私自改动。

【Phillips】:想想看咯，一改之后梁里面就有弯矩了，本来轴压构件变成压弯构件。这种修改改变了计算假定，很容易出事的。

【yetumir】:要改的话，要经过设计院同意，我觉得做成铰接比较好。

10 请教，主次梁斜交（铰接），加劲肋斜加好吗？（tid＝103015　2005-7-19）

【abinggege】:请教，主次梁斜交（铰接），加劲肋斜加好吗？见图 1-7-28。该节点还存在什么问题，请赐教！

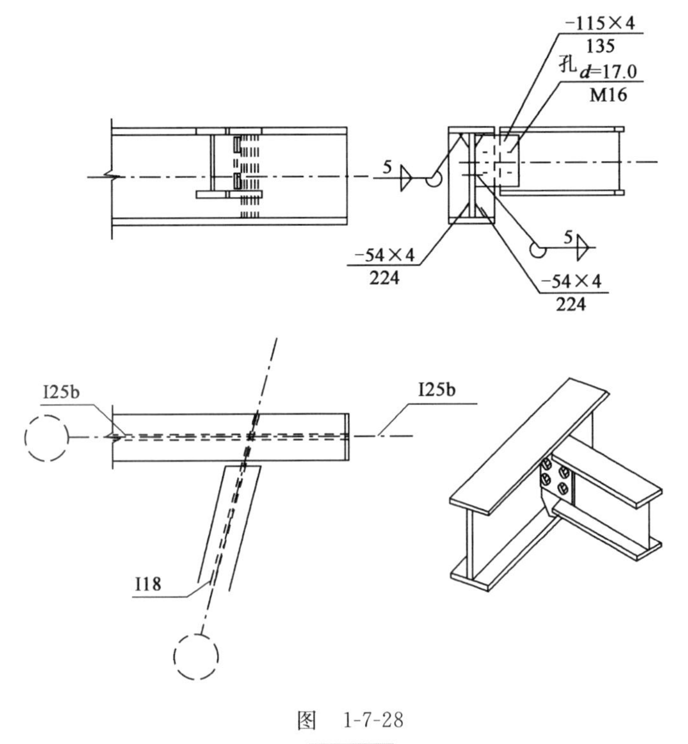

图　1-7-28

【**abinggege**】:另外,主次梁斜交(铰接),有没有更好的连接办法?或你们通常都是如何做的?

【**yhqzqddsh**】:这样的节点连接是可以的,传力是明确的,通过加劲板的连接,将铰接节点的剪力传到腹板上。

【**flyingpig**】:加劲肋可以做成斜的,没有问题。不过,建议可以把加劲肋伸出来,把次梁做成端头齐的,没必要做成两块连接板夹住腹板,因为如果用两块夹板的话,主梁加劲肋上的钻孔可能会离腹板比较近,安装不太方便。

11 连接点 M-θ 关系?(tid=2615 2001-11-24)

【**yizhigang**】:谁知道常见的连接点 M-θ 关系有哪些?

【**zhe**】:常见的钢结构梁柱节点主要有 3 种:刚性节点、铰接节点和半刚性节点。3 种节点 M-θ 曲线各不相同。现在在进行分析时常采用单线性曲线、双线性曲线,多线性(折线)等。您可以查阅清华大学石永久、陈宏等的文章。

【**peterman722**】:节点是刚性、半刚性和柔性就是依据其 M-θ 来判别的。

【**stevens**】:螺栓端板连接算什么连接?是刚性还是半刚性?

【**shigang51**】:关于节点刚度分类标准,主要有:欧洲规范(Eurocode3)把框架梁柱节点按照刚度分为铰接、刚接和半刚性节点。是根据节点弯矩—转角特性曲线进行分类的。节点转角为 θ_r 定义为节点连接梁柱轴线夹角在某荷载下相对于无荷载时的改变值。节点的初始刚度 S_{jini} 是这种分类的主要标准。

当节点的初始弹性刚度 S_{jini} 不小于某一规定值时,节点为刚性节点,欧洲规范将这一界限定为:无支撑结构为 $25EI_b/L_b$,有支撑结构为 $8EI_b/L_b$,其中 EI_b/L_b 为梁的线刚度系数;当节点初始刚度 $S_{jini} \leqslant 0.5EI_b/L_b$ 时,节点为铰接节点;在刚接和铰接之间的部分属于半刚性节点。对于这 3 种类型的连接,欧洲规范的解释是:铰接节点不承受任何对结构构件有不利影响的弯矩,能够承受设计的剪力,且具有足够的转动能力;刚性连接则要求其变形不会对结构的内力分布和整体变形产生明显影响,而且节点变形对结构承载力的削弱不超过 5%,且能够承受设计的内力;半刚性连接则要求有节点的弯矩—转角设计曲线作为依据,且能够承受设计的内力。

螺栓端板连接都属于半刚性连接;但是,目前国内还没有半刚性连接的设计方法,对于外伸式端板连接,是当作刚性连接设计计算的,对于平齐式端板连接,一般不当作刚性连接。

【**peterman722**】:虽然节点的刚性、半刚性、柔性可以根据准则来判断,但在具体应用场合对节点的刚性要求并一定一致。螺栓端板连接,在某些场合只能算作半刚性的节点连接,在另外的场合可以作为刚性设计。请参考:陈绍蕃.门式刚架端板螺栓连接的强度和刚度[J].钢结构,2000,15(1):6-11。

关键词:螺栓连接;端板;门式刚架;强度;刚度;钢结构

摘要:论述门式刚架梁和柱的端板螺栓连接的设计问题,包括连接应满足的要求、构造形式、螺栓计算、端板厚度和节点刚度,还结合实验资料论证,按文内推荐的方法进行设计,在取得必要的强度的同时连接刚度也符合要求。

【梁填恬】:石永久老师讲腹板是传递剪力的,翼缘是传递弯矩的,刚接就一定把翼缘连接起来。

【dingzhaolong】:其实很多的梁柱连接节点的 M-θ 关系曲线是相对而言的,同样的节点连接形式,由于连接节点的各要素的不同,其 M-θ 关系曲线肯定会有很大的差别。比如全焊节点,一般是当成刚接,但如果在节点域没设置加劲肋,一般就当成是半刚性连接,这样它的 M-θ 关系曲线就大不相同了!

【jfwdalls】:大家讨论很热烈,但是都没有完全搞懂连接 M-θ 关系。连接作为连接各构件的媒介,主要承受轴力、剪力和弯矩。与转动变形相比,轴向变形和剪切变形很小。因此从实用的目的,只需要考虑连接的转动变形。转动变形通常用连接弯矩的函数来表达,即连接 M-θ_r 关系曲线,M 为连接所承受的弯矩,θ_r 为连接所产生的相对转角。M-θ_r 关系在整个加载过程中一般是非线性的,导致连接非线性的因素很多。

关于连接分类,不同学者有不同的观点,一般定性分为刚性连接、半刚性连接和铰接,定量分类可参考 AISC 的连接分类、Bjorhovde 等的连接分类、欧洲规范 EC3 的连接分类、Nethercot 等的连接分类,主要是根据刚度或强度来具体分类。

【jfwdalls】:有的人也根据连接方式分类,如焊接和螺栓连接,有的人也根据局部构造分类。

【baby-ren】:楼上所说也不全对,当在一些特殊的情况下,梁有较大的轴力时对连接的弯矩转角的关系影响是比较大的,而不能说其轴向变形相对小而忽略,这是概念性的错误。

【中国铁人】:同意 **jfwdalls** 的观点,结构构件实际受力的主要侧重点是否满足 M-θ 关系。

【baby-ren】:据我了解,所有的半刚性连接性能试验,节点都是在弯矩和剪力的作用下完成的。我认为,3 种变形的大小不是我们所讨论的内容,如果在试验中给梁加轴力和不加轴力,其试验结果相差是比较大的。我们要得到的是连接的关系曲线和性能,在不同的外荷载作用下,其表现的性能是不一样的,特别是在三向力作用下的情况。另外,由于连接的形式发生改变,则其对构件的弯曲约束和扭转约束也发生改变,导致了一般的计算稳定的公式需要重新推导。

【number2】:节点的分类按其刚度划分,分为刚性、半刚性及铰接等 3 类;按其承载能力划分可分为全强、部分强度、铰接等 3 类。而节点的刚度分类,从它的概念上进行划分,就是:所谓的刚性连接是节点的交角不能改变,且连接具有充分的强度;铰接连接是连接具有充分的转动能力,且能有效地传递横向剪力和轴向力;半刚性连接是连接具有有限的转动刚度,承受弯矩时节点会产生交角的变化。按上述定义,刚接、铰接及半刚性连接既是一个刚度概念,又是一个强度概念。

为说明半刚性连接,这里引入半刚性度的概念,即:$D=M/M_P$。式中:M 为节点设计时所取的弯矩,M_P 为按刚接进行整体计算时节点处构件所受的弯矩。当 D 值大于某一特定值 D_e(如 $D_e=1.2$)时,认为 M 设计的节点为完全刚性连接;D 值小于某一特定值 D_e(如 $D_e=0.3$)时,则认为节点为铰接;介于两者之间的值为不同半刚性度的半刚性连接。这样,半刚性连接的设计变成了相对于 M 的刚性连接设计。

【yhqzqddsh】:附件 1-7-3 是关于连接 M-θ 的关系的详细介绍!

附件 1-7-3

(1)幂函数模型

最简单的幂函数模型是二参数模型,表达式如下

$$\theta_r = aM^b \tag{1-7-6}$$

式中,a 和 b 是两个拟合参数,$a>0$,$b>0$。二参数模型精度较低,不宜采用。

Colson 和 Louveau 按三参数弹塑性应力—应变模型提出幂函数模型,其形式为

$$\theta_r = \frac{M}{K_0}\frac{1}{[1-(M/M_u)^n]} \tag{1-7-7}$$

Kishi 和 Chen 提出了一个类似的幂函数模型,其形式为

$$\theta_r = \frac{M}{K_0}\frac{1}{[1-(M/M_u)^n]^{1/n}} \tag{1-7-8}$$

上述二式中,K_0 为初始刚度,M_u 为极限变矩承载力,n 为形状参数。

无量纲化上述二式,令 $\theta_0=M_u/K_0$,$\theta=\theta_r/\theta_0$,$m=M/M_u$,可得 Colson 和 Louveau 三参数幂函数模型为

$$\theta = \frac{m}{1-m^n} \tag{1-7-9}$$

Kishi 和 Chen 三参数幂函数模型为(参见图 1-7-29)

$$\theta = \frac{m}{(1-m^n)^{1/n}} \tag{1-7-10}$$

Ang 和 Morris[8.27]参照标准化的 Ramberg-Osgood 函数提出了一个四参数幂函数模型(如图 1-7-30),能够较好地表达各种连接的非线性 $M\text{-}\theta$ 特性,其形式为

$$\frac{\theta}{(\theta_r)_0} = \frac{KM}{(KM)_0}\left[1+\left(\frac{KM}{(KM)_0}\right)^{n-1}\right] \tag{1-7-11}$$

式中,$(\theta_r)_0$、$(KM)_0$ 和 n 为图 1-7-30 定义的参数,K 为与连接类型和几何尺寸有关的参数。

当 n 趋向无穷大时,上式所表达的曲线接近于理想的双线性弹塑性。

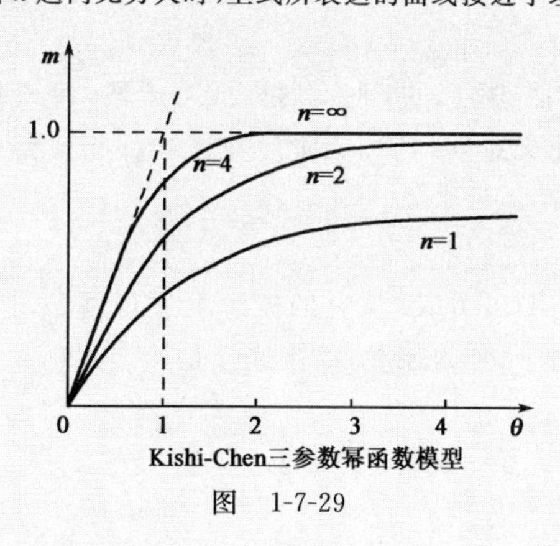

图 1-7-29

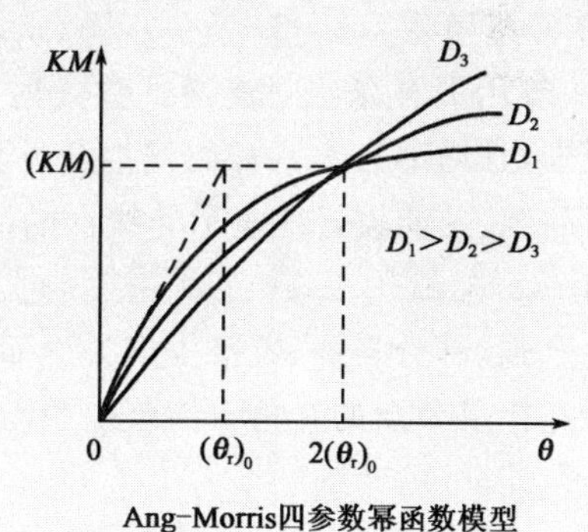

图 1-7-30

(2)指数函数模型

Wu 和 Chen 提出一个三参数指数模型,来表达顶底角钢连接或双腹板角钢的顶底角钢连接的弯矩—转角特性。其形式为

$$\frac{M}{M_u} = n\left[\ln\left(1+\frac{\theta_r}{n\theta_0}\right)\right] \tag{1-7-12}$$

式中:M——连接弯矩;

M_u——连接极限弯矩；

θ_r——连接转角，$\theta_0=M_u/K_0$；

K_0——初始刚度；

n——形状参数。

【yzxing0314】：通常用以下几个特征参量来表示具有非线性特性的 $M\text{-}\theta$ 关系曲线（如图 1-7-31），图中：M_u 为极限抗弯承载力；K_0 为初始抗弯刚度；K_1 为割线刚度；θ_{rp} 为极限弯矩对应的转角；θ_{ru} 为极限转角。

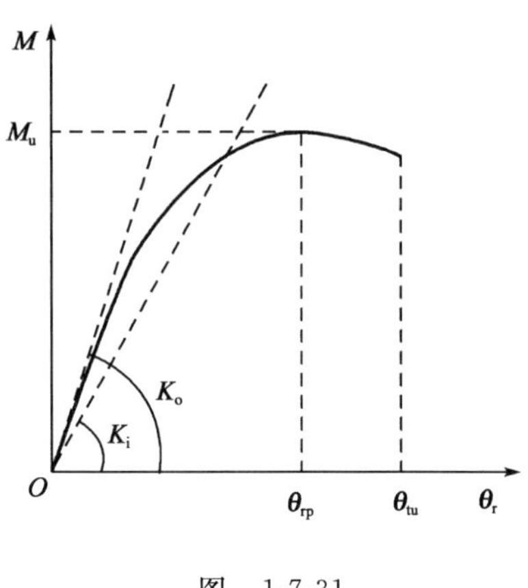

图 1-7-31

半刚性连接的 $M\text{-}\theta$ 关系曲线模型描述 $M\text{-}\theta$ 关系最通用的方法，是将试验数据拟合成简单的表达式；如果对某个特定的连接构造没有试验数据时，就要建立简单的分析方法来计算连接特性。过去已做了大量研究，产生大量的 $M\text{-}\theta$ 数据，利用这些现有的数据，已建立各种 $M\text{-}\theta$ 模型。

（1）线性模型

线性模型有单线模型、双线模型和折线模型 3 种。单线模型采用初始刚度来代表全部加载范围的连接特性，当弯矩增加超过连接使用极限后，这种模型就不再有效。双线模型在某一弯矩处，采用更小的刚度代替连接的初始刚度。折线模型则用一组直线段来逼近非线性的 $M\text{-}\theta$ 关系曲线，能够更好地表达连接特性。

（2）多项式模型

Frye 和 Morris 建立了多项式模型，此模型用一个奇次方多项式来拟合 $M\text{-}\theta$ 关系曲线。

（3）B 样条模型

Jones 等用 B 样条法对连接试验数据做了曲线拟合。将曲线划分成若干段，每段代表的一个小范围，且均用三次 B 样曲线拟合，同时保证交点处一阶、二阶导数连续。此模型可以避免负刚度问题，并能较好地表示非线性的 $M\text{-}\theta$ 特性。

第八章　半刚性节点

一 概念与区别

1 刚接、半刚接、铰接的详细区别(tid＝96095　2005-5-22)

【allen315】:如下问题,很疑惑,希望大家能探讨一下。

(1)刚接、半刚接、铰接的理论定界是什么?

(2)哪位有刚接、半刚接、铰接的典型节点图上传,然后根据图来探讨一下主要区别。

(3)在设计中,这些节点的主要特点,应该怎样把握使用什么样的节点形式?

(4)设计这些节点应注意哪些要点?

【michaelhuhu】:这3种连接形式的主要区别在于节点的 M-θ 关系曲线,理论上刚接节点能传递弯矩,但是无相对转动能力,铰接节点不传递弯矩,但是具有很大的转动能力。而半刚性节点介于两者之间,既能传递弯矩,又具有一定的转动能力。这3种节点的示意图在同济大学李国强教授编写的《多高层建筑钢结构设计》一书中能找到。现在设计中采用半刚性连接的还不多,但是采用刚接和铰接的原则个人认为应该是综合考虑梁柱端部弯矩大小,以及抗震要求和构造要求。

【yunnanmuyu】:对于 **allen315** 提出的问题,分条回答如下:

(1)所有的节点连接都是半刚性,即都具有一定的转动性能。那么刚接、半刚接和铰接的界定也就是对转动性能的界定。可参考图1-8-1(其实个人觉得也看不出什么内容,只是有助于对半刚性概念的理解)。

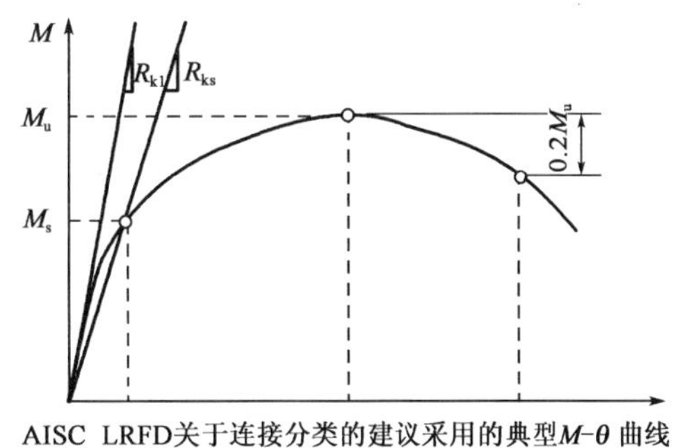

AISC LRFD关于连接分类的建议采用的典型 M-θ 曲线

图　1-8-1

(2)如前所提,所有节点都是半刚性,所以我这里有几个图形可以参考一下。

(3)节点的特点也可以用图形来说明。

(4)设计这些节点应注意哪些要点可能也是现在讨论得比较多的,但是我不太清楚。目前我大概的认识是,刚接节点用钢量会大点,节点复杂点,但是感觉可靠度不是很理想;按铰接考虑结构受力似乎保守点,但是也不明白为什么,只知道能做铰接的节点一般不做刚接。

也请大家指点!

【yunnanmuyu】:半刚性连接的常用形式如图1-8-2所示。

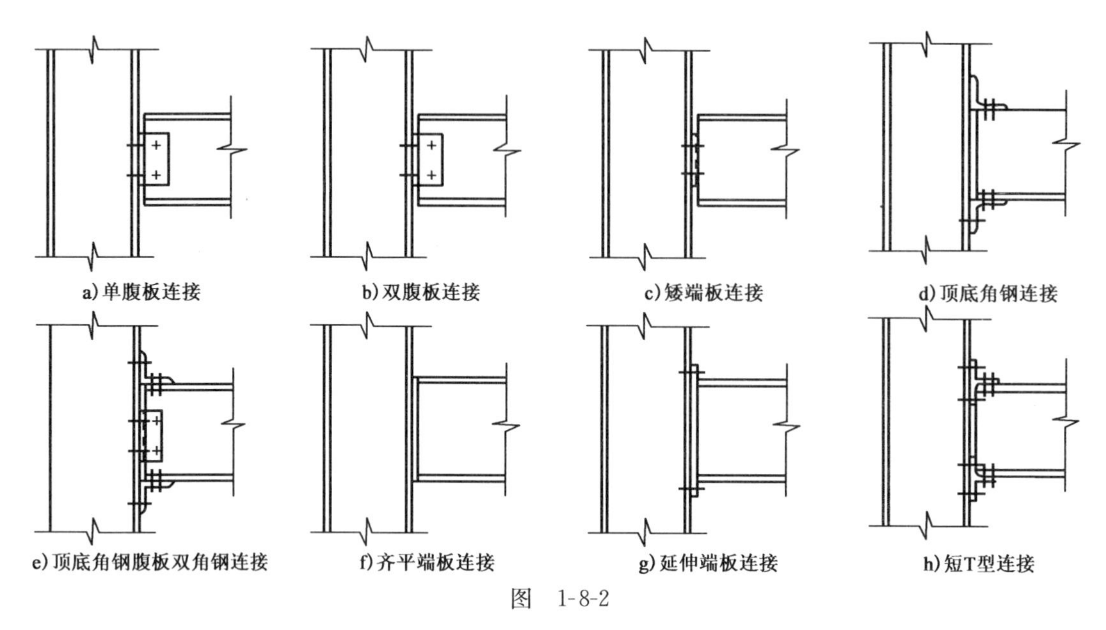

图 1-8-2

【yunnanmuyu】:各种连接的转动性能如图 1-8-3 所示。

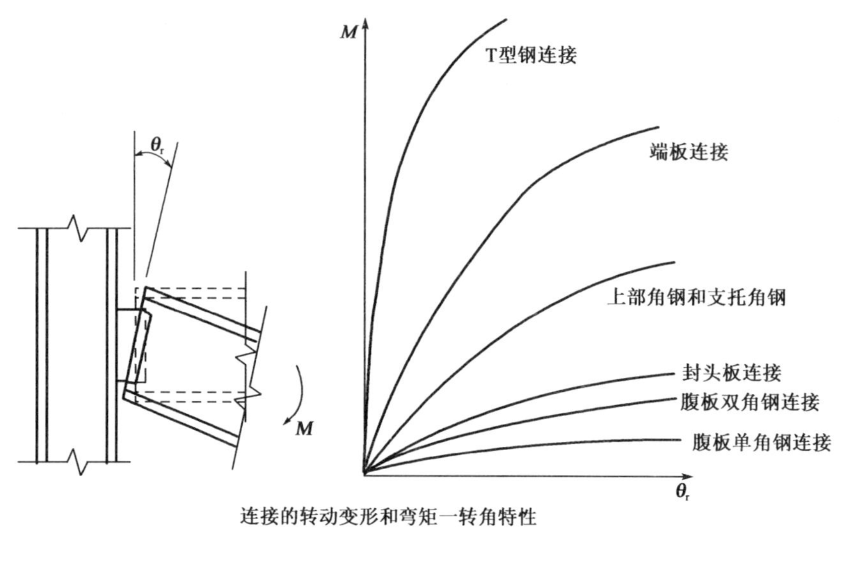

图 1-8-3

2 刚接、铰接、半刚接是如何区别与划分的?（tid＝127526 2006-3-18）

【mediteran】:满足什么样的条件才叫刚接、铰接、半刚接？是不是有什么量上的规定啊？如果有,在哪里有明文规定呢？小弟急做论文,请各位帮忙解答。

【buji30】:主要是以弯矩—转角的关系来划分的吧,国内规范中好像没有明确规定该如何划分,可以搜些论文看看。

【zyllll】:给几个国外规范的规定：

(1)欧洲规范 EC4 规定:节点的转动刚度小于梁的线刚度的 0.5 倍时视为铰接,节点转动刚度大于梁的线刚度的25倍时,可视为刚接,两者之间为半刚接。

(2)美国A1SC-LRFD规范(1999.12)中,把结构连接的形式分为完全约束FR(fully restrained)、部分约束PR(partially restrained)和铰接型三种。取连接刚度与梁的刚度$=a$,当$a \geqslant 20$时为FR型,当$20>a>2$时为PR型,当$a \leqslant 2$为近似于铰接型。

【Maker. xu(Kevin xu)】:《钢结构技术总览》(建筑篇)一书:第四章节点4.2半刚性节点。对"刚接、铰接、半刚接"阐述很明确,请参阅。

3 半刚性节点与"强节点弱杆件"(tid=137227 2006-6-13)

【wwtpeople】:采用半刚性节点与抗震设计中强节点弱杆件的准则是否矛盾?节点应该是比较强才好啊?考虑到耗能问题是否也应该是刚接更好呢?

【gilonanlcg】:这应该是两个不同的概念,强节点弱构件是从节点和构件的承载力对比上讲的,半刚性是从节点传递弯矩的能力上讲的。强节点弱构件保证结构的节点不会先于构件破坏,强调节点在抗震设计中的重要性。

【lylyh】:半刚性节点就是为了增强抗震能力,减少地震后的维修而设计的。刚性节点的震后维修比较烦人。论坛里有个帖子讲的比较多,您可以看一下。

地址:http://okok.org/forum/viewthread.php? tid=53835

4 轻钢节点的半刚性研究必要性(tid=89333 2005-3-30)

【轻钢结构】:对钢框架节点半刚性的研究,很多文献并没有明确指出所研究的范围是普通钢结构还是轻钢结构,二者计算理论是否要区分?对于轻钢住宅框架体系(一般4~6层)中的节点,研究其半刚性是否有必要?

【YAJP】:要是为了读学位、评职称,可以搞搞。要是为了应用,就不用费那个事了,半刚性节点搞了五六十年了,很少见到什么地方用过。轻钢的,倒有一个有点意思的课题,就是Z型钢檩条在刚架处搭接,搞成半刚性的,弄好了可以做到跨中和支座处弯矩相等,可以省那么点材料。

5 半刚性弯矩转角关系(tid=210117 2009-3-17)

【半刚性】:请大家提供点半刚性节点弯矩—转角关系的有关理论推导资料,谢谢。

【天地男儿】:武汉大学的郭耀杰教授和清华大学的石永久教授在这方面做了很多工作,代表性论文有《钢框架节点刚度测试方法研究》、《钢管混凝土节点抗弯刚度非线性分析》、《钢结构半刚性节点的数值模拟与试验分析》等,但都只是在钢框架节点、钢管混凝土节点方面,关于钢结构节点刚性的展开研究国内做的工作还比较少。

6 半刚性节点的研究现状(tid=99661 2005-6-18)

【hobo05】:我们都知道钢结构梁柱之间的连接总是会呈现一定的半刚性,想请教各位仁兄:半刚性节点现阶段研究到什么程度(静力/动力、一阶/二阶、弹性/弹塑性)?

【hefenghappy】:据我所知,半刚性连接节点国内外都已经做了大量的研究,兄弟所说的都已经有大量的人研究过,尤其是国外。当然,我并不是说这种节点的性能就研究的非常透彻了，没东西可研究。尤其是我国的现行规范中对这种节点的提出，更加会激发向其实际工程应用的研究方向发展。

【baby-ren】：我的毕业论文做的就是半刚性节点框架的静动力性能研究，得到如下的一些结论供参考：

（1）根据实际情况选用合适的节点模型，必要时应根据节点的试验研究来确定模型参数。

（2）必须考虑几何非线性的影响，半刚性连接使得几何非线性的影响大大放大，剪切变形的影响也被半刚性所放大。

（3）连接的模型至少要选用双线性模型，或者更精确的模型。线性模型计算结果远远比实际计算结果要小（顶层水平位移）。

（4）连接的初始刚度不能太小，应比梁的线刚度大 5～10 倍。

（5）在动力方面，半刚性连接使得结构在地震作用下的水平最大位移大大增加，甚至不能满足规范的变形要求。

（6）底部剪力有所减少，但是幅度不大。

（7）总之半刚性连接计算比较复杂，而且在一般的钢框架中由于支撑的存在，使得节点的实际性能有所改变，因而本人以为：在实际工程中最好概念上应用，如果全部采用这种节点使得计算精确的结果很复杂。而且不一定能取得预想的效果。

【jfwdalls】：楼上老兄，您作的估计是半刚性连接纯钢框架，如果是半刚性连接组合框架可能有些特性就比您所说的复杂许多了。

纵观国内外关于半刚性连接的研究，主要集中在两个方面：一是半刚性连接计算方法的讨论，探讨了一种既简单又准确的表达形式来反映这种连接节点的 $M\text{-}\theta_r$ 关系；二是以大量的试验为依据来验证半刚性连接框架的静力和动力性能。从 20 世纪 70 年代开始，以美国 W. F. Chen 为首的一批学者对半刚性连接钢节点做了大量卓越的工作，进入 80 年代，以英国 Nethercot 为首的一批学者对半刚性连接组合节点做了大量富有成效的工作，逐渐了解了半刚性连接的工作机理和性能特征，建立了大量半刚性连接 $M\text{-}\theta_r$ 关系曲线的数据库，主要有：①Kishi 和 Chen 数据库；②Goverdhan 数据库；③Nethercot 数据库。

【baby-ren】：您说的很对，我做的是纯框架，如果要做组合结构的研究，需要做的研究就更多了。

【hobo05】：楼上的兄弟，可否说说您的半刚性节点的动力特性是怎么做的，具体的采用的什么方法，比如：有限元软件分析、时程还是拟动力等？是否自己编制程序？是否只是考虑半刚性节点？有没有考虑几何缺陷和残余应力？

望老兄不吝赐教！

【baby-ren】：我做的编制时程分析法计算程序，考虑接点半刚性的双线性滞回模型，没有考虑几何缺陷以及残余应力，做得很浅显。

【chf111】：通过查阅文献，个人认为国内外对钢框架节点的研究主要集中在以下几个方面：一是对节点的模型的研究，探讨一种简单而准确的表达式来描述节点的弯矩—转角（$M\text{-}\theta$）特性；二是对连接节点抗震耗能性能的研究，由于连接的阻尼是结构自身阻尼的主要来源，这方面的研究成果较多；三是对节点的设计计算方法的研究，这一般在研究内容（一）的基础上进行。此外，也有一些关于半刚性框架结构整体设计方法的研究，该方面比较复杂，国外文献较多,而国内目前似乎研究的不太成熟。

【hobo05】:楼上的兄弟可否把动力特性部分的成果介绍一下?

【hanfeng】:通过查阅文献,还可以发现国内基本上都是围绕半刚性节点的承载力或初始刚度问题做一些简单的推导,用的不外乎T形件法、组件法、有限元法等,其实上都是国外已有的计算模型,几乎没有什么创新性可言,且关于半刚性节点的试验很少,研究参数也不是很全面。

【yhqzqddsh】:我的论文是讨论了节点半刚性钢框架柱的计算长度系数的取值问题,在论文的写作过程中发现,现在关于半刚性的研究关键问题是:

(1)节点的模型比较难以统一,这主要是受半刚性节点的连接形式多样化的影响。

(2)已有的研究已经证实节点的半刚性对钢框架的受力等性能有显著的影响,但是影响程度怎么样还没有量化。没有具体的公式和标准去衡量。

(3)现有的计算软件大多是假定刚接和铰接,没有引入半刚接。

我在用推导得到的公式计算柱计算长度的变化规律时,发现节点的形式不同,半刚性对柱的计算长度系数的影响存在很大的不同,难以归纳一个统一的数值说明到底增大了多少。

【heqiongfang】:请教一下各位高手,半刚性连接的nethercot数据库到哪去找呢?

【方与圆】:近年来,我国各科研院所及高校结合国外的部分科研成果对半刚性节点的理论研究和试验分析正从多方面进行。对半刚性节点的研究分析主要集中于两个方面:一是半刚性节点的连接计算方法;二是以大量的试验为依据来验证半刚性连接钢框架的静、动力性能。例如:

(1)王燕采用M-θ的三参数线性化模型对各种钢框架半刚性节点的受力性能及设计方法进行分析,并推导出各种形式半刚性连接的线性初始刚度的计算公式和在荷载作用下的内力计算公式。

(2)彭福明等利用拟静力法在位移和力的控制下,研究外伸端板半刚性节点在循环荷载作用下的破坏形式、承载能力、滞回性能。

(3)顾正维等利用ANSYS软件对钢结构中不同排列的伸展螺栓端板这种半刚性连接节点形式采用非线性有限元分析,对连接中的主要构件进行三维非线性有限元精细模拟,针对不同尺寸和截面进行比较分析,探讨了螺栓端板半刚性连接的受力性能。

(4)徐良伟等通过引入螺旋弹簧刚度,在基本假定的基础上,利用简支式等效单元模型推导出半刚性连接梁单元的弯矩—转角方程和修正转动刚度,并将无剪力法推广应用于半刚性连接钢框架的结构分析,其计算十分简便,可供工程设计人员应用。

(5)张行等采用半刚性节点的Kishi-Chen的M-θ模型,并且考虑了框架的二阶效应来编制程序,计算钢架的内力和位移,并且与《钢结构设计规范》GB 50017—2003所提供的方法进行对比。

(6)郭成喜导出了半刚性钢框架结构分析的一般方程:半刚性单元分析的普遍矩阵表达式,讨论了半刚性简单门式刚架的内力特征,指出了欧洲规范关于节点刚性的规定不协调。

(7)施刚等介绍了欧洲规范中关于半刚性端板连接的设计方法以及其设计方法在实际工程中的应用,并且对半刚性端板连接的应用提出了一些问题。

(8)顾强对腹板双角钢半刚性节点进行了梁端循环位移加载试验。试验中考察了角钢高度、角钢与柱翼缘连接高强螺栓的直径和排列布置对连接的承载能力、滞回性能和破坏机理的影响，分析了这种连接的破坏模式和变形能力。

【WYQ】：王依群.《平面结构弹塑性地震响应分析软件 NDAS2D 及其应用》. 中国水利水电出版社，2006 年 3 月第 1 版。丛书名：简明土木工程系列专辑；书号：ISBN7-5084-3567-2；定价 16.00 元；http://okok.org/forum/viewthread.php? tid=127364；上面书所讲软件就可计算，软件及其例题(包括半刚接节点的)可到下面网站下载：http://www.kingofjudge.com。

7 刚接、铰接、半刚性连接的区别？(tid=177941　2007-11-21)

【lnsyhbf】：刚接、铰接、半刚性连接的区别是什么？实际的构件连接时怎么分辨？请大家指教。

【hanmingde】：根据节点受弯矩作用时，该节点的弯矩和转角的关系来定连接属于哪种类别。在我国，梁柱节点设计时只考虑铰接和刚接这两种情况。半刚性连接问题钢结构设计规范部分章节提到，并没有给出具体的设计和分类方法。

【UFO007】：关于半刚性的帖子很多可以，下面两个帖子讲的都很透彻的：

(1)http://okok.org/forum/viewthread.php? tid=19160。

(2)http://okok.org/forum/viewthread.php? tid=155854。

【lnsyhbf】：首先谢谢大家的跟帖。H 型钢中，翼缘主要承受弯矩，那么在梁柱节点上，如果梁的翼缘和柱用螺栓紧密相连，那么翼缘上的弯矩的可以传到柱上，即可认为是刚性连接。不知道理解的对不对，大家给点建议。

【dianel】：一般来说，楼上所说的节点为半刚性节点，这种连接形式的有角钢连接、T 型钢连接，端板连接等形式。对于节点类型的判别，可参考：Rafiq Hasan，Norimitsu Kishi，Wai-Fah Chen. A new nonlinear connection classification system[J]. Journal of Constructional Steel Research，1998，(47)：119-140.

节点类型的判别应从节点的初始刚度和极限弯矩这两方面来考察，半刚性连接的要求为：

(1)初始刚度：113000kN·m/rad＞R(节点初始刚度)＞3573kN·m/rad。

(2)极限弯矩：0.25M_{ub}(H 型钢梁极限弯矩)＜M_{uc}(节点极限弯矩)＜M_{ub}。

一家之言，仅供参考。

二 做法与实例

1 钢结构半刚性节点的相关理论及应用(tid=52229　2004-3-19)

【MBSC】：半刚性节点，欧美称作半刚性“semi-rigid”或部分约束“partially restrained”。

(1)partially restrained，AISC 的荷载抗力系数设计法(LRFD)，简称 PR：指随作用荷载的变化，节点部分的弯矩和转角同时变化的行为。

(2)Semi-rigid：指抗弯节点产生的不可忽视的节点相对转角的情况；半刚性节点的优点如下：

①因考虑了节点区域的相对变形，可缓解杆件内应力集中；

②地震荷载作用下，节点部位能量耗散作用可以降低位移反应；

③灾后结构加固设计较容易处理；

④半刚性节点引入结构分析，推动对结构设计过程的重视；

⑤设计能够更接近结构的真实情况。

【daniel_li】：楼上兄弟提出的这个问题非常好。钢结构的节点很少有做到完全铰接和刚接。所以半刚接是广泛存在的，半刚接节点方便施工，能够具有刚接的一些特性。

本人有意做半刚性连接的可靠性分析，作为毕业论文。希望各位大师能够提出建议。不胜感激！

【xshh108】：一方面半刚性连接比刚性连接施工要容易，承载能力也不会相差很大；另一方面，半刚性连接的耗能是很明显的，从实际地震作用看，半刚性连接的结构破坏相对较少！

2 半刚性节点有哪些基本做法？（tid＝53835　2004-4-7）

【caoxichen】：由于钢结构的特殊性，在处理有些铰接节点时，如果单纯按照铰接，则整个体系可能会是几何可变体系；但是按照刚接处理，又由于节点复杂在一些具体工程中很难做到，虽然《钢结构设计规范》GB50017-2003 提出了半刚接的可行性，但是由于没给出范例，加之目前国内做法的多样性，本人急需比较成熟的一些比较可行的做法。希望大家不吝赐教！

【wallman】：板刚性连接目前尚处于研究阶段，需要大量的试验数据和理论分析。一般来说当梁采用端板与柱翼缘通过高强螺栓连接时、或梁的上下翼缘与柱通过角钢或 T 型钢连接时都属于板刚性连接。

设计和计算半刚性连接需要知道节点的弯矩—转角关系曲线，即节点的转动刚度。欧洲规范 EC4 规定当节点的转动刚度小于梁的线刚度的 0.5 倍时，可视为铰接；当节点转动刚度大于梁的线刚度的 25 倍时，可视为刚接；两者之间为半刚接。我国也有相关的研究成果，不过比较复杂，以后有时间我把它传上来。

【caoxichen】：但是现在有一个难题，一些软件，如 STS，根本没有半刚性的建模形式，让人手算呀？能否提供几个比较标准的节点形式，或者相关计算软件呀？而且对于受力体系而言，有些情况如果做铰接，很可能变为几何可变体系了，做刚性节点，又不实际，很让人头疼呀！

【wallman】：是啊，刚接、铰接和半刚接是很难区分的，特别是半刚接节点在设计和结构整体计算中很难考虑。例如门式刚架结构中典型的梁柱连接节点，在计算时我们都是按照刚性连接考虑的，但其实这种形式在多层或高层钢结构中就应该按照半刚性节点来考虑。因此要具体问题，具体分析。

我认为在结构具有足够富余约束的情况下，可以适当考虑使用半刚性连接，达到简化施工的目的；但如果结构没有多余的约束，即结构为静定体系（而非超静定体系）时，应尽量使用刚性连接，以增加结构的破坏防线。

另外，半刚性连接来源于结构构造和形式的某种需要，无可奈何时才出现了半刚性节点的概念，它并不一定就比刚性连接做法简单，它们之间不存在可比性。因此如果讲求简洁和受力明确，还是使用铰接或刚接节点，不要刻意追求半刚性节点，这是舍本逐末的做法。

【fire】：刘曙兄：请问您的半刚性节点是如何实现的？我也在搞节点半刚性方面的工作，看了一些参考文献，通常都是加转动弹簧，但还是没有十分弄清楚这个转动弹簧如何加？请赐教！

【caoxichen】:既然大家都研究了这个问题,谁有参考做法呀,传上来大家研究一下吗？楼上老兄说的太原则了,在实际工程中,有体系上的要求,更要有实际的做法呀！在结构力学中,因为没有这种提法,所以在体系上,它不能成为主角,看来只能作为工程师们的保险系数了！真希望在体系上大师们能给一个突破呀！

【daniel_li】:请问:各位高手,分析半刚性钢框架的受力时,用 ANSYS 怎么实现结构分析？谢谢大家的帮忙！

【DYGANGJIEGOU】:看看下面一段资料,可能对您有所帮助:

以往我们对于节点模型的定义有两种:铰接和刚接。不能承受和传递弯矩作用的为铰接,能够承受和传递弯矩作用的是刚接。实际上这是为了便于计算分析,对于节点的理想化,在工程实际不可能存在理想的铰接和刚接节点。后来又提出了弹簧支座的概念,弹簧支座是介于铰接和刚接之间的一种过渡节点模型,但是它也是建立在弯矩与转角位移成线性关系假定基础上的,与工程实际贴近了一大步。半刚性节点是最近几年刚刚提出来的一种新的概念,它也是介于刚接和铰接之间的一种节点模型,但不同于弹簧支座,它考虑了弯矩与转角位移之间的非线性关系,目前这种节点模型还正处于研究阶段,工程也已一定的应用。半刚性节点连接目前尚处于研究阶段,需要大量的试验数据和理论分析。一般来说当梁采用端板与柱翼缘通过高强螺栓连接时、或梁的上下翼缘与柱通过角钢或 T 型钢连接时都属于板刚性连接。

设计和计算半刚性连接需要知道节点的弯矩一转角关系曲线,即节点的转动刚度。

代表性的半刚接节点如图 1-8-4 所示。

图 1-8-4

【tutu_nini】:根据我们所做的研究,带端板外伸加劲肋的端板连接,基本可以认为是刚性连接,因此可以不考虑其半刚性问题。

【yhqzqddsh】:用 ANSYS 分析半刚性钢框架的内力,关键是如何准确地模拟节点。可以在梁柱节点处设置一个弹簧,用接触单元 contact52 实现。

【wxh735】:半刚性节点实际受力与理论计算有较大误差,而且高强螺栓比较多,其实不经济。我不赞成半刚性节点。

【tutu_nini】:楼上的认为弹簧是用 contact 单元,我不赞同。我现在用的 combing 单元,很好地解决了这个问题。半刚性的研究主要还是初始刚度的确定,不容易的。很多的研究都不好。

【金领布波】:软件中 staad 可以实现半刚性节点的计算,可以自己指定节点承担的力和弯矩。

【轻钢结构】:给出几种半刚性连接(见图 1-8-5),摘自外文文献。

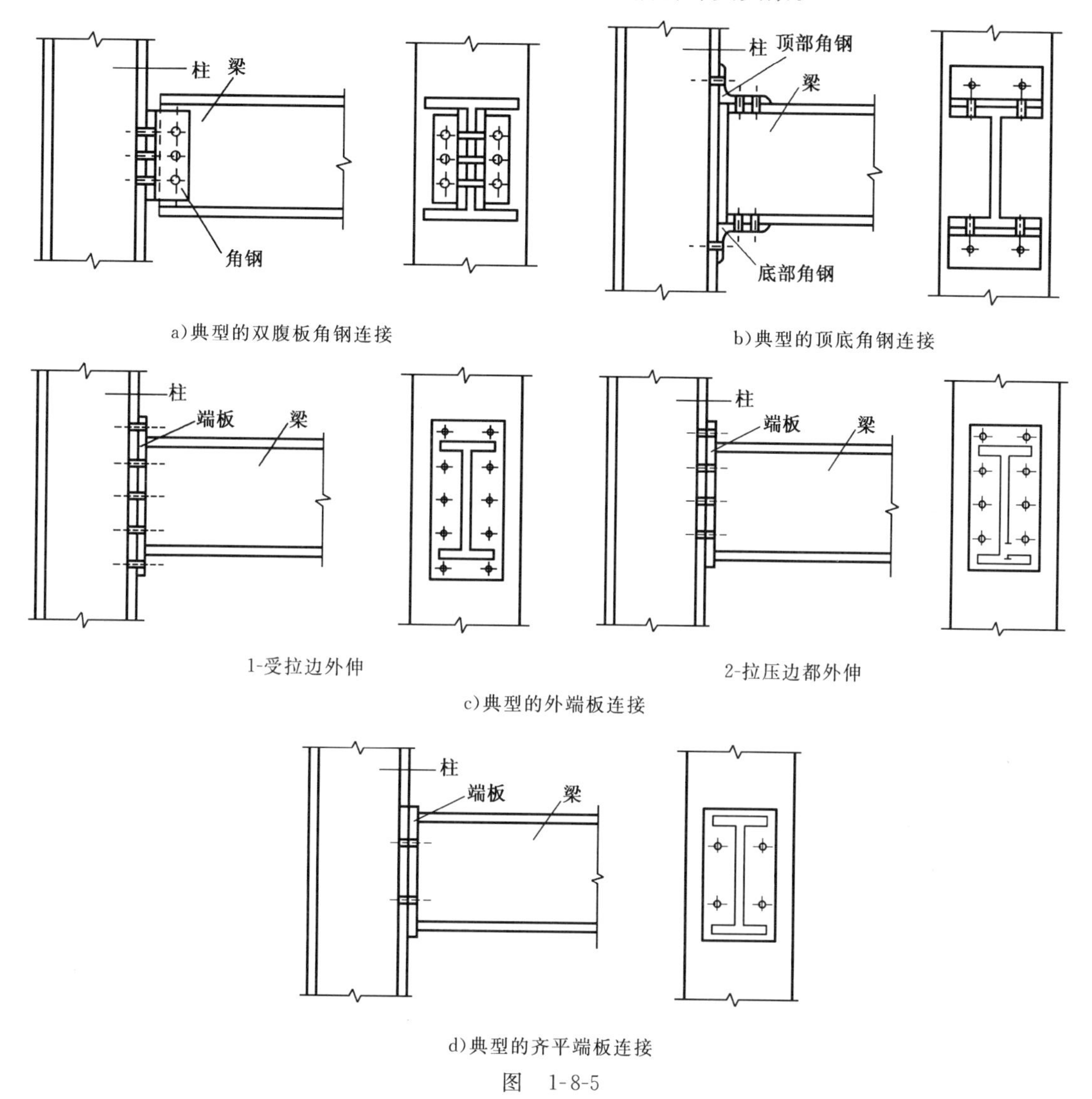

a)典型的双腹板角钢连接

b)典型的顶底角钢连接

1-受拉边外伸

2-拉压边都外伸

c)典型的外端板连接

d)典型的齐平端板连接

图 1-8-5

矮端板连接是由一个长度小于梁高的端板焊接到梁腹板上,再用螺栓与柱翼缘连接组成。矮端板连接主要用于将梁端剪力传递到柱上,其性能和双腹板角钢连接很相似(见图 1-8-6)。

图 1-8-7 为典型的矮端板底角钢连接,这类连接是由板焊接到梁腹板并栓接到柱翼缘,底角钢焊接或栓接到梁翼缘并栓接到柱上。假定底角钢只传递竖向荷载。

图 1-8-8 为典型的双腹板底角钢连接。这类连接一般不采用,没太多试验数据来描述他们全面的力学性。

图 1-8-9 描述了几种半刚性连接的弯矩—转角关系曲线。纵轴为完全刚性,横轴为理想的铰接。习惯上,只要连接对节点转动约束达到理想刚接的 90%以上,即可视为刚性连接;而把外荷作用下,梁柱轴线间的相对转角达到理想铰接的 80%以上的连接视为铰接,其他的都

属于半刚性连接。这段话引自 C. G. Salmon and Q. JE. Johnson. Steel structures design and behaviour. Harper & Row. New York，1980。

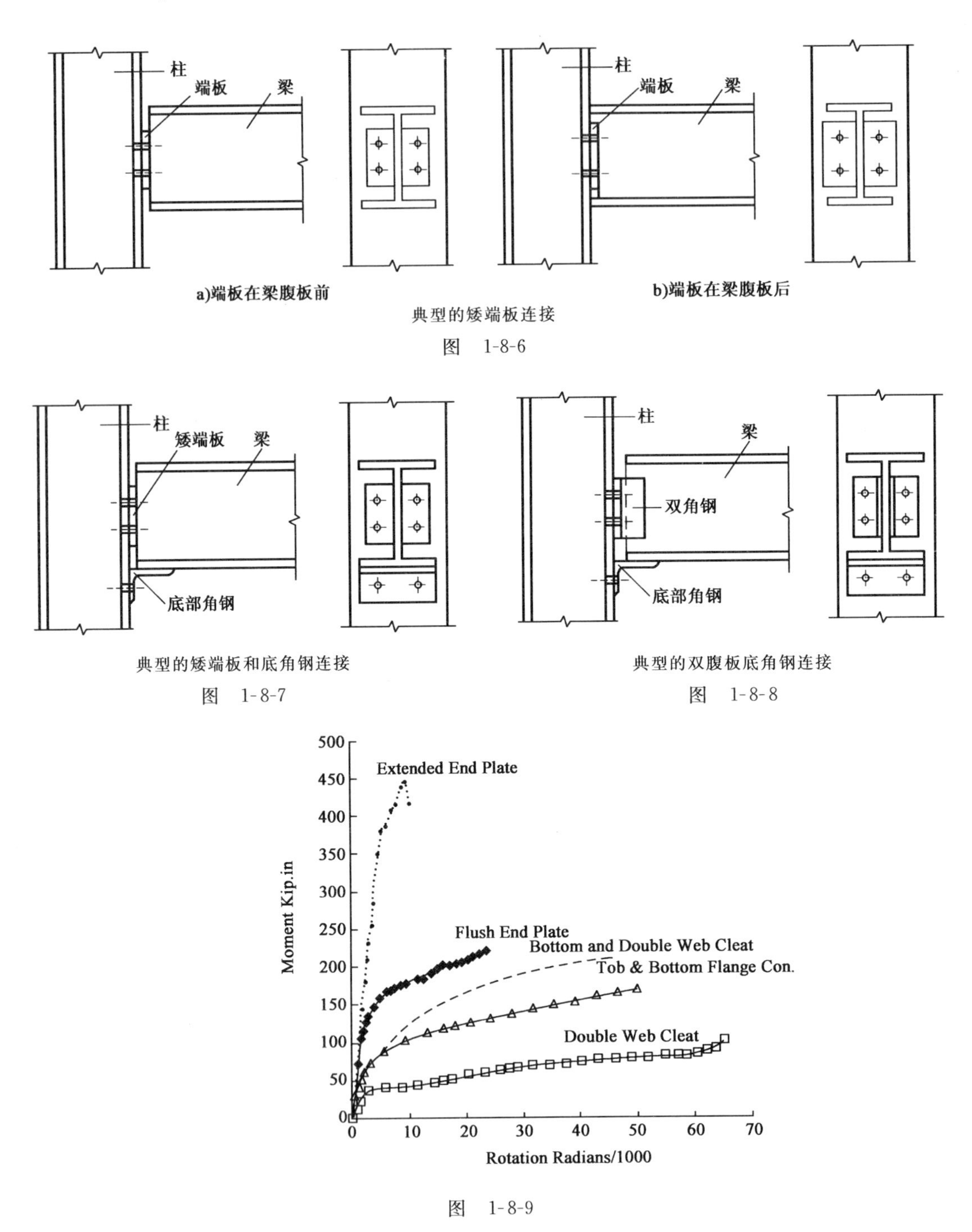

典型的矮端板连接

图 1-8-6

典型的矮端板和底角钢连接

图 1-8-7

典型的双腹板底角钢连接

图 1-8-8

图 1-8-9

【轻钢 sts】：我自己提问了半刚性节点的问题，被删除了，原来，大家都在这呢。太好了。有个问题请教，半刚性节点如何计算啊？PK 里支持吗？如何建模啊？

【myorinkan】:1994年美国北岭地震和1995年日本阪神地震,许多焊接钢框架梁柱接点被破坏。事后美国AISC标准对接点的分类提出不仅要考虑强度,还要考虑连接的刚度和韧性。

例如,关于刚接、半刚接、铰接的划分,AISC规范1994年版把传递20%以下构件抗弯能力的连接称为铰接,传递20%~90%构件抗弯能力的连接定义为半刚接,传递全部弯矩的为刚接。

AISC规范2000版(1999年12月27日公布)规定:$M_n \geqslant M_{p,beam}$为等强连接。$M_n < 0.2M_{p,beam}$为铰接。其余为部分强度连接。其中,M_n定义为转角$\theta_n=0.02$rad时的弯矩,即标称连接强度。$M_{p,beam}$为被连接梁的抗弯强度。AISC-1999的半刚性连接弯矩-转角曲线,见图1-8-10。

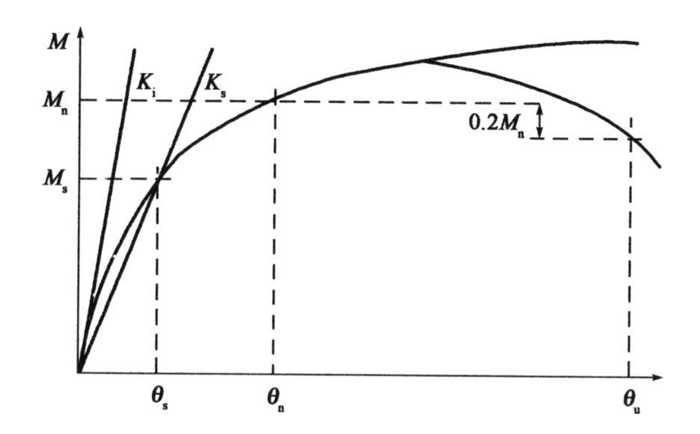

Typical moment-rotation response of a partially-restrained connection.

LRFD Specification for Structural Steel Buildings, December 27, 1999
AMERICAN INSTITUTE OF STEEL CONSTRUCTION

图 1-8-10

连接的刚性与梁刚性之比$\alpha=K_sL/(EI)$,L和EI为梁的长度和弯曲刚度。K_s为连接的割线刚度。$K_s=M_s/\theta_s$,请见弯矩—转角曲线。当$\alpha \geqslant 20$时为刚接,当$\alpha<2$时为铰接。其余为半刚接。

详细内容请大家参阅《Load and resistance factor design specification for structural steel buildings》(AISC 1999.12.27)的解说Commentary A2. Types of construction, 164~167页。本论坛可下载,详细地址是《E3.图书,论文交流》,标题:[精华]好书推荐:LOAD & RESISTANCE FACTOR DESIGN。

【lbshy】:其实,我个人愚见:连接方式可以多种多样,但如确切地说哪种是刚接,哪种铰接,哪种是半刚接是比较困难的,主要还是因为我们国家没有统一的规范可参考,所以我们需要对这方面的问题进一步研究。如果我们通过计算可以确定的话,我们也许就没有那么多的迷惑了。

【crazysuper】:真正的半刚性连接也是建立在试验以及实际作用之上,从而得出更为完善的节点,在工程设计中是按刚性连接或铰接连接,其实在作用之上就已经成了半刚性连接。就如dyganjzegou所说:"对于节点的理想化,在工程实际不可能存在理想的铰接和刚接节点"。

【OWNER】:书上介绍很少,实际中也很少用。

【pcy33448899】：个人觉得可以通过计算实现刚接。我们算螺栓的时候不也有按刚接节点计算的吗？刚接节点关键不是如何构造，而是如何满足受力的要求，假如弯剪扭都满足了。这样的节点您是否还可以按铰接或半刚性的看？

还有，我们计算预埋锚栓的时候也是可以按刚接处理的，因为计算公式本身就已经包含了弯剪在里面。所以，最好是通过计算来确定刚接。

【golina520】：上下翼缘角钢连接半刚性节点弯矩转角曲线推导是如何进行的，谁有这个方面的资料，谢谢提供！golina520@yahoo.com.cn。

采用上部角钢、支托角钢和腹板双角钢半刚性连接设计表。

提要：本文根据 AISC/LRFD 规范(1994)编制了根据已知梁截面和所受荷载选用由上角钢、支托角钢和腹板双角钢组成的半刚性连接。它能迅速选出适合的角钢型号和尺寸，并确定连接的 M-θ 关系。也给出了设计方法说明和算例。相当不错的文章。推荐！下载地址：http://okok.org/forum/viewthread.php?tid=53835。

【one1af】：有一个想法：半刚性节点弯矩能否根据连接类型和梁、柱刚度等特性确定一个系数。

【robot1230】：国外对这种节点研究的比较多，半刚性节点一般受力比较复杂，欧洲的 EC3 规范和美国的规范都对其做法有较详尽的阐述，其比较常用的形式有：T 型钢连接节点，端板连接，腹板连接，其主要任务是在弯矩—转角曲线性能的确定上。

【mm_sp】：我觉得半刚性节点还是少用为好。因为它传力不是很明确，他能传递多少弯矩？是总弯矩的一半还是更多？这个好像不大好控制吧。

【kjz】：如 **pcy33448899** 所述，梁—柱节点连接的节点分类可以按照刚度分类，也可以按照强度分类。对于刚度分类来说，可以分为刚性节点(rigid)、半刚性节点(semi-rigid)、铰接点(nominally pinned)。对于强度分类来说，可分为全强节点(full-strength)、部分强度节点(partial-strength)、和铰节点(nominally pinned)。刚、半刚或是铰接是刚度的角度阐述的，不是从承载能力的角度分类的。

【jackson】：有哪位仁兄能提供外伸端板式半刚性连接节点算法，谢谢！

【春天古树】：半刚性节点的研究国内有很多人在做，然而同样的连接形式却因为所用钢材性能不同而得到的弯矩—转角关系相差很大。所以就半刚性的整体性能而言，不仅要考虑它的连接形式还要涉及所用钢材的性能。

【jackson】：哪位老师能说说，如果采用支撑式框架结构，梁柱采用半刚性节点，整体结构分析时简化为刚性节点(限于部分软件无半刚性节点功能)，分析完成后，节点设计时，螺栓、端板按分析得出的实际弯矩、轴力、剪力进行设计，这样做是否可以？采用这样计算出的节点，整体结构的实际内力、变形、稳定性等方面是否与前述整体结构分析(假定梁柱刚接)相比已发生大的变化。

3 有没有半刚性连接的工程实例？(tid=90673　2005-4-9)

【liguohua2】：钢结构中半刚性连接是一个比较热门的话题，半刚性连接最主要的特点是能够承受一定的梁端弯矩，且梁与柱间可以产生相对转角。它改变了梁柱之间的弯矩分配，p-Δ 效应增加，使得结构的静力、动力响应发生了改变。半刚性的优点是：有较好的耗能能力(因为可以发生转动，在转动时消耗了一定的能量）；具有较好的经济效果（没有经过证实）等。半刚性连接在我国还处于研究阶段，不知道有没有相应的工程实例，一般在什么情况下采用半刚性连接？

【zhlinlong】：现实工程中，除了做成铰以外，基本上都是半刚性连接。做到刚接不易，两者刚度需相差很大。

【freebirdy】：R. P. Johnson. Composite structures of steel and concrete[M]. Blackwell Scientific Publications，1994。该书中提到：在欧洲已经有半刚性端板连接的小框架住宅。

国内一般中高层建筑结构一般都是采用焊接连接，只有在门式刚架中采用了一些端板连接。

【frame】：楼上的这种连接更接近于铰接，要做成半刚性连接，上翼缘也应用高强螺栓连接。

【冬至】：我觉得腹板和下翼板连接是半刚接，我们计算是假定所有剪力由腹板承担，所有弯矩由翼板承担，这样算出每个翼板承担的弯矩，而只连接下翼板和腹板的情况下，计算受力情况就是剪力加上单翼板弯矩，这样在工程中也很接近实际情况，也就是所谓的半刚接。

【shabo1978】：在《钢结构连接节点设计手册》中有图例和讲解。

【hefenghappy】：据我所知，国内现有的钢结构工程中有几个工程是采用梁柱半刚性连接（最少做法是半刚性的），但这种工程在设计的时候都是按照铰接来进行计算。况且，现行的规范也无具体的计算参考方法，能参考的只有别人做的一些理论上探讨的方法（因为没有应用到实际工程中去）。

【baby-ren】：其实，半刚性连接使得梁的端弯矩和跨中弯矩差距减少，但是柱脚弯矩增大，水平位移增大，虽然抗震性能要好一点，但是是否真的经济也是不一定的。

【yuanda2】：对半刚性连接进行受力分析，会出现 **liguohao2** 所说的各种内力、变形、响应的变化情况。但我认为，更主要的是，某节点为半刚性的，而您按铰接或刚接计算，就不能真正反映结构的实际状态。甚至会使结构的部分偏于不安全。

【YAJP】：可以说绝大部分结构计算都不能真正反映结构的实际状态，因为有很多计算假定，要想真正反映结构的实际状态，需要非常复杂的计算模型，有时甚至是不可能的。但不能因此就认为结构不安全，就梁的连接来说，只连腹板按铰接算，翼缘也连上就按刚接算，和实际状态肯定不符，但多年的实践经验证明，这样计算是能保证安全的。

4　T 型钢半刚性节点的空间性能如何？（tid＝146217　2006-9-15）

【heqiongfang】：在现有的文献中，大部分都只有 T 型钢半刚性节点在强轴连接时的性能模拟，如三参数模型之类的，但是对于空间钢框架而言，在弱轴梁与柱用 T 型钢连接时性能肯定有所不同，不知各位对此有没有何见解或是看过相关方面的资料呢？本人的论文选题是关于空间性能的，不知如何表示弱轴性能？

图 1-8-11 所示节点弱轴方向是否也可以做成 T 型钢连接呢？

图　1-8-11

【zhexuyi】:弱轴方向做,没什么必要吧?

5 半刚性连接资料何处寻?(tid=127923 2006-3-21)

【cuiling3701】:最近急需一些最新的半刚性连接方面的资料,不知何处是集中营。请不吝赐教。

【mediteran】:可在 EI 检索论文:关键词:semi-rigid 或者 semi rigid 国内关于半刚接的资料不是很多。对半刚性连接的定义好像也不确切。美国和欧洲规范,对半刚性有很多定义。另外本版内也有几个精华话题是关于半刚性连接的。

【hrbeu】:发话之前先搜索,一般性问题论坛都已经涉及。

参照刚性、半刚性索引:http://okok.org/forum/viewthread.php? tid = 89777&h = 1#579293。

要资料的话联系我,我这有 200 多篇相关文章。

【wanglan804】:楼上的大侠,我在分析一个木框架结构的古建筑,想模拟半刚性连接。我不知道使用 contact 单元还是 combing 单元,请赐教。

【golina520】:空间钢框架半刚性弹塑性分析资料何处寻?

【hrbeu】:半刚性连接空间钢框架二阶弹性分析。摘自 2005 年 4 月第 2 期《湖南大学学报》(自然科学版)。

作者:舒兴平,丁国强,林鹏,姜晓辉

湖南大学土木工程学院钢结构研究所,湖南 长沙 410082;2.上海宝冶建设有限公司,上海 200941)

摘要:基于连续介质力学有限变形理论推导了空间钢框架几何刚度矩阵,采用 Kishi-Chen 幂函数模型描述半刚性连接特性,导得了半刚性连接空间杆单元几何刚度矩阵,并编制了二阶弹性分析程序,对空间钢框架在弹性阶段的性能进行了研究。分析结果表明:半刚性连接的存在使空间钢框架的双向侧移有明显增加,且随着框架层数增加影响增大。因此,在钢框架结构的分析设计中,须考虑半刚性连接的影响。

关键词:钢结构;半刚性连接;空间钢框架;二阶效应;刚度矩阵

下载地址:http://okok.org/forum/viewthread.php? tid=127923

【hrbeu】:空间钢框架几何非线性分析的一种新单元。摘自第 20 卷第 4 期工程力学。

作者:许红胜,周绪舒,舒兴平,(湖南大学,长沙 410082)。

摘要:介绍了一种新的用于空间钢框架几何非线性分析用的单元,可有效考虑 p-Δ 效应的影响,达到了一个单元模拟一根杆件的精度要求,用于非线性分析是行之有效的,并可使截断误差的影响得到满意的控制,计算实例证明,该单元是可靠和高效率的。

关键词:钢结构;二阶分析;几何非线性;薄壁梁单元

下载地址:http://okok.org/forum/viewthread.php? tid=127923

【golina520】:Limit states design of semi-rigid frames using advanced analysis: Part 1: Connection modeling and classification ARTICLE.

Journal of Constructional Steel Research, Volume 26, Issue 1, 1993, Pages 1-27.

J. Y. Richard Liew, D. W. White and W. F. Chen.

Limit states design of semi-rigid frames using advanced analysis: Part 2: Analysis and design ARTICLE.

Journal of Constructional Steel Research, Volume 26, Issue 1, 1993, Pages 29-57.

J. Y. Richard Liew, D. W. White and W. F. Chen.

E-mail: golina520@yahoo. com. cn.

【Jonney】: Design tablessfor top-and seat-angle with double web angle connections.

Yosuk Kim, Wai-Fah Chen.

Engineering Journal/Second Quarter, 1998, 50-75.

This paper is good for the design of a type of semi-rigid connections.

第九章　地脚螺栓

一　锚栓抗剪问题

1　地脚螺栓可以考虑抗剪吗？（tid＝671　2001-9-3）

【sonny】:规范规定,柱脚不能考虑地脚螺栓的抗剪。若计算抗剪不足,须加设抗剪键。但事实上,剪力往往很小,抗剪键很容易满足要求,但这样会给施工带来诸多不便。恳请各位仁兄发表高见,您是怎样处理这类问题的?

【无需冷藏】:痛苦!国家强制规范这样规定的,没办法,不过处理起来还好,只要在柱脚两边预埋上钢板,再找两块钢板贴在柱底板两边与底板和埋件焊上即可。不知这样规定是何缘由?

【okok】:(1)柱脚底板孔大,会有位移,抗剪难保证。

(2)考虑螺栓抗剪,混凝土会压坏。

【DENNIS】:正如上面提到,因柱脚底板开孔较锚栓大,锚栓无法直接传递剪力。在安装时,一般会在底板上加焊安装调节板,其孔径比锚栓稍大,可间接传递部分柱脚剪力。可考虑底板与混凝土的摩擦力,如还不能满足要求,应设置抗剪键。

【samzhang】:这个问题我们讨论过多次。因为考虑安装误差,螺栓孔通常做得较大,可以考虑螺栓垫板与底板在安装完后补焊上。

在钢架安装阶段,柱脚剪力其实是完全由螺栓承担。后浇混凝土浇好后也要有一段时间才能产生强度。再加上后浇的混凝土经常填不严实,与柱底板不能紧密接触,或新老混凝土也不能很好地咬合。这样,实际上在使用阶段很多时候也是螺栓在受力。

因为在总造价中,预埋螺栓的费用极低,建议加大螺栓直径比较安全。我曾建议地脚做法改进一下,做成混凝土柱顶预埋钢板。这样可以解决地脚螺栓预埋误差,水平力传递及安装时的受力等问题。缺点是不易调平,现场焊接工作量较大。

【steelboy】:相关链接:http://okok.org/forum/viewthread.php? tid＝896。

【大法师】:中国规范中规定不考虑锚栓的抗剪能力。剪力只能靠那可怜的一点点,等于0.4倍柱底压力的摩擦力来承受。如果是这样的话,上海所有的单层轻钢厂房都得设抗剪键,请看:上海基本风压0.55kN/m^2,屋面吸力体型系数至少1.0,重要系数1.1。则考虑风荷载时向上吸力至少0.6kN/m^2(标准值)。轻钢自重包括板了不起就40kg/m^2,即0.4kN/m^2。也就是说在风荷载作用下,柱底将产生拉力,从而没有摩擦力来抵抗作用在墙面上的水平风力。锚栓不能受剪力?统统加抗剪键吧!上海的厂房都设了抗剪键吗?怎么通过审查的?至少我知道美国规范中可考虑锚栓的抗剪。又是国情不同？

【lovelgj】:规范是这么规定的,可是没有设抗剪键的建筑没有一个是因为这个原因倒的。

【蓝色星辰】:我觉得应该考虑地脚螺栓的抗剪,否则,轻钢本来就轻,其自重在地脚产生的摩擦力根本无法满足侧向力要求,按规范肯定要设抗剪键,但实际工程中很多都没做。

【wyd】:规范的这一条规定太严,应适当放宽,比如锚栓抗剪能力,定个比例(50%)与实际相符,由有一定的安全性。

【16Mn】:如果柱脚为刚接,地脚螺栓不允许考虑抗剪,如果柱脚为铰接地脚螺栓可以考虑抗剪,方法如下:柱底板开孔考虑安装方便,可比地脚螺栓直径大5mm,在柱底板上加一垫板(厚度大于20mm)孔径比地脚螺栓直径大1.5～2mm。

注意:

(1)垫板必须与柱底板焊接。

(2)地脚螺栓对基础产生的局部压力不能对基础产生破坏。

【X1Q2H3】:上面那位仁兄关于考虑刚接可以不考虑地脚螺栓的抗剪,铰接可以考虑抗剪的解释,我不认同:看看公式 $F \geqslant 0.3N$ 时,须设置抗剪键,对于刚接的话,还存在这个公式吗,所以对于铰接时、刚接时都没考虑抗剪。

我采用的抗剪方式施工上比较方便,不知各位觉得怎么样。详见图1-9-1。

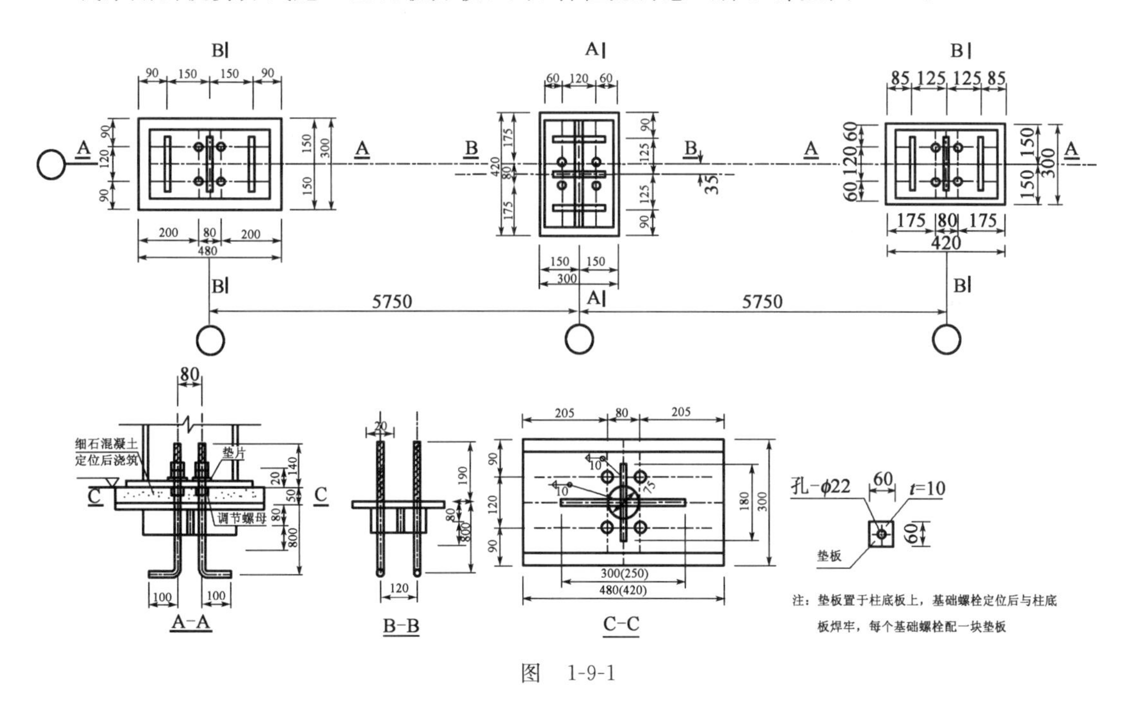

图　1-9-1

【my71327】:我不赞成柱脚设抗剪键,强制性规范应根据事实进行调整!

【大法师】:拜读了 **X1Q2H3** 的节点详图,有点问题想讨论一下:

(1)图中的做法似乎仍要求基础顶面留有凹坑给作抗剪键的钢板,然后二次浇捣。

(2)图中只有25mm的板厚来传递剪力,当基础顶部标高不平较大时,会不会为了找平而造成抗剪键钢板脱离基础顶面凹坑的情况?

(3)锚栓与抗剪键钢板之间的距离是否太小了？

【matthew】:我认为地脚螺栓可以抗剪,但确实需要抗剪钢筋。原理我想和钢筋混凝土构件或预埋件设计差不多,预埋件中的钢筋能抗剪,为什么地脚螺栓就不行？但如果剪力过大,可以垂直于地脚螺栓在剪力作用方向设 Pin bar(一时记不起确切英文名字了？且须于地脚螺栓紧密连接),这相当于配置钢筋混凝土构件中的箍筋,将超过螺栓与混凝土挤压及柱底板摩擦和挤压能承担的剪力有效地由 Pin bar 的拉应力提供,确实纵筋即地脚螺栓与混凝土挤压提供不了很大的剪力,由横向钢筋的受拉提供剪力才是最有效的传力途径。这样就没有抗剪键了,施工也方便。

至于地脚螺栓与底板间的剪力传递,如果地脚螺栓预埋时使用垫板及测量使用经纬仪,完全可以采用孔径为螺栓直径加 2mm 的方法。如果土建单位水平不行,底板须留大孔,钢结构安装单位也可以用加焊盖板的方法确保传递剪力。

【LI. J】:没必要考虑螺栓抗剪,非常同意 **XIQ2H3** 的建议,施工并不复杂,多个工程实例说明这种做法是简单可行的。包括许多国外的钢构公司的做法。

【X1Q2H3】:回**大法师**:图 1-9-2 中抗剪键是预先与柱底板焊好的,对在二次浇灌前调整螺栓高度无影响,浇灌前不必专门留置凹槽。尺寸以其围焊缝的抗剪能力而定。在其上钢柱顶发生位移而引起钢板(25mm 厚抗剪键)的转角很小,不会脱离 25mm(经计算)。

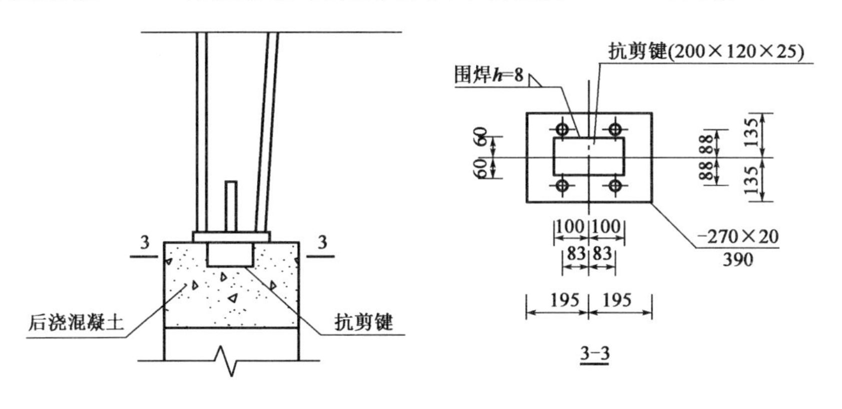

图 1-9-2

【沉静的神】:我认为地脚螺栓抗剪是可以的,(但规范认为不考虑):

(1)地脚螺栓孔较大,但垫板孔较小,安装后垫板和底板焊接。

(2)计算可按照预埋件计算,参《混凝土构造手册》。

(3)地脚锚栓可以施加一定的预拉力(施工单位可能曾在阻力)通过摩擦力抗剪。

【zhangyong】:规范规定地脚锚栓不抗剪,剪力由预埋板与基础混凝土间的摩擦力提供,如果设抗剪键麻烦的话,可以用角钢代替预埋板。

【IT 游侠】:中国的规范总有这样那样的不完善嘛！国外就不同了,如 MBMA！在一些美国钢结构公司中,地脚螺栓都考虑抗剪！

【dyd771】:由柱脚底板把水平剪力传给地脚螺栓,再有地脚螺栓传给基础混凝土,只要传力途径明确,传递可靠,各构件、节点强度刚度又满足,是完全可以实现的。规范规定的考虑传力途径中底版下二次灌浆的牢靠性,把螺栓抗剪性能大打折扣,不容易保证。另由于轻钢彩板墙与基础梁的连接,也可以直接传递一部分剪力。

【浙大校友】:各位高见:**大法师**一针见血,本人十分赞同。国情如此,也没有办法。的确,我所参加设计和施工的厂房,按照抗剪键的要求,至少要拆掉30万m^2,这可怎么办?不过,现在我们都设个角钢,画图也不费事,制作更用不了几个钱。

【hhh】:地脚螺栓不宜考虑抗剪。

(1)柱脚位移大,常见做法为柱底板孔径约为螺栓直径+10mm,垫板开孔为螺栓直径+2mm,垫板与柱底板焊接,螺栓剪力由垫板传递,此时充其量相当于C级螺栓,钢规中明确规定C级螺栓不利于抗剪,仅用与次要连接,柱脚连接显然不属于“次要连接”。

(2)即使按预埋件锚筋计算也不安全,地脚螺栓与锚筋受力条件大不相同,在垫板与基础间隔一柱底板,垫板对螺杆作用点与基础提供反力点之间,有至少约4cm距离,此段螺栓为拉弯构件,弯矩造成应力增幅可达数十帕或更多,具体计算影响因素多,在无明确计算公式时不好考虑。

(3)局压限制螺栓抗剪,螺栓与基础交界面应力集中,尤其是底板下为水泥砂浆时,砂浆一压就坏,螺栓弯矩不知增大多少,此时螺栓抗剪无从谈起。

很多工程未出问题是因为设计风载是数十年一遇大风,另外存在诸多有利因素,但在设计中这些不能考虑,更不能归功于螺栓抗剪。

【呆呆虫】:我认为柱脚铰接时,锚栓要承受风荷作用下的上拔力,这时可以通过计算,考虑受剪及受拉确定锚栓直径,但规范不允许这样做,没办法,只好设抗剪键。

【riwave】:非常钦佩**hhh**兄之意见。

【djkm】:实际工程中地脚螺栓肯定能起抗剪作用,只是乘以的折减系数该多大是问题,采用加大地脚螺栓和盖板加焊是有效的,抗剪键增加施工难度,一般轻型刚架不宜采用。

【ericzhang71】:一个工程中设计I10抗剪键,施工时碰到一个问题:柱底为混凝土基础梁,梁顶钢筋很密,无法预留出抗剪键插孔,请各位指点迷津。

【wyldragon】:哪位还有关于抗剪键的图,能不能发上来,让我参考参考?

【TdDesign】:不能用于抗剪详见《建筑结构强制性规范》。

【forest】:规程规定地脚螺栓不可以抗剪,仅用于抗拔,抗剪需要另外加抗剪键。

【tover125】:铰接柱脚,需考虑抗剪,设置可否?

(1)从理论上讲,锚栓能抗剪,轻钢建筑在风载作用下抗剪不过几十千牛,只要制作精度高些螺栓孔比锚栓略大(4mm),锚栓只要有一到两根起作用就能抵抗风力了。再说还有混凝土的作用(一般柱埋进地面200mm)。

(2)从实践讲,设抗剪键麻烦,不利于制作不利于现场安装,施工队老来抱怨。

(3)从技术发展来看,为什么我们柱脚孔要比锚栓大这么多,我想其中一个原因是我们以前的制作水平低,像日本早就只有比锚栓大4mm。安装不会有问题。而我们只知道气割孔,不知道加工精度的重要性。

(4)借鉴美国等发达国家钢结构经验,也是如此,“拿来主义”要提倡。

(5)从实际效果看,从来没听说过因没设抗剪键出问题的,我从事七年钢结构设计一直不设抗剪键,但螺栓孔较《门式刚架轻型房屋钢结构技术规程》中规定的小,从没出事。

【3d3s】:柱脚底板和基础混凝土间采用结构胶抗剪,这样比加抗剪键容易施工,不知大家

意见如何？

【小朱】：胶的耐久性不知道怎么样，总是让人觉得不如真枪实弹的钢铁来的扎实，虽然钢的抗剪键很让人头痛施工。

【wswy】：我做的工程就不设抗剪键，我认为地脚螺栓可以抗剪，我希望大家一致要求把规范改了。不是我想改，是我不想设。

【aj_young】：(1)金属建筑系统柱脚采用平板方式(底板下面不设抗剪键)是经过很长时间才发展完善的行业标准，经历了几十年的地震、飓风等极端偶遇荷载考验，毫无问题。

(2)为什么取消柱底板下方的抗剪键后金属建筑系统并未发现抗侧力机制的失效？一般认为有两个原因：一个是真实环境下，柱底板并非理想水平，水平反力并非来自钢板与混凝土的摩擦力；另一个原因是就算风升力将柱脚完全抬起，埋设妥善的基栓完全能够提供足够抗剪能力。美国市场一般要求，就算是设置铰接柱脚，底板中心也必须布置 4 颗基栓，而基栓直径至少 16mm。

(3)历史上，(主要指，1930 年以前的美国市场，同期，中国内地在上海区域，低层刚架也有少量遗存，近年破坏得比较多)，低层刚架钢结构建筑柱底曾经确实是处理得非常麻烦。在 Martin P. Korn 1953 年编的《刚架设计施工手册》上面同学们可以找到不少早期金属建筑系统的照片和图纸，还可以看到那个时候为了做铰接柱脚甚至还会做很复杂的铰链。在计算机出现前，结构力学都是手工进行的(工程师只有计算尺、三角板等辅助工具)，手工计算部分刚接节点(PR)是非常困难的事，弯矩约束不是理想为零的节点很难评估。

(4)这是 CECS102:2002 的一个重要翻译错误，近年已经有不少简体中文技术资料提及，但规范本身一直没有更正(1998—2007 年)。上海地标(1998 年海扬公司版)虽然明确基底采用平板方式，但是多余假定底板理想水平，靠钢板与混凝土摩擦力抵抗侧力。

【myjping】：按规范是不行的，螺栓孔比较大，如果考虑抗剪，会有较大的变形。

【liugang】：抗剪键的设置应看剪力的大小。主要问题是计算软件的问题，无论是剪力小得可怜，软件结果也要求设。若手算就不会出现此类问题。另外，设置抗剪键也要看基顶与柱脚间的抗剪能力的大小。

【yyc5795y】：请问：如按地脚螺栓计算满足，是否还需按《混凝土结构规范》GB50010-2002 预埋件部分计算地脚螺栓(留在混凝土内长度)。

如设抗剪连接件，请问连接件的抗剪应如何计算，有无公式可查或套用？

(1)现有单跨 3.0m，悬挑长度＞20m 的罩篷，以混凝土柱顶为支撑点。

(2)柱受抗拔力及水平剪力均约 600kN，采用地脚螺栓如何抗剪。

(3)当采用抗剪键时，应如何计算，当采用-20×200×50 钢板时，根据混凝土相关计算手册，$[V]=0.63\times0.8\times f_c\times200\times50=72kN$，远小于 600kN，应如何处理？是否有其他几算公式？

点评：(1)论坛基本上议论柱顶以上地脚螺栓抗剪问题，无柱顶以下讨论。

(2)如上帖，$V=600kN$，$N=600kN$(上拔力)地脚螺栓 M45(Q345)，如强行按《混凝土结构规范》预埋件章节计算(假定地脚螺栓混凝土内部分可以抗剪)，约需 20 根，无法布置。

(3)如仅考虑地脚螺栓抗拔，折仅需两三根，但抗剪无法处理(如前面所述)。

【船家】：就螺栓而言，是可以抗剪的。但规范不允许其考虑抗剪，我更倾向于支持以下观点：

(1)柱脚底板开孔大，螺栓可能滑移，抗剪难保证。

(2)考虑螺栓抗剪，混凝土会压坏。

(3)即使按预埋件锚筋计算也不安全，地脚螺栓与锚筋受力条件大不相同。

另外，个人认为：

(1)底板以下一般现浇混凝土找平，新老混凝土结合面本身是一个较薄弱面，抗剪能力差，考虑地脚螺栓抗剪，容易使其破坏。

(2)设置抗剪键避免了地脚螺栓承受剪力，增加了安全储备，避免了地脚螺栓成为一个弯、剪复合受力构件。

(3)若能减少底板开孔孔径，可以适当考虑螺栓的抗剪。

【音乐发烧油】：一般来说或者说规范中规定柱底剪力应该是靠柱底抗剪键，但是事实上，谁知道呢？反正我碰到的工程中，设抗剪键的很少，只有4个工程，比较大。荷载不大，没有动荷载的一般不设抗剪键(即使设了，不知道在施工后，混凝土的施工会不会使得抗剪键失效)。

【sumingzhou】：在《建筑结构》2004年34卷2期中有一篇童根树的文章《钢柱脚单个锚栓的承载力设计》(10～14页)，对此问题有较细致的论述和研究。包含锚栓仅受拉、仅受剪和拉剪的情况，并讨论了不同研究者得到的锚栓抗剪计算方法。指出锚栓不能参与抗剪是没有依据的。

【东来东往】：由于地脚螺栓和螺栓孔有间隙，为控制柱脚的位移而设置抗剪同时还是增加柱的刚性、减小柱子的计算长度。

【darlylee】：地脚锚栓肯定是不考虑抗剪的。抗剪键的设置与否要看剪力的大小，先按柱脚的板件间的摩擦系数为0.3，计算抗剪力，若满足要求就不设抗剪键，否则必须设！

【zhengy】：柱脚抗剪是否要设置抗剪螺栓，要看具体剪力的大小，一般的柱脚设计分为抗侧力柱和非抗侧力柱，柱脚的设计亦应根据柱底部剪力的大小区别对待。抗侧力柱不可依靠螺栓抗剪，应该设置抗剪键。

【zc1985】：地脚螺栓本质上就是钢筋，说地脚螺栓不可以抗剪，就像说钢筋不能抗剪一样荒谬，实质上只要能保证力的传递(锚孔加垫板及焊接)，就可以抗剪。请注意CECS102:2002的用词为“不宜”，另外上海规范明确指出：地脚螺栓可以抗剪(验算地震组合力时除外)。

【ccxx】：地脚螺栓不考虑受剪力是有理由的：

(1)一般地脚螺栓孔都要比螺栓大10mm以上，如果考虑受剪，具有一定的风险。

(2)若考虑受剪，则剪力通过螺栓传递给混凝土，而新老混凝土的结合面受剪能力极差。

(3)由于柱脚螺栓一般都采用大直径的，相应的孔径也比较大，一般加工单位太大的孔钻床无法施钻，只能采用气割，因此孔径的富裕量一定要比其他部位的大很多。

【popylong】：我们单位处理是这样的：如果水平力小于20kN，就不设置抗剪键，而是考虑地脚螺栓承受剪拉组合的问题。不知各位有什么好的建议。

【shenjaiiasheng】：地脚螺栓不能抗剪，但依靠螺栓所产生的轴力而引起的地面摩擦力来抵抗水平剪力。当柱脚水平剪力大于地脚螺栓所产生的摩擦力时才需要加抗剪键。

【broadway】：我在北美做了几年钢结构，从未见地脚螺栓盖板加焊和抗剪键施工，且一般地脚螺栓孔都要比螺栓大 10mm 以上。一柱二地脚螺栓，如 19mm 直径，有斜支撑的一柱四地脚螺栓。我在国内未做过建筑，不知中国风是否大过美国。但我们这里 Underside of base plate to top of concrete finish floor（底板）至少下沉 100mm，通常是 200mm，我想是否 200mm concrete slab 起了抗剪作用。

【Q420D】：如**大法师**所述："中国规范中锚栓不能抗哪怕一点剪力。只能靠那可怜的一点等于 0.4 倍柱底压力的摩擦力来承受。如果是这样的话，上海所有的单层轻钢厂房都得设抗剪键，请看：上海基本风压 0.55kN/m^2，屋面吸力体型系数至少 1.0，重要系数 1.1。则考虑风荷载时向上吸力至少 0.6kN/m^2（标准值）。轻钢自重包括板了不起就 40kg/m^2，即 0.4kN/m^2。也就是说在风荷载作用下，柱底将产生拉力，从而没有摩擦力来抵抗作用在墙面上的水平风力。锚栓不能受剪力？统统加抗剪键吧！上海的厂房都设了抗剪键吗？怎么通过审查的？至少我知道美国规范中可考虑锚栓的抗剪。又是国情不同？"

我也常觉得规范上这样的规定与实践经验不符。有时，为了简单，根本不设什么抗剪键，甚至柱距不大于 6m 的檩条也设拉条。实践证明：都安全无恙！上海的这种做法为什么并没有出现整个厂房被风吹走的问题呢，我认为有两个原因：

(1)螺栓实际上完全可以抗剪。即使柱底板的孔比较大，但垫片安装完成后加焊，同样能抗剪。

(2)螺栓拧紧时虽然没有高强度螺栓要求那么严格，要加多大的预拉力，但它实际上还是有一定的预拉力存在。当风吸力不能完全抵消重力和预拉力时，柱底板同样还有一定的摩擦力存在。

【wangshuai_79】：个人观点如下：

(1)从实际传力的角度来讲，锚栓肯定会受到剪力，但是国家规范确实有规定锚栓不准抗剪。应该具体问题具体分析。

(2)如果地脚锚栓抗拉，个人觉得应该设置抗剪键。如果不设置抗剪，而且水平力大于 0.4N，那么锚栓处于两向受力状态（按照弹性力学理论取出一个小单元分析的话），容易脆断。实际上，往往由于土建和钢结构的施工误差要求不一样，一般柱脚地板上的孔直径比锚栓直径要大 7mm 以上，如果靠锚栓抗剪，那意味着柱脚底板的侧移已经比较大了（柱脚底板的孔壁与锚栓杆挤压传递剪力），这个侧移量是无法接受的，因此必须要设置抗剪键。

(3)如果地脚锚栓不受力，比如柱脚在任何工况下都是压力，而且施工保证在柱脚很小侧移的情况下锚栓就发挥了抗剪作用，而且锚栓抗剪足够抵抗剪力的话，那就可以不设置抗剪键。

(4)对规范的理解应该知道条文背后的背景，这样才能活学活用。如果什么都按照规范走，那植筋的情况、化学锚栓的情况咋整啊？规范里没有规定啊？

【jasontech】：我跟国外结构工程师一起做过设计。他们对地脚螺栓不可以考虑抗剪很奇怪，据说美国是可以考虑的。

我觉得应该考虑地脚螺栓的抗剪，否则，其自重在地脚产生的摩擦力根本无法满足侧向力要求，按规范就要设抗剪键，但实际工程中这样做施工很麻烦的。

【ssmith】：网址：http://www.aisc.org/MSCTemplate.cfm?Section=Steel_Interchange2&Template=/CustomSource/Faq/SteelInterchange.cfm&FaqID=2662，提及内容如

下：AISC has historically recommended that taking shear in anchor rods should be avoided. If friction between the base plate and foundation is insufficient to resist the shear force，AISC recommends that shear lugs，embodiments，or other restraining elements be used to resist these shear forces. There are several problems involving the engagement of rods bearing against the enlarged base plate hole：the movements that must occur for the rod to bear，the number of rods that may go into bearing simultaneously，the vertical locations of the bearing against the plate，and the point of resistance in the concrete causing the eccentricity of shear resulting in the bending force. There are no standard assumptions for these variances. These unknowns must be combined with the relatively small capacity of anchor rods in bending as compared to tensile and shear capacities. If all of the tensile，shear，and bending forces are rather small，the engineer will have to use engineering judgment as to the method of combining the forces.

The AISC specification does not have an equation for combining the effects of tension，shear，and bending on anchor rods. Anchor rods are grouped with bolts in Table J3. 2 for determining the nominal tensile and shear stress for bolts and threaded parts. Combined tension and shear of bolts in either bearing or slip-critical connections is covered in Sections J3. 7 and J3. 8 respectively. These sections do not specifically address anchor rods as there is no definition of an anchor rod connection as being either snug-tightened or pre-tensioned. However，many engineers will use the bearing-type connection equations of Section J3. 7 when checking the effects of combined tension and shear. ACI 318 Appendix D has a similar but more conservative straight-line equation approach for checking this interaction of tension and shear. The bending component in a bolted steel-to-steel connection is not addressed in the AISC specification，as this is neglected due to the tendency of clamping pretension to resist the bending.

Kurt Gustafson，S. E. ，P. E.

American Institute of Steel Construction

【pijiong】：地脚螺栓抗剪，按计算方法，跟普通螺栓相同，如果计算抗剪能力，首先是柱底板与基础混凝土的摩擦力，当大于摩擦力时，破坏形式就有两种，一种是螺栓被剪断，一种是混凝土被压坏，稍微估算一下，就很容易得到肯定是混凝土承压破坏先发生，但如果混凝土被压碎，那混凝土对地脚螺栓的咬合力便宣告失效。请问怎么可以考虑地脚螺栓的水平抗剪能力呢？而且混凝土局部承压能力较弱，很容易被压碎。

【North Steel】：对于大家的争论，我认为有以下几点应该首先明确：

（1）是不是螺栓可以抗剪，要明确是什么样的结构体系的地脚螺栓，这个帖子并没有明确指明，所以大家不必在前提不明确的情况下费力争论。

（2）如果大家可以节省一点争论的时间去看看国外的资料，结论就会清楚。它们对于柱脚传力系统设计的内容非常明确。我们是不是可以大可不必再争论了。

【kateli】：突然想起一句话，叫强节点弱杆件。也就是说节点应该设置的比较安全一些，对抗震有利。所以规范才比较保守的设置抗剪键。对于设计人员来说，设置也并不会有多难，难就难在施工上。施工只要能解决了，这个问题自然就没有了。

二 锚栓构造问题

1 地脚螺栓的问题(tid＝140115 2006-7-13)

【jackshang】：地脚螺栓安装完毕后，是否需要将螺母和螺栓及柱脚板点焊在一起？结构验收设计院提出这个问题！

【心逸无涛】：由于预埋螺栓定位较难，所以一般底板的螺栓孔比较大，之后再用焊在底板的垫片调整，垫片的孔径相对较小。一般只将垫片和底板焊牢，螺母是不焊的。

【合肥三元】：钢结构节点设计手册提出要将螺母与螺栓、垫板、底板焊死。

【韭菜】：应该是需要焊死！包括螺帽与底板！

【金领布波】：如果是单螺母，要将螺母和垫板焊上，如果是双螺母，不焊也可。主要目的都是为了防止螺栓的松动。

【长流】：从耐久性考虑，最好将螺母和螺栓及柱脚板点焊在一起。

【mulichun】：如果是单螺母，要将螺母和垫板焊上或与螺杆点焊，如果是双螺母，一般不用焊接。焊接和上双螺母的主要目的都是为了防止螺栓在风荷载反复作用下产生松动。

2 地脚螺栓的最小间距(tid＝104119 2005-7-29)

【晓剑】：本人在进行高耸结构设计时，遇到以下问题：设备专业给我们提供的预埋螺栓，直径很大(M60)，间距很小(250mm)，我觉得不合理，可是，没有找到不合理的理由。请问，地脚螺栓的最小间距由什么决定？

【柳下惠】：地脚螺栓的最小间距若参照螺栓和铆钉，其最小容许距离为 $3d_0$（d_0 为螺栓孔和铆钉孔的直径）。预埋螺栓直径 M60，在柱底版上螺栓孔大约为 80mm，$3d_0$ 等于 240mm，现螺栓间距为 250mm，勉强合适。如果考虑地脚螺栓的垫板大小、还有避开加劲肋和施焊的位置等构造要求，应该也是合适的。螺栓间距不应过小，否则对柱底板削弱过多，混凝土受压可能就不满足要求。

3 地脚锚栓长度出了问题(tid＝127946 2006-3-22)

【yxsjlyj】：24m 跨刚架(无吊车)，原设计采用 4 根 M24 的地脚锚栓，结构验收时发现由于施工原因现在地脚锚栓有的上面仅能装一个螺母(规范规定需双螺母)，这问题该怎样处理呢？另外还有一个柱脚锚栓上面露出了 200mm，相应锚固长度就少了 200mm，原设计锚栓长度为 600mm，这问题该怎样处理呢？希望行家帮解决！

【木工】：本人认为《门式刚架轻型房屋钢结构技术规程》CECS102：2002 的 7.2.18 应采用双螺母的理解主要为防止螺母松动，本工程可在安装调整完毕后采用电焊焊接；M24 的锚杆锚固长度应采用《建筑地基基础设计规范》GB 5007—2002 的要求，当锚固长度为 600mm 时，基础混凝土强度等级应在 C40 以上。

4　地脚螺栓锚固长度从什么地方算起？(tid＝103724　2005-7-26)

【chxldz】:请问地脚螺栓的锚固长度是从混凝土边缘算起吗？如果有预埋钢板，要不要扣去预埋板的厚度呢？另外，我想请问如何确定地脚螺栓垫板的厚度和尺寸，谢谢！

【wallman】:锚固长度从基础顶面算起，有预埋钢板时要减去预埋板的厚度。而且锚固长度中不应包括端部弯钩的长度。

柱脚底板厚度的计算方法在任何一本钢结构书上或钢结构设计手册上都有，根据支承边的条件来计算板边弯矩，从而确定底板厚度。您应该找本书看看。

5　地脚螺栓孔比地脚螺栓大多少？(tid＝143206　2006-8-14)

【18】:地脚螺栓孔比地脚螺栓大多少？有没有规范要求？

【山西洪洞人(山西洪洞人)】:地脚螺栓孔，有两个孔，一个是柱脚底板的孔，另一个是锚栓垫板的孔。柱脚底板的孔比螺栓公称直径大10～20mm，有同意做1.5D(螺栓公称直径)见《钢结构设计手册》;我个人认为一般大10～15mm对施工应该说是比较容易操作的。太大的话，柱脚底板也得相应增大。锚栓垫板孔比螺栓直径大1.5～2mm即可，控制它的位置。一般安装完成后都将垫板焊死。

【ZHOUCY888】:如2楼所言，我们公司的做法地脚螺栓直径20～32mm时均按底板孔径大8mm制作，地脚螺栓直径＜20mm的底板孔径增加的量相应减小，地脚螺栓直径＞32mm时底板孔径增加的量相应加大，底板开孔的大小对柱脚底板的大小影响有限，只需保证孔边距应该就没有问题了，另外需特别注意上部的锚栓垫板(盖板)是作为底板削弱后的补强，孔径只能大1.5～2mm，此板的厚度应同柱腿底板，且安装校正完成后一定要与底板满焊。

【受伤】:我公司是大5mm，垫板大2mm。

【guisheng】:同意4楼的观点，不信的话请注意PKPM生成的图形中，底板孔是比地脚螺栓大。5mm，垫板大2mm，孔大时，施工的当然高兴，但结构安全重要啊。

【shimaopo】:我厂制作基本如三楼所言，但是盖板的厚度往往比柱底板小不少。

【jingwei】:国家电网公司110～500kV输电线路典型设计《铁塔制图和构造规定》如表1-9-1所示。

各型号螺栓孔径规定　　表1-9-1

螺栓型号	M24	M27	M30	M36	M42	M48	M52	M56	M60	M64	M68	M70
孔径(mm)	30	35	40	45	55	60	65	70	75	80	85	90

6　防松双母螺栓与螺杆出露长度的关系？(id＝5044　2002-01-24)

【3.1415】:在钢结构承受风振的连接中使用双母螺栓防松，由于安装时位置限制，螺栓的螺杆不能出露第二个螺母，只能和刚好上紧第二个螺母，螺栓主要承受轴向拉力，请问这样没有多余的附加螺杆长度对防松有无影响？

【wallman】:如您所说，第二个螺母只要拧紧，就可以防止松动。其实防止松动是靠两个螺母之间的摩擦力来实现的，与螺杆是否伸出第二个螺母没有太大关系。如果不放心还可以把螺母与栓杆之间点焊，但应注意一定要点焊，焊接面积不要过大。

【3.1415】：谢谢 wallman。因为条件的限制，不能喷锌防腐，现场不能焊，由于加工误差，有的螺杆可能还要比第二个螺母略短 2mm，现在只能将螺栓拧紧了。不知道有没有达人研究过防松双母螺栓的防松效果？

【船家】：防止松动是靠摩擦力来实现，而摩擦力与螺杆内的预应力有关，因此防松双母螺栓最终决定于拧紧螺母的扭矩！预应力越小，防松效果就越差。

7 柱脚锚栓外露长度不够怎么办？（tid＝73437　2004-10-21）

【mart2001】：本人遇一工程，抗风柱柱脚锚栓在柱脚端板上设计长度为 80mm，但现场土建方施工时端板上外露长度只有 40mm。现场安装了一块垫铁厚 20mm，一个螺母，锚栓丝牙比螺母还低，现在主体已安装结束。本人认为用点焊把丝压顶与螺母焊死。这样妥吗？是否还有更好办法？望高手指点。

【xuyang0768】：其实在上面再加上一小节同规格的螺杆，满焊焊好，再套上一个螺母，保证美观。

【jrzhuang】：我以前多次碰到这样的事故。第一在施工前，允许的情况下考虑降低结构整体标高。不行的话，就用单螺母，然后用点焊焊死，但是要焊在螺母外侧与底板之间，不能伤到螺杆螺纹。

【bocai】：今年我在工地当设计代表的时候，就碰到这样的问题，最后施工单位和监理商量就按二楼兄弟的做法做的，想来也麻烦，我就装作不知道！

【doubt】：只保留底部螺母调节标高，地脚板上打坡口，螺栓上表面比地脚板上表面略低，进行满焊，做法类似于预埋板的锚筋连接。

8 请问要是锚栓露出地面的锚栓杆长度太短怎么办？（tid＝132178　2006-4-26）

【lewis】：施工现场锚栓露出地面的长度较短，现在底板上方两个螺母拧不下，只能拧一个螺母，这时该怎么办？

【wxfwj】：这需要根据工程实际情况确定。如果钢结构跨度和高度不大，一个螺母满足要求，就不用拧第二螺母了，需要将螺母与地脚螺栓垫板点焊以防止螺母松动。第二个方法是将基础面小心凿低 2～3cm，但不可破坏基础混凝土结构。待钢柱安装调整完毕后，用 C40 细石混凝土或专用浇注料将缝隙填充密实。

【yangyanwu】：楼上说的有道理，不过第二条有点难以实施，混凝土破开一部分后，锚栓的丝已经被混凝土糊住，所以必须重新扯丝，似乎不大可能。

【xinshijing】：应该可行吧。试想一下，一般螺母的厚度与螺栓直径相同，若您的柱的柱底板与螺母相差不多的话，把混凝土凿低 2～3cm 的话，就可将柱底板埋下去，上面就可上多一个螺母。

【fjmlixiaolong】：wxfwj 所述的第二个方法不太妥当吧？不清楚楼主螺栓太短是不是整个工程都一样的，还是一个柱子存在这样的问题，要是整个工程都有这样的问题的话，采用第二个方法工程量可不小，而且将基础面凿低 2～3cm 势必会影响锚栓的连接强度！

9 M30柱脚锚栓车丝长度如何确定？(tid=103276 2005-7-21)

【zhangliangwen】：M30柱脚锚栓，柱脚底板上部双螺母，底板下一调节螺母，请问螺母高度是多少？锚栓车丝长度如何确定？万分火急！

【flyingpig】：查五金手册，普通六角螺母，M30螺纹的，厚度最大25.6mm，最小24.3mm。

一般情况下：车丝长度=3×螺母厚度+柱脚底板的厚度+锚栓垫板的厚度，比这略大一些即可。

另外也可以根据设计手册上的《锚栓选用表》查找，我查了一下，M30，Q235的，双螺母的车丝一般选110mm。

【flywalker】：如果锚栓还要作为调节柱底板标高用的话，车丝长度应该加长，可以采用从基础顶面以上全部车丝。

第2部分 普钢厂房结构

- 整理 袁 鑫
- 审核 万叶青

第一章　一 般 讨 论

一 概念问题

1 《钢结构设计规范》GB50013-20037.2.5 中的第 3 项怎么理解？机理是什么？

（tid＝140165　2006-7-13）

【**kawakuki**】:《钢结构设计规范》7.2.5 条中的第 3 项怎么理解？机理是什么？

【**zcm-c. w.**】:按图 2-1-1 理解。

【**henry_79**】:看不懂规范所指，规范也没个图给说明一下！

★【**myorinkan**】:为了便于深入讨论，补充说明一下 2 楼的图。

为了缩短连接长度，在图 2-1-1 中斜腹杆角钢的连接端，贴上一根短角钢。短角钢的外伸肢与斜腹杆角钢的外伸肢用 4 个螺栓连接，另外短角钢与连接板也用 4 个螺栓连接，见图 2-1-2。

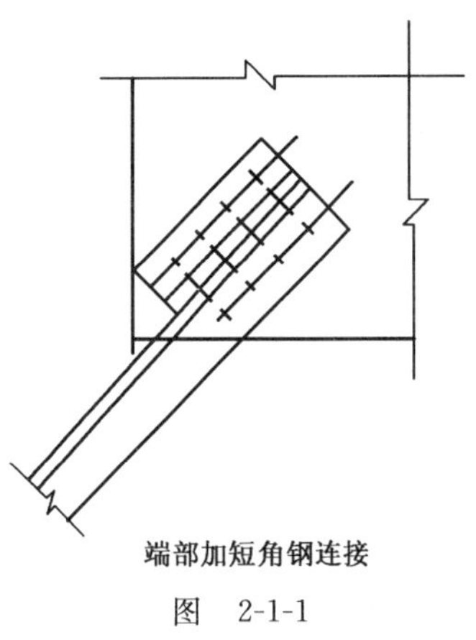

端部加短角钢连接

图　2-1-1

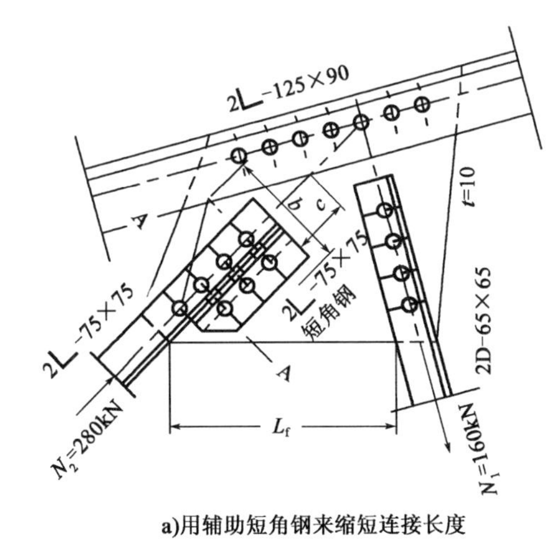

a)用辅助短角钢来缩短连接长度

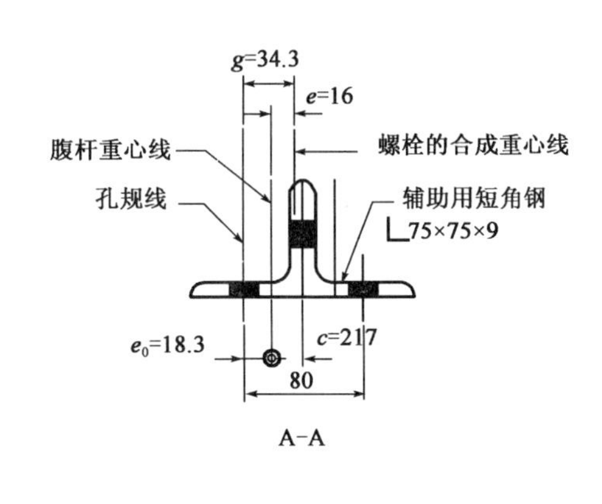

b)螺栓的合成重心线

图　2-1-2

《钢结构设计规范》7.2.5 条中的第 3 项，认为短角钢与连接板的 4 个螺栓，只有 50％即 2 个有效。斜腹杆角钢的连接端有 4 个螺栓即 100％有效。总的有效螺栓数＝4＋2＝6 个。我认为,对于高强螺栓摩擦性连接,这一条规定偏于保守。

日本规范认为短角钢上的螺栓100%有效。他们的理由是:短角钢与斜腹杆角钢的合成重心线,对于斜腹杆(角钢)重心线的偏心减小(没有短角钢时偏心比较大)。请看图2-1-2中的偏心,没有短角钢时 $e_0=18.3\text{mm}$,有短角钢时 $e=16\text{mm}$。

2 关于梁柱刚接的疑问(tid=206298 2009-1-12)

【白扬朗】:梁柱连接采用:腹板采用双面连接板角焊缝连接,翼缘采用坡口焊。腹板承担梁端剪力,翼缘承担梁端弯矩。我们单位的一位高工说:梁的强度只要计算够了,翼缘采用坡口焊就能满足等强连接的要求。

我对此有所质疑,钢梁的抗弯强度是否满足要求,主要是看它的抵抗矩 W,而抵抗矩基本相同的梁却有很多种,比如:H500×200×6×8与H300×300×6×12。这两根梁的腹板高度和翼缘宽度都有一定的差距,在梁端剪力和弯矩基本相同的情况下,难道翼缘采用坡口焊都可以说是等强连接吗?

【@82902800】:梁节点的计算主要有两种:

(1)设计内力计算,就是根据梁节点的内力来计算节点。

(2)等强连接计算,就是将梁的节点设计成与它相连的构件截面强度一样。

具体与整体结构有关,但首先应满足内力—承载力要求。

【gentlecheng】:我的看法是,这样的焊缝是不是已经超过了梁本身的强度。故不用在乎梁截面形式的不同。腹板左右有两道焊缝。相对腹板厚度就大出很多,不知我的想法对不对。这焊缝只是简想只抗剪,抗弯也有一定能力的吧。

点评:对于坡口熔透焊缝,通常要求焊接材料的强度与母材相同;坡口熔透焊的连接应该属于等强连接。等强连接的焊接质量,一般控制得较为严格,焊缝质量不应低于二级。

一般情况,等强连接的焊缝不必专门进行连接强度验算;如果在连接节点处,腹板或翼缘的截面有削弱时,节点处的应力分布可能发生较大变化,此时,节点需要重新验算承载力。

3 关于梁柱铰接连接的问题(tid=138657 2006-6-27)

【caefea】:梁柱铰接连接中,腹板部位采用双排螺栓与单排螺栓哪种情况更为有利?

【wallman】:在能满足螺栓承载力和布置间距要求的情况下,尽量采用单排螺栓,只有当单排布置不下时才考虑使用双排螺栓。对连接板而言,双排螺栓的力臂更大,节点板所受的弯矩更大,更为不利。对梁没有什么影响。

【NoahsArk】:对于铰接节点,只要抗剪满足,无所谓单排或双排螺栓。

★**【e路龙井茶】**:楼上的不对呀,要考虑附加弯矩的。

一般来说梁小的时候尽量用单剪;梁高度比较大的时候可以考虑用双剪或单剪。

【合肥三元】:建议只做单排螺栓,如果单剪不能满足要求,可作双剪,设两块连接板。

【e路龙井茶】:梁柱铰接一般不建议采用双剪板连接节点,尽量采用单排,如果单排不够的话就用两排，这样附加弯矩就增大了，这样如果计算不行的话，就尽量改用其他的连接方法。

4 请教梁柱铰接节点的计算问题(tid＝49129　2004-2-13)

【redtan】：连接板与柱的腹板连接为双面角焊缝连接，且连接板与梁腹板的连接为承压型高强螺栓连接时，焊缝和高强螺栓的连接计算是否需要考虑由于偏心所产生的附加弯矩 $M=Ve$ 的影响？

【CuteSer】：这与是否"承压型高强螺栓"关系不大，应该考虑附加弯矩的影响。参见 1992 年中国建筑工业出版社出版的《钢结构连接节点设计手册》李和华编 p167。我已经把这个计算写到程序里了(见图 2-1-3)。

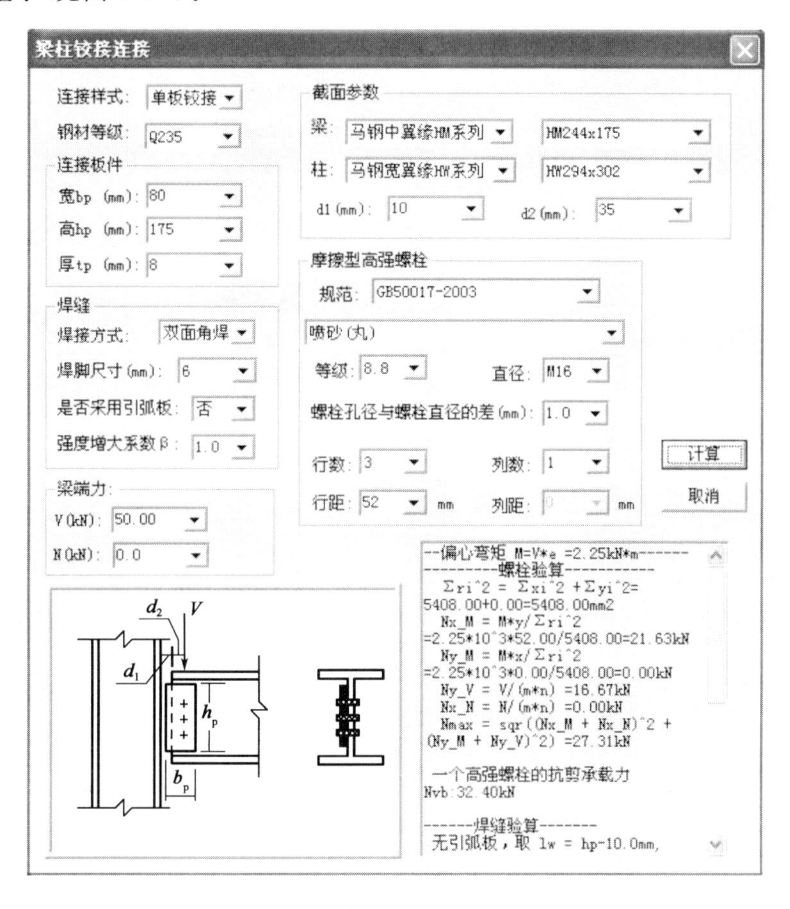

图　2-1-3

【redtan】：各位前辈请帮忙看看我写的计算书(具体内容见附件见 2-1-1)。

下载地址：http://okok.org/forum/viewthread.php? tid＝49129

附件 2-1-1　梁 B9 与柱 C5 的剪力连接节点计算书

根据《钢结构设计规范》GB 50017—2003 进行节点设计(见图 2-1-4)

梁 B9——HM244×175×7×11　　柱 C5——HW350×350×12×19

梁端剪力设计值 V=79kN，水平力设计值 N=110kN。

构件采用 Q235 钢，使用 GR8.8 级 M20 高强螺栓连接，

$f_v^b = 250\text{N/mm}^2, f_c^b = 470\text{N/mm}^2, f_t^b = 400\text{N/mm}^2$。

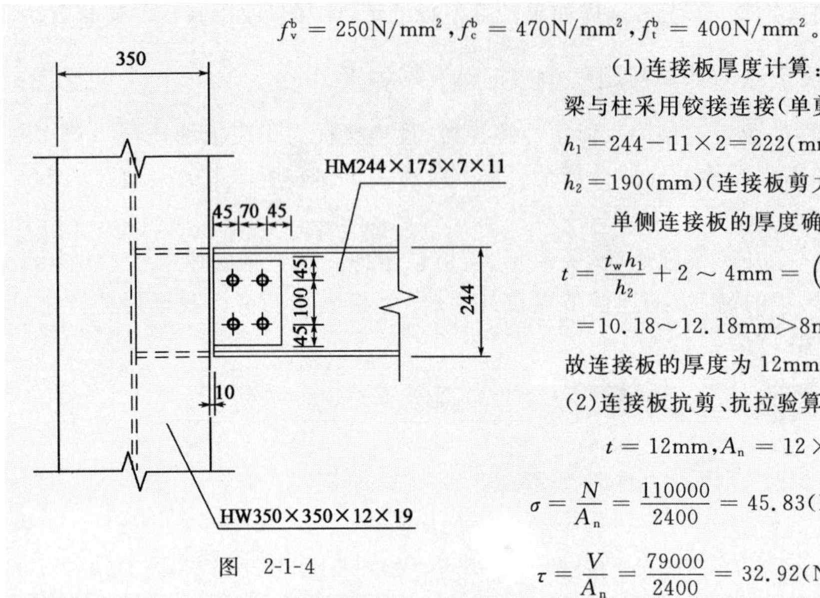

图 2-1-4

(1)连接板厚度计算：

梁与柱采用铰接连接(单剪板)

$h_1 = 244 - 11 \times 2 = 222(\text{mm})$(梁腹板的高度)，

$h_2 = 190(\text{mm})$(连接板剪力方向的长度)

单侧连接板的厚度确定：

$$t = \frac{t_w h_1}{h_2} + 2 \sim 4\text{mm} = \left(\frac{7 \times 222}{190} + 2 \sim 4\right)\text{mm}$$

$$= 10.18 \sim 12.18\text{mm} > 8\text{mm}$$

故连接板的厚度为 12mm。

(2)连接板抗剪、抗拉验算：

$$t = 12\text{mm}, A_n = 12 \times 200 = 2400\text{mm}^2$$

$$\sigma = \frac{N}{A_n} = \frac{110000}{2400} = 45.83(\text{N/mm}^2) < 215(\text{N/mm}^2)$$

$$\tau = \frac{V}{A_n} = \frac{79000}{2400} = 32.92(\text{N/mm}^2) < 125(\text{N/mm}^2)$$

$$\sqrt{\left(\frac{s}{f_y}\right)^2 + \left(\frac{\tau}{f_v}\right)^2} = \sqrt{\left(\frac{45.83}{215}\right)^2 + \left(\frac{32.92}{125}\right)^2} = 0.339 < 1$$ 满足要求。

(3)连接板与钢柱的焊缝计算：

仅考虑由连接板与柱腹板的连接焊缝承担荷载，假设双面贴角焊缝焊脚宽度为 $h_f = 6\text{mm}$，角焊缝的计算长度 $l_w = 2 \times (190 - 10) = 360\text{mm}, h_e = 0.7h_f$。

$$s_f = \frac{N}{h_e l_w} = \frac{110000}{0.7 \times 6 \times 360} = 72.75\text{N/mm}^2 < \beta_f f_f^w = 1.22 \times 160 = 195.2\text{N/mm}^2$$

$$\tau_f = \frac{V}{h_e l_w} = \frac{79000}{0.7 \times 6 \times 360} = 52.25\text{N/mm}^2 < f_f^w = 160\text{N/mm}^2$$

$$\sqrt{\left(\frac{s_f}{\beta_f}\right)^2 + \tau_f^2} = \sqrt{\left(\frac{72.75}{1.22}\right)^2 + 52.25^2} = 79.28\text{N/mm}^2 < f_f^w = 160\text{N/mm}^2$$，满足要求。

(4)螺栓连接计算

螺栓的有效面积

$$A_e = \frac{\pi}{4}\left(d - \frac{13}{24}\sqrt{3}p\right)^2 = \frac{3.14}{4} \times \left(20 - \frac{13}{24}\sqrt{3} \times 2.5\right)^2 = 244.8\text{mm}^2$$

螺栓的有效直径

$$d_e = 17.6545\text{mm}$$

螺栓抗剪承载力

$$N_v^b = n_v \frac{\pi d^2}{4} f_v^b = 1 \times \frac{3.14 \times 2.0^2}{4} \times 25000 = 78500\text{N} = 78.5\text{kN}$$

螺栓抗压承载力

$$N_c^b = d \sum t f_c^b = 2.0 \times 0.7 \times 47000 = 65800\text{N} = 65.8\text{kN}$$

故取 $N_{min}^b = N_c^b = 65.8\text{kN}$

假定螺栓数目 $n = 3$，每个螺栓承担的剪力和拉力

$$N_{v1} = \frac{V}{n} = \frac{79}{3} = 26.33\text{kN}$$

$$N_{v2}=\frac{N}{n}=\frac{110}{3}=36.67\text{kN}$$

$$\sqrt{N_{v1}^2+N_{v2}^2}=\sqrt{26.33^2+36.67^2}=45.14\text{kN}<N_{min}^b=65.8\text{kN}$$，满足要求。

由于连接板剪力 V 方向的边距为 35mm，不满足规范 GB50017-2003 最小边距为 $2d_0$ 的要求，故连接螺栓数目取 $n=4$，螺栓排列如图 2-1-4 所示。

考虑由于偏心所产生的附加弯矩的影响，$M_e=Ve$，偏心距 $e=90$mm

$$M_e=Ve=79000\times 90=7.11\text{kN}\cdot\text{m}$$

$$N_{1y}^V=\frac{V}{n}=\frac{79000}{4}=19750\text{N},N_{1x}^N=\frac{N}{n}=\frac{110000}{4}=27500\text{N}$$

$$N_{1x}^M=\frac{My_1}{\sum r_x^2+\sum r_y^2}=\frac{7110000\times 50}{4\times 35^2+4\times 50^2}=23859\text{N}$$

$$N_{1y}^M=\frac{Mx_1}{\sum r_x^2+\sum r_y^2}=\frac{7110000\times 35}{4\times 35^2+4\times 50^2}=16701\text{N}$$

$$N_1^{M,V,N}=\sqrt{(N_{1x}^M+N_{1x}^N)^2+(N_{1y}^M+N_{1y}^V)^2}$$

$$=\sqrt{(23859+27500)^2+(16701+19750)^2}$$

$$=62980\text{N}<N_{min}^b=65800\text{N}$$

满足要求。

【ruralboy】：在验算板的强度有点不妥，没有计入剪力产生的弯矩。剪力的作用点应该偏向螺栓形心外，即使偏于不安全的把形心作为剪力作用点，这个弯矩也是很大的，可以算一下，见图 2-1-5。

补充一下，可以允许外伸板最大弯矩处出现塑性铰。

【STEELE】：本人以为连接板可以用 10mm 厚。这种连接应在满足强度条件下尽量使其具有一定的柔性，不知我的想法是否正确。

【ruralboy】：不好意思，上次发帖考虑欠妥，铰接点应在螺栓形心或靠近形心的一点，即梁绕该点可以转动。而不应该在节点板的最大弯矩处。谢谢提醒。

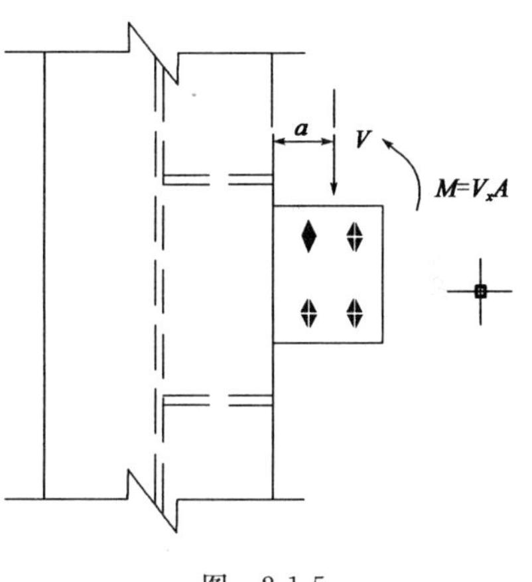

图 2-1-5

5 圆管及箱形截面的连接问题（tid=201811 2008-11-4）

【@82902800】：请教各位：

(1)圆管柱与箱形梁作刚接节点该怎么处理？

(2)圆管梁与 H 焊接梁节点有该怎么处理？

【zhangxp111】：我们这有种节点是把箱形梁变成 H 型钢梁，腹板加厚，然后再与柱子连接。不过，不同的是我们用的箱形构件是在垂直支撑上，也是刚接节点。

点评：关于管柱与钢梁连接节点可以参考标准图集《钢梁与圆钢管混凝土柱的刚接》(一)06SG5254。

二 构造做法

1 梁柱刚接与铰接的节点形式(tid=66390 2004-8-4)

【钢子】:钢柱与钢梁刚接的话,是不是都在钢柱上先焊接一个与梁高差不多长(有支撑的地方较长一些)的牛腿,然后钢梁再与牛腿刚性连接;而铰接一般是在钢柱上直接焊接一个连接板,然后钢梁再与连接板铰接?图 2-1-6 两种连接形式是我经常见到的,至于这两种连接形式的科学性和合理性在什么地方,请诸位指点迷津!

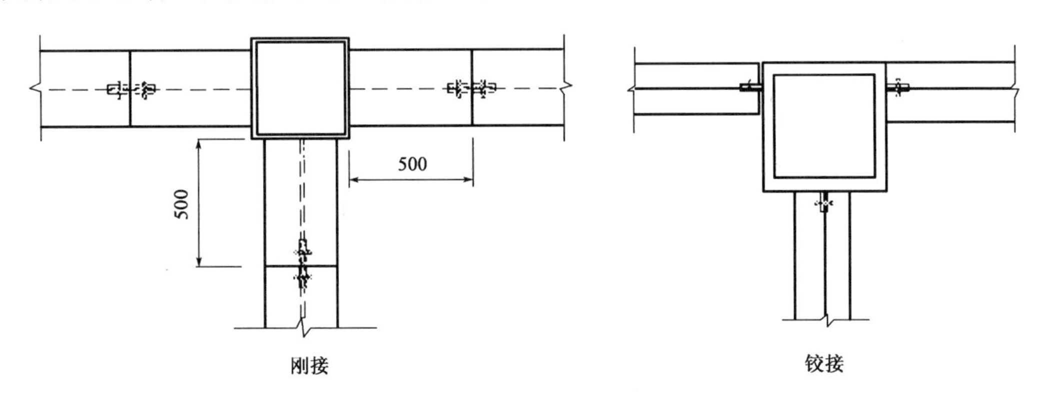

图 2-1-6

【xujie0410】:刚接和铰接并不是连接位置的不同,而是受力方式不同。

刚接也可以在柱翼缘上加焊连接板与梁腹板栓接、翼缘与翼缘焊接。但节点域受力复杂,不利于抗震,所以很多做法是加一牛腿(牛腿在工厂与柱连接)避开节点域,有利抗震且工厂焊接质量有保证。

【阿修罗(民工)】:楼主说得两种连接方法都是实际工程中常见的连接方法,至于先连接钢梁是因为要保证焊接质量,毕竟工厂焊接总比到工地现场焊接方便、受影响少。至于节点连接形式一般的手册上都有。特别推荐:好像作者是李和华,专门有一本说钢结构节点设计的书,里面有详细的例子。学校图书馆见过,很好的。

【hefenghappy】:国内外将梁柱连接形式分为:刚接、半刚性连接和铰接。这三者的主要区别是节点的力学性能不同。本质上讲,所有的梁柱连接节点都属于半刚性连接的范畴,只不过是为了计算的简化,常做了两种假设:刚接和铰接。

当节点所传递的弯矩可以忽略时,通常假设成铰接;当节点在弯矩作用下所产生的转角变形可以忽略时,假设成刚接。这两种情况都比较合理,其计算结果不会引起大的误差。如果是在两者之间,应该按半刚性连接考虑。第一位兄台所描述的判断方法,我觉得不是很科学。

【cyzz1212】:刚接与铰接的选定确实是很头痛的问题!按照铰接计算选取,截面肯定偏大,若按照刚接选取,截面是降下来了,可支座又麻烦了(现场焊缝能否承受固端弯矩),请高手提供点计算经验,谢谢!

【冷波】:我认为,应该看钢梁的翼缘板与钢柱的连接情况,若钢梁翼缘板与钢柱(牛腿)焊接或双夹板高强螺栓连接应视为刚接，若钢梁翼缘板与钢柱不连，仅钢梁腹板与钢柱焊接或螺接应视为铰接，中间状态为半刚接。

【sdq】：我们一般用的理论是：腹板只抗剪，弯矩由翼缘板承受。当然，这只是一种假设，实际上腹板也有承受弯矩的能力，翼缘板也有抗剪的能力，只是相对比较小。所以我们认为：固定翼缘板为刚接，部分固定为半刚接，否则为铰接。

对于梁与梁节点，若大梁和小梁之间上翼缘板焊接，小梁腹板和大梁腹板螺栓连接，下翼缘板和大梁腹板焊接，就接点而言，我认为应该是半刚接。

点评：刚接还是铰接，与是否设"牛腿"无关。在柱上先焊上一段梁，是为了避免现场在弯矩最大点施焊，以确保施工质量；同时，也可以提供吊装时的工作平台。这样做的缺点是加工复杂，不利于运输。

2 请教梁柱刚性连接节点(tid＝156636　2007-1-16)

【chxldz】：在柱顶处梁和柱连接，梁可以通长，梁的下翼缘和柱顶封头钢板能通过螺栓连接吗？这种连接可以认为是刚性连接吗？图集上的做法都是梁端部和柱连接，没有找到梁位于柱顶的刚性连接方法。

【tank_helicopter】：我在论坛中看到过梁贯通的刚接方式（在标准层），那篇文章中说这种连接办法在日本使用较多，国内好像比较少见。

★**【V6】**：您说的这种应该是位于顶层的梁柱连接吧。梁可以贯通，但你说的把梁的下翼缘和柱顶的盖板用螺栓连接说得不是很清楚。如果盖板比较薄，螺栓连接在柱子翼缘内侧，那基本上是铰接做法。

要实现刚接可以采用如下两种连接方法：

(1)螺栓连接。可以于柱顶设置刚度较大端板，梁下翼缘此位置也设置成端板。然后用高强度螺栓连接。类似门式刚架端板平放的做法。

(2)焊接。将柱翼缘顶在梁翼缘下侧，用坡口焊等强度连接，并于梁腹板上对应柱翼缘位置设置加劲肋，加劲肋与梁上下翼缘等强连接。但这种做法不好施工，柱翼缘位置等强连接焊缝为仰焊，不容易保证焊接质量。

3 梁柱刚接，能否将钢梁直接焊在柱的翼缘或腹板上？(tid＝87826　2005-3-19)

【normal】：梁柱刚接，能否将钢梁直接焊在柱的翼缘或腹板上？老板说这样方便，不知道可不可靠。

★**【wanyeqing2003】**：梁柱刚接节点是可以采用焊接连接。不过焊缝要求等强焊接。梁的翼缘处一般采用坡口焊，多为二级焊缝。梁的腹板处可采用角焊缝。不过要保证抗剪强度要求。在柱上对应梁的翼缘位置要设置加劲板。在靠近梁翼缘一边也要采用坡口焊，及二级焊缝。

【flying1983】：我有个建议，就是在梁柱刚接时，腹板用螺栓连接，翼缘开坡口焊，这样就省了安装螺栓。腹板可根据你的重要程度做成单剪或双剪都可以，也能达到刚接的效果。

4 梁贯通跟柱贯通哪种比较实用？（tid＝204846　2008-12-19）

【crainbow】：本人刚开始从事钢结构这方面的工作，在一项工程中看到了这两种形式的构件，所以想求教一下。

【@82902800】：这两种做法都比较常见。一般而言，日本的做法是柱贯通，而美国的做法是梁贯通。对结构而言首先要了解这两种做法各有什么优缺点。

柱贯通的缺点主要是：

(1)在梁柱连接处应力集中严重，而该处截面又最为薄弱，翼缘焊接特别是下翼缘现场焊接难度高，质量难保证。

(2)连接部位钢材的三向受力容易导致脆性破坏。

为解决以上问题一般采用钢梁塑性铰外移法，即加宽梁端翼缘或狗骨式连接。

梁贯通的缺点主要是：

(1)梁的贯通对柱截面造成很大削弱。

(2)不同方向的梁在柱的相交处较难处理。

但优点是减少了在最大弯矩处的焊接量，也就减少了焊接带来的相关问题，避免了梁端焊缝开裂引起的强度下降，有利于拉力和剪力的有效传递，减小了钢柱在梁翼缘拉力作用下的局部变形，节点具有较高的整体刚度和强度。

5 为什么设计时翼缘板处要留 2mm 间隙？（tid＝205907　2009-1-6）

【wzz820126】：在做一个钢结构桁架，看到设计图上小工字钢与大工字钢连接处，小工字钢的上翼缘板与大工字钢之间设计留 2mm 间隙，而腹板与大工字钢腹板焊接，这个间隙的作用是什么？全部焊起来不是更牢吗？老师傅们说，只要腹板焊接好了，上下翼缘板焊不焊都无所谓。这样的说法对吗？

【zero0918】：按您的说法这两个构件连接应该是全焊接节点，腹板不空距离，因为是采用双面角焊缝焊接方式。至于翼缘板应该是剖口加垫板的焊接方式，所以要空 2mm 焊缝间隙，翼缘板是一定要焊接的，不焊是偷懒做法。

【dingrenzhen】：同意楼上的观点。“不焊是偷懒做法”应改为不焊是危险做法。

★**【V6】**：首先要搞清楚的是，你的这根次梁与主梁的连接是刚接还是铰接。如果为刚接，则次梁的翼缘必须与主梁翼缘焊接，如果为铰接，则只焊次梁腹板即可。

【sea_y】：您说的钢结构桁架，应该是按无多余约束的静定结构设计的，其特点是所有杆件为二元杆，所有节点按铰接考虑，也即只有轴力。小工字钢是腹杆，自然只焊腹板，否则产生弯矩，就与设计假定不符了。

★**【V6】**：如果杆件为强度控制，翼缘也是要焊的，否则节点处的连接强度要比杆件还弱。一般的钢结构桁架，虽然计算假定杆件之间为铰接，但做节点设计的时候一般都做成满焊的刚接，这样可以保证节点和杆件的等强度。杆件长度和杆件截面高度的比大于一定值时可忽略节点弯矩次应力的影响。具体可查相关钢结构手册。

【ameise】：不是偷懒的做法，同意 **V6** 的看法，腹板主要用来承受剪力，当末端只有腹板连接时，可认为其为铰接点，也可把腹板用螺栓锚接。如果是刚接点，则需要把翼缘和腹板同时固定,焊或锚都可以。

6 焊接 H 型钢截面节点问题(tid＝130316　2006-4-10)

【sonicwlq】:一桁架,上下弦及腹杆均为焊接型 H 钢截面,其节点设计中需要不需要计算确定？还是只是构造上保证就可以了？还有个问题,由于杆件的高跨比较大(≥1/15),按规范要考虑次弯矩,但规范又没有明问规定怎么考虑,该怎么办呢？

【whb8004】:节点设计要计算,特别是焊缝(螺栓)计算,以及端腹杆节点。桁架计算模型取成腹杆与弦杆铰接,弦杆连续就可以考虑弦杆弯矩,如图 2-1-7 所示。

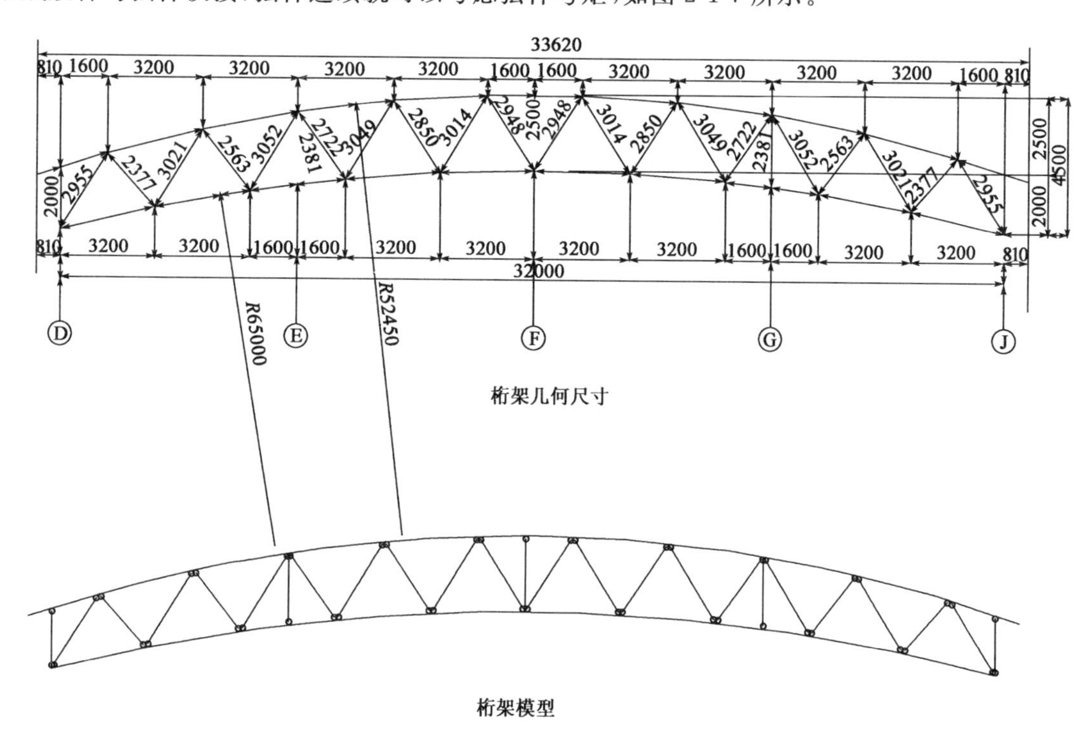

桁架几何尺寸

桁架模型

图　2-1-7

第二章　柱 上 节 点

一　概念问题

1　柱与柱焊接对接问题(tid＝188546　2008-4-17)

【lingkong_007】:柱与柱焊接对接有如下问题需讨论:

(1)圆管柱的对接连接,若采用完全熔透焊,是否已能保证焊缝强度与钢材强度相等,而无需再进行焊缝强度计算?

(2)完全熔透焊是否相当于等强焊接?

(3)钝边单边V形焊缝是否是完全熔透焊?

【pingp2000】:回答:

(1)无须计算。

(2)属于等强,所以不用计算。

(3)除了开坡口,里面还要有衬管,这样才能保证焊缝质量。

点评:一、二级熔透对接焊缝为等强连接,强度方面无须专门计算。

2　柱加长的处理(tid＝133469　2006-5-10)

【zhu2005】:现在有一两层框架工程,柱子加工时短了50cm。现在车间处理的办法是:在柱底处开斜切口焊接加长。柱子是刚接的,我认为应该在主次梁下部开K形接口。不知道我说的有没有道理。请各位大师指点。

【zhanghuixs】:通常工厂里为了能够更好的利用边角料,经常出现同一根柱用边角料按45°斜角焊接的情况。这样的做法应该是可以的。我在到钢构加工厂做监造的时候会这样进行要求:

(1)两段柱的对接处开双面破口。

(2)必须做到单面焊双面成型。

(3)焊缝分层施焊,每进行下一道焊缝焊接上,必须清除焊缝表面的焊渣、飞溅等。

(4)进行另一边焊缝施焊是必须反面清根,且必须保证反面清根的质量;这样做才能达到二级或以上焊缝的要求。

【xiaohuo】:既然是柱脚是刚接的,那么柱脚一般都很多加劲板。如果在柱子底开斜切口焊接加长,那么斜口的地方不就跟柱脚加劲板相碰,形成三面焊缝相交了吗?这样容易出现应力集中,斜口的地方应开在里节点有一定距离的地方为妥。

【allan】:柱子对接应该选择柱子弯矩小的地方。刚接柱脚附近弯矩大。梁柱刚接,节点附近的弯矩也大,所以这些地方都是要避开的,建议在柱高1/3～1/2的地方对接。目前多高层钢结构柱子接长,一般也是在楼层高度以上1～1.3m的地方,这个您可以参考一下。

【xiaoyi776】:结构的重要性应该是下大于上,是不是在上面合理些呢?除底层外框架的反弯点在中点附近,底层是在2/3高度(不知道记对没有),是不是焊接应该在柱的中间更合理呢?

【xiaohuo】:综合一下,如果是在现场拼接加长柱子就按多高层钢结构柱子接长,一般也是在楼层高度以上1～1.3m的地方(工人操作方便)。如果是工厂拼接加长,就按柱子弯矩反弯点在中点附近,一般在柱中。

点评:选择V形坡口焊还是K形焊缝来接长,要根据板厚等条件,按照焊接规范综合考虑。

3 柱与柱如何连接?(tid=126137 2006-3-7)

【yin741230】:二层平台以上钢柱被烧坏,截断后,怎样将新柱连接上?

【runningman】:螺栓连接,或焊接都可以的。

【brucezhang】:坡口熔透焊接或者高强度螺栓连接,也见过有人采用腹板高强度螺栓,翼缘全焊接的。

【骨架装配式板房】:坡口熔透焊接是不现实的,最好螺栓连接。

【Weibom】:这个问题得好好考虑,如果采用高强螺栓,请问怎么钻孔?即便有个轻便的钻孔设备拿上去钻,又怎么保证定位精度的。

我想最好还是柱翼缘开坡口,腹板双面开坡口(看厚度),找两个槽钢,将上下柱腹板定位点焊或者采取某种措施固定,先对接焊翼缘,再K形对接焊腹板接算了。不要想当然,是在现场而不是工厂。我是不知道有没有轻便的钻孔器,工厂的钻孔器有多大也不知道。

【cheops】:焊接需要开坡口,焊接时的质量控制也要十分小心,焊接如果技术不过关,还会有变形,到时柱子就不直了。所以要进行"保证质量的工地焊接"时,一定要慎重。"轻便的钻孔器"是有的,也很容易用,只是不知道相关的施工单位有没有。

【jimmy75】:如果钢板厚度在16mm以内,焊接质量还是可以保证的,但开坡口是比较困难的,数量多的话,整体质量就不容易控制。所以我建议还是高强螺栓连接,端板的孔位现场确定,钻孔可以在厂内完成,现场拼装,焊接质量完全可以控制。如果是箱形柱,数量还比较多,可以采用钢套筒的方法,逐一定位。

【feitian17991】:用磁力钻就可以了,有手提的!

★**【会洗澡的猫】**:确实是个问题,也不知道您下段柱子能露出多少?我想如果露出300mm往上就好办多了。采用腹板高强螺栓连接,翼缘板开坡口焊接,即栓焊结合。在对接前要做的工作是把对接柱子端头铣平,在两端提前焊好安装耳板进行柱子找直,把事先准备好的两块夹板贴在腹板处,现场配钻,应该没问题!

【tank_helicopter】:我曾经在现场处理过钻孔的问题,用磁力钻,精度还可以,还在误差范围内。只不过如果您的是已经立好的柱子钻水平孔的话可能要费些力气了。

4 大家看这种连接如何计算？（tid＝158870　2007-2-27）

【zidian】：如图 2-2-1 所示焊缝连接承受弯矩，该如何计算，本人在规范中未找到相应条款，请指教！

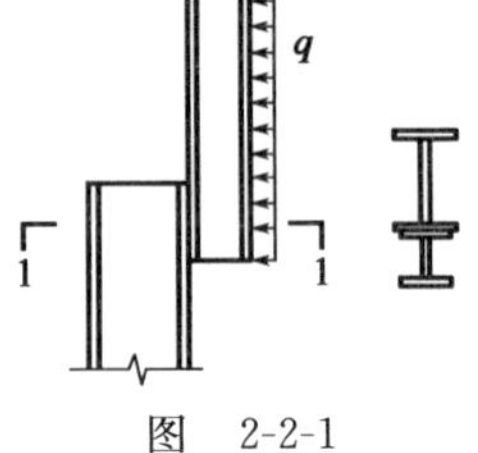

图　2-2-1

【tfsjwzg】：在结构力学课本上多的是这样的内容，规范上也都有规定。

【zidian】：楼上没有清楚我的意思，我是要求在弯矩作用下，如何校核角焊缝强度。

【zcm-c. w.】：按《钢结构设计规范》，忽略剪力，弯矩作用下角焊缝按 7.1.3-3 公式计算

$$\tau_f = 0, \sigma_f \leqslant \beta_f f_f^w$$

式中：$\sigma_f = M/W_w$。

★**【乱云飞渡仍从容】**：首先应将均布荷载转变成一个对焊缝中心的集中力和一个弯矩；然后，按照焊缝承受集中力和弯矩的作用来校核焊缝强度。

【blueboy0522】：应当先进行整体分析，得出悬臂构件的弯矩 M，此 M 只由两条焊缝承担。焊缝只两矩形截面，焊脚尺寸及长度（减 20mm），即为两个矩形截面尺寸，然后按组合构件形式求其截面特性，再按公式求解即可。

5 钢结构加劲板断续焊（tid＝111101　2005-10-7）

【zhangabc】：请教在单层工业厂房中，钢柱柱顶斜向加劲板可否采用断续焊接？

【hai】：柱顶斜向加劲板是提供腹板稳定和承受剪力的，比较重要，不要采用断续焊接。

6 结构加层应注意什么？（tid＝88571　2005-3-24）

【z0808】：在一钢结构上面加一罩篷，柱子接在原柱顶上，考虑刚接，应注意什么问题？

【dbd7305】：能否再详细一些，最好有图片之类的东西。

【flying1983】：最好采用三明治接头，在这个地方的连接焊接质量不容易保证。尽可能将连接板做长，螺栓排布比较均匀，这样从受力方面传力清楚，螺栓和连接板的承压也容易满足。最好能有您的工程说明才能明白具体怎么做。

【kangnuan】：在原柱子上加柱子，首先要考虑原柱子和基础的承载能力，看看是否能满足新接结构产生的荷载要求；尤其是您的新结构是罩篷。罩篷应该是开敞式的吧？风荷载产生的上拔力要注意，连接的节点应采用刚接好！

【jbr1314】：个人认为应该按以下步骤进行：

(1)重新输入考虑了罩篷后的荷载值，计算看原结构是否满足新荷载的要求，尤其是基础！

(2)计算出新加柱节点的内力（轴力、剪力和弯矩）。

(3)根据其内力算出翼缘和腹板的受力，设计接点连接。建议采用腹板和翼缘都用高强螺栓连接的方法以保证内力的安全传递！

7 请大家看看这个节点，给点意见(tid=210755 2009-3-24)

【轻钢 sts】:大家看看图 2-2-2 钢柱连接的节点是否可行，记得以前在哪个资料里看到过，忘记了。

【远亲近邻】:最好是腹板用高强螺栓连接，翼缘板现场开坡口焊接，钢柱拼接大都这样。

【轻钢 sts】:谢谢楼上的，现在这么做可以吗？已经做好了。

【zero0918】:一般 H 型钢就以**远亲近邻**所述方式连接的。像楼主这样的做法，只有是异形构件连接的时候，无法拧螺栓才是这样的做法(见图 2-2-3)。另外楼主的 A-A 剖面位置应该转 90°，这样画有问题。

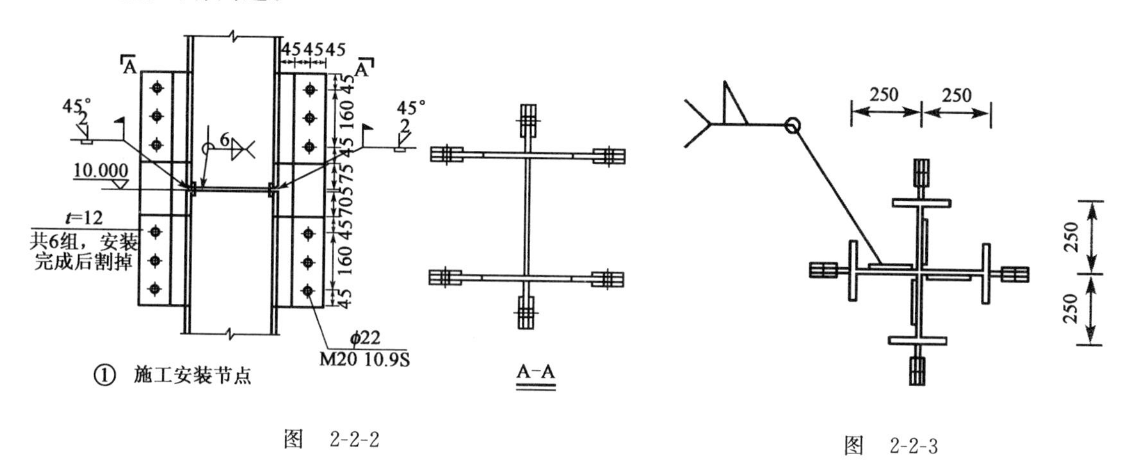

图 2-2-2

图 2-2-3

【轻钢 sts】:谢谢 **zero0918** 的指点，大家还有别的建议吗？

【合肥三元】:这种做法是不行的，强度没法保证。

【chgh0304】:(1)此节点需根据柱此处的内力验算，此连接节点不能考虑等强连接。

(2)图中所示耳板安装后删除，此节点为完全焊接拼接节点。

(3)柱拼接做法一般翼缘熔透焊，腹板高强螺栓连接。

【zhangbifu】:翼缘熔透焊，腹板高强螺栓连接，参见《民用建筑钢结构多高层节点》。

点评:除了上面提到的几点外，在施工安装节点图中，腹板拼接焊缝标注有误。

8 柱子太高平面内很难满足(tid=130481,2006-4-11)

【肖本】:柱子 16m，跨度 24m，中间不允许设置柱子，平面内很难满足(见图 2-2-4)。我可不可以将它的平面内系数改了，相邻跨度方向有夹层，可不可以按照夹层平面内系数将其修改？

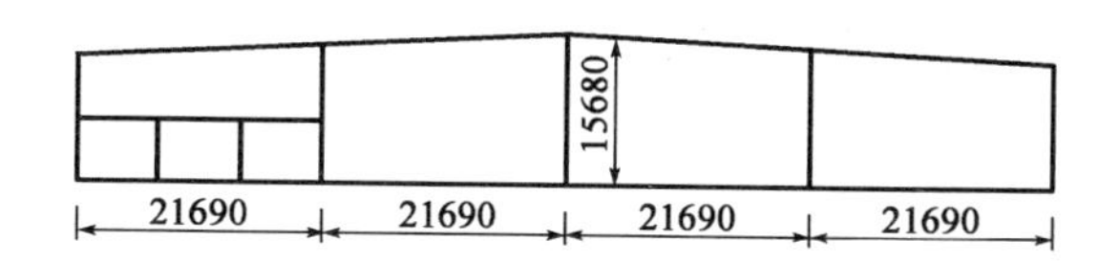

图 2-2-4

【crazysuper】:不知道**肖本**兄柱上端与梁以及柱脚采用什么连接，是刚接还是铰接？或许可以把柱截面做大些呢，以保证侧向稳定。

【cexp】:可以考虑双肢柱。

【肖本】:柱子是上铰下刚的形式，中间的柱子跨度大了，承受跨中的力。现在我已经把柱子调到了 600×350×6×16。如果调整高度的话平面外越来越大，不满足了。要是把高度降下来的话，平面外能够满足，但平面内越来越大了。请教各位，我应该如何调整柱子？把柱子改成两端铰的形式，好像没有太的变化。我没有做过双肢柱的，如果像 **cexp** 兄说的采用双肢柱的话，会不会比实腹柱浪费呢？

【山西洪洞人（山西洪洞人）】:我还是建议您：从其他方面（比如增设连系梁或系杆）减小平面外计算长度。至于平面内稳定，16m 高，柱高 700mm 左右应该可以满足。我以前做过一个 20m 以上的，柱高 800mm，三道系杆，平内平外均满足。

【ccjp】:(1)可以考虑上端平面内做固接，节点也不难做。

(2)请核实柱子的布置方向，平面外靠布置系杆，平面内截面实在受限制，只能考虑改变截面形式，这是下策。

【肖本】:我也同意楼上**山西洪洞人（山西洪洞人）**兄的意见，但现在是甲方要求厂房吊顶从梁下 600mm 开始的。我只是改变了边柱的平面外系数，现在我把它的中间柱子设置成上铰下刚形式，很难满足。平面内和平面外满足了，宽厚比和高厚比也超限，那么，我可以在柱子上设置加劲肋么，我自己认为不可以。

★**【山西洪洞人（山西洪洞人）】**:我用您给的数据建了模型，但是中柱只有 13.2m 高，应该可以说明问题。我把您的那几个柱子都刚接了计算了一下，没有发现有平面内不满足的呀。我的几个建议附在了 CAD 图中，我的计算结果如图 2-2-5 所示。但愿对您有些帮助。

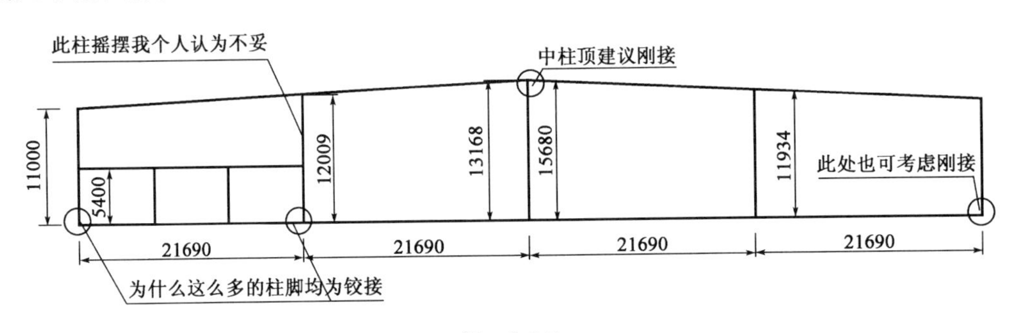

图 2-2-5

9 法兰如何设计？（tid=209388　2009-3-8）

【033594】:大家好！请教一下圆管柱连接用法兰及焊缝如何设计，按哪本规范设计？

★**【心逸无涛】**:法兰连接现在用得很普遍，但是涉及到的规范却很少。同济大学马人乐教授在这方面做了很多研究工作，他主编的《塔式结构》非常详细的介绍了设计方法并且根据经验给出了些设计参数的表格，刚出版不久的《钢结构单管通信塔技术规程》CECS236：2008 里也详细规定了设计方法，推荐。

【zw-happy】:《高耸结构设计手册》和《架空送电线路杆塔结构设计技术规定》DLT5154—

2002 上面都有的，包括柔性法兰和刚性法兰两种。

【033594】：非常感谢！我研究了上述几本规范，发现有不少区别！我参考网上的法兰计算表格，另按 CECS236：2008 编了 EXCEL 表格见图 2-2-6 及表 2-2-1，法兰如图 2-2-7～图 2-2-8 所示，希望各位多多指教！

下载地址：http://okok.org/forum/viewthread.php? tid=209388

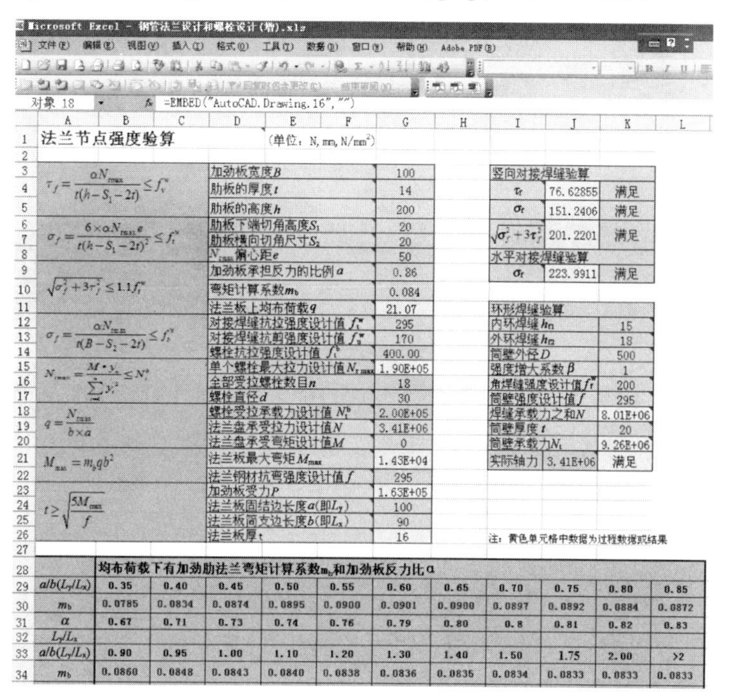

Microsoft Excel - 钢管法兰设计和螺栓设计(增).xls

对象 18　=EMBED("AutoCAD.Drawing.16","")

法兰节点强度验算　（单位：N, mm, N/mm²）

$\tau_f=\frac{\alpha N_{max}}{t(h-S_1-2t)}\le f_v^w$	加劲板宽度 B	100
	肋板的厚度 t	14
	肋板的高度 h	200
$\sigma_f=\frac{6\times\alpha N_{max}e}{t(h-S_1-2t)^2}\le f_t^w$	肋板下端切角高度 S_1	20
	肋板横向切角尺寸 S_2	20
	N_{max} 偏心距 e	50
$\sqrt{\sigma_f^2+3\tau_f^2}\le 1.1f_t^w$	加劲板承担反力的比例 a	0.86
	弯矩计算系数 m_b	0.084
	法兰板上均布荷载 q	21.07
$\sigma_f=\frac{\alpha N_{max}}{t(B-S_2-2t)}\le f_t^w$	对接焊缝抗拉强度设计值 f_t^w	295
	对接焊缝抗剪强度设计值 f_v^w	170
	螺栓抗拉强度设计值 f_t^b	400.00
$N_{tmax}=\frac{M\cdot y_n}{\sum_{i=1}^{n} y_i^2}\le N_t^b$	单个螺栓最大拉力设计值 N_{tmax}	1.90E+05
	全部受拉螺栓数目 n	18
	螺栓直径 d	30
$q=\frac{N_{max}}{b\times a}$	螺栓受拉承载力设计值 N_t^b	2.00E+05
	法兰盘承受拉力设计值 N	3.41E+06
	法兰盘承受弯矩设计值 M	0
$M_{max}=m_b q b^2$	法兰板最大弯矩 M_{max}	1.43E+04
	法兰钢材抗弯强度设计值 f	295
$t\ge\sqrt{\frac{5M_{max}}{f}}$	加劲板受力 P	1.63E+05
	法兰板固结边长度 a(即 L_y)	100
	法兰板简支边长度 b(即 L_x)	90
	法兰板厚 t	16

竖向对接焊缝验算		
τ_f	76.62855	满足
σ_f	151.2406	满足
$\sqrt{\sigma_f^2+3\tau_f^2}$	201.2201	满足
水平对接焊缝验算		
σ_f	223.9911	满足

环形焊缝验算		
内环焊缝 h_{f1}		15
外环焊缝 h_{f2}		18
筒壁外径 D		500
强度增大系数 β		1
角焊缝强度设计值 f_f^w		200
筒壁强度设计值 f		295
焊缝承载力之和 N		8.01E+06
筒壁厚度 t		20
筒壁承载力 N_t		9.26E+06
实际轴力	3.41E+06	满足

注：黄色单元格中数据为过程数据或结果

均布荷载下有加劲肋法兰弯矩计算系数 m_b 和加劲板反力比 α

$a/b(L_y/L_x)$	0.35	0.40	0.45	0.50	0.55	0.60	0.65	0.70	0.75	0.80	0.85
m_b	0.0785	0.0834	0.0874	0.0895	0.0900	0.0901	0.0900	0.0897	0.0892	0.0884	0.0872
α	0.67	0.71	0.73	0.74	0.76	0.79	0.80	0.8	0.81	0.82	0.83
L_y/L_x											
$a/b(L_y/L_x)$	0.90	0.95	1.00	1.10	1.20	1.30	1.40	1.50	1.75	2.00	>2
m_b	0.0860	0.0848	0.0843	0.0840	0.0838	0.0836	0.0835	0.0834	0.0833	0.0833	0.0833

图　2-2-6

直径及有效面积　表 2-2-1

直径 d (mm)	16	20	22	24	27	30	33	36	42	45	48	52	56	60	64
有效面积 (mm²)	157	245	303	353	459	561	694	817	1121	1306	1473	1758	2030	2362	2676

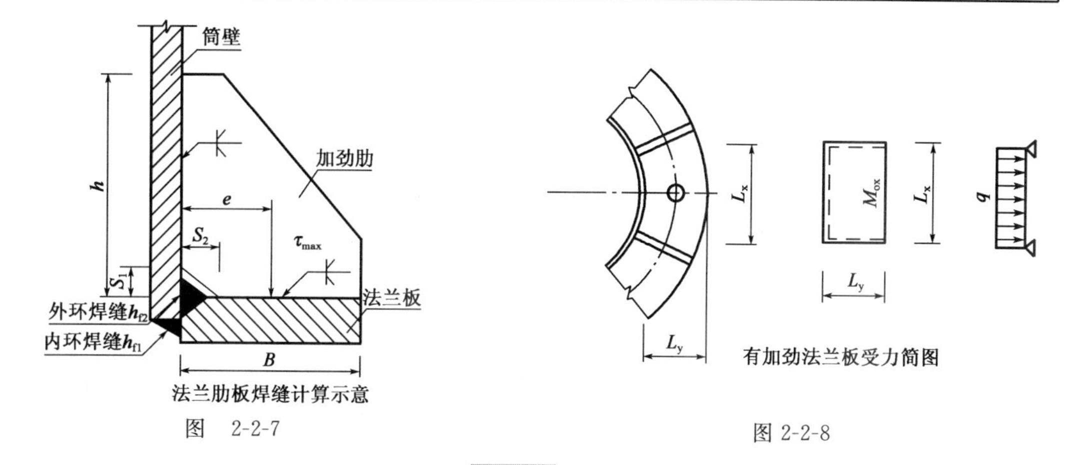

法兰肋板焊缝计算示意

图　2-2-7

有加劲法兰板受力简图

图 2-2-8

10 有关法兰盘的计算（tid＝14568　2002-9-17）

【rockywu】:我想知道一些关于法兰盘的计算，或者哪些书有介绍？

【frog】:法兰盘一般在机械设备里用得较多，但有时候在钢结构的连接也被采用，如果在知道详细的设计方法及原理，我建议您找一本机械设计手册来看。

★【史传洪】:现行《钢结构设计规范》和设计手册对法兰盘的连接计算没有明确给出，正在修订的《钢结构设计手册》会给出其计算方法。

如下是手册修订参与者同济大学马人乐教授关于法兰盘连接计算的部分讲义（附件2-2-1）。

附件 2-2-1

(1)刚性法兰(有加劲肋法兰)构造(见图 2-2-9)：

法兰连接的优点：

便于连接，刚度大，承载力大。

法兰连接的缺点：

用钢量大，易发生焊接变形。

①拉压兼用型如图 2-2-10 所示。

②主要受压型如图 2-2-11 所示。

(2)刚性法兰的计算：

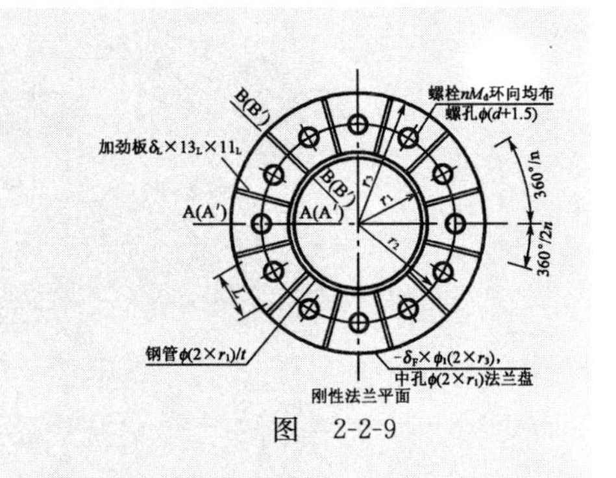

图　2-2-9

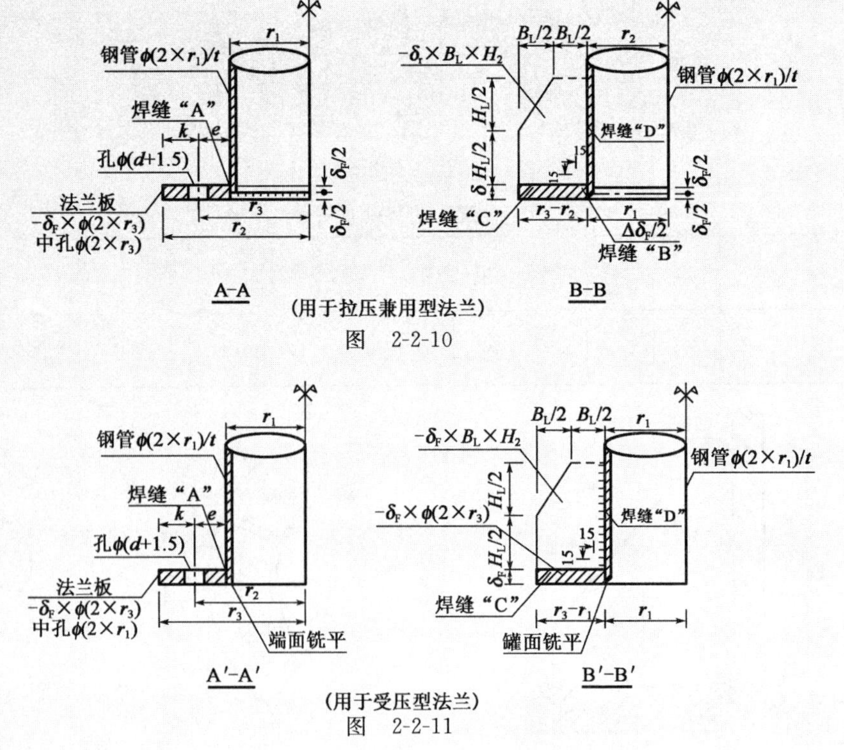

图　2-2-10

图　2-2-11

注：$\delta_L \leqslant 8$ 时“C”、“D”用双面角焊缝，$h_f = 0.8 \times \delta_L$（取整）；$\delta_L \geqslant 8$ 时“C”、“D”用坡口焊熔透；焊缝“B”双面坡口熔透。

①按抗拉选择螺栓直径 d 和个数 n(同时顾及受压的均衡性)：

$$N_{tm} \leqslant n \times N_t^b$$

其中 N_t^b 为螺栓的受拉承载力设计值。

②选择螺栓中心圆直径 r_2：

螺栓离管壁距离要超过最大操作距离加焊脚尺寸。

螺栓环向中距要大于最小操作距离加加劲板厚 δ_t。

③选择螺栓中心到法兰板边的距离：

使 $r_3 - r_2 \geqslant 1.2(d + 1.5\text{mm})$

使加劲板端焊缝能满足承压要求(与环焊缝共同受力)。

④焊缝计算：

压力(或绝对值大于压力的拉力)由法兰上下两条环形焊缝和加劲板的端焊缝共同承担，按有效截面分担

$$N_{am} \leqslant \sum_{i=1}^{3} l_{f_i} \times h_{e_i} \times f_{f_i}^w$$

其中 $f_{f_i}^w$ 为角焊缝强度。若用坡口熔透焊，则可将 $f_{f_i}^w$ 换为 $f_{e_i}^w$(对接焊缝抗压强度)。

将加劲板所承担的压力按比例取出，作用在加劲板端焊缝的中心，按弯、剪复合验算加劲板竖焊缝：

端缝

$$\sigma_f = P \cdot e / \left(\frac{2}{6} h_f \times 0.7 \times l_f^2 \right)$$

侧缝

$$\tau_t = P / (2h_f \times 0.7 \times l_f)$$

$$\sqrt{\left(\frac{\sigma_f}{\beta_f} \right)^2 + \tau^2} \leqslant f_f^w$$

注：l_f = 焊接实际长度 − 10mm。

⑤法兰盘厚度计算：

按最大平均压应力作用在三边支承的近似矩形平板上(一边由管壁，二边由加劲板支撑)，查钢结构设计手册计算得到板中最大弯矩 M_{max}(单位板宽)。

板厚

$$t \geqslant \sqrt{\frac{5M_{max}}{f}}$$

⑥若是水平梁受弯，则以钢管受压外边缘为转动中心，螺栓拉力与其离转动中心的距离成正比，选择螺栓

$$N_{t_i}^b = \frac{My_i}{\sum y_i^2} \leqslant N_t^b$$

然后按拉力最大区域或压力最大区域求法兰板厚(同⑤)，若有剪力则用相关公式复算在拉、剪复合作用下螺栓承载力。

⑦若是受压型法兰无拉力，则用端面承压传递压力，但螺栓抗剪之合力须满足下式：

$$N_v = n \cdot N_v^b \geqslant \frac{Af}{85}$$

⑧在设计工作中，为了减少计算工作量，对于空间管桁架中受拉、压轴向力的钢管的法兰连接，可以按表 2-2-2 求得法兰的各种设计参数。表中所列为一个 8.8 级螺栓所对应的抗拉(压)承载力。使用时可将杆件实际受拉(压)力除以表中适当螺栓的 N_t 或 N_a 值，求得螺栓数量，再用钢管直径加上表中 e 值求螺栓中心圆，求出螺栓间距，看其满足与否。若 $l \approx l_{min}$，则直接取用表中参数即可，若 $l > l_{min} \times 1.2$ 以上，则重新计算 δ_F。

法兰设计参数 表 2-2-2

螺栓	管壁厚 t (mm)	最小间距 l_{min}(mm)	e (mm)	k (mm)	σ_F (mm)	σ_t (mm)	H_1(mm)	抗拉承载力 N_t(kN)	抗拉承载力 N_a(kN)
M16	6,8	46	22	22	20	6	100	56	73
		56	22	22	20	6	100	56	84
	10,12	52	26	26	20	8	100	56	94
		52	26	26	20	8	100	56	109
M20	8,10	58	27	27	22	8	120	88	144
		68	27	27	24	8	120	88	160
	12,14	58	31	31	22	8	120	88	153
		68	31	31	24	8	120	88	169
	16,18	65	35	35	24	10	120	88	229
		80	35	35	28	10	120	88	248
M24	10,12,14	64	34	34	22	8	140	124	169
		78	34	34	26	8	140	124	190
	16,18,20	70	40	40	26	10	140	124	273
		80	40	40	32	10	140	124	318
	22,24	16	44	44	30	12	140	124	369
		102	44	44	36	12	140	124	441
M30	14,16	80	41	41	30	10	160	200	302
		95	41	41	34	10	160	200	336
	18,20	80	45	45	30	10	160	200	327
		100	45	45	34	10	160	200	374
	22,24	83	49	49	32	12	160	200	431
		110	49	49	40	12	160	200	508
M36	20,22	88	49	49	32	10	180	288	371
		110	49	49	38	10	180	288	424
	22,24	94	53	53	32	12	180	288	422
		100	53	53	40	10	180	288	493

(3)柔性法兰的构造

柔性法兰易于机械化加工，其构造如图 2-2-12。

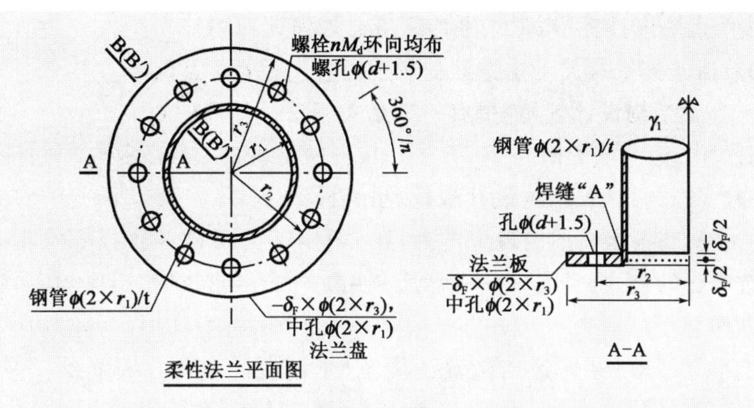

图　2-2-12

①拉压兼用型如图 2-2-13 所示。

②主要受压型如图 2-2-14 所示。

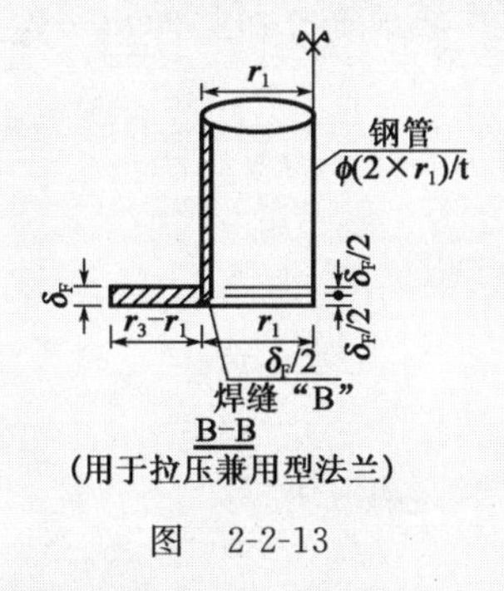

图　2-2-13

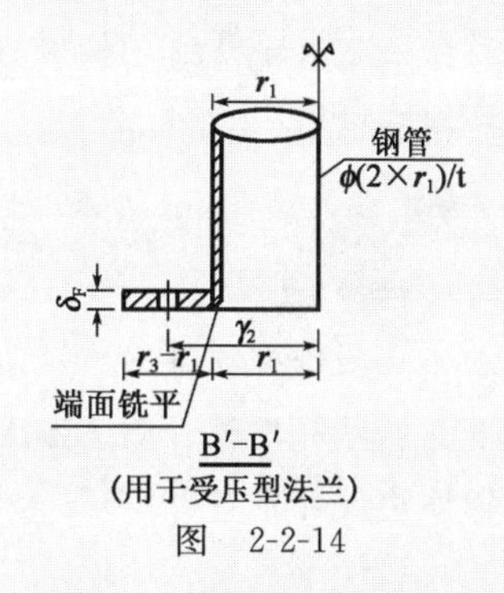

图　2-2-14

(4)柔性法兰板厚度 δ_F 的计算

①当杆件只受轴向拉力 N 时:

单个螺栓受力

$$N_{t,\max}^{b}=0.65\times\frac{N}{n}\times\frac{(r_3-r_1)}{(r_3-r_2)}\leqslant N_t^b$$

②当杆件受向拉(压)力 N 及弯矩 M 作用时:

单个螺栓受力

$$N_{t,\max}^{b}=0.65\times\left(\frac{2M}{r_1}+N\right)/n\times\frac{(r_3-r_1)}{(r_3-r_2)}\leqslant N_t^b$$

③法兰板正应力计算:

当杆件受轴向拉力 N 时

$$\sigma=\frac{0.398(r_2-r_1)N}{r_2\delta_F^2}\leqslant f$$

当杆件受轴向拉(压)力 N 及弯矩 M 作用时

$$\sigma=\frac{0.398(r_2-r_1)(2M/r_1+N)}{r_2\delta_F^2}\leqslant f$$

不知这些是否对您有用,马教授在钢管结构的连接这个问题上有多年的研究,有复杂的问题可以去请教他。

【rockywu】:那请问在哪里可以找到这个讲义或者讲义的有关资料?

【stevens】:法兰盘厚度计算中,最大平均压应力如何计算呢?

【penghaibin】:请问楼主有关于这方面的规范吗?

【wbdxhxc】:《高耸结构设计规范》里有一节是关于法兰计算的。

【心逸无涛】:2002年的帖子回到2007年。马教授编著的《塔式结构》一书有详细的计算方法以及常用经验。新的《高耸结构设计规范》也有详细公式。

【duyudong2006】:底板区格内的最大弯矩,我一般用有限元建一个板来计算,在老的《钢结构计算手册》上有简化的公式,是先求出σ_c然后套用简化公式求出,也挺麻烦的,感觉用有限元程序算更快,更方便。

【韭菜】:不是很好理解!《高耸结构设计规范》里面说的东西!我遇到一个50m的信号塔,我们审核,对方拿来的图纸柱底用了24个M52的螺栓!但是我用MIDAS建了模型,算出了柱底内力,再转到PKPM里面的工具箱——柱脚计算!不过相差太大了 我的计算结果是:$M_x=580\text{kN}\cdot\text{m}$,$V_x=120\text{kN}$。螺栓12个M42,底板厚:40mm。请教!

【zw-happy】:《送电线路杆塔结构设计技术规程》上有关于柔性法兰和刚性法兰螺栓、法兰盘及加劲的计算公式,可以参考。

点评:为了方便使用,将涉及法兰连接的资料汇总:

(1)《塔式结构》马人乐

(2)《高耸结构设计规范》

(3)《送电线路杆塔设计技术规程》

(4)《钢结构设计手册》

(5)《机械设计手册》

(6)《钢管混凝土结构设计与施工规程》

11 同一水平面上,柱子的对接接口数量有要求吗?(tid=97707　2005-6-3)

【guanxin】:柱子的高度比型钢的最大长度长,肯定需要对接,现在有个问题,对接的接口可以全在同一标高吗?规范里有限制吗?理由呢?

【3d】:50%在本层对接,50%在上层对接,交错布置为好。接口位置一般在楼板面1~1.3m处,国外的一些书上介绍,一般在柱中(半层处),此处弯矩为0。为减少拼接数目,一般安装每3层为一根。

点评:钢柱一般3层一续接(需考虑起吊能力),续接设在楼层1.0~1.3m处,(考虑就位、安装、焊接时,工人可以方便操作。)

二 H型钢与箱形柱

1 变截面钢柱接法(tid=118388　2005-12-10)

【benbenboy2002】:牛腿上边的短柱,与下面的钢柱截面不统一,接头有3道焊缝。怎么做才能满足规范要求。腹板厚度不一样,翼缘板宽度厚度也都不一样。

【wanyeqing2003】:可以采用等强连接坡口焊,具体要求可以看《钢结构设计规范》第8.2条的规定。此外,可以参考一下下面的帖子:

(1)牛腿形式:

http://okok.org/forum/viewthread.php? tid=102475

(2)门式刚架柱的焊缝问题:

http://okok.org/forum/viewthread.php? tid=98279

【xiyu_zhao】:做一个过渡柱节,过渡节没有必要太长,一般按照1∶2的比例收进去就可以了,厚度方向上按较薄钢板的强度进行焊缝设计,过渡节需在工厂内完成,现场施工精度可能达不到要求。再者,现场连接的施工难度太大。

【benbenboy2002】:下柱截面为H700×330×12×16,上柱截面为H700×230×8×10,在牛腿位置断开,此处接点应该怎么处理才能满足规范要求。焊接H型钢焊缝不允许在同一截面上。

谢谢各位老师给予指点。

点评:对于带吊车牛腿的双阶柱,当上下柱截面和板材不一样时,可以在牛腿上部采用等强连接的方式连接。连接做法见图2-2-15所示。

2 箱形截面柱内横向加劲板与柱如何焊接?(tid=132754 2006-5-3)

【fengfang】:箱形截面柱内横向加劲板与柱如何焊接?

【正经鱼】:如图2-2-16,不知我理解的对否,是中间和隔板垂直的那块板吗?

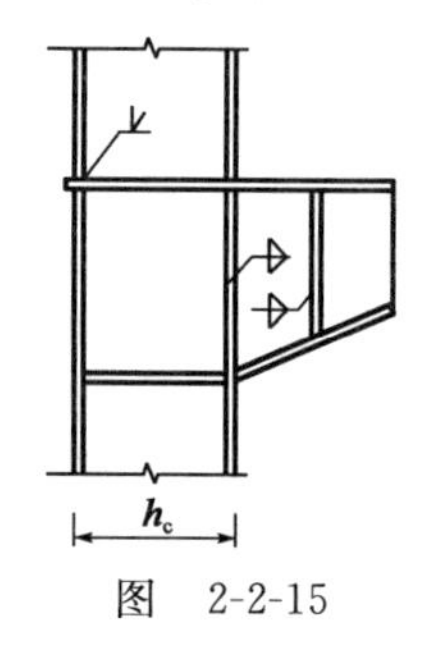

图 2-2-15

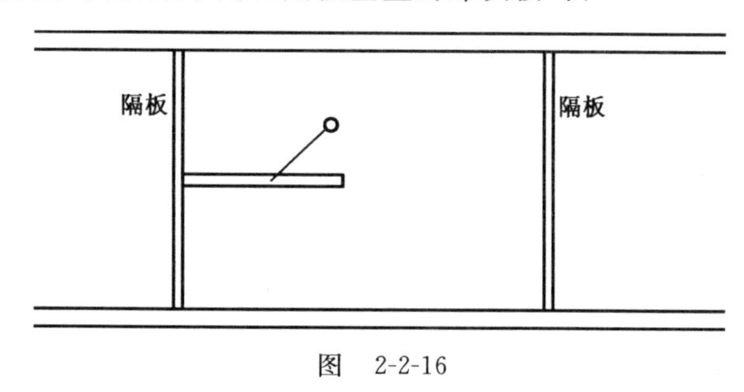

图 2-2-16

我觉得这个问题不难处理。一般情况下,详图中设这样的肋板,是因为有直接与箱形柱连接的柱间撑一类的构件;而且会要求三面焊。只要我们将图中的上板设为最后的盖板,不会影响这块板的焊接质量。应当注意的是:这里由于只能单面施焊,除非设计特别要求需要坡口焊,但一般用不着。

【darcy】:电渣焊。

【crazysuper】:不知道楼上是否指横向加劲板与柱连接,如果箱形柱壁太簿,无法采用电渣焊时,可以采用塞焊办法保证熔透。

【sss】:图集里好像一般采用电渣焊,但是小加工厂一般不愿意采用此方法,很多采用塞焊的形式(不过我好像在哪本资料里看过不允许采用塞焊)。或者干脆,截断采用单面剖口或单面角焊缝。最后还有人采用三面焊,一面不焊(如果是空间框架,请谨慎分析力线安全传递)。

3 箱形柱隔板焊接方法(tid＝179353　2007-12-8)

【mulichun】:多高层钢结构设计时,往往采用箱形柱,规范上说箱形柱中的隔板要与柱四面全部焊接。可是施工时,普遍反应只能三面焊接,最后一面无法施工,规范中要求采用电渣压力焊,可是焊枪如何进去呢。

箱形柱与钢梁焊接连接时,节点不能满足《建筑抗震设计规范》GB50011—2001 第 8.2.8 条的规定(我认为理论上是不可能满足该条要求的,因为焊缝的承载力最大也只能与钢梁材质相等,更不要说是 $M_u \geqslant 1.2M_p$ 了,所以软件和其他资料中一般通过在梁端加盖板加强节点,这样就使得塑性铰外移,和《建筑抗震设计规范》第 8.3.4 条第 5 款相矛盾),为什么我们的规范中该节点连接不采用像圆管柱与 H 型钢梁连接相同的方法,采用环形节点加强板,这样既能满足第 8.2.8 条要求,又方便施工,只是下料可能有些浪费。

【yu_hongjun】:我见过怎么加工的,在一公司加工车间里。先焊好相对的两面,另两面有类似通过钢筋的孔,通过孔注入焊剂,之后钢筋连接电流熔化焊剂。孔最后被焊剂熔化封上了。

【chinaHDsteel】:如 **yu_hongjun** 所述:先焊三面点焊,最后一面有隔板的用电渣焊。就是在隔板周围加衬条,然后把最后一面盖上,然后打底焊,一般大的正规的公司用欧粹或联华的专门电渣焊机进行焊接。然后再门式埋弧焊盖面,基本就成型了。

【jcfme】:**mulichun** 老兄的理解可能有误,求 M_u 需要的是抗拉极限强度,而求 M_p 采用的是屈服强度,两个强度值是不同的。

【wuzi】:有空去加工厂,看看就全明白了。一般先焊两边,另两边采用电渣压力焊。

【cmqcjnwc】:好像是采用叫"熔嘴电渣焊",我看过这方面的介绍资料,您可以上网查查。

【yxtoo】:我们公司是把盖板分成好几段来做的。这样可以四面焊。

【ghl0575】:楼主是没有接触过电渣焊的吧! **wuzi** 的说明比较详细了,但对初次接触电渣焊的来说,工艺有点复杂,不容易理解。建议找本图集看看,了解一下! 电渣焊是箱形柱隔板焊接的正规方法,像分段和打孔塞焊制作都是土办法了,操作是不符合规范的。

【揽月】:**wuzi** 可能搞错了,是熔嘴电渣焊,不是电渣压力焊。电渣压力焊是用在混凝土结构中柱钢筋对接上的。

【wzb98303】:目前熔嘴电渣焊已经比较普遍了,焊接时要两面同时施焊,避免构件弯曲变形。熔嘴电渣焊焊接是有要求的,壁板厚度不能小于 14mm(小了容易焊穿)。至于分段焊少量的可以,不过壁板拼接都是一级焊缝且相互避开,要合理安排;至于一些钢结构厂家采用打孔塞焊,在壁板一面没有钢梁连接时采用,设计和监理一般都不同意。

4 下部 H 型钢转化为上部箱形偏心柱如何做节点?(tid＝209040)

【25196772】:下部是 H 型钢柱,上部是箱形柱,且上下不对齐,上层柱对下层柱有偏心(见图 2-2-17)。请问如何做节点?

(1)如何转换?

(2)如何计算偏心力对转换构件的作用?

(3)如何控制柱的刚度突变?

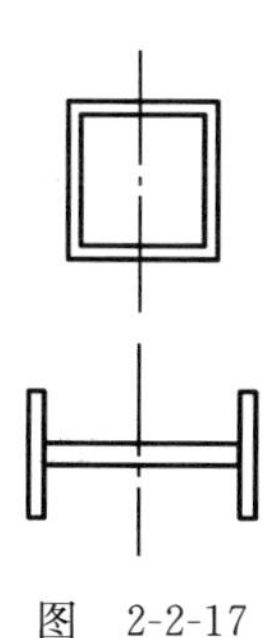
图 2-2-17

【tfsjwzg】:有偏心的结构很正常啊,下柱按偏心构件计算就行了,不明白 LZ 说的为什么要去转换,要做到轴力传下去刚好位于下柱的形心,得根据节点处整个结构布置做才行,您只给了 2 个柱截面,已知条件太少。至于刚度突变,您看那个地方弱了,就在不影响建筑的情况下加个支撑就行了呗。

5 热轧 H 型钢柱工厂对接节点图(tid=200935 2008-10-22)

【xiaoduan】:哪位前辈有热轧 H 型钢柱工厂对接节点图?对接处不是设计要求的,而是由于材料购买时的统一长度造成的。比如说我们成批购买的材料一般都为 12000mm 一根,而工程要求某根钢柱长度可能为 13000mm、14000mm,这就需要工厂对接。还有个问题:对接点位置是否要选择其受力薄弱点情况?谢谢!

【陇上】:就我们做过的,一般采用 Z 形接法,但是有时候也有 45°接法对节点位置一般没有考虑受力薄弱环节,但是一定要避开焊缝。

【QDFXZBS】:日本的大多数 H 型钢对接接头采用"一"字形直接对接焊接(需要开坡口焊透);BH 板拼对接接头采用"["字形状(翼缘板同腹板错开)焊接。不考虑对接点位值是否要选择其受力薄弱点情况。国内有些锅炉厂还有要求在对接处补加加强肋板的。

6 H 型钢柱底板为什么比其他两边尺寸大 30mm?(tid=173732 2007-9-18)

【zhaozhiyun】:H 型钢底截面焊接一个钢板,尺寸一般比柱底截面大 30mm,如截面轮廓是 300×200,就可以用一个 330×230 的矩形钢板作底板。为什么要大 30mm,其原因是什么?

【谨慎】:您说的这种是铰接的情况,大概是为底部焊缝所留空间。

【wate1222】:H 型钢的柱底板可根据翼缘、腹板的厚度来确定使用角焊缝或对接焊缝,通常在角焊缝连接的时候要预留一定的焊角空间,同时可以减弱在焊角转折处的应力集中。

【yzdat】:您说的是钢柱与基础采用的是焊接连接吧,主要是为了便于焊接,如果不是焊接连接,底板不只这么大呀。

【受伤】:20mm 也可以,我们这里是 20mm。

点评:一般的设计手册上规定,钢柱柱脚底板各边的挑出尺寸约为 20~50mm。可以参考《建筑钢结构设计手册》的介绍,柱脚底板的构造要求见图 2-2-18 所示。

三 管柱连接

1 钢管节点的连接问题(tid=84915 2005-2-17)

【duanzr】:钢管柱和 H 型钢梁的连接,是否一定要按 PKPM 里的有环板的节点形式?请问还有没有别的连接形式?请赐教。

【chq_han】:当然是用环形加劲板可靠,也有人做过钢梁直接穿节点的研究,但是效果不太

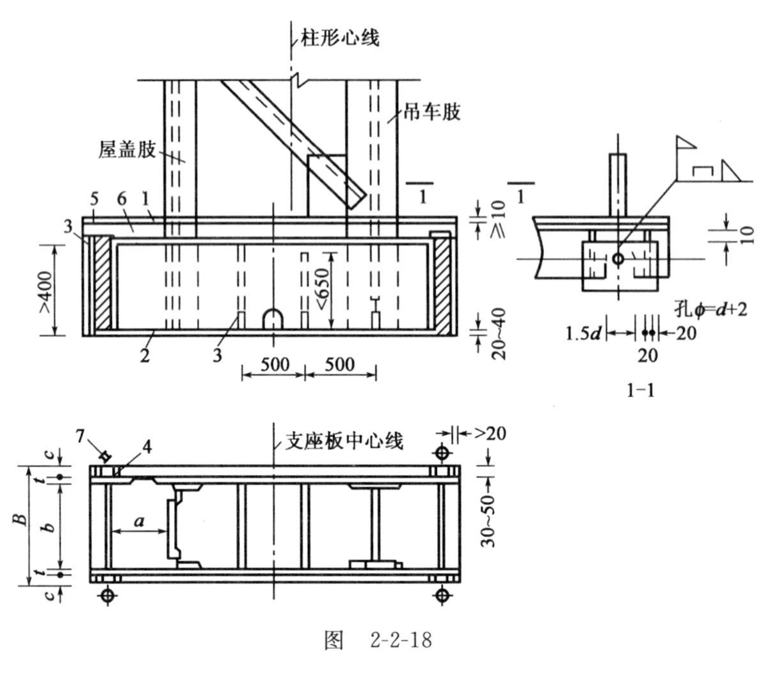

图 2-2-18

好。如果柱截面比较大，也可以在钢管柱内做环形隔板，但如果是非常重要的节点，还是外环好吧。我最近也碰到类似问题，节点处还有斜撑，真是比较头痛的问题，各位高人都来出出主意啊。

★**【ksgao】**:钢管柱和 H 型钢梁的连接用外环板连接是最流行也是最可靠的做法，钢梁直穿节点的做法几乎不用，主要是因为制作困难，对柱受力也不好。

如楼上讲的钢管柱内做环形隔板的做法用得也比较多，但焊接内环形隔板不方便，如果建筑没有特别要求还是建议用外环板连接法。

节点处有斜撑时可加节点板与梁柱连接，也不是很困难，构造可见有关钢结构节点设计手册。

★**【bill-shu】**:之所以要加内或外加劲板是因为传递弯矩的需要。如何 H 型钢柱的横向加劲一样，理论上讲，如果钢管足够厚，也可以不加。至于支撑设计按常规构造做法就可以。

2 钢管变截面节点如何处理？(tid＝66747 2004-8-8)

【sger】:单层钢屋顶，直径 600 钢管在顶端变截面为 450，节点如何处理？钢柱顶与钢梁刚接。

【wxfwj】: 采用法兰式连接，用 M20 C 级螺栓。

【sger】:对了用法兰盘是否有点不美观，工建项目钢柱外露的。

★**【YAJP】**:用卷板机卷一个一头大一头小的管，然后焊接，接头处加内衬板。很多加工厂都能做。

3 钢管柱变截面处节点做法(tid＝50742 2004-2-29)

【vesa】:上段 300，下段 500，要求：

(1)有装饰效果,不能在外面看到加劲板。

(2)加工简单不需专门设备。

请问:

(1)用螺旋管会不会不好看?

(2)如何设计此节点?

(3)哪里有相关资料?

欢迎贴节点图!

【lings191516】:To **vesa**:用螺旋管没有问题啊,我们这里的大灯箱柱都是螺旋管的。不过有一条斜焊缝而已。该节点设计可视具体结构与数量多少而定,常用有大小头短节连接(套接或焊接)和内套管焊接,也有内法兰盘连接的(上下管开侧向孔);建议做内套管焊接 325×8 变径到 500×10。

4 钢管结构用法兰盘连接节点计算(tid=150313　2006-11-2)

【waxyhello】:梁有弯矩作用时,法兰盘的厚度及螺栓大小及数量的计算,如:

(1)计算柱脚节点时。

(2)计算管与管刚性连接时。

本人找了不少资料都没有见过相关的计算,请教各位有没有相关资料推荐或有经验能不吝相告,谢谢!

【myorinkan】:您可以参照《高耸结构设计规范》GBJ 135－90 第 4 章第 9 节法兰盘连接计算。

另外,这里有一篇文章,也可以看看。附件:《钢管连接中法兰盘节点的设计与研究.pdf》,共 6 页。

下载地址:http://okok.org/forum/viewthread.php? tid=150313

【博文】:您可以看看 PACK 的《空心管结构连接设计指南》里面有这方面的计算,很详细,本论坛有电子版的,您可以搜一下!

5 圆管柱柱脚锚栓的计算(tid=175798　2007-10-23)

【谨慎】:已知柱底处 M、V、N,怎样计算确定该处的柱脚锚栓数量?

【yzhik168】:柱脚与基础的连接方式有铰接和刚接两种。铰接柱脚承受轴心压力和水平剪力,轴心压力通过底板传给基础,水平剪力由底板与基础表面的摩擦力传递,锚栓只起联系和固定的抗拔作用。刚接柱脚则承受轴心压力、剪力和弯矩,轴心压力和弯矩由基础和锚栓共同承担,水平剪力则由底板下的摩擦力传递。按照螺栓群类似的方法,依据弯矩和轴力来确定。

【谨慎】:圆管柱在不同组合下的压力中心如何确定?

【谨慎】:这个问题放在这儿好久也没有得到我理想的答案,我查阅了一些相关资料,把我的计算过程详述如下,还望能得到您的指正!

(1)根据控制内力组合 M、N(最大 M 及对应较小 N)计算受压区中心:

①确定应力为 0 的直线的位置。如图 2-2-19 所示:$d_1=N\times I/(A\times M)$,$I$ 为弧形底板对形心轴的惯性矩,若为矩形板,压力中心位置可直接求得。

②确定受压区对应力为 0 处轴线的面积矩，结果记为 S。为方便积分，把阴影部分作为受压区，面积记为 A_1，积分过程如附件 2-2-2。

附件 2-2-2

对图 2-2-19 所示的阴影部分：

$\mathrm{d}A=y\cdot\mathrm{d}x=(\sqrt{R_1^2-x^2}+d_1)\mathrm{d}x$，又受压区应力分布为三角形，则 $\mathrm{d}A$ 部分合力至应力为 0 轴距离 $d_4=\frac{2}{3}(\sqrt{R_1^2-x^2}+d_1)$，则受压区对形心轴的面积矩如下

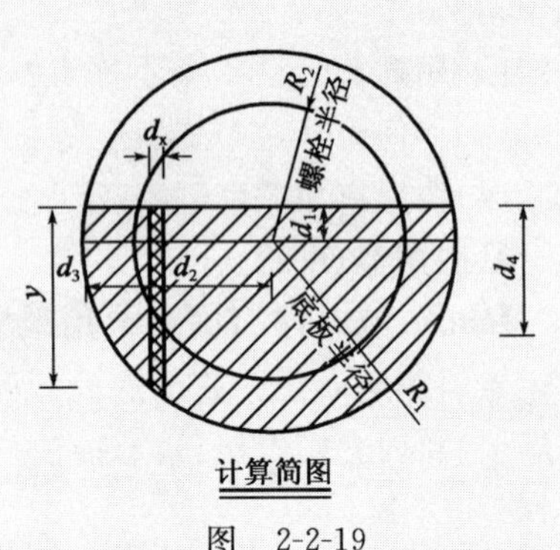

图 2-2-19

$$\begin{aligned}\int_{-R}^{R}\mathrm{d}A\times d_4&=\frac{2}{3}\int_{-R}^{R}(\sqrt{R_1^2-x^2}+\mathrm{d}_1)^2\mathrm{d}x\\&=\frac{2}{3}\int_{-R}^{R}(R_1^2-x^2+d_1^2+2d_1\sqrt{R_1^2-x^2})\mathrm{d}x\\&=\left[\frac{2}{3}R_1^2(R+R)-\frac{1}{3}(R^3+R^3)+d_1^2\right](R+R)+\\&\quad\frac{4}{3}d_1\int_{-R}^{R}\sqrt{R_1^2-x^2}\mathrm{d}x\\&=\frac{2}{3}\left(\frac{4}{3}R_1^3+2d_1^2R\right)+\frac{4}{3}d_1\int_{-R}^{R}\sqrt{R_1^2-x^2}\mathrm{d}x\end{aligned}$$

对后式的积分，设 $x=R_1\sin A$（这为上面简化受压面积的原因，不知可否？）则

$$\begin{aligned}\text{原式}&=\frac{4}{3}d_1R_1^2\int_{-\frac{\pi}{2}}^{\frac{\pi}{2}}\cos A^2\mathrm{d}A\\&=\frac{2}{3}d_1R_1^2\int_{-\frac{\pi}{2}}^{\frac{\pi}{2}}(\cos2A+1)\mathrm{d}A\\&=\frac{2}{3}d_1R_1^2\left[\left(\frac{\pi}{2}+\frac{\pi}{2}\right)+\frac{1}{2}\int_{-\frac{\pi}{2}}^{\frac{\pi}{2}}\cos2A\mathrm{d}2A\right]\\&\downarrow\\&=\frac{2}{3}d_1R_1^2\left[\pi+\frac{1}{2}(\sin\pi-\sin(-\pi))\right]\\&=\frac{2}{3}d_1R_1^2\pi\end{aligned}$$

请您检查带箭头处 2 步的积分是否正确？

则受压区对应力为 0 点的面积矩为 $\frac{2}{3}\left(\frac{4}{3}R_1^3+2d_1^2R+d_1R_1^2\pi\right)$

③受压区压力中心距应力为零处轴线的距离 $d_4=S/A_1$。

(2)根据螺栓的排列情况，确定螺栓的最大拉力值、柱脚刚性、线变形。螺栓的拉力值 T_i 与到压力中心的距离 y_i 成正比。$T_{\max}=M\times(R_2+d_4-d_1)/(y_1\times y_1+y_2\times y_2+\cdots+y_i\times y_i)$。

(3)根据计算所得拉力值确定螺栓大小。

【谨慎】：我依据上述过程编了一个 EXCEL 的表格，现传上来，对表格中数据解释如下：

(1)参与系数：当有多种选择时，根据实际情况选择其一，选择则为 1，不选则为 0。

(2)对于柱脚螺栓数目为6的情况,做了两种排列形式,参考图2-2-20。

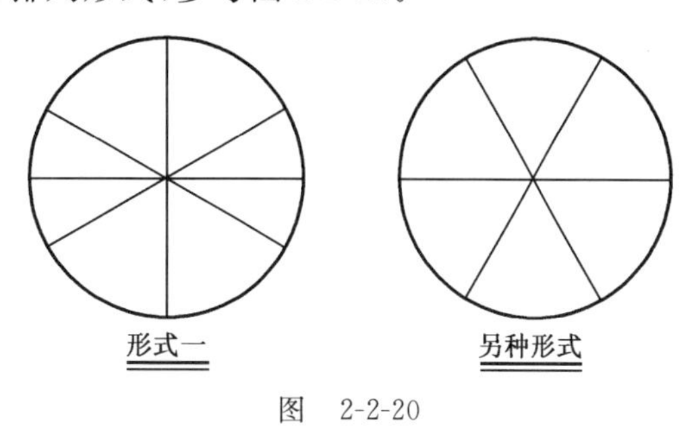

图　2-2-20

本表格采取了弯矩放大系数1.2(根据手册,当抗震设防采取外露柱脚时);在论坛上也有圆管柱脚的计算程序,和表格结果对比基本上是1∶1.2的关系,所以我觉得这个小程序是可用的,由于表格在描述上可能不符合朋友们的习惯,所以可到下面的地址下载圆管柱脚计算小软件:http://okok.org/forum/viewthread.php?tid=107265。圆管柱脚计算公式下载地址:http://okok.org/forum/viewthread.php?tid=175798。

【谨慎】:由于前段时间设计的圆管柱脚错误,今天给施工单位发了变更单,但是基础已经做好,螺栓也已按设计埋置妥当,请问该如何更改?有何解决办法?

我今天给PKPM公司打过电话,说以前的圆管柱脚设计程序是否有误?回答说"您现在用的是2005年的,都两年了,我们不知更新了多少次了,现在最新是2007年11月版的",请问如果发生过程事故,PKPM有责任吗?

【cmqcjnwc】:软件公司都会给自己开发的软件附加一个免责条款,软件只是一个工具,其计算结果是否正确和直接采用最终是由设计者来判断和决定的。我估计PKPM不会承担责任。

拜读您的计算推导圆法兰螺栓群计算过程,很好很值得借鉴。我曾经也利用EXCEL编了一个悬臂圆法兰螺栓群空间受力计算小程序,积分的过程应注意积分的上下限别搞错了,空间受力作用下分别计算弯、剪、扭的合力,再分析压力作用点和零轴线,最后根据公式计算。

【cmqcjnwc】:如果很严重,可修改柱脚法兰螺栓孔位置,避开原设计螺栓位置,截断原预埋螺栓,在基础的新螺栓孔位钻孔进行环氧树脂植筋,建议采用螺纹钢植筋,植筋深度不小于25倍钢筋直径,孔深及直径根据相关要求执行。这种方法比较切实可行,质量可靠。您可以试试。我们原先设计一个结构,因施工方忘记预埋螺栓,我们就是采用上述工艺补救,效果不错,您也可以采用强度更高的建筑结构胶来代替环氧树脂。

我个人觉得,对于结构比较复杂受力分析可以借助国内或国际比较成熟的软件来分析,具体的细节设计还得靠自己来完成,尤其一些重要的结构部位,计算完成后可以采用软件来复核一下,如果一致,软件可信赖,下次设计据依靠软件,如果不一致,分析原因,完后来确定是相信软件还是自己,您说是不?

【gzlym】:$T_{max}=M\times(R_2+d_4-d_1)/(y_1\times y_1+y_2\times y_2+\cdots\cdots+y_i\times y_i)$好像漏了轴力的影响了,应该是$T_{max}=[M-N\times(d_4-d_1)]\times(R_2+d_4-d_1)/(y_1\times y_1+y_2\times y_2+\cdots\cdots+y_i\times y_i)$。

6 钢管节点中的加劲(tid=68860　2004-9-1)

【iamfree】:我在工程中遇到一钢管格构结构,所有的杆件全部为热轧无缝钢管。我想请教各位这样的结构中节点设计应如何计算?

我见过类似工程的照片,工程中在节点板两端设置加劲环,本人不明白,也要向各位请教。

【doubt】:钢管相贯焊,现在比较流行,因为省却了加劲板,感觉比较漂亮,但这方面的研究较少,很早以前就有这结构,但是所用钢管比较小,内力不大,按构造就行;对于较大钢管(方圆矩)的计算可查《钢结构规范》GB 50017—2003 的第 97 页,有简单介绍。在图纸交流栏里可下载计算表格。

【iamfree】:由于是钢管格构结构,结构总高度在 47m 左右,断面在 5m×5m 左右,结构防腐采用热镀锌,若采用直接焊接,现场焊接工作量大,焊接质量不易保证,且镀锌层破坏多。因此考虑采用螺栓连接,这样现场可以不用焊接,防腐效果也好。

这样一来,必须通过节点板连接。我没有设计这种连接的经验,曾经看过一些照片和参考书的类似接点,在 K 形节点的节点板两端设有加劲环。因此请教这种加劲环的作用,如何计算,是否可以不要(这样可以节约钢材),什么情况下必须设置等问题。

不知楼上的大哥能否赐教。

★**【towerdesign】**:主杆上加劲环估计是为了提高局部稳定能力的构造措施。估计也没有进行计算。如果腹杆内力比较大,恐怕设置加劲环还是很有必要。如果只是起支撑作用,限制主杆的长细比,和主杆夹角比较大,本身内力很小,则设置的必要性不大。可以用 ANSYS 等有有限元软件将节点部分建模分析。

【iamfree】:您的想法和我接近,我就认为作为减少计算长度用的腹杆没有必要加劲,我在分析计算时注意到这样的杆件内力相对于主杆差一个数量级,根本不用加劲。不过看完我附的图 2-2-21,心里就没底了。

图　2-2-21

【doubt】:对于钢管结构中加劲圆环的设置可以参考《钢管混凝土结构设计与施工规程》JCJ 01—89,因为腹杆不传递弯矩,对于圆管腹杆宜与弦杆直接焊接,像图 2-2-21 应作为塔架结构,个人猜测为弦杆壁较薄而加加劲环,加工麻烦,外观亦不美观,因小失大不可取。

【iamfree】:doubt 兄为什么认为圆管腹杆宜与弦杆直接焊接?个人认为直接焊接反而会引起附加弯矩,毕竟焊接过程中会存在残余应力导致的附加弯矩。不知到我理解的对不对。

【doubt】:因为在格构柱或塔架结构中腹杆截面与弦杆截面相比均较小,一般不考虑轴力引起的附加弯矩,所以我们在进行结构计算时均将此点设为铰接点而不作为刚接,作为刚接情况的也有,可参《钢结构设计规范》97 页。

【chongyang】:图中节点是不是在工厂预制,然后用法兰连接?

★**【pyl_ok】**:节点是在工厂预制,然后用法兰连接。在两个垂直方向 K 形接点的接点板两端设加劲环,据说是各个部级电力设计院的科研成果,在杂志上没有公开发表。但各部院出的成品却不一样,同样的荷载,华东院设计的南阳 1000kV 变加劲环厚度均为 5mm,华北院设计的晋东南 1000kV 变加劲环厚度均为 10mm。各部院兄弟们,请告知一二。

【dingrenzhen】:华北院设计的考虑冰雪因素要多一点,而华东院设计的这方面考虑就不多。想想 2008 年的冰雪灾害就知道了,东北年年有大雪和冰冻天气,就是没有倒下的。

【weicanlin】:我认为图片中的加劲环只是为了固定弦杆的连接板。

【tfsjwzg】:加劲环的作用是不是为了防止焊接的时候,高温引起的构件变形或者应力集中?

【guanwenjie】:我认为加劲环就是加强了节点处的。构件连接节点处还是较弱的部位,就像钢梁连接节点处加劲一样的作用。

【CGGCENGINEER】:弦杆与腹杆都为圆管时,我采用的是直接焊接,腹杆之间净距50mm。在水平梁与弦杆钢管连接处不论铰接还是刚接都设圆形加劲环。

点评:加劲环是为了解决主管局部稳定问题。

7 变截面柱子用法兰盘连接时的具体做法是怎样的?(tid=72525 2004-10-12)

【novice】:变截面柱子(截面直径差别稍大)用法兰盘连接时的具体做法是怎样的?

【wchq007】:变截面柱法兰盘连接与圆管柱法兰盘连接做法我想应该一样。找出变截面处的弯矩和剪力,求出所需螺栓数目,验算最外侧螺栓的承载力。计算可参考同济马人乐教授的有关做法。

【novice】:我做的钢管柱的直径是上柱 1.6m、下柱 1.8m,想用法兰连接。由于没有工程经验,还请有工程经验的高手给予指导。这种连接的法兰做法是什么样子的?有大样图更好。还有什么理论计算技巧吗?

【kswu】:建议参考《钢管混凝土结构设计与施工规程》JCJ 01—89 第 8.0.4 条,同时有附图:管径不同时的高空对接接头。

【wfcwb】:钢管柱 1.8m 变到 1.6m,截面变化不大,按常规的法兰连接即可,根据实际需要可以做成外法兰或者内法兰连接,连接螺栓采用高强度螺栓,计算连接螺栓型号、数量和连接法兰厚度,另外杆体和法兰加筋板。

8 如何将法兰连接做的美观些?(tid=135399 2006-5-27)

【心逸无涛】:本人最近在做一些钢管塔,高度大概 50m 。钢管对接处本来一般采用法兰连接,但最近甲方提出法兰比较难看,希望我们出个不用法兰连接的方案或者是改良的美观点的法兰。

【torcher】:可以采用内法兰连接,一般外法兰凸在外面难看一些,内法兰视觉效果可能好一些,不过加工、安装难度大一些。

【心逸无涛】:我做的是三管塔,类似管桁架。就是塔柱的管径都比较小,内法兰做不了,忘了说了,不好意思。

★**【正经鱼】**:衬管,直接焊,然后磨平。

【心逸无涛】:我也想过用管套接,但那样的话需要高空焊接,质量不好保证,施工也不方便。而且套管的内径要等于管柱的外径,好像也要精加工才行。

【faraday2005】:可以采用柔性法兰。柔性法兰外观还可以。

【正经鱼】:**心逸无涛**提及“我也想过用管套接,但那样的话需要高空焊接,质量不好保证,施工也不方便。而且套管的内径要等于管柱的外径,好像也要精加工才行。”因为我是搞钢结构的，以前做过的钢管桁架都是这么处理的，衬管不需要特别加工，只要主管切割得要平整，保证一级焊缝是没有问题的。如果只有 50m，如果断面不是很大的话，可以考虑在下面拼接完后，整体进行吊装，因为没有具体施工图，不知可行否？图 2-2-22 连接形式仅供参考。

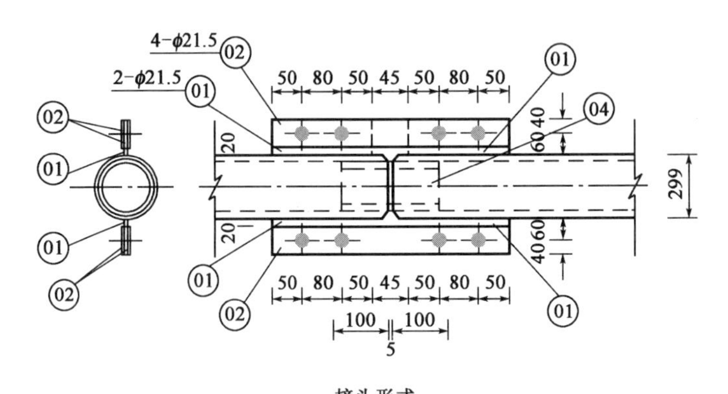

图 2-2-22

【心逸无涛】：不好意思，最近比较忙，没上来看。我觉得**正经鱼**兄说的方案是可行的，我们也想过类似的，只不过我们是将板交叉焊在管内，伸出一定宽度连接上下管。这种竖板比大的法兰板好看些。但可气的是甲方还说难看，最后我们用的是 **faraday** 兄说的无加劲肋的柔性法兰。谢谢各位。

四 其他柱连接

1 钢结构柱的拼接问题（tid＝212989　2009-4-22）

【streamy_79】：柱高 27m，需要做成两段，现场拼接，现场焊接，质量不好控制可以螺栓拼接吗？是不是要按等强度对接计算，那样的话，螺栓需要很多的。可不可以用实际内力计算螺栓数？

【chgh0304】：可以按照拼接处受力计算节点螺栓，拼接位置取中断附近受力较小处。一般取楼层间 1/3～1/4 柱层高，具体根据计算确定。

【闪闪】：参考图集用耳板处理试试。

【wenlishan】：钢柱的对接我们一般做剖口对接焊接，在焊接之前焊上 4 块临时耳板用安装螺栓临时固定，焊完后割掉。

点评：按实际内力设计时，腹板螺栓尚需能承受不小于腹板一半的剪力。

2 箱形柱与圆管直接焊的节点可以用吗？（tid＝211225　2009-3-30）

【cassett】：现在做一个钢结构的小塔楼，上面有个 10m 高的钢管。现在对节点的问题很头疼，把图发上来（见图 2-2-23），让大家给参考提点意见！

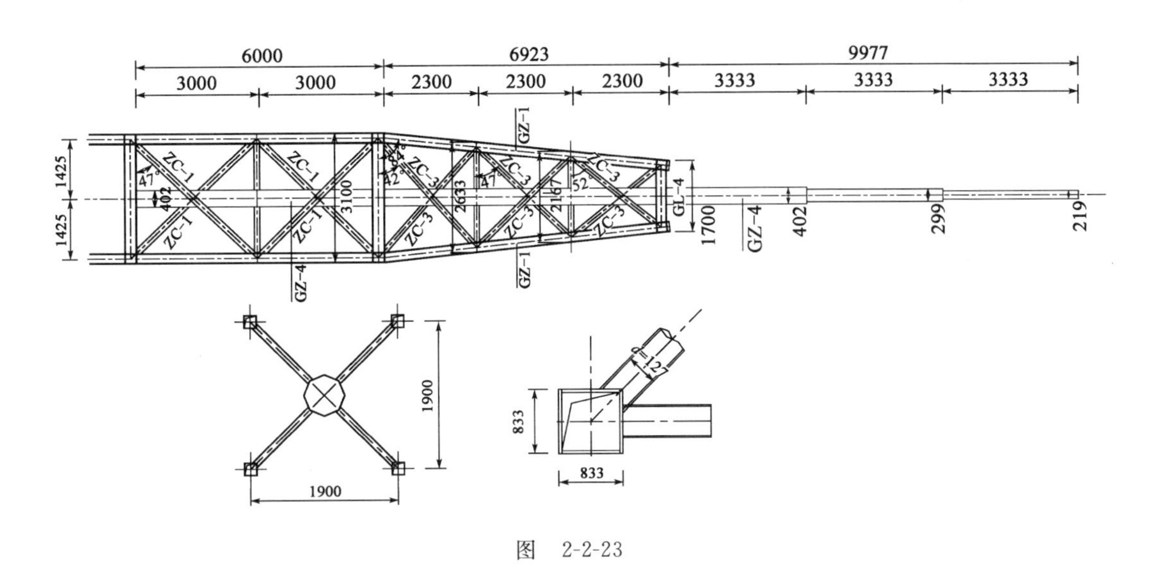

图　2-2-23

中间的横梁是焊接 H300×250×8×12，斜杆也是 ϕ127×6 的，可以采用类似于钢管结构直接焊接的方法连接吗？

【aricson】：问题是钢管焊接在箱形柱的角上，这样不太好吧。

【cassett】：现在问题就在钢管焊在箱形柱角上，有没有别好的办法处理这样的节点啊？

【tfsjwzg】：可以采用相贯焊的节点，支管用数控机械切割。箱形柱里面做劲板就行了。

3　钢柱与钢筋混凝土柱的连接（tid＝46527　2003-12-29）

【ylj_008】：原工程是二层食堂，现由于空间问题，要再加一层钢结构，不知新增钢柱与原有框架柱该如何连接，是不是像与基础连接的一样？

【yunfan】：可以和做基础一样，但是最好做成铰接节点，还有就是要释放掉水平力（柱脚板开长圆孔或采取其他构造），这样上部结构对原有混凝土柱影响较小。

【khan】：这个问题各位前辈已有讨论过：http://okok.org/forum/viewthread.php?tid＝4991，我比较赞同用刚接柱脚。

点评：在已有钢筋混凝土柱上加钢柱，采用铰接连接较为适宜，可以采用化学锚栓的办法。加层时，应当考虑水平剪力的传递。

4　女儿墙和钢柱的连接，为什么都采用焊接呢？（tid＝192551　2008-6-10）

【我是小强】：最近制作一批钢柱的加工活，女儿墙和钢柱的连接为焊接，在制造过程中因为焊接变形，女儿墙向内弯曲，没办法只能矫正。到工地后，在运输中又把女儿墙给压弯了。没法，又只能矫正。

等钢柱安装好后，因为女儿墙有 3.5m 高，在下面明显可以看出女儿墙不在一条直线上，有 50mm 偏差。我认为不能采用螺栓连接吗，安装时可以用螺栓进行调整啊。

【dajiang2008】：长度不大时可以采用螺栓连接，但长度过长时普通螺栓连接不牢靠，建议用螺栓连接后再焊接！

【yongyin】：既然有 3.5m 高，相信女儿墙柱截面不会小，应该可以控制变形的，如果因为运输变形，就应该现场焊接。3.5m 高女儿墙柱不宜螺栓连接。

【dingxuemin】：To **我是小强**：钢柱在加工厂就直接和女儿墙焊接在一起吗？例如女儿墙是直接焊在柱顶，相邻柱之间的女儿墙只支撑在柱子上吗？有图片吗？能否传一下呢？

【我是小强】：现场焊接来不及。女儿墙有 200×180×10×6 的规格。

【ZHOUCY888】：如 **yongyin** 所述，"既然有 3.5m 高，相信女儿墙柱截面不会小，应该可以控制变形的，如果因为运输变形，就应该现场焊接。3.5m 高女儿墙柱不宜螺栓连接。"

采用焊接还是螺栓连接，与女儿墙柱大小没有多大关系的。如女儿墙柱小是焊接方便，如太大一定是螺栓连接方便，具体如何实施，需要考虑到施工现场的安全与条件。应当尽量减少现场的高空作业，也是设计考虑的因素。螺栓连接是通过计算来决定的。

【royalshark】：个人认为，焊接还有施工法省料的原因，焊接方便，快捷！

【zjcygggs】：也只能这样了。焊接还有施工方省料的原因。

【xw-7】：我一直以来都是采用高强螺栓连接，这样方便安装，也容易矫正！

【君 xsteel】：减少现场焊接量，保证焊缝质量。

点评：对于较高的女儿墙小钢柱的连接，应尽量采用螺栓连接，以减少现场焊接工作量。这也是行业发展的一个趋势。

5 混凝土柱上再立钢柱的连接问题（tid＝211313　2009-4-1）

【liyajun213】：图 2-2-24 中下部为钢筋混凝土柱，上部为一根短钢柱，短钢柱上接梯形钢屋架，请问这种连接方式可以吗？其中 M-8 为混凝土柱上的预埋钢板，其下部有锚筋。请问这种连接为刚接还是铰接？

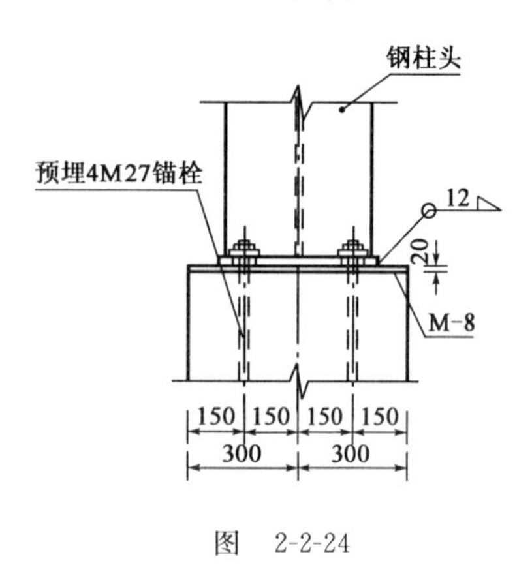

图　2-2-24

【YAJP】：应该是典型的铰接。如果想刚接的话，钢柱部分应做靴梁，与刚接柱脚一个道理。

【liyajun213】：若混凝土柱上的预埋钢板 M-8，其下部有足够的锚筋，而其上的短钢柱头底板又与其焊接了，这样能是典型的铰接吗？

【sdsp】：就各个构件的连接来看，计算理论上看是刚接。但是两种不同材料的构件连接，交界面实际中容易出现破坏，达不到实际的刚接效果。建议埋入一段长度。

★**【liyajun213】**：首先个人觉得这个不是刚接。其一：如 **sdsp** 所说两种不同材料的构件连接，达不到实际的刚接效果；其二：混凝土柱上的预埋钢板 M-8 有 20mm 厚，偏薄，实际受力时可能变形释放掉弯矩。但应该也不能说它就是个铰接。那么这种节点在计算模型中是否应该按铰接来计算？

主要矛盾是模型刚接了，实际却达不到刚接，担心钢屋架；模型铰接了，实际达不到铰接，担心混凝土柱。但如果刚接和铰接各构件都能计算通过的话，个人认为这个连接是可以的。

继续求教一下：如果把焊缝取消了，那么是不是就是典型的铰接了呢？现在剪力是轴力的 0.2 倍，是不是不需要设抗剪键？

★**【liuxz9】**：应该按铰接考虑。这样您的梯形钢屋架与钢柱应该做成刚接。柱子分成混凝土和钢结构两段，好像应该作为超限设计。

【sdsp】：To **liyajun213**：如果觉得是预埋钢板薄了，给它加个十字肋如何？

【liyajun213】：**liuxz9** 兄提到："应该按铰接考虑。这样您的梯形钢屋架与钢柱应该做成刚接。柱子分成混凝土和钢结构两段，好像应该作为超限设计。"

有两个疑问请教下：

(1)焊缝不取消的情况也应该按铰接考虑吗？

(2)为什么要做超限设计，超什么限了？

【tfsjwzg】：相当于基础短柱上面的钢柱，当然可以做刚接设计了。超限不超限主要是看下面的混凝土柱是不是被嵌固了，如果是基础短柱，就不超限；如果是框架柱，周围没有土或者其他的能起到嵌固作用的措施，就是超限的。超限牵涉到混凝土和钢结构阻尼比不同，刚度有突变等。

点评：钢柱与钢筋混凝土柱的连接，通常按照铰接节点设计。图中的做法，锚栓位于翼缘板内侧，也是典型的铰接节点做法。

6 立柱的稳定性（tid＝67545　2004-8-17）

【孤月】：小弟有个立柱的稳定性问题要请教各位大侠，如图 2-2-25，如何验算格构柱的稳定性？用何公式？

【dxy】：应该参照钢结构书按压弯构件计算吧。

【welspring】：画出轴力图和弯矩图，可见压力比较小，压力最大的截面在柱脚，而弯矩最大截面在跨中。我个人认为用受弯构件来验算也可以。

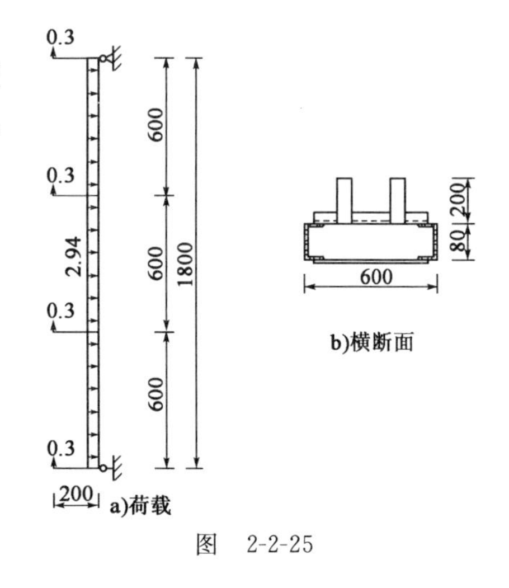

图　2-2-25

【孤月】：我的问题是是否按如下公式计算

$$\frac{N}{\varphi_x A}+\frac{\beta_{mx}M_x}{W_{1x}\left(1-\varphi_x\frac{N}{N_{Ex}}\right)}\leqslant f$$

式中：φ_x——稳定系数；

N——轴心压力；

β_{mx}——等效弯矩系数；

W_{1x}——截面模量，$W_{1x}=\frac{I_x}{y_0}$；

N_{Ex}——考虑抗力分项系数的欧拉临界力。

M_x 应该怎么计算？挑出部分的集中力产生的弯矩应该如何考虑？请指教！

【wxh80】：不是这个吧，格构柱整体稳定公式

$$\sigma=N/(\varphi_{\min}A)$$

刚度验算

$$\lambda=(l_0/i)\leqslant \max[\lambda]$$

单肢稳定

$$N_1/(\varphi_1 A_1)\leqslant f$$

★**【ahls】**:感觉像是广告牌的竖梁，整体看是一个拉弯件，当然应当根据实际受力状态考虑外力组合，满足局部应力稳定后，控制荷载应当是均布荷载，按受简单弯件计算即可。

点评：应按照拉弯构件或受弯构件设计，根据布置的方向不同，格构构件的受压肢可能需要验算压弯承载力。

第三章　梁与柱连接

一 概念问题

1　梁柱铰接节点的螺栓偏心距如何确定?（tid=169801　2007-7-13）

【SWL】:AB 两种梁柱铰接节点(见图 2-3-1),其螺栓偏心距如何确定? 求合理的解释(因查阅过一些资料,有相矛盾的地方),希望各位高手不吝赐教。

【pingp2000】:回答:第一个图,取 e_1,第二个图,取 e_4。偏心距取到受力轴线的距离。

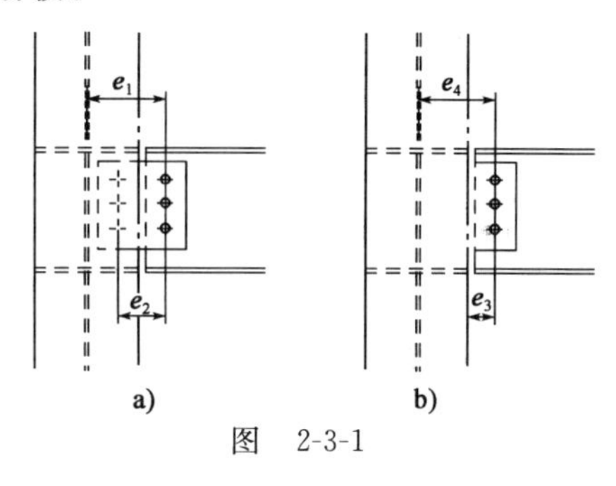

图　2-3-1

【jasontech】:我觉得(偏心距取到受力轴线的距离)第一个图,是不是可以取 $e_1-e_2/2$,第二个图,取 e_4。

【SWL】:《高层民用建筑钢结构技术规程》JGJ 99—98 上,第 73 页,第二个图取 e_3。

《钢结构设计手册》(下册)第三版,第 135 页,第一个图 e 取两组螺栓中心点到柱中线的距离,很莫名其妙。

★**【myorinkan】**:同意 **pingp2000** 兄的意见。根据是:按照美国 AISC1994(Manual of steel construction LRFD Vol 1&2 2nd edition 1994. pdf)。

单板与 H 型钢柱的腹板焊接,从图 2-3-1 看,相对于梁,钢柱弱轴的刚性不足以提供刚性支持。按 AISC,偏心距应为:$e_b=a=e_1$[图 a)],或 e_4[图 b)]。[注:附件中的图 1=图 2-3-1a),图 2=图 2-3-1b)]。

声明一下,a 是螺栓中心至垂直连接板焊缝间的距离。

我把 AISC1994 的有关部分摘了下来,请大家看附件 2-3-1。

查了一下过去的日本标准和书(手中没有最近几年的资料),关于单板与腹板焊接,没找到明确说法。希望这个问题的讨论能够更加深入。

附件 2-3-1

A flexible support possesses relatively low rotational stiffmess and permits the adjacent simply supported beam end rotation to be accommodated primarily through this supporting member's rotation. Such an end condition may exist with ome-sided beam-to-girder web connections or with deep beams connected to relatively light columns. For a flexible support with standard holes

$$e_b=|(n-1)-a|\geqslant a$$

弹性支持、标准螺栓孔、单板铰接的偏心距 $e_b\geqslant a$
图 2-3-1 中,a)　$e_b=a=e_1$　　b)　$e_b=a=e_4$

where a is the distance between the bolt line and weld line ,and n is the number of bolts.

For a flexible support with short-slotted holes

$$e_b=\left|\frac{2n}{3}-a\right|\geqslant a$$

摘自 AISC1994 第 1616 页

In contrast, a rigid support possesses relatively high rotational stiffness which constrains the adjacent simply supported beam end rotation to occur primarily within the and connection, such as a beam-to-column-flange connection or two concurrent beam-to-girder-web connections. For a rigid support with standard holes

$$e_b=|(n-1)-a|$$

刚性支撑、标准螺栓孔、单板铰接的偏心距 e_b 的计算式

For a rigid support with short-slotted holes

$$e_b=\left|\frac{2n}{3}-a\right|$$

介于刚性与弹性之间的支撑、单板铰接的偏心距 e_b 取上述计算式中的较大值。

When the support condition is intermediate between flexible and rigid or cannot be readily classified as flexible or rigid, the larger value of e_b may conservatively be taken from the above equations.

【myorinkan】:继续我上面的发言。有两种单板连接：

(1)单板抗剪连接。这种连接用于连接梁与梁、或梁与柱翼缘。特征是被支持的梁端非常接近支持体(梁的腹板或柱的翼缘)。支持体(梁或柱)的设计不考虑偏心的附加弯矩。

(2)延伸式单板抗剪连接。这种连接用于连接梁与梁、或梁与柱腹板。特征是被支撑的梁端与支撑梁或支撑柱的翼缘离缝。支撑体(梁或柱)的设计必须考虑由于偏心引起的附加弯矩。

图 2-3-1 均属于延伸式单板抗剪连接。偏心分别为 e_1 和 e_4。请注意，除连接螺栓外，在柱及连接的设计中，还应该考虑这一附加弯矩。

请看 2003 年 4 月美国《现代钢结构》的一篇文章，题目是：Designing with single plate connections。希望这篇文章对我们的讨论有所裨益。

下载地址：http://okok.org/forum/viewthread.php? tid=169801

2 梁柱刚接计算时为什么不考虑轴力的影响？(tid=172062　2007-8-17)

【结构力学】:梁柱刚接计算时，弯矩由翼缘和腹板共同承担，剪力全部由腹板承担，有时梁的轴力也很大，为什么不考虑轴力对节点的影响？若要考虑，如何在翼缘和腹板中分配？

【yuanda2】:对于一般的框架或刚架梁柱节点，轴力不大。请举轴力较大的例子。轴力按刚度分配！

【zcm-c. w.】:一般结构都是刚性楼盖，平面内刚度无限大，水平荷载都是作用在刚性楼盖上通过刚性楼盖进行传递的，梁上分担的轴力很少，可不计。采用单榀框架计算，轴力再大都不考虑，因计算简图与实际不符。

点评：当梁的轴力较大时，需要考虑轴力，应按照拉弯或压弯构件计算。通常情况，钢梁的弯矩相对较小，可以忽略不计。

3 钢梁能否与钢柱偏心？(tid=211947　2009-4-8)

【wenlishan】:我现在做一个工程，要由原来的混凝土框架改变成为了钢结构框架。建筑

图上采用砖墙围护，要求墙内皮与钢柱外边平齐。为此，钢梁就得移到柱子的外面，这样的话钢梁的中心线就不是与钢柱的中心线对齐的，而是有偏心的。请问能做成与钢柱偏心的钢梁吗？因为我以前见过的工程都是钢梁与钢柱中心对齐的。

【我是谁是我】：钢梁应该与柱子的剪心对齐，否则相当于给柱子加了一个扭转力，而钢柱的抗扭能力是很弱的，而且程序也无法计算扭转对柱子产生的翘曲应力。我们的做法是钢梁还是对中，在柱子外侧做牛腿，牛腿上放混凝土墙梁来承担砖墙荷载，还有如果房子不是很高的话，可以将砖墙荷载直接传到基础梁上，墙高超过 4m 时，中间加圈梁。

【tfsjwzg】：做偏心的很正常，一般都是建筑外侧几个梁要做偏心，对柱的平面内稳定能起到正面作用，除了感觉不合平常的思维以外，没什么别的，基础再考虑个小偏心就行了。

【山西洪洞人（山西洪洞人）】：关于梁柱的偏心在《高层建筑混凝土结构技术规程》JGJ 3—2002 里面有明确的条文规定，而且不止一次提出，有一点是可以确认的，梁柱中心对正无偏心时，对抗震是有利的，反之，应该考虑其不利影响。

《高层建筑混凝土结构技术规程》第 6.1.3 条中有规定："框架梁、柱中心线宜重合。当梁柱中心线不能重合时，在计算中应考虑偏心对梁柱节点核心区受力和构造的不利影响，以及梁荷载对柱子的偏心影响。梁、柱中心线之间的偏心距，9 度抗震设计时不应大于柱截面在该方向宽度的 1/4；非抗震设计和 6～8 度抗震设计时不宜大于柱截面在该方向宽度的 1/4，如偏心距大于该方向柱宽的 1/4 时，可采取增设梁的水平加腋等措施。设置水平加腋后，仍须考虑梁柱偏心的不利影响。"

点评：**山西洪洞人（山西洪洞人）**引用的是《高层建筑混凝土结构技术规程》，对于钢框架结构的要求应该与之有所区别。对于一般多层钢框架结构，如果梁柱连接有偏心，结构计算时需要考虑这种偏心的不利影响。

此外，还可以在结构方案上解决这样的偏心问题。例如，砖墙围护结构，多半是钢筋混凝土楼面。我们可以将钢梁布置在钢柱翼缘范围之内，将钢筋混凝土楼板挑出柱外，支承墙重。这样就可以避免梁柱偏心问题。只是在设计楼板时，需要考虑楼板的抗剪和抗弯能力。

4 高强螺栓只能连接于钢梁腹板的上半部分有没有问题？（tid＝151038 2006-11-10）

【bai_pppp】：铰接钢梁，连接于钢筋混凝土柱上。由于预埋件位置与尺寸的限制，连接钢梁的高强螺栓只能连接于钢梁腹板的上半部分（如图 2-3-2），这样有没有问题？如何改进？

【呆呆虫】：只要高强螺栓抗剪计算通过，这样连接没什么问题。因为简支梁，端部弯矩为零。

【金领布波】：若抗剪计算通不过，可在节点板下设一角钢，一肢用膨胀螺栓或化学螺栓连于柱上，一肢用高强螺栓连于钢梁腹板。但这样做也有缺点，后补的角钢定位若不准，钢梁腹板开孔不易对上。

★**【jourer】**：一定要验算一下外部节点板与混凝土柱连接的埋件焊缝的长度，看看是不是满足抗剪要求。螺栓不是问题，一排计算不够可以做两排、三排，焊缝若不满足就全完了，没有高招解救。

【含羞草】:我手里现有一个工程就这种形式连接的(见图 2-3-3),我总是看有点担心。

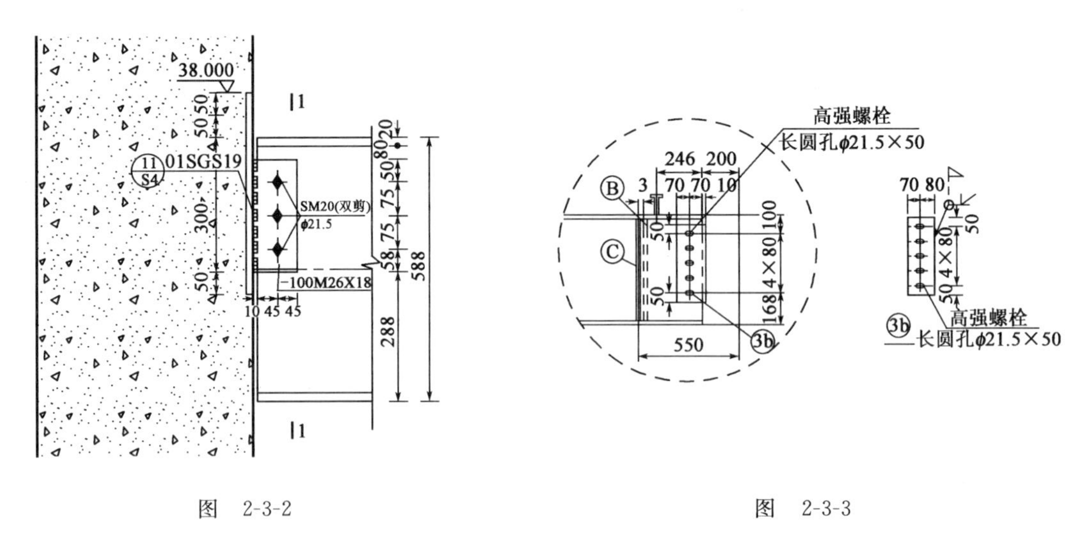

图　2-3-2　　　　　　　　　　　　　　图　2-3-3

【duxingke】:是双剪的螺栓吧？按铰接计算受剪螺栓的数目是可以的;对于焊缝,不仅要计算剪应力,还要计算节点形式引起的次弯矩应力,弯矩荷载取螺栓处的剪力,力臂取螺栓至焊缝的距离。

点评:bai_pppp 提出的问题,可能是由于方案改动,而引起了连接节点不相对应。

从楼主提供的图上看,梁截面高度 588mm,钢梁翼缘 20mm 厚。可以推断梁的受力也较大。连接节点为仅局部与钢梁腹板螺栓连接。这样的节点处理必须是连接节点的承载力(抗剪和抗弯)都能满足要求。如果不能满足承载力要求时,可以采取一个节点转换的方式来处理。连接方式如图 2-3-4所示。该节点的应用前提是,预埋件和钢梁都能满足承载力要求。

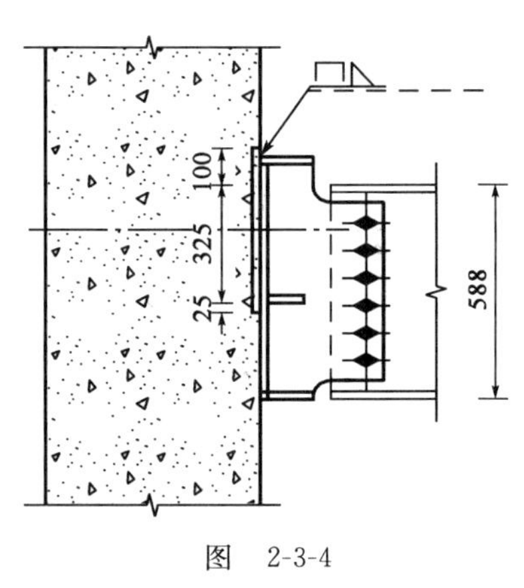

图　2-3-4

5　钢梁与混凝土柱刚性连接,弯矩对混凝土柱的影响如何考虑?

(tid=132981　2006-5-6)

【ahhuicao】:如题,框架混凝土柱中部加钢梁!(单层结构改双层),柱距 7.2m×7.2m 混凝土柱截面 600×600(见图2-3-5)。

因为是单边加层,连接节点为刚接,弯矩对混凝土柱的影响必然会比较大。那么这个弯矩对原结构有什么影响呢?需要做什么处理么?

另外,悬挑 1800mm 节点刚接,那么对应的后面跨的次梁取刚接好还是铰接好呢?也就是次梁有必要做成刚接么?

我在 3D3S 的模型可不可以这样建,混凝土柱简化为一根短柱(按 1000mm),柱底刚接。

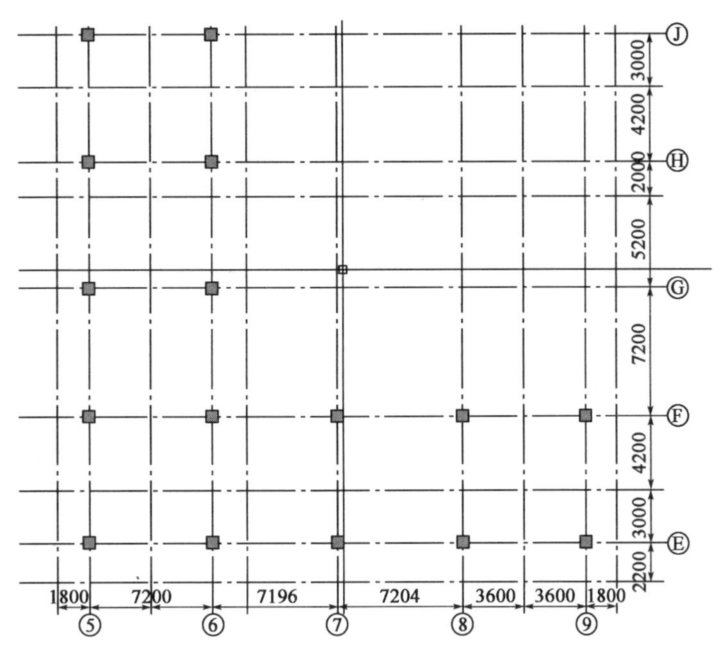

图　2-3-5

这种方法结果与把原来的框架全部重新按实建立到模型，相差会大么？

【lessoryjoan】：前段时间恰好做过这样类型的夹层，建模用 SAP2000，并未将柱子建进去，而且即使采用刚接，以您的柱距（我的柱距 12m×12m）弯矩不会很大，柱子完全承受得了。

点评：改造项目，新加钢梁不宜与既有混凝土柱做成刚接。这样的刚接节点实际很难实现。

6　这种连接有没有问题？（tid＝91393　2005-4-15）

【钢柱子】：请大家帮看看这种连接形式是否有问题（如图 2-3-6）。

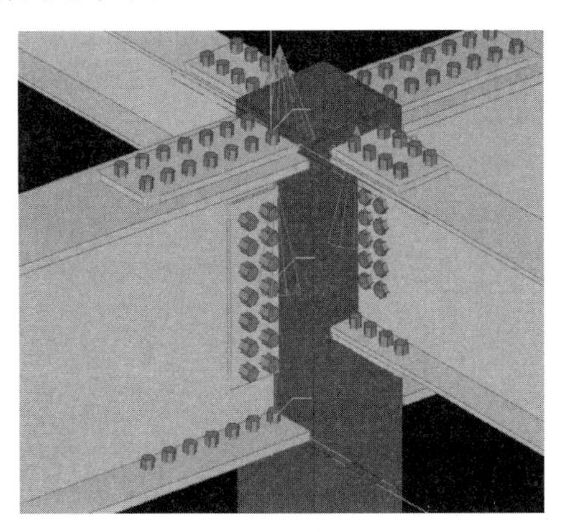

图　2-3-6

★**【liukaicai】**：这种连接有非常大的缺陷：该节点没有构造措施，假如上下翼缘的螺栓强度足够大的话，主梁上翼缘与箱形柱的接合部容易因受拉或受压变形，无抗震能力。

改进方式为：箱形柱内设水平横隔板，或节点四周增加加劲肋。具体做法见《高层钢结构节点图集》。

【JP. G】：节点好像应该离开柱子一段距离吧，怎么可以这么靠近柱？

★**【jianfeng】**：(1)如果梁宽为两种，箱形柱与梁上、下翼缘对应处须设三道水平加劲肋（内连式、外连式或贯通式）。

(2)翼缘连接盖板太小，盖板截面积应大于相应翼缘截面积。

(3)建议腹板仍用高强螺栓连接并兼作安装螺栓，翼缘采用坡口对接焊缝与柱相连。

【xiyu_zhao】：图 2-3-7 的连接方式，在受力上是没有问题的，只是由于连接板的原因，压型钢板不可能铺在同一个平面上，除非破坏压型钢板的板肋，即使铺上压型钢板了，由于高强螺栓的原因，无法焊接栓钉，压型钢板没有办法与钢梁连接。所以，这种节点做法是不能实现的。

图　2-3-7

【wind_wind】：应该没有。

【混合结构】：我认为这个节点归根到底的连接就是靠上下翼缘和腹板的连接板和柱焊接：

(1)这三块连接板的宽度都不大，所以三块连接板所组成的截面抗弯截面模量很小，在柱子和梁刚性连接时就会节点连接板变形很大，从而导致结构的不稳定。

(2)这个节点如果像楼上的发的照片那个样子，不是在最端头接，可能会可以，因为弯矩小了。

点评：关于楼主的问题：

(1)对应翼缘位置，箱形柱内应设置横隔板。

(2)腹板可用螺栓连接，翼缘可改用焊接连接。

7　柱顶节点(tid＝93994　2005-5-6)

【JP. G】：请教一下，柱顶可否不加设柱顶板？我做的工程柱腹板外伸两个牛腿与梁连接。我想不加设柱顶板。牛腿为三片板组成，牛腿的翼板与柱顶平齐，焊接采用坡口焊。这种方法可行吗？

【lyptec】：当然要有顶板了，否则柱腹板怎么能承受牛腿翼缘的拉力呢。根据您的讲法可将两个牛腿翼缘合为一通长板，盖在柱顶，柱的翼缘、腹板与顶板可用角焊缝焊接。

【LYB】：可以不设通长的顶板，但应在对应牛腿上下翼缘的钢柱截面内设置加劲板，板厚宜与钢柱翼缘相同，此为构造要求，为的是使钢柱的 H 形截面整体参加工作；否则牛腿传递过来的弯矩首先转化为腹板与单面翼缘之间的拉力，这对 H 型钢很危险，同时设置加劲板能防止钢柱腹板在压力作用下出现屈曲。

8　关于梁柱节点验算的疑问(tid＝147943　2006-10-9)

【mrabiao】：求助各位高手，本人第一次做钢结构节点设计，遇到一柱与梁的刚接节点设计问题，由于采用的是软件自动生成的节点设计，本人需手动复核一下：

H 型钢梁与 H 型钢柱的强轴刚接，采用的节点板高强螺栓和焊接连接，见图 2-3-8。本人对传力过程不甚理解，螺栓和焊缝是否能同时起抵抗外力？还是说，梁上的力先通过螺栓传给节点板，然后再通过节点板与柱的焊缝传给柱子，请问大家，这样的节点应如何计算？

【aExile】:高强螺栓传递的是剪力,上下翼缘焊接连接是传递弯矩的。具体计算您可以参考节点设计手册。还有您的螺栓似乎也太多了。

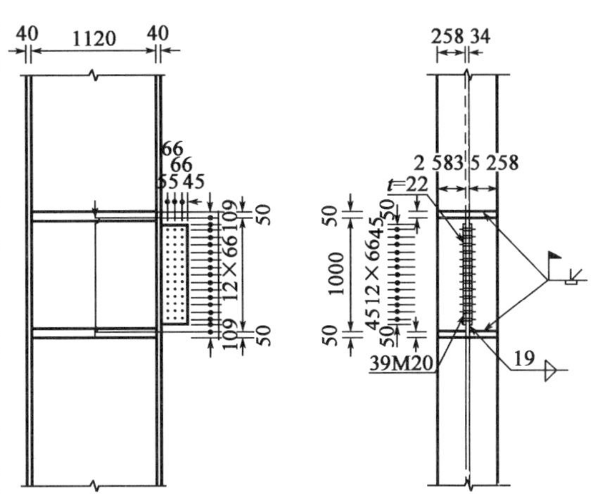

图　2-3-8

【mrabiao】:您所讲的焊缝是不是指梁的上下翼缘焊在柱的翼缘板上的上下两个焊缝?那么节点板与柱的翼缘板的焊缝是否也是传递螺栓传来的剪力而不传递弯矩?还有,从图上看,梁有部分伸入柱子内,这个地方不太理解,梁为何穿透柱的翼缘板?谢谢!

【jekin】:您给的图纸中的节点,个人认为是不正确的。应该没有这种做法。钢梁翼缘直接跟柱翼缘坡口焊接即可。如果是非抗震设计,则可以采用简易计算法,即翼缘承担弯矩 $M/[(H-T_f)T_fB]<f_y$,腹板验算抗剪,当为抗震设计时,应采用塑性设计,计入腹板抗弯。即

$$f_yT_fB(H-T_F)+0.25T_w(H-2T_f)(H-2T_f)f_y=M_P$$

式中:T_f——钢梁翼缘厚;

B——翼缘宽;

T_w——腹板厚。

同时验算 $1.2M_P<M_u$,同时验算腹板极限抗剪。

【kitty_bin】:同意 **mrabiao** 的观点,认为节点本身存在问题。LZ 也没有给出较详尽的荷载信息可以解释为何使用如此多的螺栓。这个节点看似是钢结构中的典型节点,翼缘受弯用焊接,腹板受剪用螺栓连接。

【mrabiao】:该节点的力为:$M=5739$kN·m,$N=1253$kN,$Q=3072$kN,各位再帮忙看看,螺栓用量是否太大。谢谢。

【bill-shu】:如果剪力全用螺栓承担,10.9S 39M20 是不够的。承载力$=0.9\times0.5\times155\times39=2720$kN。建议按钢结构节点设计手册的计算方法和做法设计。

【qjsh】:上楼计算时,少考虑了摩擦面。螺栓用量有点大。其实很好算的,高强螺栓承受拉力和剪力,根据规范手算下就知道了。还有那个节点图有误。

【mrabiao】:请问连接板与腹板翼缘的焊缝也是做成对接焊缝吗?那其受力是否只考虑承受螺栓连接传来的剪力?谢谢楼上各位热心回答,本人在此问题上得到很多帮助,再次感谢!

★**【luyangtumu】**:首先要搞清楚该节点的传力路径,梁上所受的剪力 V 和弯矩 M 通过两种途径传到柱子上:

(1)通过梁上下翼缘与柱子之间的焊缝传递一部分剪力和弯矩,直接传到柱上;

(2)另一部分弯矩和剪力先传到节点板上,再通过节点板和柱翼缘之间的焊缝传递到柱上。

然而,考虑到梁上下翼缘承受剪力有限,可认为剪力全部通过节点板传递,弯矩可以认为全部由梁上下翼缘处焊缝承担(也可以认为传递一部分),那么验算如下:

(1)梁上下翼缘处焊缝仅承受全部弯矩 M。

(2)节点板处螺栓承受全部剪力V。

(3)节点板处焊缝承担全部剪力V。

(4)再对梁截面进行抗弯(M)和抗剪（V）的净截面验算；节点板进行抗剪(V)的净截面验算。

这样受力比较明确，如果梁翼缘承担弯矩实在不满足，可以考虑螺栓也受一部分弯矩，验算随之改变即可。

点评：(1)软件直接生成的图有错误，梁端不应伸入柱内；(2)简化计算，可按翼缘焊缝只承受弯矩，螺栓只承受剪力。

9 这样的节点如何做？（tid＝122924　2006-1-27）

【balbelite】：圆钢管梁和焊接H型钢梁如何刚性连接？最近做一个结构，业主一定要求这样做。

我开始考虑钢管穿过H型钢的腹板，保证钢管的连续，又保证H型钢对钢管的可靠连接。这样腹板会不会削弱啊？H型钢梁高250mm，钢管直径80～100mm。请大家多多指教啊！

【xiyu_zhao】：钢管穿过H型钢腹板做成刚接是可以的，不过肯定会对腹板有削弱，可以采用设加劲肋或局部加厚的办法来解决这个问题。不过钢管梁穿过H型钢梁腹板，标高基本上就没有调节空间了，建议您说服业主将钢管改为H型钢，那样子标高还是比较好调节的。

【balbelite】：感谢楼上的指点，我现在也在为这个节点在发愁，小弟我也是刚刚从事钢结构不久，只是了解一些相当皮毛的东西，还请大家不吝赐教。

【wind_wind】：设计时应注意安装的需求，钢管直接穿过H型钢梁腹板不好安装。两根构件必须切断一根。

【niuchuanquan】：我觉得还是在厂里将一段H型钢同钢管刚接后，再在现场将两个H型钢刚接比较好。

【balbelite】：如**niuchuanquan**所述："我觉得还是在厂里将一段H型钢同钢管刚接后，再在现场将两个H型钢刚接比较好。"能说说具体如何做到刚接呢？我现在就是还没考虑好这个问题。

【balbelite】：小弟还有一事请教，就是在工型梁腹板开洞时应该如何计算呢？

【混合结构】：我认钢管穿过钢梁的腹板时，只要沿着钢管和钢梁的交接处焊死，这样并不会削弱钢梁的腹板。只不过您是刚接，那么腹板受弯，这样很不利。要想办法加加劲肋。保证腹板不会变形。

【tfsjwzg】：楼主您可以大致算下截面的削弱情况啊！

比如只在M_x作用下：

削弱后

$$W_{x1}=250\times250b/12-100\times100b/12=4375b$$

削弱前

$$W_{x2}=250\times250b/12=5208b$$

由比较可以看出：在抗弯的情况削弱不了多少的。但是我还是不赞成您那种做法，您那样不知道怎么保证做成刚接的？

要是用连接板拼接好像会更合适一点，焊缝＋螺栓可以做成刚接的，而且强度，刚度也不会削弱。

点评：需设加劲肋来实现刚接。

10 节点板连接的一点疑问（tid＝2554 2001-11-23）

【jinc】：在梁柱的连接处，如果我的节点板是垂直于梁的，假设我的柱翼缘厚度为 12mm，节点板厚 25mm，那么此两构件的厚度相差 13mm，请问诸位：如此情况的对接连接应当怎样消除应力集中问题。

【pplbb】：要看您是什么连接方式，如果是螺栓连接，需要按照规范计算所需螺栓大小，注意螺栓与节点板的位置要满足构造要求。如果是焊接，按照规范，焊缝高度不能超过限值（见《钢结构设计规范》8.2.7 条），另外就是要保证焊接质量另外，您的节点板是不是太厚了？

【okok】：好像没有"应力集中"的问题。如果节点板计算需要那么厚，您的柱子要当心了。要谨慎计算柱子的横向加劲肋。是框架还是其他结构形式？

【lch】：指的应该是门式刚架柱翼缘与竖放节点板的连接处。柱翼缘较薄，节点板较厚，按《钢结构设计规范》（GBJ 17—88）确有应力突变问题。但门式刚架设计中又从未见到有人将节点板过渡放坡，规程中也未曾提到，我一直也有疑问。请高手们指点。

【North Steel】：我不了解详情，仅提几点：

（1）"节点板"如是连接板，其厚度按次梁连接计算定。如是加劲板，其厚度按主梁稳定计算定。

（2）连接板与主梁的焊缝高度按次梁荷载定。其构造要求就会控制连接板与主梁腹板的厚度关系。

（3）因此焊缝高度与焊件厚度的构造要求是关键，在设计中无需考虑应力集中。

【jasonchang】：在角区本身应力就复杂，存在应力突变和应力转折，各种连接中应力集中现象肯定有，只是强弱的不同。我想对角斜拼可能会小一些，但实际很少这样做的；也有书籍介绍角区采用内圆角过渡，并采用放射状径向加劲肋。

【lht】：节点板与柱翼缘板的连接确实存在这方面的问题。现在的软件按规范计算出的节点板都很厚，而柱翼缘板较薄，我个人认为还是应按《钢结构设计规范》将节点板过渡放坡。我们做工程总得找个设计依据，不能凭想象。另外，STS 软件中通过加加劲肋可降低节点板的厚度。您可试一试。

【North Steel】：请教一下：

（1）焊缝的等级是根据什么确定的？

（2）熔透焊和角焊缝是否都有等级要求？为什么？

【pplbb】：焊缝等级由您自己确定，但一般情况下，重要节点的对接焊缝需要一级焊缝，一般节点的对接焊缝和重要结构的角焊缝需要二级，次要结构的角焊缝可以三级。这不是绝对的，具体问题具体分析，级别高的，施工要求就越高，工期就相应增加。

点评：（1）端板连接是门式刚架连接的基本方式。采用时，应选取合适的端板厚度，并设置适当的肋板才能实现真正意义上的刚接。

(2)对于建筑钢结构的焊缝质量等级要求为：对接等强焊缝为二级或者更高；角焊缝一般为三级。对于重要部位及直接承受动力荷载的对接焊缝应为一级焊缝。

11 关于加强环板几何尺寸的确定(tid＝101226　2005-7-2)

【长流】:请教诸位大侠,在圆钢管柱与工字钢梁的连接问题,大都采用加强环板形式。加强环板的几何尺寸如何确定？在钢管混凝土中有相关计算环板的公式,不知道是否能在纯钢管柱套用！

【abinggege】:我也刚好碰到一样的问题,在新版《钢结构连接节点设计手册》中有相关规定。

借贵帖宝地一用,提个相关问题,如图 2-3-9 所示,在圆钢管柱与工字钢梁的连接的框架结构中,顶层节点钢管柱伸出来 38mm,然后再用 12mm 厚钢板封口,这样我压型钢板组合楼板板底与梁顶平,碰到这个柱子伸出来 50mm,怎么处理呀。或者大家有没有更好的处理办法？

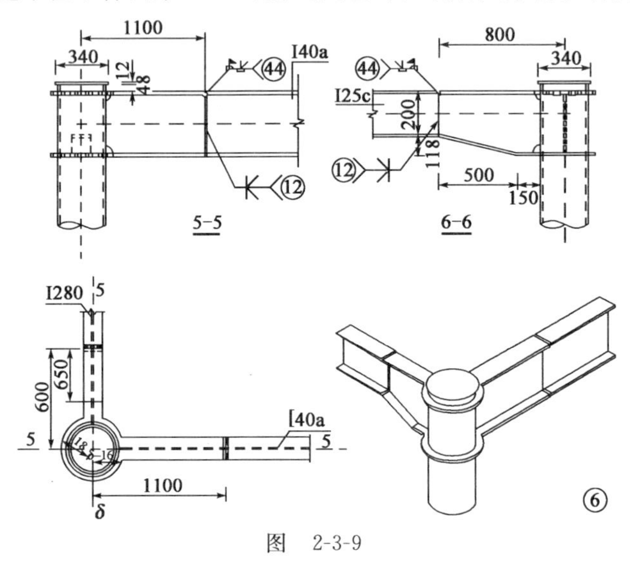

图　2-3-9

另外再请教一下,圆钢管柱采用普通焊接钢管和高频焊接钢管、无缝钢管有什么区别,常用的都是什么钢管。经济性比较如何？谢谢了！

★【smomo（北风）】:三楼的问题,压型钢板在柱子位置断开,按简支考虑,压型钢板可以支承在柱子的环板上,并不影响使用。

四楼的问题:圆钢管柱在管径较小,壁厚较薄时可采用直缝焊接钢管;管径较大,壁厚较薄时,可采用螺旋焊管;壁厚较大时,就只有采用无缝钢管了;其中螺旋焊管造价最低,但是外观要差一些。

点评:压型钢板碰到柱子等障碍时,角部需做切割处理。此时,需要在梁上设角隅撑。角隅撑可用角钢制作。

12 环形加劲肋如何计算？(tid＝116848　2005-11-27)

【dkny7717】:一立柱为钢管在离柱脚 1m 高处有一钢管斜撑与立柱相贯,想在该处立柱管内设置环形加劲肋，请问加了环形加劲肋后该处的局部应力如何计算。

★**【yuan80858】**：对于设置内部环形加劲的管接头强度评价可参考 API 规范公式或其他钢管结构的公式。应该说为了提高管接头的局部强度，在弦杆内部加劲过去还是常用的方法，但是由于焊接比较麻烦，现在都是采用直接对接头处的弦杆局部加厚来处理了。如果有可能的话，建议在设计中采用增加局部弦杆壁厚的方法。

13 各位看看这个节点做法怎么样？（tid＝43844　2003-11-29）

【BICYCLEREN】：如图 2-3-10，梁柱刚接，但梁有高差，从 54mm 到 140mm。请问在不用高强螺栓（栓焊）连接前提下，这个节点怎么做比较好？

此图梁上盖板高差相隔太近，不方便施工。

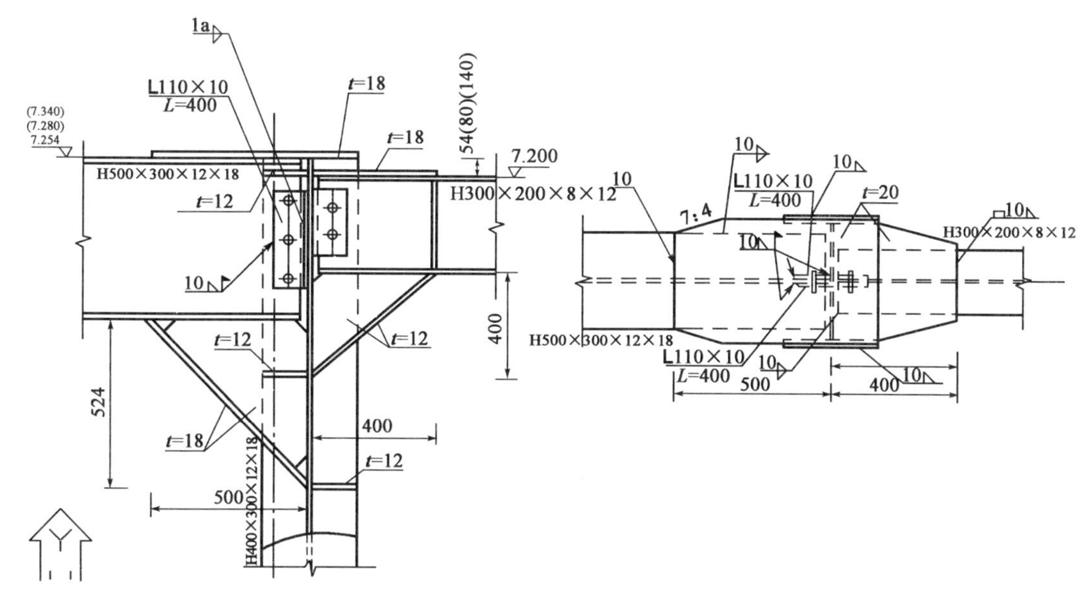

图　2-3-10

【zhulei】：梁端做成铰接节点较好。

【tangsen】：这种办法不是太好，现场焊接量太大而且不好操作。实际上，您可以在柱顶上设计两只牛腿，牛腿在工厂焊好，上下翼缘板同腹板均错开 200mm，并开工地焊坡口，梁在工地对接，腹板也可以焊接。这样更容易操作。

【cxlcxl】：H 型钢两边的连接板，一般设计时都计算了三面围焊的焊缝长度，但施工时连接板上下两个角焊缝，焊缝位置离 H 型钢上下翼缘板内侧太近了就是不好焊，不知有什么好办法？

点评：在结构设计中，应该考虑足够安装操作空间，便于实施。此外，在加工安装过程中，也要注意先后顺序。

类似这样的梁柱刚接节点可以简化一下，按照变截面高度钢梁的连接方法处理。请参考《钢结构连接节点设计手册》中推荐的方法。如图 2-3-11 所示。

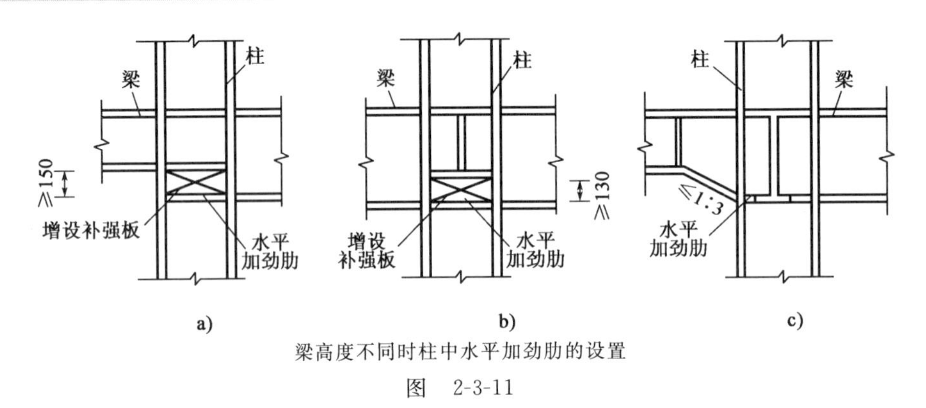

梁高度不同时柱中水平加劲肋的设置

图 2-3-11

二 一般梁柱连接

1 边柱与梁连接的问题（tid＝87486 2005-3-16）

【独孤求学】：本人从事钢结构不久，有个问题请教各位大侠；

一般来说柱子与梁连接都是下面支托顶一块连接板，然后拧紧螺栓；这次发现边柱与梁连接处翼缘板切除，连接板直接顶到了翼缘板上，而且厚度相差8mm(12/20)。请问：

(1)两种做法分别用在哪些情况下应用。

(2)相差8mm需要开坡口吗？谢谢！

【allan】：(1)个人猜测您说的第一种可能是框架梁柱铰接节点中的一种，现实工程中常用的铰接做法是柱子伸出一块连接板与梁的腹板螺栓连接；理论上您说的那种做法从构造上看更接近铰接，不过加工和施工上比常用的复杂一点。

(2)也有可能您说的是门式刚架中端板横放的节点形式，这样的形式一般不常用，当屋面采用内天沟且天沟很宽的时候可以选择这样的形式。

(3)您说的第二个问题是：目前PKPM-STS版本中，常用的门式刚架边柱梁柱端板竖放刚接节点，变截面加工时需要开坡口。

(4)第一种一般用于框架结构，第二种一般用于门式刚架。

具体可见图2-3-12。

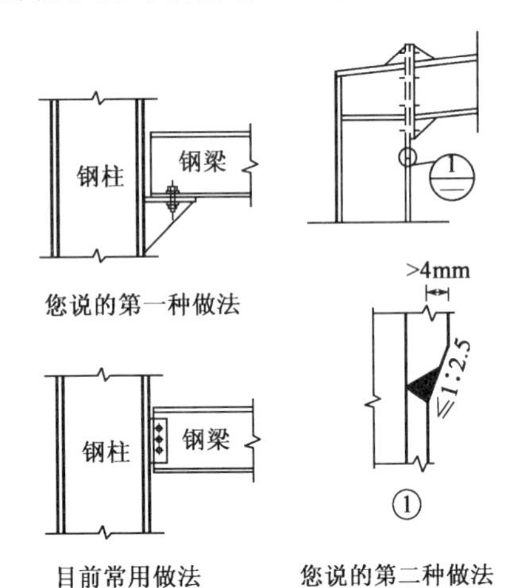

图 2-3-12

2 梁柱铰接问题（tid＝188965 2008-4-22）

【zpf2580】：请教：梁柱做铰接时，是否考虑在腹板净截面抗剪承载力设计值的1/2条件下的节点计算？

【lllppp33】：您的说法不是很清楚，如果是梁柱做成铰接的形式，节点不传递弯矩，只传递剪力。如果要传递部分弯矩和部分剪力，那就是做成半刚性节点形式。这种节点形式，一般是用六个高强螺栓连接，但是否是传递1/2的剪力，这与半刚性节点的M-θ曲线有关，要自己做分析。

【zpf2580】:谢谢楼上的关注,可能我没说清楚,我是做的铰接,只传递剪力。但计算所得梁端内力较小,如果按此内力做节点计算螺栓特少,感觉不安全,在这种情况下,如果是次要结构如次梁倒可以,可是我做的是与混凝土柱铰接的主梁(考虑对混凝土柱有利),这样是否要做在腹板净截面抗剪承载力设计值的1/2条件下的节点计算?

点评:《钢结构连接节点设计手册》170页6-51中,对于刚性节点有这样的要求:

梁柱刚性连接的常用设计方法中,考虑梁端内力向柱传递时,原则上梁端弯矩全部由翼缘承担,梁端剪力全部由梁腹板承担,同时梁腹板与柱的连接,除对梁端剪力进行计算,尚应以腹板净截面面积抗剪承载力的1/2或梁的左右两端弯矩的和除以梁净跨长度所得到的剪力来确定。

而**zpf2580**给出的节点形式,应该属于铰接节点,可以不考虑这部分剪力作用。

关于这方面的问题,在中华钢结构论坛上有更深入的讨论话题。在本书的相关章节也收录了部分内容。感兴趣的朋友可以在论坛上或书中查阅。

3 梁柱连接(tid=105238 2005-8-9)

【luis-luis】:梁跨度较大时,梁柱连接作成框架刚接节点。在这样的节点中,梁翼缘厚度能否大于柱翼缘厚度?

【czg】:梁的翼缘厚度可以大于柱翼缘,只要节点计算能通过。梁、柱翼缘的厚度没有特别特殊规定,要求梁翼缘的厚度必须大于柱翼缘的厚度。在梁与柱连接节点的位置,柱上相对梁翼缘都设有≥梁翼缘厚度的加劲肋板,并不是简单的梁翼缘与柱翼缘全熔透焊接受荷,而是整个节点域共同受荷。

另在抗震节点加强措施中,还在节点位置增加盖板(托板)加厚梁的上下翼缘。

【蓝鸟】:此时应考虑柱节点域的承载力,承载力不足时应对柱腹板进行补强。

【pingp2000】:可以是可以,但是不适宜。梁翼缘厚度过大的情况下,会导致坡口焊缝的厚度随之变大。焊条用量增加不说,但此处节点有可能出现脆性破坏,原因是:

(1)焊缝厚度变大,焊缝出现残余的三向应力,焊缝容易变脆,塑性变差。

(2)受焊缝热量的影响,柱翼缘容易变脆,增大了柱翼缘层状撕裂的可能性。就算钢材有Z向性能指标,也不一定说不会发生层状撕裂。所以PKPM在梁柱节点在梁上下翼缘加盖板补强的时候,要求不超过柱翼缘厚度。

梁的跨度大,我觉得通过在梁端下翼缘加腋来解决更好,缺点就是加腋的翼缘跟柱子翼缘焊接有点困难。或者尝试改用箱形截面梁,缺点是连接困难。

【allan】:(1)梁柱强轴刚接,梁翼缘厚度(梁翼缘厚度+盖板厚度)不大于节点域处柱翼缘厚度;这一点还没正式列入相关规范。

(2)焊接残余应力等也是一部分原因,厚板焊接在高层钢结构中应用很多,就目前的焊接水平来说,通过改善焊接方法,不存在很大的问题,再加上厚板有Z向性能的标准要求,Z向断面收缩率超过20%的钢材,其层状撕裂一般可以避免。层状撕裂还是可以控制的。

(3)考虑该点我觉得是出于连接处柱翼缘极限承载力不小于梁翼缘厚度(梁翼缘厚度+盖板厚度)极限承载力来考虑的,在节点处,梁翼缘(梁翼缘+盖板)通过坡口熔透焊与柱翼缘焊接已经达到等强，梁翼缘（梁翼缘＋盖板）的极限承载力（拉压力）在节点处沿加劲肋两边大概呈45°扩散，所以当柱翼缘厚度小于梁翼缘厚度（梁翼缘厚度＋盖板厚度），整个节点域不能视为等强，也就是说柱翼缘可能会先于梁翼缘（梁翼缘＋盖板）破坏或者屈服。

（4）建议的做法是柱翼缘也和柱腹板变厚度加强一样，离节点域上下150mm范围内，柱翼缘也可以采用变厚度的办法达到要求。

（5）PKPM在2005年后的版本的节点设计中有此要求，但是并没有说明出处。年初曾咨询过PKPM，说是最新的国标《多高层民用建筑钢结构节点构造详图》图集上有说明，但我没找到。

【wallman】：对于allan兄给出的解释中的第3点，我有不同看法。

为什么能说柱翼缘厚度小于梁翼缘厚度，就没法达到节点与构件的等强呢？请原谅我没有看明白您的解释。根据我的理解传力过程应该是这样的：梁翼缘拉力→对接焊缝→柱翼缘（Z向力）→对接焊缝→加劲肋（拉力）→最后分散到由加劲肋和柱翼缘所围成的节点域——柱腹板上（剪力）。当然还有一小部分柱翼缘中的Z向拉力直接通过与之连接的柱腹板传到了节点域上。所以柱翼缘只要不被受拉撕裂，而且对接焊缝满足等强要求，就一定能把梁翼缘的拉力传给加劲肋，跟柱子翼缘厚度无关。

我们所讨论的都是H型钢或箱形截面柱翼缘与梁刚性连接的情况，但如果H型钢柱弱轴受弯时，即梁需要与H型钢腹板刚性连接时，通常做法是把梁翼缘与柱加劲肋直接对焊，没有翼缘板都可以。此时也可以认为中间所夹的翼缘板厚度为0。怎么翼缘板有了一定的厚度之后反而就不合理了？

所以我认为不应该从节点与梁能否达到等强的角度进行解释。要求柱翼缘一定要大于等于梁翼缘的规定未必合理。

如果国际图集中真的有这条规定的话，也应该从减小焊接残余应力和残余变形等构造措施的角度进行解释。当梁翼缘（有时又有盖板）厚度较大时，焊接过程中将输入大量的热量，造成较薄的柱翼缘产生较大的焊接变形，同时也使柱翼缘内部的残余应力呈复杂的三维分布，其最大应力值也有可能接近或超过钢材的屈服点，所有这些都是非常不利的。所以是否据此规定了柱翼缘板厚度不能小于梁翼缘厚度呢？

以上观点纯属个人看法，欠妥的地方请大家指正。

【allan】：（1）我的看法主要是从连接等强的角度考虑，简单的说是同等材质的材料厚度相等的情况下连接才能达到等强，等强的要求不单单是强度相等，也要求局部稳定的相等，同时我也考虑梁翼缘拉力扩散的问题，我记得在钢结构节点连接手册上有过梁柱强轴刚接连接中，在梁翼缘的拉力作用下，柱翼缘的受力范围以及满足不会产生局部翘曲的条件，这与柱翼缘厚度是有关系的，公式我是记不起来了，所以碰到这个问题才有这样的想法。

（2）对弱轴刚接的情况，我是这样考虑的：一般情况下，梁翼缘宽度都比柱截面高度小，当采用这样的连接的时候，节点处梁翼缘是放大的，而计算的时候是按照等截面来计算的，所以该连接和等宽度翼缘截面＋盖板的作用是一样的，然后，梁翼缘的拉压力通过加劲肋，加劲肋通过角焊缝（有时候为了安全起见，也有用坡口焊的）与柱腹板连接，通过坡口焊与柱翼缘连接，这时候，只有腹板有可能产生局部屈曲，而柱翼缘受力方向是轴向，不是Z向，所以可以认为没有像强轴连接那样的厚度要求。

也可能我考虑的出发点不对,请指教。

【wallman】:allan 兄上面所说的柱子翼缘内应力扩散的情况是在柱子没有加劲肋才会出现的。柱子翼缘与腹板连接处的内力沿着45°角扩散,柱子腹板的有效受力范围等于梁厚度加上2倍的扩散高度。只是在梁的弯矩比较小的情况下才会使用这种方法,而通常柱子上在与梁翼缘对应的位置都是要设置加劲肋的。所以 **allan** 兄一定是把柱子上有无加劲肋的情况搞混淆了。

【allan】: 今天到书店找到那本书看了,确实是我记错了,上次匆匆浏览一遍,没有注意该条的下面的一行解释。

在梁受拉翼缘的作用下,除非柱翼缘的刚度很大(很厚),否则柱翼缘受拉翘曲,根据等强原则,柱翼缘厚度 $T_a=0.4\sqrt{A_{fb}f_b/f_c}$,式中 f_b 为梁钢材抗拉强度设计值,f_c 为柱钢材抗拉强度设计值,当上面式子不能满足时,应该将柱翼缘加厚,或者设置水平加劲肋。

这确实是我弄错了,谢谢 **wallman** 兄指正。

4 求教梁柱接点问题(tid=96389 2005-5-24)

【DUZHY】: 我做了一烟道支架,其中一梁与柱弱轴铰接。

梁 BH900×350×14×25,柱 BH400×400×16×25。

梁端剪力为837kN,我用的是梁腹板高强螺栓连接,单剪,但是连接板与柱的角焊缝验算总是不满足,像这种情况应采用什么样的铰接形式,各适用什么情况?

【pingp2000】: 粗略算了一下,应该不会不满足的,双面角焊缝,计及剪力偏心引起的弯矩,8mm的焊缝可能就够了。还没碰到这种不满足的情况。

【wanyeqing2003】: 我验算的结果与 **pingp2000** 一致,考虑连接板高度为800mm,厚度为12mm。这样的连接不会有什么问题。

【allan】: 这个问题不是单一性的,还得看节点设计的时候采用的是常用设计法还是精确设计法。另外,还得考虑是什么样的计算软件。

(1)当采用精确设计法的时候,计算方法和常用设计法不一样的。

(2)用PKPM可能计算通过,但是用3D3S的话就不一定能通过了。

(3)最好自己能手算比较一下,不宜太迷信软件。

【pingp2000】: 呵呵,考虑没 **allan** 的全面,一看是铰接的,我就没考虑刚接方面了。

【myorinkan】:allan 兄的建议可取。

连接板与柱腹板的焊缝强度,一般只考虑梁端剪力和剪力偏心弯矩。由于梁与柱腹板连接,需要把连接板伸到柱翼缘外,连接板上下设柱水平加劲肋。这样一来偏心比较大,偏心弯矩不可忽视。

精确设计考虑节点对梁端面旋转的部分约束(即所谓比例分配的梁端弯矩)也是应该的。不过此时应综合考虑钢柱的竖向荷载及支撑设置情况。据美国AISC介绍,有支撑钢柱,在承受竖向荷载时,会向梁荷载时的同一方向弯曲,梁柱节点也会向同一方向旋转,可部分抵消“比例分配的梁端弯矩”。当竖向荷载大到一定程度时,不仅抵消掉全部“比例分配的梁端弯矩”,而且抵消部分偏心弯矩。这种情况下,焊缝设计考虑剪力和偏心弯矩(偏于保守),甚至只考虑剪力。见附件2-3-2。

附件 2-3-2

Manual of steel construction load & resistance factor design Vol. I & Vol. II 有关 4 页(1661—1664 页)。

Column-Web Supports

There are two components contributing to the total eccentric moment: (1) $R_u e$ the eccentricity of the beam end reaction; and (2) M_{pr} the partial restraint of the connection. To determine what eccentric moment must be considered in the design, first assume that the column is part of a braced frame for weak-axis bending is pinned-ended with $K=1$, and will be concentrically loaded, as illustrated in Figure 9-27(图 2-3-13). The beam is loaded before the column and will deflect under load as shown in Figure 9-27. Because of the partial restraint of the connection, a couple M_{pr} develops between the beam and column and adds to the eccentric couple $R_u e$. Thus

$$M_{con}=R_u e+M_{pr}$$

As the loading of the column begins, the assembly will deflect further in the same direction under load, as indicated in Figure9-28(图 2-3-14), until the column load reaches some magnitude P_{sbr} when the rotation of the column will equal the simply supported beam end rotation. At this load, the rotation of the column negates M_{pr} since it also relieves the partial restraint effect of the connection and

$$M_{con}=R_u e$$

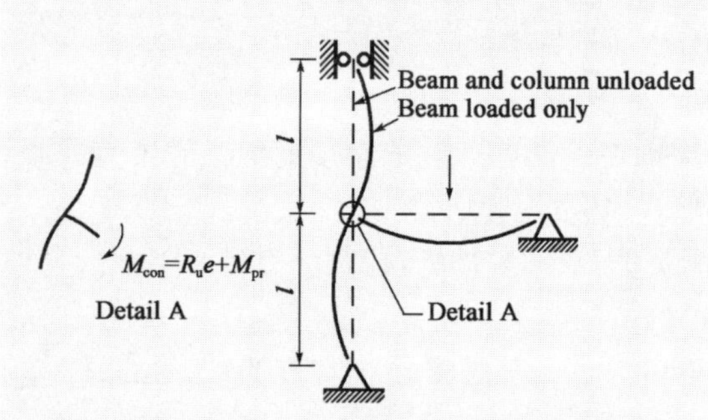

Figure 9-27.Illustration of beam,column,and connection behavior under loading of beam only.

图 2-3-13

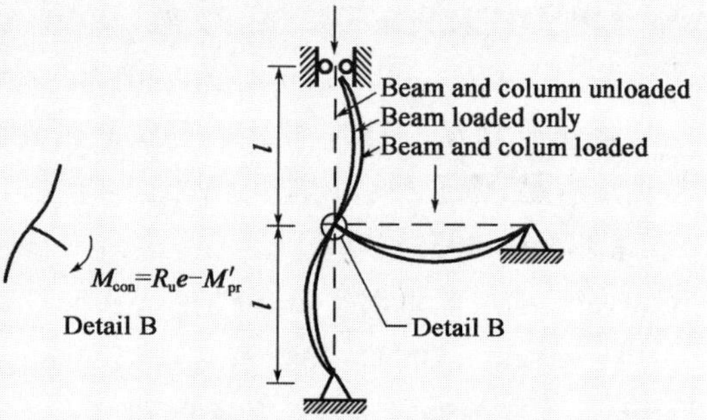

Figure 9-28.Illustration of beam,column,and connection behavior under loading of beam and column.

图 2-3-14

As the column load is increased above P_{sbr}, the column rotation exceeds the simply supported beam end rotation and a moment M_{pr} results such that

$$M_{con}=R_u e-M_{pr}$$

Note that the partial restraint of the connection now actually stabilizes the column and reduces its effective length factor K below the originally assumed value of 1. Thus, since M_{pr} must be greater than zero, it must also be true that $R_u e>M_{con}$. It is therefore conservative to design the connection for the shear R_u and the eccentric moment $R_u e$.

The welds connecting the plate to the supporting column web should be designed to resist the full shear R_r only; the top and bottom plate-to-stiffener welds have minimal strength normal to their length, are not assumed to carry any calculated force, and may be of minimum size in accordance with LRFD Specification Section J2.

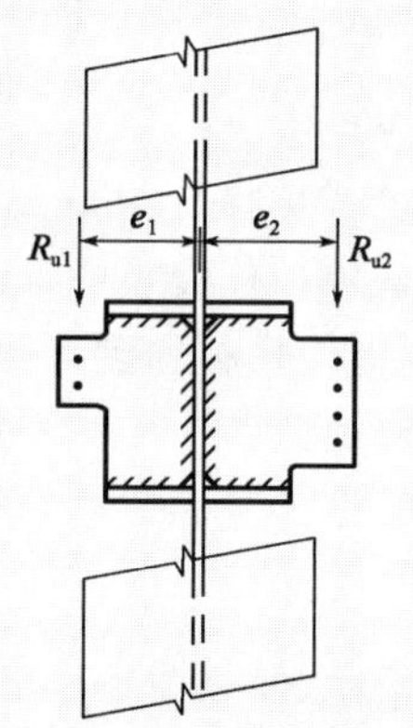

Figure 9-29. Columns subjected to dual eccentric moments.

图 2-3-15

If simple shear connections frame to both sides of the column web as illustrated in Figure 9-29(图 2-3-15), each connection should be designed for its respective shear R_{u1} and R_{u2}, and the eccentric moment $|R_{u2}e_2 - R_{u1}e_1|$ may be apportioned between the two simple shear connections as the designer sees fit; the total eccentric moment may be assumed to action the larger connection, the moment may be divided proportionally among the connections according to the polar moments of inertia of the bolt groups(relative stiffness), or the moment may be divided proportionally between the connections according to the section moduli of the bolt groups(relative moment strength). If provision is made for ductility and stability, it follows from the lower bound theorem of limit states analysis that the distribution which yields the greatest strength is closest to the true strength. Note that the possibility exists that one of the beams may be devoid of live load at the same time that the opposite beam is fully loaded. This condition must be considered by the designer when apportioning the moment.

【DUZHY】:谢谢诸位前辈,我用手算了一下,如果只考虑梁端剪力和偏心弯矩,14mm 的焊缝就可以满足。

我还想请教诸位一下,还是这个接点,柱弱轴方向与 900mm 高的梁铰接,而强轴方向与 700mm 高的梁刚接,柱需在刚接梁翼缘处设置横向加劲肋,问题是 900mm 高的铰接梁与柱的连接板截断了上述梁下翼缘处的横向加劲肋,不知这样行不行?

★【myorinkan】:建议不要切断强轴 H700 梁的下翼缘水平加劲肋,可切断弱轴 H900 梁的连接板。连接板切断处与下翼缘水平加劲肋采用完全焊透的坡口对接焊缝连接。

理由是:(1)水平加劲肋的厚度,当按抗震设计或按塑性设计要求时应不小于梁翼缘厚度,日本通常取梁翼缘厚+2mm 至 4mm(根据调查和统计分析,水平加劲肋与梁在竖向的安装误差一般为 1mm—2mm),水平加劲肋比连接板厚。

(2)梁下翼缘水平加劲肋受压,连接板则受剪和弯。

还有一个办法不知可否:将 H700 梁端腹板逐渐加高到 H900(>1:3),使 H700 梁的水平加劲肋兼作连接板的补强板,可以简化节点构造。

【DUZHY】:可切断弱轴 H900 梁的连接板,连接板就被开一豁口或分成两部分,这样的话验算连接板和焊缝的强度时,受力不太明确,且加工起来也困难。

第二种到是可行。但在柱强轴的另一方向还有一与柱刚接梁 H440,它的下翼缘处的横向加劲肋也与 H900 梁的连接板相交,如果采用将梁端腹板逐渐加高到 H900,700mm 高的梁还可以,440mm 高的梁恐怕就不好加高到 900mm 了吧。

我现在到底该怎么办呢? 请各位指点迷津。

【jekin】:我用 PKPM 计算怎么需要 M20 螺栓 2 列,8 行,焊缝需 14mm 啊! 采用的精确计算。

【DUZHY】:您可能用的是 Q345 的钢,如果用 Q235 的话用 PKPM 计算应该是角焊缝不满足。

5　H 型钢柱梁连接(tid=102169　2005-7-11)

【mlhz】:H 型钢柱强轴、弱轴方向均与梁连接,弱轴方向怎么与梁连接,可否给出连接详图,怎么计算?

【zweih】:贴一个图您看看(见图 2-3-16)

【mlhz】:弱轴方向是直接连接在腹板上吗?

【whb8004】:可以参考《多、高层民用建筑钢结构节点构造图集》01SG519。

我这里还有一张图是关于多层梁柱节点的(见图 2-3-17),供参考。

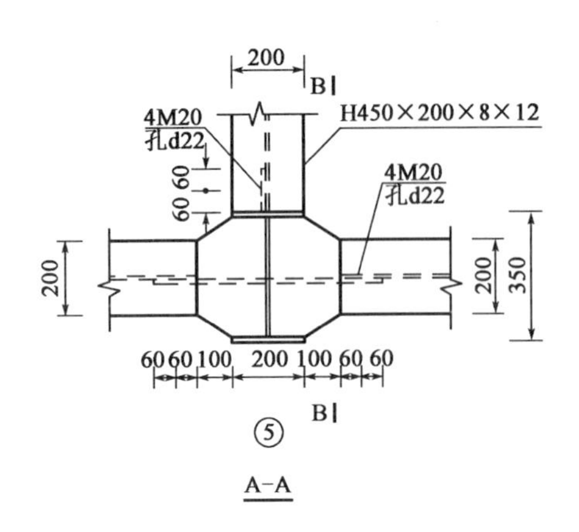
200
B
4M20
孔d22
H450×200×8×12
60 60
4M20
孔d22
200
200
350
60 60 100 200 100 60 60
B
⑤
A-A

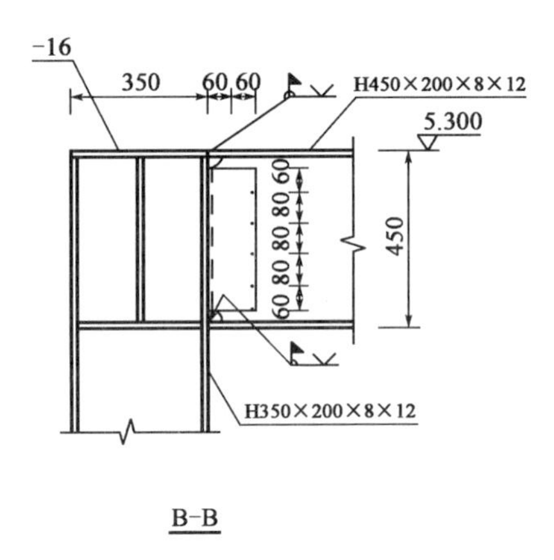
-16
350
60 60
H450×200×8×12
5.300
60 80 80 60
60 80 80 60
450
H350×200×8×12
B-B

图 2-3-16

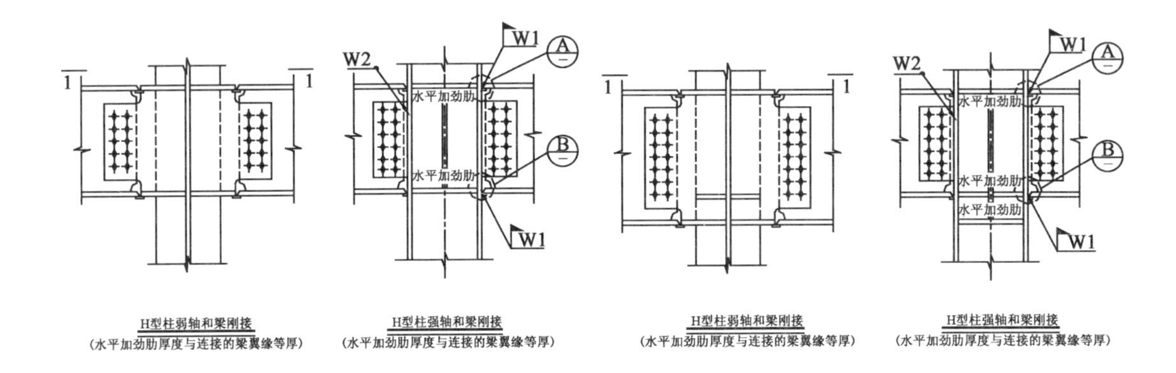
1
1
W2
W1
A
水平加劲肋
B
水平加劲肋
W1
H型柱弱轴和梁刚接
(水平加劲肋厚度与连接的梁翼缘等厚)
H型柱强轴和梁刚接
(水平加劲肋厚度与连接的梁翼缘等厚)
H型柱弱轴和梁刚接
(水平加劲肋厚度与连接的梁翼缘等厚)
H型柱强轴和梁刚接
(水平加劲肋厚度与连接的梁翼缘等厚)
H型柱和梁刚接节点(二)
(框架梁的高差>150mm)

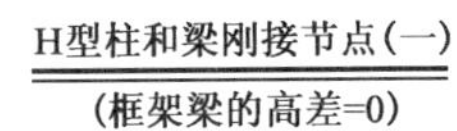
H型柱和梁刚接节点(一)
(框架梁的高差=0)

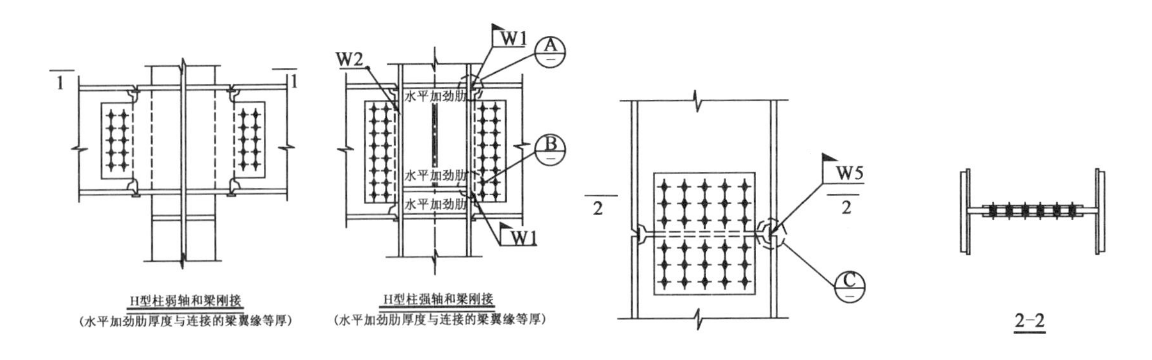
1
1
W2
W1
A
水平加劲肋
B
水平加劲肋
水平加劲肋
W1
W5
2
2
C
2-2
H型柱弱轴和梁刚接
(水平加劲肋厚度与连接的梁翼缘等厚)
H型柱强轴和梁刚接
(水平加劲肋厚度与连接的梁翼缘等厚)
H型柱和梁刚接节点(三)
(框架梁的高差>150mm)
H型钢柱拼接节点

图 2-3-17

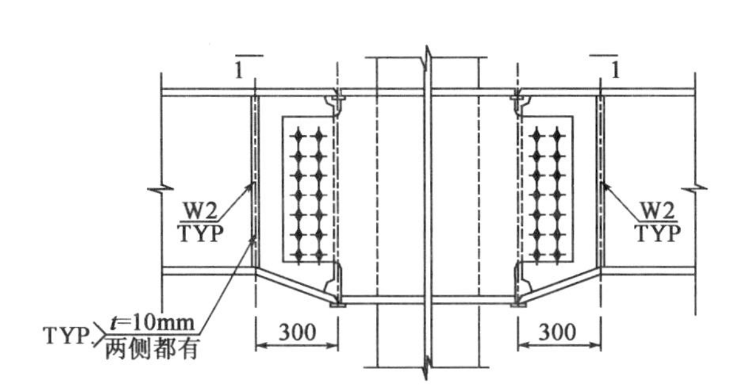

H型柱弱轴和梁刚接节点

（水平加劲肋厚度与连接的梁翼缘等厚）

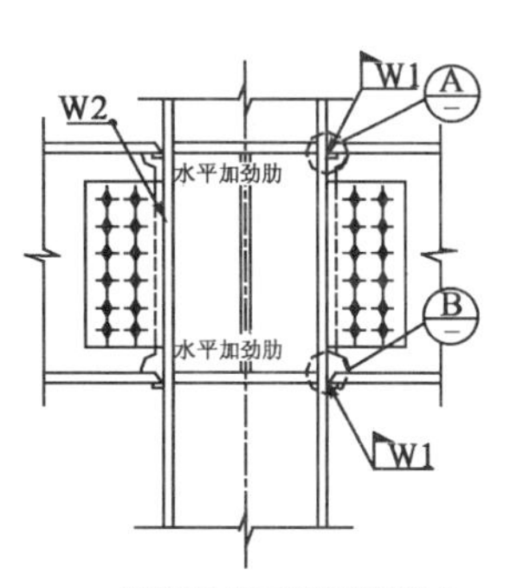

H型柱强轴和梁刚接节点

（水平加劲肋厚度与连接的梁翼缘等厚）

H型柱和梁刚接节点（四）

（框架梁的高差<150mm）

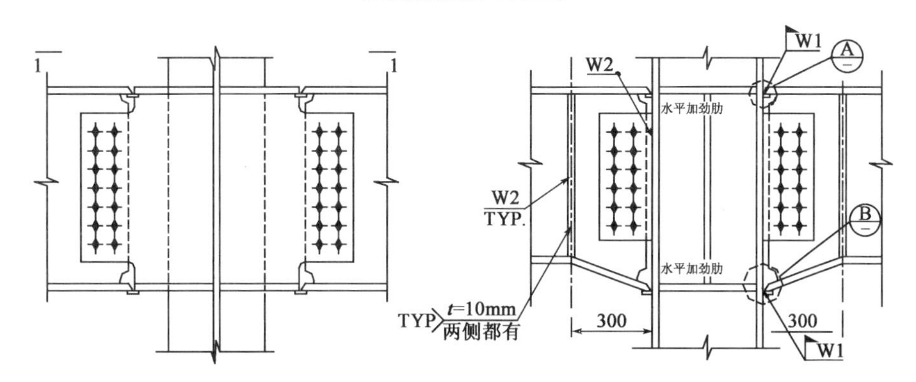

H型柱弱轴和梁刚接节点

（水平加劲肋厚度与连接的梁翼缘等厚）

H型柱强轴和梁刚接节点

（水平加劲肋厚度与连接的梁翼缘等厚）

H型柱和梁刚接节点（五）

（框架梁的高差<150mm）

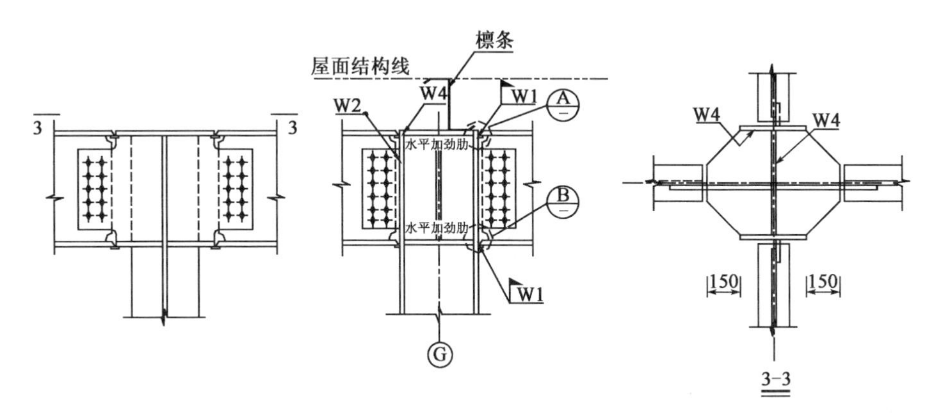

H型柱和梁刚接节点（六）

图 2-3-17

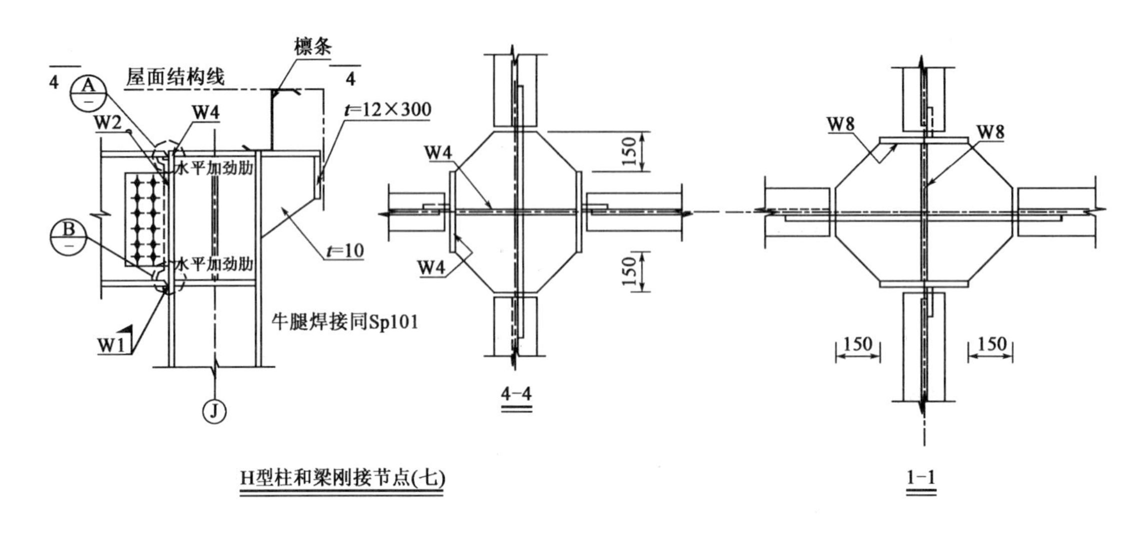

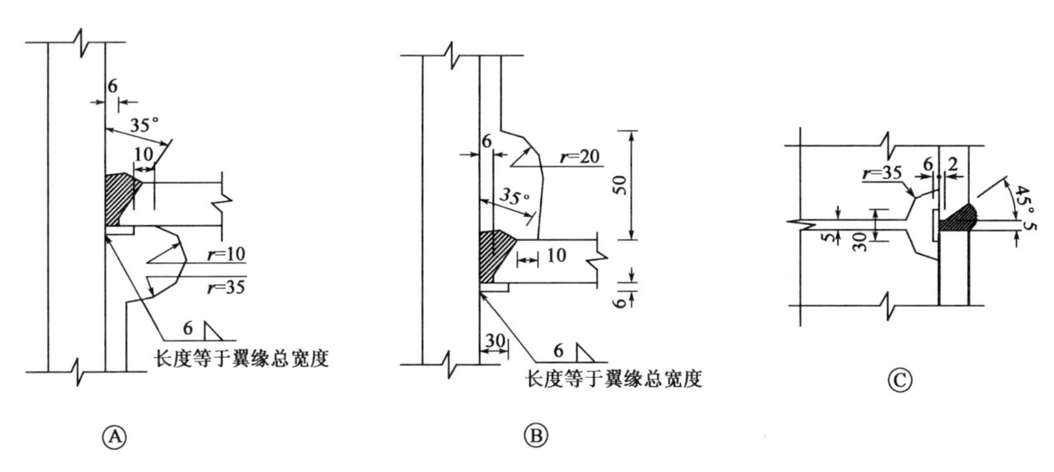

图 2-3-17

6 钢结构节点的细节(tid=122056 2006-1-14)

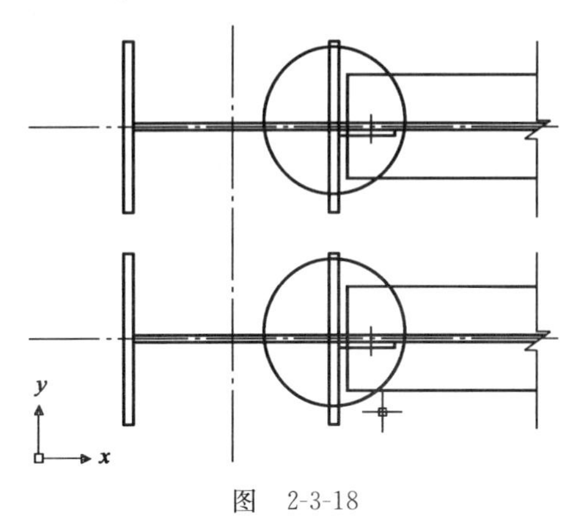

图 2-3-18

【dezhoupaji】:如图 2-3-18 所示:一钢梁通过焊接在柱子上的一块钢板和柱子相连,实际做的时候我们一般是按照图中上面一幅图的做法,即让梁和柱子的轴线重合,为了达到这个目的,我们让小的连接板对柱子有点小的偏心,但是我觉得下图中下面的做法即让连接板和柱子的轴线一致的做法更符合实际,毕竟力是靠连接板传给柱子的,不知道大家是怎么看的?

【jianfeng】:个人看法:

(1)连接板中心对齐柱中心焊接。对工厂来说:焊接尺寸容易掌握,工地安装不容易出错(由于偏心太少容易安装成反向)。

(2)如果梁柱铰接,连接板传递弯矩很少,梁柱稍微偏心影响不大。如果梁柱刚接,由于节点域刚性比较大,微小偏心对弯矩传递影响并不大。但如果梁翼板与柱翼板等宽,容易导致翼板对不齐,形成突台,用来传递弯矩的梁翼板截面要减小,梁的抵抗矩有损失。

(3)连接板中心对齐,柱中心焊接,工地安装梁时,要求所有梁位置在连接板的同一侧,保证下级构件尺寸统一。

【hai】:无论何种方法,梁对节点板都有偏心,而采用第一种方法,梁上荷载对柱弱轴方向只有轴力,没有弯矩(梁对节点板有一个弯矩,节点板对柱有一个相反的弯矩,两弯矩大小相等,方向相反),最有利。

【dezhoupaji】:楼上的说只有轴力,没有弯矩,想了想,还是不太明白,能再具体点吗?

★**【hare】**:连接板与柱腹板中心线对准的话,梁对柱会有偏心,偏心距为(连接板厚度+梁腹板厚度)的一半。柱弱向的偏心弯矩为梁端剪力乘以偏心距。更重要的是,梁轴线与柱轴线不重合的话,次梁的长度容易在详图阶段出错。梁与围护结构的关系也会变得复杂。

【laymond】:问一个弱智的问题,梁能不能偏到柱子一边,与柱子外边对齐?梁柱刚接?在柱翼缘之间加隔板。这样会对柱弱轴方向产生弯矩,如果柱脚两个方向都是刚接,这样的节点能不能做?有什么不利的影响?

【jjyx】:感觉两者都可以,但是哪个更好呢?

第一个可避免对柱子产生附加弯矩,但有没有其他不利的地方呢?

点评:应尽量采用梁柱轴线对齐方式。

7 梁柱连接的疑惑(tid=213692 2009-5-4)

【hzxhz】:梁柱连接处的做法,有些不是太明白,同样是刚接,为了满足剪力要求还是其他什么原因,需要做牛腿连接。个人觉得只要受力允许都可以做成加耳板进行腹板高强螺栓连接,上下翼缘垫板满焊。

这样的做法有几个好处:

(1)柱构件运输方便。

(2)安装过程相对柱做牛腿的方法要方便些。

所以想了解下,为什么有些情况下需要做成牛腿形式的连接?两种连接方式如图2-3-19、图2-3-20所示。

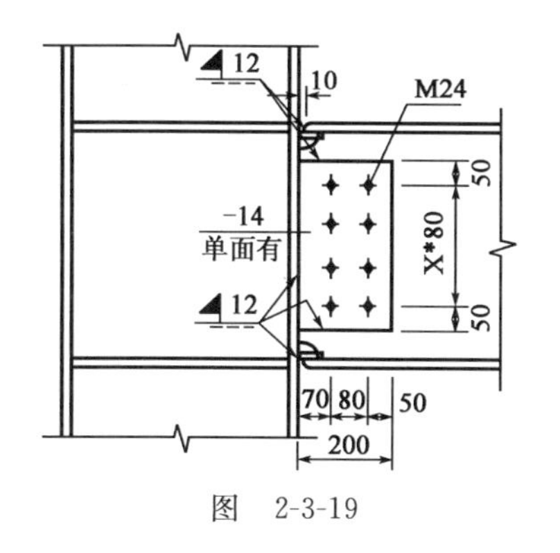

图 2-3-19

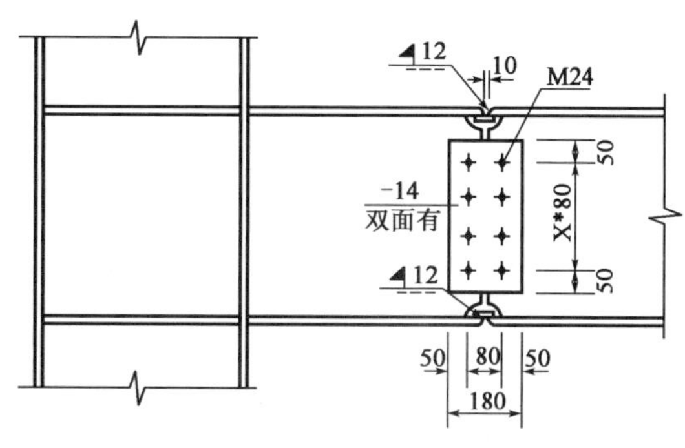

图 2-3-20

【hai】：牛腿式连接主要是抗震计算容易过，梁柱交接处应力最大，节点强度高，没有削弱，并且是在工厂施工的。

【chgh0304】：牛腿式连接是从受力的角度考虑的，此处受力(弯矩、剪力)相对较小。

【fyp1997】：楼主所说的牛腿式连接一般称为工厂焊接悬臂梁段的梁柱连接方式，这种连接方式有以下几种好处：

(1)悬臂梁段与柱采用工厂焊接，可以提高焊接水平，保证梁柱连接节点的质量。地震调查证明，强震时梁柱连接破坏处多为梁下翼缘与柱的工地拼接连接处，特别是在目前工地焊接操作整体质量难以保证的情况下，人为调整连接方式改工地连接为工厂连接是有实际意义的。

(2)提高梁柱连接质量水平，可以更好得实现塑性铰外移，达到"强柱弱梁"的设计思想。

(3)少数梁长过大的情况，可以利用增设悬臂梁段作为满足工程需要的手段。如柱距为15m 的情况，可以采用 2 根 1.5m 悬臂梁段工地拼接 12m 整根梁的方式实现。

【lj5551270】：楼主的翼缘焊缝表示都错了！怎么能用角焊缝来焊接翼缘，翼缘切角来焊才对。

【kmkge】：梁柱斜铰接性能更好。

【zhouleigang】：是图纸画错了，现场焊接不可能仰焊吧。

8 焊接 H 型钢的焊缝(tid=211912　2009-4-8)

【heping2008】：各位，请教一个问题：焊接 H 型钢梁柱的腹板和翼缘板之间连接的焊缝是什么形式？角焊缝？全焊透焊缝？规范有规定吗？

【royalshark】：全焊透焊缝，规范我记得有，具体内容请查阅规范。

【sixi_xiao】：角焊缝或者全焊透焊缝均可！角焊缝施工简单一些！

【chgh0304】：钢结构设计规范要求对需要疲劳计算的构件为全熔透焊缝。

【penglinhai2008】：《建筑抗震设计规范》(GB 50011—2001)第 8.3.6 条，梁柱节点，柱上下翼缘各 500mm，应采用全焊透焊缝。

【lyw5945】：一般的都是角焊缝，《钢结构设计规范》(GB 50017—2003)要求对需要疲劳计算的构件为全熔透焊缝，梁柱刚接连接接点(如框架)上下翼缘各 500mm，应采用全焊透焊缝。

点评：翼缘与腹板的焊缝受力较小，可采用角焊缝甚至断续焊缝。但在节点区域应采用全熔透焊。

9 平台柱与平台主梁的连接(tid=44136　2003-12-2)

【cxsteel】：有一钢平台(作为办公室用，荷载 600kg/m^2)，主梁与钢柱的连接有两种做法(见图 2-3-21、图 2-3-22)，请大家看看哪种做法更好？

下载地址：http://okok.org/forum/viewthread.php? tid=44136

【zhangqinghe】：我首先声明我也是新手，不过我看您的图中两种做法分明是两类连接，前者为刚接，后者为铰接，采用哪种连接，要看您的计算模型。

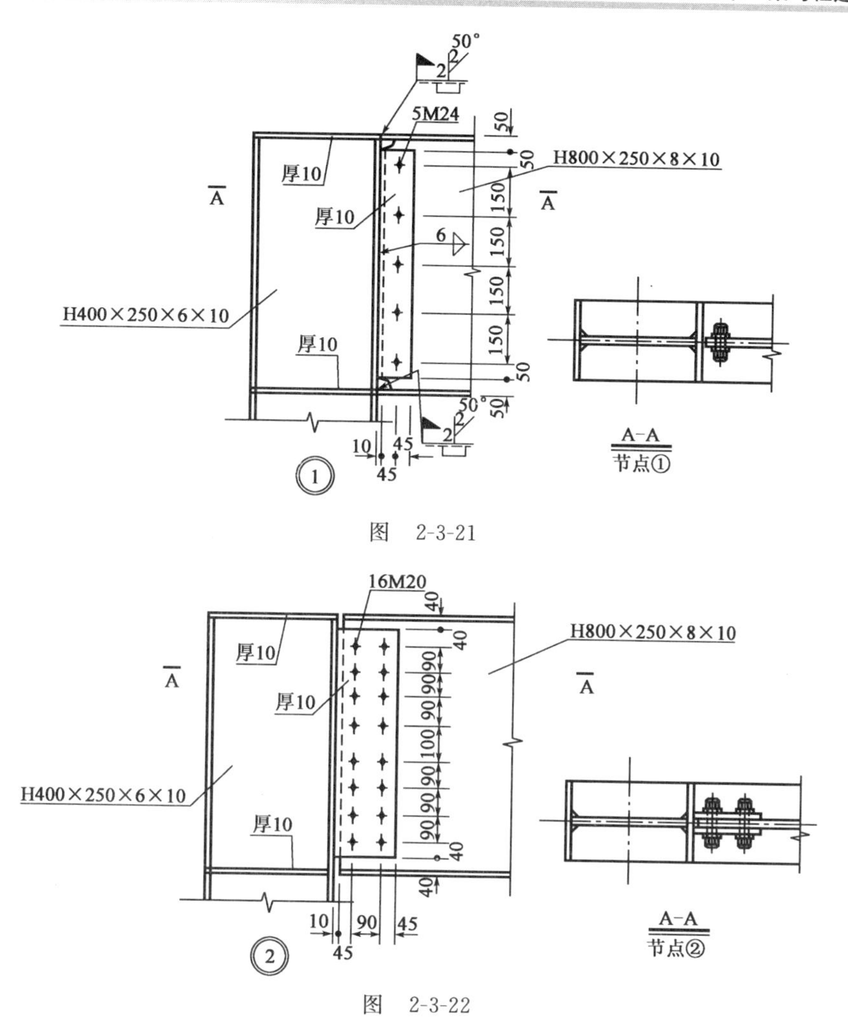

图　2-3-21

图　2-3-22

【lizh】:的确,第二种连接应该称不上刚接！如果全螺栓连接,应该翼缘也要用螺栓连接。其实您的第一种连接方式是很常用的,不过您画的图也太那个了。

【happypine】:其实这两种方法都算是刚接了。但800mm高的次梁算是比较大的梁了,建议您采用第二种螺栓连接方式,同时把梁的上,下翼缘与钢柱焊上。

【frdw】:螺栓承担剪力,弯矩靠翼缘焊缝承担。第一种连接是刚接,第二种是铰接。

从图中看平台梁截面800mm高,而平台柱截面高度只有400mm。属于强梁弱柱,宜采用铰接形式,即第二种。

10 如何使钢框架主次梁与柱同时在两个方向上实现刚接?(tid=101963　2005-7-9)

【米兰的小铁匠】:钢框架结构柱与主梁之间刚接很好实现,同时在另一方向的次梁也要与柱实现刚接,该如何处理呢？将次梁直接深入柱与柱腹板焊接？请各位高手不吝赐教！

【bnggyym】:这个问题首先取决于您柱的型材是H型钢还是方管。

(1)H型钢柱时,要在刚接梁上下翼缘的高度处的柱子上加加强板,使加强板与柱的翼缘和腹板焊接成一体,加强柱的截面刚性,再将刚接梁焊上即可。

(2)方管柱时，要在最高截面刚接梁上下翼缘的高度处将方管柱断开，加入外隔板，以加强刚接点处的刚性。在另一个方向的刚接梁如果是小截面的(两梁下翼缘高差≥100mm)，在规格小的梁下翼缘高度处的柱内加内隔板来增加刚节点的刚性。如果两梁下翼缘高差＜100mm，就要考虑将刚接梁端做成变截面，以满足焊接和刚节点的强度要求。

【wanyeqing2003】：H型钢柱弱轴向与钢梁的刚接节点可以从腹板上连出来，不过要设置相应的加劲肋及节点加强构造。

11 求翼缘板式连接资料(tid=65000　2004-7-19)

【sumingzhou】：翼缘板式连接，通常是在柱上焊上两块板，该板再与梁翼缘相连，梁腹板可以连接，也可以不连。现在需要这方面的资料，且由于校园网没有开通，希望有这方面资料的朋友们能够提供一些资料或出处，非常感谢！

【windcj】：有点像图2-3-23的第3种连接。

我来翻译一下图2-3-23。

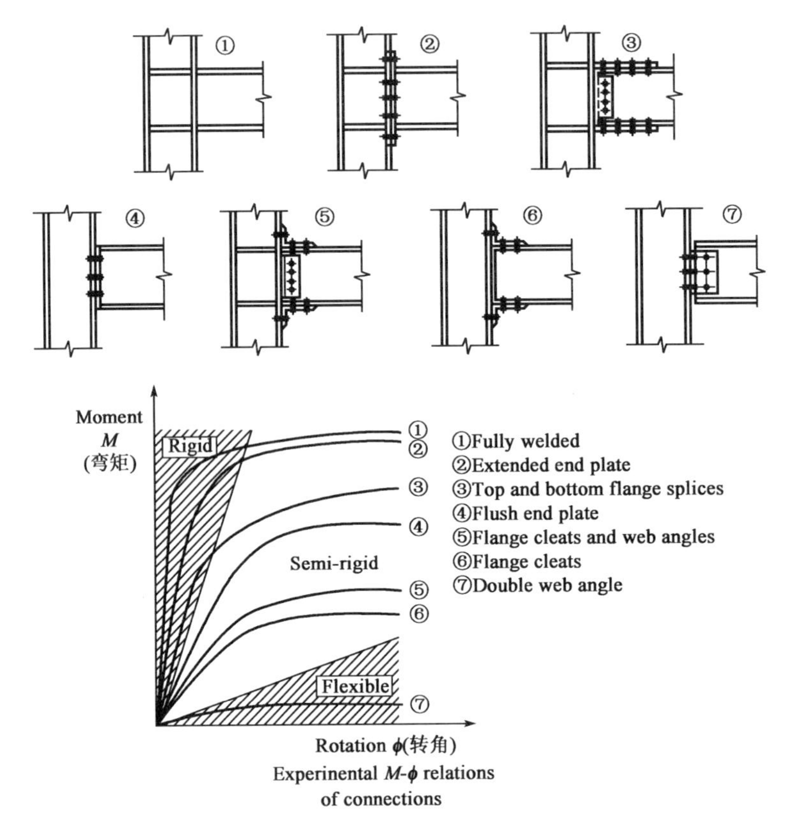

图　2-3-23

图中各节点连接形式：

①全焊连接。

②外伸端板连接。

③翼缘拼接。

④齐平端板连接。

⑤翼缘腹板角钢夹板连接。

⑥翼缘拼接。

⑦腹板双角钢连接。

参考文献：Cosenza，E，DeLuca，A，Faella，C. Inelastic buckling of semi-rigid sway frames，structural connections：stability and strength[M]. London：Elsevier Applied Science，1989.

12 何时设置悬臂梁？（tid＝148346　2006-10-13）

【liuhaitao】：在梁柱的刚性节点连接中，一般的做法大致分为两种：一种是梁直接焊在柱子上，当然是在现场焊接了；另一种是先在柱上悬臂梁段（工厂里做好），然后再在现场连接。增加悬臂梁段可以使梁柱节点在工厂完成，质量更容易保证，并且使梁梁的节点出现在内力较小的地方，但是毕竟增加了一个节点，增加了工作量，另外增加节点，构件的整体可靠度也会降低（如果对节点不加强的话）。请问各位什么时候需要使用带悬臂梁的形式？

【zcm-c. w.】：应该是当H型钢梁与H型钢柱弱轴连接时采用。

【vilive】：钢柱的强、弱轴都可以做成悬臂梁段，梁梁连接节点最好选在梁弯矩最小的地方。本人作了沃尔玛办公楼（五层）就采用这样的节点。

【wenge】：任何时候都可以设悬臂梁段，增加悬臂梁段虽然增加了节点，但在现场却避免了焊接，不但焊接质量得到保证，也使施工速度大大增加。至于楼主说的构件的整体可靠度也会降低，只要拼接处设计达到规范要求，则完全不必担心。有人做试验证明，即使拼接处设计的较弱其承载力也很大。也就是说高强螺栓拼接的节点承载力比焊接节点高得多，试验证明破坏都发生在梁柱焊接节点。

点评：设悬臂段的特点：

(1)现场拼接在受力较小处。

(2)制作费用较高。

(3)不利于运输。

(4)安装方便。

通常情况下，不建议设悬臂段。

三 钢梁与箱形柱连接

1 关于箱形柱与梁的连接（tid＝80890　2004-12-27）

【wanyeqing2003】：在论坛上发现不少梁柱连接的节点，但很少见到箱形柱与梁的连接。我在工程中经常遇见箱形柱，老是为柱与梁的连接犯愁。因为在箱形柱上设置加劲肋比较困难。不知哪位高手能给出个好主意？

【cmping】：接头处箱形柱设内加劲肋，这个工厂可以处理，《钢结构设计手册》（第三版）上有相关节点，与梁的连接我一般采用栓焊连接，在工地焊接，这样比较好运输。也有将节点往梁侧内移，对抗震比较好，不过我较少采用。

【bill-shu】：按标准做法焊接即可，现在有一种新的做法柱内不设横肋，梁翼缘端部（可设成变宽截面）两侧焊立板延伸到柱两腹板上，直接传递力到柱腹板。翼缘与柱不连接，留10mm 的缝隙。

2 箱形钢柱与箱形钢梁刚接？（tid=96663　2005-5-26）

【whb8004】：我正在做一项工程，单层，钢柱为箱形，截面 500×400×20；钢梁也为箱形，作为托梁，截面 550×300×12；不允许设计柱间支撑，要求钢柱与钢梁刚接。这样的结构如何处理比较好？请各位帮忙，谢谢！

【pingp2000】：节点做法参见《多、高层民用建筑钢结构节点构造详图》01SG519 的 17 页。

3 【精华帖】方钢管柱与 H 型钢梁的连接？（tid=97003　2005-5-29）

【hanfeng】：在钢框架中，国内许多资料都提到用方钢管柱比较经济，但事实上，我国用纯方钢管柱做的工程极其有限，原因之一即开口截面与闭口截面的连接问题不好处理，在此将本人所获资料公开，以期抛砖引玉（见图 2-3-24）。

New bolted connection after failure (failure mode:local bucking of beam flanges and web.necking of beam flanges at positions of last bolt holes)

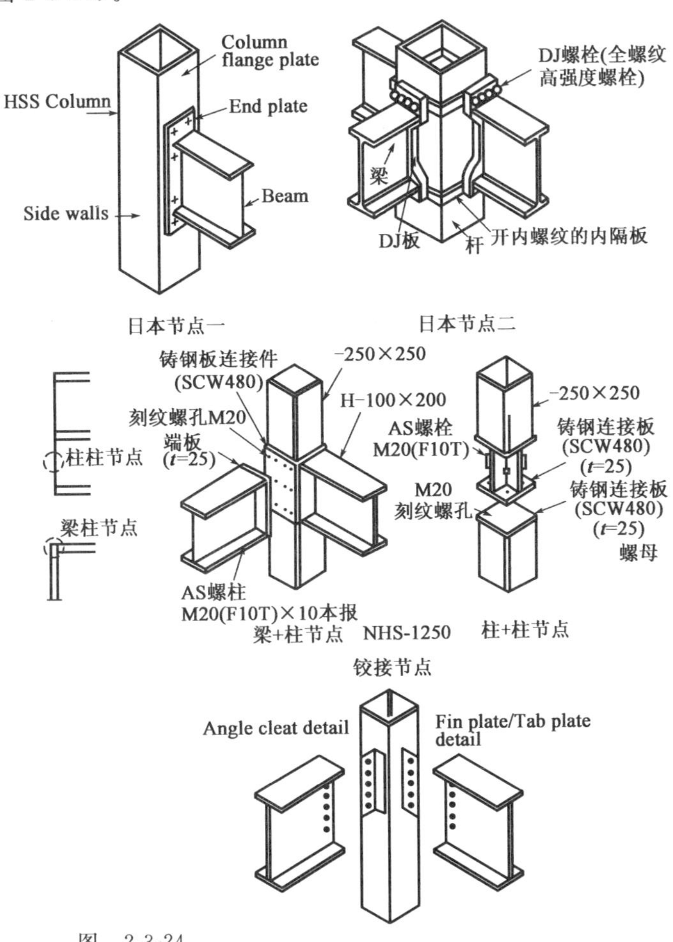

图　2-3-24

【单脚水上飞】:楼上的 hanfeng 仁兄,我认为您的提议非常有代表性,我也认为方钢管柱有其自身的优越性,如铰接节点很认可,却又不得深解,对于您的贴图很满意,更希望能多附加点文字性的说明。

【hanfeng】:在日本还有内隔板、外隔板、贯通型隔板将方钢管与 H 型钢梁的连接。在低、多层框架结构中,我觉得用纯钢管比用钢管混凝土效率更高,但是从搜索的文献来看,近 5 年来,对于钢管柱与 H 型钢梁的连接的研究很少,与此对应的是关于钢管混凝土柱与 H 型钢梁的连接这一方面的研究却呈现越来越热的趋势。高层建筑的出现无疑是原因之一,但是,难道方钢管柱与 H 型钢梁的连接技术已经很成熟了吗?若是如此,为何国外的规范中又很难看到这一类节点的连接形式呢?希望各位能各抒己见。

【jfwdalls】:您的观点,我非常赞同,想请 hanfeng 老兄咨询一下:没搞懂方钢管柱与 H 型钢梁通过端板螺栓连接,是怎么连接上?感觉施工很麻烦,不如 H 型钢端板连接方便。希望多交流?

【number2】:这个问题我可以告诉您。这种方钢管柱与 H 型钢梁通过端板螺栓连接,关键就是螺栓的选择,这里用到了一种特殊的单面锁紧螺栓,直接插入钢柱与钢梁的连接孔内,这种螺栓的头部采用特殊材质,具有自拱性能。施工接合紧固时,不必将手伸入操作,而是螺栓头在内侧自行形成铆头,最大限度地减少了施工工序,降低了施工难度,提高了精度。

【长流】:大家对方钢管柱各抒己见了。我想顺便问问,关于圆钢管柱与 H 型钢梁的连接问题,大都采用加强环板形式,加强环板的几何尺寸如何确定呢?查阅相关资料,都没有具体的规定!

【qinsjjihxk】:用高强螺栓连接的过程中,很有可能产生应力,对裂纹的发展很难控制,能否加隔板,且采用高强螺栓刚接。

【hanfeng】:这种连接形式一般需要特殊的工艺,从我所查的资料来看,目前可以分为两种工艺:热塑钻成孔和暗螺栓单边连接。暗螺栓单边连接如图 2-3-25 所示。

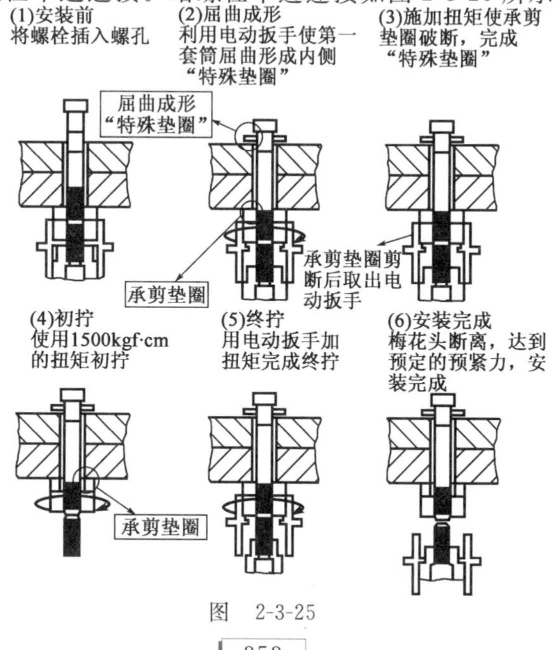

图　2-3-25

暗螺栓(blind bolt)的工作原理为：当从一侧放入连接件后拧紧螺栓，在被连管的内侧形成了“螺栓头”，如图 2-3-26 所示。

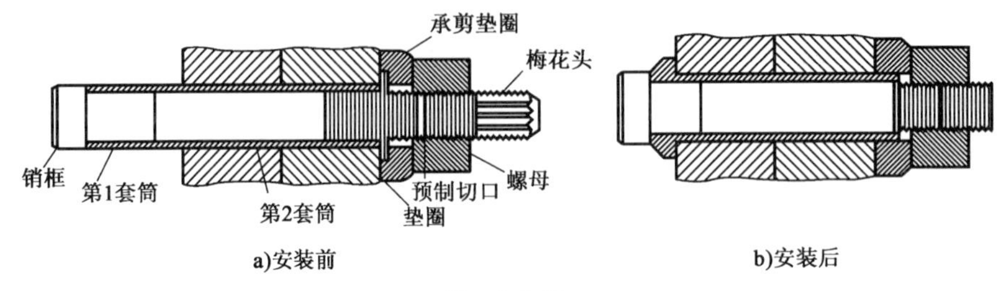

图 2-3-26

热塑钻(flowdrill)连接的原理为：通过把钨碳钻头带进管截面壁并产生足够的热以软化钢材，从而制作一个穿过管截面壁的孔。当钻头穿过管壁时，金属流动以形成一个内衬套。在随后的过程中，衬套通过一个旋转的螺丝攻出螺纹。如图 2-3-27 所示。

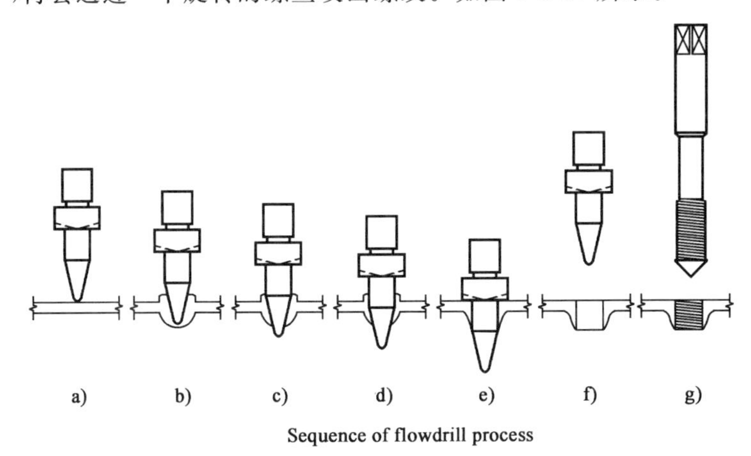

图 2-3-27

冷成型方钢管壁一般比较薄，单纯采用端板连接有可能造成管壁面外变形很大，从而造成连接性能不好，因此可以采取各种措施来减小面外变形，加隔板之后，传力途径十分明确，能明显减少面外变形，当然可以采用。另外可以直接加强柱壁，比如在柱壁上加焊钢板等。至于说到用高强螺栓连接过程中可能产生应力，裂纹的发展难以控制，我不太明白上述老兄的这番话，什么样的连接不产生应力呢？

现在所指的方钢管一般为冷弯薄壁型的，冷弯薄壁的构件一般较热轧的板件壁厚较薄，质量小，材料性能要好。而热轧的钢管一般是指箱形截面，板件厚度较大，能承受较大的荷载。

因为板件厚度小，如果采用全焊接，则对节点性能影响较大，这也是方钢管柱与 H 型钢梁需发展螺栓连接的原因之一。

【天边有朵云】：不知道在中国哪些地方方钢柱用的比较多啊。在乌鲁木齐我没有见到过。相比圆钢柱在加工过程中是不是要方便点啊。试问那位仁兄有方柱的图纸或工程实例吗？

【usrtao】：板件方管圆管都可以加工。

【lessoryjoan】：本人觉得这种施工方法要求太高，首先要在施钻过程中产生足够的热量使板件熔化形成“批峰”，要综合考虑转速、板材材料特性、板厚等因素。施工现场不经过大量试验是没人敢用的。其次,费用太高。老外的专利能轻易让我等用吗?而且施工困难啊。

钢结构标准图集推荐的一款构造处理此处可以参考啊,就是将螺栓对面的方钢管壁部分切开,螺栓施工完毕后,在将其用对接焊缝盖上,当然受力性能可能会打点折扣。

当然,勇于尝试新事物也未尝不可!

【x5x5f5】:国内这种节点用的多吗?而且一般在什么工程里用这种节点呢?

【one1af】:想请教一下在柱壁上加焊钢板的形式。

【number2】:本人前面提到的单面锁紧螺栓是一种不需要螺帽的特殊螺栓,目前日本和美国都已经开发出其一系列产品,并已经应用于不同结构,据我所知国内目前还没有生产点,仅有代理商,北京至少有一家,具体位置我也不是很清楚。不过都是从国外运过来,所以价格比较高,而且由于其特殊材质,强度有限,应用范围也有限,但在某些领域还是有它独到的用途。鉴于很多兄弟都问起这个问题,这里将相关资料与大家共享,希望对弟兄们有所帮助。如图 2-3-28~图 2-3-30 所示。

下载地址:http://okok.org/forum/viewthread.php? tid=97003

Previous Screen

Tooling Options

Table of Contents

BOM®

Grip Data

10 (5/16) Dia. Hole Size=.348-.368

Grip No.	Range	M ref	N max
4	.188-.312	.696	.875
6	.313-.437	.820	1.000
8	.438-.562	.945	1.125
10	.563-.687	1.070	1.250
12	.688-.812	1.195	1.375
14	.813-.937	1.320	1.500
16	.938-1.062	1.445	1.625
18			
20			

12 (3/8) Dia. Hole Size=.413-.435

Grip No.	Range	M ref	N max
4	.188-.312	.766	.969
6	.313-.437	.891	1.094
8	.438-.562	1.016	1.219
10	.563-.687	1.141	1.344
12	.688-.812	1.266	1.469
14	.813-.937	1.391	1.594
16	.938-1.062	1.516	1.719
18	1.063-1.187	1.641	1.844
20	1.188-1.312	1.766	1.969

Grip Data

16 (1/2) Dia. Hole Size=.546-.581 (9/16)

Grip No.	Range	M ref	N max
4	.251-.375	1.000	1.266
6	.376-.500	1.125	1.391
8	.501-.625	1.250	1.516
10	.626-.750	1.375	1.641
12	.751-.875	1.500	1.766
14	.876-1.000	1.625	1.891
16	1.001-1.125	1.750	2.016
18	1.126-1.250	1.875	2.141
20	1.251-1.375	2.000	2.266
22	1.376-1.500	2.125	2.391
24	1.501-1.625	2.250	2.516

20 (5/8) Dia. Hole Size=.687-.728 (11/16)

Grip No.	Range	M ref	N max
4	.251-.500	1.213	1.531
8	.501-.750	1.463	1.781
12	.751-1.000	1.713	2.031
16	1.001-1.250	1.963	2.281
20	1.251-1.500	2.213	2.531

Grip Data

24 (3/4) Dia. Hole Size=.828-.873 (13/16)

Grip No.	Range	M ref	N max
4	.251-.500	1.380	1.750
8	.501-.750	1.630	2.000
12	.751-1.000	1.880	2.250
16	1.001-1.250	2.130	2.500

Installed Values in Nominal Grip (lbs.)

Diameter	Shear	Tensile
3/16	2800	1800
1/4	5100	3250
5/16	8050	5200
3/8	11100	7250
1/2	20150	13000
5/8	28600	20500
3/4	45100	29100

Note: These are minimum ultimate shear and tensile strengths, in pounds, of installed fastener when tested in a grip equal to or greater than one and one half the fastener diameter.

图 2-3-28

【铮铮钢骨】:连接节点虽然受力复杂,但最基本的原则是要有明确的传力路线和可靠的受力保障。传力应均匀且分散,尽可能减少应力集中,因此关于"用高强螺栓连接的过程中,很有可能产生应力,对裂纹的发展很难控制,能否加隔板,且采用高强螺栓刚接"。这个疑问应该选择合理的节点构造,是产生的应力尽量减少就行了。

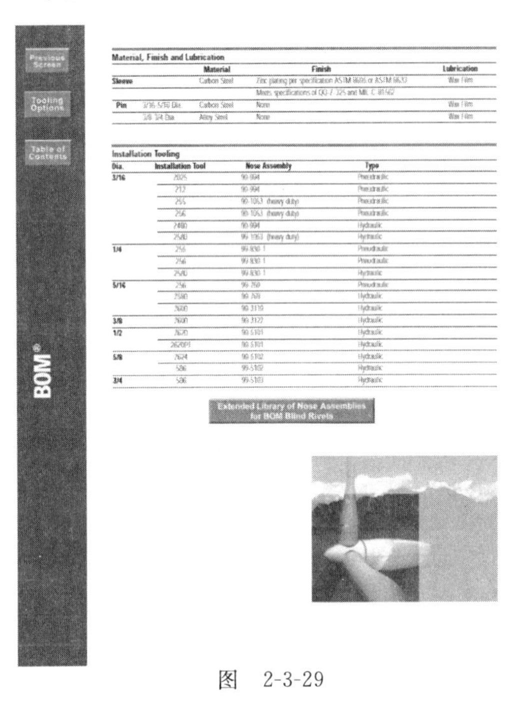

图　2-3-29

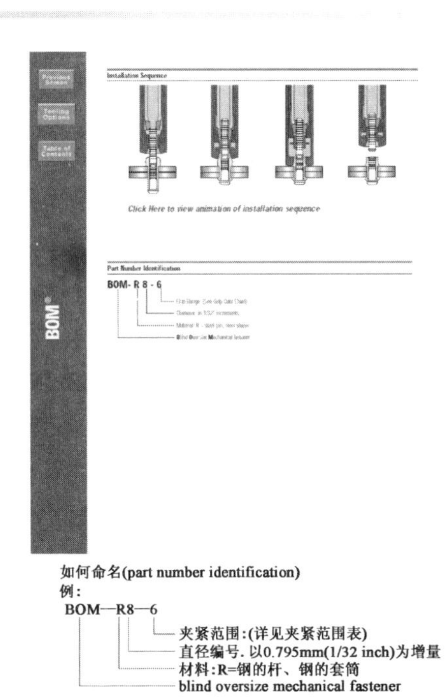

图　2-3-30

【wildhawk】：我们以前做的工程也有采用方钢管柱的，做外环板的话，环太大，影响美观和使用，后来做的贯通式隔板。参 01SG519 的话，贯通式隔板伸出柱外有梁连接时至少 100mm，没有梁连接时 50mm。我们实际做的时候，参的日本的资料，一边伸出 35mm。后来还找大学做了试验，试验结果如何，我就不知道了。

【number2】：螺栓资料，续（前几天网络有点问题，发不了帖，敬请原谅！），如图 2-3-31～图 2-3-36 所示。

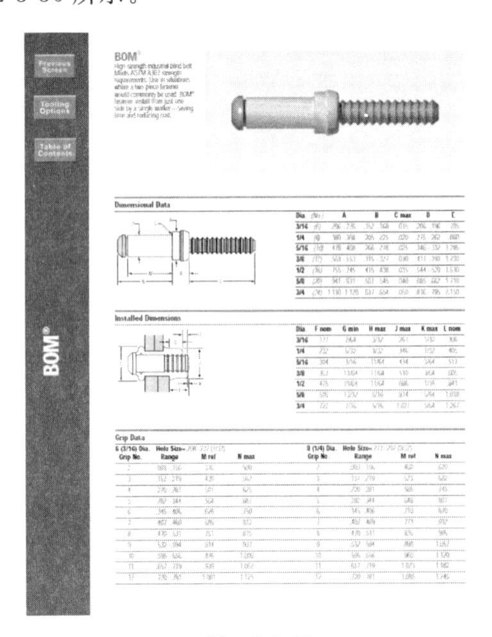

图　2-3-31

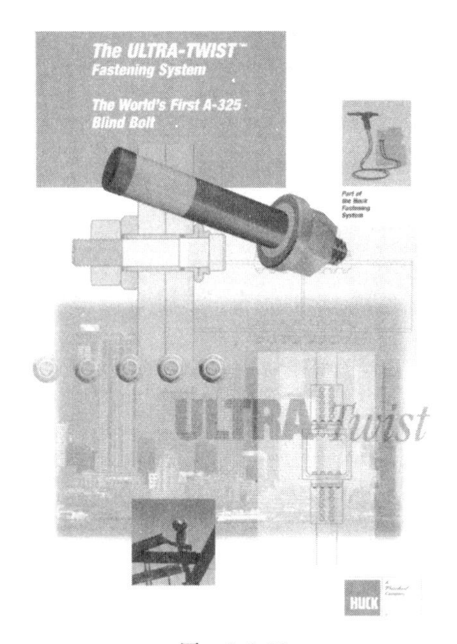

图　2-3-32

Huck ULTRA-TWIST™ Fasteners...

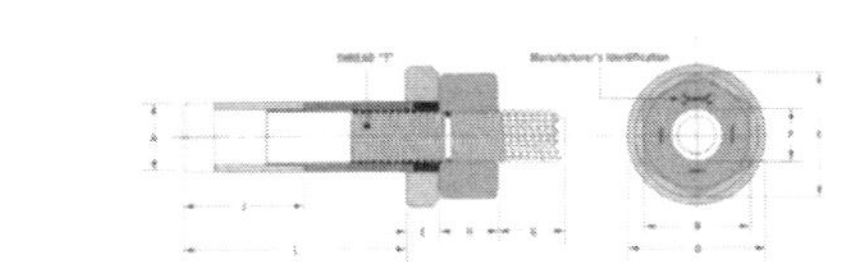

Fastener Dimensions

Ultra-Twist	A Body Diameter max	A Body Diameter min	B Width Across Flats basic	B max	B min	C Width Across Corners max	C min	D Washer Outside Dia. max	D min
24	0.819	0.806	1 - 1/4	1.250	1.210	1.407	1.383	1.494	1.484
28	0.945	0.932	1 - 7/16	1.438	1.398	1.617	1.582	1.683	1.673
32	1.070	1.057	1 - 5/8	1.625	1.585	1.827	1.796	1.897	1.887

Ultra-Twist	E Washer Thickness max	E min	F Drive Spline Dia. reference	G Drive Spline Height reference	H Nut Height max	H min	J Length reference	"T" Thread Designation
24	.532	.520	0.587	0.650	0.780	0.767	1.88	5/8 - 11NS
28	.564	.552	0.787	0.700	0.835	0.822	2.08	3/4 - 10NS
32	.672	.584	0.940	0.750	0.954	0.941	2.23	7/8 - 9NS

Installation Sequence

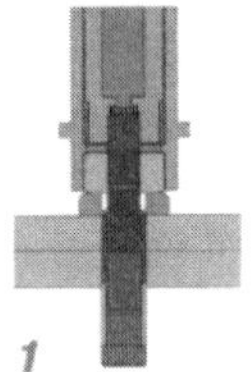

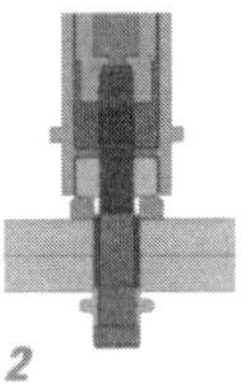

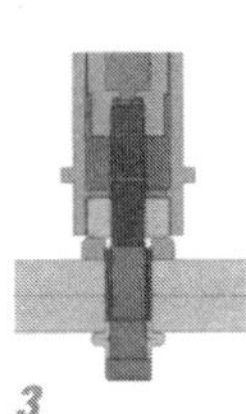

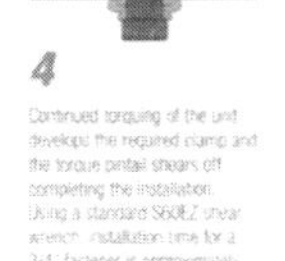

1 The ULTRA-TWIST blind bolt is installed from one side of the structure by a single operator. The installation tool is the standard electric shear wrench tooling used for installation of Twist-Off Control (T-C) type fasteners. The fastener is inserted and the tool engaged.

2 The backside bulb is fully formed in the air to a uniform diameter regardless of grip.

3 As the installation load increases, a special internal washer shears allowing the backside bulb to come into contact with the work surface and for all clamp load to go into the work structure.

4 Continued torquing of the unit develops the required clamp and the torque pintail shears off completing the installation. Using a standard S60EZ shear wrench, installation time for a 3/4" fastener is approximately 30 seconds.

图　2-3-33

Breakthrough technology for joining tubular steel sections.

Ultra-Twist Part Number

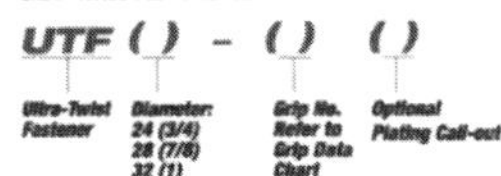

Grip Data

Grip Dash Number	Grip Range	L Length ± .040 3/4	7/8	1
-8	0.251 - 0.500	2.071	2.271	2.421
-12	0.501 - 0.750	2.321	2.521	2.671
-16	0.751 - 1.000	2.571	2.771	2.921
-20	1.001 - 1.250	2.821	3.021	3.171
-24	1.251 - 1.500	3.071	3.271	3.421
-28	1.501 - 1.750	3.321	3.521	3.671
-32	1.751 - 2.000	3.571	3.771	3.921
-36	2.001 - 2.250	3.821	4.021	4.171
-40	2.251 - 2.500	4.071	4.271	4.421
-44	2.501 - 2.750	4.321	4.521	4.671
-48	2.751 - 3.000	4.571	4.771	4.921
-52	3.001 - 3.250	4.821	5.021	5.171
-56	3.251 - 3.500	5.071	5.271	5.421
-60	3.501 - 3.750	5.321	5.521	5.671

Material, and Finish

	Core Pin	Nut	Bearing Washer	Shear Washer	Grip Sleeve	Bulb Sleeve
Material	Alloy Steel	Alloy Steel	Carbon Steel	Alloy Steel	Carbon Steel	Carbon Steel
Finish	None	Electro-Zinc ASTM B633	None	None	None	Electro-Zinc ASTM B633

* Components are selectively sized as needed for function, do not modify

Mechanical Properties

Ultra-Twist Size	Bolt Stress Area* in^2	Minimum Clamp**, lbf	Tensile Strength min, lbf	Shear Strength min, lbf
24	.262	28000	40100	32400
28	.343	39000	55450	43400
32	.456	51000	72700	56500

* Based on 98% of thread pitch diameter
** Equal to 70% of specified minimum tensile strength

图　2-3-34

Installation Hole Sizes

Ultra-Twist Size	Recommended Drill Size	Hole Diameter* minimum	maximum
24	7/8	.83	.88
28	1	.95	1.00
32	1 1/8	1.08	1.13

* In drilling holes, care must be taken so that the back side is free of large burrs

Installed Fastener Dimensions

Ultra-Twist blind bolt is a "flagging" fastener meaning that upon completion of the installation, pin protrusion "Z" must be within designated limits listed in the table below. Generally, any protrusion outside of these limits is a sign of wrong grip thickness for the fastener. Installed bulb dimensions are also listed in order to establish backside joint clearances.

Ultra-Twist	A ± .10	B ± .06	Z
24	0.67	1.16	0.18 - 0.52
28	0.75	1.34	0.20 - 0.56
32	0.95	1.52	0.22 - 0.58

B
A
Grip
Z

Installation Tooling

Installation tooling is 100% compatible with industry standard electric shear wrenchs that are used for installation of Twist-off bolts. The user can use the same tool to drive the same size of Ultra-Twist bolts and without having to change the drive wrench socket.

Model	Max Torque Ft-Lbs	Ultra-Twist Sizes	Speed RPM	Weight Lbs	D1	D2	D3	L1	L2	L3	L4	L5
S60EZ	425	3/4, 7/8	20	13	2.87	2.12	1.85	11	1	1.53	3.62	5.32
S90EZ	550	1	16	18.5	3.35	2.45	1.94	13.8	3.2	1.3	4.65	7.09

Tooling Part Number

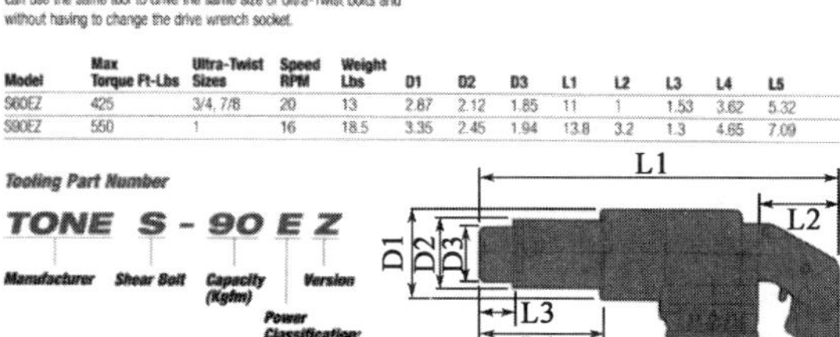

图　2-3-35

Huck ULTRA-TWIST™ Fasteners.
Breakthrough technology for joining tubular steel sections.

Huck's advanced fastening system eliminates the need for expensive, hazardous welding.

Until now, welding was about the only method available to join the structural tube sections in use today. But welding tubular sections has drawbacks—it's cumbersome, expensive, requires skilled labor, is difficult to inspect and must be performed in good weather. Finally, the wait for an alternative is over.

Introducing the remarkable ULTRA-TWIST fastening system from Huck International. Five years in research and development, the state-of-the-art ULTRA-TWIST is the first blind fastening system strong enough to meet stringent ASTM A-325 strength requirements. Which makes it the first viable substitute for welding available today.

The benefits are built right in.

Six steel components, each with an individual duty to perform in the installation cycle, help make the ULTRA-TWIST fastener ultra-strong. The success of the fastener is dependent on its inherent design qualities. Never on the skill of the operator. Or the calibration of the tool. Which means a worker cannot over- or under-torque the fastener, thus ensuring the proper installation. Every time.

What's more, the ULTRA-TWIST fastener installs consistently and uniformly throughout its entire .250 inch grip range. And it can be inspected simply by measuring the protrusion of the bolt immediately following installation. No more X-ray inspections needed.

Quicker installation means greater productivity.

The ULTRA-TWIST fastener is easily installed in about 35 seconds with a standard electric shear wrench used for ordinary twist-off fasteners. Bolt snubbing is also an option using the appropriate shear wrench.

As with all Huck fastening systems, expensive skilled labor is not needed to install ULTRA-TWIST fasteners. In fact, your workers can learn the system expertly in about 10 minutes—and productivity rates should double or even triple. Without the hazards of welding, and its added costs, it is the fastening system of choice for joining all types of steel tubular sections, whether column-to-beam or column-to-column.

Huck International— More than 50 years of quality.

For fastening needs, put your trust in Huck International. Since 1940, we have made an uncompromising commitment to designing and manufacturing superior fastening systems. That's why Huck International is the undisputed leader in advanced fasteners for applications the world over in aerospace, transportation and industrial markets.

For more information about the ULTRA-TWIST fastening system, contact us today at 1-800-388-4825. We're ready to meet your fastening needs.

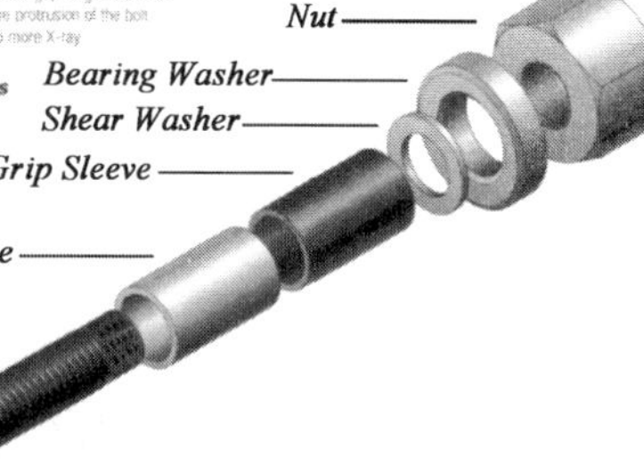

图　2-3-36

【xiaoguaiqiang】:有一种做法:让连接板从柱中间穿过！两边连接 H 型钢！

【liuyj】:方钢管柱与 H 钢梁连接可以采用全螺栓连接,钢柱内加横隔板,采用熔嘴焊。

【yu_hongjun】:楼上说的是常见做法,但内加隔板也不好加工。既然想增大节点的刚性,还不如节点处管内配筋,灌混凝土之后短管分别与上下管对接焊接。

【qiaowww】:如 **hanfeng** 所述:"暗螺栓(Blind bolt)的工作原理为:当从一侧放入连接件后拧紧螺栓,在被连管的内侧形成了'螺栓头'。"这种暗螺栓和膨胀螺栓的工作原理基本相同,不知我理解的对否?

【chin-ns】:效果一样,原理不一样。

【宁远】:**wildhawk** 提及;"我们以前做的工程也有采用方钢管柱的,做外环板的话,环太大,影响美观和使用,后来做的贯通式隔板。参 01SG519 的话,贯通式隔板伸出柱外有梁连接时至少 100mm,没有梁连接时 50mm。我们实际做的时候,参的日本的资料,一边伸出 35mm。后……" 圆管是否也可以做贯通式隔板？没有梁连接的地方是否也要伸出一定长度？

我见过有方管连接的节点,没梁连接的地方隔板不伸出,柱表面是平的,不知道这种做法有没有图集或者其他依据。

【nan. zhang】:端接,好办法倒是好办法;实际操作起来难度太大:施工误差怎么解决？如果是多层或高层,轴线间距如果小了 3mm,是不是梁就放不进去了？如果大了 3mm,缝隙怎么办？何况梁端的平直度要求的精度也高,梁端焊接变形要求也高,柱变形要求也高。

总之,真正做起来不实用。

4 H 型钢与方钢管的刚性节点(tid＝131928　2006-4-24)

【钢结构新手】:本人是钢结构新手,遇到一个小问题,主梁为 H350×250×8×12,次梁为方钢管 160×80×6,需刚性连接,原考虑钢方管与 H 梁腹板直接对焊,但由于方管与 H 梁不是中心相对,方管下翼缘离 H 梁下翼缘只有 30mm,焊接方管下翼缘时电焊条塞不进。请各位专家赐教！

【zqh】:H 型钢下翼缘焊一斜钢板与方管下翼缘连接即可,如图 2-3-37 所示。

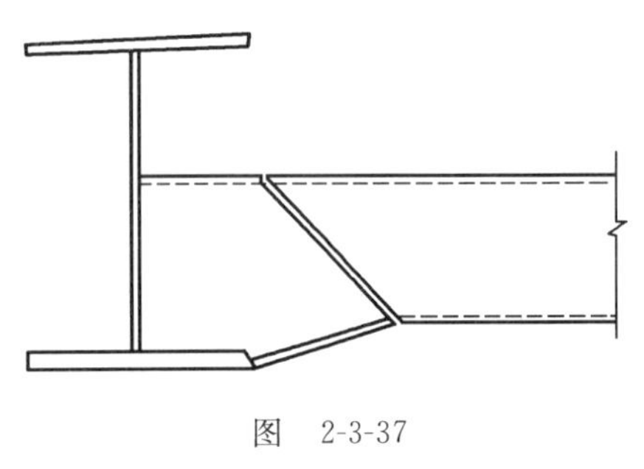

图　2-3-37

【钢结构新手】:谢谢楼上的兄弟,但感觉节点不是太明了。图中不像是方钢管与 H 型钢的连接,倒像是 H 型钢与 H 型钢的连接,请再解释一下。

【hefeililin】:钢板上部开安装孔,采用双剪连接看看。

【jth-xxgjg】:**zqh** 图 2-3-37 中是在方管两侧壁对应的主梁位置上加了两块连接板吗？

【zhanghuixs】:可以采用端部 T 形连接的方法,钢方管侧部及下部无法施焊部位端部焊连接角钢,然后再和主梁腹板焊接,主梁对应的部位加加强筋,但是要注意焊缝承载力的验算！

【lessoryjoan】:To **钢结构新手**:作者认为直接对接焊的方法之所以行不通的原因是:焊接方管下翼缘时电焊条塞不进,为何非要从方钢管外侧实施焊接呢？可不可以先将连接端部的方钢管上翼缘"揭开"从里面对接焊,最后再将其"盖上"。

当然这种节点处理方法与楼上的方法哪个更简洁,建筑效果哪个更好,得由您自己评判。

【钢结构新手】:谢谢楼上各位高手的指点,我尝试了另外一种节点,看看行不行?见图2-3-38。

【zqh】:愚以为下部角钢改为一斜置钢板效果更好,传力越直接越好。

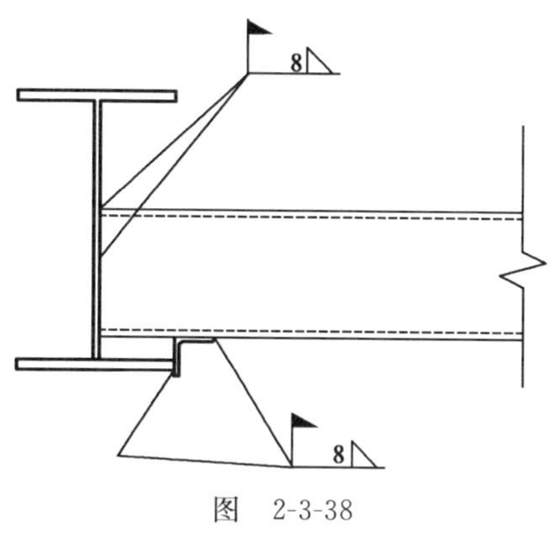

图　2-3-38

★**【V6】**:这个话题讨论已经有一段时间了,抛开连接不谈,我想说的是此节点传递弯矩的可靠性。

从图中可以看出:方钢管与H型钢主梁想做成刚接,这也是楼主的本意。即使连接可靠,我觉得这个节点对方钢管次梁的端部约束作用也达不到理想的刚接。原因主要是由于H型钢主梁的抗扭刚度很有限。钢管次梁的端部弯矩是由H型钢主梁的扭矩来平衡的,但H型钢为开口截面抗扭刚度很小,怎么来平衡这个端部弯矩呢?即使H型钢主梁上面有混凝土刚性楼面来约束其扭转,次梁的端部弯矩传递还是有问题。因为钢管次梁只是连接到H型钢主梁腹板中部,端部弯矩会使H型钢腹板平面外受弯,对于H型钢主梁来说这是很不合理的。

所以我觉得这个节点的做法不是很合理,是值得商榷的。除非在主梁的两侧都有方钢管次梁与主梁连接,否则此节点是有问题的。

5　箱形截面的铰接问题(tid=195858　2008-7-31)

【zhaoxiongchen】:请问箱形截面要做成铰接,在构造上是怎么处理的呢?

【pingp2000】:参考图2-3-39。

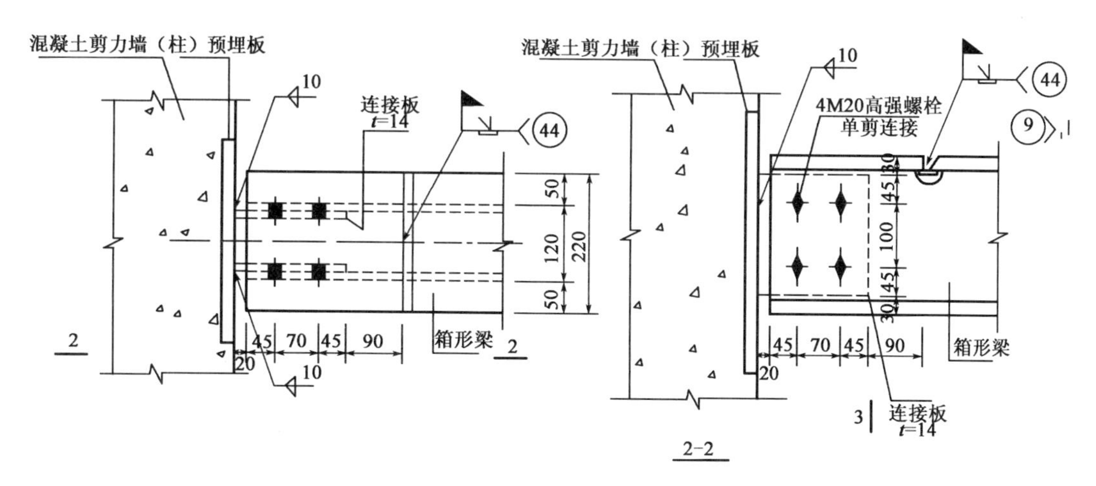

图　2-3-39

6　方管梁柱连接节点如何处理?(tid=58461　2004-5-18)

【johnmine】:现有一工程,檐高3m,跨度为8m,一脊双坡,30%坡度,柱距4.5m,钢梁、柱要求用 160×3.5 的镀锌方管，不能焊接。采用螺栓连接时，节点处该如何处理？请高手指教，最好能有详图参考，多谢！

【**wallman**】：不能焊接是什么意思？是指在施工现场不能焊接、只能采用螺栓拼接吗？

我看可以在梁柱端部采用斜端板、通过螺栓连接。当然需要根据节点内力计算端板厚度和螺栓的排列方式和个数。端板与梁柱的钢管可以在工厂事先焊好，要熔透且要控制好焊接质量。

【**鱼鹰 5000**】：给一节点仅供参考，如图 2-3-40 所示。

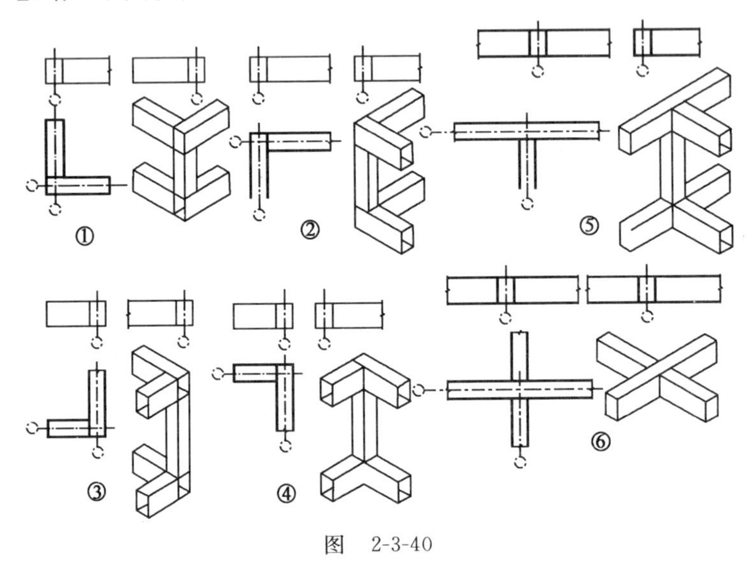

图　2-3-40

【**North Steel**】：看美国规范，与 W 型钢不同的是要验算管壁的屈曲，连接方式是标准的。

【**johnmine**】：不能焊接是指在施工现场不能焊接、只能采用螺栓拼接。

现因屋面变化，导致出现更多不好处理的节点，还望大家多多指教。再次对大家表示谢意！具体见图 2-3-41。

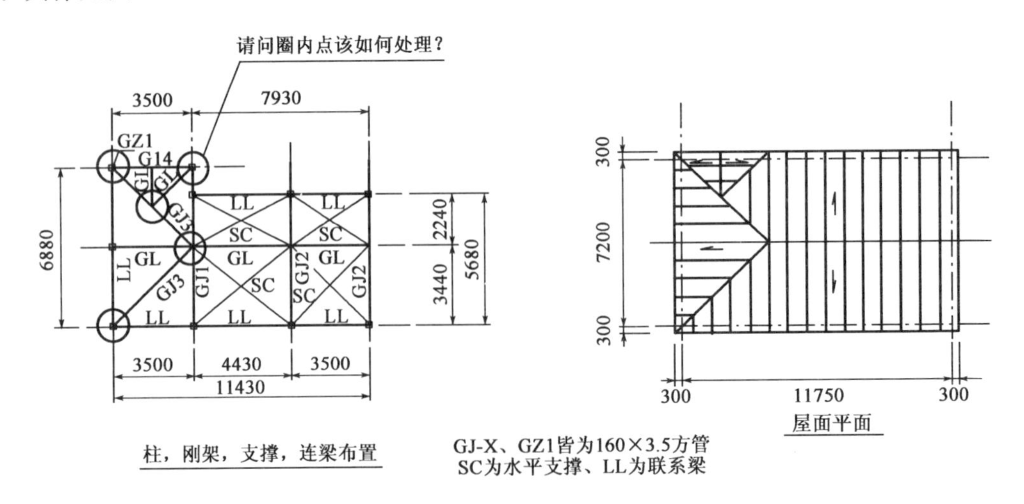

图　2-3-41

【gjg123】:可以采用角钢(轻型)连接件连接,无焊接。最近几年的Journal of Structural Engineering,ASCE杂志上有许多类似的节点研究文献。

7 冷弯方钢管柱与钢梁的连接问题(tid=115149 2005-11-11)

【北方】:冷弯方钢管柱与钢梁的连接问题,各位有没有在哪见过?节点怎么处理?

【ok-drawing】:用大于梁翼缘的钢板隔断冷弯方钢管柱,或者在结构容许的情况下做环状加劲板。这样的节点很常见,一般资料都有。

【jirrier】:我公司开发的两个绿色节能钢结构楼盘(全部小高层)全部采用冷弯薄壁方管柱,柱与梁连接采用的柱内牛腿翼板对应位置加隔板,外接牛腿的做法。注意:柱内隔板需在牛腿所在位置的中间断开,加隔板后,再将柱拼接,后焊牛腿。

【北方】:能不能介绍一本钢结构节点连接的书,如果是电子版的更好。冷弯是不是现场做的?与工厂之间生产出来的有什么区别?

【jirrier】:我公司的原料都是成品,也就是冷弯是在钢铁企业里就完成的。您说的现场做恐怕难度比较大,一没设备,二没技术。

【Struc_Lee】:同jirrier讨论一下:隔板贯通,引起的柱间连接焊缝是否太多了一些呢?此外方形隔板焊牛腿,再现场焊接钢梁……连接是否太复杂?

点评:冷弯型材侧壁较薄,通常称为冷弯薄壁构件。此类构件往往用于承载力较小的地方或作为次要构件,所以这类构件的连接最好较少现场焊接的数量,现场焊接不容易控制,容易造成构件侧壁焊透的现象。建议现场安装连接节点宜采用螺栓连接的形式。

四 钢梁与圆管柱连接

1 圆柱与钢梁连接(tid=86607 2005-3-8)

【火焱】:施工的时候碰到圆柱(钢或者混凝土)和钢梁的连接问题。一时间不知道怎么下手好。圆柱直径较小和较大时候的节点该如何处理?请大家帮忙!

【闯龙】:这些连接可以采用多种形式:在柱子上加牛腿、加预埋件、支座平台等。特别是柱子为混凝土时,预埋件加锚栓的形式浇筑,外伸出部分可以和梁通过螺栓或者现场焊接结构实现连接。

【pingp2000】:如火焱所述:"施工的时候碰到圆柱(钢或者混凝土)和钢梁的连接问题。一时间不知道怎么下手好。圆柱直径较小和较大时候的节点该如何处理。请大家帮忙!"

施工图纸怎么会没有连接节点大样呢?如果它是主要承重构件的连接节点,这样就分不清它是铰接还是刚接,还是问设计者要节点大样吧。在您这种情况下,我想应该是比较次要的构件(因为我见设计院的人出的图经常会只出主要的节点,次要的不出),但是无论怎么样,还是得计算的,所以,最好问设计的要节点做法。

【yhqzqddsh】:具体的做法有不少,我在论坛的"钢结构图片"专栏中看到了一个类似的做法可以去看看。例如,在"钢框架做的五星级酒店"话题中。链接地址:http://okok.org/forum/viewthread.php? tid=84703,可以去看看。

2 圆管混凝土柱与梁连接节点(tid=72893 2004-10-16)

【huihui88】:二层门式刚架,为圆管混凝土柱,大梁与楼层梁为钢结构。请教各位,柱子与大梁,柱子与楼层梁连接节点该如何处置为好,能否给个节点详图?

【wxfwj】:我有一个节点图供您参考(见图 2-3-42)。上下翼缘坡口焊接,腹板用高强螺栓连接。您设计时当然需要进行计算。

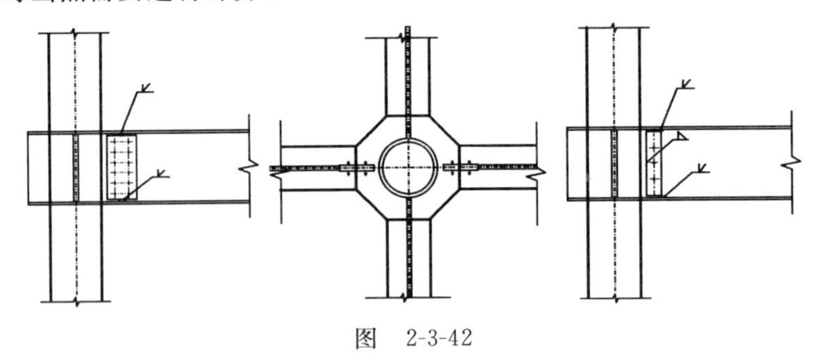

图 2-3-42

3 圆柱与工字钢梁连接节点做法(tid=47306 2004-1-8)

【yyynnn2004】:室内后加的一层钢结构平台,甲方喜欢圆钢管柱,没做过圆柱与工字钢梁连接的节点,特请教各位。

【法师】:如果是铰接,直接用竖向耳板连接。如果是刚接,可先在圆管柱外加两层环形肋及竖向节点板,形成一个与工字梁等高的 H 型钢接头,然后按普通的 H 型钢梁柱刚性连接方式连接。此时记住圆管内也要加环形肋。

【yyynnn2004】:不知这种节点与工字钢柱与工字钢梁的连接节点相比,有什么优缺点?

【go】:To **法师**:不知这种类型节点如何计算?可根据那些公式?

【陌上尘 64】:**法师**之言极是。不过,我记得好像柱内不一定要用加劲。

【qhsun】:工字钢梁与圆柱的刚性连接方式基本上有两种:内连式和外连式,当圆柱里面可以加加劲隔板(圆柱直径够大或小直径柱在梁中心处先切断待加劲隔板焊接完毕后再对接焊)即为内连式,可以采用与 H 型钢柱与 H 型钢梁相同连接方式;当圆柱不能加加劲隔板即可采用外连式(圆柱外设环形连接板,圆柱内无需设加劲),但外加劲板的自由外伸宽度应大于 0.7 倍的梁翼缘宽。

【zerol88】:“圆管内也要加环形肋”,这个不必要的啊,有了外环板了,就没必要再加内加劲板件了。我做过这样的节点,就没加内加劲板的。

【baby-ren】:外环板远没有在里面加有效果。

【shaochengming】:前两天刚做的一个节点(见图 2-3-43),铰接,大家认为如何?楼上所说的竖向耳朵板,竖向节点板,两层环形肋都是什么概念。小弟我刚入门。哪位大师能给一个大样!先谢谢了。

【dzwxw1011】:我认为圆管柱只适合用做轴心受压构件,楼上的做法用了六个螺栓,应该为刚接了,圆柱要承受弯矩,我认为还是要采取一些措施为好,《轻型钢结构建筑节点构造》35

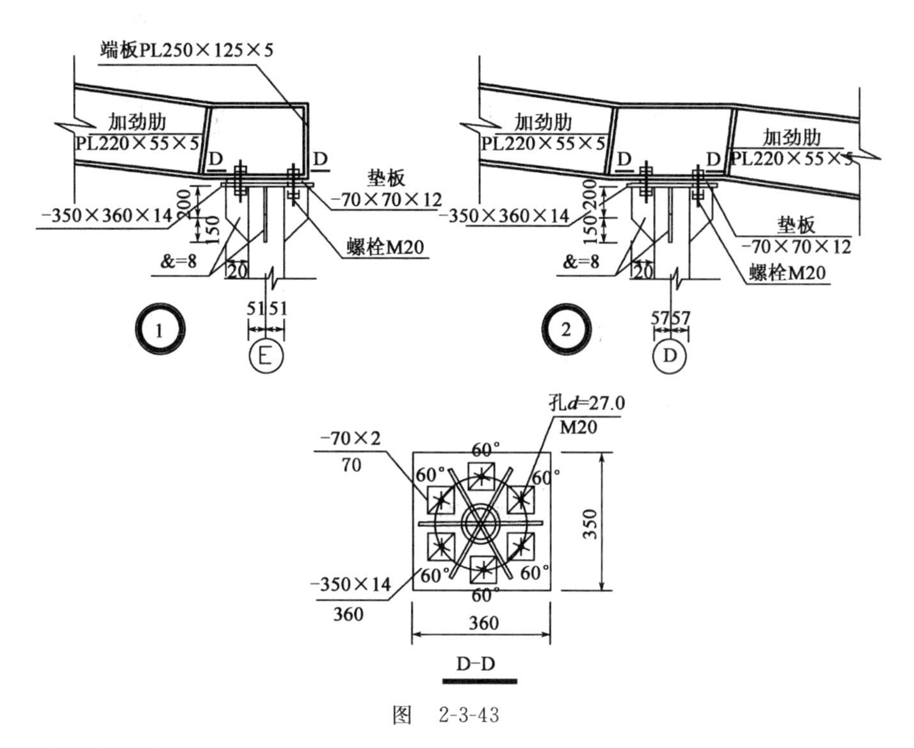

图 2-3-43

页有关于圆管柱的节点。

【lanf】:在钟善桐教授的著作《高层钢管混凝土结构》中有详细介绍圆柱与钢梁连接节点做法,并且有计算公式可参考。

【yxd_nx】:圆钢管柱常受到材料影响,我们有个工程,要用到 ϕ219×20 的几根管,但买不到,甲方让改成 H 型钢,但节点将会很难处理,因为要刚接 3 根梁,怎么办?

【salmonjia】:这是本人做过的一成都工程,圆管柱和 3 根柱钢接的接点,如图 2-3-44 所示,请参考。

【yxd_nx】:谢谢 **salmonjia** 兄,能否把节点立面也让看一下,因为我的节点其中有两根还是起坡的,26°。挺烦人。

【salmonjia】:立面如图 2-3-45 所示。

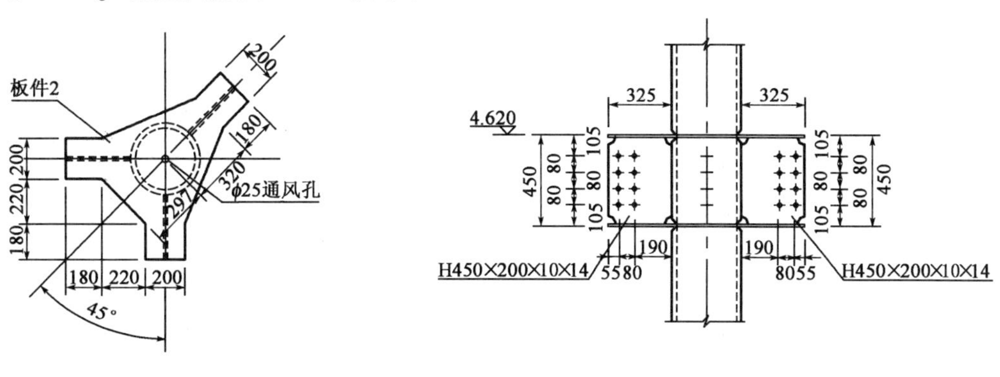

图 2-3-44 图 2-3-45

【**bill-shu**】:刚接,内肋外肋任选其一。铰接,有竖向连接板就 OK。您的荷载都不大。水平刚度有原结构保证,做铰接就可以,因为就一层,梁放钢管顶更简单。

【**wangxiantie**】:圆钢管柱无方向性,可在任意方向与其他构件连接,但 H 型钢柱一般不能这样。

【**yongerxu**】:圆柱上焊出与工字柱连接的翼缘与腹板应该可行。

【**framer**】:**yyynnn2004** 提及:“当圆柱不能加加劲隔板即可采用外连式(圆柱外设环形连接板,圆柱内无需设加劲),但外加劲板的自由外伸宽度应大于 0.7 倍的梁翼缘宽。”

我想问外加劲板是否指的是环形连接板,还是与 H 型梁腹板相连而焊在圆柱上的加劲板,不知这规定从何而来,我曾试图找过,没找到。还有就是外设环形连接板是否一定是等宽,通常情况下与 H 型梁翼缘连接处可做局部伸长。但是具体环形连接板宽度是否需要计算得到,怎么算?

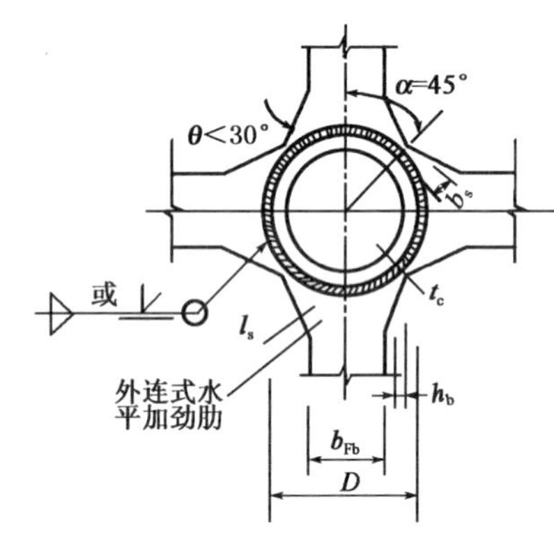

图 2-3-46

【**wxfwj**】:钢管柱与工字钢梁连接节点并不复杂,在钢管柱上做一个环状牛腿,即上下焊两个法兰,中间焊立筋板,与工字钢梁连接时,焊接、螺栓连接都可以。告诉您的邮箱,画几张详图发给您。

【**wanyeqing2003**】:手册上如图 2-3-46 所示节点。请看《钢结构节点设计手册》。

【**zqh**】:蔡绍怀著《现代钢管混凝土结构》有此类节点,如图 2-3-47 所示。

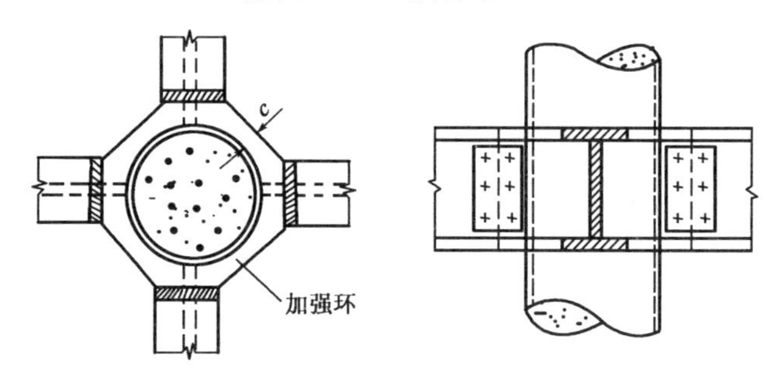

钢管混凝土柱/钢梁连接构造

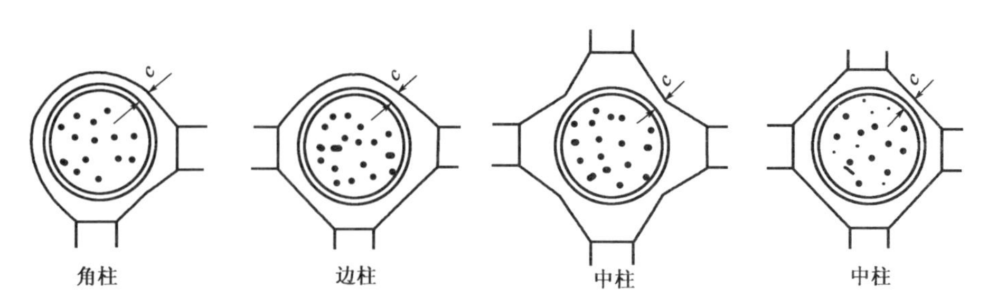

图 2-3-47

加强环板的最小宽度 c 应根据其抗拉能力不小于梁翼缘板抗拉能力的 0.7 倍这一条件来确定。该条件系根据加强环最薄弱部位与梁轴线呈 45°角,并将加强环视为独立环带,不考虑其领域钢管壁的作用,由等强静力平衡条件得出的。顺便指出,有的文献资料在计算加强环时,还考虑了邻域钢管壁的共同作用,这是不恰当的,因为这样会削弱钢管壁对核心混凝土套箍作用而降低柱的承载能力,是不安全的。

当钢管柱直径较大时,加强环也可设在钢管内侧,兼作抗剪连接件。内加强环与钢管壁之间必须用坡口满焊。

4　空心钢管与工字钢的节点(tid=108988　2005-9-14)

【liaobensen】:空心钢管与工字钢铰接或刚接时,钢管的节点位置是否需要环向加劲肋?

【wxfwj】:铰接时可以不用,但刚性连接时节点上下需设置环形加劲肋。

【暴风】:不知您说的环向加劲肋是否为外连式连接板?

图集01G519中提供了空心方钢管与工字梁的连接,没有提供空心圆钢管的连接。本人觉得,当空心钢管较大或梁端弯矩较大时,若设置了内横隔板,则不需设环向加劲肋,否则可设置贯通式连接板。

【yuan80858】:我也曾经在工作中遇到了这个问题。当时用prEN1993-1-8为标准来设计。我推荐使用这个标准。

5　圆钢管柱与H型钢梁如何连接?(tid=164018　2007-4-29)

【woaijiawei1980】:圆钢管柱与H型钢梁如何连接?刚接如何连接?铰接如何连接?请大家指教!

【jfssally】:如图2-3-48所示。

【gbj1982】:请问楼上,您这个节点不加支撑吗?

【xiyu_zhao】:二楼的做法是一个很好的做法,本身外围一圈就是加强,叫做抗剪环,在柱内增加隔板就可以了,不需要进行其他的加固了。另外一种做法就是将H型钢梁贯通钢管柱,这种做法也有,不过很少见,主要因为节点加工难度大,且抗剪效果不好。铰接形式适用于荷载不是很大的情况下,直接在柱上设置连接板的,进行栓接就可以了,一般来说框架梁、柱之间很少采用铰接。

【zhuzhehao011】:其实,钢结构节点的连接方式和计算方法可以参考《钢结构连接节点设计手册》(中国建筑工业出版社出版,李星荣等编)。是否为刚性连接关键看梁端翼缘的连接。

【sucre】:在海工行业,一般主要的关键的节点才会采用2楼所说的加环板的做法,而且是全焊接。

6　圆管柱与H型钢梁的连接(tid=178254　2007-11-25)

【hehai_2005】:请问大家,现在直径达到1m的钢管怎么和H型钢梁连接呢?怎么钢管的节点这么少呢?

【steelworker】:在钢管柱上焊H型钢牛腿,牛腿翼缘切成圆弧形,牛腿外端腹板开孔,与H型钢梁双剪板螺栓连接,上下翼缘焊接,此为刚接;上下翼缘不焊接为铰接。用PKPM三维建模,应该可以出节点详图。

【长流】:ϕ1m的钢管,可以其节点域做内加强环,加强环分别与H型钢梁的翼缘连接,环

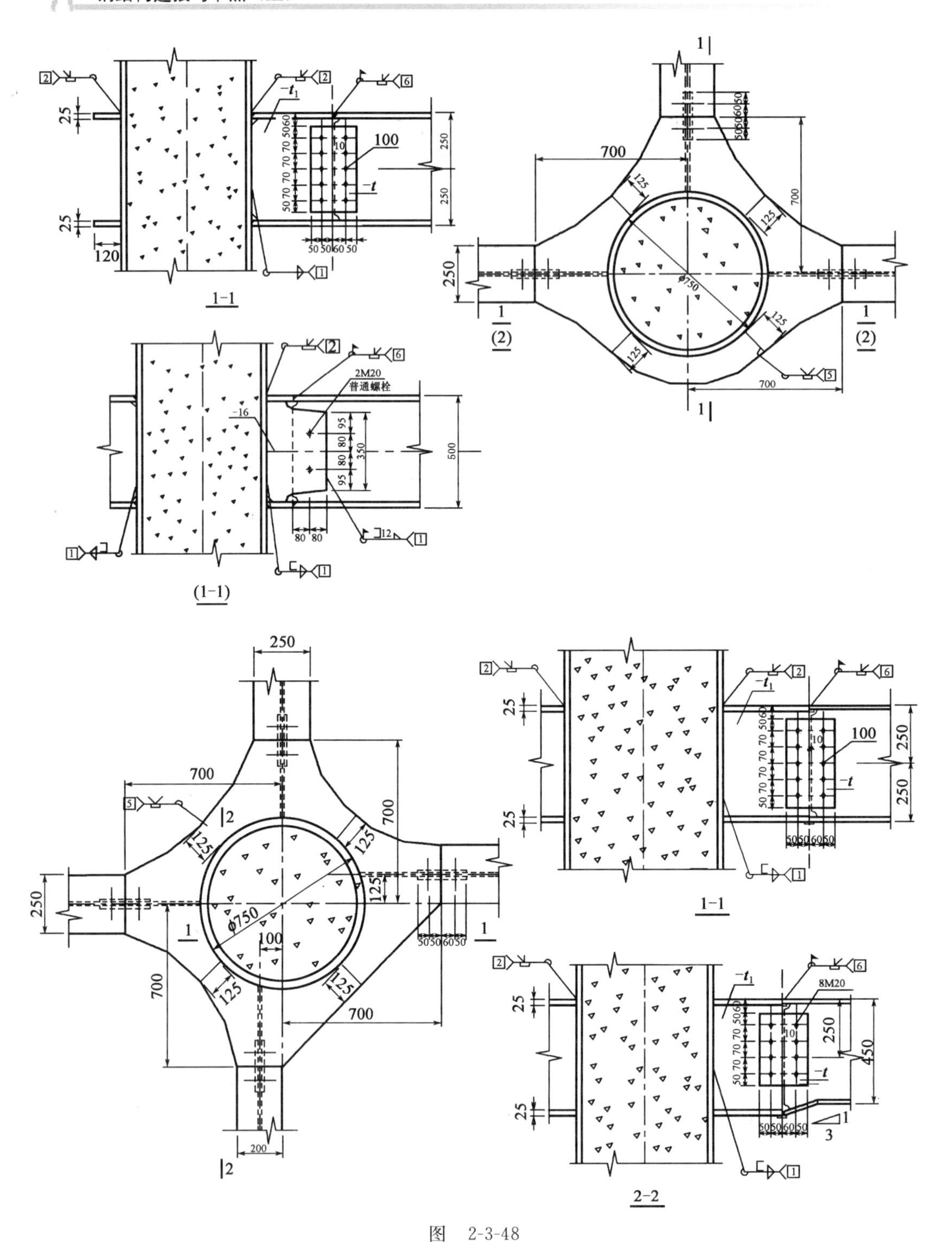

图 2-3-48

板之间做加劲肋板，与钢梁腹板连接。

【屠龙刀】:还有一种情况就是柱顶加一根 H 型钢柱，与圆管柱钢接，再与 H 型钢梁按门架的节点连接。

7 圆钢管与工字钢梁连接(tid＝200092　2008-10-8)

【poppy.l】:圆钢管与工字钢梁铰接。如图 2-3-49 处理是否可以?PKPM 的钢结构工具箱里怎么处理的?钢管上焊接连接板处是否加强?

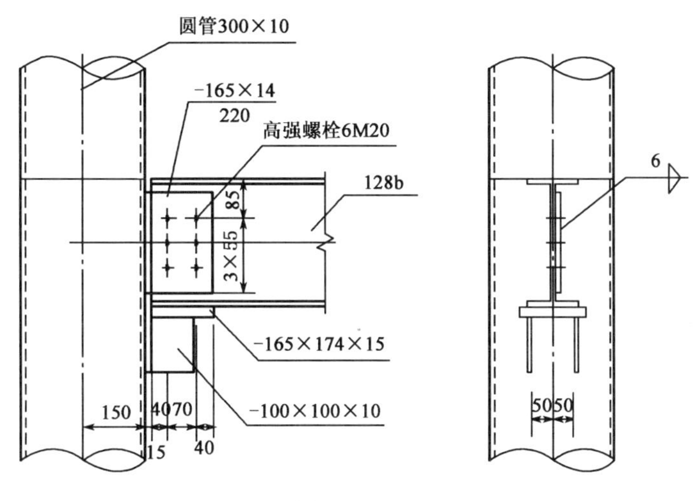

图　2-3-49

★**【V6】**:感觉这个连接有点复杂。如果是铰接的话,可以在前后钢管壁上开槽口,然后把连接板插入穿过钢管,前后两槽口处用角焊缝处理即可,见图 2-3-50。

★**【法师】**:感觉 **V6** 兄的做法比楼主的还要麻烦。钢管开槽可不好做,还得保证前后的槽在一直线上。尽管插板与钢管之间用角焊缝焊上了,但感觉钢管还是被劈成了两半。圆管内部的插板造成用钢量也不省。

如果次梁端部剪力不大,可直接在钢管壁上焊一耳板与次梁腹板连接。当然,耳板的下部加一水平加劲肋保证耳板的平面外稳定。如果受力大,采用楼主的做法是一个常用的选择。如果钢管是薄壁钢管,倒是可以考虑 **V6** 的做法。

【bill】:用一个槽钢扣在圆管柱上,焊接处理。槽钢腹板与 H 型钢梁之间用角钢高强螺栓铰接,施工也较方便(见图 2-3-51)。当然梁端剪力不大时这样处理较好。

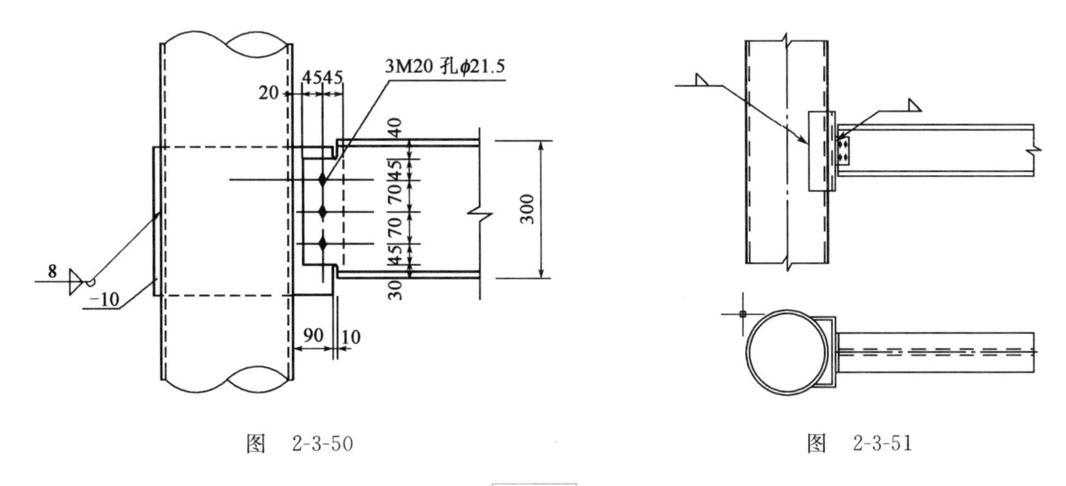

图　2-3-50　　　　图　2-3-51

【sxpsxp】:楼上的节点做法是什么意思？焊接一个槽钢是为了增大接触面吗？

【橘子天空】:实际中还是楼主的这种做法比较常见的。

【changyanbin163】:贴一张户外钢结构广告牌的一个节点，如图 2-3-52 所示。

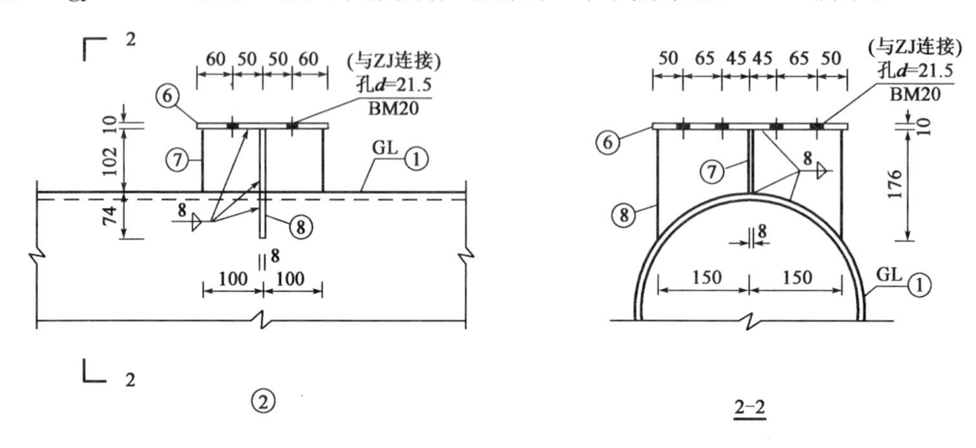

图 2-3-52

【@82902800】:建议取消钢梁下的小牛腿。

【hjx1101】:小牛腿应该是安装用的吧？取消小牛腿怎样调平对中？

V6 兄的方法我经常用，不过是用在刚接节点（上下翼缘位置还要加上环形板），但是工厂经常反映加工困难。

bill 兄的方法也用过，建筑专业和业主的评价是“难看”（在非工业建筑中）。

8 圆管柱与 H 型钢的合理连接方法（tid＝138780　2006-6-2）

【hujiafang】:大家好，图 2-3-53 是公司门头的钢结构造型，甲方要求柱子为圆管，梁为弧形 H 型钢，如果钢梁在圆柱外紧靠圆柱的话，连接点怎么处理？

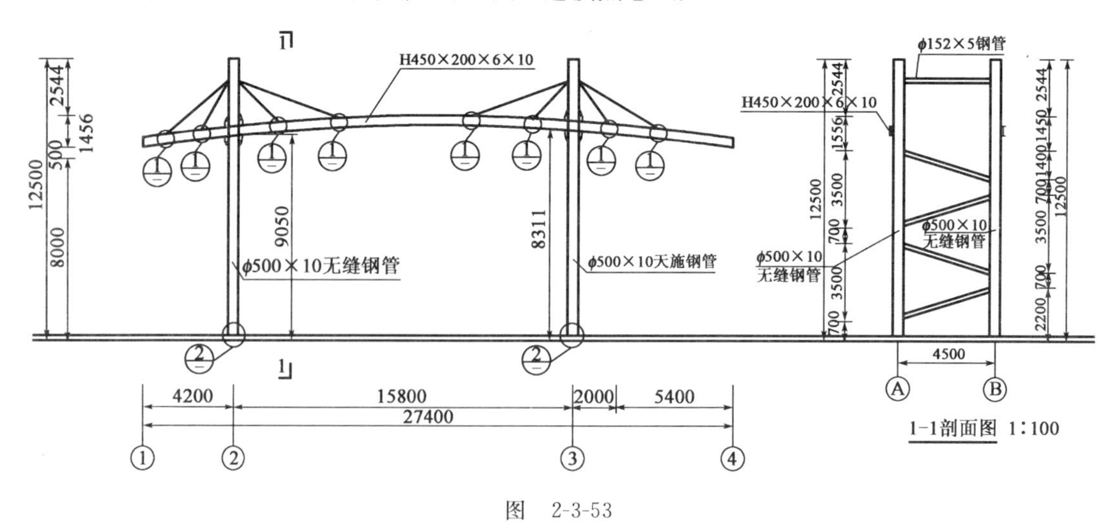

图 2-3-53

【正经鱼】:在圆管柱上加牛腿。牛腿的上平面要根据弧形梁的斜度来做。

★【GamIng】:做牛腿影响外观。建议做悬挑小梁，再用夹板及高强螺栓连接。悬挑小梁一端做平，另一端翼缘做成带有弧形，翼缘做平。或者直接与柱焊接。造型而已。

【angelee】：如果只是造型构件的话。可不可以直接焊呢？或者连接的部分加个垫片，两边分别跟柱子和梁焊。

【large_bird】：回 angelee：理论上是可以直接焊的，但要考虑现场焊接、安装、运输、现场防腐。

9 请教圆钢柱与箱型梁的连接节点形式（tid＝197700 2008-8-30）

【xbt8030】：请教圆钢柱与箱形梁的连接节点形式

【whb8004】：发2张照片（见图2-3-54）供参考，高层建筑，1～3层为圆钢管柱，4层以上为箱形柱。

图 2-3-54

★**【liuhaitao】**：我觉得箱形梁与钢柱的连接比较麻烦！先拿掉一块上翼缘板，然后栓接腹板，把下翼缘与钢柱焊牢（圆管柱时要把翼缘也切成弧形的），最后盖上拿掉的那一块上翼缘板，分别与腹板，柱子，和相邻上翼缘板焊牢！

【lihao582920】：圆钢管与钢柱焊连接板，再用高强螺栓连接！

10 请各位看看这个箱形梁与圆钢管柱的节点可不可行？（tid＝182899 2008-1-2）

【joyce_zhong_liu】：请各位看看，这根箱形梁与圆钢管柱相连的节点可不可行（见图2-3-55）？这是单层构架的节点，荷载不大，这样的节点可不可行？

【joyce_zhong_liu】：请问一下，钢板厚6mm，使用填角焊（fillet）7mm还有开槽焊（bevel）？焊接量要这么大？

因为是矩形梁与圆钢管柱是相贯焊接，加上部分是仰焊的，质量难保证，就在6mm的基础上加了1mm。

【含羞草】：我个人认为有些欠妥。是否可以考虑把柱子上做成齐头的牛腿，然后考虑把箱形梁端头开坡口加垫条工地焊接，要是考虑安装还可以把上翼板拿掉400mm长，用螺栓连接后在工地把400mm长翼板焊接。

【joyce_zhong_liu】："把柱子上做成齐头的牛腿"这样做是否把梁柱节点做成了铰接点？因为我把柱脚做成了铰接点，梁柱节点就需做成刚接点才能形成结构不动体系，所以我就把梁柱完全焊接以形成刚接。

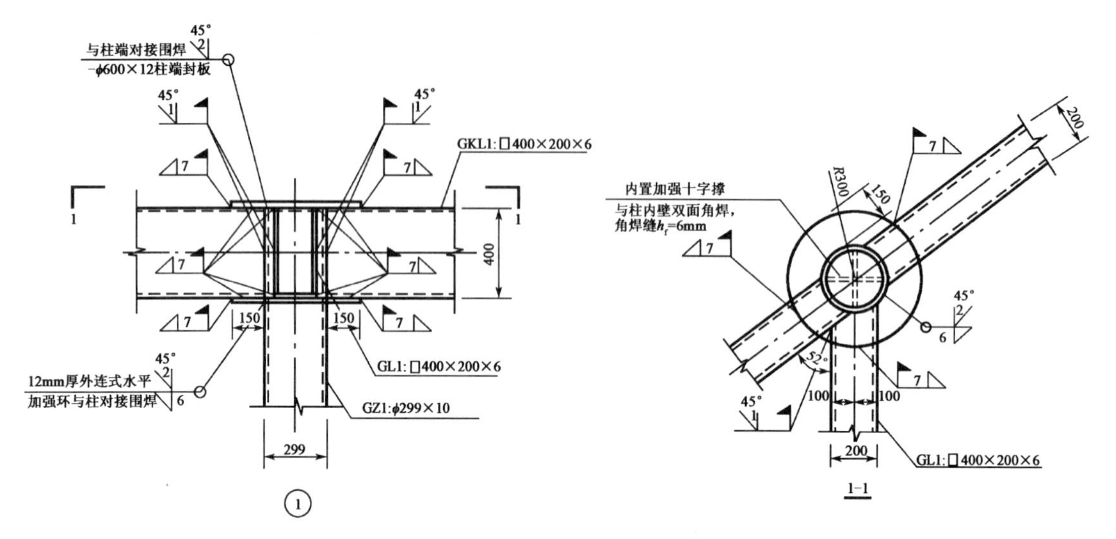

图 2-3-55

11 圆管柱和方管梁怎么做刚接？(tid＝206412 2009-1-14)

【jy. gao】:请教给位一个问题:ϕ200×10 的圆管柱和 200×100×5 的方管刚接,节点怎么做呢？不是柱托方管结构形式。

【dingrenzhen】:您可以先取一截 200mm 长的方管焊接在 ϕ200×10 的圆管柱上,然后在方管上焊接合缝板,这个问题不是解决了吗？

【feifeidream】:采用外环式加劲肋就可以满足要求。

【huangsongtao123】:直接在方钢管割圆,后焊接。

【lj5551270】:楼上不妥,刚接要使圆柱边协同受力。直接焊上,对单边管壁撕扯作用太厉害。直接在方钢管割圆,后焊接再加环,这样稳妥。

12 圆钢管柱与圆钢梁如何连接合理？(tid＝125859 2006-3-4)

【听涛山人】:因初涉钢结构,遇到一圆钢管柱与圆钢梁刚接,不知如何设计较为合理,请各位高手不吝赐教！

【jiang yu】:不知道您钢梁、柱的截面和荷载大小,可以参考图 2-3-56,是我做一个装饰性的混凝土高层楼顶钢结构造型用的,仅供您参考,图中尺寸和焊缝要根据自己的工程进行具体验算。

下载地址:http://okok.org/forum/viewthread.php? tid＝125859

【crazysuper】:此种连接能够将柱与梁连接起来(做铰接更好处理)(见图 2-3-57),柱与梁的连接板方便处理,可以满足设计要求,具体连接板板厚与高强螺栓要依据设计来定,满足设计要求和节点构造要求。

下载地址:http://okok.org/forum/viewthread.php? tid＝125859

点评:文中图示连接均为铰接,若需要刚接,可采用相贯焊接方式。主管柱根据计算可能需要加厚管壁,可采用套管方式局部加厚。

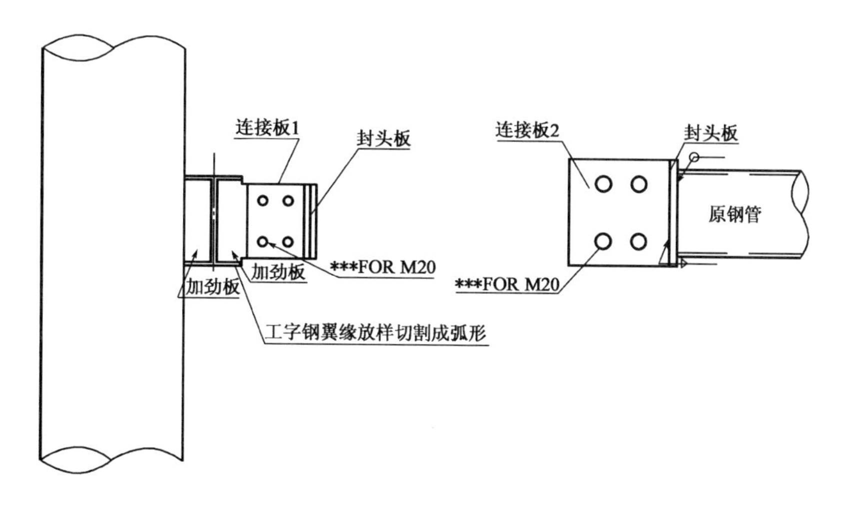

图 2-3-56

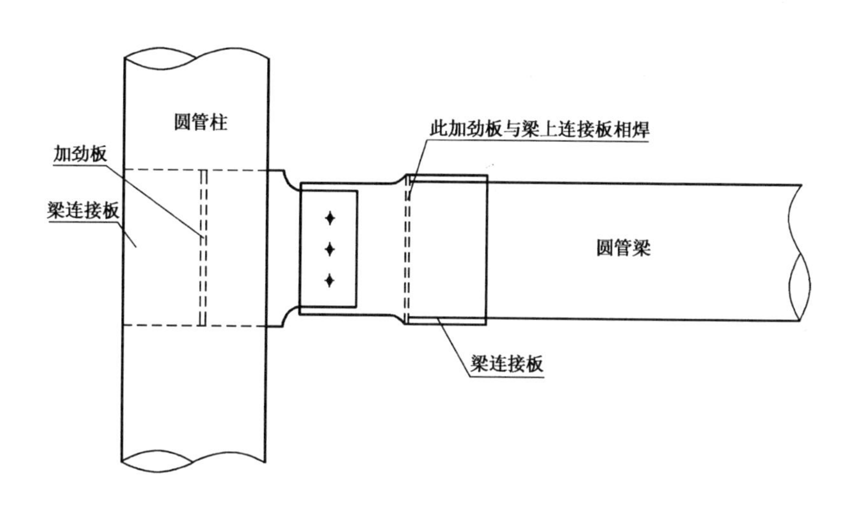

图 2-3-57

13 关于圆管柱和圆管梁的连接问题(tid=127535　2006-3-18)

【蒜泥狠】:最近看到设计院的一份图纸(见图 2-3-58),有个圆柱和圆梁的连接。怎么看还是不明白到底怎么个连接方式?老师们请进来指教一二:

(1)这样的连接方式可行吗?

(2)剖面和主视图是否不符?

【crazysuper】:(1)表示的是三个方向圆管梁与圆管柱连接。

(2)从剖面图中可以发现是采用连接板连接方式。不过不能反映出三根梁之间角度有多大?

【tank_helicopter】:请问左边边图中两条虚线的半圆形线代表什么?

【正经鱼】:两个剖面是相符的。

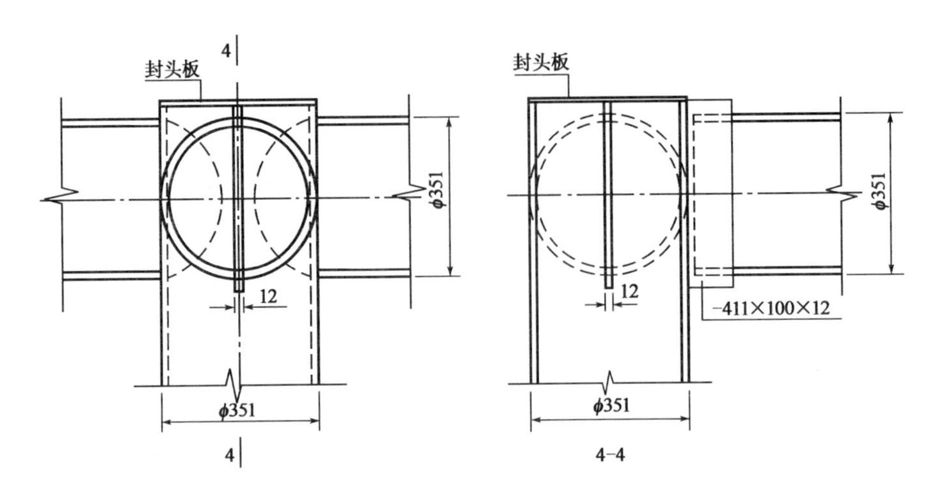

图 2-3-58

图 2-3-59

两个半圆表示对应的管管相贯的相贯线，所以其实这个节点很简单，就拿左图来说吧，可以看出左右两管是和中间的立管直接相贯，中间的水平管根据右图可以看出是使用了连接板插接，图中已经给出了连接板的大小。如图 2-3-59 所示。

【0575123】：假定主视图是正确的，就如四楼所示，那么 4-4 剖面图就有错误：圆柱中心那块 12mm 厚的板应该不存在。如果说这块板存在，我认为节点处理得不合理。合理的节点应就如四楼所示。

【arkon】：这种连接，节点刚度能保证吗，建议要么改成矩形截面，要么用钢水铸造出来。

五 钢梁与混凝土柱连接

1 钢梁与混凝土柱子相连的几个问题（tid＝140624　2006-7-18）

【chunyan_s】：我现在正在做一个 24m 跨的钢梁与混凝土柱相连的工程，由于我的入行还不是很久，有几个问题我需要请教大家，附图纸如图 2-3-60 所示。

(1)钢梁与混凝土柱是不是做铰接节点较好？为什么？

(2)我做的节点算铰接还是刚接？

(3)如果做铰接节点的话，是不是支座处梁的截面高度应该比较矮，而跨中的截面高度应该比较高呢？

【duxingke】：(1)做铰接支座比较好，尤其梁坐落在混凝土柱顶。

(2)从支座来看，虽然连接螺栓不在支座中心，仍应是铰接；从梁根部高度来看，像刚性连接，不知道您怎么计算的，不过计算模型应尽量接近实际情况。

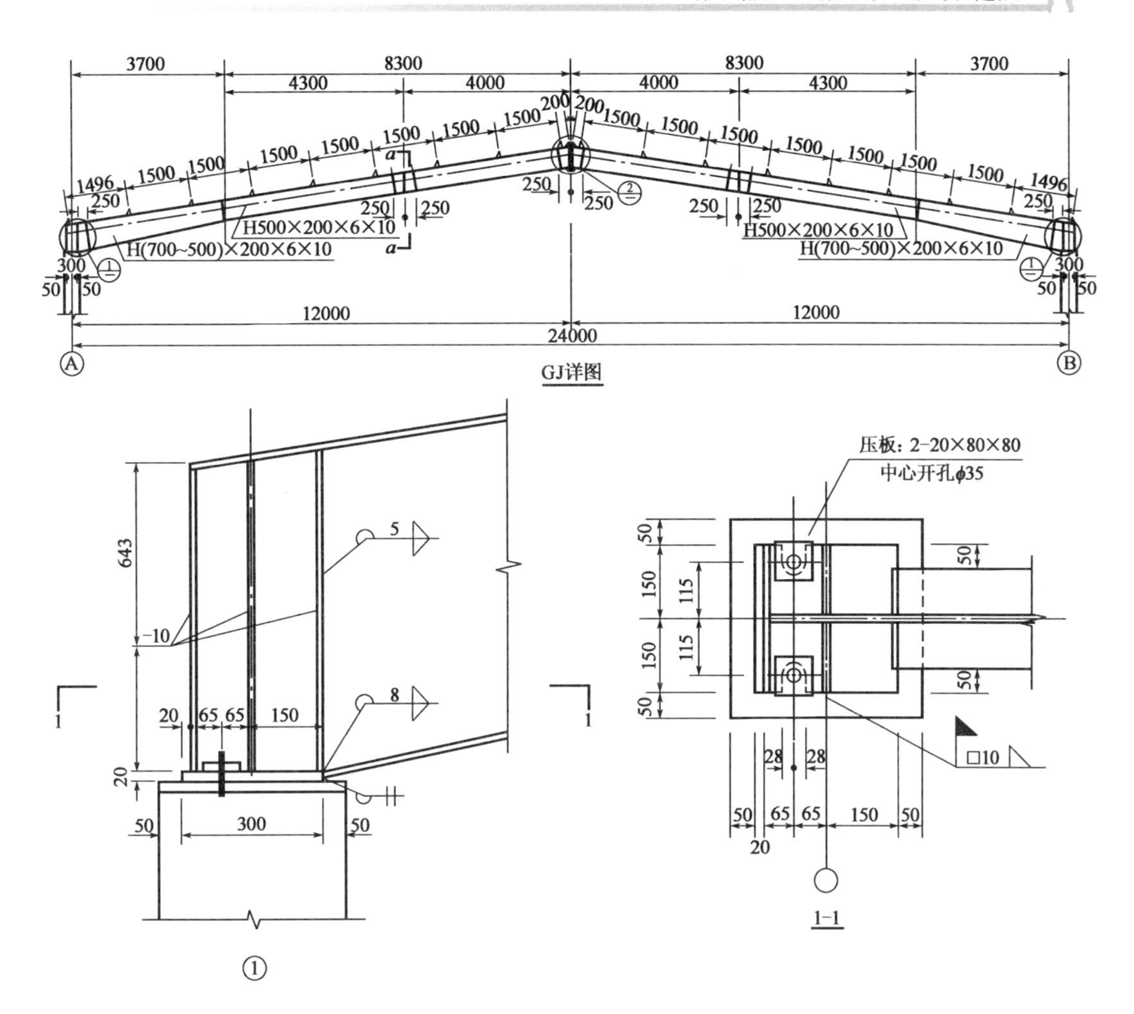

图　2-3-60

【marsmobile】:半刚性节点。不算刚接。

【kitty_bin】:看钢梁的形式应该是个刚节点,所以您给出的节点详图绝对有问题!如果按照刚节点做,混凝土柱上应伸出 500mm 左右高的钢短柱,和钢梁形成一个小型门式刚架。然后钢短柱与混凝土柱可靠锚固即可。这样做的好处是用钢量省,但是节点连接要求高!如果您要形成您所用的铰接节点,钢梁的大致样子应该是中间高两端小,为排架形式。附上混凝土柱钢梁索引链接,多看看有好处的。

地址:http://okok.org/forum/viewthread.php? tid=68964

【LXL423】:钢梁与混凝土柱的连接,由于这种两种不同的材料强度相差太大,一般宜做成铰接,这时钢梁就是一简支梁,中间弯矩最大,到支座处时弯矩就理论上为零(实际上有一些弯矩,不大),而受弯构件是由弯矩值来控制的,这样构件就是中间大面两头小了,这样才符合力学原理。

当然也有做成刚接的,只是很难做到,同时也给混凝土柱增加一个很大柱顶弯矩,因此很少采用。

2 钢梁与混凝土柱子的连接(tid＝100935　2005-6-30)

【王一】:小弟现在有一个框架的加层,采用轻钢结构,但是在楼层顶部有突出的楼梯间,请教各位老师:混凝土柱子与钢梁的连接怎样处理?本人想把柱子凿开然后与钢筋焊接钢板,再在钢板上焊连接板,仔细想想好像是与钢筋焊接时比较困难!请大家帮忙!

【wg01】:见过个类似的工程,不过那个工程是钢梁贯通,在混凝土柱的梁上下表面各焊接一个抗剪环,在ASCE2004年2月份的期刊上有一篇相关文章,可以看看。

不过这么做国内审图可能不容易通过,上次那个工程就在学校里做试验的。

【浪涛】:这种情况最常用的是植筋,再后植钢筋上焊钢板。钢筋和钢板之间一般采用穿孔塞焊的方法。如果钢梁的支座反力不大的情况也可以采用化学锚栓!

【pingp2000】:我觉得可以参考此帖:http://okok.org/forum/viewthread.php? tid＝96513。

【crane7179】:采用化学螺栓,最方便快捷,技术成熟,尤其适用抗剪。

【王一】:**rane7179** 兄:谢谢您啊!小弟只是听说过化学螺栓,根本没有接触过,更不知道怎么算啊?能不能帮忙详细地告诉我是怎样的原理?我可以自己算!**pingp2000** 老师您的推荐我已经看了!谢谢你们的帮忙!

【pingp2000】:在我推荐的帖子图中,钢梁与混凝土柱是铰接连接的。预埋件承受梁端剪力V和以及由剪力V引起的偏心弯矩$M=Ve$,偏心距e为高强螺栓群中心到柱边的距离。

化学螺栓可按普通螺栓群的受剪和受弯的公式计算。(化学螺栓的抗剪设计值与抗拉设计值由采用化学螺栓的厂家资料得出,国内有名的是喜利得和慧鱼),注意的是要在设计图纸上注明采用的是哪个牌子的化学螺栓,以及计算中对化学螺栓留一定的富裕(比如说计算用2个就够了,但您要考虑有时候由于施工或者其他的原因也许会有某个化学螺栓失效,注意增加一定的螺栓数目)。

顺便附上曾经计算过的化学螺栓计算书(见附件2-3-3)。

下载地址:http://okok.org/forum/viewthread.php? tid＝100935

附件2-3-3

预埋件的计算书:

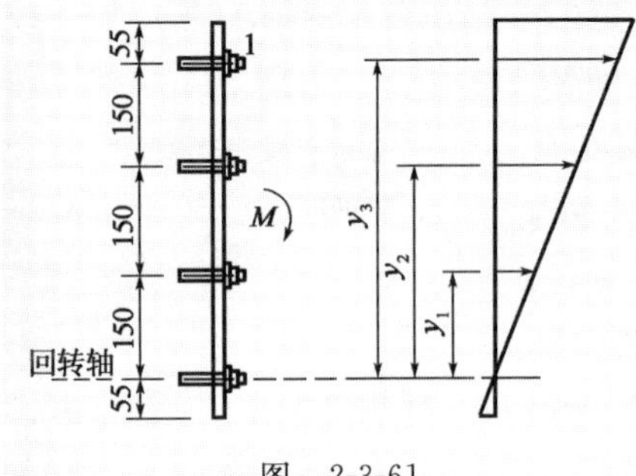

图　2-3-61

采用慧鱼5.8级镀锌钢螺杆,C30混凝土,单个螺杆抗拉承载力设计值M24为80.3kN,M16为31.9kN,单个螺杆抗剪承载力设计值为M24为73.5kN,M16为32.6kN。

根据支座反力来验算预埋件,选用挑梁TL1 H300×200×8×10和挑梁TL2 H300×200×8×10根部支座反力,选取最危险反力,按有剪力、法向拉力和弯矩共同作用验算预埋件,如图2-3-61所示(计算公式见《钢结构设计规范》GB 50017—2003的公式7.2.1-8～9)。

"(1)在弯矩M的作用下,最外排螺栓1的拉力最大

$$N_1=\frac{My_1}{2\sum y_i^2}=\frac{78.63\times10^2\times45}{2\times(15^2+30^2+45^2)}=56.2\text{kN}$$

因此,在弯矩M和法向拉力N的作用下,最外排螺栓1的拉力为:

$N_t=N_1+N=56.2+4=60.2\text{kN}<[N_t]=80.3\text{kN}$,满足要求。

每个螺栓承受的剪力 $N_v = \frac{V}{N} = \frac{79}{8} = 9.9\text{kN} < [N_c^b] = 73.5\text{kN}$，满足式 7.2.1-9 的要求。

(2)在弯矩 M、法向拉力 N、剪力 V 的共同作用下，按弯剪联合作用验算螺栓强度

$$\sqrt{\left(\frac{N_t}{N_t^b}\right)^2 + \left(\frac{N_v}{N_v^b}\right)^2} = \sqrt{\left(\frac{60.2}{80.3}\right)^2 + \left(\frac{9.9}{73.5}\right)^2} = 0.76 < 1.0$$

满足式 7.2.1-8 的要求。"

3 钢梁与混凝土柱连接的节点问题(tid=167678 2007-6-14)

【ghhyjl】:现有一 36m 跨，中间有柱的工程，外墙是 370mm 厚砖墙，开间为 6m 一个混凝土柱，砖墙顶有混凝土圈梁 240mm 高，现需做钢结构的屋面。我现在遇到一个问题是他们做土建把预埋件已经埋好了，而且是埋小了，做的是 −8×200×300 的，我采用了图 2-3-62 中的节点做法，想请教各位可不可行？为两个螺栓。

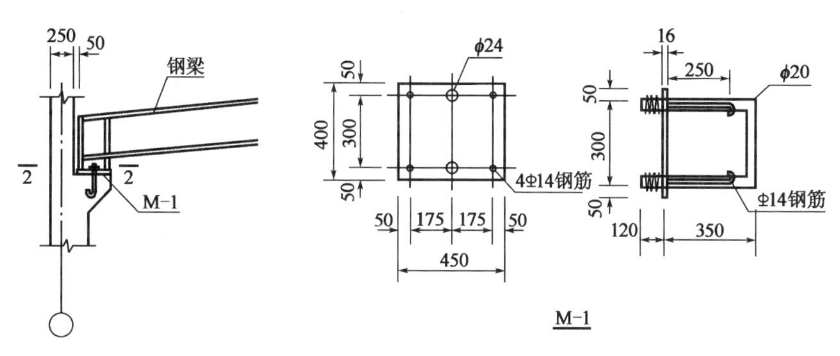

图 2-3-62

【ycwang】:请问是梁端部与柱连接吗？还是梁的跨中坐落在柱子上？连接节点行不行还要看您的结构布置和计算假定，比如铰接还是刚接，还有受力等。屋面钢梁与预埋件连接可做成如图 2-3-63 的节点形式。

【ghhyjl】:谢谢指教，是梁的端部与混凝土柱连接，计算此处节点为铰接。

【the great wall】:(1)不知道锚筋的设置情况如何？加过渡板的做法只是解决了埋板的问题。可按支座反力验算一下锚筋。一般构造上锚筋直径不宜小于 8mm。

(2)从上传的图形来看，过渡板的尺寸大了，应留出足够的施焊空间，一般为 h_f+10mm 左右；也没设支座加劲肋；还有"柱底板"是怎么回事？又：这个图看起来很眼熟啊。

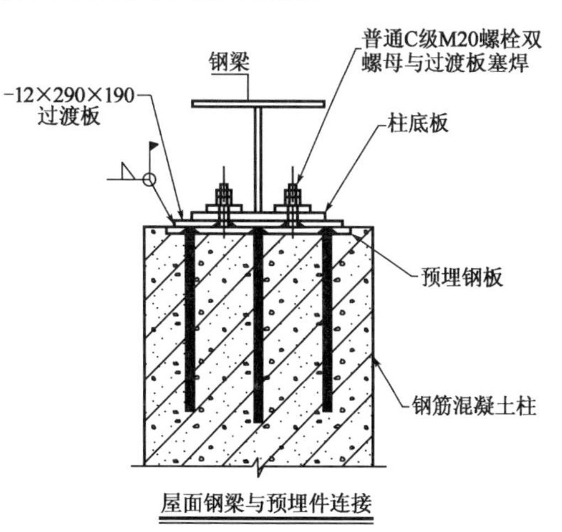

图 2-3-63

【vilive】:一个简单的钢屋面，钢梁与原有混凝土柱为铰接，这样连接理论上讲是没问题的，但是刚接就有些不妥，钢梁对混凝土柱的作用受力(传力)就更复杂了。

【ghhyjl】:这个问题解决了，是采用的植筋，

用磁力钻头在原有的小预埋件穿孔。

4 钢梁与混凝土的连接如何处理？(tid＝165907　2007-5-25)

【lql9706100】:钢结构加层中,钢梁与原有混凝土中的节点连接是通过什么来连接的？如果有预埋件还好说。如果没有预埋件的话,通过后锚固技术(如膨胀锚栓、化学植筋、锚栓群)的受力不知道行不行？是不是用后锚固技术的受力不能够受拉？还是有别的连接方法？希望做过类似工程的专家能够给点建议！

【ycwang】:建议用喜利得或者慧鱼化学锚栓,这些公司有相应的技术手册,可以提供详细的技术参数。这不是做广告,以前做过一个工程的节点补强用的就是喜利得公司的产品,但是有点贵。

【亦航】:对,用专业生产厂家的化学锚栓比较可靠,设计人员的设计也才有依据,而有参考资料上说,膨胀螺栓不宜用于主体结构的受力。

【stillxt (虎刺)】:补充:将连接部位混凝土凿毛,清理完后涂布结构胶,再用化学锚栓将连接板固定于混凝土上,这样连接受压受拉的性能都要好得多。

【金领布波】:(1)在连接部位将混凝土凿去20mm左右(根据后补预埋钢板厚度可调整,保证后补埋板与混凝土柱平齐)。

(2)植筋;植入的钢筋直径、数量、深度可根据后锚固技术规程计算。

(3)将植入的钢筋和后补埋板塞焊。

(4)作业面需进行防腐处理。

(5)进行节点设计。

仅供参考。

5 混凝土柱子与钢梁连接(tid＝66387　2004-8-4)

【lisong03】:我换了一个单位,来了这里以后好像这里的人都喜欢用混凝土柱子和钢屋面,这样就只能做成铰接比较方便,但是刚接会比较节省,请问各位有没有关于混凝土柱与钢梁刚接的资料。还有我做的工程,梁与混凝土柱铰接按铰接柱脚的做法会不会出问题？

我的做法如下:在梁端部做一个刚接点,然后用4棵螺栓与混凝土柱连接,如图2-3-64所示。

【doubt】:(1)梁柱刚接导致混凝土柱承受较大的弯矩和剪力,而混凝土柱的劣势就是抗剪较弱,只要您的混凝土柱能受得了,就没问题,但我们不能扬短避长吧。

(2)您的模型肯定有问题,一般情况下,混凝土柱＋钢梁结构柱端为铰接,而且为释放梁对柱的剪力,要求钢梁一侧水平释放,这样您做上四个锚栓就没道理了,一定注意钢梁此时是一简支梁。建议您参照以下钢屋架与混凝土柱连接节点做法。

【lisong03】:我在钢梁端部设置有柔性拉杆,梁剪力都由拉杆来承受,谢谢您。请问钢屋架与混凝土柱子连接的构造有什么资料可以参考？

【doubt】:这样啊,实际是一带拉杆的拱结构了,梁截面应该会很小了,国外有很多这样的结构,但设置在梁端会影响视觉效果,有些是设置在梁中的能好点,这种结构要求屋面坡度比较大,会增加造价。

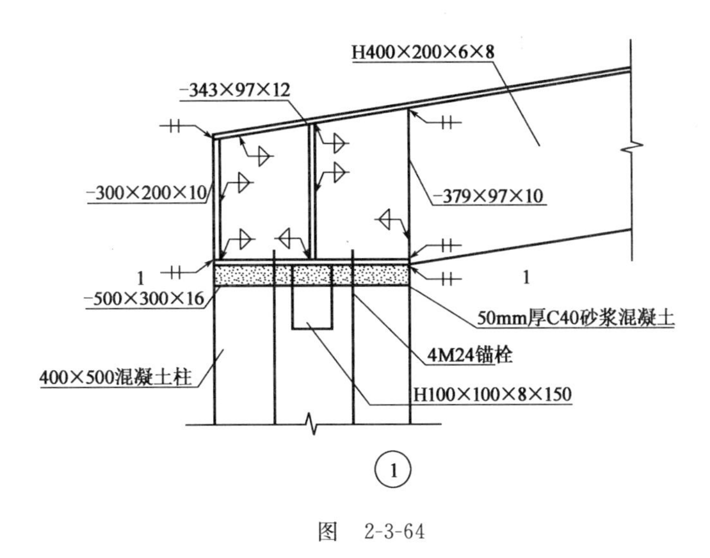

图　2-3-64

节点您应该看看《建筑结构构造资料集》(下册)和《钢结构连接节点设计手册》,这可是必备的啊。

【lisong03】:谢谢 doubt 老师。这样做梁的截面是比较小,24m 只有 500×220×6×8 但是加上拉杆用钢量还是比较高了。

我算了一下如果加上拉杆梁的高度可以有 800mm 高了,而且混凝土的柱子造价比钢柱子也低不了多少,不知道为什么我们这里的业主和工程师都认为做混凝土柱子钢屋面要比纯钢的造价低得多,而且这边的工程师都不设拉杆还认为节省,我劝他们改成纯钢的,结果就是我要重新做一份图纸,我都重新做了三个工程了。

【doubt】:多做几种结构类型,会增加您的经验,而且只有做过后,您才会知道哪种经济,哪种漂亮,哪种快捷,虽然会付出更多劳动,但是年轻嘛,有这么好的舞台,干吗不用呢。

点评:图中的做法是铰接,通常混凝土柱+钢屋面的节点应该做成铰接。

6 请大家讨论一下这个混凝土柱+钢梁节点(tid=184585　2008-3-2)

【布谷鸟】:在混凝土柱顶加两跨 9m 钢梁,梁上荷载较大,节点采用螺栓连接,如图 2-3-65 所示。本人有些疑惑:钢梁在支座处转角变位很大,这种做法能否实现真正的铰接节点? 如果不能如何处理? 谢谢。

【说不全】:看了附图感觉图中节点不可能实现与混凝土短柱铰接,个人认为应参照吊车梁中跨节点钢梁与混凝土柱埋件板间用垫板来传轴力,另在混凝土柱顶的埋件上两侧焊连接板与钢梁下翼板用高强螺栓连接,与吊车梁节点的不同只是钢梁自身是连续的而已,弯矩不传给支座。一点浅薄见识,不知可行否?

★【V6】:这个节点是个典型的连续梁中间支座节点。计算模型应为柱顶铰接的连续梁中间支座节点。对于中间支座处的梁来说是连续的,柱顶为铰接。如果边支座也处理成这个节点的话,可以认为是铰接。但这样处理的边节点是会传递一部分弯矩的,建议螺栓数量变为两颗,梁下加钢垫条,这样可看作比较理想的铰接节点。如图 2-3-66 所示。

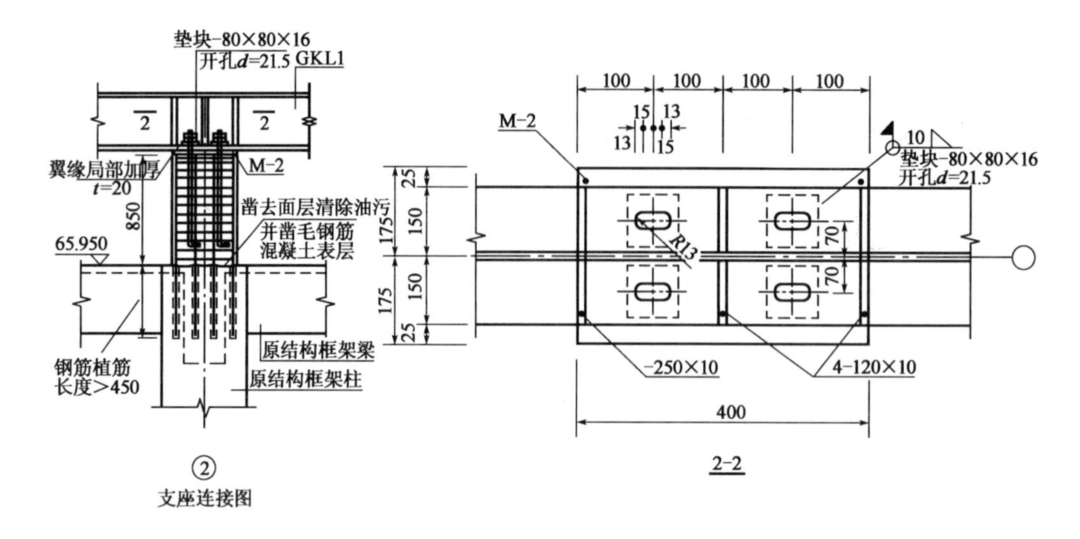

图 2-3-65

7 混凝土柱，H型钢梁的连接(tid＝35757　2003-8-23)

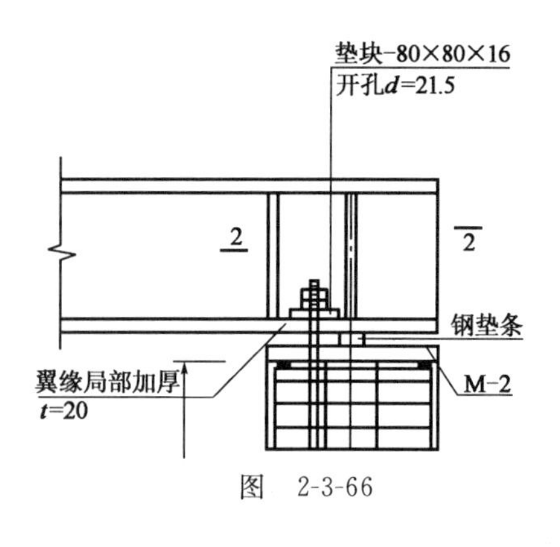

图 2-3-66

【国宝王】:各位老兄，我这里有一个混凝土柱，H型钢梁，跨度24m，请问柱与梁连接是用刚接和还是铰接，用铰接中间弯矩太大，截面很大的；用刚接怎么接？请各位仁兄多多指教。

【flywalker】:请搜索本栏目相关话题，近期有很多这方面的讨论。

【zhongjian】:当然是用铰接的啦。

【chenwenjie888】:两种不同的材料变形也不同，如果做刚接是很难做到的就算您的假想是刚接实际上也是会有平动所以还是按铰接做法计算好点！

【msf】:用桁架吧，不要再用实腹钢梁啦。24m跨度大。

【sonny】:当然要用铰接节点，24m实腹梁跨度并不是很大。本人认为用桁架不好！

【fmma】:铰接很好的，用锚栓连接，下面的垫板可以打长圆孔，如图2-3-67所示。

【tany】:请问如何计算？

【shajim】:采用铰接软件中直接建模，设一下铰接点即可。

【allan2614544】:采取刚接或者铰接要看是什么情况，如果混凝土柱不高且刚度较大，可采取刚接，减小梁截面，但是要注意钢梁强度要留余量，因为实际上它达不到完全刚接，如果混凝土柱较高或者是楼层上的柱子，建议做成一端铰接一端滑移，就如**fmma**所上传的做法，释放钢梁对混凝土柱的水平力。

【镇静钢】:像这种上盖一般都按铰接做，而且24m跨度并不是很大，采用实腹式钢梁是比较好的选择，连接采用在混凝土柱顶预埋锚栓，钢梁支座采用U形孔连接；如果是采用固接，对混凝土柱的要求较高，而且一般施工中也很难保证；从造价方面来看，您虽然采用固接减小

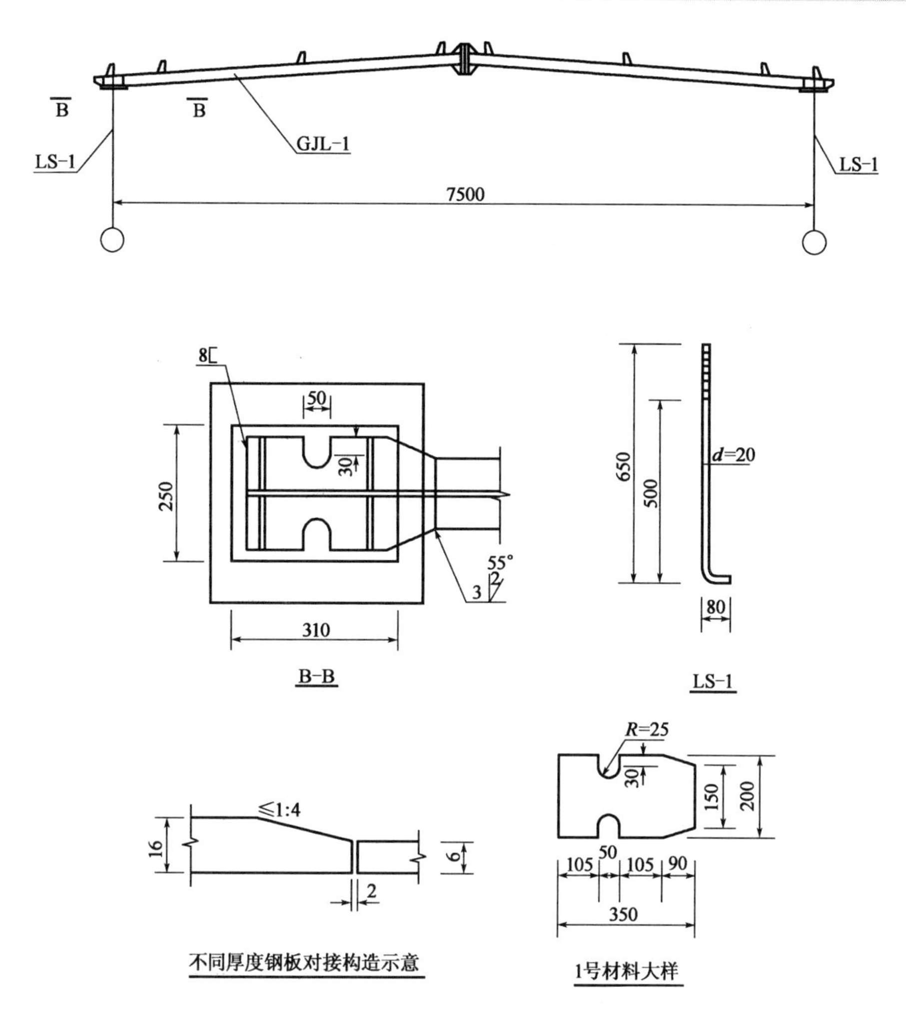

图 2-3-67

了钢梁截面，但是却增大了基础及混凝土柱的造价，两相比较，如果没有什么特殊要求，宜优先采用铰接。

【huangjunhai】:没有刚接的可能。

(1)刚接的话梁中又怎么处理？由冷热变形引起的构件内力如何消化？

(2)即使刚接可行，梁中节点板，由于梁自重存在，仍须保证翼缘受压受拉强度，这又何苦？

8 混凝土结构和钢梁的连接(tid=115911 2005-11-17)

【chxldz】:钢梁通过高强螺栓与混凝土梁侧连接，因为温度应力比较大，应该将支座位移释放掉，但是我查到有说可以通过开长圆孔的方法，也有说高强螺栓开长圆孔不好，但是用普通螺栓抗剪也不是好办法，请问该如何解决呢？多谢各位！(温度应力比较大)

【fjmlixiaolong】:采用高强螺栓开长圆孔连接就可以了，普通螺栓是不能考虑作为主要受力构件抗剪连接的，该问题做法您可以参考下列帖子的讨论：这种连接是铰接还是刚接？

地址：http://okok.org/forum/viewthread.php?tid=104654

【chxldz】:如果我选用 A 级普通螺栓呢？如果抗剪承载力满足设计要求为什么不能用呢？多谢答复！

【fjmlixiaolong】:A 级普通螺栓在市场上比较难买到，而且普通螺栓不能考虑用于主构件抗剪螺栓是规范明文规定的，这是因为普通螺栓抗剪能力不是很好，用于抗拉明显好于抗剪。

【jianfeng】:(1)楼主的意思是温度应力比较大，想做成静定简支梁来释放伸缩量。可通过梁一端开圆孔，一端开长圆孔来解决。

(2)摩擦型高强螺栓肯定不能用，因连接件不能发生相对滑移，就无法释放温度应力。

(3)可考虑用承压型高强螺栓，它的承载能力高于高强螺栓摩擦型，但高强螺栓摩擦型的应用(据说)目前还不多。承压型高强螺栓 8.8 级抗剪强度 $f_v=250\text{N/mm}^2$、10.9 级抗剪强度 $f_v=310\text{N/mm}^2$。

(4)普通螺栓抗剪。C 级普通螺栓(4.6 级、4.8 级)其抗剪强度 $f_v=140\text{N/mm}^2$，A 级、B 级普通螺栓(5.6 级、8.8 级)其抗剪强度分别为 $f_v=190\text{N/mm}^2$、$f_v=320\text{N/mm}^2$。A 级、B 级螺栓为普通螺栓中的高强螺栓。

(5)可考虑用承压型高强螺栓或 A 级、B 级螺栓普通螺栓抗剪。

【niuchuanquan】:我同意楼上的意见，我认为摩擦型高强螺栓用在长圆孔上不合适，因为，摩擦型螺栓是不能滑动的。

【bzc121】:单纯靠螺栓抗剪释放温度变形应力用焊接构件很难做到，应用机械加工件做成滑动支座是可以的，但太费事。如非要焊接件用做节点，梁一端铰接或刚接，另一端做成类似吊车牛腿式样的滑动简支座，梁滑动端长圆孔，普通螺栓连接就可以。混凝土结构可以用植栓或抱箍方式与梁连接。

【arkon】:高强螺栓材料是热处理过的，强度高，硬度也高耐磨，但有脆性，普通螺栓未经热处理，但延性好，变形能力强。不知道规范为何推荐高强螺栓？如强度能保证是耐磨需要吗？

铰接连接如强度能保证，采用承压型高强螺栓是否该修改高强螺栓施工规范？不考虑施工预紧，同普通螺栓。

【liuxn0821】:我觉得除了支座那里处理以外，可以考虑梁中间起弧。

9 钢梁与混凝土柱的连接问题(tid=31342　2003-6-22)

【yyc5795y】:6.0m 悬挑雨篷钢梁(开间为 8.0m，玻璃顶)与柱刚接的情况下，采用何种方法较好：

(1)钢梁直接与混凝土柱预埋件焊接，预埋件通过锚栓和锚筋与柱相连。

(2)钢梁端头先与钢板焊好，然后再通过锚栓和混凝土柱连接，由于锚栓没有抗剪强度，支座处抗剪应如何处理？

(3)钢梁与钢板或预埋件焊接时，是否通常采用翼缘对接焊，腹板角焊？全部用角焊是否可行，有没有特别规定？

★【ASA】:您想用刚接节点，可以参考型钢混凝土(劲性混凝土)的做法，最上层柱(视结构情况，最多最上两层)内设型钢，型钢与钢梁的连接就可靠多了。

【3d】:轻钢雨篷，做个预埋件好了。

(1)不用设锚栓，用锚筋抗剪、拉、弯，见《混凝土结构设计规范》GB 50010—2002 10.9.1-

1、2。

(2)可对焊,也可角焊,一般角焊缝围焊即可,钢结构手册有相关计算公式。

10 混凝土柱钢梁的节点设计(tid=55224　2004-4-17)

【cj_ws】:设计了一个门式刚架结构,应业主的要求柱改为混凝土柱,请大侠们教教小弟,连接节点如何设计?最好有图纸附带,不胜感激。

【podream】:可以使用栓钉连接接点,外面用单板连接。也可以把钢梁埋设在混凝土柱中。节点的计算可参考有关文献。

【concreat】:混凝土柱柱顶与钢架连接宜做成铰接(采用 M20～M24 螺栓),柱顶预埋钢板(10mm 厚即可),预埋钢板下还需焊预埋钢筋(一般 4 ф 16)。

【lxd】:预埋钢板厚度最好为 20mm 或 20mm 以上,下设调节螺栓,二次灌浆前将混凝土柱顶面混凝土进行拉毛处理。钢梁与混凝土柱为铰接。

【concreat】:请问楼上的这位朋友:预埋钢板为何要做成 20mm 甚至更厚?混凝土柱柱顶需要做二次灌浆吗?没有必要吧。谁还跑那么高的地方进行二次灌浆啊,这样施工是不是显得很麻烦?是否可以直接将预埋件(包括预埋螺栓和预埋钢板还有预埋钢筋)预埋在混凝土柱上,然后再进行钢梁的吊装?这样施工起来岂不是很合理一些?

【wangxiantie】:可以参考赵鸿铁老师的《组合结构》,上面介绍了各种组合构件的连接。

【wanfang】:混凝土柱与钢梁连接应尽可能避免,除非采用铰接连接。这是因为:

(1)计算模型选取存在问题。按门式刚架?按普通刚架?还是按别的形式均不合适。

(2)由于钢筋混凝土与钢构件之间的弹性模量比很不准确,这就造成节点弯矩分配极不合理。

(3)无论采用何种软件,其结果均不准确,以致造成结构本身是保守?还是不安全?大家心中设数。

我建议最好采用铰接。

【船家】:不知道您问的节点的位置,我只能试着回答一下:

(1)如果节点在柱顶,您可以将钢梁搁置在柱顶上,钢梁和柱采用螺栓连接,也可以在混凝土柱的侧面和钢梁连接,无论哪种连接方式,混凝土柱要事先预埋连接构件。

(2)如果节点在柱的中间,除了前面所述的侧面连接方式外,还可以将钢梁现浇在柱中(柱的截面尺寸比钢梁的截面尺寸要大)。

个人观点,仅供参考!

【without82】:各位大虾能不能再说明具体点呢?

【passord】:无论连接点在柱顶还是中间都应铰接,当柱截面不够大时做牛腿,这种做法我们这里做得最多,往往纯钢结构做得少,具体如图 2-3-68 所示,不妥之处望各位大侠指点。

下载地址:http://okok.org/forum/viewthread.php? tid=55224

11 混凝土柱和钢梁的连接(tid=103986　2005-7-28)

【chxldz】:我做的一个混凝土柱和钢梁的连接是在混凝土柱顶部预埋一块钢板,通过四根预埋钢筋固定,有两个地脚螺栓和钢梁下翼缘连接,为了传递剪力,将钢梁下翼缘和预埋钢板

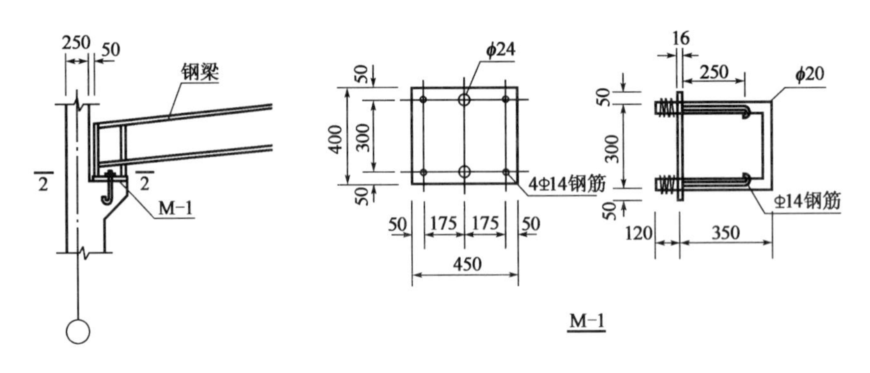

图 2-3-68

焊接。请问这样做可以吗？要注意什么呢？谢谢！

【liu5620194】：不应该焊接吧，那样就成了刚接节点了。

【cg1995】：我想不要焊接了，主要是看螺栓和预埋件的连接合理就可以了。

【帝国精彩局】：怎么连接和您想怎样设计这个节点有关系，如果您想设计成刚接，那就要考虑节点能传递 M、V、N，如果您想设计成铰接，那节点就不要传递 M。您这样设计是半刚接形式，可以传递 M、V、N，但是又不能完全传递。所以，请注意梁柱连接的形式来考虑这个节点。

【tiantbird】：如果要刚接，您要考虑您传给混凝土柱的弯矩，它本身是不是可以承受。

【whz958307984】：我做过一个类似的，也是这样连接的！原先的老式厂房不也是这种连接方式吗？参考屋架标准图屋面桁架与柱顶部的连接节点！不过我疑问的是标准图上桁架节点板和柱顶埋板不是一样大的，我做的是梁的节点板和柱顶埋板是一样大的。这样会否标准图的连接更近铰接，我的这种连接更近半铰接！当时柱顶也没考虑这部分弯矩！我师傅原先也做过同样的工程没问题！

【骨架装配式板房】：我通过大胆的设想，这样刚性连接是不行的，它解决不了收缩问题，应把连接孔开成椭圆孔，本身屋架是简支梁。所以不能刚性连接。

【y_sz20】：主要是看您设计意图，柱与梁是刚接还是铰接。刚接就采用焊缝连接，铰接就采用螺栓。不过钢梁与混凝土柱一般采用铰接。

【kswu】：焊缝或者螺栓连接与节点是否刚接没有任何直接的关系，印象中论坛里有过讨论。

【wanyeqing2003】：我来帮 **kxwu** 兄链接几个相关的帖子，供大家参考：

(1)刚节点和铰节点怎样区分？

http://okok.org/forum/viewthread.php? tid=110919。

(2)混凝土柱钢梁结构需要加抗剪键吗？

http://okok.org/forum/viewthread.php? tid=65197。

(3)钢梁和混凝土柱刚接。

http://okok.org/forum/viewthread.php? tid=101600。

点评：这样的节点不宜采用焊接。

12 混凝土柱与钢梁的连接问题(tid=22985 2003-2-27)

【MBSC】:手头有一加层改造项目,某办公楼5层高(升层结构),柱距5.5m×6m。局部4层,4层处为一剧场,中间柱抽掉,4层顶为钢屋架。业主准备将局部的4层改造为5层,即在剧场除增加一层。请问:

(1)钢结构改造是否最佳方案?

(2)如果采用钢结构,原混凝土柱如何与钢梁连接?采用膨胀螺栓是否可靠?同样,中柱采用钢柱,与底部混凝土柱如何连接?

(3)楼面采用何种方案才能做到轻质,适用?

【袁知】:起码说清楚加层的用途吧?一般用压型钢板作屋面比较好。

【hai】:采用铰接门式刚架,柱脚为铰接,采用化学锚栓,原屋顶加一圈梁。

【火柴盒】:混凝土柱与钢梁一般是铰接的,再者您把中间柱去掉这样钢屋面传到两边混凝土柱的轴力将是一个不小的数,再加上这么高的屋面,原混凝土柱是否能承受要认真计算一下才行啊。

【verishi】:我认为不宜采用钢结构,否则就是5楼混凝土和一楼钢结构,还不如全部是混凝土钢结构,这样连接问题就要简单很多,而且也经济。

【萧逸】:如果是加层,从加载的角度来说首先是钢结构加层,因为它所加的荷载是最小的,对原来的结构影响同样是最小的钢柱与混凝土柱连接现在有一种化学锚栓是可以的,膨胀缧栓是不可取。

13 钢梁与混凝土柱如何铰接?(tid=70770 2004-9-21)

【jiao_f】:经常会碰到这类工程,有时是实腹钢梁,有时是桁架式屋架。

不知道各位在工程中都如何实现铰接(稍微说详细点),希望能多多交流。

【dzwxw1011】:在混凝土柱柱顶上预埋螺栓就可以了,就相当于钢柱铰接的做法。

【西湖农民】:柱顶埋锚栓偏位一般很大,我也遇到这个问题。我准备埋预埋件,然后在钢梁和埋件间垫个槽钢,现场焊接。不知道行不行?

★**【zweih】**:建议三种方法:

(1)钢结构与混凝土柱顶通过预埋件和节点板采用销轴连接,纯铰接。

(2)在混凝土柱顶设预埋螺栓(2或4个),间距较小,基本设在钢构件投影尺寸和节点肋板以内,近似铰接。

(3)如柱顶担心施工偏差大预埋钢板,可采用过渡板上塞焊螺栓与上部钢结构连接。

【jiao_f】:您的第一种建议是不是在预埋件上冲孔,穿螺杆连接。螺杆是否也预埋一定深度?如果是这样,跟埋锚栓似乎没太大区别。第三种建议是将螺栓直接焊在预埋件上吗?抗剪似乎会很弱,还要高空施焊。

西湖农民的做法似乎更接近刚接,高空施焊工作量也很大。我还是觉得埋锚栓比较好。

【西湖农民】:我现在做的,柱顶为H型钢梁,要求铰接,我如图2-3-69这样做不知可否?

【wwangbbing2004】:本人通常做法如下:在混凝土柱顶预埋两个螺栓,H型钢梁与混凝土柱的节点板设长圆孔,H型钢梁设拉杆,降低柱端弯矩,钢梁按简支计算。

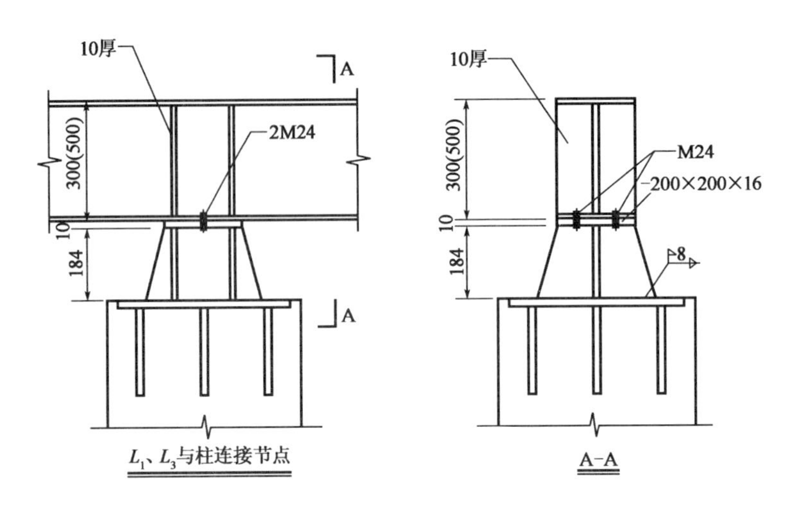

图 2-3-69

【zweih】：建议钢梁跨度及反力较小时可采用节点一，反力较大时采用节点二（见图 2-3-70）。

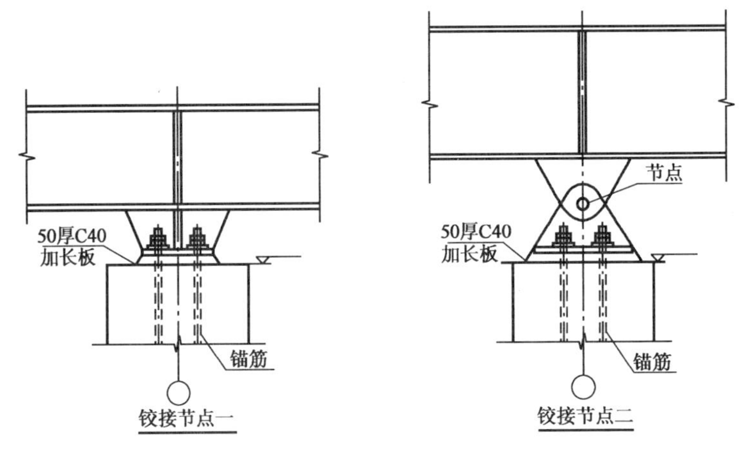

图 2-3-70

14 钢梁与混凝土柱铰接如何实现？（tid＝161812 2007-4-3）

【笨笨鸟鸟】：如题，请各位高人指教，或者给小弟指出参考书目也可以，小弟先谢过了！

【我可不可以】：最新版的 STS 软件门式刚架二维设计的施工图中已可以生成该节点。

【Herke】：在混凝土结构上部搭建的钢结构屋面系统称为屋面钢结构。对屋面钢结构，大梁搁置在柱顶的预埋钢板上，并通过埋在混凝土中的锚栓固定。柱一般不能承受较大的水平推力，设计时允许梁的一端支座可以做水平滑移，此时可以通过开长的椭圆孔来实现。

当跨度较小时，可以使用平底面变截面构件；但当跨度较大时，这种截面形式会造成跨中截面高度过高而使材料浪费，因此可以采用人字梁形式。

图例详见张其林老师主编的《轻型门式刚架》，山东科学技术出版社。

【笨笨鸟鸟】：对不起，是小弟没说清楚，是在两根混凝土柱间高度中点处加一根铰接的钢梁，谢谢各位高手指点。

【总糊涂】:做后置埋件,通过连接板与钢梁的腹板焊接就可以了(见图 2-3-71)。

【笨笨鸟鸟】:请问我的钢梁如果是箱形截面,我是不是也可以这样做呢?

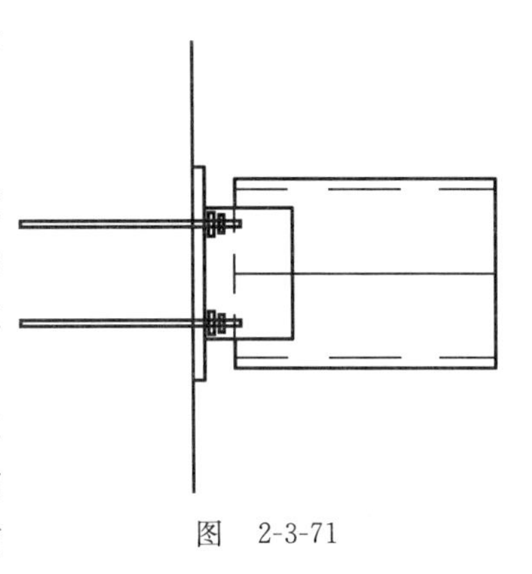

图　2-3-71

【zbh707201】:在柱上做预埋件,埋件上焊双腹板牛腿,使梁底与牛腿面等高。由于您采用的是箱形梁,可能梁高较大,建议在腹板外侧各增加一连接板与埋件焊接以固定梁端。另外提醒一下,该预埋件为弯剪受力状态,钢板不要太薄了,厚度应符合受弯埋件的板厚要求。

【笨笨鸟鸟】:多谢朋友帮忙！请问受弯埋件的板厚要求哪里有？小弟只找到《混凝土结构设计规范》中 10.9.6 条锚板厚度宜大于锚筋直径的 0.6 倍,由于此处用的是化学锚栓,所以小弟也不知道锚板厚度应该如何取了,还请高手指教。

【zhuzhehao011】:我觉得梁的铰接或刚接,关键是看梁端翼缘的连接情况。是否能有效地控制梁端的角位移,或有效的传递梁端的弯矩。图 2-3-72 为三种典型的钢梁与混凝土墙或梁铰接节点。

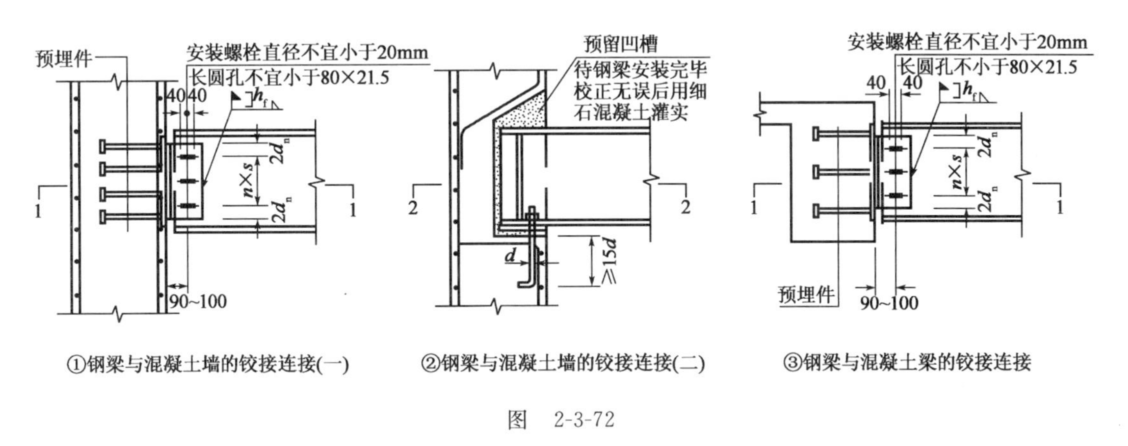

图　2-3-72

点评:除混凝土中预埋型钢外,其他类型都应做成铰接节点。

15　混凝土柱上钢梁简化成简支梁铰接节点怎么做?(tid＝32110　2003-7-3)

【xzfeef】:混凝土柱上钢梁简化成简支梁,支座铰接,一边要能绕强轴转动,一边既要能绕强轴转动,又要能沿跨向自由伸缩。请问各位高手支座节点应如何做。

【sych7411】:建议采用桥梁上所用的盆式支座形式,或采用一个可横向自由移动的支座与梁销接,支座在混凝土柱顶上有横向的限位器即可。

【sdsd】:感觉这种方式不是很合适,为何不做成两端铰接及排架形式;否则滑动端对柱只提供竖向荷载而无约束,成了悬臂柱,设计困难。

【xzfeef】:假如两端都是铰接,水平推力太大,怕下面的混凝土柱被推断了呀。

【sdsd】:(1)是否可以设拉杆?

(2)减小一下坡度看看。

(3)设计一个节点,在安装时允许滑动,之后卡死变为铰接,此时水平力仅有活载产生,呵呵,复杂了点。

【zyzy】:混凝土柱上钢梁应简化成简支梁,两端铰接。若坡度较大,跨度较大,在两端用花篮螺栓连接抵消水平力。

★**【xzwxq】**:将柱子的水平方向的弹簧刚度算出,将梁的支座按 z 向约束、水平弹性设计。

点评:(1)将混凝土柱建入模型整体分析后,水平推力会大幅降低。

(2)可做成滑动支座来释放水平力。

16 混凝土柱与工字钢的柱头连接(tid=177052 2007-11-9)

【yandajg】:现做一个改造工程:16m 跨钢梁,由于装修原因钢梁只能座于混凝土柱头上,钢结构节点图集上没有这样的节点形式。谁有这种节点形式能否传上来看看,如果有计算过程就更好了(铰接和刚接)。在这里先谢过各位前辈了。

【lukx】:建议采用铰接节点,这样比较方便,一般固接节点很难在节点上做出保证。直接在柱上预埋螺栓和支座板,采用螺栓连接就可以了!

17 三跨连续钢梁,中间混凝土柱与钢梁的连接问题(tid=61769 2004-6-15)

【hero2003】:混凝土柱三跨(3×8=24m)H 型钢梁 $L=24$m,请问中间混凝土柱如何与钢梁连接?

【liuzhiyong-1】:我现在也遇到了类似问题,两个连跨(跨度均为 15m)的人形屋顶,梁采用钢梁,柱都用混凝土柱,中间的混凝土柱上有水沟,想询问中间混凝土柱节点。

【woodmen】:对于 **liuzhiyong-1** 的问题,我觉得应该按排架结构计算,即混凝土柱与钢梁采用铰接连接。并且本人认为采用侧面设置预埋件,类似于多层结构中的钢梁与混凝土剪力墙的连接方式。

【cmping】:中间柱和钢梁铰接。至于中间柱有水沟的问题,水沟可以做在钢梁上,高度同檩条高度。补充一下,我说的是钢天沟。

【erbiao1982】:设置牛腿行吗?

【syqmd】:这种结构,我做好几个工程了,柱顶全铰接,钢天沟放置于钢梁上,没什么问题。

【CSJ620】:采用铰接连接,可预埋螺栓,也在预埋钢板。

【3776】:可在混凝土柱顶设置预埋件,钢梁底和预埋件连接,钢天沟钢梁上,此类做法颇多! 如图 2-3-73 所示。

18 钢梁与混凝土柱子到底能不能刚接?(tid=166580 2007-6-1)

【ycwang】:看了一些关于钢梁与混凝土柱子刚接的讨论,大多数建议用铰接,有的网友直接说不能刚接,原因是刚接对混凝土柱子不利。

请问:刚接就怎么对柱子不利呢? 框架结构中混凝土梁与柱不也是刚接吗? 为什么到了钢梁就不能刚接了呢? 如图 2-3-74 节点所示。

(1)钢梁与混凝土柱完全可以刚接,只要构造得当。

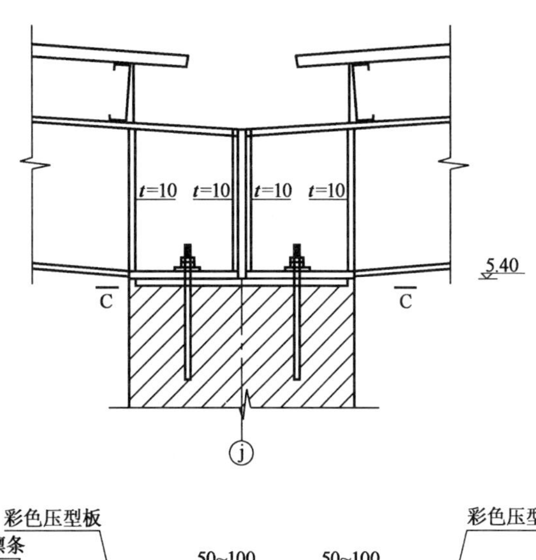

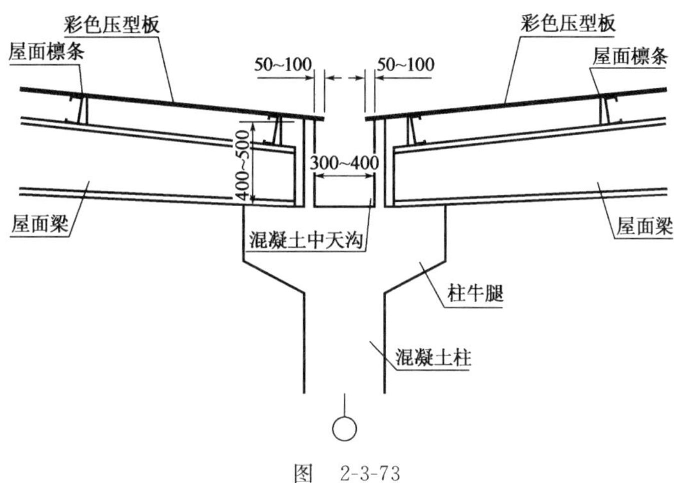

图　2-3-73

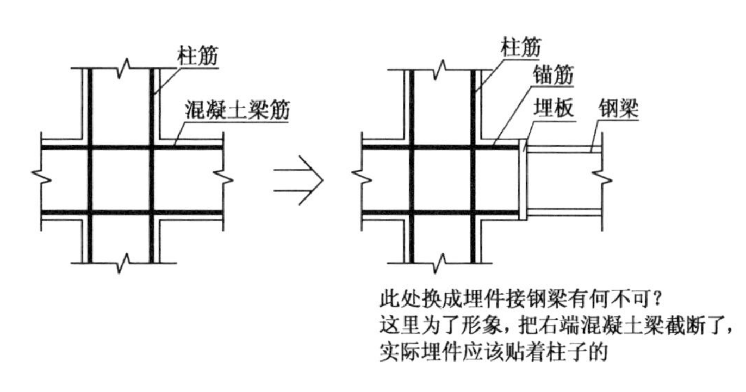

图　2-3-74

(2)混凝土梁依靠上下排钢筋传递拉力压力形成弯矩，钢梁靠翼缘受拉受压形成弯矩。

(3)那么在混凝土柱上设置埋件，钢梁翼缘焊接在埋件上，只要翼缘处的埋件锚筋的锚固长度足够，和混凝土梁有什么区别？

【lake】:个人认为可以刚接。因为刚接是个相对的概念。只要保证接点对梁端角位移的限制即可。但楼主忽略了一个问题，即混凝土与混凝土的连接与混凝土与钢的连接之间的差异，局部抗压不可忽视。

【ycwang】：以前做过混凝土墙两边刚接钢结构桁架的项目（见图 2-3-75），华东院的结构设计，好像也没有什么局部抗压问题，埋板的分布传力应该很好吧。梁和柱子刚接连接的时候，钢梁一般截面不宽，翼缘焊于埋板上，有埋板分布翼缘传递的荷载，请大家讨论局部承压问题。

【变徵之声】：看过一本老的图集，钢梁与框架柱或剪力墙可以做成刚接，不过需要把钢梁伸入柱内或墙内一定长度方可。

【wate1222】：钢梁和混凝土柱的连接方式很重要，例如常用的化学锚栓和化学植筋等就可以认为是半刚性连接，若所用的预埋件相对较大，锚栓和钢筋的数量相对覆盖面积较大，则节点就越趋向于刚性连接，要做完全刚性连接难度很大。

【jasontech】：我做过一个工程，做的是刚接节点，图纸审查的时候被老同志否了，说是不能与混凝土柱做刚节点。看来大多数人的观点和我是一样的。

【zcm-c. w.】：个人认为：应该是从抗震构造要求上来考虑的。《建筑抗震设计规范》有这样一个思想：同一个结构单元内，不应采用不同的结构形式。局部或非抗震区使用这种节点应该没有问题。

【OWEN_88】：我认为新建工程可以做成刚接，后加的钢梁宜做成铰接。

【jlght2001】：**变徵之声**提及："看过一本老的图集，钢梁与框架柱或剪力墙可以做成刚接，不过需要把钢梁伸入柱内或墙内一定长度方可。"您看看这样是吗（见图 2-3-76）？

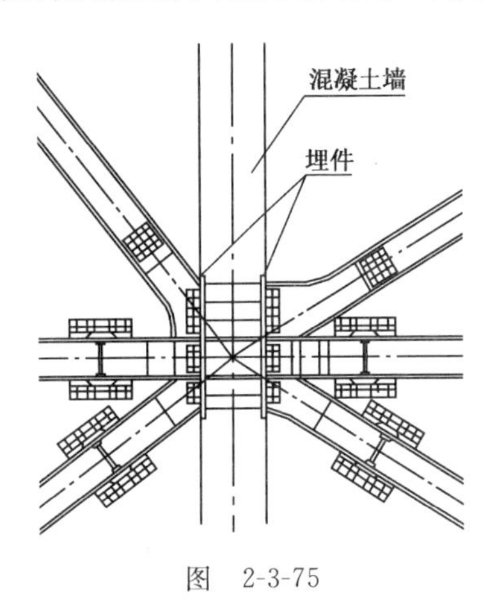

图 2-3-75

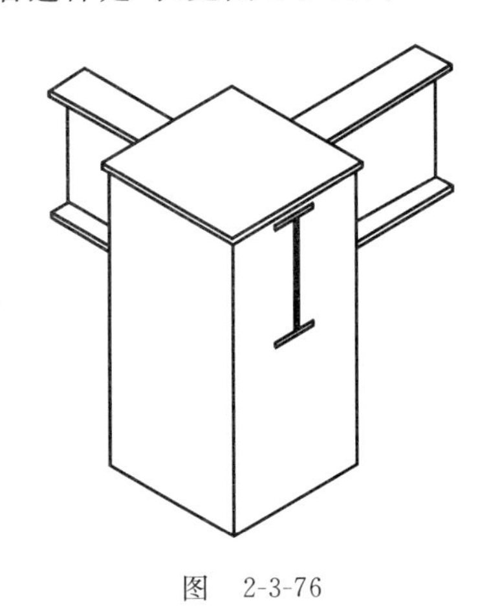
图 2-3-76

【liumang0103】：个人感觉不可以。抗震要求强节点弱构件，钢梁和混凝土柱子连接耗能变形可能有些问题。

【猪头】：既然钢柱子可以在基础上做成刚接，那钢梁也可以在混凝土柱上做成刚接。

【colt】：如 ycwang 所述："看了一些关于钢梁与混凝土柱子刚接的讨论，大多数建议用铰接，有的网友直接说不能刚接，原因是刚接对混凝土柱子不利。请问：刚接就怎么对柱子不利呢？框架结构中混凝土梁与柱不也是刚接吗？为什么到了钢梁就不能刚接了呢？"性能卓越结构体系的一个基本准则：延性准则。延性结构设计原则四项措施：

（1）提高构件延性。

（2）强柱（墙）弱梁。

（3）强剪弱弯。

(4)强节点(锚固)弱构件。

是否采用铰接,或者刚接主要取决于抗震需求,如果是高烈度区,考虑屈服顺序(强节点弱构件,强柱若梁,强锚固弱连接),刚接几乎无法达到。如果在非地震区,延性的需求比较低,可以采用刚接,不能一概而论。延性的设计准则在国内的规范中没有直接指出,考虑国情,仅仅给出了梁柱铰接建议。

若采用刚接,锚固强度≥连接强度≥柱子≥梁如何实现?采用刚接势必会强梁弱柱,因为钢材的强度通常是混凝土的 20 倍左右,弹性模量是混凝土的 7 倍左右,考虑楼板的作用,钢梁放大 1.5 倍(日本,中国规范组直接引用),如此一个钢梁几乎是柱子强度的高 3～8 倍,除非柱子的截面非常大,如同钢柱子和基础的连接。如图 2-3-77 所示。

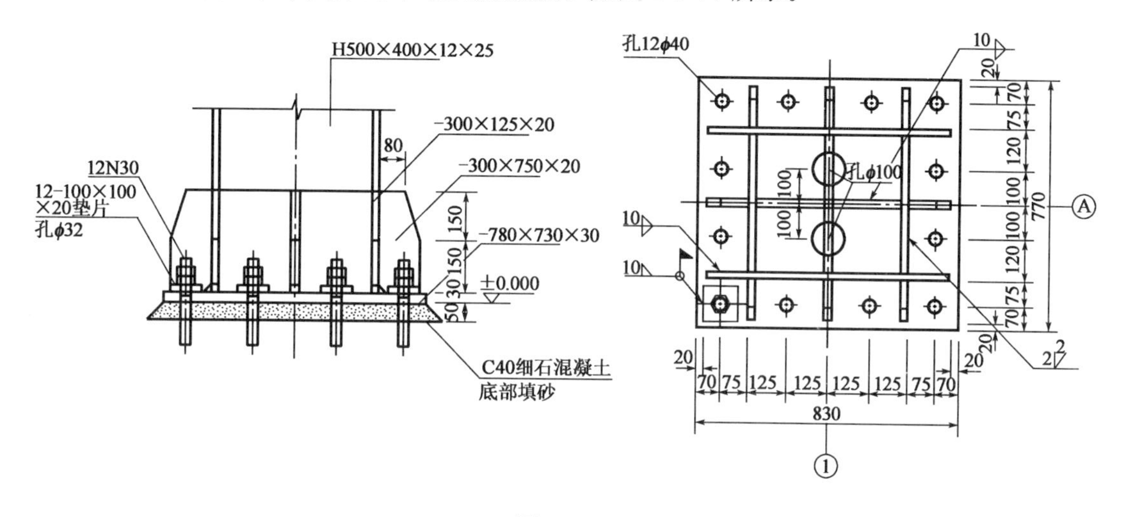

图　2-3-77

19 混凝土与钢梁刚接(tid＝175073　2007-10-12)

【八路】:正在做改建工程,钢梁悬挑与原混凝土柱刚接。请教高手,如何实现钢梁与混凝土柱刚接?

【一心向钢】:我不赞成钢梁与混凝土柱刚接,因为混凝土属于脆性材料。如果刚接,在连接处产生很大的弯矩,会破坏此处的混凝土柱。

【zhuzisd】:能不能这样做呢,在混凝土上多植些化学锚栓,用钢板与锚栓连接,钢梁与钢板翼缘焊接,腹板可焊也可有高强螺栓。但化学锚栓的数量要经过计算,以能承受梁端弯矩方可。

【天大李小庄】:我的理解是:不宜破坏柱子本身的结构,尤其是当柱子钢筋比较密的时候。所以,如果植筋焊钢板的话,怎么的也得植六根、21D 吧,这样很可能破坏柱筋。如果是我做,我会做如下处理。先把柱周围剔掉 10mm 左右的抹灰层磨平,再在上面做钢板抱箍(用粘钢型结构胶粘于柱面),如同对柱进行加固的做法一样。这时,柱在此处的承载力并没有削弱。在钢板上焊钢构件就比较常规了。

用此处理方法后,截断的填充墙钢筋要与钢板焊接。与周围结构构件间用微膨胀混凝土浇密实。

如果需要，我可贴出做过的一个工程的图片。

【一心向钢】：直接铰接好了！这样的我们经常做。刚接不妥当。

【synphenom】：刚接是可以做的，如果悬挑比较多的话，可以考虑在钢梁根部做撑杆。这样的话平衡力之间的距离比较大，可以产生较大的力偶，用以平衡悬挑梁端部弯矩。

【COALMINING】：如果建筑同意牺牲层高，可将钢梁由柱一侧通过深入一跨，钢梁与这一跨的两根柱设牛腿连接。

【syyjydoit】：如需刚接，建议将混凝土柱加固处理后再进行刚接。

我们这里的改造项目比较多，通常此类做法是将混凝土柱外包四角钢格构柱形式，共同受力，计算时按最不利的情况，格构柱完全受力计算，包柱基础也应重新计算。也有人认为，如上述条件满足，可做刚接。

【韭菜】：我也做了一个混凝土柱与钢梁连接，正如前面几位所言，材料性能差距大，刚接时变形协调实现不了！《混凝土结构加固设计规范》GB 50367—2006 没有说到是否可以认为是刚接，很矛盾！我认为铰接受力直接简单！

【微微笑笑】：后加的结构，做成铰接的更合适些！

适当考虑一点弯矩。

【之子】：悬挑构件端部所受的弯矩和剪力比较大，还是用抱箍的方法更安全。除了楼上提到的做法，在柱子前后贴钢板，利用螺杆穿透钢板与柱子进行对接也可以。

【韭菜】：关于这个问题，是否可以认为是刚接，我咨询了规范的主编，四川大学的梁教授。梁教授认为不能做成刚接，原因有两个：

(1)材料差异。

(2)变形滞后。

另外我认为还有一点就是混凝土柱子包钢了，然后钢梁与之采用钢框架的类似的固接连接方法，实际上能有多少弯矩传递到柱子上。最多是个弹性的连接。因此计算时候认为铰接比较合适。个人观点。

【jcfme】：我认为大家对能不能刚接的问题上是有误区的，能传递弯矩的就是刚接，不能传递弯矩的就是铰接，问题的关键是对节点的抗震的考虑，如果不需抗震的构件或结构，做成刚接又有何妨？

【felix_ok】：混凝土柱外包钢板，在钢板上焊接构件时，高温会使粘钢的结构胶局部碳化失效；对穿螺栓对于框架柱(尤其是在梁柱的节点区钢筋很密)很难，在施工中又很难实现；所以我觉得一般与混凝土连接还是按铰接考虑，使用规范要求的后扩底锚栓。

【nigma】：既然是悬挑想做刚接的话，可以考虑给柱子做一个钢套箍，然后钢梁与之焊接。

【yousayyou】：你们说的钢套箍好做吗？如何做啊？柱子的钢筋很密，曾做过一个工程，设计院出的，要求在梁柱节点位置做化学植筋，结果那个位置基本掏空了，洞没打到位，一般都是深度不够，打到一定深度就碰到柱子的钢筋，这样很难实现的。楼上的几位可以把自己的做法发个相片或者 CAD 图纸吗？

【lwufo_2001】：刚接好像不太合适吧，这样节点处理起来太麻烦了！

【bbccdd】：在柱施工时，先安好预埋件，钢梁翼缘与预埋件钢板焊接，应该可以，预埋件计算可以参见《混凝土结构设计规范》预埋件一节。如果说两种材质就不能做刚接，那不就有很多好的建筑方案不能实现。

【wym65】:混凝土柱与钢梁刚接,节点很复杂,日本人是做过的。在中国,能不能做?规范JGJ138—2001的9.1.6条规定:“宜经专门试验确定”。

【wym65】:刚接可按图2-3-78所示方法实现。

【wym65】:钢梁要对穿,如图2-3-79所示。

图 2-3-78

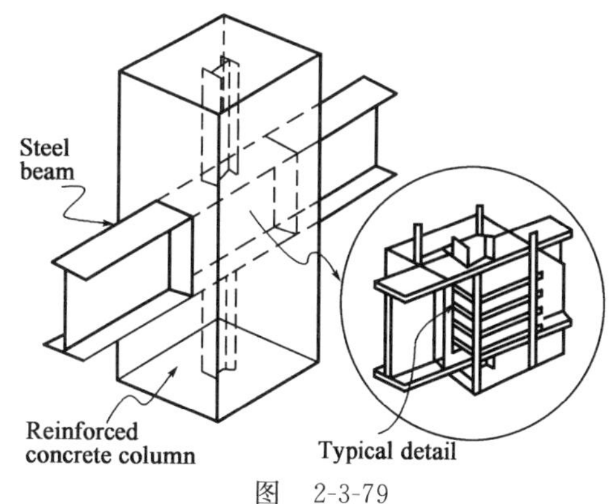

图 2-3-79

【@82902800】:一个柔性,一个刚性,节点很难处理。如条件容许,混凝土柱设一段小钢柱节点就好处理了。

【钢的意志】:建议铰接,这样传力明确。刚接须考虑柱子上的附加弯矩复核混凝土柱及局部承压等。

【yu_hongjun】:我们经常做的都是刚接,现在至少做了上百个,多数是雨篷,一般悬挑5m左右。根部用预埋件,悬挑钢梁与埋板焊接,在上下翼缘处设置加劲肋,同时把支座反力加到混凝土上验算,一般都满足,不满足的做加固。悬挑更长的我们也做过,只是还要做斜拉杆。

至于做铰接,悬挑结构在没有拉杆情况下是不好做的,谁都知道铰接好,可有时现实条件是不允许您这样做的。既然做了就要看怎么解决最好在这里不是讨论要铰接,而是刚接如何做?

【lm69】:这种做了很多,我们都是先在柱头预埋一块钢板,在在梁头上焊接一块钢板,让后两块钢板通过植筋螺栓连接在一起。

【clg】:我认为比较可靠的做法应在混凝土柱内植入一段型钢柱(最好为圆钢管),然后按钢结构构件的刚接要求(上下翼缘与加强环焊接,腹板与耳板高强螺栓连接),最后也可用混凝土将节点包裹。

【novice】:上面的做法已经很多了,我也认为钢梁与混凝土柱有一段重合过渡区好,受力上合理。

【pyl_ok】:关键是荷载大小。悬臂结构节点连接无论是采用刚接、半刚接,抑或铰接方式,都是刚接,对于结构计算只有挠度的区别。

工业建筑比较传统的是打预紧螺栓,包箍设三角架较多。最关键一点是要包箍,不要过于相信植筋或膨胀锚栓。

【qiaowww】:钢梁与混凝土柱可以做成刚接,请看某体育馆罩棚钢梁与混凝土斜梁连接的节点(见图2-3-80)。该钢梁为悬挑梁,混凝土斜梁倾斜42°,也可以称为斜柱。

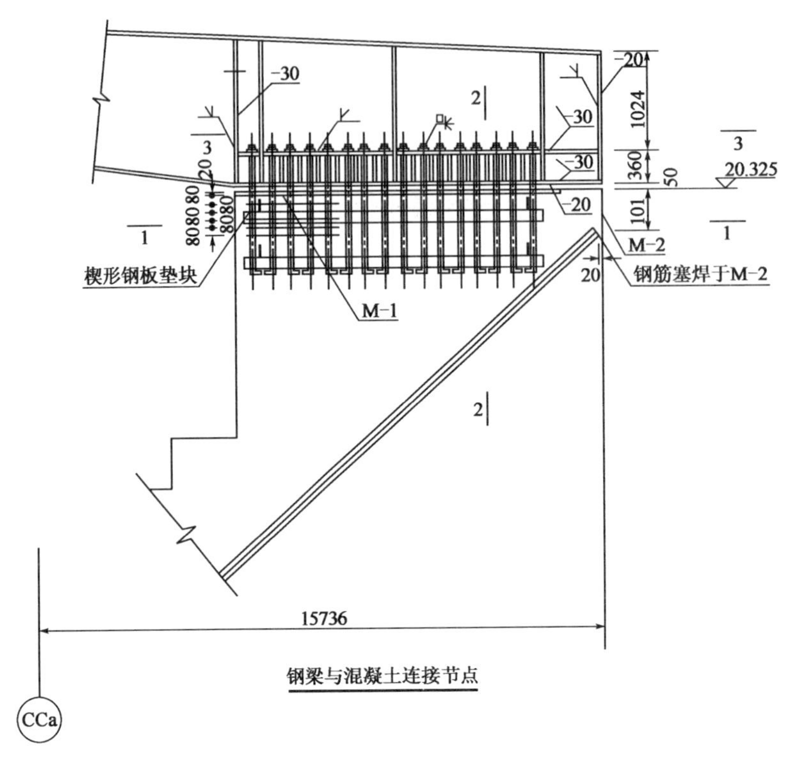

图 2-3-80

20 画圈处钢结构柱如何处理？(tid＝113229 2005-10-25)

【中天 2000】:厂房为高低跨(左低右高)，图 2-3-81 中画圈处钢柱如何处理？朋友帮帮忙！

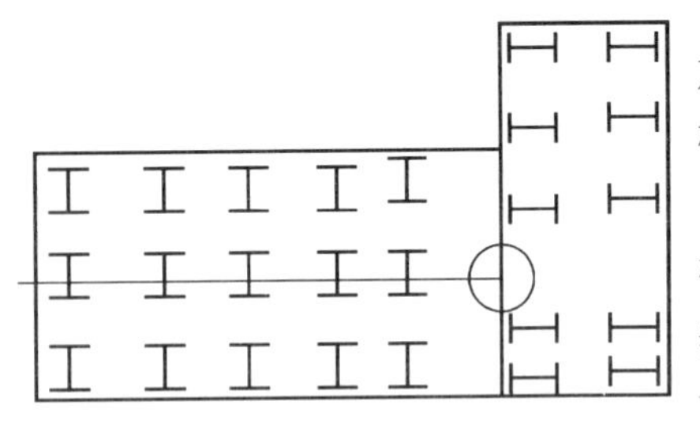

图 2-3-81

【steelworker】:右边部分抽掉一排柱子，可在交接处加一托梁，不知道右边的抽柱处是几层，要是多层的话，横向应该有主梁吧！

【zweih】:我看您图中的结构不是所谓的高低跨结构。图中左边为二跨，右边为单跨，左右两边跨度方向垂直。画圈处为两房屋交界处。一般做法为：左边房屋设最边上一榀，即设三柱；右边设刚架柱。在抗震地区在该交接处设抗震缝。

【张晋元】:非高低跨，属于纵横交接处理，首先应设缝。左侧低跨的最右边应设一榀刚架(排架)，右侧抽柱处应设托架(可做成平行弦桁架)。

21 混凝土梁搭在钢梁上(tid＝192222 2008-6-4)

【033594】:请教各位，混凝土次梁搭在钢主梁(H 型钢梁和箱形梁)上(顶面平)，混凝土构造柱立在钢梁上，节点如何处理，是否有相关的图集可以参考，谢谢！

【zdx65】:(1)楼面现浇才有此问题，预制构件不能这样连接。

(2)混凝土次梁跨度必须较小,大了应该用钢梁。

(3)次梁直接连 H 型钢梁侧面,底筋平下翼上面,不宜小于钢梁高,否则焊出连接板件。无连接板件时箱梁不能直接连混凝土梁。

(4)H 型钢梁抗扭能力差(相对于混凝土梁),不宜接混凝土柱。

★**【steelworker】**:混凝土次梁可以放在钢梁上,上排受压筋从钢梁上端通长布置,下排受拉筋可以在钢梁腹板上开孔穿过,当然开孔需要节点补强,可以查阅节点设计手册;构造柱可以生根于钢梁,弯钩后于上翼缘焊接,钢梁腹板加肋板改善其稳定性。我们以前做过的,没问题。

六 与抗风柱连接

1 钢梁与抗风柱的连接(tid=146879 2006-9-24)

【学者 168】:当钢梁的连接板与抗风柱的中心线重合时,请问此时的抗风柱可以通过长圆孔板与梁连接板焊接吗?有什么好方法,请高手指点!

★**【qylyhn】**:您描述的情况不太清楚。

抗风柱与钢梁的连接一般有两种情况:

(1)抗风柱中心线与钢梁中心线能错开时,即抗风柱位于钢梁的侧边。此时一般的做法是在钢梁上翼缘下来一点做一水平折板(弹簧板)与抗风柱直接焊接。折板做法可以参照国标钢桁架与抗风柱的连接节点。

(2)抗风柱与钢梁中心线重合时,一般抗风柱只能通过折板形的弹簧板与钢梁下翼缘连接,但此时在抗风柱位置的屋面系杆要采取措施,抗风柱端的系杆连在钢梁下翼缘,另一端连在相邻跨钢梁的上翼缘,以保证风荷载能通过系杆传至屋面。

【bzc121】:连接方式与梁结构有关。山墙梁按结构特点可分 3 种:

(1)与中间部位其他梁一致,抗风柱不承担轴力载荷。

(2)比中间部位梁截面小,抗风柱与梁形成墙架抗风体系,风柱承担轴力。

(3)梁全部一致,抗风柱纵向轴线向外偏移 600mm。

我想您所述应为第一类。连接方式:梁端板最下两高强度螺栓长 110mm。(端板 20mm 厚)端板下端不焊加劲板,螺栓两侧连接两块连接板,连接板与抗风柱顶板焊接。也可以做一横两竖连接件,组梁时先与梁连接,再与抗风柱顶部端板栓接。也有图集做斜安弹簧板,弹簧板也可以与连接件栓接。注意,弹簧板回弹方向一定要横轴向。抗风柱承担梁产生轴力时,此种连接方式应计算螺栓承载力。

2 抗风柱节点问题(tid=165812 2007-5-24)

【bcxf669】:请各位大师指点一下,像图 2-3-82 所示刚架要在中间设置抗风柱和系杆,节点应该怎么做?

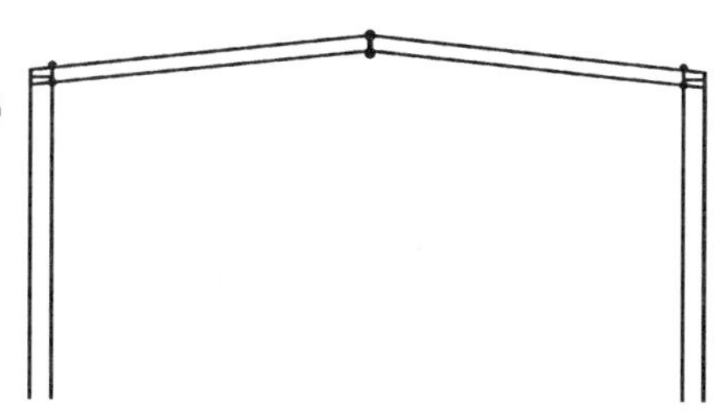

图 2-3-82

【lnf7768】:可以在梁的连接板上做节点处理,抗风柱或系杆均可。

【**bcxf669**】:请问如果在梁的节点板上再焊一块连接抗风柱的和系杆的连接板，这种做法可以吗？

【**the great wall**】:(1)在屋脊节点处再连接系杆和抗风柱比较勉强。

(2)将屋脊处的两根檩条加强一下，按撑杆设计。抗风柱与撑杆按通常做法连接。我觉得这样更容易处理。

【**steelworker**】:用弹簧板在端板的一边或者两边与梁下翼缘螺栓连接。

【**wujing0618**】:有人有弹簧板的图嘛。没有做过，想看一下。

【**谨慎**】:请参见：请教两个节点问题：http://okok.org/forum/viewthread.php? tid=173583。

【**doubt**】:如果是小厂房，风荷载不大，可以直接将连接板做长跟柱腹板连(打上长圆孔)；如果风荷载较大时还是做弹簧板连到梁下翼缘，最好的是在这种情况下梁截面也小不了，为了减少传力途径防止梁扭转还是将抗风柱放在梁外侧，连到系杆对应的加劲肋上。

【**xieguo11**】:其实做弹簧片也可以，做长圆孔也可以，只要保证有一定的变形空间就行了。具体做法本论坛有不少经典的 DWG 格式图，可以参考看看。

【**godeliy**】:我的做法如图 2-3-83 所示。

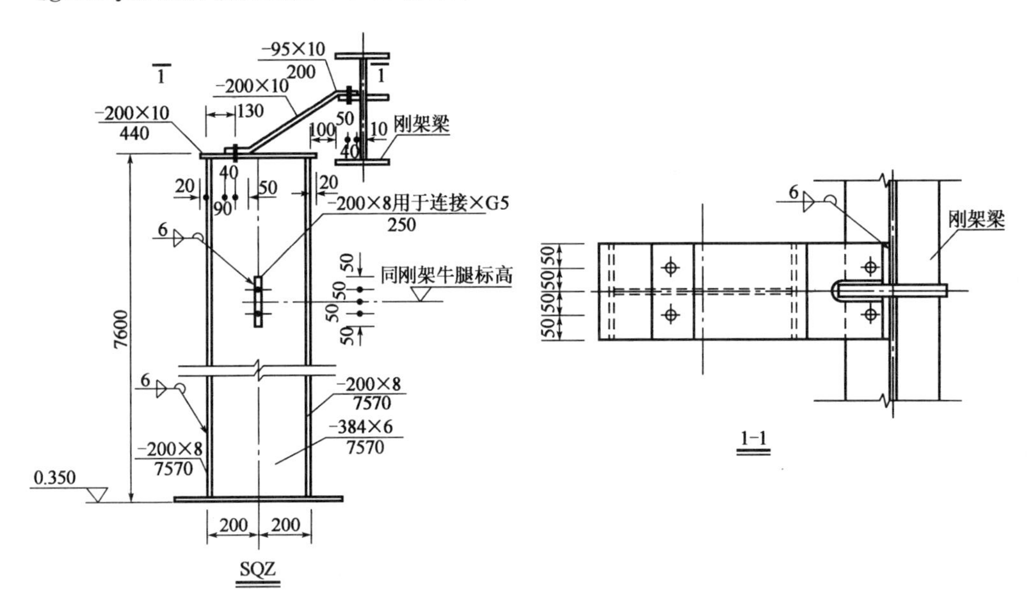

图 2-3-83

【**栋梁**】:这样固然不错，只是制作起来这种钢板比较麻烦，改良一下，在抗风柱设一块耳板开长圆孔，与梁的劲板连接就简单多了。这种节点设计主要考虑的是抗风力能合理地传给系杆，而刚架由于风吸力的作用可以上下产生一定的位移，同时抗风柱传力时不要给刚架梁造成扭转变形就可以了。

【**liuyinsheng**】:以前做过类似的一个工程，现将连接节点上传，如图 2-3-84 所示。个人觉得此节点在结构布置有限制的情况下，合理的考虑了细杆\刚架以及抗风柱的受力特点，请大家多提宝贵意见！

下载地址：http://okok.org/forum/viewthread.php? tid=165812

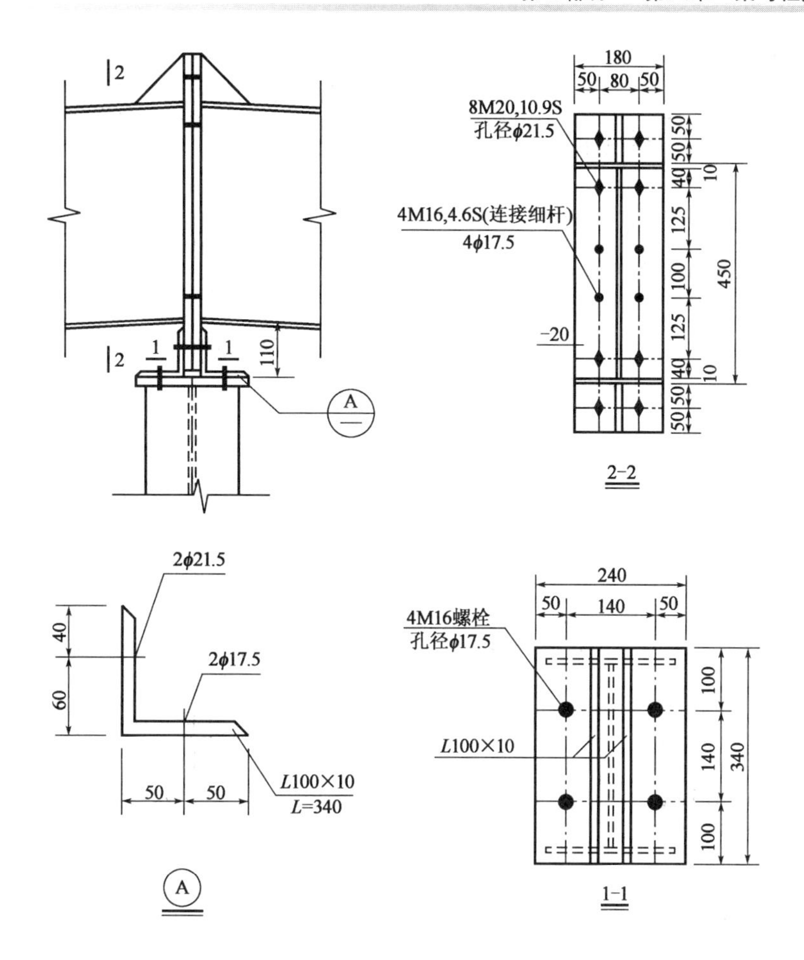

图　2-3-84

【**hongmolvhun**】:**liuyinsheng** 说得有道理,但有些时候抗风柱与屋梁的位置会有偏差,偏差小点的也许可以这样做,可要是像图 2-3-83 那样的话好像就有点困难了。其实这个节点的做法跟抗风柱的位置有关系的,用弹簧板的方法还是蛮普遍的。

【**liusha_z**】:我们设计院也是采用类似的做法的。

【**lee. jengru**】:参考一下图 2-3-85 的做法。请指导!

【**bigben137**】:**栋梁**说的好像是混凝土结构厂房的做法,钢结构厂房的做法应该不同吧?感觉 **liuyinsheng** 说的比较有理。

【**dxc188**】:贡献一个长圆孔的连接图(见图 2-3-86),个人认为这个跟抗风柱的位置无关,抗风柱与框架梁的连接本来就不是刚性连接。

【**ZHOUCY888**】:把中间节点处的端板一块做大点,兼作压杆或抗风柱的连接板就可解决问题。我接触过也有直接在端板另焊接连接板的做法,个人感觉焊缝受力没考虑到平面外的情况不利,当然我感觉**栋梁**和 **hongmolvhun** 的办法也可行,平时也接触过类似的做法。

【**hunhun110**】:我认为可以在中间的连接板下面再焊一块连接板与抗风柱连接。然后在内侧也可以焊接一块连接板与系杆连接起来,我以前也做过这样的东西。

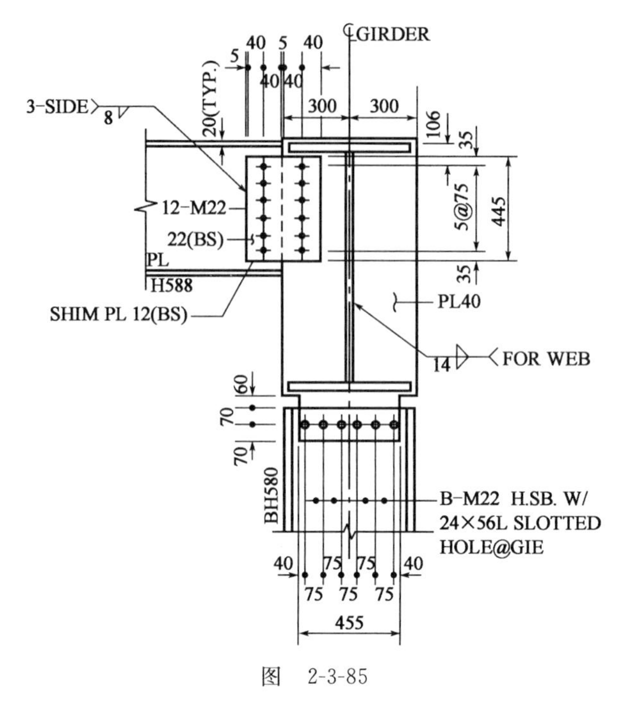

图 2-3-85

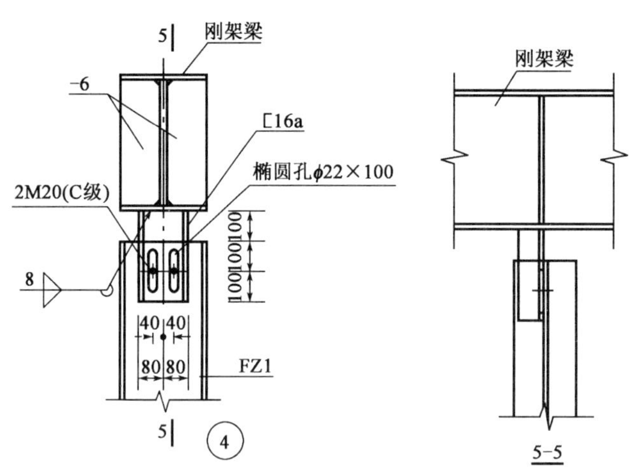

图 2-3-86

【韭菜】:为什么要把拼接点设置在屋脊呢!

【doubt】:弹簧板的做法并不是最好的:一是弹簧板厚度一般不会小于 8mm,很多厂家冷弯设备解决不了,就那么几块委托其他单位加工也不是事;二是在刚架变形的情况下弹簧板不会真像弹簧那样吸收变形,会将抗风柱外推;三是在刚架安装完后,在自重下就会下挠,经常造成弹簧板连不上。采用连接板+长圆孔的形式还是不错的。

【凌云剑】:用弹簧板太麻烦,而且不好安装,除非一面焊接,一面栓接。就直接在梁的连接板上焊块板连就可以,这个方法用的很多的,开椭圆孔,安装也方便。要为施工考虑,不能增加安装难度啊!

【waterforce】:我感觉还是开长圆孔弹簧板好,将风力传至钢架梁中心位置。将抗风柱与刚架梁下部相连会使该梁受扭,工字钢截面抗扭不怎么样!

3　关于抗风柱与梁的连接(tid=212494　2009-4-15)

【royalshark】:在很多设计中抗风柱明明在梁的底下,不偏心或偏心量不大,但是设计院多设计为抗风柱顶与梁有一段间距,用弹簧板或连接板连起来。

我想问的是,为什么不直接把抗风柱顶通到梁底,用螺栓把梁和柱连起来,这样,抗风柱还能承受梁的自重荷载。即使设计时不考虑承受梁的自重荷载,这样连接,安装时也比用弹簧板连接简单,而且也不会出现抗风柱与系杆、水平支撑干涉的现象(因为抗风柱在梁的底下,而不是像有些设计,把抗风柱设计到和梁翼板接近,用弹簧板链接)。感谢回复!

【钢的意志】:此种设计节点,主要是计算模型取为:抗风柱仅承受水平风力作用,不承受竖向力。亦可顶到梁底但多设为铰接,但可能会因起钢柱计算长度、稳定方面的问题。

【bzc121】:规范永远滞后于实践,规范是对实践理性的高度概括与总结。尊重规范又不拘泥规范是创新型工程技术人员要遵循的原则之一。《门式刚架轻型房屋钢结构技术规程》CECS 102:2002 有斜梁与抗风柱组成抗风体系的说明,可以理解不必采用弹簧板连接。

抗风柱与梁的连接节点(仅限钢结构)国内通常有三种方式,无论采用那种方式,抗风柱的高度设计都应短于理论计算值,要考虑梁下垂的因素。

(1)抗风柱与梁直接用栓或焊连接。这种方式钢结构企业设计多采用。采用抗风柱顶设端板与梁下翼缘板栓接;也有采用梁下焊接舌板,舌板再与抗风柱腹板栓接或焊接。

(2)通过弹簧板与梁连接。这种连接方式设计院多采用。曾多次见到弹簧板与梁呈平行方向连接(因抗风柱在墙体或墙檩的制约下,不能产生与梁平行方向的移动,使弹簧板作用失效或连接螺栓承担了剪力)。其实弹簧板连接如果围护体没有设计弹性变形装置,实际意义不大。

(3)抗风柱轴线向外移 600～800mm,抗风柱顶端设过度梁与钢梁连接。多为设计院依据图集而设计。

以上三种连接方式中第 1 种占 68%(对北京周边 93 个轻钢结构厂房、库房数据统计结果。只有三个建筑采用了过渡梁方式)。

【fyp1997】:抗风柱用弹簧板或者橡胶垫与钢梁连接的方式是较为合理的:

(1)这样的柔性连接使抗风柱受到水平力后不会刚性的将它传到钢梁底部,避免钢梁受扭,钢构件受扭是极为不利的。

(2)使抗风柱的计算模型更为清晰,避免其承受竖向荷载,减小截面。

(3)使钢梁的计算模型更为清晰,连接点不能作为钢梁的平面内或者平面外支撑。

4　抗风柱的布置形式?抗风柱如何与梁连接?(tid=14291　2002-9-11)

【wzq0349】:抗风柱的布置形式?抗风柱如何与梁连接?请各位朋友指教!

【lzh1008】:抗风柱一般可以通过 C 形片与梁的上弦连接比较好。如果本身强度和刚度足够大(不怕甲方骂的话),也可以与屋面梁焊接或高强螺栓(HSB)连接,不过这时候再叫抗风柱好像失去意义了，否则，当屋面梁有挠度出现时会压弯抗风柱。

【wzq0349】：呵呵。也许我太笨，不太懂您说的意思。我现在想将抗风柱偏心，可以吗？

【lilubiao】：我们这做法是在斜梁下翼缘预打孔，在抗风柱顶端板打孔，然后靠高强螺栓连接，孔径比螺栓直径大 1.5mm。

【KO】：对于抗风柱：一般做法是布置成和柱结构等间距，两端铰接，上端用弹簧板与屋顶相连，起到只传递水平力的作用，也就是顾名思义的抗风柱。

【jiangshenhoo】：抗风柱能否与钢梁铰接，做成摇摆柱，这样计算时刚架梁可以做得很小，能节省不少钢材呢。

【huangjunhai】：如果做偏心的话，用“厂”形的弹接板较好，其腹板作用于梁腹板和柱中心。

【ylzhaosjz】：我们的做法是在斜梁的下翼缘板焊接连接板，在抗风柱的柱顶腹板上打长圆孔，然后与斜梁的下翼缘的连接板用 HSB 连接。

【lzc19982002】：抗风柱上端焊上节点板，与钢梁用螺栓连接，或在顶端加弹簧板。

【shajim】：lilubiao 老兄所说方法，抗风柱产生弯矩扭得钢梁好难受啊！

【雪嫣】：我们一般的做法是在抗风柱上焊弹簧钢板，在梁下翼缘打圆孔，或在抗风柱和梁下翼缘同时打孔，然后用弹簧钢板连接！也可以直接用高强螺栓连接！但不知这两种做法有何优缺点，各适宜用在何种情况下？

【ffg】：个人以为标准做法应为抗风柱通过“厂”形或“Z”形弹簧片与钢梁连接，且相应连接点处应有系杆或刚性檩条以传递水平力，因为抗风柱顾名思义就是用来传递风等水平力，若用螺栓与钢梁铰接甚至作为一榀刚架计算，好像就不能称之为抗风柱了。

【肖本】：那么，对于弹簧板来说，有没有要求啊，比如尺寸、弹簧板的轴线和钢梁轴线间的距离要求，和弹簧板的高度？还有弹簧板有 C 形的吗，能不能附个例子？

【wzh9918】：有两种做法：

(1)抗风柱直接与梁的下翼缘铰接，做成摇摆柱。

(2)抗风柱与钢梁上翼缘以 Z 形弹簧钢板连接。钢板只能阻止横向变形，不能阻止竖向变形。

【gglt】：抗风柱做法：

(1)在斜梁下翼缘预打孔，在抗风柱顶端板打孔，然后靠高强螺栓连接(孔径比螺栓直径大 1.5mm)，构成抗风墙架减小钢梁截面，降低用钢量。

(2)在斜梁的下翼缘板焊接连接板，在抗风柱的柱顶腹板上打长圆孔，然后与斜梁的下翼缘的连接板用高强螺栓连接。

(3)传统做法：在抗风柱和梁下翼缘同时打孔，然后用弹簧钢板连接。

这三种做法我都做过。

【xuy409】：可采用如图 2-3-87 所示做法。

【iamliuhuabiao】：有国标图集可查。大家买一本就行啦。不好意思的是我忘记号啦。

【黑胡子海盗王】：大家说了好几个办法，我都做过的，也没出什么问题，不过现在新出个节点，就是抗风柱和梁上翼缘连接，如图 2-3-88 所示。现在几乎都要求这么做。

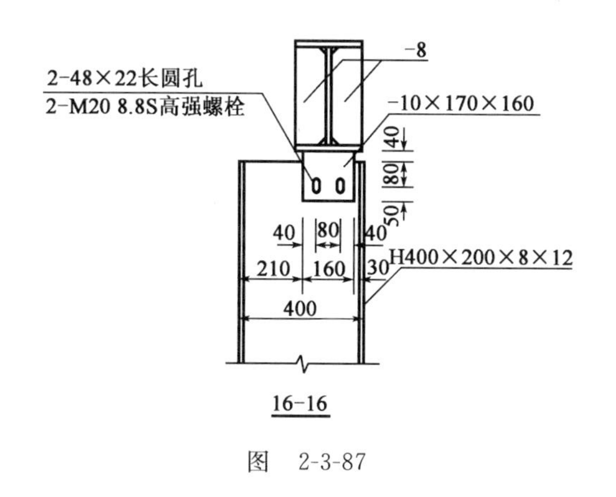

图　2-3-87

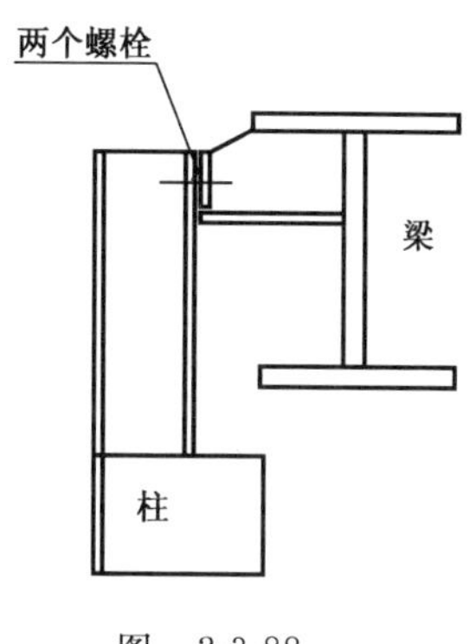

图　2-3-88

5　抗风柱顶分布梁(tid＝165598　2007-5-21)

【sixi_xiao】:一混凝土排架厂房，由于抗风柱没正对钢屋架支撑节点，增设分布梁，请问哪位前辈有分布梁和屋架的连接节点？

【the great wall】:这种情况下，用抗风桁架更合适一点。不管用分布梁还是用桁架，与屋架的连接节点一般采用弹簧板形式。具体做法可参考有关钢结构节点手册。

【sixi_xiao】:to **the great wall**:厂房为混凝土结构排架厂房，抗风柱也是混凝土柱时，按照《混凝土结构构造手册》的要求，当未能对准支撑节点时，在两支撑节点间加设分布梁，以使风荷载能传到两支撑节点上，但分布梁如何与钢屋架连接，不知道该怎么连接？

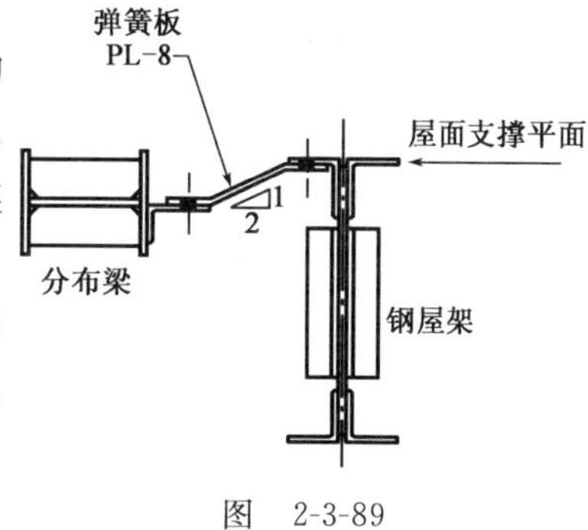

图　2-3-89

【the great wall】:(1)如果您用的手册是中国建筑工业出版社的《混凝土结构构造手册》第三版，请看第 197，198 页。那儿有比较详细的说明和大样做法。

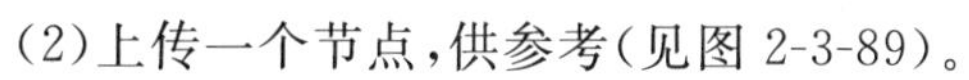
(2)上传一个节点，供参考(见图 2-3-89)。

下载地址：http://okok.org/forum/viewthread.php? tid＝165598

七　梁上柱

1　托梁与柱连接(tid＝109662　2005-9-21)

【肖本】:现有一工程：一、二层为框架，三层是门式刚架结构，但中间柱距为 13.5m。

我看《建筑抗震设计规范》中说：大于 12m 是应设托梁。但如果设置托梁，又如何与柱子连接，是在柱子与梁连接时，采用节点板横置吗，还是直接将托梁与柱子连接？具体应该如何实现这样的连接，还请各位老师指点！

【dongwg】:托架(梁)与柱的连接多为铰接。一般采用托架，柱高受限制时才采用托梁。钢柱与梁用螺栓连接，连接处设连接板及加劲板。类似于屋架与钢柱的连接。

【bzc121】:托架梁连接钢柱弱轴方向弯矩加大，钢柱应做成十字形，如托架梁与柱做成铰接弱轴方向十字柱腹板可做成变截面，柱与托架梁通过端板连接。

【肖本】:我用十字形的话对于该工程是否有点浪费呢,该工程柱距13.5m跨度12.76m工程要求中间不能有柱子,是否有必要设置托梁?

【Maker.xu(Kevin xu)】:柱距13.5m,若不设托梁,普通的冷弯薄壁型钢檩条强度、刚度一般不够;建议采用小桁架式檩条比较经济。

【wanyeqing2003】:肖本提及:"现有一工程,一层二层框架三层门刚但中间柱距为13.5m。我看《建筑抗震设计规范》中说大于12m是应设托梁,但如果设置托梁,她又如何与柱子连接,是在柱子与梁连接时采用节点板横置么还是直接将托梁与柱子连接,具体应该如何设置,请各位老师指点!"

托梁和柱的连接可以是刚接,也可以做成铰接。如果多跨托梁也有把它做成连续托梁形式。还可以参考下面的帖子:请教如此的托梁连接应注意什么?

下载地址:http://okok.org/forum/viewthread.php? tid=103608

门式刚架抽柱,托梁怎么计算?

下载地址:http://okok.org/forum/viewthread.php? tid=96249

【qingwawangzi】:建议托架梁与相邻跨刚架柱做铰接,减少附加弯矩对相邻跨的影响,但挠度要控制的相对与邻跨一致,保持整个屋面的变形协调,注意要适当设置纵向水平支撑!

【kitty_bin】:(1)不设托架梁:我认为**Maker.xu**说的有道理,在13.5m跨内的檩条加大截面,就行了,例如其余跨使用C200的檩条,13.5m就用2C200檩条,注意验算檩条强度、刚度,能通过就没问题。13.5m跨两端的刚架当然也是要重新验算的。

(2)设托架梁:与柱铰接,托梁与钢架梁间设角钢支撑。推荐《轻型房屋钢结构构造图集》(中国建筑工业出版社出版),里面有托架梁的图解说明。

2 梁托柱节点怎么做?(tid=131399 2006-4-19)

【冬天后不是春天】:本人现在做的一工程,钢框架,悬挑梁,梁上有托柱,请问该柱脚做刚接还是做铰接?如果是刚接,该怎么做?能参考什么资料文献?

【山西洪洞人(山西洪洞人)】:梁托柱,柱最好与梁铰接,简化计算模型。而且刚接的话,构造复杂很难保证。梁托柱,内力要做1.5倍的放大。构造上来讲,铰接的话,还是可以做的呀。梁上打孔,与带柱底板的柱螺栓相连。

个人意见供参考。

【冬天后不是春天】:就是好像现在没有这方面的资料,柱底加底板,螺栓固定在梁上,然后对底板四面围焊。这样就算是刚接了吧?关键是怎么有依据的说明呢?又如何验算呢?

【winnielily】:柱脚刚接好像就要柱靴的吧,个人认为还是要看这柱的用处来定,非承重的铰接简单,承重的还是刚接。

【山西洪洞人(山西洪洞人)】:不一定焊接多就是刚接,也不一定全螺栓就是铰接。建议最好能发个CAD图出来,可以讨论一下。

【brucezhang】:梁上起柱,在梁上起柱的位置做好传力板,然后直接起就行了。该验算的部位应该验算,主要是传力路线要清晰,柱脚要加上柱靴。

3 梁上设柱,做一个钢平台,需要注意什么?(tid=84076 2005-1-27)

【rong】:在14m楼面上有一个钢平台(2m高),钢平台的柱子是支撑在梁上的(类似混凝土结构的梁上柱)。我是第一次做,不知道要注意些什么?

【DYGANGJIEGOU】:这种情况做梁上柱:

(1)小荷载时,构造或造型需要,混凝土梁做预埋件,钢柱可与混凝土梁锚栓铰接或与预埋件直接焊接。验算混凝土梁受力。

(2)大荷载时,钢平台受力荷载比较大,混凝土梁可能做得比较夸张,钢柱可与混凝土梁锚栓铰接,减小混凝土梁负担。

(3)钢柱最好不要放置在混凝土梁的中间部位。

(4)不过当钢平台受力荷载比较大时,最好还是在钢柱对应处设置混凝土柱为妥。

【rong】:DYGANGJIEGOU 兄:可能是我没有说清楚,我的是钢框架结构,这个钢平台(暂时这样称呼,因为这一层确实有点类似于一般的钢平台)也是支承在钢梁上的。

我想问的是:钢平台的柱与钢框梁连接需要注意什么?因为一般认为,梁上柱是铰接构造,这个钢平台的整体稳定如何保证?

【flywalker】:不清楚您具体的结构,只是觉得首先要注意的是支撑钢平台的钢梁的整体稳定及局部稳定性。即使是铰接的计算模型,根据节点构造情况的不同,可能实际存在一定的弯矩(平面内,平面外的弯矩可能都存在),这对底下的钢梁很不利,所以在立柱处设置钢梁侧向的支撑点比较好。局部稳定当然是设置加劲肋了。至于您所说的平台的整体稳定,不明白具体所指?

【pingp2000】:我想他的意思是问这个平台在结构上如何保证它不会倒塌,也就是保证不是一个几何可变的结构。加一些柱间支撑就可以了。不过,在 9 度地震区是不允许在大梁上立柱的结构形式的。

【suwuqin】:只要您在设计梁时布置上柱传给梁的集中荷载,保证梁的强度满足。对于平台的整体稳定可以设置支撑来保证。

【dapengd】:梁上设柱,首先梁翼缘板宽度要满足连接的构造要求,对应柱翼缘板位置应设横向加劲肋,采用螺栓连接时,按照几边支撑的板计算梁翼缘板要求的厚度(类似柱脚底板)。梁的整体稳定性一定要有可靠保证,需设置平面外可靠支撑。

4　谁能提供钢管柱与混凝土梁节点?(tid=118136　2005-12-8)

【supermaa】:谁能提供钢管柱与混凝土梁节点大样?多谢!

【V6】:老兄可以参考刘大海和杨翠如编著的《型钢,钢管混凝土高楼计算和构造》(中国建筑工业出版社出版)。后面的钢管混凝土部分,有很多钢管混凝土柱与混凝土梁的连接节点,您可以参考。

【yuanda2】:supermaa 提及:“谁能提供钢管柱与混凝土梁节点大样?多谢!”

(1)钢筋贯通式节点(见图 2-3-90)

这种节点是通过在钢管壁上开孔,使楼盖梁纵筋贯穿钢管柱,以达到传递弯矩的目的。钢管壁开孔处需加设加劲肋以弥补孔洞对钢管的削弱,施工较为复杂,而且钢管内的双层钢筋也影响管内混凝土的浇注,其节点的工艺性较差。

(2)钢筋环绕式节点

这种节点是利用连续钢筋来传递弯矩,剪力依靠明暗牛腿来传递,节点构造如图 2-3-91

所示。这种节点构造简单，施工方便，节省钢材，对钢管柱本身的影响也小，但节点对楼盖梁系布置的影响较大，而且节点的刚度较弱，楼盖梁向钢管柱传递弯矩的能力差。

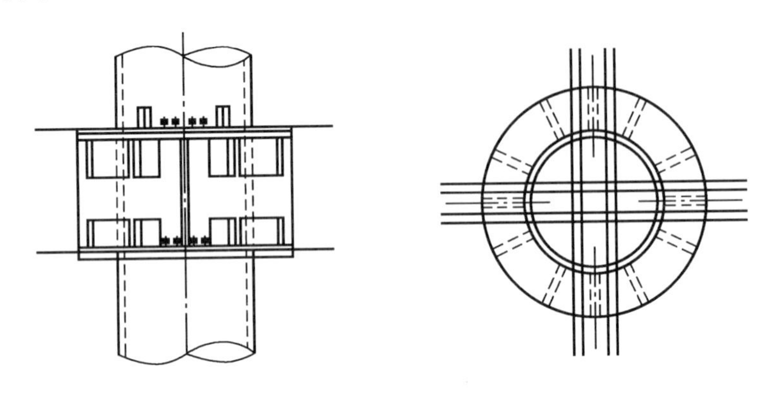

图 2-3-90

(3)双梁节点

这种节点是在管柱上焊出4个钢牛腿，作为连续梁的支座，传递梁的支座压力，但不能传递梁内的弯矩，节点构造如图2-3-92所示。

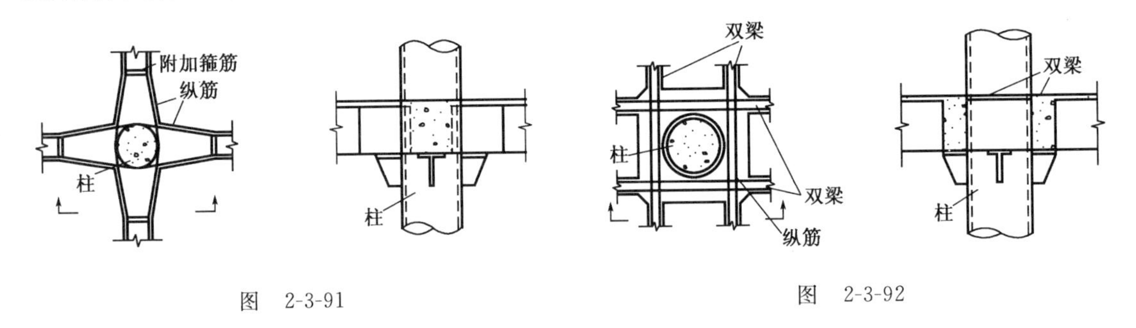

图 2-3-91

图 2-3-92

八 扩建改造

1 扩建工程设计(tid=146779 2006-9-22)

【xuy409】:原有钢结构厂房:第1部分(2×21m两连跨),及第2部分(3×24m三连跨);厂房之间有15m空地,现准备将这部分空地也做成厂房。

(1)是否15m跨屋面梁同原有钢结构柱做成铰接比较合适?

(2)15m跨能否再添置吊车(比如5t单梁吊)?

(3)计算中需把握哪些关键?

【quay】:若将原两个结构单元加顶或吊车,并为一个结构单元,应按增加顶盖后计算内力。复核原有基础及柱能否满足要求,按《建筑抗震设计规范》看柱间支撑及屋面支撑有无问题。若要增设吊车还要考虑原钢柱上牛腿如何生根。若原厂房不停产,还要考虑其他结构措施和安全措施。若都能满足可将新增钢梁放在柱顶新设牛腿上,按铰接计算和构造处理。但愿都满足,否则结构脱开,并保证防震缝要求。

2 新旧厂房共用钢柱,梁柱怎么连接?(tid=114673 2005-11-7)

【王一】:在原来的门式刚架厂房的侧面增加一个新的门式刚架,经过计算可以共用一个柱子,新加的厂房的钢梁怎样和柱子连接?请各位多多帮助。

【cg1995】:我想您应该把工程的详细情况上传,这样大家才可以给您意见的啊。

【LHP000】:如果现场可以焊接的话,可以先在原有柱上焊接牛腿,然后在与之相连接,不知行不行啊?

【王一】:原厂房柱 H600×350×10×14,柱高 10.5m,有两台 15t 吊车,现在旁边增加一门式刚架,高 6.00m。经验算柱子和基础都可以利用,就是没有连接板和高强螺栓孔,新增门刚的连接板 22mm 厚,怎样和柱子连接?大家多多指教!

我问过几个有经验的施工人员,和本人的观点共有一下几种作法:

(1)将相应部位的柱子的翼缘板割掉,重新焊接连接板。给柱子足够的支撑(绝对保证柱子不要垮掉),最好的焊工尽量保证柱子的变形不会太大和焊缝的质量。

(2)在柱子翼缘的相应部位用磁力钻直接打孔,然后贴 8mm 厚的连接板共 22mm 厚,两者焊接在一起,后增加的连接板可以适当的增加长度,本人认为这样实质上是增加了一块垫板,作用不大,大家的意见?

(3)在柱子翼缘的相应部位用磁力钻直接打孔,在梁下焊接小的牛腿。

(4)在柱子的相应部位焊接出与柱子型号相同只是高度不同的 H 型钢,只要施工时能顺利拧高强螺栓就可以了,这样减小了偏心。

现在钢结构的构件已经加工完了,不希望用最后一种,大家帮帮忙吧。

【骨架装配式板房】:您说的第 3 种就很好。最好再在柱翼板上焊接相应的加劲肋。

【ok-drawing】:此位置应该是铰接连接:我认为用"剪力板+连接板"连接处理比较有利于施工。

3 新建钢梁与已有混凝土柱腰的连接(tid=96513 2005-5-25)

【chailanzhou】:新建建筑的钢梁(H 型钢)被已有混凝土柱截断,此处节点怎么处理(见图 2-3-93)?

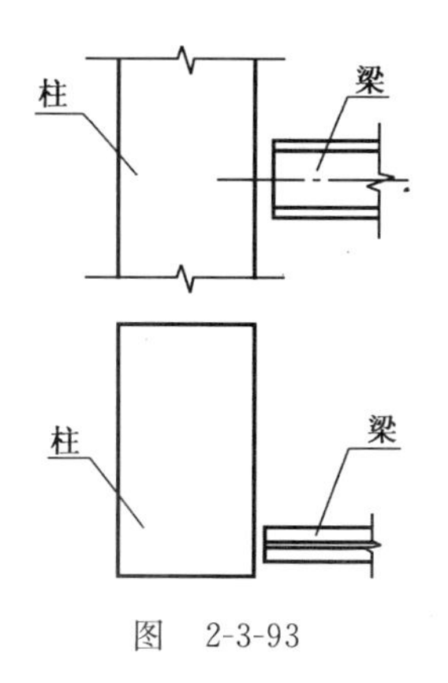

图 2-3-93

【pingp2000】:先在混凝土柱上做预埋件,预埋件采用植筋或者打化学螺栓的方式固定在混凝土柱上。预埋件上做一个连接板,连接板与钢梁腹板用高强摩擦螺栓铰接连接,如图 2-3-94 所示。

预埋件厚度,植筋的多少、大小、埋深,采用多少颗高强螺栓等,通过计算确定。详细见《混凝土结构设计规范》GB 50010—2002 的预埋件计算以及钢结构书关于连接计算方面。

【arkon】:为什么要用高强摩擦型螺栓,普通螺栓不可以吗?

【pingp2000】:那您就看看书,了解高强摩擦螺栓跟普通螺栓在受力方面的区别吧。

【bill-shu】:普通螺栓可以,但安装用,受力加焊缝就是。

【wdfwdf78】:植筋的效果怎么样?植筋胶可靠吗?其抗拉弯剪的能力如何?我以前这么

处理过一个二层砖混条形基础的扩大，但从没敢在受剪拉力大的地方如此处理。

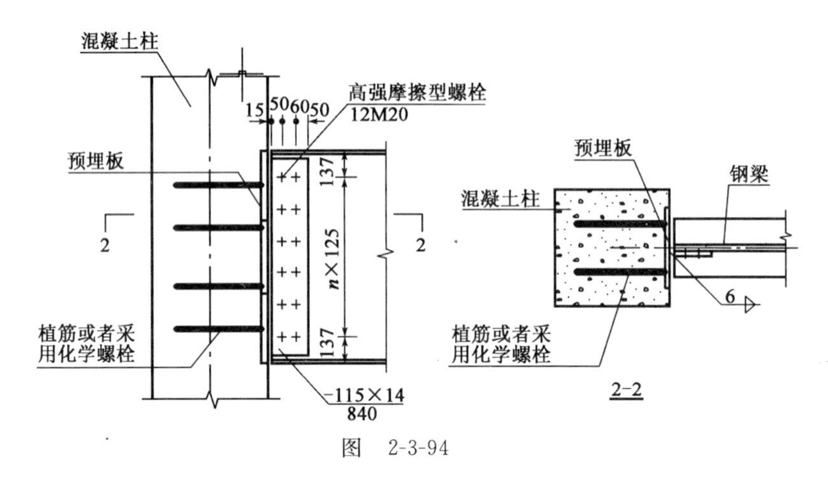

图　2-3-94

点评：此节点应采用铰接。

4　如何设计该节点？（tid=29602　2003-6-2）

【zhouqi】：在一个既有的钢筋混凝土柱子上接一门式刚架，刚架柱脚用4M24螺栓与混凝土柱子铰接，但不知该节点如何处理。用膨胀螺栓呢？还是把螺栓栽进混凝土柱子里达到一定的锚固长度？

【温柔一刀】：考虑做植筋吧，膨胀螺栓的承载力达不到要求的，为什么不事先做预埋呢？

★**【zyr】**：可以考虑用化学锚栓，应为柱脚做成铰接，只要抗剪承载力够就可以了。要注意满足化学锚栓的最小间距及至混凝土柱边的距离。

【音速之子】：值得注意的是，规范明确规定柱脚锚栓不考虑其抗剪的作用，剪力完全由柱底摩擦力承受，如果摩擦力不满足要求，应该在混凝土柱顶预留柱下抗剪键的位置。

【木头】：不考虑结构体系，假设这种做法成立，铰接螺栓以传统的预埋为合适。膨胀螺栓在这个柱脚应用不合适，化学锚栓在做好抗紫外线防护后也不会有权威性的标准支持设计的合理使用年限。

5　毗屋节点的问题（tid=122893　2006-1-26）

【xiaotiantian】：当附房跨度较小且比主厂房低时，一般采用毗屋设计。毗屋梁一般与主厂房柱铰接。毗屋梁一般与主厂房柱铰接有什么优点？为何不采用刚接？在什么时候采用刚接比较好？附房梁与主厂房柱刚接后还可以称为毗屋吗？

【mzhyyx】：个人看法：毗屋跟主刚架的连接，就像是中柱跟钢梁的连接，可以刚接也可以铰接。

【hai】：我想：从前的厂房一般为混凝土结构，毗屋和主厂房为铰接，所以在很多参考资料上为铰接，现在的厂房主要为钢结构，刚结和铰接应该都可以。

★**【niuchuanquan】**：毗屋是一个辅助建筑，一般是在主厂房设计好了后再加上的，应该尽可能不要给主结构过多的力干扰，铰接的传力比较明确，所以还是铰接的比较合适。

九 构造做法

1 混凝土柱钢梁连接节点的设计讨论(tid=138179 2006-6-22)

【ppkk998】:由于混凝土柱钢梁结构造价低,实际工程中大量采用。但是现行规范又很少涉及,混凝土柱与钢梁属于两种不同的材料,在受力状态下其工作性能是有很大区别的,其节点连接大家都普遍倾向于铰接。但是这种节点怎样设计才更合理更贴近工程实际呢?

现上传三组铰接图片(均来源于实际工程)如图 2-3-95～图 2-3-97 所示。大家讨论一下!第二类节点实际工程中用的好像最多。第三类节点,实际工程用的不多,有点很纯粹的感觉。

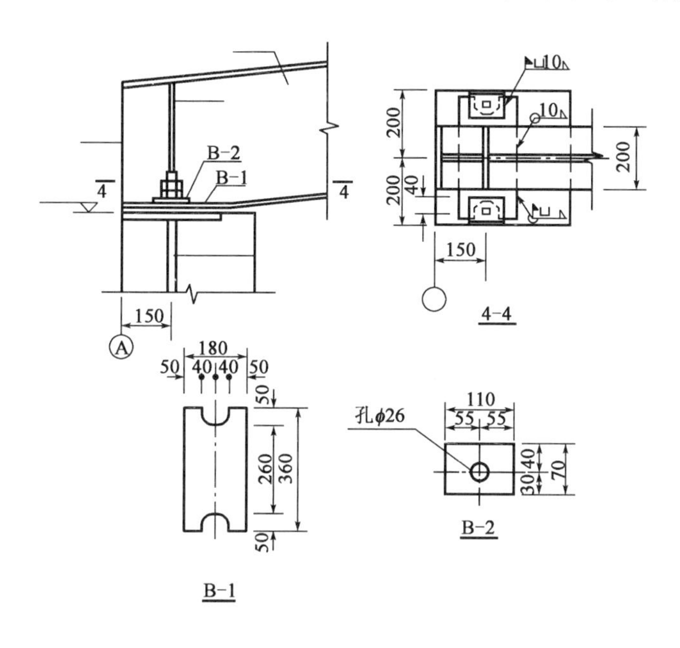

图 2-3-95

另外这类型工程有种采用中间起坡的形式,两端和混凝土柱铰接连接,其计算有人建议采用两铰拱模型计算,但是这样计算下来钢梁对柱水平推力产生的弯矩,比跨中竖向荷载产生的弯矩都大。柱子很大才行。这种模型简化是否有问题?

【肖本】:(1)第一种,地脚螺栓的孔位应该不满足构造要求,最小应该是 2D。

(2)第二种,我们经常是从柱外皮往里错 2～3cm,还有盖孔板的厚度是不是有些小呢,才 10mm。个人认为,如果受力较大的话,有可能被破坏。对于盖孔板厚度也应该有计算的公式,我找了好长时间也没有找到公式,如果哪位朋友提供的话我非常感激。

(3)第三种,我想如果是桁架的话可以接受节点,受力小。如果是受力大的结构,它最后承受力的只是连接螺栓,正常的螺栓都不会满足吧。

【ppkk998】:第二种做法我退的多,主要是为了留出砌围护墙的位置;盖空板 10mm 厚是有点薄,做薄主要是此时不作为像第一种情况的盖空板,而是只作为螺栓的垫板,而把钢梁的下翼缘的螺栓孔做成长孔,不知这种做法是否有问题?

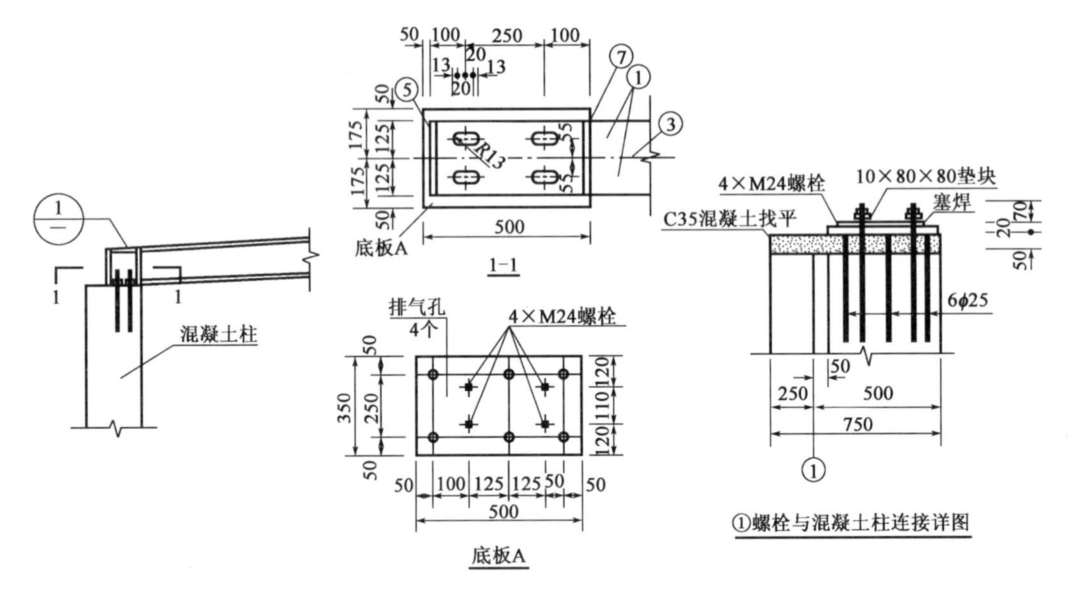

采用长圆孔连接的铰接节点

图　2-3-96

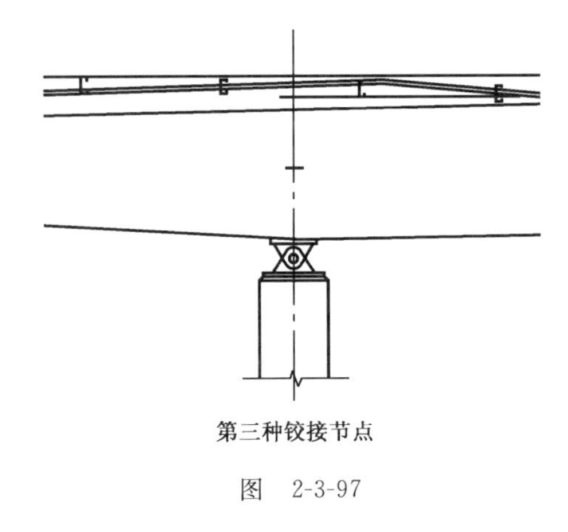

第三种铰接节点

图　2-3-97

另外**肖本**兄说盖孔板厚度的计算，是否可以参照支座板的计算呢？新出的《钢结构计算与实例》上面就有。

【山西洪洞人（山西洪洞人）】：有一点我想提一下，我觉得在混凝土柱上面的那部分钢梁下翼缘应该加厚一下，也就没有必要再做那块垫板了。

【xuxih2000】：本人倾向于一端设长圆孔的做法，此时要求混凝土框架自成体系，混凝土柱计算长度有一个方向应按悬臂或弹性支座来考虑；且长圆孔的大小应按支座位移大小设置，若建筑允许可在下弦设钢拉杆，则可按一般做法处理。

2　这种节点如何处理？（tid＝91982　2005-4-19）

【number2】：对于较小截面（200mm×200mm左右）的冷弯方钢管柱与H型钢梁节点连接中，由于柱截面是封闭型，有没有比较好的节点连接形式？因为是冷弯型钢，柱壁厚度较小，若采用焊接效果估计不会很好，且工厂焊接又使得运输带来不便，不利于施工。请教各位仁兄指点一二。

【ocean2000】：看看图2-3-98节点形式如何？两个角钢托着。

【number2】：这种角钢支撑也是一种解决办法，但梁的腹板和与柱壁相连的角钢肢就只能与柱壁焊接，这样现场焊接的工作量会很大。有没有其他更好的节点连接形式啊？

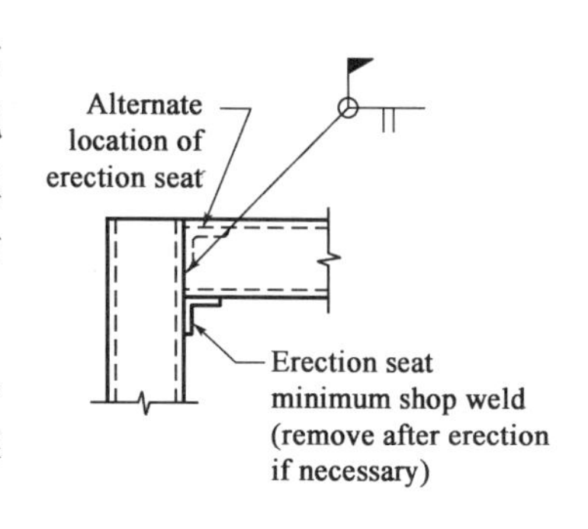

图　2-3-98

【jbr1314】:首先,个人认为这种焊接方法是可行的！它不会增加现场焊接的工作量,只要在工厂焊接好,到施工现场直接安装就好了！但我如果把托住上翼缘的角钢放到翼缘上面,然后腹板与钢柱也用同样的方法连接是否更好？节点更可靠呢？

【子叶】:我有一个方法就是在方钢管柱顶焊一连接板,此尺寸根据实际定,然后把梁放置于柱顶,此梁下翼缘与连接板进行现场围焊。

【jbr1314】:个人认为:此法不是很好。

(1)此种构造只可当作铰接处理,但实际工程中多多少少的都要传递一部分弯矩！

(2)只把下翼缘与连接板进行现场围焊,这种处理好像在工程中谁也不敢用吧？完全不符合支座处理构造要求。至少也得对梁的侧向稳定考虑考虑！

【number2】:同意 **jbr1314** 的观点,首先且不说梁上翼缘如何处理,梁腹板与柱壁如何连接？腹板连接没处理好,则剪力如何传递？又由谁来承担？另外,此处作为柱贯通型节点连接形式,上述做法更不适合了,作为柱贯通型节点就得保证柱在节点处不能截断,内隔板无法安装,而按照上述方法在方钢管柱顶焊一连接板同时梁下翼缘与连接板进行现场围焊,这种方法肯定使节点处承载力达不到要求,同时也不符合结构构造要求。

【myorinkan】:如果是传递弯矩的连接,同时考虑到:

(1)冷弯型钢壁薄,焊接效果不佳。

(2)方钢管柱带牛腿,工厂焊接,运输不便。

(3)柱截面封闭,螺栓施工困难等问题。日本《建筑技术 2001 年 9 月刊》概要介绍的“DSQフレ”,如图 2-3-99、图 2-3-100 所示。

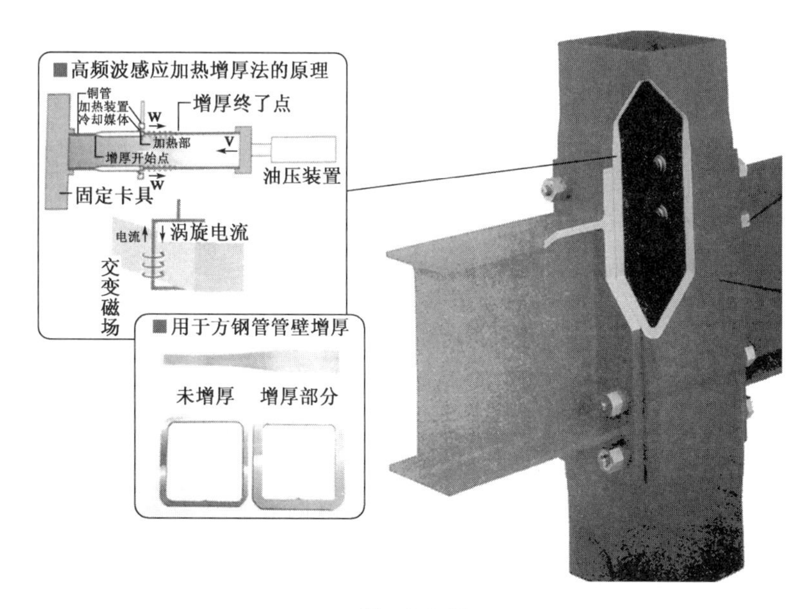

图　2-3-99

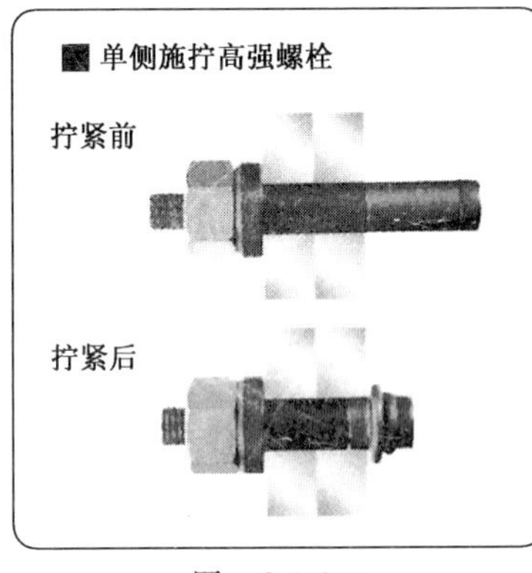

图 2-3-100

3 钢梁支座问题(tid=74112 2004-10-27)

【txfcad】:我设计一根钢梁,采用热轧普通工字钢,钢梁搁置在原有的混凝土梁上,请教支座如何设计,如何保证节点的稳定?

【lhwen9488】:请问支座是铰接还是固接。

【kswu】:铰接,用膨胀螺栓连接即可。

【青岛小伙】:如果是将热轧普通工字钢钢梁搁置在原有的混凝土梁上,通常会认为是铰接节点。可在原有的混凝土梁上增设埋件,钢梁焊接于埋件上或用胀锚螺栓固定。节点处注意增设加劲肋。

【wh372】:当然是铰接,钢梁翼缘上要打长圆孔。否则会给混凝土梁上施加扭矩。

【DYGANGJIEGOU】:个人认为:

(1)节点选用:一般单跨厂房,混凝土柱钢梁连接节点只需做成两端固定铰接即可(钢梁底板孔做成长条状)。多跨或带中柱的厂房,一般一端做成固定铰接,另一端做成滚动支座。

(2)节点选用:钢梁与混凝土柱之间加上短柱也可以。此时,钢柱脚做成铰接,这样钢梁截面正应力和柱顶剪力都较小。这也是不错的一种方法。

(3)连接方法:在混凝土柱顶最好做预埋件,当梁底板与混凝土结构连接处的摩擦力无法抵抗水平剪力时,预埋件下需要设置抗剪键(或用第4条中做法),锚栓从预埋件穿孔而出,锚栓只起到定位作用,另外在钢梁下最好设置一块20mm厚的垫板,以防钢梁根部的变形对混凝土柱顶产生局部压应力。

(4)另外注意:混凝土柱顶做抗剪键在工程施工中难度较大,一般混凝土柱顶相对建筑高度较高,抗剪键留坑与二次浇注比较困难。根据实践经验看,两者的贴紧面不够理想,实际产生的摩擦力往往达不到设计效果。故在很多工程中一般可在预埋板下(与预埋板做塞焊)预埋栓周围加设抗剪锚爪(一般用圆钢制作,4根$\phi12$的圆钢,长度达到锚固长度要求就可以),由锚爪参与抗剪。

【不倒翁ZAL】:我认为铰接只要在混凝土柱中预先埋好15mm钢板,并用长孔上面弄一块20mm厚的钢板当搁板就可以了,但注意的是要距墙边30mm左右为好,最好在预埋件下面焊槽钢来抵抗水平剪力。

4 急需钢梁与混凝土柱侧面铰接连接节点(tid=11743 2002-7-20)

【北极熊】:本人有个工程,钢梁端部剪力设计值300kN,与柱侧面铰接,现请高手明示:

(1)钢梁与柱侧面采用哪种方案为好?

(2)竖向力设计值300kN,加钢板打膨胀螺栓可以吗?

★**【光源】**:膨胀螺栓总感觉不太稳妥,300kN的力也不小,我觉得可以用化学植筋,或者将柱钻孔钻通,穿螺栓。对侧加钢板,螺栓拧紧,靠压力传递比较可靠些,验算下混凝土的局部承压。

★**【hhh】**:柱包钢,再做牛腿,牛腿与钢梁螺栓连接。

【**ashi**】:要考虑如何安装,不要让伸出的螺栓挡住了钢梁!抗剪构造的不同可能会引起附加弯矩,要考虑到!

【**ch237**】:**hhh** 兄说得很好!补充一点!顺便考虑一下原来混凝土的配筋是否满足要求。

5 混凝土柱与外伸钢梁通过锚栓连接的可行性(tid=81296 2004-12-30)

【**tjphdxq**】:本人最近打算做一下钢筋混凝土柱与外伸钢梁以锚栓连接的节点研究,想听听各位高人的看法。因为在结构加固改造中有时需要用到这种做法,但有几个问题拿不准:

(1)混凝土柱与钢梁是否可以用化学锚栓连接,国家有无这方面的规范要求?

(2)节点的抗震性能如何?

大家集思广益吧,谢谢!

【**pplbb**】:(1)目前这样的节点连接大多采取的都是这种做法吧。

(2)只要计算得当,考虑构造措施,抗震性能是可以保证的。

【**lilingzhi**】:楼上的老兄,锚栓一般均较短($10d$),而我国规范对预埋件的锚固长度要求要$35d$,如何抗震?

【**lfq**】:我做过类似混凝土结构后加钢结构,化学螺栓有它自的力学性能,只要连接可靠度满足规范要求。因为专业厂家也是经相关部门批准的。

【**lilingzhi**】:我拟采用植筋的方式连接,通过端板或牛腿与钢梁相连,这样可以提高锚固深度,节点的处理似乎以铰接为好。毕竟是两种结构材料,而且二次受力,还要考虑抗震等问题。大家提些看法吧。

6 钢梁与预埋件的连接问题(tid=11316 2002-7-10)

【**mild**】:有一混凝土框架结构,平面投影为凹状,要在凹心空白处设计轻钢屋面,而两边跨比此跨高,钢梁必须与侧面布置在水泥柱中的预埋支撑连接,请问是设计成刚接还是铰接?

【**seabird2008**】:我个人认为,如果用刚接的话可能会由于温度作用、外界风载等循环荷载的作用引起裂纹。所以建议按照铰接处理。

【**sdsd**】:应该是铰接。

【**ruanpeng**】:铰接因为材性不同的两种不同的东西相连啊!

【**峒峒**】:即使与埋件焊接连接,也只是铰接,不如仅利用埋件的抗剪承载力,把此节点设计成铰接,不但计算简便,而且不必考虑两侧框架基础沉降差产生的应力影响。

【**mild**】:感谢各位的指点!我想用 PKPM-STS 软件将梁截面设计成变截面(跨度22.8m),但此软件的“平面框架、连续梁连接设计”功能模块对 H 型钢变截面焊接梁不识别,而“门式刚架设计”功能模块又规定梁柱的连接为刚接,怎样解决这个矛盾呢?

【**ashi**】:虽然 STS 初始为梁柱刚接,但他有让梁端铰接的功能呀。

7 按简支设计的梁有必要端焊死在柱头上吗?(tid=45366 2003-12-15)

【**lwx_1111**】:如图 2-3-101 按简支设计的梁有必要焊死在柱头上吗?敬请指教!

【**wanghj**】:没必要焊接,可用高强度螺栓连接。

【**sanrenyoushi**】:无须焊接,可通过连接板用螺栓连接(铰接)。

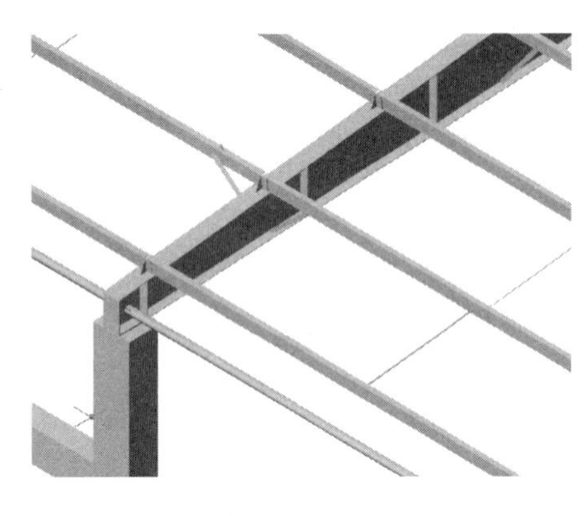

图 2-3-101

【denhere】:从图 2-3-101 看,好像是一个混凝土柱,H 型钢屋架。这种情况下只能按简支设计,但要把梁端焊在柱顶的埋件上。我想可能还是跟前面说的那样,由于混凝土柱的线刚度比钢梁要大的多(估计的,由于手头资料不全,没有计算,有兴趣可以算算看),所以杆端弯矩不会很大,在考虑到现场的焊接质量不可靠,还是偏于安全的按简支算吧。

【RobinXu】:从图 2-3-101 看,是混凝土柱 H 型钢屋架。此时一般采用的节点做法是:混凝土柱顶设预埋件,且预埋锚栓与钢梁连接。

我觉得是有必要在锚栓连接后,再将梁端与预埋件之间焊接。理由如下:

(1)焊接后可防止此处节点产生滑移,这样有利于抗震。

(2)一般这样的屋面梁为两端铰接的计算模型,虽然将梁端支座与预埋件间焊接,但相对于屋面梁而言,并不能承担多少的弯矩,也就是说不能因此而认为是固接(原理类似于桁架的腹杆),所以并没有改变原来的计算模型。

另外,我碰到另一个问题。

我看到一个类似的项目,不过是梁端和混凝土柱的侧面用预埋锚栓连接的,且无中间柱。这样就产生问题了:一般这样的屋面多是坡度不大的斜屋面,个人觉得这样的结构形式(简支双坡斜屋面梁)和节点形式很容易产生跃越屈曲,此时至少更应该将梁端和预埋件焊接了！而且我觉得这样的节点是不可行的。

不知大家怎么认为的。

【3776】:像这种钢梁+混凝土柱的结构,一般在柱顶都设有预埋件(见图 2-3-102),而钢梁的底支座上也设有长圆孔(考虑安装有一定的误差),用垫块和双螺母连接起来,止退螺母拧紧后可以点焊。

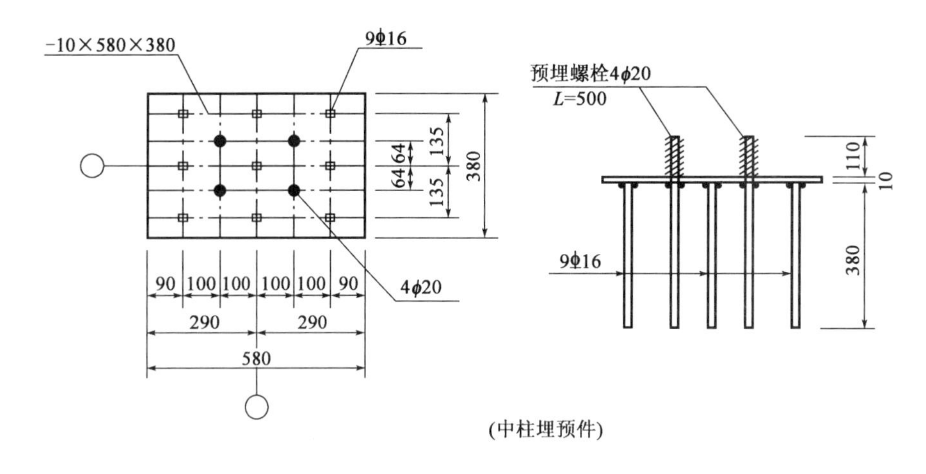

图 2-3-102

【三探】:说得很有道理,赞同。不过先螺栓连接 后焊接 ,我想这种结构形式要考虑一点梁端承受负弯矩,也可以部分降低跨中的正弯矩 ,但到底是多少,很难确定。请问高手,如何能定量计算?

【陌上尘 64】:如果按铰接计算,应在梁加载变形后再拧紧螺栓。

【goodwill】:一般柱脚的螺栓都不参与抗剪,想问这种预埋螺栓能有效地参与抗剪吗?

点评:(1)不应焊接。

(2)按国家规范,不考虑预埋锚栓的抗剪作用,部分地方规范(如上海规范)可考虑抗剪作用。

8 关于一个梁柱刚接的节点的疑问(tid=154549　2006-12-21)

【EN@T! ger】:刚做了一小平台,一层,在做梁柱节点时,因为是新手,没考虑周到,后续转换详图人员问了我一个问题“柱顶板厚度和梁翼缘厚度不一致,板会不平,怎么处理”(手上没图,临时用 TSZ 生成了一个类似节点,如图 2-3-103 所示),请问各位,这种节点连接方式是否有问题,如果有,该怎么解决?如果没有,那铺板怎么办呢,虽然差的不多,但铺的花纹钢板一般也就 6mm 厚呀?

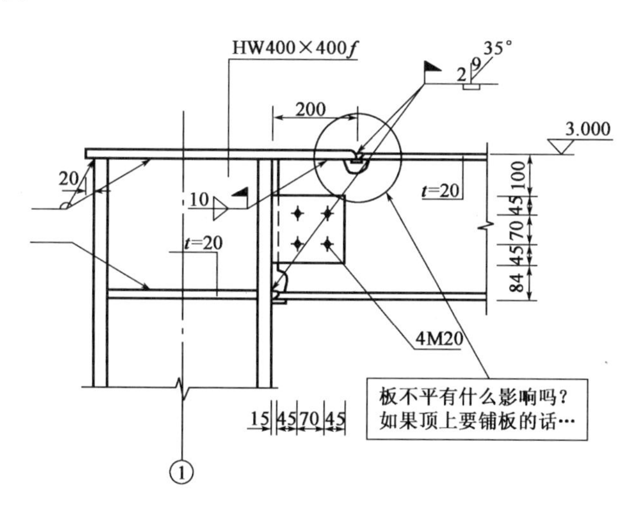

图　2-3-103

【tank_helicopter】:我以前遇到过相同的问题,后来的处理办法是,保证两个梁上翼缘平,在较薄的翼缘下加焊一个垫板,但是由此又引发了一个垫板与梁翼缘焊缝应力集中的问题。

★【bill-shu】:从受力角度讲,做一样厚应该没问题。如果柱顶力作用下,顶板厚度不够,可加竖向肋。还有顶面做平,下面变厚度过渡。

【pingp2000】:小弟不才,说说我自己的看法:

(1)我觉得柱顶板可以做成跟梁翼缘一样的厚度,方法和 bill-shu 兄一样,我记得规范上并没有什么构造要求柱顶板的厚度;如果不愿意这样做,为什么不把梁抬高,让梁上翼缘与之相平?注意板厚相差过大的话需要变坡平稳过渡啊。

(2)看了图,感觉为什么不将柱顶板与柱围焊(图中在有梁一侧没有焊缝),而且柱顶板与柱的焊缝计算过了吗？因为焊缝承受梁上翼缘传来的拉力。

【doctorish】：(1)楼主说梁上铺设花纹钢板，想必楼板做法是花纹钢板＋一定厚度的混凝土，这种做法一般在局部加层或者封楼板洞口常见。既然是要浇筑一定混凝土，那么就可以按照常规做法，将梁与柱子连接，柱子可以出梁顶50～60mm，这样盖板就不需要与梁连接了，而且柱出头的部分照样可以埋在板上浇筑的混凝土中，不影响美观。

(2)其实对于这种连接板与梁翼缘板不等厚时候的处理，假如厚度相差在2～3mm，完全可以不用考虑，现场剖口焊处理，一般对这种焊缝要求在验收时100%检测；相差较大时，就需要对板厚放坡。

【flyingpig】：同意楼上的观点，对于顶层框架梁与工字形截面或箱形截面柱的刚性连接，应该参考图集《多、高层民用建筑钢结构节点构造详图》01(04)SG519，第18页节点3。

点评：柱顶盖板与梁翼缘等厚即可。

9 钢柱与钢梁连接采用固接时算出的螺栓过多怎么办？(tid＝110228　2005-9-26)

【7410】：钢柱与钢梁连接采用固接时算出的螺栓过多？怎么办！柱的截面是H800×280×12×16梁的截面是H1350×280×10×14，我算了以下需要M30螺栓30个，可老板说孔过多，很容易现场施工出现螺栓孔对不上，请问能不能焊接！如何焊接，请高手赐教！

【Maker. xu(Kevin xu)】：螺栓好像确实过多，什么结构的节点？剪力和弯矩分别为多少？

焊接当然可以，但是可能不太方便施工。建议在柱翼缘焊接支托承受剪力，梁端板下端刨平顶紧；螺栓可以仅承受弯矩，可以加大中下部螺栓间距，减少螺栓数目。

【jekin】：刚接采用的哪种形式？固接形式有端板连接，上下板夹板连接，上下翼缘固定连接，如果采用的是端板连接，此时计算出来的螺栓数目多，因为螺栓受弯、受剪，如果采用第三种连接，此时，螺栓主要受剪。上下夹板连接螺栓数目采用最多，适用弯矩大的情况，建议楼主是否考虑下第二种固接形式？由于螺栓受力分工明确，此时，螺栓直径也会相应变小。

【7410】：我算过楼上的朋友的选择方式，如果考虑腹板抗弯，(当然还是固接)翼缘板是焊接，如果考虑腹板抗剪翼缘板还是焊接，为什么翼缘板同是焊接两者算出的螺栓差距很大，不知道为什么！

另外我把弯矩告诉大家！弯矩是1970kN·m剪力是770kN，请大家算算看看！

★**【wanyeqing2003】**：这样的弯矩是比较大，如果采用端板连接，就需要较多的螺栓，推荐两种方法供参考：

(1)将连接节点设计成端板外伸的形式，估算了一下端板外伸的节点可以用到M27螺栓，如果端板平齐就需要M30的螺栓。

(2)梁柱连接的根部用等强焊接，接出一段钢梁约2.0m，然后再用端板连接，在这个位置弯矩就会减小许多，有这样处理的工程实例。

【黄鹤】：其实您可以考虑梁与柱完全熔透焊接，伸出一段小梁(1m)，在1m以外做完全受力拼接。可以传递弯矩，这样也应该是固接。能有效传递弯矩的，都是固接。

【bill-shu】：那么大弯矩，您的梁截面就已经不够了，您再好好计算一下，如果是柱顶和单梁连接，柱截面更小了。我觉得您给的条件有问题，梁柱截面和受力不匹配。还有如果是

M30-10.9S的螺栓，一个的预拉力 $P=355\text{kN}$，取拉力设计值 $=0.8P=284\text{kN}$，采用端板外伸连接

$$M_1=284\times4\times1.35=1534\text{kN}\cdot\text{m}$$

$$M_2=284\times4\times(1.35-0.25\times2)=966\text{kN}\cdot\text{m}$$

承担的总弯矩 $M=M_1+M_2$。共计双排16个螺栓足矣，至于剪力可以用抗剪托板。您再核对一下计算。

【yhqzqddsh】：楼上所说伸出1m左右小梁的做法实际是首先连接短牛腿的做法，我认为这样做不尽合理。一般梁柱的刚接可以采用梁上下翼缘与柱翼缘焊接，腹板用连接板栓接，根据具体情况选择连接板厚度和单剪板或者双剪板！

十 其他梁柱连接

1 与多根梁相连的柱节点(tid=9087 2002-5-17)

【刘欣】：一个不太规则的六边形，中间节点最好是怎么处理，我现在是中间放一根圆管柱，然后在圆管上焊很多的节点板，我不知道行不行，用H型钢梁，圆管柱上有八个节点，能给点好的建议吗？建筑面积有 450m^2，中间一个节点。

【okok】：很好的做法。

【峒峒】：请问刘欣兄，此结构上荷载大小？

我审过一4层钢仓(外方设计)，钢柱为：有肋箱形切掉四个角，或者说是两H型钢柱腹板垂直连接。其中一节点上连接大大小小7个梁(包括3个楼面水平支撑)。其主要手段就是采用连接板(伸出节点外一定距离)，然后栓接构件，我核算之后，没有发现问题。现已运行半年。

对于此类结构，核心部分受力较复杂，可采用工厂加工，并且，核心构件需加强。

【萝罗】：请问楼上的大哥能否提供钢仓的图纸。钢仓的设计过程中需要注意哪些？主要的设计思路是什么？真的好想知道。

【峒峒】：手头暂缺电子版，以前传给我一份，再索取就要等一段时间。

是室内筒形钢仓，共设有6个菱形钢柱(前帖所述)，柱距：纵向8m，横向10m；在2～3层设有两个钢仓，直径5m，偏心布置(因为要留检修平台及钢梯通道)。4层为设备层。钢仓不太复杂，关键是此建筑钢结构有点难度哦！

点评：此种情况，建议采用圆管柱，梁柱设计成铰接。

2 斜梁与柱的连接节点设计(tid=57767 2004-5-12)

【bigbird117】：斜梁与柱弱轴方向的连接，可以做成图2-3-104所示大样吗？图中1处的连接方式可以吗？两个翼缘不在一条直线上的话。

【DYGANGJIEGOU】：图2-3-104中1处的连接方式是可行的，但切口处的焊接垫板要做成折线形的，即“∧”形，直线形的垫板在截面突变处的连接处贴不紧，容易造成焊接应力集中。或者用上下翼缘做成夹板+栓接，当然下翼缘夹板也要做成“∧”形的。

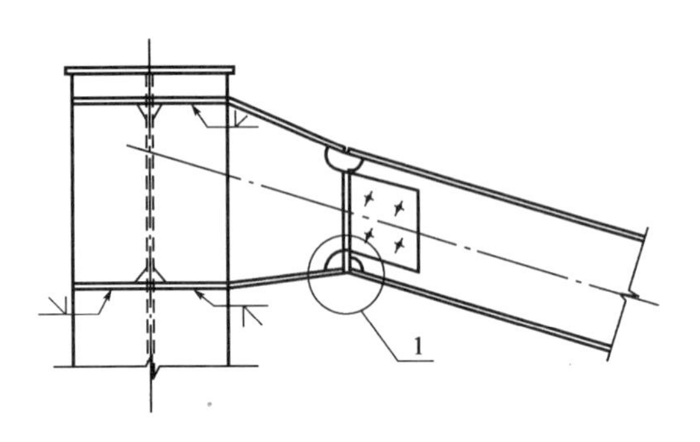

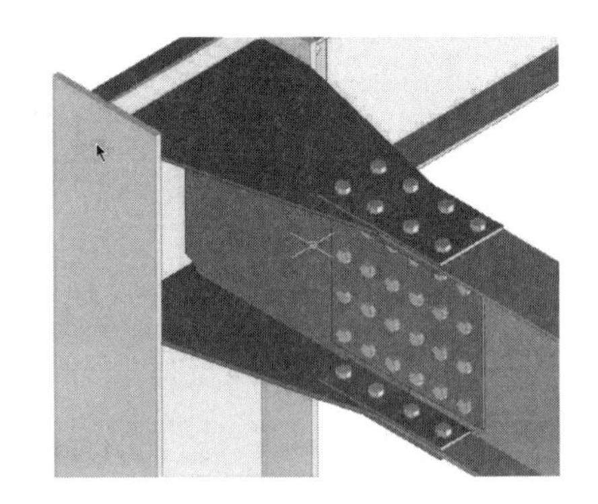

图 2-3-104

点评：应注意：

(1)柱身加劲板与盖板净距不小于100mm，否则不便于焊接。

(2)斜梁端部放大的必要性。

(3)三边围焊时，坡口焊的必要性。

(4)若有可能梁端建议设计成铰接。

【jbr1314】：楼上所说的斜梁应该是做斜撑用的吧？其主要承受的是轴力，应该是可行的。但如果需承受一定的弯矩时，个人认为这种连接方法不是很好，因为1点的强度不易保证。建议采用端板连接，效果较好！

3 梁柱斜交节点如何处理？(tid=86184　2005-3-4)

【fywangqx】：现在做一个钢梁与钢柱斜交，梁柱斜交节点如何处理？如图2-3-105所示。请教高人！

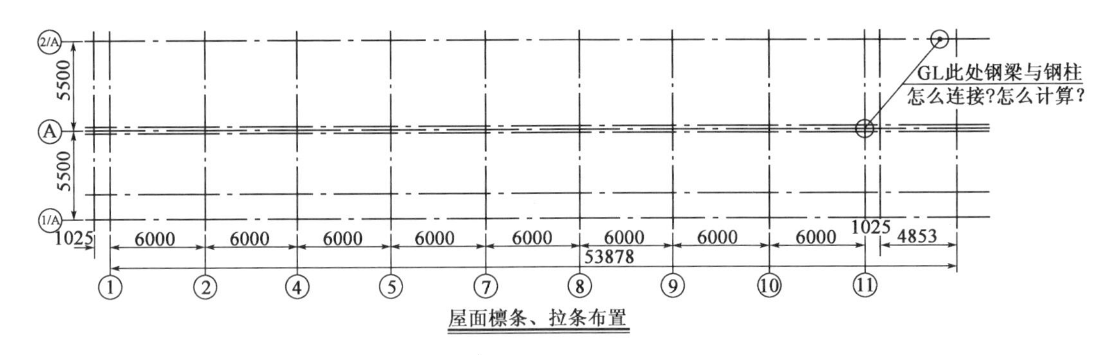

图 2-3-105

【大水牛】：fywangqx兄，已看图2-3-105，但有问题不解：

此结构是一个四坡屋面的形式吗？如是为什么中柱采用双柱，再者，此结构跨度仅为22m，有设中柱的必要吗？

(1)钢梁与钢柱斜交此节点应设置为刚性节点，在屋脊处要设置连接板与钢梁连接，(注意在钢柱与钢梁的斜交处设置加劲肋)。

(2)山墙跨与倒数第二跨均单独计算不考虑刚性系杆及屋面檩条、支撑、面板的蒙皮效应。

【fywangqx】:多谢**大水牛**兄。

这是一个钢结构雨篷,因两边有已建房子,故只能中间立柱,而两边悬挑钢梁。若做一个柱子,考虑平面外稳定问题,柱要做很大,故而考虑2根柱子。

不好意思,**大水牛**兄,第一点我和您的想法一样。第2点不是很明白,请解释一下,好吗?谢谢。

【gglt】:我建议中柱采用格构式柱,效果会更好!

点评:(1)不应该仅仅为了平面外稳定问题而设双柱,可使用箱形截面或宽翼缘H型钢。

(2)斜交仍可采用翼缘焊接,腹板螺栓连接的方式。

4 斜交的节点怎么设计?(tid=207133 2009-2-4)

【whbchina】:我碰到这样一个问题,如图2-3-106所示,一根次梁2与立柱斜交连接,在同一个节点处又有另外一根次梁1与立柱直角相交,这样的话这个节点变得相当复杂,请问如何处理?谢谢!

注意:尽量不改动次梁1与立柱之间的连接形式,且立柱的高度是足够的。

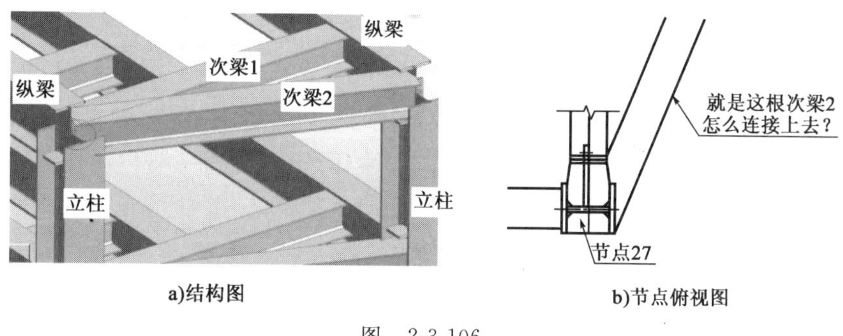

a)结构图　　b)节点俯视图

图 2-3-106

【V6】:从结构布置上来看,次梁1是可以取消掉的,直接用梁2与柱子斜交即可。

【whbchina】:那这个斜交结构如何设计?

【ameise】:去掉梁1,转动柱子,使柱弱轴与梁2平行,纵梁与转动后的柱可直接焊接也可做牛腿搭接,梁2与转动后的柱可采用没转动前梁1与柱的连接。

点评:(1)可设计成铰接。

(2)焊接连接板于柱腹板或翼缘,梁腹板与连接板螺栓连接。

5 19m跨钢梁与混凝土柱(牛腿)怎么连接?(tid=135024 2006-5-24)

【huangjie80】:5层裙房屋顶做19m跨钢梁(梁高我初步计算需要1700mm),屋面上人,恒载5.7kN/m^2,活载3.5kN/m^2,钢梁一端支撑在柱顶,另一端支撑在牛腿(主楼柱侧牛腿)上。请大家指点一下钢梁与柱或牛腿怎么做比较安全?

【听雨!】:钢梁与混凝土柱连接,在计算时要采用铰接,当然截面要相应增大。可以考虑截面矩在端部消减,减小端节点受力,以增加塑性铰。

【huangjie80】:我在端部采用了变截面梁，梁高由1700mm变到1000mm，抗剪没问题，与混凝土柱的连接采用了常规柱脚的做法，留50mm用无收缩混凝土后浇。

【听雨!】:“与混凝土柱的连接采用了常规柱脚的做法，留50mm用无收缩混凝土后浇。”我觉得这样做没多大的必要，因为它跟柱子连接不太一样，弯矩影响比较大，所以预埋螺栓找平即可，您认为呢?

【huangjie80】:这样不好安装吧！找平不好的话会产生应力集中的！梁端部没有弯矩，简支支撑啊！

【听雨!】:对了，是简支，我们通常做法是直接找平。

【brucezhang】:这么长的梁我觉得要做一端固定，一端滑动的连接方式，不能采用什么灌浆之类的，梁端头一定要留间隙，毕竟混凝土和钢的膨胀系数不一样啊。梁端头可以减小截面，整根梁做成鱼腹形式的，我做过一个项目，33m大梁，1850mm高，两头也是鱼腹的，一端固定，一端滑动，效果不错。

点评:(1)钢梁与混凝土连接的节点，宜采用铰接连接。连接的具体构造做法可以参考标准图《梯形钢屋架》05G511中的安装节点图。此外，相关讨论也可以在中华钢结构论坛中找到，也可以查阅本章节后面的内容。

(2)考虑施工不便，柱顶或牛腿上不宜采用二次浇灌层。

6 钢柱与混凝土梁连接节点(tid=99557 2005-6-17)

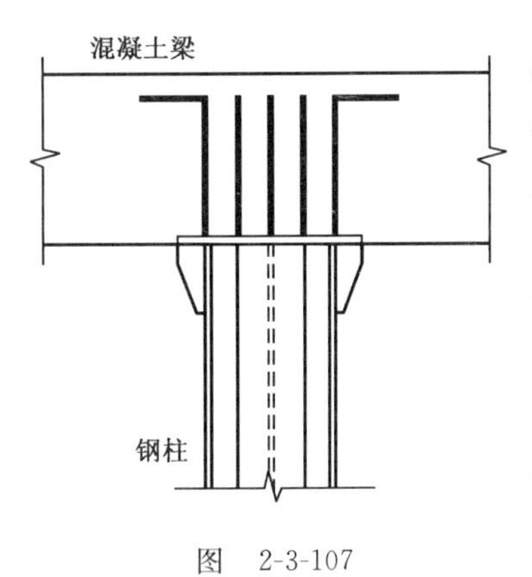

图 2-3-107

【taotj】:如图2-3-107所示，钢柱支撑于混凝土梁下，混凝土梁为一端与主体结构相连，一端与钢柱相连。钢柱顶封板上的锚筋与混凝土梁浇注在一起，请问钢柱可以作为混凝土梁的固接支撑点吗?

【allen315】:(1)您这个混凝土梁一端与主体连接，一端与钢柱连接，钢柱的热变化是很大的，这样反而增加了混凝土梁的变形。

(2)整个结构抗震性能也不好，两种材料的阻尼比不同，反而加重了破坏。

所以不建议采用这样的连接。

【mayuanwx】:只要钢柱和混凝土梁的连接可靠(锚筋的锚固长度要满足要求，锚筋和钢柱顶板的焊接可靠)，还是可以作为刚接的。

【hefenghappy】:这种节点应该是一种不正常的节点！除非在某些特殊的环境下才会考虑采用，按您图中的做法当成刚接还是基本可以的，但柱头应局部加强。

个人看法:通常这种节点把两种材料换一下，混凝土作柱子，钢用于梁，就可以把两种材料的优点发挥，而避免其缺点。另外，混凝土梁的刚度大，而钢柱的相对刚度较小，在节点处如果处理不当，容易引起柱的局部屈曲等稳定问题，望小心处理！

【laser】:用钢管混凝土比较好，可以较好发挥钢与混凝土的特性，柱子里的混凝土与梁混凝土可以整浇在一起，连接的整体性也比较好。

点评：若非整体分析的话，不可按刚接考虑钢柱对混凝土梁的约束作用。此种非常规的结构布置及节点应专门研究后方可在设计中使用。

7　钢柱能否与混凝土梁相连接？（tid＝61531　2004-6-12）

【ncdtj】：钢柱能否与混凝土梁相连接？如何连接？

【钢子】：本人觉着对于小型钢柱来说问题是不大的，钢柱底板上焊几根钢筋，然后把钢筋锚固在梁里面就行了！连接图纸您可以到"图纸交流"栏目里面去找找！

【hefenghappy】：这种连接肯定可以做，您可以在梁底设置埋件和钢柱连接。但是我觉得这种做法不妥，按常规也是应该利用混凝土的抗压能力和钢材的抗拉能力，应反过来用才是啊！当然，可能您这个是个特例吧。

【奕奕】：当然可以！混凝土梁截面不够，可以做牛腿（同混凝土柱），但要考虑梁截面高度够不够锚固及侧向抗扭。

8　关于梁柱节点区加强环的设计（tid＝88168　2005-3-22）

【长流】：近来在大跨结构设计中遇到一个问题，柱为圆柱，梁为工字钢，考虑采用外加强环形式连接。请问，关于加强环环板的厚度以及环板宽度如何确定？

【pingp2000】：外环板的厚度应大于或等于与柱相连的钢梁翼缘的最大厚度，外环板的宽度应大于等于0.7倍梁翼缘宽度。外环板的宽度与厚度之比不得大于01SG519中表5或表6.1的要求。在PKPM的STS技术条件里有外环板的计算，可我不知道它的出处。

【长流】：再请教一下，在屈服力下，纯钢结构加强环式梁柱节点理想的破坏形态是怎样的？是让加强环区（环板，肋板）形成塑性铰坏掉，还是在钢梁根部区（翼缘，腹板）形成塑性铰坏掉？或者其他破坏形式？

【结构菜鸟一号】：根据这个话题，我想请教：

（1）加了外环，非钢管混凝土柱是否要加横向加劲肋，根据标准图集钢管混凝土柱是不加的。如果可以不加，那箱形柱是否也可以不加？

（2）我看了最近的多高层节点图集，贯通加劲肋形式的节点中，上下柱的与贯通加劲肋的连接用双面角焊缝，好像不妥，我觉得应该是全焊透坡口焊接。

（3）对于箱形贯通加劲肋形式的节点中，说明只对小截面的轧制方管才可以用，对于大箱形截面是否可以采用？我看过日本的一些类似节点，是采用贯通加劲肋形式的。

★**【pingp2000】**：to **长流**：抱歉，您的问题我不懂，所以无法回答您。

to **结构菜鸟一号**：您的问题，大概可以说一些我的看法，您自己琢磨一下对不对，因为我做过的框架不多，不是很懂。

（1）加了外环，钢管柱可以不加横向加劲肋。箱形柱我没见过有加外环的。但箱形柱的横向加劲肋（对应梁翼缘的位置）是必须要加的。

（2）请您再仔细看看节点图，上下柱与贯通加劲肋的连接只有腹板才用双面角焊缝，翼缘也是用全熔透坡口焊接的。

（3）这个问题我就不懂了。

【结构菜鸟一号】:topingp2000:谢谢您的答复。

(1)在图集01(04)SG519第16页,钢管有外连式水平加劲肋,没有加环形式的,而且里面的孔洞是标明了混凝土填充的,而纯箱形钢(没有填充混凝土)的节点大样中,没有外连水平加劲肋形式,是不是该形式不适用于纯钢结构?如果可以使用该形式,我觉得加工比在管(箱)里面使用熔嘴焊接加劲肋简单,特别对于非正交多向梁节点,图集反而没有推广这种节点方式,所以从这点推测,加环中间不加肋不适用于纯钢结构。

(2)上柱腹板与贯通水平加劲肋采用双面角焊缝,如果按等强(拉压)连接计算,我觉得角焊缝会很大,所以觉得不适合。

以上是我的个人观点,但个人观点是否正确还是要有正确的理论为指导的,手头上资料有限,如果您有正确的理论和相关资料,请告知,十分期待。

【dbd7305】:钢管里已填充混凝土,那么其刚度应该是没有什么问题的?我看就不必再设加劲环了吧。对于空的箱形梁就应该考虑用加劲环。大家也可以看看我最近做的一个项目(见图2-3-108),箱梁下侧与柱连接的部分采用钢管混凝土,是否就可以不用加劲环了呢?

图　2-3-108

【结构菜鸟一号】:纯钢结构钢管或箱形柱,在外连式加劲板节点中,里面是否要设柱横向加劲肋?

【dbd7305】:我看主要是根据梁柱节点的要求而定:如果是铰接的,那么在钢管上焊接就可以了,如果是半刚性或者刚性节点,那么就需要在钢管与梁之间考虑一些构造措施了。否则,钢梁所传递过来的弯矩和剪力没有办法释放。

点评:(1)理想的破坏形式为钢梁上形成塑性铰。

(2)钢管柱当采用外环时局部稳定已不是问题,不必再采用内隔板。

(3)箱形柱较少采用外环的方式,多采用箱形柱内水平加劲板。

9　有人做过工字形柱、箱形梁的连接节点吗?(tid=72919　2004-10-16)

【xlsong】:焊接工字钢为H600×400×16×20,箱形梁为1100×400×12×30,有人做过这样的梁柱连接节点吗?钢柱如何加强处理,请指教!

【DYGANGJIEGOU】:按一般的受力情况箱形柱H型钢梁比较合理。若必须做这种结构节点,柱与梁连接节点附近,需要在柱的两翼板边焊接同翼板厚的钢板,在此范围内柱也为箱形截面，再从柱上伸出箱形托座(牛腿)，箱梁端(打坡口)与托座端(打坡口)焊接上耳板，安装时用双夹板将耳板螺栓连接，柱梁对接处焊牢即可。

【xlsong】：这是我公司正在做的一个实际工程，施工图由省会一家设计院设计，我们负责详图设计。原设计主梁跨度 6m，后来业主必须要间隔抽掉中柱使该主梁跨度变为 12m(活荷载 $10kN/m^2$)，设计院将其设计成箱形梁(H1100×400×12×30)，钢柱截面为 H600×400×14×20，连接方向为焊接工字钢的强轴方向；目前设计院还未拿出详细节点，在此仅想和大家讨论一下此节点做法。

本人认为：

(1)最好将焊接 H 型钢改为箱形柱或圆管柱。但用钢量以及加工成本会上升。

(2)采用焊接 H 型钢：在梁柱交接处仍按箱形柱、箱形梁的节点处理；关键是梁端剪力如何传递到柱腹板。

点评：宜采用铰接，并尽可能减少节点板的偏心。

10　箱形梁与 H 型钢柱怎么连接？(tid＝104662　2005-8-3)

【lf136】：(1)现在在做的一个平台，水平力很大，拟用箱形梁、H 型钢柱；连接节点怎么设计？

(2)如果设计成柱托梁，那么支座处梁应该怎样采取构造措施防止梁的扭转，哪位有这方面的构造图？

【如风～】：我也经常遇到这样的问题，由于是平台，可以按这样的思路处理：把水平力和竖向力分开，分别由两个功能单一的竖向梁(如工字梁正放)和水平梁承担(如水平桁架、竖向梁受水平力的地方加水平垂直梁等)，如图 2-3-109 所示。这只是一个思路，没见您的图不好具体设计。

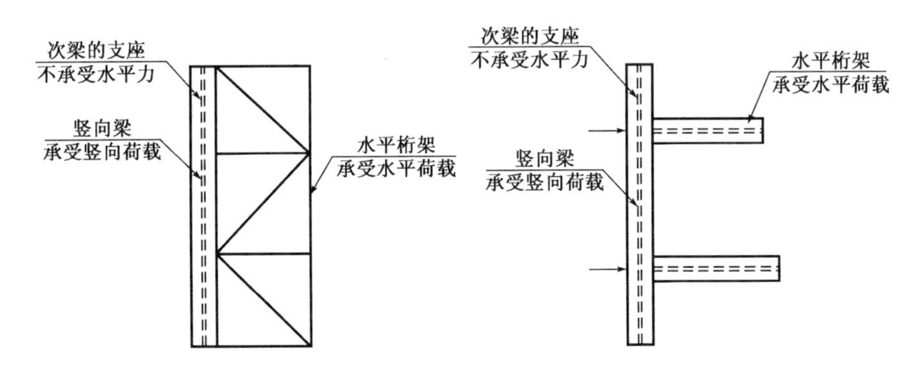

图　2-3-109

【whb8004】：有一个标准图：箱形钢柱与箱形钢梁刚接，如图 2-3-110 所示。

下载地址：http://okok.org/forum/viewthread.php? tid＝104662

我最近正在设计的一个箱型钢柱与弧形箱形钢梁刚接(见图 2-3-111)，请参考。

下载地址：http://okok.org/forum/viewthread.php? tid＝104662

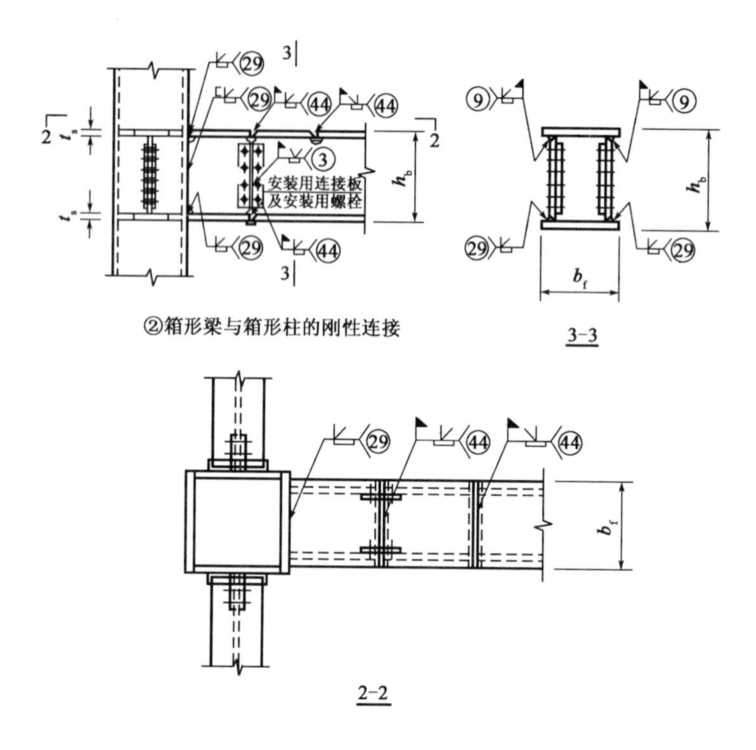

图　2-3-110

点评：(1)可设计成箱形梁，在H型钢柱柱顶提供，并使两者铰接；

(2)柱顶处，在箱梁内设隔板，外部与柱顶相应处理，以防止支座处梁的扭转。

11　方/矩形钢管墙梁与柱子的连接节点(tid＝81958　2005-1-7)

【doubt】:墙梁为200mm×200mm，300mm×200mm两种钢管(作为幕墙骨架用)，柱子为焊接H型钢，分墙梁连接在翼缘外及连接在腹板两种情况，墙梁与柱铰接。请教方/矩形钢管墙梁与柱子的连接节点怎么设计？

【john_winjin】:跟腹板可以用穿心板连接，角焊缝就能满足了，跟翼缘用角钢相连(同C型钢墙檩连接方式一样)，仅供参考。

【doubt】:楼上说的，都要求现场焊接连接，而一是不允许现场焊也没有焊接操作空间，二焊接传递弯矩且不能吸收任何变形，不是很好。

【sdq】:这个节点挺有趣。

(1)与腹板连接：在腹板上钻孔，两边放角钢通过螺栓连接，对柱子削弱不了多少，最好验算一下，施工可能不太方便。

(2)与翼缘连接：通过夹紧产生的摩擦力来承担重力，接点要验算，画了个大样草图(见图2-3-112)，希望能对您有帮助。

下载地址：http://okok.org/forum/viewthread.php? tid＝104662

【doubt】:对不起，说得有点让人误解，钢管梁是放在柱翼缘外面，也就是应该有牛腿与梁连接。在腹板处通过角钢连，自然角钢是焊在腹板上的，不能共用螺栓，否则安装是个问题。

只是觉得角钢不是很美观，看看有没有更好的节点。曾看过一种类似螺栓球的节点，感觉很轻巧。

点评：柱翼缘或腹板上焊接连接板梁端穿心钢板与连接板螺栓连接。

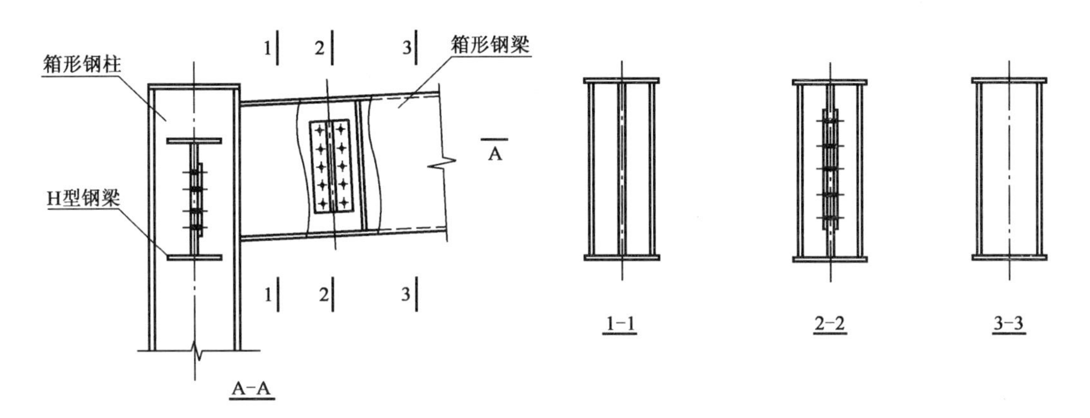

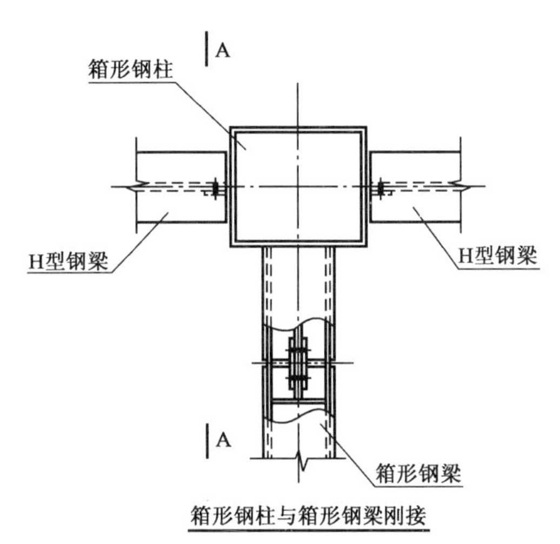

图　2-3-111

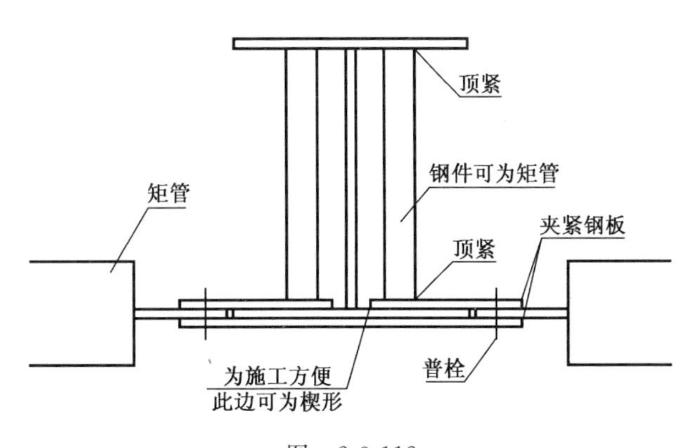

图　2-3-112

12 钢管柱与钢筋混凝土梁如何连接？(tid＝45017　2003-12-11)

【tany】:钢管柱与钢筋混凝土梁如何连接?

【denhere】:虽然我没见过钢管混凝土结构,但我想跟混凝土结构中那样用锚筋把它们锚在一起应该是可行的。

★**【lings191516】**:钢管混凝土结构配以钢筋混凝土梁是一种常见做法,其优点是把楼板与梁结合的很好,这在钢梁上不好实现。具体的节点有以下几种做法:

(1)钢管(圆或方的)在节点处加外环板,一般按梁高配两块,然后在梁的方向上延伸为钢牛腿形式,梁的面筋、底筋分别与牛腿的上下翼缘板按双面 $5D$/单面 $10D$ 搭接满焊,腰筋与腹板搭接焊接。

(2)在管节点处开口设穿心十字腹板(高层结构钢管很大,可行),在管外变成钢牛腿延长,其余同上。

(3)在钢管设内环板(高层),然后在钢管柱上按搭接焊向梁的方向延伸一段主筋(数量按梁的配筋),与梁主筋采用钢套管连接,注意如面筋设为奇数根时,应按顺时针方向交叉。

(4)在钢管设内环板(高层),直接在钢管壁上开钢筋孔,采用钢筋穿过柱的形式,在柱外与梁筋连接可焊可套。

【arkon】:采用穿筋方式,仅设内加强环,混凝土梁端剪力怎么传递?

【losser】:做穿钢筋处理得时候,也可以不加内外环板,在钢管柱两侧开长条孔(如此可一孔上下穿两根钢筋),绑钢筋的时候将梁筋穿过两侧的开孔,最后浇在一起即可。如果觉得柱子削弱比较大,可以内加钢筋笼补强的。

【apollyon】:穿筋连接要加栓钉或混凝土梁内设钢牛腿,以传递剪力。

【bill-shu】:看看《钢管混凝土结构设计与施工规程》CECS 28∶90,里面都有。

13 钢梁上起钢柱做法(tid＝79768　2004-12-17)

【sunboon】:一 300mm 宽钢梁上起一钢柱(HN250×250)柱底荷载:M＝225kN·m,N＝70kN,V＝35kN,请问该如何设计这柱脚?

【yjh_8018】:我也刚做过一个 H 型钢上起圆柱的,最好在柱脚设置成铰接,设置成铰接就好做了,高强螺栓连就行了。

【掬水望月】:如果是 H 型钢梁,可以用高强螺栓铰接,按您说的荷载,两个 10.9 级的 M20 的高强度螺栓都可以摆平。

【bill-shu】:柱脚设计相对简单,焊接和螺栓连接都可以,计算满足要求。关键是梁的设计,梁受扭。看数据,扭矩还不小。

点评:应设计成铰接,以避免平面外的弯矩对柱下钢梁产生扭矩。

第四章　屋架与柱的连接

一　常用连接

1　关于抗风柱和屋架的节点连接(tid=38569　2003-9-29)

【agz】:我现在有一个钢抗风柱与屋架上下弦的节点连接(见图 2-4-1),但我不太清楚,此节点连接是否能阻止抗风柱顶的侧向位移,并将抗风柱的力传递到屋架上。

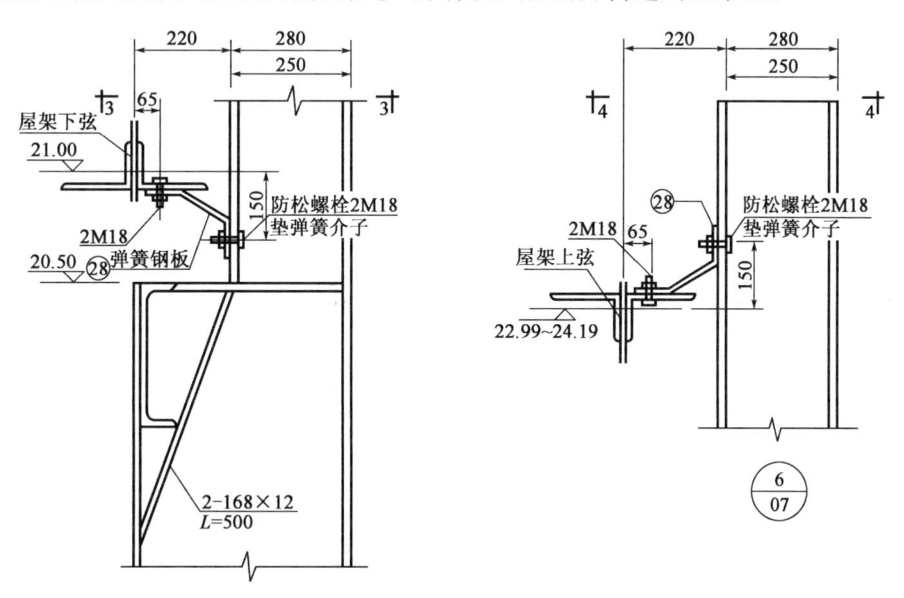

图　2-4-1

【hefenghappy】:这是一种很传统的做法。由于屋面体系在纵横向支撑的作用下,侧向刚度比较大,又由于抗风柱上下均为铰接,一般节点按构造要求设计的话,都不会有什么问题的,当然您也可以采用其他的连接啊,好像在一本钢结构节点设计的书中就介绍的比较详细。

【huangjunhai】:我建议都做成"J"形,上下同向截面,如您所设计的话不利于梁的上下移动,从而造成屋面结构的不均匀变形。

2　全钢厂房二层抗风柱连接(tid=113768　2005-10-30)

【xinshijing】:图 2-4-2 所示抗风柱下段作受力柱,上段将它分离另作一个构件,所以二楼抗风柱与一楼柱用 4-M20(10.9s)螺栓连接(铰接),上用 2-M20(10.9S)螺栓与屋面钢梁铰接。

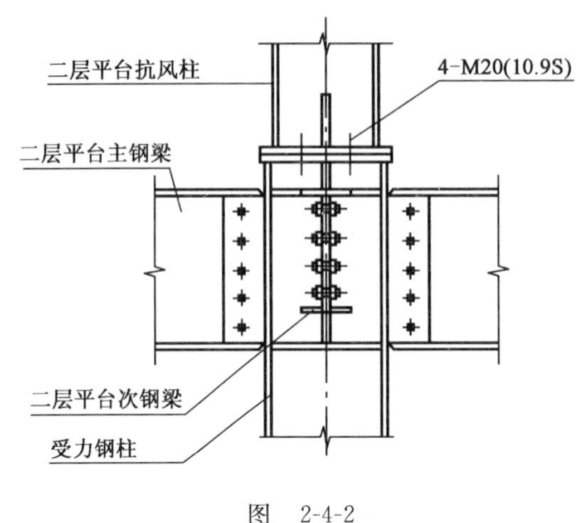

图 2-4-2

有问题吗?

【steelworker】:二层的抗风柱没多大问题,建议您将下层柱子的顶部加一个侧向水平力(风荷载引起的)和一个轴力,重新验算下柱的强度及稳定性。

【xinshijing】:下层柱已支承二层平台钢梁,三面都有钢梁,所以对水平力(风荷载引起的)问题是无影响,而且下层柱已足够承受轴力和弯矩。现在问题是在二层抗风柱的连接上?

点评:通常抗风柱竖向力较小,主要承受水平风荷载作用。可以考虑用螺栓连接的铰接节点。

3 屋架的固定问题(tid=73810 2004-10-24)

【城协】:请问一般的十几米到30m的钢结构三角形、弧形屋架,支座是用2个螺栓固定还是用4个螺栓固定,哪一种好? PKPM自动生成的是两个螺栓的,可以用吗?

【wh372】:螺栓数量是要靠验算来确定的,您的屋架是跟什么柱连接呢。

★**【DYGANGJIEGOU】**:以下是我的看法:

(1)钢屋架什么情况下采用:跨度小屋面荷载比较小的屋架不管立柱是什么形式(混凝土柱或钢柱),一般柱与屋架节点是铰接。跨度较大(15m以上)或屋面荷载较大的屋架一般用在混凝土柱上,主要是利用钢屋架基本没有水平推力。但如果是钢柱,钢屋架外形与受力弯矩图差别太大,一般不宜采用三角形屋架,可以采用梯形屋架。

(2)锚栓或高强螺栓数量:三角形屋架一般用在跨度小的屋面结构,用2个螺栓就够了。跨度较大(20m以上)或屋面荷载较大用梯形屋架,考虑到安装工况,用4个螺栓比较合适,同时支撑的设置比较重要,除上弦水平支撑外,在下弦跨中设置一道水平系杆及垂直支撑。

4 求抗风柱和倾斜屋架下弦连接(tid=50859 2004-3-1)

【bainhome】:最近做一个工程,需要将抗风柱和倾斜的屋架下弦杆连接,都知道如果屋架下弦杆是平的话,用的是弹簧板,但是如果屋架是倾斜的话如何连接? 还要只是传递水平力,竖直方向是允许位移的!

【josephone】:可以采用弹簧板连接,只是弹簧板要做成斜的,制作比较麻烦。也可以直接采用一块竖向钢板直接连接，但该板必须沿竖向开长圆孔，即屋架可沿竖向移动。一般孔径为 $d22\times50$，使用 M20 普通螺栓连接。

二 其他连接

1 求助 30m 跨混凝土柱钢屋盖的几个问题(tid＝61755　2004-6-15)

【江南孟浪】：兄弟在做一 30m 跨混凝土柱钢屋盖，采用 H 型钢屋架，6m 开间，其中要抽掉一个边柱，要设 12m 的托梁，请问诸位大侠，有何好的建议：

(1)钢屋架我做两端铰接，底板开 35mm×60mm 长圆孔，请问节点处还需要别的处理吗？

(2)托梁与屋架节点处该如何处理？

(3)高 9m，风荷载为 $1.0\mathrm{kN/m^2}$。

【ozxm0004】：30m 跨屋盖做 H 型钢梁不是很经济，强度和挠度很难保证，还是做别的形式好点。不知您钢梁截面取多大？

【江南孟浪】：H500-1200×250×8/10，Q235。

【lisong03】：如果不是在柱子上，而是在托梁上那么这个屋架的推力怎么解决呢？那个托梁假如受一个很大的水平力，估计要出问题，如果采用螺栓连接的话，钢梁受扭也是一个很大的问题(因为不可能是完美的铰接)，参考一下桥梁的节点做法呢？就是在梁的端部下面做一个半圆形的圆钢，让他自由变形是不是可以呢？

只是一个建议。

【wanyeqing2003】：在有托梁处的钢梁上加水平支撑，将水平力传到柱子上。可以避免托梁受平面外的推力。

2 钢桁架与钢筋混凝土柱之间的支座节点设计需要注意什么(tid＝39436)

【tany】：钢桁架与钢筋混凝土柱之间的支座节点设计需要注意什么？

【huangjunhai】：这个问题太大了。

一般来说，钢桁架与钢筋混凝土柱之间的支座节点由锚栓和节点板组成，可据钢桁架截面尺寸定钢筋混凝土柱预留连接板位置，还应考虑钢桁架自重、所受外力，以及连接板强度等因素。

【聿山】：有时还要看看工艺的要求，从整体的受力性能来考虑钢桁架与钢筋混凝土柱之间的连接采取刚性连接还是柔性连接，来决定具体的构造形式。

点评：这样的连接节点宜采用铰接连接的方式。

3 30m 跨度桁架支座节点讨论(tid＝90825　2005-4-11)

【MOOM】：有一桁架，两榀单跨 30m，开间 4m，下弦采用铰支座，榀间无竖向斜撑，上弦与端部支座怎样处理最简单？该处平面外考虑多少合适？

【jeffery】：(1)支座必须保证平面外刚度，建议做一榀桁架作为支座的平面外支撑！

(2)另外桁架上弦杆的平面外稳定必须保证，如果有混凝土刚性楼面可以不设支撑，如果没有建议做平面外支撑！

(3)下弦杆作为受拉构件也必须满足长细比要求！

点评：支座宜铰接。应设垂直支撑及水平支撑。需要保证整体结构为不变体系，同时也要保证上弦杆件平面外稳定性(可由支撑，檩条或屋面板来保证)。

4 滑动支座中长椭圆孔该放在哪一方向？(tid=40261 2003-10-23)

【tany】：一屋面构架，支承于两建筑物上，拟在一端支座处做滑动支座，但不知支座中长椭圆孔方向该位于哪一方向？是平行于两建筑物连线方向吗？很模糊啊，望各位高手赐教！

【圆圆】：做滑动支座主要是化解屋架的推力，当然和屋架一个方向。

【tany】：我的屋架是水平的，是否不用考虑推力？

【sock】：屋架的水平力主要是来自于拱形屋架的水平反力，在设计中一般要考虑。如果屋架为水平的，那么屋架的水平力主要是风荷载和地震荷载了！

【bljzp】：当然是沿着屋架轴线方向。两建筑物在水平荷载作用下分别有各自的侧移，有可能同向，也可能异向。设长椭圆孔的主要目的是上述的位移差不会在屋架内产生内力，也就是说屋架仅仅承受竖向荷载。还要考虑在罕遇地震下建筑物的顶点位移很大，长椭圆孔的长度要满足防震缝的要求。

★【yh8091】：若屋架下弦为水平，且跨度不大，可不考虑水平力。

5 支在女儿墙上的屋架支座(tid=75353 2004-11-7)

【mm_sp】：最近小弟正在做一平改坡工程，采用钢屋架。甲方要求将屋架支在女儿墙上，请教各位屋架支座与女儿墙处的节点怎么处理？

【风无涯】：我个人认为：屋架放在女儿墙上是一个表面现象。实际的支撑必须由柱子来承担，把支撑节点处的女儿墙打掉，可以在原有的柱子上植钢筋，现浇一个短柱起来，柱顶预埋钢板。屋架放在短柱顶上，与钢板连接。

不知道这样做可以么。

【月生】：女儿墙也可以承重吗，我感到除非另外设计在承重柱上，可以和设计方研究一下。

第五章　梁与梁的连接

一　概念问题

1　钢梁连接节点的做法探讨（tid=206661　2009-1-19）

【合肥三元】：目前做一个钢框架，在画节点详图时，对钢梁连接节点的做法有一些疑惑，特提出请大家指教！

（1）梁梁连接是用焊缝连接还是用螺栓连接？

我个人认为如果采用焊缝进行梁梁连接，必须在安装时进行高空施焊，一是施工不便，影响施工质量；二是按《钢结构设计规范》需对焊缝的设计强度进行折减，降低了节点的承载力。而螺栓连接并不存在上述问题。

关于两种做法节点承载力的大小，我感觉可能焊接做法的承载力高些，准备做一个专门的比较来验证一下。

（2）如果采用螺栓连接，是做普通螺栓，还是做高强螺栓？

我们单位以前做的梁梁连接好多都是高强螺栓连接的（套的节点通用详图），但是高强螺栓比普通螺栓贵太多了，是否需要做高强螺栓呢？我想做一个普通螺栓连接与高强螺栓连接的节点承载力比较，或者说是做节点采用焊接连接、普通螺栓连接、高强螺栓连接时的承载力比较，我想这比较好说明问题。

（3）梁梁连接时是将主梁上的连接板外伸连接次梁，还是将次梁的腹板伸入到主梁内与连接板连接？

我们以前的做法是将主梁上的连接板外伸连接次梁，如图2-5-1a）所示。

但是我认为这样做次梁会使主梁受扭，而钢梁对扭矩很敏感的，《钢结构规范》中都没有钢梁承受扭矩的计算，所以我想要尽量减少这个扭矩，把次梁的腹板伸入到主梁内与连接板连接，如图2-5-1b）所示。

但是这样做有个不好，就是施工安装不便，因为梁腹板外伸后次梁变长了。

以上是我对梁梁连接的一点看法，抛砖引玉，希望大家能说说自己的习惯做法，以及为什么这样做，多谢！

我们现在做总包都做成梁梁焊接连接了，做一般的设计项目都做成高强螺栓连接。

我这几天仔细思考了一下，觉得还是次梁腹板不要外伸的好。

我现在正在考虑钢梁受扭的问题，等搞清楚了，再写一篇这方面的文章。

【steelengineer】：铰接按定义是要限制平面外转动的，所以一般用角钢连接。严格地说，您

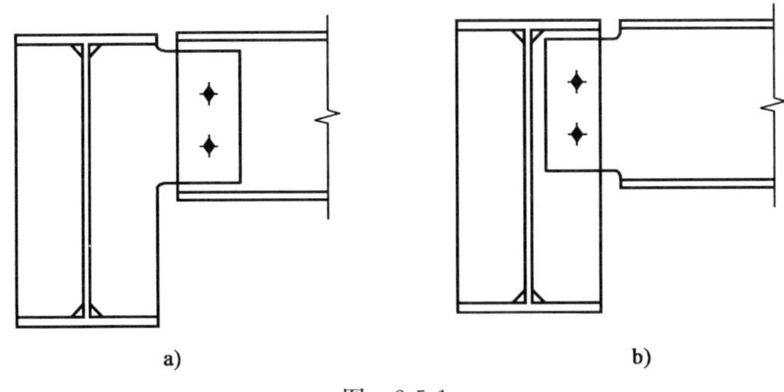

图 2-5-1

给出的连接方式平面外约束太弱，不应该用于承载梁，除非侧向有支撑。螺栓连接通常分承压（抗剪）和摩擦连接。前者对孔加工精度要求较高，好像国内少有采用。

【lush92】:您先弄明白您想做刚接节点还是铰接节点。您图上给的是一种铰接节点。螺栓是安装螺栓，用普通螺栓即可，然后加焊缝。这种节点用于不重要的构件。

【ameise】:(1)梁梁连接宜处理为铰接节点。我认为用普通螺栓更好一些，这样可以让连接点有微小变形，符合铰接的特征。

(2)建议次梁的腹板伸入到主梁内与连接板连接，因为这样，可以使偏心距离减小，从而降低对主梁的附加扭矩。

【tfsjwzg】:您的做法是按铰接做的，如果用高强螺栓，就不能焊接，如果用普通螺栓，那么它只是起到安装固定的作用，安装后再焊接。

至于第 3 点，我倒觉得无所谓，哪个施工方便就用哪个好了，反正两种情况都有扭矩，不过都很小，那点差距，对主梁来说，九牛一毛了。

【weicanlin】:次梁腹板外伸时，次梁长度大于主梁间翼缘边距，不利于现场安放。

【gaocyi】:梁与梁连接按铰接考虑，焊接经济。连接我们按图 2-5-1b)做法。

【宁波钢结构】:你们上述做法都可以，都有实际和经济利用价值，但我认为上述说法都没提到重点上去。

首先要搞清楚，您的主次梁之间是否有较大荷载。如果是承重梁的话，我认为还是用高强螺栓比较安全。至于腹板是否伸出，那就要看您次梁间距和跨度是多少了，还要考虑是否便于安装，然后才能定采用哪种形式。

我碰到好多的设计院出的图纸，在理论上是可以的，可实际上安装起来相当的不方便。说白了他们没有实际的操作经验，只知道按规范来套，不考虑安装是否可行。所以，我们有好多项目在做的时候都要进行图纸会审，研究老半天才能拿出具体方案。

【合肥三元】:谢谢浏览过这篇文章，并做出认真回复的上边各位同仁！

这个问题我仔细考虑了很久，经过分析，我认为上边两种方式对主梁的受力都是一样的，但节点板伸出连接次梁，施工更方便些。至于采用焊接连接或是螺栓连接，关键在于承载力能否满足要求，请注意焊接连接肯定是高空作业，强度必须折减。

从施工便利的角度来讲采用螺栓连接为好，但从经济的角度来讲焊接更省钱，不过焊接的工作量太大了，而且质量也没法确保。

根据实际情况采用连接方式吧，各取所需。

【bzc121】：只对图 2-5-1 两个梁梁连接评述。

这个梁梁节点假设用于二层以上楼层地面结构、工业厂房有载荷平台等。梁上有楼承板并与梁焊栓钉连接，楼承板上布置钢筋，超过 120mm 厚度且大于 C20 混凝土。主梁与钢柱刚接，主、次梁为铰接(如果在主梁上与两侧次梁上翼缘板连接，另加一件与次梁上翼缘等宽等厚同材质连接板，次梁下翼缘加一件插过主梁筋板的连接板，也可以按连续梁计算)，建筑结构是否合理，应该从安全性、经济学、先进性角度去考虑。节点 a)、b)连接结构方式与栓、焊连接方法(按规范经计算设计焊缝或配备螺栓)从安全性角度考虑没有什么本质上的区别，也没有先进性可言，因此其合理性只能从经济性角度去思考。

首选节点 b)连接方式，并采用栓连接。次梁安装时采用吊装，水平倾斜后再移至连接处，直接终拧到位。焊接会延长吊车使用时间，并会延长施工期，与高强度螺栓价格比较，栓接经济性有优势。如果节点处抗剪承载力不满足，可以考虑混凝土的蒙皮效应(国内规范无可靠依据)，按土建结构设计计算，在混凝土(节点处)加配钢筋。

节点 a)与节点 b)比较，经济性要差一些。主梁连接板材料用量与节点 b)次梁多出的连接板材料用量相差不大。节点 a)不方便运输和加工摆放。运输时外伸部分容易碰撞变形，变形会给安装找正带来麻烦，变形即使矫正，也不能保证螺栓连接处接触面积。

高空焊接折减强度所增加的焊接材料及时间对成本影响很小，可以不考虑。

【zhuniuniu】：问一下各位高手，在节点 b)中，如果主梁是窄翼缘的话，次梁还能伸进去连接吗?

【jee】：个人觉得楼主的这两种连接方式都是平面外约束太弱的，重要的大型钢结构工程里面都不会采用这种连接形式的，最近在做一个美国的工程，个人觉得美国规范中梁梁铰接的形式做的更加安全规范。是在次梁腹板工厂焊接角钢，然后再与主梁腹板进行高强螺栓连接，个人觉得这种方式更加符合铰接模型。且避免了施工方面的问题。

【machot】：LZ 说的两个节点方案中还有个比较中和的方案是：双夹板铰接。

(1)加劲外伸式：构件加工，现场安装，简单方便；节点计算上不利，对于有没有明确设计内力(剪力)的情况，取用腹板净截面承载力的 50%计算，螺栓数量多，中和轴偏心比较大(要严格满足国标的边距，中距)，边行高强螺栓受剪力不容易满足或者计算节点板非常厚。而且该方案计算一般都不容易通过(要么不合理)。

(2)腹板内伸式：构件加工，现场安装，相对麻烦；节点相对合理，偏心弯矩比较小，在窄翼缘主梁的情况下，加劲角焊缝也不容易满足，加劲板也会很厚。

(3)双夹板连接：构件加工，现场安装，简单方便，节点合理性介于上面两种方案之间，节点中由于多了夹板，螺栓摩擦面为 2 个，单板厚比较合理，如图 2-5-2 所示。造价上稍微高点(不太明显)。

个人觉得用国内规范的话从节点计算到深化，再到加工安装，第三种方案是优选！上述“板很厚”是相对次梁腹板比较，或者和常用的板厚比较。

【chgh0304】：我认为螺栓(高强或普通)连接从受力来说单侧螺栓不宜小于两排，这样可减小主梁扭矩，同时增加连接板的稳定性，但费用较高；LZ 所示两个节点不适宜用于荷载较大的承重梁(节点稳定不容易保证)，对于非承重次梁倒可行。

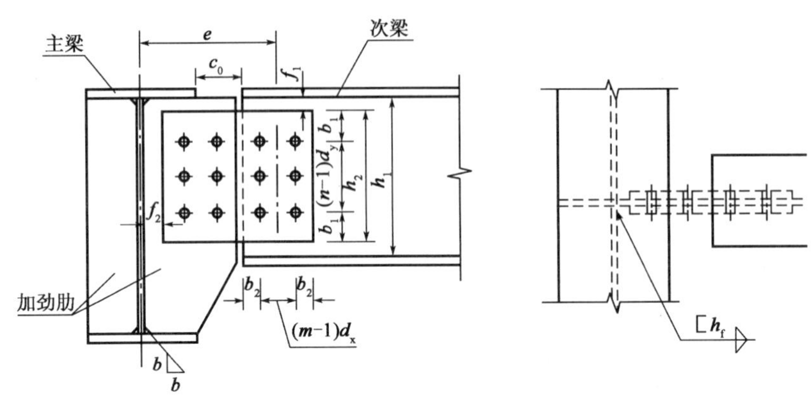

图 2-5-2

【whatislife】:楼上的请考虑清楚再下结论。

对于楼上的说法,不知道说的排数是竖向还是横向? 横向的话,一排还是两排对扭矩有影响吗? 而且一般横向都不会小于两排,至少一个螺栓失效的话还有一定保障;竖向两排的话对梁中心的扭矩只会增大! 因为合力点离主梁中心更远了!

【冷弯薄壁】:同意此观点,有过施工经验的都应该晓得这个问题。

设计上不管有多少种方法,我们理论上都有办法去处理它,那么实际中被人们所接受并常用的才是最有说服力的。

以前在施工现场,亲眼看到系杆放不进柱间的,因为连接处柱子上下都有加劲板,而且距离较近,最后只有现场高空切割了。

主次梁的连接方法大家都给出来了,设计上采用哪种方式,应优先满足受力安全和施工便利的需要(省得以后出问题变更,岂不麻烦)。如果甲方有要求再论。

点评:在螺栓布置空间足够和现场安装方便的情况下,应优先采用图 2-5-1a)的做法。

图 2-5-1a)做法:运输不便,外伸腹板容易碰撞变形;但次梁加工较为简单,安装相对方便。

图 2-5-1b)做法:相对而言,便于运输,主梁加工也较为方便;如果次梁为轧制 H 型钢时,较费材料。

2 高强螺栓主次梁连接中,钢梁轴向力该如何考虑?(tid=206527 2009-1-16)

【heixb】:主次梁铰接连接,通常采用摩擦型高强螺栓(两端都是),且计算螺栓数量时,仅考虑梁端剪力和由剪力引起的附加弯矩。但是在计算模型中,由于设定梁两端为铰接,计算结果钢梁有轴力。

请问:在计算螺栓数量时,钢梁轴力是否要考虑? 特别是在温度应力下,此轴力往往很大,如考虑,螺栓数量会增加很多。请大家指教。

【blessing】:一般钢梁的轴力很小,计算可以忽略,所以称其为梁;否则考虑轴力时,构件就应该属于柱的范畴了。若温度应力很大,当然要考虑。

3 防止梁端扭转的构造问题(tid＝61376 2004-6-11)

【gcs_lx】:《钢结构设计规范》中,在计算梁的整体稳定时,有一条:应采取构造措施防止梁端扭转。但并未指出什么构造措施。请教高手,在无铺板的支架中,梁端是否不能采用只连接腹板的节点?

【YAJP】:如果梁端整个腹板都能限制侧移,就可认为能防止梁端扭转。在檩条支座处设置檩托,其主要作用就包括防止梁端扭转,否则有可能梁端压趴下,承载力大为降低。

【gcs_lx】:谢谢楼上的朋友。可能您说的是屋面。如果是楼面无铺板,且次梁较少呢?

点评:**gcs_lx** 提出的《钢结构设计规范》的规定,是指规范中第 4.2.5 条:"梁的支座处,应采取构造措施,以防止梁端截面的扭转",这是一个构造措施,是为了确保构件自身的稳定性,也可以确保整个结构成为一个稳定的体系。至于能否防止梁端扭转的节点,需要根据具体情况来确定。

对于铰接节点,仅考虑剪力作用,不考虑这样的节点传递弯矩。当铰接节点平面外作用力较小时,可以采用腹板连接的构造做法。

4 两钢梁上架小梁,小梁可否作为钢梁的侧支撑?(tid＝104855 2005-8-5)

【duxingke】:有两根钢梁,为压弯构件(见图 2-5-3),轴力和弯矩都较大如果连接钢梁的小梁可认为是钢梁的侧向支撑点,则整体稳定验算可满足(主要为平面外),否则不能满足要求,但看有关的要求,作为梁的侧支点本题有些欠缺,特此请教大家指点迷津。

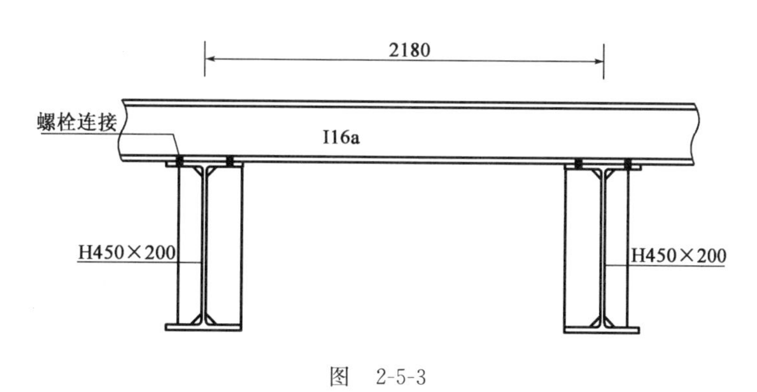

图 2-5-3

【如风~】:I16a 手册中没有,我按轻 I14 验算了以下,侧向长细比为 145≤150 ,如果 I16a 能承受作用于其上的力,就可以作为 H450×200 的侧向支撑。

【dezhoupaji】:可以作为侧向支撑,下面梁的上翼缘是受压的,容易失稳,您所加的小梁可以有效防止下面钢梁的受压翼缘的侧向失稳,故可以作为侧向支撑。

【bill-shu】:如果没有交叉支撑,不能算有效支撑,至少计算长度不能减少到支撑小梁之间的距离。

打个比方,框架柱面外顶部和中间连一个梁,柱面外计算长度系数绝对不是 0.5,是多少,与连接方式,梁柱的刚度有关系。当然如果支撑的另一端和不动点连接就可以到 0.5,可以看看钢结构手册和规范,什么情况下可以作为支撑的介绍。

5 节点附加偏心矩是取 e_1 还是 e_2 呢？（tid＝118014　2005-12-7）

【greatqxb】：如图 2-5-4 所示，主次梁连接的地方，螺栓的附加偏心矩应该取 e_1 还是 e_2 呢？谢谢！

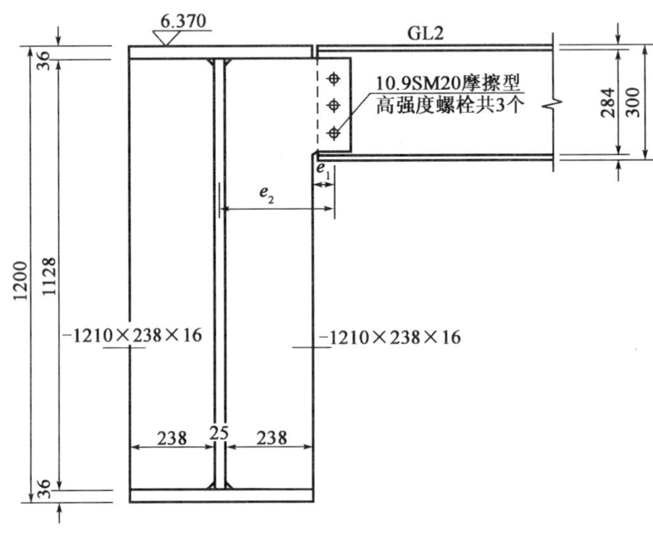

图　2-5-4

【步行者】：应该取 e_2，连接螺栓和连接板的计算都要考虑剪力和附加弯矩的影响。

【创艺】：取 e_1 好一点，因为只有弯矩。

【bill-shu】：取 e_2 是正确的，因为计算时候在主梁的中心线部位是铰，那么在连接部位就是刚性连接，要考虑剪力 V 和弯矩 Ve_2。这样可以不考虑对主梁的扭矩作用。

【enchanter】：肯定是取 e_2。楼上的回答很准确。

【臭手】：两者均可。如果取 e_2，楼上说得很清楚了。如果取 e_1，连接螺栓要少一些，但次梁对主梁的扭矩要有办法解决才行。

【wanyeqing2003】：《钢结构连接节点设计手册》上有类似的计算实例，应该取 e_2。不过 e_2 的距离是螺栓中心至腹板边，即为 $e_2=238\text{mm}$；而不是至腹板中心 $e_2=250.5\text{mm}$。

【山西洪洞人(山西洪洞人)】：从受力角度而言，应该是取到 e_2，但是取到腹板边而不取到腹板中心，是一种简化呢，还是另有原因呢？个人认为就是取到腹板边上，应该也能满足计算的精度要求吧。

【西湖农民】：意思是不是说如果考虑偏心距为 e_2 的话主梁可以不用考虑扭转。那么为什么可以不考虑扭转呢，我的理解是因为在螺栓连接的地方考虑的偏心弯矩，因此可以将主次梁的连接点简化到主梁的中心线上，所以不用考虑主梁扭转了。

不知道我的理解对不对？如果是这样的话那次梁在连接点处岂不是要靠腹板承受偏心弯矩？这样势必引起腹板计算不足，不知大家是怎么看的。

【wanyeqing2003】：一些手册上的计算是不考虑主梁的受扭。

我的理解是，主梁的扭转刚度相对于次梁抗弯刚度要小很多。所以主梁所分担的力矩也比较小，可以忽略。

【蓝鸟】:由于主梁较宽,此处附加偏心与剪力组合成的弯矩对螺栓的影响会比较大,尤其像图上的情况。主梁通过加劲外伸与次梁相连,这样安装方便了,但增加了螺栓的剪力(受弯矩 $M=Ve_2$ 作用)。

6　槽钢两边与工字钢主梁焊接,会不会影响主梁的受力?(tid=212690　2009-4-18)

【又土又贱】:槽钢两边与工字钢主梁焊接,会不会影响主梁的受力?一个主梁,跨度 4m,中间有 3 个这样的焊接。

梁不是很大,一般结构,I18,[10(见图 2-5-5),感谢批评!

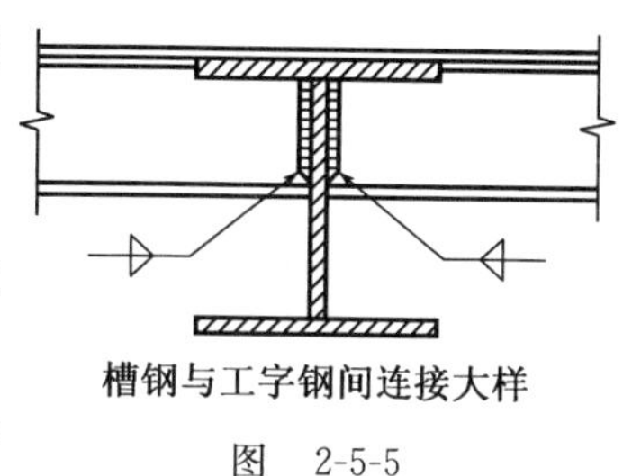

图　2-5-5

【teapm】:简化计算认为没有影响,只计算槽钢加在主梁上的集中荷载。

【又土又贱】:感谢光顾,我的意思是,主梁焊接之后是不是有所谓的:"断面"影响主梁的受力性能。

点评:在主梁上加次梁,结构传力方式和路径会有改变,梁上的荷载条件会不同。就节点构造本身来讲,角焊缝对主梁截面的影响不大,只是现场焊接稍微麻烦一些。

二　常见连接

1　主、次梁连接刚接节点如何设计?(tid=103969　2005-7-27)

【zhangliangwen】:主梁 H400×200×8×13,次梁 H300×150×6.9×9,请问:主、次梁连接刚接节点,如何设计?次梁开坡口,如何与主梁翼缘加垫板焊接?

【wanyeqing2003】:上翼缘可以直接与翼缘坡口焊接,也可以加盖板焊接连接。下翼缘要加连接板焊接。

★**【wallman】**:主次梁的刚性连接设计和施工都比较麻烦,万不得已一般不用。这里有两种连接方式供您参考(见图 2-5-6)。

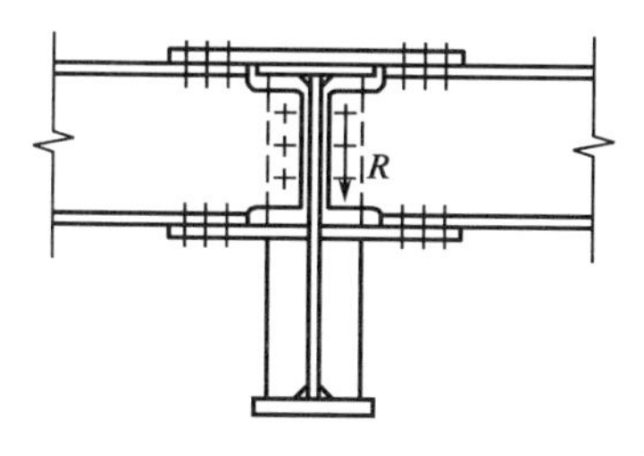

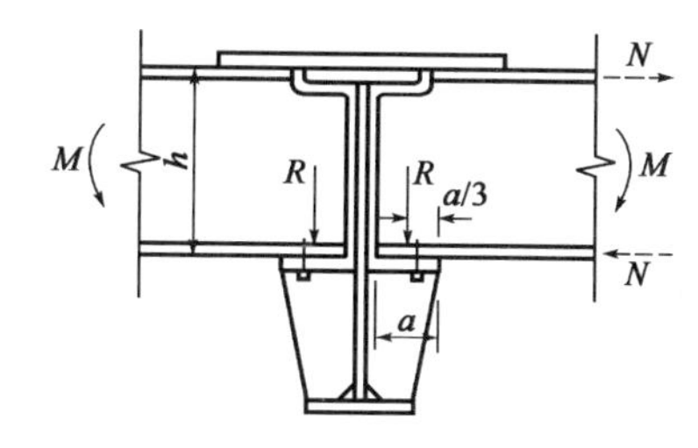

图　2-5-6

【zhangliangwen】:如翼缘开坡口由于翼缘厚度不一致,焊接垫板如何设置?

【bill-shu】:不同厚度的钢板开坡口连接,见标准焊接节点做法。

【e 路龙井茶】:请问:这两个节点如何计算啊。尤其是上下连接板的长度确定。

【neodeemer】:相关计算可以参照《钢结构节点设计手册》。但为什么非要刚接,计算要求?结构要求?一般不都是作为铰接点考虑吗?偏安全啊。

【pei_j1】:对于螺栓连接的上连接盖板的长度,可以根据螺栓孔距的要求确定;焊接连接的上连接盖板，需按三面围焊计算出侧焊缝的长度，以此来确定连接盖板的长度。至于板厚，我觉得可以根据与次梁翼缘等强的原则确定。下连接板不知你们一般用什么形式？是插板还是做两块板？

【yetumir】：可以把主梁加劲肋增大与次梁用螺栓连接，建议最好不要用焊接。

【山西洪洞人（山西洪洞人）】：我想这样行不行，将高度较小的梁 H300 打斜坡，变成局部变截面。这样可以上下翼缘板都与 H400 的缘板坡口焊，腹板用高强螺栓连接。

【cat123】：主次梁一般不都是铰接的么？刚接的在什么情况下用啊？

【bmwwl】：当主梁扭转时需要主次梁刚接来有一定的抵抗弯矩的能力！俺做过一个这样的，不过不叫什么主次梁了！一样大的，节点应该比较结实（见图 2-5-7）。

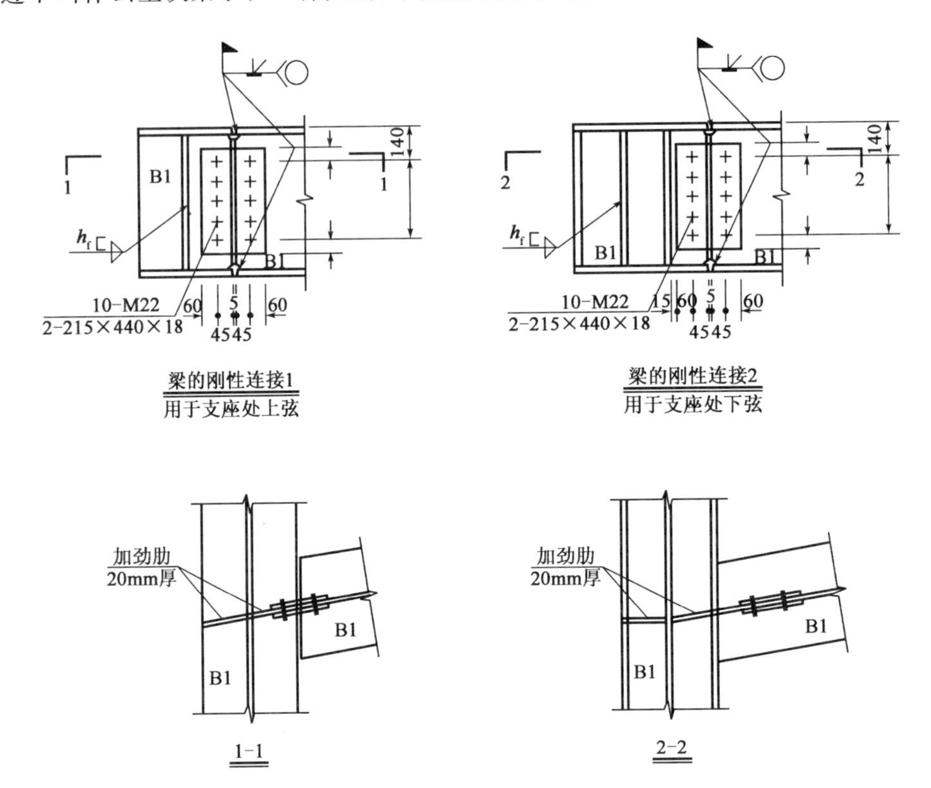

图　2-5-7

【lllppp33】：我找了一个标准节点如图 2-5-8 所示，不知合适否？

下载地址：http://okok.org/forum/viewthread.php? tid=103969

【黔之驴 2005】：主、次梁的连接一般应保持梁的上翼缘在同一水平面上，连接一般以高强螺栓侧面加以辅助垫板为主，同时在翼缘连接处和垫板连接处，应现场焊接。

【roywzq】：一般是腹板双排高强螺栓，翼缘单面坡口焊（见图 2-5-9）。

★【jianfeng】：(1) 主、次梁刚性连接构造和制作上比铰接要复杂，一般在下列情况下选用：

①次梁跨数较多，荷载较大。

②结构为井字形。

③次梁带有悬挑梁。

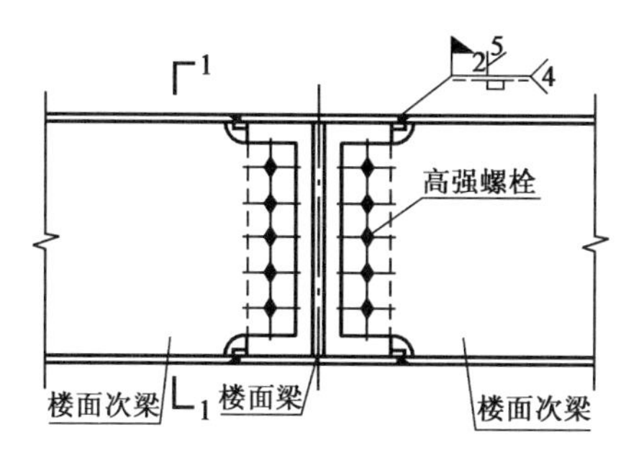

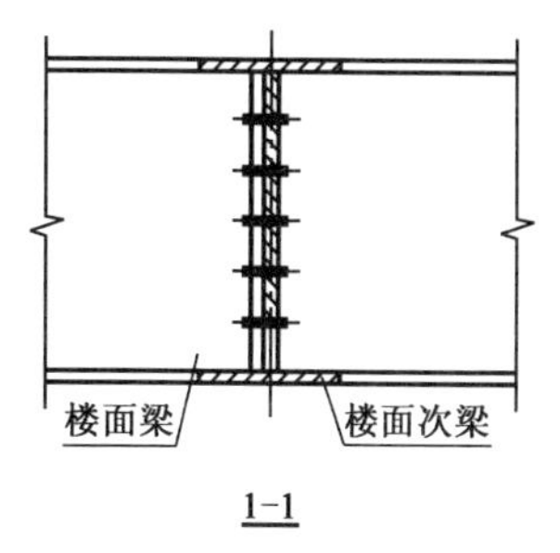

①楼面梁梁弱轴方向的刚性连接(一)

1-1

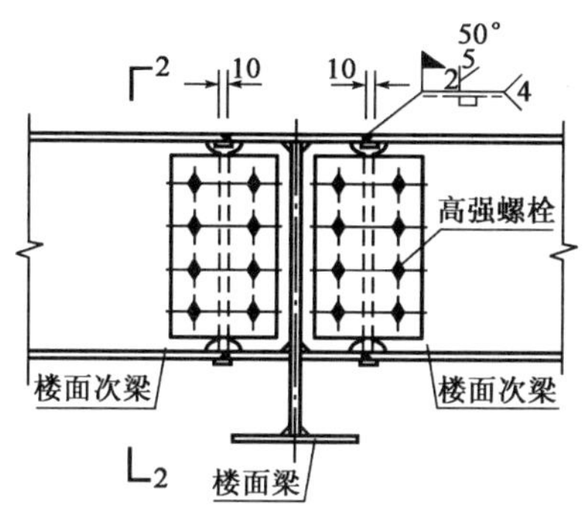

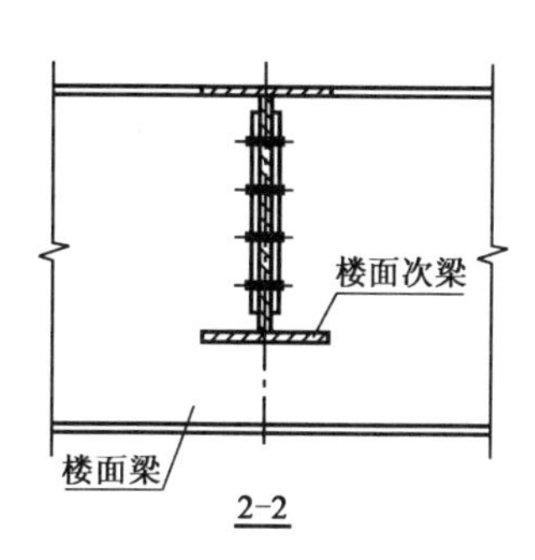

②楼面梁梁弱轴方向的刚性连接(二)

2-2

图　2-5-8

次梁与主梁做成刚性连接可使次梁成为连续梁，从而节约较多的钢材，并可以减少次梁的挠度。主、次梁刚性连接构造一般有如三楼 **wallman** 所列的两种形式。

(2)计算(以焊接为例)：

连接需传递端部竖向反力 V 和弯矩 M。可将 M 化作一力偶 $H \times h$，h 为次梁上、下翼缘形心间的距离，次梁上翼缘中的拉力 H 由盖板承受，根据 H 的大小确定所需盖板的面积，盖板与每一次梁用三面围焊的工地角焊缝连接，按 H 可算出所需焊缝的 h_f 和 l_w。主梁两边的盖板为鱼尾形，故称鱼尾板。

主梁腹板两侧于工厂制造时各焊一承托，承托的水平宽度应大于次梁的翼缘板，次梁置于承托上面，用工地角焊缝相连。此焊缝应承受次梁下翼缘板传来的水平压力 H。此外，也可采用对接焊缝与主梁腹板相连。

竖向反力 V 的作用点位置可假设处于自承托水平板外边缘的 1/3 支承长度处。

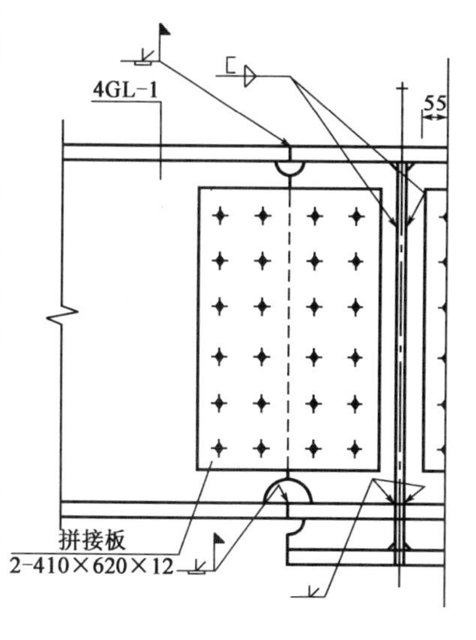

图　2-5-9

★【理正工具】：列出上海现代建筑设计公司图库中的节点——钢梁连接节点如图 2-5-10 所示。

下载地址：http://okok.org/forum/viewthread.php? tid=103969

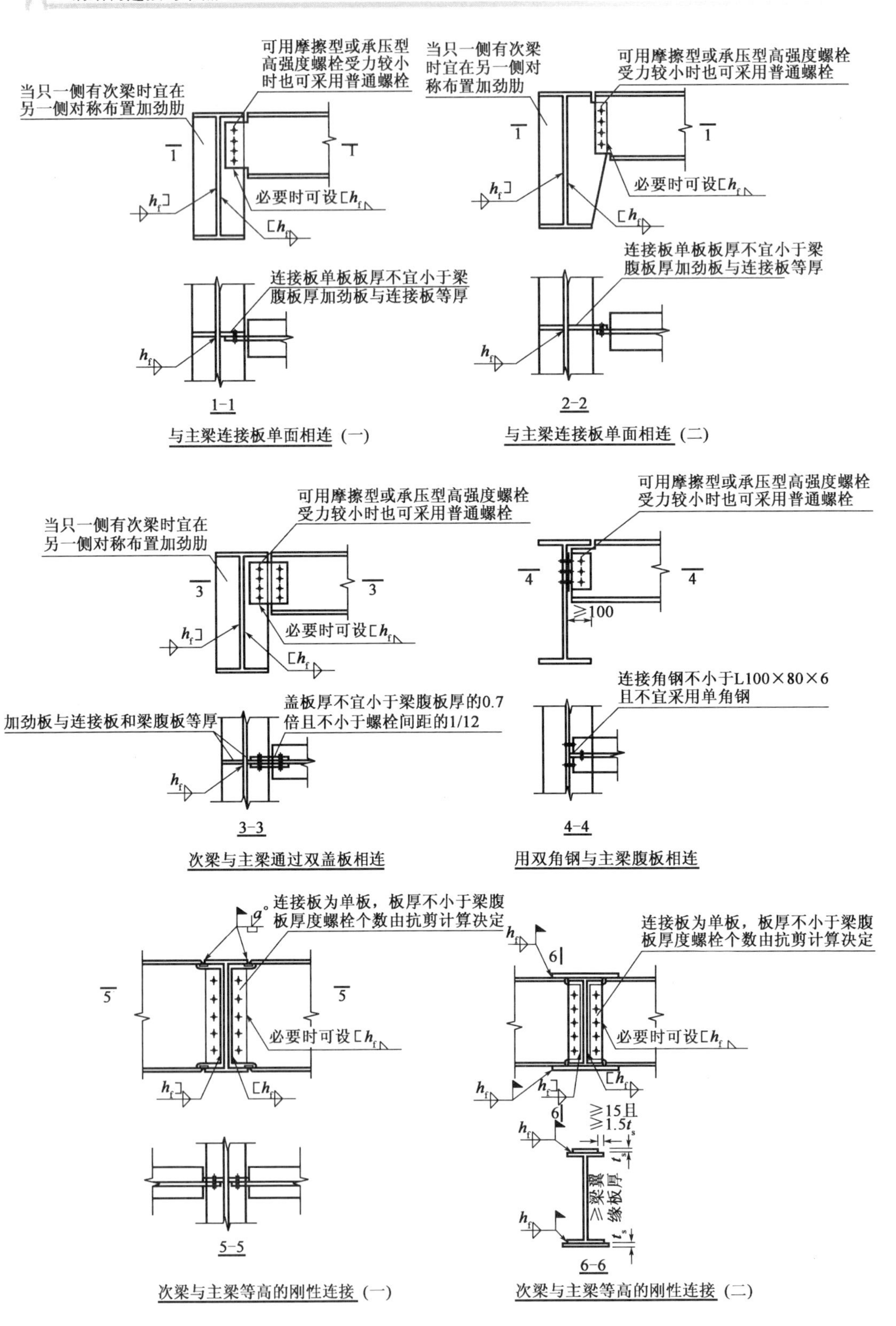

当只一侧有次梁时宜在另一侧对称布置加劲肋
可用摩擦型或承压型高强度螺栓受力较小时也可采用普通螺栓
必要时可设
连接板单板板厚不宜小于梁腹板厚加劲板与连接板等厚
1-1
与主梁连接板单面相连（一）
当只一侧有次梁时宜在另一侧对称布置加劲肋
可用摩擦型或承压型高强度螺栓受力较小时也可采用普通螺栓
必要时可设
连接板单板板厚不宜小于梁腹板厚加劲板与连接板等厚
2-2
与主梁连接板单面相连（二）
当只一侧有次梁时宜在另一侧对称布置加劲肋
可用摩擦型或承压型高强度螺栓受力较小时也可采用普通螺栓
必要时可设
加劲板与连接板和梁腹板等厚
盖板厚不宜小于梁腹板厚的0.7倍且不小于螺栓间距的1/12
3-3
次梁与主梁通过双盖板相连
可用摩擦型或承压型高强度螺栓受力较小时也可采用普通螺栓
≥100
连接角钢不小于L100×80×6且不宜采用单角钢
4-4
用双角钢与主梁腹板相连
连接板为单板，板厚不小于梁腹板厚度螺栓个数由抗剪计算决定
必要时可设
5-5
次梁与主梁等高的刚性连接（一）
连接板为单板，板厚不小于梁腹板厚度螺栓个数由抗剪计算决定
必要时可设
≥15且≥1.5t_s
≥梁翼缘板厚
6-6
次梁与主梁等高的刚性连接（二）

图　2-5-10

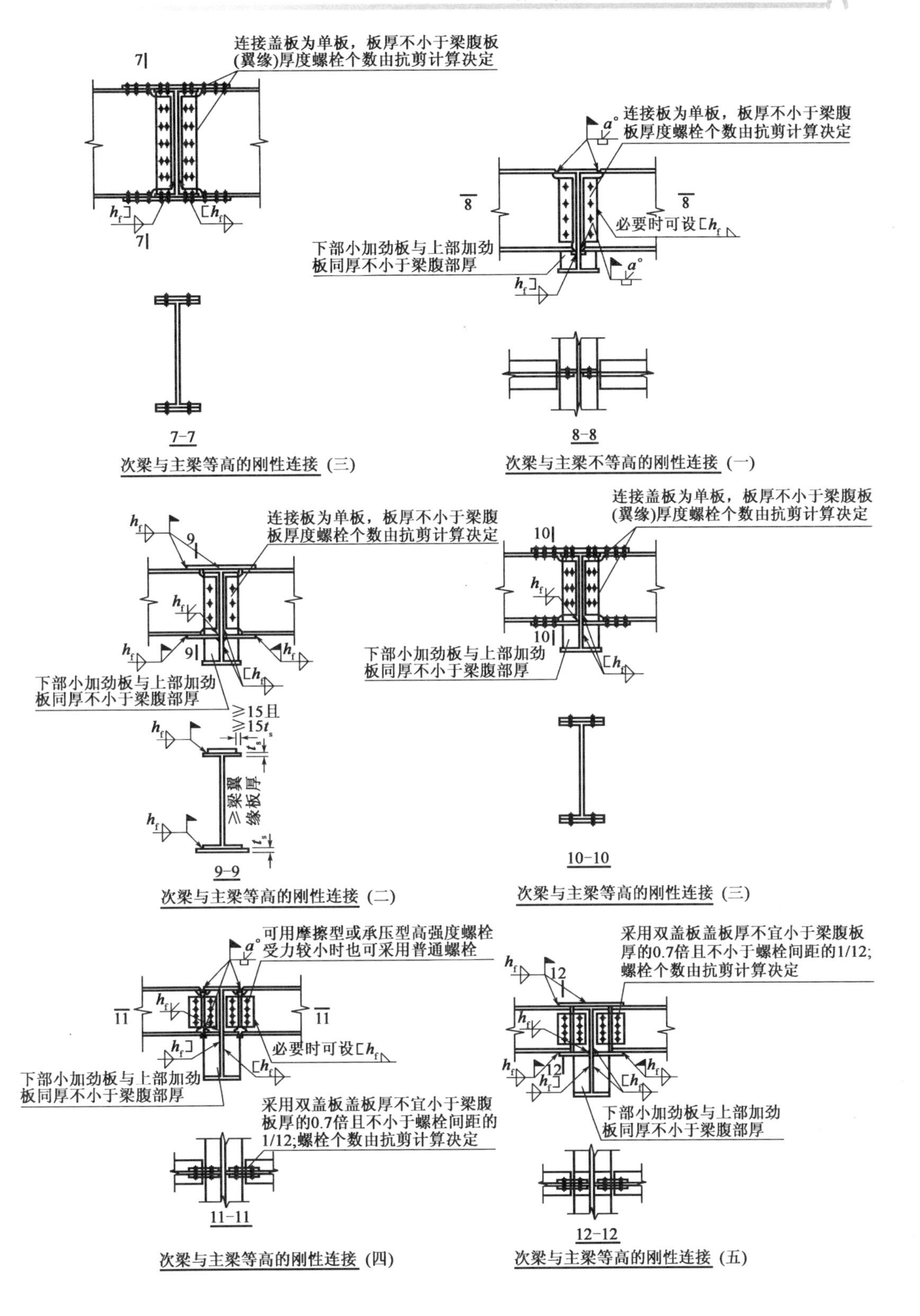
连接盖板为单板，板厚不小于梁腹板
(翼缘)厚度螺栓个数由抗剪计算决定
7-7
次梁与主梁等高的刚性连接（三）
连接板为单板，板厚不小于梁腹
板厚度螺栓个数由抗剪计算决定
必要时可设
下部小加劲板与上部加劲
板同厚不小于梁腹部厚
8-8
次梁与主梁不等高的刚性连接（一）
连接板为单板，板厚不小于梁腹
板厚度螺栓个数由抗剪计算决定
下部小加劲板与上部加劲
板同厚不小于梁腹部厚
≥15且
≥15t
≥梁翼缘板厚
9-9
次梁与主梁等高的刚性连接（二）
连接盖板为单板，板厚不小于梁腹板
(翼缘)厚度螺栓个数由抗剪计算决定
下部小加劲板与上部加劲
板同厚不小于梁腹部厚
10-10
次梁与主梁等高的刚性连接（三）
可用摩擦型或承压型高强度螺栓
受力较小时也可采用普通螺栓
必要时可设
下部小加劲板与上部加劲
板同厚不小于梁腹部厚
采用双盖板盖板厚不宜小于梁腹
板厚的0.7倍且不小于螺栓间距的
1/12;螺栓个数由抗剪计算决定
11-11
次梁与主梁等高的刚性连接（四）
采用双盖板盖板厚不宜小于梁腹板
厚的0.7倍且不小于螺栓间距的1/12;
螺栓个数由抗剪计算决定
下部小加劲板与上部加劲
板同厚不小于梁腹部厚
12-12
次梁与主梁等高的刚性连接（五）

图 2-5-10

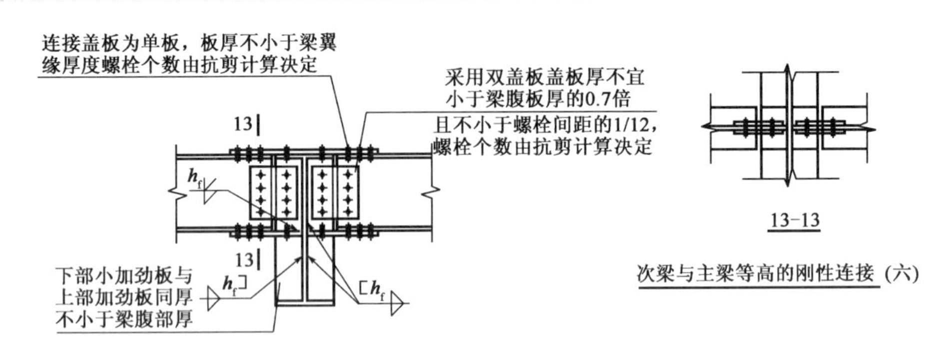

图 2-5-10

2 高强螺栓节点连接次梁(tid=106629 2005-8-23)

【蓝鸟】:在梁腹板高强螺栓连接区域正好有一次梁，次梁连接板连在主梁的节点板上，此种节点的可行性请各位同志讨论讨论，请不要考虑移开次梁。

【pingp2000】:个人看法：

在梁柱、主次梁铰接的情况下，传力路径：次梁传给主梁的反力，通过次梁连接板的焊缝传给主梁连接板，再通过主梁连接板的焊缝传给柱。

(1)次梁传给主梁的反力不大的话，此法我想是可行的。但计算高强螺栓的时候还是应该留些富裕。由于主梁的连接板和次梁的连接板焊接可以在加工厂完成，质量可以保证，所以也不需考虑焊接对高强螺栓产生的热影响。计算方法我想可以这样：

①先计算出次梁与主梁连接用的高强螺栓排列及连接板的焊缝厚度(计及剪力引起的偏心距)。

②计算主梁与钢柱的连接，考虑到主次梁连接的偏心距对主梁的高强螺栓有一个拉力，同时次梁的反力也会部分传给高强螺栓(这个力，我觉得不好估计)。

所以应该按弯剪拉的联合作用计算主梁的高强螺栓。(弯矩：主梁+次梁反力引起的偏心矩；剪力：次梁+主梁反力；拉力：次梁支座反力由于对主梁有偏心引起主梁高强螺栓的拉力)，为了能保证主梁的连接板在次梁支座反力作用下不翘曲，应该适当加厚主梁的连接板及加密主梁的高强螺栓。

(2)如果反力较大的话，我是不会这样做。因为根据我所说的计算方法的设想，在反力较大的情况下，可能不满足计算设想的前提条件：连接板不翘曲。

不知道我这个想法是否正确？请大家批评指正。

【蓝鸟】:pingp2000 同志，我觉得这样分析比较有道理。

但次梁连接时，对主梁高强螺栓产生的拉力，使高强螺栓受拉。实际上摩擦型高强螺栓是不允许有螺栓轴心外拉力存在的，这样会减小螺栓的预拉应力，使螺栓的摩擦力减小甚至失效。此时主梁的高强螺栓数量应增加，以抵消由次梁拉力影响或失效的螺栓数量。也正如 **pingp2000** 同志所说：这个因轴力引起的螺栓预拉力损失导致摩擦型螺栓承载力降低的值确实很难计算，还是应尽量避免这种现象发生。

【法师】:高强螺栓摩擦型连接里，完全可允许高强螺栓同时受拉、剪共同作用，规范中也有明确的计算公式，不难算。

如果提问时能附上图，便于大家理解，或许更多人能加入讨论。

【allan】：我是这样理解的：

对这个问题，受力上大家讨论也很明确了，但是有一点，也就是力作用的方向以及产生的结果该由什么力去平衡，楼上几位老兄可能有点误会和忽略。

(1)高强螺栓连接节点能承受结构产生的拉、弯、剪力，并不等于其本身能承受拉、弯、剪力，实际上，高强螺栓本身只能承受拉力(高强螺栓摩擦型连接、承压型连接)、剪力(高强螺栓承压型连接，摩擦型连接计算假定上不考虑螺栓杆本身的抗剪)，是不能承受弯矩的；高强螺栓连接节点承受结构产生的拉、弯、剪力，这样的节点通常出现在门式刚架的端板连接中，而弯矩通常分解为剪力和拉力并由高强螺栓与节点域板件组成的节点连接来承受。

(2)在框架的主次梁连接中，高强螺栓并不承受拉力，而且，在这种连接下，高强螺栓摩擦型连接的抗剪是需要高强螺栓的预拉力来保证的，假设真的出现对高强螺栓的拉力(反过来说也就是施工时高强螺栓拧紧不够)，那当然会对高强螺栓摩擦型连接的抗剪产生负面影响。

(3)主次梁铰接连接偏心距产生的弯矩同样可分解成两个互相垂直的力，对节点域来说是相互垂直的剪力和拉力，但是对节点连接中的高强螺栓来说，其实就是两个互相垂直的剪力，而不是一个剪力和拉力。

(4)一些参考书上对此类节点计算时，剪力设计值乘以一个 1.3 的放大系数来考虑节点偏心产生的附加剪力，在正常的主次梁铰接连接中，这个系数应该是足够的，因为在连接偏心固定的情况下，连接偏心产生的弯矩基本上是与竖向剪力成正比的(见图 2-5-11)。

【pingp2000】：图 2-5-12 应该能表示清楚。

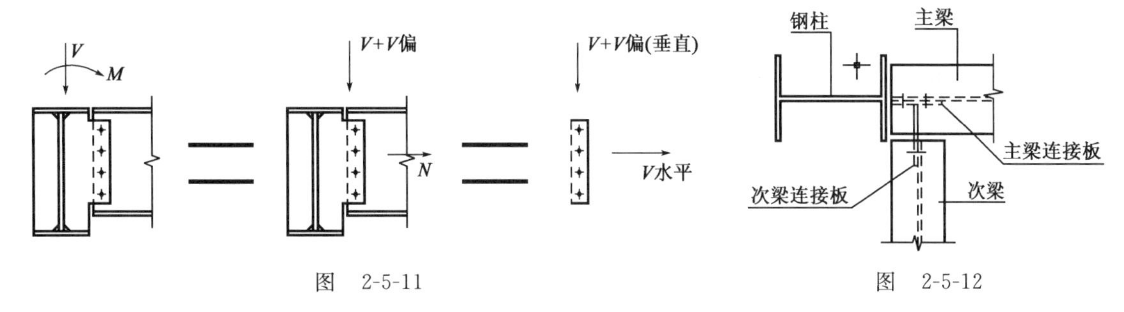

图　2-5-11　　　　图　2-5-12

【allan】：(1)由于楼主没有图，一下子看不到是什么样的连接，如果实际情况如楼上所示，主梁采用上图所示高强螺栓连接是下策，应该变通一下。不是只有腹板高强螺栓连接才是铰接，用上图的连接方法从理论上不好定位。

(2)主梁与柱翼缘采用类似门式刚架端板连接同样可以理解为铰接，这样理论计算上的问题就很好解决。次梁的附加偏心弯矩首先对主次梁铰接节点域分解成一拉力 N_A 和一剪力 V_A，然后，这两个力再作用于梁柱端板铰接连接节点域，这个时候 V_A 对节点域来说变成了一个偏心剪力，然后 V_A 再分解成为一个拉力 N_B 和剪力 V_B；而 N_A 对梁柱端板铰接连接节点域来说同样也是偏心拉力，这样也可以分解成作用于梁柱端板铰接连接节点域的拉力 N_C 和剪力 V_C。

(3)综上所述，楼上附图两个节点连接产生的附加力集中在梁柱端板铰接连接节点域上变成如下几个力：

①平行主梁轴线方向的对端板连接类型中高强螺栓的拉力 N_B＋拉力 N_C。

②平行次梁轴线方向的对端板连接类型中高强螺栓的剪力 V_C。

③垂直向下的对端板连接类型中高强螺栓的主梁剪力＋剪力 V_B。

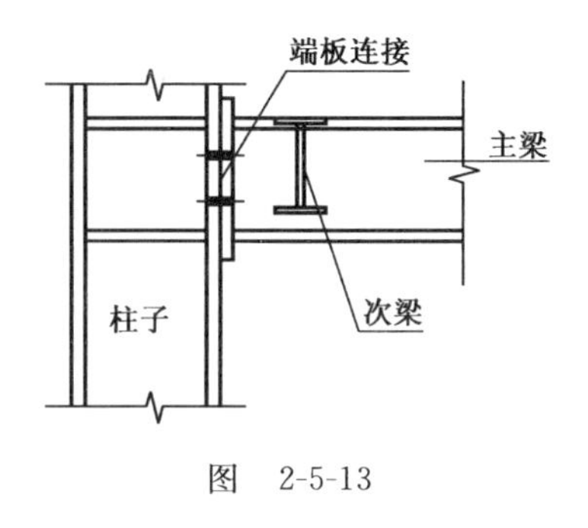

图 2-5-13

图 2-5-13 所示，用端板连接是可以计算的。《门式刚架轻型房屋钢结构技术规程》上有具体的计算公式。当然，在正常的连接中，楼上老兄的节点连接方式，偏心引起的拉力不会很大，而且与高强螺栓的数量（或者直径）基本是成正比的，所以，也不必太担心，以上的讨论仅仅为理论上的讨论。

【蓝鸟】:allan 同志的方法的确是一个很好的变通方式，只要主梁腹板受力不大，在与柱子连接时尽量把高强螺栓布置在梁的中和轴附近，对柱不产生太大的附加弯矩，同时主次梁就可以按普通的连接计算了。但如 **pingp2000** 同志图中所示，修改一下，此处不是铰接节点，而是梁与梁的拼接节点板，则受力就会复杂一些。

点评：应避免此种做法。可改变连接方式，或移动次梁位置。

3 主次梁连接(tid＝101932　2005-7-8)

【liuyg2008】:主梁为 H 型钢、次梁为工字钢，高度相差较小，可否在主梁的下翼缘垫钢板，其上放置次梁，考虑到局部压力较大，次梁端部和主梁、垫板焊接。垫板也和主梁焊接。请问这样处理是否可行？

【大水牛】:从理论上来讲在主梁的下翼缘垫钢板焊接是可行的（看作不等厚翼缘的钢梁），但是在实际的施工当中会出现主梁的下翼缘变形（残余应力与局部压应力）如非要在主梁的下翼缘垫钢板进行焊接，要在变截面处设置双面加劲肋，而且焊缝应使用间断焊缝进行连接。

建议做如下设计：

(1)工字钢改为 H 型钢，且改为等截面易于连接，方便施工，节省钢材。

(2)如采用不等截面连接，可不设置下翼缘钢垫板，而采用双层下翼缘的方式保证钢梁的刚接节点。

【wanyeqing2003】:主次梁连接可以通过主梁腹板上焊出连接板，与次梁腹板相连。我感觉下翼缘垫板的方法不妥。这样做下翼缘除承受局部压应力外，还受弯矩的作用。

4 梁柱连接节点及梁梁拼接节点能不能采用端板连接的方式？(tid＝48314　2004-2-2)

【flywalker】:最近做一厂房，16m 高，28m 跨，两台重级工作制吊车，起重量 50～75t。采用实腹式梁柱。梁柱连接节点及梁梁拼接节点能不能采用端板连接的方式？

【音速之子】:根据我的理解，**flywalker** 所指的厂房应该是在外形上与两坡门式刚架相类似的形式。在如此大的柱高，并且伴有如此大的荷载的前提条件下，采用实腹式梁柱实非首选。从经济角度上看，我认为用组合式双肢或是多肢柱＋钢桁架的形式更为妥当。

如果一定要采用实腹式梁柱的结构形式，从理论分析上并无不可，此时在各个荷载工况组合下，计算得到的梁柱断面将很大，其连接处有足够的空间排下高强螺栓（此时高强螺栓会相应的大一些），端板势必较厚。理论上虽然可行，但是实际使用上总是感觉不太好，毕竟节点太大，受力上就未必如计算假定的那样了。总之，还是慎重为宜！

【flywalker】：如果不考虑结构的经济性（有时候可以不考虑），而单从节点的构造上来分析呢？

【音速之子】：我的意思是理论和实际总是有一定距离的，我认为节点做得很大时，其尺度的影响对于整个结构来说已经不可忽略了，然而拼接节点的变化形式十分有限，灵活性并不大，已经没有什么文章可做了。因而穷则思变，既然节点没有很多的变化，倒不如从结构方面着手。结构变，则节点变，即使节点更接近分析结果，也使结构更加合理，何乐而不为？

我的一位老师曾经说过一句话，虽然不是名言，但是还是有一定道理的：没有做不出的结构，只有合理与不合理的区别。

【msf】：梁柱节点处弯矩太大，采用端板连接不合适，采用平板拼接能保证该接点的刚性，可能好些.我理解端板连接是一种非等强连接，用在受力较小处比较合适。

【tom_zqy】：从理论上，对实现这个节点是没有什么疑问的，关键的问题是从工艺和材料上，材料主要是高强度螺栓的稳定性，一定要严格按照标准来选择，千万不能选择小厂的，工艺上要保证孔位及接触面间的缝隙和摩擦系数满足要求。

不过这个节点做完后可能会显得有点蠢。

5 这个刚接节点怎样做？（tid＝181864 2008-1-10）

【谨慎】：H型钢弱轴方向悬挑方管，如图2-5-14，做成刚接怎样合理？

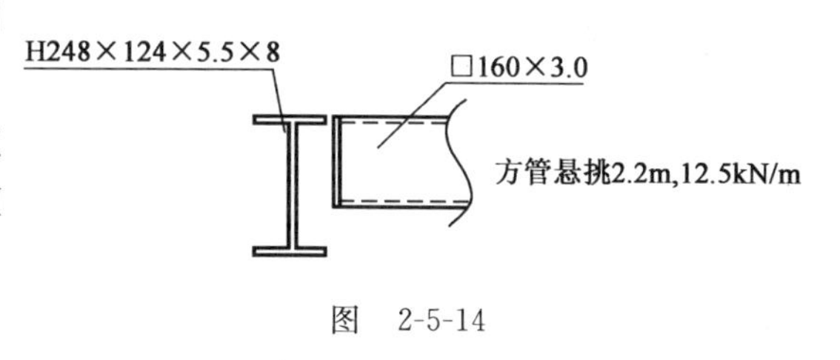

图 2-5-14

【柳下惠】：H型钢为开口构件，不利于抗扭；如果能平衡H型钢梁侧的扭矩则更好。H型钢上翼缘和方钢管坡口焊接或者上贴钢板，H型钢下部可以增加加劲肋来加强连接。

★**【liuyinsheng】**：个人意见：

（1）在H型钢上焊接一凸出的加劲板，在方管底部再增设一平行于翼缘的劲板：方管开槽插入凸出的加劲板并与其焊接。

（2）由于H型钢弱轴不抗扭，必须在方管的对面也设置构件（一般采用同种钢管，同种连接方式）。

（3）若计算或者构造上还有问题，可以在方管和型钢上焊一盖板。

具体做法如图2-5-15所示。

6 相同截面的两根H型钢梁垂直相交，节点如何设计？（tid＝208463 2009-2-24）

【whbchina】：相同截面的两根H型钢梁垂直相交，节点如何设计？如图2-5-16所示。

要求：能够传递较大弯矩，简洁合理，便于施工。

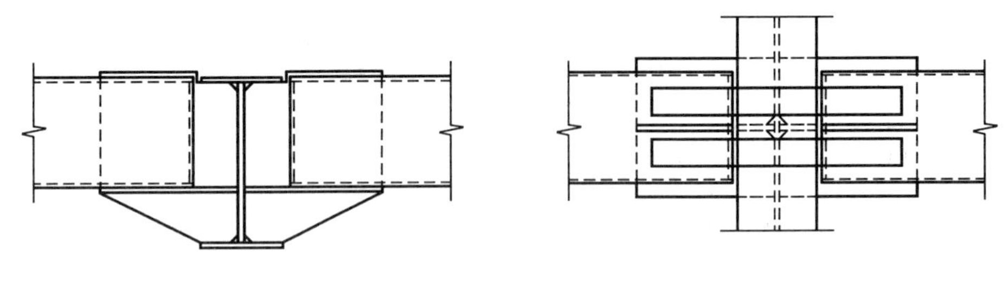

图 2-5-15

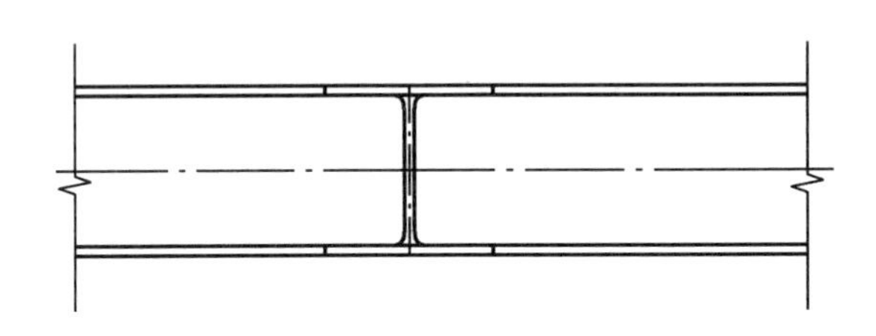

图 2-5-16

【machot】:形式主要有如图 2-5-17 所示 3 种。

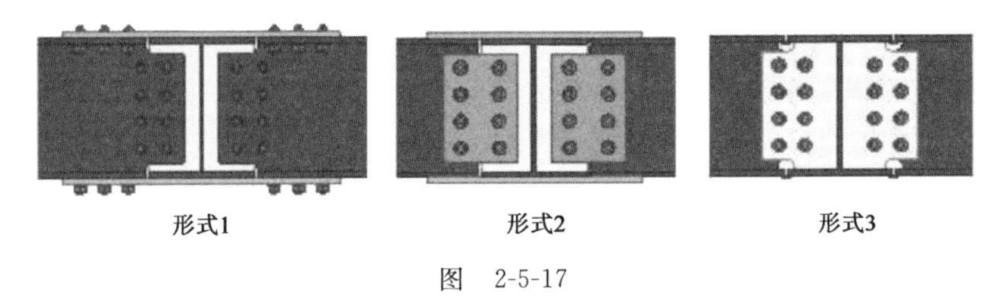

图 2-5-17

【whbchina】:楼上的朋友,您的图看不太清楚。我说的是垂直相交,不是对接,是 T 形连接。

★【machot】:形式是一样的啊,只要一半而已:

(1)盖板,取一半,上下盖板和梁翼缘在工厂焊接好,长度通过焊缝计算确定。现场插入栓接,对面加劲板。

(2)同(1),现场插入,翼缘与盖板焊接。

(3)对面把节点板改成加劲肋。

其实关键是施工方便问题,螺栓连接避免了现场焊接,质量有保证。而现场焊接的成本低。只要没什么特殊要求,国内一般采用第 3 形式。如果考虑弯矩产生的扭力,可以在节点域把 H 型钢封成箱形。

还一种浪费材料的节点形式:腹板用 2 根角钢(或者 L 形折板)和梁栓接,翼缘上下共 4 根或 8 根角钢(或者板条)栓接。

这种国外的一些项目经常用,国内没见过。

7 主次梁叠接简支连接(tid=89834　2005-4-4)

【天柱山人】:谁有主次梁叠接简支连接的图,提供给小弟参考一下。

【**kenhui**】:如图 2-5-18 所示。

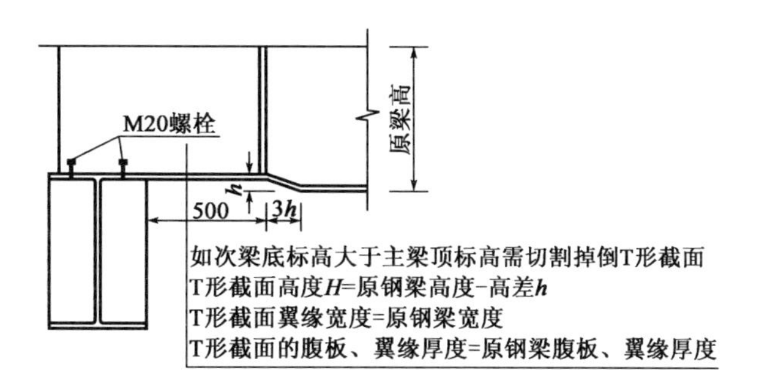

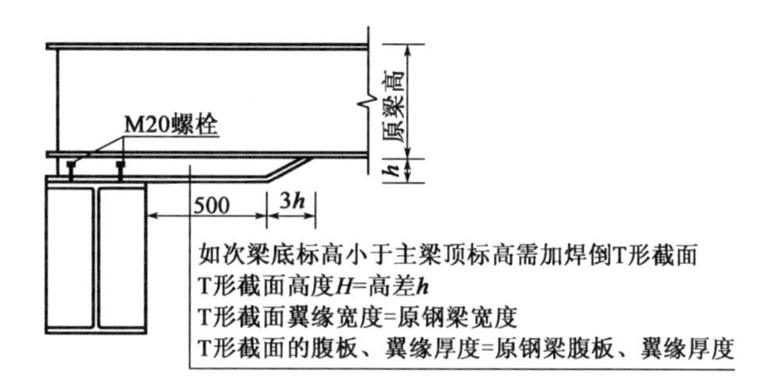

图　2-5-18

8 组合工字梁翼缘连接(tid=129604　2006-4-4)

【**木工**】:请教各位:《钢结构设计规范》GB 50017—2003 第 7.3.2 条中,公式(7.3.2)中的 α 如何理解。见附件 2-5-1。

附件 2-5-1　7.3.2　组合工字梁翼缘与腹板的铆钉(或摩擦型连接高强度螺栓)的承载力,应按下式计算

$$\alpha\sqrt{\left(\frac{VS_{\mathrm{f}}}{I}\right)^2+\left(\frac{\alpha_1\psi F}{l_z}\right)^2}\leqslant n_1 N_{\min}^{\mathrm{r}}\text{ 或 }n_1 N_{\mathrm{v}}^{\mathrm{b}}$$

式中:α——翼缘铆钉(或螺栓)间距;

α_1——系数;当荷载 F 作用于梁上翼缘而腹板刨平顶紧上翼缘板时,$\alpha_1=0.4$;其他情况,$\alpha_1=1.0$;

n_1——在计算截面处铆钉(或螺栓)的数量;

$N_{\min}^{\mathrm{r}}$——一个铆钉的受剪和承压承载力设计值的较小值;

$N_{\mathrm{v}}^{\mathrm{b}}$——一个摩擦型连接的高强度螺栓的受剪承载力设计值。

α 是梁轴线方向的,还是垂直梁轴线方向的?

组合工字梁翼缘和腹板之间采用铆钉连接时铆钉同时承受剪力和压力,这种情况规范里没有组合公式,抗剪和抗压是分开计算的。而这一条却用组合公式,有点像焊缝公式,不知道如何理解的,很是郁闷!

★【**hai**】:GB 50017—2003 第 7.3.2 条中,公式(7.3.2)中的 α 是铆钉在梁轴线方向的间距。在这里铆钉只承受剪力,由于梁顶的压力对铆钉产生的剪力和梁翼缘对铆钉产生的剪力方向是垂直的,所以才有公式中的平方和开平方,即为力的平行四边形法则。

【木工】:感谢编辑的指点,使我对该公式有了更深的理解。但我还是有疑问,两方向受剪的是腹板上的铆钉,而翼缘上的铆钉仅一个方向承剪。还有一点,梁顶压力对铆钉产生的剪力的计算,α、l_z 均为梁轴线方向上的,这样计算怎样理解的。

把腹板和翼缘的铆钉看成一个整体,不分哪个受剪哪个受压,这样理解对不对? 还有 α 和 l_z 的方向问题,**hai** 说的对的,是我理解错了。

9 45°斜交的主次梁的连接方法(tid=9568　2002-5-27)

【mhj105】:主次梁均为 H 型钢,45°斜交时怎么连接?

★**【wxg】**:和一般的连接是一样的,各种角度都可以,主梁加设加劲肋。

【kelb】:如同桁架的斜腹杆和弦杆,采用节点板(此法钢桥采用较多)。

【SEPCI】:还是用连接角钢,一个 45°,另一侧的 135°。

【pplbb[假]】:您说的这种情况在设备框架里比较常用,当然民用钢结构也有用到。

我们这里是这样处理的:用一块钢板,弯折成 135°,一边与次梁工厂焊接,另一边与主梁现场焊接,如果抗剪不够,可以考虑在次梁腹板的另一边再焊一块钢板(这块钢板不需要弯折,长度为前述钢板的一半)。

10 钢次梁比钢主梁截面高采用全焊接节点的利弊(tid=114755　2005-11-8)

【金领布波】:在管廊结构中,因布置需要,为控制挠度,采用蜂窝梁构造。次梁截面为 450mm(跨度 12m),支撑主梁因下有竖向支撑截面无需太大,采用 H300×300×10×15。因为是改造项目,想采用现场焊接的节点。

节点如图 2-5-19 所示。请教各位此节点形式的利弊,谢谢。

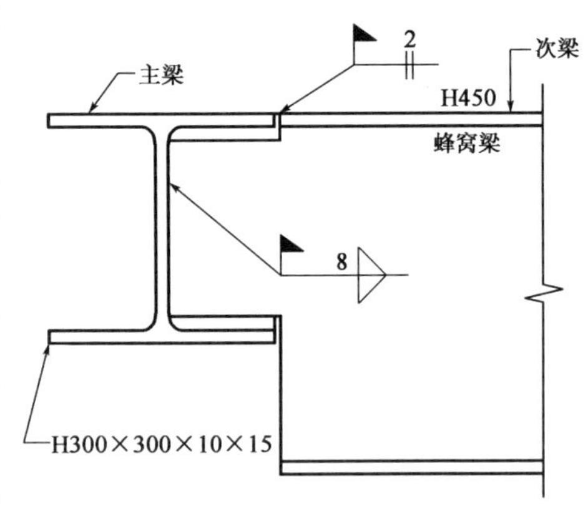

图　2-5-19

★**【帝国精彩局】**:本人有点疑问:

(1)连接形式是刚接,弯矩怎么传递? 支座处钢梁弯矩是上翼板受拉,下翼板受压,但是,下翼板没有连接,压力怎么传递?

(2)同理,次梁比较大,那么次梁支座处剪力计算能满足要求吗? 因为次梁腹板有一部分没有连接,当然,如果不是剪力控制,可以满足的。

一般情况下,这样的连接不适合刚接的,可以铰接,但要注意验算支座处连接剪力。

★**【ok-drawing】**:根据结构受力情况:

(1)大次梁做成高度方向的变截面(1/3～1/5),使之和小主梁平。

(2)小主梁做梁下支托,使之和大次梁平。

★**【boy3】**:这种连接形式像刚接,但又不是标准的刚接构造,如果要做刚接,就应该次梁放坡(坡度参考《钢结构设计规范》)与主梁平,然后次梁的两翼缘于主梁的两翼缘做剖口焊,保证等强,然后腹板采用角焊缝连接,这时要验算最小截面处弯矩剪力承载力够不够。我觉得这种情况做铰接最好,就用高强螺栓连接腹板即可,然后验算最小净截面的受剪承载力即可。连接简单,又不会造成主梁受扭。

11 H型钢梁与钢管梁刚接节点(tid=203049 2008-11-21)

【huang2124】:请问H型钢梁(H700×250×12×16)与钢管梁(ϕ508×20)刚接节点怎么做?

【yu_hongjun】:(1)对应H梁位置,钢管内加隔板,H梁上下设置加劲肋板。

(2)或者在H梁翼缘高度位置设置上下加强环。

12 钢梁如何与钢筋混凝土梁连接(tid=45667 2003-12-18)

【cdscsj】:钢梁如何与钢筋混凝土梁连接?

【wchq007】:若混凝土梁没浇的话可以在混凝土梁上预埋螺栓。若混凝土梁浇好的话可以用化学螺栓。

【yxssunny】:最近做的一个钢梁与混凝土柱梁的连接,混凝土为现浇(见图2-5-20)。

若是混凝土部分已完成,可将预埋螺栓改为化学锚栓。具体个数应根据具体荷载计算。中心轴应分别计算取不利位置。

下载地址:http://okok.org/forum/viewthread.php? tid=45667

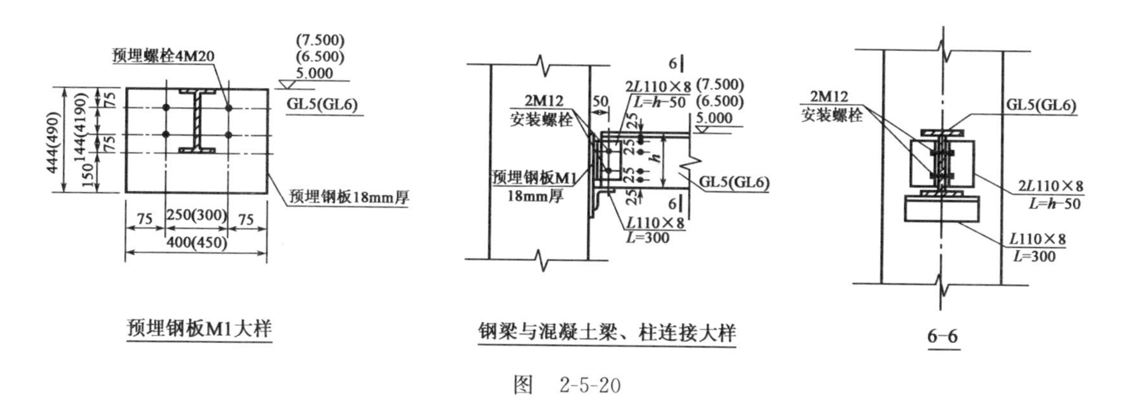

图 2-5-20

13 悬挑钢结构与混凝土连接构造与计算(tid=160776 2007-3-23)

【chen814】:钢结构与混凝土连接,一般常用的方法是采用预埋件。但是如果是钢结构与已经建成的混凝土结构该如何连接?不同连接构造的分别是采用什么计算模型?是刚接还是铰接?有相关的规范依据吗?

具体节点请看图2-5-21:连接板预埋入混凝土梁,此节点该如何设计。如果是先浇筑好混凝土梁,连接板该如何设计?

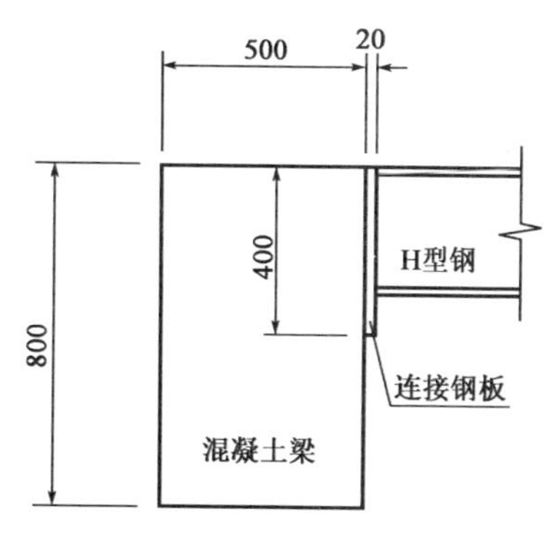

图 2-5-21

【benlar】:钢结构与已经建成的混凝土结构的连接可以植筋;用化学锚栓或者其他预埋板;也可以换成凿毛混凝土,然后用结构胶粘贴钢板的方法。

【yhb19820913】:好像一般都是按铰接算。

【刻骨铭心】:采用化学锚栓紧固连接钢板。节点一般情况下都是按铰接考虑的。

【pingp2000】:注意要是后加的工程,要对混凝土的抹灰层磨掉后再植筋。

三 构造做法

1 混凝土的梁与钢梁的节点如何做?（tid=38338　2003-9-26）

【javaos】:本人有一个工程,屋顶的大梁有比较大的悬挑,悬挑部分有 8.4m,主体是钢筋混凝土框架,但是这个悬挑梁用普通钢筋混凝土明显不满足裂缝要求,所以想做钢结构,但是钢梁与混凝土梁的连接节点如何处理,请教各位高手,或是还有什么更好的建议?

【dapengd】:提一点建议:即使对于整体的钢结构,大悬挑的梁也要求贯通整体结构(通层),局部节点连接的话必须增加拉杆或撑杆,反倒麻烦。不如屋顶大梁整体做成钢梁,在混凝土柱上做预埋钢板连接,预埋拉接件最好用角钢而不是钢筋。

2 28.2m 跨钢梁能否在跨中做高强螺栓连接节点?（tid=92381　2005-4-21）

【阿芒】:我公司的工程中有一个建筑物屋面造型钢结构,是用 2 根 H800×350×14×20 的钢梁在空中搭一个平台,然后外面全包铝塑板。

设计院原图用通长的钢梁,对接一级焊缝。考虑到运输及现场焊接质量不好控制,我们建议把钢梁分为 14.1m 的两段梁。在现场用 S10.9 级高强螺栓连接好后吊装就位,我们提供了高强螺栓计算书,设计人员当时签字同意了。可现在钢梁已经就位,设计院总工提出在跨中设连接节点不符合结构概念设计原则,坚决不同意在跨中用高强螺栓连接,要求对结构进行处理。

我查了很多规范都没有规定,在简支梁跨中不能设高强螺栓连接节点,而且在很多单跨屋面梁结构中,在跨中变截面处都设了高强螺栓连接节点,请教各位对这个问题有什么见解,能否在跨中设这个节点,或在哪里见过这样的连接样式,或者有什么好的处理建议。

【jbr1314】:不知楼主是的钢梁是怎样连接的?如果是翼缘与腹板均采用高强螺栓连接的话,其力可以通过翼缘、腹板直接传递了。

个人认为只要计算通过的话,应该是可行的!但这样的设计不是很好,因为要知道跨中的弯矩最大,对节点的考验也就最严峻。建议以后不可把接点设在这样危险的位置!

【allan】:(1)设计院总工所说的有他的道理,理论上采用对接焊缝和高强螺栓拼接,只要计算能通过,都是可行的。不过概念设计上来说,这样的梁跨中一般是弯矩最大的地方,拼接点设在跨中就不大合理,理论上计算通过,实际加工和施工都会导致拼接处出现一定的缺陷。可以考虑分 3 段,避免在跨中出现拼接点。

(2)门式刚架屋面梁可以采用端板连接,也有它使用条件的。一是门式刚架屋面一般是轻屋面,荷载不大;二是门式刚架屋面梁的挠度限值为 $l/180$,允许的变形范围比较大,而且端板连接节点并没有削弱构件截面,节点变形能力也比框架节点要大。钢平台主梁挠度限值一般和框架梁一样为 $l/400$,允许变形小。

【中国铁人】:计算通过的话,结构应该没有问题,虽然此处弯矩最大,但刚接处理好的话,完全可以，焊接的话，变形不好处理且吊装、施工困难。

【mrlee】:如果拼接节点是按等强度原则设计的，就不会有问题；说白了这是一个“最佳方案”与一个“可行方案”的比较问题。

工程中经常会碰到类似问题：最好的方案摆在那里，但东西已经做好了，您说可以还是不可以。这位总工的说法是站不住脚的，因为您没有足够的理由说跨中的拼接不可行。

【子叶】:我同意设计院总工的意见，虽说在规范上没有明确说明，但跨中弯矩最大，在此设节点不理想。大家都应该知道在现浇钢筋混凝土梁留施工缝时就有规定，施工缝要求设在弯矩和剪力都较小的位置，即梁跨 1/3 处较合理。

我个人认为前者道理同此，钢梁设节点就相当于是施工缝，也应在钢梁约 1/3 跨处设，此处弯矩、剪力都比较小。在跨中设节点，虽理论上是通过了，但实际施工操作中由于多方面的实际原因，往往很难达到理论上的要求。

门式刚架梁不仅荷载小、而且有坡度、挠度控制也没有平台梁严格，门式刚架梁分段时一般也遵循在梁跨 1/3 处分段，我建议平台钢梁还是在 1/3 跨处设节点比较符合力学原理。

点评：就理论而言，节点设在 1/3 处最为合理；考虑到实际情况，原建议做法并非错误。

3 主次梁斜交时的连接(tid=131381 2006-4-19)

【z_shyz】:主梁是焊接工字钢，次梁为工字钢，主梁和次梁不是正交，有一个夹角，大约30°，请教各位主梁和次梁连接处的做法。

【hai】:给您一个解决该问题的不同的解，如图 2-5-22 所示。

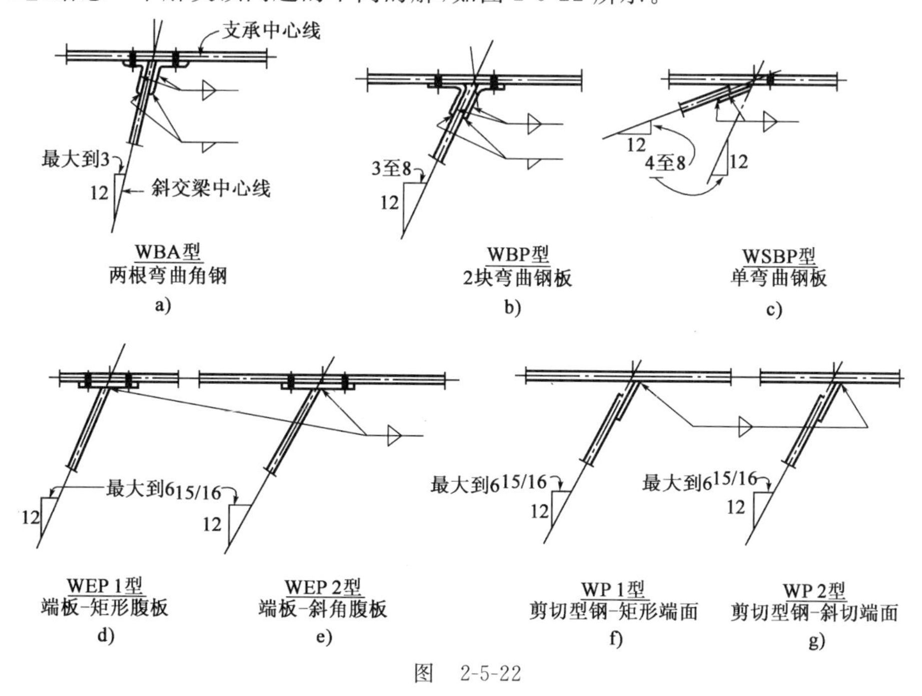

图 2-5-22

【肖本】:夹角太小的话有碍连接,有时设计出了,但要用高强螺栓连接时不一定能够安装的上(见图 2-5-23)。

下载地址:http://okok.org/forum/viewthread.php? tid=131381

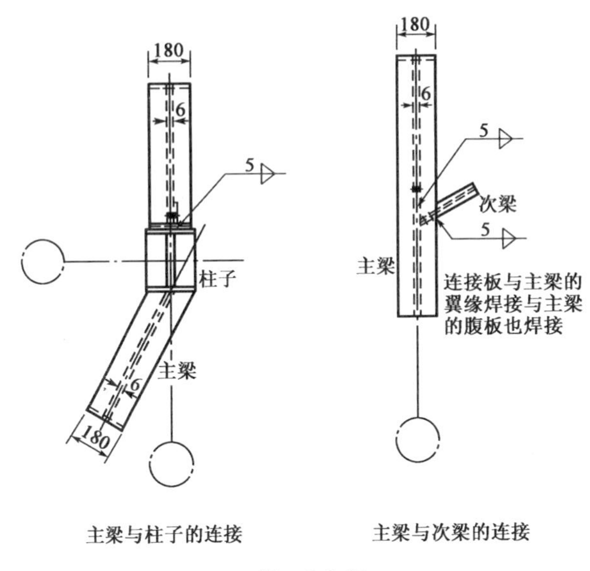

主梁与柱子的连接　　　主梁与次梁的连接

图 2-5-23

4 屋面梁梁拼接处翼缘宽厚度不一样可以吗?(tid=36079　2003-8-27)

【hndkwze】:屋面梁变截面分段处的两翼缘宽度或厚度不一样可以吗?这样会带来什么后果?

【sheep】:屋面梁变截面。

【yutou1978】:可以,只是常规上不经常使用。改变翼板的宽度和腹板的高度均称为变截面。按构造要求连接,不会有什么问题。因为您的梁是设计出来的。

【sonny】:可以这么做,《门式刚架轻型房屋钢结构技术规程》CECS 102:2002 中有明确说明。

【沉稳】:可以这样做,当然能够避免最好,后果是产生应力集中后梁的应力会重新分配,对结构不利。

【bxz】:屋面梁拼接处翼缘宽厚度不一样,完全可以做。只要拼接处端板做一样就可以了。

5 焊接 H 型钢悬挑梁加肋板(tid=128758　2006-3-28)

【qq586】:对于悬挑梁(截面为 H 型钢)的平面外失稳问题的解决方法,我个人认为加肋板能解决,不知加多少?间隔多少?不知是否合适,请高手指教。

【xwl】:加肋板不能解决悬挑梁(截面为 H 型钢)的平面外失稳问题,只能靠侧向支撑体系,例如梁间水平支撑、现浇板、次梁等。

6 梁在屋脊处是否能断开？(tid=79196 2004-12-13)

【jwk2001love】:一个36m跨的重钢工程，上弦用∟140×12的双角钢，下弦用∟140×90×12的双角钢，因便于生产和运输。要从中间断开生产。在这个位置能断吗？如能断开节点怎样加强？只用角钢加强行吗？

★**【臭手】**:当然可以断开，您找一本梯形刚屋架的标准图看看就明白了。另外，为什么还用双角钢？我觉得应该淘汰了。

【wd-dw】:应该可以断开，拼装时应等强焊接。

7 关于这个梁节点的合理性(tid=113953 2005-11-1)

【正经鱼】:图2-5-24是某电厂的工程，采用此类节点是否画蛇添足？和去掉连接板，腹板开坡口不一样吗？

下载地址:http://okok.org/forum/viewthread.php? tid=113953

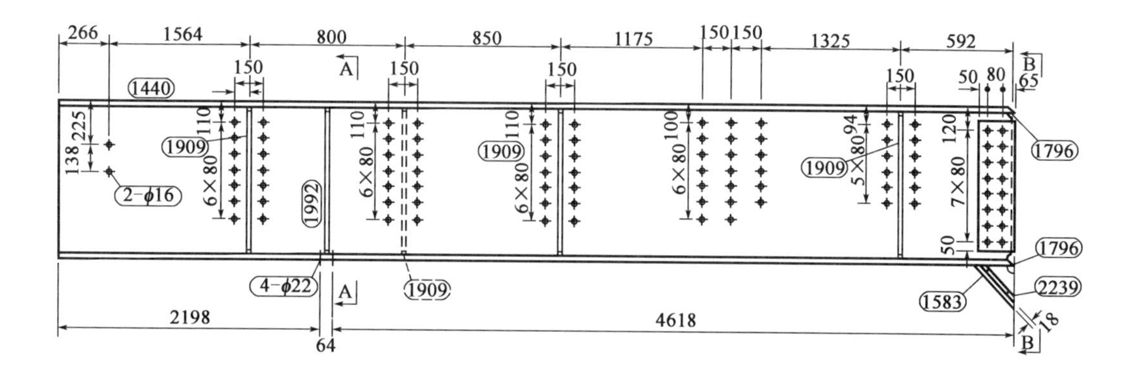

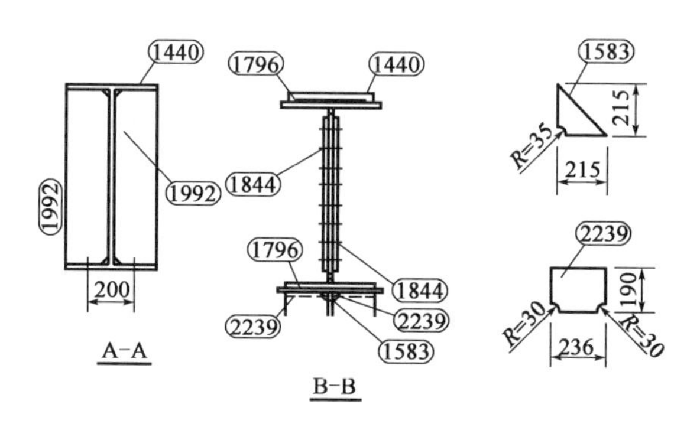

图 2-5-24

【fjmlixiaolong】:看了您图纸，有点疑问，短短的一段梁怎么会有那么多连接点？是工艺要求的么？您所说的节点应该是梁柱连接接点，也就是图上B-B吧。您是不是想梁腹板直接和柱焊接？这样做也可以啊，而您画的图的连接方法腹板用高强螺栓连接也不是多余的啊，也是一种刚接连接方法，这样吊装初装的时候应该更方便点吧，而且连接质量比较容易保证。

★**【帝国精彩局】**：对于B-B剖面，是最正常的连接形式。如果去掉连接板，腹板开坡口的话，是没办法焊的。因为，从结构上讲，钢梁弯矩 M 是翼板传递的，所以只要翼板焊接就可以传递弯矩 M、剪力 V 是腹板传递的，所以只需要螺栓连接就可以传递。这样的连接已经满足了刚接要求。从施工上讲，如果去掉连接板，腹板开坡口的话，您怎么固定和定位钢梁的位置。这里的螺栓还起固定钢梁作用。

【正经鱼】：我是觉得，这样设计太罗嗦，除了我上面说的，还有就是将连接板在加工厂焊到柱子上，一是能保证焊缝的质量，还能减轻安装的负担。

【帝国精彩局】：连接板本来就是在工厂焊到柱子上的，否则就失去意义了。正如您说的，一能保证焊缝的质量，二来好安装。

【tiantbird】：这样做的主要原因在于，现场可以很快将梁用高强螺栓定位并预紧，之后吊车即可离开去干别的活，留下上下翼缘的剖口焊让工人慢慢焊。这个节点在高层中很常见的。两块节点板，一块在工厂焊在柱子上，另一块是在工地焊的。

【ok-drawing】：这样的梁现在很常见(欧美工程多采用)，只是图纸在表达方面有很多改善之处。

★**【bzc121】**：这个梁设计的合理性是毋庸置疑的。

我认为该梁右侧不是和柱直接连接，而是与相同截面梁对接，可能由于吊装现场条件、运输条件限制，梁只能这样长。腹板开坡口焊接对于平台安装太麻烦，焊接也会产生应力。

其他有孔接点应为次梁连接点，次梁间距受平台设备底脚位置限制，一定是必须这样要求。构件1909对面应为次梁连接方向，如果次梁是端板与孔对接，而次梁另一端也是端板连接，由于是封闭距离，安装难度很大。

8　主梁为H型钢，次梁为槽钢的连接节点(tid=45332　2003-12-15)

【bigbird117】：是否将次梁槽钢端开个口子，然后直接与主梁的翼缘和腹板焊接。还是在主梁腹板上做个连接板，用高强螺栓与槽钢腹板相连？那种做法比较好些？如果直接焊接的话，是否算是与主梁刚接？

【happypine】：看您用槽钢，估计受力不大，可把槽钢端部开口与H型钢直接焊接就可以了。计算可按铰接计算。

【村野农夫】：如果受力小的话按楼上做法；受力大的话槽钢端头夹两角钢，角钢与H梁焊接。

【hefenghappy】：我觉得楼上兄弟们的方法都行。对于要求刚接的(如次梁为悬臂结构等)，就要求上下部与梁翼缘采用等强焊，腹板处用高强螺栓或角焊缝连接(最好是设置一块连接板来连接)，如果为铰接，用一般的角焊缝就可以满足要求了。

【qpj】：我觉得如果考虑现场安装方便的话，还是应该尽量用高强螺栓连接，减少现场焊接。楼主的意思主梁腹板上焊连接板，用高强螺栓与槽钢腹板相连，我觉得完全可以采用。但最好连接板与主梁翼缘也做成焊接。

★**【khan】**：楼主的问题我也遇到过，我的处理方法是这样的：

(1)既然用槽钢,那受力肯定不大,做成铰接会更方便制作和施工。在H型钢上伸出个连接板,用高强螺栓锁上。

(2)如果要做成刚接的,那槽钢翼缘应与主梁焊接以传递弯矩;腹板可以直接用角焊缝与主梁焊接,也可以用螺栓锁(这样方便施工)。

【高原】:通常,这种结构受力较小,无需刚接,在主梁的腹板焊一连接板,至少一端与主梁的翼板相连,槽钢的腹板直接与之相连即可。

【wangxiantie】:可以考虑用高强螺栓连接,连接件采用角钢即可。

点评:是否采用刚接与受力大小有关,也与构件性质有关,比如悬臂梁。

9　弧形钢梁的连接(tid=127563　2006-3-18)

【ss_yyjj】:弧形钢架梁的腹板是由一块板形成的还是由几块板焊接而成的呢?这种拱形梁是怎么加工而成的呢?多谢!

【会洗澡的猫】:楼主说的是翼缘板成弧形还是腹板成弧形啊?

我们做过一个工程是翼缘板成弧形的梁,截面是H400×400×16×24,弧形部分用数控切割机切割出来,在用组立机组立即可!

【0575123】:无论是翼缘板成弧形还是腹板成弧形,都可以由一块板形成也可以由几块板焊接而成。

由一块板形成的弧形板,质量比较容易保证,但材料损耗相当大;由几块板焊接而成的弧形板,材料损耗较小,但焊缝处必须满足母材对接焊缝要求。

对于工厂加工来说,采用后一种方法的较多,毕竟应考虑对材料的合理利用,保证焊缝质量也并不困难。否则,如果弧形钢梁半径小一点、长度大一点,100%甚至数倍的材料损耗,无论哪个企业都承担不起。

★【正经鱼】:对楼上的观点我不敢苟同。

(1)除非受板材本身的限制,如现在的原平板长度一般在10m左右,有时对超过此长度的梁不得不拼。

(2)考虑弧形梁,得加工难度和料损,所以加工费要适当提高。

(3)对于加工厂来说,不能单一对一个工程进行料损计算,因为下弧形梁所剩料不能当作废料,可以下小零件的,而且两个弧形梁还可以套料下。我做过的弧形梁工程料损最大没超过30%的。

(4)综合对比可以计算拼一道缝的成本很高。拿16mm厚的板举例来说,要保证一级焊缝,开4道坡口,加上清根,再加上主焊缝。还是能不拼就不拼的好。

(5)但对于小的弧形构件,而且用料较薄,可以多拼一下。

★【正经鱼】:关于如何加工弧形梁,其实一般的钢结构厂方法基本没什么太大差别。

(1)腹板下料,使用样板画线后火焰切割,或直接使用数控下料。

(2)对翼缘板,如弧度较大且翼缘板较厚,要进行滚圆处理。

(3)对于需要拼接的翼板和腹板应拼接平整。

(4)弧度较小等断面的可以使用组立机，对于弧度较大的必须使用人工笨胎进行人工组对。

(5)对于小批量使用人工焊，批量大的话可以做弧形轨道，使用半自动埋弧焊。

【yangyanwu】：我以前在济南时，济南植物园有个工程，有几根梁是弧形，翼板弧形。组立时，每隔 1m 做一对临时加劲肋，用于固定腹板。这样组立较简便。

第六章　柱 脚 节 点

一　一般节点

1　柱脚计算（tid＝144117　2006-8-23）

【xuy409】:请教各位好手,图 2-6-1 所示钢柱脚锚栓如何计算？底板尺寸是按上面一块计算还是按下面的底板计算？

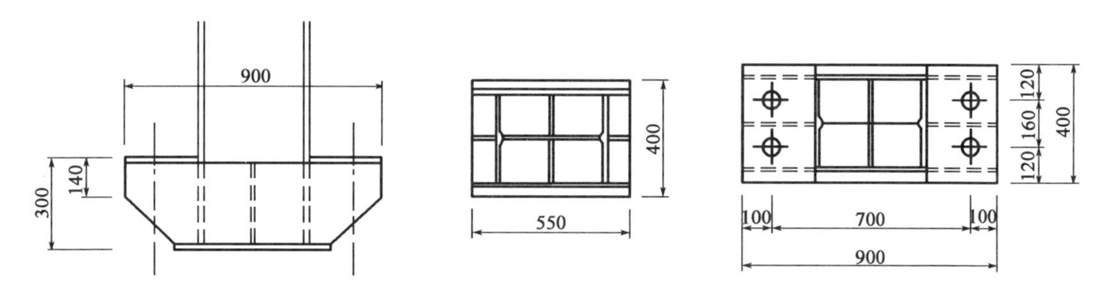

图　2-6-1

★**【V6】**:这种刚接柱脚一般用于受力较大厂房的柱子,为靴板式刚接柱脚。此种柱脚可以有效的减小柱脚底板的厚度。

底板就是最下面的那块板。底板的厚度与柱子的轴力和弯矩有关。上面的那块板是锚栓支承托座的顶板,它的厚度与锚栓拉力有关。

从这个柱脚来看,支承托座的顶板的厚度还和侧面靴板的距离有关,建议在螺栓孔垂直靴板加两块锚栓支承托座。这样顶板可按不小于 12mm 取用。底板的计算和普通柱脚相同,但可不考虑锚栓拉力的影响。

2　柱脚节点的受力分析(tid＝116878　2005-11-27)

【snow-123321】:求教柱脚节点的传力次序。弯矩、拉力和剪力,锚栓为什么会受拉,这个拉力是谁传来的,怎样作用到锚栓上的,作用点在哪里？锚栓对混凝土也有拉力吗？

底板的撬力是怎么回事？底板怎么承受锚栓的拉力？

【wanyeqing2003】:(1)门式刚架结构上部构件比较轻,在风荷载作用下是可能出现向上的拉力。按《门式刚架轻型房屋钢结构技术规程》的规定,屋面钢梁的体形系数都是吸风。

(2)关于撬力的解释可以参考下面的帖子:

撬力究竟是怎么一回事？

下载地址:[精华]http://okok.org/forum/viewthread.php? tid=5313

3 实腹式钢柱插入式柱脚埋入深度可否减小?(tid=30362 2003-6-10)

【安】:实腹式钢柱插入式柱脚埋入深度,根据《建筑抗震设计规范》(GB 50011—2001,110页)要求不得小于钢柱截面高度的2倍。如果钢柱的截面很大,(有时可以达到1m以上)。如果不想做成靴梁形式,那么就会导致基础的埋深很大,基础做的很高。是否有方法,或者可靠依据,减小柱脚埋深呢?

赵熙元编的《建筑钢结构设计手册》,437页给出的插入深度为1.5h,能否用来作为依据呢?

★**【lings191516】**:不得小于钢柱截面高度的2倍确实是抗震的需要,但《门式刚架轻型房屋钢结构技术规程》又说不考虑抗震,看来你要灵活机动了。

降到1.2～1.5h应该可行;具体还可以做外包式柱脚和埋入式柱脚,如果你的柱截面确实大,改成双肢钢管格构柱就可以减少埋入深度;看你的情况柱脚做刚接的外包式很实用的,还可以避免柱脚受意外的车辆碰撞呢。

【wolf_sy】:1m的截面高度,跨度或吊车重量肯定超过《门式刚架轻型房屋钢结构技术规程》的范围了,只有不考虑抗震,才可以为1.5h。

4 实腹式钢柱柱脚插入基础杯口深度问题(tid=3928 2001-12-28)

【dsfddd】:《建筑抗震设计规范》GB 50011—2001规定,实腹式钢柱柱角插入基础杯口深度不得小于2h。若重型吊车27m跨柱距12m,钢柱截面h要做到1.5m左右,这样插入深度为3m左右。是不是太深了点,怎么办好呢?

【无需冷藏】:对了,你柱高做到1500mm,不会还是实腹柱了吧?改双肢柱后就按双肢柱计算埋深,这样就会小了。

点评:当实腹柱的截面高度为1500mm时,这个厂房必定超过了《门式刚架轻型房屋钢结构技术规程》的范围,如果有抗震要求,就应该满足《建筑抗震设计规范》GB 50011—2001的规定,也就是柱子埋深应大于2.0h。

可以按照“无需冷藏”的建议,将实腹柱改为格构柱,这样可以减小柱底埋深。

5 关于钢柱的杯口式基础的疑问(tid=13344 2002-8-25)

【eugenefu】:我正在做一个工业厂房。由于某些原因,上部钢结构的设计工作交给了施工方进行设计。于是出现了如下的问题:

不等高、不等跨的厂房中柱采用刚接,要求做基础时,把中柱做成杯口状,就像混凝土单层工业厂房的柱的基础。我们专业主任说这种做法不可行。而且,柱深入杯口的长度没有办法确定,没有理论的根据。请各位大侠帮忙出出主意。

【Jenry】:这不是叫杯口式基础,事实上在钢结构中叫反插柱,是刚接的常用做法,规范有明确的设计及构造要求。

【费费】:这是比较常用的做法。但只用于柱脚弯矩不太大的情况。钢柱柱脚埋如深度须计算确定。另外也有相应的构造要求。基础配筋也要处理,以承受柱底弯矩。

【eastredwang】:我们也做过这种基础,只是有人说这种做法太麻烦,且柱脚浇好后就不好调整，所以就没再采用过。有没有人可以讲讲这种柱脚的优缺点？

【MBSC】：反插柱有时也是一种不可替代的方式，特别是混凝土与钢结构交叉施工时，比外露式柱脚方便、可靠。

★**【msf】**：这叫埋入式基础。《钢结构设计规范》有做法，只是埋入深度要 $2h$，且要加栓钉，但施工要比螺栓连接方便。

要讨论的是：埋入式用钢量大，还是螺栓刚接柱脚用钢量大？

【zff1234】："钢柱的杯口式基础"，这种做法是合理的，很值得推荐！原因有 3 个：

(1)传统的"螺栓锚固"做法在钢柱吊装时，没有这种做法就位准确。

(2)这种做法可以认为(柱脚)是刚接(钢柱插入杯口内一定深度且在钢柱上焊足够多锚筋)，而不再是铰接甚至半刚接。

(3)柱脚设计简单、施工方便，而且绝大多数情况下节省材料。

★**【无需冷藏】**：插入式柱脚确实是一种值得推荐的柱脚形式，20 世纪 80 年代北京钢铁研究总院在这方面做了很多试验，证明在满足设计要求的情况下是安全可靠的，之后在冶金重工业厂房进行推广，现在应用已非常普遍。推动其应用的原因一是柱脚加工简单，二是在高大轻盖厂房中，柱脚弯矩起主要控制作用，经常算下来需要多根 80 以上的螺栓。

对于轻钢厂房刚接柱脚我还是认为螺栓连接比较好，因为是轻型柱脚，用钢量本身不大，加工并不复杂，施工安装调整也方便。

【lovelgj】：在一本《轻钢设计指南》有关这种柱脚的介绍，北京钢铁研究总院近年采用这种形式。主要用于大跨度有吊车的厂房中。

本人在这近的一次设计中采用了这种形式的结构，有以下几点体会：

(1)结构可靠，比采用螺栓的结构更接近于刚接(插入深度为 1500mm)。

(2)易于定位，减少了二次开孔的问题，在这种结构中一般的螺栓都会在几十个以上。如果定位不准的话，在工地进行二次开孔问题会有很多。

(3)节约钢材，至少不会浪费。在这种情况下，柱底板可能要做到 1000×500×24 左右，这样计算下来，要比栓接的少一些。

但是也有一些不足：现场安装有一定的难度，速度比栓接的慢。

但是个人认为，在大跨度有吊车(15t 以上)的厂房的结构中，采用这种形式还是比较合理的。

【eugenefu】：感谢各位大侠的解答，受益匪浅。本工程最终采用了螺栓式柱脚。因为我们采用的基础形式为桩基础，所以做螺栓的形式比较好。而且本工程为轻型工业厂房，没有吊车。我想这样应该是合适的吧。

6 外露刚接柱脚设计问题(tid=11242 2002-7-8)

【cyp】：请教外露刚接柱脚设计时，轴力为拉力时如何设计？是否有参考书？本人已有《钢结构节点设计手册》，但书中的公式适用于轴力为压力的情况！

【peterman722】：拉力荷载下，考虑锚栓受拉，底板受弯，就可以了。底板受弯设计，可以参考受拉螺栓节点板的设计。

7 外包式柱脚的钢柱埋入问题(tid＝207938　2009-2-17)

【g1s1】:外包式柱脚,规定钢柱埋入 2～3d,但有没有必要钢柱一定要埋到基础顶？即当地下基础埋深较深时,混凝土短柱较长时,钢柱是否可只埋 2～3d 即可。

个人觉得可以,但手册图集画的好像下部都是基础或是基础梁了。而且感觉下半部分混凝土柱明显刚度强度不如上半部分混凝土柱(因有钢柱在内)了,不是很好。

【feihai】:可以按规范进入一定深度,计算混凝土柱相应截面的抗弯。**g1s1** 所述:“而且感觉下半部分混凝土柱明显刚度强度不如上半部分混凝土柱(因有钢柱在内)了,不是很好”不知道是什么意思,强度刚度满足受力构造要求就可以了。

8 关于外包钢柱脚(tid＝111345　2005-10-9)

【ghz2008】:有强制性条文要求外包钢柱脚,室内会有好多大墩子,影响使用,不知大家是如何处理的?

【zzzz_135】:强制性条文啊！有什么犹豫的,坚决执行。

【ghz2008】:钢结构办公楼,每个办公室冒出一个大疙瘩,弄不好还绊脚,业主能答应吗?

【Maker. xu(Kevin xu)】:可否降低柱脚标高到地坪标高以下?

【wanyeqing2003】:钢柱外包柱脚是为了防腐,避免地面积水造成烂根现象。

【peter song】:钢柱外包柱脚是为了防腐,避免地面积水造成烂根现象。既然是这样,在地坪标高下的可像地下室的防水做法一样,地坪标高上的可加混凝土封闭。

【bbccdd】:柱脚放在地坪以下,用混凝土包至地坪即可,既满足规范又不影响美观和使用。

【hai】:“柱脚放在地坪以下,用混凝土包至地坪即可”是绝对不行的,《钢结构设计规范》8.9.3 条要求包到高出地面不小于 150mm。

【风中的沙粒】:即使是强制性条文也要知道为什么,就像前面老兄讲的,防锈的处理好,包包就行了。

【pwx11】:“柱脚放在地坪以下,用混凝土包至地坪即可”是绝对不行的,《钢结构设计规范》8.9.3 条要求包到高出地面不小于 150mm。应该是考虑水位变化或毛细水上升吧,一般室内柱脚做到室内地面应该没多大问题吧。

【yeejianling】:必须按照强制性条文设计,不管钢柱脚的标高在哪。我考虑和理解规范如下:

(1)钢结构厂房:防腐、防破坏。

(2)钢结构楼房底层:防腐(底层一般要装修,没什么影响)。

9 钢管埋入式柱脚设计(tid＝90592　2005-4-9)

【wmz061722】:请问各位同行,图 2-6-2 柱脚设计是否有问题?

下载地址:http://okok.org/forum/viewthread.php? tid＝90592

★**【zxinqi】**:这样做应该是没问题的,但局部几个地方应注意一下:

(1)柱底弯矩靠混凝土短柱传至基础,混凝土短柱主筋不截断,柱顶处应有水平弯钩,以满足其锚固要求,且箍筋由于钢管的原因应改为菱形箍。

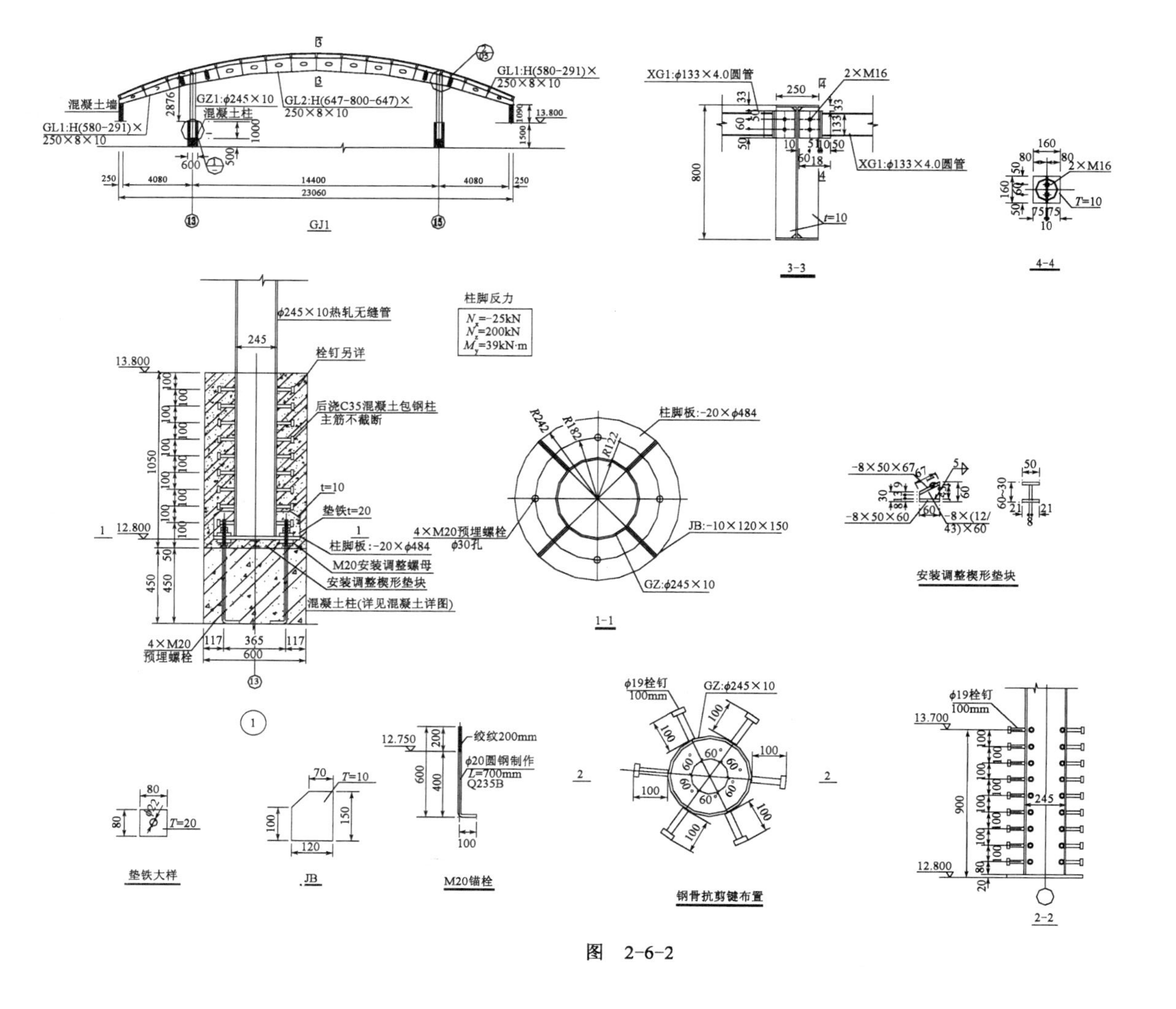
混凝土墙
GL1:H(580-291)×250×8×10
GZ1:φ245×10
混凝土柱
GL2:H(647-800-647)×250×8×10
GL1:H(580-291)×250×8×10
13.800
14400
23060
4080
GJ1
XG1:φ133×4.0圆管
2×M16
XG1:φ133×4.0圆管
t=10
3-3
2×M16
T=10
4-4
φ245×10热轧无缝管
柱脚反力
N_x=-25kN
N_z=200kN
M_y=39kN·m
栓钉另详
13.800
后浇C35混凝土包钢柱
主筋不截断
t=10
垫铁t=20
12.800
柱脚板:-20×φ484
M20安装调整螺母
安装调整楔形垫块
混凝土柱(详见混凝土详图)
4×M20预埋螺栓
柱脚板:-20×φ484
4×M20预埋螺栓φ30孔
JB:-10×120×150
GZ:φ245×10
1-1
-8×50×67
-8×50×60
-8×(12/43)×60
安装调整楔形垫块
φ19栓钉100mm
GZ:φ245×10
13.700
12.800
2-2
垫铁大样
T=20
JB
T=10
12.750
绞纹200mm
φ20圆钢制作
L=700mm
Q235B
M20锚栓
钢骨抗剪键布置

图 2-6-2

(2)混凝土短柱应满足 180mm 的保护层要求，且钢柱于混凝土柱顶处宜设加劲环，以防此处钢管屈曲。

(3)栓钉间距一般取大于等于 $6d$，图中栓钉布置有点密。

(4)柱底剪力靠混凝土及箍筋传递，可不设抗剪键。

(5)柱顶为刚接，钢柱节点处应设加劲环。

10 平板式刚接柱脚是否可用(tid=37185 2003-9-11)

【weisky】:在设有吊车或者多层的钢结构中，柱脚采用平板式是否可行？我曾请教过一位老设计师(有 30 多年的钢结构设计经验)，他一直坚持认为平板式的柱脚不能按刚接考虑。

【flywalker】:如果平板式刚接柱脚不能按刚接柱脚考虑是绝对的话，那么平板式的铰接柱脚就不能按铰接考虑了。所以说，能不能按刚接考虑还得看结构的形式、荷载情况，如果是一般的轻钢结构，使用平板的刚接柱脚完全能够满足刚接的要求。如果结构形式超出了轻钢的范围，那么柱脚的刚度可能无法有效地传递柱底力，此时考虑用带靴梁这种刚度好的柱脚形式完全有必要的。刚度好的东西也是费钢的东西，不要让人觉得杀鸡用牛刀就行了。

【hai】:在《门式刚架轻型房屋钢结构技术规程》98 页考虑了铰接和刚接柱脚和计算模型和差别，铰接计算长度×0.85，刚接×1.2。

【lx-mlm】:只要计算通过则没有问题，所以认为是刚接也没有问题。我就见过及做过多个 30～40m 高的采用平板式刚接柱脚的高层钢结构。只是这种柱脚的承载能力比带靴梁的要小。但满足要求即可。

11 这样的地脚节点设计可否？(tid=70964 2004-9-23)

图 2-6-3

【12189】:设计一个空间桁架结构，重约 20t，落地有 4 个节点，如图 2-6-3 的设计有无问题？是不是每个点至少要有 3 根杆交会？如果图上的地脚节点的杆件延长线没有准确交于一点，有何影响？有没有办法更美观一点？

所有的构件都是 45 号钢。

【李晓德】:我很关心腹杆与立柱是怎样连接的。从图中可见，各腹杆端头伸出板与立柱上的套管连接，就像是三角形屋架的腹杆与下弦杆的连接。不知这样的理解对否。

【12189】:谢谢您的回复，所有的节点都是螺栓连接。附几张典型节点如图 2-6-4 所示，请指教。

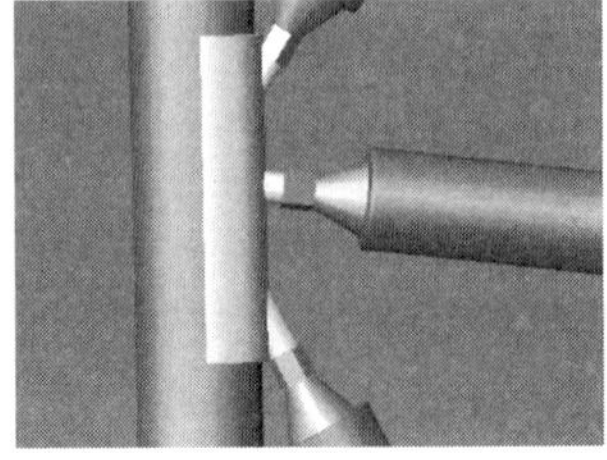

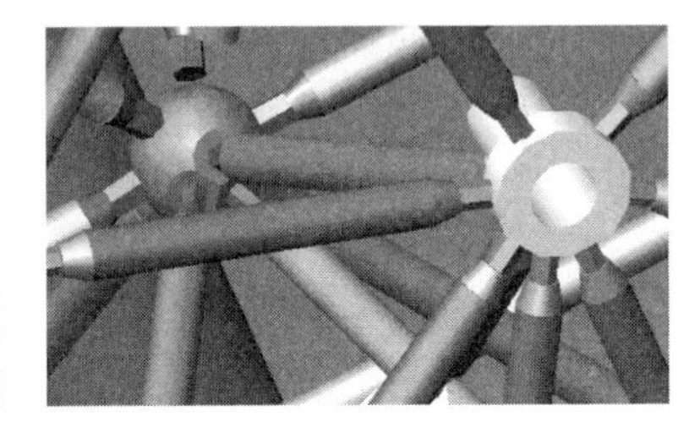

图 2-6-4

我是新手，这个结构主要要求刚度好，变形小，稳定，请指教。

【zramble】：从图片看来，这是个几何可变体系，可能不稳定。

【12189】：to **zramble**：能不能请您再详细地说说，什么是几何可变体系，谢谢！

【aalian】：几何不可变体，就是稳定的体系。几何可变体系，就是不稳定的体系，缺少约束。

【lwx】：没有什么可不可以的，我觉得杆件不相交于一点你应该算地脚此时所受的扭矩和剪力或是剪力和弯矩，在几根杆件以不同方式不相交于一点时，地脚底面将受到弯矩和剪力或扭矩与剪力的作用。

【ahls】：好像是一个街头小品，外部荷载应当不会太大，当然在北方应当考虑裹冰荷载的影响。从外观来看，好像重心偏向背部，两根竖直的杆件受荷较大，而此时这两根杆件平面外限制倒是很弱的，应当小心哦！

12 推荐节点设计方面的书(tid=178426 2007-11-27)

【1983_youyou】：我一做钢结构节点就头疼，我想各位前辈推荐给我几本节点设计的书，我在济南，我想知道哪里有卖的，谢谢各位老师！尤其是对钢结构和混凝土连接处的节点设计，最好有例题。

【wg01】：买论坛出的那本“普钢厂房”吧，俺觉得不错。

【1983_youyou】：不单是厂房，主要是节点的计算，我觉得灵活运用好一些，不过还是谢谢你，我想问一下怎么买，多少钱？

【liuyinsheng】：我用的是《钢结构连接节点设计手册》，内容比较全面的，网上找找可能有电子版《钢结构连接节点设计手册》分 9 章内容进行讲解，依次内容为：钢结构连接节点的特性、钢结构的连接材料及设计指标、钢结构的连接、平面桁架屋盖结构的节点设计、钢管桁架结构的焊接节点设计、空间网架结构的连接节点设计、门式刚架结构连接节点设计、多层及高层连接节点的设计、钢结构连接节点设计计算用表。

【1983_youyou】：谢谢！嘿嘿，我写的不多还不让我发。

【windtunnel】：传一个英国用的比较多的节点设计手册 design of shs welded joints。

下载地址：http://okok.org/forum/viewthread.php? tid=178426

【韭菜】：如 **wg01** 所述：“买论坛出的那本普钢厂房吧，俺觉得不错”。怎么样才能买到呢？

【bigben137】：**windtunnel** 传的是钢管结构的，有没有型钢的啊？

【moonjianghe】：现在急需要 英国钢结构节点设计手册，还请 **windtunnel** 兄弟上传一下，谢谢啦！

【zhangjy_110】：有没有型钢的啊，各位？

【微微笑笑】：怎么现在没回音了？国内关于节点设计的确实不是很详细。我也想找这方面的资料！

【CuteSer】：MTSTool 工具箱的计算书写的不错，可供钢结构新手学习(界面如图 2-6-5 所示)。

下载地址：http://www.lankesoft.com/pages/changping/SY.asp

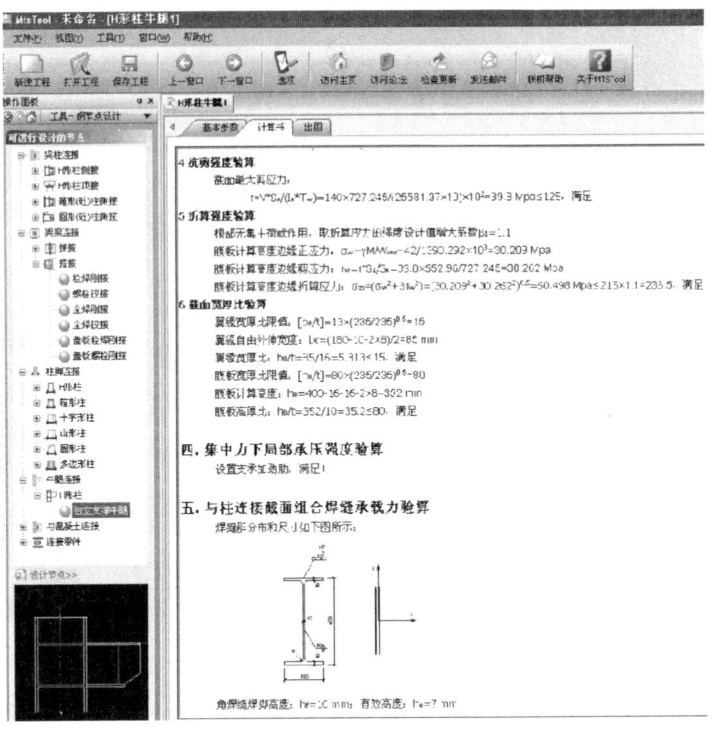

图　2-6-5

13 一个广告牌的柱脚设计(tid＝206440　2009-1-14)

【ahhuicao】:一个3柱广告牌，上部广告面6m×18m，下部也是广告面，总高21.8m。风荷载0.45kN/m²，地基承载力按80kPa(见图2-6-6)。

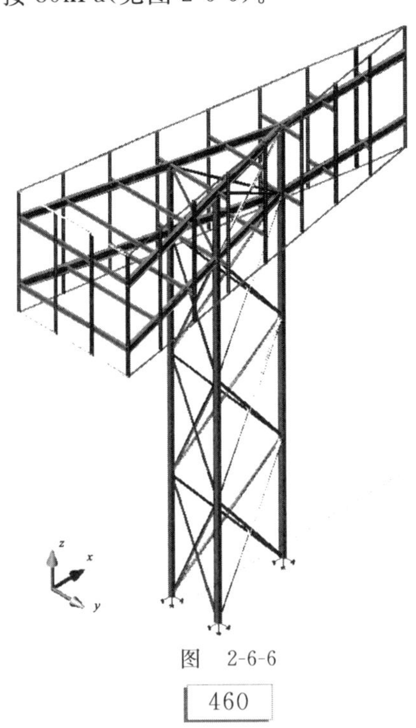

图　2-6-6

3D3S 建的模，3 个支座的不利反力如图 2-6-7 所示。

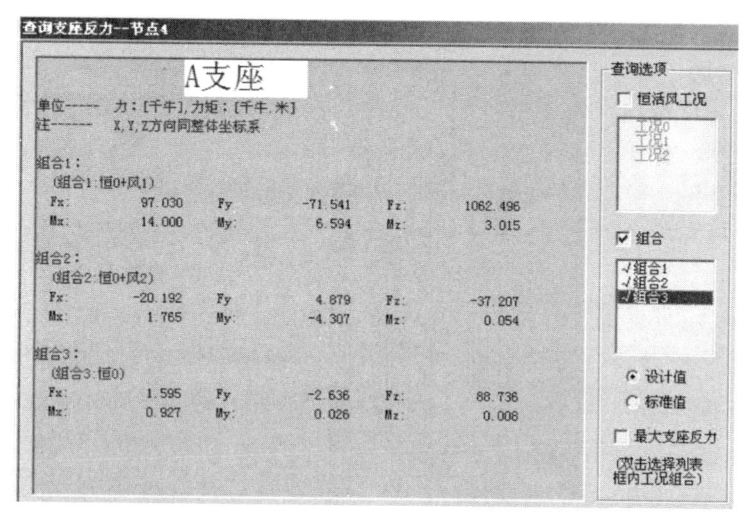

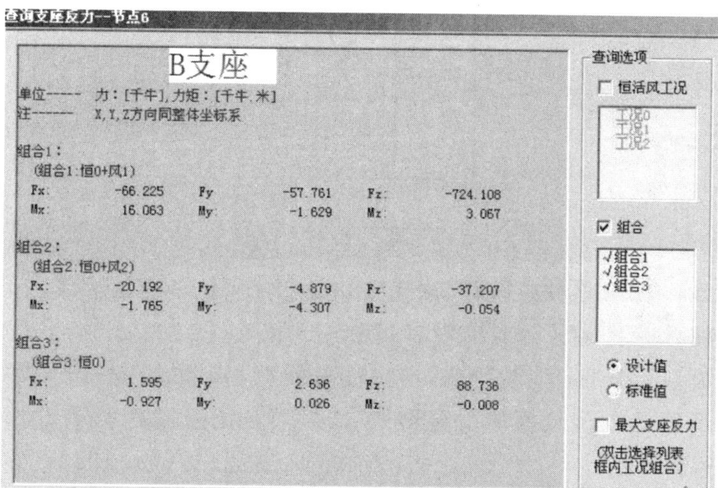

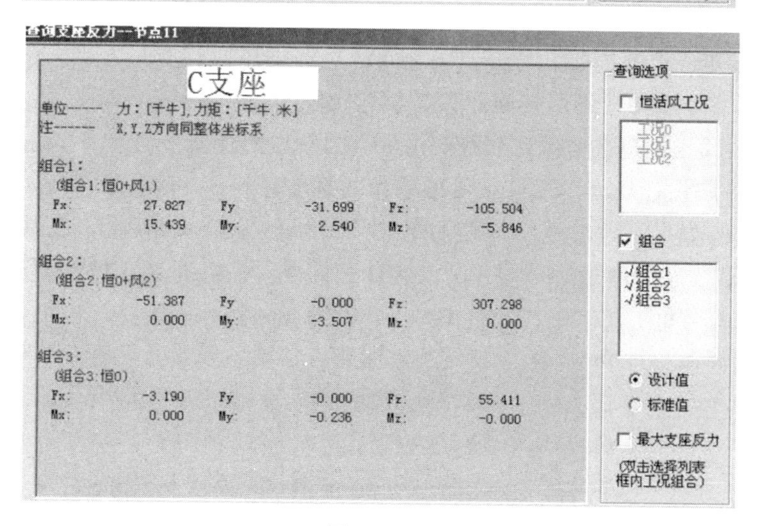

图　2-6-7

设计的柱脚如图 2-6-8 所示，锚栓 Q235、8M39。

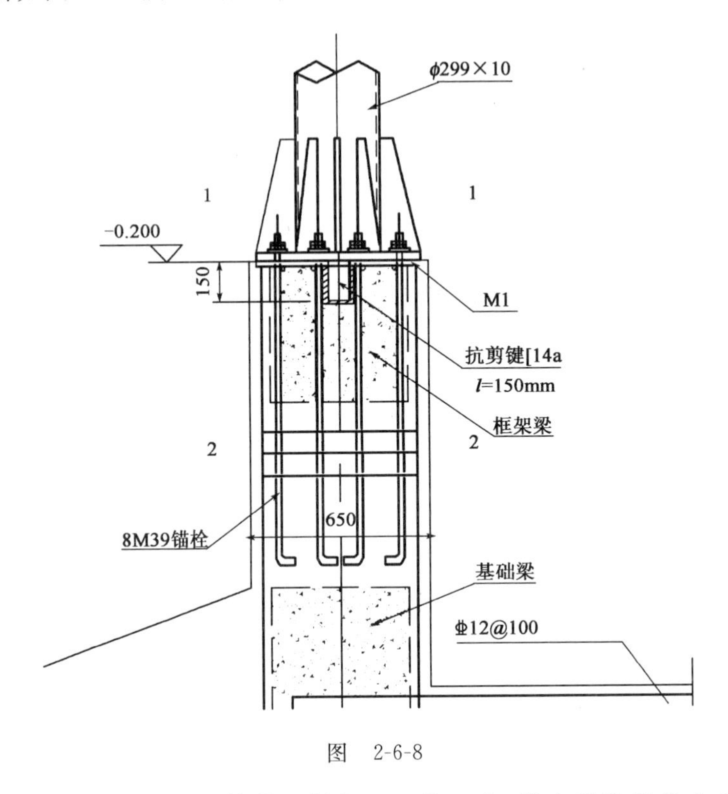

图　2-6-8

柱脚上拔力 N=725kN，锚栓抗拔，采用 M39 共 8 个，单个受拉承载力 136.6kN，请有空的前辈们抽点时间看一下，这样设计有没有问题。

另外我也把模型和图纸一起发上来，希望哪位能有心帮忙检查一下，做这个东西还真没底。主要担心下部钢柱以及角钢的组合形式合理不，还有就是柱脚的设计，以及基础的抗倾覆。

谢谢了。

【ameise】：不知道你的抗剪键与框架梁之间的局部抗压验算有没有做。经常忘记这个，提醒一下。此外帮我看看的柱脚连接问题。

【weiaifafu】：我也做过类似的广告牌，第一感觉是你的柱脚反力偏小，尤其是弯矩。建议你参见《户外广告牌设计规程》，风荷载体形系数的选取。

【jekin】：首先，如果不考虑地震力作用的话，活载得考虑吧。人会上去换广告牌，再考虑 0.5kN/m^2 的活载。柱脚弯矩 M 不大，倒没有什么问题。主要是考虑锚栓抗剪和抗拉力的验算。另外地基承载力也太小了吧。才 80kPa 吗？淤泥都会有 60kPa 了。而你的 F_z 都已经有 1062.5kN 了，最好还是打 PC 桩吧。做个 3 桩承台。

【Mike-cyh】：独立广告牌，单螺旋焊管柱总高 20m，面板 18m×6m 双面矩形广告牌。基本风压：0.70kPa。

经计算：选 ϕ1800×13 的管，支座反力：M=6089kN·m，V=388kN，N=211.10kN。在地脚螺栓的选取上产生了问题。

(1)按《钢结构设计规范》GB 50017—2003 和《高耸结构设计规范》GB 50135—2006：Q345B 的螺栓，抗拉取 180MPa 的情况下；手算，用 D=2350×30 底板和 30M52 的螺栓满足。但用 PKPM 工具箱计算，结果大得出奇：套标准组合内力就需要 D=2900×60 的钢板，36M39 的螺栓，垫板都要 290×44，可能吗？中国的软件真是有点不放心。

(2)Q345B 抗拉强度 250～310MPa，为什么螺栓只取 180MPa？如过我选Ⅱ级钢筋作螺栓，那么 f_y=300MPa，我只取 30M39 的就够了，只是锚固长度按混凝土结构取而已。这个规范差异是怎么回事呢？基于什么原因考虑取 180MPa？

各位朋友，有没有合适的结构计算工具箱软件，推荐一个。

【xxqxxq2002】：**Mike-cyh** 采用 ϕ1800×13 的管？钢管的宽厚比限制为 100 啊，如果是 Q345 钢。就差得更多了。

【Mike-cyh】：To **xxqxxq2002**：这个问题我考虑过，《钢结构设计规范》里有这个构造要求。$D/t \leqslant 100$。但这个构造要求主要针对受压构件，本设计轴力较小(自重轻)，所以不必受此限制。再说，《户外广告设施钢结构技术规程》CECS 148：2003 里没有相关构造要求规定。

【xxqxxq2002】：《钢结构设计规范》里对圆管，不分受弯还是受压，其实都规定：$D/t \leqslant 100$。当然对于受压构件，宽厚比应该限制得更严。但是对于受弯构件，实质上还有一半截面处于受弯状态。

当然有局部稳定问题，规范的条文好像是这么说的(你仔细看看)。圆管的局部稳定承载力很大，但是，它对初始缺陷很敏感。而且，一旦失稳，它的承载力会急剧下降。所以，规范不分是受弯，还是单纯受压，宽厚比 $D/t \leqslant 100$。

我个人认为，受弯构件的宽厚比可以做的大点，但是不要超过规范限值。

Q345B 抗拉强度 250～310MPa，为什么螺栓只取 180MPa？好像手册上这样说的，因为锚栓都要开螺纹的，受力性能不是很好，有应力集中问题，还有就是以前靴梁用的比较多，如果应力取值大的话，必然变形就比较大，这样就会与刚性柱脚产生矛盾了。

【Mike-cyh】：锚栓因为螺纹问题，我觉得有点牵强，因为螺栓或高强度螺栓在这点上相似。但可采用有效截面面积的方法处理这个问题。

二 柱脚锚栓

1 预埋螺栓的设计(tid=115132　2005-11-11)

【yunfeiyang】：目前正在做钢结构设计，想查找关于地脚螺栓的加工要求、预埋长度等规定。但是翻遍了我们资料库的书，才发现关于与基础连接这块儿资料很难找。请问，在哪里可以找到相关资料？

【whb8004】：《钢结构设计手册》(上册)(第 3 版)，中国建筑工业出版社，502～503 页。

【yunfeiyang】：谢了！我查了《钢结构设计手册》(第 2 版)，没有找到！

一般情况下，一级钢预埋深度为 $30d$，那么 M16 的螺栓至少要预埋 480mm，再加保护层厚度，就要 530mm 了。但是我们现在做的房子为有地下室的地上 2 层结构，不想把地梁做得太高。有没有规范规定，可以在螺栓底部加底板，减少预埋长度的方法？如果有的话底板要求多大？螺栓最少预埋要求可以做到多少？

【ok-drawing】:锚栓设计时应计算其锚固长度,而不是锚固深度,所以锚栓的折弯是可以的。

【yunfeiyang】:谢了!是有说法为锚固长度,但是要找到相关标准,来对付所谓专家的论证的!

另外,总要有一个合理的深度吧,如果我锚入100mm后开始折弯525mm,或者锚入更小,或者我干脆与钢筋焊接(假设钢筋为ϕ16),是不是也可以呢?我所说的加锚板也是代替锚入长度的一种做法,只是想找到规范而已!

【boy3】:受力比较大的时候,也可以加锚板,我记得大概有3种锚栓类型。但是加锚板也要满足一定的埋入深度。此时,需验算锚栓受拉,由此形成的混凝土冲切锥体的冲切强度。具体可查《钢结构》(魏明钟)附录。

【xiongang】:《钢结构设计手册》(上册)(第3版),502页有详细说明。

举例:当基础混凝土的强度等级为C20时,锚固长度为$20d$,锚板大小为$3d$,厚16mm。

【fjmlixiaolong】:To **yunfeiyang**:预埋件是不容许和主受力钢筋焊接的,加锚板的确是一种代替锚入长度的方法。

点评:《钢结构连接节点设计手册》和《钢结构设计手册》均有锚栓预埋的详细构造做法。

2 柱脚锚栓孔开大的处理(tid=133104 2006-5-8)

【zhu2005】:各位前辈:我公司现在做一个工程,因为柱脚底板开孔出错,后来又给扩大。但是扩大的孔的直径达到了50~70mm。我想这可不可以用等强的焊条将孔焊上再重新打孔呢?请各位指点了!

【zhu2005】:我刚去量了一下!孔径最大的达到了100mm!还有就是Q235钢用什么样的焊条就可以满足与母材等强的要求呢!

【sss】:开多大孔跟锚栓直径有关系啊,李和华的《钢结构连接节点设计手册》一书中好像规定$D+(5\sim10)$mm。

如果开大些,问题也不大吧,只要满足承载力即可,扩大后的孔可以采用垫板掩盖啊(垫板的孔开得小些,厚度稍微厚些,垫板和底板最后角焊缝焊接)。

【DJJ_999】:个人认为,孔的大小和受力无关,因为是铰接体系。而且,稳定性不是通过螺栓来保证的。

【zhu2005】:谢谢两位的指点!锚栓的直径是24mm,但是孔达到了100mm。按**sss**兄所述的方法处理,要不要保证角焊缝的质量呢?

他们工厂现在开始处理了,就是用气割将原底板割掉,然后再重新焊底板。这样我觉得太费事了!但是没人听我的,没办法!

【zhanghuixs】:开孔过大的部位,柱底板上下面各加一块垫板(厚度16~20mm即可)。垫块周边同柱底板用角焊缝连接。在安装时注意柱底板下加垫板,让垫板承担上部柱的压力,然后尽快进行二次浇灌。地脚螺栓上的螺母一定要焊死防松动。

【zhu2005】:现场的基础部分都已经做好了!加垫板后是不是会影响建筑的标高呢?还有

锚栓也预埋好了的！加垫板后怎样保证上部锚栓的长度呢？

【brucezhang】:不会加块垫板就拧不上螺栓了吧？没那么短吧？

我觉的用焊条把孔堵上，但是不能全焊上，然后再加一块垫板，对标高没影响的。

【接点连接】:怎么会开得这么大啊，24mm 开成 100mm，少见。我也常开的，完后都会用同材质补上原来的孔。

【舒博】:柱脚开孔在钢结构现场安装是比较普遍的，对于开孔小的，可以不需在意，对于开孔大的，可以在柱脚板下加一垫板后补实，这里特别需要注意的是柱脚上的压板必须要三面围焊。

【iamliuhuabiao】:首先回答你的问题，可以。但是可以想象你们不是不知道。你们是在基础定位时没做好用火焰割的，否则也不会再量一次。把孔焊死打磨光滑再打空是可以的，不过只能一次，再做不好，材料就废啦（蓝脆）。

3　地脚螺栓的计算根据（tid＝56122　2004-4-25）

【afforest】:请教各位老师关于地脚螺栓数量，孔径制作是否有规范？应该多少合适？望指教。

【popylong】:用算出来的上拔力来选取地脚螺栓的数量和直径，当然了，这是需要试算的。

【bill-shu】:普通的钢结构设计手册上都有计算方法。

【米米】:地脚螺栓主要承受柱底拉力，其次是固定柱子。螺栓大小、数量可以根据柱受力情况计算确定，锚固长度根据混凝土规范按受拉钢筋计算确定。

【kinsonj】:当底板压应力出现负值时，应由锚栓来承受拉力。另外由于柱脚处的轴力和弯矩由钢柱底板直接传到基础，因此要对基础混凝土的承压强度和锚栓的抗拉强度验算。如果是正值那么就可以按构造来配置。而不用考虑底板和基础之间存在拉应力。

【zerol88】:补充一点，室外使用的话，锚栓直径不小于 24mm。

【doubt】:对于刚接柱脚的地脚螺栓计算，新版《钢结构设计手册》中的计算方法与《冷弯薄壁型钢结构设计手册》中的计算方法是一致的，但《钢结构连接节点设计手册》中的计算可能有点问题，因为其中的两种计算方法结果竟然不一样，不知大家有没有试过。

可以根据公式做一表格，一劳永逸。

不过有一点我也有点疑问：钢柱翼缘内侧的（非形心轴）地脚螺栓承载力取值是否和外侧相同？与地脚板刚度有什么关系？同济大学和山东建筑工程学院的两位老师给出了不同意见啊，那大家意见呢？本人偏向于在地脚板刚度大的情况下折减，即根据应力三角按比例折减，不知是否合适？

另《钢结构连接节点设计手册》上提出了刚接柱脚地脚螺栓承载力设计值应提高 15%～20%，《建筑抗震设计规范》里说明外露式刚接柱脚在 6、7 度抗震区柱脚弯矩设计值乘以提高系数 1.2，若是达不到此富裕量怎么办？

【hgr0335】:通常注意两点：

（1）柱子如不承受弯矩，一般只是承压，只要按柱脚的构造布置螺栓即可。螺栓直径不应小于规范规定。

（2）如承受弯矩，则要计算最外侧螺栓因弯矩而产生的上拔力，按构造布置螺栓，再确定螺栓的直径及锚固的长度。

4 地脚螺栓的计算(tid＝75667 2004-11-9)

【建武】:各位大侠,关于铰接地脚螺栓的计算本人一直没弄明白。查了不少书,但都只有刚接柱脚的计算方法，而对于铰接都是一笔带过。请各位将铰接柱脚的计算公式详细告之，不胜感激。

还有,请教一下天面结构的地脚螺栓怎么计算呢。

【amin138】:柱铰接只需计算两个方向的水平抗剪,地脚螺栓只用于安装时固定。抗剪计算公式应该是 $V \leqslant 0.4N$。N 为上部传到柱脚的压力。

【doubt】:楼上说的有点问题,而且容易让人误解地脚螺栓是用来抗剪的。铰接柱脚中,地脚螺栓一是用来安装固定;另一方面,也是最重要的方面,它是存在上拔力的情况下,将力传递到基础中(在轻钢结构中,普遍存在而且安装时也同样存在一侧受拉的情况),必须验算锚栓抗拉强度。

【amin138】:我没说地脚螺栓是用来抗剪的,地板和混凝土的摩擦力抵抗剪力。"必须验算螺栓的抗拉力"一句好像不妥,很多情况并不存在什么拉力。上部荷载提供的压力 N 一般很大。

【建武】:amin138 兄,好像当剪力小于 0.4 倍的轴力时,才不需要设抗剪键。你所说的公式应该指的是这个吧。

铰接时地脚螺栓主要承受的是向上的拔力,只与风荷载有关,若有一跨距 21m,柱距 6m,风载 0.35kN/m^2,恒载 0.15kN/m^2 的厂房,每根柱采用 4 颗直径 24mm 的螺栓,其每颗螺栓承受的上拔力是不是这样计算的:$(1.4\times0.35\times6\times21-1.2\times0.15\times6\times21)/8=4.88\text{kN}<49.4\text{kN}$?

请高手赐教。

【zcj001】:楼上兄弟的计算方法有误。受拔力最大的是有支撑刚架的地脚螺栓。要考虑支撑对柱脚向上的拔力。$F=[(1.4\times$风载$-1.0\times$恒载$)/2+F$ 支撑 $\sin\theta]/4$。

您的"$(1.4\times0.35\times6\times21-1.2\times0.15\times6\times21)/8=4.88\text{kN}<49.4\text{kN}$"中考虑要加一个支撑的竖向分力,再减去一个 1.0×刚架自重荷载。

【ary】:请问各位高手:与地地脚螺栓连接的钢板厚度是怎么确定的啊?

【ccjp】:To ary:通过钢柱传下来的轴力及弯矩来计算出柱脚板的应力。根据柱脚板被分割的情况,板域可分为四边简支、三边简支、两边简支、悬挑。分别乘以不同的系数,具体系数不在此说明,请参见《钢结构设计手册》(上)。分块计算出所需的柱脚板的厚度,取其中最大的。

【ary】:谢谢 ccjp 兄! 柱脚板被分割您指的是被柱子分割吗? 那在分割面的力是怎么分配的呢? 是不是钢板受剪来确定钢板的厚度? 小弟不才还是不懂! 能不能详细的说明一下呢!

【ccjp】:回 ary:

柱脚底板厚度 t,$t=\sqrt{6M/f}$,f 为钢材抗弯设计值,M 为计算区底板弯矩。根据柱截面和柱脚加劲肋把柱脚板分成的区域确定弯矩系数,再乘以计算区底板下的均布反力。底板按支承条件可分为四边支承板、三边支承板、直角边支承板和悬挑板，每种情况的系数都不一样。就不在这里详细说了，请参阅《钢结构计算手册》(上)(2004版)第498页，如果还有疑问请发帖，给我发邮件均可。

【建武】：很多钢结构书上都有当刚接柱脚的地脚螺栓为4个时(即2行2列)的计算方法，若地脚螺栓为8个时(像STS自动生成的刚接柱脚形式)，用手算的话应该怎样算呢，请高手赐教。

【fwl666】：我也遇到过类似的问题！就是锚栓和锚筋共用时，锚栓只能抗拉，锚筋反而可以抗剪！真是弄不明白了。

【ccjp】：回楼上：从柱脚板上的留孔就能看出来，留孔一般比地脚螺栓大至少5mm，怎么抗剪。锚筋和地脚锚栓不是一个概念。关于地脚锚螺能否抗剪，国内的计算方法都是不考虑的，好像日本的地脚螺栓计算考虑抗剪，有兴趣的话可以查一下。

【hehongshengabc】：上传一地脚螺栓的计算软件。软件界面如图2-6-9所示。

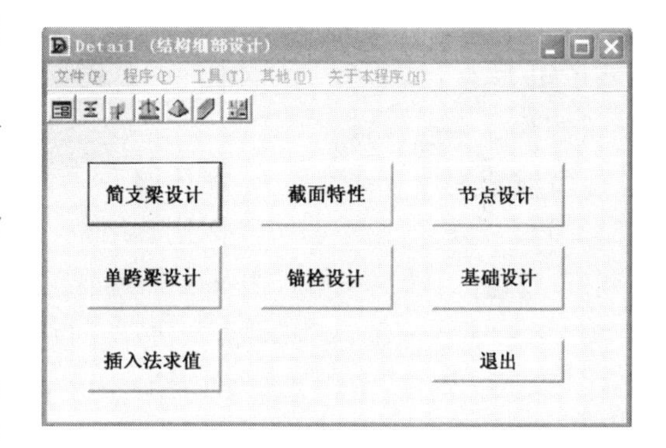

图 2-6-9

下载地址：http://okok. org/forum/viewthread. php? tid=75667

另外，给几个常见问题讨论的链接：

(1)一个刚接柱脚的地脚螺栓设计：http://okok. org/forum/viewthread. php? tid=76246。

(2)目前国内市面上是否有Q345的圆钢(地脚螺栓)：http://okok. org/forum/viewthread. php? tid=29699。

(3)地脚螺栓的选用问题：http://okok. org/forum/viewthread. php? tid=85328。

(4)门式刚架结构中柱脚锚栓的抗破坏问题：http://okok. org/forum/viewthread. php? tid=77419。

(5)地脚螺栓锚固长度问题：http://okok. org/forum/viewthread. php? tid=51688。

5 支座的地脚螺栓预留孔应留多大？(tid=121184 2006-1-6)

【sleepbug】：先要预留孔，要留比螺栓大多少合适，有规定吗？

【czg】：由于支座的地脚螺栓在预埋施工过程中存在一定的误差，所以支座的地脚螺栓预留孔一般应留较大[螺栓直径 $D+(4\sim5)$mm]，支座底板上部增设固定垫板(垫板厚度一般同支座底板厚度)，固定垫板预留孔一般较小(螺栓直径 $D+2$mm)，待支座位置定位后，将固定垫板与支座底板焊接牢固。

一般传统做法都是这样的。

【ButlerBldg】：It is not necessary to have same thickness, the washer plate just need to be thick enough to have adequate welding done. Usually the thickness is 6 to 8 mm.

编者译：两者厚度不必相同，支座垫板只需保证抗弯承载力，一般厚6～8mm。

【jianfeng】：(1)柱脚底板地脚锚栓孔有的资料上说可以是1.5倍的锚栓直径。孔大些主要是考虑锚栓预埋时定位不准。

(2)锚栓螺母垫板预留孔一般较小(螺栓直径 D+2mm)。

(3)钢柱定位后,将垫板与柱底板焊接牢固。

6 预埋螺栓精确度的允许范围(tid=110045　2005-9-24)

【wjyqqqqq】:各位大哥我刚出道,懂得不多,现在我负责一个工地的螺栓预埋。由于方法粗糙,螺栓精确度都不高,并且不太垂直。跟监理商量后采用先浇注,后用锤子校正的办法(顶部上一螺母再敲螺母)。规范上说螺栓允许偏差 5mm,现在我们埋的很多偏差在 10mm 左右,不知道是否可行？不行的话有什么解决办法？

【hai】:为了较好地控制螺栓预埋误差,要做螺栓预埋支架,偏差在 10mm 左右,将柱底板螺栓孔扩孔。

【thgjg】:为了保证螺栓的间距,可以根据螺栓间距加工定位模板,采用 3mm 厚的钢板进行加工制作。一般模板上的孔比螺栓直径大 2mm 即可。四周螺栓距孔中心留有一定的裕量。预埋时把模板套到螺栓上,螺栓的下部与四周的钢筋固定好,进行混凝土浇注即可。相同的螺栓模板可以多做几块,可以倒换着用,从而加快施工的进度。

【bzc121】:因情况了解仅限文字描述意见如下：

(1)如果钢柱未做,可以配孔做柱脚底板。

(2)加工完钢柱,锚栓孔如比锚栓大 5mm,钢柱高大于 10m,锚栓偏 10mm 可以保证安装质量。

(3)如果不能满足上一条条件则要火焰切孔,加大于 12mm 厚垫板。

(4)如果建筑安全等级高,建设方要求严格,钢柱已经做完,应塞焊底板锚栓偏差孔,打磨平,钢柱水平放置,用磁座钻钻孔。

(5)以上做法可以满足标准验收要求。见《钢结构工程施工质量验收规范》GB 50205—2001 中 3.07 条解释。

【jimmy75】:预埋件安装的误差产生的原因主要有:其一是安装时不认真,另一是打混凝土时造成的偏差。所以楼主说的 10mm 实际并不算大,但估计浇注完后,偏差还要继续加大。

埋件偏差靠锤子解决是绝对不行的,这是表面处理,应付业主和质检站。这不仅破坏埋件本身的强度,还削弱连接的稳定。一般处理方法有三种：

(1)扩孔连接,再加垫板补强。

(2)对于偏差很大的情况,补种植化学螺栓顶替地脚螺栓。

(3)现场在柱底板割孔(这种方法不错,但若没有后浇混凝土,会永久暴露在外面,很难看)。

【wjyqqqqq】:谢谢大家给的宝贵意见。这是一个 2 层的钢结构发动机综合实验室,最高处 9m,现在螺栓都已经埋完了。我大概看了一遍,最大的偏差约 15mm,规范要求是 5mm,不清楚对用锤子修正的方法有没有明确的规定？不知道这个偏差什么简单方法能过关(因是分包工程,钢结构现在还没到场)？我现在还是实习生,请大家多多指导。

【doubt】:目前没有什么好的方法纠正,对于较大偏差的只能割掉重新埋化学锚栓,我遇到过偏差最大 25mm 的,而且大面积,每个埋设点都不同,还是土建施工方以及监理等对钢结构施工要求不懂不重视造成的。对于较小偏差,通过与钢结构加工厂家协商,将地脚螺栓孔适当扩大是可行的，对于刚接柱脚应慎重。

【鹄鸪】:(1)在同一螺栓组内的螺栓中心偏差不超过 2mm。

(2)相邻螺栓组的中心距偏差不超过 3mm。

(3)所有螺栓顶的高度差不超过±12mm。

(4)沿同一轴线的螺栓组中心距的累计误差每 30m 不超过 6mm，并且总值不超过 25mm。

(5)螺栓组的中心与其定位轴线的偏差不超过 3mm。

(6)上述(2)、(3)、(4)、(5)条亦适用于不在定位轴线但通过与定位轴线平行和垂直距离定位的螺栓。

(7)基础支撑面的标高允许偏差不超过±3mm，水平度偏差不大于 1/1000。

7 钢柱柱脚铰接时的锚栓有什么构造要求？(tid=209169 2009-3-5)

【xiaotanhua】:柱脚铰接的时候，锚栓的作用一般就是起固定的作用，这样的锚栓有什么构造要求没有？比如说锚固长度、锚栓大小等。

【tfsjwzg】:对门式刚架来说，锚栓最小要选用 M24；锚固长度一般取 $25D$，不过我觉得如果施工可靠的话，满足抗拉要求就行了。

点评：锚固长度应以手册为依据。

8 地脚锚栓的一点问题(tid=148019 2006-10-10)

【xcq111】:(1)地脚锚栓是否属于高强螺栓？

(2)柱脚底板上及锚栓垫片上锚栓孔的大小在哪里有规定？

钢结构设计手册及规范里好像都没有，审图的非要依据。

【aExile】:(1)地脚锚栓不采用高强螺栓，普通螺栓即可。

(2)柱脚底板上锚栓孔的大小为 $d+(5\sim10)$mm，锚栓垫片上为 $d+2$mm，其中 d 为锚栓直径。

【xcq111】:根据软件和例题我也知道如何确定孔大小，但审图的非要哪里有规定，要我出示有效的文字证据。

【山西洪洞人(山西洪洞人)】:(1)地脚螺栓不属于高强螺栓，高强螺栓分为摩擦型高栓和承压型高栓，摩擦型高栓是依靠被连接件之间的摩擦阻力传递内力，螺栓预拉力、摩擦面的情况直接影响螺栓的承载力。显然地脚螺栓不属于此列。

(2)关于地脚螺栓柱脚底板孔，如果不考虑锚栓抗剪的话(另做抗剪键)，底板孔可适当开大，这个孔个人认为应该属于构造范畴，而非受力或极限状态验算等，当然规范对此没有过多提及可能就是这个原因。但是底板孔的边距、中距等均是与此孔径相关的(而不是螺栓的直径)。如果设计时考虑了锚栓抗剪(当然规范不建议这样做)，那么这个柱底板孔就不能开得太大，要不然无法满足抗剪的需要。锚栓垫板的孔应该大于锚栓直径 1.5～2mm。

【xcq111】:我个人认为，地脚锚栓的受力特点是承受拉力，所以锚栓可以归类为 C 级普通螺栓，柱脚底板的孔需要开得大些是为了安装方便；垫片是一个传力部件，按照普通螺栓的构造要求开孔即可，而且在结构安装完毕后，垫片应和柱脚底板焊牢。

【bzc121】:地脚锚栓是否高强度螺栓的问题在于：

(1)地脚锚栓在规范中规定按 140N/mm^2 计算抗拉力，为啥取这个数值，本论坛有专栏讨论。如果采用高强度螺栓，所取抗拉力值要折减(没见到规范有折减相关系数)，如果软件计算将锚栓由 Q235 改为 Q345 相关结果会不一样。

(2)锚栓材质与地脚节点抗剪力(V)有关，《门式刚架轻型房屋钢结构技术规程》、《钢结构设计规范》均规定：摩擦系数取 0.4，锚栓预拉力在《钢结构设计规范》中有计算公式，该规范条文注释中有更详细的解释。

【LXL423】:(1)锚栓没有等级，只有材料之分：Q235 和 Q345。建筑结构上用锚栓最多的就是柱脚锚栓。

(2)柱脚锚栓既不属于普通螺栓也不属于高强螺栓。严格来说，它不属于螺栓。柱脚锚栓一般采用 M20 或 M24。

(3)柱脚锚栓的制造标准应该同普通螺栓的制造标准。柱脚锚栓埋入的长度应该与其与混凝土之间的摩擦力，还有就是锚栓的形式有关。

★**【myorinkan】**:回答楼主的第 2 个问题："(2)柱脚地板上及锚栓垫片上锚栓孔的大小在哪里有规定？钢结构设计手册及规范里好像都没有，审图的非要依据。"

国内规范里，没有发现底板锚栓孔大小的规定。但是大家都在用扩大孔。相信今后会逐步完善。设计手册里有说法。请看李和华主编的《钢结构连接节点设计手册》6.73 节。锚栓垫片(垫板)开孔可按普通螺栓连接孔。

日本钢结构规范规定：底板锚栓孔间隙单侧可为 5mm，这一点和《钢结构连接节点设计手册》差不多。

美国的钢结构规范有底板锚栓孔径表。例如，M30 锚栓推荐最大底板开孔为 51mm。你可以给你们审图老总看。《美国 AISC2005 关于锚栓孔的规定》下载地址：http://okok.org/forum/viewthread.php? tid=148019。

与中国不同，日、美钢结构规范允许锚栓抗剪。所以当底板采用大孔径时，在设计中必须考虑由于剪切面从底板下面上移至地板上面，而造成的附加弯矩。

9 预埋地脚螺栓螺纹损坏，不能使用螺母怎么办？(tid=79735 2004-12-16)

【flywalker】:由于野蛮施工，造成地脚螺栓被撞弯，后经火焰校直后，发现螺纹已经被破坏，即使安装上螺母也不能紧密咬合。有几个处理方案：

(1)将螺母套上，与螺杆焊接。

(2)重新制作一段带螺纹的螺杆，将原螺杆割除打磨平整后焊接(火焰切割可行?)。

(3)将基础短柱砸掉 300mm 高，重新制作一段带螺纹的将螺杆，将原螺杆在基础顶面以下割除打磨平整后焊接，重新浇筑 300mm 高混凝土。

不知道那种方案可行？怎么解决比较理想？

【fwl666】:我认为第 3 种比较可行，但是和原螺杆焊接时候应该再加强一下，比如再用 2 根短圆钢并排放到接头的两边，然后一起焊接就可以了。

【flywalker】:被撞弯接近 90°的地脚螺栓如何扶直？扶直后的螺栓的性能有没有影响？

【kkgg】:要看地角螺栓被撞弯的位置，如果撞弯处没有丝扣，可以直接扶直，扶直后在两侧补焊圆钢即可；若被撞弯的地方有丝扣的话，那么就得将螺栓截断，凿掉一部分混凝土，用后制作好的带丝扣的螺杆焊接，两侧用圆钢补焊。

【jwk2001love】：第2种可行，连接处要焊接好。

【allan】：可能 **flywalker** 兄没把情况说得更清楚一点，不知道是铰接柱脚还是刚接柱脚？

锚栓一般只起固定和抗拔作用。先看锚栓的破坏情况，火焰矫正后锚栓截面损失不大，只是螺纹破坏，计算的时候也有富裕的话，可以换大一号锚栓的螺母放入，套上后，把螺母和锚栓焊牢，两个螺母都焊，用塞焊，做成类似永久防松螺栓形式。这样既不用接长锚栓，也不用再破坏混凝土基础。

锚栓弯曲90°应该问题不大，钢筋冷弯实验里的弯曲角度比90°要大，不过不同直径的钢筋要求不一样。

【flywalker】：是固接柱脚。另外，螺栓螺纹损坏不是因为火焰矫正引起的，而是因为安装龙门吊时将锚栓当做临时固定点却不套螺母的野蛮施工方法将螺纹破坏，比较严重，范围也比较广，螺母安装是个问题，即使修理螺纹后将螺母安装上去，机械咬合力也无法保证。所以，如果不考虑螺母与螺纹的机械咬合力，如 **allan** 兄所言的将螺栓与双螺母直接焊接能不能满足受力要求？

【allan】：锚栓只是螺纹损坏，螺杆本身有没有太大的损坏，可以通过计算确定每一锚栓所承受的拉力，来反算塞焊焊缝强度。如果觉得这样计算困难，可以再采用另外一个方法，道理基本一样，先扶直锚栓，把螺纹清除，采用4根短圆钢焊在锚栓四个方向焊接。这样4道(8道)焊缝都是焊缝，计算起来就容易了，也可以放心点。

正常锚栓受力原理：混凝土锚固→底板→垫块→螺母→锚栓螺纹。

处理后锚栓受力原理：混凝土锚固→底板→垫块→补焊圆钢轴压→锚栓与圆钢之间焊缝。

只要计算能通过，应该是可以的。人们的习惯是看到正常的螺母和螺纹机械咬合才觉得安全。

【jrzhuang】：扶直后攻丝，最后加焊，好用，我用过几次。

最笨的是第3种方法，工期也不允许，不具可行性，不容易实现。

三 柱脚抗剪

1 铰接柱脚抗剪疑问(tid=115860　2005-11-17)

【chxldz】：CECS 102：2002 规定：可以由柱底力 $0.4N$ 的摩擦力来抵抗柱底水平剪力。如果抗剪承载力不够时，须设置抗剪键(如图2-6-10)。那么抗剪键应如何施工呢？

图 2-6-10

柱脚底板和抗剪键的焊接什么时候进行？如果预先焊好，则混凝土的浇筑振捣不好进行，该怎么办？

【卫道士】：关于柱脚抗剪键的设置，一般书上都只说按构造设置型钢。但要是按照传力途径分析计算，剪力由柱底板通过焊缝传递至型钢，再传递至局部混凝土。很多情况下根本不够，即便考虑全截面屈服。

所以我一般都是比书中的“构造”保守得多，按柱截面匹配用HW。

抗剪键预先焊在柱底板上,翼缘坡口对接、腹板等强角焊缝,留二次浇灌层,高一级微膨胀细石混凝土充填。

点评:抗剪键可采用角钢等。应在出厂前与构件焊好。

2 刚接柱脚是否需设抗剪键?(tid=58885 2004-5-21)

【snailingg】:刚接柱脚是否需设置抗剪键?

【lzh】:我以为按《钢结构设计规范》8.4.13条执行。

【zweih】:同意lzh的答复。如柱脚底板与混凝土基础间的摩擦力不够抵抗水平反力,应设抗剪键。注意抗剪键的设置不能与混凝土基础中的钢筋打架。

【ozxm0004】:抗剪键主要是传递水平反力,当钢柱底面与基础表面的摩擦力不足以抵抗水平反力时,一般在柱底板中心设抗剪键。

【lx-mlm】:国外规范是考虑螺栓抗剪的,而中国规范不考虑,偏于保守的。所以,即使不加抗剪键,如按照外国规范算够,我觉得也没必要加。

【英雄之无敌】:按《钢结构设计规范》8.4.13条要求,好多设计软件在设计刚接柱脚时,均要设抗剪键。作用是:当钢柱底面与基础表面的摩擦力不足以抵抗水平剪力时,由抗剪键来传递水平反力。

以前按照老规范做工程时,曾就此问题与中国建筑科学研究院专家探讨过此类问题,国内规范没有考虑锚栓抗剪,这是不符合事实的。事实上大家都知道锚栓在一定范围内是有抗剪作用的。本人在做工程时除非柱脚水平反力太大,一般是不加抗剪键。

【framer】:据我所知,现在施工单位大都没有设抗剪键。因为施工有难度。所以现在就算在设计中加了抗剪键也不见得能得以实施,因此也得考虑这方面因素,考虑锚栓抗剪。

【飞天】:谁在设计柱脚时,考虑锚栓的抗剪了?通常,锚栓仅考虑抗拉,即抗拔而已。抗剪键就是考虑到柱底与基础接触面的摩擦力不足以承受水平剪力时($V \geqslant 0.4N$时,需要设置),由抗剪键承受剪力。

【cHZH】:其实大多数结构中,柱脚水平剪力都不是很大,底板与混凝土间的摩擦力足以承受。而在实际的工作状态中,拔力和剪力很少能够同时达到最大,故一般可以将锚栓的垫片(足够厚)与底板围焊死,这样就可以将不是很大的剪力由摩擦力和锚栓共同承担,安全系数增大了。

【huihui88】:曾经碰到过这么一个工程,柱底面埋入地下400mm,这样的钢柱是否可不设抗剪键?

【lczhou】:《门式刚架轻型房屋钢结构技术规程》第7.2.20条,以及《钢结构设计规范》第8.4.13条规定:柱脚锚栓不宜用于承受柱脚底部的水平剪力,此水平剪力(Q)可由底板与混凝土基础间的摩擦力($F=0.4N$),或设置抗剪键承受。判断柱脚是否需设置抗剪件的原则是:$Q \leqslant F$,柱脚不需设置抗剪键,否则需设计抗剪键。所以,区分柱脚是否需设置抗剪键,并不是柱脚的型式(铰接或刚接),而是根据其受力情况确定。在实际工程中,通常单层门式轻型钢结构厂房的柱脚,不论刚接或铰接均需设计抗剪键。因为单层门式轻型钢结构厂房的自重较轻,在风荷载作用下，产生上拔力及水平剪力，柱底与混凝土间不存要摩擦力，此时如柱脚没有抗剪键，柱脚锚栓同时承受向上的拉力及水平剪力，为拉弯构件。对于由普通钢筋制成的锚栓是相当不利的，所以一般规范都不允许用柱脚锚栓来承受水平剪力，柱脚锚栓的作用仅为：

(1)钢柱安装时定位。

(2)承受竖向拉力。

而在带夹层的钢结构厂房或多、高层钢结构建筑中，由于其竖向荷较大，底板与基础间的摩擦力较水平力大，柱脚一般都不需设置抗剪键。

点评：虽然国外规范允许锚栓参与抗剪，但有严格的构造要求。我们设计中不可断章取义。

3 大家帮忙看看抗剪键(tid=119999　2005-12-26)

【lllppp33】：谁能告诉我抗剪键为什么要如图2-6-11这样做，有什么根据？

【山西洪洞人(山西洪洞人)】：看此情形是双向抗剪键。也就是抵抗双向的剪力。

【maozhiyong2005】：顺便问一下，抗剪键应该用什么做？做多大呢？

【qingjun20001】：抗剪键(shear key)没有要求必须做成什么样，看习惯。用短工字钢的多一些，但是现在的《门式刚架轻型房屋钢结构规程》提到可以用十字板的形式，所以很多钢结构厂家就用了，这样可以废物利用吧，便宜些，国外也有这样做的。本人和一些朋友不太喜欢此做法，习惯于用短工字钢。shear key肯定可以抵抗双向的剪力。

图　2-6-11

【xiangyugao-2】：门式刚架中抗剪键的形式很多的，短槽钢、角钢、短H型钢和钢板都可以的。

【bzc121】：抗剪键设置是在锚栓与基础摩擦力不能满足抗剪力情况下的补强，抗剪键抵抗的主要是强轴方向力，抗剪键的抗剪力是设计剪力与柱底板摩擦力的差值。抗剪键设计应能满足剪力差。十字抗剪键可以，只要与底板焊接焊口能满足剪力差即可。

【dingrenzhen】：不要拘泥于什么形状，短槽钢、角钢、短H型钢和钢板都可以。只要是满足结构的安全就可以了。

【zhz129】：如果是单向受剪，则做成十字板没有意义。

【lwx】：To **bzc121**：一般锚栓不用来抗剪，只是用来抗拉锚固。

【我主沉浮2005】：当剪力大于轴力的30%时，一定要设抗剪键，采用十字钢板比较好一些，事先焊在柱底，并在基础上预留缝隙，以便安装！

★**【法师】**：**zhz129**提及："如果是单向受剪，则做成十字板没有意义"。

即使是单向受剪，也建议做成十字或用槽钢什么的，等于给抗剪键的承压面加了加劲肋，因为抗剪键是要考虑弯剪共同作用的(剪力及剪力偏心产生的弯矩)，而并不只是纯粹受剪力。

图　2-6-12

而且做成一块小平板，在吊装、运输过程中抗剪件极易变形破坏（如图 2-6-12 中变形的突出的一字板），还是做成十字好。还有一点小小的好处，十字是对称的，如果做成一字的，万一制作时给焊成与原设计成 90°了，有可能插不进抗剪槽。

【xwl】：柱间支撑处，柱脚存在两个方向的剪力，有必要用双向抗剪键。

【bigger】：楼主图片中的翼缘加劲肋看上去放得好奇怪啊。

【ybyb5599】：抗剪键的首要作用是抵抗剪力，限制柱脚在某个方向发生位移。不允许锚栓抗剪，是因锚栓与底板孔配合间隙大，起不到限制位移的作用，故用不用抗剪键，要看柱脚节点能不能和需不需要限制位移。

4　柱脚抗剪键太大能否替代（tid＝141565　2006-7-27）

【XIE644103】：我现在做的工程，柱为箱形柱，底部抗剪键为 H300×150×10×12，钢筋（顶部主筋）间间距为 200mm，放不下抗剪键。问设计要求把钢筋搬开，但土建监理认为顶部的主筋不能变，怎么办？

【pingp2000】：其实这样的问题在做设计的时候就需要注意。基础柱的钢筋往往很密并且粗，很需要注意地脚锚栓、抗剪键与柱内钢筋甚至箍筋、地梁纵筋相碰的问题。

钢筋的间距为 200mm，我觉得挺小啊，看数据我个人判断你的工程不大，基础受力不大，抗剪键不需要那么大才对。如果是这样的话，我个人认为可以将主筋切短。不知道你的混凝土柱截面多大？最好能把抗剪键截面改小。

四　柱脚刚度

1　固定柱脚计算（tid＝139926　2006-7-11）

【合肥三元】：在风载和恒载作用下，柱脚为固接，这时可能弯矩和上拔力会同时出现，请问，这种情况下该如何计算该固定柱脚？

【V6】：这个问题应该问的明确些。首先没有明确刚接柱脚的类型，刚接柱脚有外露式、外包式、埋入式等类型。我理解你想问的是外露式，因为你说是上拔力与弯矩同时出现，一般轻钢结构会有这种情况出现，轻钢结构一般用外露式刚接柱脚。

外露柱脚主要计算有 2 个方面：一为锚栓直径及数量；二为柱脚底板厚度。你说的这种组合工况可能对锚栓来说是最不利的工况，单侧锚栓拉力为弯矩产生的拉力附加上拔力产生的拉力，锚栓计算建议按此工况控制。

底板厚度计算分 2 种工况：

（1）按照基础顶面的最大压应力控制，这种情况下为其他组合工况，一般为轴力和弯矩最不利组合工况，把底板分块，按不同的支撑条件计算。

（2）按照锚栓拉力计算，这时你说的工况应该起控制作用，计算出锚栓最大拉力，再计算底板厚度。

计算方法一般的节点计算手册上都有。

2 柱脚铰接节点处理(tid=69496　2004-9-8)

【西湖农民】:在下做一个幕墙钢结构如图2-6-13所示,柱高14.5m,ϕ400×10圆管。由于是在地下层梁上,故要求柱脚为铰接,该如何实现呢?我的初步想法是在柱的中性轴上设一排化学锚栓,或则在靠近柱的中性轴上设两排化学锚栓,可行吗?

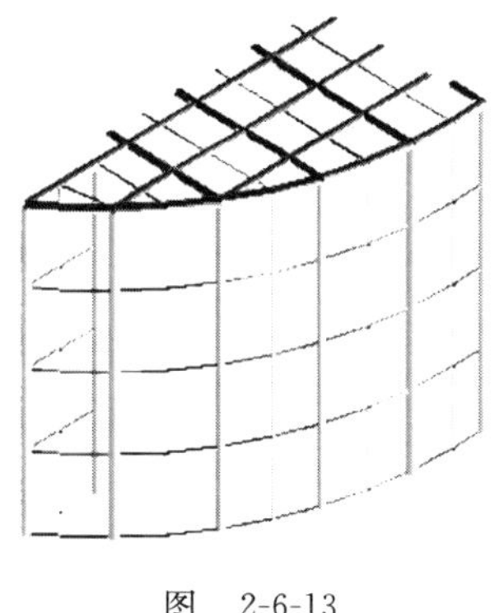

图　2-6-13

【珞珈放牛2008_2】:可以加法兰盘,用化学锚栓,但要注意锚固长度。

【doubt】:铰接意味着只传递轴力和剪力。不好设抗剪键时,就得验算化学锚栓的抗剪承载力,应该没有上拔力,将柱顶与屋面弹簧片连接,不需验算抗拉承载力。化学螺栓贵而且破坏混凝土梁,能少则少。

【builder1573】:可以做成铰接柱脚,但化学螺栓太多了。你可以去查喜得利化学锚栓的规格,那里提供螺栓的受拉承载力设计值。你必须采用植筋的做法。

【wxh80】:遇到这种情况我一般都是采用植筋,用喜力得结构胶,和用化学螺栓差不多的钱,但效果比化学螺栓好,我今年在昆明做了一个工程,植了150多根M20的化学螺栓,用了4000多元。

【李晓德】:我正好对刚接与铰接柱脚有想法。从定义上讲,刚接能传递弯矩,柱脚就应在钢柱主轴方向设肋板,用于抵抗弯矩。铰接就不用沿主轴方向设肋板。如果铰接按刚接设计,就是浪费材料而已,受力上完全满足。所以**西湖农民**幕墙以圆管作为的柱子,计算上应为铰接,而我沿柱脚沿四个方向设肋板。

【西湖农民】:我比较同意**李晓德**兄的看法,对于那些不是绝对铰接的节点,计算构件时候按铰接,计算埋件时按刚接。这样应该安全了吧?

【三清山】:化学螺栓是比较方便的施工方案,柱底焊接16mm厚以上底板,螺栓的个数大于柱截面最大抗剪力/单个螺栓的抗剪力即可。抗拔力往往比较复杂,一般可不计。布置位置没有特别要求,均匀分布即可。

3 钢管柱脚怎样实现铰接、刚接?(tid=164120　2007-5-1)

【xiaotiantian】:钢管柱脚,一般锚栓位置在钢管外边,怎样保证柱脚与基础刚接或者是铰接?铰接与刚接有没有严格的界限?如图2-6-14所示。

【gbj1982】:铰接和刚接当然有区别了,刚接的话直接把柱角焊在锚栓的钢板上就可以了,铰接的话在柱角下焊钢板与锚栓的钢板连接呀。

【lake】:刚接与铰接是个相对的概念,不存在绝对的刚接或铰接。刚接与否,主要看节点对构件相对变形约束的强弱。

刚接与铰接只是结构计算的一种简化处理,应尽量与实际相符。

点评:刚接通常需要设置加劲肋来满足刚度、强度以及局部稳定的要求。

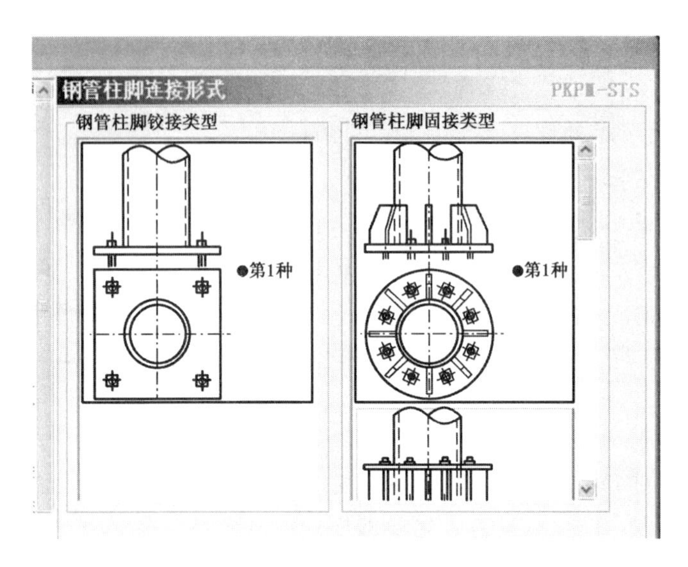

图 2-6-14

4 看一下这个整体性柱脚节点(tid=37545 2003-9-16)

【flywalker】:如图 2-6-15 所示整体性柱脚节点,感觉加工比较麻烦。大家帮忙分析一下这个节点。

【lijingas】:这个节点是靴梁的做法。靴梁的构造本来就是很麻烦的,不过像这样大的截面,平板基础刚度肯定是不够的,因此就麻烦些。

让我感兴趣的是你这是什么工程,要用到如此大的截面,是否可以考虑组合截面要经济些呢?同时觉得腹板好像有些厚,不知道基于什么考虑,我想如果薄一点,在计算中可以不考虑失效部位,GB 17—88 中有描述:如果柱腹板截面高厚比不满足的话,可以采用纵向加劲肋加强后按全截面考虑,或在验算截面时只考虑腹板的有效截面,即腹板计算高度边缘范围内,两侧宽度各为 $20t_w\sqrt{235/f}$。但计算构件稳定系数时,仍按全截面计算。

另外,我看柱上横向加劲肋比较密,不知为什么,因为柱是压弯构件,横向加劲肋对板件的局部稳定性好像没有什么作用。

【老刀】:(1)该柱脚做法是有道理的(较大弯矩的带靴梁的刚性柱脚),但为了施工方便,支承托座板上地脚螺栓孔处可开缺口(开缺口后,应注意垫板须与支承托座板焊牢)。

(2)柱腹板厚度不算厚,按构造及计算可能还不够,故设计者加设了横向加劲肋,但个人认为同时设纵、横向加劲肋可能好一些。

【flywalker】:我觉得图 2-6-16 箭头所指的加劲肋,应该看成为靴梁板,应该通长(原图不是),横向的加劲肋断开。楼上兄弟觉得如何?

【okok】:靴梁柱脚的做法个人用的比较少,一般用底板形式或埋入式柱脚。柱子 9m 多高,估计轴压力不大,水平力产生的柱脚弯矩比较大,(柱身横向加劲布置的多也给我水平力大的印象),埋入式柱脚比较好。

flywalker 提及:“我觉得下图红箭头所指的加劲肋应该看成为靴梁板,应该通长(原图不是),

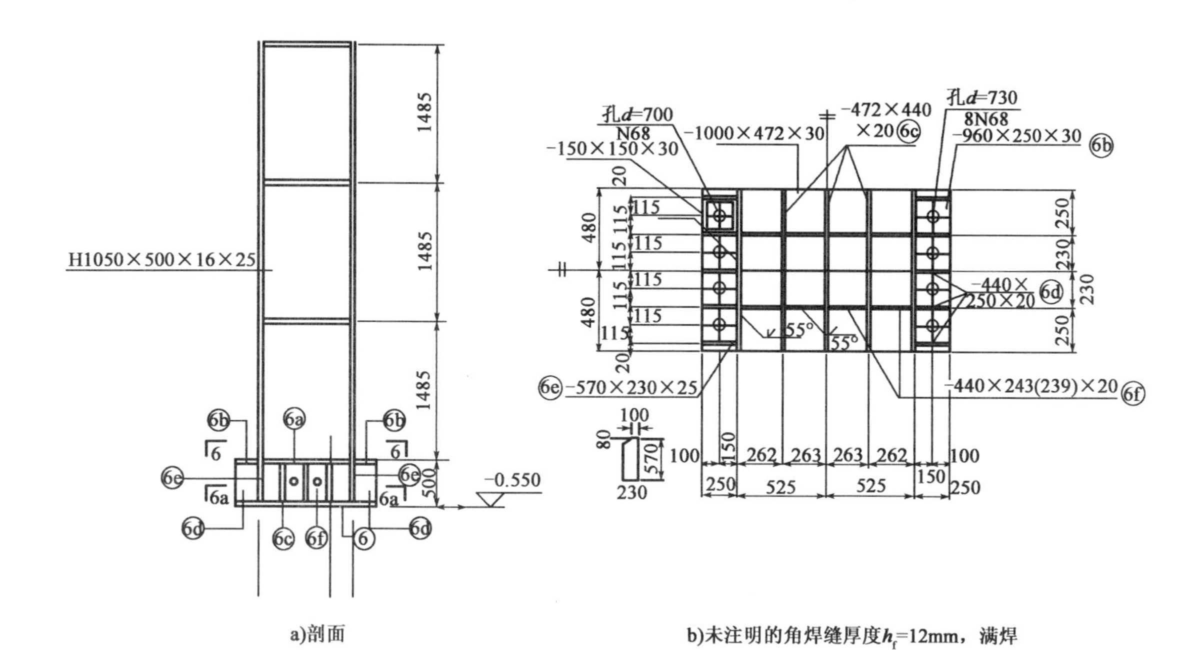

a)剖面

b)未注明的角焊缝厚度h_f=12mm，满焊

c)未注明的角焊缝厚度h_f=12mm，满焊

注：中间的四个孔是排气孔

图 2-6-15

横向的加劲肋断开。"原图可以焊接，改变后，中间的加劲板无法焊接。设计要同时考虑受力的合理和加工的可能等。

lijingas：提及：(1)觉得腹板好像有些厚，不知道基于什么考虑？

普钢或重钢中，对于 25mm 厚翼缘来说，16mm 厚的腹板不能再减小了。腹板要对翼缘提供约束，自身也有局部稳定的问题。H1050×500×16×25 是焊接组合截面，翼缘和腹板的焊缝尺寸，最小受翼缘厚度控制，最大受腹板厚度控制，这也要求翼缘与腹板的厚度不能相差太大。

(2)我看柱子上横向加劲肋比较密，不知为什么？

见图 2-6-17 的 truss 效应。

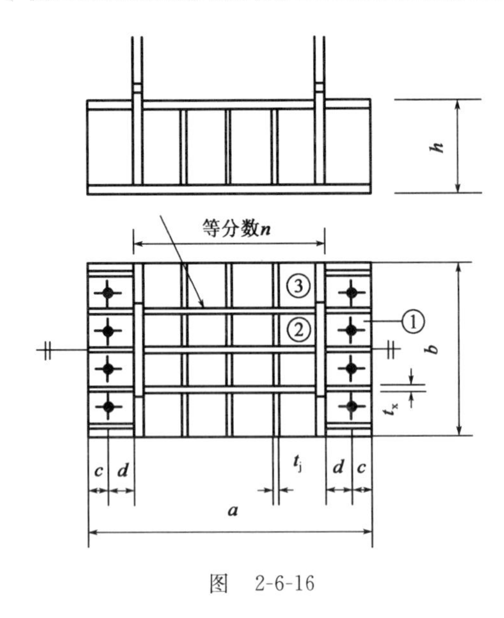

图 2-6-16

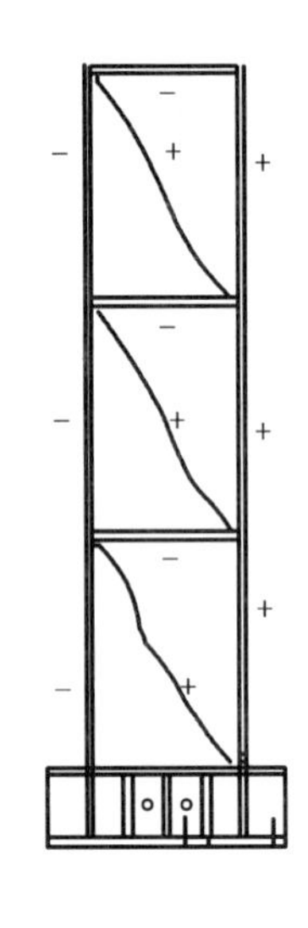

图 2-6-17

【flywalker】：不好意思，没有把这榀刚架贴全。我觉得这个帖子应该归属于“厂房钢结构”栏目。

下载地址：http://okok.org/forum/viewthread.php? tid＝37545

【mayuanwx】：从全图可以看出这个刚架的两边柱不是一样的，左边的上柱向里侧齐，右侧的上柱向外侧齐，这样吊车对柱子的作用也不一样，为什么不做成一样，还有这样的柱脚节点很麻烦，可以做成插入式柱脚。

【flywalker】：(1)左右柱子不一样是因为左端柱子要避让原厂房。

(2)左端是插入式柱脚，利用原基础，右端是外露式柱脚，新基础。

【风中的沙粒】：为什么不都做成插入式，这么长的柱子，不设置拼接节点，运输可能是个大问题？

5 大家帮忙评价一下这是刚接柱脚还是铰接柱脚？(tid＝15711 2002-10-9)

【1978331231】：我用 SSDD 做的一个刚接柱脚，如图 2-6-18 所示，被一家设计院的同仁认为是铰接的，很不服气，希望各位同仁帮个忙讨论讨论。

下载地址：http://okok.org/forum/viewthread.php? tid＝15711

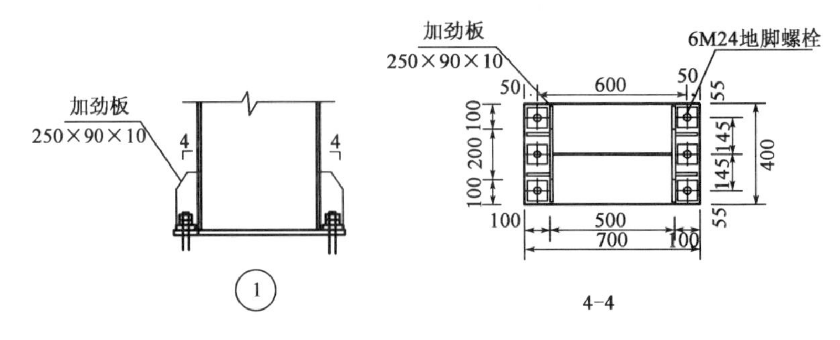

图 2-6-18

【梁填恬】:何为铰接?不能传递弯矩!你的大样正是刚接。如为铰接,则螺栓应为一排且与刚架方向垂直或开较大的螺栓洞,既允许柱脚转动。

【etang】:你的本意是做刚接,也有这种做法,但是你的柱脚底板用20mm厚(根据10mm厚板现量折算),用了3个M24我想应该不恰当。而且这种柱脚我也一直认为容易有转角,建议修改形式或加厚底板重新计算。

【贡献】:是刚接柱脚。但是不太符合刚接柱脚的"锚栓的屈服在柱、柱脚底板之后"的原则。

【大头盛】:实际上是铰接,如贡献兄所说。我刚做了一个柱脚,如图2-6-19所示,截面差不多的。

下载地址:http://okok.org/forum/viewthread.php?tid=15711

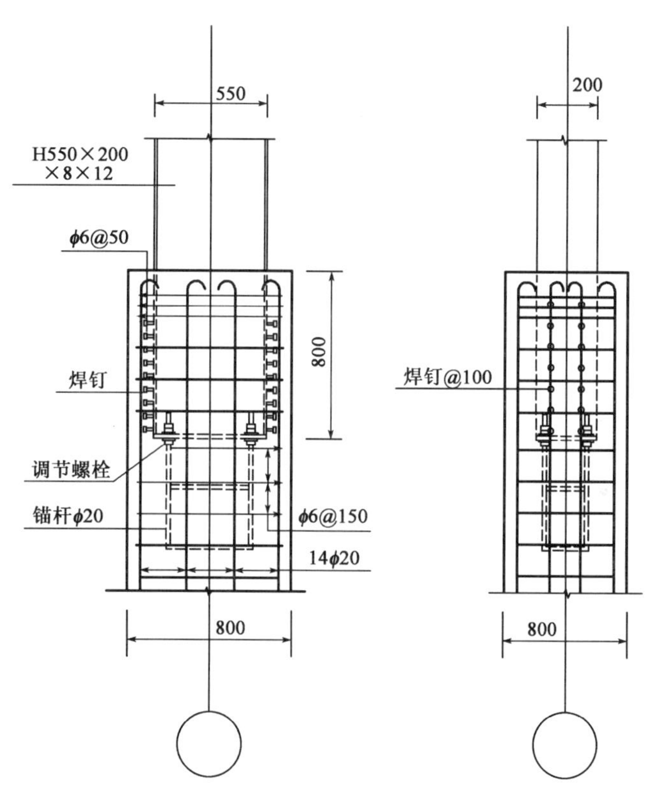

图　2-6-19

【X1Q2H3】:我觉得,不能简单地认为螺栓布在柱外侧就认为是刚接,主要看能不能传递弯矩,如图中要是底板厚度未标,若是不够厚(刚度不大),变形(转角)大,一样也可以认为铰接或是非刚非铰。

【四丰】:(1)《门式刚架轻型房屋钢结构技术规程》CECS 102:2002 48页,推荐了一种简单的刚接柱脚形式。

(2)结构相对简单,可传递较小的弯矩(以计算为准)。若螺栓较小或底板较薄应根据内力情况计算调整,形式应定性为刚接。

(3)与其他刚接柱脚比较,各有适用范围,具体情况具体分析。

(4)STS软件中也有这种刚接形式。对于门式刚架中,小吨位吊车(10t以下)还是可以的。多层框架也有采用的。

【呆呆虫】:应该算刚接,但构造不合理。柱脚应在腹板中央位置设加劲肋,这样对底板及柱腹板均有利。

【ch237】:是刚接柱脚。但柱脚弱轴方向处理不是很好,另外你的刚接节点构造措施没有。

建议加大柱脚板宽、厚,弱轴方向同样设螺栓和加劲板。因为这节点很容易转化绕弱轴的转动。

【chenming】:可以算成刚接,何不在中间加两个锚栓,这样底板也就不用太厚。

我在陈绍蕃主编的《钢结构原理》一书中看到,两个锚栓的柱脚(我们所认为的典型铰接)其实在柱子有很大的轴压力时(也就是底板与混凝土不分离时,也可认为不出现拉力)接近于刚接(可抵抗很大弯矩)。在通常的门式刚架轻型结构中,风荷载很大,柱轴压力一般不大,在这种情况下不可认为接近刚接,还是认为铰接。所以说铰接和刚接并没有一定界限,关键看能否在各种荷载组合情况下有效地传递弯矩。

【郭先生】:仅将柱脚埋入地坪下并不能说明柱脚就是刚接的,如果铰接柱脚也简单埋入地坪下就说是刚接能行吗?刚接柱脚必须能将弯矩传给基础短柱。

从图 2-6-18 中看,柱高 500mm,柱底的弯矩应不太小,图中连接方式不能有效地将弯矩全部传下去,这样的形式应用于柱断面较小的连接中是比较可行的,500mm 高的柱应采用带靴板的柱脚。设计院的观点不完全正确。

【贺兰山缺】:无疑是刚接,当然没有绝对刚接或铰接,底板厚度尚可,但由于加劲板多等于加强了底板厚度,所以当然可以视为刚接。

【南华人】:仅能算一个半刚接,若底板刚度满足要求,在强轴方向是刚接。但在若轴方向却是铰接,一般在工程中柱脚若要设计成刚接,强轴和弱轴两个方向都应设计成刚接。

【一般不回家】:不考虑你没有提供的情况,可以认为是刚性节点。但需要补充:

(1)底板区格为 200mm×500mm,三边支撑,局部稳定够不够,未提供底板厚度。

(2)螺栓间距为 600mm,M24 共 3 根,能不能抵抗柱底弯矩,我认为不是螺栓太小,就是柱断面太大。

(3)您说的埋深 300mm 与刚接还是铰接无关。

(4)最好在强轴处补 2 个锚栓。

(5)有些兄弟提到设靴梁,没有必要,由等应力原理可知。

【lifalun】:这个柱脚我最熟悉啦,一个方向铰接 ,一个方向刚接,这个是设计院里的标准图。建模型时,使用 staad 定义支座,释放一个方向弯矩就 ok。

【blue11111111】:用 3D3S 9.0 计算时,只要是刚接柱脚,柱脚底板最小是 30mm 厚,地脚锚栓最小是 M30。看形式你想做成刚接,但底板和锚栓都不足。

【64474474li】:我认为也是刚接,可能设计院是看到你柱宽度太大,地脚锚栓不能完全约束柱脚,故采用铰接计算。建议能否加大底板宽度?

【克克】:从构造上可认为柱强轴方向为刚接,柱弱轴方向为铰接。但要根据柱底弯矩核算锚栓是否满足要求,柱高范围内的柱底板(三边支承,一边悬挑)是否满足要求。

【lifalun】:我们公司标准图就是这种样式,不过我们都是按照强轴刚接、弱轴铰接计算的,也就是将一个方向的弯矩释放用 staad 软件很容易实现这个假定。

另外楼主用500mm×200mm的钢柱，螺栓应为6-M36，柱脚底板为800mm×660mm×36mm，肯定能满足，我们都是按照最不利条件给出的标准图。

6　柱脚刚接(铰接)是因为有加劲板还是锚栓？(tid＝97400　2005-6-1)

【rong】:柱脚刚接(铰接)是因为有加劲板还是锚栓？欢迎大家讨论。

【yunnanmuyu】:刚接为节点设计中限制了转动，铰接是节点设计中不限制转动。这与用加劲板还是锚栓没有根本的联系。只不过在实际的设计中，人们多采用加劲板来限制柱脚的转动从而形成刚接。如果不限制转动只在腹板处做锚栓连接。

【rong】:其实我的意思是:柱脚节点采用怎么样的构造形式，才能认为是固接柱脚？**yunnanmuyu**提及“只不过在实际的设计中，人们多采用加劲板来限制柱脚的转动从而形成固结，如果不限制转动只在腹板处做锚栓连接”。如果说和加劲板没有联系，那为什么用加劲板可以限制柱脚转动呢?

【yunnanmuyu】:我并没有说只要用了加劲板就可以限制转动。你可以做个简单的试验。看看加劲肋如何限制柱脚的转动的;另外理论上说锚栓也可以限制柱脚转动，只要设置位置得当也能形成刚接。比较一下刚接和铰接的本质区别，以后你对这个问题就比较清楚了。

【暴风】:对于刚接柱脚，如果柱底板有足够的刚度，不变形，则肯定是锚栓起锚固作用。但是，当柱上部荷载较大时，柱脚底板按计算结果面积也很大，如果不加加劲板分割成小块，柱底板会非常厚，而且也难以保证不变形。因此加加劲板的目的是将柱底板分割成小块，减小底板厚度。

★**【yunnanmuyu】**:是不是可以这样理解:加劲肋的主要任务是用来协助柱将荷载较均匀地分布到底板(也可能是因为此所以减小了底板的厚度)，所以在底部铰接柱设计中也可以用加劲肋，只是放在翼缘内腹板两侧。

越讨论越有意思了，有刚接柱脚的图片吗？将典型的刚接柱脚和铰接柱脚贴上来对比，也许还会有更多的发现。

【dog】:先说一下柱脚连接的个人看法:

通常柱脚连接可分为刚接、铰接和半刚性连接三种形式，刚接和铰接是一种理想化的连接形式，半刚性连接才是实际工程中最常遇到的一种连接形式。

所谓柱脚刚接是指柱脚没有任何转动即完全嵌固。而铰接是指不传递任何弯矩，可以自由转动的连接形式，显然这在实际工程中很难实现。半刚性连接对柱脚的嵌固程度介于刚接和铰接之间。由于半刚性连接在结构整体计算中不易模拟，所以我们进行结构整体分析时将柱脚假设为理想化的刚接和铰接形式(现在有些结构设计软件可以进行弹性约束的分析)。

(1)柱脚刚接是通过锚栓的抗拉和柱脚底板的抗弯实现的，要达到足够刚性应满足锚栓有足够的抗拉能力和底板具有无限刚性两个条件，只有同时满足这两个条件柱脚才不会转动。

(2)柱脚铰接是指柱脚可以传递轴力，通过柱脚锚栓的抗拉(柱子受拉力)或底板的抗压(柱子受压力)实现的。

(3)半刚性连接主要是指柱脚底板并非无限刚性，可以转动。关于柱脚半刚性连接的研究目前有许多资料可查。

为了方便工程应用，规范对柱脚嵌固度较大的柱脚界定为刚接形式，而柱脚嵌固度(转动约束程度）较小的连接界定为铰接，如上海市标准《轻型钢结构设计规范》DBJ 08-68-97，国家标准《门式刚架轻型房屋钢结构技术规程》CECS 102：2002 等都给出了柱脚刚接和铰接的连接形式。

★**【dog】**：补充说明：柱脚加劲肋的主要作用是增加底板的刚性，增加底板的转动约束程度的。

【bc476david】：(1)柱脚底板为扩大传力面积，减少基础负担。

(2)加劲板作用如下：

①将杆件的力均匀传给底板；

②提高柱脚抗弯刚度，保证强节点弱杆件（抗震有利），节点处不首先破坏；

③承载可能产生的扭转；

④增加杆件与底板的焊缝长度，抗拉拔和压力和弯矩都有利，增大安全储备；

⑤保证个别板件的局部稳定，防止压屈失稳。

(3)锚栓是传力构件，负责把钢柱脚的力传给混凝土基础（通过抗拉），对于刚度的影响在于数量是否足够（主要是受拉侧承载力和位移）。

(4)柱脚的直接刚度来自于底板的厚度，越厚刚度越大；如果加劲板，可以考虑减小底板厚度，因为有了劲板相当于整个底板在受轴力为主，基本没有弯矩了。

(5)抗剪刚度来自于底板与混凝土间摩擦，基本不考虑锚栓的抗剪，因为锚栓与底板抗侧连接并不牢靠；摩擦不够，就要考虑抗剪键。

【mrlee】：锚栓的作用大家意见一致；柱脚底板加劲板的作用，无非是改善底板的刚度，我认为它体现在 2 个方面：

(1)柱轴向压力作用下，加劲板成了底板的支座，类似于钢平台板的加劲板。

(2)柱弯矩较大时，如果一侧翼缘受拉，底板处会形成撬力，这时候的加劲板类似于梁柱端板连接时的端板加劲板。

【hehongshengabc】：刚接还有一个条件就是必须埋入混凝土下面至少 300mm，以减少它的转动和抗剪作用；另外，刚接的柱脚处连接板加劲板较多，埋入地下可起增大使用空间作用。

【Q420D】：这就是规范中提到的“埋入式”连接了。还有一种“外包式”不同样也是刚接嘛。所以，是否刚接（铰接）与加劲板和锚栓并没有太大的关系。钢筋混凝土可以起同等的作用。

【duxingke】：刚接柱脚是柱脚螺栓和加劲板共同保证的，非埋入式柱脚只能靠两者共同作用才可以，加劲板就是以前我们说的靴梁。

★**【allan】**：柱脚刚接还是铰接与加劲板和锚栓都有关系。刚接和铰接都是一定条件下的相对假设，没有绝对的刚接和铰接。

(1)对于刚接柱脚，构造上垂直翼缘方向有翼缘外加劲肋，锚栓设置在柱翼缘外侧；铰接柱脚构造上没有翼缘外加劲肋，当柱截面大的时候，会设置垂直腹板方向的加劲肋，锚栓设置在柱翼缘内侧；刚接柱脚的锚栓一般比铰接柱脚的大很多。

(2)刚接柱脚因为要承受弯矩，锚栓作为主要承受拉力的构件，需要一定的直径；另外，锚栓中心离底板受力时的压力中心越远，力臂就越大，在弯矩一定的情况下，所需要的锚栓直径就越小。垂直翼缘方向有翼缘外加劲肋主要作用是作为底板平面外的加劲肋，分隔底板，增大底板抗弯能力，也减小底板的厚度。

(3)对于铰接柱脚,理论上锚栓越靠近柱脚截面中心越符合铰接的假设,也就是说,只设置两个锚栓就可以。但是,钢柱安装的时候,为了增加柱子的稳定,一般设置4个锚栓,两列锚栓之间的距离以满足安装要求为佳。这样,锚栓的力臂一般都不大,能承受的弯矩也很小,也就是允许柱脚有一定的转动能力,接近铰接的假设。

【taotj】:铰接与固接的区别在于是否能传递弯矩,如果连接用的节点板刚度足够传递弯矩,那就是刚接节点。增加节点板的刚度可以通过增加板的厚度或设计足够多的加劲肋。

【shanxigsd】:刚接与铰接的说法与节点在力的作用下产生的变形大小有关。在单位力矩作用下产生的柱脚转动大时可认为铰接,小时可认为刚接,其实并无明确界限。即使是同一个柱脚的 M-ϕ 曲线也不是直线。柱脚的加劲板,锚栓是用来增加刚度和传力的。

7 方管钢柱脚刚接的做法(tid=164075 2007-4-30)

【lvzhouwang】:最近做一项目,是在混凝土柱上连接方钢钢管,经过计算,只有刚接才能满足要求。混凝土柱截面800mm×800mm,方钢截面400mm×400mm(内无混凝土),请教高手:

(1)方钢柱脚怎么连接才能达到刚接,求具体节点做法和详图。

(2)方钢柱上连接H型钢,刚接做法是什么?求具体做法和详图。

【cexp】:埋入式、外包式柱脚。参见《多、高层民用建筑钢结构节点构造详图》01SJ519。

【lvzhouwang】:外包式连接固然可以,可是由于混凝土柱已经施工完毕,方钢柱脚只能后做;而且混凝土柱有截面限制,同时钢柱最小400mm×400mm,这样的话节点板尺寸便有限制。请问:

(1)柱脚刚接做法的节点详图?

(2)钢柱和H型钢柱头刚接做法,如果梁做在钢柱上,怎样实现刚接?

【谨慎】:外包或埋入式柱脚构造,混凝土边到钢柱边不小于180mm,边柱不小于250mm,抗剪栓钉直径不小于19mm,长度不大于100mm,如图2-6-20所示。

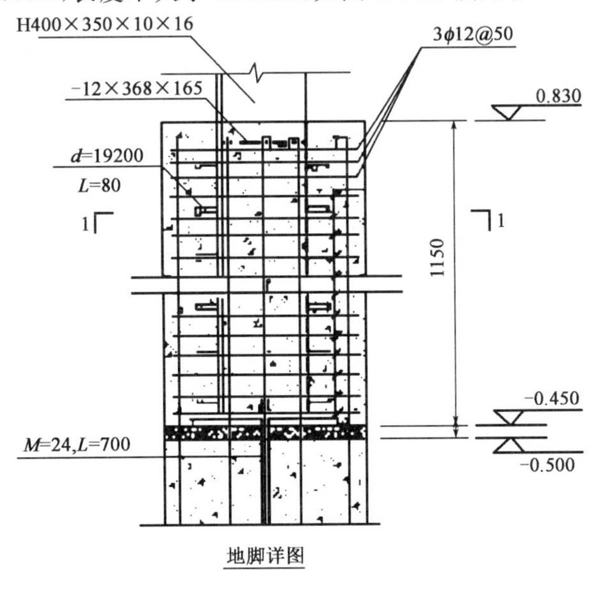

图 2-6-20

【jjyx】：下面的混凝土柱已经施工完毕的话，再要求二者刚接比较难办。

【xiaodanni330】：也可以考虑外露式柱脚，和普通门式钢架H型钢刚接柱脚相似，注意加劲肋的设置，加劲肋越强刚接效果越明显。

点评：在混凝土柱已施工完毕，且必须采用刚接时，可考虑采用外露式柱脚。这种做法不宜用在8度抗震及以上地区。

五 格构式柱脚

1 格构式柱采用插入式柱脚的插入长度？（tid＝114337　2005-11-4）

【honglichen】：我现在设计一个炼钢厂房，单跨27m，轨面标高18.8m，吊车吨位100t＋50t，下柱采用双工字钢格构式钢柱，柱脚采用插入式，可不知插入长度为1.5h、2.0h还是3.0h?(h为单肢柱截面高度)。请各位大虾多指点。

【flywalker】：按照《钢结构设计规范》，格构柱的插入深度应为0.5H_c和1.5B_c的较大值，H_c和B_c为格构柱的截面高度和宽度，不是按单肢计算的，另外不小于500mm和吊装时柱长的1/20。由于受力特点的不同，格构式柱与实腹式柱的插入深度要求不同。

【honglichen】：1998年冶金部发布的《冶金建筑抗震设计规范》YB 9081—97第8.5.11条规定：单层厂房格构式柱插入深度H按单肢截面要求，不小于截面高度的2倍；按柱总宽度要求，不小于总宽度的0.5～0.7倍。

此外，按照《建筑抗震设计规范》中9.2.13条规定，实腹式钢柱插入长度不小于2倍截面高度，对格构式柱脚未说明。

我认为格构式柱插入深度也不宜小于单肢柱截面高度的2倍。

【小马的拳头】：《建筑抗震设计规范》GB 50011—2001，第9.2.13条，柱脚应采取保证能传递柱身承载力的插入式或埋入式柱脚。6、7度抗震时亦可采用外露式刚性柱脚，但柱脚螺栓的组合弯矩设计值应乘以增大系数1.2。

实腹式钢柱采用插入式柱脚的埋入深度，不得小于钢柱截面高度的2倍；同时应满足下式要求：

$$d \geqslant \sqrt{\frac{6M}{b_f f_c}} \tag{2-6-1}$$

式中：d——柱脚埋深；

M——柱脚全截面屈服时的极限弯矩；

b_f——柱在受弯方向截面的翼缘宽度；

f_c——基础混凝土轴心受压强度设计值。

【小马的拳头】：按照《冶金建筑抗震设计规范》YB 9081—97中第8.5.11条执行，应该就可以。

【fjmlixiaolong】：《钢结构设计规范》GB 50017—2003，8.4.15条规定：插入式柱脚中，钢

柱插入混凝土基础杯口的最小深度可按表8.4.15取用，但不宜小于500mm，亦不宜小于吊装时钢柱长度的1/20。

(1)实腹柱：1.5h_c或1.5d_c。

(2)双肢格构柱(单杯口或双杯口)：0.5h_c和1.5b_c(或d_c)的较大值。

注：①h_c为柱截面高度(长边尺寸)；b_c为柱截面宽度；d_c为圆管柱的外径。

②钢柱底端至基础杯口底的距离一般采用50mm，当柱底板时，可以采用200mm。

2 钢接构柱脚问题(tid=29629　2003-6-2)

【lnaslsw】：钢结构柱采用插入式，再由细石混凝土二次浇灌。是按刚接还是铰接考虑？如果按刚接柱脚考虑，我担心施工中，二次灌的质量不能保证；另外插入深度如何确定？请大家指教。

【音速之子】：只要保证了插入的深度以及构造，完全可以认为是刚接的，具体的做法可以见《多、高层民用建筑钢结构节点构造图集》。

【legendsrh】：钢柱插入杯口深度：工字形1.5h，箱形1.5h，管形1.5D，格构柱(1/3～2/3)h，(1.5～1.8)b。其中h为工字形或箱形柱截面长边尺寸，格构式柱全截面长边尺寸；D为管形截面柱外径；b为格构式柱全截面短边尺寸，或双肢管柱的单管外径。完全可以按刚接(而且是标准的刚接)。

3 钢结构柱脚插入式杯口基础埋深长度如何确定？(tid=15025　2002-9-25)

【dyd771】：各个手册规范说法不一，设计院也是不一？

【zff1234】：我认为，可以通过柱端弯矩、混凝土的抗压、抗剪强度等大致估算一下的。

【fall1996】：通常按照柱子截面的1.5倍初步估计，再根据受力情况核算。分别验算轴力和弯矩作用下混凝土的承压和抗剪能力。一般水平剪力不大时，可以忽略。如果不满足，可以增大埋入深度或增大混凝土强度等级。

4 四肢钢管格构柱插入杯口深度如何取？(tid=182487　2008-1-18)

【lyglfml】：请教大家一个问题，四肢钢管混凝土柱插入基础内的深度该如何取值？《钢结构设计规范》第8.4.15条只有双肢格构柱的插入最小深度，如果是四肢柱，h_c和$b_c(d_c)$如何取值呢？$b_c(d_c)$是取单肢钢管的直径呢还是取组合柱的截面宽度？

【@82902800】：双肢格构柱与四肢格构柱做法相同，取单肢钢管的直径。最小0.5h_c和1.5$b_c(d_c)$，当弯矩较大时，插入深度不得小于2.5$b_c(d_c)$。

5 角钢格构柱柱脚节点探讨？(tid=132042　2006-4-25)

【zidian】：角钢格构柱柱脚节点能不能直接将格构柱埋入混凝土基础中？

【Q420D】：你的柱脚是刚接还是铰接？若是刚接我认为可以参照埋入式柱脚的设计。应注意埋入深度、增加横隔、防拔出措施。若是铰接是不能埋入基础中的。因为基础混凝土的强度等级都比较高，这样一来，就会与《钢结构设计规范》GB 50017—2003第8.9.3条"柱脚在地面以下的部分应采用强度等级较低的混凝土包裹……"相抵触。

六 管柱柱脚

1 圆柱柱脚如何设计？(tid＝107265　2005-8-29)

【lf136】:现在有一个广告牌项目,想用我单位资质出图。我看了他们图纸,柱脚比我用STS节点设计程序中的小,不过锚栓数目多于程序,故他们图纸合理与否,不好判断了。

现在想问哪位有设计这样的柱脚锚栓的资料,我会计算方柱的,但现在是圆管柱,如何考虑这样的锚栓群,受力分析模型是怎样的,圆形锚栓群的主要几何参数有哪些？请指教。

另外,哪位有广告牌的设计资料,给参考一下,谢谢。

【smomo(北风)】:有个小程序可以固定柱脚锚栓个数来验算柱脚,可惜没有计算书。程序界面如图2-6-21所示。

下载地址:http://okok.org/forum/viewthread.php? tid＝107265

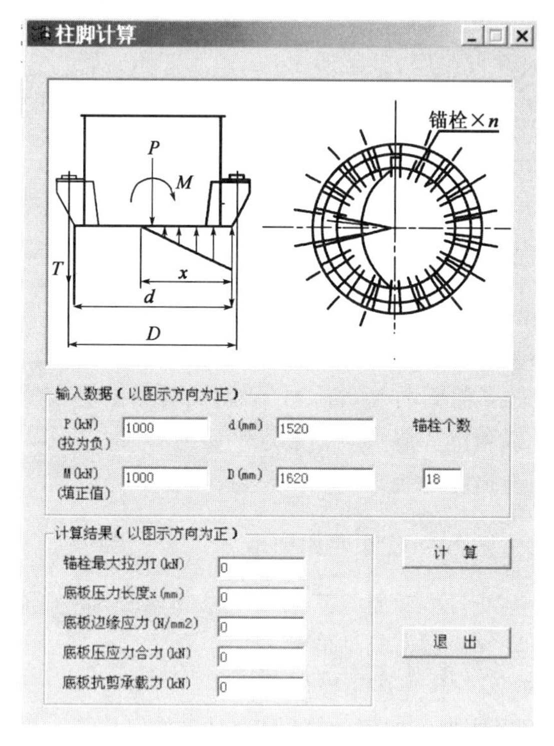

图　2-6-21

2 方钢管柱脚加劲板的设置(tid＝167645　2007-6-14)

【宁远】:方钢管的柱脚加劲板是应该加在边长的中点,还是加在4个角上。如图2-6-22所示。

我以前看到好像是图2-6-22a)的做法,我们老板说让改成图2-6-22b)的,不知道哪个是正确的,能不能解释下原因,万分感谢。

【stillxt(虎刺)】:当然是图2-6-22b)好了,因为图2-6-22a)加劲板作用不是很大,柱脚有弯矩的话加劲板会横向拉伸管壁,起不到加劲板的作用,而图2-6-22b)相当于延长了方管壁与柱

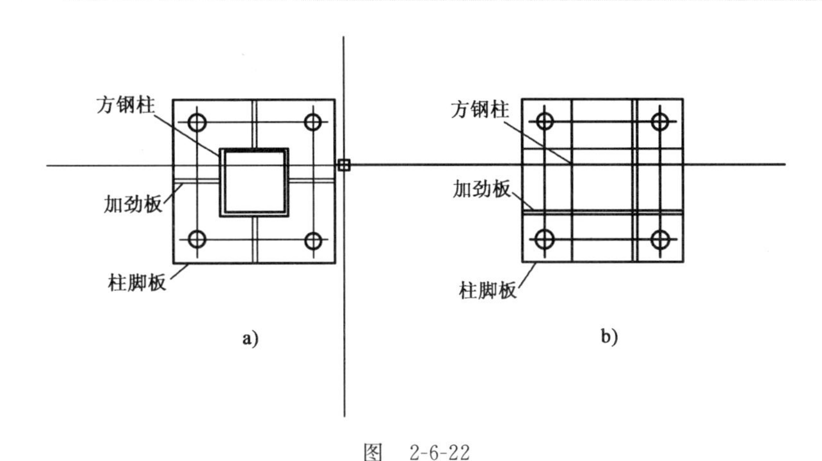

图　2-6-22

脚板的连接。所以是图 2-6-22b)形式好。

【山西洪洞人(山西洪洞人)】:图 2-6-22b)节点加劲肋焊接在方钢管的翼缘或者腹板位置，应力传递是直接从肋板到肋板，而没有经过扩散，就像在加在集中力处。如图 2-6-63 所示。

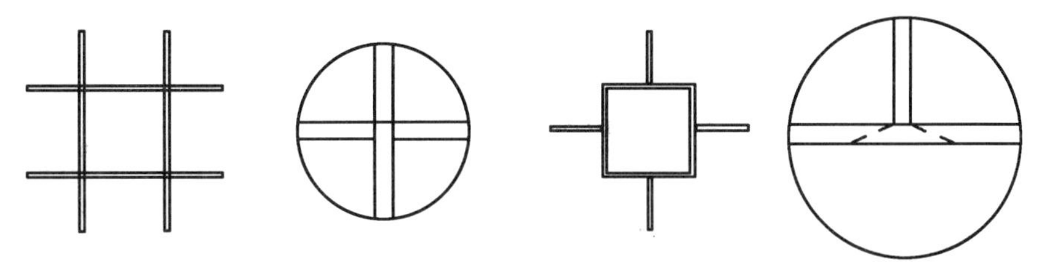

图　2-6-23

【the great wall】:(1)对露出式柱脚来说，设置加劲肋的目的如下：

①增加柱脚的刚度，使柱脚反力比较均匀且呈直线变化；

②为了减少底板厚度，即通过设加劲肋改变底板的计算模式和减少底板的计算长度。

根据第②点，图 2-6-22b)中柱底板的计算长度比图 2-6-22a)要小很多。所以，图 2-6-22b)更好一些。

(2)不同意楼上的看法。照楼上的所说的，那么圆管柱脚加劲肋该怎么设啊？

3　圆管柱刚接柱脚应如何计算，钢管对接如何计算？(tid＝40965　2003-10-31)

【myjping】:圆管柱钢接柱脚应如何计算，钢管对接如何计算？

【13983977058lhx】:圆管柱刚接柱脚计算可参考其他型钢，一般钢结构教科书上都有钢管对接不用计算，标明焊缝等级就行了，见《钢结构设计规范》GB 50017—20037.1.1 条。

【南华人】:理正的钢结构设计工具箱可以很方便地计算钢管柱脚。

【william_800】:柱脚做法基本上同型钢，可具体参考《钢结构设计连接手册》以及《钢结构设计手册》(包头钢铁设计院)有具体的算法。一般的焊接设加劲。

4　圆形柱脚底板怎么计算？(tid＝198470　2008-9-10)

【zjinsheng1007】:圆形柱脚底板怎么计算？

【cmqcjnwc】:圆形柱脚底板的计算比方形底板计算要复杂一些,可以借用方形柱脚底板的推导方法进行推导。同样建立竖向力平衡方程、弯矩平衡方程、变形协调原则、物理应变方程来求得受压区长度和混凝土反力等。

所不同的是受压区的混凝土反力及弯矩计算需要积分,计算复杂一些,可以借助 Matlab 工具。手算的话,需要对积分有较好的功底。如果想简便一些,可以假定反力作用点位于加劲肋边缘或者是柱脚边缘,但这样有时可能会保守一些。上面的算法是根据钢筋混凝土弹性设计原理。

个人觉得也可以把锚栓当成普通螺栓,利用螺栓群的计算公式来进行计算,但假定条件是基础混凝土和底板具有相同的刚度,这在实际上是不可能的。一般来讲推荐用第一种方法来计算,并在实际中给出一定的富裕度。上述不当之处敬请批评。

【Soft】上传一篇文章:《外露式钢结构刚性固定柱脚设计探讨》。

下载地址:http://okok.org/forum/viewthread.php? tid=198470

5 整理一组关于圆管柱脚计算的帖子(tid=179573　2007-12-11)

【谨慎】:(1)钢结构节点设计? http://okok.org/forum/viewthread.php? tid=43796。

(2)急求能算钢管柱脚的设计软件! http://okok.org/forum/viewthread.php? tid=84167。

(3)圆管刚接柱脚计算的严重错误看 PMPK 软件的安全性? http://okok.org/forum/viewthread.php? tid=153334。

(4)圆管柱钢接柱脚应如何计算,钢管对接如何计算? http://okok.org/forum/viewthread.php? tid=40965。

(5)圆管柱柱脚处螺栓的计算求助? http://okok.org/forum/viewthread.php? tid=175798。

(6)受压力圆钢管作为支撑和地面铰接如何连接? http://okok.org/forum/viewthread.php? tid=9708。

七 钢柱底板

1 请问地脚螺栓垫板的厚度怎么要求?(tid=103601　2005-7-25)

【chxldz】:垫板厚度是不是常用 20mm 厚呀? 业主问是不是可以小于 20mm,怎么控制这个厚度呢? 多谢各位!

【bill-shu】:严格来说垫板的厚度和螺栓大小和孔大小有关系,一般按构造取 0.5~0.7d。

【a-jiang9641】:在《钢结构连接节点设计手册》第 190 页 6-73 中有规定:锚栓垫板的厚度通常取与底板厚度相同。但实际上我们公司设计的工程中,垫板从来没有用过 20mm 厚的,像 M24 的螺栓,20、25mm 厚的底板,我们公司的垫片也就用到 8、10mm 厚而已。

【展钢】:设计手册上有垫板厚度一般取底板的 0.7 倍。

2 有关柱脚底板(tid=135204　2006-5-25)

【肖本】:抗风柱的柱脚底板锚栓孔可否设置成开口的形式(见图 2-6-24),我见好多的都是设置成了开口的形式,我们以前都是柱脚底板开孔的形式,不知道这种形式对受力有利么?

下载地址:http://okok.org/forum/viewthread.php? tid=135204

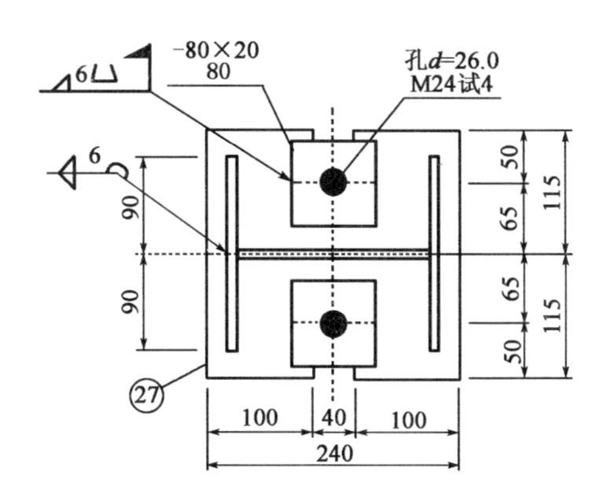

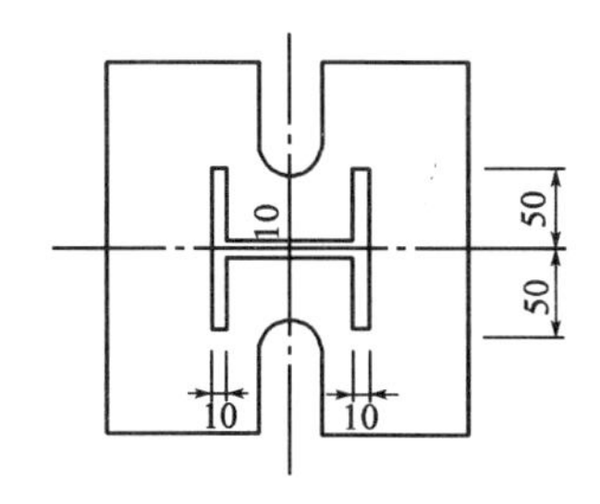

图　2-6-24

【huangjie80】:只要设抗剪键,我认为开口或圆孔都一样。受力上没有任何问题!

【gongnn】:是说柱脚处螺栓孔壁不完整吧?这样在受力分析时好像还没有确切的计算方法吧,比如,螺栓有一半的孔壁包围,另一半螺栓杆是裸露在外的,如果剪力不大的话,对受力影响大不大?还是说只能试验验证。

【huangjie80】:锚栓一般是不考虑抗剪的,好像直径大于 27 还是 30 才考虑受剪。铰接柱脚的锚栓孔开口还是圆孔都没太大关系吧,刚接柱脚还有采用开口(柱脚底板切口)孔的呢。

【gongnn】:对于柱脚用高强螺栓连接法兰盘的情况,柱脚的剪力是靠法兰盘间的摩擦力来克服的吧。而如果一侧螺栓受拉,那么如果开口比较大。

直观的想象,有缺口的那侧法兰盘有可能自己从螺母下面脱出来。当然,如果法兰盘较厚,这种情况不太会发生,那么也就是说,实际上螺栓孔壁不完整,对螺栓受拉是会有一些影响的吧,只不过有时候这种影响不明显。

3　柱脚底板的厚度如何确定?(tid=2897　2001-12-1)

【cgx968208】:柱脚底板的厚度如何确定?

【pplbb】:《钢结构设计手册》有公式,跟弯矩和钢材的强度有关。

【cgx968208】:如果是铰接的话,那柱脚底板的厚度又如何确定呢?

★**【雨田】**:(1)先确定底板的长度和宽度。柱的轴心压力除以底板面积的值小于支座混凝土的轴心抗压强度设计值。同时要满足构造上的要求。

(2)底板厚度计算:

①按底板上柱构件和加劲板在底板上隔开的区间形状,分别确定各区块在基础反力作用下的受力模式,为悬臂板、三边支承板、四边支承板或圆形周边支承板。

②按不同的受力模式分别计算底板各区块的弯矩。

③取各区块中的弯矩值分别计算该区块底板的厚度。

④底板最终厚度为计算得的各区块最大厚度与柱构件最大厚度的大值并取钢板常用规格。

注：手册通常规定板厚最小为20mm，但也有按实际计算取值，最小厚度不低于16mm的。

【tover125】：是的。我遇到难题，老板更相信自己。所以别跟他较劲。底板可以更小的。

如果柱截面为H160×100×6×8可以做吗，还是工字钢。不如型钢吧？连师傅都说车间没法焊接的(不愿干)。荷载为恒荷载0.35kN/m^2，活荷载0.5kN/m^2，风荷载0.45kN/m^2，请指点。

【心渐凉】：应该计算确定，但根据结构不同也有构造要求等。

【心渐凉】：**cgx968208**提及："如果是铰接的话，那柱脚底板的厚度又如何确定呢？"受压构件，确定柱底反力，和楼板差不多，但是要分块。

【yetphone】：我计算出来的柱底轴心力是负值(向上)，请问要如何确定柱脚底板厚度？

注：是采用，恒载+0.85(活载+风载)及恒载+风载情况下的计算结果。

【雨田】：此种状况下，底板的划分和支座形式仍然不变，螺栓处按集中力计算即可。

【tiuc】：加与H型钢的腹板垂直的加劲肋，这个时候，在加劲肋的方向上面又有锚栓，所以加劲肋到不了底板边，这时候应该是什么模型？

【wangxiantie】：根据柱脚反力，将柱脚底板看成是不同边界条件的板件计算，取其中厚度较大者为底板厚度即可。具体计算可参考钢结构教材或钢结构设计手册。

★**【shaochengming】**：日本于2000年发布关于柱脚设计的建筑基准法修订公告1456号。外露式柱脚底板厚大于等于1.3倍锚栓直径。底板与柱身连接应采用全熔透焊缝。

【popylong】：看看asd中有专门一部分是讲如何计算的！

【popylong】：刚才忘说了，如果从www.aisc.org上面的论文来看，不主张在柱底架设肋板或者靴梁，而是宁愿把柱底板的厚度加大，这样做是从经济的角度来考虑。

★**【magicbear100】**：底板尺寸和厚度计算方法：

(1)各种轴心受压柱铰接柱脚设计中，常假定混凝土基础给予柱脚底板的反力为均匀分布。因此，底板面积即可根据柱脚所受荷载设计值N和混凝土基础的抗压强度设计值直接得出。

(2)中国的设计方法是把底板外挑部分分成4块梯形板并认为彼此独立无关，把每块梯形板按受均布荷载的悬臂板计算，由相邻两块方向不同的梯形悬臂板求得两个板厚而取其较大值。

(3)美国钢结构学会(AISC)的方法对这种悬臂板提出了另一种计算方法。认为控制板厚的危险截面不在柱截面轮廓的边缘处，而是在距板两中心轴分别为$0.4b$和$0.475h$处，该两处截面的弯矩按矩形悬臂板塑性抵抗矩计算。

【pangdehu】：《钢结构设计规范》GB 50017—2003应有这方面的规定。

【吴峰】：这应该是一个经验问题。你计算厚度的时候难道就不考虑加劲板？

用一个简单的思维，你可以大致根据锚栓的大小来确定。因为在确定锚栓时，就已经计算了柱脚弯矩。基本上M24的用20mm厚就可以了。

【kxh】：柱脚底板厚除需像楼上各位同行所提的方法进行计算求得，根据《全国民用建筑工程设计技术措施》18.7.9规定，一般底板不小于16mm，且不小于柱翼缘厚度的1.5倍。

【cx_oem】：根据英国规范，For axial forces applied concentrically to the baseplate, the thickness of the baseplate should be not less than t_p given by

$$t_p = c[3w/pyp]0.5$$

If moments are applied to the baseplate by the column(图 2-6-25), the moments in the baseplate should be calculated assuming a uniform pressure $w_7 0.6 f_{cu}$ under the effective portion of the compression zone and should not exceed $pypS_p$, where S_p is the plastic modulus of the baseplate.

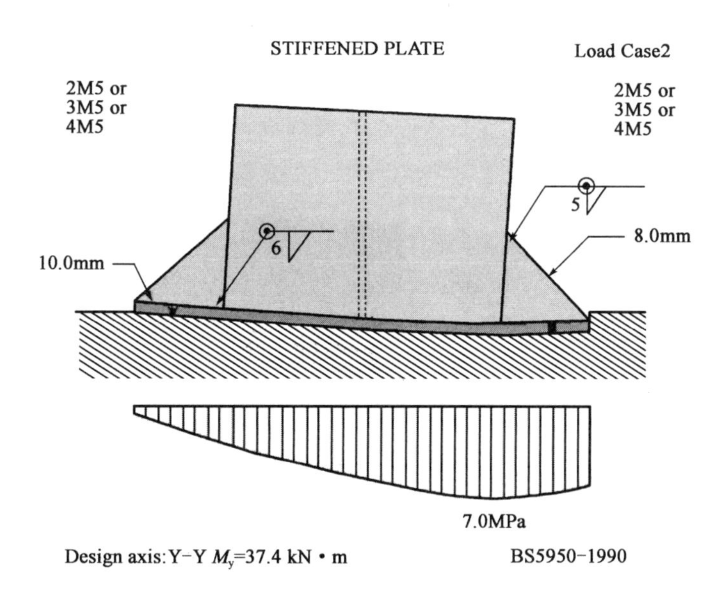

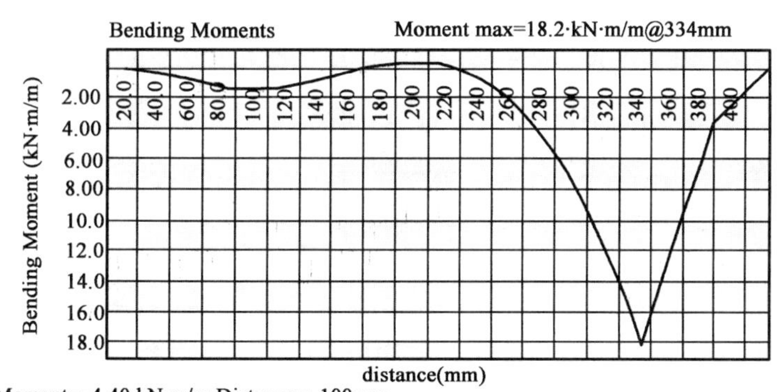

图 2-6-25

【蓝鸟】:一般计算确定设计手册上讲得很详细,但不得小于 14mm。

【海角云天】:《钢结构连接与节点设计手册》(李和华,中国建筑工业出版社)498 页:

$$T \geqslant \sqrt{\frac{6M}{f}}$$

式中:M——底板弯矩,根据底板分区的支承条件分别按四边、三边支承板等计算的最大弯矩。

柱脚底板厚度一般不得小于 20mm。

【tangzhf】:那当柱脚锚栓拉力很大时,划分区格后,在锚栓的位置施加集中力,这时有什么公式可以计算的吗？一直找不到这个公式，谢谢！

【yijianxiaotian】：按公式，一般情况下不宜小 20mm，当有计算确认不应小于 16mm，露出式柱脚具体计算如附件 2-6-1 所示。

附件 2-6-1

(1)柱脚的计算(见图 2-6-26)

钢柱柱脚类型较多，一般是由底板、靴板、隔板、加劲肋、锚栓及其支承托座等组成，其计算包括底板的厚度与面积的确定、靴板、隔板的截面及其与柱连接焊缝的确定、锚栓直径的取值等。如图 2-6-26～图 2-6-29 所示。

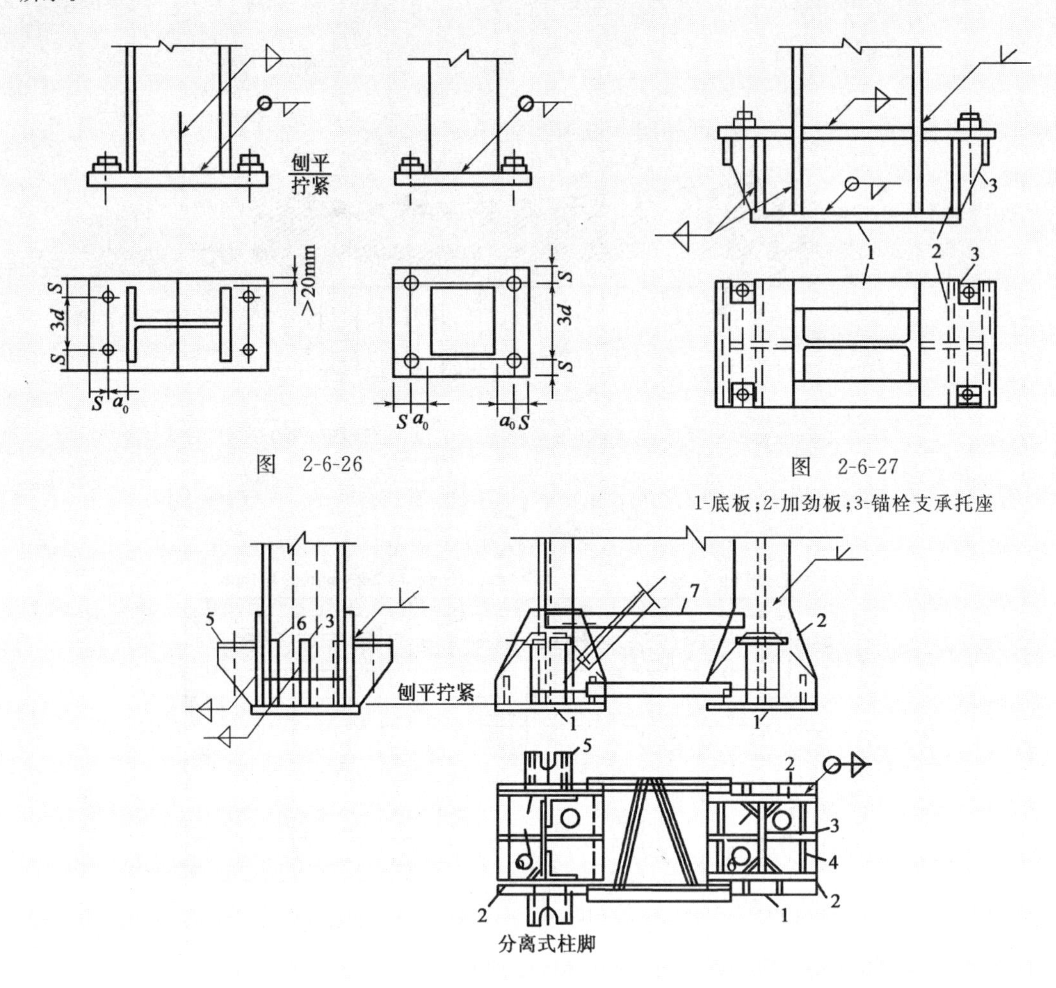

图 2-6-26

图 2-6-27

1-底板；2-加劲板；3-锚栓支承托座

图 2-6-28

1-底板；2-腹板；3-加劲板；4-隔板；5-锚栓支承托板；6-斜撑板；7-加强角钢

①柱脚底板的计算

底板宽度 B 一般按构造确定，即

$$B = b_0 + 2C$$

式中：b_0——柱与底板连接部分的最大宽度；

C——边距，一般取 20～50mm。

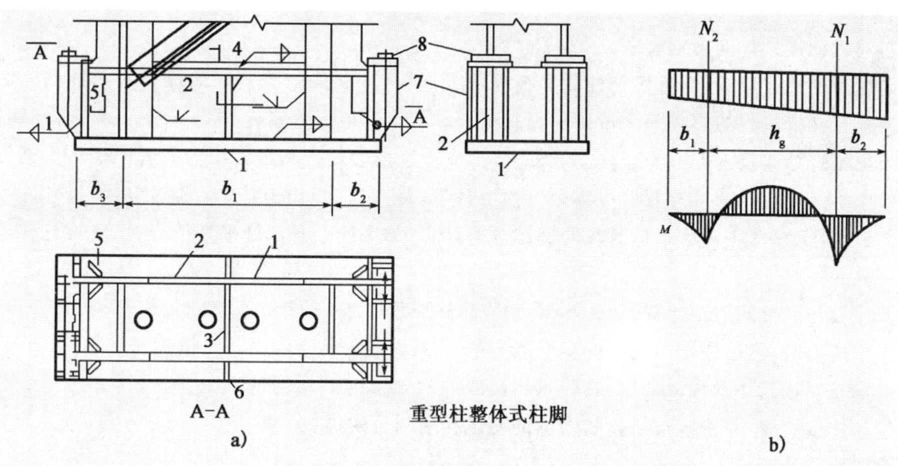

重型柱整体式柱脚

图　2-6-29

1-底板；2-腹板；3-加劲隔板；4-水平加劲板；5-斜撑板；6-加劲板；7-锚栓支承托板；8-螺栓垫板

底板的长度 L 应按底板下混凝土的最大受压应力不超过其轴心抗压强度设计值 f_c 乘以局部承压时的提高系数 β_c，即

$$\frac{N}{BL}+\frac{6M}{BL^2}\leqslant f_t\beta_t$$

式中：N、M——使柱底板一边产生最大压应力时柱最不利组合的轴心力和弯矩；

f_t、β_t——底板下混凝土的轴心抗压强度设计值和局部承压时的提高系数(按《混凝土结构设计规范》GB 50010—2002 取值)。

对于仅受轴心压力的格构式柱分离式柱脚则可按以下公式确定其底面积

$$\frac{N}{BL}\leqslant f_t\beta_t$$

式中：N——格构式柱的分肢可能产生的最大轴心压力。

底板的厚度 t 按下式计算

$$t\geqslant\sqrt{\frac{6M}{f}}$$

式中：M——底板的弯矩，可根据底板的支承条件分别按四边支承板、三边支承板、直角边支承板、简支板和悬臂板计算所得的最大弯矩。

对于四边支承板：

②靴板的计算：如图 2-6-29 所示。在计算靴板截面强度时，一般只考虑靴板平身而不考虑上、下加劲板或底板的作用。其计算公式为

抗弯强度

$$\sigma=\frac{6M}{t^2}\leqslant f$$

抗剪强度

$$\tau=\frac{1.5V}{th}\leqslant f_v$$

式中：M、V——靴板的最大弯矩和剪力；

t——靴板的厚度；

h——靴板的高度。

③柱脚靴板的连接焊缝确定要求：

柱脚与靴板的连接焊缝，当靴板与柱翼缘板采用对连接时，应采用等强度剖口对接焊缝而不必进行计算，此时，靴板与柱脚腹板的焊缝厚度可按柱脚腹板与其翼缘连接焊缝厚度加2～4mm而不必计算。

当靴板用角焊缝连接于偏心受压柱翼缘外测时，应按柱最大压力和最大拉力两者中的较大者计算焊缝强度。可能产生的最大拉力可近似地取锚栓的拉力计算，最大压力可按以下原则确定：如果柱底部采用铣平顶紧方式传递压力时，应按所承担区域的基础反力计算；如果柱不采用铣平端传力时，则按柱传给基础的全部内力计算。

靴板及柱肢与底板的连接焊缝，当柱不采用铣平端传力时，应按柱传给基础的全部内力进行计算。当柱采用铣平端传力时，可按柱传给基础的全部内力的15%或最大剪力中的较大值进行计算。

④柱脚加劲隔板及加劲板，应根据其所承担区域的基础反力及构造情况，近似地接简支梁或悬臂梁计算截面强度和连接焊缝，并按本条②款和③款的要求和所列公式进行计算。

⑤柱脚锚栓的计算

格构式柱的分离式柱脚，其每一分肢可需的锚栓的总有效面积可按下式计算

$$A_s \geqslant \frac{N_{max}}{f_t^m}$$

式中：N_{max}——柱每一分肢可能产生的最大拉力的较大者，即取 N_t 及 N_b 中较大者，N_t 和 N_b 可按下列公式计算

$$N_t = -\frac{N\gamma_2}{h} + \frac{M}{h}\text{（分肢 1 拉力）}$$

$$N_b = -\frac{N'\gamma_1}{h} + \frac{M'}{h}\text{（分肢 2 拉力）}$$

M、M'——为使分肢1和分肢2受拉时，柱的最不利荷载组合所得的弯矩；

N、N'——与 M、M' 相应荷载组合的轴心力；

f_t^m——锚栓抗拉强度设计值。

【小梁】：好像中国的设计方法计算出来的柱脚底板厚度比AISC的方法厚很多。不知有没有人比较过。

【xuaiyan】：柱脚底板的厚度由板的抗弯强度决定。底板可以视为一支承在靴梁、隔板和柱端的平板，它承受基础传来的均匀反力。靴梁、肋板、隔板和柱的端面可视为底板的支承边，并将底板分隔成不同的区格，其中有四边支承、三边支承、两相邻边支承和一边支承等区格。在均匀分布的基础反力作用下，各区格板单位宽度上的最大弯矩不尽相同。取各区格板中最大弯矩来确定板的厚度 t：

$$t \geqslant \sqrt{\frac{6M}{f}}$$

底板的厚度通常为20～40mm，最薄一般不得小于14mm，以保证底板具有必要的刚度，从而满足基础反力是均布的假设。

【cdg0501】：一般取3/4或1。

【xzd025221】：您可以参考《钢结构设计手册》，如果是普通刚平台 $t \geqslant 16$mm。

【wangyi-111】：本人有一柱底板计算过程，可供参考。

(1)计算底板厚 t_4

底板抗拉强度 $f_1 = 235\text{N/mm}^2$。

①对于悬挑板

计算 $a_1=(B-b)/2=50$;

计算弯矩 $M_1=f_c\times a_1{}^2/2=0.0\text{N}\cdot\text{mm}$;

计算板厚 $t=\sqrt{\dfrac{6M_1}{f_1}}=0.0\text{mm}$。

②对于三边支撑

计算 $a_2=(b-2t_1-t_3)/2=84\text{mm}$;

计算 $b_2=(a-t_2)/2=96\text{mm}$;

计算 $b_2/a_2=1.143$;

由 b_2/a_2 用插值法得 $q_3=0.118$;

备注:查阅《钢结构设计手册》上册 499 页表 10-5:

计算弯矩 $M_2=q_3\times f_c\times a_2{}^2=0.0\text{N}\cdot\text{mm}^2$;

计算板厚 $t=\sqrt{\dfrac{6M_2}{f_1}}=0.0\text{mm}$。

(2)计算加劲肋厚 t_3

肋板抗拉强度 $f_2=210\text{N/mm}^2$;

肋板抗剪强度 $f_3=125\text{N/mm}^2$。

①抗剪计算

计算区格长 $l_{\text{Ri}}=(A-t_2)/2=171\text{mm}$;

计算区格宽 $a_{\text{Ri}}=(b-2t_1-t_3)/2=84\text{mm}$;

计算肋高 $h_{\text{Ri}}=200\text{mm}$;

计算剪力 $\text{V}_\text{i}=a_{\text{Ri}}\times l_{\text{Ri}}\times f_c=0\text{N}$;

计算板厚 $t_3=\text{V}_\text{i}/(h_{\text{Ri}}\times \text{f}_3)=0.0\text{mm}$。

②抗弯计算

计算弯矩 $M_3=a_{\text{Ri}}\times f_c\times l_{\text{Ri}}{}^2/2=0\text{N}\cdot\text{mm}$;

计算板厚 $t_3=M_3/(6f_2\times h_{\text{Ri}}{}^2)=0.0\text{mm}$。

③抗压计算

计算压力 $P_3=f_c\times l_{\text{Ri}}\times a_{\text{Ri}}=0\text{N}$;

计算板厚 $t_3=P_3/(f_2\times l_{\text{Ri}})=0.0\text{mm}$。

★【myorinkan】:shaochengming 提及:"日本于 2000 年发布关于柱脚设计的建筑基准法修订公告 1456 号。外露式柱脚的底板厚大于等于 1.3 倍锚栓直径。"补充说明:

(1)文件号:2000 年(平成 12 年)5 月 13 日发表,日本建设省告示第 1456 号。

(2)如果按照日本有关规范进行柱脚底板详细计算,该计算结果可不受上述规定(底板厚度≥1.3 锚栓直径)的限制。

★【myorinkan】:magicbear100 提及:"底板尺寸和厚度计算方法……美国钢结构学会(AISC)的方法对这种悬臂板提出了另一种计算方法。认为控制板厚的危险截面不在柱截面轮廓的边缘处,而是在距板两中心轴分别为 $0.4b$ 和 $0.475h$ 处,该两处截面的弯矩按矩形悬臂板塑性抵抗矩计算。"补充一点,不知当否:有关 AISC 的一段文字,原文适用于 H 型钢。其中：b 为 H 型钢的翼缘宽度，（AISC 原文符号可能是 b_f）；h 为 H 型钢的高度，（AISC 原文符号可能是 d）。

对于方钢管柱，我想，危险截面应该是距两中心轴分别为 $0.475h_1$ 和 $0.475h_2$，对吧。

【pyl_ok】：看看李和平主编的《钢结构节点设计手册》，绿皮的。不要比较各国的规范，每个庙香火味各不同，特别是构造。原则计算强度够，分固接和铰接选择构造厚度，取大值 ok。

【hj343195545】：我们搞施工的只要知道有图纸就行了，想不到设计这么难啊。

【mingtian2005】：可以参考童根树老师的《钢结构设计方法》，书中有具体介绍；钢结构设计手册中也有详细的算法。

4 地脚垫板的大小是如何确定的？（tid＝85927　2005-3-2）

【doubt】：地脚垫板的大小是如何确定的？我们基本上按 $1.5d_0$，20mm 厚做。遇到土建埋设螺栓不准问题，地脚板的螺栓孔做成了长圆孔，上面的垫板是否也要跟着加大呢？

【allan】：（1）垫板目前无具体计算公式，STS 是根据受力和构造确定的；垫板主要受压，数值上为锚栓所受的拉力。

（2）以前的经验是垫板取与底板厚度一样，宽度至少为垫板螺栓孔＋2×20mm，这是在锚栓能正常安装下的取值；当底板因安装误差需要扩孔时，应保证垫板边到底板锚栓孔边不小于 20mm。

（3）垫板与底板之间的角焊缝尺寸不宜小于 10mm。

（4）安装完毕后，与垫板接触的那个螺母应与垫板点焊固定，以防松动。

【钢结构小子】：垫板的厚度为底板厚度的 3/4。一般为 70mm×70mm，上好螺栓后再与底板焊接就行了。

【3776】：垫板厚度我们一般做法是柱底板最度一样且不小于 20mm，大小在 80mm×80mm 以上，有时安装轴线不准需扩孔时，垫板则相应扩大，至少应盖住孔。

【hehongshengabc】：（1）《钢结构工程施工质量验收规范》GB 50205—2001 规定，钢垫板面积应根据基础混凝土的抗压强度、柱脚底板下细石混凝土二次浇灌前柱底承受的荷载和地脚螺栓（锚栓）的紧固拉力计算确定。实际施工中，有些施工单位计算钢垫板面积，沿用了设备基础上支承设备垫铁面积计算方法。

（2）实际计算发现，当钢柱质量较大、地脚螺栓直径较大数量较多时，计算出的钢垫面积较大，带来施工不便（垫板面积越大对基础表面平整度要求越高）。

5 钢构柱脚底板边距的要求（tid＝79640　2004-12-16）

【JIN1977】：请教：在规范中是否有关于柱脚底板到基础边缘的最小边距的强制性要求？我只看到对于地脚螺栓的边距要求。

【DYGANGJIEGOU】：柱脚的作用是把柱下端固定并将其内力传给基础。由于混凝土的强度远比钢材低，所以，必须把柱的底部放大（也就是柱脚底板放大，单纯放大基础墩柱顶部意义不是很大），以增加其与基础顶部的接触面积。柱脚按其与基础的连接方式不同，又分为铰接和刚接两种。前者主要承受轴心压力，后者主要用于承受压力和弯矩。

对于轴心受压柱，柱通过焊缝将压力传给底板，底板将此压力扩散至混凝土基础。在轴心受压柱柱脚中，底板接近正方形。当柱轴力较大时，需要在底板上采取加劲措施，以防在基础反力作用下底板抗弯刚度不够。另外，还应使柱端与底板间有足够长的传力焊缝，柱端通过竖焊缝将力传给靴梁，靴梁通过底部焊缝将压力传给底板。靴梁成为放大的柱端，不仅增加了传力焊缝的长度，也将底板分成较小的区格，减小了底板在反力作用下的最大弯矩值。

根据个人的经验铰接底板距离基础边缘 50mm 以上，刚接底板距离基础边缘 100mm 以上就可以。关键是柱脚底板按受力分析做到合适大小。锚栓保护层厚度达到规范要求。

【JIN1977】：谢谢 **DYGANGJIEGOU** 的回复。我在新版的《混凝土构造手册》上也查到了关于边距的要求：钢柱柱脚底板边缘至基础边缘的距离不应小于 100mm。

但是我现在碰到的实际问题是：我们的设计图纸上并没有问题，也是按照 100mm 的边距来做的，但是制造厂在加工柱脚时因为有斜撑的连接板就把底板扩大了 100mm，而我们的基础也已经施工完毕，这时还有必要再修改基础吗？

【fwl666】：我想碰到你这种情况应该在把柱脚的混凝土上面加大。这样才可以使混凝土受力均匀。补充一下柱脚底板边距的要求的问题：在基础施工中，尤其是混凝土面很容易有偏差，也就是施工误差。为了弥补施工误差和更好的把上部的荷载传传到基础上才把混凝土面加大 50mm 和 100mm；另一种加大是为了在施工中的二次浇注好施工。

【五星】：我好像在哪里看过的具体地方忘了，柱子底部钢板距离基础边缘 100mm 以上就可以，50mm 好像不行的，要不然审查图纸是要求 100mm。

★**【bill-shu】**：底板边距的要求并不是因为受力的因素。只要混凝土短柱顶满足受力要求就可以，规范的边距要求是构造要求，保证二次浇注混凝土施工方便。

【xjhhxj】：《混凝土结构构造手册》439 页规定：钢柱柱脚底板边缘至基础顶部边缘的距离一般不宜小于 100mm。

【mengjun121】：我认为不需要加大，似乎对混凝土及柱底的强度都没有太大影响，安装及浇注也可行。

★**【myorinkan】**：**JIN1977** 提及："在规范中是否有关于柱脚底板到基础边缘的最小边距的强制性要求？我只看到对于地脚螺栓的边距要求。"

没看到规范中有强制性要求。就露出式柱脚而言，随施工方法不同，要求的柱脚底板到基础边缘的最小距离也不同。日本的钢结构规范中对此也没有具体规定。但是，关于地脚螺栓到基础边缘的距离，考虑到地脚螺栓受拉时混凝土发生锥形破坏，国内外规范对此可能有规定。日本《建筑设备耐震设计/施工指南 1997》（注：建筑设备＝建筑物附属的电气、空调、给排水等设备）规定

$$C \geqslant 4d,\ \text{而且}\ C-d/2 \geqslant 5\text{cm}$$

式中：C——地脚螺栓中心到基础边缘的距离，cm；

d——地脚螺栓直径，cm。

设计中，柱脚底板到基础边缘的最小边距，铰接柱脚取 50mm，半刚接露出式柱脚取 100mm。日本一本设计手册介绍：

铰接柱脚，基础宽度为底板宽度的 1.15 倍以上。

半刚接露出式柱脚，底板和基础尺寸可查表。表 2-6-1 是几个例子。

半刚接露出式柱脚底板和基础尺寸　　表 2-6-1

底板尺寸(mm)	基础断面尺寸(mm)	底板尺寸(mm)	基础断面尺寸(mm)
400×400	540×540	650×650	850×850
540×540	680×680	750×750	950×950

【DYGANGJIEGOU】:上海市标准《轻型钢结构设计规程》DBJ 08-68—97 规定，柱脚锚栓中心到基础边缘的距离不应小于 $4d$ 及 150mm。主要原因是要保证锚栓有足够的保护层厚度，使锚栓锚固充分，受力可靠，也考虑了基础施工时锚栓位置可能发生偏差等不利因素。类似地，要求板边距不小于 100mm，主要考虑基础顶面局部承压和施工偏差的影响。

6 埋入式柱脚底板如何定？（tid＝194938　2008-7-18）

【aa811028】:埋入式柱脚埋深 1000mm，此底板还承受力吗？

【my-architect】:埋入式柱脚计算假定：

(1)轴力 N 由柱脚底板传至基础。

(2)柱脚弯矩 M 由钢柱翼缘与混凝土基础的承压力传递给基础。

(3)剪力 V 由钢柱翼缘与混凝土基础的承压力传递给基础。

7 柱脚底板可以扩孔吗？（tid＝78793　2004-12-9）

【小山羊】:如果预埋螺栓的位置有偏差，那么柱脚底板可以扩孔吗？可以的话，扩孔后又怎么处理？

【adidas】:不是不可以，施工好后，再浇筑混凝土包柱脚。

【doubt】:不能简单地说行还是不行，应该具体问题具体分析。要考虑扩孔后螺栓中心偏移带来的垫板是否能有效传递压力，以及垫板四周是否与柱板件冲突，是否能进行周圈焊接，若孔开的较大，还得进行柱脚板的受力计算。

【jwk2001love】:如果开孔很小可以，垫板与底板焊上。如偏的大了最好换底板并计算受力，在底板加强。

【五星】:一般应该不扩的好，但是如果是考虑施工中的误差可以扩的，但要求安装后需采取措施保证柱子和基础结合牢固即可，要保证力的传递。

【cmping】:一般不太好，如果实在要扩，要采取补强措施，请设计单位验算，还要请监理公司等，我一般建议他们加到和柱脚底板同厚的盖板做等强焊接。

【fwl666】:建议把盖板换掉，重新按照地脚螺栓的位置开孔，这样材料损耗还少些。

【chowquan】:由于施工技术等原因，柱脚底板扩孔，其实在实际当中时有发生。如果偏差不大的话，扩孔应该是纠偏的一个简单易行的办法。扩孔后，底板上方的垫板要四面围焊牢靠，如果能浇筑混凝土将底板盖住就更好。

【simon05】:我是做钢结构安装的，基本上一个项目上总有几个柱脚需要最后扩孔处理，扩孔后我们采用 10mm 厚的钢板做个大垫片，因为现在土建很难达到《钢结构工程施工质量验收规范》GB 50205—2001 的要求。

【中国铁人】:考虑到工厂加工和现场施工技术的问题，现实当中的柱脚底板扩孔很普遍。

对于一般的轻型钢架，铰接柱脚应尽量将孔开成椭圆长孔，刚接的开成圆孔，虽然规范不容许现场扩孔，但偏差在1.5cm以内时多采用此法；但最后必须将垫板螺栓焊接，垫板与底板也必须满焊，一律双螺母。

【doyao】：参考《建筑钢结构进展》童根树的文章。作者认为可以扩孔，但是孔径应小于锚栓直径+12mm，并且垫板和柱脚底板在柱安装就位后满焊焊接。

【蓝鸟】：一般扩孔后影响不大，国内的设计柱底板承载力一般是有余量的，但应与设计和监理协商好，最好取得设计的确认单就ok了。曾有一工程柱脚螺栓孔设计过大，施工单位用焰切开的孔，开后磨平的，监理一直不同意，好几年也没有验收，一定要手续全面。

【xzh】：我们这做法是柱底板开D(锚栓直径)+12mm的孔，上面的盖板开D(锚栓直径)+2mm的孔，这样就不需要现场开孔了。

【zxinqi】：至于能否扩孔，我想通过如下2点论述做一下说明：

(1)在铰接柱脚中，如设置了抗剪键，锚栓仅承受拉力，柱脚底板的大小并不影响锚栓的抗拔，除非太大以至于大过了垫板，因此我认为可以扩孔。

如未设抗剪键，水平力通过柱脚锚栓传递，有很多人认为应拧紧螺母以产生足够的夹紧力来防止柱脚的滑动。然而，大多数的预制金属建筑允许柱脚滑动而不产生负面影响，因为下列原因这些滑动是有利的：

如费希尔(Fisher)"Structural details in industrial buildings"所指出："柱脚底板设计通常是超大孔，允许调整锚栓埋置的误差。因此实际上只有一个锚栓支承于柱底板的孔边缘，如果柱底板能够滑动，也许另一个锚栓将开始受力，因此有助于力的传递。然而在一组中可以用于传递柱底板剪力的锚栓不应该超过两枚"。因此适当的扩孔有利于柱脚锚栓的均匀受力。

(2)在刚接柱脚中，锚栓柱底弯矩带来的拉力，在《钢结构设计手册》第2版中描述："为了柱的安装和调整方便，锚栓一般置于柱脚外伸的支承托座上，而不穿过底板，此时应该在柱脚外伸的支承托座顶板上开缺口，其孔径为锚栓直径的1.5倍，垫板孔径比锚栓直径大2mm，安装完后垫板与顶板焊牢，垫板厚最小为20mm"。可见这个孔够大了。

如采用平板式刚接柱脚，锚栓穿过柱脚底板，采用厚的垫板可以对扩大的底板孔起到补强的作用，因此，我认为也可以扩孔。

我的做法是底板孔径取锚栓直径的1.5倍，采用20mm厚的垫板补强。如还安不上，继续扩孔，垫板加厚至底板厚，再焊牢。

【蓬勃钢结构】：柱脚底板不扩孔好像在现在工程几乎做不到。本人做过几个工程，或多或少的要扩孔。土建预埋好地脚螺栓之后，我们都要经纬仪进行复测，根据复测的结果，把各地脚螺栓的位置在柱脚底板粉笔画出，根据画出的地脚螺栓的位置，把相对应的柱脚底板上的孔洞沿地脚螺栓的位置进行扩孔，扩孔成为椭圆形孔。把柱安装完后，用盖板和底板进行围焊。

【qxh】：扩孔当然可以，只是要看产生多大的杠杆力了，然后再补强就可以了。

【feitian17991】：我们公司在做工程时，一般都在工厂里把柱底板的孔做成与檩条孔一样的长圆孔，这样从来就不存在安装不上的情况，与土建的纠纷很少了，很不错！

【闯龙】：我认为柱底板是否扩孔不能一概而论，视情况而定。一种情况是孔为工艺需要而开孔，如灌浆透气或仅为地脚螺栓穿过而开，这种情况我认为是可以扩的；另一种情况是柱底板开孔是为了承载上拔力或者剪力，剪力通过柱脚孔传递，我认为不多。这种情况下扩孔时，对孔的表面处理应该有较高要求，另外需要根据力的计算确定加大垫板厚度和长宽尺寸。

我们在设计柱底板时为了现场安装方便，孔一般比较大，再按地脚螺栓确定垫板孔径及尺寸，剪力我们采用板下加剪力板来解决，我们所设计的工程中没有碰到柱底板需要扩孔这种情况。

【钢结构小子】：可以的，扩孔后再用相同的材质的焊剂填满塞焊就可以了，但要保证质量，再验算锚栓在此位置能否满足就可以了。

【a5181818】：当然是不扩的好了，但有时预埋很难达到标准。钢柱安装完成校正好后，柱脚受力几乎为零。所以实际上可以扩孔。扩孔后，加一压片四周焊满即可。注意压片的孔不宜过大。

八 构造做法

1 地脚螺栓到混凝土柱边的问题（tid＝43311　2003-11-24）

【double96】：请问各位大侠：地脚螺栓埋置时，地脚螺栓到混凝土边的距离有什么要求和规定？地脚螺栓之间的最小距离和最大距离有什么规定？

【RobinXu】：你说的应该是预埋在混凝土柱中的螺栓吧。

个人认为：锚栓对混凝土的拉力是呈 45°分布的一个锥形体。若锚栓距混凝土柱边距离过小，则是混凝土受拉起控制。此时，需计算混凝土实际受拉部分能承受的拉力，即为此时的锚栓抗拉强度。

【chenren88888】：按《化工设备基础设计规范》HG/T 20643—98 第 3.0.8 条：螺栓中心线至基础边缘不应小于 $4d$，且不应小于 100mm（≥M20 时，不应小于 150mm）和不应小于锚板宽度之半加 50mm。

【North Steel】：我不了解中国规范，按照加拿大规范有一条，要验算锚栓对混凝土的挤压（Bearing），CISC－CSA S16，1－94，25.2.3.3 条：

$$B_r = 4.2nd \times df'_c$$

式中：d——钢筋直径，要求钢筋外边到混凝土边大于 $5d$。

如果不能满足到混凝土边的距离，可以不计此锚栓，只要利用其他的锚栓的挤压强度和其他要求。验算满足就可以了。任何规范的要求都应该有依据，要搞清楚其内涵，不要硬套。

【尖尖】：对于受拉和受弯预埋件，其锚栓至混凝土边的距离不应小于 $3d$ 及 45mm；对于受剪预埋件，其锚栓至混凝土边的距离为：垂直于剪力方向的不应小于 $6d$ 及 70mm，平行于剪力方向的不应小于 $3d$ 及 45mm。

【yayunhui】：《混凝土结构设计手册》上基础一章有，螺栓中心到混凝土边≥100mm，柱脚底板边到混凝土柱边≥50mm。

【wanyeqing2003】：《建筑结构构造资料集》中推荐，地脚螺栓到基础短柱边的距离是≥$5d$ 及 150mm。

2 靴梁式柱脚需要二次浇灌吗?(tid=203059 2008-11-22)

【边缘飘雪】:靴梁式柱脚吊装后锚栓定位定死了。还需要二次浇灌吗,靠什么来调节?怎么调节?

靴梁式柱脚需要设抗剪键吗?本人做了一重钢厂房,靴梁式柱脚,甲方要求去掉二次浇灌层,那抗剪键怎么办?抗剪键留槽还有什么用?如果短柱不留槽,那抗剪键该用什么方式代替?

★**【钢结构1】**:(1)柱脚需要二次灌浆,靠柱底板下的垫铁或柱底板上的调节螺栓来调节。柱脚不二次灌浆就无法保证柱底板与基础混凝土柱的接触面积,无法保证柱的垂直度,无法保证柱底板的下标高与设计标高较精确地相符。前几年有很多设计单位都是在柱底板上设置调节螺栓,用来调节柱。现在多用柱底板下的垫铁来调节,一般二次灌浆层为50mm左右,用垫铁调节柱对安装公司来讲是常识,设计者不必多虑。

(2)需不需要抗剪键,要由计算来确定,在我国的有关规范里,一般是钢柱底与混凝土柱的摩擦力不能满足柱所受的水平力,才加抗剪键(美国规范不考虑摩擦力,都加抗剪键)。

(3)如果需要抗剪键,且抗剪键的高度大于二次灌浆层,那当然要留抗剪槽。

另补充一点:地脚螺栓不能先将柱底板固定死,需通过垫铁将柱调好后,才能固定。

【yu_hongjun】:有一种抗剪键不用二次浇注,用分开的几个圆管预埋,连接时砂浆找平即可。前提是底板在对应圆管处开圆孔,圆管插入后,在底板上边与圆管周边焊接。此种要求定位要精确。

3 用螺母代替柱脚下的垫铁及二次浇灌缝隙的做法(tid=18412 2002-11-24)

【哈雷彗星】:我们做了不少工程,都是先在地脚螺栓上拧一个螺母,然后上柱子,底板上在加一个螺母,调整特别方便,但是规范上没有提到过这种做法,请大家论证一下这种做法的可行性吧。

还有,规范规定柱子底板与基础顶面之间的距离(二次浇注的空隙)为40～60mm,小了灌不满,那大一点又何妨呢,不知道他们制定这个距离的理论根据是什么?

【tjgjs】:我觉着用螺母代替垫铁是比较好的,这样做能更好地校正柱身,而且在二次灌浆的时候不容易受振动。

你说二次灌浆的缝隙一般设为50mm,太小太大都不合适,太小灌浆不实,太大这部分的混凝土抗剪不够,因为这部分没有设钢筋,规范规定40～60mm是有道理的。我在一些现场看到有的土建施工厂家为了方便不留二次浇灌层或者再施工过程中把二次浇灌层和基础一起浇完,不仅给安装带来不便,而且二次灌浆灌不进去,给工程带来隐患。

【哈雷彗星】:谢谢指导,在下明白了。

【eastredwang】:用螺母代替垫铁,《门式刚架轻型房屋钢结构技术规程》修订中已明确了这种方法的优越,我觉得施工中应优先采用。

【josephone】:用螺母代替垫块方便施工调节,是一种简单有效的做法。二次灌浆主要就是为了保证混凝土与钢柱底板的摩擦力。如果浇灌不实那就根本没有任何意义。建议在浇灌过程中加适量的微膨胀剂,这样可以很有效地解决二次浇灌不实的问题。

【zzzz_135】:是否可以这样理解，不管柱底是刚接还是铰接，都要至少4根锚栓，这样才能保证有螺母调节水平。

【hhh】:不是，与柱脚底板面积有关，我想对500mm左右的底板，2根就够(铰接)。

【pine】:新规程要求柱脚底面就位后，通过预先设置的调整螺母进行水平调整。然后二次浇灌。规程要求在设计、施工中认真执行，底板应预留注浆孔。

【zzzz_135】:hhh提及："不是，与柱脚底板面积有关，我想对500mm左右的底板，2根就够(铰接)。"2根怎么能保证上面的柱子不摇摆呢?若没有垫块，又怎么能调整水平呢?

【hhh】:我没有实际工地经验，我想底板自身刚度大的话，也可以调节水平。

【steeler】:根据本人施工经验应该设置螺栓母!

【龙啸天】:现在二次灌浆基本上都使用专用的灌浆料，施工方便，质量容易保证。

【sonny】:用螺母代替垫铁的确有很多优越性。二次灌浆混凝土加适量膨胀剂即可。

【zpf】:二次浇筑的效果相差会很大!易出现施工缝。本人建议用螺母代替比较好一些!施工作业容易进行!

【1978331231】:关于螺栓预埋，要固定螺栓位置我们公司的做法是采用做一块预埋钢板。我觉得这种方法非常不好，是否还是有别的方法?请教各位大虾。

【zpf】:(1)螺栓精确定位后再按照定位后尺寸调整连接孔。

(2)预埋螺栓钢垫板可由弯起钢筋代替。

螺栓精确定位后再按照定位后尺寸调整连接孔。预埋螺栓钢垫板可由弯起钢筋代替。

【郑海峰】:我同时做设计和施工，其中我设计的柱子一般都是4个预埋螺栓，但是抗风柱看情况而定。小一点的跨度一般是2个，像24m以内。2根抗风柱，每根2个螺栓。在施工中，一般是先安装柱和抗风柱。最后上梁，同时固定抗风柱。因为抗风柱上是割腰形孔，所以安装是非常方便，从来没出现过不稳的现象，但是高强部位都用的是高强螺栓。调水平的要求有一点是:预埋非常重要，最多的误差不能超过3mm。这样安装就方便多了，不会出现以上现象。

以上是个人经验，仅供参考。

【LsJ】:我一直用"满中筋"做法，不知有没有人用?一般埋一根ϕ30mm的圆钢，长400mm+70mm，顶在底板中心下面，通过旋转锚栓螺母来调整钢柱垂直度。70mm就是二次灌浆层的厚度。安装时该钢筋受力按轴心计算一般没问题，以后由二次灌浆混凝土承受上部自重荷载。

【哈雷彗星】:我觉得是个好办法，大家可以尝试一下呀，琢磨琢磨，好像真的不错呀。

【jance01-7】:我现在虽然是一个学生，但是我在实习的时候看到的这些单位都是用螺母，这样会使在校正的时候非常方便，二次浇灌的高度他们一般设计的时候是在100mm，然后采用整体浇灌，把整个柱脚封住，即可以保护螺母滑出。

【vagabonddm】:我认为，间隙的取值还考虑了锚栓在二次灌浆前的受压失稳。因为在二次灌浆前，刚架自重荷载全部由锚栓承受!

【SKYCITY】:也说说我见到的做法:在锚螺栓底部附近有一块BASE PLATE，在柱子底板下面混凝土中有一块Template螺栓都会从其中间穿过，高的一块板承担调节作用，混凝土用无收缩的。浇注几次就不清楚，整个螺栓露出混凝土的除外都有箍筋的。

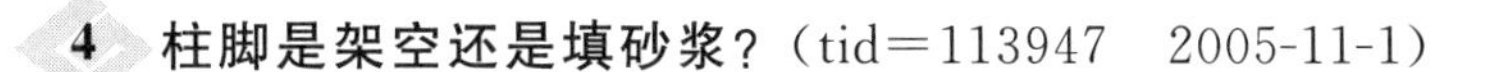

4　柱脚是架空还是填砂浆？(tid=113947　2005-11-1)

【dingning】：高耸电线杆柱脚有时用 leveling nuts 架空，有时填砂浆。请问：二者有何不同？各自在什么条件下使用？计算时是铰接还是刚接？如图 2-6-30 所示。

【wanyeqing2003】：我认为这样的柱脚下面应该用高强度等级细石混凝土填实。底板下面的螺母是用来调平的，不能作为受力构件考虑。

【steelworker】：同意楼上的观点，独立电线杆柱底无论填不填实，都应该是刚性节点，建议将底板抬高点，用细石混凝土填实，否则对底板抗剪不利。

【dingning】：这样的高耸电线杆柱脚在北美十分常见（见图 2-6-31），柱脚下面都没有用高强度等级细石混凝土填实，北美的结构师不懂结构？

图　2-6-30

图　2-6-31

【jeffmimi】：我想绝对应该灌实，柱脚应该是固接，否则就是机构了！

【wanyeqing2003】：从感觉上看，这样的柱脚会有一定嵌固作用，螺栓也应该具有一定的抗弯，抗剪能力。不过在理论及计算时，一般不考虑螺栓的抗弯和抗剪承载力。此外，有过柱底部未用混凝土填实而使得上部结构倒塌的例子。应当引起注意！

【114】：我认为填不填都应是刚接吧？不填充应该有他们的道理。如果不考虑受力的方面，填充起来还起到一种保护螺栓生锈等的作用；不填充是不是考虑再用或以后要增加什么东西等。

【钢柱子】：我认为这个柱脚跟其他多高层柱柱脚不要同等而论。

多高层柱脚轴压力很大，混凝土要承受柱脚传来的压力，因为混凝土有较大的受压承载力，所以一定要用细石混凝土填充，让混凝土承受压力，而地脚螺栓承受弯矩。

作为单独独立柱，轴力很小；在风荷载作用下，弯矩很大。用螺栓来承受弯矩作用下的拉压力，弯矩作用下以中和轴为轴，中和轴两侧拉压力大致相等，所以填充不填充混凝土都无所谓。

【ok-drawing】：以上图纸有两个很大的隐患：

(1)锚栓成了受压构件（没有见识过，请教有人见过吗?）。

(2)不利于防腐。

【yunfeiyang】：美国人也要讲道理的，对不对呀？

我们从道理上来讲这个问题，无论灌与不灌，这种结构本身是一种悬臂结构，对不对？

好，我们分析悬臂结构，3个方向的约束总是要有的吧？

好，我们看它是如何解决3个方向的约束，垂直不用说了，水平不用说了，弯矩，虽从我们的概念上难以接受螺栓受弯的情况，但是很明显它设置的螺栓很多，且均为双螺母。可能有一定道理？

这样做拆卸方便，显然是有意的！

【boy3】：在受弯矩的时候，显然是一侧的锚栓受拉，另外一侧的锚栓受压；受拉的锚栓传力过程应该是。柱底板⟶（垫板）螺帽⟶螺杆。也就是说，就锚栓而言，拉力是通过螺母与螺杆的螺丝咬合力传递的；大家仔细看图片，其实压力的传递路径也是一样的。又因为柱脚底板的宽厚比很小，可以认为柱脚底板的变形是微小的。这样，把它看作是一个刚接节点应该是对的。

不过有个小小的问题：为什么上面是两个螺母，而下面是一个螺母呢？

【boy3】：请注意，柱脚底板上下均有垫片。

【卫道士】：个人反对这种做法！唯一可能的解释是更换方便。但我更倾向于认为这是省了人工费，没做二次灌浆。

我国《工程建设标准强制性条文》引用旧《钢结构设计规范》GBJ 17—88：8.4.14 柱脚锚栓不得用以承受柱脚底部的水平反力，此水平反力应由底板与混凝土基础间的摩擦力或设置抗剪键承受。

《钢结构设计规范》GB 50017—2003 8.4.13 也不建议使用锚栓抗剪。

此外，个人认为这种形式（管材柱，外侧螺栓紧贴布置）很难做到柱脚刚接（应该做刚接），一般柱脚弯矩最大，管材要是强度合适的话，锚栓恐怕……大家可以试试。

图 2-6-32

当然，可以认为这些都是施工或设计错误。给大家看个警示吧（见图 2-6-32），设计中标高出错了，不过这估计是铰接柱。

【wanyeqing2003】：如 **boy3** 所述："不过有个小小的问题：为什么上面是两个螺母，而下面是一个螺母呢？"下面设置一个螺母是安装时调平用的。上面的两个螺母是为了防止螺母松动，这样的做法在直接承受动力荷载的场合经常可以看到。

【allan】：这个问题在我国主要还是《门式刚架轻型房屋钢结构技术规程》提出来的这种安装方法引起；但是由于其阐述并不完整，导致很多施工单位和很多设计人员也是照抄，没有考虑适用条件。

我国规范计算锚栓是只考虑其抗拉的，而预留二次浇筑＋调节安装螺母主要方便柱校正，这无可非议，但是在二次浇筑还没完成之前就安装上部结构，由于柱脚并没有与基础混凝土顶面接触，这相当于地脚锚栓承受上部全部荷载，锚栓成了压弯构件，安装中稍有不注意，锚栓被压弯被剪断是很正常的。特别是在铰接柱脚中，由于柱为变截面，整根柱重心并不在锚栓群的中心，柱安装以及校正的时候就已经对锚栓产生一定的偏心荷载（尽管缆风设备能减小一定的影响)。

所以,要使锚栓完全按照设计条件受力,那么上部结构的安装必须在柱脚二次浇筑完成,柱脚底板完全与混凝土基础顶面接触后方可进行,也就是先吊装柱,校正柱,进行二次浇筑,然后再安装梁以及其他支撑系统,但是这样一来,其他构件的加工以及安装误差就无法再通过调节柱来校正了,这与门规提出这个方法的初衷违背。

基于这个问题,有些施工单位现在对这个方法进行了折中,先安装主结构以及必要的支撑系统,然后进行柱脚二次浇筑,最后再安装围护结构,这样,在安装过程中,锚栓就只承受主结构的自重荷载,而不是整个结构的自重荷载;这虽然也不符合锚栓设计的原则,但也大大减小了锚栓在安装过程中变形导致结构出现事故的危害。

更好更合适的施工方法还需要广大同行们集思广益。

【bbccdd】:柱脚应该用细石混凝土,但我看到过施工单位用水泥砂浆,另外,柱脚肯定应该做成刚接,但这种安装完后再灌细石混凝土或水泥砂浆做法很难做到完全刚接,顶多算是半刚接。

【夏日冰红茶】:首先,觉得应填灌致密性无收缩砂浆,在国内,大多数这样的悬臂柱柱脚锚栓间都布有众多加劲肋,确保可靠刚接(或半刚接)。但如图 2-6-30 所示,未如此设置,构造上存在有铰接可能,不知柱底板处可否有设置抗剪键?且不知其是如何考虑柱脚的地震抗剪破坏的?

【bill-shu】:图 2-6-30 没完全看清楚,柱底是否除螺栓外全是架空的(也许柱范围内落地)?不管架空不架空,从结构上说都是可以的,采取不同的设计,采用不同的计算就是仅仅用螺栓受压,当然不太合理和浪费。也许老外考虑的是别的,螺栓大点就大点吧。中国规范不允许这么做,要求底部缝隙用无收缩或高强度等级膨胀混凝土浇灌密实。在结构安装过程,还没校正以前,底部要加临时垫块,最多安装完一层钢结构,就要校正,然后取出垫块,将缝隙浇灌密实,然后才可以继续安装楼板等。

【cjwbs】:由于电线杆轴力很小,柱脚主要受弯,螺栓拉压力接近,故螺栓受拉压都没问题,填充砂浆已无必要。这么做的好处如下:

(1)安装调平方便。

(2)柱底板脱开混凝土后比较干燥,利于防锈和养护。

(3)比较轻盈美观。

【datonglang】:我们习惯加铁垫,以再二次灌注浆,以防腐和抗剪。

【yijianxiaotian】:我们没有做过电线杆,但是我们公司做过独立柱广告牌,我想此承受的风力应该比电线杆大吧。我们柱脚设成刚接,柱底做时就做平,下面也没用螺栓调平,直接放在基础上,这样做的方法对基础顶面要求水平,比较难。

【黔之驴 2005】:柱脚应用细石混凝土填实,也就是通常我们所说的二次浇灌,图 2-6-30 中柱脚是典型的铰接。

【ZJW】:大家讨论这个问题的焦点集中在柱脚是刚接还是铰接上,我仅就柱脚刚接、铰接的问题发表个人的看法:

(1)大家所说仅仅是刚接或是铰接的结构形式,而不是刚接或是铰接的本质。

(2)同样的节点形式用在不同的结构上可以是刚接也可以是铰接,关键是这个节点对于使用这个节点的结构本身是刚接还是铰接。

(3)比如一根预埋在基础上的螺栓，对于螺栓本身来说毫无疑问是刚接。再如大家看到的这个柱脚的连接对于电线杆来说也是刚接，如果把这样一个柱脚放在大型门式钢架上就是铰接。

(4)结构这个东西，一定要具体问题具体分析，不可死搬教条。

(5)北美的结构师正是打破了常规的思维，才做出这样的结构，我们应该向他们学习，向他们致敬。

【dingrenzhen】:(1)螺栓群集中。

(2)螺栓的材质。

(3)电线杆形状受风力小。

(4)螺栓、螺母已做防腐处理。

(5)电杆的弯曲自由，不受约束。

(6)电线杆的结构是宝塔形。

【whch113】:应该是用细石混凝土填实的，因为我国的规范是不考虑螺栓的抗剪的，下面的螺母是用来调节用的是不考虑受力的，所以应该是刚接点。

【我主沉浮 2005】:应该进行二次灌浆，不管哪种做法，柱脚都是刚接，这是常识性的问题！

【xiyu_zhao】:柱脚底部二次灌浆的目的是为了让柱脚与基础更好地结合，使上部结构的作用力更好地传基础上，二次灌浆起到了一种垫片的作用。如果地脚锚栓的材质有足够的强度和刚度的话，不做灌浆也是可以的。国内的地脚锚栓一般采用 Q235，国外有采用 16Mn，或者更高强度的钢材的。

图 2-6-33

【popylong】:这也是我的迷惑问题。图 2-6-33是我在美国中部看到的输电线杆的柱脚做法。

【panhao001】:以下纯属我个人观点：

图 2-6-30 应属刚接节点。一般这种接法时地脚螺栓选择的都很大，其间距往往很小。可以把它看作和柱底板融为一体的“构件”，螺栓分布在底板的周围，可以将它视为“不连续圆管或者方管”，是底板的“延续”。这样螺栓和底板一体的将拉力或压力或弯矩或剪力传给基础，我想没有人以为锚栓和基础是铰接的吧。我感觉，只要充分计算过，这样做是完全可以的。

【黔之驴 2005】:对于单立柱，应切实避免螺栓由于柱侧向弯矩而受力，所以柱脚须用细实混凝土填实。

【lanjqka】:(1)悬臂结构，约束应刚接。

(2)柱脚下面使用较高强度等级细石混凝土填实时，采用混凝土承压，计算参考相关资料；若架空采用螺栓连接，毫无疑问，螺栓需承压，不知具体如何计算。

(3)还有就是螺栓组抗弯剪的问题，是否考虑螺栓抗剪？显然，若架空，螺栓需抗完全水平剪力。国内外都有讨论过螺栓抗剪问题，《钢结构设计规范》8.4.13 及其条文说明规定为“不宜”。

(4)就图2-6-30电线杆而言,柱底竖向轴力应该不大,弯矩、剪力(施工误差、水平风载等)影响较大。

(5)底部构造主要是防锈,《钢结构设计规范》GB 50017—2003 8.9.3是柱脚底面高出地面不小于100mm。参考实际工程经验,若做好防锈,构造上应该是没有什么问题的。

【myorinkan】:回答楼主的问题,首先应该搞清楚柱的荷载。

电线杆的功能,根据其在输电线路上的不同位置,可分成3种:

(1)在一条直线上的柱子。按日本送电规程,两侧电线的交角在3°以下,可以认为两侧拉力平衡,柱脚设计不考虑电线张力引起的弯矩。

(2)拐角处的柱子。柱子两侧电线的张力不能相互抵消,柱子设计应考虑张力的合力(水平力)引起的弯矩。

(3)输电线路终端的电线杆。单侧受电线的拉力,一般在这拉力的相反方向设置钢丝绳,一端系在柱子上,另一端锚固于地中。可以认为二者平衡,柱脚没有弯矩。

楼上的几张照片,看起来像上述(1)在一条直线上的柱子。补充一点,虽然与主题关系不大,供大家参考。

在日本的《新土木设计Data Book》里,有一钢铁塔柱脚示意。在柱脚与钢筋混凝土基础之间加入了绝缘材料。有:钢柱底板下加绝缘板、螺栓垫片下绝缘垫片、螺栓与螺栓孔接触部分套上绝缘套。

【wuming71】:如**黔之驴2005**所述:"柱脚应用细石混凝土填实,也就是通常我们所说的二次浇灌,图2-6-30中柱脚是典型的铰接。"

柱脚铰接刚接跟是否灌浆毫无关系,铰接和刚接是看螺栓群的布置来决定。图2-6-30中可以肯定是刚接,螺栓群完全可以承受弯矩。灌浆的作用是使螺栓只受拉让混凝土来承受压(不管是轴压还是抗弯矩受压区压力)另外利用混凝土与底板的摩擦力来抗剪。

图2-6-30中不灌浆螺栓就要承受拉、压、剪力还有弯矩(是剪力×架空距离引起的弯矩而不是上部结构弯矩)如果计算够完全可以。我国规范不允许锚栓抗剪主要是因为考虑一般结构中锚栓安装孔较大,即使加垫板焊牢其施工焊缝也难以保证质量,抗剪能力不行,所以一般采用灌浆利用结合面摩擦力抗剪,剪力较大就加抗剪键。图2-6-30中不灌浆应该是为了维修更换方便,而其螺栓孔精度肯定也较高可以承受剪力。

【popylong】:刚接是肯定的。但是不应该遗忘灌浆。也许对于小柱子来说无所谓了,但是对于截面比较大的柱来说就不行了。还是灌浆比较好。

在这边,咨询了很多工程师得到的结果,认为这是一个错误。

5 柱脚在地面以下部分最好采用何种等级的混凝土保护?(tid=132051 2006-4-25)

【Q420D】:《钢结构设计规范》GB 50017—2003第8.9.3条"柱脚在地面以下的部分应采用强度等级较低的混凝土包裹……"具体是用C10还是C15还是其他强度更高一点儿的混凝土呢?用何种等级的混凝土最好?

【hai】:由于该条规定保护层厚度不小于50mm,比一般的钢筋保护层要厚多了,我想无论C10或C15都能满足要求,应该考虑的是为施工提供方便,我一般要求强度等级与地坪混凝土相同。

【Q420D】:谢谢 hai 的提醒,我又查看了《混凝土结构设计规范》GB 50010—2002,根据第 3.4 条“耐久性规定”,广东东莞地区一般基础的环境归为二类 a,柱(与土壤接触的柱)和基础的混凝土强度等级应不小于 C25;第 9.2 条“混凝土保护层”中规定,“基础中纵向受力钢筋的混凝土保护层厚度不应小于 40mm;当无垫层时不应小于 70mm”,柱的受力钢筋的保护层厚度不应小于 30mm。

问题的核心是:如何把 C25 混凝土的保护层厚度与 C10 混凝土或 C15 混凝土的保护层厚度进行换算?还是必须采用 C25 混凝土进行保护,这样会不会增大铰接柱脚的刚性?

【flywalker】:混凝土规范的耐久性主要是针对受力结构和构件在设计合理使用周期内能保证正常使用要求而定出的,主要是基于保证结构的受力性能而言。

钢柱脚的外包混凝土,主要是保证钢柱脚不至于受到外界的侵蚀而失效,混凝土在这里主要起个保护的作用,不是受力构件,没必要按照混凝土规范里面耐久性的要求确定,一般 C10 或 C15 足够,有时候与地面一起做的话,与地面混凝土强度等级一样比较方便。

【zxinqi】:《钢结构设计手册》1989 年第 2 版 238 页第 2.2-59 条规定:为了防止钢柱下部和柱脚的锈蚀,应将室内地坪以下部分的金属表面涂刷 2%水泥质量的 $NaNO_2$ 的水泥砂浆,再用强度等级为 C10 的混凝土将柱脚全部包住至室内地面以上 100～150mm 处,包裹混凝土的厚度一般不宜小于 50mm。

地坪以下混凝土从短柱顶开始,面积可同混凝土短柱顶,为美观起见,到地坪以上只满足包裹厚度 50mm 即可。

【xwl】:《钢结构设计规范》GB 50017—2003 第 8.9.3 条的部分背景资料:

(1)普通地面水平刚度很大,若柱脚在地面以下,地坪阻止了地面标高处柱的水平位移,对柱而言,相当于此处附加了一个固定铰支座,作用一个水平集中力。

(2)在结构计算中,一般不考虑此因素。规范是通过构造措施来解决。

(3)根据柱、地面的材质、刚度匹配,规范采取了 2 种构造措施:

①抗:《建筑抗震设计规范》GB 50011—2001 第 6.3.10 条:混凝土柱在刚性地面上下各 500mm,箍筋加密。提高此处柱的抗剪强度。

②让:《钢结构设计规范》第 8.9.3 条,柱脚在地面以下的部分,应采用强度等级较低的混凝土包裹。使此处柱有略微的弹性位移,减小水平集中力。

6 刚接柱脚是否可以暴露在地坪面上?(tid=21429 2003-1-17)

【phoenix】:我遇到一个工程,30m 跨,带 30t 吊车,檐口高 16m,业主要求柱脚要露在外面便于检修。有这样做的吗?对结构计算有何影响,柱脚是否要特殊处理?

【hai】:我认为应加强防腐。

【WoodAnts】:相当大量的刚接柱脚是在地坪上的,没问题。

【lijingas】:刚接柱脚可以暴露在地坪面上,但最好用混凝土把柱脚给包住,非结构原因,因为由于刚接的螺栓、加劲肋均在柱外面,很容易碰伤人。

【hyss】:对结构计算没有任何影响!露在外面主要是不美观、容易锈蚀、可能遭到外力破坏等。再说一般不需要检修。

【一般不回家】:关于柱脚的要求,规范是这样说的:柱脚在地面以下的部分应采用混凝土包裹，包裹厚度不小于 50mm；并应使包裹的混凝土高出地面约 150mm；当柱脚底面在地面以上时，则柱脚地面应高出地面不小于 100mm。至于碰脚不平，那是人文设计，与规范无关。

【steeler】：没有问题，根据我 6 年的设计和施工经验。

【huangjunhai】：当然可以，只要基础相应抬高即可，这和构件受力不发生关系。

【allan2614544】：刚性固定柱脚，按其构造形式可分为：

(1)露出式柱脚。

(2)埋入式柱脚。

(3)包脚式柱脚。

刚性露出式柱脚主要由底板、加劲板、锚栓及锚栓支托等组成；刚性固定埋入式柱脚是直接将钢柱埋入钢筋混凝土基础或者基础梁，对埋入式柱脚，钢柱的埋入深度是影响柱脚固定度、承载力和变形能力的主要因素；刚性固定包脚式柱脚，就是按一定的要求将钢柱采用钢筋混凝土包起来的柱脚，设计时应使混凝土的包脚足够的高度和足够的保护层厚度。

你可以根据具体情况选择类型，选择露出式柱脚，可以方便检修，但是最好在柱脚处设置围护，让人注意。

第七章　支撑连接

一　概念问题

1　关于支撑加劲肋与构件之间连接焊缝计算长度问题（tid＝204955　2008-12-21）

【wujunli9】：请教：支撑加劲肋与构件之间的连接焊缝，计算长度是否受 60 倍焊脚尺寸的限制？

★**【@82902800】**：分两种情况：

(1)在静力荷载作用下，焊缝计算长度不宜大于 $60h_f$，大于上述数值时，其超出部分在计算中不予考虑。

(2)当内力沿焊缝全长分布时，则其计算长度限值全部有效。

【whatislife】：请问楼上第 2 条内力沿焊缝全长分布如何定义？

【Soft】：斗胆一言：

(1)内力沿焊缝全长分布：焊缝长度方向垂直于受力方向，焊缝受力不考虑焊缝变形的相互影响。

(2)焊缝计算长度不宜大于 $60h_f$，焊缝长度方向平行(或斜交)于受力方向，焊缝受力要考虑焊缝变形的影响，导致焊缝内应力分布不均匀，两端应力高于中间区域。

其实很好理解，这跟螺栓连接中的连接板和母材变形引起两端螺栓受力高于中间螺栓一个道理。

【V6】：**@82902800** 提及："当内力沿焊缝全长分布时，其计算长度全部有效。"

举个例子说明这种情况，比如焊接 H 型钢梁的腹板和翼缘的角焊缝，当此焊接 H 型钢梁绕强轴方向受弯时，则腹板和翼缘连接焊缝沿全长度受剪。此时焊缝计算长度全部有效。

2　对于水平支撑节点设计的疑问（tid＝69693　2004-9-10）

【sxp76】：用来减小柱计算长度的水平支撑杆，在设计节点连接时，我以为也要按构件极限受力的 50%来设计，不知对否？但水平支撑杆一般截面高度都比较小，那么节点设计用高强螺栓时，几乎排不下，而且其腹板也达不到总强度的 50%，请问各位高手该怎么办呢？

在《钢结构设计规范》中，只有轴心受压构件自由长度的支撑计算公式(5.1.6～5.7.1-3 公式)，没有拉弯构件支撑水平力的计算公式，请问那位大侠能否给一个计算公式？

【宇宙之机】：(1)您的提问有些错误：减小柱计算长度的不叫水平支撑，叫柱间支撑或连系梁。

(2)你问到"截面高度较小,节点设计用高强螺栓时,几乎排不下"。其实只要将连接板先焊支撑上,连接板截面高度满足设计用螺栓排列要求即可,你直接用支撑截面高度连接会有上述问题。

【sxp76】:楼上说得有一定的道理,但这样梁与柱的接节,是铰接还是刚接? 请指教!

点评:多数支撑和系杆与钢柱的连接都视为铰接,除非有特殊要求。如采用刚架支撑体系等。对于刚接与铰接的区别,需要由节点的做法或节点的功能来决定。具体刚接和铰接的概念,已经有过许多讨论,可以在本书的有关章节,或《中华钢结构论坛》上找到,这里就不再赘述。

3　关于柱间支撑的内力分解(tid=70530　2004-9-19)

【lijingas】:在柱间支撑节点设计中,我们一般会把轴力按两个方向直接分解。然后验算抗剪,图2-6-34中节点①。

与朋友讨论这个问题,他提出一个新的见解,为什么不按两个拉力进行分解了? 见图2-6-34节点②。

我们讨论了一下当轴力夹角为45°时,初分析了一下,由于剪变模量G约为弹性模量的1/3,因此根据变形协调关系,该节点板连接焊缝主要是作为拉力来复核,拉力与剪力比值应该在3∶1左右。当然,焊缝的端焊缝要提高1.22倍(焊缝与高强螺栓受拉都要比受剪承载力大),因此45°没有什么问题! 但当支撑角度较小的时候,剪力分解数值较小,应此焊缝也会较短,而没有考虑该焊缝所受拉力,这样就会出现焊缝强度不够。

我觉得他说的还是很有道理。但这似乎在设计中很难仔细考虑,于是我又按最符合力学模型来分解,见图2-7-1节点③。

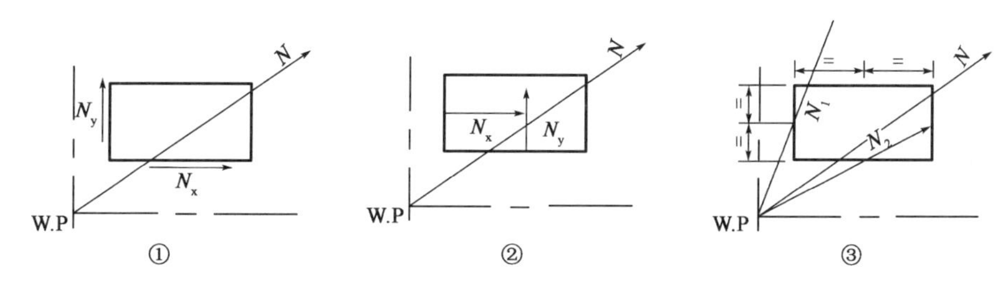

图　2-7-1

首先,根据力学基本概念,三力必须共点才能平衡,而WP(work point)是由设计师提供,一般是梁柱的刚度中心,另一点肯定是焊缝的合力中心,这样两个方向所分解的力方向就定下,通过三角函数公式,可以求出N_1、N_2,显然每段焊缝都受轴力及剪力的作用,这是最符合力学模型,但会大幅度提高节点计算工作量。

点评:支撑的连接节点处,往往受力较为复杂。在工程设计中,在确保结构安全的前提下,采取了一些简化处理,应该说多数的设计简化是合理的和适用的,应该也是安全的。

lijingas提出的想法,更为细致地分析了节点的受力,有他自己的见解。不过,变形协调与强度和受力问题不一定是简单的几何关系，如果要把这个问题解释清楚，可能还要做更多、更深入的研究工作。

4 关于系杆的设置(tid=123245　2006-2-8)

【tfsjwzg】:请问一下，如果一个工程柱子平面外起控制作用，通常需要在柱中加系杆。

例如：一个10m高的柱子，在6m和9.5m加系杆，安全系数可以到1.15；但是，只在9.5m处加系杆，安全系数只能到0.7左右。

如果是这样的情况，认为在6m处加系杆，结构就是安全的，合适吗？

我觉得这样的做法很不科学(虽然我们以前总是这样做的)。如果6m处的一根系杆被破坏了的话，结构就有完全失稳的可能性。如果是这样，结构就有一个突然倒塌的隐患！

我们对次结构的焊接，安装也不会像主要构件那样严格控制的。单位只想降钢含量，非要求那样加系杆的，我该不该那样做呢？

【ykydoudou】:(1)如果是平面外起控制作用，那我认为在柱子中间附近是比较安全的。因为它的平面外计算长度相对较小。在柱顶加系杆不起到减小平面外计算长度的作用。

(2)如果是整个结构，我觉得而且也应该在柱顶加一通长的刚性系杆，来保证结构的纵向侧力。

★**【bill-shu】**:按计算要求，在柱截面不变的条件下，减小平面外计算长度，要求在面外增加支撑点，单增加横杆是没用的，此横杆必须支撑在一个不动点上，支撑还需要有一定的强度和刚度。

【tfsjwzg】: **bill-shu** 兄，我的意思是，是不是应该加大截面构件，而尽量减少系杆的负担？

如果只按计算在6m处加系杆，而不去加大截面，尽管安全度达到了；但是6m那道系杆一旦破坏，结构就倒塌了！那它所起的作用是不是太大了？就好像我们把好多的赌注压在了一个项目上。

我想对整个结构来说，虽然各构件都有其单独的作用，但还是应该把责任和负担分开承受，使结构整体不会因为一个构件的破坏而失去整体稳定，不知道这样说对不对呢？

【crazysuper】:其实一个工程，仅仅依赖于系杆控制房屋的整体稳体，这样想法是不可取的。

系杆只能传递纵向水平力以及增强房屋的整体刚度，起压杆作用。但一个工程不能没有支撑。因为大部分荷载都需要这些支撑来传递到基础。柱子的平面外稳定是用系杆来解决是最有效的。这就是为什么系杆采用刚性支撑的缘故，而不是采用柔性支撑。

【weirenhao】:我是一新手，我觉得作为结构来讲，加系杆有助于柱的稳定，这就是系杆的作用，假如说作用力强大到系杆都断了，那么加大截面作用也不是太大(假如不考虑经济因素的话，不如做成塔架的)。

★**【V6】**: **tfsjwzg** 兄考虑的问题比较细致，但有点多虑了。

首先可以明确的是如果仅仅是为了保证柱平面外的稳定性的话，刚性系杆所承受的轴力是很小的。单根柱的第一道刚性系杆承受的轴力，大概相当于柱轴力的2%，见GB 50017—2003中5.1.7条。

实际结构系杆的作用还包括和斜撑一起传递纵向力的作用，把纵向的风荷载和地震作用等可靠地传到基础。但计算时，此力可不与起到减小平面外计算长度作用的支撑力叠加(见

5.1.7中4条)。

总的来说,如果结构本身的屋面荷载不大、风荷载不大的话,纵向系杆的轴力还是不大的。在满足稳定计算及连接计算后,都会有比较大的安全储备。

【love-min_906】:用系杆来保证柱的平面外的稳定是完全可以的,通常在轻钢厂房中,梁柱构件的平面外稳定问题是依靠隅撑来保证。所以,仅仅因为柱子平面外的计算长度问题,完全可由系杆保证。

5　刚性系杆与柔性系杆的区别(tid=204974　2008-12-21)

【菜鸟学软件】:请问刚性系杆和柔性系杆的区别?为什么有刚性和柔性之分?构造设计上的区别何在?另一问,隅撑是做什么用的?

【@82902800】:(1)刚性系杆按压杆设计,即应满足对压弯构件的刚度和承载力的要求,柔性系杆是按拉杆设计。

(2)刚性系杆可作为构件的侧向支撑点,也就是减少构件的计算长度。可以有效来传递山墙传来的风荷载,确保传力的连续性。

(3)构造上可根据受压,受拉长细比大小来确定。

隅撑的作用如楼上所说。

【sixi_xiao】:(1)刚性系杆按压杆要求,满足受压稳定承载力及长细比构造要求。

(2)柔性系杆应按拉杆要求,满足受拉承载力及长细比构造要求。

(3)柔性系杆用于两道屋面水平支撑之间,保持屋架间的联系。

6　系杆的连接螺栓一般采用高强的还是普通的呢?(tid=112582　2005-10-20)

【cg1995】:系杆的连接螺栓,是采用高强,还是普通的呢?规范里好像也没看到过这方面的规定。

【爱好钢结构】:工程中,系杆常用的是普通螺栓,大部分是M12或M16的,有些特殊结构或特殊节点会用到高强螺栓,但不常见。所以,一般还是按普通螺栓考虑,规范里没有规定这一点,具体应该是按节点设计要求做。

【hai】:由于系杆不受动力荷载,螺栓可以用普通螺栓或高强螺栓,只要满足承载力要求即可。

【鹄鸪】:除非有特殊要求,一般都用普通螺栓。

7　角钢拼接问题(tid=209648　2009-3-11)

【zhangping】:现场采用角钢作支撑。由于材料长度不足,需要拼接。请问:应该如何拼接?说明:角钢是单肢的。

【wish. huang】:如果不够长,就用搭接。如果有可能,就中间加连接板吧,把角钢都减短了。

【lyc112682】:可以采用连接板啊,**wish. huang**的做法完全可以。

【宁波钢结构】:一般就直接和45°斜接,也可采用**wish. huang**所说的搭接比较规范点。

【shuegar】:根据受力情况不同而定。如果受轴向压力,就可以45°斜接。如果为轴向拉力,或受弯矩,最好用钢板或同型号的角钢搭接,其搭接角钢的长度,钢结构设计手册里都有的，根据角钢的型号不同长度不一样。

8 钢格板能否作梁的侧向支撑？（tid＝76918 2004-11-22）

【臭手】：钢板能否作梁的侧向支撑？

【pplbb】：钢隔板与梁一般都是机械连接，理论上不可以作为侧向支撑点。

【(跑)】：楼主说的是不是重型钢板网啊？它自身的刚度可很小，两个人一抬就变形，作为梁的侧向支撑肯定不行。重型钢板网可比不了现浇楼板和预制楼板的刚度。

【臭手】：这里的钢格板是指一个方向为钢板（例如－50×6 间距 100mm），另一方向为圆钢（例如 ϕ20 间距 50mm），圆钢的一半嵌入扁钢中，形成沿扁钢长度方向受力的单向承重构件。或者双向均为扁钢，这时类似于双向板。化工厂房里常用其作为楼板。

我觉得可以作为梁的侧向支撑，但有些人说不行。

【steelman007】：如果钢格板与梁通过螺栓连接，那肯定不能作为梁的侧向支撑；如果钢格板与梁满焊连接，个人认为，可以作为梁的侧向支撑。但实际上，钢格板与梁，不是螺栓连接就是点焊连接，不宜看作梁的侧向支撑。

点评：与主梁受压翼缘连接的次级构件能否作为主梁的侧向约束，需要综合考虑。对于本话题中的格板，一个方向需要按受压构件验算；另一方向需要能形成不变体系方能作为侧向支撑。

二 连接设计

1 柱间支撑的连接（tid＝173672 2007-9-17）

【zhaozhiyun】：对于螺栓连接的柱间支撑，有的设计用高强度螺栓，有的设计用安装螺栓，两者有何区别？哪一种更为合理？

【cexp】：高强螺栓抗震好些，看个人习惯和实际情况。

【daisong8】：似乎普通螺栓多些，也是考虑到经济因素。

【zhaozhiyun】：设计用高强度螺栓而且角钢与连接板周边围焊，我觉得用高强度螺栓就没必要了。在采用焊接的情况下，受力直接由焊缝来传递，采用螺栓起固定作用，所以采用安装螺栓即可。

【wxj777183】：楼上说得有道理，我一直都是这样做的。一般是靠焊缝来进行力的传递，螺栓只是为了施工方便而已，螺栓一般直径为 16mm 即可。

【刘立志】：国内一般柱间支撑采用的是焊接，螺栓只是为了安装方便用的，不起传力作用，所有受力由焊缝承担。如果采用高强度螺栓，那么就不必焊了，因为栓接和焊接只取一种作为受力方式。高强螺栓有大六角型和扭剪型，一般用于梁、柱；梁、梁之间连接，一般支撑不采用高强度螺栓连接。

点评：采用高强螺栓是趋势：①质量稳定，价格趋降；②避免现场焊接；③减少同一个项目中所采用的螺栓种类。

2　水平支撑及垂直支撑问题(tid＝56124　2004-4-25)

【**afforest**】:水平支撑和垂直支撑通常来说因该如何设置,间隔多少跨?设在何位置?有吊车时,应该如何设置?

【**wangxiantie**】:对重钢厂房来说,支撑分为横向水平支撑、纵向水平支撑以及垂直支撑;对于轻钢厂房来说,一般很少有垂直支撑,除非轻钢厂房用的是梯形屋架或三角形屋架,且吊车吨位较大。垂直支撑一般应和横向水平支撑设在同一柱间,横向水平支撑一般设在端部第 2 跨间,相应的第 1 跨间设刚性系杆。支撑间距一般是按距离设置,而不是每隔多少跨设置,因为不同情况其柱距不一样。

点评:若第 1 跨间无大门,支撑亦可设于此处。

3　支撑与钢柱的连接(tid＝101979　2005-7-9)

【**liaobensen**】:请问各位,图 2-7-2 为刚接还是铰接?

下载地址:http://okok.org/forum/viewthread.php? tid＝101979

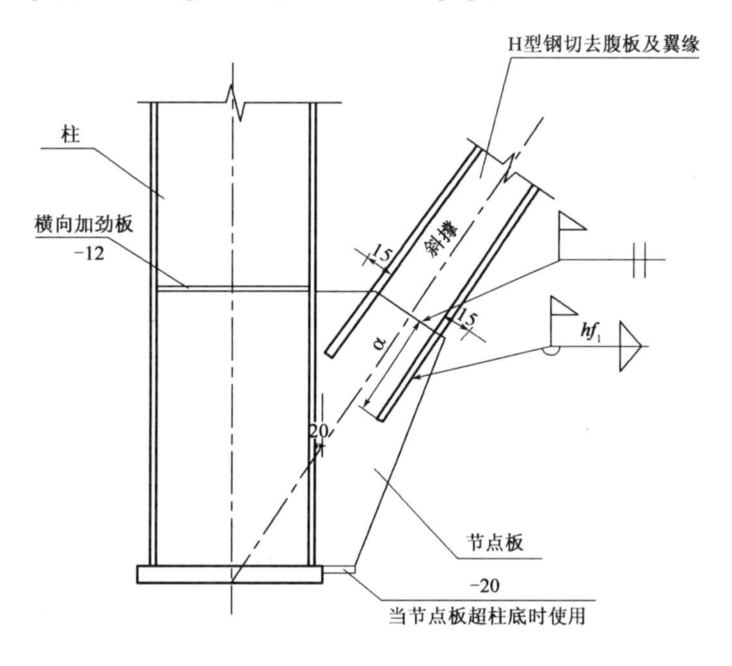

图　2-7-2

【**wanyeqing2003**】:我觉得应该按铰接考虑。连接处,仅仅腹板部位焊接相连,而翼缘未连接。这与一般的支撑连接方式是相似的,可以按铰接处理。

这方面的概念可以参阅下面的帖子:

钢节点中怎么区分它是铰接,还是刚接,或半刚接?

下载地址:http://okok.org/forum/viewthread.php? tid＝101310&h＝1＃443326

目前,我国工程上常用的比较成熟的计算方法只有铰接和刚接两种。不过也有不少人在研究半刚性节点，有些也已经用到了工程当中。

【山里人】：我认为此节点为铰接构件：从图 2-7-2 中看此连接构件的连接是可以转动的，因连接的节点板的板厚，焊缝连接的长度看均只能算铰接。

4 柱间支撑与钢梁和钢柱的连接（tid＝99581　2005-6-17）

【myzyf】：在设计多层钢结构框架的柱间支撑与梁柱的连接时，采用中心支撑，在计算此处的节点时应该考虑哪些方面。在采用钢管作支撑时，节点大样怎样处理更合理（连接板怎样与钢管连接）？谢谢。

【doubt】：我很想知道：大多数柱间支撑包括桁架腹杆，一般是按铰接设计的（刚接弯矩很小），为什么在一些多高层，以及桥梁、天桥中这些杆件又是与上下弦刚接的，最明显是 H 型钢支撑的翼缘也通过拼板与节点连接。这样做的原因是什么，是加强刚度吗？在日美震灾图片中，很多破坏点都出现在这里。

【dingzhaolong】：给大家一本国外设计手册参考。

下载地址：http://okok.org/forum/viewthread.php? tid＝99581

5 关于柱间支撑与系杆（tid＝199003　2008-9-19）

【royalshark】：请教各位：

（1）用柱脚底板做柱间支撑的下支撑板可以吗？

（2）柱间支撑拧上螺栓安装完毕后，要双面焊接或三面焊接。那么系杆拧上螺栓安装完毕后，为何不再焊接呀？

【@82902800】：（1）当然可以。因为，柱间支撑承受荷载最终传至基础。

（2）系杆主要保证结构的侧向稳定，不考虑抗剪。

点评：多数情况，支撑的螺栓是作为安装螺栓使用的。如果是安装螺栓，在安装完毕时，应该再焊好。有时，设计中将螺栓当作传力部件考虑，此时可以不焊。传力螺栓应以高强螺栓为宜。施工应以设计为准。

建议：柱间支撑和系杆还是以焊接为好。

6 这些焊缝的强度计算（tid＝206993　2009-2-1）

【whbchina】：一般《钢结构设计规范》上讲的焊缝是一些比较简单的焊缝，其强度计算也很容易，但是我现在碰到一处焊缝，受 M_x、M_y、M_z、F_x、F_y、F_z 6 个荷载，不知道如何验算其强度？如图 2-7-3 所示。

还有，图 2-7-3 中的螺栓通过一块隔板连接次梁和主梁，我现在想知道在这里选用普通螺栓好还是高强度螺栓好（承压型还是摩擦型）？假设螺栓连接处有 M_x、M_y、M_z、F_x、F_y、F_z。

【ameise】：首先，M_z 产生的剪应力为 $H\text{-}M_z$，轴向应力为 $P\text{-}M_z$。

A 为焊缝面积，W_x 和 W_y 为焊缝抵抗矩，计算公式如下：

$$\sqrt{\left(\frac{M_x}{W_x}+\frac{M_y}{W_y}+\frac{F_z}{A}+P_{-Mz}\right)^2+\left(\frac{F_x}{A}+H_{-Mz}\right)^2+\left(\frac{F_y}{A}\right)^2}\leqslant f\cdot y_d$$

式中：$f\cdot y_d$——焊缝强度。

【whbchina】:还有一个问题:就是图 2-7-3 中的焊缝是双边角焊缝,那么我验算时,可不可以取一半的荷载,按照单边角焊缝计算?

还有,我在校核螺栓强度时,发现螺栓数量不够,即使增加到 2 列共 6 个,还是不行,请问有什么办法保证这个连接的强度(受连接板尺寸限制,很难再增加螺栓)。

【ameise】:焊缝不能只算一半,一半的时候,重心的位置不一样,W_y 不是一半 I_t 和 I_w 也不是一半。至于螺栓不够,我考虑另外一种连接,如图 2-7-4 所示,不知道符合您的需要不。

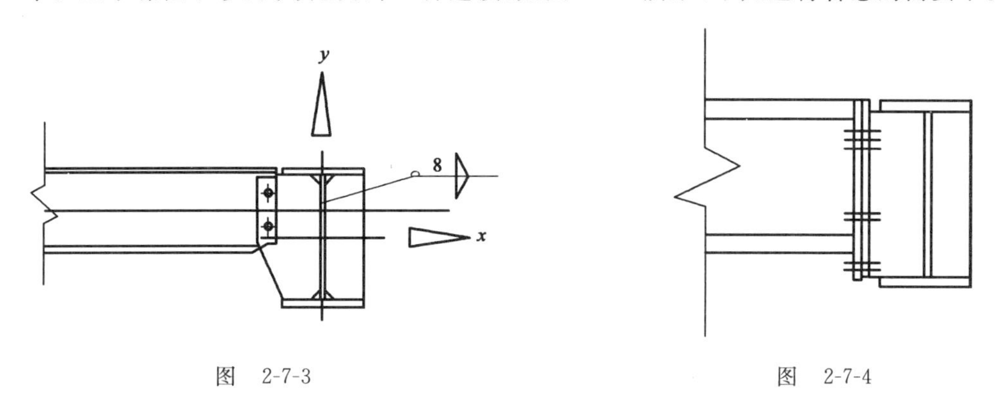

图　2-7-3　　　　图　2-7-4

【@82902800】:ameise 兄,冒昧问一句您图 2-7-3 的节点是铰接还是半刚接?

主次梁的连接一般通常做成铰接,因为 H 型钢梁的抗扭刚度比较差。至于两接处螺栓的选用一般采用摩擦型高强螺栓,因为普通螺栓不抗剪。

关于楼主提出的螺栓连接处有 M_x、M_y、M_z、F_x、F_y、F_z,既然是铰接何来弯矩?至于计算焊缝的强度,首先要找出焊缝的最大应力处,其余可按规范上公式计算即可。

【whbchina】:回@82902800 兄,螺栓群也是可以受弯矩的。图 2-7-2 的螺栓群受到 M_x 总是可能的吧?所谓的铰接、刚接只是理想的状态。

【ameise】:@82902800 说的很正确,因为我不知道楼主的计算模型是如何处理节点的,只是用我提出的方案解决螺栓不够的问题。末端梁搭接的时候,最好处理成铰接连接,避免次梁弯矩传导到主梁成为扭矩。

7　H 钢柱脚与支撑节点的受力分析?(tid=191455　2008-5-26)

【dqingshui】:最近遇到一个问题,向各位高手请教:

H 型钢柱脚与支撑节点的受力分析(见图 2-7-5):为保证支撑力传递需要计算哪些方面?

【pingp2000】:计算:螺栓、节点板的横截面、节点板与柱的焊缝。

【chenqiang】:必须保证支撑上的力能有效的传到基础上,不能是柱脚产生弯矩;若产生了弯矩,则与您的钢柱设计相违背了。

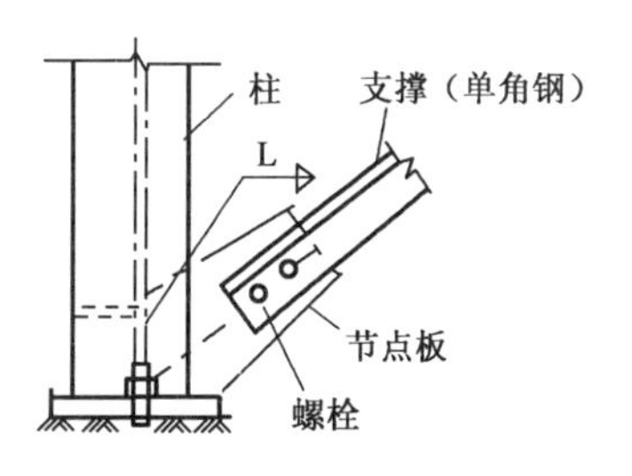

图　2-7-5

点评:(1)螺栓抗剪。

(2)连接板斜剪,横断。

(3)焊缝验算。

(4)柱脚水平剪切以上是需重点验算之处。另需满足各构造要求。

8 关于柱间支撑(tid＝206080 2009-1-8)

【royalshark】:请教各位,为何在柱间支撑的设计时,图 2-7-6 所示 2 个支撑作用点的标高要抬高约 100～120mm,而上面的支撑延长线则不变?

下载地址:http://okok.org/forum/viewthread.php? tid＝206080

我看的是 05G336 图集,第 29 页。标高 0.200 处向下延伸 120mm 是连接板的底,上面的连接板也向上延伸 120mm,请教这是为什么?

点评:这本标准图集(05G336)是用于钢筋混凝土柱的单层工业厂房。一般而言,支撑的延长线应该与柱中心线和地面相交点重合。混凝土柱截面宽度较大,按此推算,抬高 200mm 左右即为合适。上部的处理也是一样的,请参阅该图集的 18 页,如图 2-7-7 所示。

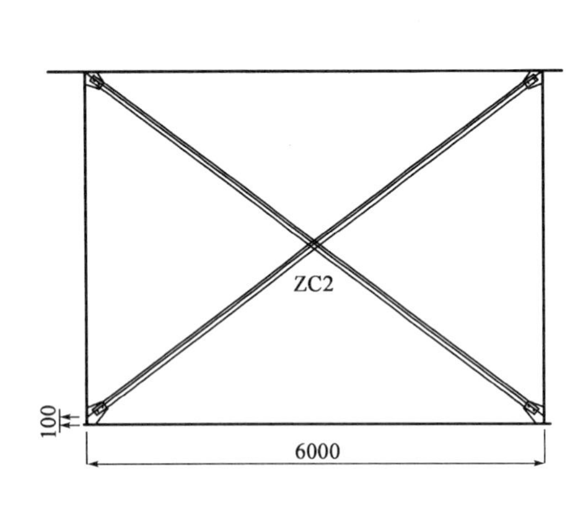

图 2-7-6

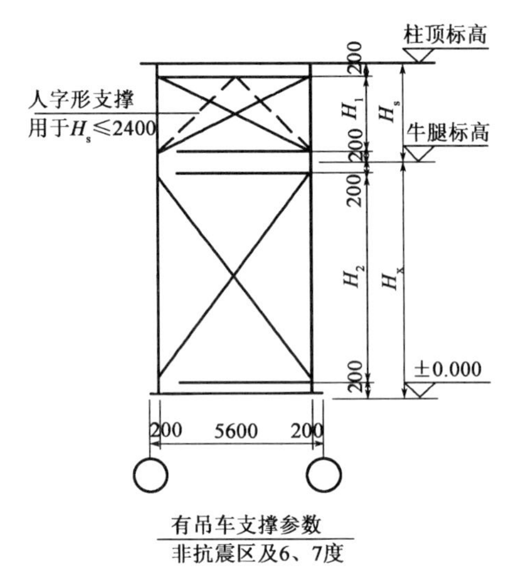

图 2-7-7

三 工程实例

1 支撑与梁柱连接的问题(tid＝176709 2007-11-5)

【dfscv】:在《钢结构节点设计手册》中 8～60 条有如此描述:"即使杆件内力很小,也应按照支撑杆件承载力设计值的 1/2 来进行连接设计。"请问各位前辈,支撑杆件承载力设计值从何得到?

【天柱山人】:承载力设计值是指杆件承受荷载的能力,可以根据截面形状及材料强度设计值计算得出。你所说出的支撑,假设净截面面积各为 A_n,毛截面面积为 A,则其承载力取 $A_n f$(强度)和 $\varphi A f$(稳定)两者之间的较小值。

【dfscv】:的确如此,谢谢指点,我想也可以通过查阅《钢结构设计手册》后面的表格得到承载力。我计算了和表格给出的值基本是一样的,存在很小的误差。

2　斜支撑的问题(tid＝161226　2007-3-28)

【ORALWATER】:现在施工中遇到个问题,工程中需要做个空间在两个平面上都倾斜的支撑(见图 2-7-8),一边连接槽钢(连接凹槽面),另一边连接工字钢的翼缘。初步计划是想使用方钢管,但问题是如何在两个型材位置进行连接。您有什么好的方法能教教我吗?还有,使用方钢管做支撑合理吗?我是这么做的,您看行吗?

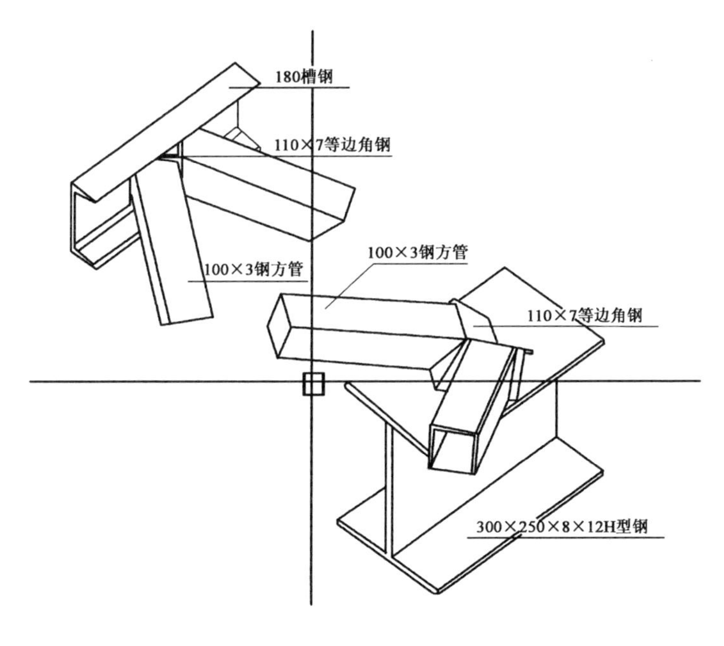

图　2-7-8

【pingp2000】:我也没想出什么好方法来,我觉得这样的连接方式还是可行的,支撑用方管还更好一些,为什么会更好,我也说不出个所以然来,就是觉得这样的结构应该用抗扭能力更好的构件。

不过,我认为还是认为有些地方需要改动一下。

(1)角钢的型号应该加大一些,因为 100mm 的方管,110mm 高的角钢,两边只有 5mm 的余地,焊缝高度可能不够。

(2)角钢里还是应该加一块加劲板(见图 2-7-9),H 型钢梁对应连接处也应该设一道加劲板。做这个设计的时候还要考虑施工的可行性,考虑哪些地方的焊缝是不能焊或者不好焊的,设计时要对这样的焊缝强度进行折减。

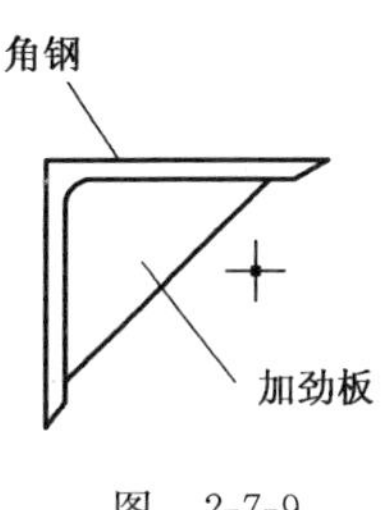

图　2-7-9

点评:支撑作为轴心受压构件,使用接近各向同性,且回转半径较大的钢管截面比较合理。节点可采用塞焊连接板的方向来简化。

3 系杆的放置位置问题(tid=112579 2005-10-20)

【**cg1995**】:在我所看到的有些工程中,有些系杆放在梁的腹板的中间位置，我以前做的一般都放在梁的靠近上翼缘的部位,请教各位大虾那种受力合理呢。

【**爱好钢结构**】:系杆的作用就是保证结构纵向刚度和稳定的,并传递荷载到主要结构上去,我认为是应该用在梁的腹板的中间的位置,我见的大部分也是在中间位置的。

【**hai**】:确切的是放在受压截面的剪心,详细见《钢结构设计规范》5.1.7 条。

【**LHP000**】:应该放在梁的中心位置的,应有一块连接上下翼缘的板连接,上下顶紧焊接。这样就形成一个整体,系杆就连在中心。

【**whaim0923**】:系杆的主要作用还是为了减小构件的计算长度,防止构件发生侧向失稳,原则上是应该放在构件受压的一端,因为只有受压才会有失稳的发生。但如果并不确定哪一端受压,那就应该放在腹板上了。

4 系杆可否开长圆孔?(tid=112577 2005-10-20)

【**cg1995**】:请问一下各位大虾，系杆可否开长圆孔呢?

【**DYGANGJIEGOU**】:一般来说,系杆和支撑组成一桁架稳定体系。对一般厂房来说,支撑主要是传递风载、水平地震力以及吊车荷载。按规范设置的屋面水平支撑、柱间支撑、屋面刚性系杆(压杆),压杆与水平支撑或柱间支撑共同构成平面不变体系,承受纵向水平力。作为刚架平面外的反弯点,可以视作刚架平面外铰支座。作为平面外反弯点按道理来讲,系杆连接孔做成长圆孔是不大妥当的,就像隅撑连接孔做成长圆孔一样。

所以,若做成长圆孔,最好补加焊接。或者直接使用 8.8 级以上摩擦型高强螺栓,长圆孔+高强螺栓对系杆连接板厚度与高强螺栓直径大小有一定的要求了,像门式刚架连接端板以及代替系杆的双檩条一样,搞成长圆孔,需要严格验算板厚度和螺栓直径。

当然温度伸缩缝处的系杆连接孔做成长圆孔是比较妥当的。

5 系杆与钢梁的连接(tid=17586 2002-11-10)

【**Marssnake**】:18m 跨简支钢梁,跨中用螺栓连接,我不太清楚这系杆应如何与连接处的端板相接,不知哪位能指点一下。

【**bill-shu**】:系杆与端板共用螺栓连接,注意连接孔距和不打架就行。

【**逍遥**】:端板与钢梁在车间焊接好,系杆与端板用螺栓连接,端板用长圆孔,一切都好了。

【**1978331231**】:我见过两种:一种是端板上焊接一块小板作为系杆的连接板,第二种方法是在端板附近梁的腹板上焊接一块连接板,就是刚性系杆移动一点位置。

【**lijingas**】:其实还有一种方法,大概这儿也是屋脊吧,肯定有两根檩条,檩条中间用刚性连接,形成一个整体,然后屋脊两面檩条都设置隅撑与屋面梁下翼缘连接,可以做刚性系杆,(但必须计算强度足够),轻钢规程中就有规定,檩条可以兼作系杆。

【**dazhi**】:不知是否可以把端板做大一点,伸出翼缘的部分作为系杆的连接板,然后在连接板上为系杆打孔加螺栓可以吗?

我也遇到了这样的问题,不知可否行得通? 大侠指点!

【**dingding**】:另外,可以用现场焊接吗?

【**莫岩**】:我以前遇过类似问题,我处理的方法是与系杆连接的连接板现场骑焊接在梁与梁连接的端头板上，此连接板加工时，在与梁焊接的位置挖去两个端头板厚度的宽度，深度可为半个翼缘板宽度。

【音速之子】：我所见到的一种做法是将屋脊处的檩条改成槽钢，铰接于钢梁之上，也可起到刚性系杆的作用。

点评：通常梁的端板加大，兼作系杆的连接板。

6 柱间支撑的连接板是否可以搁置在柱翼缘上？（tid＝187552　2008-4-7）

【bigbird117】：因为某些原因，支撑的连接板不能与柱腹板连接。只能与翼缘连接。不过是双片柱间支撑，这样子的做法会对柱子有影响吗，按理两片支撑没有对柱子产生附加的扭矩。

【bill-shu】：这是钢结构手册的推荐做法之一，主要用在柱截面比较高的厂房结构中，双片支撑分别与柱内外翼缘用螺栓连接，可以防止单片支撑可能产生的扭转，比单片支撑有更好的效果，两片支撑之间根据需要设置连系缀条。

7 钢管屋面水平支撑与实腹钢梁节点如何做？（tid＝85252　2005-2-22）

【rochell】：支撑选直径 273mm，厚 6.5mm 钢管。屋面梁高 850～1200mm，梁间距 12m。节点应该怎么做？

【wzy790601】：我的做法是钢管端部封板，再焊出一块节点板与实腹钢梁焊出的一块板螺栓连接即可。

【子叶】：我认为，应该在屋面水平支撑节点处，在梁上设置横向加劲，然后在此加劲肋两边，靠近梁上翼缘处加焊钢管屋面水平支撑连接板件，再把做好的钢管（端部封板后焊一连接板）的连接板与梁上连接板，用安装螺栓连接后，在现场焊接即可。

由于屋面水平支撑与钢梁成一角度，我认为用螺栓连接较困难，用安装螺栓连接后，再焊接要好得多。

8 落水管与系杆、柱间支撑干涉？（tid＝205116　2008-12-23）

【royalshark】：设计院图纸设计内天沟时，系杆、柱间支撑都在柱子轴线上，而落水管若也在柱子轴线上，则落水管和系杆、柱间支撑干涉。

我的解决办法是：系杆、柱间支撑还放在柱子轴线上，落水管加一个弯头绕过系杆、柱间支撑这样就不干涉了。我同事都是把系杆和柱间支撑向柱子内翼板方向偏移焊接，让开落水管的位置。

请教，各位有何好办法、规范，我的方法规范吗？具体见图 2-7-10。感谢回复！

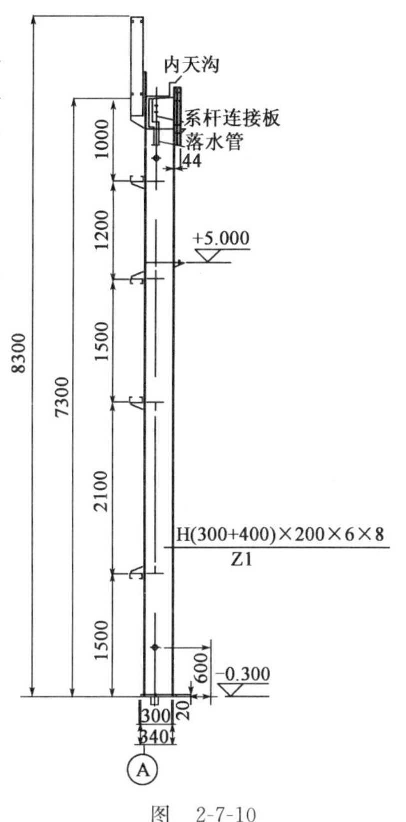

图　2-7-10

下载地址：http://okok.org/fo rum/viewthread.php? tid=205116

【lsk1000】：我更倾向于您的做法，让结构构件将就落水管来进行调整，确实太说不过去了，更不用说是水平系杆和柱间支撑这类比较重要的构件。况且支撑和系杆偏于也会对钢柱产生不利影响（受扭），而在计算时一般不考虑这块的。

【112JC】：一般小跨度的隔一个开间设一个雨水口可满足。如果是支撑干涉，我认为可以调整支撑位置（和雨水口不在一个开间内）。如果是系杆干涉，是不是可以不设柱顶系杆，而用屋面钢梁端系杆代替，便可避开水管。

【huangsongtao123】：在落水管处做一个弯头。

【guanwenjie】：我也同意楼主的做法。落水管只是个设备，不能因为一个设备而改变了结构构件的布置，改变之后就会影响构件的传力，使得局部受力不合理而影响整个结构系统。